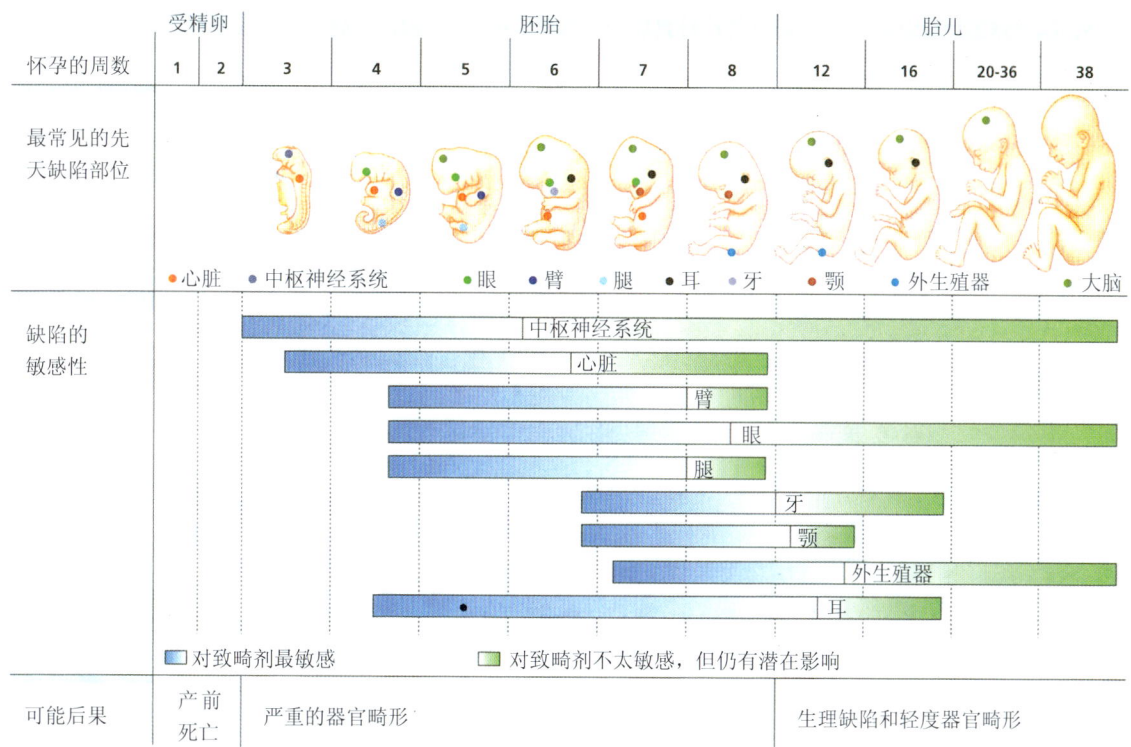

图2-15 致畸剂的敏感性
在发育的不同阶段，身体的各部分对致畸剂的敏感性有所不同。
（Source: Moore, 1974）（p.83）

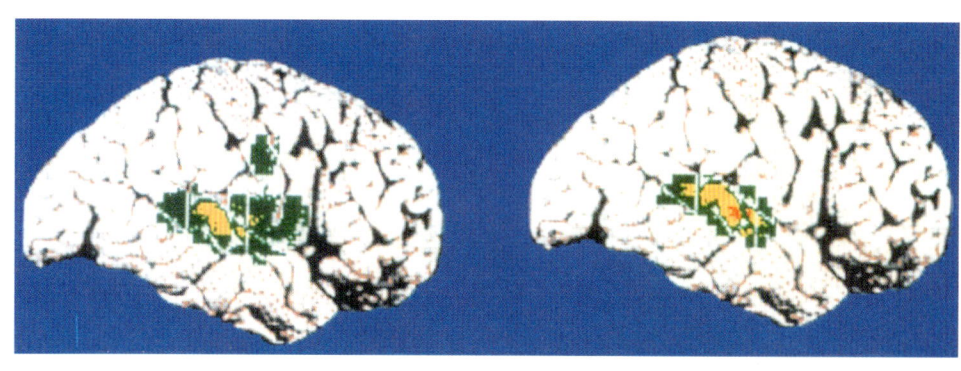

图5-6 布洛卡区
言语所激活的脑区（左）与手势生成过程中激活的脑区（右）相似。
（Source: Krantz, 1999.）
（p.190）

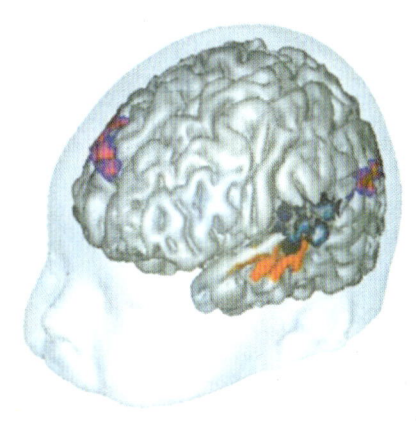

图5-7 婴儿的言语加工
这张3个月大的婴儿的核磁共振扫描图显示，其言语加工活动类似成人，表明可能存在一个语言的进化基础。
（Source: Dehaene-Lambertz, Hertz-Pannier, & Dubois, 2006.）（p.195）

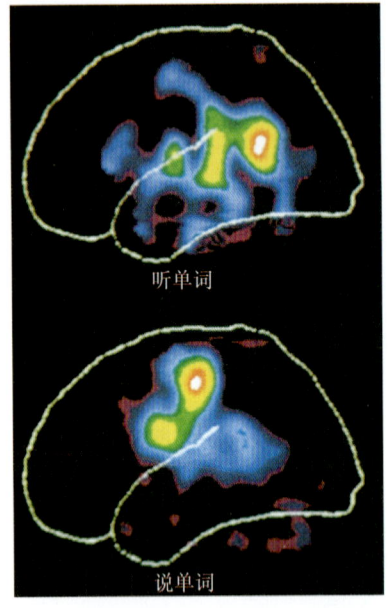

图 7-4 观测大脑
这些PET扫描图显示了，根据个体所参与的任务，大脑左半球和右半球的活动有所不同。教育工作者如何在教学工作中利用这些发现？ （p.249）

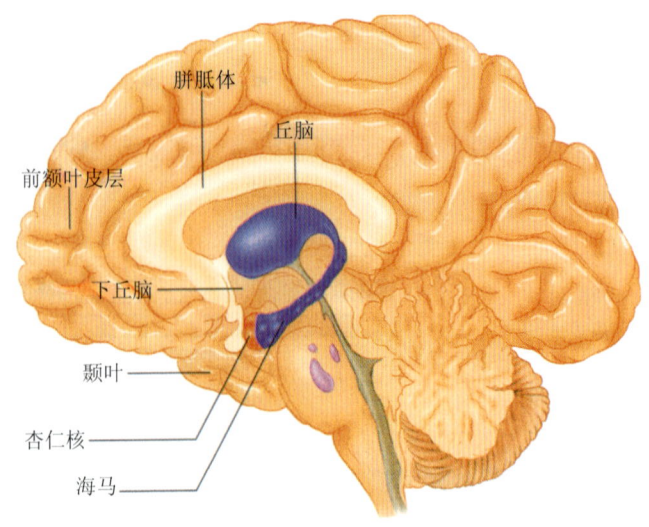

图 8-3 虐待改变脑结构
边缘系统，包括海马和杏仁核，作为儿童虐待的结果，可能被永久地改变（Source: Scientific American, 2002.） （p.308）

我的金字塔(儿童用)提醒你，每天或者至少大多数日子都要运动，并且要选择健康的食物。新模型的每个部分都有给你的信息。你能找出来吗？

每天运动
爬楼梯的人提醒你每天都要活动身体，比如跑步、遛狗、做游戏、游泳、骑自行车或者爬很多楼梯。

从各个组中选择健康的食物
为什么色彩条在金字塔底部变宽了？每个食物组中都有这样一些食物，你应该吃得比别的食物更多，这些食物位于金字塔的底部。

作出适合你的选择
*MyPyramid.gov*网站：关于如何吃得更好和进行更多的锻炼，它会给家里的每个人一些个性化的建议。

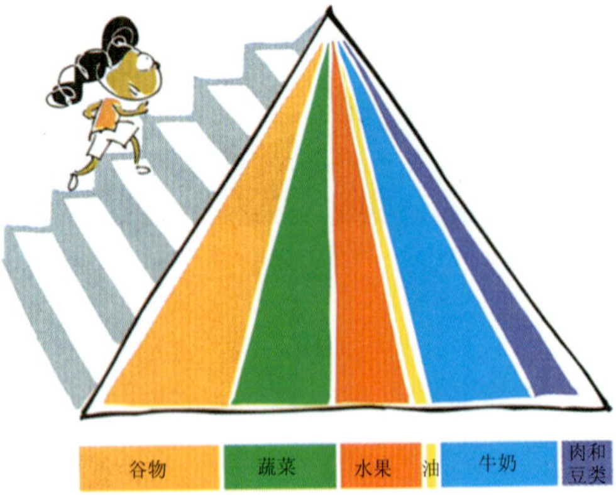

吃更多某些食物组里的食物
你注意到有些色彩条比其他的更宽吗？不同的尺寸提醒你更多地从色彩条比较宽的食物组里选择食物。

每日每个颜色
橙、绿、红、黄、蓝、紫，这些颜色代表了5个不同的食物组，再加上油。记住每天都要吃所有食物组中的食物。

一次一个步骤
你无须在一夜之间改变自己的饮食和锻炼状态。从一件全新的好事开始，然后每天增加一个新的步骤。

图 9-3 均衡的饮食？
最近的研究表明，儿童的饮食结构几乎与美国农业部的建议是相反的，这种情况可能会导致肥胖问题的增加。现在的10岁儿童比10年前的同龄儿童重了10磅（约4.5千克）左右。
（Source: USDA, 1999; NPD Group, 2004.） （p.334）

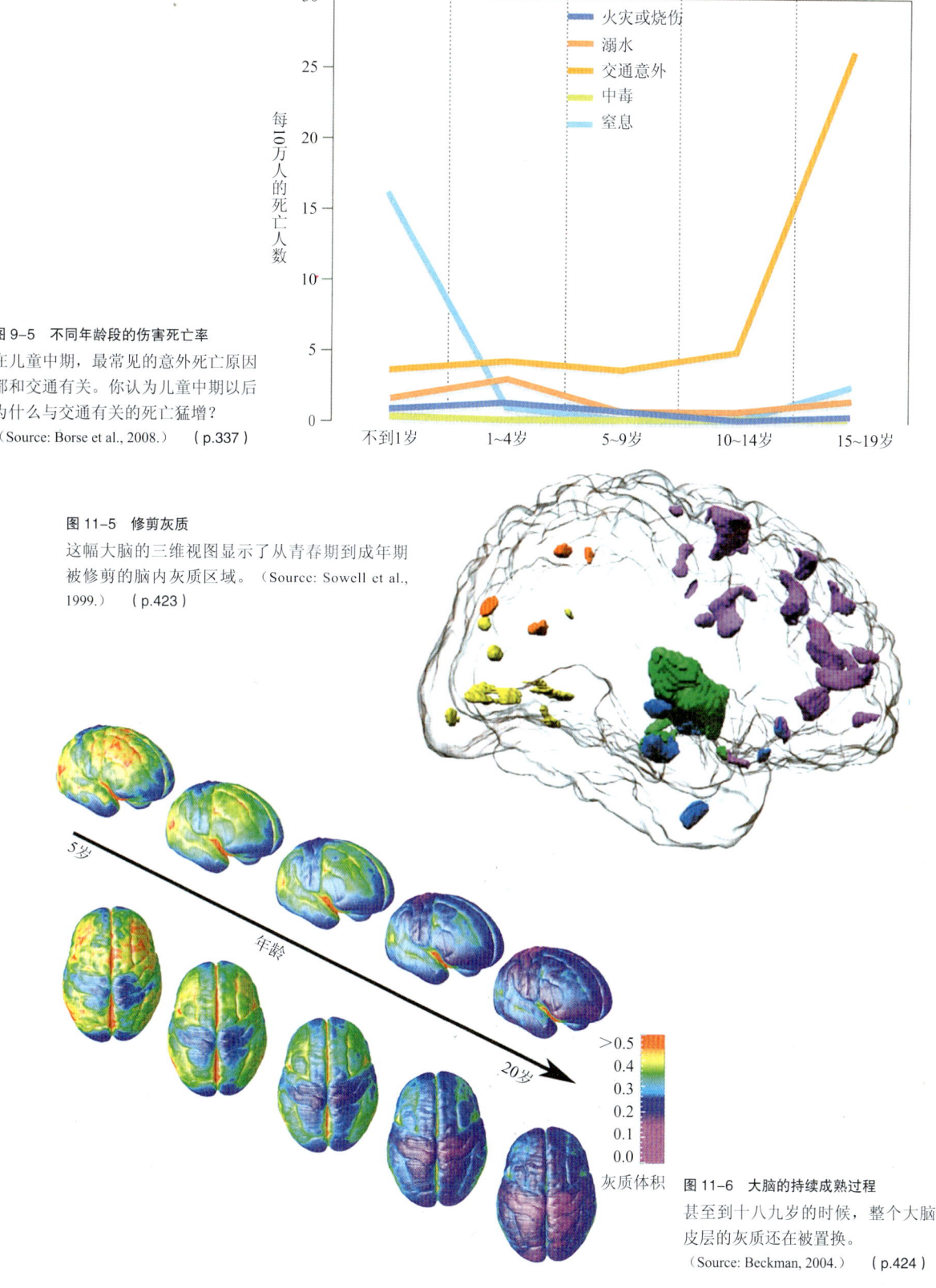

图 9-5 不同年龄段的伤害死亡率
在儿童中期，最常见的意外死亡原因都和交通有关。你认为儿童中期以后为什么与交通有关的死亡猛增？
（Source: Borse et al., 2008.）（p.337）

图 11-5 修剪灰质
这幅大脑的三维视图显示了从青春期到成年期被修剪的脑内灰质区域。（Source: Sowell et al., 1999.）（p.423）

图 11-6 大脑的持续成熟过程
甚至到十八九岁的时候，整个大脑皮层的灰质还在被置换。
（Source: Beckman, 2004.）（p.424）

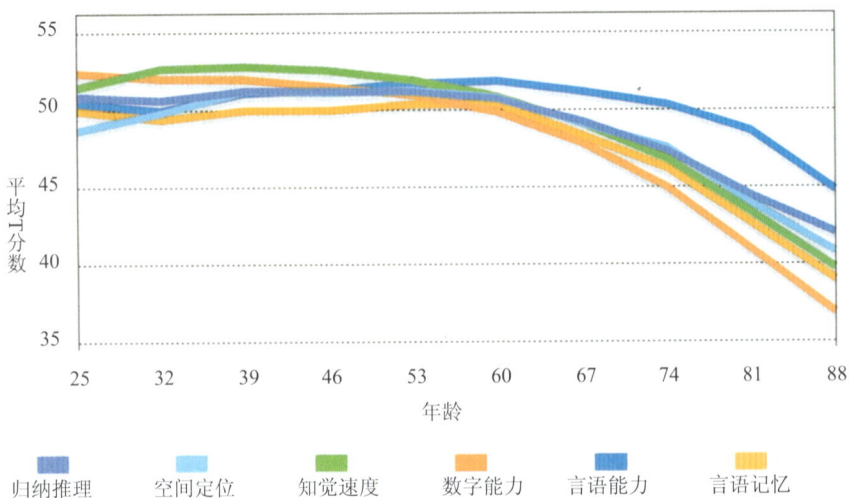

图 17-12 智力功能的变化
虽然有些智力能力在成年期有所下降，但另外一些能力仍然保持相对稳定。
（Source: Schaie, 1994, p. 307.）
（p.656）

归纳推理　空间定位　知觉速度　数字能力　言语能力　言语记忆

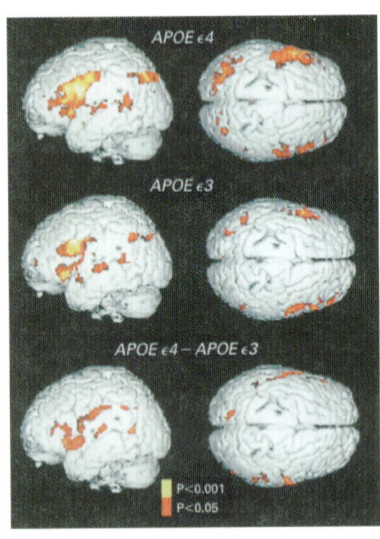

图 17-7 不同的大脑？
在完成回忆任务的同时对个体进行脑扫描发现，有阿尔茨海默氏症遗传倾向的人的大脑与那些没有此倾向的人的大脑有所不同。最上方是具有阿尔茨海默氏症患病风险的个体的大脑图，中间是正常人的大脑图。最下方标出了上面两行大脑图之间存在差异的区域。
（Source: Bookheimer et al., 2000.）发

对于特定事件将会出现在哪个年龄阶段，环境因素能够起到非常重要的作用：这两个印度儿童的婚礼便是一个例子。　（p.8）

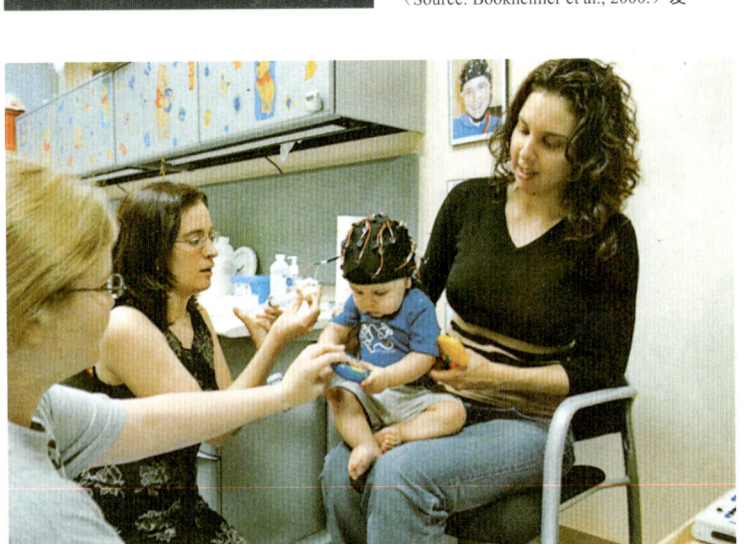

在实验研究中，研究者通过对条件的控制，试图发现众多变量间存在的因果关系。　（p.33）

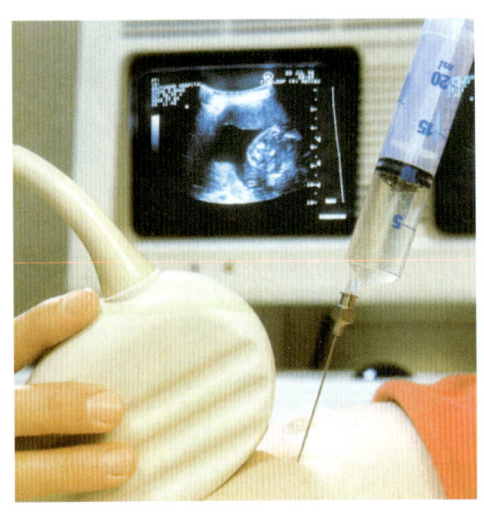

在羊膜穿刺中，从羊膜囊中取出胎儿细胞的样本，用以检测一些遗传缺陷。　（p.63）

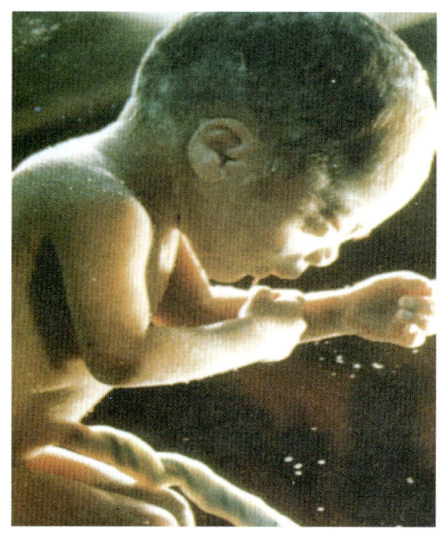
像成人一样，胎儿的天性也有很大的差别。他们在出生后会表现出不同的特征，有些非常活跃，而有些则相对保守。（p.80）

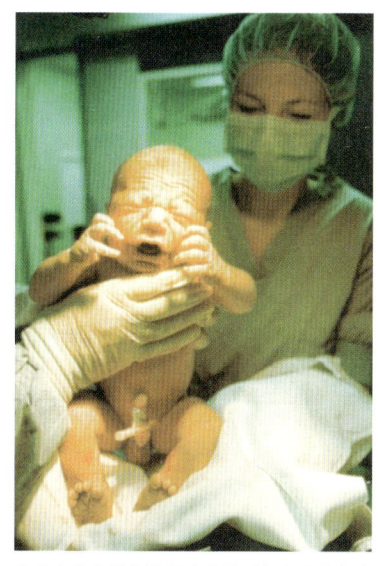
商业广告中描绘的新生儿的形象和现实中有着极大的差距。（p.100）

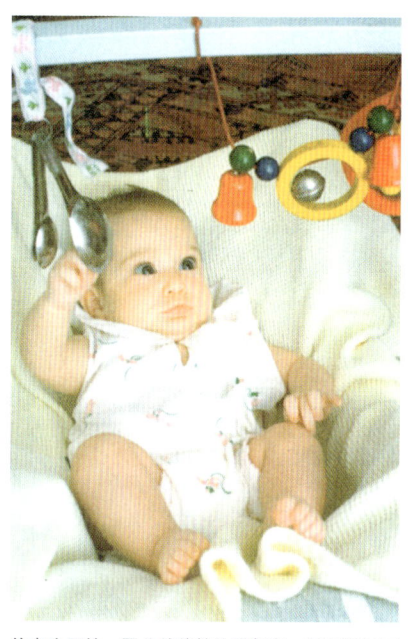
从出生开始，婴儿就能够分辨颜色，甚至还显示出对于某些颜色的偏好。（p.121）

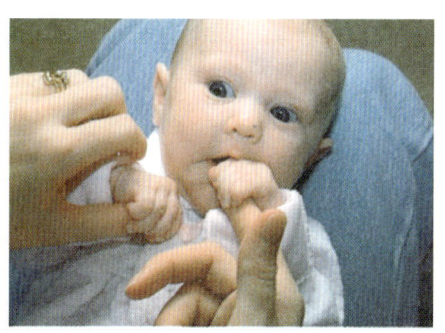
（a）

尽管我们倾向于把语言看做是单词和单词群的生成，但婴儿在说出第一个词之前，他们就已经开始进行语言的交流。（p.189）

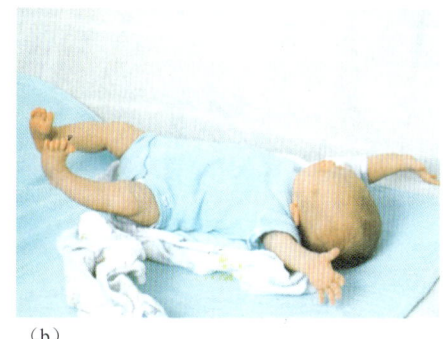
（b）

父亲、母亲用不同的方式和孩子玩耍，这种情形甚至发生在一些以父亲为主要照看者的家庭中。基于这样的观察，文化是如何影响依恋的？（p.221）

（c）
婴儿表现出（a）吮吸反射，（b）惊跳反射，以及（c）抓握反射。（p.145）

在学前期阶段,游戏的性别差异变得更加显著。此外,男孩和女孩都倾向于和同性玩耍。(p.291)

根据社会学习理论,儿童从他们对他人的观察中学习与性别相关的行为和预期。(p.292)

参与合作小组的学生能够从其他人的看法中受益。(p.350)

根据埃里克森的观点,儿童中期包含了勤奋对自卑阶段,其特征是集中注意力应对世界提出的挑战。(p.379)

随着年龄的增长，儿童不仅使用身体成就，还开始使用心理特征来描述自己。（p.380）

青少年抽象推理能力使得他们对各种规则和解释产生了质疑。（p.428）

虽然我们通常认为负性事件将导致压力（如车祸），但事实上令人愉快的事件（如结婚），也会带来压力。（p.497）

一些心理学家认为，婴儿期的依恋模式在成人后的亲密关系质量中得以重现。（p.538）

性生活依然是大多数中年夫妻生活的关键部分。（p.571）

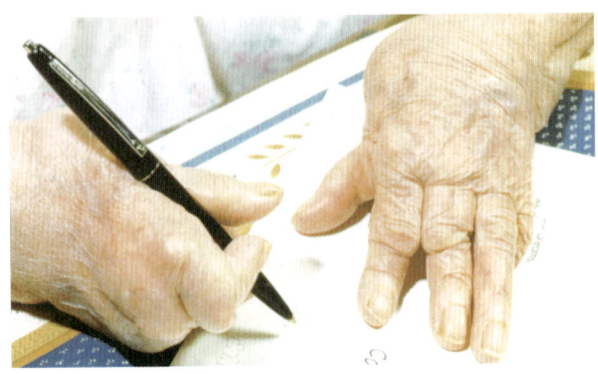

关节炎导致手部关节肿胀、发炎。（p.643）

当人们对某个特定领域更加富有经验，并且能够更加灵活地掌握程序和规则时，专业技能得以发展。（p.590）

与中国老年人相比，记忆丧失在西方老年人中更常见。哪些因素导致了老年人记忆丧失的文化差异？（p.657）

美国前总统里根于93岁离开人世前，经受了10年阿尔茨海默氏症的折磨。（p.642）

临终关怀以为临终病人提供充足的社会支持和温暖为宗旨。临终关怀着重于使病人的生活尽可能过得充实丰富，而不是用尽一切办法挤出更多的存活时间。临终关怀对个人和社会的益处是什么？（p.710）

因为一个人的死亡不仅对所爱的人，同时也对整个社区来说，代表着一种重要的转变，因此与死亡有关的仪式就尤其重要。死亡带来的情绪上的巨大变化，和商家的鼓动综合在一起，常常导致人们在葬礼上的过度花费。（p.719）

中国心理学会推荐使用教材·中文版

Development Across the Life Span

发展心理学
——人的毕生发展（第6版）

［美］罗伯特·费尔德曼 著 苏彦捷 邹丹 等译

世界图书出版公司
北京·广州·上海·西安

图书在版编目（CIP）数据

发展心理学/（美）罗伯特·费尔德曼 著；苏彦捷 邹 丹 等译.—北京：世界图书出版公司北京公司，2013.8
（2020.4重印）
书名原文：DevelopmentAcross the Life Span (Sixth edition)
ISBN 978-7-5100-6372-5

Ⅰ.①发… Ⅱ.①费…②苏…③邹… Ⅲ.①发展心理学 Ⅳ.①B844

中国版本图书馆CIP数据核字（2013）第126677号

Authorized translation from the English language edition, entitled DEVELOPMENT ACROSS THE LIFE SPAN, 6E, 9780205805914 by FELAMAN, ROBERT S., published by Pearson Education, Inc, publishing as Pearson, Copyright © 2011 *Pearson Education, Inc., publishing as Pearson Hall, Upper Saddle River, New Jersey* 07458.

All rights reserved. No part of this book maybe reproduced or transmitted in any form or by any means, electronic or mechanical, including photocopying, recording or by any information storage retrieval system, without permission from Pearson Education, Inc.

CHINESE SIMPLIFIED language edition published by PEARSON EDUCATION ASIA LTD., and BEIJING WORLD PUBILSHING CORPORATION Copyright ©2013.

仅限于中华人民共和国境内（不包括中国香港、澳门特别行政区和中国台湾地区）销售发行。

本书封面贴有Pearson Education（培生教育出版集团）激光防伪标签。无标签者不得销售。

发展心理学——人的毕生发展

著　　者：	[美]罗伯特·费尔德曼
译　　者：	苏彦捷　邹　丹　等
责任编辑：	曹　文　俞　涛
出　　版：	世界图书出版公司北京公司
出 版 人：	张跃明
发　　行：	世界图书出版公司北京公司
	（地址：北京市朝内大街137号　邮编：100010　电话：64038355）
销　　售：	各地新华书店
印　　刷：	三河市国英印务有限公司
开　　本：	787 mm×1092 mm　1/16
印　　张：	54
字　　数：	1375千
版　　次：	2013年8月第1版　2020 年 4 月第 13 次印刷
版权登记：	图字01-2010-5227

ISBN 978-7-5100-6372-5　　　　　　　　　　　　　　　　　　　　　　　　定价：98.00元

版 权 所 有　翻 印 必 究

译序

应该说，是我在系统讲授发展心理学这门课程以后才越来越发现这本教材的有趣性和实用性。我上博士时的专业方向偏向比较心理学。虽然之前也做过一些儿童的研究，知道个体发生视角的儿童研究和种系发生视角的动物研究在关注的主题和研究方法上有相通的地方，但对整个学科发展和方向的了解与领会非常有限。

2002年，当我接手北京大学心理学系发展心理学这门主干课程的讲授工作后，考虑选用教材是第一项任务。当时，我先把国内能够找到的教材、著作和相关译著浏览了一遍，同时通过我在国外的学生和同行了解国外大学心理学系本科使用的相关教材。首先我们确定了课程应包括毕生发展的内容，在以主题为线索还是以年龄为线索的选择中，我们权衡讲授各个环节的安排和节奏，最终采用年龄为线索。

国外的教材大都图文并茂，色彩绚丽。当时我得到了费尔德曼（Feldman）这本教材的最新版本和相应的教辅材料，感觉不错，便决定以其作为课程的主要教材。本书的一些特点已经在原书的序言中都有说明。我们在使用中的体会是它所涵盖的内容非常广泛，既有经典研究的介绍，又有最新研究成果的及时反映，可以为学生奠定比较好的学科基础。特别值得一提的是它的"成为发展心理学知识的明智消费者"这个专栏。我们知道，心理学可以帮助人们提高生活质量，发展心理学更是和我们每个人的生活密切相关。在每次发展心理学课程的开始，我都会告诉大家，尽管学习发展心理学这门课程有很多学术目标，但她还有一个对于我们每个人都非常根本的作用，那就是帮助我们做好父母（了解孩子们）；做好自己（了解青年人）；做好子女（了解中老年人）。因此，能够应用发展心理学知识解决实际问题是作者和我们这些教者最希望看到的。本书的这个专栏把这点更加突显出来了。这也是我们愿意将这本书翻译出来，让更多读者了解相关内容的初衷之一。

这本书一共19章，从生命的诞生一直到生命的结束，内容很多。我发动实验室很多学生参与了这项翻译工程。具体分工是由我先将整个书的框架的译文统一，并和王异芳、戴婕和郭晶萍将书中的名词术语翻译出来，供各章译者参考。黄珊（第一章）、张慧（第二章）、郭萍（第三章）、吴卫国（第四章）、刘岩（第五章）、杨德生（第六章）、赵红梅（第七章）、耿丹（第八章）、郝坚（第九章）、潘苗苗（第十章）、张昕（第十一章）、陈幼红（第十二章）、黄仪娟（第十三章）、周丽（第十四章）、何吉波（第十五章）、张佳昱（第十六章）、张真（第十七章）、陆慧菁（第十八章）和杜丹（第十九章）将各章初稿译出，然后集中在一起互相审读。06年暑假，我通读了全书，做了一遍统校。万美婷帮助查阅整理了国内的一些数据。尽管这些同学都是发展心理学方向的，也都听过我的发展心理学课程，我们也都从事一些发展心理学的研究工作，但翻译的信达雅毕竟不仅需要专业知识，还需要文字功夫、对文化的感悟、责任心、耐心等。因此翻译不免有所疏漏和错误，请各位读者帮助我们指出并不吝赐教，我们一定虚心接受并在以后的工作中改进。目前我们这支队伍中已经有5人到国外继续深造，5人从北大毕业做了大学教师、编辑等。我想他们再看自己的作品，也会有很多新的体会和提高，我们争取将这些在以后再印时反映出来。

本书的责任编辑俞涛是我的学生。尽管在成书过程中，我不免还以老师自居，没少说她。但我知道，她非常努力，为了书的质量，细心审读，为了书的早日面市，加班加点。感谢她和世界图书出版公司北京公司的老师们，还有培生教育出版集团北京办事处的刘晨，争取到了可以对书中的个别内容进行删减，并增加一些我国数据的改编翻译版权，并一直关注本书的进程。我们都希望用一个比较好的结果回报大家。

苏彦捷

为什么你需要这一新版本?

这里是你应该购买新版《发展心理学——人的毕生发展》的六大理由:

① 每一部分都以一幅独特而直观的概念地图作为结束。这些概念地图整合了来自生理、认知、社会和人格发展三大领域的重要问题,为父母、专业护理者、护士和教育工作者这类人群提供关键的概念。

② 全部19个"从研究到实践"专栏——描述了当代的发展研究主题,及其暗含的应用可能性——在这一版本中是全新的。

③ 在这一版中,本书将通过每章结尾处的文字不断向你提问。设计提问是为了展示这些资料在各行各业的应用,包括教育、社会工作和医疗保健领域。

④ 每章开头都有一个新的开篇故事,引导你进入一个与该章主题有关的真实世界的情境。

⑤ 这一新版包括相当数量的全新或更新的信息。例如,新增或进一步补充诸如行为基因学、大脑发育、进化观点,以及发展的跨文化方法等领域的进展。

⑥ 增加了1,000多条新的参考文献,绝大部分引自近三年内出版的图书或发表的文章。

PEARSON

	产前时期 （受精至出生）	婴儿期和学步期 （出生至3岁）
生理发展	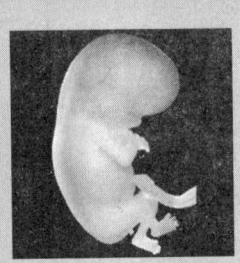 胚芽期（受精至第2周） · 细胞迅速分裂。 · 受精卵着床于子宫壁上。 胚胎期（2~8周） · 主要的器官和身体系统开始生长。 胎儿期（第8周至出生） · 主要的器官开始分化出来。 · 胎儿踢腿并紧握拳头，能够听到子宫外的声音。 · 健康状况会受到母亲的饮食、健康、年龄和药物使用的影响。 · 开始出现反射。	· 身高和体重迅速增加。 · 神经细胞开始生长，并在大脑中建立起联结。一些功能具有正常发展的"关键期"。 · 婴儿扭动、向上推、坐起来、爬行，最终开始行走。 · 婴儿伸手去够、抓，并捡起小的物体。 · 6个月大的婴儿视力是20/20，并发展出深度知觉，以及对图案、面孔和颜色的辨认能力。 · 婴儿听到广泛频率的声音，他们能定位声音，并区分出不同声音，这是语言发展的基础。
认知发展	· 智力水平部分已经定型，一些心理障碍可能会埋下根源。 · 认知功能会受到母亲烟草、酒精和药物使用情况的影响。	· 婴儿开始理解物理世界中的客体永存和"实验"。 · 开始使用表征和符号。 · 信息加工速度增快。 · 通过前语言交流（牙牙学语）、使用单个词语来代表全部意思（整句字）以及电报语，婴儿的语言得以快速发展。
社会性/ 人格发展	· 一些人格特质已部分上由遗传决定（如神经质、外向性）。 · 母亲使用药物和酒精会导致易激惹性，即难以应对多种刺激，以及难以使孩子形成依恋。	· 婴儿展现出不同的气质和活动水平。 · 面部表情似乎反映了情绪。婴儿能够理解他人的面部表情。 · 学步期孩子开始能够体验共情。 · 出现了对他人的依恋风格。 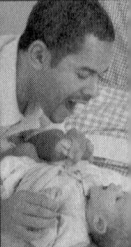
理论和 理论家		
让·皮亚杰		感觉运动阶段
埃里克·埃里克森		信任对不信任阶段（出生至1岁半） 自主对羞愧怀疑阶段（1岁半至3岁）
西格蒙德·弗洛伊德		口唇期和肛门期
劳伦斯·柯尔伯格		前道德阶段

学前期（3~6岁）	儿童中期（6~12岁）
· 身高和体重继续快速增长。 · 身体变得不再是圆圆的，而是更强健有力。 · 大脑逐渐长得更大，神经联结继续发展，出现了功能单侧化。 · 粗大和精细运动技能快速提高。儿童能够投球和接球、跑步、使用叉子和勺子，并能够系鞋带。 · 儿童开始发展出利手。	· 成长过程变得缓慢而稳定。肌肉成型，"婴儿肥"消失了。 · 粗大运动技能（骑车、游泳、溜冰、控制球）和精细运动技能（书写、打字、系纽扣）继续提高。 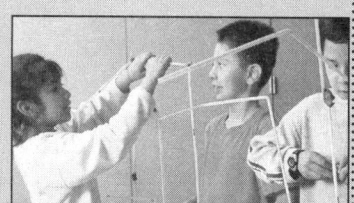
· 儿童表现出自我中心思维（从自己的角度看待世界）并表现出中心化，即只关注刺激的某一方面。 · 记忆、注意广度和符号思维（symbolic thinking）有所提高，直觉思维开始出现。 · 语言能力（句子长度、词汇量、句法和语法）飞速增长。	· 儿童使用逻辑运算来解决问题。 · 对于守恒（物体形状的改变并不必然会影响其数量）和转变（物体可以在没有变化的情况下历经多种状态）的理解开始出现。 · 儿童能够"去中心化"——考虑到多种观点。 · 记忆的编码、存储和提取能力有所提高，控制策略（元记忆）有所发展。 · 语言的语用能力（社会习俗）和元语言意识（自我监控）有所提高。
· 儿童发展出自我概念，这种自我概念可能有些夸张。 · 性别和种族同一性开始出现。 · 儿童开始把同伴看做独立的个体，并基于信任和共同兴趣形成友谊。 · 道德是以规则为基础的，其重点在于奖励和惩罚。 · 游戏变得更加有建设性和合作性，社会技能变得重要起来。	· 儿童通过谈及心理特质来界定自己。自我感也开始分化出来。 · 社会比较被用来理解个人的地位和同一性。 · 自尊逐渐发展出来，自我效能感（对于自己能做什么和不能做什么的评估）也开始发展。 · 儿童处理道德问题的方式是强调社会尊重，并接受被社会界定为正确的事物。 · 男孩与女孩的友谊模式存在差异。男孩大多以群体的方式和其他男孩交往，而女孩倾向于单独或成对地和其他女孩交往。
前运算阶段	具体运算阶段
主动对内疚阶段	勤奋对自卑阶段
性器期	潜伏期
前习俗道德水平	习俗道德水平

	青春期 （12～20岁）	成年早期 （20～40岁）
生理发展	• 女孩在大约10岁的时候进入快速生长期，男孩则在12岁左右进入快速生长期。 • 女孩在11岁或12岁左右进入发育期，男孩在13或14岁左右进入发育期。 • 第一性征发展起来（影响生殖器官），同时，第二性征也发展起来（两性都长出阴毛和腋毛，女孩的乳房开始发育，男孩的声音变粗）。	• 生理能力（包括力量、感觉能力、协调能力和反应时）在20多岁的时候达到高峰。 • 绝大部分的发育已经完成，尽管某些器官（包括大脑）仍在发育。 • 压力会成为威胁健康的重要因素。 • 在35岁左右，疾病代替意外事故成为最主要的致死因素。
认知发展	• 抽象思维越来越普遍。青少年使用形式逻辑来考虑抽象的问题。 • 相对的而非绝对的思维占主导地位。 • 语言、数学和空间技能有所提高。 • 青少年能够作假设性的思考、分配注意力，并通过元认知对思维进行监控。 • 青少年发展出自我中心主义，觉得自己总是别人注意的焦点。自我意识和内省很有代表性。 • 认为自己不会受伤害的想法会使得青少年忽视危险的存在。	• 随着世界经验的增加，思维变得更灵活和主观，这些都与熟练的问题解决有关。 • 智力被应用在涉及事业、家庭和社交的长期目标上。 • 成年早期有意义的生活事件可能塑造认知的发展。
社会性/ 人格发展	• 自我概念变得更有组织和精确化，并反映了他人的知觉。自尊开始分化。 • 界定同一性是一个关键的任务。同伴关系提供了社会比较，并且有助于界定可被接受的角色。受欢迎问题变得尖锐；同伴压力会加强从众行为。 • 由于家庭角色被重新商定，青少年对自主性的寻求会造成与父母之间的冲突。 • 性行为在同一性形成中发挥出重要性，青少年开始约会。	• 建立亲密关系变得非常重要。亲密关系中的承诺可能部分取决于婴儿期形成的依恋风格。 • 婚姻和孩子带来发展上的变化，这种变化往往充满压力。一些新的压力的产生可能会导致离婚。 • 随着年轻人巩固自己的事业，他们主要通过工作界定同一性。
理论和理论家		
让·皮亚杰	形式运算阶段	
埃里克·埃里克森	同一性对角色混乱阶段	亲密对疏离阶段
西格蒙德·弗洛伊德	生殖器阶段	
劳伦斯·柯尔伯格	有可能达到后习俗道德水平	

成年中期（40～65岁）	成年晚期（65岁至死亡）
- 生理变化日益显著。视力明显下降，听力也是如此，但不那么明显。 - 身高达到一个顶峰，然后缓慢地下降。骨质疏松症加速了女性的这个过程。体重增加，体力下降。 - 反应时变长，但由于长时间的练习，在复杂任务上的表现大部分没有发生变化。 - 女性经历绝经期，这伴随着一些不可预料的影响。男性更年期使得男性的生殖系统逐渐产生变化。	- 皱纹、花白以及稀疏的头发是成年晚期的标志。随着椎间盘的萎缩，身高开始下降。女性特别容易罹患骨质疏松症。 - 大脑萎缩、心脏泵进身体内的血液更少。反应变慢，感觉变得更迟钝。白内障和青光眼可能会影响视力，而听力的丧失则成为普遍的现象。 - 慢性疾病，尤其是心脏病，变得更为普遍。这个阶段可能发生精神障碍，例如抑郁和老年痴呆症。
- 某些认知功能的丧失可能开始于成年中期，但总的认知能力保持稳定，因为成年人会使用生活经验和有效的策略来进行弥补。 - 长时记忆的提取效率略微有所下降。	- 在80多岁之前，认知能力的下降是微小的。它可以通过训练和练习来保持，同时，仍然有可能活到老，学到老。  - 短时记忆和特定生活情景的记忆能力可能会下降，但是其他类型的记忆则很大程度上不受影响。
- 成年中期个体会回顾过去，根据"社会时钟"来评价自己取得的成就，并形成对死亡的觉知。 - 尽管有所谓的"中年危机"，成年中期往往是平静和满意的。个体的人格特质一般保持稳定。 - 虽然婚姻满意度往往较高，但是家庭关系可能会遭遇挑战。 - 从把职业当做自己的外在抱负，转变成把其看做一种内在满意感，或者在某些情况下，转变为不满意感。职业的变化越来越普遍。	- 基本的人格特质保持稳定，但变化也有可能发生。"生活回顾"是这个阶段的特点，这个过程或者带来满足感，或者是不满意感。 - 退休是成年晚期的主要事件，导致个体对自我概念和自尊进行调整。 - 健康的生活方式和在感兴趣领域的持续活跃性可以带来成年晚期的满意感。 - 成年晚期的典型情况（收入减少、配偶的衰老或死亡、居住安排的变化）会导致压力的增加。
再生力对停滞阶段	自我完善对失望阶段

本书特色

前言：年龄最大的新妈妈

2009年5月，英国女商人伊丽莎白·艾德理（Elizabeth Adeney）生下一个5磅3盎司重的男婴。当然，这事儿没什么稀奇，除了一个惊人的事实：伊丽莎白·艾德理在生这个孩子的时候已经66岁了。当时，伊丽莎白·艾德理是英国年龄最大的产妇。

章首前言

每章以一小段故事作为开始，描述与该章讲述的基本发展问题相关的个体或情境。例如，关于出生的那一章描述了一名早产儿；关于青少年的其中一章描述了两个十几岁少年面临上大学的问题；关于成年晚期的某一章讨论了出门不便的老年人使用在线社交网络的问题。

预览

这些开篇部分有助于读者了解本章涵盖的话题，使章首前言自然过渡到每一章余下的部分，并向学生呈现一些随后将被解答的问题。

预 览 >

世界上第一例"试管婴儿"——通过人工授精（IVF）方式出生的路易丝·布朗从诞生到现在已经30多年了。人工授精，是让母亲的卵子和父亲的精子在母亲体外结合的一种受

从研究到实践

利用发展研究改善国家政策

美国立法制定的"不让一个孩子掉队"法案是否能够有效地改善儿童的生活？大麻的合法化是否得到研究的支持？

从研究到实践

每章都有一个部分描述了用于解决日常问题的当前发展研究，让学生看到发展研究在整个社会中的影响。

发展的多样性

每章至少有一个"发展的多样性"部分整合到正文中。这一部分内容强调了与现在的多元文化社会有关的问题。其例子包括对全世界的学前教育、同性恋关系、针对弱势群体的香烟销售问题，以及平均寿命的种族和性别差异的讨论。

发展的多样性

文化如何影响发展

南美洲玛雅文化下的母亲们确信，和婴儿不间断的接触是优良养育所不可缺少的一部分。而当无法进行这种接触的时候，她们就会感到身体上的不适。当看到北美洲的母亲们把婴儿从怀中放下，她们感到震惊不已，并将婴儿的哭闹归咎于北美母亲们养育的失职（Morelli et al., 1992）。

成为发展心理学知识的明智消费者

如果你立即安慰哭闹的婴儿，你会惯坏他们。

如果你让婴儿哭闹而不去安慰他们，他们会像某些成人一样没有信任感和黏人。

打屁股是训练孩子最好的办法之一。

成为发展心理学知识的明智消费者

每一章都包括关于发展研究者所进行研究的具体应用实例的信息。例如，本书提供了具体的信息关于如何鼓励儿童在体能上变得更加活跃、如何帮助可能寻求自杀的问题青少年，以及如何计划和度过一个愉快的退休生活。

复习和应用

 复习

- 毕生发展，用于考察个体在生命历程中的成长和变化的科学途径，包括身体、认知、社会性和人格发展。
- 文化和种族在发展中同样扮演了重要的角色，广义的文化和文化的各个方面，如种族和社会经济地位都包括在内。

复习和应用

每一章都有三个简短的概述部分来概括本章的主要内容，紧接着是一些用以激发批判性思考的问题。

横断研究 研究者在同一时间比较不同年龄组被试之间的行为。

序列研究 研究者在不同的时间点对不同年龄组的被试进行考察的研究。

术语旁注

关键术语的定义在所在页面的页边空白处呈现出来。

结 语

 如我们已经看到的，毕生发展的范围相当广阔，它包含了关于人类在生命轨迹中如何成长和变化的广泛主题。我们还了解到发展学家在寻求他们所关注问题的答案时，所采用的多种技术。

关键术语和概念

毕生发展（lifespan development, p.5）   生理发展（physical development, p.6）

认知发展（cognitive development, p.6）

人格发展（personality development, p.7）

社会性发展（social development, p.7）   连续变化（continuous change, p.11）

不连续变化（discontinuous change, p.11）   关键期（critical period, p.11）

敏感期（sensitive period, p.12）   成熟（maturation, p.13）

篇尾材料

每一章的结尾部分包括和前言相对应的结语、总结，以及关键术语和概念。回顾总结回答了每章开头"预览部分"提出的问题。

简明目录

第一部分		生命的开始	
	1	毕生发展绪论	2
	2	生命的开端：产前发育	50
	3	婴儿出生和新生儿	94

第二部分		婴儿期：形成生命的基础	
	4	婴儿期的生理发展	130
	5	婴儿期的认知发展	166
	6	婴儿期的社会性和人格发展	204

第三部分		学前期	
	7	学前期的生理和认知发展	240
	8	学前期的社会性和人格发展	286

第四部分		儿童中期	
	9	儿童中期的生理和认知发展	326
	10	儿童中期的社会性和人格发展	376

第五部分		青春期	
	11	青春期生理和认知发展	412
	12	青春期的社会性和人格发展	448

第六部分		成年早期	
	13	成年早期的生理和认知发展	486
	14	成年早期的社会性和人格发展	524

第七部分		成年中期	
	15	成年中期的生理和认知发展	564
	16	成年中期的社会性和人格发展	598

第八部分		成年晚期	
	17	成年晚期的生理和认知发展	630
	18	成年晚期的社会性和人格发展	664

第九部分		生命的结束	
	19	生命的结束：临终和死亡	700

目录

第一部分　生命的开始

1　毕生发展绪论　2

前言：年龄最大的新妈妈　3

预览　4

1.1　毕生发展的取向　5

对毕生发展领域的界定　6

关于发展的同辈效应和其他影响：在社会中与他人共同成长　9

● **发展的多样性**　9

1.2　关键问题：毕生发展的先天—后天　10

连续变化和不连续变化　11

关键期和敏感期：测定环境事件的影响　11

关注毕生角度还是关注特定时期　12

先天和后天对发展的相对影响　12

1.3　毕生发展的理论观点　14

心理动力学观点：关注内在的个人　15

行为观点：关注可观测的行为　18

认知观点：考查理解的根源　21

人本主义观点：关注人类的独特品质　24

环境观点：更全面地看发展　25

进化观点：我们的祖先对行为的贡献　28

为什么"何种理论是正确的？"是一个错误问题　29

1.4　研究方法　31

理论和假设：提出发展的问题　32

选择研究策略：回答问题　32

相关研究　33

实验：确定原因和结果　36

理论和应用研究：互补的途径　39

● **从研究到实践**　40

测量发展变化　41

伦理和研究　43

● **成为发展心理学知识的明智消费者**　44

结语　46

回顾　46

关键术语和概念　48

2　**生命的开端：产前发育**　50

前言：极度痛苦的选择　51

预览　52

2.1　**最早的发展**　52

基因与染色体：生命的密码　53

遗传学的基础：特质的混合与匹配　55

先天与遗传障碍：当发展出现异常　60

遗传咨询：从现有的基因预测未来　62

"定制婴儿"存在于我们的未来吗？　65

2.2　**遗传和环境的相互作用**　66

环境在决定基因表达中的角色：从基因型到表型　66

发展研究：多少受先天影响？多少受后天影响？　68

生理特征：家族相似性　70

智力：研究越多，争议越大　70

遗传和环境对人格的影响：天生就外向？　71

● **发展的多样性**　72

精神障碍：遗传和环境的作用　73

基因会影响环境吗？　75

2.3　**产前的生长和变化**　76

受精：怀孕的那一刻　76

产前期的各阶段：发展的开始　77

怀孕期间的问题　80

伦理问题　82

产前环境：对发展的威胁　82

● **从研究到实践**　85

● **成为发展心理学知识的明智消费者**　88

结语　89

回顾　90

关键术语和概念　91

3　婴儿出生和新生儿　94

前言：比可乐罐还小　95

预览　96

3.1　出生　96

分娩：出生过程的开始　97

出生：从胎儿到新生儿　98

分娩的方法：医学与态度的碰撞　101

● **从研究到实践**　106

● **成为发展心理学知识的明智消费者**　107

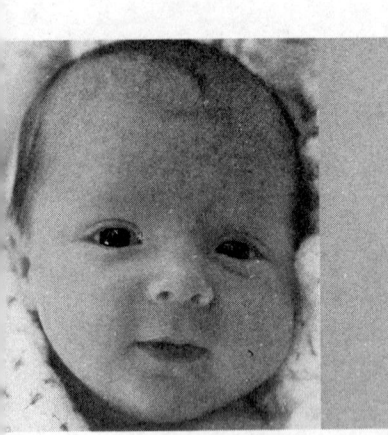

3.2　出生并发症　108

早产儿：太早，太小　108

过度成熟儿：太晚，太大　112

剖宫产：分娩进程中的干预　113

婴儿死亡率和死产：过早死亡的悲剧　114

● **发展的多样性**　115

产后抑郁症：从喜悦的高峰到绝望的低谷　117

3.3　有能力的新生儿　119

身体能力：适应新环境的要求　119

感觉能力：体验周围的世界　120

早期的学习能力　122

社会性能力：回应他人　123

结语　125

回顾　126

关键术语和概念　　127

第二部分　婴儿期：形成生命的基础

4　婴儿期的生理发展　130

前言：期待第一次行走　131

预览　132

4.1　成长与稳定　132

身体发展：婴儿期的快速成长　133

神经系统和大脑：发展的基础　134

整合身体系统：婴儿期的生活周期　138

SIDS：不可预料的杀手　141

4.2　运动的发展　143

反射：我们天生的身体技能　143

婴儿期的运动发展：身体发展的里程碑　146

● **发展的多样性**　148

婴儿期的营养：促进运动发展　150

母乳喂养还是人工喂养？　152

● **从研究到实践**　153

引入固体食物：什么时候？吃什么？　154

4.3　感知觉的发展　155

视知觉：看世界　155

听知觉：声音的世界　157

嗅觉和味觉　159

痛觉和触觉的敏感性　159

多通道知觉：整合单通道的感觉输入　161

● **成为发展心理学知识的明智消费者**　162

结语　163

回顾　163

关键术语和概念　164

5 婴儿期的认知发展　166

前言：电子保姆　167

预览　168

5.1 皮亚杰的认知发展理论　168
皮亚杰理论中的核心概念　169

感觉运动阶段：最早的认知发展　170

评价皮亚杰：支持与挑战　175

5.2 认知发展的信息加工理论　177
编码、存储和提取：信息加工的基础　178

婴儿期的记忆：他们一定记得这个　180

5.3 智力的个体差异：这个婴儿比那个聪明？　182

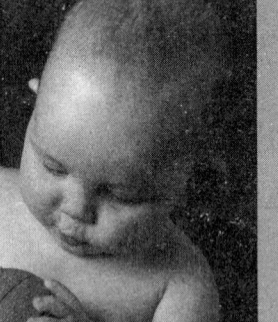

● 从研究到实践　186

5.4 语言的根源　188
语言的基础：从声音到符号　188

语言发展的起源：学习理论的观点　194

和婴儿说话：婴儿指向言语中的语言　196

● 发展的多样性　197

● 成为发展心理学知识的明智消费者　199

结语　200

回顾　201

关键术语和概念　202

6 婴儿期的社会性和人格发展　204

前言：维可钩毛搭扣记事　205

预览　206

6.1 社交能力形成的根源　206
婴儿的情绪：婴儿会体验到情绪的高低起伏吗？　207

● 从研究到实践　211

社会性参照：感受别人所感觉到的　212

自我的发展：婴儿知道他们自己是谁吗？　213

心理理论：婴儿对他们自己以及他人的心理生活的看法　214

6.2 关系的形成　216

依恋：形成社会联结　216

形成依恋的互动：父母的作用　219

● **发展的多样性**　222

婴儿的互动：发展工作关系　222

婴儿与同伴的社会交往：婴儿间的互动　223

6.3 婴儿间的差异　225

人格发展：使婴儿独特的一些特征　226

气质：婴儿行为的稳定性　227

性别：为什么男孩穿蓝色，女孩穿粉色？　230

二十一世纪的家庭生活　231

婴儿看护如何影响儿童后来的发展？　232

● **成为发展心理学知识的明智消费者**　234

结语　235

回顾　236

关键术语和概念　237

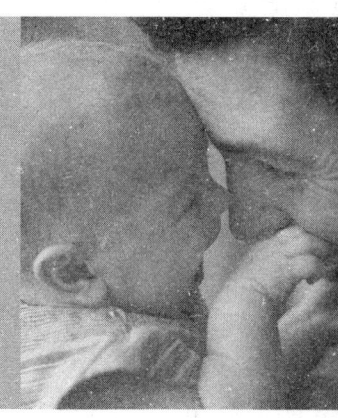

第三部分　学前期

7　学前期的生理和认知发展　240

前言：疯孩子威廉　241

预览　242

7.1 身体发展　242

发育中的身体　243

无声的危险：幼儿铅中毒　247

发育中的大脑　248

运动发展　251

● **成为发展心理学知识的明智消费者**　254

7.2 智力发展　256

皮亚杰的前运算思维阶段　256

认知发展的信息加工观点　262

维果斯基的认知发展观点：文化的影响　266

7.3　语言和学习的发展　270

语言的发展　270

从媒体学习：电视和互联网　274

早期儿童教育：将"前"从学前期去掉　276

● **发展的多样性**　278

● **从研究到实践**　280

结语　281

回顾　282

关键术语和概念　283

8　学前期的社会性和人格发展　286

前言：宝宝的第一次申请论文　287

预览　288

8.1　形成自我意识　289

心理社会性发展：解决冲突　289

学龄前的自我概念：对自我的思考　290

性别同一性：发展中的男性特征和女性特征　290

8.2　朋友和家庭：学龄前儿童的社会生活　296

友谊的发展　296

按规则玩耍：游戏的作用　297

● **从研究到实践**　299

学龄前儿童的心理理论：理解他人的想法　300

学龄前儿童的家庭生活　302

有效的教养：传授令人满意的行为　302

儿童虐待与心理虐待：家庭生活的阴暗面　305

顺应力：克服逆境　308

● **发展的多样性**　309

8.3　道德发展和攻击行为　310

道德发展：遵循社会的是非标准　310

学龄前儿童的攻击和暴力行为　313

- 成为发展心理学知识的明智消费者　318

　结语　320

　回顾　320

　关键术语和概念　322

第四部分　儿童中期

9　儿童中期的生理和认知发展　326

前言：以儿童为导向所引发的轰动　327

预览　328

9.1　身体的发展　328

成长着的身体　329

- 从研究到实践　333

运动的发展　334

儿童中期的健康　336

心理障碍　338

具有特殊需要的儿童　339

注意缺陷多动障碍　341

- 成为发展心理学知识的明智消费者　343

9.2　智力的发展　345

皮亚杰的认知发展理论　345

儿童中期的信息加工　348

维果斯基的认知发展理论和课堂教学　349

语言发展：词语的含义　350

双语：用多种语言说话　352

9.3　学校教育：儿童中期涉及的三个R（以及更多）　354

世界各地及不同性别儿童的学校教育：谁受了教育？　354

阅读：学会破解词语背后的意思　355

教育趋势：超越三个R　357

智力：决定个体的实力　358

智力基准点：区分智力和智力缺乏　359

IQ的群体差异　364

低于和高于智力常模：智力发育迟滞和智力超常　367

结语　371

回顾　372

关键术语和概念　373

10　儿童中期的社会性和人格发展　376

前言：玩还是不玩　377

预览　378

10.1　发展中的自我　378

儿童中期的心理社会性发展　379

理解自我："我是谁？"的新回答　379

自尊：发展积极或消极的自我观点　381

道德发展　383

10.2　关系：儿童中期关系的建立　387

友谊的阶段：友谊观点的变化　387

友谊中的个体差异：什么导致儿童受欢迎？　388

学校和互联网——欺凌者　391

性别和友谊：儿童中期的性别隔离　392

● 成为发展心理学知识的明智消费者　393

10.3　家庭和学校：儿童中期个体行为的塑造　394

家庭：变化着的家庭环境　394

家和孤独：儿童在做什么？　396

● 从研究到实践　400

学校：学术环境　402

● 发展的多样性　405

结语　407

回顾　407

关键术语和概念　409

第五部分 青春期

11 青春期生理和认知发展　412

前言：中学马拉松　413

预览　414

11.1 生理的成熟　414

青春期的发育：身体的快速发育和性成熟　415

发育期：性成熟的开始　416

营养、食物和进食障碍：为青春期的成长提供能量　420

大脑发育和思维：为认知发展铺平道路　423

11.2 认知发展和学校教育　425

皮亚杰的认知发展理论：使用形式运算　425

信息加工观点：能力的逐渐变化　428

思维的自我中心主义：青少年的自我热衷　429

● **从研究到实践**　431

在校表现　431

网络空间：在线的青少年　435

11.3 对青少年幸福的威胁　437

非法药物　438

酒精：使用和滥用　439

● **成为发展心理学知识的明智消费者**　440

烟草：吸烟的危害　441

● **发展的多样性**　441

性传播疾病：性的风险之一　442

结语　445

回顾　445

关键术语和概念　447

12 青春期的社会性和人格发展　448

前言：青少年的技术使用　449

预览　450

12.1 同一性："我是谁？" 451

自我概念：我是怎样的人？ 451

自尊：我有多喜欢自己？ 452

同一性形成：变化或危机？ 454

玛西亚关于同一性发展的理论：对埃里克森观点的更新 456

宗教和灵性 457

抑郁和自杀：青少年的心理问题 458

● **从研究到实践** 462

● **成为发展心理学知识的明智消费者** 463

12.2 关系：家庭和朋友 464

家庭关系：变化着的关系 464

同伴关系：归属的重要性 469

受欢迎与被拒绝 471

顺应：青春期的同伴压力 473

青少年行为不良：青春期的犯罪行为 474

12.3 约会、性行为和青少年怀孕 475

约会：21世纪的亲密关系 476

性关系 476

性取向：异性恋、同性恋以及双性恋 478

青少年怀孕 479

结语 481

回顾 482

关键术语和概念 483

第六部分 成年早期

13 成年早期的生理和认知发展 486

前言：两位学生的故事 487

预览 488

13.1 生理发展和压力 489

身体发展与感觉 489

运动功能、健身与健康：保持良好状态　　490

- **发展的多样性**　492

饮食、营养与肥胖：关注体重　　493

身体失能：应对身体上的挑战　　494

压力与应对：处理生活中的挑战　　495

- **成为发展心理学知识的明智消费者**　501

13.2　认知发展　　502

成年早期的智力发展　　503

后形式思维　　503

沙因的发展阶段　　505

智力：成年早期重要吗？　　506

生活事件和认知发展　　510

13.3　大学：追求高等教育　　511

高等教育的人口统计学　　511

大学适应：对大学生活要求的反应　　513

- **从研究到实践**　514

- **成为发展心理学知识的明智消费者**　515

性别与学业表现　　516

校园内的刻板印象威胁和不认同　　518

大学辍学　　519

结语　　521

回顾　　521

关键术语与概念　　523

14　成年早期的社会性和人格发展　　524

前言：安妮和迈克尔　　525

预览　　526

14.1　关系的缔造：成年早期的亲密关系、喜欢和爱　　527

幸福的成分：心理需求的满足　　528

成年期的社会时钟　　528

寻求亲密：埃里克森对成年早期的看法　　529

友谊 530

恋爱：当喜欢变成了爱 530

激情之爱和同伴之爱：爱的两面 532

斯腾伯格的爱情三元论：爱的三面 533

选择一个伴侣：认出那个对的人 534

依恋类型和浪漫关系：成人的爱情类型是否反映了婴儿期的依恋类型？ 538

● **发展的多样性** 539

14.2 关系的进程 540

婚姻关系、同居关系和其他类型的关系选择 541

如何经营婚姻？ 543

为人父母：是否生育孩子 544

● **从研究到实践** 545

孩子对父母的影响：两人成对，三人成群 547

同性恋父母 548

单身：我想一个人 549

14.3 工作：选择和开始职业生涯 550

成年早期的同一性：工作的作用 550

选择一份职业：选择一生的工作 551

性别和职业选择：女性的工作 553

人们为什么工作？不只是谋生 554

● **成为发展心理学知识的明智消费者** 556

结语 557

回顾 558

关键术语和概念 559

第七部分 成年中期

15 成年中期的生理和认知发展 564

前言：更快、更高、更老 565

预览 566

15.1 生理发展 566
身体的转变：身体能力的逐渐变化 567
身高、体重和力量：变化的基准 567
感觉：中年的视力和听力 568
反应时：没那么慢 570
成年中期的性：中年期持续的性生活 571
激素治疗的困境：没有简单的答案 573

15.2 健康 576
健康和疾病：成年中期身体状况的波动 576
● **发展的多样性** 578
成年中期的压力 579
A型和B型人格的冠心病：健康与人格的联系 580
癌症的威胁 582
● **从研究到实践** 584

15.3 认知发展 586
成年人的智力会衰退吗？ 586
专业技能的发展：区分专家和新手 590
记忆：你必须记住它 591

● **成为发展心理学知识的明智消费者** 592
结语 593
回顾 594
关键术语和概念 596

16 成年中期的社会性和人格发展 598

前言：从服装到摇滚再到谈话 599
预览 600

16.1 人格发展 600
成人人格发展的两种观点：常规—危机和生活事件 601
埃里克森理论中的再生力对停滞阶段 601
● **发展的多样性** 604
个性的稳定与变化 605

- 从研究到实践　607

16.2　亲密关系：中年期的家庭　609

婚姻　609

家庭的变化：变成空巢家庭　611

成为祖父母：谁？我吗？　614

家庭暴力：隐蔽的歪风　615

- 成为发展心理学知识的明智消费者　617

16.3　工作与休闲　619

工作和事业：中年期的工作　619

工作的挑战：工作上的不满　619

失业：梦想的破灭　620

转换和在中年开展事业　621

休闲：工作以外的生活　622

结语　624

回顾　625

关键术语和概念　627

第八部分　生命的结束

17　成年晚期的生理和认知发展　630

前言：用更好的方法给坚果脱壳　631

预览　632

17.1　成年晚期的身体发展　633

衰老：神话和现实　633

老年人的身体变化　635

变长的反应时　638

各种感觉：视觉、听觉、味觉和嗅觉　639

17.2　成年晚期的健康和幸福感　642

老年人的健康问题：生理疾病和心理障碍　642

- 成为发展心理学知识的明智消费者　646

成年晚期的幸福感：衰老与疾病的关系　646

成年晚期的性生活：不用就作废　648

衰老的理论：死亡为什么不可避免？　649

延缓衰老：科学家能找到永葆青春的奥秘吗？　651

● **发展的多样性**　652

17.3　成年晚期的认知发展　654

老年人的智力　654

有关老年人智力特点的最新结论　655

● **从研究到实践**　656

记忆：记住过去和现在的事情　657

活到老，学到老　659

结语　661

回顾　661

关键术语和概念　663

18　成年晚期的社会性和人格发展　664

前言：老年人上网　665

预览　666

18.1　人格发展和成功地老化　666

成年晚期人格的稳定性和变化　667

成年晚期的年龄阶层理论　671

● **发展的多样性**　672

年龄能带来智慧吗？　672

成功老化：秘诀是什么？　674

18.2　成年晚期的日常生活　678

居住安排：居住的地点和空间　678

财务问题：成年晚期的经济状况　680

成年晚期的工作和退休　682

● **成为发展心理学知识的明智消费者**　684

18.3　关系：年老的和年轻的　685

晚年的婚姻：一起，然后孤单　686

成年晚期的社会关系　689

● 从研究到实践　　691

家庭关系：联系的纽带　　691

虐待老人：误入歧途的关系　　693

结语　　695

回顾　　695

关键术语和概念　　697

第九部分　生命的结束

19　生命的结束：临终和死亡　　700

前言：笑着面对终点　　701

预览　　702

19.1　生命历程中的临终和死亡　　702

定义死亡：如何判定生命的结束　　703

生命历程中的死亡：原因和反应　　703

● 发展的多样性　　708

死亡教育可以让我们做好准备吗？　　709

19.2　面对死亡　　710

了解临终过程：死亡分步骤吗？　　711

选择自然死亡：DNR是否是正确的道路？　　713

临终关怀：死亡的地点　　716

19.3　丧失亲人与悲痛　　718

服丧与葬礼：最终的仪式　　718

丧亲与悲痛：适应至亲的亡故　　719

● 从研究到实践　　721

● 成为发展心理学知识的明智消费者　　722

结语　　723

回顾　　724

关键术语和概念　　725

附录一：术语表　　728

附录二：参考文献　　745

序言

书讲述了一个故事：我们的故事、我们父母的故事，还有我们子女的故事。这是一个关于人类以及他们如何变成现在这个样子的故事。

和其他研究领域不同，毕生发展主要从个人化的角度进行论述。毕生发展的研究范围涵盖了人类从怀孕开始到死亡结束的整个过程。该学科探讨发展的观点、概念和理论，但是核心部分是"人"——我们的父亲、母亲、朋友、熟人和我们自己。

《发展心理学——人的毕生发展》试图通过激发、培养和塑造读者兴趣的方式来讲述毕生发展的理论。本书希望能够激发学生对毕生发展领域的兴趣，塑造他们以毕生发展的视角看待世界，并培养他们对发展问题的理解。通过向学生展示毕生发展现今的研究内容和前景，本书希望能够在正式课程已经结束的情况下，继续保持学生对该领域的长久兴趣。

第六版概要

《发展心理学——人的毕生发展》（第六版）与以前的版本一样，提供了人类发展研究领域非常全面的概况。本书涵盖了人类发展的整个过程，从怀孕那一刻直到死亡。我们也提供了对毕生发展领域广泛地全面介绍，涵盖了基本理论和研究发现，并突出了研究成果在实验室之外的当前应用。本书以时间顺序来描述毕生发展，包括出生前、婴儿期、学步期、学前期、儿童中期、青春期、成年早期和中期，以及成年晚期。在每一个发展阶段，本书都会集中探讨生理、认知、社会性和人格发展。

本书致力于达到以下四个主要目的：

- **首先，也是最重要的，本书将提供一个毕生发展领域全面而均衡的概况** 本书将为读者介绍构成该领域的理论、研究和应用情况，分析该领域的传统研究范围和最新进展。本书将给予毕生发展专家提供的应用以特别关注：阐明毕生发展学家如何运用理论、研究和应用来帮助解决重要的社会问题。

- **本书的第二个目的是明确地将发展与学生的生活联系在一起** 毕生发展的研究结果与学生生活存在显著的关联性，而本书将阐述如何以有意义的实践方式来运用这些研究结果。应用都是以现今生活中的事例体现出来，包括时事新闻、近期的世界事件和吸引读者的毕生发展的当前运用。许多描述性的情节和插图反映了人们生活的日常情境，也解释了人们生活与毕生发展的关联。

- **本书的第三个目的是突出当今多元文化社会的共同性和多样性** 因此，本书整合了与多样性有关的各种形式的材料——种族、性别、性取向、宗教和文化多样性——并且贯穿在每一章中。此外，每一章都至少包含一个名为"发展的多样性"的板块。这些特色将明确地探讨与发展有关的文化因素如何统一和分化了我们现在的全球社会。

- **最后，第四个目的隐藏于其他三个目的之中：让毕生发展富有吸引力、容易理解，并且让学生产生兴趣** 学习和讲授毕生发展都让人感到快乐，因为毕生发展的许多内容对我们的生活有着直接的、即刻的意义。由于我们所有人都处于自身的发展轨迹当中，所以我们以个人化的方式和本书涵盖的内容联系在了一起。《发展心理学——人的毕生发展》的目的就是培养这种兴趣，并在读者的一生中播下蓬勃发展的种子。

为了达到这些目的，本书竭尽全力成为读者容易使用的书籍。书中采用直接的、对话式的口吻，尽可能地替代作者和学生之间的对话形式。本书旨在能够被不同兴趣和动机水平的读者独立地理解和掌握。考虑到这一点，本书包括了多种教学特色，以促进对内容的掌握并鼓励批判性思维。

简而言之，本书整合了理论、研究和应用，重点关注整个毕生发展过程。此外，本书并没有试图提供一个对该领域详尽的历史记录，而是集中于当前。虽然本书在恰当的地方引用了过去的研究结果，但是我们主要描述该领域的现状和未来发展的方向。类似地，虽然本书也提供了对于经典研究的阐述，但我们更多地强调当前的研究发现和发展趋势。

《发展心理学——人的毕生发展》致力于成为一本读者希望放进个人书架的著作。当他们思考与那个最令人好奇的问题相关的疑问时，将会从书架上取下来的一本著作：人们如何发展成为他们现在这个样子的？

第六版有哪些新内容？

修订版包括很多重要的改变和增添。每一部分都以一个独特而直观的概念地图作为结束。概念地图整合了来自生理、认知、社会和人格发展三大领域的重要问题。它也为诸如父母、专业护理者、护士和教育人士的人群提供关键的概念。而且，每章的结束部分会向学生提出问题。设计这些提问是为了展示这些资料在各行各业的应用，包括教育、社会工作和医疗保健领域。

此外，每一章开头都有一个新的开篇故事，引导你进入与该章主旨有关的真实世界。而且，全部19个"从研究到实践"专栏——描述了当代的发展研究主题，及其暗含的应用可能性——对这一版本而言是全新的。

最后，《发展心理学——人的毕生发展》第六版包括相当数量的全新或更新的信息。例如，新增或进一步补充像行为基因学、大脑发育、进化观点，以及发展的跨文化方法等领域的进展。总体而言，增加了1,000多条新的参考文献，绝大部分引自近三年内出版的图书或发表的文章。

每一章都增加了新的主题。下列新增的或修改的主题特色可以很好地说明本版修订的状况：

第一章
看护对年龄较大的儿童的益处
定性研究
以图表形式呈现实验
高龄怀孕

第二章
孕期抑郁
家庭基因检测
人工受精的例子
孕期心理健康
IVF统计

第三章
美国家庭和医疗休假法案
疫苗争议
联结
创伤后应激综合症和死产

第四章
配方奶
听觉皮层
视觉皮层
大脑可塑性

第五章
教育玩具和媒体
违反期望和物体恒在
非人的数字处理技能

第六章
婴儿的情绪
嫉妒
高反应性和大脑结构
婴儿气质与成年后抑郁和焦虑障碍的易感性
梭状回和成年人对儿童面孔的注意力

第七章
家庭外儿童看护的经济利益
犯罪发展心理学
学龄前儿童为进一步受教育做准备

第八章
游戏和大脑发育
申请进入幼儿园和父母养育

第九章
身体形象
意外死亡率
哮喘诱因
ADHD和大脑发育

第十章
同性恋父母
压力、贫穷和疾病易感性
移民的孩子

第十一章
肥胖和快餐
社交网站的风险
青少年中的睡眠剥夺
不让一个孩子掉队
使用技术

第十二章
青少年自杀和抗抑郁药
宗教
灵性
民族和种族身份
少女怀孕率的变化
首次性行为时间的民族和种族差异

第十三章
成瘾性赌博
谋杀率
社会支持和压力
第一代大学生
急性和慢性的应激源

第十四章
养育和幸福
霍兰德人格类型理论和大学职业发展中心
养育孩子的成本
同性恋关系

第十五章
乳房X光透视检查频率指南
睾酮替代疗法

第十六章
人格的稳定性
不忠
厌倦和婚姻满意度
幸福调定点的稳定性

第十七章
大脑尺寸和认知衰退
成年晚期的技术和学习
衰老的固有模式
成年晚期的决策

第十八章
抑郁和社会支持
复杂的悲伤
成年晚期的幸福

第十九章
通过社交网站表达悲伤
濒死儿童的自我意识
持续悲痛障碍的统计
从丧亲之悲中恢复

教师用印刷和视频辅助资料

教师资源手册（ISBN: 0205811930）　这一教师资源手册专门为第六版进行了充分的审读和修订。它包括学习目标、关键术语和概念，每一章独立的讲课建议、课堂活动、讲义、补充阅读建议，以及带注释的附加多媒体资料列表。教师资源手册可通过培生教师资源中心（www.pearsonhighered.com）或"我的发展实验室"平台（www.mydevelopmentlab.com）下载。

视频增强幻灯片　这些幻灯片可从教师资源（ISBN 0205820212）获取。它们将费尔德曼的设计恰当地引入课堂，将学生的注意力吸引到讲课上，并提供一流的互动活动、视觉材料和视频资料。

PPT教学幻灯片（ISBN 0205811981）　这些幻灯片由Nebraska-Lincoln大学的Pauline D. Zeece全面修订并全部重新制作，并增加了书中的重要数据和表格作为特色。PPT教学幻灯片可通过培生教师资源中心（www.pearsonhighered.com）或"我的发展实验室"平台（www.mydevelopmentlab.com）下载。

课堂回答系统PPT幻灯片（ISBN 02058111914）。这些幻灯片不仅是作为讲课的基础，而且是课堂活动的基础。在每章的幻灯片播放中包含CRS问题方便了"clickers"的使用。"clickers"是一个类似遥控器的小型装置，可以处理学生对问题的回答，并实时诠释和呈现结果。CRS问题是一种很棒的手段，可以吸引学生学习和深入思考书中的概念。幻灯片可通过培生教师资源中心（www.pearsonhighered.com）或"我的发展实验室"平台（www.mydevelopmentlab.com）下载。

测验题目文件（ISBN 0205811949）　针对第六版，每一个问题都由正在使用该版本的教授进行审读和编辑。每个问题都经过精确核对，以确保标记正确的答案，并且页边文字都是准确的（由Lisa Wollery编写）。该试题库包括3000多道多项选择题、是非题、简答题，每道题都与书中相应页面关联。试题库还有一个特色，就是每道题被分为事实题、概念题和应用题，从而教授可以定制他们的试卷，并确保各类型题目达到平衡。每一章的测验题目文件前面都有一个总体评价指南，它是一个易于参照的坐标，按照教材的不同部分、问题的类型、问题属于事实题、概念题还是应用题来组织试题，从而让编制试卷变得更简单。

我的测验（ISBN 0205811957）　这个测验题目文件和"NEW Pearson MyTest"配套，后者是一个强大的评分程序，帮助教师很容易地编制和印制小测验和试卷。可以在线编制问题和测验，给予教师最大的灵活性，以及在任何时间、任何地点有效地管理评分的能力。欲知详情，请浏览www.PearsonMyTest.com。

我的虚拟孩子　"我的虚拟孩子"是一个基于网络的交互模拟系统。你可以在其中抚养一个孩子到18岁，并监控你在养育孩子过程中所做的决定，随时间流逝产生的影响。这一富有吸引力资源帮助学生应用他们在课堂上学到的和在书上看到的关键概念。"我的虚拟孩子"既可以通过"我的发展实验室"进入，也可以作为一个单独的产品。打包购买学生教材和"我的虚拟孩子"使用ISBN 0205004776。

我的发展实验室（ISBN 0205604250）　可在www.mydevelopmentlab.com获取。这一个学习和评分工具既可作为传统讲课方式的辅助，也可以作为完全在线授课使用。教师决定整合的程度——从独立的学生自主评分到完全的课堂管理。一个易于使用的网站可以让学生受益，他们可以测试自己对重要内容的掌握程度，跟踪学习进度，制订个性化的学习计划。"我的发展实验室"是一个"全包容型"的工具，包括电子版教材和按章组织的教学和学习资源，其形式有视频、模拟、动画、评分及其他工具，以吸引学生和强化学习过程。"我的发展实验室"使用简单，可完全定制，能够满足每个教师和学生个性化的教学和学习需求。

我的课堂准备 教师可以从"我的发展实验室"中获取该资源。这一全新的、激动人心的教师资源使讲课的准备工作变得更容易，花费的时间也更少。"我的课堂准备"收集了最好的课堂准备资源——来自我们最出类拔萃的教材中的图片和数字、视频、讲座活动、课堂活动、展示，还有更多——在我们的线上终端都可以很方便地获取。你可以按照内容主题或内容类型在我们范围广泛的工具数据库中搜索。你可以选择适用于你讲课的资源，其中很多都可以直接下载，或者建立自己的资源文件夹，并从"我的课堂准备"中呈现。

教师用视频资源

Prentice Hall发展心理学专用讲课视频（ISBN 0205811965） 使用者可以获得这张全新的DVD。它覆盖了发展心理学的所有主要主题。

培生毕生发展视频教学影片集（ISBN 0205656021）

学生用印刷和视频补充材料

CourseSmart电子版教材（ISBN 0205811906） 培生的这个新选项为学生提供了以五折的价格在线订阅《发展心理学——人的毕生发展》（第六版）的机会。在CourseSmart电子版教材的辅助下，学生可以检索教材、在网上做笔记、打印包含了授课笔记的阅读作业，以及标注重要段落。请向当地的培生公司代表咨询详情或访问www.coursesmart.com。

发展心理学观察（ISBN 0136016588） 这些视频资料将教材中叙述的30多个概念生动地呈现出来，并以页边图标的形式标注出来。此外，光盘还提供了与教材中各个部分一致的扩展性附加视频，以帮助学生观察到现实中的儿童。每一个视频学生可以观看两次：第一次了解所阐述的概念，第二次阅读注释，这些注释描述了在视频关键部分发生的事情。无论您的课程是否包括观察的部分，这份光盘都为您的学生提供了观察现实中儿童的机会。视频资料可通过我的发展实验室（www.mydevelopment.com）获得，或在www.Pearsonhighered.com购买光盘。

学习指南（ISBN 0205811973） 这份学习指南帮助学生掌握每一章出现的关键概念。每一章包括学习目标、简要的每章概要、每章预览大纲和三个不同的练习测验，以及结尾的要点重述和重要概念回顾。打包购买学生教材和学习指南，使用ISBN 0205826849。

我的发展实验室 通过这个激动人心的新工具，学生可以使用嵌入的诊断测验进行自我评估，并即时看到结果和定制的学习计划。

定制的学习计划将针对学生的优点和缺点，并基于诊断测验的结果，给出按章组织的复习和思考的活动和资源列表。有些被设计用于移动电子设备的学习资源，如关键术语辨识卡和最优化的观察视频片段，都可以通过"我的发展实验室"完整地获取。学生可以快速而容易地分析自己对课程材料的理解水平，更高效地学习，获得优异的考试成绩！进入需要密码，可在www.pearsonhighered.com 或 www.mydevelopmentlab.com购买。

补充教材

联系当地的Prentice Hall代表，购买以下与《发展心理学——人的毕生发展》（第六版）有关的任何补充教材。

《发展心理学的全新当前趋势》（ISBN 0205597505） 来自心理科学协会的读物。这份全新的、令人兴奋的读物包括20多篇文章，专为本科生读者精心选择，直接从《心理科学当前趋势》（Current Directions in Psychological Science）杂志中选取。这些新近的前沿文章使得教师为他们的学生提供一个关于心理学界最当前和最受关注的真实观点。

《影响儿童心理学的20个研究》（Twenty Studies that Revolutionized Child Psychology by Wallace E. Dixon, Jr., ISBN 0130415723） 通过展示塑造现代发展心理学的开创性研究，这本简明教材概括介绍了激起每一个研究的环境、研究的实验设计、研究结果，以及它对发展心理学领域当今思潮的影响。

《多元文化情境下的人类发展》（Human Development in Multicultural Context: A Book of Readings） 本书由Michele A. Paludi编写，突出了文化对发展心理学的影响。

《心理学专业：职业和成功之道》（The Psychology Major: Careers and Strategies for Success, ISBN 0205684668）。 由Eric Landrum（爱达荷州立大学）、Stephen Davis（恩波利州立大学）和Terri Landrum（爱达荷州立大学）编写。这本160页的平装书提供了关于心理学专业的职业选择的宝贵信息、提高学业成绩的技巧和研究报告的APA格式介绍。

致谢

感谢以下评阅人提出的评论、建设性意见和鼓励：

Kristine Anthis, Southern Connecticut State University; Jo Ann Armstrong, Patrick Henry Community College; Sindy Armstrong, Ozarks Technical College; Stephanie Babb, University of Houston-Downtown; Verneda Hamm Baugh, Kean University; Laura Brandt, Adlai E. Stevenson High School; Jennifer Brennom, Kirkwood Community College; Lisa Brown, Frederick Community College; Cynthia Calhoun, Southwest Tennessee Community College; Cara Cashon, University of Louisville; William Elmhorst, Marshfield High School; Donnell Griffin, Davidson County Community College; Sandra Hellyer, Ball State University; Dr Nancy Kalish, California State University, Sacramento; Linda Tobin, Austin Community College; Scott Young, Iowa State University.

此外，我也要感谢以前各版的评阅人：

Amy Boland, Coumbus State Community College; Ginny Boyum, Rochester Community and Technical

College; Krista Forrest, University of Nebraska at Kearney; John Gambon, Ozarks Technical College; Tim Killian, University of Arknsas; Peter Matsos, Riverside City College; Troy Schiedenhelm, Rowan-Cabarrus Community College; Charles Shairs, Bunker Hill Community College; Cassandra George Sturges, Washtenaw Community College; Lois Willoughby, Miami Dade College.

Nancy Ashton, R. Stockton College; Dana Davidson, University of Hawaii at Manoa; Margaret Dombrowski, Harrisburg Area Community College; Bailey Drechsler, Cuesta College; Jennifer Farell, University of North Carolina-Greensboro; Carol Flaugher, University at Buffalo; Rebecca Glover, University of North Texas; R. J. Grisham, Indian River Community College; Martha Kuehn, Central Lakes College; Heather Nash, University of Alaska Southeast; Sadie Oates, Pitt Community College; Patricia Sawyer, Middlesex Community College; Barbara Simon, Midlands Technical College; Archana Singh, Utah State University; Joan Thomas-Spiegel, Los Angeles Harbor College; Linda Veltri, University of Portland.

Libby Balter Blume, University of Detroit Mercy; Bobby Carlsen, Averett College; Ingrid Cominsky, Onondaga Community College; Amanda Cunningham, Emporia State University; Felice J. Green, University of North Alabama; Mark Hartlaub, Texas A&M University—Corpus Christi; Kathleen Hulbert, University of Massachusetts—Lowell; Susan Jacob, Central Michigan University; Laura Levine, Central Connecticut State University; Pamelyn M.MacDonald,Washburn University; Jessica Miller,Mesa State College; Shirley Albertson Owens, Vanguard University of Southern California; Stephanie Weyers, Emporia State University; Karen L. Yanowitz, Arkansas State University.

我还要感谢很多其他人。我对大学阶段（首先在Wesleyan University，然后是University of Wisconsin）的老师们充满感恩之情。特别值得一提的是在我本科教育中起到转折性作用的Karl Scheibe，还有我在研究生求学阶段时的导师和引路人Vernon Allen，以及研究生院发展方面的很多专家，如Ross Parke、John Balling、Joel Levin、Herb Klausmeier，也对我帮助颇多。在我成为教授以后，我的学习生涯仍然在继续。我特别感谢我在University of Massachusetts的同事们，由于他们的努力，使得这所大学成为集教学与科研于一体的著名学府。

很多人在本书的出版过程中起到了关键的作用。John Bickford和Christopher Poirier在研究和编辑方面有重要贡献，我非常感谢他们的帮助。最重要的是，John Graiff对于撰写本书的许多方面都提出了实质性的调整和修改意见，我非常感谢他所做的重大贡献。

我同样十分感谢Prentice Hall团队在这本书的策划出版过程中所给予的帮助。执行编辑Jeff Marshall为本书带来了热情、创造力和很多好主意。助理编辑LeeAnn Doherty在每个方面都提供了方向和支持，贡献超出了她的职责范围。我很感谢他们的支持，在整个项目中表现出了非凡的洞察力和创造力。Stephanie Johnson协调了整个编辑过程，Leah Jewell是该项目的后盾。我非常感谢他们的支持。助理编辑Leslie Carr提供了许多有价值的建议，她那富有思想性的贡献使本书面貌得到了很大改观。在出版过程的最后，生产主管Maureen Richardson，以及Robert Merenoff和Harriet Tellem协助将本书的各个方面整合到一起。最后，我还要（提前）感谢市场经理Nicole Kunzmann，我非常信任她的能力。

我也要感谢我的家族成员，他们是我生活中不可或缺的部分。我的哥哥Michael、嫂子、妹夫、侄子和侄女，都是我生活的重要部分。此外，我总是对家中老一辈人充满感激，他们一直为我做出了榜样。他们是：Ethel Radler、Harry Brochstein和已故的Mary Vorwerk，尤其是我已故的父亲Saul Feldman和母亲Leah Brochstein。

最后，我的家庭值得我给予最多的感谢。我了不起的孩子Jonathan和他的妻子Leigh、Joshua和他的妻子Julie，还有Sarah，他们善良、聪明、美丽，是我的骄傲和欢乐。我的孙子Alex从他出生那一刻起就给我带来了无尽的幸福。最后是我的妻子Katherine Vorwerk，她的爱和支持让一切事情都有了意义。我用我全部的爱，感谢他们。

罗伯特·费尔德曼（Robert S. Feldman）
University of Massachusetts, Amherst

作者简介

罗伯特·费尔德曼（Robert S. Feldman）是马萨诸塞大学安姆斯特分校的心理学教授，同时也是社会和行为科学学院院长。他是学院优秀教师奖获得者，所执教的心理学课程学生人数从15名到近500名。在20多年的教学生涯里，除了马萨诸塞大学以外，费尔德曼教授还在霍利约克山学院和卫斯理大学、弗吉尼亚联邦大学讲授本科生和研究生课程。

费尔德曼教授在马萨诸塞大学开创了少数民族指导项目，还是Hewlett Teaching的研究员和马萨诸塞大学资深在线教学研究员。

费尔德曼教授也是美国心理学会（APA）和心理科学协会（APS）会员。他以优异的成绩从卫斯理大学（Wesleyan University）本科毕业（获得了"杰出毕业生"奖），并在威斯康星大学麦迪逊分校获得硕士和博士学位。他是富布莱特（Fulbright）研究学者和"演讲人"奖获得者，所著图书和文章超过100种。他编著了《儿童非言语行为》（Nonverbal Behavior in Children）、《非言语行为理论与研究应用》（Applications of Nonverbal Behavioral Theory and Research），合编了《非言语行为基本原理》（Fundamentals of Nonverbal Behavior）。他还出版了《儿童发展》（Child Development）、《理解心理学》（Understanding Psychology）和《P.O.W.E.R.学习：在大学和生活中获得成功的策略》（P.O.W.E.R. Learning: Strategies for success in College and Life）。他的著作被翻译成多种语言，包括西班牙语、法语、葡萄牙语、荷兰语、汉语、汉语和日语。他的研究兴趣包括日常生活中的诚实和欺骗，他在2009年出版的一本畅销书《你生活中的说谎者》（The Liar in Your Life）中描述了这一工作。他的研究得到美国国家心理健康研究所和美国能力丧失康复研究中心的基金支持。

费尔德曼教授爱好音乐，是一位充满热情的钢琴演奏家，喜欢烹饪和旅行。他有三个孩子和一个小孙子，现在和妻子（也是一位心理学家）住在马萨诸塞州西部，从家中可以饱览霍利约克山的美丽景色。

1 毕生发展绪论

| 本章概要 | 前言：年龄最大的新妈妈 |

1.1 毕生发展的取向
对毕生发展领域的界定
- 发展的多样性

1.2 关键问题：毕生发展的先天—后天
连续变化和不连续变化
关键期和敏感期：测定环境事件的影响
关注毕生角度还是关注特定时期
先天和后天对发展的相对影响

1.3 毕生发展的理论观点
心理动力学观点：关注内在的个人
行为观点：关注可观测的行为
认知观点：考察理解的根源
人本主义观点：关注人类的独特本质
环境观点：更全面地看发展
进化观点：我们的祖先对行为的贡献
为什么"何种理论是正确的？"是一个错误问题

1.4 研究方法
理论和假设：提出发展的问题
选择研究策略：回答问题
相关研究
实验：确定原因和结果
理论和应用研究：互补的途径
- 从研究到实践
  测量发展变化
  伦理和研究
- 成为发展心理学知识的明智消费者

2009年5月，英国女商人伊丽莎白·艾德理（Elizabeth Adeney）生下一个5磅3盎司[①]重的男婴。当然，这事儿没什么稀奇，除了一个惊人的事实：伊丽莎白·艾德理在生这个孩子的时候已经66岁了。当时，伊丽莎白·艾德理是英国年龄最大的产妇。

伊丽莎白·艾德理

[①] 1磅约为454克，1盎司约为28克。

预 览

世界上第一例"试管婴儿"——通过人工授精（IVF）方式出生的路易丝·布朗从诞生到现在已经30多年了。人工授精，是让母亲的卵子和父亲的精子在母亲体外结合的一种受精方式。在路易丝出生后的几十年里，医学技术飞速进步。路易丝的出生曾经被作为新闻头条，但现在人工授精已经是一种比较常见的手段了。生育科学已经发展到这样一个程度，即便年纪较大的女性如伊丽莎白·艾德理也能够生育。

尽管怀孕的可能性发生了很大的变化，然而人类的成长轨迹仍旧遵循着可预见的模式：从婴儿期到儿童期，再到青春期，然后结婚生子。虽然我们的发展过程在细节上千差万别——有些人遭遇了经济上的贫困，或者生活在战乱的国度；另外一些人却疲于应付遗传、气质问题，或诸如离异和继养等家庭问题——但是发展过程中大的变化对我们所有人而言都是极为相似的。无论是沙奎尔·奥尼尔[②]、唐纳德·特朗普[③]，还是英国女王，都跋涉在这片被称为"毕生发展"的领土上。

伊丽莎白·艾德理在成年晚期的怀孕引起了争议。然而这仅仅是21世纪"勇敢新世界"中的一页。从克隆技术到贫困儿童的发展，再到艾滋病的预防，人们对于人类发展提出了一些十分令人担忧的问题。然而，在这些忧虑背后还存在着更为根本的问题：我们的身体如何发育？在一生的历程中，我们对于世界的认识如何产生和变化？我们的人格和社会关系又怎样发展？

以上提及的问题，以及我们将要在本书中共同探讨的很多其他问题，都是毕生发展研究领域的核心课题。作为一个研究领域，毕生发展不仅包含从出生到死亡这一广阔的时间跨度，而且包括广泛的研究范围。举例来说，在考虑伊丽莎白·艾德理的孩子时，不同的毕生发展研究专家将关注不同的兴趣焦点：

- **探索行为之生物过程的专家**可能会考察艾德理孩子的机能是否由于母亲的高龄而受到影响。
- **研究遗传的专家**将会考察来源于父母的遗传天赋如何影响孩子的日后行为。
- **关注生命过程中思维发展变化的专家**会定期考察随着艾德理孩子的年龄增长，他对于自己的出生的理解将如何改变。
- **关注身体发育的专家**将关注他的生长速度是否与年轻的母亲所生育的儿童有所不同。
- **关注社会交往和社会关系领域的专家**则会着眼于他与他人的互动方式，及其发展的友谊类型。

即使兴趣互不相同，但毕生发展的研究专家们却共同关注着一个问题：理解生命过程中的发展和变化。通过不同角度的研究，发展心理学家们探寻着生物遗传和后天环境如何相互结合，并影响个体的行为。

---

② Shaquille O'Neal，NBA球星，外号"大鲨鱼"。
③ Donald Trump，曾经是美国最具知名度的房地产商之一，人称"地产之王"。

一些发展心理学家致力于解释这样的问题：遗传背景如何不仅仅决定我们的相貌，还决定我们的行为，以及与他人相处的一贯方式——也就是我们的人格。他们探究各种途径，以考察我们人类，有多少潜能是由遗传决定，或因遗传而受限的。而另一些毕生发展的研究者则着眼于环境，挖掘我们身处的世界如何塑造我们的生活。他们考察个体多大程度上是由早期环境塑造的，以及现在的境况如何内隐或外显地影响个体的行为。

无论着眼于遗传还是环境，所有的发展专家们都承认，二者都无法单独解释人类所有的发展和改变。相反，我们必须着眼于遗传和环境的相互影响及联合作用，尝试领会它们如何共同成为行为的基础，才能对人类的发展有所了解。

在这一章里，我们将初步了解毕生发展的研究领域。首先，我们将对学科范围加以界定，并举例说明其涵盖的主题和考察的年龄范围。我们还将概述该领域的热点问题和存在的争议，并思考发展心理学家持有的广泛观点。最后我们要探讨的是，发展心理学家是如何利用研究来提出问题和解决问题的。

读完本章之后，你将能够回答下列问题：

- 什么是毕生发展，影响人类发展的基本因素是什么？
- 发展研究领域的关键问题是什么？
- 何种理论观点引导了毕生发展？
- 在发展研究中，理论和假设起了什么作用？
- 发展研究是如何进行的？

毕生发展 考察个体在生命历程中行为的发展、变化和稳定模式的学科领域。

1.1 毕生发展的取向

你是否曾好奇于婴儿怎能用他可爱的小手紧紧握住你的手指？或曾诧异于一个学前儿童如何有条不紊地绘制一幅图画？你是否想了解一个青少年如何应对棘手的问题，如邀请谁参加聚会，或判断下载音乐文件是否有悖于伦理规范？或者，一个中年政客怎样做到凭借记忆完成一场精彩的长篇演讲？你又有没有想过，是什么使一个80岁的祖父与他在40岁做父亲时如此相像？

如果你曾产生过类似的疑问，那么，你和研究毕生发展的心理学家们提出了同样的问题。**毕生发展**（lifespan development），是考察个体在生命历程中行为的发展、变化和稳定模式的学科领域。

人的一生如何成长和变化是毕生发展的研究核心。

虽然该学科领域的定义看起来直截了当，但这种直白很可能使人产生误解。为了真正理解什么是发展，我们需要对该定义的各个部分加以审视。

毕生发展是采用科学的途径，对成长、变化和稳定性进行研究。如同其他科学领域的成员，毕生发展的研究者应用科学的方法，来检验他们对于人类发展本质和进程的假设。就像我们在本章后面部分将会看到的，研究者们建立发展理论，并应用有序的科学技术方法系统地验证其假设的准确性。

毕生发展关注人类的发展。虽然一些发展心理学家会研究非人物种的发展历程，但绝大多数研究者所考察的是人类的成长和变化。其中，一些人对发展的普遍原理加以探寻，而另一些则关注文化、人种和种族的差异如何影响发展的轨迹。还有一些研究者致力于研究个体的独特方面，考察特质或性格的个体间差异。即使研究角度各有不同，所有的发展心理学家都将发展视为贯穿一生的连续过程。

发展心理学家们不仅关注人们在生活中变化和成长的方式，他们同样关注行为的稳定性。他们考察个体的行为在哪些方面和哪些阶段表现出变化和发展，以及行为又在何时以何种方式出现了一致性和连贯性。

最后，发展心理学家们假设：从生命的孕育，到生命的终止，发展的过程持续并贯穿人类生活的每一个部分。发展专家们认为，从某方面来说，人们不断成长，不断变化直到生命的最后一刻；而从其他方面来看，他们的行为又保持着稳定的状态。同时，发展心理学家认为，不存在一个特定、单一的生命阶段掌控着个体的全部发展；相反，他们认为每一个生命阶段的发展都包含着成长和衰退，而这种发展和变化的能力将会贯穿个体的一生。

对毕生发展领域的界定

很明显，毕生发展是一个定义宽泛且研究领域广阔的学科。相应的，发展心理学家们的研究领域极为多样，每个研究者都会专门研究特定的领域和其对应的年龄范围。

毕生发展的主题 一些发展心理学家关注**生理发展（physical development）**，考察身体的构造方式——大脑、神经系统、肌肉、感觉，以及对饮食和睡眠的需要——如何决定个体的行为。例如，身体发展的研究者可能会考察营养不良对于儿童生长速度的影响，而另一位研究者则可能会探索运动员的体能表现在成年期出现衰退的原因（Fell & Williams, 2008）。

另外一些发展心理学家关注**认知发展（cognitive development）**，旨在考察智能的发展和变化如何影响人类的行为。认知发展心理学家们研究学习、记忆、问题解决和智力。例如，他们渴望了解人类的问题解决能力在生命历程中如何变化，或人们在解释自身的学业成功或失败时是否存在文化差异。他们感兴趣的课题还包括，如果个体在生命早期曾亲历过重要事件或创伤性经验，在生命后期时将如何对其进行回忆（Alibali, Phillips, & Fischer, 2009；Dumka et al., 2009）。

生理发展 涉及身体构造方式的发展，包括大脑、神经系统、肌肉、感觉，以及对饮食和睡眠的需要。

认知发展 涉及智能的发展和变化如何影响人类行为的发展。

最后，还有一些发展心理学家关注人格和社会性发展。**人格发展（personality development）**是对生命过程中将个体和其他人区分出来的独有特性的变化和稳定性的研究。**社会性发展（social development）**考察个体在生命历程中与他人的互动及其社会关系的发展、变化和保持的方式。一位对人格发展感兴趣的发展心理学家可能会提出这样的问题：在毕生发展过程中，是否存在稳定、持久的人格特质？而一个从事社会性发展的研究者则会考察种族偏见、贫困或离异对于发展产生的影响（Evans, Boxhill, & Pinkava, 2008；Lansford, 2009）。表1-1对以上四种主要的研究课题——身体、认知、社会性和人格发展——进行了总结。

人格发展 涉及在生命过程中将个体和其他人区分出来的独有特性的变化和稳定性的发展。

社会性发展 个体在生命历程中与他人的互动及其社会关系的发展、变化和保持的方式。

年龄范围和个体差异 除了选择对特定的领域进行深入研究，发展心理学家们还会关注特定的年龄范围。通常，个体的生命历程会按照年龄范围分为以下几个阶段：产前阶段（从受孕到分娩）；婴幼儿期（出生到3岁）；学前期（3~6岁）；儿童中期（6~12岁）；青春期（12~20岁）；成年早期（20~40岁）；成年中期（40~60岁）；成年晚期（60岁到生命终止）。

表1-1 毕生发展的研究取向

研究取向	定义的特征	研究问题举例*
生理发展	强调大脑、神经系统、肌肉、感觉能力、饮食和睡眠需求对行为的影响	·什么决定了儿童的性别？（2） ·早产的长期结果是什么？（3） ·母乳喂养的好处有哪些？（4） ·过早或过晚性成熟会带来何种结果？（11） ·什么导致了成年期的肥胖？（13） ·成年人如何应对压力？（15） ·老化的外显和内在征兆是什么？（17） ·我们如何定义死亡？（19）
认知发展	强调智能，包括学习、记忆、问题解决和智力	·婴儿期能够被回忆起的最早记忆是什么？（5） ·看电视将如何影响智力？（7） ·空间推理能力是否与音乐练习有关？（7） ·双语是否有益于发展？（9） ·青春期个体的自我中心如何影响其对于世界的看法？（11） ·智力是否存在种族和人种的差异？（9） ·创造力与智力有着怎样的关联？（13） ·智力是否会在成年晚期衰退？（17）
人格和社会性发展	强调个体独有的持久特质，以及生命过程中与他人的互动和社会关系的发展变化	·新生儿对母亲和其他人的回应是否有差别？（3） ·管教儿童的最佳过程是什么？（8） ·对于性别的认同感何时发展起来？（8） ·我们如何促进跨种族的友谊？（10） ·青少年自杀的原因是什么？（12） ·我们如何选择恋爱伴侣？（14） ·父母离婚的影响是否会持续到晚年？（18） ·人们在晚年是否会拒绝并远离他人？（18） ·对抗死亡会涉及哪些情绪？（19）

* 括号中的数字表明该问题所在的章。

虽然这些年龄阶段的划分被发展心理学家们广泛认可，但我们需要谨记，每个年龄阶段都是一种社会建构。所谓社会建构（social construction），是一种对于现实的共有观念。这种观念被广泛承认，但却反映了某个特定时期的社会和文化功能。因此，某一发展阶段中年龄范围的划分——甚至这些阶段自身的定义，在许多方面都是武断的，也经常源于文化。例如，我们稍后将会讨论为什么"童年期"这个特殊阶段的概念直到17世纪才开始出现——在这以前，儿童只是被简单地视为微缩版的成年人。此外，虽然一些年龄阶段具有清晰的分界线（例如，婴儿期从出生开始算起，学前阶段结束于儿童进入小学，青春期始于性成熟），其他阶段则不尽然。

以成年早期阶段为例。至少在西方国家这一阶段被假定从20岁开始。然而这个年龄之所以引人关注，只是因为它标志着"十几岁"阶段的终结。事实上，对于很多人来讲，例如那些进入大学接受高等教育的人群，19~20岁的年龄变化并没有特别重要的意义，它只是在大学生涯中不知不觉地到来。在他们看来，离开校园走上工作岗位的时刻应被赋予更多的涵义，而这大概在22岁左右。此外，在一些非西方的文化下，由于儿童受教育的机会有限，早早就开始了全日制的工作。在这种情况下，成年期的来临便要提前很多。

简而言之，在人们的生活中，各种事件的发生时间存在明显的个体差异。一方面，这是由生物因素所引起的：个体成熟的速度不同，会在不同的时间点上达到发展过程中的里程碑。然而特定的事件在哪个年龄阶段发生，也同样受到环境因素的重要影响。例如，结婚的代表性年龄在各种文化下不尽相同，这取决于婚姻在不同文化中所行使的不同功能。

因此，我们需要牢记，当发展心理学家们讨论年龄范围时，他们所说的是一种平均情况——人们到达特定发展里程碑的平均时间。一些个体到达里程碑的年龄较早，一些则较晚，而大多数则在平均年龄的前后时间段。只有在儿童表现出显著偏离于平均年龄时，这些变异才值得引起注意。比如，如果一个儿童开始说话的时间大大晚于平均年龄，那么家长就应该请语言治疗师对孩子进行评估了。

年龄与研究课题的联系 毕生发展中的每一个研究课题——身体、认知、社会性和人格发展——都是贯穿一生的。因此，一些发展心理学家关注产前阶段胎儿的身体发展，而另一些关注的则是青春期阶段的身体发展。一些研究者也许专攻学前阶段儿童的社会性发展，而另一些则倾向于考察成年晚期的社会关系。还有一些研究者可能会采取更宽泛的视角，研究生命每个阶段中的认知发展变化。

在本书中，我们将以全面的视角，按照时间发展顺序纵观个体从产前阶段到成年晚期和死亡的发展过程。在每一个阶段里，我们将探讨不同的研究领域：身体、认知、社会性和人格。此外，我们也会考虑文化对发展的影响，正如我们接下来要讨论的。

对于特定事件将会出现在哪个年龄阶段，环境因素能够起到非常重要的作用：这两个印度儿童的婚礼便是一个例子。

发展的多样性

文化如何影响发展

南美洲玛雅文化下的母亲们确信，和婴儿不间断的接触是优良养育所不可缺少的一部分。而当无法进行这种接触的时候，她们就会感到身体上的不适。当看到北美洲的母亲们把婴儿从怀中放下，她们感到震惊不已，并将婴儿的哭闹归咎于北美母亲们养育的失职（Morelli et al., 1992）。

对于上文中的两种养育观点，我们应该如何看待？它们是不是一对一错呢？如果我们能够考虑到母亲们所处的两种文化背景，也许就不会这样认为了。事实上，不同的文化和亚文化对于适当和不适当的养育方式都有自己的看法，如同他们对于孩子的发展目标也有着不同的期望（Greenfield, 1995, 1997; Haigh, 2002; Tolchinsky, 2003）。

很明显，为了理解发展，发展心理学家们必须考虑到广泛的文化因素，如个人主义取向或是集体主义取向。如果他们想要理解个体在一生中如何成长和变化，他们还需要考虑种族、社会经济和性别差异。如果发展心理学家们能够成功地做到这些，他们不仅可以更好地理解人类发展，还可以找到改善人类社会环境的有效方法。

因此，为了全面地理解发展，我们必须重视那些与人类多样性相联系的复杂问题。事实上，只有通过发现不同文化或种族群体间的相似性和差异性，发展研究者们才可以将普遍的发展原理和特定文化的发展现象区分开来。在未来的几年中，毕生发展将有可能由一个主要针对北美和欧洲发展的学科扩展成为研究全球发展的新领域（Fowers & Davidov, 2006; Matsumoto & Yoo, 2006; Kloep et al., 2009）。

关于发展的同辈效应和其他影响：在社会中与他人共同成长

鲍勃，生于1947年，是"婴儿潮"时期诞生的一员。当时是在第二次世界大战结束后不久，士兵们纷纷从海外返回美国，从而造成了这一时期出生率的飞速高涨。鲍勃的青春期处于民权运动的鼎盛阶段，同时也是反对越战运动的开始。他的母亲莉亚，生于1922年，这一代人的童年和青少年时期在经济大萧条的阴影中度过。鲍勃的儿子乔恩，生于1975年，不久前大学毕业开始了职业生涯，并新婚不久。他是人们所说的"X一代"。乔恩的妹妹莎拉生于1982年，属于再下一代，社会学家称之为"千禧世代"。

这些人在某种程度上，是他们所生活的社会时代的产物。每一个人都属于一个特定的同辈团体（cohort），即生于相同时代、相同地域的人类群体。很多重大的社会事件，如战争、经济复苏和萧条、饥荒、流行疾病（如艾滋病）等，会对一个特定同辈团体的成员产生相似的影响（Mitchell, 2002; Dittmann, 2005）。

同辈效应（cohort effect）提供了对于历史方面影响的有效例证。所谓历史方面的影响，就是与特定的历史时刻有关的生物和环境影响。例如，在"9·11"恐怖分子袭击世贸中心期间生活在美国纽约市的人们共同承受了由此带来的生物和环境上的挑战（Bonanno et al., 2006; Laugharne, Janca, & Widiger, 2007）。相反，年龄方面影响是对特定年龄阶段的个体产生相似作用的生物和环境影响，而无论这些个体是何时何地成长起来的。例如，身体发育成熟和绝经等生物学事件，对于所有社会中的个体，都是发生于相同年龄阶段的普遍事件。同样，诸如开始接受正式教育之类的社会文化事件也可被视为标准的年龄方面影响，因为在大多数文化下，该事件在儿童6岁左右时发生。

发展也受到社会文化影响（sociocultural-graded influence）的作用。对于特定个体而言，社会和文化因素出现于一个特定的时刻，这取决于个体的种族、社会等级和所属亚文化群体等变量。例如，对于一个生活富裕的白种儿童来说，他受到的社会文化影响和一名贫困的少数族裔儿童是不同的（Rose et al., 2003）。

最后，非常规生活事件是指在某一时刻发生于特定个体生活中的特殊、非典型事件，而类似的事情却不会在这个时间段发生在大多数人身上。例如，一个6岁儿童的父母在一场车祸中丧生，她因此经历了一次重大的非常规生活事件。

1.2 关键问题：毕生发展的先天—后天

毕生发展是一次长达几十年的旅行。在这条道路上，我们会经过一些人类所共同跨越的里程碑——如咿呀学语、上学读书和应聘求职——然而，就像我们刚才所看到的，很多个体的人生道路有着不一样的迂回和曲折，这同样影响着他们的人生之旅。

对于探索该领域的发展心理学家们来说，毕生发展的广阔领域和诸多变量向我们提出了很多问题。考察个体由生至死所经历巨大变化的最佳途径是什么？实足年龄的重要性有多大？是否存在清楚明确的发展时间表？如何找到发展的普遍模式？

表1-2 毕生发展的主要问题

连续变化	不连续变化
·变化是渐进的。 ·某一水平的成就建立在之前水平的基础之上。 ·潜在的发展过程在一生中保持不变。	·变化发生在截然不同的过程或阶段中。 ·不同阶段的行为和过程有着质的区别。
关键期	敏感期
·对于正常发展而言，特定的环境刺激是必需的。 ·被早期的发展心理学家们所强调。	·人类更易受到特定环境刺激的影响，但环境刺激缺失所造成的不良后果可以得到弥补。 ·被当前毕生发展的学者们所强调。
毕生角度	着眼于特定时期
·当前理论强调贯穿一生的成长和变化，以及与之相关联的不同时期。	·早期的发展心理学家们强调婴儿期和青春期是最为重要的时期。
先天（遗传因素）	后天（环境因素）
·重点强调发现遗传的特质和能力。	·重点强调环境对于个人发展的影响。

虽然人们对于有关人类发展性质和轨迹问题的热衷可以追溯到古埃及和古希腊时代，但从毕生发展作为独立的研究领域于19世纪末20世纪初建立时开始，人们对于上述问题的争论就不曾停止过。表1-2总结了一些此类问题。

连续变化和不连续变化

挑战发展心理学家的首要问题之一是：发展过程是连续的，还是不连续的？在**连续变化（continuous change）**中，发展是一个渐进的过程，每个水平的成就都建立在之前水平的基础之上。连续变化在本质上是量的变化；推动变化的潜在基本发展过程在人的一生中都是保持不变的。因此，连续变化所产生的是程度上的变化，而不是性质上的变化。例如，个体成年期之前的身高变化是连续的。同样，正如我们即将在本章后面部分所看到的，一些理论家认为人类思维能力的变化也是连续的变化，显示出一种渐进的、数量上的进步，而不是发展出全新的认知加工能力。

相反，我们也可以将发展视为**不连续变化（discontinuous change）**的组合体，变化发生在截然不同的阶段中。每一个阶段和变化带来的行为都与先前阶段的行为有本质上的差异。让我们重新考虑一下认知发展的例子。在本章中，一些认知发展心理学家认为伴随着我们的成长，个体的思维发生着根本上的变化。这不是一种量的变化，而是质的改变。

大多数发展心理学家认为，对连续和不连续的问题采取相互对立的立场是不恰当的。很多类型的发展变化是连续的，很明显，也有很多其他的变化是不连续的（Flavell, 1994；Heimann, 2003）。

关键期和敏感期：测定环境事件的影响

如果一个怀孕11周的妇女罹患风疹（德国麻疹），她所生的孩子很可能有严重问题：如失明、耳聋和心脏病。但是，如果她在怀孕30周的时候患上相同的疾病，对胎儿造成伤害的可能性就会大大降低。

在两个时期罹患相同疾病而产生的不同结局是对关键期这一概念的展示。**关键期（critical period）**是发展过程中的一个特殊时期，在这一时期中，特定的事件会造成重大的影响。当特定种类的环境刺激对于正常的发展过程必不可少时，就出现了关键期（Uylings, 2006）。

虽然毕生发展的早期研究者们大力强调关键期的重要性，但近期的思潮却认为，相较先前观点，个体在很多领域——尤其是在人格和社会性发展方面——都有着更大的可塑性。例如，缺乏特定的早期社会经验并不会使个体遭受永久性的损伤。越来越多的证据表明，人们可以利用日后的经验使自己获益，以帮助他们弥补早期的不足。

因此，当代发展心理学家更倾向于用"敏感期"来代替"关键期"。在

连续变化 渐进的变化，每个水平的成就都建立在之前水平的基础之上。

不连续变化 变化发生在截然不同的过程或阶段中，每个阶段带来的行为都与先前阶段的行为有质的差异。

关键期 在发展过程中的一个特殊时期。此时特定的事件会造成重大影响，特定环境刺激是正常发展必不可少的要素。

敏感期 该时期中有机体对环境中特定种类的刺激具有更强的易感性,但这些环境刺激的缺失并不总是会导致不可逆转的坏结局。

敏感期(sensitive period)里,有机体对所处环境中特定种类的刺激有更强的易感性。敏感期代表特定能力出现的最佳时期,并且此时儿童对环境影响极为敏感。

理解关键期和敏感期这两个概念之间的差异是很重要的。在关键期内,特定环境刺激的缺失被认为可能对正在成长中的个体造成永久性的、不可逆转的结果。相比之下,在敏感期内,特定环境刺激的缺失可能延缓个体的成长,但后期的经验也可以弥补早期的缺陷。换句话说,敏感期概念承认成长中的个体的可塑性(Konig, 2005;Armstrong, et al., 2006;Hooks & Chen, 2008)。

关注毕生角度还是关注特定时期

发展心理学家应该关注人类一生中的哪个部分?对于早期发展心理学家而言,答案倾向于婴儿期和青春期。显然易见,相比生命中的其他阶段,绝大多数的关注都聚焦在这两个时期。

然而这种观念在当今发生了变化。发展心理学家们相信,鉴于以下几个原因,完整的一生是至关重要的。一是人们发现,发展的成长和变化在生命的每一个阶段中持续发生——正如我们在贯穿本书所讨论的那样。

此外,每个人周围环境的一个重要组成部分是他们身边的人群,即个体的社会环境。为了全面理解社会环境对特定年龄个体产生的影响,我们必须考察向个体提供这种影响的广泛人群。例如,为了理解婴儿的发展,我们需要弄清家长的年龄对婴儿的社会环境所产生的影响。一个初为人母的15岁妈妈所提供的家庭影响,与一个37岁富有经验的母亲所提供的影响有着极大的不同。因此,婴儿的发展部分上是成人发展所派生的结果。

另外,如同发展心理学家保罗·巴尔特斯(Paul Baltes)所提出的那样,毕生发展同时涉及了获得和丧失。随着年龄的增长,一些能力变得更为娴熟老练,而另一些技能则开始消退。例如,个体的词汇量从儿童期到成年中期甚至到成年晚期都在保持增长;而与此同时,身体能力,如反应时,则在成年早期和中期达到顶峰,然后开始衰退(Baltes, Staudinger, & Lindenberger, 1999;Baltes, 2003)。

在毕生发展的各个时间点上,人们也在转换着投入自身资源(动机、精力和时间)的方式。在生命早期,人们将个人资源奉献给与成长相关的活动,如求学或学习打网球等新技能。当人们逐渐变老进入成年晚期时,更多的资源则用来应对失去亲人的痛苦(Staudinger & Leipold, 2003)。

先天和后天对发展的相对影响

这是关于发展的永久话题之一。个体的行为有多少取决于他们的先天遗传,又有多少取决于所处的物理和社会环境的后天影响?这是个具有深刻哲学和历史根基的问题,支配着大量毕生发展的研究工作。

在这里,先天(nature)是指从父母那里继承下来的特质、才干和能力。它包括遗传信息在预先确定的实现过程（即**成熟**过程，**maturation**）中产生的任何因素。当人类从一个由受精瞬间创造出的单细胞有机体开始，直到成为由十几亿细胞组成的完整个体，这些遗传基因的影响时刻伴随着我们的发展。先天因素决定了我们的眼睛是蓝色还是褐色，决定了我们在一生中是拥有浓密的头发还是会变成秃顶，也决定了我们会成为多么出色的运动员。先天因素决定了我们大脑的发育方式，而这种方式使得我们可以阅读这一页纸上的文字。

相反，后天（nurture）是指塑造行为的环境影响。这些影响中有一些可能是生物上的，如怀孕母亲摄入可卡因对胎儿的影响，以及儿童可服用食物的种类和数量。其他环境影响则更偏向于社会性，如家长教养孩子的方式，或同伴压力对一个青少年的作用。最后，还有一些影响是更大的社会等级因素作用的结果，如个体所处的社会经济环境。

先天和后天所影响的日后行为 如果我们的特质和行为是由先天或后天单独决定的，那么针对这个问题的争论可能会大大减少。然而，对于大多数关键行为而言却并非如此。以一个最具争议的领域——智力为例：正如我们将要在第九章深入探讨的那样，对于智力是由先天的遗传因素决定，还是由后天的环境因素所塑造这一问题，所引发的激烈争论不仅遍布科学舞台，而且还延伸到政治和社会政策领域。

让我们考虑一下该问题的深层含义：如果个体的智力程度主要由遗传决定，并在出生时就已确定，那么日后生活中提高智力水平的种种努力可能注定以失败告终。相反，如果智力主要是环境因素作用的结果，那么我们可以期望通过改善社会条件来促进智力的提高。

关于智力来源的争论对社会政策的影响程度证明了先天—后天问题的重要性。正如我们将要在本书很多主题领域中就此问题进行阐述的那样，我们需要记住的是，发展心理学家并不主张行为是先天或后天单独作用的结果。相反，这是一个程度的问题，而问题的细节部分同样被热烈地讨论着。

此外，遗传与环境因素的交互作用相当复杂，部分是因为一些由遗传决定的特质不仅直接影响到儿童的行为，而且还间接影响他们所处的环境。例如，一个一贯任性和爱哭的儿童——他的特质可能由遗传因素所造成——也会影响到其自身的环境：他使得父母对持续的哭声具有高度敏感性，无论孩子何时哭闹都会匆匆赶去抚慰。由此，父母对儿童因遗传所决定的行为的敏感反应，变成了对儿童日后发展的环境影响（Bradley & Corwyn, 2008；Stright, Gallagher, & Kelley, 2008）。

同样，虽然遗传背景使得我们每个人表现出特定的行为，但是这些行为在缺乏适当环境的情况下也难以发生。具有相似遗传背景的个体（如同卵双生子）可能具有相差甚远的行为方式；而具有完全不同遗传背景的个体也可能会在特定领域有着极为相似的行为（Coll, Bearer, & Lerner, 2004；Kato & Pedersen, 2005）。

总之，对于特定行为应在何种程度上归因于先天还是后天这一问题，非常具

成熟 遗传信息预先确定的实现过程。

有挑战性。归根结底，我们应该将先天—后天问题看成是一个连续统一体的对立两端，而一些特定行为则处于两者中间的某一处。我们还可以列举出一些类似于其他争论的内容，这些也是我们曾讨论过的话题。例如，连续与不连续发展并非是相互对立的"不是/而是"命题；一些发展形式偏向于统一体"连续"的一端，而另一些发展形式则靠近"不连续"的那一端。简而言之，几乎没有关于发展的论断只涉及绝对的"不是/而是"说法。

复习和应用

复习

- 毕生发展，用于考察个体在生命历程中的成长和变化的科学途径，包括身体、认知、社会性和人格发展。
- 文化和种族在发展中同样扮演了重要的角色，广义的文化和文化的各个方面，如种族和社会经济地位都包括在内。
- 基于年龄和出生地点，作为同辈群体中的成员，人们会受到基于历史事件的影响（历史方面的影响）。人们同样会受制于年龄、社会文化，以及非常规生活事件的影响。
- 毕生发展中的四个重要问题分别是发展的连续性与不连续性、关键期的重要性、是应该关注特定的阶段还是整个一生，以及先天—后天之争议。

应用毕生发展

- 举出一些例子，说明文化（广义的文化或文化的各方面）影响人类发展的方式。
- **从一个教育工作者的视角看问题**：学生的同辈团体身份如何影响他们的入学准备？例如，相比在互联网出现之前的同辈团体，来自互联网普及时代的同辈团体有什么好处和弊端？

1.3 毕生发展的理论观点

　　直到17世纪，欧洲才开始出现"儿童期"（childhood）的概念。在这之前，儿童只是被简单地视为微缩版成人。人们认为儿童有着与成人相同的需要和愿望、相同的恶习和美德，并不可享有超出成人的特权。他们有着和成人相同的着装，也有着和成人一样的工作时间。他们会因为违法行为而遭受和成人一样的惩罚。如果偷窃，他们就会被吊起来；如果表现出色，他们可以享受富贵，至少在他们的身份或社会地位允许的范围之内。

　　这种对于儿童期的观点在现在看来是错误的，但在当时却是毕生发展的内容所在。从这个观点出发，年龄并不会带来除了"尺寸大小"以外的差异。人们认为个体在贯穿一生的绝大部分时间里不会发生实质性的改变，至少在心理层面上如此（Ariès, 1962；Acocella, 2003；Hutton, 2004；Wines, 2006）。

社会对儿童期的看法，以及对儿童的适当要求，随着时代而发生改变。图为在20世纪早期，这些儿童在矿井下进行全职工作。

虽然向前回顾几个世纪，我们可以很容易地驳斥中世纪对于儿童期的观点，然而如何在当时形成正确的替代观点却并不简单。我们关于发展的观点应该集中在一生中生物学方面的变化、成长和稳定性上吗？还是集中于认知或社会性方面？抑或是其他的因素？

研究毕生发展的学者们采用大量不同的观点对这一领域进行考察。每一种主要的观点都包括一个或多个**理论（theory）**，即对于所关注现象大量系统的解释和预测。理论提供了一个框架，用来理解表面上无条理的事实或原理间的关系。

我们每个人都在建立关于发展的理论，基于我们的经验、民间传说，以及杂志和报纸上的文章。然而，毕生发展的理论与此不同。我们自己的个人理论建立在未经证实的偶然观测上，而发展心理学家的理论则更为正式，基于对先前结论和理论建立的系统整合。这些理论使得发展心理学家能够总结和组织先前的观测结果，并能够超越现存的结果，以得出不太明显的推论。除此外，这些理论受到了以研究形式进行的严格检验，而个人的发展理论则不会经过如此的检验，甚至从未遭到质疑（Thomas, 2001）。

我们将考察毕生发展中的五个主要理论观点：心理动力、行为、认知、人本主义和进化观点。每一种观点都强调发展的不同方面，并指引发展心理学家选择特定的研究方向。此外，每一种观点也都在不停地发展和变化，以适应这个不断成长的、充满活力的学科。

心理动力学观点：关注内在的个人

当玛丽索6个月大的时候，她经历了一场血淋淋的车祸——这或许是她的父母告诉她的，因为她对这场车祸并不存在有意识的记忆。然而，现在当她24岁时，她却很难维持和他人的关系，而她的治疗师正在探寻她的问题是否源于早期的那场车祸。

理论 对于所关注现象的解释和预测，提供了一个用来理解有组织的事实或原理间关系的框架。

西格蒙德·弗洛伊德

寻找这样的联结也许看起来有些牵强，但是在**心理动力学观点（psychodynamic perspective）**的支持者看来，这并非不可能。他们相信，很多行为都是由那些并未被个体觉知或控制的内在力量、记忆和冲突所激发的。内在力量，也许来源于个人的儿童时期，持续影响着个体的行为，并贯穿生命始终。

弗洛伊德的精神分析理论　和某一个人及理论最紧密联系的心理动力学观点是：弗洛伊德（Sigmund Freud）和他的精神分析理论。弗洛伊德（1856～1939）是维也纳的一名医生。他的革命性观点最终不仅对心理学和精神病学领域影响非凡，而且对西方的思想也产生了普遍而深远的影响（Masling & Bornstein, 1996）。

弗洛伊德的**精神分析理论（psychoanalytic theory）**提出，无意识的力量决定了个体的人格和行为。弗洛伊德认为，无意识是人格中未被个体觉察的一部分。它包括婴儿时期所隐藏的希望、愿望、要求和需求。由于它们具有令人烦扰的本质，因而被隐藏于有意识的觉知背后。弗洛伊德认为，无意识是我们很多日常行为发生的原因。

根据弗洛伊德的理论，每个人的人格包括三部分：本我、自我和超我。本我（id）是人格中未经加工和组织的、天生的部分，在个体出生时即存在。它代表了与饥饿、性、攻击和非理性冲动有关的原始内驱力。本我所遵循的是快乐原则（pleasure principle），追求的目标是满足的最大化和压力的缓解。

自我（ego）是人格中理性与理智的部分。自我在个体外在的现实世界和内在的原始本我之间起着缓冲器的作用。自我所遵循的是现实原则（reality principle），其机能是抑制本能的冲动以维持个体的安全，并帮助个人整合到社会之中。

最后，弗洛伊德提出，超我（superego）代表的是个人的良知，用以区分什么是对、什么是错。在个体5岁或6岁的时候，通过对父母、老师和其他重要他人的学习而形成超我。

除了对人格的不同组成部分进行了阐述，弗洛伊德还指出童年时期人格发展的方式。他认为**性心理发展（psychosexual development）**是儿童经历一系列不同阶段的过程，在这些阶段中，儿童通过特定的生物学功能和身体部分获得愉悦感或满足。如表1-3所示，弗洛伊德指出愉悦感的产生由最初的口腔（口唇期）转移到肛门（肛门期），最终转移到生殖器（性器期和生殖期）。

根据弗洛伊德的观点，如果儿童在特定的阶段无法使自己得到充分的满足，或如果满足过度，就有可能发生固着。固着（fixation）是由于冲突未被解决，而反映了某个发展早期阶段的行为方式。例如，口唇期的固着可能导致成人不寻常地热衷于口头活动——吃东西、说话，或咀嚼口香糖。弗洛伊德还指出，固着会通过一些象征性的口头活动表征出来，如进行"尖刻"的挖苦讽刺。

埃里克森的心理社会性理论　精神分析学家埃里克森（Erik Erikson，

心理动力学观点　该观点指出，行为是由那些不曾被个体觉知或控制的内在力量、记忆和冲突所激发的。

精神分析理论　由弗洛伊德提出，认为无意识的力量决定了个体的人格和行为。

性心理发展　根据弗洛伊德的理论，它是儿童所经历的一系列不同阶段，在这些阶段中，儿童通过特定的生物学功能和身体部分获得愉悦感或满足。

1902~1994）在他的心理社会性发展理论中，提出了另一种可供参考的心理动力观点。该观点强调个体和他人的社会交互作用。埃里克森认为，社会和文化都在挑战并塑造着我们。**心理社会性发展（psychosocial development）**包括人与人间的相互了解和相互作用的变化，以及我们作为社会成员对自己的认识和理解（Erikson, 1963；Côté, 2005）。

埃里克森的理论指出，发展变化贯穿我们的生命，并经历了八个不同的阶段（见表1-3）。这些阶段以固定的模式出现，并且对所有人来讲都是相似的。埃里克森指出，个体在每个阶段都要应对和解决一种危机或冲突。尽管没有一种危机可以完全解决，生活也变得越来越复杂，但至少个体必须充分地化解每一阶段的危机，以应对下一个发展阶段的要求。

埃里克·埃里克森

表1-3 弗洛伊德和埃里克森的理论

大致年龄	弗洛伊德的性心理发展阶段	弗洛伊德各阶段的主要特征	埃里克森的心理社会性发展阶段	埃里克森各阶段中的正性和负性结果
出生至12~18个月	口唇期	感兴趣于从吮吸、吃东西、做口形、啃咬中获得口部满足	信任对不信任	正性：从环境支持中感到信任 负性：对他人感到害怕和担忧
12~18个月至3岁	肛门期	通过排泄和控制排便得到满足；对涉及上厕所训练的社会控制做出妥协让步	自主对羞愧怀疑	正性：如果探索受到鼓励，产生自我满足感 负性：自我怀疑，缺乏独立性
3岁至5~6岁	性器期	对生殖器感兴趣；对恋母情结的冲突做出妥协，导致对同性别家长的认同	主动对内疚	正性：探索出发起行动的方式 负性：对行动和思想感到内疚
5~6岁至青春期	潜伏期	对性的关注大大减弱	勤奋对自卑	正性：发展出能力胜任意识 负性：感到自卑，没有控制感
青春期至成年期（弗洛伊德）青春期（埃里克森）	生殖期	对性的兴趣重新出现，并建立成熟的性关系	同一性对角色混乱	正性：意识到自我的独特性，对自己需要遵循的角色有明确认识 负性：不能识别生命中适当的角色
成年早期（埃里克森）			亲密对孤独	正性：建立性爱关系和亲密的友谊 负性：对和他人建立关系感到恐惧
成年中期（埃里克森）			再生力对停滞	正性：对生命延续的贡献感 负性：对自己的行动产生碌碌无为感
成年晚期（埃里克森）			自我整合对绝望	正性：感到生命中的成就和谐统一 负性：对生命中失去的机会感到悔恨

心理社会性发展 该理论包括人与人间的相互了解和交互作用的变化,以及我们作为社会成员对自己的认识和理解。

行为观点 该观点认为理解发展的关键内容是可观测的行为和外部环境中的刺激。

与弗洛伊德不同,埃里克森没有将青春期视为发展的完成阶段。他指出,成长和变化持续贯穿于人的一生。例如我们将在第十六章探讨的,埃里克森认为在成年中期,个体会经历再生力对停滞阶段,他们可能由于自己给予家庭、社区和社会的贡献而产生一种对生命延续的积极知觉,也可能对自己传递给未来一代的事物感到失望而具有一种停滞感(De St. Aubin, McAdams, & Kim, 2004)。

对心理动力学观点的评价 心理动力学理论以弗洛伊德的精神分析和埃里克森的心理社会性发展理论为代表,我们很难领会它的全部意义。弗洛伊德所阐述的关于无意识影响行为的观点是一项不朽的成就,从所有人对于其合理性的大致认同,就可以看出无意识观点遍及西方文化思想的范围之广了。事实上,当代研究记忆和学习的学者提出,那些我们并未有意识觉察到的记忆,对我们的行为产生着重要的影响。如在婴儿时期经历车祸的玛丽索的例子,就是基于思考和研究的一次心理动力学理论应用。

然而,弗洛伊德的心理动力学理论中一些最基本的原则也遭到了人们的质疑,因为它们并未得到后续研究的验证。特别是关于童年期不同阶段的经历会决定个体成年期的人格这一观点,还缺乏明确的研究支持。除此之外,由于弗洛伊德理论中的很大部分仅仅基于有限的样本——那些生活于严格禁欲、极端拘束时代的奥地利中上阶层个体,这些理论能否应用于广泛的多文化群体还值得质疑。最后,由于弗洛伊德的理论主要关注于男性的发展,该理论也被视为男性至上主义和对女性进行贬低而遭到批判(Guterl, 2002;Messer & McWilliams, 2003;Schachter, 2005)。

埃里克森认为发展持续贯穿生命始终的观点是非常重要的——并且他也得到了相当多的支持。然而,他的理论也同样存在缺陷。和弗洛伊德的理论一样,埃里克森更多关注了男性而非女性的发展。其理论中有些方面的阐述相当模糊,致使研究者很难对其进行严格的检验。另外,正如心理动力学理论通常存在的问题那样,我们很难利用这些理论对特定个体的行为做出明确的预测。总而言之,心理动力学观点对过去的行为提供了很好的描述,但对于未来行为的预测却是不严密的(Whitbourne et al., 1992;Zauszniewski & Martin, 1999;De St. Aubin & McAdams, 2004)。

行为观点:关注可观测的行为

当艾莉莎·希恩3岁的时候,一条棕色的大狗咬伤了她,结果用了几十针来缝合伤口,并做了好几次手术。从那时起,每当她看到狗的时候都会浑身出汗,事实上,她也从未享受过和任何宠物相处的时光。

对于一名持有行为观点的毕生发展专家来说,关于艾莉莎行为的解释十分简单直白:她对狗产生了习得的恐惧。与考察有机体内在的无意识过程不同,**行为观点(behavioral perspective)** 认为,理解发展的关键内容是可观测的行为和外部环境中的刺激。如果我们知道了刺激,就可以预测行为。从这个角度来说,行为观点所反映的看法是：后天比先天对发展更为重要。

行为理论并不认为人们普遍会经历一系列的阶段。相反，该理论假定个体受到其所处环境中刺激的影响。因此，发展模式是个人化的，反映出特定的环境刺激，而行为则是持续暴露于环境中特定因素而造成的结果。此外，发展变化被视为量而非质的改变。例如，行为理论认为，随儿童年龄的增长，问题解决能力的提高在很大程度上是心理容量（capacity）增加的结果，而不是儿童解决问题时可以采取的思维种类的变化。

经典条件作用：刺激替代　"给我一打健全的婴儿，在我所设计的环境中抚养长大，不论他的天赋、才能、志趣及家族背景如何，我保证能够任选其一，把他训练成为我所选定的行业专家：医生、律师、艺术家、大亨，甚至是乞丐或小偷……"（Watson, 1925）

这句话出自华生（John B. Watson, 1878～1958），他是最先提倡行为理论的美国心理学家之一，他对行为观点进行了全面的总结。华生坚信我们能够通过对构成环境的刺激进行仔细研究，从而获得关于发展的全面理解。事实上，他认为通过有效地控制个体的环境，就有可能塑造任何行为。

正如我们将在第五章中所讨论的那样，当有机体学会用一种特定的方式对中性刺激进行反应，而这种刺激一般不会唤起该类型反应的时候，就产生了**经典条件作用**（classical conditioning）。例如，如果重复给一只狗呈现配对出现的刺激——铃声和食物，它就能够学会对单独的铃声表现出类似于对食物的反应——分泌唾液并兴奋地摇动尾巴。狗通常不会对铃声产生这样的反应；这种行为是条件作用的结果。条件作用是学习的一种形式，指的是与某种刺激（食物）相关联的反应又与另外一种刺激建立了联系——在这个例子中，另一种刺激是铃声。

同样的经典条件作用过程可以用来解释我们如何习得情绪反应。在被狗咬伤的艾莉莎·希恩这一例子中，华生会将其解释为一种刺激被替代成另一种刺激：艾莉莎与一只特定的狗（原始刺激）的不愉快经历被迁移到其他狗身上，并泛化至所有的宠物。

操作性条件作用　除了经典条件作用之外，其他类型的学习也源自于行为观点。事实上，影响最为深远的学习理论应该是操作性条件作用。**操作性条件作用**（operant conditioning）是学习的一种形式，指的是一种自发反应由于其正性或负性后果而得以加强或削弱的过程。和经典条件作用不同的是，操作性条件作用中的反应是自发的、有目的的，而并不是自动的（如分泌唾液）。

在心理学家斯金纳（B. F. Skinner, 1904～1990）开创并支持的操作性条件作用中，个体为了得到他们所期望的结果，学会有意地作用于他们所处的环境（Skinner, 1975）。因

> **经典条件作用**　一种学习形式，是指有机体以一种特定的方式对中性刺激进行反应，而这种刺激一般不会唤起此种反应。
>
> **操作性条件作用**　一种学习形式，指一种自发的反应由于其正性或负性后果而得以加强或削弱的过程。

约翰·华生

此，在某种意义上，人们操作（operate）所处的环境以获得自己希望的结果。

儿童或成人是否会重复一种行为，取决于该行为是否跟随着强化。强化（reinforcement）是一个提供刺激的过程，该过程增加了先前行为重复出现的可能性。因此，如果学生得到了好的分数，他们就会倾向于在学校努力学习；如果工人的努力与薪水的提升相挂钩，他们就会在岗位上更勤奋地工作；如果人们偶尔彩票中奖，他们就会更倾向于在日后继续购买彩票。此外，惩罚（punishment）——呈现不愉快或令人痛苦的刺激，或移除令人愉快的刺激，将会减少先前行为在未来出现的可能性。

那么，被强化的行为更有可能在将来重复出现，而未得到强化或遭受惩罚的行为则可能就此停止——用操作性条件作用的术语来讲，就是消退（extinguish）。操作性条件作用的原理被应用于**行为矫正（behavior modification）**，一种用来促进理想行为的出现频率，同时减少不受欢迎行为的发生次数的正式技术。行为矫正被应用于广泛的情境中，从教授极度心理迟滞的人们使用基本会话语言，到帮助坚持节食的人们恢复饮食（Christophersen & Mortweet, 2003; Hoek & Gendall, 2006; Matson & LoVullo, 2008）。

社会—认知学习理论：通过模仿而学习 一个5岁的男孩在模仿从电视上看到的暴力摔跤镜头时，严重地伤害了22个月大的弟弟。这名婴儿的脊髓遭受了创伤，他入院后身体得到康复，并在5个星期的治疗后出院（Reuters Health eLine, 2002）。

这里有因果关系吗？虽然我们无法得到确切的答案，但看起来是很有可能的，尤其是以社会—认知学习理论的观点来思考这一情境的时候。根据发展心理学家阿尔伯特·班杜拉（Albert Bandura）及其同事提出的观点，大量的学习可以由**社会—认知学习理论（social-cognitive learning theory）**进行解释。该理论强调，人们可以通过观察他人的行为而进行学习，被观察的对象称为榜样（Bandura, 1994, 2002）。

与操作性条件作用强调学习是尝试错误有所不同，社会—认知学习理论认为，行为通过观察而习得。我们不需要亲自体验行为的后果就能达到学习的目的。社会—认知学习理论的观点是，当我们看到榜样的行为受到奖赏，我们就有可能模仿这种行为。例如，在一个经典的实验中，让害怕狗的儿童看到一个昵称为"无畏的同伴"的榜样和狗在高兴地玩耍（Bandura, Grusec, & Menlove, 1967），在这之后，和其他没有看到上述榜样行为的儿童相比，这名先前害怕狗的儿童更有可能去接触一只陌生的狗。

班杜拉指出，社会—认知学习过程分为四个阶段（Bandura, 1986）。首先，观察者必须注意并察觉榜样行为

行为矫正 一种用来促进理想行为的出现频率，同时减少不受欢迎行为的发生次数的正式技术。

社会—认知学习理论 通过对他人行为的观察进行学习，被观察的对象称为榜样。

在真人秀"幸存者"节目中，竞争者为了取胜必须不断学习新的生存技巧。哪一种学习形式更为普遍？

中最关键的特征。其二，观察者必须成功地回忆起该行为。其三，观察者必须正确地重现该行为。最后，观察者必须被激发去学习和执行该行为。

对行为观点的评价 根据行为观点进行的研究具有巨大的贡献，其影响范围从教育严重心理迟滞儿童所用的技术，到确定控制攻击行为应采取的措施。但与此同时，关于行为观点也存在一些争议。例如，尽管都是作为一般的行为观点的一部分，经典条件作用、操作性条件作用和社会学习理论在一些基本方面互不赞同。经典和操作性条件作用将学习视为对外部刺激的反应，这里唯一重要的因素是可观测的环境特征。在这种分析中，人和其他有机体被比喻成死气沉沉的"黑箱子"，因此，箱子里发生的任何事情都无法被理解或关注。

而对于社会学习理论家来说，这种分析太过于简单化。他们认为，人不同于老鼠或鸽子的地方就在于人能够以思维和预期的形式产生心理活动。他们强调，如果要全面理解人类的发展，就必须超越对外部刺激和反应的单纯研究。

近几十年来，社会学习理论在许多方面渐渐压倒了经典和操作性条件作用理论。实际上，另一种明确地关注内部心理活动的观点已经开始产生重要的影响。这就是我们将要介绍的认知观点。

认知观点：考查理解的根源

当3岁大的杰克被问到为什么有时候天会下雨时，他答道："这样花儿就可以长大了。"当他11岁的姐姐莱拉被问到同样的问题时，她答道："是因为地球表面的蒸发作用。"而轮到他们的表哥阿吉玛，一个学习气象学的研究生时，他的回答又有所扩展，包括对积雨云、科里奥利效应（Coriolis Effect）和天气图的讨论。

在一个持有认知观点的发展理论家看来，这些回答中完整度和精确度的差异正是表现出不同程度的知识、理解或认知。**认知观点（cognitive perspective）**关注的是人们认识、理解和思考世界的过程。

认知观点强调人们如何对世界进行内部表征和思考。通过应用这种观点，发展研究者们希望理解儿童和成人怎样加工信息，以及他们思考和理解的方式如何影响他们的行为。研究者们还希望知道，人们的认知能力如何随着年龄增长而改变，认知发展表征智能在量和质层面的成长程度，以及不同的认知能力之间如何相关联。

皮亚杰的认知发展理论 没有哪个人对认知发展研究产生的影响可以与皮亚杰（Jean Piaget，1896~1980）相提并论。皮亚杰是一名瑞士心理学家，他指出，所有个体都会以固定顺序经历一系列认知发展的一般阶段。在这些阶段中，不仅信息的数量有所增加，知识和理解的性质同样也发生变化。皮亚杰关注儿童从一个阶段发展到另一个阶段时认知水平的改变（Piaget, 1952, 1962, 1983）。

我们将会在第五章详细讲述皮亚杰的理论，现在可以先对其进行大致的了

认知观点 关注人们认识、理解和思考世界的过程的理论。

解。皮亚杰指出，人类的思维是以图式（scheme）进行组织的。图式就是表征行为和动作的有组织的心理模式。对于婴儿，图式代表具体的行为——吮吸、伸手，以及每一个单独行为。对于儿童，图式变得更加复杂和抽象，如骑自行车或玩视频游戏所涉及的一系列技巧。图式就像智能电脑软件，指引和决定着如何看待和处理来自外部世界的数据（Parker, 2005）。

皮亚杰认为，儿童对世界理解的发展可以由两个基本原理进行解释：同化和顺应。**同化**（assimilation）是人们根据当前认知发展的程度和思维方式去理解某种体验的过程。同化发生在人们利用当前思考和理解世界的方式来知觉和理解一个新体验的时候。相反，**顺应**（accommodation）是指个体为了应对所遇到的新刺激或新事件，对现有思维方式的改变。同化和顺应先后发挥作用，带来了认知发展。

对皮亚杰理论的评价　皮亚杰深刻地影响了我们对认知发展的理解，他也是毕生发展领域中的泰斗人物之一。他为童年期的智力发展提供了权威的阐述——其阐述经受了成千上万个研究的严格检验。总的来说，皮亚杰对于认知发展序列的主要观点是正确的。

然而，该理论的细节部分，尤其是认知能力随时间发展而变化的内容，受到了质疑。例如，一些认知技能出现的时间明显早于皮亚杰的论断。除此而外，皮亚杰发展阶段的普遍性还存在争议。越来越多的证据表明，在非西方文化下，特定认知技能的出现依照着不同的时间表。而且在每一种文化中，都有一些个体似乎永远无法达到皮亚杰所说的最高认知技能水平：形式逻辑思维（McDonald & Stuart-Hamilton, 2003；Genovese, 2006）。

最后，对皮亚杰观点最严厉的批判是，认知发展并非像皮亚杰的阶段论所认为的那样，是绝对不连续的。我们应该记住，皮亚杰指出发展进程分为四个完全不同的阶段，各个阶段的认知性质互不相同。然而，很多发展研究者提出，成长的过程更偏向于连续发展。这些批评引出了被称为信息－加工理论的新观点，它关注贯穿一生的学习、记忆和思维所基于的过程。

信息加工理论　信息加工理论成为继皮亚杰理论之后的一个重要的新观点。有关认知发展的**信息加工理论**（information processing approaches）旨在确定个体接受、使用和贮存信息的方式。

信息加工理论来源于信息电子处理过程的发展，尤其是计算机执行的信息处理过程。该理论假设，即使是最复杂的行为，如学习、记忆、分类和思考，都可以分解为一系列单独的特定步骤。

信息加工理论假定，儿童就像计算机一样，进行信息加工的容量是有限的。然而随着他们的成长，他们采用的策略也趋于复杂和成熟，这使得他们能够更有效地加工信息。

信息加工理论　旨在确定个体接受、使用和贮存信息的方式的模型。

与皮亚杰关于思维随着儿童的年龄增长产生质的改变这一观点完全不同，信息加工理论认为，发展更多地通过量的提高而体现出来。我们加工信息的能力随年龄增长而不断提高，加工的速度和效率也是如此。此外，信息加工理论认为，随着年龄的增长，我们可以更好地控制加工的性质，还可以改变所选择的策略来加工信息。

一种基于皮亚杰研究的信息加工理论被称为新皮亚杰理论。与皮亚杰原始的理论不同，新皮亚杰理论并不赞同将认知看做一个由逐渐复杂的一般认知能力组成的单个系统。该理论认为，认知是由不同种类的独立技能所组成。依照信息加工理论的术语，新皮亚杰理论（neo-Piagetian theory）指出，认知在特定区域发展得较快，而在其他区域则发展较慢。例如，和代数学和三角学中所需的抽象计算能力相比，阅读能力和回忆故事的技能可能发展较快。此外，相比传统的皮亚杰理论，新皮亚杰理论认为，经验在促进认知发展的过程中发挥了更重要的作用（Case, Demetriou, & Platsidou, 2001；Yan & Fischer, 2002；Loewen, 2006）。

对信息加工理论的评价 我们将会在后面的章节中看到，信息加工理论已经成为我们对发展进行理解的核心部分。然而与此同时，该观点并没有对行为提供完整的解释。例如，信息加工理论对诸如创造力一类的行为几乎没有给予关注，而在创造性行为中，大部分意义深远的想法经常以一种看似非逻辑的、非线性的方式建立起来。此外，该理论并没有考虑到社会环境对发展产生的影响。这也是为什么强调关于发展的社会文化方面的理论逐渐受到人们欢迎的原因之一——我们将要在下面进行讨论。

认知神经科学理论 对毕生发展心理学家提出的多种理论进行最新补充的理论之一，就是**认知神经科学理论**（**cognitive neuroscience approaches**）。它通过对大脑加工过程的透视，考察认知的发展。和其他认知观点类似，认知神经科学理论聚焦于内在的心理过程，但它特别关注思维、问题解决和其他认知行为背后的神经活动。

认知神经科学家们致力于确定大脑中与不同类型认知活动相关联的实际部位和功能，而不是简单地假定存在着与思维相关的基于假设或理论的认知结构。例如，运用复杂的大脑扫描技术，认知神经科学家证明了思考词语含义和思考词语发音所激活的脑区是不同的。

认知神经科学家的工作也为自闭症的病因提供了线索。自闭症是一种主要的发展障碍，可导致年幼儿童显著的语言功能缺陷和自伤行为。例如，神经科学家已经发现，罹患该障碍的儿童在其生命的头一年，大脑呈现爆炸式的急剧发育，使得他们的头部明显地大于正常儿童（见图1-1）。通过对患儿的早期识别，医护工作者得以提供关键的早期干预

认知神经科学理论
通过对大脑加工过程的透视来考察认知发展的理论。

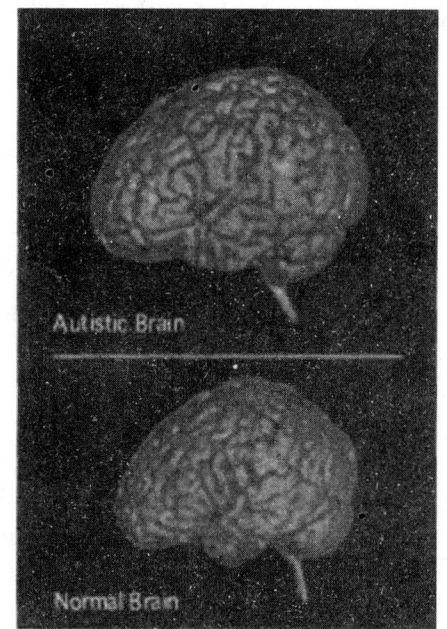

图1-1 自闭症患者的大脑
认知神经科学家已经发现自闭症患者的大脑（上图）比非自闭症患者的大脑（下图）更大。这一发现可能有助于对该障碍的早期识别，从而可以提供适合的治疗。

人本主义观点 该理论主张人们具有天生的能力能够对自己的生活做出决定，或控制自己的行为。

（Akshoomoff, 2006；Nadel & Poss, 2007；Lewis & Elman, 2008）。

认知神经科学理论同样位于最前沿研究的核心地位。这些研究已经识别出与机能失调相关联的特殊基因。这些失调或疾病的范围从身体问题（如乳腺癌）到心理障碍（如精神分裂症）。识别出这些使个体易受攻击的基因是基因工程迈出的第一步，由此，基因治疗可以减少甚至预防疾病的发生。

对认知神经科学理论的评价 认知神经科学理论代表着儿童青少年发展研究的一个新的前沿。应用尖端测量技术（其中很多技术在最近几年才发展出来）使得认知神经科学家能够窥探大脑的内部运作。我们在基因方面的进展也给正常和异常发展的研究打开了一扇新的窗口，并启示了对于异常发展的多种治疗方法。

认知神经科学理论的批评者则提出，它有时只是提供了对发展现象的更好的描述，并没有给出解释。例如，发现自闭症患儿具有比正常儿童更大的大脑并不能解释为什么他们的大脑变得更大了——这仍然是一个待解答的问题。尽管如此，这方面的工作不仅为找到合适的治疗方法提供了重要线索，而且最终能够导向对一系列发展现象的完全的理解。

人本主义观点：关注人类的独特品质

人类的独特品质是人本主义观点关注的核心。人本主义观点是毕生发展心理学家应用的第四种主要理论，它不赞成我们的行为在很大程度上由无意识过程对环境的学习，或理性的认知过程所决定。**人本主义观点**（humanistic perspective）主张，人们具有天生的能力能够对自己的生活做出决策，或控制自己的行为。根据这一理论，每个个体都有能力和动机去达到成熟的更高水平，而且人们也会自然地去实现自己的全部潜能。

认知神经科学家已经发现自闭症患者的大脑比非自闭症患者的大脑更大。这一发现可能有助于对该障碍的早期识别，从而可以提供适合的治疗。（来源：Courchesne website at http://www.courchesneautismlab.org/mri.html）

人本主义观点强调自由意志（free will），即人类对自身生活做出选择和决定的能力。人们并不是依赖社会标准，而是有动机地对自己在生活中需要做的事情做出决定。

人本主义观点的主要支持者之一罗杰斯（Carl Rogers）指出，所有人都有得到积极关注的需求，因为每一个人都有潜在的被爱和被尊敬的渴望。因为只有他人才可以提供这种积极关注，所以我们变得依赖于他们。因此，我们对于自尊和自己的看法其实是我们认为他人如何看待自己的一种反映（Rogers, 1971；Motschnig & Nykl, 2003）。罗杰斯与另一位人本主义理论的关键人物马斯洛（Abraham Maslow）一起提出，自我实现（self-actualization）是生命中的首要目标。自我实现是人们以他们独特的方式实现最高潜能的一种状态。虽然这个概念最初只是被应用于一小部分著名人物，如埃莉诺·罗斯福（美国第32任总统富兰克林·德拉诺·罗斯福的妻子）、亚伯拉罕·林肯和阿尔伯特·爱因斯坦等，后来的理论家们将此概念扩展到任何认识到自身潜能和价值的个体身上（Maslow, 1970; Jones & Crandall, 1991; Sheldon, Joiner, & Pettit, 2003）。

对人本主义观点的评价　除了对重要和独特的人类品质进行强调，人本主义观点并没有为毕生发展领域带来重要的影响。这主要是由于该理论无法解释任何随年龄或经验增长而发生的一般发展变化。不过，人本观点中提到了一些概念，如自我实现，有助于描述人类行为的重要方面，并且在从健康保健到商业的广泛领域中引发了探讨（Laas, 2006; Zalenski & Raspa, 2006; Elkins, 2009）。

环境观点：更全面地看发展

尽管毕生发展心理学家总是从身体、认知、人格和社会性因素几个方面分开来考察发展的轨迹，但这样的归类却存在一个严重的不足：在真实世界中，没有一种影响因素会孤立于其他因素单独起作用。相反，在不同种类的影响因素之间，存在着稳定而持续进行的交互作用。

环境观点（contextual perspective）考虑个体与他们的身体、认知、人格及社会环境之间的关系。该观点认为，如果看不到个体与其周围丰富的社会和文化环境的交缠，就无法对其独特的发展过程做出恰当的观察。这里我们将考察该类别下的两个主要理论，布朗芬布伦纳生物生态学理论和维果斯基的社会文化理论。

发展的生物生态学理论　在承认对毕生发展的传统研究方法存在缺陷的前提下，心理学家布朗芬布伦纳（Urie Bronfenbrenner, 1989; 2000; 2002）提出了一个全新的视角，即**生物生态学理论（bioecological approach）**。该理论认为，有四个层级的环境同时影响着个体的发展。布朗芬布伦纳指出，如果我们不去考虑每一层级的环境将如何影响个体，我们就无法完全理解发展过程（见图1-2）。

> **环境观点** 该理论考虑个体与他们的身体、认知、人格及社会环境之间的关系。
>
> **生物生态学理论** 该理论认为环境的不同层级同时影响个体的发展。

微观系统（microsystem）是儿童日常生活的直接环境。家人、看护者、朋友和教师都作为微观系统的一部分，对儿童产生影响。然而儿童并不只是一个被动的接受者。相反，他们主动参与微观系统的建构，并在其中的直接世界中塑造他们的生活。儿童发展中大多数传统研究都指向微观系统这一层面。

中间系统（mesosystem）为微观系统的众多方面之间提供了联结。如同链条中的链环，中间系统将儿童与父母、学生与教师、员工与雇主、朋友与朋友相互联结起来。它体现了将人们连接在一起的直接和间接影响，例如父母在办公室经历了糟糕的一天，接着回到家中对着孩子发脾气的那些影响。

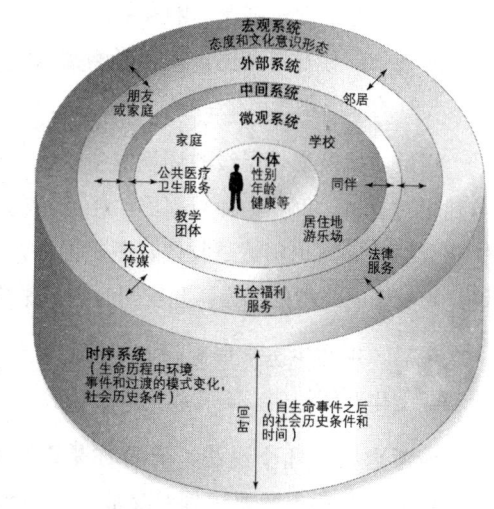

图1-2　布朗芬布伦纳的发展理论
布朗芬布伦纳关于发展的生物生态学理论提出了同时影响个体发展的4个层级的环境：宏观系统、外部系统、中间系统和微观系统。

发展的生物生态学理论关注儿童成长环境的巨大差异。

外部系统（exosystem）代表了更广泛的影响，包括诸如地方政府、社区、学校、宗教场所、地方媒体等社会机构。这些社会机构对个人发展可以产生直接的、重要的作用，并影响到微观系统和中间系统的运转。例如，学校的教学质量会影响儿童的认知发展，并产生潜在的长期后果。

宏观系统（macrosystem）代表了作用于个体的更大的文化影响。它包括一般意义上的社会、各种政府、宗教和政治价值系统，以及其他广泛的包含因素都是宏观系统的一部分。例如，文化或社会赋予教育或家庭的价值会影响生活于这个社会中个体的价值观念。儿童是广义文化（如西方文化）的一部分，但同时也作为一个独特的亚文化群体（如墨西哥—美国亚文化）中的成员而受其影响。

最后，时序系统（chronosystem）是上述所有系统的基础。它涉及时间对儿童发展产生影响的方式，其中包括历史事件（如"9·11"恐怖袭击）和渐进的历史变化（如职业妇女数量的变化）。

生物生态学理论强调影响发展的各个因素间的相互联结。由于各个层级彼此关联，因此如果系统中的某一部分发生变化，就会影响到系统的其他部分。举例来说，家长的失业（涉及中间系统）会对儿童的微观系统产生影响。

相反，如果某一层级的环境发生变化，而其他层级并未产生改变，那么这些变化对于个体的影响则相对较小。例如，如果家庭给予儿童的学业支持很少，那么即使对学校的环境进行改善，儿童学业成绩的提高也仍然是收效甚微。同样，生物生态学理论指出，家庭成员间的影响是多向的，不仅是家长影响儿童的行为，儿童同时也在影响着家长的行为。

最后，生物生态学理论强调广泛的文化因素对个体发展的重要性。发展研究者们越来越关注文化和亚文化群体如何影响其成员的行为表现。

请考虑以下几个说法，看看你是否同意：比如，应该教导孩子好成绩的取得与同学的帮助密不可分？儿童无疑要规划对父业进行继承？儿童应该听从父母的建议来选择以后的职业道路？如果你成长于分布最为广泛的北美文化中，你很可能会反对以上说法，因为它们违反了个人主义（individualism）的前提——个人主义强调个人身份、独特性、自由和个人价值，是占统治地位的西方哲学。

而另一方面，如果你成长于传统的亚洲文化中，你则更可能赞同上面的三种说法。原因是什么？上述观点反映了被称为集体主义的价值导向。在集体主义（collectivism）的观念中，团体的利益重于个人。成长于集体文化中的个体倾向于强调他们所属团体的福利，有时候甚至牺牲个人的利益。

个人主义和集体主义这一对概念是文化差异的几个维度中的一个，它例证了人们所处的文化环境存在差异。这种普遍的文化价值观在塑造人们的世界观和行为上，扮演了重要的角色（Leung, 2005；Garcia & Saewyc, 2007；Yu & Stiffman, 2007）。

评价生物生态学理论 尽管布朗芬布伦纳将生物学影响作为生物生态学理论的重要成分，但生态学影响才是该理论的核心。一些批评者认为这一观点对生物学因素的关注不足。尽管如此，考虑到它提出的环境影响儿童发展的四个层级，生物生态学理论对儿童发展研究仍相当重要。

维果斯基的社会文化理论 根据俄国发展心理学家列夫·维果斯基（Lev Semenovich Vygotsky）的观点，如果不考虑儿童成长于其中的文化背景，那么就无法对发展进行全面的理解。维果斯基的**社会文化理论（sociocultural theory）**强调，认知发展是如何作为同一文化成员间社会交互的结果而进行的（Vygotsky, 1979, 1926/1997；Beilin, 1996；Winsler, 2003；Edwards, 2005）。

根据维果斯基的理论，通过和他人一起游戏和合作，儿童能够在认知上形成关于世界的理解，并学会什么是社会中重要的东西。

维果斯基认为，儿童对于世界的理解是通过和成人及其他儿童解决问题的互动而获得的。当儿童和他人一起游戏和合作时，他们学到了什么是自己所处社会中重要的东西，同时，他们对世界的理解有了认知上的进步。因此，为了理解发展的过程，我们必须考虑：对于一个特定文化中的成员，什么是有意义的。

和其他理论相比，社会文化理论更为强调的是：发展是儿童与其所在环境中的个体之间的相互交流（reciprocal transaction）。维果斯基认为，人和环境影响着儿童，而儿童也反过来影响着人和环境。这种模式无止境地循环持续下去，儿童既是社会化影响的接受者，也是该影响的施予者。例如，在一个数代同堂的大家庭里成长的儿童，对于家庭生活的认识就会有异于一个旁系亲属居住在远方的儿童。同样，这些亲属也被该情境和这个儿童所影响，影响的程度取决于他们与儿童的亲密程度以及接触的频率。

对维果斯基理论的评价 尽管维果斯基已经于几十年前去世，社会文化理论却越来越具影响力。这是因为越来越多的学者承认文化因素在发展中极其重要。儿童并非在文化真空中发展，相反，他们的注意会被社会指引到特定的领域。其结果是，儿童发展出特定类型的技能，而这些技能正是他们所处文化环境的产

社会文化理论 强调认知发展是如何作为同一文化成员间社会交互的结果的理论。

进化观点 该理论旨在确认我们从祖先遗传下来的基因所形成的行为。

物。维果斯基是最先认识并阐述文化重要性的发展心理学家之一,而且在当今逐渐趋向于多元文化并存的社会中,社会文化理论有助于我们更好地理解塑造发展的丰富多变的影响因素(Fowers & Davidov, 2006; Koshmanova, 2007; Rogan, 2007)。

然而,社会文化理论并非没有遭到批评。有人提出,维果斯基对文化和社会经验的过分强调导致他忽略了生物学因素对发展的作用。此外,他的观点似乎将个体对所处环境的塑造能力减至最低。事实上,正如我们在人本主义观点中所看到的那样,每一个个体都可以在决定自身发展轨迹的过程中起到重要作用。

进化观点:我们的祖先对行为的贡献

一个愈发变得具有影响力的观点就是进化观点,也是我们即将讨论的第五个和最后一个发展观点。**进化观点(evolutionary perspective)** 旨在确认我们从祖先遗传下来的基因所形成的行为(Buss & Kern, 2003; Bjorklund, 2005; Goetz & Shackelford, 2006)。

进化观点萌芽于查尔斯·达尔文(Charles Darwin)的开创性工作。1859年,达尔文在他的著作《物种起源》中提到,自然选择的过程创造了物种用来适应其环境的特质。参照达尔文的论点,进化理论主张,我们的遗传基因不仅决定了诸如皮肤和眼睛颜色之类的物理特质,而且也决定了特定的人格特质和社会行为。例如,一些进化发展学家认为,诸如羞怯和嫉妒一类的行为也是部分由基因导致的,这大概是因为它们有助于人类祖先的后代增加生存的几率(Easton, Schipper, & Shackelford, 2007; Buss, 2003, 2009)。

进化观点与习性学(ethology)领域十分靠近,习性学考察的是我们的生物构

康拉德·洛伦兹,被一群刚出生的幼鹅所跟随。洛伦兹关注行为对先天遗传模式的反映方式。

成影响行为的方式。康拉德·洛伦兹（Konrad Lorenz，1903~1989）是习性学的主要支持者，他发现新出生的幼鹅一般会如预编基因程序般跟随着它们出生后看到的第一个移动物体。他的工作证明了生物的决定性因素对行为模式的重要影响，并最终使得发展心理学家开始关注人类行为反映先天遗传模式的可能方式。

正如我们即将在第二章中讨论的那样，进化观点包含了毕生发展研究中成长最为迅速的领域：行为遗传学。行为遗传学（behavioral genetics）考察遗传对行为的作用，并试图理解我们如何继承特定的行为特质，以及环境如何影响我们表现出这些特质的可能性。该学科还关注遗传因素如何导致心理障碍的产生，如精神分裂症（Li, 2003; Bjorklund & Ellis, 2005; Rembis, 2009）。

对进化观点的评价　绝大多数毕生发展学家都认为达尔文的进化论对基本的遗传过程提供了精确的描述，并且在毕生发展领域中，进化观点逐渐变得令人瞩目。然而，对进化观点的应用却遭受了相当多的批评。

一些发展心理学家认为，由于进化观点着眼于行为的遗传和生物学方面，它对于塑造儿童和成人行为的环境和社会因素关注甚少。另外有一些批评指出，没有合适的实验方法来验证源于进化观点的理论，因为它们都是在很久很久以前发生的事情。例如，说嫉妒有助于个体更有效地生存下来是一回事，但要证明它却是另一回事。即便如此，进化观点还是引发了众多的研究来考察生物学遗传如何（至少在部分上）影响我们的特质和行为（Buss & Reeve, 2003; Bjorklund, 2006; Baptista et al., 2008）。

为什么"何种理论是正确的？"是一个错误问题

我们已经探讨了发展领域中的五个主要观点：心理动力学、行为、认知、人本主义和进化——如表1-4中的总结。很自然，我们会提出这样的问题：在这五种观点中，哪一种是对人类发展最准确的说明？

这并不是一个非常合适的问题，原因如下：首先，每一种观点所强调的只是发展的不同方面。例如，心理动力学观点强调情绪、动机的冲突，以及行为的无意识决定因素。相反，行为观点强调外显的行为，把更多的关注投向个体做了什么，而不是他们的头脑中发生了什么。我们认为，这两者在很大程度上是不相关的。认知和人本主义观点选择了相反的方向，它们更多地关注人们想了什么，而不是做了什么。最后，进化观点聚焦于发展所基于的遗传生物学因素。

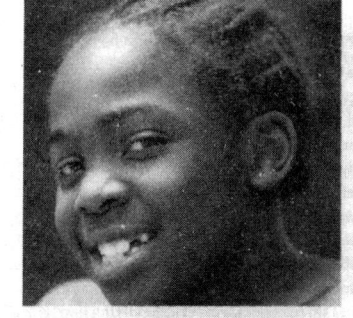
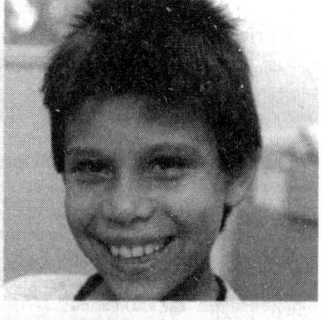

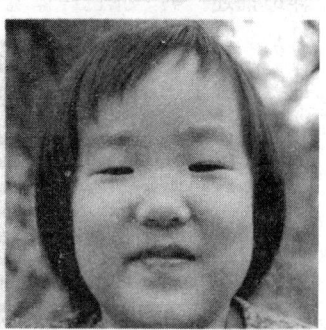

这些儿童的面孔反映了美国的多样性。所有的发展观点都旨在通过解释人类毕生的发展道路，以改善人类的条件。

表 1-4 毕生发展的主要观点

观点	关于人类行为和发展的主要思想	主要支持者	举例
心理动力学	贯穿一生的行为是由内在的无意识力量所激发，它源自儿童期，我们无法对其进行控制。	弗洛伊德 埃里克森	该观点认为，一个超重的年轻人有发展过程中口唇期的固着。
行为	通过研究可观测的行为和环境刺激，才可以理解发展。	华生 斯金纳 班杜拉	根据该观点，一个超重的年轻人会被认为没有得到良好的饮食习惯和锻炼习惯的强化。
认知	强调人们认识、理解和思考世界方式的变化和成长如何对行为产生影响。	皮亚杰	该观点认为，一个超重的年轻人没有学会保持适当体重的有效方式，而且不重视营养均衡。
人本主义	行为通过自由意志而选择，并由我们天生努力发挥全部潜能的能力所激发。	罗杰斯 马斯洛	根据该观点，一个超重的年轻人也许最终选择追求最佳体重作为其个体成长整体模式中的一部分。
环境	应当从个体的身体、认知、人格和社会性环境的交互作用来看发展。	布朗芬布伦纳 维果斯基	根据该观点，超重是个体的身体、认知、人格和社会性环境中多个相互作用的因素引起的。
进化	行为是来自祖先的遗传基因导致的结果；促进物种生存的适应性特质和行为通过自然选择遗传下来。	受达尔文早期工作的影响 洛伦兹	该观点认为，一个超重的年轻人也许具有肥胖的遗传倾向，因为过多的脂肪有助于其祖先在饥荒年代中存活下来。

举例来说，心理动力学观点可能会关注世贸中心和五角大楼的恐怖袭击如何对儿童的一生产生无意识的影响，认知观点可能关注儿童如何知觉并解释和理解这次恐怖行动，而人本主义观点则会关注儿童的志向和发挥潜能的能力如何受到影响。

很明显，每种观点都基于它们自身的前提，并关注发展的不同方面。此外，同样的发展现象也可同时由多种观点进行考察。事实上，一些毕生发展心理学家采用一种折衷（eclectic）的角度，这样就可以同时对多种观点加以利用。

我们可以将不同的观点比喻为关于同一片地理区域的一系列地图。其中一张可能包括对道路的详细描述；另一张也许体现了地理特征；第三张显示了行政区域的划分，如城市、城镇和乡村；还有另一张地图重点标记了特定的兴趣点，如风景区和古建筑。每一张地图都是正确的，但是每一张地图都提供了不同的视角和思维方式。没有一张地图是"完全的"，但如果将它们整合起来考虑，我们就可以对这个区域产生更全面的了解。

同样的道理，众多的理论观点提供了研究发展的不同方式。将它们组合起来考虑，就可以绘制出更为完整的画面，体现出人类在生活轨迹上变化和成长的无数方式。然而，并不是所有源于不同观点的理论和主张都是正确的。在这些相互竞争的解释中，我们该如何选择？答案就是研究，这也是我们将要在本章最后的部分中进行讨论的内容。

复习和应用

复习

- 心理动力学观点主要关注内在的无意识力量对发展的影响。
- 行为观点将外在的、可观测的行为视为发展的关键。
- 认知观点关注于心理活动。
- 人本主义观点提出，每一个体都具有能力和动机来达到成熟的更高水平，而且人们也会自然地去寻求实现自己的全部潜能。
- 环境观点关注个体与其生活的社会环境的关系。
- 最后，进化观点旨在确认我们从祖先遗传下来的基因所形成的行为。

应用毕生发展

- 你是否见过某些人类行为看起来像是从我们的祖先遗传下来的，因为它们有助于个体更有效地生存和适应？请举例说明。为什么你会认为这些行为是遗传下来的？
- 从一个社会工作者的视角看问题：社会学习的概念和榜样作用的概念如何与大众传媒相关联？让儿童暴露于大众传媒之中，对他们的家庭生活有什么影响？

1.4 研究方法

埃及人曾长久地相信他们是地球上最古老的种族，而普萨姆提克一世（Psamtik，公元前7世纪的埃及国王）由好奇心驱使，想要证明这个美好的信念。就像一个好的研究者一样，他由一个假设开始：如果儿童没有机会从身边年长的人们那里学习一种语言，他们会自发地说出人类最初的、与生俱来的语言——也就是最古老人类的自然语言——他希望这种语言是埃及语。

为了验证他的假设，普萨姆提克一世征用了来自低等家庭的两个婴儿，并将他们转交给一个牧人，在一个偏远的地方将他们养大。他们被关在一个封闭的村舍中，对其进行适当地喂养和照看，但却不允许他们听到任何人说的哪怕是一个单词。追踪这个故事后续发展的希腊历史学家希罗多德（Herodotus），从位于孟菲斯市的赫菲斯托斯（火和锻冶之神）的牧师们了解到他所谓的"真实情况"。希罗多德说普萨姆提克一世的目标是"去了解，当婴儿含混的咿呀学语过去后，他们第一个清晰说出的词语是什么"。

这个历史学家告诉我们，这个实验是有效的。一天，当孩子2岁大的时候，他们在那个牧者打开村舍的大门时，同时跑向牧者并喊出"Becos！"由于这个单词对牧者而言毫无意义，他没有加以注意。然而这个词语却反复出现，于是他通知了普萨姆提克一世。普萨姆提克一世立即命令把孩子带到他面前。在同样听到孩子所说的单词后，他进行了调查并得知"Becos"在弗里吉亚语里代表了面包的意思。他失望地做出结论：弗里吉亚是比埃及更古老的种族（Hunt, 1993, pp. 1-2）。

对于这个几千年前的观点，我们可以轻而易举地看出普萨姆提克一世理论中的缺点——无论是科学性上还是伦理上。然而相对于简单的推测，他的方式还是体现出很大的进步，而且有的时候也被看做历史记载中第一个有关发展的实验（Hunt, 1993）。

理论和假设：提出发展的问题

诸如由普萨姆提克一世提出的问题推动了发展的研究。事实上，发展心理学家现在仍然在研究儿童是怎样学习语言的。而其他研究者则试图找到类似下列问题的答案：营养失调对日后的智力表现有什么影响？婴儿如何形成和父母之间的关系，进入日托中心是否会破坏这种关系？为什么青少年特别容易受到同伴压力的影响？挑战智力的活动能否减少与老化有关的智力衰退？有没有任何心理才能是随年龄的增长而提高的？

为了回答这些问题，发展心理学家像所有心理学家和其他科学家一样，依赖于科学的方法。**科学的方法（scientific method）**是采用谨慎的、被控制的技术，包括系统化、有条理的观察和收集数据，提出并回答问题的过程。科学的方法包括三个主要步骤：（1）识别感兴趣的问题；（2）形成解释；（3）研究验证、研究结论或者支持或者反对该解释。

科学的方法涉及对理论的规范表达、大概的解释，以及对感兴趣现象的预测。例如，很多人提出过这样的理论：孩子刚刚出生后，父母和新生儿间存在一个至关紧要的联结期，这也是形成持久的亲子关系的必要因素。他们假定，如果没有这样的联结期，亲子关系将受到永久的危害（Furnham & Weir, 1996）。

发展研究者利用理论来形成假设。**假设（hypothesis）**是以一种可以被检验的方式所陈述出来的一种预测。例如，某个人赞成联结是亲子关系的关键因素这一普通理论，他也许会提出这样一种更加明确的假设：养父母从未有机会与收养儿童在刚出生时建立联结，所以被收养的儿童最终与养父母之间只会形成不太安全的关系。其他人则可能提出另外的假设，如只有持续一定的时间长度，才可能建立有效的联结，或是联结只会影响母子关系，而不会影响父子关系。（如果你想知道结果是什么：我们将在第三章进行讨论，这些特定的假设并没有得到支持；父母与新生儿之间的分离并不会产生长期后果，即使分离持续了数天之久。）

选择研究策略：回答问题

一旦研究者形成了一个假设，他们必须发展出一种研究策略来检验假设的有效性。研究的类别主要有两种：相关研究和实验研究。相关研究旨在确认两个因素间是否存在一种联结或关系。我们将会看到，**相关研究（correlational research）**

科学的方法 采用谨慎的、被控制的技术，包括系统化、有条理的观察和收集数据，提出并回答问题的过程。

假设 以一种允许被检验的方式所陈述出来的一种预测。

相关研究 旨在确认两个因素间是否存在一种联结或关系。

并不能确定一个因素是否导致另一个因素的改变。例如，相关研究可以告诉我们，当孩子刚出生后，母亲和新生儿刚刚出生后在一起相处的时间长短是否与儿童两岁时母婴关系的质量好坏存在一种关联。这种相关研究可以表明这两个因素是否相关联，但却不能表明最初的接触导致了母婴关系将以特定方式得以发展（Schutt, 2001）。

相反，**实验研究**（experimental research）则被用来发现多个因素间的因果关系。在实验研究里，研究者有意在仔细构造的情境中引入一个变化，目的在于考察这个改变带来的结果。例如，一个进行实验的研究者可能会改变母亲和新生儿之间互动的时间，试图考察建立联结的时间是否会影响母婴关系。

因为实验研究可以回答因果关系问题，所以它是寻求各种各样发展研究的答案的基础。然而，由于一些技术或伦理的原因（例如，如果设计一个让一组儿童没有机会与养育者产生联结的实验，就是不合伦理的），一些研究问题无法通过实验得到答案。事实上，很多开创性的发展研究——如皮亚杰和维果斯基进行的研究——采用的都是相关技术。因此，相关研究仍然是发展研究者工具箱中的一个重要工具。

实验研究 用来发现多个因素间因果关系的研究。

相关研究

我们已经说过，相关研究考察两个变量间的关系，以确定二者间是否存在关联或相关。例如，感兴趣于观看攻击性电视节目和后续行为的研究者们发现，观看大量攻击性电视节目——谋杀、犯罪、枪杀和类似画面的儿童，比起那些只少量观看的儿童，倾向于更具攻击性。换言之，正如我们将在第十五章中详细讨论的那样，观看攻击行为和实际攻击行为之间有着很强的关联（Center for Communication & Social Policy, 1998；Singer & Singer, 2000；Feshbach & Tangney, 2008）。

在实验研究中，研究者通过对条件的控制，试图发现众多变量间存在的因果关系。

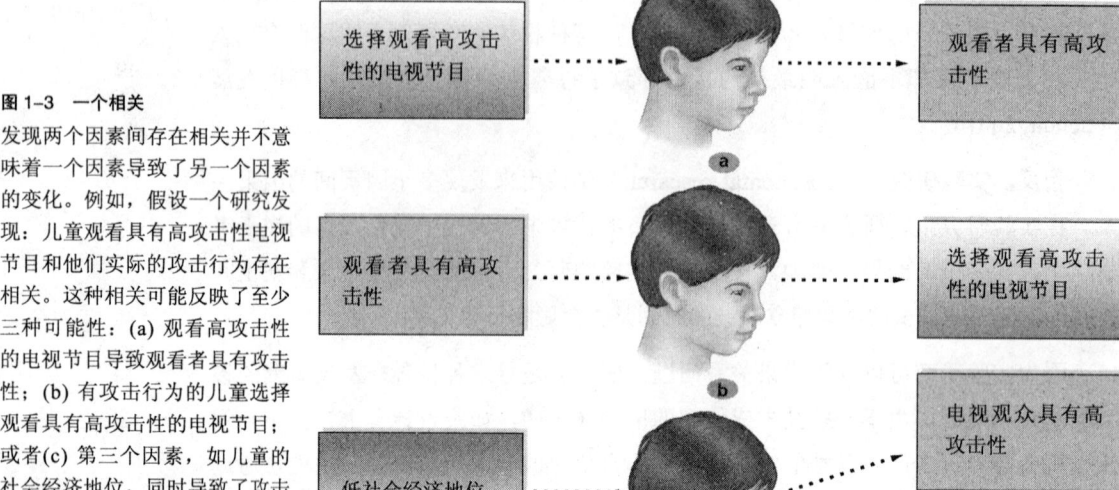

图1-3 一个相关
发现两个因素间存在相关并不意味着一个因素导致了另一个因素的变化。例如，假设一个研究发现：儿童观看具有高攻击性电视节目和他们实际的攻击行为存在相关。这种相关可能反映了至少三种可能性：(a) 观看高攻击性的电视节目导致观看者具有攻击性；(b) 有攻击行为的儿童选择观看具有高攻击性的电视节目；或者(c) 第三个因素，如儿童的社会经济地位，同时导致了攻击行为和对高攻击性电视节目的观看。除了社会经济地位外，还会有哪些因素，有可能成为这不确定的第三个因素呢？

但是，这是否意味着我们可以得出如下结论：观看攻击性的电视节目会导致观看者更多的攻击行为？根本不是这样。让我们考虑一些其他的可能性：也许本身就具有攻击性的儿童更愿意选择观看暴力节目。如果是这样的话，那么就是攻击倾向导致了观看行为，而不是其他的方式了。

让我们再考虑另一种可能性：假设生长于贫困家庭的儿童，相比于生长于富裕家庭的儿童，更可能具有攻击行为，并愿意观看更具攻击性的节目。如果情况是这样的，就出现了第三个变量——低社会经济地位——它同时导致了攻击行为和对攻击性电视的观看（图1-3中图解出各种各样的可能性）。

简言之，发现两个变量彼此相关并不能证明任何因果关系。虽然有可能变量间是以因果关系相联结的，然而事实并非一定如此。

不过，相关研究确实提供了重要的信息。例如，正如我们将在后续章节中所看到的那样，通过相关研究，我们了解到两个个体间的基因联系越紧密，他们智力的相关也就越高。我们也了解到家长越多地与幼儿说话，儿童的词汇量也就越大。我们还通过相关研究了解到，婴儿吸收的营养越好，他们在日后出现认知和社会问题的可能性也就越小（Hart, 2004；Colom, Lluis-Font, & Andrés-Pueyo, 2005；Robb, Richert, & Wartella, 2009）。

相关系数 两个因素间关系的强度和方向由一个数值所表征，称为相关系数（correlation coefficient），其范围从+1.0到-1.0。一个正相关表明：一个因素的值升高，就可以预测另一个因素的值也会升高。例如，如果我们发现人们在毕业后找到的第一份工作薪水较高，他们在工作满意度调查问卷中的得分也较高；而薪水较低的个体，也会有较低的工作满意度，那么我们就发现了一个正相关（更高的"薪水"与更高的"工作满意度"相关联；而更低的"薪水"与更低的"工作满意度"相关联）。此时，相关系数就会显示为一个正数，而薪水和工作满意度间的关联越强，相关系数就会越接近+1.0。

相反，具有负值的相关系数告诉我们的信息是：当一个因素的值升高的时候，另一个因素的值反而会下降。例如，假设我们发现青少年花费在计算机即时通讯上的时间越长，他们的学业成绩就越差。这样的发现会导致一个范围从0到-1的负相关。更多的即时通讯与更低的学业成绩相关联，而更少的即时通讯则与更高的学业成绩相关联。在即时通讯和学业成绩间的关联越紧密，相关系数就会越接近-1.0。

自然观察用于考察不加干涉的自然条件下的情境。自然观察的缺点有哪些？

最后，两个因素之间也有可能不存在相关。例如，我们不可能在学业成绩和鞋的尺码间找到相关。在这种情况下，两者之间并不存在的关系会通过一个接近于0的相关系数表现出来。

我们需要再一次重申之前所提到的事情：即使两个变量间存在的相关系数非常强，我们也不可能知道是否一个因素导致了另一个因素的变化。这只是简单地意味着，两个因素以一种可预测的方式相互关联。

相关研究的类型　相关研究具有几种不同的类型。**自然观察（naturalistic observation）**是在不干涉情境的条件下，对自然发生的行为进行观察。例如，一个想要考察学前儿童与他人分享玩具频率的研究者，会在一个班级中观察3个星期，记录学前儿童自发地与他人互相分享玩具的频率。自然观察的要点是，研究者简单地观察儿童，无论发生什么事情都对情境不加干涉（e.g., Beach, 2003; Prezbindowski & Lederberg, 2003）。

虽然自然观察具有确认儿童在其"自然栖息地"中行为的优势，却存在一个重要的缺陷：研究者无法控制他们所感兴趣的因素。例如，在某些情况下，研究者感兴趣的行为很少能够自然发生，以致研究者无法得出任何结论。此外，如果儿童知道有人正在观察自己，他们可能因此调整自己的行为。这样，被观察到的行为也就无法代表未被观察时可能出现的行为了。

逐渐地，自然观察采用了民族志学（ethnography），一种从人类学领域借来并应用于调查文化问题的方法。在民族志学中，研究者的目标是通过仔细的、长期的考察，来理解一种文化下的价值观和态度。一般而言，运用民族志学的研究者扮演了参与观察者的角色，他们在另一种文化中生活几个星期、几个月，甚至几年的时间。通过仔细观察日常生活，进行深入的访谈，研究者可以深刻地理解另一种文化中生活的本质（Dyson, 2003）。

虽然民族志学的研究方法对另一种文化下的日常行为提供了一种细密的看法，它同时也具有一些缺陷。如前所述，一个参与观察者的存在可能会影响被研究个体的行为。此外，由于只研究了一小部分个体，研究者很难将发现的结

自然观察　相关研究的一种，即在不干涉情境的条件下，对自然发生行为的一种观察。

果推广到其他文化的人群身上。最后，民族志学者们可能会曲解和误解他们观察的现象，尤其是身处在与他们自身文化差异很大的文化群体中（Polkinghorne, 2005）。

个案研究（case studies）涉及对一个特定个体或少数个体进行详尽、深入的访谈。这种研究通常不仅用于了解访谈的对象，而且还用于推导出更加普遍的原理，或得出可能应用于他人的试验性结论。例如，研究者曾经对表现出不寻常天赋的儿童，以及生命早期生活于野外，没有和人发生过接触的儿童进行过个案研究。这些个案研究为研究者提供了重要的信息，并为未来的调查提出了假设（Lane, 1976; Goldsmith, 2000; Cohen & Cashon, 2003; Wilson, 2003）。

参与者被要求以日记的形式定期记录他们的行为。例如，一群青少年可能被要求将每次他们与朋友超过5分钟的互动记录下来，从而提供一条追踪他们社交行为的路径。

调查代表了另一种类型的相关研究。在**调查研究（survey research）**中，被选择的一组人群将代表更多人数的总体，他们需要回答自己对于某个特定主题的态度、行为或想法的问题。例如，调查研究可以用来了解家长对子女的惩罚情况，以及他们对于母乳喂养的态度。通过他们的回答，就可以得到关于总体——即由被调查群体所代表的更广泛人群——的推论。

有些发展研究者，尤其是采用认知神经科学理论的研究者，会使用生理心理学的方法。**生理心理学方法（psychophysiological methods）**关注生理过程和行为的关系。例如，一个研究者可能会建议脑血流和问题解决能力的关系。类似地，一些研究用婴儿的心率来测量他们对于呈现给他们的刺激感兴趣的程度（Santesso, Schmidt, & Trainor, 2007; Field, Diego, & Hernandez-Reif, 2009; Mazoyer et al., 2009）。

最常用的生理心理学方法如下：

- **脑电图（EEG）** 脑电仪器用放置于颅骨外侧的电极记录大脑的电活动。脑活动被转化为大脑的图像呈现，能够呈现脑电波类型并诊断癫痫和学习能力丧失等障碍。

- **计算机轴向断层成像（CAT）扫描** 在CAT扫描中，电脑将多条从有微小差异的角度的X射线扫描结果结合起来，建立脑部影像。尽管CAT扫描不能呈现大脑活动，但是它可以清晰地展示出大脑的结构。

- **核磁共振成像（fMRI）扫描** 通过强大的脑内磁场，核磁共振扫描可以提供电脑生成的大脑活动的详细的三维影像。它是研究单个神经层面的大脑运作的最好方式之一。

实验：确定原因和结果

在一个**实验（experiment）**中，研究者或实验者通常会设计两种不同的条件

（或处理方法），并研究和比较身处这两种不同条件下被试的行为结果，以考察行为是如何被影响的。其中一个组，即实验组（experimental group），将接受所要研究的处理变量；而另一个组，即控制组（control group），则不接受。

也许这些术语刚开始会显得令人畏缩，但在它们背后有着一套逻辑来帮助我们对其进行梳理。让我们思考一个为检验新药品效果而进行的医学实验。在对药品的检验中，我们希望考察这种药品是否可以成功地治疗疾病。因此，接受该药物的组将被称为实验组。与其对照的是，另一个组的被试将不会接受药物治疗，他们是非实验组的控制组。

同样，假设你希望了解观看暴力电影是否会使观众变得更具攻击性。你可能会选择一组青少年，并给他们放映一系列具有很多暴力画面的电影，然后测量他们的攻击性。这个组将成为实验组。对于控制组，你可能会选择另一组青少年，给他们放映没有攻击画面的电影，然后测量他们的攻击性。通过比较实验组和控制组成员显示出来的攻击行为，你将能够确定观看暴力电影是否会使观众产生攻击行为。而这正是比利时鲁汶大学（University of Louvain）的一组研究者所发现的：通过进行这样的实验，心理学家雅克－菲利普·莱恩斯（Jacques-Philippe Leyens）及其同事发现，在青少年观看了具有暴力镜头的电影后，他们的攻击水平显著提高（Leyens et al., 1975）。

上述实验——以及所有实验——的核心特征，就是对不同条件下的结果进行比较。实验组和控制组的使用，使研究者们可以排除实验结果是由实验操控以外的因素所造成的可能性。例如，如果没有控制组，实验者就无法确定一些其他的因素，如电影放映的时间段、在放映中被试需要始终坐着的要求，甚至仅仅是时间的流逝，是否会造成研究者所观测到的变化。那么，通过使用控制组，实验者就可以对原因和影响做出正确的结论了。

自变量和因变量 **自变量（independent variable）**是研究者在实验中操控的变量。在我们例子中，自变量是被试看到的电影类型——暴力或非暴力。相反，**因变量（dependent variable）**是研究者在实验中进行测量并期望由实验的操控而带来变化的变量。在我们的实验中，被试在观看暴力或非暴力电影后的攻击行为程度就是因变量（一个记忆的方法：假设预测的是因变量如何依赖于对自变量的操控而变化）。例如，在研究服用某种药物效果的实验中，操控被试是否服用药物是自变量，服用或未服用药物后的效果是因变量。每一个实验都有自变量和因变量。

实验者需要确保实验没有受到操控因素以外其他因素的影响。因此，他们将会尽力确保实验组和控制组中的被试并不知晓实验的目的（对实验目的的了解会影响被试的反应和行为），同时，实验者也没有对哪些被试进入控制组哪些进入实验组的分配施加任何影响。分配被试的程序被称为随机分配。在随机分配（random assignment）中，被试依照且仅依照几率被分派到不同的实验组或"条件"中。通过对这种技术的应用，统计学原理可以确保可能会影响实验结果的个

自变量 研究者在实验中操控的变量。

因变量 研究者在实验中进行测量并期望由实验的操控而带来变化的变量。

人特征按比例划分在不同组别中,使得每一组相互等价。采用随机分配得到的等价组能够让实验者自信地得出结论。

图1-4展示了以青少年为被试的实验。青少年被要求观看包含暴力或非暴力影像的电影,及其对之后攻击性行为的影响。如你所见,它包含了一个实验的所有组成元素:

- **一个自变量(电影任务)**
- **一个因变量(对青少年攻击性行为的测量)**
- **任务条件随机分配(观看包含暴力影像的电影v.s.不包含暴力影像的电影)**
- **一个假设,预测自变量对因变量的影响(即观看包含暴力影像的电影会引发随后的攻击性)**

既然实验研究具有确定因果关系的优点,为什么实验法并不常常被使用呢?答案是,无论实验者的设计多么巧妙,总有一些情境是无法控制的。并且,即使有可能控制,对某些情境的控制也是不合伦理的。例如,没有哪个实验者能够将不同组的婴儿分派给具有高社会经济地位或低社会经济地位的家长,以研究这种差异对儿童日后发展的影响。同样,我们也不能对一组儿童在童年时观看的电视节目加以控制,以研究童年时期观看攻击性电视节目是否会导致日后的攻击行为。因此,对那些逻辑上或伦理上不可能进行实验研究的情境,发展学家将采用相关研究。

此外,牢记单个的实验不足以对一个研究问题给出最终的解答。在我们完全相信某个结论之前,研究必须得到复制或重复,有时是对其他对参与者使用其他程序或技术。有时发展学者使用被称为元分析的方法,该方法可以将许多研究的结果结合起来,形成一个综合的结论(Peterson & Brown, 2005)。

选择研究的地点 决定研究进行的地点与决定研究的内容一样重要。在比利时进行的电视暴力影响实验中,研究者采用了一个现实生活的场景——被判少年犯罪的男孩组成的青少年之家。研究

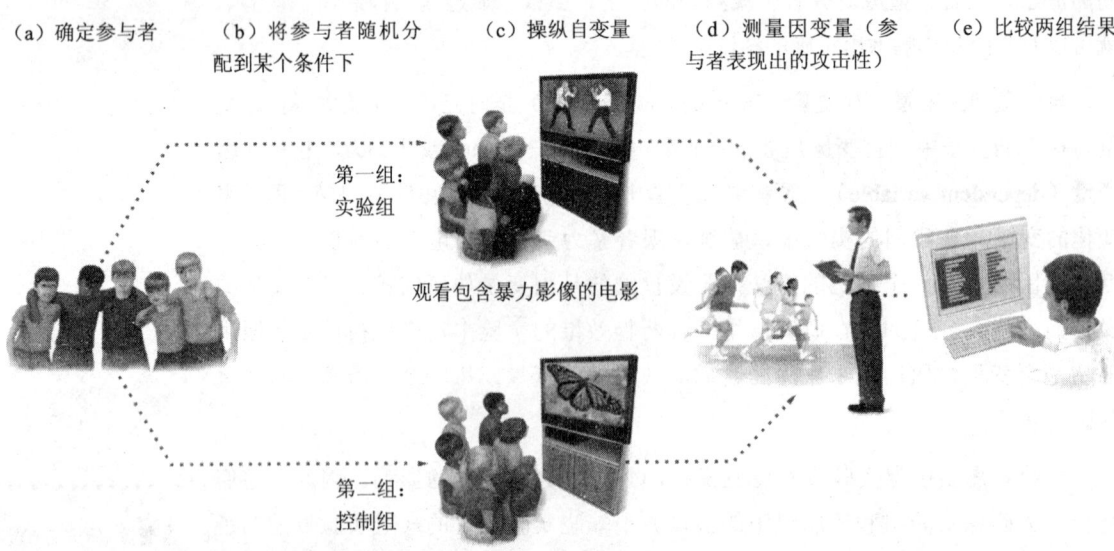

(a)确定参与者　　(b)将参与者随机分　　(c)操纵自变量　　(d)测量因变量(参　　(e)比较两组结果
　　　　　　　　　　配到某个条件下　　　　　　　　　　　　与者表现出的攻击性)

图1-4　一个实验的组成元素
在这个实验中,研究者将一群青少年随机分配到两种条件下:观看包含暴力影像的电影,或观看不包含暴力影像的电影(操纵自变量)。随后观察参与者,并确定他们表现出多少攻击性(因变量)。对结果的分析显示,观看了暴力影像的青少年随后表现出更强的攻击性(基于Leyens等人1975年的一个实验)。

者之所以选择这个**样本（sample）**，即被选择参加实验的一组被试，是因为攻击性水平普遍较高的青少年是该实验的合适人选。而且研究者可以将放映电影融合到他们的日常生活中，而将干扰减少到最低。

对现实生活场景的利用，正如上述攻击性实验所示，是现场研究的特点。**现场研究（field study）**是在自然发生的场合下进行的调查研究。现场研究可以在幼儿园班级里、社区运动场中、校车上，或街道拐角处进行。现场研究捕捉现实生活场景中的行为，而且相比实验室研究，参与现场研究的被试会表现得更加自然。

现场研究可用于相关研究和实验。现场研究一般采用自然观察——我们曾讨论过的技术，即研究者在不加干涉、不对情境加以改变的条件下，对自然发生的行为进行的观察。例如，研究者可能在儿童保育中心观察儿童的行为，也可能在中学的走廊上观察青少年的表现，还可能在老年活动中心观察老年人的行为。

然而，在现实生活场景中进行实验往往很困难，因为在这种场合下，情境和环境都很难控制。因此，现场研究更多地应用于相关设计，而不是实验室设计，且大多数发展研究的实验是在实验室中进行的。**实验室研究（laboratory study）**是在为保持事件恒定而专门设计的控制场景中进行的调查研究。实验室可以是为研究而设计的房间或建筑，就像在大学心理学系的房间或建筑一样。在实验室研究中控制情境的能力使得研究者更清晰地了解：他们的处理是如何影响被试的。

理论和应用研究：互补的途径

发展研究者一般会关注研究的两种途径之一，进行理论研究或应用研究。**理论研究（theoretical research）**是专门为了检验一些对发展的解释以及扩展科学知识而设计的，而**应用研究（applied research）**旨在为当前的问题提供实际的解决方法。举例来说，如果我们对于儿童期的认知变化过程产生了兴趣，我们可能对不同年龄的儿童在短暂呈现多位数后能够记住的数字个数进行研究——这是一个理论研究。或者，我们可能通过考察小学老师为儿童传授更容易记住信息的方式，来理解儿童是如何学习的。这代表了一种应用研究，因为研究的发现可以应用到特定的环境或问题中。

在理论研究和应用研究之间，通常没有清晰的界限。例如，一个考察婴儿耳部感染对日后听力损失影响的研究，是理论研究还是应用研究？由于这种研究有助于阐明听觉所涉及的基本过程，因此可以被认为是理论性的。但是在某种程度上，该研究可以帮助我们了解如何预防儿童的听力损失，以及哪些药物可以减轻感染的后果，它也可以被认为是一项应用研究（Lerner, Fisher, & Weinberg, 2000）。

简而言之，即使最典型的应用研究也可以帮助我们加深对于特定主题领域的理论性理解，而理论研究也可以为广泛的实际问题提供具体的解决方法。事实上，正如我们在随后的"从研究到实践"部分中所讨论的那样，研究无论具有理

样本 被选择参加实验的一组被试。

现场研究 在自然发生的场合下进行的调查研究。

实验室研究 在为保持事件恒定而专门设计的控制场景中进行的调查研究。

理论研究 专门为了检验一些对发展的解释以及扩展科学知识而设计的研究。

应用研究 旨在为当前问题提供实际的解决方法的研究。

论本质还是应用本质，都在策划和解决许多国家政策问题中发挥了重要的作用。

从研究到实践

利用发展研究改善国家政策

美国立法制定的"不让一个孩子掉队"法案是否能够有效地改善儿童的生活？

大麻的合法化是否得到研究的支持？

同性恋的婚姻对儿童有什么影响？

被诊断为注意缺陷多动障碍的学前儿童是否应该接受药物治疗？

一系列国家教育成就测验是否提高了儿童的学业表现？

以上每个问题都代表了国家的政策问题，这些问题只有考虑相关的研究结果才可以得到答案。通过进行控制性研究，发展研究者们对全国范围的教育、家庭生活和健康方面做出了极其重要的贡献和影响。例如，我们可以考虑一下各种各样的研究结果对国家政策问题提出建议的多种方式（Brooks-Gunn, 2003; Maton et al., 2004; Mevis, 2004; Aber et al., 2007）：

• **研究结果可以向政策制定者提供一种方法，帮助他们决定应该首先提出什么问题** 例如，对儿童养育者的研究（我们将在第十章讨论其中的一部分）帮助政策制定者思考这一问题：婴儿日托的好处是否可以弥补亲子联结的削弱带来的不良后果？

• **研究结果和研究者的陈述通常是法律起草过程中的一部分** 许多立法都是基于发展研究者的发现而得以通过的。例如，研究表明，发展能力丧失的儿童受益于和正常儿童在一起相处。这一结果最终导致美国在立法中规定应尽可能将能力丧失儿童安置于普通学校班级。

• **政策制定者和其他专家可以利用研究结果来决定如何更好地执行计划** 已有研究策划了如下计划：减少青少年的不安全性行为，提高对怀孕母亲的产前照看水平，促进学龄儿童上课出勤率的增长，以及促使老年人注射流感疫苗等。这些计划的共同点是，它们中的很多细节都是建立在基础研究的发现上的。

• **研究技术被用来评价现存计划和政策的有效性** 当国家政策被制定以后，有必要确定它能否有效并成功地实现其目标。为此，研究者将采用在基础研究程序中建立的正式评估技术。例如，研究者不断地仔细审查接收了大规模的联邦基金支持的开端计划（Head Start preschool program，一种学前教育计划），以确保该计划切实达到提高儿童学业成绩的目的。

发展心理学家通过研究成果与政策制定者相互联合，携手工作。这些研究对于国家政策有着重要的影响，最终使我们每一个人都受益。

• 在当前争论的全美政策问题中，哪些会对儿童产生影响？

• 如果没有相关的研究数据的存在，政治家很少会在他们的演说中谈及这些数据。你认为这是什么原因？

测量发展变化

人们在一生中如何成长和变化是所有发展研究者工作的核心。因此,研究者面对的最棘手的问题之一,就是对随年龄和时间而产生的变化和差别进行测量。为了解决这一问题,研究者们提出了三种主要的研究策略:纵向研究、横断研究和序列研究。

纵向研究:测量个体的变化 如果你有兴趣了解儿童的道德发展在3~5岁间如何变化,那么最直接的途径就是选取一组3岁的儿童,定期对他们进行测量,直到他们长到5岁。

这种策略就是纵向研究的一个例子。在**纵向研究**(longitudinal research)中,随着一个或多个研究对象年龄的增长,他们的行为被多次测查。纵向研究考察的是随时间而产生的变化,通过追踪很多个体随时间发展的变化情况,研究者们可以理解在某个生命阶段中变化的一般轨迹。

纵向研究的鼻祖路易斯·推孟(Lewis Terman),75年前开始对天才儿童进行追踪研究。同时这也是一项经典研究,在这项至今尚未终止的研究中,1500名高智商的儿童将每隔5年接受一次测试。现在,他们已经年过八旬,这些自称为"白蚁"的被试们提供了他们从智力成就到个性和寿命的所有信息(Feldhusen, 2003; McCullough, Tsang, & Brion, 2003; Subotnik, 2006)。

纵向研究还为研究者提供了有关语言发展的更为深刻的理解。例如,通过追踪儿童每天词汇量的增长,研究者就能够理解人类熟练运用语言能力所基于的过程(Gershkoff-Stowe & Hahn, 2007; Oliver & Plomin, 2007; Childers, 2009; Fagan, 2009)。

对于随时间而产生的变化,纵向研究可以提供大量的信息。然而,该研究也存在一些缺陷。首先,它需要大量的时间投入,因为研究者必须等待被试越来越年长。此外,被试经常会在研究过程中流失,可能会退出、离开、患病,甚至死亡。

最后,被反复观察或测试的被试可能变成"测验能手",随着对实验程序的逐渐熟悉,他们的测验成绩也越来越好。即使在实验过程中对被试的观察没有受到严重的干扰(如考察在很长的一段时间内婴儿和学前儿童词汇量的增加情况,只是在这段时间内简单地进行录像),被试还是会因为实验者或观察者的重复出现而受到影响。

因此,尽管纵向研究有很多好处,尤其是它具有考察单独个体变化的能力,发展研究者在研究中还是会经常采用其他方法。他们最常选择的另一种方法是横断研究。

横断研究 再一次假设你希望考察儿童的道德发展,以及他们对于正确和错误的判

> **纵向研究** 随着一个或多个研究对象年龄的增长,多次测查其行为的研究。

横断研究允许研究者在同一时间比较不同年龄组被试之间的行为。

断力在3~5岁间的变化。这一次我们没有采用纵向研究的方式对同一个儿童进行为期几年的追踪,而是通过同时考察3岁、4岁、5岁的三组儿童来进行这项研究。我们可以给每一组儿童呈现相同的问题,观察他们对问题的反应以及对自己选择的解释。

这种研究方法是横断研究的典型例子。**横断研究(cross-sectional research)**是在同一个时间点对不同年龄的个体进行相互比较。横断研究提供的是不同年龄组之间发展差异的信息。

在时间方面,横断研究比纵向研究更加经济:只在一个时间点上对被试进行测试。例如,如果推孟只是简单地考察15岁、20岁、25岁,以此类推直到80岁的天才人群,他的研究也许早在75年以前就可以完成。由于被试不再被定期测试,他们也就没有机会变成"测验能手",而被试流失的问题也不会发生。那么,为什么还会有研究者选择横断研究以外的研究途径呢?

这是因为横断研究也有自身的问题。回忆一下,我们每个人都属于一个特定的同辈群体。如果我们发现不同年龄的人在某些维度上存在差异,这很可能源于同辈间的差异,而不是年龄本身导致的差异。

让我们考虑一个具体的例子:如果我们在一个相关研究中发现,25岁的个体在智力测验中的表现优于那些75岁的个体,有好几种看法可以解释这个现象。尽管这种差异可以归因为老年人智力水平的衰退,但它也可以归因为同辈的差异。75岁年龄组的个体也许接受的正式教育少于15岁的儿童,因为年老同辈中的成员与年轻同辈中的成员相比,完成高中学业并进入大学的可能性较低。而老龄群体较差的表现也可能因为他们在婴儿时期没有像年轻群体那样,获得充足的营养。简言之,我们不能完全排除横断研究中不同年龄组间的差异是由于同辈差异的可能性。

横断研究还可能遭受选择性流失(selective dropout),即某些年龄群体的被试比其他被试更容易退出实验。例如,假设一个研究要考察学前儿童的认知发展,其中包括对认知能力的长时间评估。比起年龄较大的学前儿童,年龄较小的儿童有可能觉得任务更有难度、要求更多。结果,年幼儿童比年长儿童更有可能退出实验。如果能力很低的幼儿都退出了实验,那么该研究所剩下的被试样本,将由能力更强的年幼学前儿童及更广泛、更具代表性的年长学前儿童的样本所组成。这样一个研究得出的结果是有问题的(Miller, 1998)。

最后,横断研究还有一个附加的也更基本的弱点:它无法告知我们个体身上或群体内部的变化。如果纵向研究像是一个人在不同年龄阶段拍的录像,横断研究就像是完全不同年龄组的快照。尽管我们可以明确和年龄有关的差异,但我们却无法确定是否这种差异和时间的变化有关。

序列研究 由于纵向研究和横断研究都具有缺陷,研究者便采取了一些折衷的技术。其中最常使用的是序列研究,它实质上是纵向研究和横断研究的组合。

在序列研究(sequential studies)中,研究者在不同的时间点对不同年龄组的

横断研究 研究者在同一时间比较不同年龄组被试之间的行为。

序列研究 研究者在不同的时间点对不同年龄组的被试进行考察的研究。

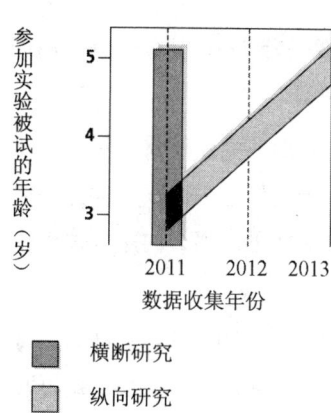

图 1-5 发展研究采用的技术

在横断研究中，3、4、5岁儿童在同一时间点进行比较（2011年）。在纵向研究中，2011年3岁的一组儿童在他们4岁（2012年）、5岁（2013年）的时候接受测试。最后，序列研究将横断研究和纵向研究技术相结合；在这里，一组3岁的儿童将在2011年先与4岁和5岁的儿童相比较，而且还将和一两年后自己长到4岁和5岁时的数据相比较。虽然在图中并没有显示，进行该序列研究的研究者还将在随后的两年中再次测试在2011年为4岁和5岁的儿童。这三种类型的研究各有什么优势？

被试进行考察。例如，一个对儿童道德行为感兴趣的研究者可能会通过考察三组儿童（在实验开始时分别为3岁、4岁和5岁）的行为来开展一项序列研究（这和完成横断研究的方式相同）。

然而，这个研究并不会就此结束，而是会在接下来的几年里继续进行下去。在此期间，参与实验的每一个被试每年都要接受一次测试。也就是说，3岁组的儿童会在他们3岁、4岁、5岁的时候接受测试；4岁组的儿童在4岁、5岁、6岁时接受测试；而5岁组的儿童在5岁、6岁、7岁的时候接受测试。该方法结合了纵向研究和横断研究各自的优势，并且使得发展研究者弄清年龄变化和年龄差异所带来的不同结果。研究发展的主要研究技术如图1-5所示。

伦理和研究

在埃及国王普萨姆提克一世进行的"研究"中，两名儿童被从他们的母亲身边带走并生活在封闭的村庄中，为的是考察语言的起源。如果你发现自己正在思考这项工作是多么残忍，那么你会有很多的共同语言者。很明显，这样一个实验引发了我们对于伦理的关注，而且在当今，这样的实验是不可能实施的。

但是，伦理问题在有些时候并不会如此明显。例如，为了理解攻击行为的起源，美国政府的研究者提议召开一个会议，来考察与攻击性有关的潜在基因根源。基于生物心理学家和遗传学家的工作，一些研究者曾提出一种可能性，即有可能发现识别出具有特定暴力倾向儿童的遗传标记。这样，就有可能跟踪这些具有暴力倾向的儿童，并提供干预以减少日后可能出现的暴力行为。

而一些批评家则极力反对该提议。他们指出，这种识别会导致儿童的自证预言。人们对待那些被贴上暴力倾向标签的儿童的方式，可能会致使他们变得更具侵犯性。而如果他们没有被贴上标签，也许情况会好一些。最终，在强大的政治压力下，该会议被取消了（Wright, 1995）。

为了帮助研究者处理这种伦理问题，发展心理学家的主要组织——包括儿童发展研究学会和美国心理学会，为研究者们制定了全面的伦理规范。在这些必须被遵守的基本原则中，包括被试不受伤害、知情同意、对欺骗的应用，以及对被试隐私的保护（Sales & Folkman, 2000；American Psychological Association,1992, 2002；Fisher, 2003, 2004, 2005）。

- **研究者必须保护被试不受到身体和心理的伤害** 他们的福利、兴趣和权利高于研究者。在研究中，被试的权利是最重要的（Sieber, 2000；Fisher, 2004）。

- **研究者必须在被试参加实验前得到他们的知情同意**　如果被试的年龄大于7岁，他们必须自愿同意参加实验。对于年龄在18岁以下的被试，他们的家长或监护人也必须同意。

- **对于知情同意的要求也引发了一些困难的问题**　例如，假设研究者想要研究流产对青少年产生的心理影响。尽管研究者也许能够获得曾流产过的青少年的同意，但由于她们还未成年，因此研究者还必须得到青少年家长的允许。但如果有的女孩并没有将流产事件告知父母，那么向家长请求许可就会冒犯了女孩的隐私——导致对伦理的违反。

- **在研究中对欺骗的运用必须是合理，而且不会造成伤害**　虽然为了掩饰实验的真实目的，欺骗是被允许的，但任何运用欺骗的实验必须在实施前经过一个独立小组的详细审查。例如，假设我们想要了解被试对于成功和失败的反应，我们将告知被试他们将要进行的只是一个游戏。但是，实验的真正目的是观察被试如何应对自己任务成功或失败的表现。然而，只有在不对被试造成任何伤害，并通过审核小组的检查，而且在实验结束后向被试做出完整的报告或解释的情况下，这样的程序才是符合伦理的（Underwood，2005）。

- **被试的隐私必须受到保护**　例如，如果在实验过程中对被试进行录像，那么必须得到被试的许可，才可以观看该录像。此外，对录像的获取必须加以谨慎的限制。

成为发展心理学知识的明智消费者

如果你立即安慰哭闹的婴儿，你会惯坏他们。
如果你让婴儿哭闹而不去安慰他们，他们会像某些成人一样没有信任感和黏人。

打屁股是训练孩子最好的办法之一。
永远都不要打你的孩子。

如果婚姻是不美满的，父母离婚后儿童的状况会比他们勉强相处时好一些。
无论一段婚姻多么艰难，父母为了孩子也不要离婚。

对于如何更好地抚养孩子，或更一般地说，如何更好地生活，是并不缺乏忠告的。从《心灵鸡汤：作为父母》这类畅销书，到杂志和报纸专栏，对每一个可能的话题都提出了建议和忠告，而我们中的每一个人也都置身于大量信息的包围之中。

然而并不是所有建议都同样有效。事实上，出现在印刷品或电视上的内容并不一定合理或正确。所幸，有一些指导方针可以帮助我们区分劝告和建议在什么时候是合理的，什么时候又是不合理的。

- **考虑建议的来源**　来自常设的、受尊敬的组织——诸如美国医学会、美国心理学会，及美国儿科医学会的信息，很可能是经过数年研究得到的结果，具有相当高的正确性。

- **对建议提供者的证书进行评估**　在相关领域受到承认的研究者或专家的信息，相比于证书含糊不清的个人，其准确性更高。

- **了解轶事证据和科学证据的不同**　轶事证据基于某种现象的一两个事例，是偶然被发现或出现的；科学证据则基于谨慎、系统化的程序。如果一个婶婶告诉你，她所有的孩子在2个月的时候就可以整夜安睡，所以你的孩子也可以。这完全不同于你在一份报告中读到75%的儿童在9个月大的时候可以整夜安睡。当然，即使是对于这项报告，你也应该了解该研究的规模如何，以及数据是如何得到的。

- **不要忽视信息的文化背景**　尽管某项主张在某些环境中是有效的，它可能并不适用于所有环境。例如，人们普遍认为，给予婴儿活动和伸展四肢的自由促进了他们肌肉的发展和灵活性。然而在一些文化下，婴儿在大部分时间里都被紧紧束缚在母亲的身边——并没有发现明显的长期损害（Kaplan & Dove, 1987；Tronick, 1995）。

- **不要假定很多人相信的事情一定是正确的**　科学评估经常证实，一些关于不同方法有效性的最基本假设都是错误的。

简而言之，评价有关人类发展的信息的关键，就是保持一定的怀疑态度。任何信息的来源都并非绝对和永久准确。对任何说法保持批判的眼光，你就可以站在一个更有利的位置上，判定发展心理学家在理解人类的毕生发展中，所做出的真实贡献。

复习和应用

复习

- 发展中的理论是对事实或现象系统化得出的解释。理论提出假设，假设是可被验证的预测。
- 相关研究考察的是因素间的关系，而无法证明因果关系。自然观察、个案研究和调查研究是相关研究的不同类型。
- 实验研究旨在通过对实验组和控制组的运用，来发现因果关系。通过操控自变量并观察因变量的变化，研究者可以找到变量间存在因果关系的证据。
- 研究可以在现场环境中进行，这样被试将处于自然条件下；研究也可以在实验室中进行，这样被试所处的环境是被控制的。
- 研究者通过纵向研究、横断研究和序列研究来测量与年龄有关的变化。

应用毕生发展

- 简要叙述关于人类发展某个方面的一个理论，并说出和该理论相关的一个假设。
- **从一个保健工作者的视角看问题**：你认为是否存在一些特殊的情况，可以让青少年——法律上的未成年人参加一项研究，而不需经过其父母的许可？这种情况可能会包括哪些？

结　语

如我们已经看到的，毕生发展的范围相当广阔，它包含了关于人类在生命轨迹中如何成长和变化的广泛主题。我们还了解到发展学家在寻求他们所关注问题的答案时，所采用的多种技术。

在继续阅读下一章之前，让我们花几分钟的时间重新考虑一下本章的前言内容，第一个诞生于试管技术的幸运儿路易丝•布朗25岁的生日。基于你现在对毕生发展的了解，请回答以下问题：

（1）人工授精——受精的一种类型，也是路易丝的父母所实现的，其潜在收益和代价是什么？

（2）研究身体、认知、人格和社会性发展的发展心理学家可能会就人工授精对路易丝产生的影响提出什么问题？

（3）作为由高龄母亲生育的孩子，你认为伊丽莎白•艾德理的儿子将面临何种独特的挑战？如何避免这样的挑战？

（4）你认为高龄女性生育有伦理方面的问题吗？如果有，是什么样的问题？是否存在一个对女性生育来说"太老"的年龄，即使此时生育在医学上仍然可行？

回　顾

- **什么是毕生发展，影响人类发展的基本因素是什么？**

- 毕生发展是用于考察个体从受精到死亡的过程中有关身体、认知、社会性和人格特征的成长、变化和稳定性的科学途径。

- 文化——广义和狭义的——是毕生发展中的重要议题。发展的很多方面不仅受到广义上文化差异的影响，还受到特定文化中种族和社会经济差异的影响。

- 每个人都受到常规的历史方面、年龄方面、社会文化方面，以及非常规生活事件的影响。

- **发展研究领域的关键问题是什么？**

- 毕生发展中的四个关键问题是：（1）发展变化是连续的，还是不连续的；（2）发展是否在很大程度上由关键期支配，特定的影响或经历必须在这一期间发生，才能得以正常发展；（3）是应该关注人类发展中特定的重要时期，还是关注毕生发展的全部过程；（4）关注遗传和环境影响的相对重要性的先天—后天之争议。

- **何种理论观点引导了毕生发展？**

- 当前有六种主要的理论观点在毕生发展领域占据着支配地位：心理动力学观点（关注内在，

主要是无意识的力量）、行为观点（关注外在的、可观测的行为）、认知观点（关注智力的、认知过程）、人本主义观点（关注人类的独特品质）、环境观点（关注个体与其身体、认知、人格和社会性环境之间的关系），以及进化观点（关注遗传基因）。

- 心理动力学观点以弗洛伊德的精神分析理论和埃里克森的心理社会性理论为代表。弗洛伊德关注无意识和系列阶段，儿童必须成功地经历这些阶段，以避免产生有害固着。埃里克森确立了8个不同的阶段，每个阶段都由一种需要解决的冲突或危机所表现。

- 行为观点关注于刺激—反应学习，以经典条件作用、斯金纳的操作性条件作用，以及班杜拉的社会—认知学习理论为代表。

- 在认知观点中，最著名的理论家是皮亚杰，他确立了假定所有儿童都会经历的发展阶段。每个阶段都会涉及思维在质上的变化。与之相反，信息加工理论将认知发展归因于心理加工和容量在数量上的改变。维果斯基的社会文化理论强调同一文化中成员间的社会交互对认知发展产生了核心的影响，而认知神经科学理论关注的是大脑的加工过程。

- 人本主义观点主张，人们具有天生的能力来对自己的生活做出决策，并控制自己的行为。人本主义观点强调人们的自由意志和发挥自身全部潜能的自发愿望。

- 环境观点考虑个体与其身体、认知、人格和社会性环境之间的关系。生物生态学理论强调发展领域的相互交织，以及广泛的文化因素在人类发展中的重要性。维果斯基的社会文化理论强调文化中个体的社会交互作用。

- 进化观点将行为归因于来自祖先的遗传基因。该观点主张，基因不仅决定了诸如皮肤和眼睛颜色之类的特质，而且还决定了人格特质和社会行为。

● **在发展研究中，理论和假设起了什么作用？**

- 理论是基于对先前结论和理论的系统性整合，也是对所关注事实或现象的一般性解释。假设是基于理论的、可被检验的预测。系统性地提出问题并予以回答的过程被称为科学的方法。

- 研究者通过相关研究（确定两个因素之间是否有关联）和实验研究（发现因果关系）来检验假设。

● **发展研究是如何进行的？**

- 相关研究运用自然观察、个案研究和调查研究来考察所关注的特定特征和其他特征之间是否存在关联。相关研究无法得到因果关系的直接结论。

- 一般来说，实验研究中包括实验组和控制组。实验组的被试接受实验操控，控制组的被试不接受操控。在操控过后，两组间出现的差异可以帮助实验者确定该操控的效果如何。实验可以在实验室或在现实生活场景中进行。

- 为了测量因年龄增长而带来的变化，研究者采用纵向研究考察同一被试在一段时间中的表现，或采用横断研究在同一时间里考察不同年龄被试的表现，或采用序列研究考察不同年龄被试在不同时间点的表现。

- 研究中的伦理指导方针包括保护被试不受伤害、被试的知情同意、对欺骗使用的限制，以及对隐私的保护。

关键术语和概念

毕生发展（lifespan development, p.5）　　　生理发展（physical development, p.6）

认知发展（cognitive development, p.6）　　　人格发展（personality development, p.7）

社会性发展（social development, p.7）　　　连续变化（continuous change, p.11）

不连续变化（discontinuous change, p.11）　　关键期（critical period, p.11）

敏感期（sensitive period, p.12）　　成熟（maturation, p.13）　　理论（theory, p.15）

心理动力学观点（psychodynamic perspective, p.16）

精神分析理论（psychoanalytic theory, p.16）

性心理发展（psychosexual development, p.16）

心理社会性发展（psychosocial development, p.17）

行为观点（behavioral perspective, p.18）

经典条件作用（classical conditioning, p.19）

操作性条件作用（operant conditioning, p.19）　　行为矫正（behavior modification, p.20）

社会-认知学习理论（social-cognitive learning theory, p.20）

认知观点（cognitive perspective, p.21）

信息加工理论（information processing approaches, p.22）

认知神经科学理论（cognitive neuroscience approaches, p.23）

人本主义观点（humanistic perspective, p.24）

生物生态学理论（bioecological approach, p.25）

社会文化理论（sociocultural theory, p.27）

进化观点（evolutionary perspective, p.28）

科学的方法（scientific method, p.32）　　　假设（hypothesis, p.32）

实验研究（experimental research, p.33）　　　自然观察（naturalistic observation, p.35）

生理心理学方法（psychophysiological methods, p.36）

个案研究（case studies, p.36）　　　调查研究（survey research, p.36）

自变量（independent variable, p.37）　　　因变量（dependent variable, p.37）

样本（sample, p.39）　　　现场研究（field study, p.39）

实验室研究（laboratory study, p.39） 理论研究（theoretical research, p.39）

应用研究（applied research, p.39） 纵向研究（longitudinal research, p.41）

横断研究（cross-sectional research, p.42） 序列研究（sequential studies, p.42）

相关研究（correlational research, p.32）

 我的发展实验室

登录我的发展实验室，获取更多复习资料，外加我的虚拟孩子、练习测试、视频、闪光呈现卡及其他。

2 生命的开端：产前发育

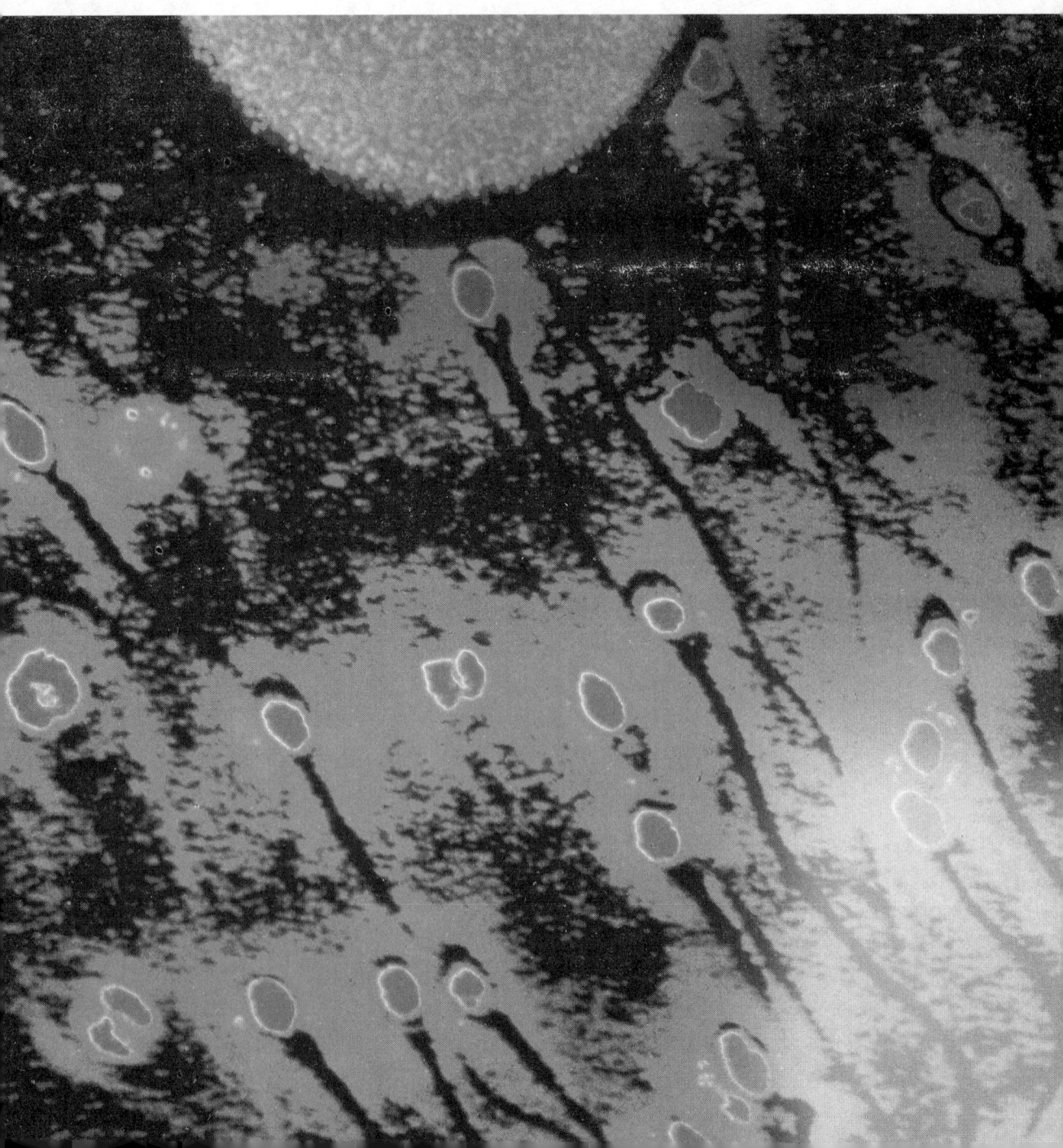

本章概要

2.1 最早的发育
基因与染色体：生命的密码
遗传学的基础：特征的混合与匹配
先天与遗传障碍：发展出现异常
遗传咨询：从现有的基因预测未来

2.2 遗传和环境的交互作用
环境在决定基因表达中的角色：从基因型到表型
发展研究：多少受先天影响？多少受后天影响？
生理特征：家族相似性
智力：研究越多，争议越大
遗传和环境对人格的影响 天生就外向？

- **发展的多样性**
  精神障碍：遗传和环境的作用
  基因会影响环境吗？

2.3 产前的生长和变化
受精：怀孕的那一刻
产前期的各阶段：发展的开始
怀孕期间的问题
产前环境：对发展的威胁

- **从研究到实践**
- **成为发展心理学知识的明智消费者**

前言：极度痛苦的选择

里森一家（the Morrisons）正在期待他们第二个孩子的到来，此时这对年轻夫妇面临痛苦的两难境地。

他们的第一个孩子，一个2002年出生的女孩，患有先天性肾上腺皮质增生症（CAH），这种病症有时会导致女婴身上出现男性外观的生殖器。当莫里森夫人再次怀孕时，这对夫妇意识到这个孩子有1/8的可能性罹患同样的病症。

现在有了选择。他们可以给胎儿使用一种强效类固醇，从而在最大程度上防止生殖器畸形。但是夫妇俩对此有所担心。胎儿使用类固醇有何长期影响尚无研究，就统计意义上而言，这个孩子根本没有生殖系统问题的可能性要大得多……

夫妇俩决定放弃类固醇治疗。"这是有风险的，但我最终还是没法接受对孩子用药。"莫里森夫人说。这个孩子出生了，是个女孩，并且像她的姐姐一样，也有一个肿胀的生殖器（Naik, 2009, p.D1）。

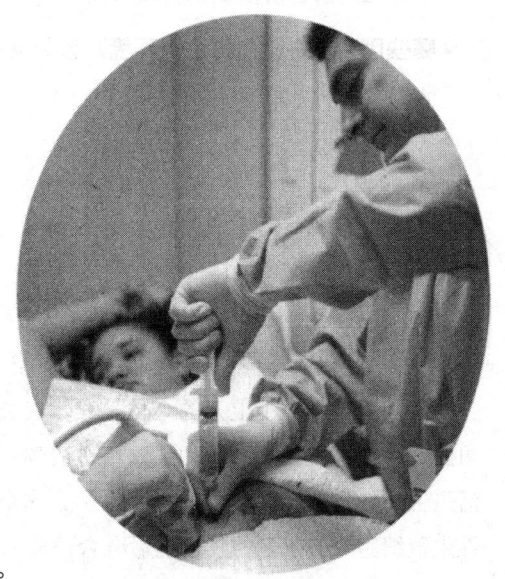

产前检查已经变得越来越精密。

莫里森夫妇将无从知道，类固醇治疗是否原本可能防止疾病折磨他们的女儿。然而他们的案例展示了，由于遗传障碍治疗和基因学方面的进展，父母有时候要面对的困难决定。

在本章中，我们将考察发展研究者和其他科学家已经了解的关于遗传和环境如何先后创造和塑造人类生命的方式。通过考察我们如何获得遗传天赋（genetic endowment），下面我们从遗传的基础开始谈起。遗传的基础是指从生物学父母到子女的特征的基因传递。然后我们将介绍行为遗传学（behavioral genetics）这个研究领域，这是一门专门研究遗传对行为影响的学科。最后我们还会讨论遗传因素如何导致发展异常，以及这些问题如何通过遗传咨询（genetic counseling）及基因治疗（gene therapy）加以解决。

然而，基因遗传只是产前发展的一部分而已。我们还会考虑儿童的基因遗传与成长环境相互作用的方式，即个体家庭、社会经济地位及生活事件如何影响包括身体特征、智力，甚至是个性的各种特征。

最后，我们将关注发展最开始的第一个阶段——产前的生长与变化。我们将综述解决不孕问题的一些方法。此外，我们还会探讨产前期的各个阶段，以及产前环境如何保障或危害个体未来的成长。

读完本章之后，你将能够回答下列问题：

- 什么是我们基本的遗传天赋，人类发展中为何会出现异常？
- 环境和遗传如何共同决定人类的特征？
- 人类的哪些特征显著地受到遗传的影响？
- 个体在产前各阶段是如何发展的？
- 哪些因素危害胎儿的生存环境，该如何处理？

2.1 最早的发展

 我的发展实验室

在我的发展实验室中查找关于受精卵发育的观察视频，以观看你所读到的事件的发生过程。

人类的生命历程开始得非常简单。

像其他物种成千上万的个体一样，人类个体始于单细胞——重量不超过两千万分之一盎司的一个小微粒。然而，如果一切进展顺利，从这个微不足道的开端，只需经过数月，一个活生生的、自主呼吸的婴儿就诞生了。这个最初细胞是由一个男性生殖细胞（精子）突破女性生殖细胞（卵子）的膜，然后融合而成的。这些**配子（gametes）**，即男女性生殖细胞，每一个都含有大量遗传信息。在精子进入卵子约一小时后，两者突然融合，变成了一个细胞，即**受精卵（zygote）**。两者遗传结构最终结合在一起，含有超过20亿化学编码的信息，足以创造一个完整的人。

基因与染色体：生命的密码

创造人类个体的蓝图储存在我们的**基因（genes）**中，并相互交流。基因是遗传信息的基本单位。人类基因大约有25,000个，是规划身体这个"硬件"中所有部分在未来如何发展的生物学"软件"。

所有基因均由DNA（**脱氧核糖核酸，deoxyribonucleic acid molecules**）分子的特定序列所组成。基因以特定的顺序排列在46条**染色体（chromosomes）**的特定位置上。染色体呈杆状，两两一对共组成23对。只有性细胞（卵子和精子）只含有23条染色体，即总数的一半。所以父亲和母亲分别为23对染色体中的每一对提供一条染色体。新受精卵的46条染色体（23对）含有指导个体在未来的一生中细胞活动的遗传蓝图（Pennisi, 2000；International Human Genome Sequencing Consortium, 2001；见图2-1）。通过有丝分裂（mitosis）过程，这也是大多数细胞的复制方式，身体中的所有细胞几乎都含有与受精卵相同的46条染色体。

位于染色体链上精确位置的特定基因决定着身体中每一个细胞的性质和功能。例如，基因决定哪些细胞最终成为心脏的一部分，哪些将成为腿部肌肉的一部分。基因还决定身体各部分的功能，如心跳的速度、肌肉的力量等。

如果每个父母只是各自提供了23条染色体，那么人类巨大的多样性潜能来自哪里呢？答案主要在于配子分裂过程的性质。当配子（即性细胞，精子和卵子）通过减数分裂（meiosis）过程形成于成年个体中时，每个配子获得组成23对染色体的每一对中的一条染色体。至于究竟获得哪一条，则是随机的。因此就有2^{23}种，或者说八百多万种不同的组合。此外，像基因的随机转换等其他过程，也增加了遗传的变异性，最终导致十万亿种可能的遗传组合。

既然遗传基因有这么多可能的组合，我们基本不可能碰到和自己基因一模一样的人，但有一个例外：单卵双生子。

配子 来自父母的性细胞，在受精时融合成一个新的细胞。

受精卵 通过受精过程形成的新细胞。

基因 遗传信息的基本单位。

DNA（脱氧核糖核酸）分子 组成基因的物质，决定体内每一个细胞的性质及功能。

染色体 由DNA构成，呈杆状，组成23对。

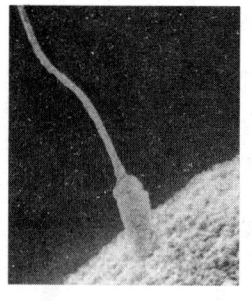 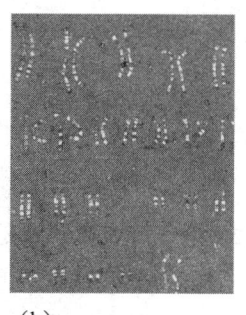 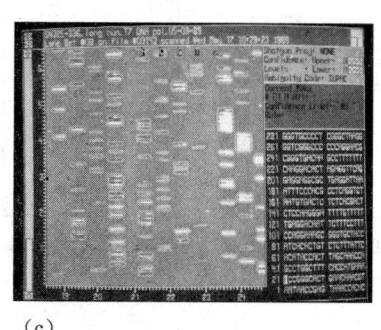

(a)　　　　　　　(b)　　　　　　　(c)

在受精的那一刻（a），人类得到23对染色体（b），一半来自父亲，一半来自母亲。这些染色体含有成千上万的基因，显示在计算机生成的图谱上（c）。

25,000个基因 =

46条染色体 =

23对染色体 =

一个人类细胞

图2-1 单个人类细胞的内容物
在受精的那一刻，人类得到25,000个基因，包含在23对46条染色体中。

单卵双生子 遗传上完全相同的双生子。

双卵双生子 两个单独的卵子几乎在同一时间分别与两个单独的精子受精产生的双生子。

多胞胎：以一倍的遗传代价获得两倍或更多结果 虽然猫狗一次生育多个后代并不奇怪，但这在人类却比较少见。双胞胎在所有怀孕中的比例不超过3%，三胞胎以上的情况就更为稀少。

为什么会出现多胞胎？有些是因为在受精后的最初两周内，受精卵分裂出另一簇细胞所致，从而形成两个或多个遗传完全相同的受精卵。因为它们来自同一个原始受精卵，所以称为单卵。**单卵双生子（monozygotic twins，也称同卵双生子）**将来发展的任何差异只能归因于环境因素，因为在遗传上他们是完全相同的。

还有一种实际上更常见的多胞胎产生机制。在这种情况下，两个单独的卵子几乎在同一时间分别与两个单独的精子受精，以这种方式产生的双生子称为**双卵双生子（dizygotic twins）**。因为它们是两个独立的卵子－精子结合体，在遗传上的相似性等同于不同时间出生的两个兄弟姐妹。

当然，多胞胎可以不止两个。以上两种机制均可产生三胞胎、四胞胎，甚至更多胞胎。三胞胎就可能是单卵、双卵或是三卵。

虽然怀上多胞胎的机会非常小，但当夫妇使用受孕药增加怀孕机会时，其几率大大增加（对于服用了受孕药Metrodin的七胞胎母亲博比·麦考伊而言，确实发生了这样的事情）。例如，每十对使用受孕药的夫妇就有一对孕育了双卵双生子，而这在美国白人夫妇中的比例仅为1∶86。年龄较大的女性也更容易孕育多胞胎，而且多胞胎还有家族聚集倾向。过去的25年里，受孕药使用的增加及孕妇平均年龄的增长已经造成多胞胎的增加（见图2-2；Martin et al., 2005）。

多胞胎的出生比率也有种族和国家差异，这可能是由于同时排出多个卵子的可能性存在先天差异。每70对非裔美国人夫妇中有1对生下了双卵双生子，而美国白人夫妇每86对中才有1对（Vaughan, McKay, & Behrman, 1979; Wood, 1997）。

多胞胎孕妇的早产及产期并发症的风险高于平均值。因此，对这些母亲的产前照料要格外小心。

男孩还是女孩？孩子性别的确定

回想一下上面提到过的23对匹配的染色体。在其中的22对染色体中，每对中的两条染色体都是相似的。唯一

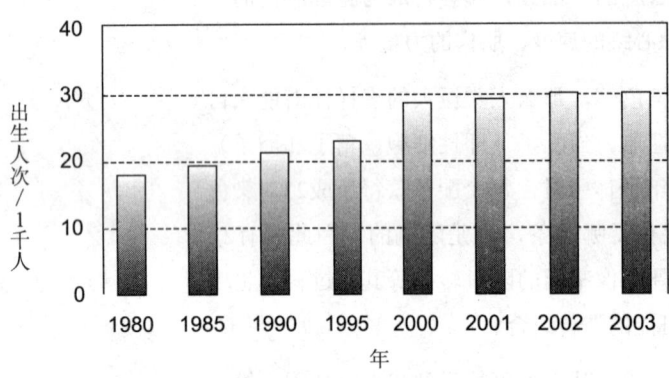

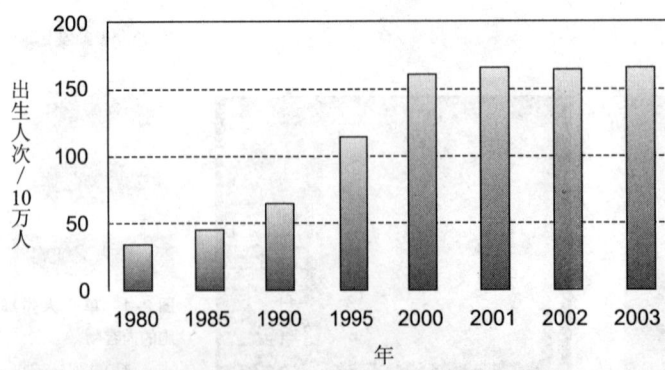

图2-2 增长的多胞胎
多胞胎出生率在过去25年中明显增加。这种现象的原因是什么？
（source：Martin et al., 2005）

例外的就是决定孩子性别的第23对染色体。女性的第23对染色体由两条匹配的、较大的X形染色体组成,大致可标记为XX。而男性的第23对中的两条染色体是不同的,一条是X形,而另一条则是较短小的Y形,标记为XY。

如前所述,每个配子携带父母23对染色体中每一对的其中一条。因为女性的第23对染色体两条都是X,所以不论获得哪条染色体,卵子总是携带X染色体。男性的是XY,所以每个精子可能携带X或者Y染色体。

当精子与卵子相遇时,如果精子贡献的是X染色体(记住,卵子总是贡献X染色体),孩子的第23对染色体就是XX——所以是个女孩。如果精子贡献的是Y染色体,结果则是一对XY,那么就是个男孩(见图2-3)。

从这个过程可以清楚地看到,父亲的精子决定了孩子的性别。这一事实导致性别选择技术得以发展。其中一种新技术是用激光检测精子中的DNA,通过弃除携带不想要的性染色体的精子,从而使得拥有想要的那一性别的孩子的机会大大增加(Hayden, 1998;Belkin, 1999;Van Balen, 2005)。

当然,性别选择会带来伦理学和实践上的问题。例如,在性别地位不等的文化中,性别选择是否意味着性别歧视在出生前就存在?而且,性别选择最终将导致不想要的那一性别儿童短缺的情况。在性别选择变成常规惯例之前,还有很多问题尚待解决(Sharma, 2008)。

遗传学的基础:特质的混合与匹配

是什么决定了头发的颜色?为什么人有高矮?为什么有些人容易得花粉症?为什么有些人长很多雀斑?要想回答这些问题,我们需要弄清楚基因传递遗传信息的基本机制。

我们从一位19世纪中叶的奥地利修士格雷戈尔·孟德尔(Gregor Mendel)的发现开始谈起。在一系列简单而有说服力的实验中,孟德尔对只长黄色种子的豌豆和只长绿色种子的豌豆进行杂交。结果并不像人们所猜测的那样,长出一棵混有黄色与绿色种子的植物。相反,全部植物都长出黄色的种子。这最初让人以为绿种子豌豆根本不起作用。

但是,孟德尔进一步的研究发现并不是这样。他继续把新一代的黄种子豌豆再次进行杂交。结果是产生稳定比例的豌豆:四分之三是黄色种子,四分之一是绿色种子。

为什么黄色和绿色种子的比率能稳定地维持在3:1?孟德尔给出了天才的答案。基于他关于豌豆的实验,他认为当两个互相竞争的特征同时存在时,如绿色种子和黄色种子,只有一个能够得到表达。得到表达的特征称为**显性特征**(**dominant trait**)。另一个特征尽管不曾被表达,但仍然保留在有机体内部,称为**隐性特征**(**recessive trait**)。在孟德尔最初的豌豆实验中,子代豌豆均从绿色种子和黄色种子的亲代那里得到了遗传信息。只是黄色是显性特征,得到表达;而隐

图2-3 决定性别
当卵子和精子在受精一刻时相遇,卵子肯定提供一条X染色体,而精子则提供一条X染色体或Y染色体。如果精子贡献X染色体,那么婴儿的第23对染色体就是XX,这是一个女孩。如果精子贡献一条Y染色体,结果将是XY,这是一个男孩。这是否意味着怀女孩更加容易?

显性特征 当两个互为竞争的特征同时存在时得到表达的那个特征。

隐性特征 在有机体内存在但不被表达的特征。

性的绿色特征则没有被表达出来。

记住,来自亲代双方的遗传物质都存在于子代的身体内部,尽管有些特征表面上看不到。遗传信息被称为机体的**基因型**(genotype),它是有机体内部存在但不外显的遗传物质总和。而**表型**(phenotype)则是可观察到的特征。

虽然黄种子豌豆和绿种子豌豆杂交得到的后代都是黄种子豌豆(它们有黄种子表型),但基因型则由亲代双方的遗传信息组成。

那么基因型所包含信息的特性是什么?为了回答这个问题,让我们把豌豆换成人类。事实上,上述法则不仅在植物和人类中是相通的,它也同样适用于绝大多数物种。

父母是通过提供配子携带的染色体实现向后代传递遗传信息的。有些基因配成对,称为等位基因(alleles),以控制那些具有两种可选择形式的特征,如头发和眼睛的颜色。例如,棕色的眼睛是显性特征(B);蓝色的眼睛是隐性特征(b)。孩子的等位基因可以是从父母双方那里得到的相同或不同的基因。如果孩子得到相同的基因,对于该特征来说,他/她就是**纯合的**(homozygous)。而如果孩子从父母那里得到不同的基因,对于该特征来说,他/她就是**杂合的**(heterozygous)。在杂合等位基因(Bb)的情况下,显性特征棕色眼睛得到表达。而如果孩子得到的均为隐性等位基因,缺乏显性特征(bb),那么就会表现出隐性特征,如蓝色眼睛。

遗传信息的传递 以苯丙酮尿症(phenylketonuria, PKU)为例我们可以清楚了解遗传信息如何传递。苯丙酮尿症是一种遗传障碍,这种障碍使婴儿不能利用一种必需的氨基酸——苯丙氨酸。牛奶等多种食物的蛋白质里都含有这种氨基酸。如果不进行治疗,患者体内的苯丙氨酸逐渐聚集,最终达到毒性水平,导致大脑损伤及精神发育迟滞(Moyle et al., 2007;Widaman, 2009)。

> **基因型** 有机体内部存在但不外显的遗传物质的总和。
>
> **表型** 可观察到的特征;实际可见的特征。
>
> **纯合的** 对于某个给定基因来说,遗传自父母双方的相同基因。
>
> **杂合的** 对于某个给定基因来说,遗传自父母双方的基因的不同形式。

苯丙酮尿症是由单个等位基因或成对基因缺陷引起的。如图2-4所示,我们可以把携带显性特征的基因标记为P,它产生正常的苯丙氨酸;而把隐性基因标记为p,它导致苯丙酮尿症。如果父母双方均不是苯丙酮尿症基因携带者,那么他们的一对基因均为显性的PP。这样,不论父母提供哪一条基因给后代,孩子得到的一对基因一定是PP,这种情况下小孩绝对不会得苯丙酮尿症。

再看看父母其中一方携带一条隐性基因p的情况。在这种情况下,携带者的基因型为Pp,父母本身不会得苯丙酮尿症,因为P基因是显性的。但隐性基因可以传递给孩子。这种情况还不算糟,如果孩子只得到一个隐性基因,他也不会罹患苯丙酮尿症。但如果父母双方均携带一条隐性基因p呢?在这种情况下,虽然父母本身都没有这种障碍,但孩子却有可能从父母那里各获得一个隐性基因。那么这个孩子关于PKU的基因型就是pp,从而患上苯丙酮尿症。

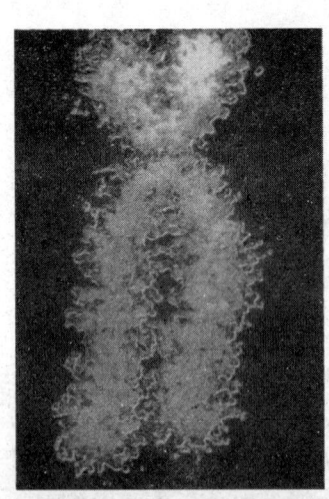

X染色体不仅仅在决定性别上很重要,而且它也是控制发展其他方面的基因所在的位置。

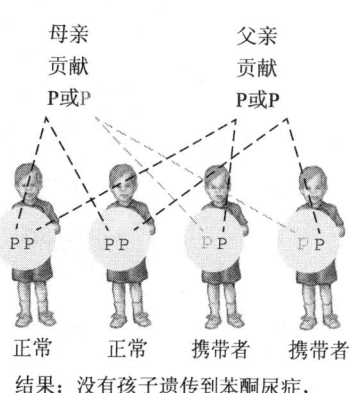
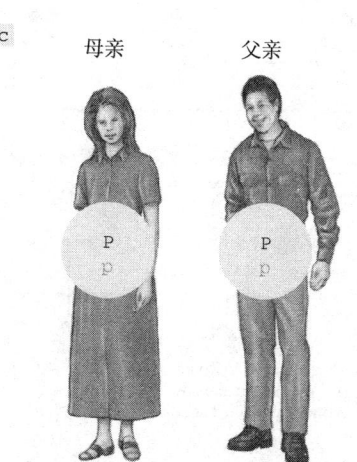

图 2-4 苯丙酮尿症发生的概率

苯丙酮尿症是一种导致脑损伤和精神发育迟滞的疾病，由遗传自父母的一对基因所导致。如果父母双方都不携带该病的基因（a），孩子不会得苯丙酮尿症。即使父母中的一个携带隐性基因，另一个没有（b），孩子也不会遗传该疾病。但是，如果父母双方都携带隐性基因（c），那么孩子就有四分之一的机会得苯丙酮尿症。

多基因遗传 由多对基因联合作用决定某一特征的遗传方式。

X-连锁基因 只位于X染色体上,被认为是隐性的基因。

请记住,即使父母双方均携带隐性基因,孩子得苯丙酮尿症的几率也只有25%。根据概率定律,具有Pp型父母的儿童中有25%将从父母那里各获得一条显性基因(这些儿童的基因型是PP),50%从一个父母那里得到显性基因,而从另一个那里得到隐性基因(他们的基因型将是Pp或pP)。只有余下不幸的25%从父母那里各得到一条隐性基因,基因型为pp,从而患上苯丙酮尿症。

多基因特征 苯丙酮尿症的传递是阐明遗传信息从父母传递给孩子的基本原则的好方法,尽管大多数情况下遗传比苯丙酮尿症要复杂得多。很少有特征是由单个成对基因所控制,相反,多数特征是多基因遗传的结果。在**多基因遗传(polygenic inheritance)**中,一个特征的产生是多对基因联合作用的结果。

此外,一些基因以多种形式出现,而另一些则修饰特定基因特征(由其他等位基因所生成)的表达方式。基因还根据其反应范围(reaction range)进行变化。反应范围是指由环境条件引起的某种特征实际表达的潜在变异程度。而且还有一些特征,比如血型,其决定基因对中的任一基因不能单纯归类为显性基因或隐性基因。相反,该特征的表达是两个基因的联合作用,如AB型血。

一些隐性基因只位于X染色体上,因此被称为**X连锁基因(X-linked genes)**。前面曾提到:女性的第23对染色体是XX,男性是XY。其结果是男性有更高的罹患X连锁障碍的风险,因为男性缺乏第二个X染色体来抵消产生障碍的遗传信息。例如,男性更易罹患红绿色盲,这是一种由位于X染色体上的一系列基因所引起的障碍。

类似的,有一种被称为血友病(hemophilia)的血液障碍也是由X连锁基因所导致的。血友病是欧洲皇室反复出现的问题。图2-5显示出英国维多利亚女王的许多后代都遗传了血友病。

人类基因组与行为遗传学:破解遗传密码 孟德尔的发现为我们理解特征基因传递的基本原理做出了卓越的贡献。然而这仅仅标志着人们了解遗传机制

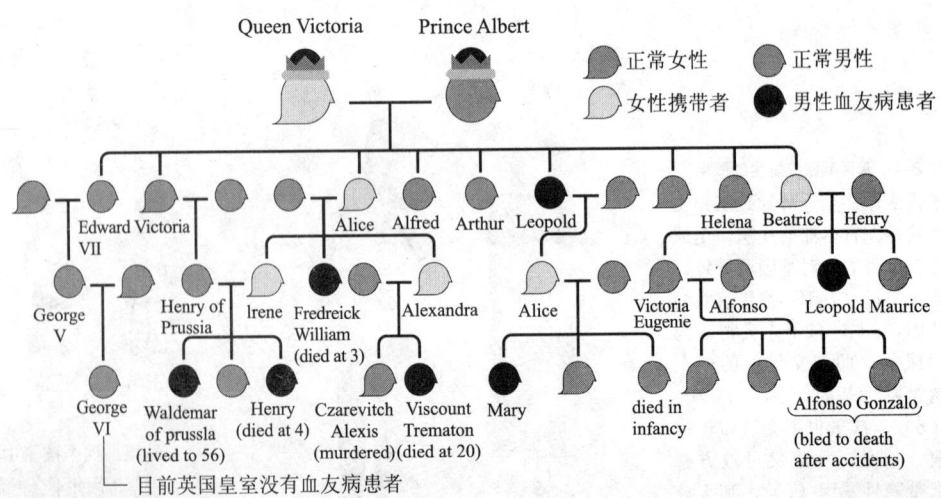

图 2-5 血友病的遗传
血友病是一种凝血障碍,一直以来都是欧洲皇室的遗传问题,图中显示了英国维多利亚女王的后代的情况。(Source: Adapted from Kimball, 1983.)

的开始。

在理解遗传学的征途上，最近的里程碑是2001年初分子生物学家对人类基因组全部测序工作的完成。这一成就不仅是遗传学史上，而且也是生物学史上最重要的贡献之一（International Human Genome Sequencing Consortium, 2001）。

人类基因序列的绘制使得我们对遗传的理解有了重大进步。例如，关于人类基因的数目，人们一直以来都以为有10万之多，但最后证实只有25,000个，和特别简单的生物相比也没有多出很多（见图2-6）。而且，科学家也发现99.9%的基因序列为人类所有成员所共有。这意味着我们之间的相似之处远远多于不同之处。这也表明很多表面上将人们进行区分的差异，如种族，实际上是很肤浅的。人类基因组图谱的绘制也有助于识别某个给定个体容易罹患的特定障碍（Gee, 2004；DeLisi & Fleischhaker, 2007；Gupta & State, 2007）。

人类基因序列图谱给予行为遗传学领域有力的支持。正如**行为遗传学**（**behavioral genetic**）这个名字所隐含的那样，这门学科研究的是遗传对行为和心理特征的影响。行为遗传学不是简单地检测稳定、不变的特征，如头发或眼睛的颜色，而是从更广泛的角度，探讨我们的个性和行为习惯是怎样受遗传因素影响的（Dick & Rose, 2002；Eley, Lichtenstein, & Moffitt, 2003；Li, 2003）。人格特质如害羞或善于交际、情绪化及果断性也是该领域所研究的内容。其他的行为遗传学家研究心理障碍，如抑郁、注意缺陷多动障碍和精神分裂症，寻找可能的遗传联结（Baker, Mazzeo, & Kendler, 2007；DeYong, Quilty, & Peterson, 2007；Haeffel et al., 2008；见表2-1）。

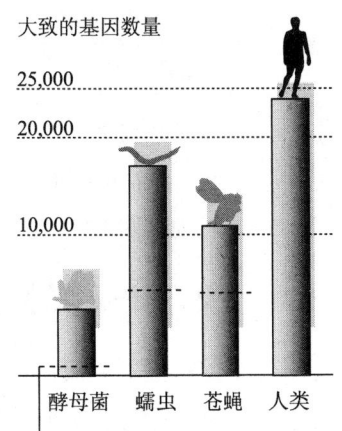

每种生物与人类相似的基因比例

图2-6 独特的人类？
人类拥有大约25,000个基因，在遗传上并不比某些原始物种复杂很多。
（Source: Celera Genomics: International Human Genome Sequencing Consortium, 2001.）

行为遗传学 一门研究遗传对行为和心理特征的影响的学科。

表2-1 目前对下列行为障碍和特征的遗传基础的理解	
行为特征	有关其遗传基础的当前观点
亨廷顿病	已识别出亨廷顿基因。
早发性（家族性）阿尔茨海默病	已识别出三个特异性的基因。
脆性X综合征	已识别出两个基因。
迟发性阿尔茨海默病	已发现一系列与患病风险增加有关的基因。
注意缺陷多动障碍	此病涉及三个与神经递质多巴胺有关的基因位点。
阅读障碍	有人提出与第6号及第15号染色体有关。
精神分裂症	未有一致的意见，但与多个染色体有关系，包括1、5、6、10、13、15和22号染色体均有报道。

（Source: Adapted from Mcguffin, Riley, & Plomin, [2001].）

行为遗传学的研究确实让我们对人类行为及其发展背后的遗传编码有了更好的理解。

更重要的是，研究者一直在探索遗传缺陷的治疗方法（Plomin & Rutter, 1998；Peltonen & McKusick, 2001）。为了实现这种想法，我们需要弄清楚本该使发展顺利进行的遗传因素如何产生异常。

先天与遗传障碍：当发展出现异常

苯丙酮尿症只是多种遗传障碍中的一种。就像没有点燃的炸弹并无伤害性一样，单个可导致某种障碍的隐性基因可以在不知不觉中从一代传给下一代，直到遇到另一条隐性基因。只有当两条隐性基因碰到一起，就像火柴或燃料一触即发，基因才会自我表达，儿童才会患上遗传障碍。

但是还有另一种令人担忧的情况：基因会遭受物理损伤。例如，在减数分裂或有丝分裂的细胞分裂过程中，由于磨损或偶然事件，基因都可能遭到破坏。有时基因会因为未知原因自发改变它们的结构，这一过程被称为自发突变（spontaneous mutation）。另一方面，某些环境因素，如暴露在X射线下，也会导致遗传物质的畸变（见图2-7）。当这些受损基因遗传给孩子，就会导致日后身体发展和认知发展的灾难性后果（Samet, DeMarini, & Malling, 2004）。

苯丙酮尿症的发病率为每1~2万出生人次中有1个。除了苯丙酮尿症外，其他遗传障碍包括：

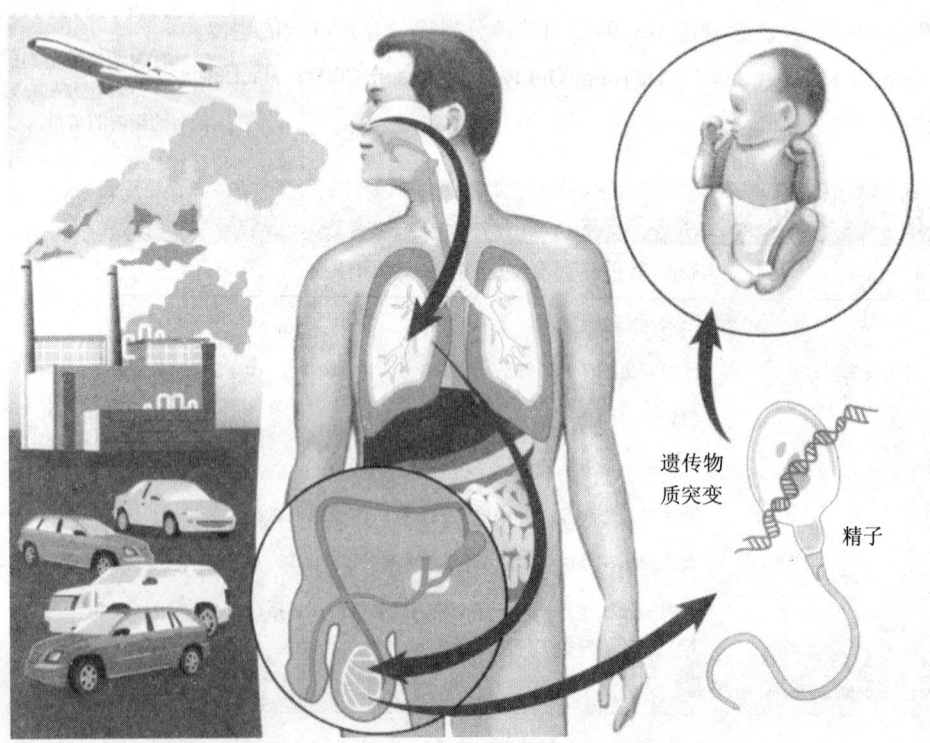

图2-7 吸入的空气和基因突变

吸入不健康的污染空气可能导致精子中遗传物质的突变。这些突变可能会传递，造成胎儿的损伤并影响后代。

（Source: Based on Samet, DeMarini, & Malling, 2004, p.971）

- **唐氏综合征（Down syndrome）** 如前所述，绝大多数人有46条染色体，组成23对。唐氏综合征患者则例外，他们的第21对染色体多了一条。曾被称为先天愚型的唐氏综合征是精神发育迟滞最常见的病因。唐氏综合征的发病率大概在500个新生儿中就有1例，年龄很小或很大的母亲所生的孩子患病风险会更高（Crane & Morris, 2006；Sherman et al., 2007；Davis, 2008）。

- **脆性X综合征（Fragile X syndrome）** 脆性X综合征因X染色体上某个特定基因损伤而引起，表现为轻到中度的精神发育迟滞（Cornish, Turk, & Hagerman, 2008）。

- **镰形细胞贫血（Sickle-cell anemia）** 大约十分之一的非裔美国人携带着引发镰形细胞贫血的基因，而400个非裔美国人中就有1人患有此病。镰形细胞贫血是一种血液障碍，它的名字源于患者红细胞的形状呈镰刀形。患者表现出没有食欲、生长迟缓、腹胀和巩膜黄染等症状。重度病人很少能活过儿童期。不过，对于那些症状较轻的病人来说，医学的进步已经能够显著地延长其寿命。

- **泰伊－萨克斯病（Tay-Sachs disease）** 泰伊－萨克斯病主要出现在东欧犹太人家族和法裔加拿大人中，患者通常在学龄前死亡。患者在死亡前会出现失明及肌肉萎缩症状，没有治疗的方法。

- **克兰费尔特综合征（Klinefelter's syndrome）** 每400个男性中有1个先天患有克兰费尔特综合征，男性患者有一条额外的X染色体。XXY结合体导致生殖器发育不良、身材异常高大和乳房增大。由于性染色体数目异常导致的遗传障碍有很多，克兰费尔特综合征只是其中的一种。例如，还有一种障碍是生成一条额外的Y染色体（XYY），另一种则是缺失第二条性染色体（特纳综合征，Turner syndrome）（X0），还有一种是有三条X染色体（XXX）。这类障碍通常以性特征的相关问题和智力缺陷为特征（Ross, Stefanatos, & Roeltgen, 2007；Murphy & Mazzocco, 2008；Murphy, 2009）。

然而，有遗传根源的障碍并不意味着环境因素不起作用，记住这一点很重要（Moldin & Gottesman, 1997）。我们以镰形细胞贫血为例，这种疾病通常累及非裔后代。至少在美国，情况似乎的确如此：比起某些西非地区，美国的患病率低很多。因为这种疾病常在儿童期致命，患者的寿命通常不足以向下一代传递疾病。

但为什么西非地区镰形细胞贫血的患病率没有逐年降低呢？这个问题多年来一直令人感到困惑，直到科学家们发现携带镰形细胞基因的个体会增加对疟疾的免疫力。而疟疾是西非一种常见的疾病（Allison, 1954）。增强的免疫力意味着患有镰形细胞贫血的人具有一种遗传优势（对于抗疟疾而言），在某种程度上抵消了作为镰形细胞基因携带者的坏处。

镰形细胞贫血的例子说明遗传因素是和环境因素相互作用的，不应孤立地看待。此外，尽管我们讨论了很多遗传因素的异常情况，但更多的情况是遗传机制在我们身上运转良好。总体而

唐氏综合征 第21对染色体上出现一条额外的染色体引起的障碍；曾被认为是先天愚型。

脆性X综合征 一种由于X染色体上基因损伤而导致的障碍，表现为轻度到中度精神发育迟滞。

镰形细胞贫血 一种血液障碍，因患者红细胞呈镰刀形而得名。

泰伊－萨克斯病 一种死亡前会失明及肌肉萎缩的障碍，没有治疗方法。

克兰费尔特综合征 一种由于存在一条额外的X染色体所引起的障碍，表现为发育不良的生殖器官、异常高大的身材和增大的乳房。

镰形细胞贫血，由变形的红细胞而得名。十个非裔美国人中就有一个携带该病的基因。

言,在美国出生的小孩大概95%是健康和正常的。而对于那些生来就患有某种身体或精神障碍的人来说,恰当的治疗和干预常常能改善他们的病情,有些情况甚至还能够治愈。

另外,由于行为遗传学的不断发展,越来越多的遗传障碍可以在孩子出生前进行预测,还可采取应对措施。父母也可以在孩子出生之前采取相应措施以降低遗传疾病的严重性。事实上,正如我们下面将要讨论的那样,当科学家对基因的位置和序列了解得越来越多时,他们对遗传所规定的未来的预测就越来越精确了(Plomin & Rutter, 1998)。

遗传咨询:从现有的基因预测未来

如果你知道自己的母亲和外祖母都死于亨廷顿病——一种可怕的、以震颤和智力退化为特征,并常常致命的遗传障碍,你将向谁询问自己患病之后的生存机率?最好的人选来自一个仅有数十年历史的领域:遗传咨询。**遗传咨询(genetic counseling)** 致力于帮助人们解决和遗传障碍有关的问题。

遗传咨询师在他们的工作中使用各种数据。例如,打算要小孩的夫妇想了解怀孕的风险,那么咨询师将会全面了解他们的家族史,寻找可能表明隐性或X连锁基因模式的任何家族事件和出生缺陷。此外,咨询师还会将一些因素纳入考虑,如父母的年龄,以及他们以前生育的其他孩子是否曾经出现任何异常(Fransen, Meertens, & Schrander-Stumpel, 2006; Resta et al., 2006)。

一般来说,遗传咨询师会建议进行全面的体检。这些检查能够发现准父母隐匿的异常情况。此外,血液、皮肤和尿液样本则用来分离和检验特定的染色体。某些遗传缺陷,如出现一条额外的性染色体,可以通过装配染色体组型(karyotype)加以识别。染色体组型实际上是一张放大的染色体图片。

产前检查 如果女性已经怀孕,有很多种不同的技术来评估她未出生孩子的健康程度(见表2-2,是一张目前能提供的检查项目清单)。最早的检查是怀孕早期筛查(first-trimester screen),这个检查结合了血液检查和超声成像,一般在怀孕第11~13周进行。在**超声成像(ultrasound sonography)** 中,高频的声波冲击母亲的子宫,形成胎儿的图像。这种图像虽不精确,但很有用,可以评估胎儿的大小和形状。重复使用超声波检查可以显示胎儿的发育模式。虽然怀孕早期血液和超声检查的诊断准确性并不高,但在后期准确性会大大提高。

如果血液或超声检查发现了潜在问题,可进行一项有创检查——**绒毛膜取样(chorionic villus sampling, CVS)**。这种检查可以在头三个月左右的第10~13周进行。绒毛膜取样需要将一根细针插入胚胎,取出包围在胚胎周围毛发一般的一小块样本。检查可以在怀孕的第8~11周进行。但是,它有1/100到1/200的导致流产的风险。因为这个风险,一般很少应用。

而在另一种有创检查**羊膜穿刺(amniocentesis)** 中,少量胚胎细胞的样本通过

遗传咨询 致力于帮助人们处理遗传障碍相关问题的领域。

超声成像 高频声波扫描母亲的子宫,生成未出生孩子的图像并评估其大小和形状的操作过程。

绒毛膜取样(CVS) 一种用来检测遗传缺陷的检查,要从胎儿周围取出毛发一般的物质做样本。

羊膜穿刺 通过检测胎儿细胞的小样本来识别遗传缺陷的过程。样本通过把细针插入围绕胎儿的羊水中取得。

表 2-2　胎儿发育监控技术

技术	描述
羊膜穿刺	在怀孕第15~20周进行，检查含有胚胎细胞的羊水样本。如果父母任何一方患有泰伊－萨克斯病、脊柱裂、镰形细胞病、唐氏综合征、肌营养障碍或Rh病，就推荐做这项检查。
绒毛膜取样	在怀孕第8~11周时进行，经腹或经宫颈取样，取决于胎盘的位置。通过插入一支针（经腹）或一支导管（经宫颈）进入胎盘基质并保持在羊膜囊外取出10~15毫克组织。这块组织经人工洗去母体子宫组织后做培养，并像羊膜穿刺一样做染色体组型。
胚胎镜（embryoscopy）	在怀孕第12周经宫颈插入光学纤维内镜检查胚胎。最早可在怀孕第5周时进行。通过设备可以观测到胎儿血液循环，对胚胎的直接视觉可以对畸形做出诊断。
胎儿血液取样（FBS）	在怀孕18周以后实施，抽取少量脐血做检查。用来检测唐氏综合征等大多数染色体异常。很多其他疾病也可通过这种方法检测。
超声胚胎学（sonoembryology）	用于检测怀孕早期的异常。使用高频经阴道探头和数字成像处理。与超声结合使用，可以在怀孕中期检测超过80%的发育畸形。
超声波（sonogram）	用超声产生可视的子宫、胎儿和胎盘的影像。
超声成像	用非常高频的声波检测胎儿的结构异常或多胎妊娠、测量胎儿生长、判断胎龄，以及评估子宫异常。也与其他检查结合使用，如羊膜穿刺。

细针从围绕胎儿周围的羊水中取出。羊膜穿刺一般在怀孕第15~20周进行。它可以分析胚胎细胞，从而识别出不同的遗传缺陷，其准确率接近100%。除此之外，它还可以用来检测孩子的性别。虽然像羊膜穿刺这样的有创操作有损伤胎儿的危险，但总体来说还是安全的，流产的风险在1/200到1/400之间。

当完成各种检查，并备齐各种信息后，这些夫妇将再次和遗传咨询师会面。一般来说，咨询师会避免给出某种具体建议。他们只会列出事实和目前可考虑的选择方案，内容包括从不做任何干预到采取更为极端的措施，如通过流产终止妊娠等。但是最终要靠父母自己决定该采取何种措施。

未来问题的筛查　遗传咨询师最新的角色涉及检查父母以确定他们自身，而不是他们的孩子，是否因为遗传异常而在未来易感于某些障碍。例如亨廷顿病（Huntington's disease）这种通常致死的恶性障碍，以震颤和智能衰退为特征，一般在40多岁出现。而遗传检查则可以更早发现某个人是否携带导致亨廷顿病的基因。相应的，人们如果知道自己携带了这种基因，就可以为将来早做安排（Ensenauer, Michels, & Reinke, 2005; Cina & Fellmann, 2006; Tibben, 2007）。

除了亨廷顿病以外，超过一千种障碍

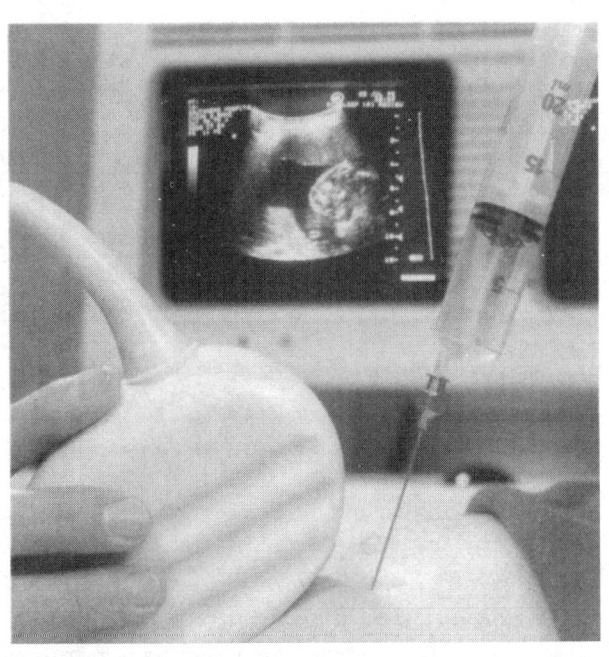

在羊膜穿刺中，从羊膜囊中取出胎儿细胞的样本，用以检测一些遗传缺陷。

可以通过遗传检查进行预测（见表2-3）。如果结果是阴性，可以去除人们对未来的担忧；但如果结果是阳性，会带来相反的影响。事实上，遗传检查会引起实践及伦理问题（Human Genome Project, 2006；Twomey, 2006；Wilfond & Ross, 2009）。

假设一个人怀疑自己可能会患有亨廷顿病，在她20多岁时接受遗传检查没有发现携带缺陷基因。显然，她将体验到如释重负的感觉。但如果她发现自己真的携带了缺陷基因的话，那就意味着她将会得这个病。她可能会感到抑郁和沮丧。事实上，一些研究显示，10%的人在发现自己携带亨廷顿病缺陷基因后，不能恢复他们的情绪水平（Hamilton, 1998；Myers, 2004；Wahlin, 2007）。

遗传检查显然是一个复杂的问题。对于个体是否罹患某种疾病，它很少能给出简单的是或不是的答案。一般它只提供一个概率范围。在某些情况下，真正患病的可能性依赖于一个人暴露于何种环境应激源。个体差异也会影响某个人对某种障碍的易感性（Patenaude, Guttmacher, & Collins, 2002；Bonke et al., 2005）。

当我们对遗传学的了解不断深入时，研究者们和临床医生们已经超越了检验和咨询这一块，而

表2-3　一些现有的基于DNA的基因检测

技术	描述
成人多囊肾	肾衰竭和肝病
α-1-抗胰蛋白酶缺乏	肺气肿和肝病
阿尔茨海默病	老年痴呆的迟发变异
肌萎缩性脊髓侧索硬化症（卢·格里格氏病）	进展性运动功能丧失而致瘫痪和死亡
共济失调—毛细血管扩张症	进行性大脑障碍，致肌肉控制丧失和癌症
乳腺及卵巢癌（遗传性）	早发乳腺及卵巢肿瘤
腓骨肌萎缩症	肢体末端感觉丧失
先天性肾上腺皮质增生症	激素缺乏；外阴性别不明和男性假两性畸形
囊性纤维症	肺黏膜增厚和慢性肺炎及胰腺炎
Duchenne型肌营养不良（Becker型肌营养不良）	轻到重度肌肉萎缩、退化、无力
肌张力障碍	肌肉僵硬，反复扭动
凝血因子V基因Leiden突变症	凝血障碍
范可尼贫血	贫血、白血病、骨骼畸形
脆性X综合征	精神发育迟滞
Gaucher病	肝脾增大、骨变质
血友病A和B	出血障碍
遗传性非息肉性结肠癌[a]	早发结肠及其他器官肿瘤
亨廷顿病	进行性神经退化，通常始于中年
肌强直性营养不良	进行性肌肉无力
神经纤维瘤病1型	多发良性神经系统肿瘤，可为不规则形；癌症
苯丙酮尿症	因酶缺乏引起的进行性精神发育迟滞；可通过饮食纠正
Prader Willi/Angelman综合征	运动技能减退、认知损害、夭折
镰形细胞病	血液细胞障碍；慢性疼痛及感染
脊髓性肌萎缩症	严重的、通常致死性的儿童进行性肌肉萎缩性障碍
脊髓小脑性共济失调1型	不自主肌肉运动、反射障碍、爆发性语言
泰伊—萨克斯病	惊厥、瘫痪；儿童早期致死性神经系统疾病
地中海贫血	贫血

[a]这是疾病易感性检验结果，只提供发病的估计风险。

（Source: Human Genome Project, 2006. http://www.ornl.gov/sci/techresources/Human_Genome/medicine/genetest.html.）

能够主动改变缺陷基因。遗传干预和操作的可能性逐渐扩展到曾经只有科幻小说才会涉及的领域——就像我们接下来考虑的那样。

"定制婴儿"存在于我们的未来吗?

亚当·纳什的出生是为了拯救他姐姐莫莉的生命——字面意义上是这样的。莫莉罹患一种叫做范科尼贫血的罕见疾病，意味着她的骨髓不能产生血细胞。这种疾病能够对年幼的儿童造成可怕的影响，包括出生缺陷和某些癌症。很多患者活不到成年。莫莉康复的最大希望就是通过从新生兄弟姐妹的胎盘中移植未成熟的血细胞，从而生成健康的骨髓。但并不是任何一个兄弟姐妹都行——这个婴儿的细胞必须能够与莫莉的身体相容，才不会被她的免疫系统所排斥。因此莫莉的父母使用了一项充满风险的新技术，这项技术采用莫莉尚未出生的兄弟的细胞，或许能够拯救她。

莫莉的父母第一批使用了被称为着床前胚胎遗传学诊断（PGD）的基因筛选技术，以确保他们的第二个孩子没有范科尼贫血症。PGD技术可以针对刚受精的胚胎在母体子宫内着床发育之前，筛选出多种基因病。医生使莫莉父亲的精子和几个莫莉母亲的卵子在试管中结合，然后对胚胎进行检查，确保只有PGD显示基因健康且与莫莉相配的胚胎得以着床。当亚当9个月大的时候，莫莉也获得了新生：移植获得了成功，莫莉的病被治好了。

莫莉的父母和他们的医生也开启了遗传工程的一个充满争议的新篇章，包括使用生育医学方面的最新研究进展，使得父母在产前就对他们的孩子的特质有所控制。在这种程度上控制基因的另一种手段是生殖系基因治疗。这种方法从胚胎中取出细胞，将其中的缺陷基因修复后重新置入。

尽管PGD和生殖系基因治疗对严重基因障碍的预防和治疗发挥了重要作用，但人们仍然担心这类科学进展可能导致"定制婴儿"——对婴儿进行基因层面的操作以使他们获得其父母想要的特质。问题在于这些技术是否能够并且应该——不仅被用于修正不受欢迎的基因缺陷——被用于生育特殊目的的婴儿，或者在基因层面上"改良"后代。

大量伦理方面的担忧：出于特定目的对婴儿进行"修剪"是否正确？是否高尚？这种基因控制是否会对人类基因库造成危害？这种不公平的优势是否会被那些有途径接触这些技术的富人或特权阶级传递给他们的后代（Frankel & Chapman, 2000；Sheldon & Wilkinson, 2004；Landau, 2008）？

定制婴儿现在还不存在。科学家对人类生殖的了解尚不足以识别出控制大部分特质的基因，还远远不能够以修改基因来控制这些特征如何表达。尽管如此，就像亚当·纳什的案例所揭示的，我们正在一步步接近那一天——父母能够决定他们的孩子将拥有和不拥有哪些基因。

- 人类男性性细胞（精子）和女性性细胞（卵子）为胎儿各提供23条染色体。

- 基因型是存在于有机体内部的不可见的遗传物质总和；表型是可见的特征，是基因型的表达。
- 行为遗传学领域研究遗传对行为的影响，是心理学和遗传学的结合。
- 一些先天和遗传障碍是由受损或突变的基因所引起的。
- 遗传咨询师们用各种不同的数据和技术，为未来的父母提供关于未出生孩子可能面临的遗传风险的意见。

应用毕生发展

- 出生后立刻被分开抚养的同卵双生子的研究是如何帮助研究者了解遗传和环境因素对人类发展的影响？
- **从一个保健工作者的视角看问题**：有关遗传咨询的伦理学和哲学问题是什么？有时提前知道你自己和孩子有可能罹患遗传相关障碍是否不太明智？

2.2 遗传和环境的相互作用

和其他很多父母一样，贾里德的母亲莉莎和父亲贾迈勒想知道他们的孩子最像他俩中的哪一个。他似乎长有莉莎大而宽的眼睛，又有贾迈勒大方的笑容。随着贾里德的成长，他和父母亲相像的地方更多了。他的头发的发线像莉莎一样，而当他长牙时，牙齿让他的笑容更像贾迈勒了，他的行为也似乎更像父母了。例如，他是一个可爱的小宝贝，总是准备好对家中来访的客人微笑——就像友善、愉快的爸爸一样；他的睡眠似乎更像妈妈，这是幸运的，因为贾迈勒睡眠很浅，每晚只能睡4个小时，而莉莎睡眠规则，通常每晚睡7~8个小时。

贾里德时常的微笑和规律的睡眠习惯是幸运地从父母那里遗传过来的吗？还是贾迈勒和莉莎提供的幸福而安定的家庭环境鼓励了这些受欢迎的特征呢？是什么导致了我们的行为？先天还是后天？行为是由先天的遗传因素所生成，还是由环境因素所激发？

简单的答案是：根本没有简单的答案。

环境在决定基因表达中的角色：从基因型到表型

随着发展研究的累积，我们越来越清楚，行为只归因于遗传或环境因素的看法都是不恰当的。某一行为并不只是由遗传因素所导致，也不单纯由环境力量所引起，而是如同我们在第一章中讨论的那样，行为是两者结合的产物。

让我们以**气质**（temperament）为例展开讨论。气质是代表了个体稳定、持久特征的唤醒和情绪性模式。假设我们发现——越来越多的研究也证实了——有少

气质 代表个体稳定、持久特征的觉醒和情绪性模式。

数儿童生来就具有产生不寻常生理反应程度的气质。这种婴儿趋于回避任何异常事物，他们对新异刺激的反应是心跳迅速加快和大脑边缘系统异常激活。这种与生俱来的高刺激反应性似乎和遗传因素有关。父母或老师可能会在孩子四五岁时认为他们很害羞。但并不是所有这种孩子都这样，其中一些个体的表现和同龄人没有明显差别（Kagan & Snidman, 1991；McCrae et al., 2000）。

是什么导致了差异呢？答案似乎是孩子成长的环境。父母安排一些机会鼓励孩子们外向一点可以使孩子克服害羞。相反，在家庭不和或病痛困扰等紧张环境中成长的孩子，更有可能在以后的人生中一直比较害羞（Kagan, Arcus, & Snidman, 1993；Propper & Moore, 2006；Bridgett et al., 2009）。之前提到的贾里德，可能生来就具有随和的气质，这很容易通过悉心照料的父母得到强化。

因素的交互作用 这些发现表明，很多特征反映的是**多因素传递（multifactorial transmission）**，这意味着它们是由遗传和环境因素共同决定的。在多因素传递中，基因型为表型提供可能实现表达的特定范围。例如，具有容易肥胖基因型的人不论怎样控制饮食，可能永远都不能变苗条。考虑到他们的遗传特征，他们可以相对苗条，但他们永远不可能超越某个限度（Faith, Johnson, & Allison, 1997）。在很多情况下，是环境决定了特定的基因型表达为表型的方式（Plomin, 1994a；Wachs, 1992, 1993, 1996）。

另一方面，某些基因型相对地不受环境因素影响。在这些情况下，发展遵循预定的模式，相对独立于一个人成长的环境。例如，对二战中由于饥荒而严重营养不良孕妇的研究发现，她们的孩子成年后身体和智力不受影响，处于平均水平（Stein et al., 1975）。相似地，不论人们吃多少健康的食物，他们的身高也不可能超越遗传所设置的上限。小贾里德头发的发线的位置就极少受其父母行为的影响。

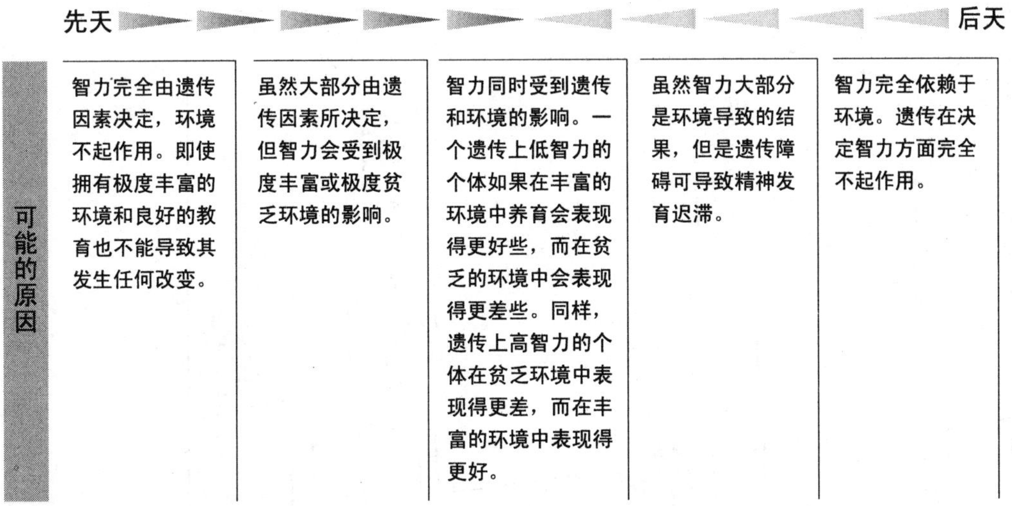

多因素传递 特征由遗传和环境共同决定，基因型只提供表型可能实现表达的范围。

先天 ▶▶▶▶▶▶▶▶▶▶▶▶▶▶▶▶▶▶▶▶▶▶ ◀◀ 后天

| 可能的原因 | 智力完全由遗传因素决定，环境不起作用。即使拥有极度丰富的环境和良好的教育也不能导致其发生任何改变。 | 虽然大部分由遗传因素所决定，但智力会受到极度丰富或极度贫乏环境的影响。 | 智力同时受到遗传和环境的影响。一个遗传上低智力的个体如果在丰富的环境中养育会表现得更好些，而在贫乏的环境会表现得更差些。同样，遗传上高智力的个体在贫乏环境中表现得更差，而在丰富的环境中表现得更好。 | 虽然智力大部分是环境导致的结果，但是遗传障碍可导致精神发育迟滞。 | 智力完全依赖于环境。遗传在决定智力方面完全不起作用。 |

图 2-8 智力的可能来源
智力可通过不同的可能原因的变化范围进行解释，这种范围是从先天到后天的连续体。基于本章所给出的证据，你认为哪种解释最有说服力？

当然，最终是遗传和环境因素的特定交互作用决定了人们发展的模式。更确切的问题是，行为在多大程度上由遗传因素决定，多大程度上又由环境因素所决定？（例如，图2-8显示了智力决定因素的可能范围）一个极端是认为智力只受环境影响，另一个极端是认为智力只受遗传影响——你要么继承了智力，要么没有继承。这种极端论点的无效性使我们更偏向中庸之道——智力是先天的心理能力和环境机会某种联合作用的结果。

发展研究：多少受先天影响？多少受后天影响？

发展研究者运用多种策略尝试解决有关特质（traits）、特征（characteristics）和行为（behavior）在多大程度上由遗传或环境影响的问题。为了寻求答案，他们同时研究非人类物种和人类。

非人动物研究：同时控制遗传和环境。繁殖遗传特征相似的动物相对来说比较简单。养火鸡的人有办法挑出生长速度快的Butterball火鸡并大量养殖，以求在感恩节时降低运送成本。相似地，实验室也可以选择具有相似遗传背景的动物种系来繁殖。

通过观察相同遗传背景的动物在不同环境中的表现，科学家可以精确地断定特定环境刺激的作用。例如，动物可以在刺激异常丰富的环境中饲养，有很多东西可供攀爬跳跃，或者饲养于相对贫瘠的环境，以观察生活在这些不同环境中的结果。反过来，研究者也可考察在某些特征上有显著遗传背景差异的动物，通过把这些动物暴露在相同的环境中，他们将能够断定遗传背景扮演的角色。

当然，使用非人动物作为研究对象的缺点就是，我们不能确定研究结果能在多大程度上扩展到人类。尽管如此，动物研究仍旧提供了大量的机遇。

对比亲缘关系和行为：收养、双生子和家庭研究　很明显，研究者不能像控制非人类动物一样控制人类的遗传背景或环境。但是，大自然方便地提供了进行不同类型"自然研究"的可能性——双生子。

"我的科学计划的标题是'我的弟弟：来自先天还是后天？'"

回忆一下同卵或单卵双生子，他们在遗传上是一模一样的。因为他们的遗传背景精确地一致，所以行为上的任何变异都可完全归因于环境的影响。

对于研究者而言，利用同卵双生子得出有关先天和后天不同作用的结论将会非常简单。例如，通过在出生时分开同卵双生子，把他们放到完全不同的环境，研究者可以很清楚地评估出环境的影响。当然，伦理上的考虑使这种做法成为不可能。研究者所能够做的只是对出生时即被收养，并在不同的环境中抚养的同卵双生子的情况进行研究。此类案例可以让我们对遗传和环境的相对贡献做出确切结论（Bailey et al., 2000；Richardson & Norgate, 2007；Agrawal & Lynskey, 2008）。

从这种在不同环境中抚养的同卵双生子研究中得到的数据并不总是没有偏差。收养机构一般会在安排寄养家庭时考虑生母的特征（或生母的希望）。例如，收养机构一般会将小孩安排到同一种族或同一信仰的家庭。结果，即使将同卵双生子放到不同的寄养家庭中，这两个家庭环境往往也有很多相似的地方。结果，研究者不是总能确切地将行为的差异归因于环境。

对于非同卵的双卵双生子研究也为我们了解先天和后天的相对贡献提供了机会。双卵双生子在遗传上和兄弟姐妹在遗传上的相似性一样。通过比较双卵双生子间的行为差异和单卵双生子（遗传上一样）间的行为差异，研究者就能够断定在某一特征上，单卵双生子行为的相似程度是否平均比双卵双生子要高。如果确实如此，那么可以认为遗传在这一特征的表达上起到重要作用。

此外，其他的方法是研究完全不相关的两个人。这些人在遗传背景上不相同，却有着共同的环境背景。例如，一个家庭同时收养了两个血缘上无关的儿童，在儿童期提供给他们极相似的环境。在这种情况下，小孩性格和行为的相似之处在某种程度上可以归因于环境的影响（Segal, 1993, 2000）。

最后，发展研究者还会考察遗传相似程度不同的人群。例如，如果我们发现某一特征在亲生父母和孩子之间存在高相关，而在养父母和孩子之间低相关，那么我们就得到了遗传在决定该特征的表达方面有重要作用的证据。另一方面，如果某一特征在养父母和孩子间比亲生父母与孩子间有更强的关联性，就证明环境在决定该特征上的重要性。如果某特征在遗传相似的个体间表现出相似的水平，而在遗传上距离较远的个体间表现出不同的水平，那么表明遗传在该特征的发展上占重要地位（Rowe, 1994）。

发展研究者使用上述所有方法及其他方法研究遗传和环境因素的相对影响。他们发现了什么？

在介绍他们的具体发现前，重申数十年研究所得出的一般结论非常重要：实际上所有特质、特征和行为都是先天和后天共同交互作用的结果。遗传和环境先后发挥作用，互相影响，创造了一个个独特的个体（Robinson, 2004；Waterland & Jirtle, 2004）。

单卵双生子和双卵双生子为研究遗传和环境因素的相对影响提供了机会。心理学家从双生子研究中有些什么发现？

生理特征：家族相似性

当患者进入西里尔·马库斯（Cyril Marcus）医生的诊室时，他们并没有发现有时其实是他的双胞胎兄弟图尔特·马库斯（Stewart Marcus）医生。这对双胞胎在外表和行为表现上是如此相似，以致连长期的病人都被这种伦理上欠妥的行为所愚弄。这正是电影《孽扣》（Dead Ringers）中离奇的著名真实案例。

如果两个人在遗传上越相似，他们的身体特征就越相似。同卵双生子就是这一事实的最佳例证。高个父母倾向于生出高个的孩子，而矮个的父母倾向于生出矮个孩子。肥胖，被定义为体重超过身高所对应的平均体重20%，也有很多遗传的成分。例如，在一项研究中，实验者让同卵双生子每天摄入额外的1000卡路里热量的饮食，而且不能进行任何体育锻炼。3个月后，双生子增加的体重几乎完全相同。而不同对双生子之间增加的体重各不相同。其中一些双生子增加的体重是其他双生子的三倍（Bouchard et al., 1990）。

另外，一些不太明显的身体特征也显示出很强的遗传影响。例如，血压、呼吸率，甚至死亡年龄这些特征，相比遗传上不太相似的两个个体，遗传上关系更近的个体之间具有更多的相似性（Price & Gottesman, 1991；Melzer, Hurst, & Frayling, 2007）。

智力：研究越多，争议越大

涉及遗传和环境相对影响的问题，没有哪一种能像智力那样让人们做出如此多的研究。这是为什么？最主要的原因是，智力（一般通过IQ分数来测量）是区分人类与其他物种的核心特征。此外，智力与学业成就有很强的关联性，与其他成就的关联性也较强。

遗传在智力上扮演着重要的角色。如图2-9所示，在整体或一般智力和特定智力亚成分的研究中（如空间能力、语言能力和记忆），两个个体的遗传关联性越高，他们整体IQ分数的相似程度就越高。

遗传不仅对智力产生重要影响，而且这些影响随着年龄的增长而不断增加。例如，异卵（双卵）双生子从婴儿发展到成人，他们之间IQ分数的差异越来越大。而相对地，同卵（单卵）双生子

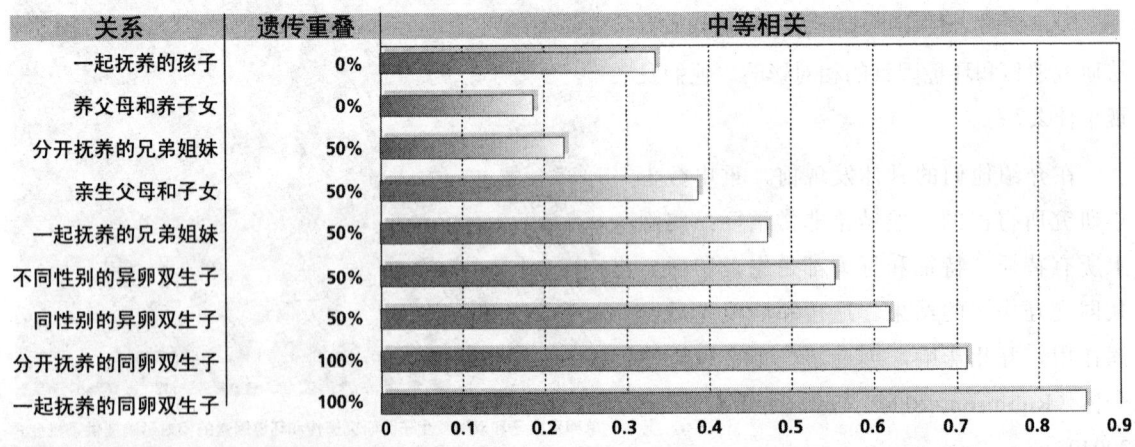

图2-9 遗传和IQ

两个个体在遗传上越近，他们的IQ分数的相关就越强。你觉得为什么异卵双生子的数据有性别差异呢？其他类别的双生子或兄弟姐妹中也会存在性别差异，但为什么没有在这张表格中显示出来？

(Source: Bouchard & McGue, 1981.)

的IQ分数则随着时间的推移却变得越来越相似。这种相反的模式表明，随着年龄的增加遗传因素会有越来越强的影响（Brody, 1993；McGue et al., 1993）。

虽然遗传在智力上扮演着重要角色这一点已经很清楚，但研究者希望更进一步了解遗传因素的影响程度。也许最极端的观点由心理学家阿瑟·詹森（Arthur Jensen, 2003）所提出，他认为80%的智力是遗传的结果。其他人持较缓和的态度，认为从50%~70%不等。切记，这些数字仅仅是大量人群的平均值，而某一特定个体受遗传影响的程度不能从这个平均值预测出来（e.g.,Herrnstein & Murray, 1994; Devlin, Daniels, & Roeder, 1997）。

虽然遗传在智力上发挥了重要作用，但环境因素如书籍的熏陶、良好的教育经验、聪明的同伴也有深刻的影响。即使是像詹森那样极端估计遗传作用的人都认为环境也有重要作用。事实上，就公共政策而言，环境因素才是为最大化人类智力成功而努力的重心所在。正如发展心理学家桑德拉·斯卡尔（Sandra Scarr）所提出的，我们应该思考：为争取每个个体智力发展的最大化，我们能做些什么（Scarr & Carter-Saltzman, 1982；Storfer, 1990；Bouchard, 1997）。

遗传和环境对人格的影响：天生就外向？

我们的人格是遗传的吗？至少部分如此。越来越多的研究证据表明：至少一些最根本的人格特质具有基因根源。例如，"大五人格"中的两个特质，神经质和外向性，与遗传因素有关。在这里，神经质（Neuroticism）指一个人的性格所表现出来的情绪稳定性。外向性（Extroversion）指一个人希望与他人相处、外向及喜欢社交的程度。例如，先前提到过的婴儿贾里德，就有可能从他外向的父亲贾迈勒那里遗传了随和易相处的倾向（Benjamin, Ebstein, & Belmaker, 2002；Zuckerman, 2003；Horwitz, Luong, & Charles, 2008）。

我们怎样知道哪些人格特质反映了遗传呢？一部分证据来自基因检测。例如，有研究表明特定基因对冒险行为有非常重要的影响作用。这种追求新异性的基因影响大脑中化学物质多巴胺的产生，使得一些人更倾向于追求新异情境和冒险（Gillespie et al., 2003；Serretti et al., 2007；Ray et al., 2009）。

证明遗传在决定人格特质中作用的另外一些证据来自双生子研究。例如，在一项大规模研究中，人格心理学家奥克·特勒根（Auke Tellegen）及其同事研究了数百对双生子的人格特质。不少双生子是遗传上相同而又分开抚养的，这就有可能为判断遗传因素的影响提供有力的证据（Tellegen et al., 1988）。特勒根发现某些特质更易受遗传影响。正如你在图2-10看到的，社会技能（成为威严有力的领导，并乐于成为注意焦点的倾向）和传统性（严格遵循规章制度和权威行事）跟遗传有高相关（Harris, Vernon, & Jang, 2007）。

其他研究还发现遗传对非核心人格特质也有影响。例如，一个人的政治态度、宗教信仰，甚至对性行为的态度等似乎也有遗传成分（Bouchard, 2004；Koenig et al., 2005；Bradshaw & Ellison, 2008）。

尽管遗传因素在智力发展中起着显著的作用，但环境的丰富程度也很重要。

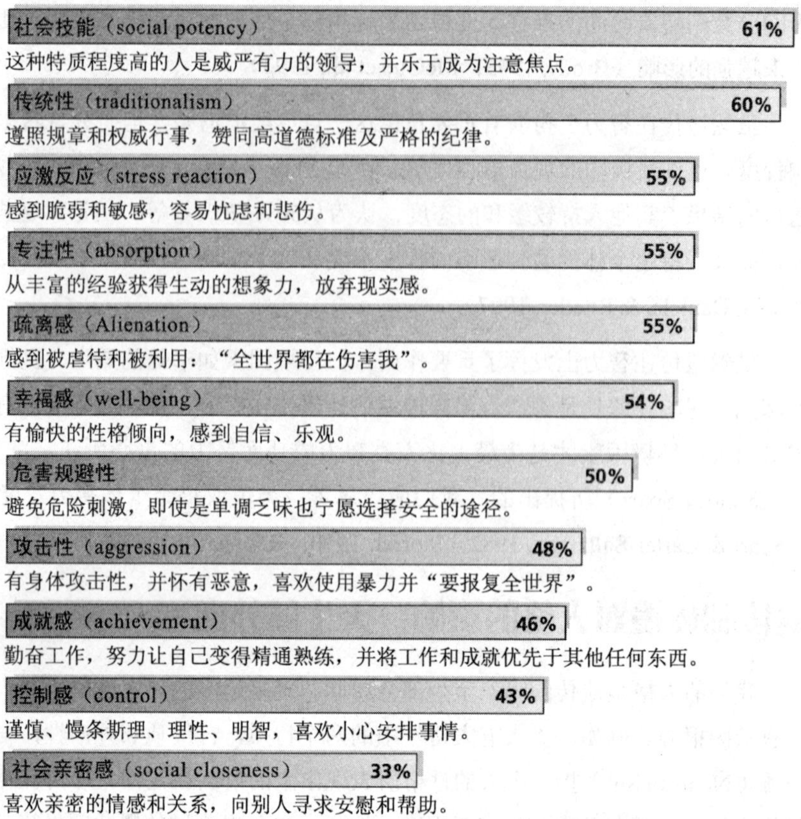

特质	百分率
社会技能（social potency）	61%
这种特质程度高的人是威严有力的领导，并乐于成为注意焦点。	
传统性（traditionalism）	60%
遵照规章和权威行事，赞同高道德标准及严格的纪律。	
应激反应（stress reaction）	55%
感到脆弱和敏感，容易忧虑和悲伤。	
专注性（absorption）	55%
从丰富的经验获得生动的想象力，放弃现实感。	
疏离感（Alienation）	55%
感到被虐待和被利用："全世界都在伤害我"。	
幸福感（well-being）	54%
有愉快的性格倾向，感到自信、乐观。	
危害规避性	50%
避免危险刺激，即使是单调乏味也宁愿选择安全的途径。	
攻击性（aggression）	48%
有身体攻击性，并怀有恶意，喜欢使用暴力并"要报复全世界"。	
成就感（achievement）	46%
勤奋工作，努力让自己变得精通熟练，并将工作和成就优先于其他任何东西。	
控制感（control）	43%
谨慎、慢条斯理、理性、明智，喜欢小心安排事情。	
社会亲密感（social closeness）	33%
喜欢亲密的情感和关系，向别人寻求安慰和帮助。	

图 2-10 特质的遗传
这些特质是和遗传因素关联最密切的人格因素中的一部分。百分率越高，特质反映遗传影响的程度越大。这些数据是否意味着"领袖是天生的，不是培养的"？为什么？（Source: Adapted from Tellegen et al., 1988）

很明显，遗传因素在决定人格方面起着重要作用。与此同时，儿童所处的环境也影响着人格的发展。例如，一些父母鼓励高活动水平，把活动看成是独立和智力的表现。其他父母则鼓励低活动水平，认为被动一点的小孩能够更好地适应社会。这些父母的态度部分受文化决定，美国父母鼓励更高的活动水平，而亚洲文化下的父母则鼓励更多的被动性。在两种情况下，孩子的人格会部分地由他们父母的态度所塑造（Cauce, 2008）。

因为遗传和环境因素对于儿童的人格发展都具有影响，因此人格发展是毕生发展先天和后天相互作用的一个很好的例子。此外，先天和后天相互作用的方式不但会影响个体的行为，而且会影响一种文化的根本基础。

发展的多样性

生理唤醒（physical arousal）的文化差异：一种文化的哲学观点是否由遗传决定？

佛教哲学是许多亚洲文化的固有部分：强调和谐与和平。而传统的西方哲学，如马丁·路德（Martin Luther）和约翰·加尔文（John Calvin）的教义，强调控制焦虑、恐惧和内疚的重要性，他们认为这些是做人条件中的基本部分。

这样的哲学观点在某种程度上受遗传因素的影响吗？这是由发展心理学家杰罗姆·凯根（Jerome Kagan）及其同事提出的具有争议性的观点。他们推测某个社会背后由遗传决定的气质可能会使该社会中的人们更趋向某种哲学（Kagan, Arcus, & Snidman, 1993；Kagan, 2003a）。

凯根是根据可靠的研究结果提出他的假设的。这些结果显示白人儿童和亚裔儿童在气质上有明显差异。例如，有研究比较了中国、爱尔兰和美国4个月大的婴儿，发现了一些差异。与美国白人婴儿及爱尔兰婴儿比较，中国婴儿明显运动少、兴奋性（irritability）低、发声（vocalization）少（见表2-4）。

凯根认为中国人带着更为平静的气质进入世界，他们会发现佛教哲学的平静观念与他们的自然倾向更协调。而西方人则在情绪上更不稳定、更紧张，有更高的内疚感，更有可能被那些强调控制不愉快情绪的哲学所吸引（Kagan et al., 1994; Kagan, 2003）。

值得注意的是，这并不意味着某种哲学观点必然好于或差于另一种。它也不意味着引申出某种哲学的气质更优于或劣于另一种。同样的，我们必须记住，同一文化下的任何单个个体或多或少在气质上存在差异，而且差异范围非常大。还有，如同我们最开始讨论气质时提到的，环境条件会对个人气质中不受遗传决定的部分产生显著影响。而凯根及其同事的猜想试图努力阐明的是文化和气质的相互影响。正如宗教信仰会有助于气质的塑造，气质也同样可以使某种宗教思想显得更具吸引力。

哲学传统是文化的最基本部分，可能会受到遗传因素的影响，这一观点是有趣的。要弄清楚某个文化下遗传和环境如何交互作用从而产生看待世界和理解世界的哲学框架，我们还需要进行更多的研究。

佛教哲学强调和谐与和平。这种非西方哲学是否在某种程度上是遗传的反映？

表2-4 美国白人、爱尔兰及中国4个月大婴儿的平均行为分数

行为	美国人	爱尔兰人	中国人
运动	48.6	36.7	11.2
哭（秒）	7.0	2.9	1.1
烦躁（%试次）	10.0	6.0	1.9
发音（%试次）	31.4	31.1	8.1
笑（%试次）	4.1	2.6	3.6

(Source: Kagan, Arcus, & Snidman, 1993)

精神障碍：遗传和环境的作用

当劳瑞·席勒（Lori Schiller）十来岁时在夏令营里，她开始听到一些声音。那些声音无预警地尖叫"你一定要死！死！死！"她从床上下来，跑进黑夜里，她以为这样就可以逃脱。露营咨询师发现她在一张绷床上乱蹦乱跳，大声尖叫。"我想我是着魔了。"她后来说。（Bennett, 1992）

在某种意义上，她确实着魔了：着了精神分裂症的魔。这是最严重的精神障碍之一。席勒正常而愉快地度过了童年，而她的世界在青春期出现了变化，她逐渐失去对现实的感觉。在接下来的二十年

里，她将要来回进出医疗机构，努力避开这种障碍带来的灾难。

是什么导致了席勒患上精神分裂症？ 越来越多的证据提示，精神分裂症是由遗传因素所引起的。这种障碍在家族中遗传，有些家庭表现出异常高的发病率。而且，精神分裂症患者和另一名家庭成员之间的遗传联系越近，这个成员就越有可能罹患精神分裂症。例如，如果同卵双生子中有一个患精神分裂症，那么另一个就有接近50%的风险罹患精神分裂症（见图2-11）。而精神分裂症患者的侄子或侄女只有不到5%的几率罹患这种障碍（Gottesman, 1993；Hanson & Gottesman, 2005）。

然而，这些数据同样表明遗传因素单方面不能影响这种障碍的发展。如果遗传是唯一原因，那么同卵双生子的患病风险就应该是100%。因此，还有其他因素影响这种障碍，包括从脑部结构异常到生物化学失衡的各种因素（eg., Lyons et al., 2002；Hietala, Cannon, & van Erp, 2003；Howes & Kapur, 2009）。

这也意味着即使某些个体有精神分裂症的遗传易感性，他们也不一定会患病。相反，他们遗传到的是对环境压力的异常敏感性。如果压力较低，精神分裂症不会发生。但如果压力非常高，则会导致精神分裂症。另一方面，对于具有很强的精神分裂症遗传易感性的人来说，即使是相对弱的环境应激源也会导致出现精神分裂症（Paris, 1999；Norman & Malla, 2001；Mittal, Ellman, & Cannon, 2008）。

一些其他的精神障碍也显示出，至少在某种程度上与遗传因素的相关性。例如，重度抑郁症、酗酒、自闭症和注意缺陷多动障碍都有显著的遗传成分（Dick, Rose, & Kaprio, 2006；Monastra, 2008；Burbach & van der Zwaag, 2009）。

精神分裂症和其他与遗传相关的精神障碍的例子也阐明了一个基本原则，即遗传和环境是相互作用的，这是我们之前众多讨论的基础。遗传的角色常常是为未来发展提供某种倾向性。某种行为

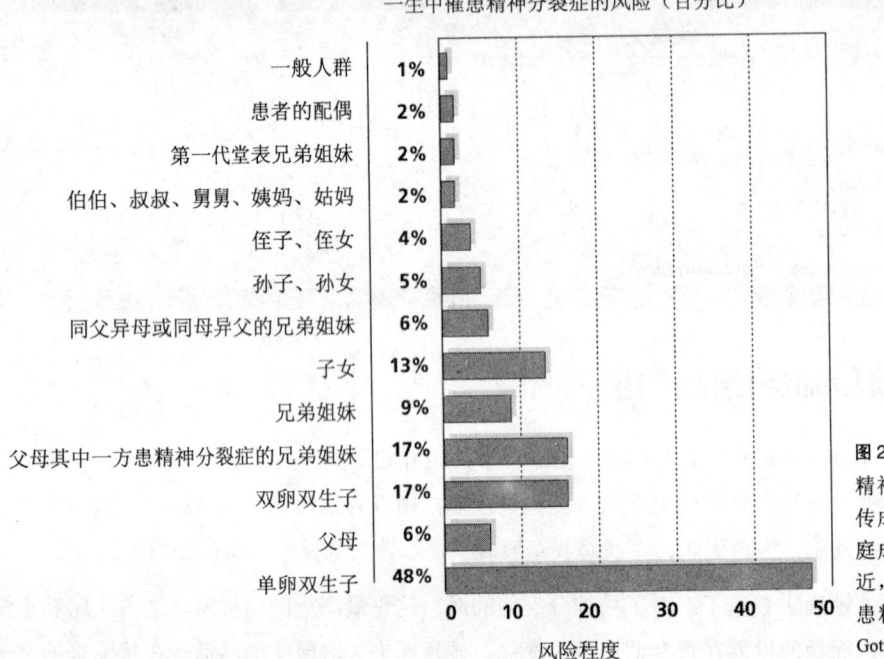

图2-11 精神分裂症的遗传
精神分裂症具有明确的遗传成分。患者与另一名家庭成员之间的遗传联系越近，该成员就越有可能罹患精神分裂症。（Source: Gottesman, 1991）

特征是否最终会显现出来，以及在什么时候显现，有赖于环境的性质。因此，虽然精神分裂症的易感性在出生时就存在，如果最终形成了精神分裂症的话，通常患者要到青春期才会表现出障碍行为。

类似的，另外一些特征在父母及其他社会化因素的影响削弱时更可能表现出来。例如，收养的孩子会在生命早期表现出和养父母相似的特征，这是由于环境对幼儿的影响处在绝对优势的位置。当他们逐渐长大，父母的影响日渐下降，受遗传影响的特征就开始表现出来，遗传因素开始发挥更大的作用（Caspi & moffitt, 1993；Arsenault et al., 2003；Poulton & Caspi, 2005）。

基因会影响环境吗？

此人患有精神分裂症，这是一种严重的精神障碍，是遗传和环境两者共同作用的结果。

根据发展心理学家桑德拉·斯卡尔（1993, 1998）的观点，父母提供给孩子的遗传天赋不仅决定他们的遗传特征，还会积极地影响他们的环境。斯卡尔提出了儿童的遗传易感性可能影响其环境的三种方式。

儿童倾向于积极关注环境中和其遗传所决定的能力最有关系的那些方面。例如，一个活跃好斗的儿童会被体育所吸引，而一个内向一点的儿童更有可能从事学术或可以独自完成的活动，如电脑游戏或画画。同时，他们很少注意那些和他们的遗传天赋不相容的环境。例如，两个女孩阅读同一块学校布告栏，其中一个可能会注意少年棒球联赛的广告。而她那协调性稍差却更有音乐天赋的朋友，则更可能注意到课余合唱队的招募启示。在每一种情况下，儿童都会注意到那些能让他们充分发挥由遗传所决定的能力的环境方面。

在某些情况下，基因对环境的影响更加被动和间接。例如，偏好运动的父母具有促进身体协调性的基因，可能为孩子提供很多运动的机会。

此外，儿童由遗传得来的气质会激发（evoke）一定的环境影响。例如，和不太哭闹的婴儿相比，婴儿高要求的行为会使得父母对其需求更加注意。又如，在遗传上协调性比较好的儿童可能会把屋子里的任何东西拿来和球一起玩。家长会注意到这一点，并决定应该给他/她提供一些运动装备。

总而言之，要判断行为到底归因于先天还是后天，就像是瞄准移动的靶子射击一样。行为和特征不但是遗传和环境因素共同作用的结果，而且对于某种特征而言，遗传和环境的相对影响随着人的生命历程而不断变化。尽管我们在出生时所获得的遗传基因库为我们未来的发展搭建了舞台，但不断变化的环境和生活中的其他角色决定了发展的最终模样。环境影响着我们的经验，同时也被我们先天气质上的倾向所塑造。

复习和应用

复习

- 人类的特征和行为是遗传和环境因素共同作用的结果。
- 遗传会影响身体特征、智力、人格特质、行为，以及精神障碍。
- 有些假说认为一种文化会在遗传上倾向于某种哲学观点和态度。

应用毕生发展

- 一个不同于你所经历成长的环境将如何影响你由父母那里遗传而来的人格特质的发展？
- **从一个教育工作者的视角看问题**：一些人利用智力被证实的遗传基础来反对在IQ低于平均值的个体身上给予巨大的教育投入。基于你所学到的关于遗传和环境的知识，你认为这种观点合理吗？为什么？

2.3 产前的生长和变化

罗伯特陪同丽莎与助产士初次见面。检查结果证实丽莎怀孕了。"没错，你怀孕了，"助产士对丽莎说："在接下来的六个月里，你需要每月复诊一次。当预产期临近时，复诊会更频繁。这是孕期需要补充的维生素处方，以及运动和饮食指南。你不抽烟吧？嗯，很好。"然后，她转向罗伯特说："你呢？抽烟吗？"在听了一大堆指导和建议后，这对夫妇有点茫然，但已经做好准备尽他们的最大努力生一个健康的宝宝。

从怀孕的那一刻开始，发展就不断地进行着。如我们所见，许多方面都受到来自父母的遗传影响。当然，像所有的发展一样，产前生长从一开始就受到环境因素的影响（Leavitt & Goldson, 1996）。我们将看到，就像罗伯特和丽莎一样，父母双方都可以参与提供良好的产前环境。

受精：怀孕的那一刻

当谈及创造生命时，大部分人只会想到使男性精子接近女性卵子的性行为。而实际上，性行为只是致使受精的发生，它既是受精前一系列事件的结果，也是其后事件的开端。**受精（fertilization）**是精子和卵子结合形成一个受精卵的过程，是每个人生命的开端。

男性的精子和女性的卵子都有自己的历史。女性出生时两个卵巢就含有大约400,000个卵细胞（见图2-12，女性生殖器官的基本解剖图）。然而，只有到

受精 精子和卵子，即男性和女性各自的配子融合而形成一个新细胞的过程。

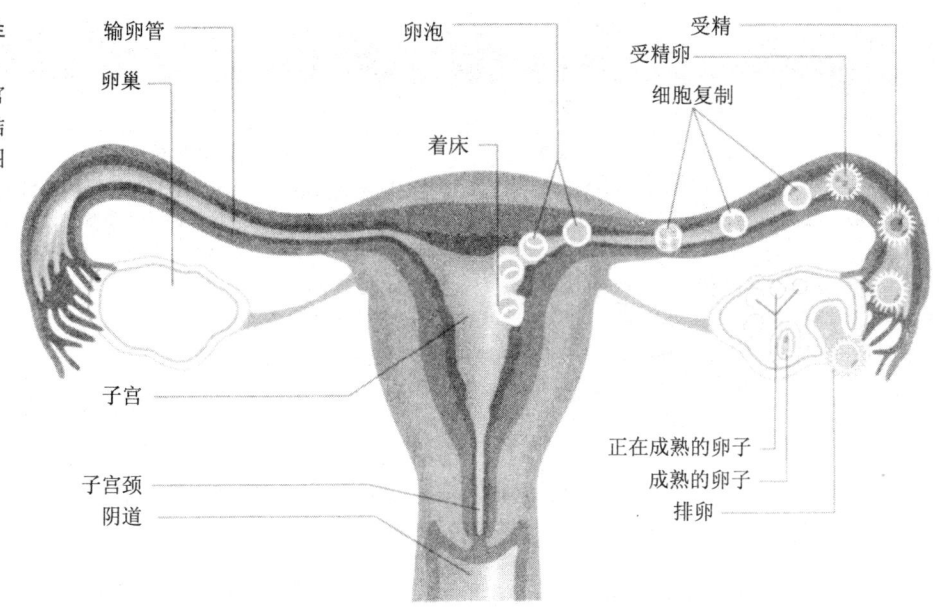

图2-12 女性生殖器官的解剖图 女性生殖器官的基本解剖结构，以剖面图进行说明。

了青春期，卵细胞才会成熟。从这时起直到绝经期，女性大约每28天就会排卵一次。在排卵过程中，卵子从其中一个卵巢中释放出来，在微小的毛细胞的推动下经输卵管移到子宫。如果卵子在输卵管中与精子相遇，受精就会发生（Aitken, 1995）。

看起来像小蝌蚪似的精子的生命周期更短一些。它们在睾丸中快速产生：成年男性一般每天生成数亿个精子。因此，性交中射出的精子比卵子要新得多。

精子进入阴道后，开始了蜿蜒的旅途。它们首先通过宫颈，这里是通向子宫的开口。然后从子宫进入输卵管，这是受精发生的地方。然而，在性交中射精射出的3亿精子里，只有一小部分能够在经历这样艰辛的旅程后最终存活下来。不过这样已经足够，因为只需要一个精子就可以使一个卵子受精，而且每个卵子和精子各自都包含了孕育一个新生命所必需的所有基因数据。

产前期的各阶段：发展的开始

产前期包括三个时期：胚芽期、胚胎期、胎儿期。表2-5是对它们的总结。

胚芽期：从受精至第2周 胚芽期（germinal stage）是产前期的第一个阶段，也是最短的一个阶段。在怀孕头两周里，受精卵开始分裂，结构越来越复杂。同时，受精卵（现在被称为胚泡）向子宫移动，然后植入子宫壁。子宫壁能提供丰富的营养。系统化的细胞分裂是该阶段的标志，细胞以极快的速度进行分裂：受精后第三天，胚泡含有32个细胞，到第四天这个数字又翻一倍，在一周内达到100～150个，并继续加速增长。

除了数量上的增多外，细胞越来越专门化。比如，有些细胞在细胞团外形成保护层，而其他细胞开始形成胎盘和脐带的雏形。当发育成熟后，**胎盘**

胚芽期 产前第一个阶段，也是最短的一个阶段，时间为怀孕头两周。

表 2-5 产前的各阶段

胚芽期	胚胎期	胎儿期
受精至第2周	第2周~第8周	第8周至出生
胚芽期是最早也是最短的阶段,以系统化的细胞分裂和受精卵着床于子宫壁为特征。受精后3天,胚泡就含有32个细胞,再过一天数目再翻倍。一周之内,胚泡就增长至100~150个细胞。细胞变得专门化,其中一些形成包围胚泡的保护层。	受精卵此时被称为胚胎。胚胎发育成三层,它们最终会形成不同的身体结构。这三层包括: 外胚层:皮肤、感觉器官、脑、脊髓 内胚层:消化系统、肝、呼吸系统 中胚层:肌肉、血液、循环系统 8周时,胚胎有1英寸长。	胎儿期正式始于主要器官开始进行分化。胚胎此时被称为胎儿。胎儿生长迅速,长度增加了20倍。4个月时,胎儿平均重4盎司;7个月时,3磅;出生时,平均体重则超过7磅。

(placenta)成为母体和胎儿之间的桥梁,通过脐带提供营养和氧气。此外,发育中的胎儿所产生的废物也通过脐带被带走。

胚胎期:第2周~第8周 在胚芽期结束时,也就是怀孕第2周,个体已经牢固地着床于母体子宫壁,此时被称为胚胎。**胚胎期(embryonic stage)** 是怀孕第2周~第8周。这一阶段的特点是主要器官和基本解剖结构开始发展。

在胚胎期的最初阶段,发育中的胚胎分为三层,每一层最终会发育成不同的结构。外层称为外胚层(ectoderm),将形成皮肤、毛发、牙齿、感觉器官、脑和脊髓。内层称为内胚层(endoderm),将形成消化系统、肝脏、胰腺和呼吸系统。两者之间的称为中胚层(mesoderm),将形成肌肉、骨头、血液和循环系统。身体的每一部分都由这三个胚层最终形成。

如果看到一个胚胎期末的胚胎,你可能很难相信这是一个人类。一个8周大的胚胎只有1英寸长,看起来像个鱼鳃加尾巴的结构。然而细看之下,可以发现一些熟悉的特征,可辨认出眼睛、鼻子、嘴唇甚至牙齿的雏形,粗短的凸出部分最终会形成四肢。

头和脑在胚胎期经历着快速的发育。头部占了胚胎相当大的比例,大约为总长度的一半。神经元(neurons)的发育也是惊人的,在生命的第2个月里每分钟有100,000个神经元产生!神经系统大约在第5周开始发挥功能,这时开始产生微弱的脑电波(Nilsson, 1990; Lauter, 1998; Nelson & Bosquet, 2000)。

胎儿期:第8周至出生 直到产前发展的最后一个阶段——胎儿期,发育中的胎儿才比较容易辨认。**胎儿期(fetal stage)** 从怀孕第8周开始到出生前。胎儿期正式开始的标志是主要器官的分化。

在胎儿期,**胎儿(fetus)** 以惊人的速度成长。例如,身长增加了约20倍,而且身体的比例也发生了巨大变化。在2个月时,头部占身长的一半。而到了出生时,头部就只占身长的四

胎盘 连接母亲和胎儿的桥梁,通过脐带给胎儿提供营养和氧气。

胚胎期 怀孕的第2~8周,主要的器官和身体系统有显著的生长。

胎儿期 怀孕第8周开始,延续至出生的阶段。

胎儿 从怀孕第8周到出生这段时间,发育中的个体称为胎儿。

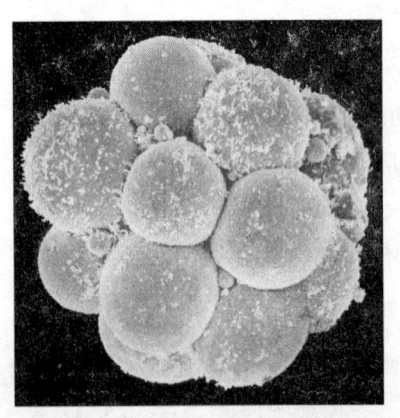

产前阶段的胚芽期发展得非常迅速,受精卵在受精几天后,就分裂为16个细胞。

分之一了（见图2-13）。胎儿的体重也逐渐增加，4个月时平均体重为4盎司，到了7个月约重3磅，而出生时则超过7磅。

与此同时，胎儿的结构日趋复杂。器官分化更加明确并开始发挥功能。例如，3个月时胎儿开始吞咽和排尿。此外，身体各部分之间的连接也变得更复杂、整合性更强。手臂的末端长出手，手长出手指，手指长出指甲。

当这一切悄悄发生的时候，胎儿也让外界知道了它的存在。在怀孕早期，母亲可能并没有意识到自己怀孕了。而当胎儿变得越来越活跃时，绝大部分母亲才会有所察觉。4个月后，母亲可以感觉到胎动。而再过几个月，其他人也能通过母亲的皮肤感觉到胎儿在踢腿。除了以踢腿提醒母亲自己的存在外，胎儿还会翻身、翻筋斗、哭泣、打嗝、握拳、张合眼睛、吮吸拇指。

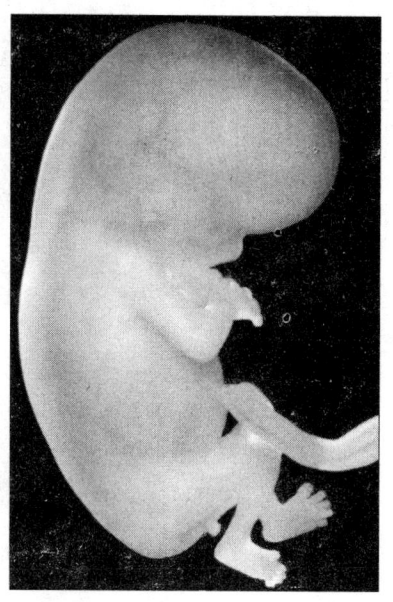

胎儿期从怀孕第8周开始。

胎儿期大脑变得更加精密复杂。左右大脑半球迅速生长，神经元之间的联系更加复杂。神经纤维被髓鞘包裹，加速了信息从大脑到身体其他部分的传递速度。

在胎儿期末，脑电波显示胎儿有睡眠期和觉醒期之分。这时的胎儿还能听到声音并感觉声音带来的振动。研究者安东尼•德卡斯珀和梅兰妮•斯彭思（Anthony DeCasper & Melanie Spence, 1986）曾经要求一群孕妇在怀孕最后几个月每天大声朗读苏斯博士（Dr Seuss[①]）的故事《戴帽子的猫》两次。孩子在出生3天后似乎能辨别出这个故事。比起另一个韵律不同的故事，他们对这个故事有更多的反应。

在怀孕第8周~第24周期间，释放的激素使得胎儿的男女性别特征出现分化。例如，男性胎儿体内的高水平雄激素影响其神经细胞的大小以及神经连接的生长。有科学家认为这最终会导致男性与女性大脑结构的差异，甚至造成以后与性别相关的行为差别（Reiner & Gearhart, 2004; Kinckmeyer & Baron-Cohen, 2006; Burton et al., 2009）。

正如没有两个成人是完全相同的一样，也没有两个胎儿是完全相同的。虽然产前期发育的模式大致如上所述，但是每个个体胎儿的行为的确有明显差异。有些胎儿特别活跃，有些则比较安静（活跃的胎儿在出生后也可能会比较活跃）。有些心率比较快，有些则比较慢，一般为每分钟

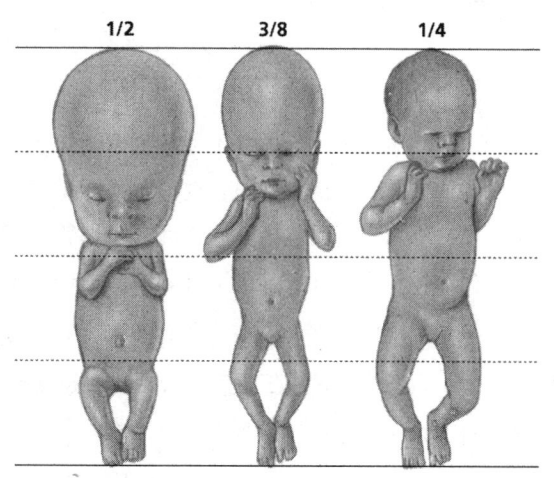

图 2-13 身体比例
在胎儿期，身体比例变化非常大。在2个月时，头占胎儿身体的一半，而到了出生时，头只有全身的四分之一。

[①] 著名的美国儿童读物作家，其代表作为《戴帽子的猫》。他的名字和其著作一样，在英语世界家喻户晓。——编者注

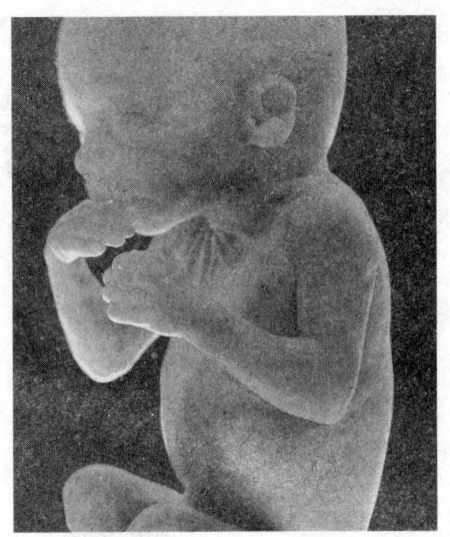

受精后5个月左右的胎儿，看起来明显是一个人。

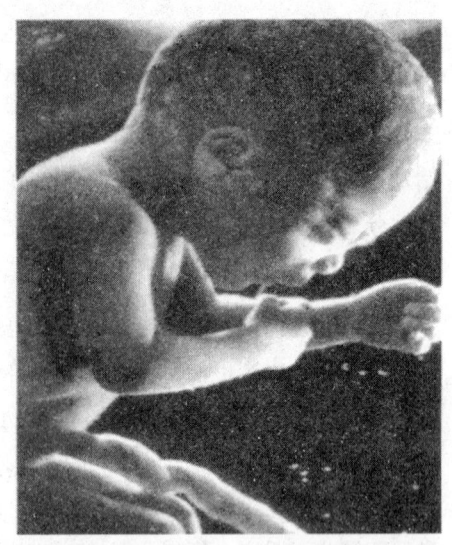

像成人一样，胎儿的天性也有很大的差别。他们在出生后会表现出不同的特征，有些非常活跃，而有些则相对保守。

120~160次（DiPietro, 2002; Niederhofer, 2004; Tongsong et al., 2005）。

这些胎儿行为的差异一部分由遗传造成，一部分由胎儿前9个月所处的环境造成。接下来我们将看到，产前环境可以通过很多途径影响胎儿的发育——有好有坏。

怀孕期间的问题

对一些夫妇而言，怀孕是一个巨大的挑战。下面我们将讨论一些与怀孕相关的生理上或伦理上的问题。

不孕 大约15%的夫妇遭受**不孕**（infertility）的困扰。不孕是指在尝试怀孕12~18个月仍无法怀孕。不孕的发生率与年龄呈负相关，年龄越大越容易发生（见图2-14）。

男性不育的主要原因是精子产生量过少。而滥用毒品、吸烟及性传播疾病既往感染史也会增加不孕的可能性。女性不孕最常见的问题是不能正常排卵，其原因包括激素紊乱、输卵管或子宫损伤、压力、滥用毒品或酗酒（Lewis, Legato, & Fisch, 2006; Kelly-Weeder & Cox, 2007; Wilkes et al., 2009）。

不孕目前有一些治疗方法。有些情况可以通过手术或药物治疗。另一种选择是**人工授精**（artificial insemination），即由医生将男性的精子直接置入女性的阴道。有的情况下精子由孕妇的丈夫提供，有的则来源于精子库的匿名捐赠者。

而在其他一些情况下，受精发生在母亲体外。**体外受精**（in vitro fertilization，IVF）是指从女性卵巢取得卵子，并在实验室里使其与男性精子受精的过程。然后，再把受精卵植入女性的子宫。与此相似，配子输卵管内移植（gamete intrafallopian transfer, GIFT）和受精卵输卵管内移植（zygote intrafallopian transfer, ZIFT）分别指将精子及卵子或受精卵植入女性的输卵管。在IVF、GIFT和ZIFT中，配子或受精卵植入的对象通常是卵子的提供者，而在极少的情况下可以是代

不孕 试图怀孕12~18个月仍不能怀孕。

人工授精 医生直接把男性的精子放置到女性阴道的受精过程。

体外受精 从女性的卵巢中取出卵子，并和男性的精子在实验室里受精的过程。

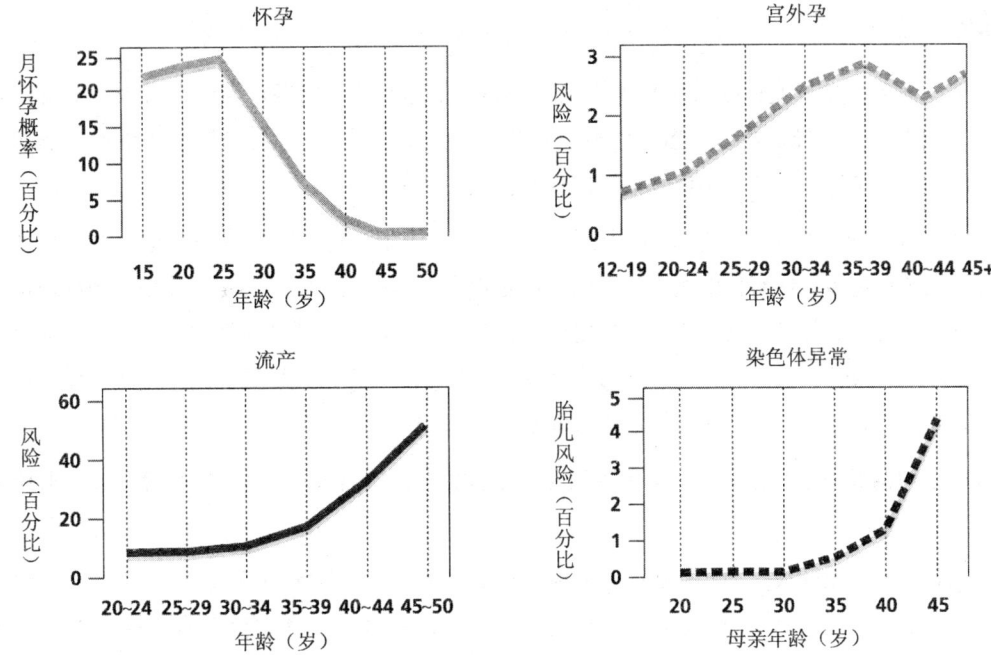

图2-14 女性年龄和怀孕风险
不孕率和染色体异常的风险,都会随孕妇年龄增加而提高。
(Source: Reproductive Medicine Associates of New Jersey, 2002)

孕母亲(surrogate mother)。代孕母亲同意代为怀孕直至孩子足月。无法怀孕的女性,也可以找代孕母亲代孕。代孕母亲通过和生父人工授精怀孕,并同意放弃对婴儿的所有权利(van Balen, 1998; Kolata, 2004)。

体外受精的成功率越来越高,对年轻女性可达到33%(年龄更大的女性的成功率要低一些)。女演员玛西亚·克劳斯[②]和妮克尔·基德曼[③]这类女性使用和推广该技术,使它变得更加普遍。全世界有超过三百万的婴儿通过体外受精得以出生。

此外,生殖技术越来越进步,使婴儿的性别选择成为可能。一项技术可以将携带X和Y染色体的精子分离,然后将想要的那一类精子植入女性的子宫。另一项技术可在体外受精成功后第3天检测受精卵的性别,然后将想要的那一性别受精卵植入母亲体内(Duenwald, 2003, 2004; Kalb, 2004)。

"我是他们真正的小孩,而你只是他们从某个实验室买来的冰冻的胚胎。"
(Source: The New Yorker Collection, 1998. William Hamilton from cartoonbank.com. All Rights Reserved.)

---

② 玛西亚·克劳斯,美国演员,曾出演电视剧《绝望的主妇》等。——译者注
③ 妮可尔·基德曼,美国著名电视、电影明星,2003年因影片《时时刻刻》获75届奥斯卡最佳女演员奖。——译者注

伦理问题

代孕母亲、体外受精以及性别选择技术带来了一系列伦理和法律问题，同时也带来许多情感问题。在某些个案中，代孕母亲在孩子出生后拒绝放弃孩子；而另一些代孕母亲则试图进入孩子的生活。在这些情况下，父母、代孕母亲以及孩子的权利会发生冲突。

性别选择技术引起更多争议。根据性别而终止一个胚胎的生命是否合乎伦理？迫于女性歧视的文化压力而寻求孕育更多男性后代的医学手段的做法是否合理？更让人困惑的是，如果性别选择是允许的，那么将来当技术成熟时，其他由遗传决定的特征是否都可以进行选择呢？例如，假设技术上允许，那么选择偏爱的眼睛或头发的颜色、智力水平或者某种个性是否符合伦理？虽然目前这样的技术尚不可行，但难保在不久的将来不会成为现实（Bonnicksen, 2007; Mameli, 2007; Roberts, 2007）。

虽然许多伦理问题目前仍悬而未决，但有个问题是我们可以回答的：用体外受精这类生殖技术孕育的孩子其发展如何？

研究显示他们发展得很好。有一项研究发现采用这类技术孕育的孩子的家庭教养质量要优于自然孕育的孩子。此外，体外受精及人工授精的孩子日后的心理发展和自然孕育的孩子没有差异（DiPietro, Costigan, & Gurewitsch, 2005; Hjelmstedt, Widström, & Collins, 2006; Siegel, Dittrich, & Vollmann, 2008）。

另一方面，年龄较大的人们越来越多地使用体外受精技术（当他们的孩子进入青春期时，这些人已经相当年老了），这一点可能会改变这些正面的发现。因为体外受精技术最近才开始被广泛使用，我们还不知道对于高龄的父母会发生什么样的情况（Colpin & Soenen, 2004）。

流产和人工流产 流产（miscarriage），这里指自然流产，是指胎儿可以在母亲体外存活之前妊娠终止的情况。胎儿从子宫壁分离并排出体外。

大约15%~20%的妊娠以流产告终，通常发生在妊娠的头几个月。有些时候流产很早就发生，母亲甚至不知道自己怀孕，更不知道已经流产。通常来说，流产可以归因于某些遗传障碍。

人工流产（abortion）是指孕妇自愿终止妊娠。对于每一位女性来说，人工流产都是一个艰难的选择，它涉及生理学、心理学、法律和伦理上的一系列复杂的问题。由美国心理学会进行的一项关于人工流产影响的研究显示，人工流产后大部分女性体验到解脱、后悔、内疚等混合情感（APA Reproductive Choice Working Group, 2000）。

其他研究发现流产可能会增加未来发生心理问题的风险；不过，除了小部分在人工流产前就有严重情绪问题的女性，大多数情况下负性心理后效并不会持续很长时间。在任何情况下，人工流产都是一个艰难的选择（Fergusson, Horwood, & Ridder, 2006）。

产前环境：对发展的威胁

据南美的西里奥诺人（Siriono）所说，如果孕妇在怀孕期间吃了某种动物的肉，她生下的孩子在行为和长相上就会相似于那种动物。根据某些电视节目的说法，怀孕妇女应该尽量不要生气，以免自己的孩子也带着怒气来到这个世界（Cole, 1992）。

尽管上述观点多半是民间说法，但的确有一些证据表明母亲怀孕期间的焦虑情绪会影响胎儿出生前的睡眠模式。父母在怀孕前后的某些行为，也的确会对孩子造成终生的影响。有些行为的后果马上就能看见，但有半数的潜在问题在出生前并不明显。其他更隐匿的问题可能要在出生后数年才能有所体现（Groome et al., 1995；Couzin, 2002）。其中带来最严重后果的是致畸剂。**致畸剂**（teratogen）是会导致先天缺陷的环境因素，如药物、化学物质、病毒等。虽然胎盘有阻止致畸剂到达胎儿的功能，但胎盘并不能百分百地做到这一点，因此每个胎儿大概都会接触到一些致畸剂。

致畸剂 引起出生缺陷的因素。

接触致畸剂的时间和剂量是最关键的。某种致畸剂在产前发展的某些阶段可能只有微弱的影响，但在另一些阶段却可能造成严重的后果。一般来说，致畸剂在产前的快速发育期影响最大。对某种致畸剂的敏感性也与种族和文化背景有关。例如，相对于欧裔美国人而言，美国印第安人的胎儿更易受酒精的影响（Kinney et al., 2003；Winger & Woods, 2004）。

此外，不同器官在不同时期对致畸剂的易受影响性也是不同的。比如，在怀孕15~25天时，所怀婴儿的大脑最易受到损伤，而心脏在怀孕20~40天时最脆弱（见文前彩图2-15；Bookstein et al., 1996；Pajkrt et al., 2004）。

当讨论关于某个特定致畸剂的研究结果时，一定要考虑发生致畸剂接触情况的更广的社会文化背景。比如，贫困的生活致使接触致畸剂的几率增加。贫穷的母亲无法负担足够的饮食和医疗服务，这使得她们更容易患病，以致损害发育中的胎儿。而且，她们也更有可能接触到被污染的环境。因此，必须考虑导致致畸

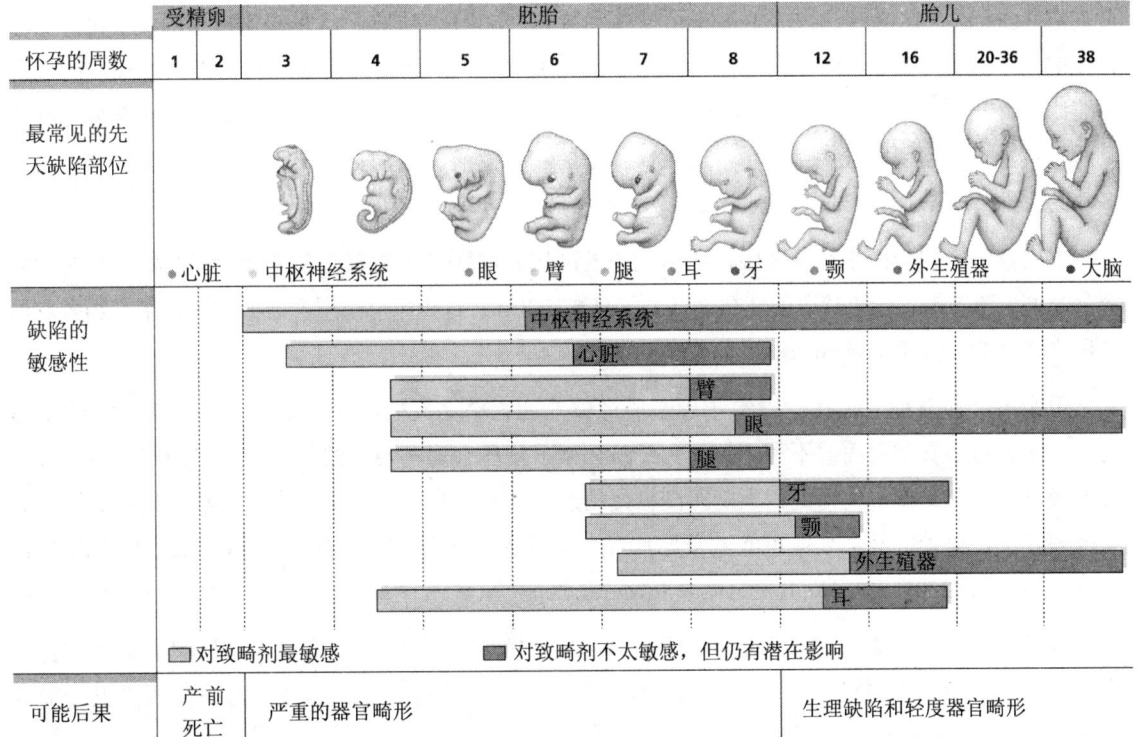

图 2-15 致畸剂的敏感性
在发育的不同阶段，身体的各部分对致畸剂的敏感性有所不同。
（Source: Moore, 1974）

剂接触的社会因素,这一点很重要。

母亲的饮食 大部分关于环境因素对胎儿发育影响的知识来源于对母亲的研究。例如,就像助产士向罗伯特和丽莎指出的那样,母亲的饮食对胎儿的发育非常重要。相对于饮食营养不良的母亲,饮食营养充足的母亲更少出现孕期并发症,生产更加顺利,所生婴儿也更健康(Kaiser & Allen, 2002; Guerrini, Thomson, & Gurling, 2007)。

饮食问题是全球关注的问题,全世界有8亿人处于饥荒之中。另外,还有接近10亿人处于饥饿的边缘。显然,饮食不足带来的饥荒波及范围之大,影响到在这种条件下生活的数百万女性所生的儿童(United Nations, 2004)。

幸运的是,有一些方法可以消除母亲营养不良对胎儿造成的影响。补充母亲的饮食可以部分逆转不良饮食造成的影响。更有研究显示,出生前营养不良的婴儿如果在出生后能得到充足的营养,早期营养不良所带来的问题可以部分得到缓解。但事实上,很少有出生前营养不良的婴儿能够在出生后得到充足的食物(Grantham-McGregor et al., 1994; Kramer, 2003; Olness, 2003)。

母亲的年龄 现在女性的生育年龄要晚于二三十年前。这一变化的主要原因是社会的变革。更多的女性选择在生第一个孩子前继续求学,获取更高的学位并开始她们的事业(Gibbs, 2002; Wildberger, 2003; Bornstein et al., 2006)。

因此,从20世纪70年代开始,越来越多的女性在30或40岁左右才生小孩。然而,晚生育对母亲和孩子都有潜在的影响。相比年轻的女性,30岁以后生小孩的女性会面临更高的孕产期并发症风险,如早产儿或低体重出生儿。其中一个原因是卵子的质量下降。女性到了42岁就有90%的卵子已不再正常(Cnattingius, Berendes, & Forman, 1993; Gibbs, 2002)。年龄越大的母亲所生的孩子得唐氏综合征的几率越大。大于40岁的母亲所生孩子中每100人就有1名唐氏综合征患者,而大于50岁的母亲中的比例上升至25%(Gaulden, 1992)。但也有研究显示,高龄产妇并非一定会面临更多孕期问题的风险。例如,一项研究表明:一个没有健康问题的40多岁的女性发生孕期并发症的可能性并不比20多岁的女性高(Ales, Druzin, & Santini, 1990; Dildy et al., 1996)。

不仅高龄产妇会面临怀孕风险,年龄太小的准妈妈同样也面临着许多风险。青春期怀孕的女性容易早产。事实上这一年龄段的怀孕女性占了总数的20%。青少年母亲所产婴儿的死亡率是20多岁母亲所产婴儿的两倍(Kirchengast & Hartmann, 2003)。

母亲的产前支持 记住,青少年母亲所产婴儿死亡率高反映的不单是与母亲年龄有关的生理问题。年轻母亲常常要面对不利的社会和经济因素,这些会影响婴儿的健康。许多少年母亲没有足够的经济和社会支持,使得她们不能得到良好的产前保健,也无法在婴儿出生后获得教养支持。贫穷或缺乏父母监管等社会环境可能就是导致青少年怀孕的首要原因(Huizink, Mulder, & Buitelaar, 2004; Langille, 2007; Meade, Kershaw, & Ickovics, 2008)。

母亲的健康 如果孕妇吃合适的食物,保持适宜的体重并适当锻炼,生育健康孩子的机会将会增加。如果孕妇保持健康的生活方式,那么孩子一生中肥胖、高血压或心脏病的风险也会降低(Walker & Humphries, 2005, 2007)。

相应的,孕妇罹患的疾病有可能对胎儿造成灾难性的影响,这取决于疾病发生的时间。例如怀孕11周前患有风疹(rubella,德国麻疹)有可能导致婴儿失明、失聪、心脏缺陷或脑损伤等严重后果。然而到了怀孕后期，风疹的危害越来越小。

其他几种可能影响胎儿发育的疾病，其后果也取决于孕妇患病的时间。例如，水痘（chicken pox）会造成先天缺陷，腮腺炎（mumps）会增加流产的风险。

某些性传播疾病如梅毒（syphilis）可直接传给胎儿，待其出生时早已患病。而另一些性传播疾病如淋病（gonorrhea），则在婴儿通过产道准备出生时传染。

艾滋病（AIDS，获得性免疫缺陷综合征）是影响新生儿的最新疾病。如果母亲是艾滋病患者或仅为艾滋病病毒携带者都会通过胎盘血液把疾病传染给胎儿。然而，如果患艾滋病的母亲在孕期服用AZT等抗病毒药物，则只有不到5%的婴儿在出生时感染此病。出生时患有艾滋病的婴儿必须终生接受抗病毒治疗（Nesheim et al., 2004）。

孕妇的心理健康状态也会影响孩子。例如，就像我们在从研究到实践专栏中所谈到的，孕妇抑郁会影响孩子的发展。

从研究到实践

从喜悦到悲伤：当母亲变得抑郁

- 想象你就是琳·瓦尔德，来自英国诺丁汉，热爱生活，是一位非常成功的行政主管。你怀孕了，这本该是你一生中最快乐的时候，然而怀孕引起荷尔蒙分泌泛滥，一些变化发生了，使得怀孕感觉起来像是发生在你身上最糟糕的事情。39岁的瓦尔德在怀孕6个月后心情骤然低落。尽管在同事、家人和医生面前扮演勇敢的形象，她在私人日记中却坦承了自杀的想法。"怀孕和成为母亲的时候，你周围的人都会串通起来，"她说，"每个人都让你相信这是神奇而美好的，但是对于我们当中的一些人来说，它摧毁了我们。"（Miller and Underwood, 2006）

一个令人惊讶的事实：多达10%的怀孕伴随着孕期抑郁。抑郁不仅折磨母亲，而且越来越多的证据表明，它还会影响发育中的胎儿。例如，孕期抑郁与低出生体重、早产、孕期并发症及免疫机能降低有关（Oberlander & DiPietro, 2003；Mattes, et al., 2009）。

- 孕期抑郁甚至可能在出生后对孩子有更长远的影响。一些研究发现，孕期抑郁与婴儿期动作控制能力差、儿童期行为控制能力不足，甚至成年期情绪问题有关。但是很难知道这些研究的真实意义如何，因为它们都是相关性研究。环境应激源这样的因素总是与抑郁同时发生（例如财务问题或社会支持减少），它们也可能是产后问题的真实原因，这一可能性无法排除。此外，基因因素可能对孕期抑郁，以及孩子的情绪和行为问题都有作用，并且该作用独立于抑郁的任何特定影响（Huizink, de Medina, & Mulder, 2002）。

- 对于孕期抑郁的有害影响的担忧诱惑医生为抑郁的孕妇开抗抑郁药物。然而由于有伤害胎儿的潜在可能性，这一解决方案是否可行尚不清楚。尽管大多数研究显示，抗抑郁药物对发育中的胎儿的影响很小而且短暂，但现在的研究还不足以确证这一点。对潜在长期影响的研究仍然缺乏（Boucher, Bairm, & Beaulac-Baillargeon, 2008；Miller et al., 2008；Ramos et al., 2008；Einarson et al., 2009）。

- 考虑到现实状况，抑郁的孕妇最好的选择可能是非药物的心理治疗干预。谈话治疗的形式给准妈妈提供一个治疗选择，并且不会对正在发育中的胎儿造成额外的风险（Oberlander & DiPietro, 2003）。

母亲的药物使用　母亲对许多药物的使用会使未出生的孩子面临严重的危险，这包括合法和不合法的药物。即使是普通疾患的非处方药物都可以造成出乎意料的伤害性后果。例如，止头痛的阿司匹林可导致胎儿出血和生长异常（Griffith, Azuma, & Chasnoff, 1994）。

即使是临床医生开出的处方药有时也会造成严重后果。在20世纪50年代，很多女性为减缓怀孕初期的晨吐反应按医生的处方服用反应停（thalidomide），却导致生出来的小孩四肢残缺。反应停的确会抑制本来应在怀孕头3个月的四肢生长，尽管开药时医生并不知道。

母亲服用的某些药物会导致孩子出生数十年后的一些障碍。最近的例子发生在20世纪70年代，人工激素乙烯雌酚（diethylstilbestrol, DES）经常被用来防止流产。后来才发现服用过乙烯雌酚的母亲所生的女儿有较高的患某种少见的阴道或宫颈癌的几率，且其怀孕时会遇到更多困难。而这些母亲的儿子也有问题，包括高于平均水平的生殖障碍（Schecter, Finkelstein, & Koren, 2005）。

怀孕妇女在得知自己怀孕前服用避孕药或受孕药也会导致胎儿遭到损害。这些药物含有性激素，会影响胎儿大脑结构的发育。这些激素在自然分娩时和胎儿的性别分化及出生后的性别差异有关，能够导致严重的损害（Miller, 1998；Brown, Hines, & Fane, 2002）。

违法药物对小孩的产前环境造成同等甚至更加严重的危害。一方面，非法购买的药物纯度差别很大，服药者根本不能确定他们服用的到底是什么。而且，某些常用非法药物又特别具有破坏性（H.E.Jones, 2006；Mayes et al., 2007）。

看看服用大麻（marijuana）的例子。在怀孕期间服用大麻会减少胎儿的氧气供应。大麻是最普遍的非法药物之一，上百万美国人承认服用过它。服用大麻会使婴儿易激惹、神经紧张及易受干扰。孕妇产前接触过大麻所生的孩子在10岁时表现出学习与记忆障碍（Smith et al., 2006；Williams & Ross, 2007；Goldschmidt et al., 2008）。

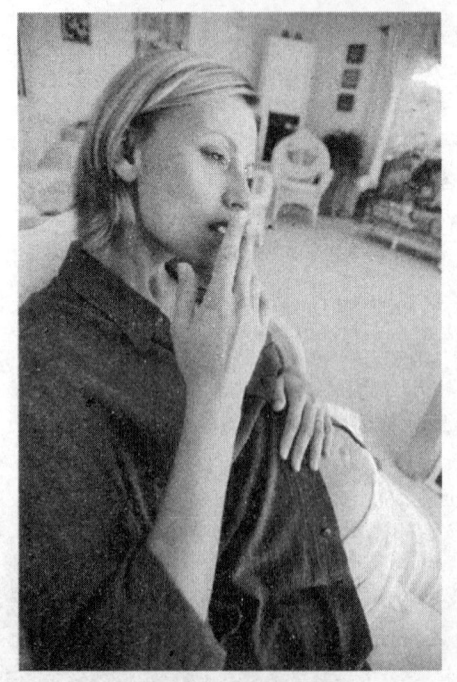

孕妇吸烟会使未出生孩子处于极高的风险中。

在20世纪90年代初，孕妇使用可卡因（cocaine）导致上千个所谓的"crack babies"的诞生。可卡因会使胎儿的供血血管产生强烈的收缩，导致胎儿缺血缺氧，增加死胎、多种先天缺陷及障碍的风险（Schuetze, Eiden, & Coles, 2007）。

可卡因成瘾的母亲所生的孩子生来就药物成瘾，不得不遭受药物戒断的痛苦。即使尚未成瘾，他们在出生时也会有明显的问题。他们通常身材短小、体重低，还会有严重的呼吸系统问题、可见的先天缺陷或惊厥。他们的表现与其他婴儿很不同，他们对刺激通常没有反应，但一旦他们开始哭泣，就很难使他们安静下来（Singer et al., 2000；Foote, & Schuetze, 2007；Richardson, Goldschmidt, & Willford, 2009）。

很难断定母亲使用可卡因这一单独因素的长期影响，因为这种药物的使用通常伴随产前保健的缺乏和出生后教养的不足。事实上，在许多情况下导致孩子问题的是使用可卡因的母亲的不良照料，而不是药物的接触。因此，治疗接触可卡因的孩子的方法不仅需要母亲停止使用可卡因，而且还需要提高母亲或其他照料者照料婴儿的水平（Brown et al., 2004；H.E. Jones, 2006；Schempf, 2007）。

母亲的烟酒使用 怀孕的女性如果找理由偶尔喝酒或吸烟不会对未出生的孩子造成不良影响，那她就是在和自己开玩笑。越来越多的证据提示，即使是少量的酒精或尼古丁都会阻碍胎儿的发育。

母亲喝酒对未出生孩子有深远的影响。酗酒者在怀孕期间大量喝酒的话，她们的孩子会很危险。大约每750个新生婴儿就有1名**胎儿酒精综合征（fetal alcohol syndrome, FAS）**患者，这是一种表现为智力低下、精神发育迟滞、生长迟缓及面部畸形的障碍。胎儿酒精综合征是目前精神发育迟滞可主要预防的病因（Steinhausen & Spohr, 1998；Burd et al., 2003；Calhoun & Warren, 2007）。

即使是怀孕期间服用少量酒精，母亲也会让她们的孩子面临风险。**胎儿酒精效应（fetal alcohol effects, FAE）**是由于母亲在怀孕期间喝酒，从而导致孩子表现出胎儿酒精综合征中部分症状的情况（Streissguth, 1997；Baer, Sampson, & Barr, 2003；Molina et al., 2007）。

没有明显胎儿酒精效应的儿童也会受到母亲喝酒的影响。研究发现，母亲在怀孕期间平均每天喝两杯酒精饮料和孩子在7岁时表现出的低智力相关。其他研究也发现，怀孕期间相对少量的酒精摄入对儿童将来的行为和心理功能有不良影响。而且，怀孕期间酒精摄入的后果是长期的。例如，某项研究发现14岁儿童在空间与视觉推理测验中的成绩和母亲怀孕期间酒精摄入存在相关。母亲喝酒越多，儿童反应的正确率越低（Lynch et al., 2003；Mattson, Calarco, & Lang, 2006；Streissguth, 2007）。

由于酒精会带来这些风险，医生建议怀孕女性（以及那些将要怀孕的女性）避免饮用酒精饮料。另外，他们还告诫母亲另一种已证明对未出生孩子不利的事情：吸烟。

吸烟会造成不良后果。对于初吸者，吸烟减少母亲血液中的氧含量，同时增加一氧化碳的含量，从而减少胎儿的氧气供应。另外，尼古丁和其他烟草中所含的毒素会减慢胎儿的呼吸频率并加快心率。

孕妇吸烟的最终结果是增加流产和婴儿死亡的可能性。事实上，最近的评估显示，美国孕妇吸烟导致每年100,000例流产和5,600例婴儿死亡（Haslam & Lawrence, 2004；Triche & Hossain, 2007）。

吸烟者生下低体重婴儿的可能性是非吸烟者的两倍，而且吸烟者所生的婴儿身材平均比非吸烟者的更加短小。此外，怀孕期间吸烟的女性有50%的几率更可能生下精神发育迟滞的孩子。最后，吸烟母亲的孩子更可能在儿童期表现出破坏性行为（Wakschalg et al., 2006；McCowan et al., 2009）。

吸烟造成的后果如此显著，不仅影响吸烟女性的孩子，甚至波及她的孙辈。

胎儿酒精综合征 一种由于母亲在怀孕期间大量喝酒而引起的障碍，有可能导致儿童精神发育迟滞和生长迟缓。

胎儿酒精效应 由于母亲在怀孕时喝酒，小孩表现出胎儿酒精综合征中一些症状（虽然不是全部）的情况。

吸烟孕妇的孙辈患儿童期哮喘的可能性是不吸烟孕妇的孙辈的两倍还多（Li et al., 2005）。

父亲会影响产前环境吗？ 人们很容易会认为父亲一旦完成了使母亲怀孕的任务，他对胎儿的产前环境就没有影响了。发展研究者过去也普遍认同这个观点，有关父亲对产前环境影响的研究也非常少。

然而，越来越清楚的是，父亲的行为是会影响产前环境的。正如从本章前面丽莎和罗伯特去助产士那里检查的例子所看到的，保健人员正在研究父亲可以为健康的产前环境提供支持的方式（Martin et al., 2007）。

例如，准父亲应该避免吸烟。从父亲那里得到的二手烟会影响母亲的健康，并进一步影响未出生的孩子。父亲吸烟越多，孩子出生时体重就越低（Hyssaelae, Rautava, & Helenius, 1995; Tomblin, Hammer, & Zhang, 1998）。

类似地，父亲使用酒精和非法药物也对胎儿有很大的影响。酒精和药物的使用会损伤精子和染色体，这些会影响受精时的胎儿质量。另外，母亲怀孕期间父亲使用酒精和药物也会给母亲制造紧张和不健康的产前环境。在工作场所接触环境毒素（如铅和汞）的父亲会损害精子并导致胎儿的先天缺陷（Wakefield et al., 1998; Dare et al., 2002; Choy et al., 2002）。

最后，在身体上或情绪上虐待怀孕妻子的父亲也会伤害未出生的孩子。父亲作为虐待者会增加母亲的紧张水平，或者直接导致身体损伤，从而增加损害未出生孩子的风险。事实上，4%~8%的孕妇遭受着孕期的身体虐待（Gilliland & Verny, 1999; Gazmarian et al., 2000; Bacchus, Mezey, & Bewley, 2006; Martin et al., 2006）。

成为发展心理学知识的明智消费者

优化产前环境

如果你打算要一个小孩，本章内容可能会让你胆战心惊，害怕连连。你可能会觉得有太多的情况导致怀孕出现异常。请不要这样！尽管遗传和环境都会对怀孕造成威胁，但大多数情况下，怀孕和分娩都不会出现什么灾难性后果。而且，女性可以在怀孕前和怀孕中采取一些措施来增加怀孕顺利进行的概率（Massaro, Rothbaum, & Aly, 2006）。这些措施包括：

- **准备怀孕的女性应该按顺序采取一些预防措施** 首先，妇女在月经结束后的头两周只能进行非紧急的X光照射。其次，妇女应该在怀孕前至少3个月，最好6个月进行风疹（德国麻疹）疫苗接种。最后，准备怀孕的妇女应在试图怀孕前3个月不再使用避孕药，因为这些药物会阻碍激素的产生。

- **在怀孕前和怀孕时（以及怀孕后，这也很重要）吃得好** 按旧时的说法，怀孕的母亲吃的是两人份。这意味着该时期比任何时候都需要规律和营养均衡的饮食。此外，医生会专门推荐孕妇服用产前维生素，其中包含叶酸，可以降低先天缺陷的风险（Amitai et al., 2004）。

- **不要饮酒和使用其他药物** 有确切的证据表明许多药物能直接到达胎儿并引起先天缺陷。同样清楚的是，喝酒越多，给胎儿带来的风险就越大。不论你是准备怀孕还是已经怀孕，建议你不要使用任何药物，除非是医生开的处方。还要鼓励你的伴侣停止饮酒及使用其他药物（O'Connor & Whaley, 2006）。

- **监控咖啡因的摄入** 尽管目前还不清楚咖啡因是否会导致先天缺陷，但已清楚的是咖啡、茶和巧克力里的咖啡因能到达胎儿，并具有刺激作用。因此，每天喝咖啡请不要超过两三杯（Wisborg et al., 2003；Diego et al., 2007）。

- **不论怀孕与否，都不要吸烟** 这对于母亲、父亲以及任何接近准妈妈的人来说都适用，因为研究表明胎儿环境中的烟会影响出生体重。

- **有规律地锻炼身体** 在大多数情况下，怀孕妇女可以继续锻炼身体，特别是那些日常的不剧烈的运动。另一方面，应避免剧烈运动，特别是在非常热和非常冷的天气尤其应该避免。

复习和应用

复习

- 受精使精子和卵子结合，从而开始了产前发展的旅程。然而，有些夫妇需要医学帮助才能怀孕。人工授精和体外受精是其中两种可供选择的受孕途径。
- 产前期包括三个阶段：胚芽期、胚胎期和胎儿期。
- 产前环境对婴儿的发育有重要影响。母亲的饮食、年龄、产前支持和疾病会影响胎儿的健康和成长。
- 母亲对药物、酒精、烟草和咖啡因的使用会对未出生孩子的健康和成长造成不利的影响。父亲和其他人的行为（如吸烟）也会影响未出生孩子的健康。

应用毕生发展

- 研究显示已经入学的"crack babies"在处理多种刺激及形成依恋关系方面有很大的困难。遗传和环境的影响是如何共同导致这种结果的呢？
- **从一个保健工作者的视角看问题**：除了避免吸烟之外，准父亲为帮助未出生孩子在子宫内正常发展还应该做些什么？

结 语

在本章中，我们讨论了先天和遗传的基础，包括生命的密码通过DNA世代相传的方式。我们还看到遗传传递如何会出错，并且讨论了治疗——可能是预防遗传障碍的方法，其中包括遗传咨询等新疗法。

本章另一个重要主题是遗传和环境因素在决定人类特征上的交互作用。我们遇到一些奇怪的例子，发现遗传在这里起着一定的作用，例如人格特征的发展，甚至是个人的喜好和品味；我们也同样发现遗传并不是这些复杂特征的唯一决定因素，环境也扮演了重要的角色。

最后，我们总结了产前发展的主要阶段：胚芽期、胚胎期和胎儿期，并且考察了危害产前环境的因素和优化产前环境的方法。

在继续阅读之前，让我们回到本章的前言，关于莫里森的女儿的案例，产前治疗可以预防她的先天疾病，请基于你对遗传和产前发展的理解回答下列问题：

（1）你认为莫里森夫妇放弃治疗他们的女儿，这一决定是正确的吗？为什么？

（2）读了莫里森夫妇的故事后，你认为他们的女儿的疾病是一种与性别相关的特质吗？为什么？

（3）是否有证据表明，这一疾病是遗传和环境因素共同作用造成的？

（4）你认为特定的基因检测（例如，预防特定疾病）是否应该成为产前检查常规的一部分？为什么？

- **什么是我们基本的遗传天赋，人类发展中为何会出现异常？**

- 一个孩子从父母那里各得到23条染色体。这46条染色体提供了指导个体终生细胞活动的遗传蓝图。

- 孟德尔发现了控制显性和隐性等位基因表达的重要遗传机制。像头发和眼睛颜色这样的特征以及苯丙酮尿症的出现也遵循这一遗传模式。

- 基因会遭受物理损伤，也可能自发突变。如果损伤的基因传递给了后代，就会导致遗传障碍。

- 行为遗传学是一门研究人类行为的遗传基础的学科，主要致力于人格特征及行为，以及精神分裂症等精神障碍的研究。研究者目前正在研究如何通过操作孩子的基因来医治某些遗传缺陷。

- 遗传咨询师通过从各种检查和其他途径得到的数据来识别准备生孩子的男女潜在的遗传异常。最近，他们开始在一些有遗传基础的障碍最终发病前对其进行检测。

- **环境和遗传如何共同决定人类的特征？**

- 行为特征通常由遗传和环境共同决定。基于遗传的特征代表了一种可能性，称为基因型；会受环境影响而最终表达的为表型。

- 为了弄清楚遗传与环境的不同作用，研究者进行了动物研究及人类研究，特别是双生子研究。

- **人类的哪些特征显著地受到遗传的影响？**

- 一般来说，所有人类特质、特征和行为都是先天和后天共同作用的结果。很多身体特征受遗传的影响很大。智力有很大的遗传成分，但环境也可以对其造成显著影响。
- 一些人格特质，包括神经质和外向性，与遗传因素相关联；甚至态度、价值观和兴趣也具有遗传成分。人的一些行为会通过遗传的人格特质作为中介而受到遗传影响。

● **个体在产前各阶段是如何发展的？**
- 在受精这一刻精子和卵子的结合，开始了产前发展的过程。这对某些夫妇来说却是困难重重。大约有15%的夫妇会发生不孕现象，可以通过药物、手术、人工授精和体外受精等手段进行治疗。
- 胚芽期（受精～第2周）以快速的细胞分裂和细胞专门化，以及受精卵着床于子宫壁为特征。在胚胎期（第2周～第8周），外胚层、中胚层和内胚层开始生长和专门化。胎儿期（第8周到出生）则以快速增加的复杂化和器官的分化为特征，胎儿变得更加活跃，大多数身体系统开始发挥功能。

● **哪些因素危害胎儿的生存环境，该如何处理？**
- 母亲影响未出生孩子的因素有饮食、年龄、疾病和药物、酒精及烟草的使用。父亲及其他邻近的人的行为也会影响未出生孩子的健康和发展。

关键术语和概念

配子（gametes, p.52）　　　　受精卵（zygote, p.53）　　　　基因（genes, p.53）
DNA（脱氧核糖核酸）分子（deoxyribonucleic acid molecules, p.53）
染色体（chromosomes, p.53）　　　　单卵双生子（monozygotic twins, p.54）
双卵双生子（dizygotic twins, p.54）　　　　显性特征（dominant trait, p.55）
隐性特征（recessive trait, p.55）　　　　基因型（genotype, p.56）
表型（phenotype, p.56）　　　　纯合的（homozygous, p.56）
杂合的（heterozygous, p.56）　　　　多基因遗传（polygenic inheritance, p.58）
X连锁基因（X-link genes, p.58）　　　　行为遗传学（behavioral genetic, p.59）
唐氏综合征（Down syndrome, p.61）　　　　脆性X综合征（Fragile X syndrome, p.61）
镰形细胞贫血（Sickle-cell anemia, p.61）
泰伊－萨克斯病（Tau-Sachs disease, p.61）
克兰费尔特综合征（Klinefelter's syndrome, p.61）
遗传咨询（genetic counseling, p.62）　　　　超声成像（ultrasound sonography, p.62）
绒毛膜取样（chorionic villus sampling, CVS, p.62）
羊膜穿刺（amniocentesis, p.62）　　　　气质（temperament, p.66）

多因素传递（multifactorial transmission, p.67）

胚芽期（germinal stage, p.77）

胚胎期（embryonic stage, p.78）

胎儿（fetus, p.78）

人工授精（artificial insemination, p.80）

致畸剂（teratogen, p.83）

胎儿酒精综合征（fetal alcohol syndrome, FAS, p.87）

胎儿酒精效应（fetal alcohol effects, FAE, p.87））

受精（fertilization, p.76）

胎盘（placenta, p.78）

胎儿期（fetal stage, p.78）

不孕（infertility, p.80）

体外受精（in vitro fertilization, IVF, p.80）

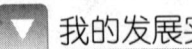

我的发展实验室

登录我的发展实验室，获取更多复习资料，外加我的虚拟孩子、练习测试、视频、闪光呈现卡及其他。

3 婴儿出生和新生儿

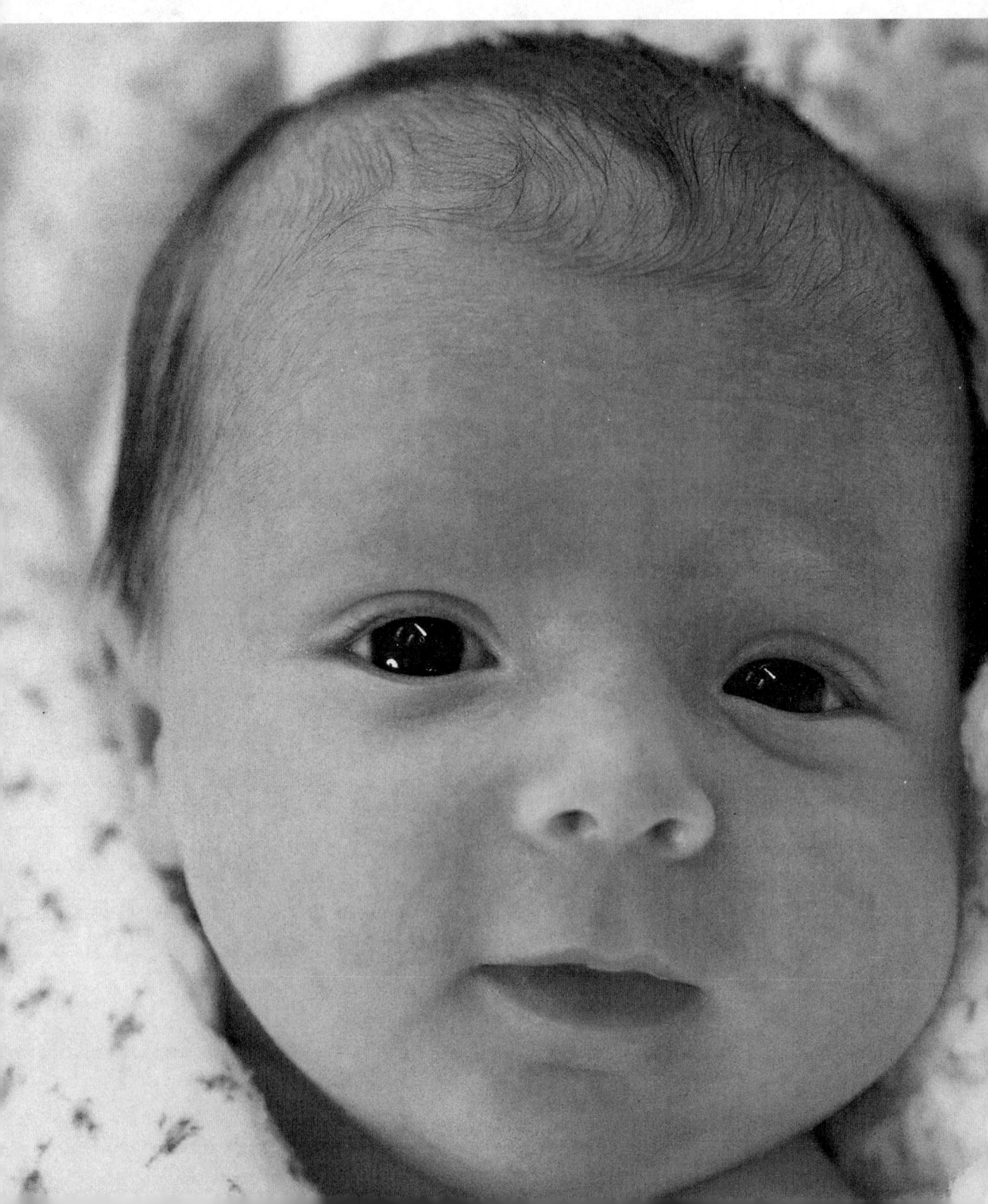

本章概要

3.1 出生
分娩：出生过程的开始
出生：从胎儿到新生儿
分娩的方法：医学与态度的碰撞

- 从研究到实践
- 成为发展心理学知识的明智消费者

3.2 出生并发症
早产儿：太早，太小
过度成熟儿：太晚，太大
剖宫产：分娩进程中的干预
婴儿死亡率和死产：过早死亡的悲剧
产后抑郁：从喜悦的高峰到绝望的低谷

- 发展的多样性

3.3 有能力的新生儿
身体能力：适应新环境的要求
感觉能力：体验周围的世界
早期的学习能力
社会性能力：回应他人

前言：比可乐罐还小

生们认为塔梅拉·迪克森（Tamela Dixon）最多只有15%的生存率。这个小小的女孩仅在母体内待了25周就来到了这个世界，比正常状况提前了好几个月。刚生下来的时候，她只有10英寸长，11盎司重——还不如一罐可乐。

塔梅拉的母亲安吉拉·霍斯（Andrea Haws）在怀孕期间患病，之后以剖宫产的方式生下她。"面对一个11盎司重的婴儿，你简直没法相信自己看到的，"安吉拉·霍斯说，"只有皮跟骨头。"

然而塔梅拉渡过了难关。她增加了体重，并且开始自主呼吸。住院4个月后，她得以出院接受双亲的照顾。回家的时候，她的体重超过4磅，如果正常出生的话，她这时应该是一周大。

"这是奇迹，"安吉拉·霍斯说，"她是个奇迹。"

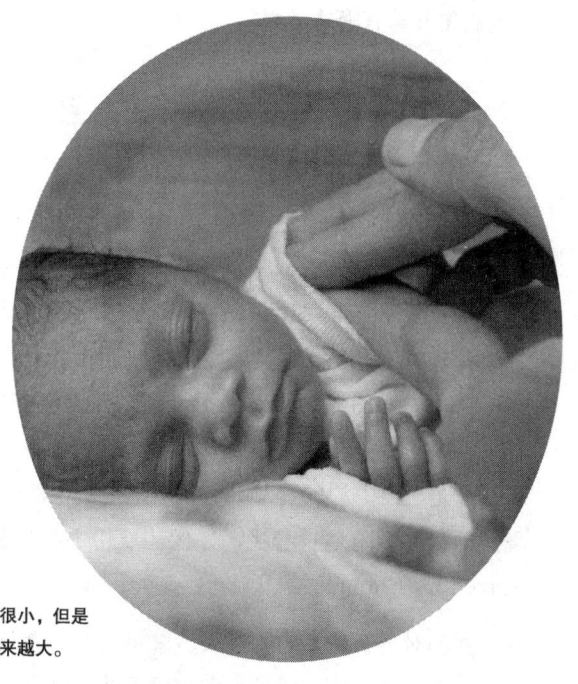

尽管早产儿的体型很小，但是他们存活的希望越来越大。

> **预览** ▶

大多数婴儿并不像塔梅拉出生得那么早。然而，由于某些原因，现今所有婴儿中，有10%是提早出生的，但与此同时，他们能够正常成长的前景也越来越乐观。

所有的新生儿，包括那些足月的孩子，出生后的第一声啼哭都包含着兴奋还有一点点的紧张。大多数母亲的分娩都是很顺利的，当一个新的生命降临到这个世界上时，那真是一个令人激动和快乐的时刻。很快，人们对新生儿非凡天分的惊讶取代了因其出生而带来的兴奋。婴儿一来到这个世界就拥有一系列令人惊异的能力，使他们能够应付子宫外的世界，应付这个新的世界及里面的人们。

在本章中，我们会考察导致分娩和婴儿出生的事件，并简单探讨一下新生儿。首先，我们会关注分娩，探讨分娩的一般过程，以及中间可能用到的不同方法。

接下来，我们将考察婴儿出生时可能遇到的一些并发症，从可能造成早产的问题到可能影响婴儿死亡率的问题。最后，我们再来探讨新生儿的各种非凡能力。我们不仅关注他们身体和知觉上的能力，还关注他们一降临到这个世界上就随之具备的学习能力，以及为日后和他人之间形成关系打下基础的一些技能。

读完本章之后，你将能够回答下列问题：

- 正常的分娩过程是怎样的？
- 分娩时有哪些并发症？它们的原因、后果和治疗方法是什么？
- 新生儿都有哪些能力？

3.1 出生

她的头顶尖尖的，有点像圆锥。尽管我知道这是她经过产道时头骨会有的正常变化，几天后会慢慢恢复，但我看到时仍然感到很吃惊。她头顶上还残留着一些血液，而且由于羊水的缘故，她整个身体湿漉漉的。过去九个月中她一直在羊水中浸泡着。她的身体外面包着一层白色的奶酪似的物质，护士轻轻擦去这些物质，然后把她放到我怀中。我可以看到她耳朵上如头发一般的绒毛，但是我知道这个不久之后也会消失。她的鼻子只有那么一点点，就好像是斗殴中的失败者：当从产道里出来的时候，鼻子被压平，好像要被压到脸里去了。现在她目不转睛地看着我，好像还要用手抓住我的手指，她是如此完美。（Adapted from Brazelton, 1969）

我们对于新生儿的印象大多来自婴儿的食品广告，而上面对一个典型新生儿的描述可能让人觉得非常吃惊。但是大多数新生儿，这里说的是刚刚分娩的婴儿，大都是这个样子。毫无疑问的是：尽管婴儿暂时看上去有些瑕疵，但是从他们出生那一刻开始，迎接他们的就只有父母的满心欢喜。

新生儿（neonates）的这种身体外貌是由他们从母亲的子宫到产道，然后来到外面的世界这整个旅程中的一系列因素造成的。我们可以追踪这条通路，从化学物质的释放到分娩过程的开始。

> **新生儿** 指刚刚出生的婴儿。

分娩：出生过程的开始

受精后大约266天，一种叫促肾上腺皮质激素释放激素（corticotropin-releasing hormone, CRH）的蛋白质会触发（目前其机制未知）多种激素的释放，从而导致分娩过程的开始。其中催产素（oxytocin）是一种很关键的激素，它由母亲的垂体（pituitary gland）释放。当催产素累积到一定浓度时，母亲的子宫就开始阶段性地收缩（Heterelendy & Zakar, 2004）。

在出生前的这段时间，由肌肉组织构成的子宫随着胎儿的生长而缓慢地扩张。尽管在怀孕期间子宫大多数时间是不活动的，但是怀孕四个月之后，子宫会有偶尔的收缩，这实际上是为最后的分娩做准备。这些收缩被称为希克斯收缩（Braxton-Hicks contractions），即我们通常所说的宫缩，有时候也被称作"虚假临产"（false labor），因为它可能会愚弄了热切并且紧张期盼中的父母，事实上它并不预示着孩子要出世了。

当婴儿出生临近的时候，子宫开始间歇性地宫缩。剧烈的宫缩逐渐增加，其作用就好像老虎钳，一开一合，促使婴儿的头部顶向子宫颈（cervix）。正是子宫颈分开了子宫和阴道。最后，收缩的力量足够强的时候就能够把胎儿推入产道，然后婴儿慢慢滑过产道，最后进入外面的世界，成为新生儿（Mittendorf et al.,1990）。正是这条费力而狭窄的出生通路使得新生儿形成了前面描述的那种圆锥形的头部。

分娩过程可以分为三个阶段（见图3-1）。在分娩的第一个阶段，宫缩约每8~10分钟一次，每次持续约30秒。随着分娩过程的推进，宫缩逐渐频繁，每次宫缩持续的时间也会延长。分娩的最后阶段，宫缩约2分钟一次，每次持续约2分钟。分娩第一阶段的最后时刻，收缩增加到最大强度，即转变期（transition）。母亲的子宫颈完全打开，最后扩张到足够大（一般约10厘米）以让婴儿的头部（婴儿身体最宽的部分）通过。

分娩的第一阶段所持续的时间最长。它的持续时间有很大的个体差异，和母亲的年龄、种族、先前的怀孕次数，以及胎儿和母亲本身的很多因素有关。一般情况下，如果是第一胎的话，分娩过程会持续16~24小时，

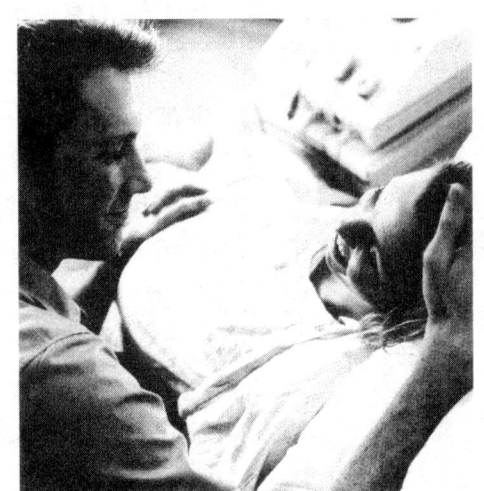

阵痛可能会让准母亲筋疲力尽，而且好像没有尽头，但是支持、交流和尝试不同技术的愿望可能都会对她们有所帮助。

第一阶段	第二阶段	第三阶段
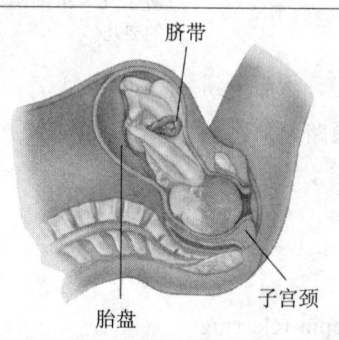	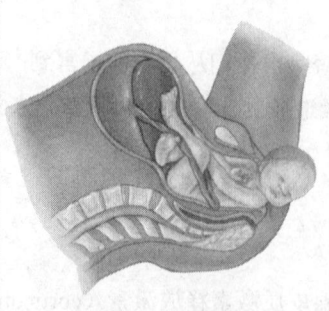	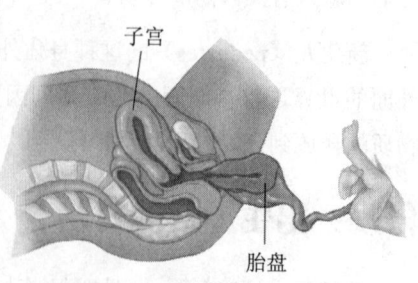
子宫的收缩最初约8~10分钟一次，每次大约持续30秒。到分娩的最后阶段，收缩约每2分钟一次，每次大约持续2分钟。随着收缩的增强，分开子宫和阴道的子宫颈变宽，最后扩张至足够让婴儿的头部通过。	婴儿的头开始移动，依次通过子宫颈和产道。当婴儿完全离开母体的时候，第二阶段结束。	婴儿的脐带（仍然和婴儿的身体相连）和胎盘也娩出母体。这个阶段是最迅速和最容易的一个阶段，只需要几分钟。

图 3-1 分娩的三个阶段

但是同样存在很大的个体差异。如果不是第一胎的话，分娩过程一般会短一些。

分娩的第二阶段持续约90分钟。在该阶段中，每一次收缩，婴儿的头就离母体更远一步，阴道开口也更大一些。由于阴道和直肠之间的部分在分娩时会被横向抻拉，所以有时会在该部分通过**外阴切开术（episiotomy）** 做一个切口，以增加阴道口的大小。但是，由于这种手术潜在的危害比好处更多，因此近几年来受到越来越多的批评。在过去的二十年间，进行外阴切开术的数量急速下降（Goldberg et al., 2002；Graham et al., 2005；Dudding, Vaizey, & Kamm, 2008）。

当婴儿完全离开母体的时候，分娩的第二阶段也就结束了。最后，婴儿的脐带（仍然和新生儿的身体相连）和胎盘从母体娩出，这就是分娩的第三阶段。该阶段是最迅速也是最容易的一个阶段，只需要几分钟。

女性对分娩的反应，部分地反映了文化因素。没有证据表明不同文化背景的女性在分娩时存在生理方面的差异，但是不同文化中确实存在着对于分娩的预期和对其中疼痛理解上的差异（Callister et al., 2003；Fisher, Hauck, & Fenwick, 2006）。比如，在某些社会中，一些流传着的故事可以反映出其理念：女性怀孕仍在田中劳动，劳动过程中放下工具，走到田边并产下一名婴儿，包裹好新生儿捆到自己背上，然后立即返回田里劳动。非洲的很多库族（Kung）人描述劳动中的女性会冷静地坐在大树旁，在没有很多援助的情况下，很顺利地产下一名婴儿，然后很快就能恢复过来。另一方面，也有很多社会认为生孩子很危险，甚至把它看做一种相应的病症。文化的观点影响着特定社会中的人们看待生孩子这段经历的方式。

外阴切开术 作切口以增加阴道口的大小，使得婴儿能够通过。

出生：从胎儿到新生儿

出生的确切时间应该从胎儿离开子宫算起，胎儿通过子宫颈，穿过阴道，直到完全出现在母体之外为止。在大多数情况下，婴儿会自动完成从胎盘供氧到用肺呼吸的转变。因此，大多数婴儿一离开母体就会自发地啼哭起来。这会帮助他们清理肺部并开始自己呼吸。

接下来的工作会因为情况不同和文化不同存在很大的差异。在西方文化背景下，医护人员几乎总是随时准备着在婴儿生产过程中给予帮助。在美国，99%的婴儿出生是由专业的医护人员助产的，但是在世界范围内，只有50%的婴儿出生是有专业的医护人员助产的（United Nations, 1990）。

阿普加量表 大多数情况下，新生婴儿首先要接受一个肉眼可以完成的快速检查。父母对于新生儿的检查可能只是数一数手指和脚趾是否有残缺，而受过专业培训的医护人员会收集更多的信息。一般情况下，他们可能会根据**阿普加量表（Apgar scale）**这样一个标准测量系统收集一系列信息，以确定婴儿是否健康（见表3-1）。这个量表是由维吉尼亚·阿普加（Virginia Apgar）医师开发的，它关注新生儿的五种基本迹象：外貌（appearance，颜色），脉搏（pulse，心率），由打喷嚏、咳嗽等造成的面部扭曲（grimace，面部对刺激的反应敏感性），活动性（activity，肌肉状况），以及呼吸（respiration，呼吸状况）。这五种表现的英文单词首字母的组合恰好组成了"Apgar"这个名字，可以很容易记住。

医护人员会根据这个量表的指标给新生儿打分，分数范围为每种指标0~2分，总体分数范围为0~10分。大多数婴儿得分在7~10分之间。约有10%的新生儿得分低于7分，他们通常需要在外界的帮助下开始呼吸。如果新生儿得分低于4分，他们一出生就要立即接受抢救干预。

> **阿普加量表** 通过收集一系列指标信息，以确定婴儿是否健康的一个标准测量系统。

表 3-1 阿普加量表

婴儿出生后1~5分钟，在每个指标上会得到一个分数。如果婴儿有一些问题，那么会在10分钟内给出另一个分数。得分为7~10分的婴儿被认为是正常的，得分为4~7分的婴儿可能需要一些帮助其生存的措施，得分低于4分的婴儿需要即刻的抢救。

	迹象	0分	1分	2分
A	外貌（皮肤颜色）	全身呈现蓝灰色或全身苍白	除手足之外，其他部分正常	全身皮肤颜色正常
P	脉搏	无脉搏	低于每分钟100次（≤100bpm）	高于每分钟100次（≥100bpm）
G	面部扭曲（面部对刺激的反应敏感性）	没有反应	有面部表情	打喷嚏、咳嗽时面部扭曲，然后恢复
A	活动性（肌肉状况）	缺失	胳膊和腿会弯曲	积极的运动
R	呼吸	缺失	呼吸缓慢，不正常	呼吸顺利，会啼哭

（Soure：Apgar, 1953）

缺氧症 婴儿在生产过程中持续几分钟的缺氧，可能会造成脑损伤。

联结 即从孩子呱呱落地那一刻开始的一段时间内，父母和孩子在身体上和情感上的紧密联系。有些人认为它对父母和孩子之后的关系有影响。

较低的阿普加分数可能是由胎儿阶段就存在的问题或是出生缺陷造成的，但也有可能是出生过程本身造成的。最有可能的原因就是暂时的缺氧。

在分娩过程中的各个时刻，胎儿都有可能暂时缺氧，这可能由多种原因所造成。比如，脐带可能会缠绕在胎儿的颈部。脐带也有可能在持续的收缩过程中被拉断，使得胎儿无法顺利地通过脐带从母体获得氧气。

几秒钟的暂时缺氧不会对胎儿造成危害，但是再长一些时间的缺氧就会给胎儿造成严重的危害。氧气的缺乏，或者叫做**缺氧症（anoxia）**，如果持续几分钟，就会造成孩子出生后出现认知缺陷，比如语言迟滞，甚至由于部分脑细胞坏死造成智力迟滞（Hopkins - Golightly, Raz, & Sander, 2003）。

身体外貌和最初的遭遇 评估完新生儿的健康状况后，医护人员开始着手处理新生儿通过产道时身上的残留物。你可以回忆一下那个关于婴儿周身包裹着厚厚的奶酪般物质的描写。这种物质实际上是胎儿皮脂（Vernix），在胎儿通过产道的时候起到平滑通道的作用，而婴儿出生以后它就没有什么作用了，所以很快被清理掉。新生儿的周身被细细的暗色绒毛包裹，这些是胎毛（lanugo），很快就会自行消失。分娩过程中液体的积聚会导致新生儿的眼睑肿胀，同时新生儿可能在身体的某些部分也带有血液或者某些液体。

清理完毕之后，新生儿通常会交给母亲和父亲（如果父亲在场的话）。虽然生孩子这种事每天都有，是一个普遍现象，但对于父母而言却是一次伟大的事件。大部分父母都很珍惜这个时刻，以完成自己和孩子的初次相识。

对于父母和新生儿这种最初相见的重要性问题，有着很大的争议。在20世纪70年代到20世纪80年代早期，部分心理学家和医师一直存在着这样一个论断：**联结（bonding）**，即从孩子呱呱落地那一刻起的一段时间内父母和孩子在身体上和情绪上的紧密联系，是父母和孩子之间形成长期联系的一个非常关键的因素（Lorenz, 1957）。该论断部分基于对一些非人类物种的研究，比如鸭子。这项研究显示，在雏鸭出生后有一个关键期，在这期间存在着某种机制，使得雏鸭处在时刻准备好向出现在它们周围的同类学习的状态，这种学习的准备状态也可以叫做印刻（imprint）。

把联结的概念推广应用到人类，关键期应该指的是从婴儿落地开始，仅持续几个小时的一段时间。在这段时间里，母亲和孩子肌肤之间的接触被认为会为母子间深深的情感联结打下基础。在这个假设基础上的一个推论是，如果环境阻止了这种接触，母子之间的联结在一定程度上就会永远缺失。因为太多的婴儿出生后就被放到保育箱中或者医院的保育室而离开母亲，这种医学上的护理使得婴儿出生后，及时的母子间身体接触的机会减少了。

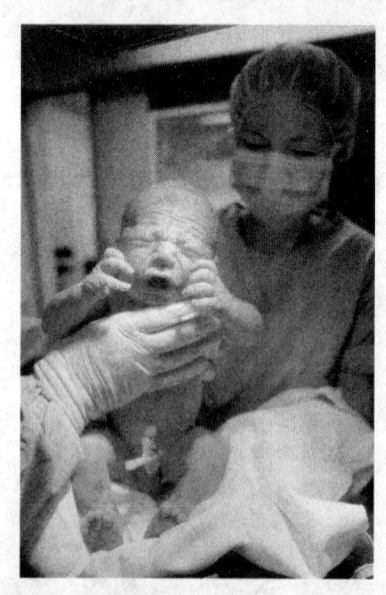

商业广告中描绘的新生儿的形象和现实中有着极大的差距。

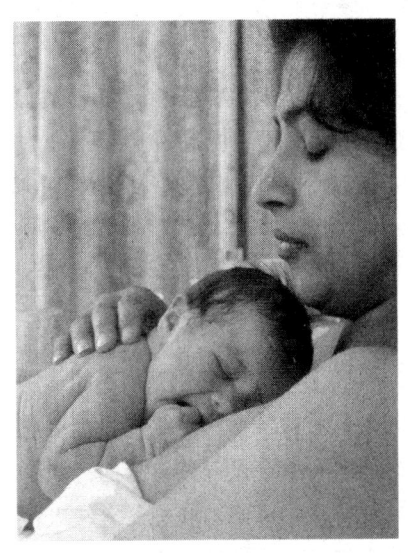

尽管对于非人类物种的观察突出强调母亲与后代在生产后立即接触的重要性，对于人类的研究却表明这种立即的身体接触并不是那么关键。

然而，当发展研究者仔细地回顾研究文献时，他们没有找到支持这个观点的证据。尽管看上去似乎和婴儿有早期身体接触的母亲确实比缺少这种接触的母亲对于婴儿有更多的回应，但是这种差异只持续了几天。对于那些出生后就必须立刻接受医疗救助的孩子的父母，比如前言中提到的塔梅拉·迪克森的父母，这些信息使得他们更安心一些。而对于那些收养孩子的家庭，由于这些孩子出生的时候，养父母甚至没有和孩子见过面，这些信息也使得他们获得了些许安慰（Else-Quest, Hyde, & Clark, 2003；Weinberg, 2004；Miles et al., 2006）。

尽管父母和孩子的联结看起来并不是那么不可或缺，但在出生后接受一些轻轻的抚摸和按摩对于新生儿是很重要的。身体上的刺激会刺激他们大脑内某些化学物质的生成，从而促进他们成长（Field, 2001）。

分娩的方法：医学与态度的碰撞

埃斯特尔·伊弗瑞姆（Ester Iverem）知道自己不喜欢和医生打交道，所以她选择了曼哈顿妇产中心的助产护士。在那里，她可以自由挑选生产时的躺椅，并且可以让她的丈夫尼克·奇利斯（Nick Chiles）陪伴身边。当宫缩开始的时候，伊弗瑞姆和奇利斯开始慢慢走动散步，不时停下来轻轻晃动。据她说，这种运动"就好像是孩子刚开始学跳舞时重心在两脚间转换"。这有助于她更好地度过强烈的收缩期。

"我坐在产椅上，而尼克就坐在我后面，当助产士喊'用力！'孩子的头就'噗'地一下出来，然后他就出现在我面前了。"（产椅是传统非洲躺椅的西方改进版本，椅面离地很近，在椅面中间有一个开口，使得孩子能够顺利通过不受挤压）助产士们将他们的儿子Mazi Iverem Chiles（Mazi在伊博语中是"先生"的意思）放到埃斯特尔的胸前，然后去准备婴儿的例行检查（Knight, 1994, p. 122）。

在西方，父母想出了各种不同的策略——有些是流传非常广泛的——以帮助他们尽量自然分娩，就好像是非人类的动物们那样。现今父母面临的问题是：应该在医院生产还是在家生产？应该由医师、护士还是助产士来辅助生产？父亲在场好还是不在场好？兄弟姐妹或是家庭中的其他成员是否应

一位助产士帮助产妇在家中分娩。

该在场参与到生产过程中去？

大部分此类问题都不会有唯一明确的答案，主要是因为分娩技术的选择常常涉及价值观和观念。没有一个过程适合所有的父母，并且现在也没有研究能够证明一种过程比另一个更为有效。正如我们看到的，各种各样的问题和选择牵涉其中，文化在分娩方式的选择上显然有一定的影响。

如此之多的选择很大程度上是对传统医疗手段的一种反叛。20世纪70年代初期之前，传统的医疗手段在美国广泛流传。在这之前，典型的婴儿生产过程是这样的：一个房间中有多名处在不同分娩阶段的母亲，其中还有些人由于疼痛而大声尖叫。而父亲们和家庭的其他成员都不允许在场。在胎儿马上就要娩出之前，这名母亲被移入产房，在那里娩出婴儿。通常她会被麻醉，对于婴儿的出生一点意识都没有。

医师认为这样的过程对于保证新生儿和母亲的健康来说是必要的。然而批评意见指出，还有其他方式不仅能够最优化母亲和孩子的健康状况，而且还有情绪上和心理上的帮助（Curl et al., 2004; Hotelling & Humenick, 2005）。

其他分娩方法 并不是所有的母亲都是在医院产出婴儿的，也不是所有的婴儿都是按照传统的过程出生的。传统接生手段的几种主要替代方式有：

• **心理助产法** 心理助产法（lamaze birthing techniques）在美国流传很广。根据费尔南德·拉马兹（Fernand Lamaze）医师的著述，心理助产法主要应用了呼吸技术和放松训练（Lamaze, 1970）。一般情况下，准妈妈要参与一系列的培训，每阶段的培训为期一周，培训中她们要进行一些练习，用来帮助自己能够按照意志放松身体的不同部分。一般情况下，父亲们扮演着一个沙发的角色，他们陪伴着准妈妈们。这项训练教会准妈妈们如何通过把精神集中在呼吸上来应对宫缩的疼痛，并且放松下来。宫缩时的紧张情绪只会让她们疼痛感更强。准妈妈们练习将精神集中于一个可以让人放松的刺激上，比如一幅画中安静的景色。训练的目标就是学习如何积极地处理疼痛，以及如何在宫缩的过程中放松下来（Lothian, 2005）。

这个程序有作用么？大多数母亲和父亲报告说心理助产法是一段非常积极的经历。他们很享受在分娩过程中所获得的那种控制感，一种能够通过努力在一定程度上控制一个艰难经历的感觉。但是另外一方面，我们不能排除选择了心理助产法的父母，比起那些没有选择该技术的父母，对于分娩的经历有着更高的动机。因此他们对于心理助产法培训的赞美之辞也很可能是因为他们最初就投入了很高的热情，而不是心理助产法本身的真正作用（Larsen, 2001; Zwelling, 2006）。

心理助产法程序和其他的自然分娩技术，强调的都是向父母传达有关分娩过程的信息，以及尽量减少药物使用。但是，低收入群体，尤其是少数族裔，参与心理助产法程序和其他自然分娩技术中的人很少。这些群体中的父母可能因为缺少便利的交通工具、时间或者财力支持等因素，从而无法参与分娩准备的课程。这样的结果是低收入群体中的女性对于分娩过程中的各种情况缺少准备，从而可能在分娩过程中体验到更多的疼痛（Brueggemann, 1999；Lu et al., 2003）。

• **布莱德利助产法** 布莱德利助产法有时也被称为"丈夫指导的分娩"。它基于这样一条原则，分娩过程应尽可能自然，不使用药物或医疗干预。产妇学习如何"调适"她们的身体去应对分娩的疼痛。

作为分娩的准备，准妈妈要学习肌肉放松技术，这与心理助产法的程序类似。并且，孕期良好的营养和锻炼被认为是同样重要的产前准备工作。它极力主张应该由父母承担分娩的责任，而医生被认为是不必要的，有时甚至是危险的。你能预料到，它对传统医疗干预的消极态度引起了相当大的争议（McCutcheon-Rosegg, Ingraham, & Bradley, 1996；Reed, 2005）。

在心理助产法课程中，父母们学习放松技术以准备分娩，同时降低对麻醉的需求。

• **催眠分娩** 催眠分娩是一项越来越受欢迎的新技术。它包括分娩期间通过自我催眠产生平静安宁的感觉，从而减轻疼痛。其基本原理是让产妇处于某种专注的状态，此时产妇身体放松而注意力朝向内部。越来越多的研究证据显示这项技术对减轻疼痛感同样有效（Olson, 2006；White, 2007；Alexander, Turnball, & Cyna, 2009）。

分娩护理人员：谁来接生？ 传统上，人们会选择产科医师（obsterician），即专门负责接生的医师作为分娩护理人员。过去几十年来，也有很多母亲选择助产士在分娩过程中全程陪伴。助产士大多是专门服务于分娩方面的护士，选择助产士的一个前提是母亲的怀孕状况不会导致婴儿出生时出现并发症。在美国，选择助产士的情况一直在稳定地增加，现在已经达到7000例，占分娩总数的10%。在一些地区，选择助产士辅助分娩能够占到80%，而且大多是在家分娩。无论经济发展水平如何，在家分娩在很多国家都是很常见的。比如，在荷兰，三分之一的分娩在家里进行（Ayoub, 2005）。

分娩辅助的最新趋势同时也是最古老的方式："导乐"[①]。这类导乐人员需要接受各种培训，但他们并不能取代产科医师或者助产士，也不能提供医学上的检查。代替的是，她们通常熟悉各种分娩方法，能够给母亲提供支持，并且能够告诉父母分娩进程中可能出现的情况，以及各种选择。

在美国，尽管"导乐"式分娩是新兴起来的，但实际上是其他一些国家古老传统的回归。这种方式在一些国家已经存在几个世纪了，只是不叫这个名字而已。在一些非西方的文化中，有经验的年长女性在年轻母亲分娩的时候从旁提供帮助。

越来越多的研究表明，"导乐"式分娩对于顺利进行分娩、加速娩出和减少对药物的依赖都是有益的。但是有关导乐人员的使用仍然存在一些忧虑。护士经过一至二年的培训可以获得助产士资格证

---

① birth doula, Doula是希腊文，表示一个妇女照顾另一个妇女。现在这一名词被引申为一个有爱心、有生育经历的妇女，在整个产程中给产妇以持续的心理、生理及感情上的支持。——译者注

书,但是陪产"导乐"并没有认证或是任何程度的专业教育(Ballen & Fulcher, 2006; Campbell et al., 2007; Mottl-Santiago et al., 2008)。

疼痛和分娩 每一位经历过分娩过程的女性都会同意分娩是充满痛苦的。但是,更确切一些,到底有多痛苦?

这个问题很难回答。第一个原因是,这种疼痛是一个主观的心理现象,很难用客观的标准进行衡量。尽管有些研究试图对这种疼痛进行量化,但是没有人可以回答她们的疼痛比其他人的疼痛到底是更强烈还是更可怕一些。例如,在一项调查中研究者要求女性按照1~5的五点量表来评价她们在分娩中所经历的疼痛,其中"5"代表最痛(Yarrow, 1992)。近半数(44%)的母亲选择了"5",还有四分之一的女性选择了"4"。

一般来说,疼痛意味着身体内出现某些异常,所以我们对于疼痛的反应通常是害怕和忧虑。但是在分娩过程中,疼痛实际上表明身体工作正常——宫缩正在进行,也就意味着胎儿正在通过产道。因此,当分娩中的女性没能恰当理解分娩过程中的疼痛经历时,反而是潜在地增加了她们的焦虑程度,从而使得她们更强烈地感受到宫缩带来的疼痛。总之,每位女性的分娩都依赖于下列这些因素:在分娩前和分娩过程中的准备工作和接受到的支持、她们所处的文化背景对于怀孕和分娩的看法,以及分娩过程本身的独特性质(Abushaikha, 2007; Escott, Slade, & Spiby, 2009; Ip, Tang, & Goggins, 2009)。

使用麻醉和止痛药 现代医疗最大的贡献之一就是止痛药的发现,并且这种药物的种类还在不断增多。但是,分娩过程中药物的使用有好处也有坏处。

约有三分之一的女性选择以硬膜外麻醉(epidural anesthesia)的方式进行镇痛,这使她们腰部以下都被麻醉。传统的硬膜外麻醉过程使得她们下肢无力而不能行走,在某些情况下使她们在分娩过程中不能够将婴儿娩出体外。但是,一种新的硬膜外麻醉过程,叫做可行走的硬膜外麻醉(walking epidural)或腰麻-硬膜外麻醉(dual spinal-epidural),即用更细的针头和一个控制系统来管理麻醉药的注射,这使女性在分娩过程中能够更加自由地运动,而且它比传统的硬膜外麻醉副作用更小(Simmons et al., 2007)。

很显然,如果减少分娩过程中的药物使用,甚至不用药物,会让女性感到极度疼痛并精疲力竭。但是,疼痛的减少也是有代价的:分娩过程中使用的药物不只传到了母体,也同时传到了婴儿体内。药性越强,它对胎儿和新生儿的影响也就越大。和母体相比较而言,胎儿的体积是很小的,同样的药物剂量对于母体的影响可能不大,但是对于婴儿而言却有着巨大的影响。

麻醉可能会暂时抑制通向胎儿的氧流量,并且造成分娩进程的减缓。另外,母亲使用麻醉药以后产下的新生儿生理响应性较低,并且在出生后的一段时间内显示出较差的精细控制能力,更爱哭,并且更难开始吮吸乳汁(Walker & O'Brien, 1999; Ransjö-Arvidson et al., 2001; Torvaldsen et al., 2006)。

大多数研究显示,现在他们在分娩过程中所使用的药物,对于胎儿和新生儿的风险是很小的。美国妇产科学会(American College of Obstetricians and Gynecologists)在指导方针中提出,女性在分娩过程的任何阶段提出减轻疼痛的要求都应该受到尊重,而最少量的减轻疼痛药物的恰当使用是可以的,并且不会对孩子将来的身体健康有显著的影响(Shute, 1997; ACOG, 2002; Alberts et al., 2007)。

分娩后在医院的停留：分娩，然后离开？ 新泽西的一位母亲黛安·门施在医院产下了她的第三个孩子，但是仅仅一天后，她就被要求出院回家，当时她仍然处在精疲力竭的状态。她的保险公司坚持说24小时已经足够进行产后身体恢复，并且拒绝为另外的住院时间支付费用。3天后，她的婴儿因为黄疸病又重新回到了医院。门施被告知，如果她和孩子在医院再住几天的话，这个问题能够尽早发现并得到治疗（Begley, 1995）。

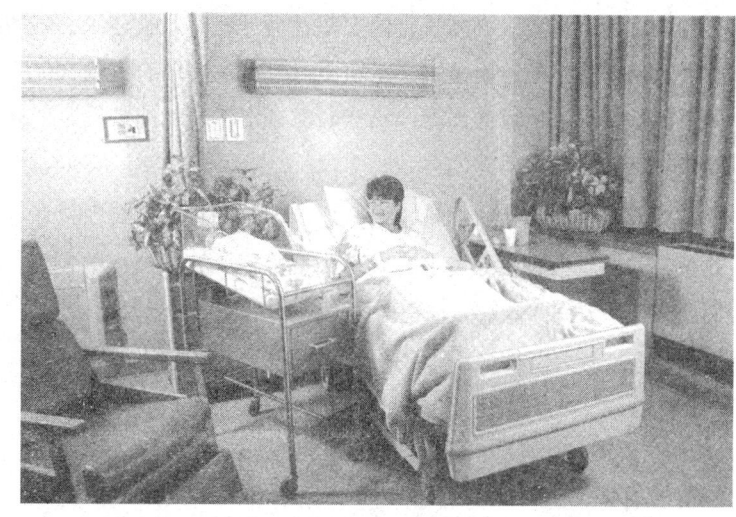

母亲生完孩子后在医院里多停留一些时间要好于孩子出生后很短时间就离开医院。

门施的经历并不少见。在20世纪70年代，正常分娩的平均住院时间为3.9天，到20世纪90年代减少至2天。这种变化很大程度上是由医疗保险公司造成的，因为他们为了减少支付的费用宣称产后的身体恢复只需要24小时。

但是实际上，医护人员反对这样的趋势，指出这样做无论对母亲，还是对孩子无疑都存在着很大的风险。比如母亲在分娩过程中破损的血管可能会再次破裂出血。而且，早产儿很早就离开医院提供的全面医疗护理，也存在着很大的风险。此外，母亲留在医院的时间长一些，还可以得到更好的休息，对医院所提供的医疗护理满意度也会更高（Finkelstein, Harper, & Rosenthal, 1998；见图3-2）。

和上面这个观点一致，美国儿科学会（American Academy of Pediatrics）声明女性在分娩后至少应该住院48小时，并且美国国会已经立法规定保险公司应至少担负女性分娩后48小时的保险费用（American Academy of Pediatrics Committee on Fetus and Newborn, 2004）。

新生儿医学筛查 新生儿出生后马上要接受一系列的疾病和遗传病检查。美国医学遗传学院建议新生儿需筛查29种障碍，从听力困难和镰状细胞贫血到异戊酸血症——一种与代谢有关的罕见疾病。从婴儿脚跟抽取微量血液即可进行上述检查（American College of Medical Genetics, 2006）。

新生儿筛查的好处是能够对一些可能几年都发现不了的问题进行早期治疗。某些情形中，对疾病的早期治疗可以预防可怕的状况发生，例如采用特定的饮食（Goldfarb, 2005；Kayton, 2007）。

在不同的州，新生儿接受检查的确切数量也不同。在一些州，

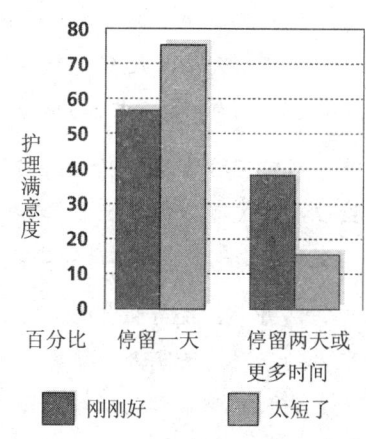

图3-2 留院时间与满意度

很显然，如果分娩后能在医院多待一段时间的母亲，比起分娩一天之后就离开的母亲，对医疗护理的满意度更高。但是，一些医疗保险公司倾向于将母亲们产后住院时间减少到24小时。你认为这种减少合理么？

（Source: Finkelstein, Harper, & Rosenthal, 1998）

只有三项检查是要求必须执行的，而在另一些州，被要求的检查超过30项。只进行几项检查的话，有很多疾病就不能诊断出来。事实上，每年在美国有大约1000名婴儿遭受本可以避免的疾病折磨，如果他们接受了适宜的筛查，这些病症在出生时就能被诊断出来（American Academy of Pediatrics, 2005）。

婴儿出生后很快就会接受第一次的一系列疫苗接种，这些疫苗由儿科医生推荐，效果覆盖整个儿童期。尽管接种疫苗能够有效地大幅降低儿童期疾病的发生，但它们仍旧是争论的来源，就像我们在《从研究到实践》专栏中所考虑的。

从研究到实践

疫苗的战争

目前，我妻子卡珊德拉和我在养育孩子方面还没有太多争执。这主要是因为我们的儿子迄今为止除了吃和睡还没做过别的。然而，我们在疫苗接种这件事上完全不能达成一致……

有几个朋友没有给他们的孩子接种疫苗，我们也知道儿科医生建议不要接种某些疫苗甚至是全部的疫苗。我和主流媒体、学术界及政府持一致态度。不是因为他们总是对的，而是因为他们对的时候比错的时候要多得多。

卡珊德拉也有她自己的理由，她不信任医药公司和联邦政府，所以我们彼此妥协。我们的儿子接种了所有的疫苗，但是我们搜索了铝含量低的品牌，并拉开了两次接种之间的时间。我对此没有意见，因为这意味着我需要多去几次医生的办公室以确保一切正常，还可以少吵架（Stein, 2009, p.72）。

这对夫妇面临的问题同样在数不清的新生儿家庭中上演。尽管针对危险且致命的儿童期疾病（如麻疹、天花、风疹、脊髓灰质炎）的疫苗已经拯救数百万的生命，但是这一举措近年来遭到批评攻击，人们担心疫苗自身是否带来危险。

对疫苗的恐惧与自闭症发病的警示性增加是同时发生的。自闭症是一种发展障碍，患者表现社会性功能失常，缺乏交流，以及强迫性或重复性的行为。因为自闭症常在儿童接种疫苗时发生，一些观察者由此提出该障碍和疫苗中的某些化学成分有关（Boutot & Tincani, 2009; Mooney, 2009）。

1998年，疫苗和自闭症的关联在公众意识中被具体化了。当时有人发表了一项专门针对两者联系的研究。研究者检查了几个患自闭症或其他发展障碍的儿童的消化系统，发现他们都患有肠炎，由此推测常见的麻疹、腮腺炎和风疹（合称MMR）疫苗引起发炎，释放的毒素损害了大脑（Wakefield et al., 1998）。

尽管他们的推测受到质疑，媒体却已经让两者的联系牢固地根植在公众意识中。硫汞撒（thimerosal）是一种基于水银的保护剂，用于制备疫苗。围绕硫汞撒而生的争议增加了人们的恐惧。水银是一种已知的毒物，含有水银的疫苗是否促使了自闭症的发生？

答案是否定的。疾病控制和预防中心及美国儿科学会均认为自闭症发病的增加与MMR疫苗无关。医学研究所（Institute of Medicine）出具的一份报告下结论说，自闭症与MMR疫苗及含有硫汞撒的疫苗无关。此外，在2009年的三个关键的检测案中，美国联邦索赔法院（U.S. Court of Federal Claims）基于一份医学文献综述正式宣布决定，否认自闭症与MMR疫苗及含硫汞撒的疫苗有关

（Centers of Disease Control and Prevention, 2008；U.S. Court of Federal Claims, 2009）。

无视这些清楚明白的发现和裁决，恐惧仍然持续着。像"自闭症—疫苗关联"这样的都市传说很难被扑灭。讽刺的是，那些出于对自闭症的恐惧而鼓吹不要让孩子接种疫苗的人们，可能正在促成一个非常真实的社会健康问题。在乡村地区，大量没有接种疫苗的孩子不仅自身处于爆发严重疾病的风险中，而且将其他人也置于险境。随着反疫苗法案的建立和扩大，未受疫苗保护的儿童的网络也在扩大，新的流行病可以沿这个网络传播。如果不是被有毒的疫苗所激发，那么为什么自闭症的发病率上升了？专家们认为，明显的增长绝大部分是自闭症诊断方法的变化，以及人们对自闭症的认识程度提高造成的。

- 你会使用何种策略来评估关于疫苗及其与自闭症有关的谣传的科学文献？
- 为什么尽管盛行的科学证据不支持疫苗和自闭症的关联，有些父母还是接受了疫苗导致自闭症的说法？

成为发展心理学知识的明智消费者

应对分娩

每位马上就要分娩的女性对分娩都有一些恐惧。很多人都听说过长达48小时的分娩过程，或者听说过对于分娩过程带来的疼痛所进行的栩栩如生的描述。尽管如此，几乎所有的母亲仍然坚信为了孩子的出世，这种疼痛是值得的。

对于分娩的处理方式而言，没有简单的对错之分。但是，有一些策略可能会对这个过程有所帮助：

- **灵活** 尽管你可能很小心地计划着分娩过程中都要做些什么，但是不要让严格遵从计划的思路把你限制住。如果一种策略不起作用的话，立刻换另一种。

- **和医疗护理人员交流** 让他们知道你正在经历的事情。他们会提供一些建议帮助你处理现在遇到的问题。随着分娩的进行，他们可能还会比较明确地告诉你，你的分娩还要持续多长时间。如果知道最疼痛的阶段只要再持续约20分钟，你可能就更有信心坚持下来。

- **记住分娩是很辛苦的** 想象你可能会精疲力竭，但是要知道，到了分娩的最后阶段，你剧烈的喘气就会慢慢恢复为正常的呼吸。

- **接受配偶的支持** 如果你的爱人或者其他伙伴在你身边，允许他们为你提供支持，让你感到更加舒服。研究表明有配偶或是伙伴支持的女性其分娩的经历会稍微轻松一些（Bader, 1995；Kennell, 2002）。

- **实事求是面对疼痛** 即使你计划分娩过程中不使用任何药物，也要意识到你可能会觉得那种疼痛根本无法忍受。在这个时候，考虑一下药物的使用。最重要的是，不要把使用止疼药物看做失败的标志。绝不是这样的！

- **关注大的方面** 要记住：有这样一个过程，它将带来幸福快乐，而分娩只是其中一个不太和谐的音符。

复习

- 在分娩的第一阶段，宫缩的频率、持续时间和强度会逐渐增加，直到婴儿的头部能够通过子宫颈。在分娩的第二阶段，婴儿通过子宫颈、产道，然后离开母体。在分娩的第三阶段，脐带和胎盘娩出母体。
- 婴儿出生后，助产人员立刻根据某些测量系统，如阿普加量表，对新生儿进行评估。
- 现在父母在分娩的相关问题上有很多的选择。他们可以权衡分娩过程中麻醉剂使用的益处和不足，还可以选择传统医院分娩的替代方式，包括心理助产法、催眠分娩，以及使用助产士。

应用

- 为什么在分娩的预期和解释上存在文化差异？
- **从一个保健工作者的视角看问题**：在美国高达99%的分娩过程是有专业医疗人员或者分娩护理人员参与，而在世界范围内这个比例只达到50%。你认为这个现象是由哪些原因造成的？这个统计又说明了什么呢？

3.2 出生并发症

除了大部分医院给予新妈妈的寻常免费婴儿用品之外，华盛顿东南医院的产科护士推出分发"忧伤篮子"活动。

在那些记录华盛顿特区最严酷的统计数字中，婴儿死亡率便是其中之一。华盛顿特区的婴儿死亡率是全美平均水平的两倍。"忧伤篮子"里面摆放的是死亡的新生儿的相片、一小撮他/她的头发、他/她所带的小帽子和一支黄色的玫瑰花（Thomas, 1994, p. A14）

华盛顿，世界上最富有国家的首都，它的婴儿死亡率竟然达到每1,000个婴儿中就有13.7例死亡，超过了匈牙利、古巴、科威特和哥斯达黎加等国家。总体上，美国的婴儿死亡率在国家中排名第45位：每1,000个新生儿中有6.26例死亡。

为什么美国婴儿的存活率比其他不那么发达的国家还要低呢？为了回答这个问题，我们需要考虑发生在分娩过程中的问题的性质。

早产儿：太早，太小

就像本章前言里所描述的塔梅拉·迪克森的出生情况一样，11%的婴儿早于正常生产日期来到人世。**早产儿（preterm infant）**，或者叫做尚未完全成熟的婴儿，是指受精后不足38周就出生的婴儿。因为早产儿在胎儿阶段并没有发育完全，因此他们患病和死亡的风险都比较高。

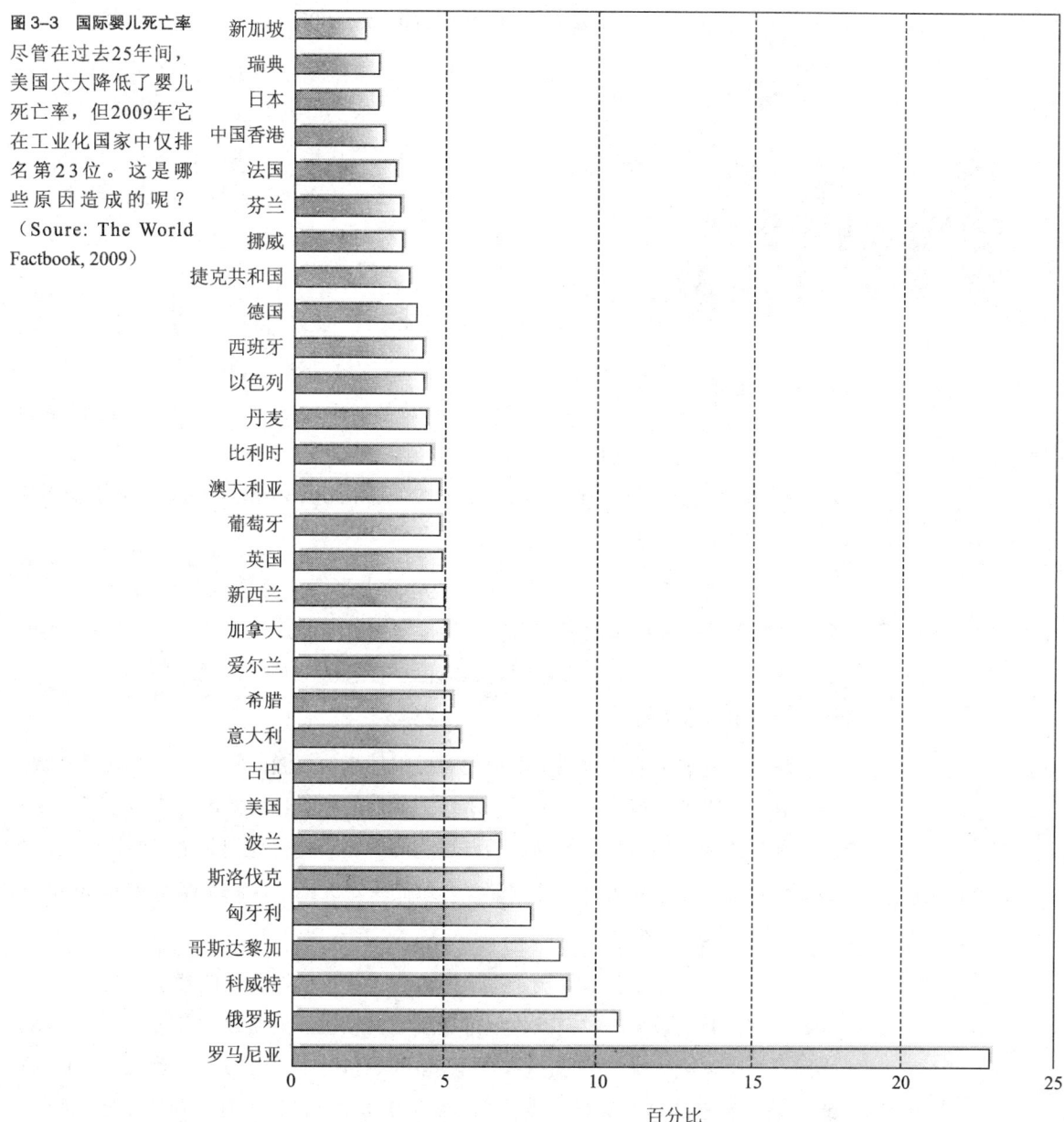

图3-3 国际婴儿死亡率
尽管在过去25年间，美国大大降低了婴儿死亡率，但2009年它在工业化国家中仅排名第23位。这是哪些原因造成的呢？（Soure: The World Factbook, 2009）

早产儿所面临的危险大多数是由于他们出生时的体重造成的。出生体重是婴儿发展程度的一个显著指标。新生儿平均体重约在3.4千克左右，**低出生体重儿（low-birthweight infants）**的体重不到2.5千克。尽管在美国所有新生儿中只有7%被归为低出生体重儿，但是死亡的新生儿中大部分都是低出生体重儿（Gross, Spiker, & Haynes, 1997；DeVader et al., 2007）。

尽管大多数低出生体重儿都是早产的，但也有一些是足月但体重不足的婴儿。**足月低出生体重儿（small-for-gestation-age infants）**是由于延缓的胎儿生长导致出生时体重不足同样妊娠期婴儿平均体重的90%。足月低出生体重儿有时候也是早产的，但也有可能不是。其症状可能是孕期营养不良造成的（Bergmann,

早产儿 受精后不足38周就出生的婴儿（也叫做尚未成熟的婴儿）。

低出生体重儿 出生时体重低于2.5千克的婴儿。

足月低出生体重儿 由于延缓的胎儿生长导致出生时体重不足同样妊娠期婴儿平均体重90%的婴儿。

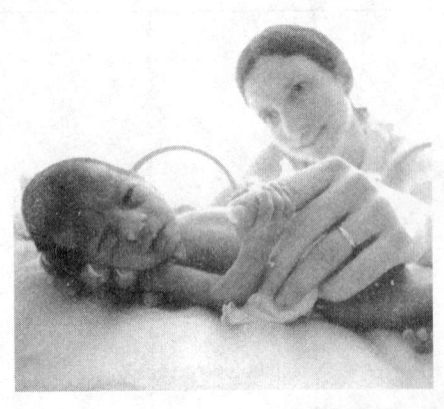

现在早产儿的存活几率比10年前有了很大的提升。

Bergmann, & Dudenhausen, 2008）。

如果早产不是很严重，或者出生时体重不是很低，那么对于孩子将来身体健康的威胁则相对来说较小。在这种情况下，主要的措施就是让孩子在医院里多待一段时间，让他们的体重增长。增加体重是很关键的，因为新生儿还不能很有效地调节身体的温度，而脂肪层可以帮助他们抵御寒冷。

早产程度比较严重的新生儿和那些出生体重显著低于平均水平的新生儿则面临着非常艰苦的生存之路。对于他们来说，生存是首要的问题。比如，低出生体重儿非常容易受到感染，因为他们的肺尚未完全成熟，在氧气的获得上还存在着一定的困难。所以，他们可能会得呼吸窘迫综合征（respiratory distress syndrome, RDS），存在潜在的死亡危险。

为了应对呼吸窘迫综合征，低出生体重儿通常会被放到保育箱中。保育箱是完全封闭的，其内部的温度和含氧量是受到监控的。尤其是氧气的含量被精确地监控着。含氧量低无法减轻婴儿的痛苦，含氧量高则会伤害到婴儿脆弱的视网膜，造成永久失明。

早产儿发展上的不成熟使得他们对周围环境的刺激异常敏感，他们很容易被所看到的、听到的或体验的感觉所压垮。他们的呼吸也可能出现中断，或心率减慢。他们通常不能平稳地运动，四肢运动的不协调使得他们总是磕磕绊绊的，从而受到惊吓。这些行为常使他们的父母感到手足无措（Doussard-Roosevelt et al., 1997；Miles et al., 2006）。

尽管早产儿在出生时经历了很多困难，最终大多数还是能够正常发展。但是比起那些足月的孩子，早产儿发展的速度通常较慢，而且之后有时会出现更多的小问题。比如，在满一岁的时候，早产儿中只有10%出现了明显的问题，并且只有5%表现出严重的身体缺陷。到6岁时，约有38%的早产儿具有轻微的问题，需要进行特殊教育干预。例如，一些早产儿表现出学习能力丧失、行为障碍，或是智商分数低于平均水平。其他早产儿则存在身体协调上的困难。不过，大约60%的早产儿基本上没有问题（Arseneault et al., 2002；Dombrowski, Noonan, & Martin, 2007；Hall et al., 2008）。

极低出生体重儿（very-low-birthweight babies）早产儿中最极端的部分——极低出生体重儿——的情况就不那么乐观了。极低出生体重儿体重低于1.25千克，或者是在母亲子宫中的时间少于30周。

极低出生体重儿不仅体型很小——有些很容易就能用手掌托起，比如塔梅拉·迪克森——从外表看起来他们也和足月的新生儿有很大的不同。他们闭着的眼睛好像融合在一起，靠近头部的耳垂看起来就像是一层薄皮。无论他们属于哪一种

极低出生体重儿 体重低于1.25千克，或者是在母亲子宫中的时间少于30周的婴儿。

族，其皮肤都呈现暗红色。

极低出生体重儿从生下来那一刻起就面临着严重的生命危险，因为他们的器官系统尚未发育成熟。在20世纪80年代中叶前，这些婴儿在脱离了母亲的子宫之后根本无法存活。但是，医学的进步增加了他们生存的几率，使得早产儿的存活年龄（age of viability）提前了约22周，即比正常分娩提前了四个月。当然，受精后胎儿发育的时间越长，新生儿存活的几率就越大。早于25周出生的婴儿其生存几率低于50%（见图3-4）。

低出生体重儿和早产儿所遭受的身体和认知问题，也更多地出现在极低出生体重儿身上。这就需要极大的资金支持。婴儿在保育箱中接受三个月的特殊护理，就要花费几十万美元。而且尽管进行了大量的医疗干预，最终还是会有一半的极低出生体重儿死亡（Taylor et al., 2000）。

即使一个极低出生体重儿终于存活下来，他的医疗花费仍会不断增加。比如，一项评估表明，这样的一个婴儿在他们生命的前三年内，平均每月的医疗花费比那些足月婴儿高3~50倍。如此庞大的花费引起了伦理上的争论，即花费大量的人力物力财力，却不太可能有什么积极后果（Prince, 2000；Doyle, 2004；Petrou, 2006）。

随着医疗条件的进步，同时发展研究者也提出了一些新策略用以改善早产儿的治疗和生存状况，存活年龄有可能进一步提前。有证据表明，高质量的护理可以保护早产儿远离早产所带来的一些风险，并且事实上可以使早产儿在成年后和其他的成人没有什么差异（Hack et al., 2002）。

研究还表明，早产儿如果接受到更多的回应、刺激和有组织的护理，相比那些没有得到很好照顾的早产儿，他们的成长更加健康。这些干预的有些内容是很简单的。例如，在"袋鼠哺育法"（Kangaroo care）中，婴儿在母亲胸前和母亲肌肤相触。这种方法显示出对于早产儿的发展有很好的帮助。每天给早产儿多次按摩会触发某些激素的释放，有助于促进他们体重的增加、肌肉的发展和处

选择的国家	22~23周[1]	24~27周	28~31周	32~36周	37周以上
美国	707.7	236.9	45.0	8.6	2.4
澳大利亚	888.9	319.6	43.8	5.8	1.5
丹麦	947.4	301.2	42.2	10.3	2.3
英格兰和威尔士[2]	880.5	298.2	52.2	10.6	1.8
芬兰	900.0	315.8	58.5	9.7	1.4
北爱尔兰	1,000.0	268.3	54.5	13.1	1.6
挪威	555.6	220.2	56.4	7.2	1.5
波兰	921.1	530.6	147.7	23.1	2.3
苏格兰	1,000.0	377.0	60.8	8.8	1.7
瑞典	515.2	197.7	41.3	12.8	1.5

[1] 由于报告本身的差异，怀孕22~23周的婴儿死亡率可信度不高。
[2] 英格兰和威尔士提供了2005年的数据。
注：婴儿死亡率基于特定人群的每1,000例降生。
Soure: NCHS linked birth/infant death data set (for U.S. data), and European perinatal Health Report (for European data).

图3-4 存活和妊娠时间
28~32周之后胎儿的存活率显著升高。表中显示的是经过一定的妊娠时间后在美国出生的每1,000名新生儿在其生命的第一年中存活的数量。（Soure: MacDorman & Mathews, 2009）

理应激的能力（Tallandini & Scalembra, 2006；Erlandsson et al., 2007；Field et al., 2008）。

什么引起了早产和低体重分娩？ 约有一半的早产和低体重分娩是无法解释的，但是另外一半可以用以下几个原因来解释。在某些情况下，提前的分娩是由于母亲生殖系统出现困难所造成的。例如，怀有双胞胎的女性对自身的生殖系统带来了非常大的压力，这种压力会导致早产。事实上，大多数多胞胎都是一定程度上的早产儿（Tan et al., 2004；Luke & Brown, 2008）。

在其他情况下，早产儿和低出生体重儿是母体生殖系统的不成熟造成的。年轻的母亲——年龄低于15岁——比年龄大一些的母亲更可能早产。此外，上次分娩后6个月内再次怀孕的母亲更有可能产下早产儿或低出生体重儿，因为她们没有给生殖系统从上次分娩中恢复过来的机会。父亲的年龄同样有影响：丈夫年纪大，则妻子更可能早产（Smith et al., 2003；Zhu & Weiss, 2005；Branum, 2006）。

最后，影响母亲整体健康状况的因素，如营养、医疗护理水平、环境压力水平和经济支持，所有这些都可能和婴儿早产和低出生体重有关。不同的种族群体早产儿的比率也有不同，但是这并不是由于种族本身，而是由于少数族裔成员不成比例的低收入和高压力的结果。比如，非裔美国母亲产下低出生体重儿的百分比是白人美国母亲的两倍（和低体重分娩风险增加的一些相关因素的总结见表3-2；Field, Diego, & Hernandez-Reif, 2006, 2008；Bergmann, Bergmann, & Dudenhausen, 2008）。

过度成熟儿：太晚，太大

你可以想象一个婴儿在母亲的子宫中多待了一些时间可能会对他有些好处，使他有机会不受外

表 3-2　和低体重分娩风险增加的一些相关因素

Ⅰ．人口统计学的风险
　A．年龄（小于17岁；大于34岁）
　B．种族（少数族裔）
　C．低社会经济地位
　D．未婚
　E．低教育水平
Ⅱ．怀孕之前的医学风险
　A．之前的怀孕次数（0或者大于4次）
　B．相对身高来说的低体重
　C．泌尿生殖器的异常/手术
　D．一些疾病如糖尿病、慢性高血压
　E．一些非免疫系统的感染（如风疹）
　F．不良生育史，包括之前的低出生体重儿，多次流产
　G．母亲的基因因素（如母亲出生时也是低出生体重）
Ⅲ．怀孕过程中的医学风险
　A．多胎
　B．较低的体重水平
　C．较短的怀孕间隔
　D．低血压
　E．高血压/子痫前期/毒血症
　F．一些感染，如无症状的菌尿症、风疹、细胞巨化病毒
　G．怀孕头三个月或是中间三个月中有过出血
　H．胎盘的问题，如前置胎盘、胎盘早期剥离
　I．严重的晨吐
　J．贫血症/异常血红蛋白
　K．胎儿严重贫血
　L．胎儿畸形
　M．子宫颈机能不全
　N．自发早期破水
Ⅳ．行为和环境风险
　A．抽烟
　B．营养状况不良
　C．酒精或者其他物质滥用
　D．暴露在己烯雌酚（DES）或是其他有毒环境中，包括所从事职业带来的风险
　E．高海拔
Ⅴ．健康护理的风险
　A．出生前护理的缺失或是不足
　B．医院设施不完善
Ⅵ．风险的演变观点
　A．压力，身体上的和心理上的
　B．子宫的兴奋性
　C．触发宫缩的事件
　D．分娩之前子宫颈的变化
　E．一定的感染，如支原体和沙眼衣原体感染
　F．血浆体积膨胀不充分
　G．黄体酮缺乏

（Soure: Adapted from Committee to Study the Prevention of Low Birthweight, 1985.）

界干扰继续成长。但是**过度成熟儿（postmature infants）**——预产期两周后还未出生的婴儿——也面临着一些风险。

例如，来自胎盘的血液供给可能不足以为正在生长中的胎儿提供营养，由此，胎儿脑部的血液供应可能出现不足，引发潜在的脑损伤风险。类似地，已经和一个月的婴儿同样大小的胎儿通过产道娩出母体的时候，其分娩的风险（无论是对母亲而言还是对婴儿而言）就会增加（Shea, Wilcox, & Little, 1998；Fok et al., 2006）。

过度成熟儿所面临的风险比早产儿更容易避免，因为如果怀孕持续时间过长，医生可以进行人工引产。他们不仅可以在分娩过程中采用一些药物，还可以选择进行剖宫产。我们将在下面介绍这种分娩形式。

剖宫产：分娩进程中的干预

埃琳娜（Elena）已经进入分娩的第18个小时了，负责监控的产科医师开始有些担心。医师对埃琳娜和她的丈夫帕布洛（Pablo）说，胎儿监控器显示胎儿的心率已经开始随着每次宫缩下降了。他们试过一些简单的治疗法（比如让埃琳娜换个位置侧躺），却没有效果。产科医师认为胎儿已经有危险，告诉他们胎儿必须马上娩出，所以她要马上给埃琳娜进行剖宫产。

埃琳娜成为美国每年一百多万接受剖宫产的母亲之一。在**剖宫产（cesarean delivery）**中，婴儿通过外科手术被从母亲的子宫中取出来，而不是通过产道分娩出来。

当胎儿显现出一些危急情况的时候，医生通常就会进行剖宫产。例如，胎儿心率突然升高，或是母亲在分娩过程中阴道流血，这显示出胎儿已经处在危险当中，此时就很有可能要进行剖宫产。另外，与年轻一些的产妇相比，年过40的高龄产妇需要通过剖宫产完成分娩的可能性更大（Gilbert, Nesbitt, & Danielsen, 1999；Tang, Wu, Liu, Lin, & Hsu, 2006）。

如果胎儿处在臀位（breech position），即胎儿脚部先进入产道，通常需要进行剖宫产。在臀位的分娩中，每25例会有1例面临风险，因为这一过程中脐带可能被挤压从而阻断了婴儿的氧气获得。如果胎儿处在横位（transverse position），即胎儿和子宫颈的方向相垂直，或者胎儿的头部太大以至于不能通过产道，就更需要进行剖宫产了。

整个过程中都会使用**胎心监护仪（fetal monitors）**，这是一种测量胎儿在分娩过程中心跳的装置，该装置的使用使得剖宫产的比例大大增加。美国大约有25%的孩子是通过剖宫产这种方式出生的，是20世纪70年代早期的500%（U.S. Center for Health Statistics,

> **过度成熟儿** 在母亲预产期两周后还没有出生的婴儿。
>
> **剖宫产** 一种分娩方式，婴儿通过外科手术从母亲的子宫取出来，而不是通过产道分娩出来。
>
> **胎心监护仪** 一种测量胎儿在分娩过程中心跳的装置。

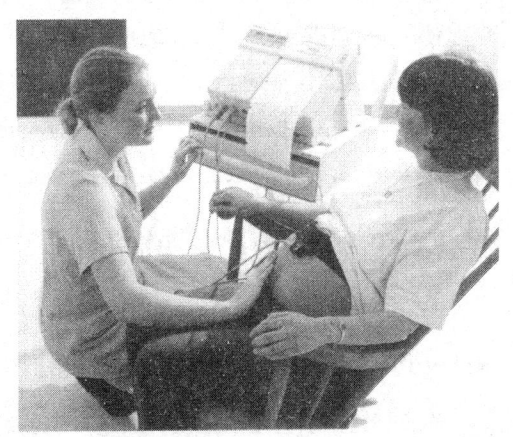

胎心监护仪的使用使得剖宫产的采用迅速增加，尽管有证据表明这一措施并没有什么益处。

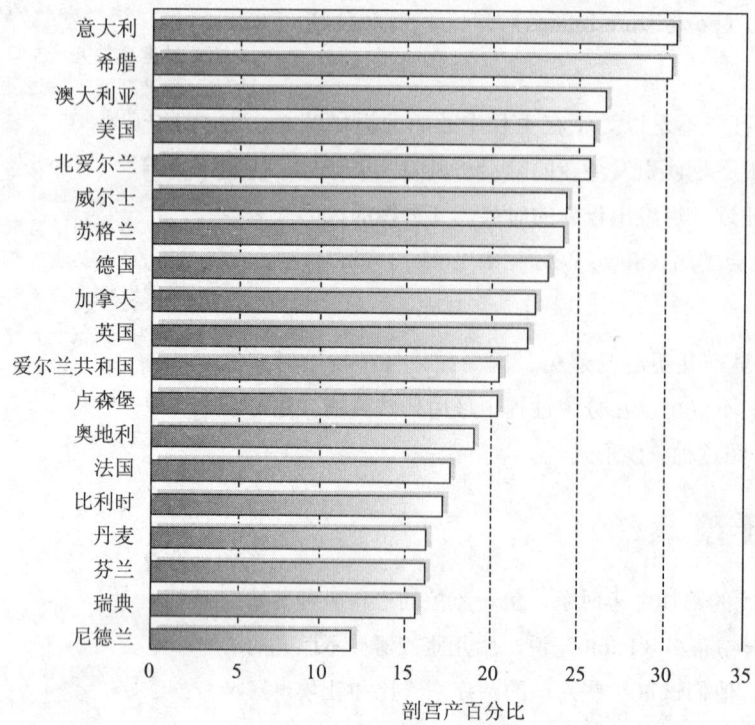

图 3-5　剖宫产百分比
国家与国家之间剖宫产的比例有着很大的差异。你觉得为什么美国的比例比较高？
（Source: International Cesarean Awareness Network, 2004）

剖宫产是一种有效的医疗干预么？其他一些国家剖宫产的比例远远低于美国（见图3-5），而且成功的分娩和剖宫产的比例之间并没有相关关系。此外，剖宫产也会带来一些危险。剖宫产代表着重大的外科手术，和正常的分娩比起来，母亲身体的恢复就需要更长的时间。另外，使用剖宫产，母体感染的风险也更高（Koroukian, Trisel, & Rimm, 1998；Miesnik & Reale, 2007）。

最后，剖宫产对婴儿也有一定的风险。因为剖宫产的婴儿没有经受产道的挤压，他们通过相对容易的方式来到这个世界上，这会阻止一些和压力相关激素的正常释放，比如儿茶酚胺（catecholamines）。这些激素能够帮助新生儿处理子宫外世界带来的压力，它们的缺失对新生儿可能是有害的。事实上，有研究显示，剖宫产下的婴儿中，那些完全没有经历分娩过程的婴儿，比至少在剖宫产之前经历过部分分娩过程的婴儿，更容易产生呼吸问题。最后，剖宫产分娩的母亲对分娩过程的满意度较小，但是这种满意度的减少并不会影响母子之间互动关系的质量（Lobel & DeLuca, 2007；Porter et al., 2007；MacDorman et al., 2008）。

因为剖宫产的增加，正如我们所说，和胎心监护仪的使用有关，医疗权威建议现在不用例行公事地使用胎心监护仪。有证据表明，被监护的新生儿并没有比那些没有被监护的新生儿状况更好。另外，胎心监护仪有时会在胎儿处于正常情况下时，显示出存在致命的危险——即发出了错误的警报。但是，胎心监护仪确实在一些高风险的怀孕、早产或是过度成熟儿的情况下起到了非常关键的作用（Albers & Krulewitch, 1993；Freeman, 2007）。

婴儿死亡率和死产：过早死亡的悲剧

当新生儿死亡时，孩子出世所带来的喜悦就完全走向了另一个极端。婴儿死亡的发生率相对来说是极少的，这使得父母更难以忍受刚出世孩子的死亡。

有的时候孩子甚至在还没有通过产道的时候就已经死亡了。**死产（stillbirth）**是指娩出的婴儿本来就已经死亡的分娩情况，发生率低于百分之一。有时候，分娩尚未开始就已经检测出胎儿已经死亡。在这种情况下，分娩是一个典型的人工引产的过程，或者医师会为母亲进行剖宫产以从母体中取出胎儿的尸体。在其他死产的情况中，婴儿也可能是在通过产道的过程中死亡的。

婴儿死亡率（Infant mortality）即婴儿在他们生命头一年内的死亡，总体比例是每1000名新生儿中有7例。从20世纪60年代开始，婴儿死亡率一直下降（MacDorman et al., 2005）。

无论婴儿死亡是发生在胎儿阶段还是在娩出体外之后，失去孩子都是非常悲惨的，对于父母的打击也是巨大的。父母所经受的这种丧失和悲痛和他们在经历至亲老人死亡（将在第十九章讨论）时的感受是类似的。事实上，将生命画卷的第一抹色彩和非自然的早期死亡并置在一起是让人非常难以接受和难以应对的。因此，这种情况常常伴有抑郁的发生（Finkbeiner, 1996；McGreal, Evans, & Burrows, 1997；Murray et al., 2000）。

死产 婴儿娩出时就已经死亡的分娩情况，发生几率不到百分之一。

婴儿死亡率 婴儿在其生命第一年内的死亡。

发展的多样性

消除婴儿死亡率中种族和文化的差异

即使美国的婴儿死亡率总体上在过去的几十年间有所下降，但是非裔美国婴儿在一岁之前死亡的可能性是白人婴儿的两倍多。这个差异主要是由于社会经济因素所造成：非裔美国女性比美国白人女性生活贫困的可能性更大，并且在分娩前受到的照看也更少。结果，她们的孩子是低体重出生的可能性就比其他种族群体更大——低体重出生是和婴儿死亡率联系最紧密的因素（见图3-6；Stolberg,

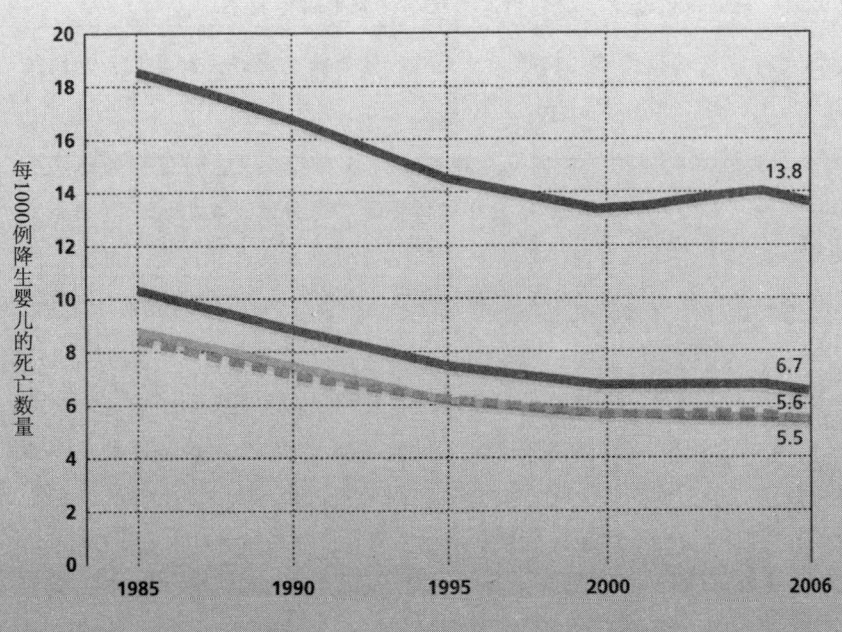

图3-6 种族和婴儿死亡率
尽管非裔美国婴儿和白人婴儿的死亡率都有所下降，非裔美国婴儿的死亡率仍然达到白人婴儿的两倍多。这张图显示了每1000例降生婴儿在生命第一年死亡的数量。
（Soure: Child Health USA, 2009.）

良好的产前护理能够显著地降低死亡率。

1999; Duncan & Brooks-Gunn, 2000; Byrd et al., 2007)。

但是，不仅仅是美国的特定种族群体成员承受着较高的婴儿死亡率。如前所述，美国的婴儿死亡率实际上比其他很多国家都要高。比如，美国的婴儿死亡率几乎是日本的两倍。

为什么美国在新生儿的存活上有着如此可怜的遭遇呢？一个答案是美国的低出生体重儿和早产儿比例高于很多国家。事实上，当把美国和其他国家同样体重的婴儿进行比较时，死亡比例上的差异就消失了（Paneth, 1995; Wilcox et al., 1995; MacDorman et al., 2005）。

美国婴儿死亡率高的另一个原因与经济状况的不平衡有关。美国贫困人口的比例比很多其他国家都高。当生活处于较低的经济层次上时，人们就很难享受到充分的医疗护理，从而导致了较差的健康状况。所以在美国，相对高的贫困个体比例对整体的婴儿死亡率产生了影响（Terry, 2000; Bremner & Fogel, 2004; MacDormann et al., 2005）。

很多国家在向准妈妈提供分娩前护理方面都比美国做得要好。比如，一些国家会提供低廉的或是免费的护理，分娩前和分娩后都有。此外，通常还会提供怀孕的女性带薪产假，有些国家甚至长达51周（见表3-3）。

在美国，美国家庭和医疗休假法案（the U.S. Family and Medical Leave Act）要求大多数雇主在孩子出生（或收养或看护）后给予新父母12周的不带薪休假。然而，由于是不带薪休假，没有收入对于低收入的劳动者是一个巨大的障碍，他们极少能够利用这个机会在家里陪伴孩子。

能够获得一个宽松的产假是很重要的：产假更长的女性其心理健康状况更好，和婴儿互动的质量也更高（Hyde et al., 1995; Clark et al., 1997; Waldfogel, 2001）。

更好的健康护理只是部分原因。在欧洲的一些国家，除了一般从业人员、产科医师和助产士全面的系列服务之外，孕妇还会获得很多特权，比如到医疗机构去的交通补贴。在挪威，孕妇会得到多至10天的生活费用，使得她们预产期临近时能够住在离医院很近的地方。并且当婴儿出世后，新妈妈们还将得到一小部分补贴，使得她们能够雇佣受过训练的家政人员（Morice, 1998; DeVries, 2005）。

在美国，情况就很不一样了。国家健康护理保险和国家健康政策的缺乏表明孕期护理通常只是偶然提供给穷人。大约每6个怀孕的女性中就有1名没有得到足够的孕期护理。20%的美国白人女性和40%的非裔美国女性在她们怀孕的早期根本就没有得到护理。5%的美国白人女性和11%的非裔美国女性直到分娩前三个月才开始接触医护人员；有些甚至自始至终没有接触任何医护人员（Laditka, Laditka, & Probst, 2006; Hueston, Geesey, & Diaz, 2008; Friedman, Heneghan, & Rosenthal, 2009）。

最终，孕期护理的缺乏导致了更高的婴儿死亡率。但是，如果能够提供更好的支持，这种情况将有所改善。改善的第一步就是首先要保证经济困难的怀孕女性从怀孕一开始就能够享受到免费或者费用低廉的高质量健康护理。其次,阻止贫困女性获得此类护理的障碍应得到消除。例如,可以发展一些计划,帮助她们支付前往健康机构的交通费用,或者是当母亲去接受健康护理时,支付家里孩子的照看费用。这些计划的花费其实可以和它们省下来的资金相抵消——和有慢性问题(如由营养不良、产前护理不完善所导致)的婴儿相比,健康婴儿的花费更少(Cramer et al., 2007; Edgerley et al., 2007; Barber & Gertler, 2009)。

表 3-3　美国和其他 10 个国家的婴儿出生相关的假期政策

国家	假期类型	总持续时间(月)	支付比例
美国	12周总假期	2.8	没有收入
加拿大	17周的产假 10周的育婴假	6.2	15周内减为之前收入的55% 之前收入的55%
丹麦	28周的产假 1年的育婴假	18.5	之前收入的60% 无业基本福利费的90%
芬兰	18周的产假 26周的育婴假 直到孩子3岁的育婴假	36.0	之前收入的70% 之前收入的70% 基本费用
挪威	52周的育婴假 2年在家照看孩子的假期	36.0	之前收入的70% 基本费用
瑞典	18个月的育婴假	18.0	前12个月为之前收入的80%,之后3个月为基本费用,最后3个月无收入
奥地利	16周的产假 2年的育婴假	27.7	之前收入的100% 前18个月按照无业基本福利支付,之后6个月无收入
法国	16周的产假 直到孩子3岁的育婴假	36.0	之前收入的100% 如果只有一个孩子无收入;如果有两个以上孩子,基本费用(根据收入)
德国	14周的产假 3年的育婴假	39.2	之前收入的100% 前两年为基本费用(根据收入),第三年无收入
意大利	5个月的产假 6个月的育婴假	11.0	之前收入的80% 之前收入的30%
英国	18周的产假 13周的育婴假	7.2	如果工作经历符合标准,前6周为之前收入的90%,之后的12周为基本费用;否则均为基本费用 无收入

(Soure: Kamerman, S.B. From maternity to parental leave policies: Women's health, employment, and child and family well-being. The Journal of the American Women's Medical Association [Spring 2000] 55: Table 1; Kamerman, S.B. Parental leave policies: An essential ingredient in early childhood education and care policies. Social Policy Report [2000] 14: Table 1.0.)

产后抑郁症:从喜悦的高峰到绝望的低谷

当蕾娜塔(Renata)发现自己怀孕了的时候非常高兴,在之后几个月的怀孕期内,她也很开心地忙着做各种准备迎接自己的孩子。分娩过程很顺利,孩子是个健康的有着粉红脸颊的男孩。但是在她的儿子出生若干天后，她却陷入了深深的抑郁之中。她一直在哭，感到很迷茫，觉得自己没有能力照顾孩子，她正处在一种不可动摇的绝望之中。

对她这种状况的诊断是：典型的产后抑郁症。产后抑郁症（postpartum depression）是母亲在孩子出生后一段时间的深度抑郁，它困扰着10%的新妈妈。尽管产后抑郁症有多种不同的形式，但是它主要的症状就是持续地、深切地感受到失望和不开心，这种感觉可能持续几个月，也可能持续几年。每500例中会有1例症状更为严重，伴随着与现实的完全割裂。在这些极少的案例中，产后抑郁症甚至表现得非常极端。例如，安德莉亚·耶茨（Andrea Yates）是一名住在得克萨斯的母亲，她因为在浴缸中溺死了自己的五个孩子而被起诉，据说是产后抑郁症导致她做出这种行为的（Yardley, 2001；Oretti et al., 2003；Misri, 2007）。

对于遭受产后抑郁症之苦的母亲来说，其症状常常是很让人迷惑的。抑郁的发作通常突如其来，让人大吃一惊。某些母亲更有可能罹患产后抑郁症，比如过去曾经有过抑郁的经历，或者家庭成员中有抑郁症患者。此外，对于伴随着孩子出生而来的各种情绪——有的是正性的，有的是负性的——缺少准备的女性更有可能变得抑郁（Kim et al., 2008）。

另外，产后抑郁症还可能由分娩后激素分泌的波动所引发。在怀孕期间，女性雌激素和黄体酮分泌显著增加。然而，它们在分娩后的最初24小时内就会回落到正常水平。这种快速的变化可能会导致抑郁（Verkerk, Pop, & Van Son, 2003；Klier et al., 2007；Yim et al., 2008）。

无论是什么原因造成的，母亲的产后抑郁症会对婴儿产生很大的影响。本章的后面会提到，婴儿出生就有着令人惊异的社会能力，并且他们会倾向于调整自己的情绪和母亲保持一致。抑郁的母亲在和孩子的互动中较少表现出情绪，而更多地表现出对孩子的分离和拒绝。回应的缺乏会导致婴儿表现出的正性情绪更少，不仅表现出对母亲的拒绝，而且也不愿和其他成人有所接触。另外，母亲抑郁的孩子有更多的反社会行为（如暴力）倾向（Hay, Pawlby, & Angold, 2003；Nylen et al., 2006；Goodman et al., 2008）。

复习和应用

- 大部分低出生体重儿和早产儿在出生后和将来的生活中都可能会有很多现实的困难。
- 由于极低出生体重儿的器官系统尚未成熟，所以他们出生后的情况非常危急。
- 早产和低体重分娩可能是由母亲的健康状况、年龄和怀孕的相关因素所导致。收入和种族（种族和收入相关）也是重要的因素。
- 当出现过度成熟儿、胎儿情况危急、胎位不正，或者胎儿不能顺利通过产道的情况时，进行剖宫产。
- 婴儿死亡率受到价格低廉健康护理的可获得性和准妈妈的产前培训的影响。
- 产后抑郁症影响了10%的新妈妈。

> **应用**
> - 在向极低出生体重儿提供全面的健康护理时,会涉及哪些伦理上的考虑?你认为这种干预应该被定为常规操作吗?为什么?
> - **从一个教育工作者的视角看问题**:你觉得为什么美国缺乏能够降低整体和低收入家庭婴儿死亡率的教育和健康护理政策?你认为怎样才能改善这一状况?

3.3 有能力的新生儿

亲戚们围坐在凯塔·卡斯特罗(Christina Castro)和她的婴儿车周围。两天前,凯塔出生了,今天是她随母亲回到家里的第一天。与凯塔年龄最接近的表哥泰伯(Tabor)已经4岁了,他看起来好像对这个新生儿的到来一点也不感兴趣。他说:"小宝宝不会做有趣的事情,小宝宝根本什么也不会。"

凯塔表哥的论断部分是正确的。有很多事情婴儿做不了。比如,新生儿来到这个世界上时都不能自己照顾自己。为什么人类婴儿生下来具有这么强的依赖性呢?而很多其他物种的个体生下来就好像已经具备一些生存技能了。

原因之一是,在某种程度上来说人类婴儿降生得太早了。新生儿的大脑只有成人的四分之一。做一个比较,恒河猴的幼仔经过24周的妊娠阶段出生,其大脑重量已经达到成年猴的65%。由于人类婴儿的大脑相对较小,一些观察者认为人类应该比现在的分娩晚6~12个月。

实际上,进化好像知道它在做什么:如果我们在母亲的子宫中再多待上半年到一年,我们的头就会因为太大而无法通过产道(Dchultz, 1969;Gould, 1977;Kotre & Hall, 1990)。

人类婴儿相对而言尚待发展的大脑能够部分地解释婴儿明显的能力缺乏。正因为这一点,最早关于新生儿的看法主要集中在和人类中年长个体相比他们做不到的事情上。

然而,在今天此类观点已经不再受到欢迎,人们更多强调对新生儿赞许的观点。随着发展研究者开始更多地了解新生儿自身的特性,他们逐渐认识到,婴儿来到这个世界的时候就已经在所有发展的领域内具备了一系列令人惊异的能力:身体、认知、社会性。

身体能力:适应新环境的要求

新生儿面对的世界和他们在子宫中所体验的世界是完全不同的。例如,考虑一下凯塔·卡斯特罗在新环境里开始她的生命之旅时,所表现出的功能上的显著变化(在表3-4中列出)。

凯塔的首要任务就是吸入足够多的空气。在母亲体内的时候,空气是通过和母体相连的脐带传送的,脐带同时也是运出二氧化碳的通道。可外面世界的情况就不同了:一旦脐带被剪断,凯塔的呼吸系统就必须开始它一生的工作。

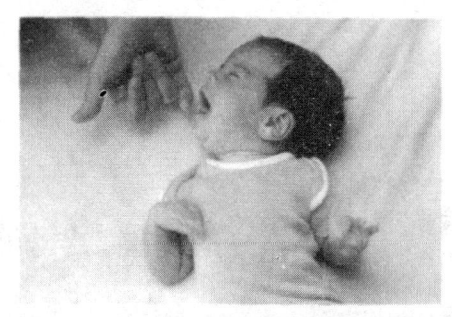

吮吸和吞咽反射使得新生儿一出生就能够摄入食物。

表 3-4　凯塔·卡斯特罗出生后的最初遭遇

1. 凯塔刚从产道娩出母体就可以自动开始自主呼吸，不再像在子宫里那样依靠和母体相连的脐带获得氧气。
2. 反射——没有经过学习就在某些刺激出现的时候自动产生的有组织的自然反应——开始出现。吮吸和吞咽反射使得凯塔能够立即摄入食物。
3. 定向反射，是指嘴能够主动转向嘴边的刺激来源（比如轻轻地碰触）。这使得凯塔能够找到嘴边潜在的食物来源，比如母亲的乳头。
4. 凯塔开始咳嗽、打喷嚏、眨眼——这些反射会帮助她回避潜在的烦扰和危险的刺激。
5. 她的嗅觉和味觉有了很大发展。当她闻到薄荷糖气味的时候，身体活动和吮吸都会增加。当酸味的东西触及她嘴唇的时候，她的双唇会紧闭起来。
6. 蓝色和绿色的物体比其他颜色的物体好像更能够吸引凯塔的注意，而且她对喧闹的、突然的噪音反应剧烈。如果听到其他婴儿的哭泣，她也会继续哭泣，但是当她听到自己哭泣声音的录音时反而会停下来。

对凯塔来说，这项任务是自动化的。就像我们刚才所提到的，大多数新生婴儿从他们暴露在空气中那一刻开始就能够自主呼吸。尽管在子宫中没有演练过真正的呼吸，新生儿通常能够立即开始呼吸，这个能力预示着呼吸系统已经发育完全，运行正常。

新生儿从子宫娩出的时候就有一些习惯性的身体活动。比如，像凯塔一样的新生儿显示出多种**反射（reflexes）**——没有经过学习就在某些刺激出现的时候自动产生的有组织的自然反应。这些反射中有一些是演练过的，在出生前几个月就已经存在了。吮吸反射（sucking reflex）和吞咽反射（swallowing reflex）使得凯塔立刻就能够摄入食物。定向反射（rooting reflex），是指婴儿的嘴能够主动转向嘴边的刺激来源（比如轻轻地碰触）。这使得婴儿能够找到嘴边潜在的食物来源，比如母亲的乳头。

新生儿出生时就具备的反射并不都是帮助新生儿寻找食物这样的偏好刺激的。比如，凯塔会咳嗽、打喷嚏、眨眼——这些反射会帮助她回避潜在的烦扰或危险的刺激（我们将在第四章中讨论更多的反射）。

凯塔的吮吸和吞咽反射，能够帮助她吸入母亲的乳汁，与之相伴随的还有婴儿消化营养品的新能力。新生儿的消化系统最初以胎粪（meconium）的形式排泄废弃物，胎粪是一种黑绿色的物质，是新生儿体内在胎儿阶段的残留物。

肝脏是新生儿消化系统的一个重要组成部分，最初它并不总能有效地工作，约有一半新生儿的身体和眼睛会带有明显的淡黄色。这种颜色上的变化是新生儿黄疸（neonatal jaundice）的一个症状。新生儿黄疸在早产儿和低出生体重儿身上发生的几率更大，它并不会使新生儿陷入危险。其治疗方法通常是把婴儿放到荧光灯下或者给予一些药物。

反射　没有经过学习，在特定刺激出现的时候自动产生的有组织的自然反应。

感觉能力：体验周围的世界

就在凯塔出生后，她的父亲很确定地说她会盯着他看。那么事实上，她看到父亲了么?

由于以下几个原因,这个问题很难回答。一方面,当感觉方面的专家说"看见"的时候,他们的意思是说既有针对视觉感官刺激的感觉反应,同时也有对该刺激的理解(回忆普通心理学中关于感觉和知觉之间区别的课程)。此外,就像我们在第四章讨论婴儿的感觉能力时所深入探讨的,新生儿缺乏解释其体验的能力,那么突出强调他们特定的感觉能力至少显得有些微妙。

然而,我们对于新生儿能否"看见"这个问题确实有一些答案,并且从这个意义上说,能够推广到其他的感觉能力。例如,很显然新生儿如凯塔,在一定程度上能够看见。尽管新生儿的视敏度还没有完全成熟,他们仍然积极地关注着环境中的各种信息。

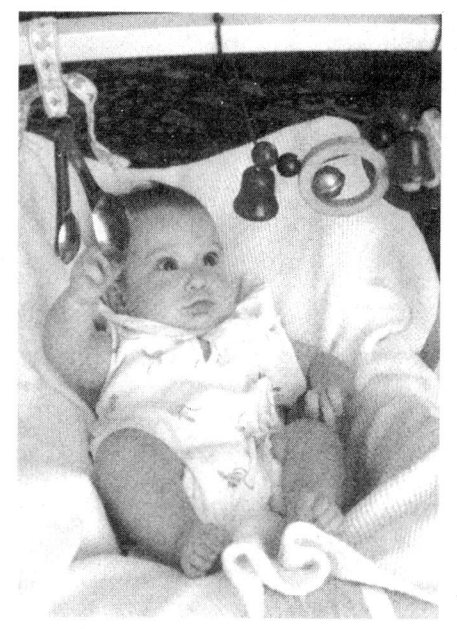

从出生开始,婴儿就能够分辨颜色,甚至还显示出对于某些颜色的偏好。

例如,新生儿密切地关注着其视野中信息量最高的画面部分,比如和环境对比强烈的物体。此外,婴儿可以分辨不同的亮度。有证据表明,婴儿甚至具有大小恒常性(size constancy)的感觉。他们似乎明白物体的大小是恒定不变的,尽管物体在视网膜上图像的大小随着距离的远近而有所不同(Slater, Mattock, & Brown, 1990;Slater & Johnson, 1998;Chien et al., 2006)。

此外,新生儿不仅能够区分不同的颜色,好像还会偏好某些颜色。比如,他们能够区分红、绿、黄和蓝,并且盯着蓝色和绿色物体的时间长于其他颜色物体——这表明他们对于这些颜色的偏爱(Dobson, 2000;Alexander & Hines, 2002;Zemach, Chang & Teller, 2007)。

新生儿也具有明显的听觉能力。他们能够对一些声音做出反应,比如他们会对喧闹的、突然的噪音表现出震惊。他们还表现出对某些声音很熟悉。比如,正在哭泣的新生儿如果听到周围新生儿的哭声,他们就会继续哭泣,但是如果听到的是自己哭声的录音,就会很快停止哭泣,好像认出了这个熟悉的声音(Dondi, Simion, & Caltran, 1999;Fernald, 2001)。

和视觉类似,婴儿的听觉灵敏度也没有长大以后那么好。听觉系统还没有发育完全。而且,羊水最初会部分残留在中耳,只有羊水排净后他们才能完全听到声音。

除了视觉和听觉,新生儿的其他感觉也能够充分地发挥功能。新生儿对于触摸是非常敏感的。比如,他们对于毛刷刺激会有反应,他们还能感觉到成人感觉不到的微小气流。

味觉和嗅觉也得到了很好的发展。当把薄荷糖放到新生儿鼻子边上,他们闻到气味就会吮吸,其他身体活动也随之增加。当酸味的东西触及嘴唇的时候,他们的双唇会紧闭起来,而且对于不同的味道他们可以恰当地表现出相应的面部表情。这些结果明确表明,婴儿的触觉、嗅觉和味觉出生时不仅存在,而且已经具有一定的复杂性(Cohen & Cashon, 2003;Armstrong et al., 2007)。

在某种意义上,新生儿感觉系统的复杂性并不让人感到惊讶。毕竟,一般的新生儿都已经花了9个月的时间让自己做好准备以应对外面的世界。就像我们在第二章中所讨论的,人类的感觉系统在出生之前就已经开始发展了。此外，产道的挤压使婴儿处在较高的感觉觉知状态，使得他们准备好和外面世界进行第一次接触。

早期的学习能力

一个月大的迈克尔·撒麦迪（Michael Samedi）坐车和家人一起外出，正好遇上暴风雨。暴风雨愈发肆虐，电闪雷鸣。迈克尔显然被吓坏了，他开始哭泣。每次打雷，他哭泣的音调和音量就上一个台阶。不幸的是，没过多久，不止电闪雷鸣会加剧迈克尔的焦虑，光是闪电就足以让迈克尔害怕得哭出来。事实上，成人以后，仅仅是闪电的景象还是会让迈克尔感到胸腔受到压迫和胃部绞痛。

经典条件作用 迈克尔恐惧的来源就是经典条件作用。经典条件作用是巴甫洛夫（第一章中曾讨论过）最先定义的一种基本学习形式。在经典条件作用中，有机体需要学习以特定的方式对一个中性刺激进行反应，而中性刺激本身一般不会带来此种反应方式。

巴甫洛夫发现通过重复匹配两个刺激，如铃声和食物，他可以让饥饿的狗学会不仅在食物出现的时候分泌唾液，还要在铃声响起而食物没有出现的时候分泌唾液（Pavlov, 1927）。

经典条件作用的关键特征就是刺激的替代作用，即将不能自发引起目标反应的一个刺激和另一个能够引发目标反应的刺激匹配起来。重复呈现这两个刺激，结果使得第二个刺激在一定程度上具有第一个刺激的某种性质。实际上，就是第二个刺激替代了第一个刺激。

研究表明经典条件作用在塑造人类情绪方面影响巨大，最早的例子之一就是被研究者所熟知的11个月大的婴儿"小阿尔伯特"（Watson & Rayner, 1920）。尽管阿尔伯特最初很喜欢有毛皮的动物，也不害怕老鼠，但是后来他在实验室里学会了害怕它们。在实验中，每次当阿尔伯特试图和可爱的并且不会伤害他的小白鼠一起玩的时候，他的周围就会响起巨大的噪音，使得阿尔伯特开始害怕老鼠。事实上，这种恐惧还扩展到了其他带有毛皮的物体，包括兔子，甚至圣诞老人的面具（当然，这样的实验过程在今天会被认为是不符合伦理的，并且不会被允许实施）。

通过经典条件作用，婴儿很早就具备了学习的能力。例如，在每次给1~2岁的新生儿吮吸带有甜味的水之前轻敲一下他的头，很快他就学会在只轻敲一下头的时候转过头并开始吮吸。很显然，经典条件作用从婴儿一出生就开始发挥作用（Blass, Ganchrow, & Steiner, 1984；Dominguez, Lopez, & Molina, 1999）。

操作性条件作用 经典条件作用并不是婴儿学习的唯一机制，他们也可能通过操作性条件作用进行学习。正如我们在第一章所提到的，操作性条件作用也是学习的一种形式，在其过程中，自发的（voluntary）反应根据与其相匹配的正性或者负性结果而被增强或者减弱。在操作性条件作用中，婴儿们学会为了得到他们想要的结果而故意做出某些行为作用于环境。婴儿学会通过哭泣这种途径达到立即将父母的注意吸引过来的目的，这实际上就是操作性条件作用的应用。

和经典条件作用一样，操作性条件作用从生命的最初阶段就发挥作用了。例如，研究者发现，甚至新生儿都已经通过操作性条件作用轻易地学会在听母亲讲故事或是听音乐时一直吮吸母亲的乳头（DeCasper & Fifer, 1980；Lipsitt, 1986a）。

习惯化 可能最原始的学习方式正是由习惯化的现象所展示出来。**习惯化（habituation）**是在某个刺激重复多次呈现之后对其反应的降低。

婴儿的习惯化依赖于这样的事实：给新生儿呈现一个新刺激的时候，他们会有一个定向反应（orienting response）。他们可能会安静下来，全神贯注，然后经历一段他们遇到新异刺激时都会有的心率降低。当他们重复多次暴露在这个刺激面前的时候，婴儿就不再出现最初的定向反应。如果呈现另一个新的不一样的刺激，婴儿又会重新出现定向反应。当这一现象发生时，我们就可以说婴儿已经学会识别最初的那个刺激，并且能够把它和其他的刺激区分开。

每种感觉系统都有可能出现习惯化，研究者通过多种方式来考察习惯化。一种方式是考察吸吮的变化，当新异刺激出现的时候，婴儿的吮吸会暂时停止。该反应和成人在进餐过程中对别人的有趣言论表现出放下刀叉的反应大同小异。其他对于习惯化的测量还包括心率、呼吸频率，以及婴儿对特定刺激的注视时间的变化（Schöner & Thelen, 2006；Brune & Woodward, 2007；Farroni et al., 2007；Colombo & Mitchell, 2009）。

习惯化的发展与婴儿身体和认知上的成熟有关。习惯化在婴儿一出生就有所表现，并在婴儿出生后的12周内发展成熟。习惯化上存在困难是发展上存在问题的标志，比如婴儿可能有精神发育迟滞（Moon, 2002）（我们刚才考虑的学习的三个基本过程——经典条件作用、操作性条件作用和习惯化——在表3-5中给出了总结）。

> **习惯化** 对某个刺激的反应由于该刺激的重复出现而逐渐减低。

表 3-5 学习的三个基本过程

种类	描述	举例
经典条件作用	有机体学会以特定的方式对一个中性刺激进行反应，而该刺激通常不会引起此种反应的情境。	饥饿的婴儿可能在母亲抱起他/她时停止哭泣，因为他/她学会将抱起来和之后的哺乳联系起来。
操作性条件作用	自发的反应由于与其相联系的正性或负性结果而增强或减弱的一种学习方式。	婴儿发现向父母展现笑容会吸引他们积极的注意，之后他/她可能更多表现出笑的行为。
习惯化	对某个刺激的反应由于该刺激的重复出现而逐渐减低。	婴儿看到一个新奇的玩具时会表现出很感兴趣、很惊讶，但是之后多次看到同一个玩具就不再感到有趣和惊讶了。

社会性能力：回应他人

凯塔出生后不久，他的哥哥低下头看着婴儿床中的她，然后张着大大的嘴，假装出一副惊讶的神情。凯塔的妈妈在旁边看着，非常惊讶地发现凯塔好像正在模仿哥哥的表情，张着嘴巴好像她也很惊讶。

当研究者们发现新生儿确实具有模仿他人行为能力的时候，他们也惊诧不已。尽管人们知道新生儿面部肌肉已经长成，具备表达基本面部表情的可能性，但是这些表情的出现在很大程度上仍然被认为是随机的。

然而，从20世纪70年代晚期的研究开始得出了不一样的结论。例如，发展研究者们发现，当看到成人示范某种行为时，婴儿也已经自发地行动起来，比如张嘴、伸出舌头等。新生儿好像在模仿他人的行为（Meltzoff & Moore, 1977, 2002; Nagy, 2006）。

发展心理学家蒂法尼·费尔德（Tiffany Field）及其同事的一系列研究结果更加令人兴奋（Field, 1982; Field & Walden, 1982; Field et al., 1984）。他们最早证明了婴儿可以区分基本的面部表情，如高兴、悲伤、吃惊等。他们让成人向新生儿展示高兴、悲伤或是吃惊的面部表情，结果发现新生儿能够一定程度上精确地模仿成人的表情。

然而，后续的研究似乎得出了不同的结论。其他研究者发现只有一个模仿动作具有比较一致的证据：那就是伸出舌头。这个反应在婴儿约两个月大的时候就消失了。由于模仿似乎不应该限制在一个单独的动作上，而且是一个只持续了几个月的动作，因此，一些研究者开始质疑原先的研究结果。事实上，一些研究甚至认为伸出舌头并不是模仿，而仅仅是某种探索性的行为（Anisfeld, 1996; Bjorklund, 1997a; S. Jones, 2006, 2007; Tissaw, 2007）。

尽管某些形式的模仿在生命历程中开始得非常早，但是，真正的模仿到底是何时开始的，这个问题到现在还没有确定的结论。模仿技能是非常重要的，因为个体和他人之间有效的社会互动部分上依赖于能够以恰当的方式回应他人，并且能够了解他人情绪状态含义的能力。因此，新生儿的模仿能力为将来和他人的社会互动打下了基础（Heimann, 2001; Meltzoff, 2002; Rogers & Williams, 2006; Zeedyk & Heimann, 2006; Legerstee & Markova, 2008）。

新生儿很多其他方面的行为也同样是将来更加正式的社会互动行为的早期形式。正如表3-6中所展示的，新生儿的某些特性和母亲的行为相互协调，有助于孩子和父母之间，以及孩子和他人之间形成社会关系（Eckerman & Oehler, 1992）。

唤醒状态 不同程度的睡眠和清醒状态，从深度睡眠一直到高度兴奋。

例如，新生儿在多种**唤醒状态**（states of arousal）中循环。唤醒状态指不同程

表 3-6 促进足月婴儿和父母之间的社会互动的因素

足月婴儿	父母
组织化的状态	有助于婴儿的状态变得规律
对某些刺激进行选择性注意	提供这些刺激
以可以被理解为特定交流意图的方式进行行为表现	找出交流的意图
对父母的行为做出系统化的反应	希望影响婴儿，感觉有效
按照一定的时间规律行事	根据新生儿的时间规律调整自己的行为
学习父母的行为，并对其进行适应	表现出重复的、可预测的行为

(Soure: Eckerman & Oehler, 1992.)

度的睡眠和清醒状态,从深度睡眠一直到高度兴奋。照看者试着帮助婴儿更容易地完成从一种状态到另一种状态的转换。例如,父亲有节奏地轻轻摇动哭泣的女儿,试图让她安静下来。这种联合行为(joint behavior)拉开了婴儿和他人之间不同类型社会互动的序幕。类似的,新生儿倾向于特别关注母亲的声音,可能部分是由于他们在母亲子宫中待了几个月从而对母亲的声音特别熟悉。反过来,父母和他人在对婴儿说话的时候也会改变他们的讲话方式,使用的音调和速度都和与年长儿童及成人讲话时不同,这样做以引起婴儿的注意,并促进互动(DeCasper & Fifer, 1980; Fernald, 1984; Trainor, Austin, & Desjardins, 2000; Kisilevsky et al., 2003; Newman & Hussain, 2006; Smith & Trainor, 2008)。

新生儿最终的社会互动能力以及他们从父母那里习得的对行为的反应方式,为他们将来和他人的社会互动铺平了道路。和新生儿表现出的身体和知觉水平上的显著技能一样,他们的社会性能力之后也会更加复杂。

复习和应用

复习

- 新生儿在很多方面能力不足,但是研究他们能做什么比探讨他们不能做什么更能够揭示出新生儿一些令人惊奇的能力。
- 新生儿的呼吸系统和消化系统从他们一出生就开始工作了。一系列的反射可以帮助他们摄入食物、吞咽、寻找食物和避免不愉快的刺激。
- 新生儿的感觉能力包括分辨视野范围内的物体和分辨颜色的能力,听和分辨熟悉声音的能力,触觉、嗅觉和味觉方面的能力。
- 经典条件作用、操作性条件作用和习惯化的过程证明了婴儿的学习能力。
- 婴儿很早就发展出了社会性能力的基础。

应用毕生发展

- 你能举出一些成人将经典条件作用应用到日常生活中的例子吗?比如在娱乐、广告或者是政治领域?
- **从一个儿童看护者的视角看问题**:发展研究者不再将新生儿看做一个依赖他人的、没有能力的生命体,而是看做一个具有惊人能力的、正在发展中的人类个体。你认为这种观点上的变化会对儿童的养育和照看产生什么样的影响?

结　语

本章涵盖了令人惊奇的、紧张的分娩过程。对于父母来说,有一系列和分娩相关的选择,这些选择需要父母根据在分娩过程中可能引起的并发症仔细地进行考虑。除了了解对出生过早或是过晚的婴儿可能采取的治疗和干预措施的重大进展之外，我们还考察了死产和婴儿死亡率这样严肃的话题。最后，我们讨论了新生儿所具有的惊人能力和他们早期的社会性能力的早期发展。

在我们开始对婴儿的身体能力进行更为深入探讨之前，先回到前言中提到的早产儿塔梅拉·迪克森的例子中。根据你对本章所讨论话题的理解，回答下列问题。

（1）塔梅拉提前了大约4个月出生。为什么她的存活是令人惊讶的？你能够根据"存活年龄"就其出生进行相关讨论吗？

（2）有哪些过程或是活动最有可能在其出生之后立刻执行？

（3）塔梅拉出生得太早了，那么她出生后会遇到哪些危险？哪些危险将会持续到她的童年阶段？

（4）哪些伦理观点影响了关于对早产儿进行医疗干预的昂贵花费是否合理的判断？谁应该负担那些费用？

回顾

- **正常的分娩过程是怎样的？**

  - 在分娩的第一阶段，宫缩约为每8～10分钟一次，收缩频率、持续时间和强度都会不断增长，直到子宫颈扩张一定程度。在分娩的第二阶段，时间大约为90分钟，婴儿依次通过子宫颈和产道，最终离开母体。在分娩的第三阶段，大约只有几分钟的时间，脐带和胎盘娩出母体。

  - 新生儿出生后通常先接受检查，察看一下是否有什么异常状况，然后进行清洗，送回到其母亲和父亲身边。

  - 准父母在选择分娩机构、护理人员和是否要用止痛药等问题上都有较大的余地。有的时候医疗干预是必要的，比如剖宫产。

- **分娩时有哪些并发症？它们的原因、后果和治疗方法是什么？**

  - 早产儿，即受精后妊娠不到38周就出生的婴儿，一般都有低出生体重的问题。低出生体重可能会引起婴儿受寒、易受感染、呼吸困难、对环境刺激过分敏感等问题。它还有可能对孩子之后的成长造成一些不利的影响，包括发展迟缓、学习能力丧失、行为障碍、平均IQ分数低，以及和身体协调有关的问题。

  - 极低出生体重儿的状况非常危险，因为他们的器官系统还没有发育成熟。但是，医疗的发展使其能够存活的年龄往前推进到受精后24周。

  - 过度成熟儿，指那些在母亲子宫中停留时间过长的婴儿，他们也存在着危险。但是，医师可以通过人工引产即剖宫产来解决这个问题。一般在胎儿处在危急状况、胎位不正或是不能够顺利通过产道等情况下会采用剖宫产。
- 美国的婴儿死亡率比其他很多国家都要高，并且在低收入家庭的比率高于高收入家庭。
- 产后抑郁症是指一种持续的、深深的悲伤感，10%的新妈妈会受到产后抑郁症的影响。严重的产后抑郁症对母亲和孩子都是有害的，需要进行治疗干预。

● **新生儿都有哪些能力？**
- 人类新生儿很快就能用肺进行呼吸，并且一系列的反射可以帮助他们摄入食物、吞咽、找到食物、远离不愉快的刺激。他们的感觉能力也很精细。
- 从出生开始，婴儿就通过习惯化、经典条件作用、操作性条件作用等方式进行学习。新生儿会模仿他人的行为，这种能力能够帮助他们形成与他人的社会关系，并且推动了他们社会性能力的发展。

关键术语和概念

新生儿（neonates, p.97）　　　　　　外阴切开术（episiotomy, p.98）

阿普加量表（Apgar scale, p.99）　　　缺氧症（anoxia, p.100）

联结（bonding, p.100）　　　　　　　早产儿（preterm infants, p.108）

低出生体重儿（low-birthweight infants, p.109）

足月低出生体重儿（small-for-gestational-age infants, p.109）

极低出生体重儿（very-low-birthweight infants, p.110)

过度成熟儿（postmature infants, p.113）　剖宫产（Cesarean delivery, p.113）

胎心监护仪（fetal monitor, p.113）　　　死产（stillbirth, p.114）

婴儿死亡率（infant mortality, p.115）　　反射（reflexes, p.120）

习惯化（habituation, p.123）　　　　　　唤醒状态（states of arousal, p.124）

我的发展实验室
你了解习惯化吗？在我的实验室中查找观察视频，学习有关它的内容。

综 合

开　端

　　瑞秋和杰克正期待着他们第二个孩子的出生。像发展学家一样，他们推测遗传和环境在他们孩子的发展中所起的作用，思考着像智力、外表、人格、学习教育和街坊邻居这类问题。对于分娩本身，他们也有很多选择。瑞秋和杰克决定请一个助产士而不是儿科医生。他们仍然在传统的医院分娩，但采用非传统的方式。当孩子出生时，小婴儿艾娃就对她母亲的声音有反应，她还栖息在瑞秋体内时就听到这个声音了，两人都因此感到快乐和自豪。

▼ 我的发展实验室

登录我的发展实验室，阅读真实生活中的父母亲、保健工作者和教育工作者是如何回答这些问题的。你是否同意他们的答案？为什么？你读到的何种概念是支持他们观点的？

你怎么做？

- 瑞秋和杰克的孩子即将出生的时候，你会对他们说什么？
- 关于产前保健，以及瑞秋和杰克决定请助产士，你有什么建议？

你的答案是什么？

父母怎么做？

- 你采用何种策略让自己为即将到来的孩子做好准备？
- 你如何评价产前保健和生产的不同选择？
- 你如何让你的大孩子为新宝宝的降生做好准备？

你的答案是什么？

发展的开端

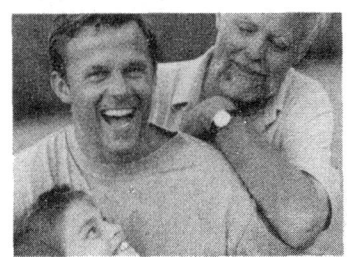

- 在思考他们的孩子将会是什么样子时，瑞秋和杰克考虑了遗传（先天）和环境（后天）的影响。
- 他们也考虑了新孩子在身体、智力（认知）和社会性方面将如何发展？

产前发育

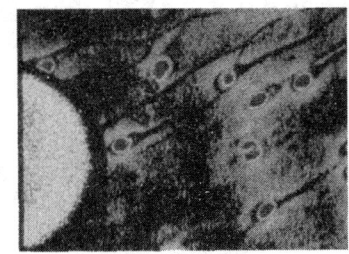

- 像所有的父母一样，瑞秋和杰克每人为孕育孩子贡献了23条染色体。他们的孩子的性别由其中一对染色体的组合方式决定。
- 艾娃的许多特征在很大程度上受遗传影响，但实际上所有特征都表现为遗传和环境的结合。
- 瑞秋的产前发育始于胚胎，并经过一系列不同的时期。

分娩和新生儿

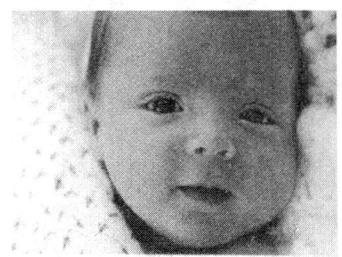

- 瑞秋的分娩激烈而疼痛，尽管由于个体和文化差异，其他人的体验可能有所不同。
- 像绝大多数的分娩一样，瑞秋的分娩是完全正常而成功的。
- 瑞秋选择请一个助产士，这是几种助产方式之一。
- 尽管小婴儿艾娃看起来依赖而无助，她实际上从出生就获得了一系列有用的能力和技能。

保健工作者怎么做?

- 你如何帮助瑞秋和杰克为他们即将降生的孩子做好准备？
- 你如何回应他们的担心和焦虑？
- 关于分娩的不同选择，你告诉他们什么？

你的答案是什么？

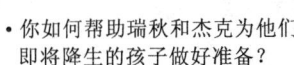

教育工作者怎么做?

- 关于怀孕的不同阶段和分娩的过程，你将采用何种策略告知瑞秋和杰克？
- 关于婴儿期，你将告诉他们什么，以帮助他们做好照料孩子的准备？

你的答案是什么？

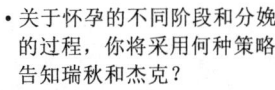

4 婴儿期的生理发展

本章概要

4.1 发展与稳定
  身体发展：婴儿期的快速成长
  神经系统和大脑：发展的基础
  整合身体系统：婴儿期的生活周期
  SIDS：不可预料的杀手

4.2 运动的发展
  反射：我们天生的身体技能
  婴儿期运动的发展：身体发展的里程碑

● 发展的多样性
  婴儿期的营养：促进运动的发展
  采用母乳喂养还是人工喂养？

● 从研究到实践
  引入固体食物：什么时候？吃什么？

4.3 感知觉的发展
  视觉：看世界
  听觉：世界的声音
  嗅觉和味觉
  痛觉和触觉的敏感性
  多通道知觉：整合单通道的感觉输入

● 成为发展心理学知识的明智消费者

前言：期待第一次行走

兰（Allan）的父母开始激动了。13个月后，阿兰已经走出最初的几步。很明显，他正在接近目标。阿兰能够在没有帮助的情况下稳稳当当地站立好一会儿。如果紧紧抓着椅子或桌子的边缘，他能在屋子里绕上一圈。但是第一次意义重大的独自行走——阿兰目前还做不到。

阿兰的哥哥泰德（Todd）10个月大的时候已经开始走了。阿兰的父母阅读了一些网上的故事，其中一些孩子在9个月、8个月，甚至6个月大的时候就能走了！那么，为什么阿兰现在还不能自己行走呢？他们想知道。

父母对阿兰充满期待。阿兰的父亲只要和儿子在一起，就让数码相机保持随时可用的状态，希望能够拍下阿兰里程碑式的时刻。阿兰的母亲经常更新家庭博客，让亲朋好友对阿兰的进展保持关注。

最终，这一刻来临了。一个下午，阿兰突然离开了椅子，踏出蹒跚一步——然后是另一步。他径直穿过房间走向对面的墙，边走边笑十分开心。阿兰的父母幸运地目击了这一幕，非常开心。

在生命的第一年，婴儿在身体技巧方面进步飞快。

预览

阿兰的父母在儿子第一次行走前的反应，以及对于第一次行走的狂喜，是十分典型的。现代父母经常会仔细观察孩子的行为，为他们所看到的潜在的异常而担忧（根据记录，13个月大开始行走完全属于健康的儿童期发展现象），也为重要的里程碑事件欢欣鼓舞。本章我们将考察婴儿从出生到2岁生日这个阶段的身体发展的自然过程。我们将从婴儿的成长速度开始，在注重讨论身高和体重变化的同时，也会涉及神经系统中不那么明显的变化。同时我们也将考察婴儿是如何快速发展出逐渐稳定的基本活动模式，如睡眠、吃饭和注意周围环境等。

接着，我们的话题将会转向婴儿怎样获得令人兴奋的运动技能：这些技能的出现使得婴儿能够翻身、迈出第一步，以及捡起地板上的饼干屑。这些技能最终形成日后更为复杂行为的基础。我们将会从基本的、由遗传所决定的反射开始，考察它们是如何通过经验来调整和改变的。我们还会讨论特定身体技能发展的性质和时间点，看看它们是否可以提前发展，并考察早期营养对这些技能发展的重要性。

最后，我们将会探索婴儿的感觉如何发展。我们将考察婴儿的感知觉系统（如听觉和视觉）如何发挥功能，以及婴儿如何通过他们的感觉器官对原始数据进行分类，并把它们转换成有意义的信息。

读完本章之后，你将能够回答下列问题：

- 人的身体以及神经系统是如何发展的？
- 环境会影响人的发展模式吗？
- 婴儿期应完成的发展任务是什么？
- 早期的营养怎样影响身体的发展？
- 婴儿拥有什么样的感知能力？

4.1 成长与稳定

一般来说，新生儿的体重平均高于7磅（3.18千克），但这远低于感恩节火鸡的平均体重。新生儿身高约20英寸（50.8厘米），比一条法兰西面包还要短些。新生儿非常无助，如果让它自己照料自己，它将无法生存。

然而，几年之后情况就会大不相同。婴儿将会长大许多，他们具有活动能力，并逐渐变得独立。这种成长变化是如何发生的？我们将首先通过描述婴儿生命的前两年中身高和体重的变化，接着通过考察引导成长并作为成长基础的一些原则来回答这个问题。

身体发展：婴儿期的快速成长

婴儿生命中的头两年是他们的快速成长期（见图4-1）。到5个月大时，一般婴儿的体重已经是出生时的2倍，约为15磅（6.8千克）。到1岁生日时，幼儿的体重已经是出生时的3倍，约为22磅（10千克）左右。尽管在第二年时他们的体重增长相对缓慢，但仍在持续增加。到2岁末时，一般幼儿的体重已经是他们出生时的4倍。当然，婴儿之间的发展速度也有很大的差异。在婴儿出生后第一年内的身高和体重测量数据可以指出发展过程中可能存在的问题。

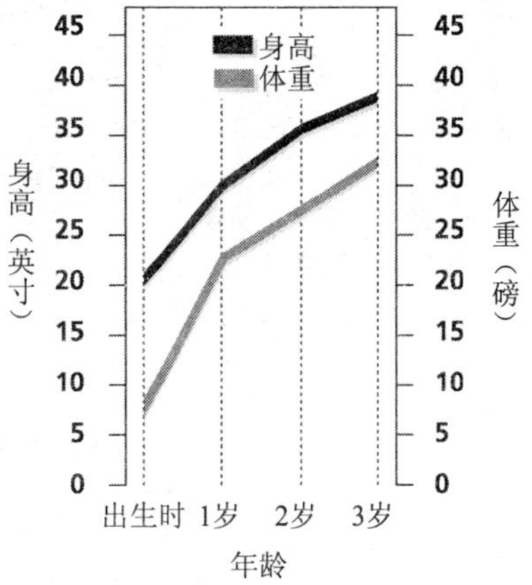

婴儿体重随着身高的增加而增加。到1岁末时，婴儿一般都已经长高了1英尺①（30.5厘米），约有30英寸（76厘米）高。到2周岁的时候，儿童的平均身高为3英尺（91厘米）。

婴幼儿身体的各部分并不是以相同的速率成长。例如：正如我们最初在第二章中所看到的，刚出生时，新生儿的头部占整个身体比例的四分之一。在生命的前两年中，身体其余部分的发展开始赶上来。到2岁时，幼儿的头只有身高的五分之一，而到了成人期，就只有八分之一（见图4-2）。

发展的四个原则 刚出生时婴儿的头偏大，显得有些不协调，这是支配发展的四个主要原则之一（总结在表4-1）的一个例子。

- **头尾原则（cephalocaudal principle）**是指身体发展所遵循的模式是先从头部和身体上半部开始，然后进行至身体的其他部分。头尾发展原则意味着视觉能力的发展（位于头部）先于走路的能力（位于身体末端）。

- **近远原则（proximodistal principle）**是指发展从身体的中央部位进行至外围

图 4-1 身高和体重的发展
尽管婴幼儿的身高和体重在第一年中出现了最大程度的增长，但他们在整个婴儿期和儿童早期还会继续成长。
(Source: Cratty, 1979.)

头尾原则 该原则是指身体发展遵循先从头部和身体上半部开始，然后进行至身体其他部分的模式。

近远原则 该原则是指发展从身体的中央部位进行至外围部位。

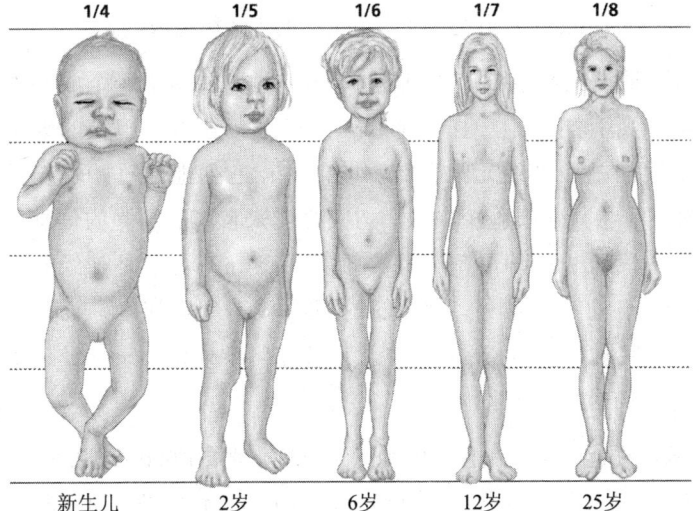

图 4-2 逐渐减小的头部比例
刚出生时，新生儿的头部占整个身体比例的四分之一。而到了成年期，头部只占身体比例的八分之一。为什么新生儿的头部如此之大？

---
① 1英尺约为30.5厘米，1英寸约为2.5厘米。

表 4-1 支配发展的主要原则

头尾原则	近远原则	等级整合原则	系统独立性原则
发展遵循先从头部和身体的上半部分开始发展,然后是身体的其余部分的一种发展模式。源自希腊语和拉丁语的词根,是"从头至尾"的意思。	发展从身体的中央部位进行至外围部位。源自拉丁语单词的"近"和"远"。	简单技能一般是各自独立发展的。后来这些简单的技能被整合成更加复杂的技能。	不同的身体系统以不同的速率发展。

部位。近远原则意味着躯干的发展先于四肢末端的发展。此外,使用身体各个部分的能力发展也同样遵循近远原则。例如,有效使用手臂的能力的发展要先于使用手的能力。

- **等级整合原则**(principle of hierarchical integration)是指简单技能一般是各自独立发展的。然而,后来这些简单的技能被整合成更加复杂的技能。因此,相对复杂的用手抓握东西的技能,直到婴儿学会如何控制和协调每个手指的运动时才能够掌握。

- **系统独立性原则**(principle of the independence of systems)是指不同的身体系统有着不同的发展速率。例如,身体大小(我们已经讨论过)、神经系统和性别特征的发展模式是不同的。

神经系统和大脑:发展的基础

当里娜(Rina)出生时,她是其父母朋友圈子里的第一个孩子。这些年轻的成年人对这个婴儿感到十分好奇。她的每一个喷嚏、每一个微笑、每一次啜泣都会让他们欣喜万分,并尝试猜测其中的含义。里娜所体验到的所有情绪、所做的任何运动,以及她所进行的思维,都是由同一个复杂的网络即婴儿的神经系统所负责的。神经系统(nervous system)由大脑和贯穿全身的神经所组成。

神经元(neuron)是神经系统的基本细胞单位。图4-3展示了一个成熟神经元的结构。和身体中所有的细胞一样,神经元有一个包含着细胞核的细胞体。但与其他细胞不同的是,神经元具有特殊的能力:它们能通过一端叫做**树突**(dendrites)的纤维与其他细胞相联系。树突接受来自其他细胞的信息。在另一端,神经元有一段长长的伸展部分称为**轴突**(axon),它是神经元负责给其他神经元传输信息的那一部分。神经元之间并没有实际接触,而是存在着微小的间隙,称为**突触**(synapse)。神经元通过化学信使——神经递质(neurotransmitters)穿过突触的方式来传递信息。

尽管估计的数值总在变动,婴儿出生时的神经元数量一直在1,000亿到2,000亿这个范围之间。为了达到这个巨大的数目,神经元在出生前以惊人的速度进行分裂。事实上,一些观点认为在产前发展中,神经元就以每分钟产生250,000个神经

等级整合原则 该原则是指简单技能一般是各自独立发展的。但后来这些简单的技能被整合成更加复杂的技能。

系统独立性原则 该原则是指不同的身体系统以不同的速率发展。

神经元 神经系统的基本细胞单位。

突触 神经元之间的微小间隙,神经元以化学方式通过突触与其他神经元进行联系。

元细胞的速度进行分裂。

刚出生时，新生儿大脑中的许多神经元很少与其他神经元相联结。但在出生后的头两年，婴儿大脑中的神经元之间将会建立起几十亿个新联结。而且，这个神经元网络会变得越来越复杂，如图4-4所示。神经联结的复杂性在一生中会持续增加。实际上，成人的单个神经元就可能至少有5,000个联结与其他神经元或其他身体部位相连。

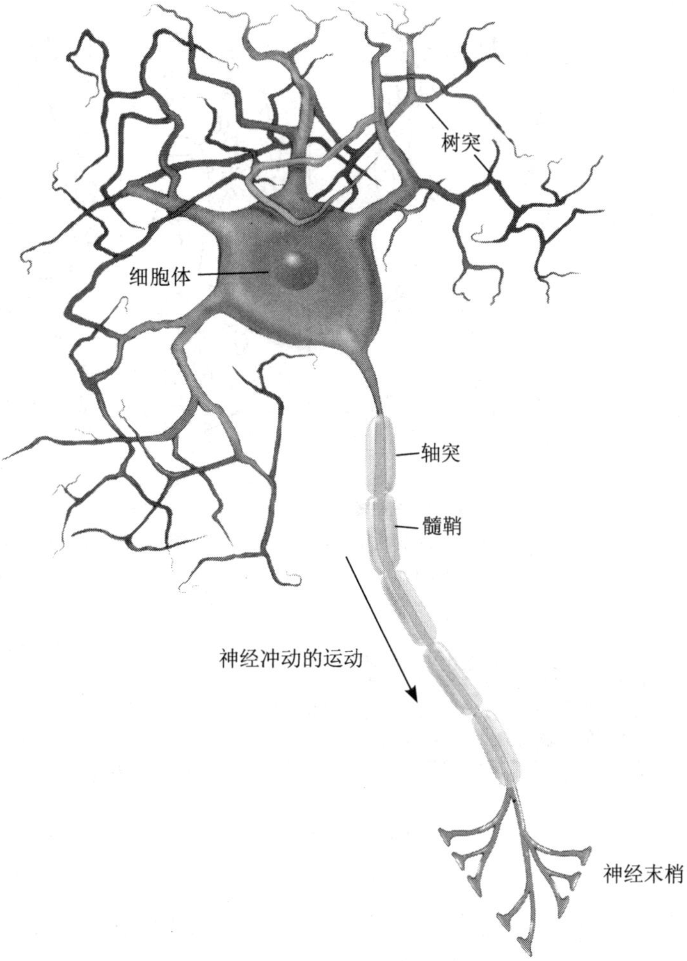

突触修剪　婴儿出生时所拥有的神经元数目实际上远远多于所需要的数量。另外，尽管在一生中，随着我们经历的不断变化，突触会不断地形成，但在婴儿期的前两年中所形成的几十亿个突触的数量就远远超出所需要的数量。那么多余的神经元和突触到哪儿去了呢？

就像一个果农，为了增强果树的生命力，他需要修剪多余的树枝。大脑发展在一定意义上也是通过去掉多余的神经元来增强相应的能力。随着婴儿在世界上经验的增加，那些没有与其他神经元相互联结的神经元就会变得多余。它们最终会逐渐消失，以增加神经系统的运作效率。

随着多余神经元的减少，剩余神经元之间的联结将作为婴儿体验过程中是否使用的结果而被扩展或被消除。如果一个婴儿的经历没有刺激某些神经联结，那么这些联结就会像没有使用过的神经元一样被消除，该过程称为**突触修剪**（synaptic pruning）。突触修剪的结果使得已有的神经元与其他神经元建立起更加完善的交流网络。然而，不同于发展的其他大部分方面，神经系统的发展很大程度上是通过损失一些细胞而变得更有效（Johnson, 1998；Mimura, Kimoto, & Okada, 2003；Iglesias et al., 2005）。

出生后，神经元的体积继续增加。除了树突会继续生长之外，神经元的轴突会覆盖上一层**髓鞘**（myelin）。髓鞘是一种脂肪般的物质，类似于电线外面包裹着的绝缘材料，提供保护并加速神经冲动的传递速度。因此，即使失去了许多神经

图4-3　神经元
神经系统的基本单位——神经元由多个部分组成。
（Source: Van de Graaff, 2000.）

我的发展实验室
你看到你的虚拟孩子发生了哪些身体上的变化？登录我的发展实验室，观看关于这些变化以及即将发生的变化的动画。

突触修剪　神经元因不被使用或缺少刺激而被消除。

髓鞘　一种脂肪般的物质，有助于保护神经元和增加神经冲动的传递速度。

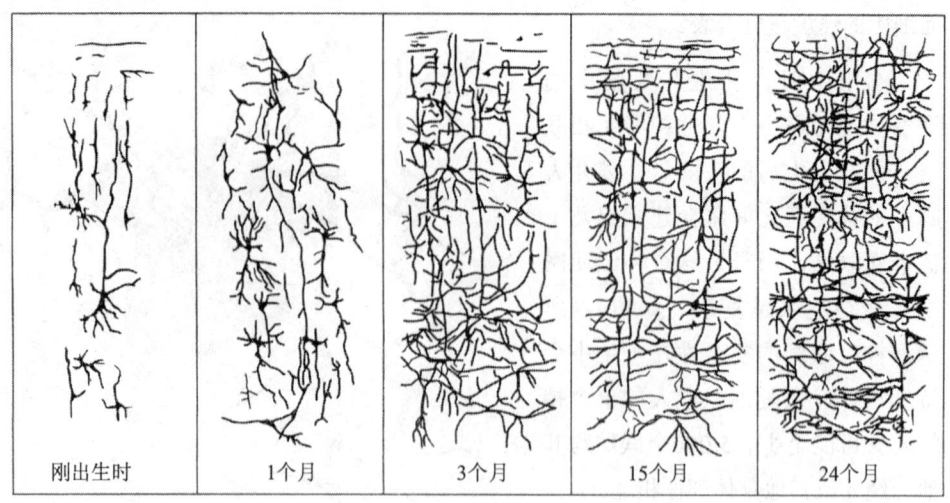

图4-4 神经网络
在生命的前两年中，婴儿的神经网络逐渐变得复杂，并互相联结。为什么这些联结很重要？
（Source: Conel, 1930/1963.）

 我的发展实验室
登录我的发展实验室，观看你刚刚读到的突触发展过程的动画。

元，剩余神经元的体积不断增大，复杂性不断增强也促成了大脑的惊人发展。在婴儿生命中的头两年里，大脑重量增长了三倍；两岁儿童的大脑甚至能达到成人脑重和体积的四分之三。

神经元在生长时也会重新定位，根据功能进行重组。一些神经元进入**大脑皮质**（cerebral cortex，即大脑的表层，由灰质构成），而其他则成为大脑皮质下方的皮质下组织。皮层下组织对呼吸和心率之类的基本活动进行调节，这些基本活动在婴儿出生时大多已发育完善。随着时间的推移，大脑皮质中那些负责高阶过程（如思维和推理之类）的细胞，开始逐步发展起来并互相联结。

例如，3到4个月时，在大脑皮层中与听觉和视觉能力有关的区域（称为听觉皮层和视觉皮层），突触和髓鞘的形成经历了爆发式的成长。这一成长与听觉和视觉技能的快速进步相对应。类似的，与身体运动有关的大脑皮层区域迅速成长，从而动作技能得以进步。

尽管大脑有颅骨保护，但是它对某些形式的伤害十分敏感。照料者或父母因为婴儿哭泣感到受挫或愤怒，因而摇晃婴儿，这种虐待儿童的方式称为"摇晃身体综合征"，会造成特别可怕的伤害。摇晃使得大脑在颅内转动，造成血管撕裂，并损毁神经元之间复杂的联结。其后果是毁灭性的，可能导致严重的医疗问题、长期的身体和学习能力丧失，常常还会造成死亡（Gerber & Coffman, 2007；Jayawant & Parr, 2007；Runyan, 2008）。

环境对大脑发展的影响 大脑的发展由于受到遗传预定模式的影响，很多方面都自动地发展起来，但大脑的发展同时也深受环境影响。实际上，大脑的**可塑性**（plasticity）即发展中的结构或行为随着经验改变的可修改程度，对于大脑而言相当重要。

大脑皮质 大脑的表层，由灰质构成。

可塑性 发展中的结构或行为随着经验改变的可修改程度。

在出生后的最初几年，大脑的可塑性是最大的。因为大脑的许多区域还没有为特定的任务分化，如果一个区域受损，其他的区域可以接管其功能。结果，大脑受到损伤的婴儿相比受到类似伤害的成人受影响更小，恢复更完全，表现出更高的可塑性（Stiles, Moses, & Paul, 2006；Vanlierde, Renier, & DeVolder, 2008；Mercado, 2009）。

此外，一个婴儿的感觉经历既影响个体神经元的大小，也影响神经元之间的联结。结果，和那些在丰富环境中被抚养起来的婴儿相比，在受到严重限制的环境中抚养起来的婴儿其大脑的结构和重量都不太相同（Cicchetti, 2003；Cirulli, Berry, & Alleva, 2003；Couperus & Nelson, 2006）。

关于非人类物种的研究有助于揭示出大脑可塑性的性质。研究比较了两组大鼠，一组饲养在具有丰富视觉刺激的环境里，另一组则饲养在典型的、较乏味的笼子里。此类研究的结果表明，那些饲养在丰富环境中大鼠的视皮层相对而言更加厚重（Black & Greenough, 1986；Cynader, 2000；Degroot, Wolff, & Nomikos, 2005）。

相反，相当贫乏的或受限制的环境会妨碍大脑的发展。关于非人类物种的研究再一次提供了一些有趣的数据。在一项研究中，实验者给一些小猫戴上使视觉能力受到限制的遮光镜，使得它们只能看到直线（Hirsch & Spinelli, 1970）。而当这些猫长大后，即使拿掉了遮光镜，它们也看不到水平的线条，尽管它们看垂直线的能力完全正常。类似地，如果小猫在早期被遮光镜剥夺了看垂直线的机会，它们成年后就看不到垂直的线条，尽管它们看水平线的能力相当精确。

另一方面，如果给从小在相对正常的环境里长大的猫戴上遮光镜，那么当去掉遮光镜时却没出现上述结果。结论是视觉发展存在敏感期。正如我们在第一章中提到，**敏感期（sensitive period）**是一段特殊的但有一定时间限制的时期，通常是在有机体生命的早期。在敏感期阶段，有机体与发展有关的一些特殊方面特别容易受到环境的影响。敏感期可能与某种行为相联系，比如完整视觉能力的发展；也可能与身体结构的发展相联系，比如大脑的构造（Uylings, 2006）。

敏感期的存在引起了几个重要的争论，其中之一认为：除非婴儿在敏感期得

> **敏感期** 是一段特殊的但有一定时间限制的时期，通常是在有机体生命的早期。在敏感期阶段，有机体与发展有关的一些特殊方面特别容易受到环境的影响。

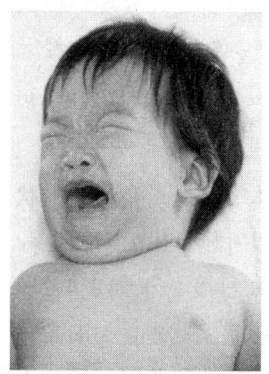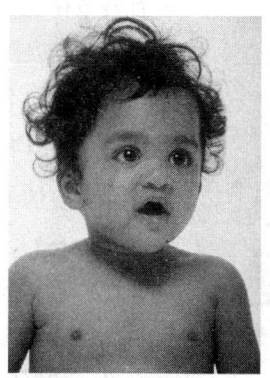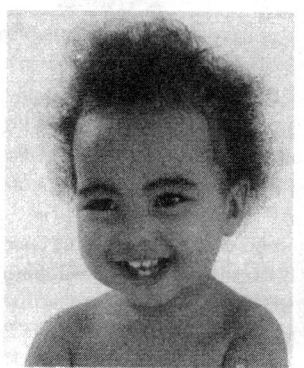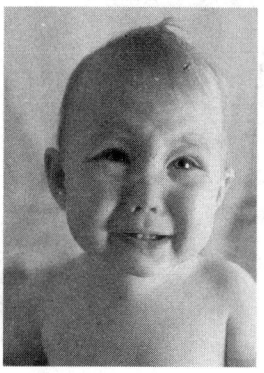

婴儿在多种状态中不断循环，其中包括哭泣和警觉状态。这些状态通过身体节律被整合起来。

节律 反复的、周期性的行为模式。

状态 婴儿在面对内外刺激时表现出来的觉知程度。

到一定程度的早期环境刺激，否则这个婴儿可能遭受损害或者无法发展出某些能力，而这些能力将永远都不能完全恢复。如果真是这样的话，对此类儿童成功地提供后期干预将是一种巨大的挑战（Gottlieb & Blair, 2004；Zeanah, 2009）。

但同时人们也提出了相反的问题：在敏感期给予非常高水平的刺激所获得的发展会胜过只是提供了普通程度刺激所获得的发展吗？

这样的问题无法简单地给出答复。当研究者试图去发现为儿童提供尽可能多发展机会的方式时，决定极度贫穷或丰富的环境将如何影响儿童的日后发展，正是发展研究者所提出的主要问题之一。同时，许多发展学家认为父母和照料者可以有很多简单的方式为儿童提供具有刺激的环境，从而促进儿童大脑的健康发展。搂抱婴儿、对着婴儿说话和唱歌，或者与婴儿一起玩耍都有助于丰富他们的环境。此外，搂着孩子读书给他们听也很重要，因为它同时使用了多个感觉通道，包括视觉、听觉和触觉（Lafuente et al., 1997；Garlick, 2003）。

整合身体系统：婴儿期的生活周期

如果你碰巧听到初为父母者在谈论他们的新生宝宝时，某个或几个身体功能有可能会是谈话的主题。在生命最初的日子里，婴儿的身体节奏，如醒着、吃奶、睡觉以及上厕所等控制着婴儿的行为，通常没有固定的时间表。

这些最基本的活动是由多个身体系统所控制的。尽管每一个单独的行为模式能够非常有效地发挥功能，但婴儿却花费了许多时间和精力来整合这些分离的行为。实际上，新生儿的主要使命之一是使其单个行为协调有序，比如说帮助自己睡一个晚上的好觉（Ingersoll & Thoman, 1999；Waterhouse & DeCoursey, 2004）。

节律和状态 将行为整合起来最重要的方式之一是通过各种节律的发展。**节律（rhythms）**是指反复的、周期性的行为模式。一些节律是立刻显现的，如从清醒到熟睡的转变。而其他节律则复杂得多，但仍然是显而易见的，如呼吸和吮吸模式。还有一些节律可能需要仔细观察才能注意到。

例如，在某个时期新生儿的腿每隔几分钟可能会有规律地抽搐。尽管有些节律在出生时就已经显现，但其他节律则是随着神经系统中的神经元逐渐整合而慢慢出现的（Groome et al., 1997；Thelen & Bates, 2003）。

主要的身体节律之一是婴儿的**状态（state）**，即所显示出的对内在和外在刺激的觉知程度。正如表4-2所示，这些状态包括了觉醒行为的多种水平，如警觉、慌乱和哭闹，以及不

婴儿的睡眠是一阵一阵的，这使得他们与外部世界的步调不一致。

表 4-2 主要的行为状态

状态	特征	单独处于某种状态的时间百分比
清醒状态		
警觉	注意力集中或巡视，婴儿的双眼睁开，眼睛明亮并且炯炯有神。	6.7
非警觉的清醒状态	眼睛通常是睁开的，但迟钝而且没有聚焦。多变但典型的高活动性。	2.8
慌乱	低水平的，持续或间歇性的大惊小怪。	1.8
哭泣	个别或一连串强烈的发声。	1.7
睡眠和清醒的过渡状态		
瞌睡	婴儿的眼皮沉重，缓慢睁开和闭眼，活动水平较低。	4.4
恍惚	睁着眼睛，眼神茫然而且呆滞。这种状态出现在警觉和瞌睡状态之间，活动水平较低。	1.0
睡眠和清醒之间的转换	清醒和睡眠行为的表现很明显。活动水平一般，眼睛可能闭着，或者快速地睁开和关闭。这种状态出现在婴儿清醒时。	1.3
睡眠状态		
积极睡眠	眼睛闭合，呼吸不均匀，间歇性快速眼动。其他行为有：微笑、皱眉、面部扭曲、做鬼脸、吮吸、叹息和呜咽。	50.3
安静睡眠	眼睛闭合，呼吸缓慢且有规律。活动局限在偶然的震惊、呜咽和有节律的怪脸。	28.1
睡眠状态的转变		
积极睡眠和安静睡眠之间的过渡	这种状态出现在积极睡眠和安静睡眠之间，眼睛是闭着的，有较少的活动。婴儿表现出积极睡眠和安静睡眠的混合行为特征。	1.9

(Source: Adapted from Thoman & Whitney, 1990.)

同水平的睡眠。随着每一种状态的转变，引起婴儿注意所需要的刺激量也会随之发生变化（Balaban, Snidman, & Kagan, 1997；Diambra & Menna-Barreto, 2004）。

婴儿所体验到的一些不同的状态产生了脑中电活动的变化。这些变化以不同模式的脑电波反映出来，可以通过一种叫脑电图（electroencephalogram）或叫EEG的装置来测量。从出生前3个月开始就可以记录这些脑电波，但模式相对不规则。然而，当婴儿到3个月大时，更加成熟的模式开始出现，脑电波也变得更加规律了（Parmelee & Sigman, 1983；Burdjalov, Baumgart, & Spitzer, 2003；Thordstein et al., 2006）。

睡眠，可能会做梦？ 在婴儿早期，占据一个婴儿时间的主要状态是睡眠——这在很大程度上解脱了筋疲力尽的父母，父母们也总把睡眠看做一种从照料责任中解放出来的受欢迎的暂时休息。一般而言，新生儿每天的睡眠时间在16~17个小时之间。可是，不同个体之间有很大的差异，有些婴儿的睡眠时间超过20个小时，而另外有些婴儿每天的睡眠量只需10个小时（Peirano, Algarin, & Uauy, 2003；Buysse, 2005；Thordstein et al., 2006）。

快速眼动睡眠 在年长儿童和成人身上发现的一种睡眠阶段,和做梦有关。

婴儿经常睡觉,但你可能不应该希望自己"睡得像个婴儿"。婴儿的睡眠是一阵一阵的。他们不是一次睡很长时间,而是睡上2个小时,然后醒过来。如此这般循环往复。因此,婴儿以及他们那被剥夺了睡眠的父母与外部世界的步调并不一致,因为外部世界是晚上睡觉、白天清醒(Groome, et al., 1997;Burnham et al., 2002)。大部分婴儿接连几个月夜里不睡觉。父母夜间的睡眠有时好几次被婴儿的饥饿和需要安抚的哭声中断。

对父母来说幸运的是,婴儿将逐渐习惯成人的模式。一个星期后,婴儿在晚上睡眠的时间长了点,白天醒着的时间也稍微长了些。一般来说,婴儿到16周大时能够在晚上连着睡上6个小时,而白天的睡眠开始变成规律的小睡形式。大部分婴儿在1岁末时能够整晚熟睡,但他们每天所需要的睡眠总量降到约15个小时(Thoman & Whitney, 1989;Mao, 2004)。

隐含在假定的安静睡眠背后的是另一个循环模式。在睡眠过程中,婴儿的心跳开始加速,开始变得不太规律,他们的血压上升,呼吸也变快(Montgomery-Downs & Thomas, 1998)。有时候,尽管并不总是这样,他们紧闭的眼睛开始前后移动,好像在看一个内容丰富有趣的场景。尽管不完全相同,但这一积极睡眠阶段与**快速眼动(rapid eye movement, REM)睡眠**非常相似。而年长儿童和成年人所表现出的快速眼动睡眠与做梦有关。

首先,这种类似快速眼动的积极睡眠活动占据了几乎一半的婴儿睡眠时间,正好是成人睡眠时间的20%(见图4-5)。然而,积极睡眠的时间会急剧下降,到6个月大时,约占总睡眠时间的三分之一(Coons & Guilleminault, 1982;Burnham et al., 2002;Staunton, 2005)。

婴儿的积极睡眠阶段非常类似于成人的快速眼动睡眠,于是引起了婴儿是否在这个时候也做梦这样好奇的问题。尽管这看起来不太可能,但没人知道答案。

图4-5 人毕生的快速眼动睡眠

随着我们年龄的增长,快速眼动睡眠的比例随着非快速眼动睡眠比例的下降而逐渐增加。此外,总睡眠量随着年龄的增加而下降。

(Source: Adapted from Roffwarg, Muzio, & Dement, 1966.)

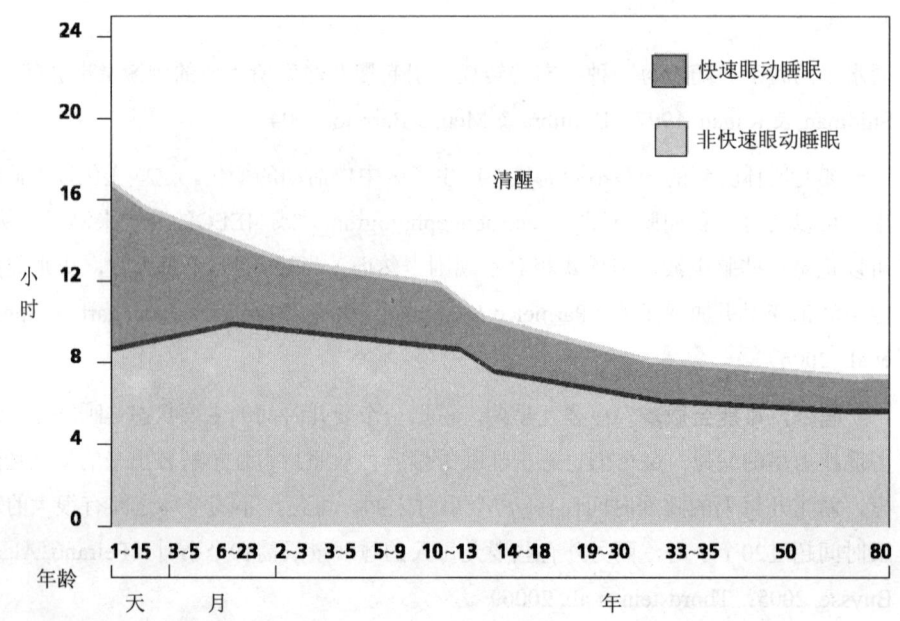

首先，考虑到婴儿相对有限的经历，他们没有太多内容可以做梦。其次，婴幼儿睡眠时的脑电波看起来与成人做梦时的脑电波有质的不同，只有当他们到3～4个月大时，脑电波的形状才与成人做梦时的波形相类似。这意味着婴幼儿在积极睡眠过程中是不做梦的，至少与成人的方式不同（McCall, 1979；Parmelee & Sigman, 1983；Zampi, Fagidi, & Salzarulo, 2002）。

那么快速眼动睡眠在婴儿期又有什么功能呢？尽管我们不能确切地知道答案，一些研究者认为它提供了一种让大脑刺激自己的方式——一种称为自动刺激（autostimulation）的过程（Roffwarg, Muzio, & Dement, 1966）。神经系统的刺激对于婴儿来说特别重要，因为他们花费如此多的时间在睡觉，而处于清醒状态的时间则相对较少。

婴儿的睡眠周期看起来很大程度上受遗传因素的影响，但环境因素也同样有作用。例如，在婴儿的环境中，长期和短期的应激源（如热浪）都能影响他们的睡眠方式。如果周围的环境使得婴儿保持醒着的状态，当睡眠最终来临之时，就没有平常的睡眠那么积极（更加安静）（Halpern, Maclean, & Baumeister, 1995；Goodlin-Jones, Burnham, & Anders, 2000）。

文化习俗同样影响婴儿的睡眠方式。例如，在非洲的Kipsigis族中，婴儿在夜间和母亲一起睡觉，这就使得无论他们何时醒来，都可以得到母亲的照料。白天，他们被缚在母亲的背上，伴随着母亲做日常家务。此时他们经常睡着。因为他们经常外出并不时地动来动去，Kipsigis族的婴儿达到整晚睡觉的年龄要比西方的孩子大很多。在生命的头8个月中，他们很少一觉睡上3个小时。相比之下，在美国，8个月大的婴儿每次睡眠都在8个小时左右（Super & Harkness, 1982；Anders & Taylor, 1994；Gerard, Harris, & Thach, 2002）。

SIDS：不可预料的杀手

有一小部分婴儿的睡眠节律被致命的痛苦所中断：婴儿猝死综合征。**婴儿猝死综合征（sudden infant death syndrome, SIDS）**是指看似健康的婴儿在睡眠中突然死亡的一种障碍。婴儿上床午休或是晚上睡觉后将永远不再醒来。

在美国，每年大概有千分之一的婴儿会遭受SIDS。尽管这看起来似乎是正常睡眠时的呼吸模式被打断，但科学家仍不能发现其原因。显然婴儿没有窒息而死，他们平静地死去，只是停止了呼吸。

不过尚没有发现可靠的方法来防止SIDS的发生，美国儿科医生学会如今建议婴儿应该仰着睡觉而不是侧卧或俯卧，这被称为仰睡（back-to-sleep）指导。此外，他们也建议父母在婴儿小憩或入睡时给他们一个安抚奶嘴（Task Force on Sudden Infant Death Syndrome, 2005）。

自从这个指导编制出来之后，SIDS所导致的死亡数量明显下降（见图4-6）。但是，SIDS仍然是导致1岁以下儿童死亡的首要原因（Eastman, 2003；Daley,

婴儿猝死综合征（SIDS）
看起来健康的婴儿在睡眠时出现的无法解释的死亡。

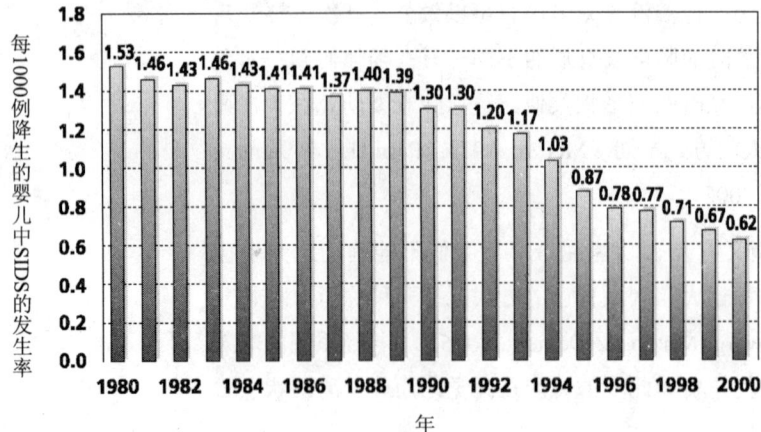

图 4-6 下降的 SIDS 发生率

在美国，当父母更加了解SIDS，并让婴儿仰睡而不是俯卧后，SIDS的发生率已经显著下降。

（Source: American SIDS Institute, based on data from the Center for Disease Control and the National Center for Health Statistics, 2004）

2004；Blair et al., 2006）。

有些婴儿比其他婴儿更容易处于SIDS的危险中。例如，男孩和非裔美国人是最危险的。另外发现，低出生体重儿和阿普加新生儿评分较低的儿童和SIDS有关，此外母亲在怀孕期间抽烟也和SIDS有关。一些证据也表明，大脑缺陷会影响呼吸从而产生SIDS。在为数不多的案例中，儿童被虐待可能是真正的原因。但是，至今没有确切的原因来解释为什么一些婴儿会突然死于这种症状。每个种族和社会经济阶层的儿童都会出现SIDS，而那些儿童在此之前也没有发现明显的健康问题（Howard, Kirkwood, & Latinovic, 2007；Richardson, Walker, & Horne, 2009）。

人们提出许多假设来解释为什么这些婴儿会死于SIDS，包括尚未找出原因的睡眠障碍、窒息、营养不良以及未确诊的疾病。然而，导致SIDS的真实原因仍然不得而知（Lipsitt, 2003；Machaalani & Waters, 2008；Kinney & Thach, 2009；Mitchell, 2009）。

因为父母对SIDS导致的婴儿死亡毫无准备，所以这样的事真是犹如晴天霹雳。父母常会感到内疚，害怕是由于他们自己的疏忽，在某种程度上造成了他们孩子的死亡。既然至今尚未确定能够防止婴儿猝死的方法，这样的内疚感是不必要的（Krueger, 2006）。

复习

- 发展的主要原则是头尾原则、近远原则、等级整合原则和系统独立性原则。
- 神经系统的发展必须先发展出几十亿个神经元及其相互之间的联结。后来，作为婴儿经验的结果，神经元和联结的数量都开始大量减少。
- 大脑的可塑性，即发展中的有机体受环境影响的易感性相当高。
- 研究者已经确定了一些身体系统和行为发展过程中的敏感期——有机体特别容易受环境影响的一段有限的时间。
- 婴儿通过发展出节律——重复的、循环的行为模式——来整合单个行为。婴儿阶段的一个主要节律是对内外部刺激的意识。

> **应用毕生发展**
>
> - 何种进化优势使得婴儿在出生时携带的神经细胞多于他们的实际所需或所用？我们对于突触修剪的理解将如何影响我们对待婴儿的方式？
> - **从一个社会工作者的视角看问题**：什么样的文化或亚文化可以影响父母养育孩子的方式？

4.2 运动的发展

假设你受聘于一家遗传工程公司来重新设计新生儿，把他们改造成新的、更灵活的版本。为了完成这一工作（所幸是虚构的），你首先要考虑的变化可能有关婴儿身体的构造和组成结构。

新生儿的体形和比例完全不利于简单运动。婴儿的头太大、太重以至于没有力气抬起来。与身体的其他部位相比，由于他们的四肢太短，使得他们的活动进一步受到影响。此外，他们身体太胖，基本上没有什么肌肉，其结果是他们缺乏力气。

幸运的是，不久之后婴儿就开始发展出大量的活动。实际上，甚至他们在刚出生时，就拥有了由先天反射带来的一系列广泛的行为可能性。在生命最初的两年中，他们的运动技能得到快速发展。

反射：我们天生的身体技能

当父亲用手指压着3天大的克里斯蒂娜（Christina）的手掌时，她的反应是紧紧地抓住父亲的手指不放。当父亲把手指往上提时，她握得是那么紧，好像父亲完全可以把她从婴儿床上拎起来。

基本反射 实际上，她的父亲是对的：克里斯蒂娜可能确实可以这样被提起来。她紧紧握住父亲手指的原因是激活了婴儿出生时就具有的许多反射中的一种。这些**反射（reflexes）**是受到某种刺激后自动发生的、天生的反应。新生儿出生时就具有一系列的反射行为模式来帮助他们适应新的环境，并以此保护自己。

正如我们在表4-3中所看到的，很多反射清晰地表现出了生存价值，它们都有助于确保婴儿的健康。例如，游泳反射（swimming reflex）使得在水中脸朝下的婴儿以类似游泳的动作划水和蹬水。这种行为显而易见的结果是帮助婴儿脱离危险，直到照料者过来营救。同样地，眨眼反射（eye blink reflex）似乎被设计出来保护眼睛免遭太多光线直射，否则可能会损坏视网膜。

考虑到很多反射的保护价值，那么看起来保留这些反射对我们终生都很有益处。实际上，有些确实也是这样：眨眼

反射 在受到某种刺激后自动发生的、天生的反应。

▼ **我的发展实验室**
登录我的发展实验室，观看婴儿展示出你所读到的反射。

表 4-3　婴儿的一些基本反射

反射	大概消失的年龄	描述	可能的功能
定向反射	3周	新生儿会把头转向触碰他们脸颊的物体	摄取食物
踏步反射	2个月	当扶着孩子站立，他们的脚轻触地面时腿部的移动	让婴儿对独立活动做好准备
游泳反射	4～6个月	当脸朝下整个人在水里时，婴儿会做出划水和蹬水的游泳动作。	避免危险
莫洛反射	6个月	当脖子和头部的支撑物突然挪开时被激发。婴儿的手臂突然伸出，好像要抓住什么物体。	类似于灵长类动物防止跌落的保护
巴宾斯基（Babinski）反射	8～12个月	当婴儿的脚掌受到击打时，其反应是张开脚趾。	尚不清楚
惊跳反射	以不同的形式保留	当面对突然的噪音，婴儿伸出手臂，背部形成弓形并且张开手指。	自我保护
眨眼反射	保留	面对直射的光线时，快速眨眼。	保护眼睛避免直射光的侵害
吮吸反射	保留	婴儿倾向于去吮吸触碰其嘴唇的物体	摄取食物
呕吐反射	保留	清喉咙的婴儿反射	防止噎住

反射在我们的一生中都保留着它的功能。另一方面，相当多的反射，如游泳反射，出生后几个月就消失了。为什么会发生这种情况呢？

用进化理论解释发展的研究者认为，这种反射的逐渐消失是因为随着婴儿控制自身肌肉的能力的不断增强，自主控制的行为越来越多。此外，反射可能是形成今后更为复杂行为的基础。当婴儿很好地掌握了更为复杂的行为时，这些复杂的行为其实也包含了早期的反射（Myklebust & Gottlieb, 1993；Lipsitt, 2003）。

也有可能是反射刺激了大脑中管理更为复杂行为的部分，从而有助于这些行为的发展。例如，一些研究者认为踏步反射（stepping reflex）的练习有助于大脑皮质今后发展走路的能力。发展心理学家菲利普·热拉泽（Philip R. Zelazo）及其同事开展了一项研究，他们让2周大的婴儿在6周的时间里每天练习走路4次，每次3分钟。结果表明，这些经过走路训练的婴儿确实要比未受过此种训练的婴儿早好几个月开始独立行走。热拉泽认为这种训练刺激了踏步反射，踏步反射又反过来刺激了大脑皮质，为婴儿更早独立运动做好了准备（Zelazo et al., 1993；Zelazo, 1998）。

这些发现是否意味着父母亲应该格外努力地刺激婴儿的反射？并不一定如此。虽然有证据表明密集的训练可以使某些活动提早出现，但没有证据表明受过训练的婴儿要比没受过训练的婴儿做得更好。此外，即使发现婴儿在生命早期有所获益，但他们在成年后却并没有表现出在运动技巧方面更为擅长。

实际上，结构化训练的弊大于利。根据美国儿科学会的调查显示，对婴儿的结构化训练可能导致肌肉拉伤、骨折、四肢脱臼，这远远超出尚未证实的训练益处（American Academy of Pediatrics, 1988）。

反射中的种族与文化间的异同　虽然从定义上说，反射是由遗传决定的，并且在所有婴儿中都是普遍存在的，但是它们的表现方式确实存在文化上的差异。例如，考虑一下当颈部和头部的支撑物突然移开时所激发的莫洛反射（moro reflex，经常称为惊跳反应，startle response）。莫洛反射包括婴儿的手臂往外伸出，看起来好像要抓住什么东西。多数科学家认为莫洛反射代表了我们人类从祖先那里继承的残余反应。莫洛反射对依附在母亲背上四处游荡的猴宝宝非常有用。如果它们没有抓住就会掉落下去，除非它们能够运用莫洛反射，迅速抓住母亲的毛发（Prechtl, 1982；Zafeiriou, 2004）。

在每个儿童身上都能看到莫洛反射，但不同个体表现出来的活动能量大不相同。一些差异反映了文化和种族间的差异（Freedman, 1979）。例如，白人婴儿在生成莫洛反射的情形下表现出有声反应。他们不仅张开双臂，而且一般还会不安地哭泣。相反，Navajo[②]的婴儿处于同种情形下做出的反应则相对平静得多。他们的手臂不如白人孩子挥动得那么厉害，而且也很少哭泣。

在有些情况下，反射还能作为儿科大夫有用的诊断工具。因为反射出现和消失的时间都很有规律，在婴儿期的既定时刻，它们的消失或出现能够为婴儿的发展是否出现问题提供线索（即使对于成人，医生也会把反射用于诊断。众所周知，医生用他们的橡皮槌敲击病人的膝盖来观察小腿能否向前弹出）。

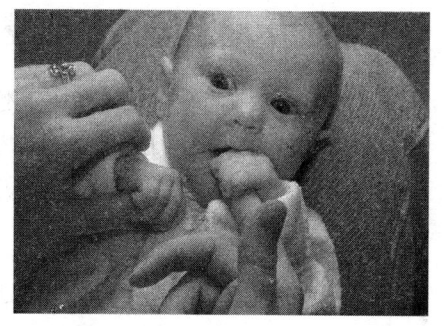

(a)

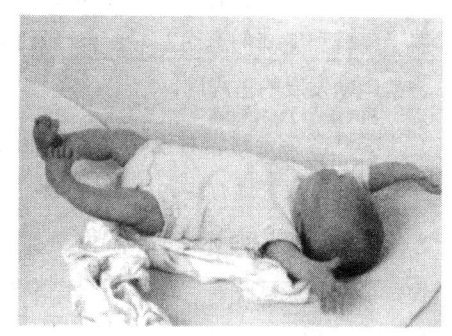

(b)

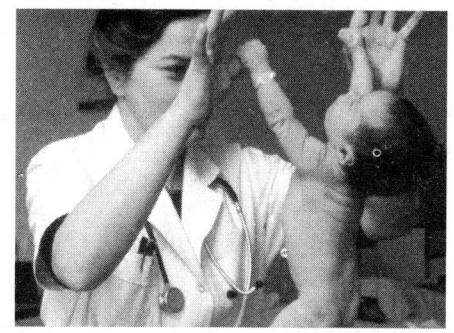

(c)

婴儿表现出（a）吮吸反射，（b）惊跳反射，以及（c）抓握反射。

反射也在进化，因为它们在人类历史的某一时刻有着生存的价值。例如，吮吸反射能帮助婴儿自动吸取营养，定向反射帮助他/她找到乳头。此外，一些反射也起着社会功能，促进照料和养育。例如，克里斯蒂娜的父亲发现当自己的手指压在女儿手掌上时，她会握紧他的手指，他可能不会在乎她只是以天生的反射做出反应。相反，他更有可能将女儿对他的反应视为对自己的回应，从而增加他对女儿的兴趣和慈爱。正如我们将在第六章中看到的那样，当我们讨论婴儿的社会性和人格发展时，这种明显的反应能够有助于巩固婴儿和照料者之间不断发展的社会关系。

---

② 纳瓦霍人，美国最大的印第安部落。——译者注

婴儿期的运动发展：身体发展的里程碑

可能没有其他的身体变化能够比婴儿不断取得的运动技能更加明显，更加让人期待。大多数父母可能还自豪地记得他们的孩子迈出第一步，并且惊叹他们如此快速地从一个无助的、甚至不会翻身的婴儿变成一个能够相当有效地驾驭这个世界的人。

粗大运动技能 尽管新生儿的运动技能还不是十分熟练，但他们还是能够完成一些运动。例如，当婴儿面朝下趴着时，他们会摆动手臂和双腿，可能还会试图抬起沉重的头部。随着婴儿力气的增加，他们能够撑起自己的身体向不同方向移动。结果他们通常是向后移，而不是向前移。但到了6个月大时，他们就可以往特定的方向挪动。这些初始的努力是爬行的前兆，婴儿通过这些努力协调了手臂和腿部的运动，并使自己往前移动。爬行一般出现在婴儿8~10个月大时。图4-7总结了一些正常运动发展的里程碑。

婴儿学会走路相对较晚。大多数婴儿大约在9个月时能够借助桌椅来走路，有一半的婴儿在1周岁之前能够很好地行走。

在婴儿学习四处移动的同时，他们能够坐在一个固定位置上保持不动。刚开始，如果没有支撑物，婴儿就无法坐直。但他们很快掌握了这种能力，大多数婴儿在6个月大时没有支撑物也能够坐在地上。

精细运动技能 当婴儿在完善粗大运动能力（如笔直地坐着和行走）时，他们在精细运动技能方面也同样取得了很大进步。例如，3个月大的婴儿表现出了一些协调四肢的能力。

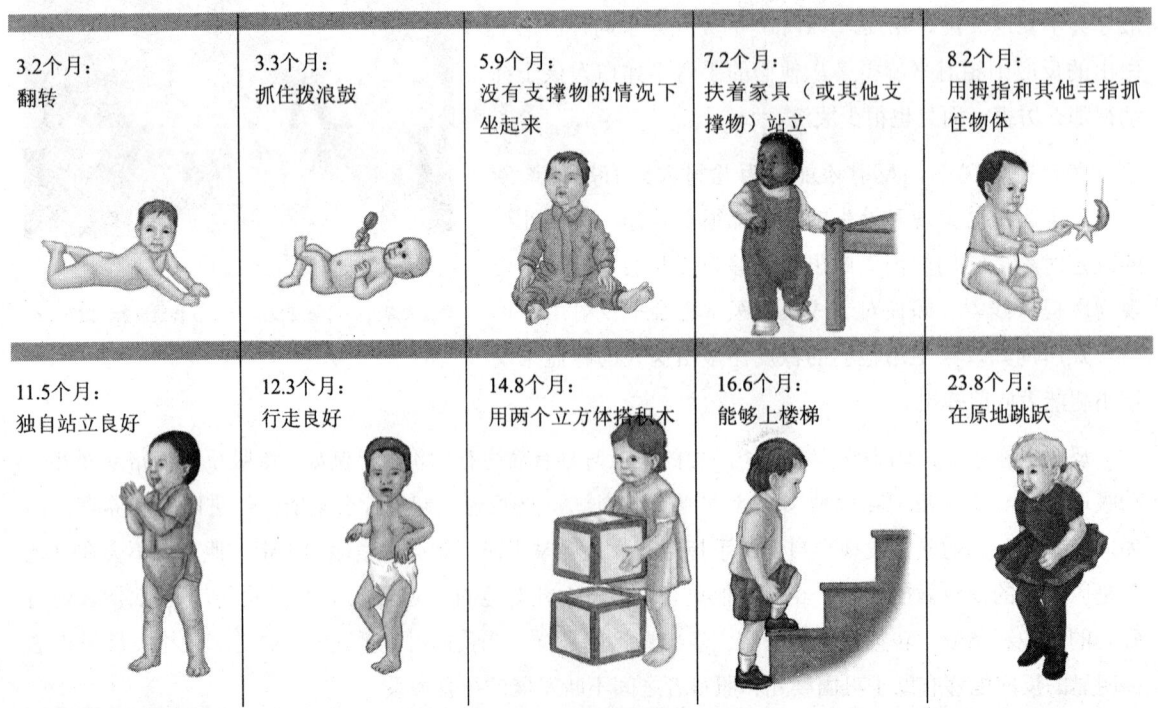

图4-7 运动发展的里程碑
50%的儿童能够在图中所标出的月份里完成每一种技能。但是每种技能出现的具体时间有很大差别。例如，四分之一的儿童在11.1个月大时就能很好地走路，90%的儿童到14.9个月大时能够走得不错。这种平均模式的知识对父母有益还是有害？
（Source: Adapted from Frankenburg, 1992）

此外，尽管婴儿出生时就具有伸手抓取某个物体的能力，但这种能力尚不完善，也不精确，而且在出生后大约4周就消失了。而4个月大时又重新出现一种全新的更为精确地抓取物体的能力。在婴儿伸出手之后，他们还需要花费一些时间以成功地协调一系列抓握动作，但很快，他们就能够伸出手去抓住感兴趣的物体（Claxton, Keen, & McCarty, 2003；Claxton, McCarty, & Keen, 2009）。

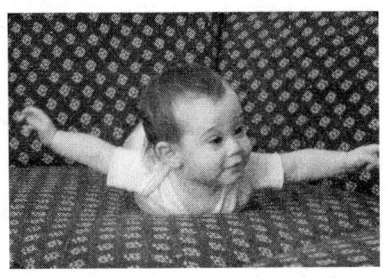

这个5个月大的女孩展示了她的粗大运动技巧。

精细运动技能的复杂性继续在发展。在11个月大时，婴儿能够从地上捡起小到弹球之类的物体——照料者尤其需要注意这些物体，因为这些物体接下去通常会去到婴儿的嘴部。到2岁时，儿童可以小心地端起杯子，把它送到嘴边，并一滴不洒地喝下去。

像其他的动作发展一样，抓握动作也遵循着一个有序的发展模式，那就是简单技能被逐渐整合到更为复杂的技能中去。例如，婴儿一开始用整只手拣东西，当他们长大一些，他们就使用钳形抓握（pincer grasp）——拇指和食指形成一个圈，像钳子一样。钳形抓握使婴儿可以进行相当精确的动作控制（Barrett, Needman, 2008）。

动力系统理论：如何协调运动发展 尽管我们很容易认为运动发展在一定意义上是一系列个别运动成就的集合，但实际上每种技能的发展都不是凭空而来的。每一种技能（如婴儿拿起勺子放到嘴里的能力）的进步都是在其他运动能力（如伸出勺子和把它放回原来的地方的能力）的情境中实现的。此外，当运动技能在发展的时候，其他非运动技能（如视觉能力）也在发展。

发展心理学家埃斯特·泰伦（Esther Thelen）已经创立了一种开创性的理论来解释运动技能是如何发展和协调起来的。**动力系统理论（Dynamic systems theory）**描述运动行为如何被整合。泰伦所说的"整合"，是指儿童发展过程中多种技能的协调，包括婴儿肌肉的发展、知觉能力和神经系统的发展，以及执行特定活动的动机和来自环境的支持（Thelen, 2002；Thelen & Bates, 2003）。

根据动力系统理论，在特定方面的运动发展，如开始爬行，并不仅仅依赖于大脑启动使得肌肉向前推动婴儿的"爬行程序"。相反，爬行需要协调肌肉、知觉、认知和动机。该理论强调的是儿童的探索行为如何使他们的运动技能得以提高，这种探索行为在他们与周围的环境互动时产生了新的挑战（Corbetta & Snapp-Childs, 2009）。

动力系统理论值得注意的一点是，它强调了儿童的自身动机（一种认知状态）对于促进运动发展的重要方面的作用。例如，一个婴儿需要具备触碰他们抓不着的物体的动机，以发展出爬过去这个技能。该理论也有助于解释不同儿童在运动能力方面表现出的个体差异。我们将在后续部分进行讨论。

发展常模：个体和总体之间的比较 应当记住，我们前面所讨论的运动发展

动力系统理论 关于运动技能如何发展及协调的理论。

常模 指某一特定年龄段大样本儿童的平均表现水平。

Brazelton新生儿行为评估量表（NBAS） 用来测定婴儿对其所处环境的神经和行为反应的测量工具。

中里程碑的时刻表，都是建立在常模基础上的。**常模（norms）** 代表了某一特定年龄段大样本儿童的平均表现水平。它可以用来比较某个儿童和常模样本中的儿童在某个特定行为方面的表现水平。

例如，一个广泛用来测定婴儿的标准化工具是**Brazelton新生儿行为评估量表（Neonatal Behavior Assessment Scale, NBAS）**，该量表用来测定婴儿对其所处环境的神经和行为反应。

NBAS测验是对传统的Apgar测验（详见第三章）的补充，Apgar测验是在婴儿出生后立即施测的。NBAS测验大约需要施测30分钟，包括27种不同的反应类别，组成婴儿行为的四大方面：与他人互动（例如警觉和拥抱）、运动能力、生理方面的控制（譬如在惊扰后是否容易被安抚），以及对应激的反应（Boatella-Costa et al., 2007）。

尽管这些量表（如NBAS）所提供的常模在做出关于各种行为和技能出现时间的广泛推论时是有帮助的，但在解释它们时必须谨慎。因为常模只是一个平均数，它们掩盖了儿童获得不同成绩时的巨大个体差异。例如，有些儿童可能会早于常模。其他完全正常的儿童如前言里所描述的阿兰，可能会相对落后。常模也可能隐藏了一个事实，那就是每个儿童发展出不同行为的顺序也会有差异（Boatella-Costa et al., 2007）。

常模只有当其数据取样来自一个具有不同层次的、富含文化多样性的大儿童样本时才有效。不幸的是，发展研究者一直所依赖的许多常模却取自白人主流社会和中上等社会经济地位家庭的婴儿（e.g., Gesell, 1946）。其原因是：许多研究是在大学校园里进行的，使用的是研究生和教职工的孩子。

如果来自不同文化、种族和社会阶层的儿童在发展时间表上不存在差异的话，那么这种局限就不会被指责。但是他们确实存在差异。例如，非裔美国婴儿在整个婴儿期的运动技能发展要快于白人婴儿。此外，还有和文化因素相关的显著差异，我们将在下面进行讨论（soure Gartstein, Slobodskaya, & Kinsht, 2003；de Onis et al., 2007；Wu et al., 2008）。

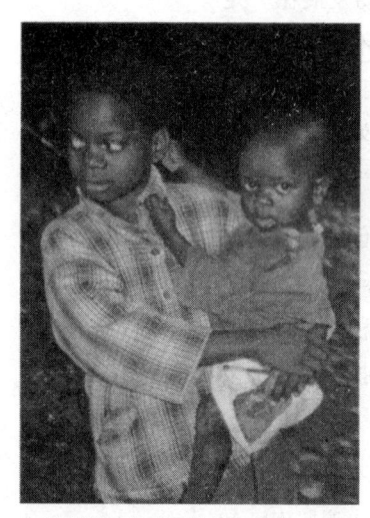
文化因素影响运动技能的发展速度。

发展的多样性

运动发展的文化维度

Ache人生活在南美洲的热带雨林，婴儿期的身体活动受到严格限制。因为Ache人是以一种游牧方式生存，住在雨林中的一些小帐篷里，空旷地带非常稀少。因此，在早年的生活中，婴儿几乎与他们的母亲寸步不离。即使离开母亲的身边，也只是在几米之内。

而Kipsigis人生活在非洲肯尼亚一个相对开阔的环境中，他们的婴儿以一种完全不同的方式体验着生活。他们的生活中充满了活动和锻炼。父母试着在婴儿早期教他们的孩子坐下、站立和走路。例如，父母把非常小的婴儿放在地上的浅洞里，用来保持他们的正确站姿。出生8周后父母就开始教他们走路。婴儿被扶着用脚触地，被推着往前走。

显然，这两个社会中的婴儿过着完全不同的生活（Super, 1976; Kaplan & Dove, 1987）。但Ache族婴儿早期活动刺激的相对缺乏与Kipsigis族人鼓励婴儿活动发展的努力是否真的会出现不同的结果呢？

答案既是，也不是。说是，是因为相比Kipsigis族婴儿和西方社会中长大的儿童，Ache族婴儿的运动发展显得相对迟缓。尽管他们的社会能力没什么不同，但Ache族儿童一般在23个月时才会走路，比一般的美国儿童晚了近一年。相反，Kipsigis族儿童被鼓励发展运动技能，学会坐和行走的时间平均要比美国儿童早几个星期。

然而，从长期来看，Ache族儿童、Kipsigis族儿童和西方儿童之间的差异消失了。在儿童后期，大约6岁左右，所有Ache族、Kipsigis族和西方儿童的总体运动技能之间已经没有差异。

正如我们在Ache族和Kipsigis族儿童身上所看到的那样，运动技能发展的时间差异似乎部分地依赖于父母的期望，这种期望源自特定技能出现的"适当"时间表。例如，有一项研究考察了英格兰一个城市儿童运动技能的发展情况，样本中儿童的母亲来自不同的种族。在这项研究中，实验者首先评估了英国、牙买加和印度母亲关于她们各自孩子运动技能的里程碑的期望。牙买加母亲期望她们的孩子坐立和行走的时间显著早于英国和印度母亲，这些活动出现的确切时间符合她们的期望。牙买加婴儿较早掌握运动技能的原因似乎在于父母对待他们的方式。例如，牙买加母亲在婴儿早期就让孩子练习行走（Hopkins & Westra, 1989, 1990）。

总之，文化因素有助于确定特定运动技能出现的时间。作为文化中本质部分的活动更易被成人传授给他们的婴儿，从而使得这种活动较早出现（Nugent, Lester, & Brazelton, 1989）。

在一个特定的文化中，父母期望孩子掌握一种特定技能，因而这些孩子很小就被传授一些技能的知识，相对那些没有此类期望和训练的文化中的孩子，他们可能更早地精通这些技能，这并不总是那么令人惊奇。然而最大的问题是：特定的文化中较早出现的基本运动行为，对于特定运动技能和其他领域的成就是否具有长远的效果。这一问题尚无定论。

但有一件事是肯定的，那就是一种技能最早什么时候出现是有一定时间限制的。1个月大婴儿的身体本身无法实现站立和行走，尽管他们可能得到来自文化的鼓励和训练。急于加快孩子的运动发展的父母要注意"揠苗助长"这个道理。实际上，他们可以问问自己，婴儿是否有必要比同龄的孩子早几个星期获得一种运动技能。

最理智的回答是"没有必要"。尽管有些父母对自己的孩子比其他婴儿较早学会走路感到骄傲（正如有些父母非常关心是否延迟了几周）。但从长远来看，这种活动的出现时间不会给孩子带来什么差异。

婴儿期的营养：促进运动发展

罗莎（Rosa）再次坐下来给孩子喂奶时叹了口气。她今天几乎每隔一小时就去喂4个星期大的胡安（Juan），然而他看起来还是很饿的样子。有些天她好像只是在喂她的孩子吃奶。当她坐在喜欢的摇椅上喂奶时，她断定孩子已经进入了快速成长期了。

在婴儿期，婴儿只有得到足够的营养，身体才会迅速成长。如果没有得到足够的营养，婴儿就无法实现他们的身体潜能，并且也会损害他们的认知和社会交往能力（Tanner & Finn Stevenson, 2002；Costello, Compton, & Keller, 2003；Gregory, 2005）。

尽管关于适宜营养的构成有很大的个体差异——婴儿在生长速度、身体结构、新陈代谢和活动水平等方面都不一样，但一些宽泛的指导原则还是适用的。一般来说，婴儿每天应该消耗50卡路里每磅体重——该份额是推荐给成人的卡路里摄入量的两倍（Dietz & Stern, 1999；Skinner et al., 2004）。

然而，对婴儿来说计算卡路里并无必要。绝大多数婴儿自身就能有效地调节卡路里摄入。如果他们被允许摄入的刚好跟他们看起来想要的一样多，并且不被强迫着吃下更多，那么一切都会很好。

营养不良　营养不良（malnutrition）是指营养不适量和不平衡的情况。营养不良只会带来不好的后果。例如，生活在发展中国家的儿童比生活在工业化富裕国家的儿童更容易出现营养不良的问题。在这些国家中，营养不良的婴儿在6个月大时发展速度开始变慢。到2岁时，他们的身高和体重只有生活在工业化程度更高国家儿童的95%。

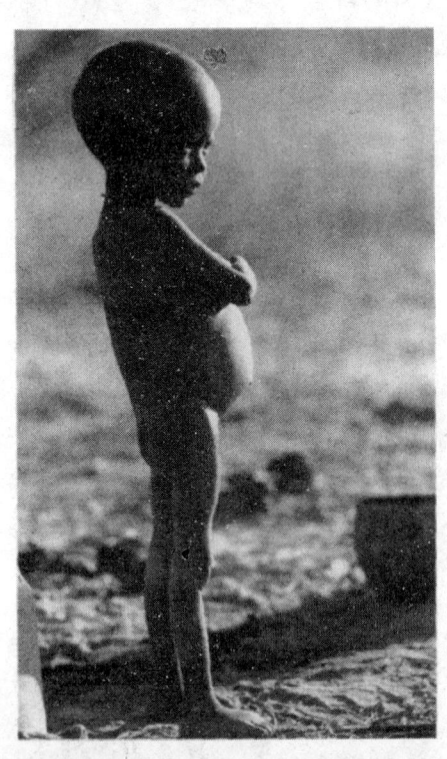

早期的营养失调会导致IQ分数偏低，即使后来的饮食有所改善也无法改变这种状况。那怎样才能克服这样的不足呢？

那些在婴儿期已经是长期营养不良的儿童，长大后的IQ测验得分较低，而且在校的学业成绩也不好。即使这些儿童的饮食在后来得到了充分改善，那些不良的影响仍会继续存在（Grantham-McGregor, Ani, & Fernald, 2001；Ratanachu-Ek, 2003）。

营养不良问题在不发达国家最为严重，总共有10%的婴儿存在严重的营养不良。在有些国家问题尤其严重。例如，37%的北朝鲜儿童长期遭受轻度到严重的营养不良（Garbriele & Schettino, 2008；United Nations World Food Program, 2008；见图4-8）。

然而，营养不良问题并不只局限于发展中国家。在美国，约有17%（1,300万）的儿童生活贫困，处于营养不良的危险中。从2000年以来，生活中低收入家庭中的儿童的比例上升了。总体上，约20%拥有3岁及以下儿童的家庭处于贫困中，44%的家庭被划分为低收入。正如我们在图4-9中所看到的，非裔和西班牙裔家庭以及单亲家庭中的贫困比例甚至更高（Duncan & Brooks-Gunn, 2000；Douglas-Hall

& Chau, 2007）。

通过政府管理的方式如社会服务计划，儿童很少会遭受严重的营养不良。但由于饮食中某些成分的缺乏，这些儿童仍然容易面临营养不足（undernutrition）的问题。其实，一些调查发现，四分之一的1～5岁美国儿童每天的饮食远远低于营养专家所建议的最低摄入量。尽管还不至于严重到营养不良，营养不足也会导致长期的健康代价。例如，即使是轻度到中度的营养不足都会影响儿童后期的认知发展（Pollit et al., 1996；Sigman, 1995；Tanner & Finn-Stevenson, 2002）。

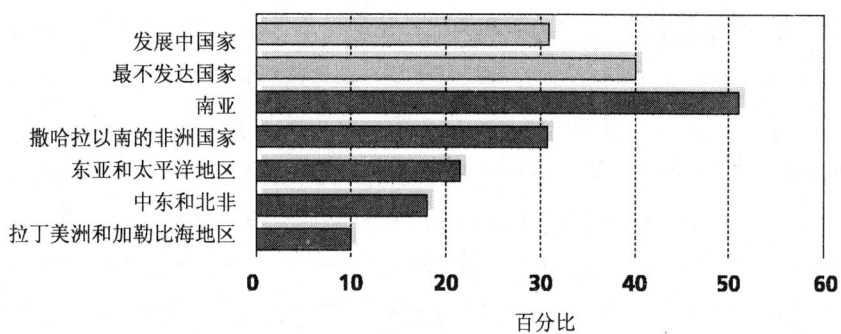

图 4-8 低体重儿童
5岁以下中度和严重低体重儿童的百分比。
(Source: UNICEF, The State of the World's Children, 2005.)

婴儿期严重的营养不良可能会导致严重的障碍。在生命第一年中的营养不良会导致消瘦（marasmus），这是一种会使婴儿停止成长的疾病。消瘦是由于身体吸收的蛋白质和卡路里严重不足所造成，将导致身体日益瘦弱并最终导致死亡。而年长儿童则容易罹患夸休可尔症（kwashiorkor），这是一种因恶性营养不良而导致儿童的胃部、四肢和脸部水肿的病症。粗略看去，那些得夸休可尔症的儿童好像很胖。然而这是一种错觉，实际上那些儿童的身体正在因为缺乏营养而苦苦支撑（Douglass & McGadney-Douglass, 2008）。

非器质性发育不良
由于缺乏父母的刺激和关注，导致儿童停止发育的一种障碍。

在有些情况下，尽管婴儿的营养充分，但他们看起来好像因缺少食物而得了消瘦病，表现为发育迟缓、情绪低落、兴趣缺乏。但真正的原因却是情感方面的：他们缺乏足够的关爱和情感支持。这被称为**非器质性发育不良（nonorganic failure to thrive）**。在这种情况下，儿童停止发育并不是生理原因所造成，

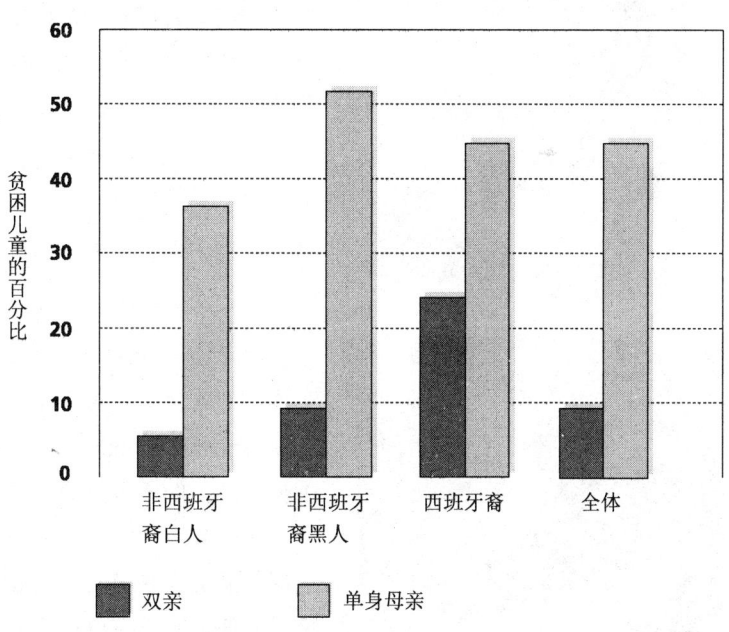

图 4-9 生活在贫困中的儿童百分比
3岁以下儿童的贫困比率在少数族裔和单亲家庭中尤其高（图中只显示了和单身母亲生活在一起的儿童情况，而没有显示单身父亲。因为在所有与单亲生活在一起的3岁以下儿童中，97％是和母亲生活在一起的，只有3％与父亲生活在一起）。
(Source: National Center for Children in Poverty at the Joseph L. Mailman School of Public Health of Columbia University. Analysis U.S. Bureau of the Census, 2000 Current Population Survey.)

而是由于缺乏来自父母的刺激和关注。这种现象常常出现在婴儿18个月大时。非器质性发育不良可以通过加强对父母进行培训,或把儿童放在能够提供情感支持的家庭里收养而得到改善。

肥胖 显然,婴儿期的营养不良会对婴儿造成潜在的灾难后果。然而,肥胖造成的影响还不是特别清楚。肥胖(obesity)被定义为个体的体重超过其身高所对应的标准体重的20%。虽然婴儿期肥胖与16岁时的肥胖没有明确相关,但一些研究表明婴儿期的过量饮食会导致产生额外的脂肪细胞,这种细胞在体内将永久存在并有可能导致超重。事实上,婴儿期的体重增加与儿童6岁时的体重有关联。另外有研究表明,6岁以后出现的肥胖与成年期的肥胖有一定的联系,说明婴儿期的肥胖可能最终与成年期的体重问题有关联。然而,人们还没有找到婴儿超重与成人超重之间确定的联系(Toschke et al., 2004; Dennison et al., 2006; Stettler, 2007; Adair, 2008)。

尽管婴儿超重与成人超重之间的联系还没有最终定论,但显然"胖婴儿是健康的婴儿"这一广为流传的社会观点是错误的。假如父母缺乏婴儿肥胖的清晰概念,他们应该少关注婴儿的体重,而应该多加强给婴儿充足的营养。然而,充足的营养如何构成?可能最大的问题围绕着应该给婴儿喂养母乳还是经过商业化加工添加了维生素的奶粉。我们接下来将考虑这个问题。

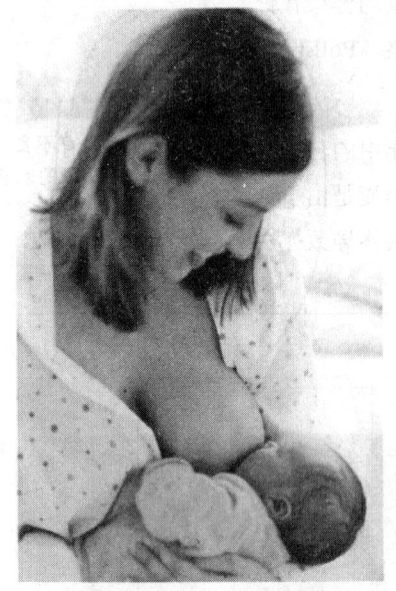

母乳喂养还是人工喂养?

50年前,如果有母亲向儿科医生询问母乳喂养好还是人工喂养好,她会得到一个简单明了的答案:人工喂养是受欢迎的方法。从20世纪40年代开始,儿童护理专家普遍认为母乳喂养已经过时,这种方法会导致儿童面临不必要的危险。

父母通过人工喂养可以知道婴儿摄入的牛奶量,因此可以确保婴儿摄入充足营养。相反,使用母乳的母亲不能确定孩子摄入多少奶水。用人工喂养也可以帮助母亲实行那个年代所推荐的每4个小时一瓶牛奶的严格程序。

然而,如今的母亲对该问题将得到截然不同的答案。儿童护理专家赞成:对于小于12个月的婴儿,母乳喂养是最好的(American Academy of Pediatrics, 1997)。母乳不仅提供婴儿生长所必需的所有营养,似乎还提供抵抗不同儿童疾病的免疫力,如呼吸道疾病、耳朵感染、腹泻和过敏。母乳比牛奶或其他调制品更容易吸收,它既是无菌的又是温热的,母亲喂养起来很方便。甚至有些证据表明母乳可以促进婴儿的认知发展,使其成年时具有更高的智力(American Academy of Pediatrics, 2005; Ferguson & Molfese, 2007; Kramer et al., 2008; Tanaka et al., 2009)。

母乳喂养还是人工喂养?尽管两者都能够让婴儿获得充足的养分,但是大部分专家还是认为"母乳喂养是最好的"。

母乳喂养在提供母亲和孩子间的情感交流方面还有明显的优势。大部分母亲在谈到母乳喂养带来了幸福感和与孩子在一起的亲密感，这可能是由于母亲脑中产生内啡肽的缘故。母乳喂养的婴儿在哺乳过程中更有可能对母亲的抚摸和凝视做出回应，并在哺乳过程中安静下来。正如我们将在第七章看到的，这种互动反应会促进婴儿良好的社会性发展（Gerrish & Mennella, 2000; Zanardo et al., 2001）。

母乳喂养甚至可能对母亲的健康有益。例如，研究表明使用母乳喂养的妇女在更年期之前罹患卵巢癌和乳腺癌的比例较低。此外，在哺乳期间产生的激素有助于产后女性缩小子宫，使她们更快恢复到孕前体型。这些激素还可以阻止排卵，降低（但不是排除）再次怀孕的可能性，因此有助于防止短期内生下另一个孩子（Altemus et al., 1995; Ma et al., 2006; Kim et al., 2007）。

"我忘了说我是母乳喂养。"
©The New York Collection (1996) Mike Twohy from cartoonbank.com. All rights reserved.

 我的发展实验室

你会对你的孩子采用母乳喂养还是人工喂养？通过我的发展实验室登录我的虚拟孩子，以作出这一重要决定，以及其他重要决定。

母乳喂养并不是解决婴儿营养和健康问题的万灵药，许多人工喂养的孩子也不应该担心自己会遭受不可弥补的伤害（实际上，近期研究表明，服用配方奶粉的婴儿比服用传统奶粉的婴儿表现出更好的认知发展）。但是越来越清楚的是，那些倡导使用母乳喂养的口号正中目标："母乳喂养是最好的"（Birch et al., 2000; Auestad et al., 2003; Rabin, 2006）。

从研究到实践

当奶不再是"奶"

杰克逊·黑尔（Jackson Hill）的父母居住在旧金山外的硅谷富人区。接受检查的时候，他的样子让儿科医生感到震惊。他的肌肉虚弱无力，腹部肿胀，体重不增加，身体也不生长，看起来没精打采，昏沉倦怠。

诊断结果是夸休可尔症，严重营养不良导致的病症。

为什么一种与饥荒、干旱、自然灾害、贫穷和低受教育水平的父母相关的典型疾病，会发生在一个由一对富裕且受到良好教育的父母养育的婴儿身上？

夸休可尔症在儿童身上产生发育滞后、脚和腹部肿胀、倦怠、皮肤改变和牙齿脱落等症状。另一种营养不良疾病——佝偻病，在年幼的儿童身上表现为爬行或行走能力滞后，骨骼脆弱，尤其是罗圈腿。夸休可尔症和佝偻病

婴儿通常在4~6个月时开始吃固体食物，然后逐渐地食用多种不同的食物。

在美国十分罕见，但两者偶尔都能在表面上看似被精心喂养和照料的婴儿身上见到。罪魁祸首是对一项基本饮食组成的错误理解：奶（Fortunato and Scheimann, 2008；Wagner, Greer et al., 2008）。

因为婴儿需要从非常有限的来源获得他们需要的所有营养，这些来源在营养上是完全的，这一点很重要。尽管专家推荐母乳作为婴儿获得营养的第一选择，许多父母还是用奶瓶给婴儿喂食牛奶或配方奶。

然而随着美国人的健康意识逐步提高，牛奶的替代品变得更加流行了。大米奶和豆奶是外观和味道都像牛奶的饮料，但实际上是素食产品。通常素食者或对奶制品过敏的人会饮用它们。它们尽管被称为"奶"，但跟强化牛奶并不完全相同，对婴儿来说也不够营养。

大米奶尽管添加了维生素和矿物质，但蛋白质含量低。如果主要食用大米奶，可能造成婴儿缺乏蛋白质，甚至表现出夸休可尔症的症状。豆奶含有丰富的蛋白质，实际上几种婴儿配方奶中都使用了豆奶。然而，不同品牌的豆奶配方并未标准化，有些品牌的豆奶没有添加维生素D。用这个品牌的豆奶喂养的婴儿可能出现佝偻病的症状（Carmichael, 2006）。

甚至使用完全强化的品牌豆奶，也不是喂养婴儿的最佳选择。美国儿科协会（American Association of Pediatrics）注意到，尽管基于大豆的婴儿配方奶十分流行（占美国销售的配方奶产品的近20%），但几乎没有什么理由去选择它们，虽然它们不是用牛奶制作的配方奶。与一般的认识相反，急性腹痛或挑食的婴儿并不会对基于大豆的配方奶有更好的耐受性。只有当婴儿对牛奶中的乳糖或其他成分不耐受，或者父母的价值观不允许食用动物产品时，才能选择这样的配方奶（Bhatia, Greer, & the committee on Nutrition, 2008）。

引入固体食物：什么时候？吃什么？

虽然儿科医生赞同母乳是最初的理想食物，但是到了一定年龄，婴儿需要的营养比母乳所能提供的更多。美国儿科学会和美国家庭医生学会建议，虽然婴儿直到9~12个月大才需要进食固体食物，但是在出生后6个月左右他们就可以开始食用固体食物了（American Academy of Pediatrics, 1997；American Academy of Family Physicians, 1997）。

固体食物应该每餐增加一点，逐渐引入婴儿膳食中，以了解婴儿的偏好和过敏情况。虽然每个婴儿所需要的食物各不相同，但是大部分婴儿应首选谷类，其次是水果，最后是蔬菜和其他食物。

断奶（weaning）的时间，即逐渐停止母乳或者人工喂养，各不相同。在发达国家如美国，一般早在婴儿3~4个月时就断奶了。然而有一些母亲继续使用母乳喂养直到2~3岁。美国儿科学会建议婴儿应该在前12个月接受母乳喂养（American Academy of Pediatrics, 1997；Sloan et al., 2008）。

复习和应用

复习

- 反射是普遍的、遗传获得的身体行为。
- 在婴儿期，儿童在大致相同的时间阶段到达了身体发展的一系列里程碑，其中存在一些个体差异和文化差异。
- 训练和文化期望影响运动技能的发展时间。
- 营养严重影响影响身体发展。营养不良将导致发育迟缓、影响智力水平，并导致疾病，如消瘦和夸休可尔症。营养不足对婴儿也有负性影响。
- 母乳的好处很多，包括有营养、提高婴儿免疫力，对母亲和婴儿的身心发展都有好处。

应用毕生发展

- 当你的朋友说她的孩子14个月了还不会走路，而别的孩子1岁就开始走路了，你将给她什么样的建议？
- 从一个教育工作者的视角看问题：营养不良导致发育迟缓、降低智商得分、影响学业成绩，营养不良有哪些可能的原因？营养不良将如何影响第三世界国家的教育？

4.3 感知觉的发展

心理学的奠基人之一，威廉·詹姆斯（William James）认为婴儿的世界是"极其混乱的"（James, 1890, 1950）。他的看法正确吗？

如果他认为是这样，那么他是自作聪明。新生儿的感官世界确实缺乏我们成人区分事物的清晰度和稳定性，但是日复一日，随着婴儿感知和觉察环境能力的增长，他们越来越能理解外部世界。事实上，婴儿在充满愉快感的环境中茁壮成长。

婴儿理解其周围环境的过程就是感觉和知觉。**感觉（sensation）**是感觉器官对物理刺激的反应，而**知觉（perception）**则是分类、解释、分析和整合来自感觉器官和大脑的刺激的心理过程。

研究婴儿在感觉和知觉领域的能力对研究者提出了挑战。我们将看到，研究者们在不同领域中发展出许多理解感觉和知觉过程的程序。

视知觉：看世界

从李·恩格（Lee Eng）出生开始，每个见到他的人都感觉到他在有意识地注视着他们。他似乎在专注地盯着来访者的眼睛，他的双眼好像能够深深地感知到看着他的这些人的脸庞。

事实上，恩格的视觉是如此的好！那么他能够在周围的环境中识别出什么呢？至少在近距离的范围之内，他能识别很多物体。根据一些研究，新生儿的视敏度在20/200~20/600之间，这意味着婴儿在20英尺处所看到物体的清晰度，就像

感觉 感觉器官对物理刺激的反应。

知觉 分类、解释、分析和整合来自感觉器官和大脑的刺激的心理过程。

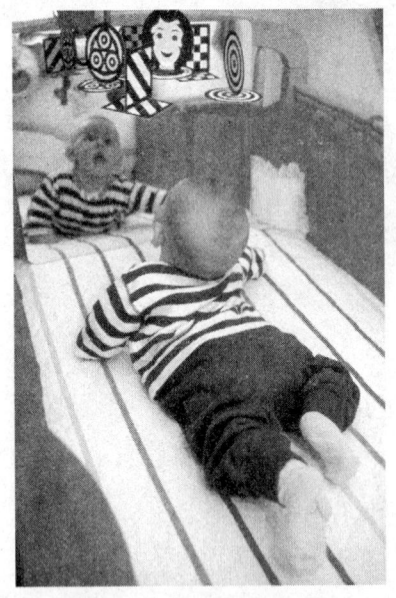

虽然婴儿的视力比一般成人差，但新生儿的视敏度与许多戴着眼镜或隐形眼镜的成人的裸眼视力是一样的。

正常视力的成人在200~600英尺处看到的一样（Haith, 1991）。

这些数据表明：婴儿的视力范围是一般成人的1/10至1/30。这是一个很不错的结果，其实，新生儿的视力与很多视力不太好的成人不戴眼镜时有着同样的视敏度（如果你戴着眼镜或隐形眼镜，不戴眼镜时看到的外部世界与婴儿感觉到的是一样的）。而且婴儿的视力会变得越来越精确。6个月大婴儿的视力几乎可以达到20/20——也就是说，达到了成人的视力水平（Aslin, 1987；Cavallini, Fazzi, & Viviani, 2002）。

其他的视觉能力也发展得很快。例如双眼视觉（binocular vision）在大约14周时发育成熟，这是把来自两只眼睛的成像结合起来得到有关深度和运动方面信息的能力。而在此之前婴儿没有整合来自双眼的信息。

深度知觉是非常有用的视觉能力，它能帮助婴儿获得有关高度的知识，以避免跌落。在由埃莉诺·吉布森和理查德·沃尔克（Eleanor Gibson & Richard Walk, 1960）所做的经典研究中，婴儿被放置在一块很厚的玻璃上，玻璃下方有一半铺有方格图案，让人感觉婴儿趴在一块稳当的地板上；然而，另一半的玻璃下方，方格图案与玻璃具有几十厘米的落差，形成了明显的"视崖"（visual cliff）。吉布森和沃尔克提出的问题是：当母亲召唤婴儿的时候，他们是否会愿意爬过这个悬崖（见图4-10）？

结果很明显，研究中大部分6~14个月大的婴儿不会通过"视崖"。显然，在这个年龄段，大多数婴儿的深度知觉能力已经发展成熟。另一方面，该实验没有明确指出深度视觉何时出现，因为只有在婴儿学会爬行后才能施测。但在其他实验中，实验者让2~3个月大的婴儿俯卧在地板和"视崖"

图4-10 视崖
"视崖"实验考察婴儿的深度知觉能力。大部分6~14个月大的婴儿在母亲呼唤时不会爬过视崖，这显然是对几十厘米落差的方格图案所做出的反应。

上，发现婴儿在这两个位置上的心率不同（Campos, Langer, & Krowitz, 1970）。

然而，我们应当记住的是，这些研究结果并没有告诉我们婴儿是对深度本身做出反应，还是仅仅对从一个没有深度的地方移动到有深度的地方时所产生的视觉刺激改变（change）做出反应。

婴儿从出生时就表现出明显的视觉偏好。给婴儿一个选择——带图案的视觉刺激和简单的视觉刺激，他们更喜欢前者（见图4-11）。我们是怎么知道的呢？发展心理学家罗伯特·范茨（Robert Fantz, 1963）发明了一个经典测试。他建造了一个小隔间，婴儿可以躺在里面看到上方成对的刺激。范茨通过观察婴儿眼睛里所反射的物体来判断他们正在看什么。

范茨的工作推动了关于婴儿视觉偏好的大量研究，其中大多数研究说明了一个重要的结论：婴儿天生对某些特殊刺激有偏好。例如，出生几分钟的婴儿对不同刺激的特定颜色、形状和结构有偏好。他们喜欢曲线胜过直线，喜欢三维图形胜过二维图形，喜欢人脸胜过非脸图形。这种能力可能反映了大脑中存在高度专门化的细胞对特定的模式、方位、形状和运动方向进行反应（Hubel & Wiesel, 1979, 2004; Kellman & Arterberry, 2006; Gliga et al., 2009）。

然而，遗传并不是婴儿视觉偏好的唯一决定因素。仅仅在出生几个小时后，相对于其他人的面孔，婴儿已经对自己母亲的面孔产生视觉偏好。同样地，婴儿在6~9个月大时更容易区分人脸，却很少能区分其他物种的面孔（见图4-12）。这些发现又一次提供了遗传和环境因素共同决定婴儿能力的清晰证据（Ramsey-Rennels & Langlois, 2006; Valenti, 2006; Quinn et al., 2008）。

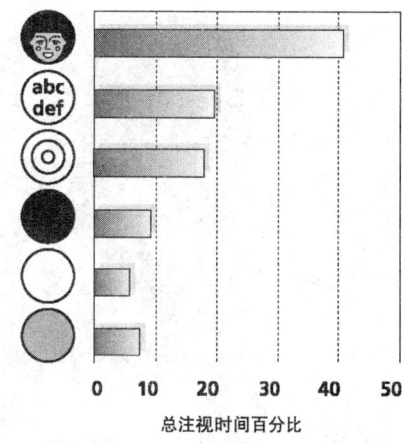

图 4-11 对复杂性的视觉偏好

在一个经典实验中，研究者罗伯特·范茨发现2~3个月大的婴儿更喜欢看复杂刺激，而不是简单刺激。

（Source: Adapted from Fantz, 1961.）

图 4-12 面孔识别

某项研究中使用了图中的面孔，结果发现，婴儿在6个月大时区分人类面孔和猴子面孔的能力一样好，然而当婴儿9个月大时，他们区分猴子面孔的能力差于人类面孔的能力。

（Source: Pascalis, de Haan, & Nelson, 2002, p.1322.）

听知觉：声音的世界

母亲的摇篮曲是如何抚慰一个哭闹、焦躁的婴儿的？在我们考察婴儿听知觉能力的时候可以得到一些这方面的线索。

婴儿在出生时就能听到声音——甚至更早；正如我们在第二章中所提到的，听觉能力在出生之前就已经具备。即使在子宫里，胎儿对母亲体外的声音也有反应。而且，婴儿天生具有对特定声音组合的偏好（Schellenberg & Trehub, 1996; Trehub, 2003）。

因为婴儿在出生前就在听力方面有所实践，出生后他们有很好的听力知觉是很自然的事。事实上，婴儿对于某些极高频和极低频的声音比成人更敏感。这种敏感能力在2岁之前逐渐增强。另一方

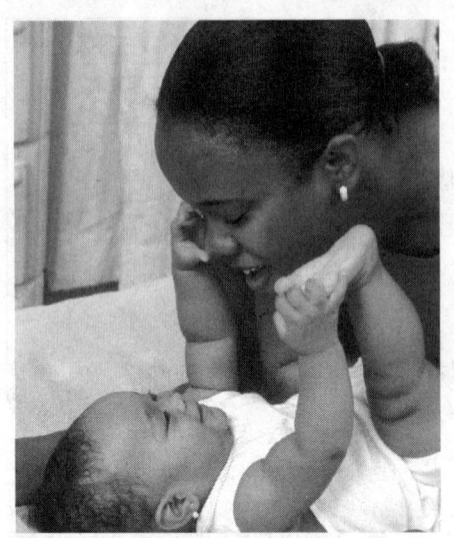

在4个月大时,婴儿可以区分自己的名字与其他相似的发音。是何种方式使得婴儿能够将其名字与其他的单词区分开来的呢?

面,最初婴儿对中等频率的声音不如成人敏感,但最终他们这方面的能力将得到提高(Fenwick & Morongiello, 1991; Werner & Marean, 1996; Fernald, 2001)。

是什么导致婴儿期对中频声音敏感性的提高还不是很清楚,尽管这可能与神经系统的成熟有关。更令人困惑的是,过了婴儿期,儿童对极高频和极低频的听觉能力却逐渐下降。一种可能的解释是,处于高水平的噪声中可能会损害这种听极端范围内声音的能力(Trehub et al., 1988, 1989; Stewart & Lehman, 2003)。

除了觉察声音的能力,婴儿需要一些其他能力来进行有效地倾听。例如,声音定位(sound localization)使我们确定声音来自哪个方向。相对于成人,婴儿在精确的声音定位方面还有些欠缺,因为有效的声音定位需要在一个声音到达我们的双耳时,利用声音到达时间的细微差异来进行区分。右耳首先听到声音说明声音源头在我们右边。由于婴儿的头比成人的小,所以同样的声音到达两只耳朵的时间差小于成人,因此他们在定位声音时存在困难。

尽管由于头部较小而导致的潜在声音定位局限,但婴儿的声音定位能力在出生时就已经相当好了,并且在1岁时就达到了成人的水平。有趣的是,这种能力的提高是不稳定的:尽管我们不知道其中的原因,但是有研究表明,声音定位的准确性在出生到两个月大之间实际上是下降了的,随后又开始提高(Clifton, 1992; Litovesky & Ashmead, 1997; Fenwick & Morrongiello, 1998)。

婴儿能够区分几组不同的声音,也就是说他们对声音的发音模式和其他听觉特征的感知能力相当好。例如,婴儿在6个月大时就可以察觉6音符(six-tone)旋律中单个音符的变化,他们也能察觉音高和节奏的变化(Trehub, Thorpe, & Morrongiello, 1985)。总之,他们对于爸爸妈妈唱给他们听的摇篮曲的旋律非常敏感(Phillips-Silver & Trainor, 2005; Masataka, 2006; Trehub & Hannon, 2009)。

对于婴儿最终成功融入社会来说更重要的是,他们能够对将来需要理解的语言做出精细的区分(Bijeljac-Babic, Bertoncini, & Mehler, 1993; Gervain et al., 2008)。例如,在一个经典研究中,一组1~4个月大的婴儿每次吸奶时触发播放人说"ba"录音(Eimas et al., 1971)。开始他们对于声音的兴趣使得他们用力地吮吸,然而很快他们渐渐习惯了这个声音(该过程为习惯化,具体见第三章),吮吸不像刚才那样有力了。而当实验者将录音换成"pa"音,婴儿立刻表现出新的兴趣并且再次用力吮吸。该实验结论清晰:即使1个月大的婴儿也可以区分两个相似的声音(Miller & Eimas, 1995)。

更有趣的是,婴儿可以区分不同的语言。到4个半月大时,婴儿可以区分自己的名字与其他相似的发音。5个月大时,婴儿能够区分大段英语和西班牙语,即使是这两种语言的长度、音节数目以及语速都相同。事实上,一些证据表明,两天大的婴儿就对身边人常说的语言表现出一定的偏好(Mandel, Jusczyk, & Pisoni, 1995; Rivera-Gaziola, Silva-Pereyra, & Kuhl, 2005; Kuhl, 2006)。

考虑到婴儿能够区分不同两个辅音字母这样细微的差异的能力,那么他们能区分不同人的声音也就不足为奇了。实际上，在婴儿早期他们就更为偏好某些声音。例如，在一个实验中，婴儿一吸奶就会播放一段讲故事的录音。如果这段录音是母亲声音的话，那么此时婴儿吸奶的时间要长于播放陌生人的录音时的吸奶时间（DeCasper & Fifer, 1980；Fifer, 1987）。

这种偏好是如何产生的呢？一种假设认为在出生以前胎儿总是听到母亲的声音是关键所在。为了支持这种推测，研究者指出这样一个事实——与其他男性的声音相比，新生儿并没有表现出对自己父亲的声音有偏好。此外，相对于在婴儿出生之前母亲没有唱过的旋律，新生儿更喜欢听在他们出生之前母亲唱过的旋律。尽管胎儿被子宫的液态环境包围着，但看起来出生之前听到母亲的声音有助于形成婴儿的听觉偏好（DeCasper & Prescott, 1984；Rosen & Iverson, 2007；Vouloumanous & Werker, 2007；Kisilevsky et al., 2009）。

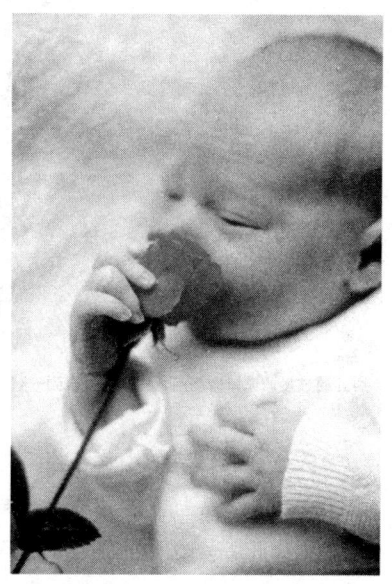

婴儿的嗅觉发展得这么好，以至于他们仅凭嗅觉就能够辨别出他们的母亲。

嗅觉和味觉

当婴儿闻到臭鸡蛋味时他们会怎么做？就像成人的表现，皱起鼻子，看起来很不愉快的样子。而另一方面，婴儿在闻到香蕉和黄油的味道时会产生愉快的反应（Steiner, 1979；Pomares, Schirrer, & Abadie, 2002）。

即使很小的婴儿，味觉也发展得相当不错，至少一些12~18天大的婴儿只凭气味就能够分辨出自己的母亲。例如，在一项实验中，实验者让婴儿去闻前一天晚上放在成人腋窝里的薄纱布。采用母乳喂养的婴儿能将母亲的气味与其他成人的气味区分开来。然而，并不是所有婴儿都能做到这一点：那些采用人工喂养的婴儿无法做出这种区分。而且，无论是母乳喂养还是人工喂养的婴儿都不能区分出他们父亲的气味（Porter, Bologh, & Malkin, 1988；Mizuno & Ueda, 2004；Allam, Marlier, & Schaal, 2006）。

婴儿好像特别喜欢甜食（甚至在他们长牙之前！），当他们尝到苦味时会露出厌恶的表情。在很小的婴儿舌头上放一点有甜味的液体，他们会微笑。如果奶瓶有点甜味他们也会使劲地吮吸。由于母乳是甜的，这种味觉上的偏好可能是我们进化过程中遗传的一部分，之所以保留下来是因为这种偏好提供了有利于生存的优势。那些偏爱甜食的婴儿可以吸收到比其他婴儿更充足的养料，从而存活下来（Steiner, 1979；Rosenstein & Oster, 1988；Porges, Lipsitt, & Lewis, 1993）。

婴儿还会基于当他们在母亲子宫里的时候母亲的饮食而形成味觉偏好。例如，一项研究发现在孕期常喝胡萝卜汁的孕妇，她们的婴儿对胡萝卜的味道有一定的偏好（Menella, 2000）。

痛觉和触觉的敏感性

在埃利·罗森布拉特（Eli Rosenblatt）8天大时，他参加了传统的犹太教割礼。他躺在父亲的怀里，被割掉了阴茎的包皮。尽管埃利大声尖叫，让他那焦虑的父母认为这是疼痛的表示，但他很快安

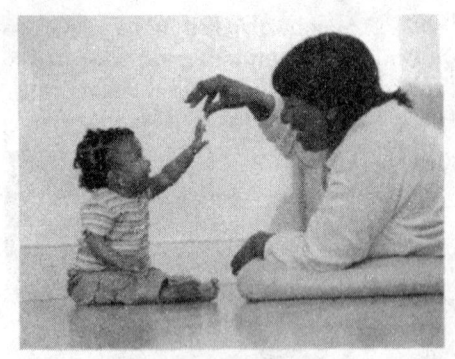
婴儿通过多通道知觉将视觉和触觉整合到一起。

定下来并进入了梦乡。其他观察这个仪式的人们向埃利的父母保证说，像他这样大的婴儿不会真正体验到疼痛，至少不会像成人那么疼。

埃利的亲戚们说较小的婴儿不会感受疼痛是正确的吗？在过去，许多医生会同意这种说法。事实上，因为他们假定婴儿不会体验到这种令人焦虑的疼痛，许多内科医生进行常规医疗操作，甚至在一些外科手术中，一点也不用止痛剂或者麻醉药。他们认为，用麻醉药的风险比婴儿所体验的潜在疼痛更危险。

关于婴儿痛觉的当代观点 如今众所周知，婴儿天生就具有感受疼痛的能力。显然，没人能确定儿童所体验的疼痛是否和成人相同，正如我们不能说一个朋友在抱怨头痛时所体验的痛苦会比我们自己在头痛时所体验的痛苦严重或轻微。

我们所知道的是疼痛给婴儿带来了痛苦。当他们受伤时，他们心跳加快、出汗、面部表情痛苦、哭声的强度和声调也变了（Simons et al., 2003; Warnock & Sandrin, 2004; Kohut & Pillai Riddell, 2008）。

对疼痛的反应似乎有一个发展的过程。例如，一个新生儿在脚踝进行抽血化验，他们的反应会很痛苦，但是要在数秒钟后才有反应。相反，只是在几个月后进行同样抽血化验程序，他们就会立刻有反应。这种反应的延迟有可能是由于婴儿发育不完善的神经系统传导信息速度较慢造成的（Anand & Hickey, 1992; Axia, Bonichini, & Benini, 1995; Puchalsi & Hummel, 2002）。

有关大鼠的研究指出：在婴儿期经历疼痛会导致神经系统形成某种永久的环路，从而导致在成年期对疼痛变得更敏感。这些结果表明，经历大量疼痛的医学治疗和测试的婴儿通常在长大后对疼痛更加敏感（Ruda et al., 2000; Taddio et al., 2002）。

越来越多的人支持这种说法，婴儿能够体验到疼痛，而且这种影响可能会持续很长一段时间。对此，医学专家的反应是支持在手术中使用麻醉药和止痛剂，即使很小的婴儿也不例外。根据美国儿科学会规定，在大多数外科手术中——包括包皮环切术，使用麻醉药是恰当的（Sato et al., 2007; Urso, 2007; Yamada et al., 2008）。

对触摸的反应 很显然，引起婴儿的注意并不需要用到刺痛的程度。即使最小的婴儿对温和的触摸都有反应，比如轻柔的抚摸可以使一个哭闹、焦躁的婴儿安静下来（Hertenstein & Campos, 2001; Hertenstein, 2002）。

实际上，对于新生儿来说，触觉是高度发育成熟的感觉系统之一，它也是最先发育的感觉系统之一。有证据表明在怀孕32周后，胎儿的整个身体对触摸就已经很敏感。此外，婴儿在出生时已有一些基本反射，如定向反射，需要他们对触摸敏感：婴儿必须能感觉到在嘴巴周围的触摸，以便自动找到乳头吃奶（Haith, 1986）。

婴儿感受触摸的能力对他们努力探索世界特别有帮助。一些理论认为，触觉是婴儿获取有关这个世界信息的一种方式。如前所述，6个月大的婴儿倾向于把任何东西都放到嘴里，通过该物体在嘴里的感觉反应来获取有关其结构的信息（Ruff, 1989）。

此外，正如我们在第三章中所讨论的，触觉对有机体未来的发展起着很重要的作用，因为它会触发一种复杂的化学反应，有助于婴儿的存活。例如，轻柔的按摩可以刺激婴儿大脑产生促进生长的特定化学物质（Field, Hernandez-Reif, Diego, 2006；Diego, Field, & Hernandez-Reif, 2008, 2009）。

多通道知觉：整合单通道的感觉输入

当埃里克·佩蒂格鲁（Eric Pettigrew）7个月大时，祖父母送给他一个吱吱响的橡皮玩具。他一看到它，就伸出手来一把抓住，并在它吱吱响时仔细听着。他看起来相当满意这个礼物。

思考埃里克对玩具的感觉反应的一种方式是分别关注每一种感觉：在埃里克眼里这个玩具看起来像什么？在手里的感觉如何？它听起来像什么？实际上，这种方法已经支配着对婴儿感知觉的研究。

让我们来看看其他方法。我们将考察不同的感觉反应如何彼此整合起来，我们可以思考这些反应如何共同发挥作用，以及如何整合起来成为埃里克最终的行为反应，而不是只考虑每一种单独的感觉反应。**多通道知觉途径（multimodal approach to perception）**考察各个单一的感觉系统所接收的信息是如何整合和协调起来的（Farzin, Charles, & Rivera, 2009）。

在研究婴儿如何理解其感觉世界的过程中，尽管多通道途径是一种相对较新的研究方式，但它引起了关于感知觉发展的一些重要争论。例如，一些研究者认为婴儿的感觉从一开始就彼此整合，而一些研究者则坚持婴儿感觉系统最初呈分离状态，大脑的发展逐渐导致感觉的整合（Lickliter & Bahrick, 2000；De Gelder, 2000；Lewkowicz, 2002；Flom & Bahrick, 2007）。

我们不知道哪种观点是正确的，但婴儿在早期就已经能够将那些通过某一感觉通道得到的有关物体信息与另一感觉通道得到的信息关联起来。比如，甚至是1个月大的婴儿也能够视觉辨认出先前含在嘴里却未曾见过的某个物体（Meltzoff, 1981；Steri & Spelke, 1988）。毫无疑问，不同感觉通道之间的交流在出生后一个月已经成为可能。

婴儿在多通道知觉方面的能力显示了婴儿复杂的知觉能力，这种能力在婴儿期一直在发展。此类知觉发展得益于婴儿对于**情境支持（affordances）**的发现，即特定情境或刺激可以提供的选项。例如婴儿知道当他们走陡坡时可能会摔倒——即斜坡提供了使人摔倒的可能。此类知识在婴儿从爬行到走路的转变中至关重要。同样婴儿知道，如果没有正确地握住，某些形状的物体就会从手中滑落下去。例如，埃里克正在尝试以多种方式玩他的玩具（玩具的情境支持），他可以抓或压它，听它吱吱响的声音，如果他正在长牙齿的话，他甚至可以舒服地咬它（Flom & Bahrick, 2007；Wilcox et al., 2007）。

多通道知觉途径 考察各种单个感觉系统所接收的信息是如何整合和协调起来的一种方法。

情境支持 特定情境或刺激所提供的行为可能性。

成为发展心理学知识的明智消费者

锻炼你的孩子的身体和感官

回想一下文化预期和环境是如何影响各种身体发展里程碑出现的年龄，如第一次走路。大部分专家认为企图加速婴儿身体和感知觉发展的努力没有什么好处，父母应该确保他们的婴儿接受充足的身体和感觉刺激。以下有一些具体方法可以达到这样的目标：

- 在不同位置携带婴儿：在后面背着；在前面的挎包里裹着；像抱足球一样把婴儿的头放在手掌里，脚放在胳膊上。这样可以让婴儿从不同的角度观察世界。
- 让婴儿探索他们周围的环境。不要让他们在一个单调贫乏的环境里待太长时间。先把周围的危险物品移走，让婴儿处在一个相对安全的环境中，让他们到处爬行。
- 让婴儿参加一些打闹游戏。如摔跤、跳舞、在地板上旋转——只要不是暴力活动——这些活动有助于激发他们的兴趣，并能刺激年龄较大婴儿的运动和感觉系统的发展。
- 让婴儿触碰他们的食物，即使是拿着玩。婴儿太小还没到能教他们餐桌礼仪的时候。
- 给婴儿提供能刺激其感觉的玩具，尤其是那些可以同时刺激多个感官的玩具。颜色鲜明、质地柔软、可以活动的玩具会更加有趣，并且有助于提高婴儿的感觉能力。

复习和应用

复习

- 感觉是指感觉器官对外界刺激的反应。知觉是对各种感觉进行分析、解释和整合。
- 婴儿的感觉能力在出生时或出生后不久就发育得非常好。他们的知觉帮助他们探索和开始理解这个世界。
- 婴儿很早就能感知到深度和运动，区分颜色和图案，定位并辨别声音，以及识别母亲的声音和气味。
- 婴儿对疼痛和触摸很敏感，现在大多数医学权威人士支持使用麻醉药来减少婴儿疼痛。
- 婴儿也有能力去整合来自不同感觉器官的信息。

应用毕生发展

- 使用襁褓有哪些优缺点？这种方式将婴儿紧紧地包裹在毯子里，通常能够使婴儿平静下来。
- **从一个保健工作者的视角看问题**：一个天生没有某种感觉能力的人往往会发展出某种或多种其他超常的感觉能力。医护专业人员该怎样帮助那些缺乏某方面特定感觉能力的婴儿？

结　语

在这一章，我们讨论了婴儿身体发展的性质和速度、大脑和神经系统不太明显的成熟速度以及婴儿发育模式和状态的规律。然后我们了解了运动发展、反射的发展和作用、环境在影响运动发展的速度和形式方面的作用，以及营养的重要性。在本章结尾我们讨论了感觉，以及婴儿整合多种感觉通道信息的能力。

稍微回忆一下本章前言中关于婴儿迈出的第一步，然后回答下列问题。

（1）哪些原则或发展原则（如头尾原则、近远原则、等级整合原则和系统独立性原则）可用来解释阿兰迈出第一步之前身体活动的进步？

（2）阿兰开始行走的时间"落后于计划"，他的父母为此感到担忧是正确的吗？你会对他们，或其他有相似境遇的父母说什么？

（3）泰德在10个月大时开始会走路，比他弟弟阿兰早3个月。这一事实对于兄弟俩相对的身体或认知能力有何意义？为什么？

（4）你认为泰德和阿兰出生时的环境有何变化，是否可以用来解释他们开始行走的时间不同？如果你来研究这个问题，你将会考虑什么样的环境因素？

（5）为什么阿兰的父母为他这一成功的走路行为感到如此高兴和自豪，毕竟这只是一个普遍发生的常规行为？在美国，存在哪些文化因素使得婴儿"迈出第一步"的里程碑事件如此重要？

回　顾

- **人的身体以及神经系统是如何发展的？**
  - 婴儿的身高和体重发育得很快，尤其在出生后的头两年里。
  - 支配人类发展的主要原则包括头尾原则、近远原则、等级整合原则和系统独立性原则。
  - 婴儿的神经系统包含大量神经元，多于成人所需要的数量。为了神经元的存活和有用性，它们必须基于婴儿在世上的体验与其他神经元互相联结。多余的联结和无用的神经元随着婴儿的成长被修剪。

- **环境会影响人的发展模式吗？**
  - 大脑的发展，主要由基因预先决定，但也包含很强的可塑性成分——对于环境影响的敏感性。

- 有机体在敏感期阶段对环境影响特别敏感，发展的很多方面在这一时期发生。

● **婴儿期应完成的发展任务是什么？**

- 婴儿的一个基本任务之一是节律的发展——整合单个行为的循环模式。一个重要的节律是婴儿的状态，即面对外界刺激时的感知程度。
- 反射是对刺激天生的、自动的反应，有助于新生儿存活和保护自己。一些反射为日后有意识的行为奠定了基础。
- 对于正常儿童来说，粗大运动和精细运动技能的发展遵循普遍一致的时间表，其中存在个体差异和文化差异。

● **早期的营养怎样影响身体发展？**

- 身体发展的基础是充足的营养。营养不良和营养不足会影响身体发育、智商和学业成绩。
- 母乳喂养显然优于人工喂养。母乳营养全面，对某些儿科疾病有一定程度的免疫力，并且易于消化。此外，母乳喂养对于婴儿和母亲的身心都有好处。

● **婴儿拥有什么样的感知能力？**

- 感觉是感觉器官对刺激的反应，它不同于知觉，知觉是对感觉刺激的解释和整合。
- 和味觉及嗅觉能力一样，婴儿的视觉和听觉能力也发展得相当不错。婴儿使用高度发展的触觉来探索和体验这个世界。此外，触觉在个体未来的发展过程中起着重要作用，该作用直到现在才被人们所理解。

关键术语和概念

头尾原则（cephalocaudal principle, p.133）　　近远原则（proximodistal principle, p.133）

等级整合原则（principle of hierarchical integration, p.134）

系统独立性原则（principle of the independence of systems, p.134）

神经元（neuron, p.134）　　突触（synapse, p.134）

突触修剪（synaptic pruning, p.135）　　髓鞘（myelin, p.135）

大脑皮质（cerebral cortex, p.136）　　可塑性（plasticity, p.136）

敏感期（sensitive period, p.137）　　节律（rhythms, p.138）　　状态（state, p.138）

快速眼动睡眠（rapid eye movement sleep, REM, p.140）

婴儿猝死综合征（sudden infant death syndrome, SIDS, p.141）　　反射（reflexes, p.143）

动力系统理论（dynamic systems theory, p.147）　　常模（norms, p.148）

Brazelton新生儿行为评估量表（Brazelton Neonatal Behavior Assessment Scale, NBAS, p.148）

非器质性发育不良（nonorganic failure to thrive, p.151）

感觉（sensation, p.155）　　　　　知觉（perception, p.155）

多通道知觉途径（multimodal approach to perception, p.161）

情境支持（affordances, p.161）

 我的发展实验室

登录我的发展实验室，获取更多复习资料，外加我的虚拟孩子、练习测试、视频、闪光呈现卡及其他。

5 婴儿期的认知发展

本章概要

5.1 皮亚杰的认知发展理论
皮亚杰理论中的核心概念
感觉运动阶段：最早的认知发展
评价皮亚杰：支持与挑战

5.2 认知发展的信息加工理论
编码、存储与提取：信息加工的基础
婴儿期的记忆：他们一定记得这个

5.3 智力的个体差异：这个婴儿比那个聪明？
• 从研究到实践

5.4 语言的根源
语言的基础：从声音到符号
语言发展的起源：学习理论的观点
和婴儿说话：婴儿指向言语中的语言

• 发展的多样性
• 成为发展心理学知识的明智消费者

前言：电子保姆

两岁的汤玛斯·博斯曼（Thomas Bausman）和他10个月大的弟弟詹克（Jake）是典型的美国婴儿。每天，汤玛斯都要看两个小时的电视，而詹克则会在电视机前坐上一个小时，就他们各自的年龄而言，这是一种全国性的典型行为。迄今为止，他们最喜欢看什么？小小爱因斯坦。孩子们的选择让安妮塔·博斯曼（Anita Bausman）高兴极了。她宣告说，詹克学会了颜色、数字，还爱上了流行电视节目中的机器人。这类节目中充斥着玩偶、动物和活动的物体，经常用古典音乐作为配乐。"这不仅仅是打开尼克频道（Nickelodeon）[①]，"博斯曼说，"它有教育性，而且有好处。我知道他看得很开心，我可以随时加入进来，指给他屏幕上的某个东西，然后去洗衣服。"（paul, 2006, p.104）

婴儿真的能够通过观看教育类节目成为小爱因斯坦吗？像10个月大的詹克这么小的婴儿实际上能够掌握什么样的概念？在这个年龄段，哪方面的智力还没有开始发展？智力刺激真的能够加速婴儿的认知发展吗？还是说这一过程的展开遵循它自己的时间表，无论父母如何努力去加速它？

看电视有益于婴儿的认知发展吗？

---
① 美国知名的有线电视频道，主营儿童节目。

预览

在这一章中，我们将在探讨生命中最初几年的认知发展时，阐述这些内容以及相关的问题。我们将集中考察一些发展学家的工作，他们试图去理解婴儿如何掌握知识，以及他们如何理解世界。首先，我们将讨论瑞士心理学家让·皮亚杰（Jean Piaget）的研究，他的发展阶段理论对有关认知发展的大量工作起到了巨大的推动作用。我们将同时探讨这位重要的发展研究专家的贡献和局限性。

然后，我们将涉及更多有关认知发展的当代观点，考察致力于解释认知发展如何产生的信息加工观点。对学习如何产生进行思考之后，我们将考察婴儿的记忆，以及记忆过程中婴儿加工、存储和提取信息的方式。我们将会探讨有关婴儿期事件的回忆的争论。我们还会阐述智力的个体差异。

最后，我们将考察语言，即让婴儿能够与他人进行交流的认知技能。我们会探讨前语言言语（prelinguistic speech）中的语言根源，并追溯婴儿语言技能发展的里程碑，即从发出第一个单词到说出短语和句子的过程。我们还会考察成人同婴儿交流的特征，这些特征具有惊人的跨文化一致性。

读完本章之后，你将能够回答下列问题：

- 皮亚杰认知发展理论的基本特点是什么？
- 婴儿如何加工信息？
- 如何测量婴儿的智力？
- 儿童通过什么过程来学习使用语言？
- 儿童如何影响成人的语言？

5.1 皮亚杰的认知发展理论

奥利维亚（Olivia）的爸爸正在清理她高椅下面一堆乱七八糟的东西，今天已经是第三次了！对他而言，14个月大的奥利维亚似乎非常喜欢从高椅上往下扔食物。她也会扔玩具、调羹和任何东西，只是想看看这些东西是如何碰撞到地面的。她很像是正在试验，看看她丢的每个不同的东西会制造出什么样的噪音，会飞溅成什么样子。

瑞士心理学家皮亚杰（Jean Piaget, 1896～1980）可能会说，如果奥利维亚的爸爸推测奥利维亚正在进行自己的一系列实验来学习更多的有关世界运作的信息，那么他是正确的。皮亚杰有关婴儿学习方式的观点可以总结成一个简单的公式：行动＝知识。

皮亚杰认为婴儿并不是从他人传达的事实中获取知识，也不是通过感觉和知觉来获得。他提出知识是直接的运动行为的产物。尽管他有很多基本的解释和观点已经受到了后续研究的挑战（这些内容我们后面将会讨论），但是婴儿以有意义的方式，通过"做"来学习的观点仍然未受质疑（Piaget, 1952, 1962, 1983；Bullinger, 1997）。

皮亚杰理论中的核心概念

正如我们在第一章中首次提到的那样，皮亚杰的理论是基于一种发展的阶段论观点。他假设所有的儿童从出生至青春期都要以一种固定的顺序通过四个共同的系列阶段：感觉运动、前运算、具体运算和形式运算阶段。同时，他也提出当儿童的身体发展达到了某一恰当水平，并接触了相关的经验，儿童就会从一个阶段向另一个阶段发生转变。

瑞士心理学家让·皮亚杰

如果没有这样的经验，儿童就无法发挥出他们的认知潜力。一些认知的观点关注儿童有关世界知识内容的改变，但皮亚杰认为当儿童从一个阶段发展到另一个阶段时，考虑他们知识和理解的质的变化也非常重要。

举个例子，随着儿童认知能力的发展，他们对世界上什么事情可能发生，什么不能发生的理解产生了变化。比如一个婴儿参加了一个实验。实验中，由于摆放了一些镜子，她同时看到了三个一样的妈妈。3个月大的婴儿会很高兴地和其中每一个"妈妈"进行互动。然而，到5个月大时，孩子在看到多个妈妈时就会感到非常不安。显然到了这个年龄段的时候，儿童明白自己只有一个妈妈，一次看到三个妈妈是非常吓人的（Bower, 1977）。对皮亚杰而言，这样的反应表明孩子开始掌握有关世界运作方式的规律，表明她开始建构一个有关世界的心理意识，而这个心理意识在两个月前她还不曾拥有。

皮亚杰认为我们理解世界的基本建构方式是称为**图式（scheme）**的心理结构，即机能的组织模式，它随着心理发展而适应和改变。起初，图式与身体的、或感觉运动的行为（如捡起玩具，或者伸手拿玩具）有关。随着儿童的发展，他们的图式发展到反省性思维的心理水平。图式与计算机软件相似：它们引导和决定如何思考和处理外界的数据，如新的事件或客体（Achenbach, 1992；Rakison & Oakes, 2003）。

例如，如果你给婴儿买了本精装书，他/她可能会摸摸这本书，把它塞到嘴里，也可能试图撕破它或者重重地丢到地上。对皮亚杰而言，每个动作都代表了一种图式，它们是婴儿获得知识、理解这个新物体的方式。另一方面，成人将采用一种不同的图式来对待这本书。他们可能被书中的文字所吸引，或通过所印刷文字的意思来理解这本书，而不会把它捡起来放到嘴里，或者重重地丢在地上，这是一种非常不同的方式。

图式 一种机能的组织模式，它在发展过程中适应和改变。

根据皮亚杰的理论，婴儿会使用感觉运动的图式，如把东西放到嘴里或"砰"地扔在地上，来理解一个新物体。

皮亚杰认为，儿童图式的发展遵循两个原则：同化和顺应。**同化（assimilation）** 过程是指，人们以其当前的认知发展阶段和思维方式来理解自身的经历。当一个刺激或事件出现后，人们对它的感知和理解与现存的思维方式一致时，就产生了同化。例如，一个试图以同样的方式吮吸所有玩具的婴儿正是将物体同化到他/她现存的吮吸图式中。相似地，在动物园看到一只鼯鼠，并把它称为"鸟"的儿童正在将鼯鼠同化到他/她现存的有关鸟的图式中。

相反，当我们遇到了新刺激或事件，做出的反应是改变已有的思维、理解或行为方式，**顺应（accommodation）** 就发生了。举个例子，当一个儿童看见了一只鼯鼠，并叫它"有尾巴的鸟"时，他/她开始顺应新的知识，修改了他/她关于鸟的图式。

皮亚杰认为，最早的图式主要局限于我们一出生都具有的反射，比如吮吸反射和定向反射。婴儿几乎是立即开始通过同化和顺应的加工过程，在对环境探索的回应中修正这些简单的早期图式。随着婴儿运动能力的进一步提高，图式很快变得越来越复杂，对皮亚杰而言，运动能力的提高是更高级认知发展潜能的标志。由于皮亚杰提出的感觉运动阶段开始于出生，并持续至大约两岁，我们将在这里详细阐述（在后续章节中，我们将讨论其他年龄阶段的发展）。

感觉运动阶段：最早的认知发展

皮亚杰认为，**感觉运动阶段（sensorimotor stage）** 作为认知发展早期的主要阶段，可以被分为六个亚阶段（有关这六个阶段的总结见表5-1）。尽管感觉运动阶段的特殊亚阶段最初看起来似乎有极大的规律性可循，好像婴儿到了一个特定的年龄，就会自然而然地进入下一个亚阶段，但是认知发展的实际情况却并非如此。这一点很重要，请大家牢记。首先，不同的婴儿进入特定阶段的年龄差异很大。进入某一阶段的确切时间反映了婴儿身体的成熟水平和婴儿所处社会环境性质之间的交互作用。结果，尽管皮亚杰主张对所有的孩子而言各个亚阶段的发展顺序不变，但是他也承认进入的时间在某种程度上不太一致。

皮亚杰认为发展是一个渐进过程，而不是不同阶段似乎暗含的突变含义。婴儿不会前一晚上还睡在某一亚阶段中，第二天早上醒来就进入另一个亚阶段了。相反，随着儿童向下一个认知发展阶段的过渡，存在着一种更渐进和更稳定的行为转变。婴儿也要经历过渡期，在这个阶段他们行为的某些方面反映了下一个更高的阶段，而行为的其他方面仍然显现出当前阶段的特征（见图5-1）。

亚阶段1：简单反射 感觉运动期的第一个亚阶段是简单反射，发生在生命的

同化 人们根据其当前的认知发展阶段和思维方式来理解自身经验的过程。

顺应 改变已有的思维方式，以对遇到的新刺激或事件做出反应。

（认知发展的）感觉运动阶段 皮亚杰提出的认知发展的早期主要阶段，又被分为六个亚阶段。

表 5-1　皮亚杰感觉运动阶段的六个亚阶段

亚阶段	年龄	描述	例子
亚阶段1：简单反射	出生至第1个月	在这个阶段，决定婴儿与世界交互作用的各种反射是他们认知生活的中心。	吮吸反射使婴儿吮吸放在嘴唇上的任何东西。
亚阶段2：最初的习惯和初级循环反应	第1个月~第4个月	在这个年龄，婴儿开始将个别的行为协调成单一的、整合的活动。	婴儿可能将抓握一个物体和吮吸这个物体结合起来，或者一边触摸，一边盯着它看。
亚阶段3：次级循环反应	第4个月~第8个月	在这期间，婴儿主要的进步在于，将他们的认知区域转移至身体之外的世界，并且开始对外面的世界产生作用。	一个儿童在婴儿床上反复拨弄拨浪鼓，并且以不同的方式摇晃拨浪鼓以观察声音如何变化。该儿童表现出调整自己有关摇拨浪鼓的认知图式的能力。
亚阶段4：次级循环反应的协调	第8个月~第12个月	在这个阶段，婴儿开始采用更具计划性的方式引发事件，将几个图式协调起来生成单一的行为。他们在该阶段理解了客体永存。	婴儿会推开一个已经放好的玩具，使自己能拿到另一个放在它下面、只露出一部分的玩具。
亚阶段5：三级循环反应	第12个月~第18个月	在这个阶段，婴儿发展出皮亚杰所说的"有目的的行为改变"，这样的行为会带来想要的结果。婴儿像是在执行微型实验来观察结果，而不仅仅是重复喜欢的活动。	儿童不停改变扔玩具的地点反复地扔一个玩具，每次都会仔细观察玩具掉在哪里。
亚阶段6：思维的开始	第18个月~2岁	第6个亚阶段的主要成就在于心理表征能力或象征性思维能力的获得。皮亚杰认为只有在这个阶段，婴儿才能想象出他们看不到的物体可能在哪里。	儿童甚至能够在头脑中勾画出看不到的物体运动轨迹，因此，如果一个球滚到某个家具下面，他们能判断出球可能出现在另一边的什么地方。

第一个月。在这段时间里，不同的先天反射（见第三章和第四章）是婴儿身体发展和认知生活的中心，决定了他/她与世界交互作用的性质。

与此同时，一些反射开始将婴儿的经验与世界的本质相顺应。例如，一个婴儿主要通过母乳喂养，但同时也辅助性的用奶瓶喂奶，那么这名婴儿可能已经开始根据碰到的是乳头还是奶嘴，来改变他/她吮吸的方式。

亚阶段2：最初的习惯和初级循环反应　最初的习惯和初级循环反应，是感觉运动期的第二个亚阶段，发生在1~4个月大的婴儿身上。在这个时期，婴儿开始将个别的行为协调成单一的、整合的活动。例如，婴儿可能将抓握一个物体和吮吸这个物体结合起来，或者一边触摸一边盯着它看。

如果一项活动引起了婴儿的兴趣，他/她可能会不停地重复，只是想继续有所体验。奥利维亚在高椅上的重力实验就是这样的一个例子。一些偶然运动事件的重复有助于婴儿通过一种称为循环反应（circular reaction）的过程来开始建构认知图式。初级循环反应是反映了婴儿不断重复感兴趣或喜爱的活动的图式，他们不停地重复只是因为喜欢做这些活动。皮亚杰把这些图式看做初级是因为婴儿参与的这些活动主要集中在他们自己的身体上。因此，当婴儿第一次把大拇指放在自己的嘴里，然后开始吮吸，这只是一个随机发生的事件。然而，后来当他反复

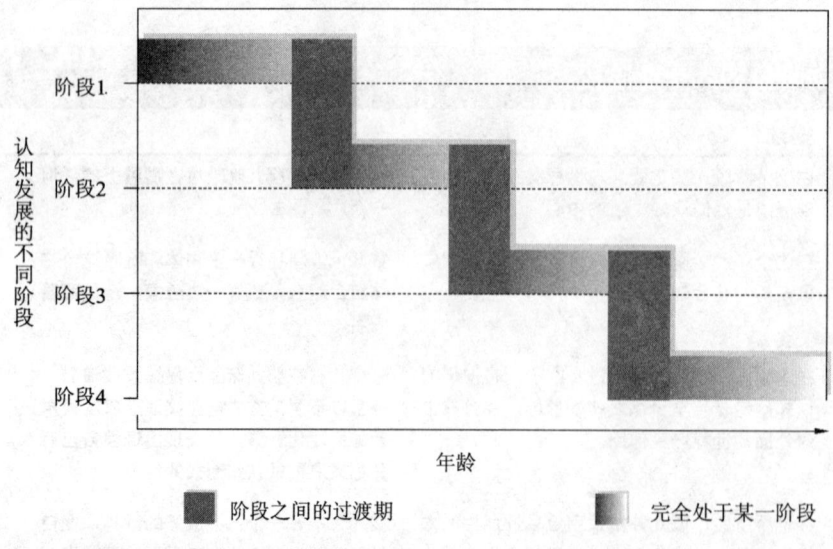

地吮吸自己的大拇指时，这一动作就代表了一种初级循环反应。由于吮吸的感觉令人很愉快，因此他就一直重复这一行为。

亚阶段3：次级循环反应 次级循环反应更具目的性。根据皮亚杰的观点，婴儿认知发展的第三个阶段发生在第4个月至第8个月之间。在这期间，儿童开始作用于外面的世界。例如，如果婴儿在自己所处的环境中碰巧通过

图5-1 认知过渡期
婴儿不是突然从一个认知发展阶段转移至下一阶段。相反，皮亚杰认为，这中间存在一个过渡期。在这期间，某些行为反映了一个阶段，而其他行为则反映了更高的阶段。这种渐进主义是否与皮亚杰对阶段的解释相对立？

随机的活动引发了愉快的事件，那么他们就会试图进行重复。一个儿童在婴儿床上反复地拨弄拨浪鼓，并且以不同的方式摇晃拨浪鼓以观察声音如何变化，这个孩子就表现出了调整自己有关摇拨浪鼓的认知图式的能力。他/她正处在皮亚杰称为次级循环反应的阶段。

次级循环反应是关于重复行为的图式，这种行为能够引发想要的结果。初级循环反应与次级循环反应的主要差别在于，婴儿的活动是集中于婴儿和其身体（初级循环反应），还是包含了与外界有关的行为活动（次级循环反应）。

在亚阶段3中，当婴儿开始注意如果他们制造噪音，周围的人就会对他们的噪音做出反应时，婴儿的发音能力有了实质性的提高。类似地，婴儿开始模仿他人发出的声音。发音成为一种次级循环反应，最终有助于婴儿语言的发展和社会关系的形成。

亚阶段4：次级循环反应的协调 次级循环反应的协调中出现了一个主要的飞跃。该阶段从大约第8个月持续至第12个月。在该阶段之前，行为仅包含了对物体的直接动作。当某件随机发生的事情引起了婴儿的兴趣，他们就会采用单一的图式尝试重复这一事件。然而，在亚阶段4，婴儿开始使用**目标指向的行为（goal-directed behavior）**，这种行为将几个图式进行合并和协调，产生出解决问题的单一行为。例如，婴儿会推开一个已经放好的玩具，使自己能拿到另一个放在它下面、露出一部分的玩具。他们也开始预期即将发生的事件。比如，皮亚杰说他的儿子劳伦特（Laurent）在8个月大时通过由空气导致的一种特定的噪音认识到他就要喝完奶了，于是他把奶瓶丢到一边，而不是

在亚阶段4的婴儿能够协调他们的次级循环反应，表现出计划或计算如何产生出想要的结果的能力。

继续吮吸直到最后一滴（Piaget, 1952, pp. 248-249）。

　　婴儿新产生的目的性、为了获得特定的结果而采用方法的能力，以及他们预期未来环境的能力，可以部分归因于婴儿在亚阶段4出现的客体永存的发展。**客体永存（object permanence）** 是指即使看不到人和物体，也能意识到他们的存在。这是一个简单的原则，但是具有深远的影响。

　　例如，想象一下，7个月大的朱（Chu）还未曾形成客体永存的概念。朱的妈妈在他前面摇一个拨浪鼓，然后把拨浪鼓拿走，放到地毯下面。对还没有掌握客体永存概念的朱而言，拨浪鼓不存在了。他不会费力去寻找。

　　几个月以后，当他进入亚阶段4时，情况就完全不同了（见图5-2）。这一次，妈妈一把拨浪鼓放到地毯下面，朱就试图把地毯翻开，急切地寻找拨浪鼓。很明显，朱已经知道即使看不到某个客体，它依然存在。对于获得了客体永存概念的婴儿而言，不在视线里并不意味着不在思维中。

　　客体永存的获得不仅涉及没有生命的物体，还扩展到人。即使爸爸和妈妈离开了房间，他们也依然存在，这就使朱有了安全感。这种觉知在社会依恋的发展中很可能是一个重要元素，关于这一点我们会在第六章涉及。认识到客体永存还提供了婴儿日益增长的自信：当他们意识到从他们身边拿走的物体并没有消失，只是放在了另一个地方时，他们通常的反应可能是想很快地把它拿回来。

　　尽管在亚阶段4，婴儿出现了对客体永存的理解，但这只是一种初步的理解。对这个概念的充分理解还要花上几个月的时间，婴儿在以后的几个月里还会继续犯各种与客体永存相关的错误。例如，当一个玩具第一次被藏在某块地毯下，下一次则被藏在另一块地毯下面时，他们常常会被愚

目标指向的行为 将几个图式进行合并和协调，产生出解决问题的单一行为。

客体永存 即使看不到人和物体，也能意识到他们的存在。

我的发展实验室
登录我的发展实验室，观看婴儿展示出你所读到的客体永存原则的视频。

获得客体永存之前

获得客体永存之后

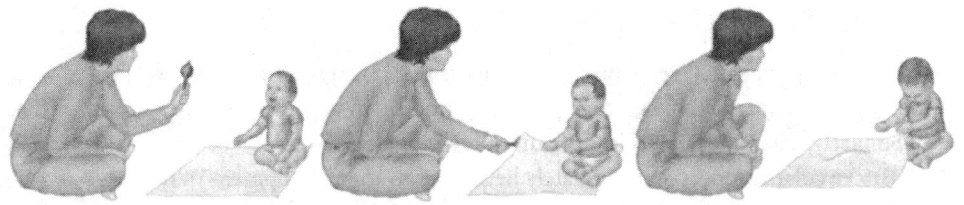

图 5-2 客体永存
在婴儿理解客体永存的概念之前，他不会搜寻刚刚在其眼前被藏起来的物体。但几个月以后，他就会进行寻找，表明他已经理解了客体永存的概念。为什么客体永存概念这么重要？

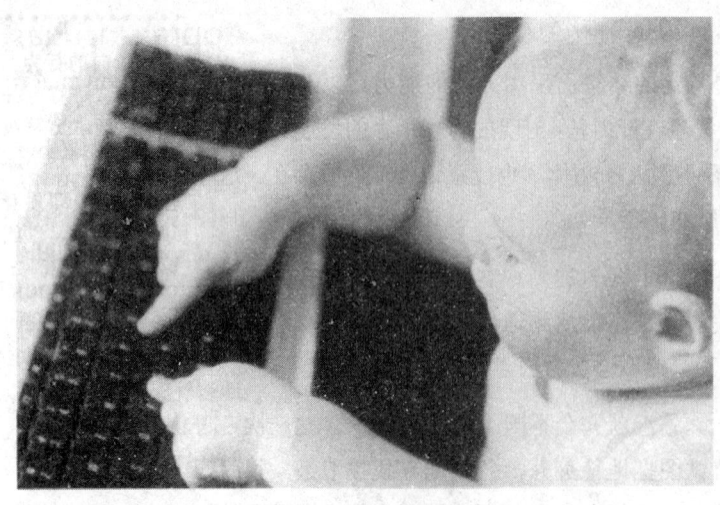
随着延迟模仿这种认知技能的获得,儿童能够模仿他们过去看到过的人和情景。

弄。大部分处于亚阶段4的婴儿常常去第一次藏东西的位置找玩具,而忽略了玩具现在所处的另一块地毯。即使当着婴儿的面把玩具藏起来,这种情况也会发生。

亚阶段5:三级循环反应 三级循环反应在大约第12个月的时候出现,持续到第18个月。根据皮亚杰的观点,在这一时期婴儿发展了一些反应,它们是关于有意的行为变化导致希望结果的图式。此时婴儿似乎通过实施微型实验来观察后果,而不是通过次级循环反应仅仅去重复喜爱的活动。

举个例子,皮亚杰观察他的儿子劳伦特反复将一只玩具天鹅扔到地上,每次改变扔天鹅的地点,并仔细观察玩具掉在什么地方。每次劳伦特不仅仅是做重复动作(如次级循环反应中的行为),他通过对情境做出调整来学习与行为结果相关的信息。正如你可能想到的我们在第一章中探讨的研究方法,这种行为代表了科学方法的实质:实验者在实验室中改变一种情境来了解这种变化所带来的影响。对于处于亚阶段5的儿童,世界就是他们的实验室,他们悠闲地实施着一个又一个微型的实验,度过了一天又一天。我们在前面描述过的婴儿奥利维亚,她喜欢从高椅上往下扔东西,这是另一个活动中的小科学家。

在亚阶段5中,婴儿最引人注目的行为是他们对不可预测事件的兴趣。他们觉得无法预期的事件不仅是有趣的,而且是可以解释和理解的。婴儿的发现能够导致新技能的产生,其中的一些技能可能会引发一定程度的混乱,正如奥利维亚的爸爸在清理其高椅附近的地面时所意识到的那样。

亚阶段6:思维的开始 感觉运动期的最后一个阶段是思维的开始,这一阶段从大约第18个月持续至2岁。亚阶段6的主要成就在于心理表征或者象征性思维能力的获得。**心理表征(mental representation)** 是指对过去事件或客体的内部意象。皮亚杰认为到了这个阶段,婴儿能够想象出看不到的物体可能在哪里。他们甚至能够在自己的脑海中描绘出看不见的物体运动轨迹,因此,如果一个球滚到某个家具下面,他们能判断出球可能出现在另一边的什么地方。

由于孩子具有了产生关于客体的内部表征的新能力,他们对于因果关系的理解也越来越复杂。例如,看看皮亚杰对他的儿子劳伦特试图打开花园大门的描述:

劳伦特试图打开花园的大门,但是由于门被一件家具挡住了,所以他推不动。他既看不出来门为什么打不开,也无法通过声音来解释原因,但是在试着硬

心理表征 对过去事件或客体的一种内部意象。

推开门未果以后，他突然间似乎理解了；他绕过墙，来到门的另一侧，把挡住门的椅子移开，然后带着胜利的表情把门打开（Piaget, 1954, p. 296）。

心理表征的获得也使另一种重要的发展成为可能：假装能力。儿童看到过真实世界中发生的一些场景，他们在一段时间以后，就能够采用皮亚杰所说的**延迟模仿**（deferred imitation）能力来假装自己正在开车，给娃娃喂奶，或者做晚饭。延迟模仿是指儿童日后对某个人曾经的动作进行模仿。对于皮亚杰而言，延迟模仿为儿童内部心理表征的形成提供了清晰的证据。

> **延迟模仿** 儿童日后对某个人曾经的动作进行模仿。

评价皮亚杰：支持与挑战

大部分的发展学家可能会同意皮亚杰以多种很有意义的方式，把婴儿期认知发展的运作方式描述得非常清楚（Harris, 1983, 1987; Marcovitch, Zelazo, & Schmuckler, 2003）。但是，对于理论的有效性和其中很多特定的假设，仍然存在着实质性的分歧。

让我们首先开始于皮亚杰理论中明显正确的地方。皮亚杰是儿童行为的熟练报告者，他对于婴儿期发展的描述可以称为其有力观察的一个纪念碑。而且，数千个研究已经支持了皮亚杰的观点，即儿童通过对环境中客体的作用，来学习有关世界的知识。最后，由皮亚杰概述的有关认知发展顺序的主要框架，以及在婴儿期逐步增加的认知成就，通常来说都是准确的（Gratch & Schatz, 1987; Kail, 2004）。

另一方面，自从皮亚杰开展其开创性的工作以来，其理论的某些特殊方面在几十年的时间里面临着越来越多的检验和批评。例如，某些研究者对构成皮亚杰理论基础的发展阶段概念提出质疑。如前所述，尽管皮亚杰承认儿童在不同阶段间的过渡是渐进的，但批评者还是认为发展是以一种更加连续的方式向前推进。进步不是在一个阶段的末尾和下一个阶段的开始表现出来的能力飞跃，而是以更加缓慢的方式进行积累，通过一种技能接着一种技能的学习来逐步发展和提高。

例如，发展学家罗伯特·西格勒（Robert Siegler）认为认知发展不是以阶段的方式推进，而是"波浪式"前进。根据他的观点，儿童并不是某一天丢弃一种思维模式，第二天采取一种新的形式。实际上，儿童理解世界所使用的认识方法存在退潮和涨潮的过程。某一天，儿童可能使用一种形式的认知策略，而过一阵子他们可能选择一种不太高级的策略，也就是说，会在一个时期内来回波动。尽管在某个特定的年龄，某种策略可能会使用得最为频繁，但儿童们仍然会使用其他的思维方式。因此，西格勒将认知发展看成是稳定的波动（Siegler, 2003, 2007; Opfer & Siegler, 2007）。

其他的批评者反驳了皮亚杰有关认知发展基于运动活动的观点。他们还指责皮亚杰忽视了从婴儿极早期就已经存在的感觉和知觉系统的重要性——由于表明即使在婴儿期感知觉系统也是相当复杂的大量研究都是在近期才完成的，因此皮亚杰对其知之甚少（Butterworth, 1994）。关于先天缺少四肢的儿童（由于母亲在怀孕期间无意中服用了导致畸形的药物，如第二章中所述）的研究表明，尽管这样的孩子缺乏运动的练习，他们仍然表现出正常的认知发展。进一步的证据表明，皮亚杰对动作发展和认知发展之间的联系有夸大的倾向（Decarrie, 1969；Butterworth, 1994）。

为了支持自己的看法，皮亚杰的批评者还指出，最近的研究质疑了皮亚杰有关婴儿直到1岁末时才能掌握客体永存概念的观点。例如，一些研究表明年幼婴儿没有表现出对客体永存的理解是因为用来测试其能力的方法不够敏感，探测不到他们的真实能力（Krojggard, 2005；Walden et al., 2007；Baillargeon, 2004, 2008）。

根据研究者蕾妮·贝尔纳根（Renée Baillargeon）的观点，3个半月大的婴儿至少对客体永存有所理解。她认为，更小的婴儿不去寻找藏在地毯下面的拨浪鼓，可能是因为他们不具备搜寻所必需的动作技能，而不是因为他们不理解拨浪鼓仍然存在。类似地，年幼婴儿表面上看起来无法理解客体永存也可能反映了其记忆能力的缺陷，而不是他们缺乏对概念的理解。也就是说，可能是年幼婴孩的记忆力比较差，所以他们只是记不住玩具之前被藏匿了而已（Hespos & Baillargeon, 2008）。

贝尔纳根已经进行了一些设计独特的实验，展示出婴儿理解客体永存的早期能力。例如，在她的期望违背实验中，她重复向婴儿展示一个物理事件，然后观察他们对该事件的一个变式作何反应，这一变式在物理上是不可能的。结果发现，3个半月大的婴儿对不可能事件有强烈的生理反应，表明他们对客体永存有所意识，这比皮亚杰能够探测到的年龄段要早得多（Wang, Baillargeon, & Paterson, 2005；Ruffman, Slade, & Redman, 2006；Luo, Kaufman, Baillargeon, 2009）。

其他类型的行为似乎也比皮亚杰认为的更早出现。例如，回想一下，正如我们在第三章中讨论过的，新生儿出生后仅仅几个小时就能够模仿成人基本的面部表情。这种技能在如此早的年龄段就能出现，与皮亚杰的观点相矛盾。皮亚杰认为，婴儿最初只能使用他们能清楚看到的自己身体的某些部分（比如他们的手和脚），模仿他们从别人那里看到的行为。实际上，婴儿对面部表情的模仿说明人类天生就有模仿他人行为的基本能力，这种能力依赖于某种特定的环境经验，但是皮亚杰却认为它是婴儿后来才发展出来的（Meltzoff & Moore, 1989, 2002；Lepage & Théret, 2007；Legerstee & Markova, 2008）。

而且，皮亚杰的研究似乎更适合于西方发达国家儿童的情况，而不太适用于非西方文化中的儿童。例如，一些证据表明，非西方文化下生长的孩子，其认知能力出现的时间与欧洲和美国的孩子不同。比如说，非洲象牙海岸②的婴儿比法国婴儿更早进入感觉运动期的各个亚阶段（Dasen et al., 1978；Rogoff & Chavajay, 1995；Mistry & Saraswathi, 2003）。

对非西方文化下婴儿的研究表明，皮亚杰的阶段论并不具有普遍性，而是在某种程度上具有一定的文化特征。

---

② 科特迪瓦，西非国家，位于几内亚海湾沿岸，以象牙为该国象征。

尽管皮亚杰关于感觉运动期的观点存在这些问题,但甚至是批评最为激烈的评论家也认为,皮亚杰为我们提供了婴儿期认知发展主要框架的权威描述。他的失败之处似乎在于低估了年幼婴儿的能力,以及提出感觉运动技能以一致、固定的模式发展。但他的影响依然非常巨大。尽管很多当代的发展心理学研究者已经把焦点转移到了比较新的认知加工观点(我们下面将要讨论),但是皮亚杰在发展研究领域仍然是一个杰出的和具有开创性的人物(Fischer & Hencke, 1996;Roth, Slone, & Dar, 2000;Kail, 2004;Maynard, 2008)。

复习和应用

复习

- 皮亚杰关于人类认知发展的理论包含了儿童从出生到青春期要经历的一系列发展阶段。
- 随着人类从一个阶段过渡到另一个阶段,他们理解世界的方式也在发生着改变。
- 感觉运动阶段,从出生持续至2岁左右,包括了一个渐进的发展过程:从简单的反射、单一协调的活动、对外面的世界产生兴趣、将活动有目的地结合起来、操控动作产生想要的结果,最后发展出象征性的思维。感觉运动期共有6个亚阶段。
- 尽管对其理论的后续研究的确提出了一些局限性,但是皮亚杰还是被尊称为一位认真的儿童行为观察者,一位对人类认知发展进行的方式做出了大致比较准确解释的学者。

应用毕生发展

- 想一种你所熟悉的普通幼儿玩具,同化和顺应的原则对它的使用可能有怎样的影响?
- **从一个护理者的视角看问题**:一般说来,皮亚杰有关儿童理解世界方式的观察对于儿童养育实践有哪些启示?对于非西方文化下成长的儿童,你会不会使用相同的方法抚养?为什么?

5.2 认知发展的信息加工理论

当3个月大的安珀·诺斯多姆(Amber Nordstrom)的哥哥马库斯(Marcus)站在她的小床边,拿起一个布娃娃,吹起口哨时,她突然笑了起来。实际上,安珀似乎对马库斯努力地逗她笑从来不感到厌倦,并且很快地,只要马库斯一出现,只是拿起玩偶,她就开始咧嘴笑。

显然,安珀记住了马库斯以及他幽默的行为方式。但是,她是如何记住他的呢?其他东西安珀还能记住多少呢?

为了回答类似的问题,我们需要从皮亚杰为我们铺设的道路上脱离出来。我们必须要考虑个体婴儿获取和使用周围信息的特定加工过程,而不是致力于确认所有婴儿都要经历的认知发展过程中普遍的主要里程碑(正如皮亚杰所做的那样)。那么,我们应该少考虑一些婴儿心理生活中质的改变,而更多地关注他们能力的量变。

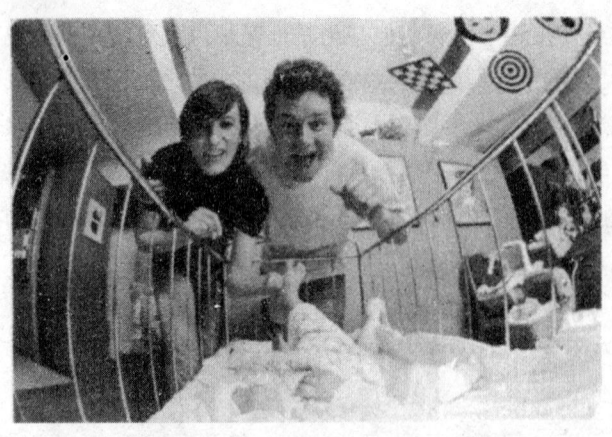

由于婴儿和儿童像所有人一样，都会面对大量的信息，因此他们能够有选择地进行编码，挑选他们关注的内容，而不会被信息所吞没。

认知发展的**信息加工理论（information-processing approaches）**致力于确认个体获取、使用和存储信息的方式（Siegler, 1998）。根据这种观点，婴儿组织、操控信息能力的量变是认知发展的标志。

从这种观点出发，认知发展的特点表现为信息加工日益增长的复杂性、速度，以及能力。在这之前，我们比较了皮亚杰的图式概念和引导计算机如何处理外部数据的计算机软件。我们也可以将有关认知发展的信息加工观点与使用更有效的程序所带来的进步相互比较，这些程序导致了信息加工过程中速度和复杂性的提高。那么，信息加工理论关注的则是人们解决问题时所采用的"心理程序"的种类（Mehler & DuPoux, 1994; Reyna, 1997; Cohen and Cashon, 2003）。

编码、存储和提取：信息加工的基础

信息加工有三个基本方面：编码、存储和提取（见图5-3）。编码（encoding）是指信息最初以一种可用于记忆的形式记录下来的过程。婴儿和儿童（实际上，所有的人）都会面对大量的信息；如果他们试图加工所有的信息，他们就会被信息吞没。结果，他们有选择地进行编码，挑选他们关注的信息。

即使某人最初接触到了某些信息，并以恰当的方式对其进行了编码，却仍然无法保证他/她以后能够使用这些信息。信息还必须适当地存储在记忆中。存储（storage）是指将材料放置于记忆中。最后，将来对材料的成功使用还依赖于提取过程。提取（retrival）是将记忆存储中的材料进行定位，将其带入意识并使用的过程。

在这里，我们可以再次与计算机进行比较。信息加工理论认为编码、存储和提取过程类似于计算机的不同部分。编码可以被看做计算机的键盘，通过键盘人们输入信息；存储就是计算机的硬盘，信息储存在这里；提取相当于搜寻信息并使其呈现在屏幕上的软件。只有当所有三个过程（编码、存储和提取）都在运行，信息才能得到加工。

信息加工理论 致力于确认个体获取、使用和存储信息方式的模型。

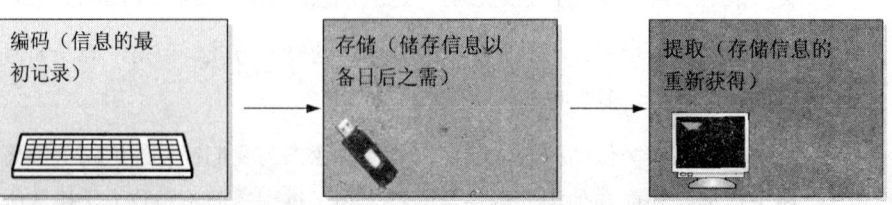

图5-3 信息加工
信息被编码、存储和提取的加工过程。

自动化 在某些情况下，编码、存储和提取是相对自动化的，而在另一些情况下，它们则是有意进行的。自动化（automatization）是一种活动需要注意的程度。需要较少注意的加工就是自动化的；需要较多注意的加工就是控制性的。例如，一些活动，如散步、用叉子吃饭，或者阅读，对你而言可能是自动化的，但是最初它们需要你全神贯注才能完成。

自动化心理加工通过使儿童能够以特定的方式容易地、"自动化地"加工信息，在他们最初面对世界的时候提供帮助。例如，5岁时，儿童能够根据频率自动地编码信息。比如，他们开始意识到自己遇到各种人的频率高低，而不必投入大量的注意去计算，这就使得他们能够区分熟悉和不熟悉的人（Hasher & Zacks, 1984）。

此外，在无意图无意识的情况下，婴儿和儿童关于不同刺激同时出现的频率高低发展出一种感觉。这就使得他们形成对概念，以及对享有共同特征的物体、事件和人分类的理解。例如，通过对常常一起出现四条腿、有条摇摆的尾巴，还会刺耳短促地叫唤这样的信息进行编码，我们在很小的时候就学会理解"狗"的概念。儿童（还有成人）很少能意识到他们是如何学到这些概念的，他们常常无法清楚地表达出用来区分一个概念（如狗）与另一个概念（如猫）的特征。相反，学习倾向于自动发生。

我们自动学习的有些事情具有出乎意料的复杂性。比如，婴儿具有学习精细的统计模式和关系的能力；这些结果与越来越多表明婴儿具有惊人数学能力的研究相一致。5个月大的婴儿就能计算出简单加减问题的答案。在发展心理学家科恩·维恩（Karen Wynn）进行的一项研究中，最开始实验者呈现给婴儿一个物体：一个10.16厘米（4英寸）高的米奇老鼠雕像（见图5-4）。然后一个屏风升起，将小雕像挡住。接下来，实验者给婴儿呈现另一个一模一样的米奇老鼠，然后把它放在同一个屏风后面（Wynn, 1992, 1995, 2000）。最后，根据实验情境，将会出现两种结果。在"正确加法"情境下，屏风落下，露出两个小雕像（类似于1+1=2）。但是在"错误加法"情境下，屏风落下，只有一个小雕像（类似于不正确的1+1=1）。

由于婴儿对意料之外的结果注视的时间要长于对意料之中结果的注视，研究者检验了婴儿在两种情境下注视时间的模式。实验中婴儿在结果错误的情境下注视时间要长于正确情境，表明错误情境和他们预期的雕像数目不相同，这就支持了婴儿能够区分正确和错误加法的观点。采用相似的实验程序也发现，婴儿在错误减法问题上的注视时间也要长于得出正确答案的问题。由此得出结论：婴儿具有初级的数学能力，使他们

图5-4 米奇老鼠数学
研究者科恩·维恩博士发现，像图中的米切尔·福莱特（Michelle Follet）这样5个月大的婴儿，会根据他们看到的米奇老鼠雕像的数目是否代表了正确的加法运算来做出不同的反应。你认为这种能力是不是人类独有的呢？你是如何发现的？

记忆 信息最初被记录、存储和提取的加工过程。

能够理解数量是否准确。

婴儿基本数学技能的存在受到一些发现的支持，即"非人"种类天生就具备某些基本的数字精通性。甚至刚出壳的小鸡也表现出一些计数能力（Rugani, 2009）。

这类正在增长的研究的结果表明，婴儿先天就具有掌握特定的基本数学公式和统计模式的能力。这种与生俱来的精通很可能是日后学习更复杂数学和统计关系的基础（Gelman & Gallistel, 2004；McCrink & Wynn, 2004, 2007, 2009；vanMarle & Wynn, 2006, 2009）。

现在，我们转向信息加工的几个方面，关注记忆和智力的个体差异。

婴儿期的记忆：他们一定记得这个

西蒙娜·杨（Simona Young）在没有与人类接触的环境下度过婴儿期。每天超过20个小时的时间，她独自躺在罗马尼亚一个肮脏的孤儿院里的婴儿床上。冰凉的奶瓶架在她瘦小的身躯上面，供她汲取营养。她前后摆动，几乎感觉不到任何抚摸，也听不到安慰的话语。独自处在这种阴冷的环境中，她一连好几个小时不停的前后摇摆着。

但是，西蒙娜的故事有一个好的结局。2岁的时候，一对加拿大夫妇收养了她，从此西蒙娜和正常的孩子一样，生活中处处都有朋友和同学，总之，她拥有一个充满爱的家。实际上，现在6岁的她几乎记不起任何与孤儿院悲惨生活有关的内容。她似乎完全忘记了过去（Blakeslee, 1995, p. C1）。

有多大可能性西蒙娜真的不记得婴儿期的事情了？如果她曾经回忆起其生命中最初的两年，她的记忆会具有怎样的准确性呢？为了回答这些问题，我们需要考虑婴儿期记忆的质量。

婴儿期的记忆能力 当然，婴儿具有**记忆（memory）**能力，记忆被定义为信息最初被记录、存储和提取的加工过程。正如我们所看到的，婴儿能够从旧刺激中区分出新刺激，这暗示一定出现了关于旧刺激的记忆。除非婴儿对最初的刺激有一定的记忆，否则他们不可能认识到一个新刺激与先前刺激有所不同。

但是，婴儿从旧刺激中识别新刺激的能力，对于我们了解有关年龄如何导致记忆能力及其本质的变化帮助不大。婴儿的记忆能力是否随着他们年龄的增长而不断提高？答案是十分肯定的。在一项研究中，研究者教婴儿通过踢腿来移动挂在婴儿床上方的运动物体（见照片）。2个月大的婴儿几天以后就忘记了他们受过的训练，但是6个月大的婴儿在3个星期以后仍然记得（Rovee-Collier, 1993, 1999）。

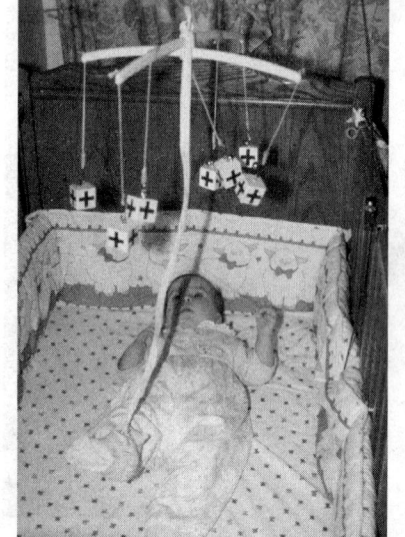

已经习得在移动物体和踢腿动作之间存在联结的婴儿，如果给他们呈现一个提示物，他们就会表现出惊人的回忆能力。

此外，那些后来受到提示以回忆踢腿和移动运动物体之间联系的婴儿，他们的表现提供证据表明记忆持续存在了甚至更长的时间。仅仅接受两次训练周期（每次持续9分钟）的婴儿在大约1个星期以后仍然能够回忆出来，也就是说，当这些婴儿被放在小床上，挂上运动的物体时，他们便开始踢腿。但2个月以后，他们就不再试图踢腿了，说明他们已经完全忘记了。

但实际上，他们并没有忘记：当婴儿看到提示物（一个正在运动的物体）时，他们的记忆显然又被重新激活。实际上，如果有提示，婴儿对联结的记忆能够再持续1个月（Sullivan, Rovee-Collier, & Tynes, 1979）。其他证据证实了这些结果，表明线索能够重新激活最初似乎已经丢失的记忆，同时也表明婴儿的年龄越大，这种提示越有效（Sullivan, Rovee-Collier, & Tynes, 1979；Bearce & Rovee-Collier, 2006；DeFrancisco & Rovee-Collier, 2008）。

婴儿的记忆与年长儿童及成人相比有质的差异吗？研究者一般认为，在人的毕生发展中，即使被加工的信息种类会发生变化，大脑所使用的部分会有所不同，但是信息加工方式是相似的。根据记忆专家卡洛琳·罗伊—柯利尔（Carolyn Rovee-Collier）的观点，不论年龄多大，人们都会渐渐地失去记忆，尽管人们像婴儿一样，在提供提示物的情况下可能会重新获得记忆。而且，一个记忆被提取的次数越多，那么这个记忆保持的时间就越长（Galluccio & Rovee-Collier, 2006；Hsu & Rovee-Collier, 2006；Barr et al., 2007；Turati, 2008）。

记忆的保持　尽管在人的毕生发展中，记忆保持和回忆的深层加工过程看起来很相似，但是随着婴儿的成长，信息的存储量和回忆量存在着显著的差异。大一点的婴儿能够更快地提取信息，也能够记得更久一些。但是到底有多久？例如，婴儿长大以后，他们的记忆还能够被回忆起来吗？

对于记忆能够被提取的年龄，研究者看法不一。以前的研究支持**婴儿遗忘症（infantile amnesia）**的说法，即人们的记忆中缺少3岁以前的经历——更近期的研究表明，婴儿能够保持这些年的记忆。例如，南茜·迈耶斯（Nancy Myers）及其同事让一组6个月大的儿童在实验室里经历一系列不平常的事件，比如，光暗的交替出现和不寻常的声音。后来，当这些孩子1岁半或2岁半时进行测试，有证据清楚地表明，他们仍然留有早期参与实验的记忆。其他的研究表明，婴儿对于他们仅仅看过一次的行为和情境也表现出记忆（Myers, Clifton, & Clarkson, 1987；Howe, Courage, & Edison, 2004）。

这些结果与大脑中记忆的物理痕迹似乎相对持久的证据相符，表明记忆可能从婴儿期开始就一直持续存在。然而，记忆却不会

婴儿遗忘症　人们的记忆中缺少3岁以前的经历。

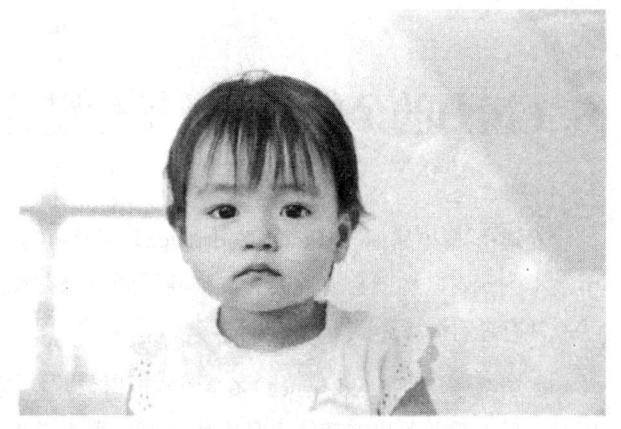

尽管研究者对于记忆能够被提取的年龄看法不一，但一般说来，人们无法记住发生在3岁以前的事件和经历。

那么轻易地，或是准确地被提取出来。比如说，记忆很容易受到其他新信息的干扰，这些新信息可能取代或阻塞了旧信息，从而阻止了对旧信息的回忆。

婴儿看起来记忆得较少，一个原因可能是语言在决定对生命早期记忆进行回忆的方式上起到了重要的作用：年长儿童和成人也许只能使用他们在事件最初发生时可用的词汇来报告记忆，此时记忆被存储。由于在最初存储的时候，婴儿的词汇非常有限，即使事件确实存在于他们的记忆中，日后他们也无法描述出这个事件（Bauer et al., 2000; Simcock & Hayne, 2002; Heimann et al., 2006）。

婴儿期形成的记忆在成人期被保存得如何？这个问题仍然没有确切的答案。尽管婴儿在不断地接触提示物的情况下，他们的记忆可能非常详细也保持得相当持久，但是在毕生发展的进程中，这些记忆保持得有多么准确依然不得而知。实际上，如果在最初的记忆建构之后，人们暴露于相关的矛盾信息之中，那么早期的记忆很容易被错误提取。不仅此类新信息会潜在地对最初内容的回忆起到削弱作用，新的内容也会不知不觉地融入原始的记忆中，从而破坏回忆内容的准确性（Bauer, 1996; DuBreuil, Garry, & Loftus, 1998; Cordón et al., 2006）。

总之，数据表明尽管至少在理论上，小时候的记忆依然保存完整存在的可能（如果后来的经验没有干扰他们的回忆），但是在大部分情况下，婴儿期有关个人经历的记忆不会持续到成年。现在的研究发现表明，有关第18~24个月之间个人经历的记忆似乎并不准确（Howe, 2003; Howe, et al., 2004; Bauer, 2007）。

记忆的认知神经科学　　记忆发展研究中一些最激动人心的结果来自有关记忆神经基础的研究。大脑扫描技术的进步以及对脑损伤成人的研究都表明，长时记忆涉及两个分离的系统。这两个系统称为外显记忆和内隐记忆，它们保持着不同种类的信息。

外显记忆（explicit memory）是一种有意识的、能够被有意回忆的记忆。相反，内隐记忆（implicit memory）是被无意识回忆的记忆。内隐记忆包括动作技能、习惯和不需要有意识的认知努力就能够被记住的活动，比如如何骑车或爬楼梯。

内隐和外显记忆形成的速度不同，并涉及不同的脑区。最早的记忆似乎是内隐的，它们与小脑和脑干的活动有关。外显记忆的最初形式涉及海马，但是真正的外显记忆直到出生后6个月才会出现。当外显记忆出现的时候，会涉及越来越多的大脑皮层区域（Bauer, 2004; Squire & Knowlton, 2005; Bauer, 2007）。

5.3 智力的个体差异：这个婴儿比那个聪明？

麦迪·罗德里格斯（Maddy Rodriguez）充满好奇，并且能量十足。在她6个月大的时候，如果伸手拿不到玩具，她就会放声大哭。当她看到自己在镜子中的样子，就会咯咯地笑起来，好像是发现了非常有趣的情境。

杰瑞德·林奇（Jared Lynch）6个月大的时候，比麦迪羞怯和内向得多。当球滚出他能够取到的范围时，他似乎并不太在意，而且很快就对球失去了兴趣。另外，不像麦迪，当他在镜子里看到自己的时候，几乎忽略了其中的景象。

正如任何一个花上一点时间观察过不止一个婴儿的人告诉你的那样，并不是所有的婴儿都一样。一些婴儿能量充沛、活力十足，似乎表现出天生的好奇心。相比较而言，另一些孩子似乎对周围的世界不大感兴趣。这是不是意味着此类婴儿在智力上存在差异？

要想回答有关婴儿潜在的智力水平如何不同，以及在何种程度上不同的问题并不容易。尽管很明显，不同婴儿的行为表现具有显著差异，但有关何种行为可能与认知能力相关的问题却很复杂。有趣的是，对婴儿间个体差异进行考察最初是被发展学家用来理解认知发展的方法，而此类问题仍然代表了该领域中的一个重要研究焦点。

什么是智力？是能够很好地完成标准化测验？还是不用现代化设备就能航海的能力？

什么是婴儿智力？ 在我们阐述婴儿是否在智力方面存在差异，以及存在怎样的差异之前，需要考虑"智力"这个术语的含义究竟是什么。教育工作者、心理学家以及其他发展方面的专家对智力行为的一般性定义尚未达成共识，即便对于成人也是如此。这种能力是指学业成绩很出色，还是精通商务谈判，或者是擅长在变化莫测的海域中航行，如那些不具备西方航行技术知识的南太平洋人所表现出来的能力？

定义和测量婴儿的智力甚至比成人更难。智力的基本指标是什么？是婴儿通过经典或操作性条件反射学习一项新任务的速度，还是婴儿对一个新刺激习惯化的速度，抑或婴儿学会爬行或行走的年龄？即使我们能够明确一些特定的行为，这些行为似乎根据婴儿期智力上的差异进行了区分，我们还需要进一步说明另一个可能更重要的问题：婴儿智力的测量与最终的成人智力有多高的相关？

显然，这样的问题并不简单，很难得到简单的答案。但是，发展学家已经设计出了一些方法（总结于表5-2）来阐述婴儿期智力个体差异的性质。

发展量表 发展心理学家阿诺德·格塞尔（Arnold Gesell）阐明了最早用来测量婴儿发展的方法，该方法是设计用于区分正常发展和非典型发展的婴儿（Gesell, 1946）。格塞尔根据对上百名婴儿的测试发展了他的量表。他将不同年龄儿童的表现进行比较，以了解何种行为在某一特殊年龄最为普遍。如果一名婴儿与特定年龄的常模存在显著差异，那么他/她就会被认为发展迟滞或超前。

在那些致力于通过一个特定分数（称为智商分数，或IQ分数）量化智力的研究者的带领下，格塞尔发展出一个**发展商数（developmental quotient）**，即DQ。发展商数是一个总的发展得分，涉及四个领域的表现：动作技能（如平衡和坐着）、语言使用、适应性行为（如改变和探索），以及个人—社会（如自己吃饭和穿衣服）。

随后，研究者又发展出其他的发展量表。举个例子，南茜·贝利（Nancy

发展商数 一个总的发展得分，涉及四个领域的表现：动作技能、语言使用、适应性行为，以及个人—社会。

表 5-2　用于探查婴儿期智力差异的方法

发展商数	发展商数由阿诺德·格塞尔提出，它是一个总的发展得分，涉及四个领域的表现：动作技能（平衡和坐着）、语言使用、适应性行为（改变和探索），以及个人—社会性行为（自己吃饭和穿衣服）。
贝利婴儿发展量表	贝利婴儿发展量表是由南茜·贝利所发展，该量表用来评价2～42个月婴儿的发展。贝利量表关注两个领域：心理能力（感觉、知觉、记忆、学习、问题解决和语言）和动作能力（精细和粗大的动作技能）。
视觉—再认记忆测量	视觉再认记忆的测量，即对先前见过刺激的记忆和再认，也与智力有关。婴儿从记忆中提取某个刺激的表征速度越快，婴儿信息加工可能就越有效。

Bayley）发展出婴儿测量中应用最广泛的工具之一。**贝利婴儿发展量表（Bayley Scales of Infant Development）**用来评估2~42个月婴儿的发展。贝利量表关注两个领域：心理和动作能力。心理量表关注感觉、知觉、记忆、学习、问题解决和语言，而动作量表评价精细和粗大的动作技能（见表5-3）。与格塞尔的方法类似，贝利提出了一个发展商数（DQ）。得分处于平均水平（即同一年龄段其他儿童的平均成绩）的儿童得分为100（Bayley, 1969；Black & Matula, 1999；Gagnon & Nagle, 2000；Lynn, 2009）。

格塞尔和贝利所使用的此类方法的优势是他们为婴儿当前的发展水平提供了一种快速简单的描述。通过使用这些量表，我们就能够以客观的方式分辨出某个婴儿的发展与其同年龄儿童相比是提前还是落后了。尤其是在识别显著落后于同伴、需要立即给予特别注意的婴儿时，这些量表尤其有用（Culbertson & Gyurke,

表 5-3　贝利婴儿发展量表的样题

年龄	心理量表	动作量表
2个月	把头转向有声音的地方 对面孔的消失做出反应	保持头部直立/稳定15秒 能在外力协助下保持坐势
6个月	握住把手拿起杯子 看书中的图片	独自保持坐势30秒 用手抓住脚
12个月	建造两层的方块塔 翻书页	在有帮助的情况下能行走 抓住铅笔的中部
17～19个月	模仿蜡笔画 认出照片中的物体	用右脚独自站立 在有帮助的情况下走上楼梯
23～25个月	匹配图片 模仿两字句	用带子串3个珠子 跳的距离有4英寸远（约10厘米）
38～42个月	命名四种颜色 使用过去式 明确性别	照着画圆 单脚跳两次 换脚下楼梯

(Source: Bayley, N., 1993. Bayley scales of infant development [BSID-Ⅱ], 2nd ed. San Antonio, TX: The Psychological Corporation.)

贝利婴儿发展量表
评估2~42个月婴儿发展的测量工具。

1990；Aylward, & Verhulst, 2000）。

此类量表不适用于预测儿童未来的发展进程。用这些测量工具测得儿童1岁时发展相对迟滞，并不一定表明他在5岁、12岁或者25岁时也表现出迟缓的发展。因此，多数对婴儿行为的测量与成人智力的联系不大（Molese & Acheson, 1997；Murray et al., 2007）。

有关智力个体差异的信息加工理论　我们平时谈到智力的时候，常会在反应"快"和反应"慢"的个体之间进行区分。实际上，根据信息加工速度的相关研究，这样的用法具有一定的道理。当代有关婴儿智力的观点表明，婴儿加工信息的速度可能与日后的智力关系密切，而日后的智力则是成年时通过IQ测验所测得的指标（Rose & Feldman, 1997；Sigman, Cohen, & Beckwith, 1997）。

我们如何来辨别婴儿加工信息速度的快慢呢？大部分研究者使用习惯化测验。那些有效加工信息的婴儿应该能够更快地学习相关的刺激，因此，我们预期，与那些信息加工效率较低的个体相比，他们将会把注意力更快地从给定的刺激上转移出来，形成习惯化现象。类似地，视觉再认记忆（visual-recognition memory）的测量，即对先前见过刺激的记忆和再认，也与智商有关。婴儿从记忆中提取一个刺激表征的速度越快，婴儿的信息加工可能就越有效率（Rose, Jankowski, & Feldman, 2002；Robinson & Pascalis, 2005）。

使用信息加工框架进行的研究，清楚地表明信息加工效率和认知能力之间的关系。婴儿对先前看过的刺激失去兴趣的速度，以及他们对新刺激的反应与后期测得的智力有中度相关。出生后6个月大的婴儿，其信息加工效率越高，他们在2岁和12岁时就越可能获得较高的智力分数，同时，在其他的认知能力测验中也会得到较高分数（Fagan, Holland, & Wheeler, 2007；Domsch, Lohaus, & Thomas, 2009；Rose, Feldman, & Jankowaski, 2004, 2009）。

其他研究表明，与知觉的多通道观点（我们在第四章中讨论过）相关的能力可能提供了有关后期智力的线索。例如，对先前通过某一感觉体验到的刺激采用另一种感觉进行识别的能力（称作跨通道迁移，cross-modal transference）与智力相关。如果婴儿对先前触摸过但是没有看到过的螺丝刀能够进行视觉上的识别，那么，他就表现出跨通道的迁移。研究已经发现，1岁婴儿表现出来的跨通道迁移程度（这需要高水平的抽象思维能力）与几年后的智力得分有关（Rose, Feldman, & Jankowski, 1999, 2004）。

尽管婴儿期的信息加工效率和跨通道迁移能力与后期的IQ得分有中度相关，但我们还是应该牢记两点。第一，即使早期的信息加工能力和后来的IQ得分之间存在联系，也仅仅是中等强度的相关。其他的因素，如环境刺激的程度，在决定成人智力时也起到了重要的作用。因此，我们不应该想当然地认为婴儿的智力会以某种方式固定不变。

第二点可能更为重要，通过传统IQ测验测得的智力只涉及智力的某一特殊类型，它强调了能够带来学业成功而非艺术或职业成功的能力。因此，预期儿童在后来的IQ测验中得高分与预期他在今后生活中获得成功并不是一回事。

尽管有上述局限，最近的研究结果发现，信息加工的效率与后来的IQ得分存在联系，这就表明认知发展在人的一生中具有一定程度的一致性。虽然，早期人们对量表（如贝利量表）的依赖导致了一种误解，即认知发展缺乏连续性，但是，新近的信息加工理论表明从婴儿期到后来的发展阶段，认知发展以一种更有序、更连续的方式呈现出来。

评价信息加工理论 对于婴儿期的认知发展，信息加工理论与皮亚杰的观点存在较大差异。与皮亚杰关注婴儿能力质变的一般性解释不同，信息加工理论则关注量变。皮亚杰将认知发展视为一种完全突然而快速的爆发；而信息加工则认为是更缓慢、逐步的发展（思考一下跨栏的田径运动员与速度缓慢而稳定的马拉松选手之间的差别）。

由于持有信息加工观点的研究者是根据个体技能的集合来研究认知发展的，因此，与皮亚杰观点的支持者相比，他们常常能够使用更精确的方式对认知能力进行测量，如加工速度和回忆能力。然而，恰恰是这些准确的单个测量，使得很难对认知发展的性质形成一种总体的感觉，而这正是皮亚杰所擅长的。似乎信息加工理论更多地关注认知发展难题的个别部分，而皮亚杰理论更关注整个难题（Kagan, 2008；Quinn, 2008）。

最后，在解释婴儿期认知发展的时候，皮亚杰理论和信息加工理论都很重要。这两种观点，再加上脑的生化研究进展以及考虑了影响学习和认知的社会因素的理论上的进步（我们将在第六章进行探讨），将有助于我们建构一幅有关认知发展的全景图（也见"从研究到实践"专栏）。

从研究到实践

为什么正规教育在婴儿身上迷失了

杰塔（Jetta），有一双大眼睛和几颗珍珠般的牙齿，以及一根已经能够操作电子娱乐设备的小小的食指。

"我们拥有每一种教育类电子产品——跳跃青蛙，小小爱因斯坦，"她的母亲奈拉·索尔巴坦（Naira Soibatian）说，"她有一台惠普笔记本电脑，比我的还大。我知道有一本最好的育婴书非常简单地说，那就是浪费钱。但是世上只有一件事比有个孩子更好，那就是有个聪明的孩子。再说，它造成什么伤害了吗？她学到了东西，而且她喜欢它们。"（Lewin, 2005, p. A1）

对于许多相信让婴儿使用教育类玩具和媒体有益于其认知发展的父母，奈拉·索尔巴坦的哲学得到他们的认同。父母想让还是婴儿的孩子在学习速度上取得优势，他们发现市面上并不缺少声称能够做到这一点的产品和服务。教育类的电视节目，如小小爱因斯坦和天才宝贝都承诺能够激发年轻的心智。大量各种类型的婴儿玩具在进行市场推广时声称能够促进认知发展。父母有时会尝试施行他们自己设计的结构化学习活动，例如闪示卡[③]，来让他们的孩子更聪明（Interlandi, 2007）。

然而，这些策略确实有效吗？有证据显示并非如此，甚至在某些情况下事与愿违，对学习造成阻碍。问题来源于一个错误的假设，以为婴儿的学习方式跟年长的儿童一样，以为他们可以从具有特定目标的结构化活动中获益。研究显示，这种学习方法与婴儿理解世界的方式不一致。年长儿童和成人以目标指向的方式获取信息，针对明确的问题寻找解决方案，而婴儿仅仅是以无计划的方式探索他们的周边。结构化的学习经验无法解释这一独特的婴儿视角（Zimmerman, Christakis & Meltzoff, 2007）。

[③] flash card，是一套写有单词或数字的卡片，教师逐一抽出示给学生，令其做出迅速反应。

这并不是说构思精良的玩具不能促进学习。例如，在一个研究中，给婴儿呈现由两根杠杆和两个弹力娃娃组成的玩具。研究者分别用两种不同的方式对两组婴儿展示玩具的玩法。其中一组看到研究者每次压下两根杠杆中的一根，导致两个娃娃的其中一个弹起。另一组则看到研究者一次压下两根杠杆，导致两个娃娃都弹起。因此第一组婴儿对于玩具是如何工作有更全面的理解，而第二组则留下了一个疑问——当只压下一根杠杆而另一根不动时，会发生什么（Schulz & Bonawitz, 2007）。

当他们被允许自己玩玩具时，第二组花了比第一组长得多的时间。第二组对玩具如何工作的理解不够全面，因此他们要进一步地探索，以发掘杠杆和娃娃之间的关系。

一个研究者对该领域研究的意义作了如下总结："婴儿不会尝试去学习某个特定的技能或某套特定的事实。相反的，他们会被任何新颖的、出乎意料的或包含信息的事物吸引。"换句话说，他们不需要有计划的学习——他们的学习仅仅是跟随着他们自己对于探索周围世界的好奇心（Interlandi, 2007, p. 14）。

这些研究发现的意义已经超出实验室之外。由于研究显示教育类媒体不但对于提升认知发展无效，事实上还对其有所损害，赞助了小小爱因斯坦节目的沃尔特·迪斯尼公司做出一个惊人举动，它对购买小小爱因斯坦录像产品的数百万父母进行了偿还。例如，一个研究显示，相比没有观看过教育类节目的孩子，在7~16个月大时观看了这类节目的孩子实际上表现为语言发展更差，知道的词和短语更少（Zimmerman & Christakis, 2007; Zimmerman, Christakis, & Meltzoff, 2007; Lewin, 2009; Robb, Richert, & Wartella, 2009; Roseberry et al., 2009）。

• 在你看来，尽管使用教育类玩具和媒体产品缺少科学研究支持，仍然值得尝试为婴儿购买它们吗？为什么？在什么情况下可能造成不好的后果？

• 在你看来，对于婴儿用教育类玩具和媒体产品的有效性缺少科学证据这一点，父母一般看起来并不关心，这是为什么？

复习和应用

复习

- 信息加工理论考虑儿童组织和使用信息能力的量变。认知发展被认为是逐渐复杂的编码、存储和提取过程。
- 显然儿童在非常小的时候就有记忆能力，尽管此类记忆的持续性和准确性还有待进一步研究。
- 关于婴儿智力的传统测量关注行为获得，有助于识别发展迟滞或超前，但它与成人智力的关系并不密切。
- 信息加工理论对智力的评估依赖于婴儿加工信息的速度和质量上的差异。

> **应用毕生发展**
>
> - 你会采用本章里的什么信息去反驳书上或教育计划的说法，即承诺帮助家长提高其孩子的智力或者给婴儿灌输高级的智力技能？根据确凿的研究结果，你会采用何种理论用于婴儿的智力发展？
> - 从一名护士的视角看问题：在使用像格塞尔或贝利的发展量表时，如何使用才会有帮助？如何使用会有危险？如果你正在给一名家长提建议，那么怎样才能使其帮助最大化，危害最小化？

5.4 语言的根源

对于莫拉（Maura）要说的第一个字会是什么，维姬（Vicki）和多米尼克（Dominic）正在以一种友好的方式进行竞争。在将莫拉交给多米尼克换尿布之前，维姬会轻柔地对宝宝说："叫妈妈（mama）"。多米尼克则会咧开嘴笑着接过女儿，哄着她说："不，叫爸爸（daddy）"。当莫拉说的第一个字听起来更像"baba"，似乎指的是她的瓶子时，父母双方都以失败（和成功）告终。

Mama、No、Cookie、Dad、Jo，大部分父母能够记住自己孩子说的第一个字。毫无疑问，这种人类独有技能（这一点仍处于争论中）的出现是一个令人兴奋的时刻。

但是那些最初说出的字只是语言第一个以及最明显的表现。婴儿在几个月以前就开始理解其他人用于赋予周围世界意义的语言。这种语言能力如何发展？语言发展的模式和顺序是什么？语言的使用如何改变婴儿和其父母的认知世界？当介绍生命第一年的语言发展时，我们将会考虑这些问题。

语言的基础：从声音到符号

语言（language），作为有意义符号的系统排列，为信息交流提供了基础。但是语言的作用不止于此：它与我们思考和理解世界的方式有着密切的联系。它能够使我们对人和物体进行思考，并将我们的想法传递给他人。

随着语言能力的不断发展，语言有一些形式特征必须被掌握：

- **语音** 语音是指语言中基本的声音，叫做音素，把它们结合起来就形成了单词和句子。比如，"mat"中的"a"与"mate"中的"a"在英语中代表了两个不同的音素。尽管英语只采用了40个音素来构造所有的单词，有的语言却有多达85个音素，而有的语言只有15个音素（Akmajian, Demers, & Harnish, 1984）。

语言 有意义的符号的系统排列，它提供了信息交流的基础。

- **语素** 语素是最小的有意义的语言单位。有些语素是完整的单词，而另一些则是为了解释一个单词而增加的必要信息，如复数的后缀"-s"和过去式的后缀"-ed"。
- **语义** 语义是决定单词和句子含义的规则。随着儿童语义知识的发展，他们能够理解"埃莉被球击中了"（对为什么埃莉不想玩投接球游戏的回答）和"球击中了埃莉"（用于说明现在的状况）之间细微的差别。

尽管我们倾向于把语言看做单词和单词群的生成，但婴儿在说出第一个词之前，他们就已经开始进行语言的交流。

在考虑语言发展的时候，我们需要区分语言理解（linguistic comprehension）、言语理解（the understanding of speech）、语言生成（linguistic production），以及使用语言进行交流。理解和生成两者之间关系的背后有一个基本原则：理解先于生成。一个18个月大的婴儿可能会理解一系列复杂的指导语（从地上捡起你的衣服，把它放在火炉旁的椅子上），但自己说话的时候可能还无法将两个以上的词串起来。在整个婴儿期，理解的发展也比生成要快。例如，在婴儿期，对单词的理解是以每个月新增22个单词的速度增长，而一旦儿童开始说话，单词的生成速度是每个月新增9个左右（Benedict,

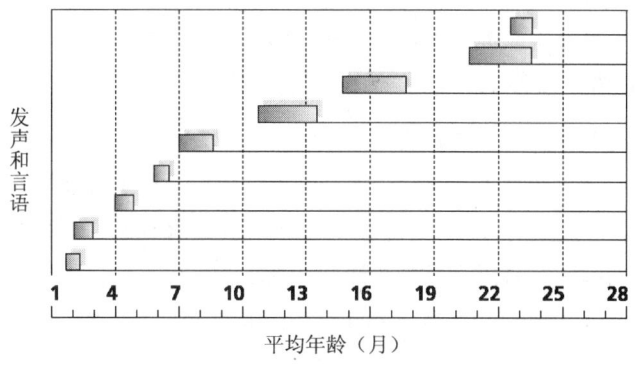

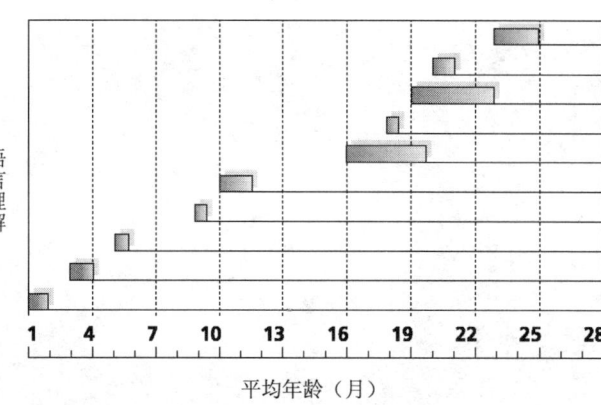

图 5-5 理解先于生成

在整个婴儿期，言语的理解先于言语的生成。

（Source: Adapted from Bornstein & Lamb, 1992.）

牙牙学语 发出类似言语但又没有意义的声音。

1979；Tincoff & Jusczyk, 1999；Rescorla, Alley, & Christine, 2001；见图5-5）。

早期的声音和交流 如果和一个即使是很小的婴儿待在一起24小时，你也会听到各种各样的声音：咕咕的叫声、哭声、咯咯的笑声、嘟哝的声音和很多种其他的声音。尽管这些声音本身没有什么含义，但是它们在语言发展方面发挥了重要的作用，为真正的语言铺平了道路（Bloom, 1993；O'Grady & Aitchison, 2005）。

前语言交流（prelinguistic communication）是通过声音、面部表情、手势、模仿和其他非语言的方式进行交流。当一位父亲用自己发出的"ah"声对女儿的"ah"声作反应时，女儿会重复这个声音，然后父亲会再重复一次，他们正是在进行前语言交流。显然，这个"ah"声并没有特殊的意义。但是，对它的重复类似一种对话交流，教给婴儿有关交流需要双方参与、轮流进行的知识（Dromi, 1993；Reddy, 1999）。

前语言交流最明显的表现是牙牙学语。**牙牙学语（babbling）**，即发出类似言语但又没有意义的声音，它开始于2~3个月大的时候，一直持续至1岁左右。当婴儿牙牙学语时，他们从高到低地改变音调，一次次地重复相同的元音（如以不同的音高重复"ee-ee-ee"）。5个月以后，牙牙学语的声音开始扩展，反映出辅音的增加（如"bee-bee-bee-bee"）。

牙牙学语是一种普遍的现象，在所有的文化中都以一种相同的方式出现。在婴儿牙牙学语时，他们会自发地生成每种语言中都存在的声音，而不是仅仅产生他们听到的周围人所说的话语。

实际上，即使聋童也会以自己的形式表现出牙牙学语：失去听觉并接触符号语言的婴儿，他们用手而不是声音来"牙牙学语"。因此，他们通过手势表现的"牙牙学语"类似于听力正常儿童的口语牙牙学语。另外，如图5-6（文前彩图）所示，手势的产生所激活的脑区与言语生成所激活的区域相似，表明口语可能是从手语进化而来（Holowaka & Petitto, 2002；Senghas, Petitto, Holowka, & Sergio,

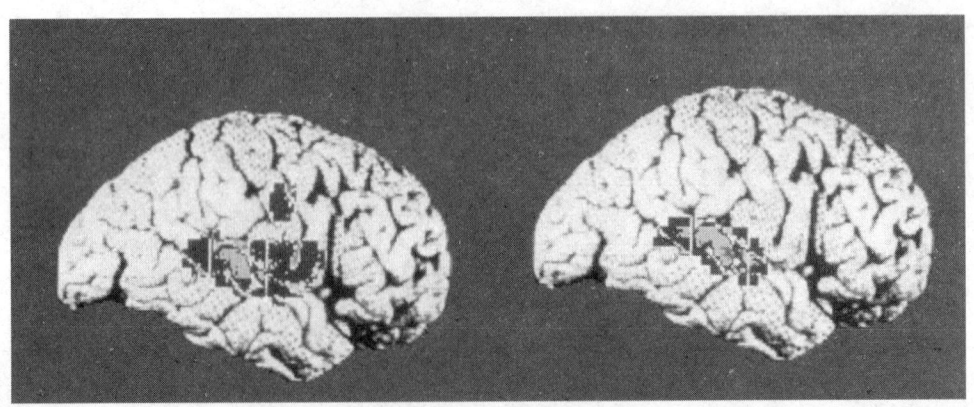

图5-6 布洛卡区
言语所激活的脑区（左）与手势生成过程中激活的脑区（右）相似。
（Source: Krantz, 1999.）

2004；Kita, & Özyürek, 2004；Gentilucci & Corballis, 2006）。

牙牙学语典型的发展轨迹是从简单过渡到复杂的声音。尽管处于某种特定语言的发声环境中似乎并不会影响最初的牙牙学语，但最终经历还是会造成牙牙学语的差异。到了6个月大，牙牙学语就反映出婴儿所处的语言发声环境（Blake & Boysson-Bardies, 1992）。这种差异非常显著，以至于即使是没受过训练的听众，也能将在不同文化下（如说法语、说阿拉伯语和说广东话）抚养的牙牙学语婴儿区分出来。此外，婴儿开始回到他们自己的语言的速度与之后的语言发展速度是相关的（Oller et al., 1997；Tsao, Liu, & Kuhl, 2004；Whalen, Levitt, & Goldstein, 2007）。

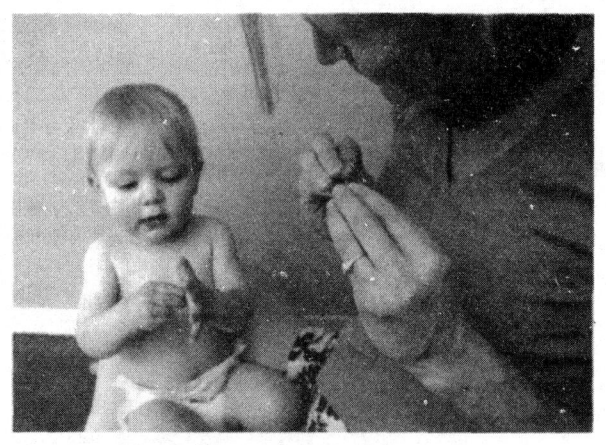

接触手语的聋儿表现出他们自己的牙牙学语，和符号的使用有关。

前语言言语还有其他的含义。例如，5个月大的婴儿玛尔塔（Marta），发现自己拿不到红色的球。在她试图伸手去拿，结果发现自己拿不到的时候，就生气地哭了起来，以此来提醒父母自己有麻烦了，然后母亲就会把球递给她。交流就发生了。

4个月以后，当玛尔塔面对同样的情境时，她不再为拿不到球而烦恼，也不再通过生气来做出反应。她会向球的方向伸出胳膊，极有目的性地去吸引母亲的注意。当母亲看到她的动作时，就知道玛尔塔想要什么了。显然，尽管玛尔塔的交流技术仍然属于前语言的，但已经有了很大的飞跃。

即使是手势这种前语言技能也仅仅在几个月的时间里就被取代了，此时手势让位于一种新的交流技能：生成一个真正的字。玛尔塔的父母能够清楚地听到她说"球"。

第一个单词 当父母第一次听到孩子说"Mama"或"Dada"，或者即使只是莫拉（在本节之前描述过的婴儿）例子里的"baba"，也都会让他们感到喜出望外。但是，当父母发现同一个声音还被婴儿用来要小甜饼、布娃娃和破烂的旧毛毯时，他们最初的热情可能就会降低，变得有些沮丧。

大约在第10~14个月的时候，婴儿一般就会说出第一个单词，但也可能早在9个月大的时候就已经说出。关于如何识别婴儿是否确实发出第一个单词，语言学家们观点不一。有些人认为当婴儿清楚地理解了单词，并能够发出与成人所说的单词相近的声音时，如儿童用"mama"代表他/她想要的任何东西，第一个单词就产生了。其他语言学家对第一个单词的产生采用了更严格的标准，他们认为只有当儿童对人、事件或物体进行了清晰一致的命名时，第一个单词才真正产生。以这种观点来看，只有当婴儿在多种情境下看到母亲在做不同事情的时候，也能把"mama"这个词一致地应用在她身上，而不会用在其他人身上，它才算得上是第一个单词（Hollich et al., 2000；Masataka, 2003）。

尽管人们对于婴儿何时能说出第一个单词的意见并不一致，但是没有人反对一旦婴儿开始生成词语，词汇量就会快速增长。到了第15个月，儿童已经平均掌握了10个单词，并且词汇量还会有系统地扩充，直到语言发展的单字词阶段（one-word stage）在第18个月左右结束。一旦该阶段结

表 5-4 儿童理解和表达的第一批单词中前 50 个单词

	理解百分比	生成百分比
1. 名词（指代"事物"的词语）	56	61
特定的（人、动物、物体）	17	11
一般的（指一个种类所有成员的词语）	39	50
有生命的（物体）	9	13
无生命的（物体）	30	37
代词（如这个、那个、他们）	1	2
2. 动作词	36	19
社会动作游戏（如藏猫猫）	15	11
事件（如吃）	1	NA
位置格（定位或把某个东西放在特定的位置上）	5	1
一般的动作和禁令（如不要碰）	15	6
3. 修饰语	3	10
状态（如一切都逝去）	2	4
定语（如大的）	1	3
位置格（如外面的）	0	2
所有格（如我的）	1	1
4. 个人—社会	5	10
肯定的宣称（如是的）	2	9
社会性表达（如再见）	4	1

注意：百分比指的是在儿童最初的50个词语中，包括这一类词语的人数比例。
(Source: Adapted from Benedict, 1979.)

束，词汇量就会出现一个突然的爆发式增长。在短短的一段时间里（第16~24个月之间的某几周），儿童的词汇量一般会从50个单词增长到400个单词（Gleitman & Landau, 1994；Nazzi & Bertoncini, 2003；McMurray, Aslin, & Toscano, 2009）。

正如你在表5-4中所看到的那样，儿童早期词汇里的第一批词语一般与客体有关，包括有生命的和没有生命的。它们常常指的是经常在儿童生活中出现和消失的人或客体（妈妈）、动物（小猫），或暂时的状态（湿的）。第一个词语常常是**整句字（holophrases）**，即能够代表整个短语的一个词，该词语的意思依赖于使用它们的特定情境。例如，婴儿说"ma"这个字的含义是由情境决定的，可能意味着"我想让妈妈把我抱起来"或者"妈妈，我想吃东西了"再或者"妈妈在哪里？"（Dromi, 1987；O'Grady & Aitchison, 2005）。

文化对儿童说出的第一批词语的类型会产生影响。例如，说中国普通话的婴儿，不像北美说英语的婴儿那样最开始就更易于使用名词，他们更多地使用动词。另一方面，到20个月大的时候，婴儿说出的词语类型有非常显著的跨文化相似性。例如，比较阿根廷、比利时、法国、以色列、意大利和韩国20个月大的婴儿，发现相比其他类型的词语，每一种文化下孩子们的词汇中包含的名词比例都

整句字 能够代表整个短语的一个单词，其含义依赖于使用它们的特定情境。

更高（Tardif, 1996; Bornstein, Cole, & Maital, 2004）。

第一个句子 当亚伦（Aaron）19个月大的时候，他听到妈妈从后面的楼梯走上来，就像每天吃饭前一样。亚伦转向爸爸，清楚地说出："妈妈来了。"亚伦将这两个单词串到了一起，他的语言发展向前迈出了巨大的一步。

在第18个月左右，词汇量的爆炸式提高与另一项成就相伴而生，那就是将单个的单词连成句子来表达一种想法。尽管儿童产生第一个双字词的时间差异较大，但一般说来，发生在他们说出第一个单词之后大概8~12个月。

双字组合的产生所代表的语言进步非常重要，因为这种连接不仅为外界的事物提供了标签，同时也表明了它们之间的关系。例如，这种组合可能表明了对某物的拥有关系（"妈妈钥匙"），或反复发生的事件（"狗叫"）。有趣的是，大部分早期的句子并不代表需求，甚至不一定需要别人做出回应。它们通常仅仅是有关发生在儿童世界里的事件的评价和观察（Halliday, 1975; O'Grady & Aichison, 2005）。

到了两岁，大部分儿童都能使用两字句，如"ball play"。

两岁大的孩子使用双字组合时，倾向于采用特定的顺序，这种顺序与成人建构句子的方式相似。例如，英语中的句子一般遵循以下模式：句子的主语放在最前面，后面跟动词，然后接宾语（"乔什扔球"）。儿童的言语常常使用相似的顺序，尽管最初并没有包括所有的单词。因此，儿童可能会说"乔什扔"或"乔什球"来表明相同的想法。重要的是他们言语的顺序一般不会是"扔乔什"或"球乔什"，而是正常的英语顺序，这就使得此类表达对于说英语的人而言更容易理解（Brown, 1973; Maratsos, 1983; Hirsh-Pasek & Michnick-Golinkoff, 1995; Masataka, 2003）。

尽管双字句的产生代表了一种进步，但儿童使用的语言仍然与成人不同。正如我们刚才所看到的，两岁儿童倾向于省去信息中不太重要的词，这与我们发电报时所采用的方式相似，因为我们要按字付钱所以省去不必要的词语。正是因为这个原因，他们的话常常被称作**电报语**（**telegraphic speech**）。使用电报语的儿童不会说"I showed you the book"，而可能会说"I show book"。"I am drawing a dog"可能就变成了"Drawing dog"（见表5-5）。

早期的语言还有其他区别于成人语言的特点。例如，萨尔西（Sarsh）把自己睡觉时盖的毯子叫做"blankie"。当阿姨埃塞尔（Ethel）给她一张新的毯子时，萨尔西不愿把这张新毯子也叫做"blankie"，而是只把这个词用在她最初的毯子上。

萨尔西不能将"blankie"这个标签泛化到一般的毯子上，是**泛化不足**（**underextension**）的一个例子，即用词过于局限，一般发生在刚刚掌握口头语言

电报语 说话时省去信息不太重要的词语。

泛化不足 用词过于局限，一般发生在刚刚掌握口头语言的儿童身上。

表 5-5　儿童在句子模仿时表现出来的电报语的消逝

	伊夫 25.5个月	亚当 28.5个月	海伦 30个月	伊恩 31.5个月	吉米 32个月	琼 35.5个月
I showed you the book.	I show book.	(I show) book.	C	I show you the book.	C	Show you the book.
I am very tall.	(My) tall.	I (very) tall.	I very tall.	I'm very tall.	Very tall.	I very tall.
It goes in a big box.	Big box.	Big box.	In big box.	It goes in the box.	C	C
I am drawing a dog.	Drawing dog.	I draw dog.	I drawing dog.	Dog.	C	C
I will read the book.	Read book.	I will read book.	I read the book.	I read the book.	C	C
I can see a cow.	See cow.	I want see cow.	C	Cow.	C	C
I will not do that again.	Do-again.	I will that again.	I do that.	I again.	C	C

C = 正确模仿

（Source: Adapted from R. Brown & C. Fraser, 1963.）

的儿童身上。如果学语言的新手认为一个词只代表某概念的一个特例，而不是指该概念的所有实例，此时就产生了泛化不足（Caplan & Barr, 1989; Masataka, 2003）。

当类似萨尔西的婴儿发展到能够更熟练地使用语言时，相反的现象有时就会发生。所谓**过度泛化（overextension）**，是指词语被过于宽泛地使用，过度推广了它们本身的含义。例如，当萨尔西把公共汽车、卡车和拖拉机都叫做"小汽车"时，她就犯了过度泛化的错误，她假设任何一个有轮子的物体都一定是小汽车。尽管过度泛化反映了言语中的错误，但它也表明了儿童思维加工过程中正在发生的进步：儿童开始发展出一般的心理范畴和概念（Jonson & Eilers, 1998; McDonough, 2002）。

婴儿在使用语言的风格上也存在个体差异。例如，一些儿童使用**参照性风格（referential style）**。在这种风格中，使用语言主要是为了对客体进行标记。其他人倾向于使用**表达性风格（expressive style）**，在这种风格中，使用语言主要是为了表达有关自己和他人的情感与需要（Bates et al., 1994; Nelson, 1996; Bornstein, 2000）。语言风格部分地反映了文化因素。比如，和日本的母亲相比，美国的母亲更多地对客体进行标记，因此更易催生言语的参照性风格。相对而言，日本的母亲更倾向于说出有关社会交往的内容，因此更易催生言语的表达性风格（Fernald & Morikawa, 1993）。

语言发展的起源：学习理论的观点

学前期语言发展的巨大进步引发了一个重要问题：如何才能精通语言？根据回答这个问题的方式，语言学家的观点可以分为以下几类。

学习理论的观点：语言是一种习得的技能　语言发展的一种观点强调学习的基本规律。根据**学习理论观点（learning theory approach）**，语言的获得遵循第一章中所探讨过的强化和条件作用的基本法则。例如，当一个孩子清楚地说

过度泛化　词语被过于宽泛的使用，过度推广了它们本身的含义。

参照性风格　使用语言主要是为了对客体进行标记的语言使用风格。

表达性风格　使用语言主要是为了表达关于自己和他人的情感与需要的语言使用风格。

学习理论观点　认为语言的获得遵循强化和条件作用的基本法则。

出"da"这个字时，爸爸立即得出结论认为指的是他，因此可能会拥抱、奖励他/她。这种反应对孩子而言是一种强化，他/她就更有可能重复这个字。总之，学习理论关于语言获得的观点表明，儿童通过制造类似言语的声音而获得奖赏的方式学习说话。经过不断地调整，他们的语言与成人的言语越来越相似。

但是，学习理论观点存在这样一个问题。它似乎并没有对儿童如何快速地获得语言规则做出充分的解释。例如，幼儿犯错的时候会受到强化。如果孩子说"Why the dog won't eat?"时，父母倾向于做出的反应类似于当孩子更正确地表达出该问题（"Why won't the dog eat?"）时他们的反应。这个问题的两种形式都得到了正确的理解，也都引发了相同的反应；对于正确和不正确的语言使用方式都提供了强化。在这种情况下，学习理论很难用来解释儿童如何学会正确地说话。

儿童也能够超越他们所听过的特定言语表达，产生出新的词组、句子和句法结构，这种能力同样无法用学习理论解释。另外，儿童能够将语言规则应用于无意义的词。在一项研究中，4岁儿童在"the bear is pilking the horse"的句子中，听到了无意义动词"to pilk"。后来，当被问到马发生了什么事情时，他们把这个无意义的动词以正确的时态和语态放入了句子中，即"He's getting pilked by the bear"。

先天论观点：语言是一种天生的技能 学习理论的此类概念危机导致了另一种观点的发展，这种观点得到了语言学家诺姆·乔姆斯基（Noam Chomsky）的支持，被称为先天论观点（1968, 1978, 1991, 1999）。**先天论观点（nativist approach）** 认为，语言的发展由一种受遗传决定的、与生俱来的机制所引导。根据乔姆斯基的观点，人们生来就具有学习语言的能力，这种能力由于人们发育成熟而自动出现。

乔姆斯基对于不同语言的分析表明，世界上所有的语言都有一个相似的内部结构，他称其为**普遍语法（universal grammar）**。以这种观点来看，人类的大脑有一个称为"**语言获得机制**"或叫做**LAD（language-acquisition device）** 的神经系统，它既能够让人理解语言结构，也提供了一套用于学习儿童所处环境中语言的特定特征的策略和技术。这样看来，语言是人类所独有的，通过基因预存的方式使得理解和产生词和句子成为可能（Hauser, Chomsky, & Fitch, 2002; Lidz & Gleitman, 2004; Stromswold, 2006）。

最近的研究确定了一个与言语产生相关的特殊基因，为乔姆斯基的先天论观点提供了支持。进一步的支持来自另一个研究，显示参与婴儿言语加工与成人言语加工的大脑部位类似，表明语言具有进化基础（见文前彩图5-7；Wade, 2001；Monaco, 2005；Dehaene-Lambertz, Hertz-Pannier, & Dubois, 2006）。

> **先天论观点** 认为语言的发展由一种受遗传决定的、与生俱来的机制所引导。
>
> **普遍语法** 诺姆·乔姆斯基的理论认为，世界上所有的语言都有一个相似的内部结构。
>
> **语言获得机制（LAD）** 假设能够实现语言理解的大脑神经系统。

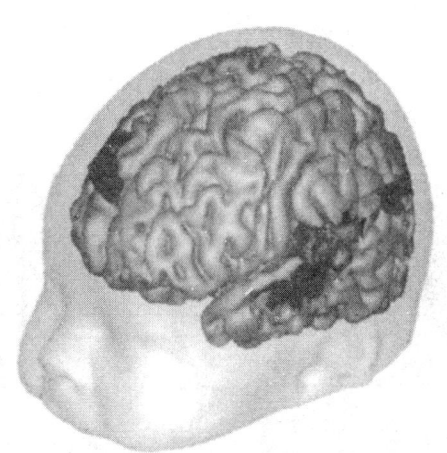

图5-7 婴儿的言语加工

这张3个月大的婴儿的核磁共振扫描图显示，其言语加工活动类似成人，表明可能存在一个语言的进化基础。

（Source: Dehaene-Lambertz, Hertz-Pannier, & Dubois, 2006.）

关于语言是一种人类独有的、与生俱来的能力的观点也遭到了批评。例如，一些研究者认为，某些灵长类动物至少能够学会语言的基本要素，它们的这种能力对人类语言能力的独有性提出了质疑。其他人指出，尽管人类可能在基因上预先做好了使用语言的准备，但语言的有效使用仍然需要相当多的社会经验（MacWhinney, 1991；Savage-Rumbaugh et al., 1993；Goldberg, 2004）。

交互作用观点 无论是学习理论还是先天论观点都不能得到研究的完全支持。结果，一些理论家转向了另一种理论，将这两类学派的观点结合起来。交互作用观点认为，语言的发展是通过将基因决定的倾向和帮助语言学习的环境相结合来实现的。

交互作用观点接受先天因素对语言发展总体框架的塑造作用。但它也提出，语言发展的特殊进程是由儿童所处的语言环境和他们以特定方式使用语言时所受的强化所共同决定的。由于成为某种社会和文化中成员所提供的动机以及与他人的相互作用，导致了语言的使用和语言技能的提高，因此社会因素被认为是影响发展的关键（Dixon, 2004；Yang, 2006）。

正如有些研究支持了学习理论和先天论观点的某些方面一样，交互作用观点也得到了一些支持。但是目前我们并不知道哪一种观点最终会提供最好的解释。可能性较大的是，不同因素在儿童期的不同时间发挥了不同的作用。因此，要想完美地解释语言的获得，仍需进一步探索。

和婴儿说话：婴儿指向言语中的语言

大声地说出下面的句子："你喜欢苹果酱吗？"

现在，假装你要问婴儿同样的问题，你要像对着幼儿的耳朵那样说出这句话。

当你把这句话说给婴儿听时，常常会发生下面这些事情。首先，措辞可能会发生改变，你会说类似"宝宝喜欢苹果酱吗？"这样的话。同时，你的音调可能会升高，你总的语调会更富变化性，像唱歌一般，并且你会仔细地把每个词分开发音。

婴儿指向的言语 上述语言的变化是由于你使用了**婴儿指向的言语（infant-directed speech）**，这种言语风格的特点是包含了很多指向婴儿的口头交流。这种言语模式过去常常被称为"妈妈语"

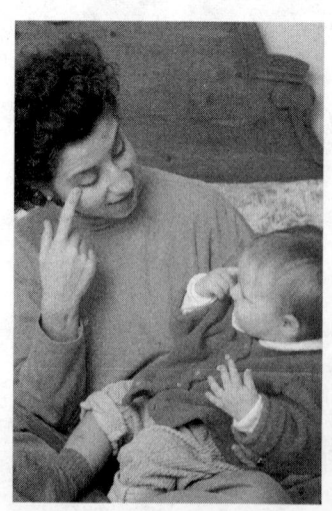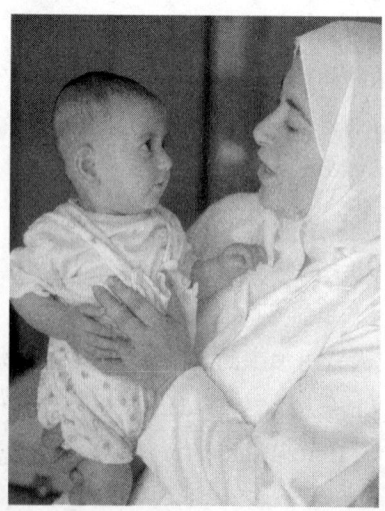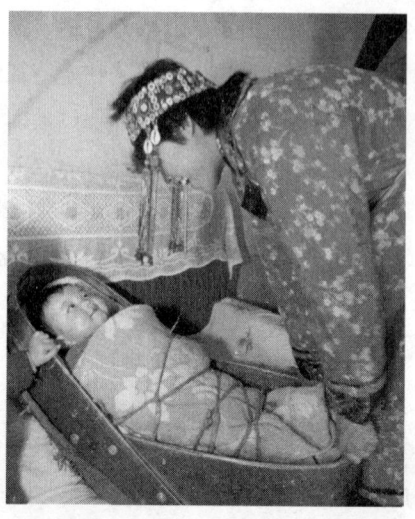

妈妈语，或更准确地说，婴儿指向的言语，包括使用短小简单的句子，以及采用高于与年长儿童和成人谈话时所使用的音调，而且具有跨文化的相似性。

（motherese），因为一般假定只有妈妈才会使用。但这个假设是错误的，现在，一个中性的术语"婴儿指向的言语"被更频繁地使用。

婴儿指向的言语以短小简单的句子为特征。音调变得更高，频率范围增加，语调更富有变化性。此外还有词语的重复，谈话时只采用那些假定婴儿能够理解的词语，如婴儿环境中具体的物体（Soderstrom, 2007）。

有时，婴儿指向的言语包括一些有趣的声音，这些声音甚至不是语词，而是模仿婴儿的前语言言语。在其他情况下，它很少有正式的结构，但与婴儿在发展自己语言技能时所使用的电报语很相像。

婴儿指向的言语随着儿童的成长而不断改变。在1岁末左右，婴儿指向的言语呈现出更多类似成人语言的特征。尽管单个的词仍然说得很慢、很仔细，但句子变长，而且更加复杂。此外，人们还使用音调来强调特定的重要单词（Soderstrom et al., 2008；Kitamura & Lam, 2009）。

婴儿指向的言语在婴儿言语获得过程中发挥了重要的作用。正如我们下面将要讨论的，尽管存在文化差异，但全世界都有婴儿指向的言语。与正式的语言相比，新生儿更喜欢婴儿指向的言语，这个事实表明他们可能特别容易接受这样的言语。另外，一些研究表明，在生命的早期，如果婴儿所处的环境中婴儿指向的言语比较丰富，他们似乎更早开始使用语词，并表现出其他形式的语言能力（Englund & Behne, 2006；Soderstrom, 2007；Werker et al., 2007）。

婴儿指向的言语 一种指向婴儿的说话方式，以句子短小简单为特征。

发展的多样性

婴儿指向的言语是否具有跨文化的相似性？

美国母亲、瑞典母亲和俄罗斯母亲是不是以相同的方式对她们的婴儿说话？

在某些方面，她们显然是这样做的。尽管对于不同的语言其词语本身是有差异的，但是把这些词语说给婴儿听的方式是非常相似的。越来越多的研究表明，婴儿指向的言语其本质具有跨文化的基本相似性（Papousek & Papousek, 1991；Rabain-Jamin & Sabeau-Jouannet, 1997；Werker et al., 2007）。

例如，以英语和西班牙语为母语的人在使用婴儿指向的言语时，在10个出现最频繁的特征中，有6个在这两种语言中是共同的：夸张的语调、高音调、拉长的元音、重复、压低的音量和对特定关键词的强调（如在句子"不，那是一个球"中强调单词"球"）（Blout, 1982）。类似地，美国母亲、瑞典母亲和俄罗斯母亲都会以相似的方式和婴儿说话：她们都会夸大和拉长三个元音"ee"、"ah"和"oh"的发音，尽管使用这些声音的语言本身存在差异（Kuhl et al., 1997）。

即使失聪的母亲也会以某种形式来使用婴儿指向言语：与婴儿交流时，失聪的母亲会以一种与成人交流相比更慢的速度使用手语，而且她们会频繁地重复手势（Swanson, Leonard, & Gandour, 1992；Masataka, 1996；1998；2000）。

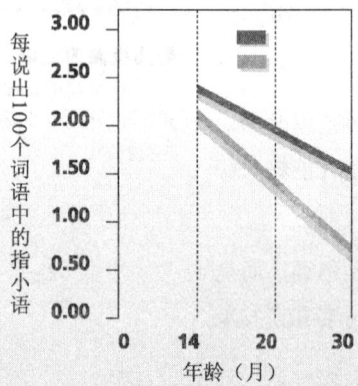

图 5-8 指小语的减少

尽管随着年龄的增长,对男性和女性婴儿使用指小语的频率都会降低,但是在女性指向的言语中,指小语的使用一直保持着较高的水平。你怎么看待这种文化意蕴？(Source: Gleason et al., 1991.)

实际上,婴儿指向的言语具有相当大的跨文化相似性,这些相似性出现在针对特定交互作用种类的语言的某些方面。例如,比较了美式英语、德语和中国普通话的证据表明在每种语言中,当妈妈试图吸引婴儿的注意力或给出反应时,音调都会升高;而当她试图安抚婴儿时,音调都会降低(Papousek & Papousek, 1991)。

我们为什么会在非常不同的语言之间发现这种相似性呢？一个假设是,婴儿指向的言语其特征会激活婴儿天生的反应。正如我们已经指出的那样,与成人指向的言语相比,婴儿似乎更喜欢婴儿指向的言语,表明他们的知觉系统对这样的特征更易做出反应。另一种解释认为,婴儿指向的言语促进了语言的发展,它在婴儿发展出理解语词意义的能力之前,提供了有关言语意义的线索(Kuhl et al., 1997; Trainor & Desjardins, 2002; Falk, 2004)。

尽管婴儿指向的言语风格存在跨文化的相似性,但是婴儿从其父母那里听到的言语数量还是存在重要的文化差异。例如,尽管肯尼亚的Gusii族人以一种非常亲密的身体方式看护婴儿,但他们和婴儿说话的次数要少于美国的父母(Levine, 1994)。

在美国也有一些风格上的差异与文化因素有关,一个主要的因素可能是性别。

性别差异 对于女孩而言,bird是birdie, blanket是blankie, dog是doggy。对于男孩而言,bird是bird, blanket是blanket, dog是dog。

至少这是男孩和女孩的父母表现出来的想法,正如他们对其儿子和女儿使用的语言所阐明的那样。根据发展心理学家吉恩•伯科•格利森(Jean Berko Gleason)所做的研究,实际上从出生开始,父母用来与孩子交流的语言就会依据儿童的性别而有所不同(Gleason et al., 1994; Gleason & Ely, 2002)。

格利森发现,到了第32个月,女孩听过的"指小语"(diminutive,如"kitty"或"dolly",而不是"cat"或"doll")是男孩听过的两倍。尽管指小语的使用随着年龄的增加而减少,但与男孩指向的言语相比,在女孩指向的言语中,这些词的使用仍然一直保持着较高的水平(见图5-8)。

根据孩子的性别,父母对于儿童的要求也更倾向于给出不同的反应。例如,当拒绝孩子的要求时,母亲对男孩的反应可能是一个坚决的"不",但是对女孩可能会用一个转换注意力的反应("你为什么不试试这个？")或者

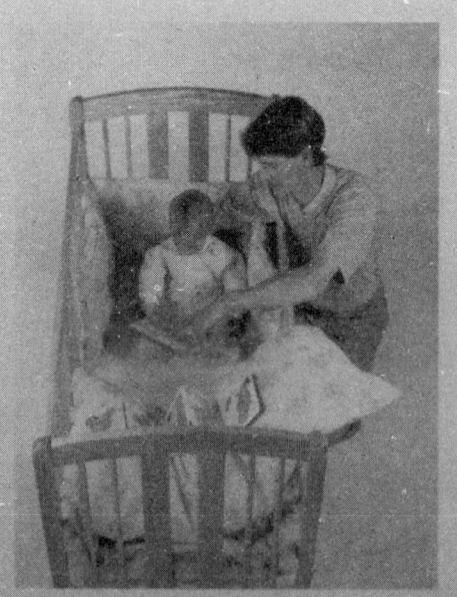

即使婴儿不理解词语的意思,他们也会从阅读中受益。

用不太直接的拒绝方式来缓和气氛。结果，男孩子倾向于听到更坚决、更明确的语言，而女孩子则更多听到温和的句子，常常指向内部的情感状态（Perlman & Gleason, 1990）。

在婴儿期，男孩指向和女孩指向的言语存在的这种差异会不会影响他们成年以后的行为？并没有直接的证据清楚地支持这样的联系。但男性和女性成年以后，的确使用不同种类的语言。例如，作为成人，女性倾向于使用更多的试探性语言，而较少使用武断性语言，如"也许我们应该去看电影"，而不像男性那样（"我知道，我们去看电影吧！"）。尽管我们并不知道这些差异是否反映了早期的语言体验，但这样的发现显然很有吸引力（Tenenbaum & Leaper, 2003; Hartshorne & Ullman, 2006; Plante et al., 2006）。

成为发展心理学知识的明智消费者

为了促进婴儿的认知发展，我们能做些什么？

所有的父母都希望他们的孩子能够实现其全部的认知潜能，但有时他们试图达到这一目标的方式却很奇怪。例如，有些父母花费上百美元去参加一些名为"怎样提高宝宝的智力"的工作坊，还买一些书名如"怎样教宝宝阅读"的书籍（Doman & Doman, 2002）。

这样的努力会成功吗？尽管有些家长断言他们会成功，但对于此类课程的有效性，并没有科学研究予以支持。例如，尽管婴儿拥有许多认知能力，但没有婴儿能够真正进行阅读。而且，"提高"婴儿的智力是不可能的，诸如美国儿科学会和美国神经学会这样的组织已经公开指责了宣称要这样做的计划。

另一方面，我们可以做一些事情来促进婴儿的认知发展。下列建议依据发展研究者的研究结果，为大家提供了一个起点（Gopnik, Meltzoff, & Kuhl, 2000; Cabrera, Shannon, & Tamis-LeMonda, 2007）：

- **为婴儿提供探索世界的机会** 正如皮亚杰所说，儿童通过"做"来学习，因此他们需要探索环境的机会。

- **在言语和非言语两个水平都要对婴儿快速做出反应** 试着去和婴儿说话，而不是对他们说话。提问题，倾听他们的反应，并提供进一步交流的机会（Merlo, Bowman, & Barnett, 2007）。

- **给婴儿读书** 尽管他们可能并不理解你所说词语的含义，但他们会对你的声调和该活动所提供的亲密感做出回应。和孩子一起阅读还能够启蒙持续终生的阅读习惯。美国儿科学会认为，应该在孩子6个月大时开始每日阅读（American Academy of Pediatrics, 1997; Holland, 2008; Robb, Richert, & Wartella, 2009）

- **记住你没必要一天24小时都和孩子在一起** 正如婴儿需要时间自己去探索他们的世界一样，父母和其他看护者除了照顾儿童以外，也需要有自己的时间。

- **不要强迫婴儿，不要很快就对他们期望过多** 你的目标不应该是创造一个天才，而是应该提供一个温暖的养育环境，使得婴儿能够发挥他/她的潜能。

复习

- 在婴儿说话之前，他们能够理解成人的很多话语，并能够通过某些方式参与前语言交流，包括使用面部表情、手势和牙牙学语。
- 儿童一般在第10～14个月之间说出第一个单词，从那时起，他们的词汇量开始迅速增加，尤其是在第18个月左右的时候有一个爆发期。
- 儿童语言的发展进程遵循从整句字、双字组合到电报语的模式。
- 学习理论家认为，基本的学习过程能够解释语言的发展，而像诺姆·乔姆斯基及其追随者之类的先天论者认为，人类有一种与生俱来的语言能力。交互作用观点则提出，语言是环境和先天因素共同作用的结果。
- 当和婴儿说话时，所有文化下的成人都倾向于使用婴儿指向的言语。

应用毕生发展

- 儿童的语言发展通过哪些方式反映出他们获得了解释和处理外部世界的新方法？
- **从一个教育工作者的视角看问题**：成人对男孩和女孩说话时所采用的不同方式有什么意义和启示？此类言语差异如何影响他们在后来的言语和态度上的差异？

这一章，我们从不同角度（从皮亚杰理论到信息加工理论）探讨了婴儿认知能力的发展。我们考察了婴儿的学习、记忆和智力，最后我们通过介绍婴儿的语言对这一章进行了总结。

在我们进入到下一章探讨社会性和人格发展之前，转回来看看本章前言中关于詹克·博斯曼在观看"小小爱因斯坦"和其他教育类节目时明显的热切，并回答下列问题。

（1）只是因为詹克对于花时间坐在电视机前表现热切，安妮塔·博斯曼就假定她还是个婴儿的小儿子在"快乐地观看"教育类节目，她这样假定是对的吗？

（2）如果某个最小数量的刺激对于婴儿的认知发展是必需的，是否就一定意味着额外的刺激会加速这一过程？

（3）如果安妮塔过于依赖"小小爱因斯坦"这样的节目来让詹克保持忙碌，那么她将会以什么样的方式无意识地限制詹克的认知发展？

（4）你认为安妮塔所宣称的詹克从"小小爱因斯坦"节目获得的益处是真实的，还是经过夸大的？如何准确地评估詹克真实的智力？

回顾

- **皮亚杰认知发展理论的基本特点是什么？**

  - 皮亚杰的阶段论主张，儿童以一种固定的顺序通过认知发展的几个阶段。这些阶段不仅代表了婴儿知识量的变化，而且还代表了质的改变。

  - 根据皮亚杰的观点，当儿童处于成熟的某一适宜水平，并接触到相关种类的体验时，所有的儿童都会逐步通过四个主要的认知发展阶段（感觉运动、前运算、具体运算和形式运算）以及它们的各个亚阶段。

  - 在皮亚杰看来，儿童对世界的理解通过两种方式发展，一种是将自身的体验同化到当前的思维方式中，另一种是使现在的思维方式顺应他们的体验。

  - 在感觉运动期（从出生至两岁左右）的六个亚阶段中，婴儿从使用简单的反射开始，到复杂性不断增强的重复和整合动作的发展，然后到通过其行为引发有目的结果的能力。在感觉运动期的6个亚阶段结束时，婴儿开始采用符号思维。

- **婴儿如何加工信息？**

  - 认知发展研究的信息加工理论致力于了解个体如何接收、组织、存储和提取信息。这种理论与皮亚杰理论不同，它考虑到了儿童信息加工能力的量变。

  - 尽管婴儿记忆的准确性仍存有争议，但婴儿很早就具有记忆能力。

- **如何测量婴儿的智力？**

  - 婴儿智力的传统测量方法，如格塞尔的发展商数和贝利婴儿发展量表，关注在儿童群体中观察到的特定年龄的平均活动水平。

  - 信息加工理论对智力的评估取决于婴儿加工信息的速度和质量上的差异。

- **儿童通过什么过程来学习使用语言？**

  - 前语言交流包括使用声音、手势、面部表情、模仿，以及其他非语言的方式来表达思想和状态。前语言交流为婴儿的言语发展做好了准备。

  - 婴儿一般在第10~14个月之间说出他们的第一个单词。在第18个月左右，儿童一般开始将单词连接到一起构成基本的句子，表达单个想法。儿童开始说话则以整句字、电报语、泛化不足和过度泛化的使用为特征。

  - 语言获得的学习理论观点主张，成人和儿童使用基本的行为过程，如条件作用、强化和塑造，来学习语言。乔姆斯基提出一种不同的观点，他认为人类在遗传上具有语言获得机制的天赋，这就使得人们可以探测和使用作为所有语言基础的普遍语法规则。

- **儿童如何影响成人的语言？**

  - 成人的语言会受到与之谈话的儿童的影响。婴儿指向的言语所表现出来的特征具有惊人的跨文化一致性，这些特征使其对婴儿而言更具吸引力，有可能更好地促进婴儿语言的发展。
  - 成人的语言也会根据所指向儿童的性别表现出一定的差异，这可能会影响儿童的日后发展。

关键术语和概念

图式（scheme, p.169）　　同化（assimilation, p.170）　　顺应（accommodation, p.170）

（认知发展的）感觉运动阶段（sensorimotor stage, p.170）

目标指向的行为（goal-directed behavior, p.172）

客体永存（object permanence, p.173）　　心理表征（mental representation, p.174）

延迟模仿（deferred imitation, p.175）

信息加工理论（information-processing approaches, p.178）

记忆（memory, p.180）　　婴儿遗忘症（infantile amnesia, p.181）

发展商数（developmental quotient, p.183）

贝利婴儿发展量表（Bayley Scales of Infant Development, p.184）

语言（language, p.188）　　牙牙学语（babbling, p.190）

整句字（holophrases, p.192）　　电报语（telegraphic speech, p.193）

泛化不足（underextension, p.193）　　过度泛化（overextension, p.194）

参照性风格（referential style, p.194）　　表达性风格（expressive style, p.194）

学习理论观点（learning theory approach, p.194）

先天论观点（nativist approach, p.195）　　普遍语法（universal grammar, p.195）

语言获得机制（LAD）（language-acquisition device, p.195）

婴儿指向的言语（infant-directed speech, p.196）

我的发展实验室

登录我的发展实验室，获取更多复习资料，外加我的虚拟孩子、练习测试、视频、闪光呈现卡及其他。

6 婴儿期的社会性和人格发展

本章概要

6.1 社交能力形成的根源
婴儿的情绪：婴儿会体验到情绪的高低起伏吗？

● **从研究到实践**
社会性参照：感受别人所感觉到的
自我的发展 婴儿知道他们自己是谁吗？
心理理论：婴儿对他们自己以及他人的心理生活的看法

6.2 关系的形成
依恋：形成社会联结
形成依恋的互动：父母的作用

● **发展的多样性**
婴儿的互动：发展工作关系
婴儿与同伴的社会交往：婴儿间的互动

6.3 婴儿间的差异
人格发展：使婴儿独特的一些特征
气质：婴儿行为的稳定性
性别：为什么男孩穿蓝色，女孩穿粉色？
二十一世纪的家庭生活
婴儿看护如何影响儿童后来的发展？

● **成为发展心理学知识的明智消费者**

前言：维可钩毛搭扣记事

正是在多风的三月里，儿童看护中心开始出现问题。问题发生在10个月大的罗素•鲁德（Russell Rudd）身上。在其他时候罗素是一个彬彬有礼的孩子，他学会了如何拉开冬天帽子上的尼龙搭扣。不论何时当他一有摘帽子想法的时候，他便会这样做，而这随后显然会导致一些潜在的健康问题。

但这仅仅是真正难题的开始。让看护中心的老师——更别提孩子们的父母了——气恼的是，其他孩子很快地便跟随罗素，随意摘掉他们的帽子。

罗素的妈妈意识到看护中心的混乱和其他父母对罗素这种行为的担忧，但她仍辩解自己是无辜的。"我从来没有向罗素演示过如何拉开维可钩毛搭扣，"他的妈妈朱迪思•鲁德（Judith Rudd），华盛顿特区国会预算办公室的经济学家说，"罗素是通过尝试错误而习得的，而其他孩子在某一天外出穿衣服时看见他这么做。"（Goleman, 1993, C10）

此时，所有的借口都已经太迟：罗素似乎是一位优秀的教师。事实证明要让孩子们一直戴着帽子绝不是一件容易的事。叫人更不安的想法是：如果孩子们能够熟练拉开帽子上的钩毛搭扣，接下来会不会很快地松开鞋子上的钩毛搭扣，然后再把鞋子脱掉呢？

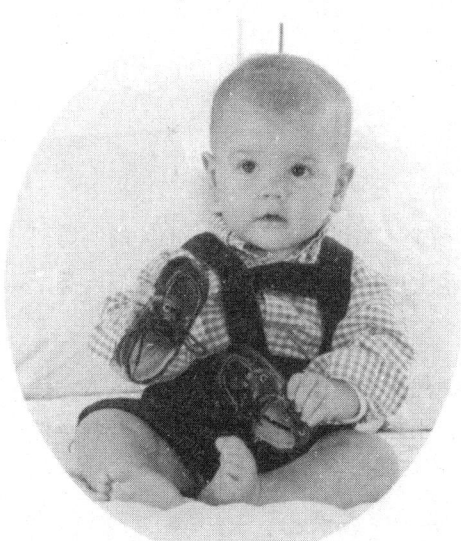

婴儿不仅能够学会一些受人欢迎的行为，还能够通过观察其他的"专家"同伴学到一些不适当的行为（比如脱鞋的技巧）。

预览

罗素这样的孩子向我们展示了儿童在很小的时候便能从事社交活动。这一则小故事也例证了儿童保育中婴儿参与的一个附带利益，而且一些研究开始提出：通过婴儿的社会互动，他们从其他的"专家"同伴那里获得了新的能力和技巧。婴儿，正如我们所见到的，拥有向其他儿童学习的惊人能力。而他们和其他人的互动，在其社会性及情绪性的发展中，起着重要的作用。

在本章中我们将会思考婴儿的社会性和人格发展。我们首先考察婴儿的情绪生活，思考他们感受的一些情绪，以及他们能多大程度上读懂别人的情绪。我们也关注他人的回应如何塑造婴儿的反应，以及婴儿如何看待自己和他人的心理生活。

然后我们转向婴儿的社会关系。我们关注他们如何形成依恋关系以及他们与家庭成员和同伴的互动方式。

最后，我们涵盖了将一个婴儿和其他婴儿区分开来的一些特征，讨论了儿童由于性别而受到的不同的养育方式。我们将会思考家庭生活的本质，讨论之前几个时代和现在有何不同。本章的末尾审视了家庭外婴儿保育的利弊得失，在今天越来越多的家庭采用这样的保育方式。

读完本章之后，你将能够回答下列问题：

- 婴儿能够体验到情绪吗？
- 婴儿拥有什么样的心理生活？
- 什么是婴儿期的依恋，这种依恋又如何影响个体未来社会能力的发展？
- 他人在婴儿的社会性发展中扮演何种角色？
- 哪些个体差异把婴儿彼此区分开来？
- 婴儿如何受到非父母看护的影响？

6.1 社交能力形成的根源

当杰曼（Germaine）瞥了妈妈一眼之后，他露出了微笑。当塔瓦达（Tawanda）的妈妈把她正在玩的小勺拿走后，她看起来很生气。当一架发出很大声响的飞机飞过头顶的时候，悉尼（Sydney）皱起了眉头。

微笑、生气的表情、皱眉，婴儿的情绪写满了脸上。然而婴儿体验情绪的方式和成人一样吗？他们何时开始能够理解他人正在经历着的情绪体验？当我们寻求理解婴儿的情绪及社会性是如何发展的时候，我们考察了其中的一些问题。

婴儿的情绪：婴儿会体验到情绪的高低起伏吗？

任何人只要花时间和婴儿相处，就会知道婴儿的表情似乎是其情绪状态的指示器。在我们期待他们会快乐的情境中，他们似乎微笑着；当我们可能假定他们受到了挫折时，他们表现出愤怒；当我们可能预期他们不高兴的时候，他们看起来有些悲伤。

这些基本的面部表情即使是在差别最大的文化之间也有惊人的相似。不论我们是看着印度、美国，还是新几内亚丛林的婴儿，其基本情绪的面部表情都是相同的（见图6-1）。而且，被称为非言语编码（nonverbal encoding）的非言语表情，在各个年龄阶段都相当一致。这些一致性让许多研究人员得出了这样的结论：我们天生就具有表达基本情绪的能力（Scharfe, 2000; Sullivan & Lewis, 2003; Ackerman & Izard, 2004）。

婴儿表现出相当广泛的情绪表达。有许多研究考察了母亲在她们孩子的非言语行为中看见了什么，根据这些研究，几乎所有的母亲都认为她们的孩子在满月前就已经表达出兴趣和喜悦。此外，84%的母亲认为她们的孩子已经表达出愤怒，75%认为有惊讶，58%认为有恐惧，而34%认为有悲伤。研究采用了由卡罗尔·伊扎德（Carroll Izard）所发展出来的"最大可识别面部运动编码系统"（Maximally Discriminative Facial Movement Coding System, MAX）也发现，兴趣、苦恼和厌恶在出生时已经出现，而其他的情绪在之后的几个月表现出来（见图6-2）。这些发现和著名博物学者查尔斯·达尔文的著作是一致的，其1872年的著作《人与动物的情绪表达》认为，人类和灵长类具有

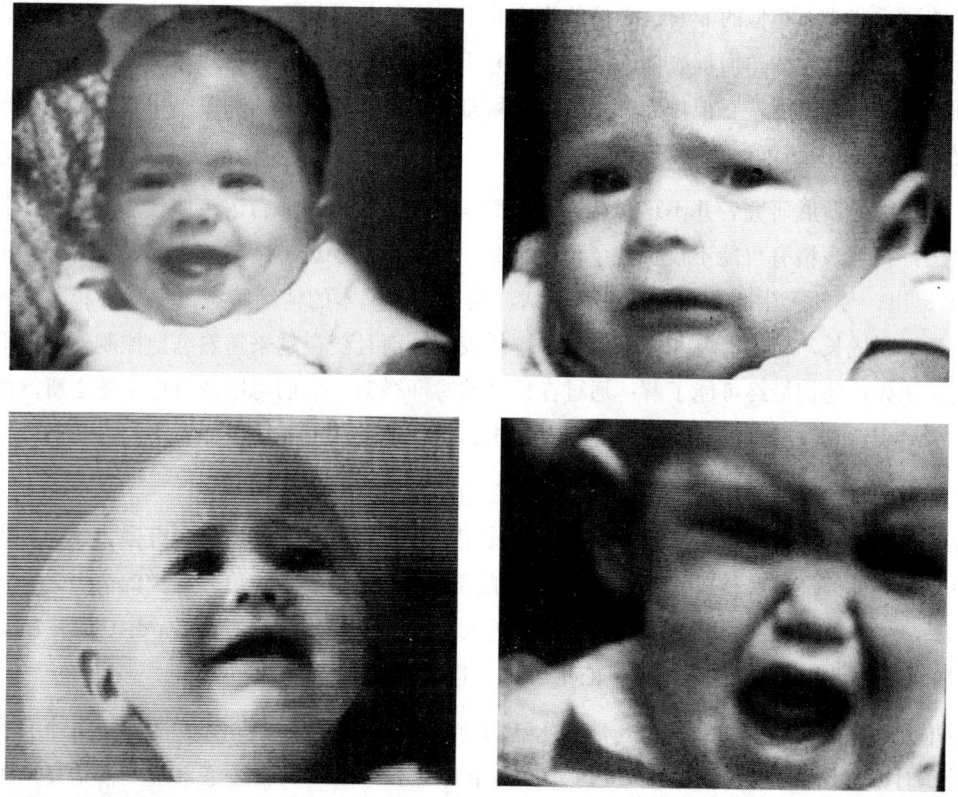

图6-1 面部表情的普遍性
在各个文化间，婴儿与基本情绪相关的面部表情是相似的。你认为在非人动物中，它们的表情也是类似的吗？

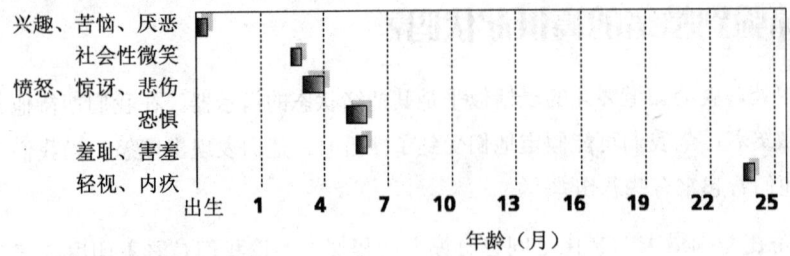

图 6-2 情绪表情的出现

情绪的表情大约在这些时间出现。请记住出生后几星期内出现的表情并不必然反映了特定的内在感受。

一套天生的、普遍的情绪表达方式——这一观点与现今的发展进化论是一致的（Izard, 1982；Sroufe, 1996；Benson, 2003）。

尽管婴儿展示了相似的情绪种类，但情绪的表达程度在婴儿间各有不同。甚至在婴儿期，来自不同文化的儿童在情绪的表达性上显示出了显著的差异。比如，在11个月大之前，中国的婴儿相比欧洲、美国，以及日本的婴儿来说，普遍具有较少的表情（Eisenberg et al., 2000；Camras, Meng, & Ujiie, 2002；Camras et al., 2007）。

体验情绪 婴儿能够以一种可靠的、一致的方式来表达非言语情绪，是否意味着他们真的体验到了情绪？而且，如果他们真的能体验到的话，这种体验和成人的相似吗？

回答这些问题，我们需要思考情绪是什么。发展研究者认为真正的情绪具有三种成分：生理唤醒成分（如呼吸或心跳频率加快）、认知成分（对愤怒或恐惧的意识）和行为成分（如通过哭泣表现出悲伤）。

儿童能够展示和成人相似的非言语表情的事实并不一定意味着他们有相同的体验。事实上，如果这种展示的本质是先天的，面部表情的产生可能并不伴随着情绪体验的觉知。那么，幼小婴儿的非言语表情可能就没有情绪，它很像当医生轻轻地敲打你的膝盖时，你的膝盖不用涉及情绪也能反射性地向前运动（Soussignan et al., 1997）。

然而，大多数的发展研究者并不这样认为。他们辩论说，婴儿的非言语表情代表了真实的情绪体验。事实上，情绪表情有可能不仅反映了情绪体验，而且有助于调节情绪本身。发展心理学家卡罗尔·伊扎德提出，婴儿天生就有一整套情绪表情，用来反映基本的情绪状态，如高兴和悲伤。随着婴儿和儿童不断成长，他们扩展和修正这些基本的表情，而且变得越来越熟练地控制他们的非言语行为表达。比如，他们最终可能了解：通过在恰当的时间微笑，他们可以获得更多随心所欲的机会。因此，情绪表达具有适应功能，使婴儿在发展出语言功能之前，能够以非言语的方式对照料者表达他们的需求。

总而言之，婴儿确实看起来能够体验情绪，尽管在出生时情绪的范围还相当有限。然而，当他们更大些时，婴儿能够展示和体验更大范围的复杂情绪。此外，除了表达更多种类的情绪之外，随着婴儿的成长，他们体验到的情绪类型的范围也在扩大（Camras, Malatesta, & Izard, 1991；Buss & Goldsmith, 1998；Izard et al., 2003；Buss & Kiel, 2004；也见"从研究到实践"专栏）。

由于婴儿大脑复杂性的增加，使得其情感生活向前推进成为可能。最初，在生命前三个月大脑皮层开始运作时，情绪的分化便开始了。到了9~10个月大的时候，构成边缘系统（情绪反应的位置）的结构组织开始生长。边缘系统开始与额叶一同工作，使得情绪范围得以不断扩大（Davidson, 2003；Schore, 2003；Swain et al., 2007）。

陌生人焦虑和分离焦虑　"她以前一直是如此和善的娃娃。"埃里卡（Erica）的妈妈想着。"不论遇见谁，她总会露出灿烂的微笑。但在7个月大的时候，她对陌生人的反应就像是见了鬼似的。她皱起眉头，要么扭过头去，要么用怀疑的眼光盯着人家。她不想跟不认识的人待在一起。她前后强烈的行为反差，看上去好像经历过人格移植似的。"

我的发展实验室
你的虚拟孩子是否表现出陌生人焦虑？是否体验到分离焦虑？你是如何处理的？观看我的发展实验室中的视频，可以看到孩子表现出陌生人焦虑和分离焦虑。

在埃里卡身上所发生的事情其实相当典型。在一岁末左右，婴儿通常发展出陌生人焦虑和分离焦虑。**陌生人焦虑**（stranger anxiety）是婴儿在遇见不熟悉的人时，所表现出来的小心与谨慎。这样的焦虑通常出现在第一年的后半段。

哪些原因导致了陌生人焦虑？同样是大脑的发展及婴儿与日俱增的认知能力在这里起了作用。随着婴儿记忆的发展，他们能够把认识的和不认识的人区分开来。同样的认知进步，使得他们能够积极地回应他们所熟悉的人，也给予他们能力以辨认所不熟悉的人。此外，在6~9个月期间，婴儿开始试着去理解他们的世界，试着去期待和预测事件。当发生了某件他们没有预期到的事情，比如出现了一个不认识的人，他们便会体验到恐惧。这就好像是婴儿有了一个疑问，但却没有能力回答（Volker, 2007）。

尽管陌生人焦虑在6个月大的时候很常见，儿童之间仍存在着显著的差异。有些婴儿，特别是那些有着和陌生人大量接触经验的婴儿，倾向于表现出较少的焦虑。而且，并不是所有的陌生人都会引起同样的反应。比如说，婴儿在面对女性陌生人时，倾向于表现出较少的焦虑。此外，相对于陌生的成人，婴儿在面对陌生的儿童时，会有更为积极的反应，这可能是因为儿童的身材大小没那么吓人（Swingler, Sweet, & Carver, 2007；Murray et al., 2007；Murray et al., 2008）。

分离焦虑（separation anxiety）是当熟悉的照料者离开时，婴儿所表现出来的紧张情绪。分离焦虑在不同的文化间具有普遍性，通常开始于第7个月或第8个月（见图6-3），大约在第14个月达到顶峰，然后逐渐降低。分离焦虑大部分可以归结于和陌生人焦虑相同的原因。婴儿逐渐成长的认知技巧使得他们能够提出一些合理的问题，如"为什么我的妈妈离开了？""她去哪里了？""她会回来吗？"，但这些问题的答案可能因为他们太小而无法理解。

分离焦虑和陌生人焦虑代表了婴儿重大的社会性进步。它们反映了婴儿的认知发展以及婴儿和照料者之间不断成长的情感和社会联系——我们将在本章后面讨论婴儿的社会关系时思考和分析这些联系。

微笑　当卢斯（Luz）躺在摇篮里睡觉时，爸爸妈妈看见她的脸上露出了无比灿烂的微笑。他们确信卢斯正在做一个甜美的梦。他们的看法正确吗？

也许不是。尽管没有人能百分之百肯定，但在睡眠时最早表现出来的笑容可能没有太大意义。6~9周大的婴儿在见到使他们高兴的刺激时（包括玩具、汽车以

陌生人焦虑　当婴儿遇见一个不熟悉的人时，所表现出的小心与谨慎。

分离焦虑　当熟悉的照料者离开时，婴儿所表现出来的紧张情绪。

及让父母感到愉悦的人们），会一致地露出微笑。开始的微笑相对地没有分别，婴儿只要一看见任何他们觉得有趣的事情，便会开始微笑。然而，当他们再长大一些，微笑就会更具选择性。

社会性微笑（social smile）是婴儿对他人的微笑，而不是对非人刺激做出的反应。当他们长大一点的时候，他们的社会性微笑会针对特定的个体，而不是任何人。到了第18个月，与对非人客体的微笑相比，婴儿针对妈妈和其他照看者的社会性微笑会变得更频繁。而且，如果成人对儿童没有回应，微笑的次数便会减少。简而言之，到了2岁末的时候，儿童有目的地使用微笑来交流他们的积极情绪，并对其他人的情绪表达很敏感（Carver, Dawson, & Panagiotides, 2003；Bigelow & Rochat, 2006；Fogel et al., 2006）。

解读其他人的面部表情和声音表现　在第三章，我们讨论了甚至连刚出生几分钟的新生儿也能够模仿成人面部表情的可能性。虽然婴儿的模仿能力并不意味着他们能够理解他人的面部表情，但这类模仿确实为即将出现的非言语解读（nonverbal decoding）能力铺平了道路。运用这些能力，婴儿能够解释他人的面部表情及声音表现，而这些通常传递着情绪含义。例如，婴儿能够判断照看者什么时候乐于看到他们，并且能够很快熟悉他人脸上的忧虑或恐惧（Bornstein & Arterberry, 2003；Hernandez-Reif et al., 2006；Striano & Vaish, 2006）。

婴儿区分带有情绪的声音表达的时间比他们区分面部表情的时间似乎要稍早一些。尽管相对而言，人们几乎没有关注过婴儿对于声音表现的知觉，但他们看起来在5个月大的时候就能够区分快乐和悲伤的声音（Soken & Pick, 1999；Montague & Walker-Andrews, 2002）。

科学家们对非言语面部解读能力发展的顺序有着更多的了解。在第6~8周，婴儿的视觉精确度十分有限，所以他们无法注意他人的面部表情。但他们很快开始区分不同的面部表情，甚至似乎能够对面部表情所传达的不同情绪强度做出反应。他们也会对不寻常的表情做出反应。比如说，当妈妈露出无动于衷的、没

社会性微笑　回应其他个体的微笑。

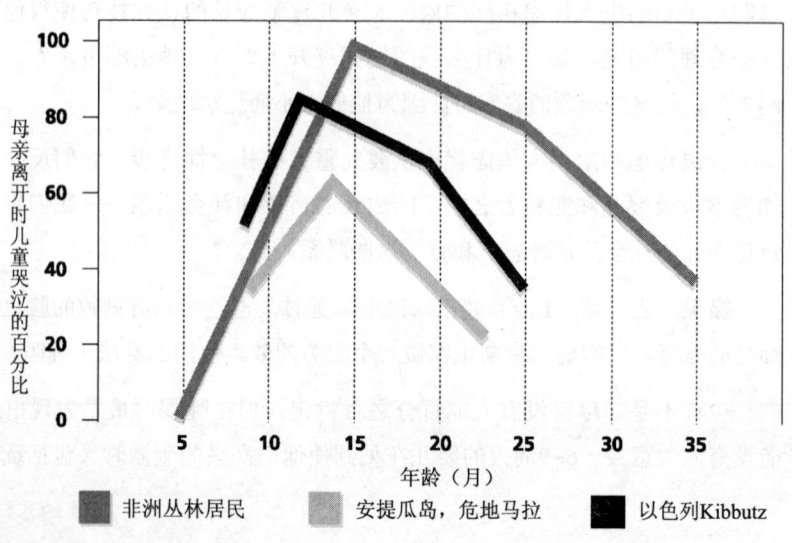

图6-3　分离焦虑
分离焦虑是熟悉的照料者不在眼前时，婴儿所表现出的紧张情绪。在婴儿7~8个月大时，分离焦虑是一种普遍的现象。它大约在第14个月时达到顶峰，然后逐渐下降。对人类而言，分离焦虑具有生存的价值吗？
（Source: Kagan, Kearsley, & Zelazo, 1978.）

有反应的表情时，婴儿就会表现出忧虑不安（Adamson & Frick, 2003; Bertin & Striano, 2006; Farroin et al., 2007）。

出生半年后，婴儿可能已经开始理解隐藏在他人面部表情及声音表现背后的情绪。我们是如何知道这一点的呢？一条重要的线索来自一项对7个月大婴儿的研究。该实验中，实验者给婴儿呈现一对关于喜悦和悲伤的面部表情，同时让他们听到一个或是代表喜悦（上升的声调），或是代表悲伤（下降的声调）的声音。当面部表情和声调匹配的时候，婴儿给予了更多的注意。这表明婴儿对面部表情及声音的情绪意义至少具有基本的理解（Kahana-Kalman & Walker-Andrews, 2001; Grossmann, Striano, & Friederici, 2006）。

总之，婴儿很早就学习表达和理解情绪。这样的能力不仅在帮助他们体验自身情绪，也在使用他人情绪来理解模糊社会情境的意义上（我们将在下面进行讨论），起到了重要的作用（Buss & Kiel, 2004）。

当婴儿对一个人，而不是对一个非人的刺激物微笑时，他展示的就是一个社会性微笑。

从研究到实践

婴儿会嫉妒吗？

维多利亚·巴特曼（Victoria Bateman），金发、蓝眼、长相可爱，在很多方面都是一个典型的6个月小婴儿。然而她即将成为一个实验的最新参与者。该实验的目的是考察她身上是否存在她的父母从未想过的另一面。

在研究中，实验者——发展心理学家西比尔·哈特（Sybil Hart）与维多利亚的母亲交谈，并告诉她忽视女儿，维多利亚在一旁观看。一开始，维多利亚显得有点厌烦，但不是特别沮丧。然后哈特离开房间，带回来一个真人大小的仿真娃娃。她把娃娃放在维多利亚母亲的大腿上，并指示这位母亲抚摸娃娃，同时继续忽视维多利亚。

维多利亚做出了反应。一开始她咧嘴大笑，试图获得她母亲的注意力。当母亲继续忽视她而关注娃娃时，维多利亚便又踢又踹，大声哭叫，哭得满脸通红。（Wingert and Brant, 2005）

哈特研究当母亲无响应时婴儿的反应，这一基本的场景在实验中反复出现。它看起来像是维多利亚嫉妒了，哈特的解释也是如此。她的研究显示，6个月大的婴儿就能表现出嫉妒，并且这对他们来说似乎是一种功能性情绪。这与传统的看法不同，后者认为嫉妒是后天形成的性格缺陷。在哈特的研究中，当婴儿的母亲拥抱仿真娃娃并与其玩耍时，婴儿表现出多种苦恼行为。相比母亲的注意力被另一个成人吸引的情况，当母亲的注意力被娃娃吸引时，婴儿的苦恼要强烈得多。

苦恼的严重性、对娃娃的反应模式，以及对其他母亲无响应的情况的反应模式，使哈特把婴儿的行为解释为嫉妒。婴儿并没有展现出让哈特可以识别的持续性的"嫉妒"行为或表情。其他行为是高度个人化的，包括叫喊、哭泣、来回摇摆和自我依恋。但她的发现也可作其他解释。例如，在她的研究中孩子们可能做出了其他可选的、更加基本的情绪反应，如悲伤或愤怒（Hart et al., 1998; Lemerise & Dodge, 2008）。

很明显，哈特的发现还需要进一步调查，才能全面了解婴儿苦恼反应的本质，及其是否确实是嫉妒的一种形式。然而，有更多的研究表明，婴儿能够体验到比我们过去所想到的更复杂的情绪种类，这与她的研究是一致的（Hart et al., 2004; Carver & Cornew, 2009）。

- 对于婴儿在表达嫉妒这一结论，你还能得出其他什么结论吗？
- 在你看来，实验中使用的方法存在伦理问题吗？

社会性参照：感受别人所感觉到的

当斯蒂芬妮（Stephenia）的哥哥埃里克（Eric）和他的朋友陈（Chen）彼此大声争辩而且开始打斗的时候，23个月大的斯蒂芬妮专注地看着。由于不确定发生了什么，斯蒂芬妮瞥了妈妈一眼。妈妈知道埃里克和陈只是在玩，因此露出微笑。看到妈妈的反应，斯蒂芬妮也笑开了，她模仿着妈妈的面部表情。

同斯蒂芬妮一样，我们也曾处于不确定的情境当中。在这种情形下，我们有时候会转过头去看看别人是如何反应的。这种对别人的依赖，也就是社会性参照，告诉我们什么样的反应是合适的。

社会性参照（social referencing）是有意地搜寻他人的情感信息，以帮助解释不确定环境和事件的含义。像斯蒂芬妮一样，我们使用社会性参照去澄清情境的意义，减少我们对于正在发生事情的不确定性。

社会性参照最早出现在大约第8～9个月的时候，它是相当复杂的社会性能力：凭借着利用诸如面部表情这样的线索，婴儿不仅需要社会性参照来理解其他人行为的意义，而且还能够理解在特定情境下这些行为的意义（de Rosnay et al., 2006; Carver & Vaccaro, 2007; Stenberg, 2009）。

在他们的社会性参照中（斯蒂芬妮注意妈妈微笑的方式），婴儿特别使用了面部表情。例如，在一项研究中实验者让婴儿玩一个不常见的玩具，婴儿玩这个玩具的时间取决于母亲的面部表情。当母亲表现出厌恶的时候，他们玩玩具

社会性参照 有意地搜寻他人的情感信息，以解释不确定环境和事件的含义。

▼ **我的发展实验室**

阅读有关社会性参照的内容之后，观看我的发展实验室的视频中，社会性参照是如何运作的。

的时间要显著地少于当母亲表现出愉快的时候。而且，当稍后有机会再去玩相同玩具的时候，尽管母亲现在的面部表情是中性的，婴儿们也不愿意再玩这个玩具，说明父母的态度可能对婴儿有持续性的影响（Hornik & Gunnar, 1988；Hertenstein & Campos, 2004）。

社会性参照的两种解释 尽管社会性参照明显在生命的早期便已经出现，研究者们仍不太清楚它是如何运作的。从一方面来说，有可能是观察某人面部表情时会引发这种表情所表征的情绪。也就是说，一个观察到某人看起来有些悲伤的婴儿，可能她自己也会变得悲伤，而且其行为也可能受到影响；而另一方面，可能仅仅观察到他人的面部表情就能够提供信息。在这种情况下，婴儿不需要体验他人的面部表情所表征的特定情绪，她只要把这种表情当做引导自己行为的数据即可。

社会性参照的这两种解释都有一定研究成果的支持，所以目前我们仍然不知道哪一种说法是对的。我们所确知的是当情境是不确定、模糊的时候，社会性参照最有可能发生。而且对于那些已经长大到能够运用社会性参照的婴儿，如果他们接受到来自父母彼此冲突的非言语信息，就会变得十分不安。比如说，如果妈妈的面部表情显得对儿子敲打牛奶上的卡通图案感到恼怒，然而祖母却认为这个举动很可爱并露出了微笑，这个孩子便收到了互相矛盾的信息。对于一个婴儿而言，如此混杂的信息将会是一个真正的应激来源（Stenberg, 2003；Vaish & Striano, 2004）。

自我的发展：婴儿知道他们自己是谁吗？

8个月大的艾莉莎（Elysa）爬着路过挂在父母卧室门上一个全身镜。在移动的时候，她很少注意自己在镜中的影像。而另一方面，当她那快要2岁的表姐布莱娜（Brianna）经过镜子的时候，她凝视着镜中的自己。当注意到自己的前额上沾了少许果冻之后，她开心地笑了起来，然后伸手把它擦掉。

你可能有过这样的经验，你看了一眼镜中的自己，然后发现有一束头发竟然不是那么整齐。你会试着把它们梳理一下。你的反应显示你在意的不仅仅是你外表看起来如何，它意味着你有一种自我感，知道自己是一个他人会有所反应的独立的社会性个体，你以一种有利于自己的方式来展现你自己。

 我的发展实验室

当你的虚拟孩子长到1岁时，他或她将开始展现出自我觉知。观看我的发展实验室的视频，观察孩子展现自我觉知。

然而，我们并不是天生就知道自己是独立于他人以及有一个更大的世界存在。很小的婴儿并没有感觉到他们自己是独立的个体，他们不会认出相片或镜中的自己。然而，**自我觉知**（self-awareness）即关于自我的知识，大约在12个月大的时候开始发展。我们是通过一个简单但却无比天才的实验技术了解到这一点的。人们在婴儿的鼻子上偷

研究表明，18个月大的儿童已经表现出明确的自我感。

自我觉知 关于自我的知识。

心理理论 关于心理如何运作，以及它是如何影响行为的知识和信念。

偷地抹上一个红点，然后让他坐在镜子前面。如果婴儿碰触他们的鼻子或试着抹掉这个红点，我们就有证据说他们至少有一些身体特征的知识。对于这些婴儿而言，在他们理解自己为一个独立个体的过程中，这种觉知（awareness）是其中的一步。比如说，本段开头所提到的布莱娜，当她试着擦掉前额的果冻时，显示出她已经意识到自己的独立性（Asendorpf, Warkentin, & Baudonniere, 1996；Rochat, 2004）。

尽管有些婴儿早在12个月大时，就似乎对看见红点而感到吃惊，但对于大多数婴儿而言，他们直到17个月甚至到24个月大时才会做出反应。大约也是在此时，儿童开始明白自己的能力。比如说，一些23~25个月大的婴儿参加了一项实验，如果实验者要求他们模仿涉及玩具的一系列复杂行为，尽管他们已经完成了一些较为简单的行为序列，有时仍会开始哭泣。这种反应说明他们意识到自己缺乏能力去执行一些困难的任务，并且为此感到难过——该反应是自我觉知的清楚标志（Legerstee, 1998；Asendorpf, 2002）。

儿童的文化教养方式也会影响自我认同的发展。例如，希腊儿童——对他们的养育强调自主和分离——比非洲喀麦隆的儿童更早地表现出自我认同。在喀麦隆文化中，养育强调身体接触和温暖，使得婴儿和父母之间的相互依赖更强，结果就是自我认同出现得更晚（Keller et al., 2004；Keller, Voelker, & Yovsi, 2005）。

一般来说，在18~24个月大的时候，婴儿至少已经发展出对他们自己身体特征和能力的觉知，而且了解到他们的外表是稳定的，尽管这种觉知能够延伸到什么程度并不清楚。如同接下来我们将要讨论的，越来越明显的是，婴儿不仅对自己有一个基本的了解，而且开始理解心理是如何运作的——即**"心理理论"**（theory-of-mind）（Nielsen, Disanayake, & Kashima, 2003；Lewis & Ramsay, 2004；Lewis & Carmody, 2008）。

心理理论：婴儿对他们自己以及他人的心理生活的看法

婴儿关于思考有哪些想法？根据发展心理学家约翰·弗拉维尔（John Flavell）的观点，婴儿在很小的时候就开始理解某些关于他们自己和他人心理过程的事情。弗拉维尔研究儿童的**心理理论**，即关于心理如何运作，以及它是如何影响行为的知识和信念。儿童使用心理理论来解释别人是如何进行思考的。

例如，我们在第五章所讨论的婴儿期认知进展，使得较大的婴儿以一种非常不同于看待其他物体的方式来看待人们。他们学会将他人视为适应的行动者（compliant agents），和他们自己相似——在自己的意志下行动，并且有能力回应婴儿的要求。比如说，18个月大的克里斯（Chris）已经了解到他可以要求爸爸拿给他更多的果汁（Poulin-Dubois, 1999；Rochat, 1999, 2004）。

此外，儿童在婴儿期理解意图和因果的能力也有所发

我的发展实验室

观看我的发展实验室的视频中，*心理理论是如何运作的。*

展。他们开始理解，相对于非生命物体的行为，他人的行为是有意义的，用来完成一些特定的目标。例如，儿童开始理解当爸爸在厨房做三明治的时候，他会有一个特定的目标。相反，爸爸的汽车仅仅是在路边停着，就没有任何心理活动或目标（Ahn, Gelman, & Amsterlaw, 2000；Zimmer, 2003；Wellman et al., 2008）。

婴儿心理活动感逐渐增强的另一个证据是，两岁的婴儿开始表现出共情的能力。**共情（empathy）**是对应于另一个人感受的一种情绪反应。在24个月大的时候，婴儿有时会去安慰或关心别人。要做到这一点，他们需要知道别人的情绪状态。例如，一岁婴儿能够通过观察电视上女演员的行为而获得情绪线索（Gauthier, 2003；Mumm & Fernald, 2003）。

此外，在2岁左右的时候，婴儿开始在假装游戏及愚弄别人时使用欺骗。进行"假装"和使用谎言的儿童必须知道他人拥有关于这个世界的信念——而这种信念是可以被操纵的。简而言之，在婴儿期结束前，儿童已经发展出他们个人心理理论的雏形。心理理论帮助婴儿了解他人的行为，同时也影响着他们自己的行为（van der Mark et al., 2002；Caron, 2009）。

> **共情** 对应于另一个人感受的一种情绪反应。

复习和应用

复习

- 婴儿似乎在表达并体验着情绪，而且他们情绪状态的不断丰富反映出越来越复杂的情绪状态。
- 不同文化下的婴儿都使用相似的面部表情来表达基本的情绪状态。
- 随着婴儿的认知发展，并开始区分出熟悉的和不熟悉的人们时，婴儿在6个月大的时候开始体验陌生人焦虑，在约8个月大的时候体验分离焦虑。
- 解读其他人非言语的面部表情及声音表达的能力，在很小的婴儿身上便开始发展了。使用这种非言语解码澄清不确定的情境并做出适当的反应被称为社会性参照。
- 婴儿约在12个月大的时候发展出自我觉知，即他们独立于世界的其他部分而存在的知识。
- 到两岁的时候，儿童已经发展出心理理论的雏形。

应用毕生发展

- 为什么忧郁的父母看起来悲伤或面无表情会对婴儿造成不良的影响？如何消除这种影响？
- **从一个社会工作者的视角看问题**：在什么情况下成人会依赖社会性参照来做出适当的反应？如何使用社会性参照影响父母对孩子采取的行为？

6.2 关系的形成

路易斯·摩尔（Louis Moore）在从医院回家的途中成了注意的焦点。在和妈妈出院的时候，爸爸带着5岁的玛莎（Martha）和3岁的汤姆（Tom）到医院去接他们。玛莎跑过去看她最小的弟弟，却把妈妈忽略了。而汤姆则在医院的接待大厅里依附着妈妈的膝盖。

护士把路易斯抱到车里……玛莎和汤姆立刻爬过座位并把所有的注意都集中在妈妈和路易斯的身上，让他们应接不暇。两个孩子都和弟弟贴着脸，拍拍他并和他说话。很快，两人便开始为他大声地争吵起来。大声的争吵及妈妈的推挤让路易斯很难受，他开始哭了起来。他发出悲痛的叫声，就好像是在嘈杂的车里响起了一声枪响。孩子们立刻安静了下来，并用一种敬畏的眼光看着这个小婴儿。他持久的哀号压过争吵的声音。在他们的眼里，路易斯已经坚定地宣告了他自己。当看见妈妈试着去安抚路易斯的时候，玛莎的嘴唇轻轻地颤抖着，并模仿着妈妈试着给他轻柔的安抚。汤姆的身体缩得更靠近妈妈一些，并且把大拇指放进嘴里，闭上眼睛以便把这场骚动挡在外边（Brazelton, 1983, p. 48）。

新生儿的降临会给一个家庭带来戏剧性的变化。不论新生儿有多受欢迎，他/她都会导致家庭成员角色的根本转变。父母必须开始和婴儿建立关系，而较大的孩子必须因家庭新成员的出现做出调整，并且建立他们和新弟弟或新妹妹的联盟关系。

尽管婴儿期的社会性发展过程既不简单也不会自动发生，它却十分关键：婴儿和他们的父母、兄弟姐妹、家庭以及其他人之间逐渐形成的联结提供了他们一生社会关系的基础。

依恋 在儿童和特定个体之间所形成的正性情绪联结。

依恋：形成社会联结

在婴儿期，社会性发展最重要的方面就是依恋的形成。**依恋**（attachment）是在儿童及特定个体之间形成的一种正性情绪联结。当儿童体验到对特定的人有所依恋时，和他们在一起便能使儿童感到愉快；在儿童难过的时候，只要他们出现，儿童便会得到安慰。正如我们将要看到的，当我们考虑成年早期的社会性发展（第十四章）时，婴儿时期的依恋本质会影响我们后半生如何与他人建立关系（Grossmann, Grossuan, & Waters, 2005；Hofer, 2006）。

共情的基础，即对应于另一个人的感受的情绪反应，在生命的早期就已经形成。

为了理解依恋，最早的研究者们转而研究在非人类的动物王国中，父母与幼崽之间联结的形成。例如，生态学家康拉德·洛伦茨（Konrad Lorenz, 1965）观察到刚出生的小鹅天生有一种倾向，即把它们出生后看见的第一个移动的物体当做母亲，并且跟在它的后面。洛伦茨发现在孵化器里孵出后第一眼就看见他的这些小鹅，无时无刻不跟在他的后面，就好像他是它们的妈妈一样。如同我们在第三章所讨论的，他把这个过程称为印刻（imprinting）：发生在关键期，涉及对观察到的第一个移动物体产生依恋的行为。

洛伦茨的发现意味着依恋基于生物学决定的因素，而其他的理论家也同意这种观点。例如，弗洛伊德指出依恋的发展来自母亲满足儿童口唇需要的能力。

图6-4 对猴"妈妈"的选择
哈洛的研究显示猴子对温暖、柔软的"母亲"的偏好要胜过提供食物的铁丝"母亲"。

然而，事实证明，提供食物和其他生理需要的能力可能并不像弗洛伊德等理论家们最初认为的那么重要。在一项经典研究中，心理学家哈里·哈洛（Harry Harlow）让幼猴做出选择：铁丝"猴子"身上提供了食物，而柔软的、毛茸茸的布猴子身上很温暖但没有提供食物（见图6-4）。它们的偏好十分明显：幼猴大部分的时间都攀附在用布做成的猴子身上，尽管它们偶尔会到铁丝做成的猴子身上取食。哈洛指出对温暖的布猴子的偏好可以给幼猴提供接触安慰（contact comfort）（Harlow & Zimmerman,1959; Blum, 2002）。

哈洛的研究表明，仅仅只有食物并不是依恋的基础。考虑到幼猴对软布"妈妈"的偏好发展于出生后的某个时段，这些发现和我们在第三章所讨论的研究一致：对于人类而言，几乎没有什么证据支持在出生之后立即存在母子之间联结的关键期。

关于人类依恋最早期的工作是由英国的精神病学家约翰·鲍尔比（John Bowlby, 1951, 2007）所进行的，这项研究至今仍有很大影响。在鲍尔比看来，依恋主要是建立在婴儿安全需求的基础上——即他们天生具有躲避捕食者的动机。随着婴儿的发展，他们开始知道某个特定的个体最能够提供给他们安全的保障。这样的理解最终导致了和该个体（通常是母亲）特殊关系的发展。鲍尔比认为，和主要照看者的专一关系在质量上有别于婴儿和其他人（包括父亲）形成的联结——这样的说法，如同我们稍后会看到的，已经成为一些争论的根源。

根据鲍尔比的观点，依恋提供了一种家庭基地。当儿童变得更加独立的时候，他们就能够逐渐漫步在距离安全基地更远的地方。

安斯沃斯陌生情境和依恋的类型 发展心理学家玛丽·安斯沃斯（Mary Ainsworth）在鲍尔比的理论基础上发展了一个被广泛用于测量依恋的实验技术（Ainsworth et al., 1978）。**安斯沃斯陌生情境（Ainsworth Strange Situation）**由系

安斯沃斯陌生情境
由一些依照顺序的阶段性情景所构成，可以说明儿童和母亲之间依恋的强度。

玛丽·安斯沃斯设计了陌生情境用来测量婴儿的依恋。

安全依恋型 在这种依恋风格中，儿童把母亲当做是一种家庭基地。当母亲出现时他们很放松；母亲离开时则显得有些难过；只要母亲一回来，儿童便会来到她的身边。

回避依恋型 在这种依恋风格中，儿童并不寻求接近母亲。当母亲离开后再回来时，他们似乎在回避她，看起来像是对她的行为感到生气。

矛盾依恋型 在这种依恋风格中，儿童对母亲既表现出积极也表现出消极反应。当母亲离开时，他们显得十分沮丧；当她回来时，他们可能在寻求接近的同时也会踢或打她。

混乱依恋型 在这种依恋风格中，儿童表现出不一致的甚至相互矛盾的行为。例如在母亲回来时接近她却不看她。他们可能是安全依恋程度最低的孩子。

列阶段性情景所构成，用以阐明儿童和母亲之间依恋的强度。"陌生情境"通常遵循下列八个步骤的模式：（1）母亲和儿童进入一个不熟悉的房间；（2）母亲坐下来，让儿童自由地探索；（3）一个成年陌生人进入房间，先和母亲说话，然后再和儿童说话；（4）母亲离开房间；（5）母亲回来，和儿童打招呼并安慰儿童，陌生人离开；（6）母亲再次离开，留下儿童独自一人；（7）陌生人回来；（8）母亲回来，陌生人离开（Ainsworth et al., 1978）。

婴儿对陌生情境不同方面的反应有着巨大的差异，这取决于他们与母亲依恋的本质。一岁儿童会典型地表现出下面四种类型中的一种——安全型、回避型、矛盾型和混乱型（总结于表6-1）。**安全依恋型**（secure attachment pattern）的儿童把母亲当做鲍尔比所描述的家庭基地。在陌生情境中，只要他们的母亲在场，这些儿童就显得很自在。他们独立地探索环境，偶尔回到母亲的身边。尽管当母亲离开时，安全依恋型儿童也会心烦，但他们在母亲回来时会马上回到母亲身边并寻求接触。大多数北美儿童——约有三分之二属于安全依恋型。

相反，**回避依恋型**（avoidant attachment pattern）的儿童并不寻求接近母亲，而且在母亲离开后，他们似乎看起来并不难过。此外，当母亲回来时，他们似乎在回避她，对母亲的行为十分冷淡。大约有20%的一岁儿童属于回避型。

矛盾依恋型（ambivalent attachment pattern）的儿童对母亲表现出一种既积极又消极的混合反应。刚开始时，矛盾型儿童紧紧地挨着母亲，他们几乎不去探索环境。他们甚至在母亲离开前就显得有些焦虑，而当她真的离开时，他们表现出巨大的哀伤。然而一旦她回来，他们却表现出矛盾的反应，一方面寻求和她接近，另一方面却又踢又打，明显十分生气。大约有10%~15%的一岁儿童属于矛盾型（Cassidy & Berlin, 1994）。

尽管安斯沃斯只确认了三种类型，近来对其工作的扩展研究发现了第四种类型：混乱型。**混乱依恋型**（disorganized-disoriented attachment pattern）的儿童表现出不一致、矛盾和混乱的行为。当母亲回来时，他们会跑到她身边却不看她，或最初显得很平静后来却爆发出愤怒的哭泣。他们的混乱行为意味着他们可能是最没有安全依恋的孩子。大约有5%~10%的儿童属于这个类型（Mayseless, 1996; Cole, 2005; Bernier & Meins, 2008）。

如果不是母子间的依恋质量对儿童以后的人际关系有着重要影响的话，儿童的依恋类型就没有那么重要。例如，一岁时是安全依恋型的男孩再大一些的时候，比起回避或是矛盾型的儿童，他们表现出更少的心理困难。类似地，婴儿期时是安全依恋型的孩子们在后来更善于交往，具有情绪能力，其他人也觉得他们更加积极。成人的浪漫关系与在婴儿期所发展的依恋风格有关（Mikulincer &

表 6-1 婴儿依恋的分类

	分类标准			
标签	寻求接近照看者	保持与照看者的接触	避免接近照看者	抗拒与照看者的接触
回避型	低	低	高	低
安全型	高	高（如果很难过）	低	低
矛盾型	高	高（通常在分离前）	低	高
混乱型	不一致	不一致	不一致	不一致

Shaver, 2005；Simpson et al., 2007；MacDonald et al., 2008）。

同时，我们既不能说婴儿期时没有形成安全依恋风格的儿童在以后的生活里都会经历困难，也不能说一岁时具有安全依恋的儿童以后总是能够很好地调整自己。事实上，有些证据指出，在陌生情境实验中所划分的回避及矛盾型儿童，在日后的表现也相当好（Lewis, Feiring, & Rosenthal, 2000；Weinfield, Sroufe, & Egeland, 2000；Fraley & Spiker, 2003）。

在依恋的发展被严重破坏的案例中，儿童可能罹患反应性依恋障碍（reactive attachment disorder）。这是一种心理问题，特征是与他人形成依恋关系极端困难。对于年幼的儿童，问题可能表现为难以喂食，对他人的社交性主动示好无反应，而且一般不能健壮成长。反应性依恋障碍比较少见，是虐待或忽视的典型结果（Corbin, 2007；Hardy, 2007；Hornor, 2008；Schechter & Willheim, 2009）。

形成依恋的互动：父母的作用

当5个月大的安妮（Annie）放声大哭时，妈妈来到她的房间并温柔地把她从摇篮里抱起来。妈妈轻柔地摇晃她，同时轻声地和她说话，仅仅过了片刻，安妮便蜷缩在妈妈的怀里并停止了哭泣。但当妈妈一将她放回摇篮里时，她又开始号啕大哭，妈妈只好再次将她抱起。

对大多数父母来说，这样的模式很熟悉。婴儿哭泣，父母做出反应，孩子又再次做出回应。这些似乎不太重要的行为顺序在婴儿和父母的生活中不断地重复发生，有助于为儿童和父母之间，以及和其余的社会世界之间关系的建立铺平道路。我们将会考虑每一个主要的照看者和婴儿如何在依恋的发

在这个安特沃斯陌生情境的插图中，只要妈妈在场，婴儿首先自己探索游戏室。但当她离开时，他便开始哭泣。然而妈妈一回来，他便立刻感到安慰并停止哭泣。结论：他是安全依恋型婴儿。

展过程中发挥作用。

母亲和依恋　对婴儿愿望和需要的敏感是安全依恋型婴儿的母亲的共同特点。此类母亲知道婴儿的心情，而且在和孩子互动的时候，她能够理解孩子的感受。在面对面的互动中，她也会有所回应，孩子一有需要便会进行喂食。她挚爱孩子并充满温暖（Thompson, Easter-brooks, & Padilla-Walker, 2003；McElwain & Booth-LaForce, 2006；Priddis & Howieson, 2009）。

仅仅以任何方式回应婴儿的信号并不足以区分安全依恋型和非安全依恋型的母亲。安全依恋型的母亲倾向提供适当水平的反应。事实上，研究表明，过度回应和回应不足一样，都可能造成非安全依恋型的儿童。相反，以同步互动（interactional synchrony）方式沟通的母亲，更可能产生安全依恋型的儿童。同步互动式的沟通是指照看者以适当的方式回应婴儿，并且照看者和婴儿的情绪状态相匹配（Kochanskya, 1998；Hane, Feldstein, & Dernetz, 2003）。

安斯沃斯主张，依恋取决于母亲如何回应婴儿的情绪信号，此观点和现有的研究结果（母亲对婴儿的敏感度和婴儿的安全依恋有对应关系）是一致的。安斯沃斯指出，安全依恋型婴儿的母亲快速且积极地对婴儿做出回应。比如说，对于安妮的哭泣，妈妈很快地做出了抚慰的回应。相反，根据安斯沃斯的观点，非安全依恋型婴儿的母亲是以忽视他们的行为线索、在他们面前表现得前后不一致，以及拒绝或忽略他们社交努力的方式来回应。相比能够得到母亲更快速、更一致的回应的婴儿，这类婴儿更不容易成为安全依恋型（Higley & Dozier, 2009）。

然而母亲是如何学会怎样对婴儿做出反应呢？一种方式是来自她们自己的母亲。母亲对婴儿通常的反应基于她们自己的依恋风格。因此，代代相传的依恋模式在本质上十分相似（Benoit & Parker, 1994；Peck, 2003）。

越来越多的研究强调，父亲对孩子表达关爱的重要性。事实上，和母亲的行为相比，某些障碍（如抑郁和物质滥用）已被发现和父亲的行为有着更高的相关。

母亲（和他人）对婴儿的行为至少在部分上是对婴儿提供有效线索能力的回应。认识到这一点非常重要。一位母亲很可能没有办法对一个本身行为就是含糊不清、误导的及模棱两可的儿童做出有效的反应。例如，一个清楚表达出愤怒、恐惧或不高兴的儿童比有着模棱两可行为的儿童更容易被人所理解。因此，婴儿传达出何种信号可能部分地决定了母亲有效回应的程度。

父亲和依恋　直到现在，我们才刚刚开始触及养育儿童过程中的关键人物。事实上，如果你查看早期关于依恋的理论和研究，你会发现很少提起父亲，以及他对婴儿生活的潜在贡献（Tamis-LeMonda & Cabrera, 1999）。

对此至少有两种解释。首先，提出早期依恋理论的约翰·鲍尔比认为母子关系有其独特的一面。他相信母亲在生物学上就有独特的乳房来保障孩子的生存。因此，他得出结论认为这种能力导致了母子之间特殊关系的发展。其次，早期关于依恋的研究受到时代传统观念的影响，这些观念认为妈妈在家看孩子，而爸爸外出挣钱养家才"合乎自然"。

几个因素导致了这种观点的消亡。其一是社会规范的改变，而且父亲开始在养育孩子的活动中承担更多的责任。更重要的是，研究结果越来越清楚地表明：尽管在社会规范上父亲是次级的养育角色，但有些婴儿却是和父亲形成了最初的主要关系（Lewis & Lamb, 2003；Brown et al., 2007；Diener et al., 2008）。

此外，越来越多的研究表明父亲有关养育、温暖、挚爱、支持和关心的表达对于孩子情绪和社会幸福感的发展非常重要。事实上，某些心理障碍，如抑郁和物质滥用，已被发现相较于母亲，和父亲的行为有着更高的相关（Veneziano, 2003；Parke, 2004；Roelofs et al., 2006）。

婴儿的社会联结将扩展到他们的父母之外，特别是在他们年龄稍大些的时候。例如，一项研究发现，尽管大多数婴儿和一个人形成最初的主要关系，大约有三分之一的婴儿拥有多重关系，而且很难决定哪一个才是主要的依恋。而且，婴儿到了18个月大的时候，大多数已经形成了多重关系。总而言之，婴儿可能不仅和母亲，也和其他很多人发展出依恋关系（Silverstein & Auerbach, 1999；Booth, Kelly, & Spieker, 2003；Seibert & Kerns, 2009）。

对母亲的依恋和对父亲的依恋有所不同吗？ 尽管婴儿完全有能力形成对母亲、父亲以及其他个体的依恋，在母子和父子之间的依恋本质并不相同。比如说，当婴儿在不寻常的应激环境中，大多数婴儿偏好向母亲而非父亲寻求安慰（Thompson, Easterbrooks, & Padilla-Walker, 2003；Schoppe-Sullivan et al., 2006）。

依恋质量不同的一个原因是父亲、母亲和孩子在一起时，他们做的事并不相同。母亲花更多的时间在喂食和直接的养育上。相反，父亲花更多的时间和婴儿玩耍（Grych & Clark, 1999；Kazura, 2000；Whelan & Lally, 2002）。

此外，通常父亲和孩子玩耍的本质和母亲大不相同。父亲和孩子从事更多身体的、打打闹闹的活动。相反，母亲玩的是躲猫猫这样的传统游戏，以及具有更多言语元素的游戏（Paquette, Carbonneau, & Dubeau, 2003）。

父亲、母亲用不同的方式和儿童玩游戏，这种情形甚至发生在美国一些少数以父亲为主要照看者的家庭中。而且，这种区别在差异很大的文化中也会发生：澳大利亚、以色列、印度、日本、墨西哥甚至在中非的Aka Pygmy部落的父亲们都是和孩子玩耍的时间比照料时间要多，尽管他们花在孩子身上的时间有着很大的差异（Roopnarine, 1992；Bronstein, 1999；DeLoache & Gottlieb, 2000；Hewlett & Lamb, 2002）。

不同的社会在养育孩子上的相似性和差异引出了一个重要的问题：文化是如何影响依恋的？

父亲、母亲用不同的方式和孩子玩耍，这种情形甚至发生在一些以父亲为主要照看者的家庭中。基于这样的观察，文化是如何影响依恋的？

发展的多样性

不同的文化有不同的依恋类型吗？

约翰·鲍尔比对其他物种幼崽寻求安全的生物学动机的观察，是其依恋理论观点的基础，并体现在他如下的观点中：寻找依恋具有生物学普遍性，我们不仅应该在其他物种中有所发现，也应该在所有的人类文化中发现。

然而，研究显示人类的依恋并不像鲍尔比所预测的那样具有文化普遍性。某些依恋模式似乎更可能存在于特定文化中的婴儿身上。例如，一项关于德国婴儿的研究显示，大多数婴儿属于回避型依恋。其他研究发现，与美国相比，以色列和日本安全依恋型婴儿的比例要少一些。最后，加拿大和中国儿童的比较显示，比起加拿大儿童，中国儿童在安斯沃斯陌生情境中表现得更加拘谨（Grossmann et al., 1982；Takahashi, 1986；Chen et al., 1998；Rothbaum et al., 2000）。

这些结果意味着我们应该放弃依恋是一种普遍生物学倾向的主张吗？未必如此。虽然鲍尔比宣称对依恋的渴望普遍存在的这种说法可能有点言过其实，大多数关于依恋的资料都是使用安斯沃斯陌生情境测验而获得的，而陌生情境在非西方文化下可能不是最恰当的测量方式。（Vereijken et al., 1997；Dennis, Cole, & Zahn-Waxler, 2002）。

日本的父母会避免在婴儿期的分离和应激，而且他们并不培养婴儿的独立性。因此根据陌生情境，日本儿童通常表现出较少安全依恋的表面现象。但是如果使用其他的测量技术，他们的依恋得分可能会大幅提高。

如今人们认为依恋易受到文化规范和期望的影响。依恋在文化内和文化间的差异反映了所用测量以及不同文化期望的性质的不同。一些发展专家建议应当把依恋看做一般的倾向，但是依恋的表达方式会随着所处社会的照看者对儿童灌输独立性的积极程度的不同而有所差异。为西方陌生情境所定义的安全依恋，可能在提倡独立性的文化中会最早被发现，但也可能滞后于一个独立性不具备重要文化价值的社会中（Harwood, Miller, & Irizarry 1995；Rothbaum et al., 2000；Rothbaum, Rosen, & Ujiie, 2002）。

婴儿的互动：发展工作关系

依恋的研究清楚地显示，婴儿可能发展出多重的依恋关系，而且随着时间的推移，婴儿主要依恋的特定个体可能会发生改变。这些依恋上的差异强调了这个事实：关系的发展是一个不断持续的过程，不仅仅在婴儿期，而且贯穿我们的一生。

在婴儿期，关系的发展基于哪一个过程？一方面，父母（事实上所有的成人）似乎天生就对婴儿敏感。举例来说，大脑扫描技术已经发现，婴儿（但不是成人）的面部表情能够在1/7秒内激活大脑中一个名为梭状回（fusiform gyrus）的特殊结构。这样的反应可能有助于诱发出养育行为，并激发社交互动（Kringelbach, et al., 2008；Zebrowitz et al., 2009）。

另一方面，研究已经发现，几乎在所有的文化中，母亲都是以一种典型的方式和婴儿相处。她们倾向于夸张面部表情和声音——"妈妈语"的非言语等同物。妈妈语是当她们对婴儿说话时所使用的语言（如第五章所述）。类似地，她们经常模仿其婴儿的行为，而且通过重复它们来回应婴儿独特的声音和动作。游戏的类型几乎是普遍性的，比如躲猫猫、唱童谣、做拍手游戏等（Kochanska, 2002; Harrist & Waugh, 2002）。

此外，根据**相互调节模型**（mutual regulation model），通过这些互动，婴儿和父母学会沟通彼此的情绪状态并且做出适当的反应。例如，在拍手游戏中，婴儿和父母共同行动去管理轮流的行为，个体必须等待，直到他人完成一个动作，他才可以开始下一个动作。因此，在3个月大的时候，婴儿和母亲对彼此的行为有着大约相同的影响力。有趣的是，在6个月大的时候，婴儿对轮流行为有着更多的控制，尽管在9个月大的时候，彼此的影响力又一次变得大致相等（Tronick, 2003）。

当婴儿和父母互动时，他们对彼此发出信号的一个方式是通过面部表情。如本章之前所提到的，甚至很小的婴儿也能解读或是破译照看者的面部表情，而且他们会对这些表情做出反应。

例如，一位母亲在实验中流露出僵硬的、纹丝不动的面部表情，婴儿便会自己发出一些声音、做出一些手势和面部表情以回应这个令人困惑的情境——而且有可能从母亲那里引出一些新的回应。当母亲看起来很高兴的时候，婴儿也会显得更加快乐，并且用更多的时间注视母亲。另一方面，当母亲流露出不快乐的表情时，婴儿倾向于用悲伤的表情进行回应，并转过身去（Crockenberg & Leerkes, 2003; Reissland & Shepherd, 2006; Yato et al., 2008）。

简而言之，婴儿的依恋发展不仅仅代表对其周围人们行为的反应。相反，这里存在一个**交互式社会化**（reciprocal socialization）的过程。在此过程中，婴儿的行为使得父母及其他照看者做出进一步的反应，反过来，照看者的行为又会引发孩子的反应，然后这个过程不断地循环下去。例如，回想一下安妮，当妈妈把她放进摇篮里时，她便一直哭泣以便被再次抱起。最终，父母和儿童的所有行动和反应导致了依恋的增加，当婴儿和照看者沟通彼此的需要并相互做出反应的时候，他们之间的联结便得到了锻造和强化。图6-5总结了婴儿－照看者互动的序列（Kochanska & Aksan, 2004; Spinrad & Stifter, 2006）。

婴儿与同伴的社会交往：婴儿间的互动

婴儿与同伴怎样交往？尽管从传统意义上来说，他们显然还没有形成"友谊"，但在生命的早期，婴儿的确对同伴的出现有着积极的反应，而且这是他们参与社会互动的最初形式。

婴儿的社会交往表现在以下几个方面。从生命最初的几个月开始，当他们看

相互调节模型 在此模型中，婴儿和父母学着沟通彼此的情绪状态，并做出适当的反应。

交互式社会化 婴儿的行为引起父母及其他照看者做出进一步的反应；而它反过来会引发孩子更进一步的回应的过程。

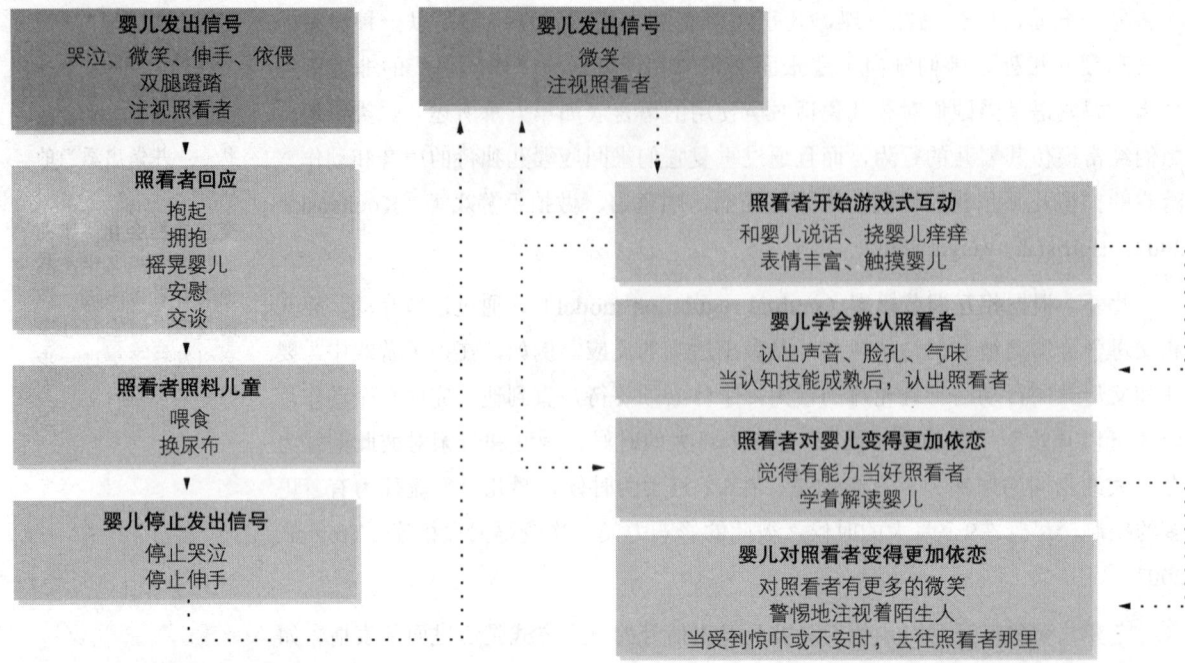

图 6-5 婴儿—照看者互动的序列
照看者和婴儿的行动和反应以一种复杂的方式彼此影响。你认为一个类似的模式会出现在成人—成人的互动中吗？
(Source: Adapted from Bell & Ainsworth, 1972; Tomlinson-Keasey, 1985.)

着同伴时会微笑、大笑，并且发出声音。比起没有生命的物体，他们对同伴表现出更多的兴趣，他们对其他婴儿的注意也要多过镜子中的自己。比起不认识的同伴，他们表现出更偏爱熟悉的同伴。例如，对同卵双胞胎的研究显示，和不熟悉的婴儿相比，双胞胎对彼此表现出更高水平的社会行为（Eid et al., 2003）。

婴儿的社会交往水平一般随着年龄增长而提高。9~12个月大的婴儿相互展示和接受玩具，特别是在他们彼此认识情况下。他们也会玩一些社交游戏，如躲猫猫或追逐赛（crawl-and-chase）。此类行为十分重要，因为它是未来社会交换的基础。在社会交换中，儿童将会试着引发他人的回应，然后对这些回应做出反应。因为这些交换甚至会持续至成年期，因此学习这些种类的交换很重要。比如说，有人说"嗨，近来如何？"可能是试着要引出一个他们能够做出回答的反应（Endo, 1992; Eckerman & Peterman, 2001）。

最后，随着婴儿年龄的增长，他们开始彼此模仿（Russon & Waite, 1991）。例如，14个月大相互熟悉的婴儿们有时会复制彼此的行为（Mueller & Vandell, 1979）。这样的模仿提供了社交的功能，而且能够成为一个强有力的教学工具。

根据华盛顿大学发展心理学家安德鲁·迈尔佐夫（Andrew Meltzoff）的观点，罗素传授该信息的能力仅仅是所谓的"专家"婴儿如何能够教给其他婴儿技巧及信息的一个例子。根据迈尔佐夫及其同事的研究，婴儿向"专家"学习的能力会被保持，并且后来会被发挥到令人吃惊的程度。通过接触进行学习在生命的早期便已开始。近期的证据显示，对早先看到的新异刺激（如成人伸出舌头），甚至6个星期大的婴儿也能够表现出延迟模仿能力（Meltzoff & Moore, 1994; 1999; Barr & Hayne, 1999; Meltzoff, 2002）。

一些发展学者认为，年幼儿童具有模仿能力意味着模仿可能是天生的。作为对此观点的支持，研究已经识别出大脑中的一组神经元似乎与天生的模仿能力有关。镜像神经元（mirror neuron）是这样一些神经元，它们不仅在个体施行某个行为时会放电，而且当个体只是观察另一个体实施同样的行为时也会放电（Falck-Ytter, 2006；Lepage & Théret, 2007）。

例如，对大脑机能的研究显示，当个体执行某个任务时，以及观察另一个体执行同样的任务时，这两种情况下，额下回（inferior frontal gyrus）都会激活。镜像神经元可能会帮助婴儿理解其他人的行为，并建立心理理论。镜像神经元功能失调可能与涉及儿童心理理论的障碍及自闭症有关，自闭症是一种伴随严重的情绪和语言问题的心理障碍（Kilner, Friston, & Frith, 2007；Marineau et al., 2008；Welsh et al., 2009）。

婴儿通过与他人的共处学会新的行为、技巧和能力，这样的观点具有一些含义。一方面，它指出婴儿间的互动所提供的不仅是社交上的获益，它们可能对儿童将来的认知发展也有所影响。更重要的是，这些发现阐明了婴儿可能从参加儿童看护中心而获益（我们将在本章后面部分进行讨论）。尽管我们并不确切地知道，但对处于儿童看护中心这样的群体环境中的婴儿而言，从同伴处学习的机会可能具有长远的益处。

复习和应用

复习

- 依恋，在婴儿和重要个体之间的积极情绪联结，影响着一个人成年后的社会交往能力。
- 通过婴儿表现出的非言语情绪的数量，婴儿可以帮助我们确定其照看者对他们回应的本质和质量。
- 当婴儿和与其交互的人调整彼此的互动时，婴儿就和这些个体进行着交互式社会化。
- 婴儿对其他儿童的反应和对无生命物体的反应不同，而且他们会逐渐增加与同伴社会互动的次数。

应用毕生发展

- 在何种社会中，儿童养育的文化态度会促进孩子的回避型依恋？在这样的文化中，将婴儿对其母亲一致的回避标志为愤怒，这样的解释准确吗？
- **从一个社会工作者的视角看问题**：在评估潜在的养父母时，什么样的家庭才是社会工作者为孩子寻找的好的收养家庭？

6.3 婴儿间的差异

林肯（Lincoln）的父母都认为，他是一个很难带的孩子。举例来说，他们似乎永远也不能使林肯在夜晚入睡。只要有一丝轻微的噪音，他便会大哭，这个问题自从他的摇篮靠近临

根据埃里克森的观点，如果父母在安全范围内鼓励探索并给予一定的自由，儿童在第18个月至3岁的这段期间就会发展出独立性和自主性。如果在该阶段儿童受到限制或是过度保护，埃里克森的理论是如何解释的？

街的那个窗户后就发生了。更糟的是，一旦他开始哭泣，不知要到何年何月他才能再次安静下来。有一天他的母亲艾莎（Aisha）告诉她的婆婆玛丽，当林肯的妈妈是一件多么有挑战的事。玛丽回忆起她的儿子，也就是林肯的父亲马尔科姆（Malcom），也有着同样的情况，"他是我的第一个孩子，而当时我以为所有的孩子都是这个样子的，所以我们不断尝试不同的方法，试图发现到底是怎么回事。我记得，我们将他的摇篮在公寓的每个地方都放了一遍，直到最后我们找到他能够在哪儿睡着，而他的摇篮最后被放在门厅里好长一段时间。后来，他的妹妹马丽雅（Maleah）诞生了，她是如此安静和自在，我都不知道多出来的时间可以做些什么！"

正如林肯的家庭故事一样，每个婴儿不尽相同，他们的家庭也不全然相同。事实上，如同我们将会看到的，自从我们诞生的那一刻起，一些人与人之间的差异便开始出现。婴儿间的差异包含了他们整体的人格、气质及其导致的不同生活，这些差异基于他们的性别、家庭的特点，以及他们被照料的方式。

人格发展：使婴儿独特的一些特征

人格（personality），区分个体的持久性特征的总和，源自婴儿期。婴儿一出生就开始展现出独特、稳定的行为和特质，而这些行为和特质最终导致了他们发展成独特的特定个体（Caspi, 2000; Kagan, 2000; Shiner, Masten, & Robert, 2003）。

根据心理学家埃里克·埃里克森（Erik Erikson）的理论（其人格发展理论我们已经在第一章有过讨论），婴儿的早期体验在塑造其人格的一个关键方面上有着重大影响，即他们基本上是信任的还是多疑的。

埃里克森的心理社会性发展理论（Erikson's theory of psychosocial development）考虑个体如何理解自己，以及理解他人和自身行为的意义（Erikson, 1963）。这一理论提出发展的变化贯穿人的一生中八个不同的阶段，第一个阶段发生在婴儿期。

根据埃里克森的观点，在生命开始后的前18个月内，我们经历了**信任对不信任阶段（trust-versus-mistrust stage）**。在这个阶段，婴儿发展出信任或不信任感，主要取决于照看者能够在多大程度上满足婴儿的种种需要。在之前的例子中，玛丽对马尔科姆的注意可能会帮助他发展出对于世界的基本信任感。埃里克森提出，如果婴儿能够发展出信任，他们便产生希望感，而这种希望感使他们觉得似乎能够成

人格 区分个体的持久性特征总和。

埃里克森的心理社会性发展理论 考虑个体是如何理解自己，以及理解他人和自己行为意义的一种理论。

信任对不信任阶段 根据埃里克森的观点，在这个阶段，婴儿会发展出信任或不信任感，而这主要取决于照看者能够在多大程度上满足婴儿的种种需要。

功地满足自己的种种需要。另一方面，不信任感导致婴儿将这个世界视为无情和不友善的，因而，他们日后和他人形成亲密的联结可能会有些困难。

在婴儿期的最后阶段，儿童进入了**自主对羞愧怀疑阶段**（autonomy-versus-shame-and-doubt stage），这个阶段从第18个月左右至3岁。在这个阶段，如果父母在安全范围内鼓励探索并给予一定的自由，婴儿便会发展出独立性和自主性。而如果儿童受到限制并被过度保护，他们便会觉得羞愧、自我怀疑和苦恼。

埃里克森认为人格主要由婴儿的经验所塑造。然而，如同我们接下来所要讨论的，其他发展心理学家集中于婴儿出生时，甚至在婴儿出生之前的行为一致性，这些一致性被认为主要由基因所决定，并提供了形成人格的原材料。

气质：婴儿行为的稳定性

萨拉（Sarah）的父母想着：肯定是哪里出问题了。萨拉的哥哥乔什从婴儿期开始便一直很活泼，好像永远也静不下来似的。而和哥哥不同，萨拉要平静得多。她会打一个长盹，即使偶尔变得激动不安，她也很容易被安抚下来。

最可能的答案是：萨拉和乔什之间的不同反映了气质的差异。如同我们最初在第二章所讨论的，**气质**（temperament）包含个体一致且持久的唤醒模式和情绪特点（Kochanska, & Aksan, 2004；Rothbart, 2007）。

气质是指儿童的行事风格，而不是他们做什么或是为什么这么做。从出生开始，婴儿便展示出一般倾向上的气质差异，最初主要是由于基因因素，而到了青春期，气质仍然相当稳定。另一方面，气质并不是固定不变的，儿童养育实践能够很大程度上改变气质。事实上，一些儿童在成长的过程中几乎没有表现出气质上的一致性（McCrae et al., 2000；Rothbart & Derryberry, 2002；Werner et al., 2007）。

气质反映在行为的几个维度上。一个中心的维度是活动水平（activity level），它反映了总体运动的程度。有些婴儿（如萨拉和马丽雅）相对比较平静，她们的动作较慢，几乎像是在休闲似的。相反地，另外一些婴儿（如乔什）的活动水平就相当高，他们的手脚总是强而有力地、无休止地运动着。

气质另一个重要的维度是婴儿心境的性质和质量，特别是儿童的易激惹性（irritability）。就像本段开头所提到的林肯，有些婴儿很容易被扰乱也很容易哭，而其他婴儿则相对比较随和。易激惹的婴儿很容易大惊小怪，而且他们也容易心烦。他们一旦开始哭泣就很难被安抚。这种易激惹性相对稳定：研究者发现出生时易激惹的婴儿在1岁时仍然易激惹，甚至在2岁时，与出生时非易激惹的婴儿相比，他们仍然更容易心烦（Worobey & Bajda, 1989）（气质的其他方面列在表6-2）。

自主对羞愧怀疑阶段 在婴儿蹒跚学步的阶段（第18个月至3岁），根据埃里克森的理论，如果婴儿能够自由地探索，他们会发展出独立性和自主性；如果婴儿受到限制或是过度保护，他们则会发展出羞愧和怀疑。

气质 情绪性和唤醒模式，具有一致的和持久的个人特点。

表 6-2 气质的维度

维度	定义
活动水平	**活动时间和不活动时间的比例**
接近—退缩	对新环境和新物体的反应。这个反应是基于儿童是否接受新环境还是有所退缩
适应性	儿童适应环境中变化的程度
心境的质量	友善、喜悦、愉快和不友善、不高兴行为数量的对比
注意广度和坚持性	儿童致力于某一活动的时间量和活动时分心的影响
分心性	环境中的刺激改变行为的程度
节律性（规律性）	饥饿、排泄、睡觉和醒来等基本功能的规律性
反应的强度	儿童回应的能量水平或反应
反应的阈限	引发反应的刺激强度

（Surce; Thomas, Chess, & Birch, 1968）

气质分类：易养型、难养型和发动缓慢型 因为可以通过很多维度来考察气质，一些研究者便提出是不是有更广泛的类别可用于描述儿童全部的行为这样的问题。亚历山大·托马斯（Alexander Thomas）和斯特拉·切斯（Stella Chess）做过一个大型的婴儿群体研究，即纽约纵向研究（New York Longitudinal Study）（Thomas & Chess, 1980）。根据他们的研究，可以基于下列侧面之一来描述婴儿。

- **易养型婴儿（easy babies）** 具有积极的倾向。他们的身体功能运作得很有规律，并且具有很强的适应性。他们一般是积极的，对新情境显示出好奇心，而且他们的情绪处于中低强度状态。大约有40%的婴儿属于这个类别。

- **难养型婴儿（difficult babies）** 有更多消极的心境，而且适应新情境较慢。当面临新情境的时候，他们倾向于退缩。大约有10%的婴儿属于这个类别。

- **迟缓型婴儿（slow-to-warm babies）** 不太活跃，对环境表现出相对平静的反应。他们的心境一般较为消极，他们在新情境中会退缩，适应缓慢。大约有15%的婴儿属于这个类别。

至于剩下的35%的婴儿，他们和上述类别的特点都不太一致。这些婴儿表现出混合的特点。比如说，一个婴儿可能有相对快乐的心境，但面对新情境却有消极的反应，或者另一个婴儿可能表现出很少的气质稳定性。

气质的后果：气质重要吗？ 在气质相对稳定的研究发现中出现一个明显的问题：某种特定的气质是否有益？答案似乎是没有单一的一种气质类型总是好或总是坏的。相反，婴儿长期的调整依赖于他们特定的气质与所处环境的性质及要求的**拟合度（goodness-of-fit）**。比如说，低活动水平和低激惹性的儿童可能在允许他们自己探索和自己决定行动的环境中做得很好。相反，高活动水平和高激惹性

易养型婴儿 具有积极倾向的婴儿。他们的身体机能运作规律且具有很强的适应性。

难养型婴儿 具有消极心境并且适应新情境缓慢的婴儿。当面对新情境时，他们倾向于退缩。

迟缓型婴儿 不太活泼，对环境表现出相对平静反应的婴儿。他们的心境通常是消极的，他们会从新情境中退缩，适应缓慢。

拟合度 发展依赖于儿童的气质和养育环境的性质及要求之间的匹配程度的概念。

的儿童可能在指导性较强的环境中做得最好,这样的指导使得他们将精力引向特定的方向(Thomas & Chess, 1980; Strelau, 1998; Schoppe-Sullivan et al., 2007)。玛丽,先前例子中的祖母找到了解决办法:为儿子马尔科姆调整环境。马尔科姆和艾莎可能需要为他们的儿子林肯做同样的事情。

一些研究确实提出:一般而言,某些气质更具适应性。难养型的婴儿通常比其他婴儿如易养型婴儿更易在学龄期表现出问题行为。但是不是所有难养型婴儿都会出现问题。关键因素似乎是父母对婴儿困难行为的反应方式。如果儿童困难的、苛刻的行为引发出父母愤怒和不一致的反应,那么儿童最终更有可能出现行为问题。另一方面,如果父母在反应中展示更多温暖和一致性,他们的孩子日后更有可能避免问题(Thomas, Chess, & Birch, 1968; Teerikangas et al., 1998; Pauli-Pott, Mertesacker, & Bade, 2003)。

此外,气质似乎至少和婴儿对成人照看者的依恋有些微弱的相关。例如,婴儿在表现非言语情绪的数量上有着很大的差异。有些个体面无表情(poker-faced),而其他个体的反应更容易被解读。更具表达性的婴儿可以为他人提供更容易辨别的线索,因此就使得照看者更轻松地回应他们的需求,并促进依恋的形成(Feldman & Rimé, 1991; Meritesacker, Bade, & Haverkock; 2004; Laible, Panfile, & Makariev, 2008)。

文化差异对特定气质的后果也有很大的影响。比如说,在西方文化中被描述为"难养型"的儿童实际上在东非的马赛(Masai)文化中似乎占有优势。为什么呢?因为母亲只在婴儿哭闹的时候才喂奶,所以易激惹的难养型婴儿比平静的易养型婴儿易于得到更多的营养。特别是在恶劣的环境条件下,比如干旱,难养型儿童可能会占有优势(de Vries, 1984; Gartstein et al., 2007)。

气质的生物基础 气质研究方法的发展出自我们在第二章所讨论过的行为遗传学的框架。例如,戴维·巴斯和罗伯特·普洛明(David Buss & Robert Plomin, 1984)主张气质特点代表着遗传的特征,这些特质在儿童期甚至整个一生中都相当稳定。这些特征被视为构成人格的核心,并在未来的发展中起着重要的作用(Sheese et al., 2009)。

举例来说,考虑生理反应性的特点,其特征就是面对新异刺激时高水平的动作和肌肉活动。这种高反应性,又被称为对不熟悉刺激的抑制(inhibition to the unfamiliar),表现出来就是害羞。

对不熟悉刺激的抑制反应具有明确的生物学基础,任何新异刺激都会使心跳加快、血压增高、瞳孔放大以及刺激大脑边缘系统兴奋。比如说,两岁时被归为抑制型的人,成年后看到不熟悉的面孔时,他们大脑内的杏仁核会有较强的反应。与这种生理模式相联系的害羞反应似乎从儿童期一直持续到成年期(Arcus, 2001; Schwartz et al., 2003; Schwartz et al., 2003; Propper & Moore, 2006; Kagan et al., 2007)。

婴儿对不熟悉的情境的高反应性,也被认为与成年后更易罹患抑郁或焦虑障碍有关。此外,高反应性婴儿成年以后,其前额叶皮层比反应性较低的婴儿更厚。因为额叶皮层与杏仁核(控制情绪反应)密切相关,额叶皮层的差异可能有助于解释更高的抑郁和焦虑障碍发病率(Schwartz & Rauch, 2004; Schwartz, 2008)。

性别：为什么男孩穿蓝色，女孩穿粉色？

"这是一个男孩。""这是一个女孩。"

婴儿出生后，人们所说的第一句话可能就是上述两者中的一个，也许有些许不同。从出生的那一刻起，男孩和女孩就受到不同的对待。父母会以不同的方式通知亲友们孩子已经诞生。他们穿着不同的衣服，包裹在不同颜色的毛毯里。他们也会得到不同的玩具（Bridges, 1993；Coltrane & Adams, 1997；Serbin, Poulin-Dubois, & Colburne, 2001）。

父母用不同的方式与儿子和女儿玩耍。从出生开始，父亲倾向于和儿子有更多的互动，然而母亲却和女儿有更多的互动。如前所述，父亲和母亲以不同的方式玩游戏（父亲参与更多的身体的、扭打的活动；母亲则参与传统的游戏，比如躲猫猫），男婴和女婴接触到的来自父母的活动类型和互动方式明显不同（Laflamme, Pomerleau, & Malcuit, 2002；Clearfield & Nelson, 2006；Parke, 2007）。

成人用不同的方式来诠释男孩和女孩的行为。比如说，当研究者给成人展示拥有"约翰"或"玛丽"名字的婴儿的一段录像，尽管是同一个婴儿做出的同一套行为，成人却知觉"约翰"是冒险及好奇的，而"玛丽"则是恐惧及焦虑的（Condry & Condry, 1976）。显然，成人通过性别的透镜来看待儿童的行为。**性别（gender）**是指我们关于成为男性或女性的意识。"性别"和"性"（sex）这两个术语通常指的是一回事，但它们又不完全相同。性指的是解剖学上的性及性行为，而性别指的是男性或女性的社会知觉。所有的文化都指定了男性和女性的性别角色，但这些角色在不同的文化间有很大的差异。

性别 关于成为男性或女性的意识。

性别差异 尽管大多数人同意男孩和女孩确实由于其性别不同而经历了至少部分上有所不同的世界，然而对于性别差异的范围和原因则存在大量的争议。有些性别差异从出生开始就十分明显。例如，比起女婴，男婴倾向于更活跃也更急躁。男孩的睡眠也更容易被打乱。男孩扮的鬼脸更多，尽管在哭泣上不存在性别差异。有些证据表明男性新生儿比女性新生儿更易激惹，尽管研究的发现并不一致（Eaton & Enns, 1986；Guinsburg et al., 2000；Losonczy-Marshall, 2008）。

然而，女婴和男婴之间的差异一般而言是比较小的。事实上，如同"约翰""玛丽"录像研究所显

男孩如果玩女孩的玩具，父母会比较担心；相对而言，女孩如果玩男孩的玩具，父母则没这么忧虑。

示的那样，在大多数情况下，婴儿看起来非常相似，成人通常无法区分是男孩还是女孩。而且，我们必须谨记于心：婴儿间的个体差异比他们在性别上的差异要大得多（Crawford & Unger, 2004）。

性别角色　性别差异随着年龄的增长而日益明显，而且逐渐受到社会为他们设置的性别角色的影响。比如说，在一岁前婴儿就能够辨别男性和女性。女孩在这个年纪喜欢玩洋娃娃和毛茸茸的动物玩具，然而男孩会挑选积木和卡车。当然，由于父母在提供玩具时已经做了决定，所以孩子通常也别无选择（Cherney, Kelly-Vance, & Glover, 2003；Alexander, Wilcox, & Woods, 2009）。

儿童对于某些种类玩具的偏好受到了父母的强化。一般而言，男孩的父母更关心孩子的选择。男孩受到更多的强化去玩社会上公认适合男孩玩的玩具，而且这种强化会随着年龄而不断增加。另一方面，女孩玩卡车就不像男孩玩洋娃娃那么引人关注。男孩玩女性化玩具时所受到的阻力比女孩玩男性化玩具时要大得多（Martin, Ruble, & Szkrybalo, 2002；Schmalz & Kerstetter, 2006；Hill & Flom, 2007）。

到两岁的时候，男孩比女孩表现出更多独立性和更少的服从。大部分这样的行为可以被追溯到父母对婴儿早期行为的反应。例如，当孩子迈出第一步时，父母倾向于根据孩子的性别做出不同的反应：男孩受到更多鼓励继续走和探索世界，而女孩则被拥抱，并和父母保持近距离。那么，几乎毫无悬念的是，到了两岁的时候，女孩倾向于表现出较少的独立性和较大的顺从（Kuczynski & Kochanska, 1990；Poulin-Dubois, Serbin, & Eichstedt, 2002）。

然而，社会的鼓励和强化并不能完全解释男孩和女孩之间的行为差异。例如，正如我们将在第八章进一步讨论的那样，一项研究考察了由于母亲在怀孕时错误地服用了含雄性激素的药物，因此出生前就处于不寻常的高雄性激素水平下的女孩们。后来，这些女孩更有可能去玩刻板印象中男孩偏好的玩具（比如汽车），而不太可能去玩刻板印象中与女孩有关的玩具（比如洋娃娃）。不过这些结果有其他的解释，也许你自己就能想出好几个，一种可能是暴露在雄性激素下影响了这些女孩的大脑发育，导致她们喜好涉及某些技能的玩具（Levine et al., 1999；Mealey, 2000；Servin et al., 2003）。

总而言之，婴儿期时男孩和女孩之间的行为差异，如同我们将要在后续章节中所看到的，会持续贯穿（甚至超越）整个儿童期。性别差异有许多复杂的原因，代表了先天的生理相关因素和环境因素的综合作用，它们对婴儿的社会性及情绪发展起到了非常关键的作用。

二十一世纪的家庭生活

回顾20世纪50年代的电视节目，我们会发现以一种今天看起来很老式又离奇有趣的方式来描绘的家庭世界：父母结婚多年，而他们漂亮的儿女在生活中完全没有或极少遇到严重的问题。

如同我们在第一章所讨论的，甚至在50年代这样的家庭生活观也是过于浪漫和不切实际的。到了今天，这样的观点已经相当失真，仅代表了美国的一小部分家庭。下面的快速简短综述可以说明这个情况：

- 随着双亲家庭的数量减少的时候，单亲家庭的数量在过去30年中戏剧性地增加了。如今，0～17岁的儿童有三分之二与有婚姻关系的双亲住在一起，相比20世纪80年代的四分之三下降了。将近四分之一的儿童与母亲一起生活，4%与父亲一起生活，还有4%和双亲之外的人一起生活（U.S. Bureau of the Cenus, 2000；Childstats.gov, 2009）。

- 家庭的平均大小正在缩小。今天每个家庭平均有2.6个人，相比之下，20世纪80年代每个家庭平均有2.8个人。没有家庭（没有任何亲戚）的人数接近3000万。
- 尽管过去5年中，青少年生子的数量显著下降了，仍有50万少女生下小孩，其中绝大多数是未婚的。
- 超过一半的婴儿的母亲在外工作。
- 在美国，每3个孩子中就有一个生活在低收入家庭中。在非裔和西班牙裔家庭，以及有幼儿的单亲家庭中，这个比例更高。3岁以下的儿童生活在贫困中的比例要高于年长儿童、成人或老年人（Federal Interagency Forum on Child and Family Statistics, 2003；National Center for Children in Poverty, 2005）。

这些统计资料至少表明婴儿是在有许多实质的应激源的环境中成长，这些因素使得养育孩子的任务变得异常困难——即使在最好的环境中，养育孩子也绝不容易。

同时，社会正在适应21世纪家庭生活新的现实。如今有很多社会支持来帮助婴儿的父母，而且社会也正在建立许多新的机构帮助父母照顾儿童。一个例子是，越来越多的看护机构可以帮助在职的父母照看儿童，正如我们接下来要讨论的。

单亲家庭的数量在过去20年内急剧地增加。如果目前的趋势不变，有60%的儿童将在某个时期生活在单亲家庭之中。

婴儿看护如何影响儿童后来的发展？

我的两个小孩大部分的时间是在儿童看护中心度过的，我对此十分担心。女儿在蹒跚学步时曾在古怪的日托中心短暂待过，那会造成不可挽回的伤害吗？儿子所讨厌的那所儿童看护中心会对他造成不可挽回的伤害吗？（Shellenbarger, 2003, p. D1）

每天父母都会问自己这些问题。对许多父母而言，儿童看护如何影响后来的发展是一个十分紧迫的问题。由于经济问题或是想要维持他们的职业生涯，他们的孩子一天当中有部分的时间需要由别人来照顾。事实上，4个月至3岁这个年龄段的儿童几乎有三分之二不是由父母所看护。总体而言，超过80%的婴儿在其出生后的第一年中并不是由母亲照料。大多数这些婴儿不到4个月的时候就开始受到每周30个小时的家庭外看护（Federal Interagency Forum on Child and Family Statistics, 2003; NICHD Early Child Care Research Network, 2006；也见图6-6）。这样的安排对以后的发展会产生什么影响呢？

尽管答案在很大的程度上是令人安心的，但是来自早期儿童看护和青年发展（Early Child Care and Youth Development）的大范围长期研究——迄今为止时间最长的对儿童看护的检验的最新研究——结果表明，将儿童长期置于日托中心，可能造成未曾预料的后果。

首先是好消息：绝大多数证据显示，在许多方面，高质量的家庭外儿童看护和家庭看护只有很小的差异，甚至还能提升发展的某些方面。例如，研究发现，比较在高质量儿童看护中心和完全

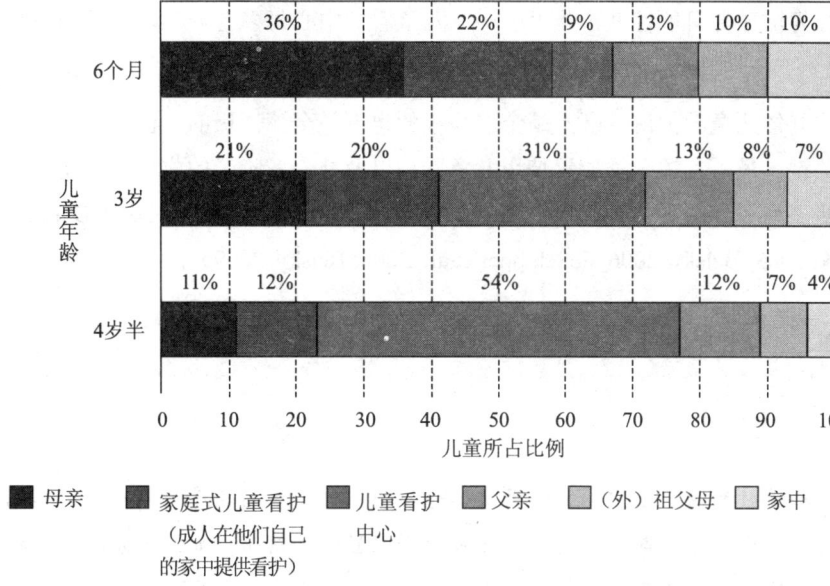

图 6-6 儿童在何处得到看护？
根据全美儿童健康和人类发展机构（the National Institute of Child Health and Human Development, NICHD）的一项重要研究，随着儿童的年龄增长，他们会有更多的时间待在某些家庭外的儿童看护场所。
（Source: NICHD Early Child Care Research Network, 2006.）

由父母养育的婴儿，他们和父母依恋关系的强度或本质几乎没有什么差别（NICHD Early Child Care Research Network, 1997, 1999, 2001; Vandell et al., 2005）。

除了直接益处，家庭外的儿童看护还有一些间接益处。例如，来自低收入家庭和单身母亲家庭的儿童可能会得益于儿童看护中心的教育和社会经历，也会从父母工作带来的较高收入中获益（Love et al., 2003; NICHD Early Child Care Research Network, 2003a; Dearing, McCartney, & Taylor, 2009）。

此外，参加"Early Head Start"计划（为高风险儿童提供高质量看护服务的计划）的儿童，能够更好地解决问题，对他人给予更多注意，而且比起没有参加该计划的儿童，他们能更有效地使用语言。此外，他们的父母（也参与了该计划）也从参与中获益。这些参与计划的父母更多地跟孩子说话或一起阅读，而且不太会去打他们的屁股。此外，如果儿童接受了良好有回应的看护，他们就能和其他孩子更好地玩耍（NICHD Early Child Care Research Network, 2001; Maccoby & Lewis, 2003; Loeb et al., 2004）。

另一方面，关于家庭外儿童看护的另一些发现则不是那么有利了。当被置于低质量的儿童看护中心，或置于多个儿童的看护安排下，或母亲不敏感且缺乏回应时，婴儿的安全感会较低。并且，如果儿童长时间处于家庭外的儿童看护场所，会造成他们的独立工作能力较低，有效的时间管理技能较少（Vandell et al., 2005）。

关注学龄前儿童的最新研究发现，每周在群体性的儿童看护场所待10个小时及以上，持续时间一年或更长的儿童，更可能在课堂上做出扰乱行为，并且这种影响会一直

在很多方面，高质量的婴儿看护和家庭看护之间只有微小的差异，甚至在发展的某些方面还能够有所提升。参加家庭外婴儿看护能够在发展的哪些方面得以提升呢？

持续到六年级。尽管扰乱行为增加的可能性并不显著——在儿童看护中心每多待一年，由教师填写的问题行为标准化测量得分高1%——但这个结果是可信的（Belsky et al., 2007）。

总而言之，日益增长的群体儿童看护研究既不是全然积极的也不是全然消极的。但明确的结论是，儿童看护的质量十分关键。最后，关于谁应该使用儿童看护以及社会各阶层的成员如何使用儿童看护，我们还需要进行更多研究，以便全面理解儿童看护的效果（Marshall, 2004; NICHD Early Child Care Research Network, 2005; Belsky, 2006; deSchipper et al., 2006; Belsky, 2009）。

成为发展心理学知识的明智消费者

选择正确的儿童看护中心

有一篇关于婴儿看护机构绩效的评估研究，其结果清楚地表明：只有在高品质的照料下，婴儿在同伴学习、良好社交技巧、充分自主性等方面的益处才可能得以显现。然而，如何区分高质量和低质量的儿童看护中心呢？父母在进行选择时，应考虑以下问题（Committee on Children, Youth and Families, 1994; Love et al., 2003; deSchipper et al., 2006）：

- 是否雇用足够的照看者？最佳比率应为1∶3，即每一个成人照看三个婴儿。但是，1∶4的比率也可以接受。
- 每组婴儿人数是否便于管理？尽管具备很多照看人员，每组中的婴儿人数也不应超过8人。
- 儿童看护中心是否符合政府规定？是否备有营业执照？
- 从事照看婴儿的人员是否喜欢他们的工作？他们工作的动机为何？照看婴儿对他们而言是一个短期工作，还是一份长期的职业？他们是否经验丰富？他们是否乐于工作，还是仅为糊口？
- 照看人员每天都做些什么事情？他们是否花时间与婴儿一同游戏，通过语言互动交流，并且悉心留意婴儿的举动？他们是不是打心眼里对儿童很感兴趣，而不只是把照看儿童当成一个固定工作流程？电视机是否一直开着？
- 儿童看护中心的儿童是否保持干净，是否安全？中心的设施，是否能够保证婴儿活动时的安全？各项设备及家具是否维修良好？照看人员本身的清洁卫生是否达到最高标准？尿片更换后，照看者是否确实洗净双手？
- 在实际投入工作前，照看者接受过什么样的培训？他们是否具备有关婴儿发展的基本知识？是否了解正常儿童的发展过程？他们是否能够敏锐地觉察出异常发展的征兆？
- 最后，中心的环境是否充满欢乐的气氛？儿童看护中心不只是一个提供照看儿童服务的场所，当婴儿置身其中时，那就是婴儿的整个世界。因此，父母们必须非常确信该中心会给予孩子们绝对的尊重和个体化的照顾。

除了上述种种，父母们亦可与美国幼儿教育委员会（National Association for the Education of Young Children, NAEYC）联系，取得父母居住地之育儿机构名称列表，以及相关代理机构。详情请访问NAEYC网站，网址是http://www.naeyc.org，或致电（800）424—2460。

复习和应用

复习

- 根据埃里克森的理论，个体在婴儿期从"信任对不信任"的心理发展阶段到"自主对羞愧怀疑"的心理发展阶段。
- 气质包含个体一致而长久的、表现在情绪与唤醒水平方面的特点。
- 随着婴儿年龄的增长，性别差异越来越显著。
- 家庭外儿童看护中心可能对儿童产生正性、中性或负性的影响，这种影响取决于看护中心的照看质量。
- 评估儿童看护中心效果的研究必须将不同看护设施的质量以及使用这种方式父母的社会性特点一起考虑。

应用毕生发展

- 如果有机会向国会提交关于儿童看护中心最低营业标准的法案，你会强调哪一方面？
- **从一个社会工作者的视角看问题**：假设你是一个社会工作者，正在访问一个寄养家庭。当时正是上午11点，你看到早餐的碗筷堆着没洗，书和玩具散落一地，放置婴儿高椅的厨房地板粘腻不堪，被寄养的儿童正随着养母的拍子开心地敲打锅碗瓢盆。你会如何评估这个家庭？

结 语

儿成长为社会个体的道路漫长而不稳定。我们在本章讨论了婴儿很早便能使用社会性参照，对情绪进行解码与编码，并逐渐形成"心理理论"的能力。此外，我们还讨论了婴儿所表现出的依恋模式如何产生长期性的影响，甚至能够影响到婴儿长大后所形成的父母类型。除了考察埃里克森的心理社会性发展理论，我们也讨论了婴儿气质以及性别差异的原因和性质。最后我们通过讨论婴儿看护中心而结束本章。

回到本章前言关于罗素·鲁德对钩毛搭扣的发现，并回答下列问题：

（1）就罗素或其看护中心的同伴而言，本情节是否可以作为自我觉知的依据？为什么？

（2）在此情境中，你认为社会性参照可能起了什么作用？如果罗素的照看人员给予负性反应，是否会阻止其他儿童模仿罗素？

（3）该故事与婴儿的社会能力有关吗？

（4）我们是否可以根据此事件就罗素的人格特质进行评论？为什么？

（5）如果罗素是女孩，你认为其行为是否会引发成人照看者不同的反应？其同伴的反应是否也会不同？为什么？

- **婴儿能够体验情绪吗？**
- 婴儿表现出不同的面部表情，这些表情具有跨文化的相似性，似乎反映了基本的情绪状态。
- 到一岁末的时候，婴儿通常能够发展出陌生人焦虑（对周围不认识人的忧虑），以及分离焦虑（熟悉的照看者离开时的悲伤）。
- 婴儿早期即能发展出非语言的解码能力：根据其他人的面部表情及声音表达判断他人的情绪状态。
- 8~9个月大的婴儿通过社会性参照，即可利用他人的表情判断模糊情境，并习得适当的反应。

- **婴儿拥有什么样的心理生活？**
- 婴儿大约在出生后第12个月开始发展出自我觉知的能力。
- 大约在同一时间，婴儿也开始发展出心理理论能力：关于自我及他人如何思考的知识及信念。
- 什么是婴儿期的依恋？这种依恋又如何影响个体未来社会能力的发展？
- 依恋，指的是婴儿与一个或多个重要他人之间所形成的强烈、正性的情感联结。依恋是使得个体发展出未来社会关系的一个关键因素。
- 婴儿的依恋类型有四种：安全依恋型、回避依恋型、矛盾依恋型，以及混乱依恋型。相关研究指出婴儿依恋类型与其成年后的社会性及情绪能力有关。

- **他人在婴儿的社会性发展中扮演何种角色？**
- 母亲与婴儿的互动对于婴儿的社会性发展至关重要。能够积极回应婴儿社交迹象的母亲，对于儿童将来形成安全型依恋具有显著的帮助。
- 通过交互式社会化过程，婴儿与照看者相互作用并影响着彼此的行为，这又进一步增强了彼此之间的关系。
- 婴儿从早期就开始参与和其他儿童最初的社会互动形式。随着年龄的增长，他们的社会交往水平也随之增加。

- **哪些个体差异把婴儿彼此区分开来？**
- 人格，能够将个体区分开来的长久而稳定的特征总和，开始出现于婴儿期。
- 气质，指的是个体持续而一致的唤醒水平和情绪性特征。气质类型可以分成易养型、难养型、发动缓慢型。
- 随着年龄增长，主要受到环境的影响，性别差异越来越显著。差异形成主要源于父母的期望与行为。

- **婴儿如何受到非父母看护的影响？**
  - 看护中心是社会对变化中的家庭的一种回应。如果是高质量的看护，对于儿童的社会性发展、培养儿童的社会交互和合作都有所裨益。

关键术语和概念

陌生人焦虑（stranger anxiety, p.209）　　分离焦虑（separation anxiety, p.209）

社会性微笑（social smile, p.210）　　社会性参照（social referencing, p.212）

自我觉知（self-awareness, p.213）　　心理理论（theory-of-mind, p.214）

共情（empathy, p.215）　　依恋（attachment, p.216）

安斯沃斯陌生情境（Ainsworth Strange Situation, p.217）

安全依恋型（secure attachment pattern, p.218）

回避依恋型（avoidant attachment pattern, p.218）

矛盾依恋型（ambivalent attachment pattern, p.218）

混乱依恋型（disorganized-disoriented attachment pattern, p.218）

相互调节模型（mutual regulation model, p.223）

交互式社会化（reciprocal socialization, p.223）　　人格（personality, p.226）

埃里克森的心理社会性发展理论（Erikson's theory of psychosocial development, p.196）

信任对不信任阶段（trust-versus-mistrust stage, p.226）

自主对羞愧怀疑阶段（autonomy-versus-shame-and-doubt stage, p.227）

气质（temperament, p.227）　　易养型婴儿（easy babies, p.228）

难养型婴儿（difficult babies, p.228）　　迟缓型婴儿（slow-to-warm babies, p.228）

拟合度（goodness-of-fit, p.228）　　性别（gender, p.230）

 我的发展实验室

登录我的发展实验室，获取更多复习资料，外加我的虚拟孩子、练习测试、视频、闪光呈现卡及其他。

综 合

婴儿期

4个月大的亚历克斯几乎在所有方面都是个模范婴儿。然而，他的某方面行为造成了一个困境：当他在半夜时分醒来并沮丧地哇哇大哭时，他要什么？这通常不是因为他饿了，因为一般来说他都是刚吃过一顿；通常也不是因为他的尿布湿了，因为尿布也是刚刚换过。相反，亚历克斯看起来只是想让人抱着玩耍。当没有达到目的时，他就戏剧性地尖叫哭泣，直到有人过来为止。

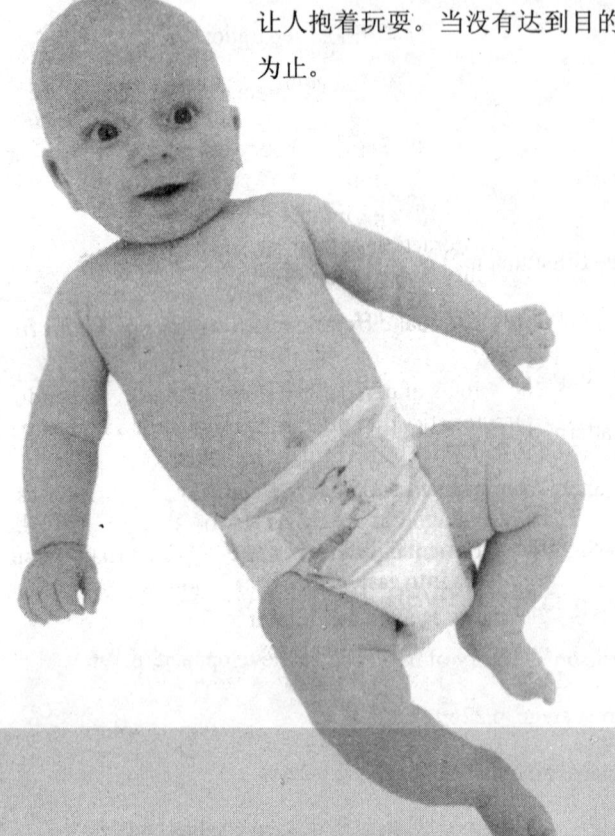

▼ 我的发展实验室

登录我的发展实验室，阅读真实生活中的父母、护士和教育工作者是如何回答这些问题的。你是否同意他们的答案？为什么？你读到的何种概念是支持他们观点的？

你怎么做？

- 你采用何种策略对待亚历克斯？他每次哭泣时你都会过去吗，或者你会等到他自己停下来，或者在过去找他之前设定一个时间期限？

  你的答案是什么？

父母怎么做？

- 你采用何种策略对待亚历克斯？他每次哭泣时你都会过去吗，或者你会等到他自己停下来，或者在过去找他之前设定一个时间期限？

  你的答案是什么？

生理发展

- 亚历克斯的身体正在建立多方面的节律（重复的、周期性的行为）来管理从睡眠到清醒的变化。
- 亚历克斯每次睡大约2个小时，然后就是周期性的清醒状态。等到16周以后，他就能连续睡上6个小时了。
- 触觉是亚历克斯高度发展的感觉之一（也是最早发展的感觉之一），因此亚历克斯能够对轻柔的接触做出反应，如安抚性的抚摸可以让烦躁哭泣的婴儿平静下来。

认知发展

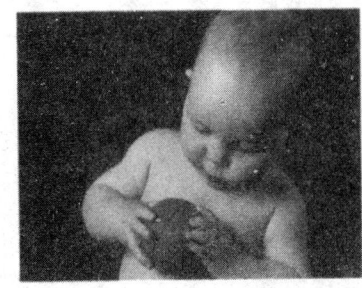

- 亚历克斯学会：他的行为（哭泣）能够产生一个想要的结果（有人过来拥抱他，陪他玩耍）。
- 随着大脑的发育，亚历克斯已经能够区分他认识的人和不认识的人。这就是为什么夜里当他认识的人过来安抚他时，他如此积极地进行回应。

社会性和人格发展

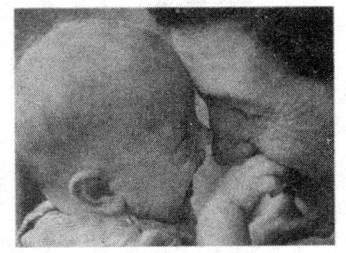

- 亚历克斯已经和那些照料他的人建立了依恋关系（他和特定个体之间的积极的情感联结）。
- 亚历克斯需要知道，对于他发出的信号，他的照料者会给予适宜的反应，这样他才会有安全感。
- 亚历克斯有一部分气质是急躁易怒的。急躁易怒的婴儿难以取悦，而且他们一旦开始哭泣，就很难安抚。
- 由于烦躁易怒是相对稳定的气质，亚历克斯在1~2岁的时候还会继续表现出这种气质。

保健工作者怎么做?

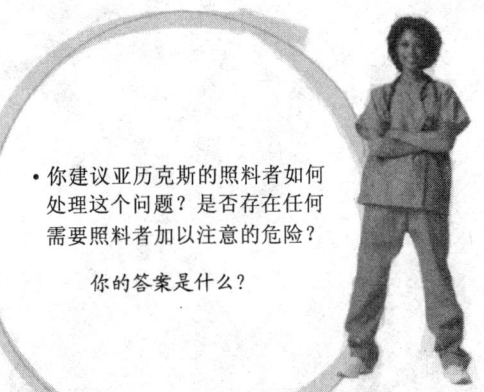

- 你建议亚历克斯的照料者如何处理这个问题？是否存在任何需要照料者加以注意的危险？

  你的答案是什么？

教育工作者怎么做?

- 假设亚历克斯每个工作日下午都要在日托中心待几个小时。如果你是一个儿童看护者，当亚历克斯入睡后不久就从小睡中清醒过来，你要如何处理这种情况？

  你的答案是什么？

7 学前期的生理和认知发展

本章概要

7.1 身体发展
- 发育中的身体
- 无声的危险：幼儿铅中毒
- 发育中的大脑
- 运动发展
- 成为发展心理学知识的明智消费者

7.2 智力发展
- 皮亚杰的前运算思维阶段
- 认知发展的信息加工观点
- 维果斯基的认知发展观点：文化的影响

7.3 语言和学习的发展
- 语言的发展
- 从媒体学习：电视和互联网
- 早期儿童教育：将"前"从学前期去掉
- 发展的多样性
- 从研究到实践

前言：疯孩子威廉

廉（William）在幼儿园里因顽皮淘气而出名。三岁的他有着一头红发和闪亮的眼眸，似乎总能找到新的方式，让他自己还有同学们哈哈大笑，因而在幼儿园老师中间赢得了"疯孩子威廉"的绰号。

一天下午，威廉又玩出了新水平。午睡时，他决定在呼呼大睡的同学们中间散个步，找点更有趣的事儿来干。暂时逃脱了幼儿园老师的注意，威廉来到房间最里面的位置，拉开了一个抽屉，欣喜地发现一个装满了饼干的特百惠食品盒——全班下午的点心。经过几次尝试，威廉打开了食品盒的盖子，吃了几块饼干。

认定自己在神秘的抽屉中会找到喜欢的东西，威廉拉开了另一个抽屉。这一次他发现了一个鞋盒。威廉打开它，发现一堆马克笔和蜡笔。当一名老师最终发现威廉时，他的脸上全是饼干渣，而且正快乐地在所有的抽屉上，还有他自己身上画画！

当伸手去拿不允许拿的饼干时，这个学龄前儿童会感到心虚吗？

三年前,威廉甚至连头都抬不起来。现在他却能够充满自信地行动——穿过房间、打开抽屉和特百惠食品盒、用马克笔画画。这些运动能力的发展给父母带来了挑战。父母必须更加小心才能防止孩子受到伤害,这也是学龄前儿童身体健康所面临的最大威胁(想想如果威廉打开的是一个装满了剪刀的鞋盒,将会发生什么状况)。

学前期在儿童生活中是一个令人兴奋的时期。就某种意义来说,学前期是一个准备阶段:在这个时期里孩子憧憬着正式教育,并为正式教育的开始做好准备。而社会正是通过正式教育将知识工具传递给新的一代。

但是将"学龄前"这个标签理解得过于字面化是错误的。3~6岁并不只是人生轨迹中的一个小站,也不只是一个为下一个更重要时期的开始做准备的间歇时期。相反,学前期是一个发生着巨大变化、发展迅速的时期,此时儿童身体、智力和社会性发展非常迅速。

本章将关注身体、认知和语言在学前期的发展。我们将对儿童在学前期身体所发生的变化进行探讨,并将讨论体重、身高、营养、健康和健康状态。大脑及其神经通路也在变化,我们将谈到一些关于大脑运作方式上有趣的性别差异,也会涉及在学前期粗大和精细运动技能的变化。

智力发展是本章的另一个重点。我们将考察认知发展的主要理论,包括皮亚杰理论中接下来的阶段、信息加工理论,以及文化对认知发展产生重大影响的观点。

最后,本章将考虑语言在学龄前阶段的重要发展。我们将讨论影响认知发展的若干因素作为本章的结束部分,这些因素包括对电视的接触、儿童看护和学龄前计划的参与。

读完本章之后,你将能够回答下列问题:

- 儿童在学前期的身体和健康状况如何?
- 学龄前儿童的大脑和身体技能有着怎样的发展?
- 皮亚杰如何解释学龄前儿童的认知发展?
- 其他关于儿童认知发展的观点与皮亚杰的观点有何不同?
- 学龄前儿童的语言有着怎样的发展?
- 电视对学龄前儿童有何影响?
- 你知道目前有哪些学龄前儿童教育计划?

7.1 身体发展

漫长的冬天过后,天气刚刚转暖。这是异常暖和的一天,在Cushman Hill幼儿园里,玛丽·斯克特（Mary Scott）班上的孩子们今春第一次快乐地将冬衣外套留在教室里，兴奋地在外玩耍起来。杰西（Jessie）在和杰曼（Germaine）玩抓人的游戏，而伊莉亚（Illya）和莫丽（Molly）在立体方格铁架上攀爬。克雷格（Craig）和玛尔塔在彼此追逐，乔丹（Jordan）和伯恩斯坦（Bernstein）在玩跳山羊，还不时地爆发出一阵阵笑声。而维吉尼亚（Virginia）和奥利（Ollie）各自坐在跷跷板的一头，他们使劲地蹬地使得自己都快要被甩出去了。埃里克（Erik）、吉姆（Jim）、斯克特（Scott）和马雷克（Marek）沿着操场赛跑，享受着奔跑带来的快乐。

同样是这些孩子，现在如此活泼好动，而就在几年前他们甚至连爬行都做不到。在如此短暂的时间内他们身体能力的发展令人惊讶。当我们从他们的个头、体形和身体能力产生的具体变化来看，他们的发展显而易见。

发育中的身体

到2岁左右，美国儿童的平均体重大概在25~30磅[①]（约11.3~13.6千克）之间，身高将近36英寸（约91厘米），是一般成年人身高的一半。在学龄前阶段，儿童稳定地发育，到6岁，他们的体重平均约46磅（约21千克），直立身高46英寸（约117厘米）（见图7-1）。

身高和体重的个体差异

这些平均值掩盖了身高和体重的巨大个体差异。例如，10%的6岁儿童体重为55磅或更高，10%的儿童体重为36磅或更低。此外，男孩和女孩在身高和体重方面的平均差异在学前期有所增加。虽然在2岁时这种差异相对较小，但就平均水平而言，学前期的男孩长得比女孩更高、更重。

全球经济也影响着这些平均值。经济发达国家和发展中国家的儿童在身高和体重方面有很大的不同。发达国家中

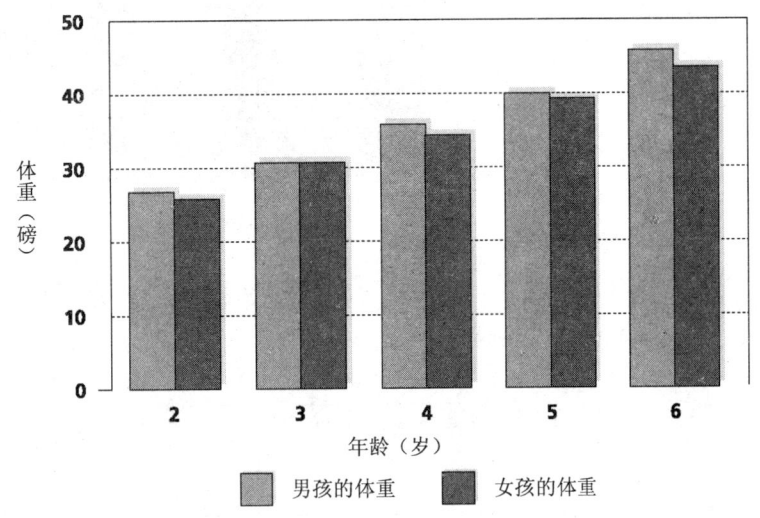

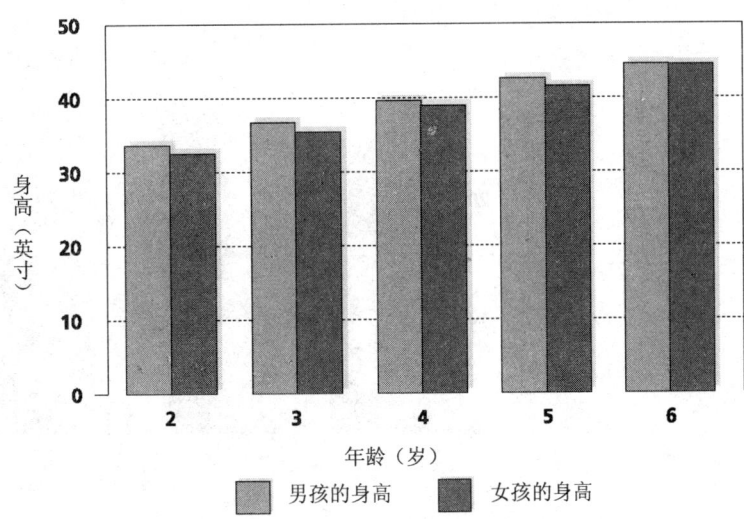

图7-1 身高和体重的增长

学龄前儿童身高和体重稳定增长。数字表示每一年龄男孩和女孩身高和体重的中数，即每组50%的儿童高于该身高或体重水平，50%的儿童低于该水平。（Source: National Center for Health Statistics in Collaboration with the National Center for Chronic Disease Prevention and Health Promotion, 2000.）

---

① 1磅约为454克，1英寸约为2.54厘米。

中国儿童的数据如下：

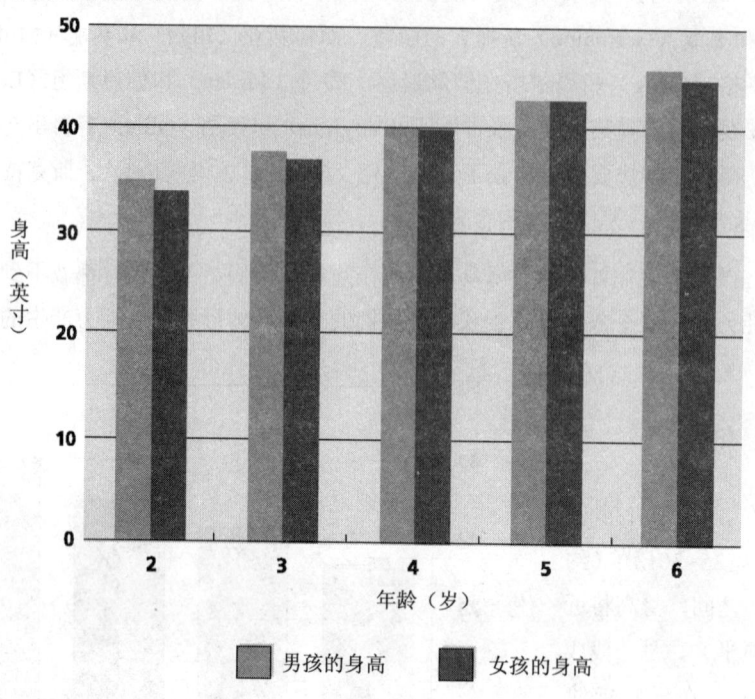

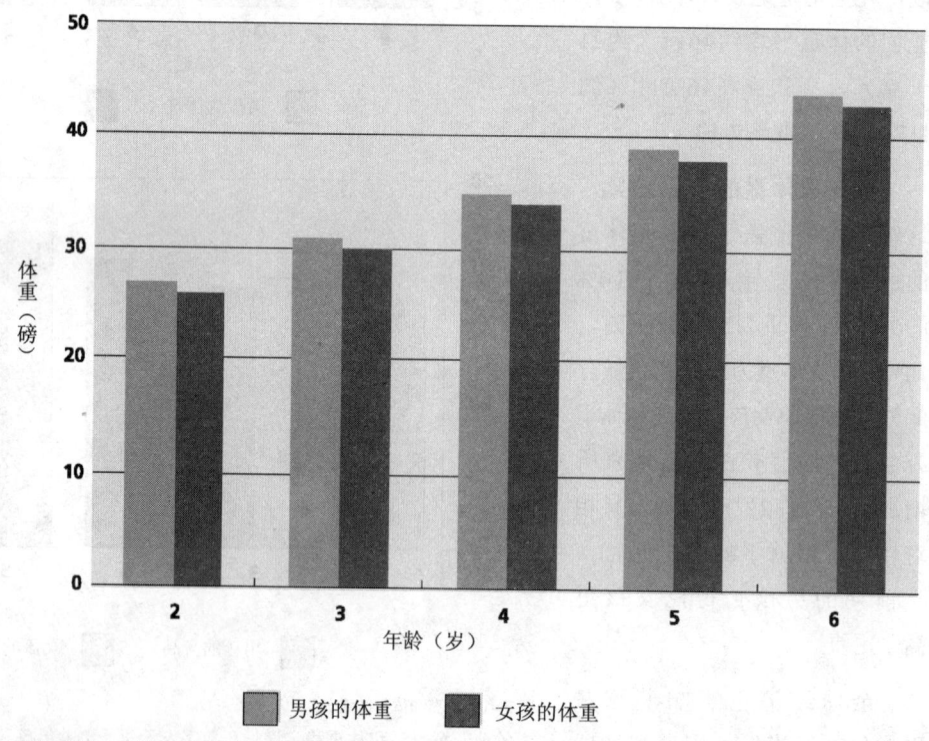

资料来源：中华人民共和国卫生部《2005中国卫生统计年鉴》。

的儿童营养更好、接受健康护理更多，使得他们在生长发育方面与发展中国家的儿童显著不同。例如，4岁瑞典儿童一般和6岁孟加拉儿童一样高（United Nations, 1991; Leathers & Foster, 2004）。

在美国，身高和体重的差异也反映了一些经济因素。例如，来自收入水平低于贫困线家庭的儿童非常有可能不寻常地矮于来自富裕家庭的儿童（Barrett & Frank, 1987; Ogden et al., 2002）。

体形和结构的变化 如果我们将一个2岁儿童和一个6岁儿童的身体做比较，就会发现他们的身体不但在身高和体重上有所不同，而且身体形状也不一样。在学前期，男孩和女孩开始消耗掉一些幼年存留的脂肪，看起来不再是肚子圆圆的样子。他们变得不那么胖了，而是更瘦一些。此外，他们的胳膊和腿

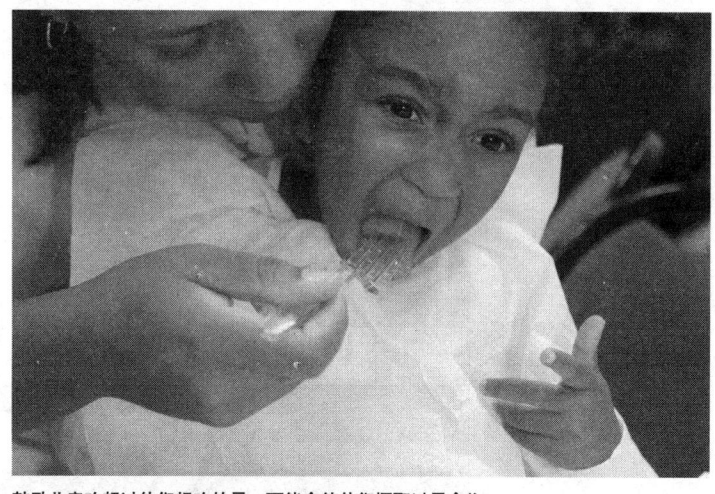

鼓励儿童吃超过他们想吃的量，可能会使他们摄取过量食物。

变长，头部和身体其他部分的比例关系更接近成人。事实上，儿童长到6岁时，他们的比例跟成人非常相似。

身体内部也在发生其他一些变化。肌肉的体积在增长，儿童变得更加强壮。骨骼变得更坚硬。感觉器官继续发展。例如，耳咽管（eustachian tube）将声音从外耳传到内耳，它从出生时几乎平行于耳底的位置移动到有一定角度的位置。这种变化有时会导致学龄前儿童耳痛的发生频率增加。

营养：吃适量的食物 由于学前期的发育速度比幼儿时期要慢，学龄前儿童维持发育所需要的食物较少。食物消耗的变化如此显著，以至于父母们有时会担心他们的孩子没有吃饱。然而，如果提供的是营养丰富的膳食，儿童很容易维持合适的食物摄取量。事实上，让儿童吃超过他们愿意吃的量可能会导致他们的食物摄取量超过正常水平。

最终，一些儿童的食物消耗量能高到导致**肥胖（obesity）**的程度，肥胖是指特定年龄和身高的人其体重高于平均体重的20%。过去20年中，肥胖在年龄较大的学龄前儿童中的比例已呈显著上升趋势（Canning et al., 2007）（我们将在第九章讨论引起肥胖的原因）。

家长怎样才能保证他们的孩子获得足够营养又不把吃饭时间变得充满火药味呢？在许多情况下，最好的策略就是保证食物的供应品种多种多样，且脂肪含量低而营养成分高。含铁量高的食物尤为重要：缺铁性贫血可导致持续的疲劳，是诸如美国等发达国家常见的营养问题之一。富含铁的食物包括深绿色蔬菜（如椰菜）、全谷物，以及一些肉类，如瘦肉汉堡（Ranade, 1993; Brotanek et al., 2007; Grant et al., 2007）。

由于学龄前儿童同成人一样，不会觉得所有的食物具有同样的吸引力，他们应该有机会发展自己的自然喜好。只要他们的总体进食充分，没有哪种食物必不可少。让孩子广泛接触各种食物，鼓励孩子尝一口新异的食物，这是一种压力相

肥胖 特定年龄和身高的人其体重高于平均体重20%。

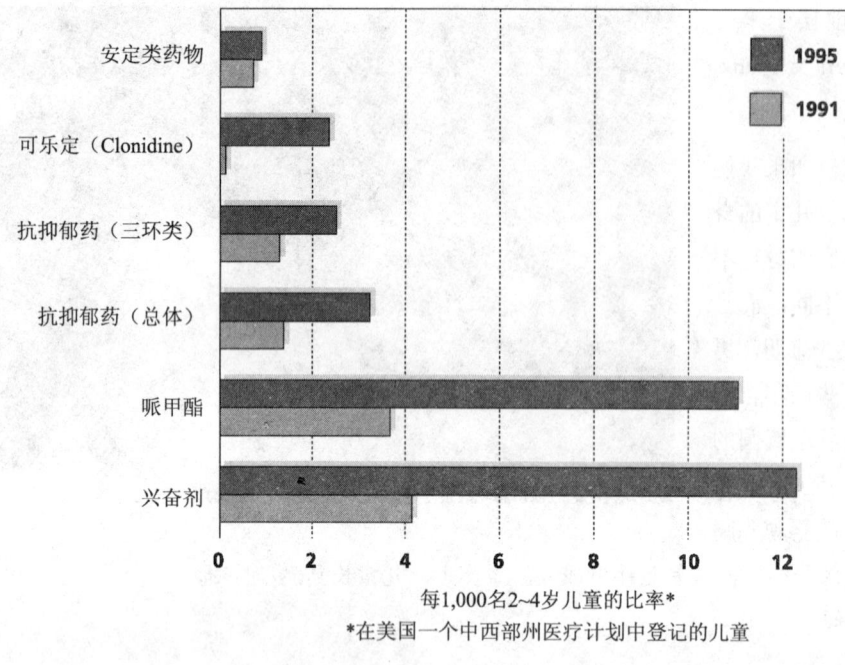

图 7-2 因行为问题接受药物治疗的学龄前儿童数量

虽然不清楚为什么儿童使用兴奋剂和抗抑郁剂的现象呈增长趋势，一些专家认为这可能是处理一些普遍的行为问题时所采用的一种快速解决方法（Source: Zito et al., 2000.）

对较小的扩大孩子食谱的方法（Shairo, 1997; Busick et al., 2008）。

健康与疾病 一般的学龄前儿童在3~5岁期间每年患7~10次感冒以及其他轻微的呼吸系统疾病。在美国，由于感冒而流涕是最频繁——幸好也是最严重的——的一种学龄前的健康问题。实际上，大部分的美国儿童在该阶段相当健康（Kalb, 1997）。

虽然这些疾病的症状，如擤鼻涕和咳嗽肯定会让儿童难受，但这种不适感并不严重，而且持续时间也只有几天。

实际上，这些小病还可以带来一些意想不到的好处：它们不仅可以帮助儿童锻炼自身的免疫系统，预防将来可能会遇到的更严重的疾病，还可以有助于情感的发展。一些研究者特别指出，小病不仅可以让儿童更多地了解自己的身体，还可以让他们学到一些应对技能，从而帮助他们更有效地对付未来更为严重的疾病。而且，小病还可以让他们有机会更好地了解其他人生病时的感受。这种体谅他人的共情能力，可以让儿童更富有同情心，并能够更好地照顾别人（Notaro, Gelman, & Zimmerman, 2002; Raman & Winer, 2002; Williams & Binnie, 2002）。

虽然身体疾病在学前期是具有代表性的小问题，但是用药物治疗情感障碍（如抑郁）的儿童数目正在增长。事实上，诸如抗抑郁剂和兴奋剂的使用已显著增长（见图7-2）。虽然不清楚为什么会发生这种增长，一些专家认为父母和幼儿园老师在寻找一种行为问题的快速解决方法，但

学前期的受伤有时是由于儿童高水平的身体活动造成的。采取保护措施以减少危险非常重要。

这些行为问题可能仅仅是一些正常困难的外在表现（Zito et al., 2000; Colino, 2000; Zito, 2002; Mitchell et al., 2008）。

学前期的受伤：安全玩耍 学龄前儿童面临的最大危险既不是疾病也不是营养问题，而是意外事件：10岁以下儿童因伤害致死的可能性是疾病的两倍。实际上，美国儿童每年有三分之一的几率遭受到需要医学治疗的伤害（National Safety Council, 1989; Field & Behrman, 2003）。

学前期受伤的危险在一定程度上是儿童身体活动的高水平所致。一个3岁儿童也许会认为爬上一把不稳当的椅子拿一个够不着的东西完全合理，而一个4岁儿童也许会很喜欢抓住矮树枝来回荡秋千。正是这种身体活动，再加上这个年龄群体的好奇心和缺乏判断的特点，导致学龄前儿童容易发生意外事件。

而且，一些儿童比其他儿童更容易冒险，这些儿童比同龄中更为谨慎的儿童受伤害的可能性更大。男孩比女孩更好动，也更爱冒险，受伤害的几率更高。种族差异也通过意外事件发生率显现出来，这可能是由于对儿童监管松严程度的文化准则不同。美国的亚裔儿童被其父母看管得异常严厉，所以他们的意外事件发生率最低。经济因素也有一定的作用。在贫困地区长大的儿童，其生活环境可能比富裕地区存在更多的危险，伤亡的可能性高达富裕地区的两倍以上（Morrongiello & Hogg, 2004; Morrongiello et al., 2006; Morrongiello, Klemencic, & Corbett, 2008）。

贫困儿童生活的城市环境使他们特别容易受到铅中毒的侵害。

学龄前儿童面临的危险范围很广，如跌倒受伤、炉火烫伤、室内盆浴和室外水中溺死，以及在废弃冰箱等地方窒息。交通事故导致的伤害数量也很大。最后，儿童还面临有毒物质带来的伤害，如家庭清洁器。

学前期儿童的父母和照看者可以采取预防措施防止伤害的发生，尽管如我们所见，任何预防措施都不能取代严密看管。照看者可以从"儿童安全"住宅和教室开始，将电源插座用盖子盖上，在存放有毒药品的橱柜上装儿童锁等。儿童车座和自行车头盔有助于防止交通事故发生时所造成的伤害。父母和教师也需要意识到长期的危险，如铅中毒（Bull & Durbin, 2008; Morrongiello, Corbett, & Bellissimo, 2008; Morrongiello et al., 2009）。

无声的危险：幼儿铅中毒

3岁时，托里（Tory）不能安静地坐着。他看电视节目不会超过5分钟，让他安静坐着听妈妈读书像是件不可能的事。他常常很暴躁，和其他孩子玩耍时他也更容易冲动冒险。

当托里的行为在父母认为已经到了严重失常的地步时，他们就带他去儿科医生那里做了一次全面的身体检查。在给托里验血后，医生发现他的父母是对的：托里正遭受着铅中毒的痛苦。

根据疾病控制中心的数据，由于会接触到潜在有毒的铅，约1,400万儿童有铅中毒的危险。尽管对于油漆和汽油的铅含量已有严格的法规限制，但墙面涂漆和窗框仍然含有铅——特别是在旧

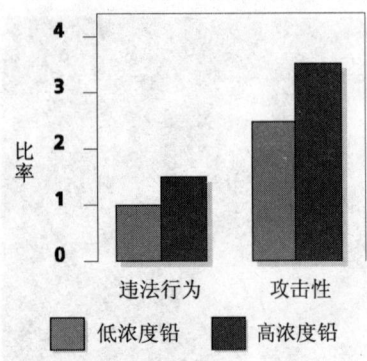

图7-3 铅中毒的后果
学龄儿童的攻击性和违法行为等反社会行为与高浓度的铅接触有关。(Source: Needleman et al., 1996.)

房中，汽油、陶瓷、铅焊管道中，甚至在灰尘和水中。生活在由汽车和卡车运输引起的严重空气污染地区的人们可能会接触更多的铅。美国健康与公众服务部（U. S. Department of Health and Human Services）将铅中毒作为6岁以下儿童最大的健康威胁（Duncan & Brooks-Gunn, 2000; Ripple & Zigler, 2003; Hubbs-Tait et al., 2005）。

即使极少量的铅都会对儿童造成永久性的伤害。智力低下、语言和听力问题，以及像托里一样的问题——亢奋和注意力不能集中都与接触铅有关。高浓度的铅接触还和学龄儿童的高水平的反社会行为（包括攻击性和违法行为）有关（见图7-3）。而更高程度的铅接触引起的铅中毒会导致疾病甚至死亡（Fraser, Muckle, & Després, 2006; Kincl, Dietrich, & Bhattacharya, 2006; Nigg et al., 2008）。

贫困儿童特别容易铅中毒，且中毒的后果比富裕家庭的儿童更严重。贫困儿童更有可能居住在含有铅涂料碎屑的房屋里，或生活在空气污染严重、交通拥挤的市区附近。同时，生活贫困的家庭稳定性较低，不能提供持续的智力开发以弥补铅中毒导致的认知问题。所以，铅中毒对较贫困的孩子特别有害（Duncan & Brooks-Gunn, 2000; Dilworth-Bart & Moore, 2006; Polivka, 2006）。

发育中的大脑

大脑发育的速度比身体其他部分都要快。2岁儿童大脑的体积和重量已经是成人的四分之三。到了5岁，儿童大脑的重量是普通成人的90%。相对而言，一般5岁儿童的体重只是成人的30%（Lowrey, 1986; Nihart, 1993; House, 2007）。

为什么大脑的发育如此之快？原因之一就是细胞相互之间的联结数量增多，如同我们在第四章所见。这种相互联结使神经元之间更为复杂的通讯成为可能，从而导致认知技能的快速增长，我们将在本章后面进行讨论。此外，**髓鞘（myelin）**——神经元周围保护性的绝缘体——数量的增加，加快了电流沿大脑细胞传递的速度，同时也增加了大脑的重量。这种快速的大脑发育不仅允许了认知能力的提高，而且有助于更加复杂的精细动作技能和粗大运动技能的发展（Dalton & Bergenn, 2007）。

到学前期结束的时候，大脑的某些部分完成了特别重要的发育。例如，胼胝体（corpus callosum），连接左右脑半球的神经纤维束，变得更厚，发展出8亿根单独纤维，帮助协调左右半球的大脑功能。

相对的，营养不良的儿童表现为大脑发育延迟。例如严重营养不良的儿童，其保护神经元的髓鞘发育程度较低（Hazin, Alves, & Rodrigues Falbo, 2007）。

大脑的功能侧化 大脑的两个半球之间的差异不断增大，并且越来越专门化。**功能侧化（lateralization）**，即某些功能更多地分布在一侧半球的过程，在学

髓鞘 神经元周围保护性的绝缘体。

功能侧化 某些功能更多地分布在一侧半球的过程。

前期愈发明显。

对于大多数人，左半球主要涉及的是和语言能力相关的任务，如说话、阅读、思维和推理。而右脑发展出其自身的特长，特别是在非语言领域，如空间关系的理解、图案和绘画的鉴赏识别、音乐，以及情感的表达（McAuliffe & Knowlton, 2001; Koivisto & Revonsuo, 2003; Pollak, Holt, & Wismer Fries, 2004; 见文前彩图7-4）。

两个脑半球处理信息的方式也稍有不同。左半球序列地加工信息，一次一个数据。右半球更倾向于以更全局的方式加工信息，整体地反映出来（Ansaldo, Arguin, & Roch-Locours, 2002; Holowka & Petitto, 2002）。

尽管左右半球各有一定程度的专门化，在很多方面它们都是一前一后地行动。它们相互依存，彼此间的差异是次要的，甚至在某些任务上的半球专门化也并不绝对。事实上，每个半球都能够进行另外一个半球的工作。例如，右半球也进行一些语言加工，并在语言理解方面起到重要的作用（Corballis, 2003; Hutchinson, Whitman, & Abeare, 2003; Hall, Neal, & Dean, 2008）。

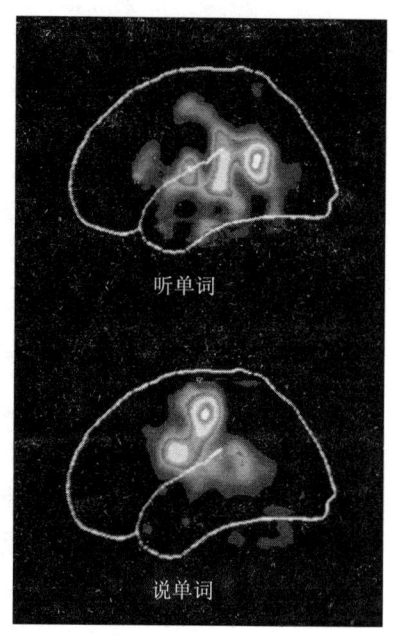

图7-4 观测大脑

这些PET扫描图显示了，根据个体所参与的任务，大脑左半球和右半球的活动有所不同。教育工作者如何在教学工作中利用这些发现？

此外，大脑拥有极强的可塑性。在另一个人类可塑性的例子中，如果专门处理某类信息的大脑部位受损，其他的部分可以补上这个缺。例如，当年幼儿童的左侧大脑（专门处理言语信息）受到伤害，并在一开始丧失了语言功能，其语言缺陷常常不是永久性的。在这样的例子中，右侧大脑会加入进去，并极大地弥补左侧大脑的损伤（Shonen et al., 2005; Kolb & Gibb, 2006）。

脑功能侧化也存在着个体差异和文化差异。例如，在10%的左利手和两手同利的人（两只手可以交换使用）中，有许多人的语言中枢位于右脑，或没有特定的语言中枢（Compton & Weissman, 2002; Isaacs et al., 2006）。

与功能侧化有关的性别和文化差异更加有趣。例如，从出生后的第一年一直持续至学前期，男孩和女孩表现出一些和较低的身体反射和听力信息加工有关的半球差异。而且男孩的语言功能向左半球侧化的倾向非常明显；而对于女孩，语言在两个半球的分布更加平衡。这种差异有助于解释为什么在学前期女孩的语言发展比男孩更快，我们将在本章的后面部分看到这一点（Gur et al., 1982; Grattan et al., 1992; Bourne & Todd, 2004）。

根据心理学家西蒙·巴伦—科恩（Simon Baron-Cohen）的观点，男性和女性大脑的差异可能有助于解释自闭症的难题。自闭症是一种严重的发展障碍，会造成语言缺陷及与他人交流的困难。巴伦—科恩认为自闭症儿童（绝大部分为男性）可能具有他称之为"极端男性的大脑"。极端男性的大脑可能相对擅长系统地分类整理这个世界，却拙于理解他人的情绪和对他人的感受产生共情。对巴伦—科恩来说，极端男性的大脑具有与正常男性大脑相关的特点，但这种特点被展示到极端的程度，以致他们的行为被视为自闭（Baron-Cohen, 2003, 2005; Ingudomnukul et al., 2007; Auyeung et al., 2009）。

尽管巴伦-科恩的理论充满争议，但有一点很明确，某些性别差异存在于脑功能侧化中。然而我们仍然不清楚这种差异的程度，以及它们产生的原因。一种解释来自基因方面：女性和男性功能天生就有细微差别。有数据显示，男性和女性的大脑构造存在细微的不同，从而支持了该观点。例如，从比例上看，女性的胼胝体比男性的胼胝体要大。而且，关于其他物种（如灵长类、大鼠和仓鼠）所进行的研究发现，雌性和雄性大脑的体积和结构存在差异（Witelson, 1989; Highley et al., 1999; Matsumoto, 1999）。

在接受对雌性和雄性大脑之间差异的基因解释之前，我们需要考虑另一种可能性：可能是女孩在语言技能方面接受的鼓励多于男孩，使得女孩的语言能力较早出现。例如，甚至在婴儿时期，父母对女孩说的话就多于男孩（Beal, 1994）。这种较高水平的语言刺激可能促进了大脑特定区域的发育。因此，我们发现的脑功能侧化的性别差异可能是环境因素而非基因因素所致。最有可能的是基因和环境因素二者的结合共同起作用，如同在其他人类特征方面所起的作用一样。我们再一次发现，研究遗传和环境的影响是一项富有挑战性的工作。

大脑发育和认知发展之间的关系　神经科学家刚刚开始了解大脑发育和认知发展之间的关联方式。例如，在儿童期大脑快速发展的时期，认知能力也在快速增长。一项测量毕生大脑电活动的研究发现，在1岁半至2岁期间大脑电活动非常活跃，这段时期也是语言能力快速提高的阶段。在认知发展特别密集的年龄，也出现了大脑电活动的其他活跃期（见图7-5; Fischer & Rose, 1995; Mabbott et al., 2006; Westermann et al., 2007）。

其他研究显示，髓鞘的增加可能和学龄前儿童认知能力的增长有关。例如，网状结构是与注意力和专心有关的脑区，儿童在5岁的时候才完成该区域的髓鞘化。这或许能够解释儿童在入学前注意力广度的发展。学前期记忆的发展也可能和髓鞘形成有关：在学前期，海马区完成髓鞘形成，该区域和记忆有关（Rolls, 2000）。

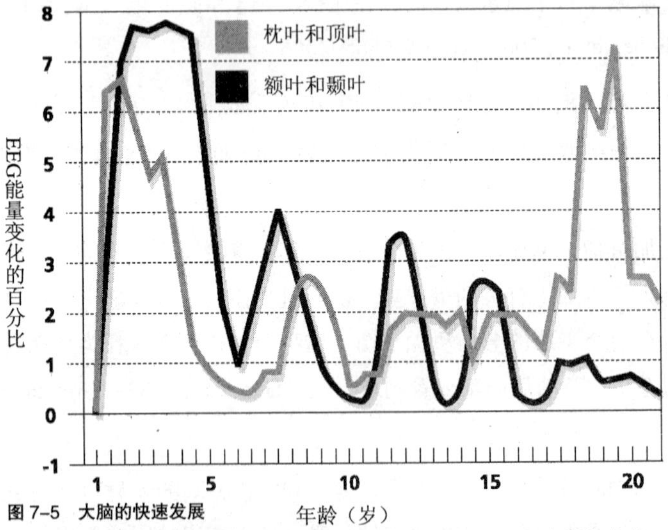

此外，大脑皮层连接小脑的神经也有显著生长。小脑控制平衡和运动，大脑皮层则是负责复杂信息处理的脑结构。这些神经纤维的生长与学龄前阶段运动技能的显著进步，以及认知处理能力的发展有关（Carson, 2005; Gordon, 2007）。

目前我们还不清楚孰因孰果（是大脑的发展促进了认知的进步，还是认知的进步刺激了大脑的发展？）。然而清楚的是，我们对大脑生理方面了解的增加最终将对家长和教师产生重要的意义。

图7-5　大脑的快速发展
研究结果显示，大脑的电活动与生命期间不同阶段的认知能力增长有关。在本图中，1岁半至2岁期间的活动急剧增长，这也是语言快速发展的时期。（Source: Fischer & Rose, 1995.）

运动发展

阿尼娅（Anya）坐在公园沙箱里，一边和其他的父母聊天，一边和她的两个孩子，5岁的尼克莱（Nicholai）和13个月大的斯梅特纳（Smetna）玩耍。在聊天的时候，阿尼娅关注着斯梅特纳，如果不加阻止，斯梅特纳有时就会将沙子放进嘴里。但是今天，斯梅特纳看起来满足于将沙子捧到手中并试图将桶装满。同时，尼克莱正忙着和另外两个男孩一起快速地装满其他的沙桶然后倒出，以搭起一座精致的城堡，然后他们再用玩具卡车将其摧毁。

不同年龄的儿童聚集在操场上的时候，很容易就能看出学龄前儿童的运动技能从婴儿期开始已经有了长足的发展。他们的粗大和精细运动技能已经越来越趋向熟练精巧。例如斯梅特纳仍然在学着如何将沙子装入桶中，而她的哥哥尼克莱已经可以轻松地应用这种技能，来建立他的沙城堡。

粗大运动技能 到3岁的时候，儿童已经掌握了多种技能：蹦跳、单脚蹦、跳跃和跑步。4~5岁时，他们对肌肉的控制越来越好，使得技能更加精细化。例如，4岁时他们能够准确地扔出球让同伴接到；5岁时他们可以将一个套环扔到5英尺（约1.5米）外的一个柱子上。5岁儿童可以学会骑自行车、爬梯子、向下滑雪——这些活动都需要相当强的协调能力（Clark & Humphrey, 1985）（表7-1概括了在学前期出现的主要粗大运动技能）。

这种发展可能和大脑的发育以及控制平衡和协调的大脑区域的神经元髓鞘形成有关。学龄前儿童运动技能发展如此之快的另一个原因就是，孩子们用大量的时间来练习它们。在这个时期，一般的活动水平极高：学龄前儿童们似乎永远在运动着。实际上，3岁时的活动水平比整个生命中任何时期的水平都要高（Eaton & Yu, 1989; Poest et al., 1990）。

男孩和女孩在粗大运动协调的某些方面有些不同，这在一定程度上是由于肌肉强度存在差异，男孩比女孩要强有力一些。例如，男孩一般都会跳得更高、把球扔得更远，而且男孩的总体运动水平倾向于比女孩更高（Eaton & Yu, 1989）。另一方面，女孩一般在肢体协调方面超过男孩。例如，5岁时女孩在跳跃运动（jumping jacks）和单脚平衡方面做得比男孩要好（Cratty, 1979）。

肌肉技能的另一方面——即父母常常发现蹒跚学步期儿童的最大问题就是控制排泄，我们将随后讨论。

便壶战争：何时以及怎样训练儿童上厕所？ 马里兰大学的安·赖特（Ann Wright）在6月一个闷热

表 7-1 儿童早期主要的粗大运动技能

3岁儿童	4岁儿童	5岁儿童
不能突然或快速地转身或停止	对停止、起身和转身有更有效的控制	在游戏中可有效地起身、转身和停止
跳15~24英寸的距离	跳24~33英寸的距离	能够助跑跳跃28~36英寸
在没有帮助的情况下双脚交替攀爬楼梯	在有支撑物的情况下，双脚交替走下一段长长的楼梯	双脚交替走下一段长长的楼梯
能够单脚跳，很大程度上使用各种不规则的跳跃步伐，还加上一些变化	单脚跳4~6步	轻易地单腿跳16英寸的距离

(Source: C. Corbin, 1973.)

学龄前儿童的粗大和精细运动技能都有所提高。

的夜晚凌晨3点钟醒来,当她想到前一天教养子女的创伤时,她的头还有些晕:她和丈夫奥利弗在星期四晚上告诉4岁的女儿伊丽莎白(Elizabeth),她该停止使用尿不湿了。在接下来的18个小时中,伊丽莎白憋着尿,拒绝使用厕所。

"我们已经和她说了几个月,要告别尿不湿,而她似乎也准备好了,"赖特说,"但是在重大转折的这一天她拒绝坐在便器上。在她最终尿出前的2个小时,她又哭又闹,明显不舒服。"最终这个孩子尿湿了裤子。(Gerhardt, 1999, p. C1)

没有什么儿童保育问题像训练上厕所这样引起父母的焦虑。也没有什么问题使专家和外行持如此多的相反意见。通常,各种各样的观点在媒体上出现,甚至还带有政治意义。例如,著名儿科医师贝里•布雷泽尔顿(T. Berry Brazelton)主张灵活的如厕训练方法,提倡在儿童表现出做好准备的迹象时再进行(Brazelton, 1997; Brazelton et al., 1999)。另一方面,以在媒体上表现出保守、传统的儿童养育立场而出名的心理学家约翰•罗斯蒙德(John Rosemond),却赞成更为强硬的方法,表示如厕训练应尽早尽快完成。

很明显的是,在过去几十年中,进行如厕训练的年龄有所提高。例如在1957年,92%的儿童在18个月大的时候就接受了如厕训练;而1999年仅有25%的儿童在这一年龄接受如厕训练,60%的儿童在3岁的时候才接受如厕训练,约2%的儿童在4岁的时候还没有接受如厕训练(Goode, 1999)。

目前美国儿科学会的指导方针支持布雷泽尔顿的立场,认为何时进行如厕训练没有统一的时间,应该在儿童表现出他们做好准备后再进行。做好准备的迹象包括:一天中至少有2个小时保持干燥或者午睡后醒来没有尿湿;规律的可预见性的肠蠕动;通过面部表情或言语表明要撒尿或拉便便;听从简单指令的能力;去往厕所并独自脱裤子的能力;对弄脏的尿布感到不舒服;要求使用便器或便壶;以及穿内衣的愿望。

此外,儿童不仅要做好身体方面的准备,而且要做好情感上的准备,如果他们表现出强烈抗议如厕训练的迹象,如上面例子中提到的伊丽莎白,如厕训练就应该延迟。小于12个月的孩子没有膀胱或肠的控制力,6个月之后仅有初步的控制能力。一些18~24个月大的儿童已经表现出做好如厕训练的迹象,但有些儿童则要到30个月或更大的时候才能做好准备(American Academy of Pediatrics, 1999, Fritz & Rockney, 2004; Connell-Carrick, 2006)。

甚至在接受了白天的如厕训练后,儿童还经常需要几个月或几年的时间才能在夜里控制排泄。四分之三左右的男孩和大多数女孩在5岁后才不尿床。

当儿童成熟并对肌肉获得更好的控制时，完整的如厕训练就可以在多数孩子身上进行。然而，推迟的如厕训练可能成为忧虑的起因，因为它可能让儿童对此感到心烦，或者因为它使儿童成为兄弟姐妹们耻笑的对象。在这种情况下，一些处理治疗方式证明是有效的。特别是在儿童没有尿床时给予奖励，或是通过掌握他们尿床的时间叫醒他们，这些疗法通常很有效（Nawaz, Griffiths, & Tappin, 2002; Houts, 2003; Vermandel et al., 2008）。

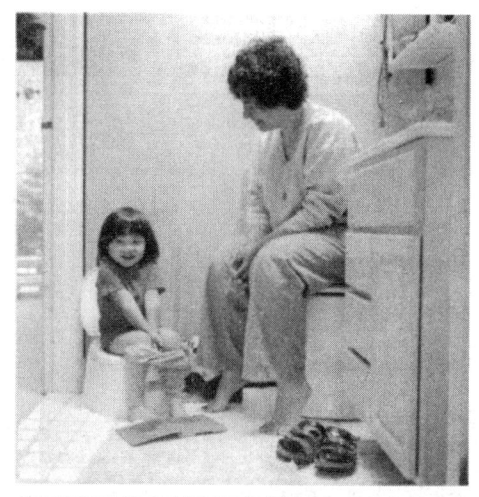

儿童做好准备不再使用尿片的迹象：他们能够遵循指导，而且能够去卫生间并自己脱下裤子。

精细运动技能 在发展粗大运动技能的同时，儿童的精细运动技能也在进步。这些精细技能涉及更为灵敏的、较小的身体运动，如使用叉子和勺子，用剪刀剪东西，系鞋带和弹钢琴等。

精细运动技能需要大量的练习，就像人们看到4岁儿童努力地抄写字母表的字母那样。这些精细运动技能的出现表现出明显的发展模式。在3岁时，儿童已经能够用蜡笔画出圆圈和方块，他们去卫生间时能够自己脱衣服，他们能够将简单的拼图拼到一起，还能够将不同形状的木块放到相应的孔中。然而，他们在完成这些任务时并没有表现出多少精确性和完美性。例如，他们可能试图将一块拼图硬塞到一个地方。

到4岁时，他们的精细技能已有大幅提高。他们能够画出相似的人像，也能够把纸叠成三角形的图案。到5岁的时候，他们能够握住并熟练使用细铅笔。

利手 当学龄前儿童进行抄写或使用其他精细运动技能时，他们怎样决定用哪只手来拿铅笔？对于许多儿童来说，他们出生后不久就做出了选择。

在婴儿早期开始，许多儿童就表现出使用某一只手的偏好，即**利手（handedness）**的发展。例如，很小的婴儿也许表现出对身体某一边的偏好。到了7个月大，一些婴儿似乎喜欢更多地用某一只手而不是另一只手来抓东西。然而，很多儿童直到学前期结束前并未表现出这样的偏好，还有少数儿童左右手都很灵巧（Saudino & McManus, 1998; Segalowitz & Rapin, 2003; Marschik et al., 2008）。

在学前期末尾，大多数儿童表现出明显的利手倾向：约90%的儿童是右利手，10%的是左利手。此外，还存在性别差异：男孩比女孩中出现更多的左利手。

人们关于利手的含义有很多猜想，但没有得到什么结论。一些研究发现左利手可能和更高的成就有关，而其他研究则显示左利手并无优势，还有一些研究认为左右手都灵的儿童在学习任务上表现较差。很明显，就利手的结果而言，目前仍难以确定（Bhushan & Khan, 2006; Dutta & Mandal, 2006; Corballis, Hattie, & Fletcher, 2008）。

利手 使用一只手多于另一只手的偏好。

表 7-2 免疫接种时间表

疫苗▼ 年龄▶	出生	1（月）	2（月）	4（月）	6（月）	12（月）	15（月）	18（月）	19-23（月）	2-3（岁）	4-6（岁）
B型肝炎（Hepatitis B）	HepB	HepB			HepB						
轮状病毒（Rotavirus）			RV	RV	RV[2]						
白喉（Diphtheria）、破伤风（Tetanus）、百日咳（Pertussis）			DTaP	DTaP	DTaP			DTaP			DTaP
b型流感嗜血杆菌（Haemophilus Influenzae type b）			Hib	Hib	Hib[4]	Hib					
肺炎球菌（Pneumococcal）			PCV	PCV	PCV	PCV				PPSV	
不活动性小儿麻痹（Inactivated Poliovirus）			IPV	IPV	IPV						IPV
流感（Influenza）					Influenza(Yearly)						
麻疹（Measles）、腮腺炎（Mumps）、风疹（Rubella）						MMR					MMR
水痘（Varicella）						Varicella					Varicella
A型肝炎（Hepatitis A）						HepA(2 doses)				HepA Series	
脑膜炎球菌（Meningococcal）										MCV	

本表格列出了目前被许可使用的疫苗在常规给药量下的建议使用年龄，起始时间为2008年12月1日，对象为0～6岁的儿童。当可行并需要的时候，未在建议年龄被给予的任何剂量应在紧接的下一次进行接种。任何时候当联合接种的任何成分可用，而其他成分未被禁用，且食品药品监督管理局允许时，可以接种被许可使用的联合接种疫苗。疫苗提供者应就疫苗接种实操评估问题咨询相关的顾问委员会，以获取更详细的建议，包括高风险的情况。http://www.cdc.gov.vaccines/pubs/acip-list.htm。对于接种后临床上显著的副作用，应向疫苗不良事件报告系统（the Vaccines Adverse Event Reporting System, VAERS）报告。如何获取和填写VAERS表格的指南可在http://www.vaers.hhs.gov获取，或致电800-822-7967。

 免疫疫苗接种的推荐年龄范围

 某些高风险的情况

成为发展心理学知识的明智消费者

保持学龄前儿童的健康

即使最健康的学龄前儿童也会偶尔得病，这是不可避免的。和他人的社会交往会使疾病从一个儿童传给另一个儿童。但是，有些疾病可以进行预防，其他的一些疾病如果采取简单的预防措施则可以使患病率降到最低：

- 学龄前儿童应该摄入营养均衡的食品，其中包括适当的营养元素，特别是富含蛋白质的食物

（推荐能量摄入量：24个月大的儿童约每天1,300卡路里；4~6岁儿童则在每天1,700卡路里左右）。虽然早餐时喝一些果汁（比如一杯橘子汁）会很好，但通常来说，果汁含有太多的糖分应避免食用。此外，持续供应健康的食物，即使开始儿童会拒绝它们，他们也会渐渐喜欢这些食物。

- 鼓励学龄前儿童锻炼身体。进行锻炼的儿童比那些坐着不动的儿童肥胖的可能性要小。
- 儿童想睡多久，就应该让他们就睡多久。营养不良或睡眠不足形成的弱体质会使得儿童更容易患病。
- 儿童应该避免和其他患病的孩子接触。父母应保证孩子们在和其他明显患病的孩子玩耍后必须洗手（也应该强调平常洗手的重要性）。
- 确保儿童根据免疫接种计划进行接种。正如图7-2所示，当前推荐的是儿童应分5~7次分别接种9种不同的疫苗和其他预防性药物。

最后，如果孩子确实生病了，记住：儿童期的小病有时会为以后更严重的疾病提供免疫力。

复习和应用

复习

- 学前期以稳定的身体发育为标志。
- 学龄前儿童吃得比婴儿时期要少，但他们通常适当地调整自己的食物摄入量，通过自由进行营养选择，从而形成他们自己的选择和控制。
- 在学前期大脑发育得很快。此外，脑发展出功能侧化，即两个半球适应专门化任务的趋势。
- 学前期通常是一生中最健康的时期，只有一些小病对儿童形成威胁。意外事故以及环境危害是学龄前儿童健康的最大威胁。父母和照看者需要知道他们可采取什么措施来保证学龄前儿童的健康和避免伤害。
- 粗大和精细运动在学前期的发展也很快。男孩和女孩的粗大运动技能开始分化，儿童形成左利手或右利手。

应用毕生发展

- 对学龄前儿童身体发展日益增加的了解，能够从哪些方面帮助父母和照看者照顾儿童？
- **从一个保健工作者的视角看问题**：对于生长在发展中国家的儿童和更加工业化国家的儿童，生物和环境如何共同对其身体发育产生影响？

7.2 智力发展

3岁的萨姆（Sam）正在和自己说话。他的父母则饶有兴趣地在另一房间聆听。他们听到萨姆在使用两种完全不一样的声音。"找出你的鞋，"他用低低的声音说，"我今天不想出去嘛，我讨厌鞋子，"他用高高的声音说，然后用较低的声音回答"你是个坏孩子，找出你的鞋，坏孩子"，然后，又用较高的声音回应"不，不，不嘛。"

萨姆的父母意识到他正在和他假想的朋友吉尔（Gill）玩游戏。吉尔是个坏孩子，经常不听妈妈的话，至少在萨姆的印象中是这样。事实上，根据萨姆的想象，吉尔常常犯萨姆的父母责备他的那些错误行为。

在某些方面，3岁儿童的智力复杂得令人吃惊。他们的创造力和想象力发展到了一个新的高度，他们的语言复杂性日益增强，他们推理和思考这个世界的方式甚至在几个月前都是不可能的。在学前期开始并持续贯穿整个时期的这种智力飞速发展的基础是什么？我们已经讨论了作为学龄前儿童认知发展基础的大脑发展的一般概况。现在让我们思考关于儿童思维的几种观点，先从皮亚杰对学前期认知变化的发现开始。

皮亚杰的前运算思维阶段

瑞士心理学家皮亚杰（Jean Piaget）的认知发展阶段理论我们在第五章讨论过，他认为学前期是既稳定又充满巨大变化的时期。他提出学前期正处于认知发展的前运算阶段，该阶段从2岁开始持续至7岁左右。

在**前运算阶段（preoperational stage）**，儿童更多地使用象征性符号思维，心理推理出现，概念的使用也有所增加。看到妈妈的车钥匙可能会想到"去商店吗？"这个问题，因为孩子开始将钥匙看做开车的象征。用这种方法，儿童开始更善于在内部表征事件，更少依赖直接的感觉运动活动来理解周围的世界。但是他们还不能进行**运算（operations）**，即有组织的、形式的、逻辑性的心理过程，这是学龄儿童的特征。只有在前运算阶段结束的时候，他们才开始具备运算能力。

根据皮亚杰的观点，前运算思维的一个重要方面就是象征性符号功能（symbolic function），使用心理符号、词语或者物体代替或表征一些不在眼前的东西。例如，在这一阶段，学龄前儿童能够使用表示汽车的心理符号（词语"汽车"），他们也懂得一辆小的玩具车能够代表真正的汽车。因为他们能够使用象征性符号功能，儿童就没必要跟在一辆真的汽车轮子后面弄懂它的基本作用和用途。

语言和思维的关系　象征性符号功能是前运算阶段最重要的进展之一：儿童越来越善于使用语言。正如我们在本章随后所讨论的，儿童在学前期语言技能有

前运算思维阶段　根据皮亚杰的观点，这一阶段从2岁开始持续至7岁左右。在这个阶段儿童更多地使用象征性符号思维，心理推理出现，概念的使用也有所增加。

运算　有组织的、形式的、逻辑性的心理过程。

很大的进步。

皮亚杰指出，语言和思维紧密相关，学前期语言的进步反映了思维方式的一些进步，这种思维方式在较早的感觉运动阶段就可能存在。例如，与感觉活动相关思维的速度相对较慢，因为它依赖身体的实际运动，而人类的身体又有一些物理限制。相比而言，使用象征性符号思维，比如想象某个朋友的发展，使得学龄前儿童可以用象征性符号表征行为，从而让更快的速度成为可能。

更重要的是，使用语言可使儿童的思维不受当前或未来的限制。因此，学龄前儿童有时能够通过详细描述的幻想和白日梦这种语言形式来想象未来的可能性，而不局限于当前或眼下。

学龄前儿童语言能力的发展能够导致思维的进步吗？或者是前运算阶段思维的进步引发语言能力的提高？是思维决定语言还是语言决定思维，这个问题是心理学领域长期以来最具争议的问题之一。皮亚杰的观点是语言发展自认知进步，而非反之。他认为在感觉运动阶段思维的进步是语言发展必需的，而且在前运算阶段，认知能力的持续增长又为语言能力的发展提供了基础。

中心化：所见即所想 将一个小狗面具戴在猫咪头上会得到什么？3、4岁学龄前儿童的答案是：一只狗。对于他们而言，一只戴着狗面具的猫应该像狗一样地叫，像狗一样摇尾巴，而且吃狗粮。在任一方面，这只猫都变成了一只狗（deVries, 1969）。

对于皮亚杰来说，这种想法的本质就是中心化，它是前运算阶段儿童思维的一个关键成分和局限。**中心化（centration）** 是注意刺激物的某一方面并忽略其他方面的过程。

学龄前儿童不能考虑有关刺激物的全部可用信息。相反，他们关注的是可见的、表面的、明显的部分。这些外在的成分在学龄前儿童的思维中占主导地位，导致思维的不准确性。

当实验者在学龄前儿童面前摆出两排纽扣，一排是10个，摆放得很紧凑，另外一排是8个纽扣，展开成更长的一排（见图7-6），然后问他们哪一排包含更多的纽扣。4~5岁儿童通常会选择看起来更长的那一排而不是实际上包含更多纽扣的那一排。尽管事实是这个年龄的儿童非常清楚地明白10比8多，这种现象仍然

中心化 关注于刺激物的某一方面而忽略其他方面的过程。

图7-6 哪一排包含更多的纽扣？
当学龄前儿童面前摆放着这样两排纽扣，并被问及哪排含有更多的纽扣时，他们通常回答下面这排纽扣更多，因为它看起来更长。即使他们很清楚10比8大，他们也这样回答。你认为学龄前儿童能够被教会正确地回答这个问题吗？

守恒 物体的数量与排列和外在形状无关的知识。

会发生。

儿童出错的原因是,更长的那一列的视觉图像主导了他们的思维。他们关注的是表象,而没有对数量进行理解。对一个学龄前儿童来说,表象就是全部。学龄前儿童对表象的注意可能和前运算思维的另一个方面有关,即缺乏守恒能力。

守恒:认识到表象有欺骗性 思考下面的场景:4岁的杰米(Jaime)面前摆放着两个不同形状的水杯。一个又矮又粗,另一个又高又细。一名教师向又矮又粗的杯子里注入半杯苹果汁,然后将这些果汁再倒入又高又细的杯子。这些果汁几乎装满了细杯子。教师问吉米一个问题:第二个杯子中的果汁比第一个的多吗?

如果你认为这是个简单的任务,像吉米这样的孩子也这么认为。他们回答这个问题毫无困难。但是,他们的答案几乎总是错的。

多数4岁儿童回答细高杯子中的果汁比矮粗杯子中的果汁要多。事实上,如果把这些果汁倒回到矮杯子中,他们很快会说现在的果汁比高杯子中的要少(见图7-7)。

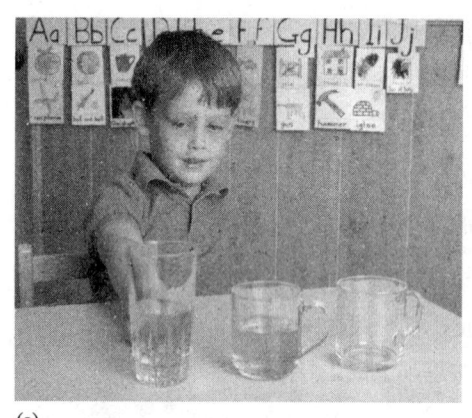

(a)

(b)

图7-7 哪个杯子装得多?
大多数4岁儿童认为这两个杯子的液体的量不同,因为容器的形状不同,即使他们可能看到相同量的液体被倒入每个杯子中。

判断错误的原因就是这个年龄的孩子还没有掌握守恒。守恒(conservation)就是物体的数量与排列和外在形状无关的知识。因为他们不懂守恒,学龄前儿童不理解一个维度的变化(如外形的变化)并不一定意味着另一个维度的变化(如数量)。例如,不了解守恒原则的儿童自然地认为液体倒在不同形状杯子中会改变它们的数量。他们只是不能意识到外在的改变并不意味着数量的变化。

不理解守恒还表现在儿童对面积的理解上,正如皮亚杰"田中牛"问题所阐明的那样(Piaget, Inhelder, & Szeminska, 1960)。在这个问题中,实验者把两张大小相同的绿色纸摆放在儿童面前充当田地,每个田里放着一只玩具牛。接着,每个田里放上一个玩具谷仓,然后问儿童哪只牛吃的食物更多。儿童典型的回答是每头牛吃的食物数量相同——到目前为止该回答是正确的。

下一步,在每个田里再放上一个谷仓。但是在一个田里谷仓紧挨着摆放,而另一个田里谷仓分散着摆放。未掌握守恒的儿童通常会说谷仓紧挨着摆放的田里的牛比谷仓分散摆放的田里的牛吃的草更多。相反,具备守恒概念的儿童正确地回答说,每头牛所吃的食物数量是相同的(一些其他的守恒任务如7-8所示)。

为什么前运算阶段的儿童在要求守恒的任务中会出

图 7-8 关于儿童理解守恒原则的常用测验 为什么守恒意识非常重要？

守恒的类型	特征	物理外表的变化	平均的通过年龄
数量	集合中元素的数量 	重新排列 	6~7岁
物质（质量）	一堆有延展性物质的量 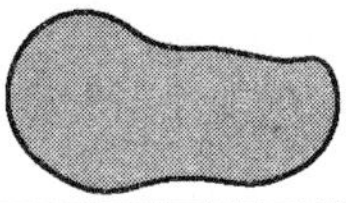	改变形状 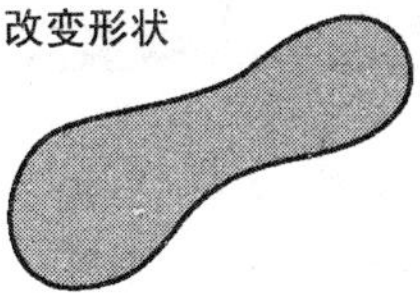	7~8岁
长度	线段或物体的长度 	改变形状或构造 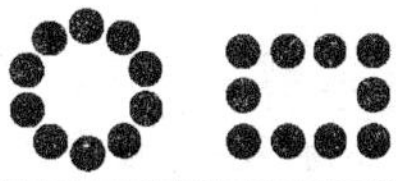	7~8岁
面积	表格覆盖的面积 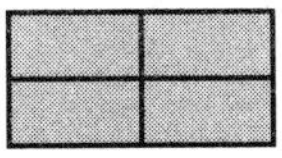	重新排列 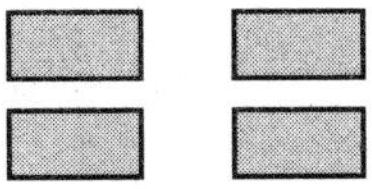	8~9岁
重量	物体的重量 	改变形状 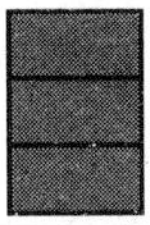	9~10岁
容量（体积）	物体的容量（如排水量） 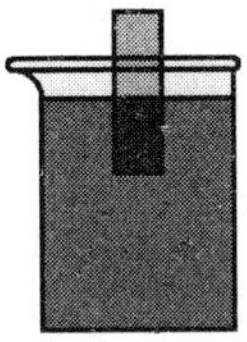	改变形状 	14~15岁

错？皮亚杰指出，主要原因就是其中心化的倾向阻碍了他们对情境相关特性的注意。此外，他们不能跟随情境表象的变化所伴随的序列转变。

对转变的不完全理解　一个前运算阶段的学龄前儿童走在树林中看到一些虫子，可能会认为它们是同一只虫子。原因是他/她孤立地看待每个情境，而不能理解一个虫子能够从一个地方快速地挪到另一个地方必定会发生转变。

正如皮亚杰使用的这个词，**转变（transformation）**是一种状态变化成另一种状态的过程。例如，成年人知道如果让一支直立的铅笔落下，它会经历一系列连续的阶段直到它到达最终的水平静止点（见图7-9）。相反，前运算阶段的儿童不

▼ 我的发展实验室

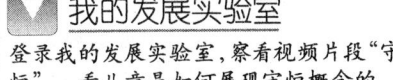
登录我的发展实验室，察看视频片段"守恒"，看儿童是如何展现守恒概念的。

转变　一种状态变化成另一种状态的过程。

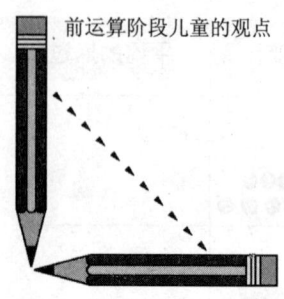
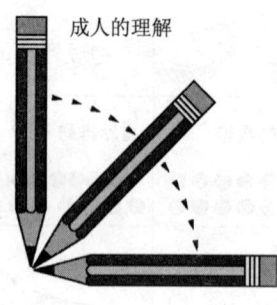

前运算阶段儿童的观点　　成人的理解

图 7-9　倒下的铅笔
处于皮亚杰前运算阶段的儿童不明白当铅笔从直立状态到水平状态要历经的一系列中间步骤。相反，他们认为从直立到水平状态的变化中没有中间步骤。

能想象，也无法回忆铅笔从竖直到水平位置所历经的连续转变。如果让他们以图画的方式再现这个顺序，他们画出的是直立的和平躺的铅笔，中间什么也没有。他们基本上将中间的步骤忽略了。

自我中心：不能采择他人观点　前运算阶段的另一个特点就是自我中心思维。**自我中心思维（egocentric thought）** 就是不能考虑其他人观点的思维。学龄前儿童不明白其他人有着和自己不同的视角。自我中心思维有两种形式：缺乏对他人从不同物理角度看待事物的意识，以及不能意识到他人或许持有和自己不同的想法、感受和观点（注意自我中心思维并不意味着前运算阶段的儿童故意以自私或不考虑他人的方式思考问题）。

我的发展实验室
在我的发展实验室中察看视频片段"自我中心"，看一个展现学龄前儿童自我中心的实验。

自我中心思维是儿童对他们的非语言行为以及由此对他人产生的影响缺乏考虑的原因。例如，一个4岁儿童得到了一双不想要的袜子作为礼物，而他期望的是其他东西。在打开包装时他也许会皱着眉、板着脸，并不知道其他人都能看到他的表情，从而暴露他对礼物的真实感受。

自我中心是前运算阶段几类行为的核心。例如，学龄前儿童可能会自言自语，即使一旁有别人，而且有时他们会忽视他人和自己说的话。这些行为并非性情古怪的表现，而是更多地说明了前运算阶段儿童思维的自我中心特点：没有意识到自己的行为引发他人的反应和回复。因此，学龄前儿童很大一部分语言行为并不是出自社交动机，只是对他们自己有意义。

类似地，自我中心在前运算阶段儿童玩捉迷藏的游戏中也能看出来。在捉迷藏的游戏中，3岁儿童可能用枕头将脸盖着，以为这样就能把自己藏起来，其实他们仍然能够被别人看到。他们的理由是：如果他们看不到别人，别人也看不到他们。他们认为别人和他们想法一样。

直觉思维的出现　因为皮亚杰将学前期称为"前运算阶段"，很容易就得出它标志着一段时期，接下来是更为形式运算阶段的出现。如同支持这一观点似的，许多前运算阶段的特点突显了儿童的不足之处以及尚未掌握的认知技能。然而，前运算阶段并不是在虚度时光。认知能力在稳定地发展，事实上也出现了一些新能力。一个例子就是直觉思维的发展。

直觉思维（intuitive thought） 是指学龄前儿童利用简单的推理以及他们的渴望来获取世界的知识。从4岁至7岁，儿童的好奇心非常强。他们总是对广泛范围内的各种问题问个不停，几乎每件事都要问"为什么"。同时，儿童可能表现得好像他们是某个话题的权威，觉得自己对问题有正确的（并最终的）解释。如果进

自我中心思维　不考虑其他人观点的思维。

直觉思维　一种反映学龄前儿童利用简单的推理以及他们的渴望来获取关于世界的知识的思维。

一步询问，他们不能解释他们如何知道这些知识。换句话说，他们的直觉思维使得他们认为自己知道各种各样问题的答案，但是他们对于世界运转方式了解所持的信心却几乎没有逻辑基础。这可能会使得一个学龄前儿童颇为专业地说飞机能飞是因为它像鸟一样上下挥动翅膀，即使他们从没看到过一架飞机以那种方式飞翔。

在前运算阶段后期，儿童的直觉思维确实帮助他们为更复杂的推理形式做好了准备。例如，学龄前儿童开始懂得用力蹬脚蹬会使自行车跑得更快，按遥控器的按钮可以更换电视频道。到前运算阶段结束的时候，学龄前儿童开始知道功能性（functionality）的概念，以及行为、事件和结果以固定模式彼此相关的想法。儿童在前运算阶段后期也开始表现出对同一性概念的意识。同一性（identity）就是能够理解不论事物的形状、大小和外形如何变化，它们仍然是原先的那个事物。

例如，同一性的知识会让一个人知道一块黏土不论被揉成球还是拉成一条蛇的样子，黏土的含量并未变化。关于同一性的理解对儿童发展守恒理解不可或缺，如前所述，守恒能力就是理解数量和物理表象无关。皮亚杰将儿童的守恒发展看做一种技能，标志着从前运算阶段到下一阶段——具体运算阶段的转变，我们将在第九章进行讨论。

评价认知发展的皮亚杰理论 皮亚杰，儿童行为的专业观察家，提供了学龄前儿童认知能力的详细描述。其理论的主要观点为我们提供了一种有用的途径，以思考学前期阶段的认知能力发展（Siegal, 1997）。

然而，在适当的历史环境下并依据近期研究发现来考察皮亚杰关于认知发展的理论很重要。如同我们在第五章所讨论的，他的理论是基于对相对较少儿童所进行的大量观察。尽管他的观察富有洞察力并具有突破意义，近期实验研究却表明在某种水平上皮亚杰低估了儿童的能力。

例如，考虑一下皮亚杰关于前运算阶段儿童如何理解数字的观点。他认为学龄前儿童的思维有严重缺陷，他们在有关守恒和可逆性任务上的表现可以证明这一点。可逆性就是能够理解将事物反转至最初状态的转变过程。然而，近期的实验研究却提出了不同看法。例如，发展心理学家罗切尔·格尔曼（Rochel Gelman）发现3岁儿童能够轻易地辨别出2个玩具动物和3个玩具动物排成的不同行，不管玩具之间的间隔有多大。年长儿童能够注意到数字的不同，进行诸如辨别两个数字大小之类的任务，表明他们能够理解一些简单的加减问题（McCrink & Wynn, 2007; Cordes & Brannon, 2009; Izard et al., 2009）。

在上述依据的基础上，格尔曼得出结论：儿童具有天生的数数能力，一种像使用语言那样被一些理论家认为是普遍的、由基因决定的能力。这样一种结论显然和皮亚杰的主张不一致，皮亚杰认为儿童的数学能力直到前运算阶段之后才会快速发展。

一些发展学家（特别是那些同意信息加工观点的人，我们将在本章后面看到）还认为，认知技能以一种比皮亚杰阶段理论所提出的更为连续的方式发展。他们认为相对于皮亚杰所认为的思维是一种质变，发展变化在本质上其实是一种量变。产生认知技能的潜在过程被这些批评家视为只是随年龄出现的很小变化。

皮亚杰关于认知发展的观点面临进一步的挑战。他认为守恒直到前运算阶段结束时才能出现，有些情况下甚至更晚，但这禁不起仔细的实验检验。儿童经过一定的训练和练习就能够正确回答守恒任务。皮亚杰认为前运算阶段儿童的认知能力不够成熟，还不能理解守恒问题，但训练能够改善儿童在此类任务上表现的事实对皮亚杰的这一观点提出了质疑（Ping & Goldin-Meadow, 2008）。

显然，与皮亚杰的看法相比，儿童在更小年龄时拥有更多能力。为什么皮亚杰低估了儿童的认知能力？答案之一就是他向儿童提问的语言太难，使得儿童无法表现出他们的真实技能。此外，如同我们看到的，皮亚杰倾向于注意学龄前儿童思维上的不足，他观察的重点放在儿童逻辑思维的缺乏上。通过更多关注儿童的能力，现在的理论家们已经找到越来越多证据表明学龄前儿童达到了令人惊讶的能力水平。

认知发展的信息加工观点

甚至在成年后，帕高（Paco）对他的第一次农场之旅还记忆犹新，那是他3岁时去的。他看望生活在波多黎各的祖父，他们两个人来到了附近的一个农场。帕高叙述了他所见的上百只的鸡，他还清晰地记得他很害怕那些看起来很大、臭臭的、吓人的猪。他尤其记得和祖父骑马的那种兴奋的心情。

帕高对他的农场之行记忆犹新这个事实并不令人诧异；许多人有着清晰的、看似准确的、可以追溯至3岁的记忆。在学前期记忆形成的过程和长大之后记忆形成的过程是类似的吗？更广泛地来说，学前期的信息加工有什么一般性的变化吗？

信息加工理论关注儿童在处理信息时使用的"心理程序"所发生的变化。他们认为在学前期阶段儿童的认知能力所发生的变化，正如计算机程序员根据自己的经验修改程序之后，计算机程序将变得更加精妙一样。事实上，对于许多儿童发展学家来说，信息加工理论代表了有关儿童认知发展的最有影响力、最综合从而也是最准确的解释（Siegler, 1994; Lacerda, von Hofsten, & Heimann, 2001）。

接下来，我们将通过两个领域的研究来说明信息加工论者的观点：学龄前儿童对数字的理解和记忆的发展。

学龄前儿童对数字的理解　如前所述，批评家认为皮亚杰理论的缺点之一就是学龄前儿童对数字的理解比皮亚杰认为的更好。将信息加工理论应用于认知发展的研究者们已经发现，越来越多的证据表明学龄前儿童具有良好的数字理解能力。一般学龄前儿童不但能够数数，而且能以一种相当系统的、一致的方式来数数（Siegler, 1998）。

例如，发展心理学家罗切尔·格尔曼提出，学龄前儿童数数时遵从一些数字法则。给他们呈现一组物品，他们知道应该给每个物品分配一个数字，而且每件物品只应数一次。此外，即使他们数错了数字，他们在使用时也会保持一致。例如，一个4岁儿童将3件物品数成"1、3、7"，当她数另外一组不同的物品时还会说"1、3、7"。当被问到这组物品有多少个时，她很可能会说有7个（Gelman, 2006; Gallistel, 2007; Le Corre & Carey, 2007）。

简而言之，学龄前儿童可以显示出对数字令人惊讶的理解能力，虽然他们的理解并不完全准确。到4岁时，大多数儿童能够靠数数进行简单的加减运算，并能够很成功地对不同的数量进行比较（Donlan, 1998; Gilmore & Spelke, 2008）。

记忆：对过去的回忆　回想你自己最早的记忆。如果你像我们前面所说的帕高，你所能记起的可能是3岁后发生的某一件事。**自传体记忆（autobiographical memory）**，即自己生活中特定事件的记忆，直到3岁以后才比较准确。接下来记忆的准确性在整个学前期阶段逐渐缓慢提高（Sutton, 2002; De Roten, Favez, & Drapeau, 2003; Nelson & Fivush, 2004; Reese & Newcombe, 2007; Wang, 2008）。

自传体记忆 自己生活中特定事件的记忆。

脚本 事件及其发生顺序在记忆中的概括性表征。

学龄前儿童对事件的回忆有时是准确的，但并不都是准确的。例如，3岁儿童能够很清楚地记得一些日常事件的核心特征，比如涉及在餐厅进餐的事件顺序。此外，学龄前儿童在回答开放性的问题时一般都很准确，如："在游乐园里你最喜欢玩什么？"（Price & Goodman, 1990; Wang, 2006）。

学龄前儿童记忆的准确性在一定程度上是由记忆被评估的时间来决定的。除非某件事件特别生动或有意义，否则它不可能被清楚地记住。此外，不是所有的自传体记忆都在日后的生活中一直保持下来。例如，一名儿童可能会在6个月或者1年之后记住上幼儿园的第一天，但是在后来的生活中有可能不再记得这一天。

记忆也受文化因素的影响。例如，中国大学生关于童年的记忆更可能是非情感的，反映有关社会角色的活动，如在家族店铺里工作；而美国大学生最早的记忆则情感更加细腻，如关注弟妹诞生之类的特别事件（Wang, 2006, 2007; Peterson, Wang, & Hou, 2009）。

学龄前儿童的自传体记忆不仅会淡忘，而且所记的内容也可能不完全准确。例如，如果一件事经常发生，如去杂货店，可能很难记得这件事发生的一次具体时间。学龄前儿童关于熟悉事件的记忆常常以**脚本（scripts）**的方式进行组织，即事件及其发生顺序在记忆中被概括性地进行表征。

例如，一个幼儿可能以下列几个步骤表征在餐馆进餐的过程：和服务员交谈，得到食物，然后开吃。随着年龄的增长，这个脚本变得更加详细：进入车里，在餐馆入座，选择食物，点菜，等待菜肴，开吃，点甜品，最后付账。由于经常重复发生的事件容易融入脚本，关于脚本事件的特定事例相比那些尚未在记忆中脚本化的事件，回忆的准确性要差一些（Fivush, Kuebli, & Clubb, 1992; Sutherland, Pipe, & Schick, 2003）。

为什么学龄前儿童没有完全准确的自传体记忆还有其他一些原因。因为他们描述某些种类的信息还有困难，如复杂的因果关系，他们可能将记忆过分简单化。例如，一名儿童目睹了祖父母之间的争论，他可能只记得祖母拿走了祖父的蛋糕，而不记得引起该行为的有关祖父体重和胆固醇的争论。而且，如同我们随后将考虑的，学龄前儿童的记忆力也易于受到他人暗示的影响。当要求儿童指证诸如虐待等法律事件时，这个问题尤其值得关注，正如我们接下来要考虑的

这个学龄前儿童6个月以后也许能够回忆出骑旋转木马的经历，但是当他12岁时，就很有可能已经忘了这件事。你能解释为什么吗？

那样。

犯罪发展心理学：将儿童发展问题带入法庭　"我正看着，然后我没有看到自己在做什么，手指就被捕鼠器夹住了……因为我们的房间里有个老鼠，所以这儿有个捕鼠器……捕鼠器放在地下室，挨着木柴……当时我正在玩一个叫'演习'（Operation）的游戏，然后我下楼对爸爸说：'我想吃午饭'，然后它卡在捕鼠器上了……我爸爸在地下室收集木柴……（我的哥哥）推我（向）……这是昨天发生的。老鼠昨天在我的房间里。昨天我的手指被夹住了。我昨天去了医院。"（Ceci & Bruck, 1993, p. A23）

尽管这个4岁男孩对自己被捕鼠器夹住手指，以及之后去了医院这件事进行了详细说明，但是问题是：这件事情根本没有发生过，他的记忆全是错的。

这个4岁男孩叙述的关于捕鼠器的意外事件根本就没有发生过，这是一个关于儿童记忆研究的结果。实验者在连续11周的时间里每周告诉这个男孩："因为你的手指夹在捕鼠器里，所以你去了医院。这件事情曾经发生过吗？"

第一周，这名儿童非常准确地说："没有，我从来没有去过医院。"但是到了第二周，回答有了变化："是的，我哭了。"到第三周，这个男孩说："是的。妈妈和我一起去的医院。"到了第十一周，他的回答已经变成上文所引述的那样了（Ceci & Bruck, 1993; Bruck & Ceci, 2004）。

诱导出这名儿童虚假记忆的研究是一个全新的、正在迅速发展的领域的一部分：犯罪发展心理学。犯罪发展心理学关注儿童的自传体记忆中司法系统中的可信度。它考虑儿童回忆生活事件的能力，以及当儿童作为证人或受害者时，他们的法庭证词的可信度（Bruck & Ceci, 2004; Goodman, 2006）。

对一个完全错误事件的润色体现了幼儿记忆脆弱、易感性和不准确的特征。幼儿可以非常错误地回忆事件，而且深信不疑，他们能够说出那些从来没有发生过的事情，并忘记那些真实发生过的事情。

儿童的记忆很容易受到成人提问暗示的影响。这一特点在学龄前儿童身上体现得尤为显著，他们比成人或学龄儿童更加容易受到暗示的影响。学龄前儿童也更加倾向于对别人的行为做出错误推论，他们很少能够根据掌握的情境知识得出恰当的结论（例如，"因为他不喜欢三明治所以哭泣"）（Principe & Ceci, 2002; Ceci, Fitneva, & Gilstrap, 2003; Loftus, 2004; Goodman & Melinder, 2007）。

当然，学龄前儿童回忆的很多事情还是正确的；比如在本章前面我们讨论过的，儿童3岁时能够准确地回忆出某些生活事件。然而，并不是所有回忆都是正确的，一些回忆出来的事件看起来很正确，实际上却不曾发生过。

如果反复询问儿童同样的问题，他们的错误率会提高。错误记忆——如那个4岁男孩报告说"记得"在手指被捕鼠器夹住之后去了医院的事情——事实上可能比真实记忆更加持久。此外，当问题具有高度暗示性的时候（提问者意图引导某人作出特定的结论），儿童更容易在回忆中犯错（Loftus & Bernstein, 2005; Powell, et al., 2007; Goodman & Quas, 2008）。

正确的信息加工理论 根据信息加工理论，认知发展包括人们知觉、理解、记忆信息方式的逐渐改善。随着年龄增长和经验的增加，学龄前儿童处理信息更加有效，也更加精确，他们能够处理越来越复杂的问题。在信息加工理论的支持者眼中，正是这些信息加工过程中量的进步——并不是皮亚杰提出的质变——形成了认知的发展（Goswami, 1998; Zhe & Siegler, 2000; Feldman & Jankowski, 2009）。

对于信息加工理论的支持者来说，这一理论最大的特点是它建立在被精确定义的过程之上的可靠性，而这些过程能够相对精确地被研究所检验。信息加工理论不是建立在有点模糊的概念之上，如皮亚杰的同化和适应等概念，它提出了一套全面的、具有逻辑性的概念。

例如，当学龄前儿童长大一些，他们具有了更宽的注意广度，能够更有效地监控和计划他们所关注的事物，并且越来越能意识到自己认知的局限性。正如本章前面所述，这些进步可能是因为大脑的发育。此种注意能力的提高为皮亚杰的某些发现提供了新的解释。例如，注意力的提高使得年长儿童能够同时关注水面的高度以及注入水的杯子的宽度。

俄国发展心理学家维果斯基认为，认知发展的关注点应该在于儿童的社会和文化世界，这与关注个体表现的皮亚杰理论有所不同。

这就让他们能够理解当杯中的液体倒来倒去时，其数量不变。相反，学龄前儿童不能同时关注两个维度，从而缺乏守恒的能力（Miller & Seier, 1994; Hudson, Sosa, & Shapiro, 1997）。

对于其他理论传统上很少关注的认知过程，如记忆和注意等心理技能对儿童思维的贡献，信息加工理论的支持者们做得非常成功。他们认为信息加工为认知发展提供了清晰、逻辑和全面的解释。

但是信息加工理论也有它的批评者，他们提出了一些重要的反对意见。一方面，对一系列单一的、个人化的认知过程的关注遗漏了对一些影响认知的重要因素的考虑。例如信息加工理论家们对社会和文化因素关注相对较少，这是该理论的不足之处，也是我们接下来将要介绍的理论想要弥补的缺点。

一个更重要的批评就是信息加工观点"只见树木，不见森林"。换句话说，信息加工理论对组成认知加工和发展的详细单独过程序列给予了如此多的关注，以至于从来没有对认知发展形成全面、综合的理解，而这一点皮亚杰做得相当不错。

采用信息加工理论的发展学家们对这些批评做出回应，声称他们的认知发展模型具有能够被精确陈述，其假设也能够被检验的优势。他们认为和其他任何一种理论相比，有更多的研究支持信息加工理论。简而言之，他们认为信息加工理论和其他理论相比提供了更为准确的解释。

信息加工理论在过去的几十年里具有很大的影响。它激发了大量研究来帮助我们了解儿童认知是如何发展的。

维果斯基的认知发展观点：文化的影响

当印第安奇尔科廷（Chilcotin）部落的一个成员正在把一条大马哈鱼做成晚餐时，她的女儿在一旁观看。当女儿对烹饪鱼过程中的一个细节提出问题时，妈妈拿出另外一条大马哈鱼并且重复整个过程。该部落对于学习的观点是，理解来自对整个过程的掌握，而不是来自对任务个别子成分的学习（Tharp, 1989）。

奇尔科廷部落关于儿童如何了解世界的观点与西方社会长久以来的观点有所不同，后者认为只有掌握过程的每个部分，个体才能实现完全的理解。特定文化和社会解决问题方法的差异会影响认知发展吗？根据俄国发展心理学家列夫·维果斯基（Lev Vygotsky, 1896~1934）的观点，其答案是非常明确的肯定。

维果斯基的观点越来越具有影响力。维果斯基认为认知发展是社会交互的结果，在社会交互过程中儿童通过指导式参与进行学习，和导师一起解决问题。维果斯基并不像皮亚杰和其他理论家那样关注个体的表现，他更加关注发展和学习的社会性方面。

维果斯基把儿童视为学徒，从成人和同伴参与者那里学习认知策略和其他技能。成人和同伴不只是呈现做事情的新方式，而且提供帮助、指导和动机。因此，他关注儿童的社会和文化世界，认为这是儿童认知发展的源泉。根据维果斯基的观点，在成人和同伴提供的帮助下，儿童逐渐变得越来越聪明并开始自己解决问题（Vygotsky, 1979; 1926/1997; Tudge & Scrimsher, 2003）。

维果斯基认为处于发展阶段的儿童与成人和同伴之间形成的合作关系，在很大程度上其本质是由文化和社会因素所决定的。例如，文化和社会建立了公共机构，如幼儿园和托儿所，这些机构通过提供认知发展机会来促进儿童的发展。此外，通过强调特定的任务，文化和社会将塑造儿童特定的认知进步。我们必须认识到现存社会对个体成员的重要意义，否则很容易低估个体最终所获得认知能力的实质和水平（Tappan, 1997; Schaller & Crandall, 2004）。

例如，儿童的玩具就能反映在所处社会中什么是重要的和有意义的。在西方社会，学龄前儿童通常会玩玩具四轮马车、汽车和其他交通工具，这在某种程度上反映了文化的流动本质。

在儿童逐渐理解世界的过程中，社会对性别的期望也同样起着作用。例如，在科学博物馆所做的一项研究发现，相对于女孩，父母会向男孩讲述更多关于博物馆陈列物的详细科学解释。这种在解释水平上的差异很可能使得男孩更擅长理解科学，而最终导致男孩和女孩在日后科学学习上表现出性别差异（Crowley et al., 2001）。

因此，根据维果斯基的观点，儿童认知的发展依赖于和他人的互动。维果斯基认为，只有通过与他人——同辈、父母、老师和其他成人的伙伴关系，儿童才能全面地形成他们的知识体系、思考过程、信念和价值观（Fernyhough, 1997; Edwards, 2004）。

最近发展区和脚手架：认知发展的基础 维果斯基认为儿童认知能力是通过接触那些能足够引发他们的兴趣，但又不是很难处理的新信息而不断发展的。在某一水平下儿童几乎能够，但又不足以独立完成某一任务，但是在更具能力的人的帮助下是可以完成的，维果斯基将这二者之间的差距

我的发展实验室

登录我的发展实验室，观看几个学龄前儿童展示最近发展区的视频。

称为**最近发展区（zone of proximal development，ZPD）**。在最近发展区内提供适宜的教导，儿童就能够理解并掌握某项新任务。为了促进认知的发展，就必须由父母、教师或者能力更强的同伴在儿童的最近发展区内呈现新信息。例如，一个学龄前儿童自己可能不知道如何把一个小柄粘在她做的一个橡皮泥锅上，但是有了看护老师的建议她就能做到这一点（Kozulin, 2004; Zuckerman & Shenfield, 2007; Norton & D'Ambrosio, 2008）。

最近发展区概念认为，即使是两个儿童在没有帮助的情况下都能够实现同样程度的发展，但如果一个儿童得到了帮助，他/她就会比另外一个儿童有更大的进步。在别人的帮助下进步越快，最近发展区的部分就越大（见图7-10）。

由他人提供的协助或扶持被称为脚手架（Wood, Bruner, & Ross, 1976）。**脚手架（scaffolding）**是对学生学习和解决问题的支持，并鼓励儿童的独立和成长（Puntambekar & Hübscher, 2005; Blewitt et al., 2009）。

对于维果斯基来说，脚手架不仅能够帮助儿童解决特定问题，而且对儿童整体的认知发展都起到协助作用。"脚手架"这一术语得名于建筑施工中的支架，在搭建建筑物结构时起到支撑作用，在建筑物建好后就要移走。在教育中，脚手架首先是指帮助儿童以适当的方式思考和界定任务。另外，父母或教师应该提供完成任务的适合儿童发展水平的一些线索，以及提供促成任务完成的示范行为。在建构过程中，更有能力的人所提供的脚手架能够推动儿童完成任务，但是一旦儿童能够独立解决问题时就要把脚手架移走（Warwick & Maloch, 2003; Taumoepeau & Ruffman, 2008）。

为了说明脚手架是如何起作用的，可以参考如下一段母亲和儿子的对话：

母亲：你还记得以前你是如何帮助我制作小甜饼的吗？

儿子：不记得了。

母亲：我们先做了面团，然后放在了烤箱里。你还记得吗？

儿子：是奶奶来的那一次吗？

母亲：对，就是那个时候。你可以帮我把面团做成小甜饼的样子吗？

儿子：好的。

母亲：你还记得奶奶在的时候我们做了什么样的甜饼吗？

儿子：大个的。

母亲：你能比划出是多大吗？

儿子：我们用的是大号木勺。

母亲：聪明的儿子，说对了。我们用了木勺，做了大的甜饼。今天我们来换个花样，用冰激凌铲制作甜饼。

尽管这段对话也不是特别复杂，但是它说明了脚手架的运用。母亲帮助儿子进行回忆，而且把儿子带入到对话中来。在这个过程中，她不仅通过使用不同的工具（用铲子代替勺子）拓展了儿子的能力，而且还示范了如何将交流进行下去。

最近发展区（ZPD）
根据维果斯基的观点，在某一水平下儿童几乎能够，但又不足以独立完成某一任务，但是在更具能力的人的帮助下是可以完成的。

脚手架 对学习以及问题解决的支持，鼓励儿童独立和成长。

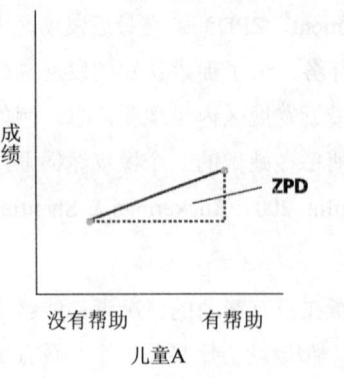 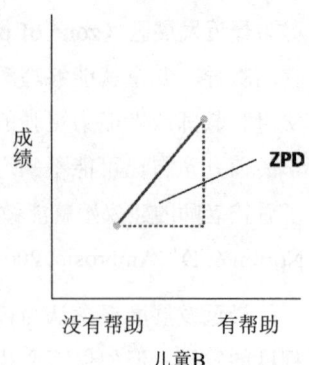

图 7-10 两个儿童的最近发展区（ZPD）举例
尽管在没有帮助的情况下，两个儿童的成绩相似，儿童B在有帮助的情况下获益更多，因此具有更大的ZPD。有什么办法能够测量儿童的ZPD？可以增大ZPD吗？

在一些社会中，父母对孩子学习上的协助存在性别差异。在一项研究中发现，墨西哥的母亲比父亲提供更多的脚手架。一种可能的解释就是，母亲可能比父亲更多地意识到儿童的认知能力（Tenenbaum & Leaper, 1998; Tamis-LeMonda & Cabrera, 2002）。

成功个体为初学者提供帮助的一个重要方面是以文化工具的方式呈现的。文化工具（cultural tools）是现实的、实在的事物（如铅笔、纸、计算器、计算机等等），也是一种解决问题的智力和概念框架。学习者可以获得的智力和概念框架包括一种文化中使用的语言、字母和数字系统、数学和科学系统，甚至是宗教系统。这些文化工具除了提供鼓励认知发展的智力观点之外，还提供了能够帮助儿童定义和解决特定问题的结构。

例如，考虑一下人们谈及距离时的文化差异。在城市中，距离是按照街区（block）来说的（"商店离这儿约有15个街区远"），而对于一个农村孩子来说，这样一个测量单位是没有意义的，更有意义的距离术语可以是码、英里、"抛出一个石头那么远"的大拇指原则，或者是其他已知距离和里程的参照（"大约是到城里距离的一半"）。而使事情更复杂的是，"多远"的问题有时不是根据距离，而是用时间（"到商店大约是15分钟的路程"）来回答，根据所指是走路还是乘车又有不同理解，这要依赖于情境——而且，如果是按照乘车时间计算，还要看乘车形式的不同。有些儿童可能在想象中乘牛车去商店，另外一些儿童可能认为是脚踏车、公共汽车、船或小轿车，这也要依赖于文化情境。儿童解决问题和完成任务时可获得的工具的性质在很大程度上依赖于他们所处的文化。

评价维果斯基的贡献 维果斯基的观点——只要考虑文化和社会情境就能够理解认知发展的特定本质——在最近20年有着重大影响。在某种程度上，这是令人吃惊的，因为维果斯基在70多年前就去世了，时年37岁（Winsler, 2003; Gredler & Shields, 2008）。

一些因素可以解释维果斯基日渐增长的影响，其中之一是他直到最近才被发展学家所熟知。直到现在维果斯基著作的英文翻译版本才在美国传播开来。事实上，在20世纪，维果斯基在其祖国也不是广为人知的。他的工作被禁封了一段时间，直到苏联解体，他的著作才能在之前的苏联国家自由出现。因此在很长时间内，维果斯基的发展学家同仁们都不知道他，直到他去世很长时间以后，才为人所知（Wertsch, 2008）。

然而，更为重要的是维果斯基观点的质量。这些观点表

我的发展实验室
登录我的发展实验室，观看视频片段"脚手架"，看老师如何对学龄前儿童使用脚手架技巧。

征了一致的理论系统，有助于解释大量研究中得出的社会交互在促进认知发展中的重要性的结论。他关于儿童对世界的理解认识是他们与父母、同伴和社会中其他成员进行交互的结果的观点，不仅受到提倡而且得到大量研究结果的支持。其观点也与大量多元文化和跨文化研究相一致，这些研究结果发现，认知发展在某种程度上是由文化因素塑造而成的（Daniels, 1996; Scrimsher & Tudge, 2003）。

当然，并不是维果斯基理论所有的方面都得到了支持，他对于认知发展缺乏精确的概念界定就受到了批评。比如，最近发展区这个概念就过于宽泛，定义非常不精确，而且很多时候难以实施到实验检验中去（Wertsch, 1999）。

另外，维果斯基没有说明基本的认知过程是如何发展的，比如注意和记忆的发展，他也没有解释儿童先天的认知能力是如何形成的。由于他强调的重点是宽泛的文化影响，他没有关注单个的细小信息加工和合成是如何完成的。如果我们要彻底了解认知发展，就必须考虑这些过程，而信息加工理论对这些过程则进行了较为直接的表述。

维果斯基将儿童的认知世界和社会世界融合在一起，仍然不失为我们理解儿童认知发展过程中的重大进展。我们也只能想象如果他在世时间更长些将会造成何种影响。

复习

- 根据皮亚杰的观点，儿童在前运算阶段发展出象征性符号功能，他们思维中的质变是日后进一步认知发展的基础。
- 前运算阶段的儿童使用直觉思维来探索世界，并得出结论。他们的思维开始包含功能性和同一性的概念。
- 在普遍认可皮亚杰的天赋和贡献的同时，近来发展学家也指出，他过于强调儿童的局限性，并低估了儿童的能力。
- 信息加工理论的支持者认为，儿童加工技能上的量变主要解释了他们认知的发展。
- 维果斯基认为，儿童在文化和社会情境中进行认知发展。他的理论包括最近发展区和脚手架的概念。

应用毕生发展

- 根据你的观点，儿童发展过程中，思维和语言是如何交互作用的？有可能在没有语言的情况下进行思考吗？天生聋童是如何思考的呢？
- **从一名教育者的视角看问题**：如果儿童的认知发展依赖于和他人的交互，那么对于幼儿园或邻里之类的社会环境，社会有什么样的职责？

7.3 语言和学习的发展

"我尝试了这个,真是太棒了!"
"这是一幅我和妈妈跑过水洼的图画。"
"我和爸爸妈妈去看焰火的时候,你去哪了?"
"我不知道生物能够用气囊在池子里游来游去。"
"我们能够经常假装自己是别人。"
"老师把它放在角落里,谁也够不着。"
"在公园时我确实想拿着它。"
"如果你想'砸树',你需要拿你自己的球。"
"我长大的时候就是一个棒球手,我会有自己的棒球帽,我会戴着它,我将打棒球。"(Schatz, 1994, p. 179)

这是瑞奇(Richy)3岁时说的话。除了认识字母表中的大多数字母、写出他名字的第一个字母,以及写出单词"HI"之外,他已经能够说出上面引用的复杂句子。

在学前期,儿童的语言技能达到了前所未有的复杂新高度。尽管在理解和生成之间还存在显著差距,但是他们开始进入了拥有相当语言能力的时期。事实上,没有人会误认为3岁儿童说的话出自一个成人之口。然而,到了学前期的结束阶段,他们能够赶上成人,不论在理解还是说话方面很多都达到了成人的语言水平。这些转变是如何发生的呢?

语言的发展

对于儿童在两岁末至三岁半时语言的飞速发展,研究者才刚刚了解其精确模式。已经明确的是句子的长度以稳定速度增长,该年龄段的儿童把单词、短语组成句子的方式——称为**句法(syntax)**——每月增长一倍。儿童到3岁时,各种组合达到了上千种(参见表7-3儿童的语言使用发展的例子;Wheeldon, 1999; Pinker, 2005)。

除了句子的复杂性增加,儿童使用的词语数量也有巨大飞跃。到6岁时,儿童的平均词汇量是14,000个单词左右。要达到这个数量,按一天24小时计算,儿童获得词汇的速度基本上是每两个小时就学会一个新单词(Clark, 1983)。他们通过一个称作**快速映射(fast mapping)**的过程达成这一壮举。在这个过程中,新的单词经过短暂接触就与它们的意思联系在一起(Gershkoff-Stowe & Hahn, 2007; Krcmar, Grela, & Lin, 2007; Kan & Kohnert, 2009)。

到3岁时,学龄前儿童常规使用名词的复数形式和所有格(如"男孩们"和"男孩的"),应用过去式(在动词后面加上"ed"),并且使用冠词("the"和"a")。他们能够提出和回答复杂问题("Where did you say my book is?"和

句法 个体将单词和短语组成句子的方式。

快速映射 新单词在短暂接触后与它们的意思连接在一起的例子。

"Those are trucks, aren't they?"）。

学龄前儿童的技能拓展到能够理解他们以前没有遇到过的单词的意思。例如，在一个经典实验中，实验者呈现给儿童一个像鸟的卡通图片，如图7-11所示（Berko, 1958）。实验者告诉儿童那是一个"wug"，然后呈现给他们有两个这种卡通图的卡片。实验者告诉儿童，"现在这里有两个，"然后让他们在句子中填上单词，"这里有两个___"（答案当然是"wugs"）。

儿童不仅懂得名词复数形式的规则，而且能够理解名词的所有格形式和第三人称以及动词的过去式——这些单词都是他们先前没有接触过的，甚至是那些没有意义的非词（O'Grady & Aitchison, 2005）。

这是一只wug。

现在又有另一只。
这里有两只。
这里是两只___。

图7-11 单词的恰当形式
尽管没有哪个学龄前儿童——和我们一样——之前曾经遇到过一个"wug"，他们却能够在空白处填上适当的单词（答案是wugs）。
（Source: Adapted from Berko, 1958.）

在获得了语法规则以后，学龄前儿童也懂得了不能说什么。**语法（grammar）**是决定如何表达我们思维的规则系统。例如，学龄前儿童开始明白"I am sitting"是正确的，而相似的结构"I am knowing [that]"是不正确的。尽管他们也会经常犯这种或那种错误，但他们3岁时大部分时间还是遵循句法规则的。虽然也会犯显而易见的错误——如"mens"和"catched"的使用——但是这些错误非常少见。事实上，学龄前儿童在90%的时间里的语法结构是正确的（deVilliers & deVillers, 1992; Pinker, 1994; Guasti, 2002）。

自言自语和社会性言语 即使只和学龄前儿童有过短暂接触，你可能会注意到一些儿童在玩的时候和他们自己说话。一个儿童可能提醒一个小娃娃他们两个一会儿要去商店，而另一个儿童在玩小赛车时，可能会谈到一个即将到来的比赛。在一些例子中，我们能够看到这种情况，比如一个儿童在玩拼图时可能会说这样的话："这块放这里……哎呀，这块不合适……我该放哪儿呢……这样放不对。"

一些发展学家认为这是**自言自语（private speech）**，这些言语用来指向儿童自己，有着重要作用。例如，维果斯基认为这些言语用于指导行为和思维。通过自言自语儿童与自身交流，他们能够尝试想法，充当自己的回响板。从这个角度来看，自言自语促进儿童思维并有助于他们控制自己的行为（当你试图在某些情境下控制自己的愤怒情绪时，你是否曾经对自己说"不要着急"或"冷静下来"之类的话语）。根据维果斯基的观点，自言自语最终起着重要的社会功能，使得儿童能够解决和思考他们遇到的难题。他还认为我们在思考时进行自我推理会使用内部对话，而自言自语正是内部对话的先兆（Winsler, De Leon, & Wallace, 2003; Winsler et al., 2006）。

另外，自言自语可能是一种儿童用来练习交谈中所需的实践技能的方式，这种实践技能称为语用论。**语用论（pragmatics）**是语言的一个方面，与和他人进行有效和适当交流有关。语用能力的发展使儿童能够明白交流的基础——轮流表

语法 决定我们如何表达思维的规则系统。

自言自语 儿童对着自己说，并指向自己的言语。

语用论 语言的一个方面，与和他人的有效和适宜交流有关。

表 7-3 言语能力的增长

仅在一年时间里,男孩亚当的语言娴熟程度有着惊人的提高,如下所示:

2岁3个月:	Play checkers. Big drum I got horn. A bunny-rabbit walk.
2岁4个月:	See marching bear go? Screw part machine. That busy bulldozer truck.
2岁5个月:	Now put boots on. Where wrench go? Mommy talking bout lady. What that paper clip doing?
2岁6个月:	Write a piece of paper. What that egg doing? I lost a shoe. No, I don't want to sit seat.
2岁7个月:	Where piece a paper go? Ursula has a boot on. Going to see kitten. Put the cigarette down. Dropped a rubber band. Shadow has hat just like that. Rintintin don't fly, Mommy.
2岁8个月:	Let me get down with the boots on. Don't be afraid a horses. How tiger be so healthy and fly like kite? Joshua throw like a penguin.
2岁9个月:	Where Mommy keep her pocket book? Show you something funny. Just like turtle make mud pie.
2岁10个月:	Look at that train Ursula brought. I simply don't want put in chair. You don't have paper. Do you want little bit, Cromer? I can't wear it tomorrow.
2岁11个月:	That birdie hopping by Missouri in bag. Do want some pie on your face? Why you mixing baby chocolate? I finish drinking all up down my throat. I said why not you coming in? Look at that piece of paper and tell it. Do you want me tie that round? We going turn light on so you can't see.
3岁:	I going come in fourteen minutes. I going wear that to wedding. I see what happens. I have to save them now. Those are not strong mens. They are going sleep in wintertime. You dress me up like a baby elephant.
3岁1个月:	I like to play with something else. You know how to put it back together. I gon'make it like a rocket to blast off with. I put another one on the floor. You went to Boston University? You want to give me some carrots and some beans? Press the button and catch it, sir. I want some other peanuts. Why you put the pacifier in his mouth? Doggies like to climb up.
3岁2个月:	So it can't be cleaned? I broke my racing car. Do you know the light wents off? What happened to the bridge? When it's got a flat tire it's need to go to the station. I dream sometimes. I'm going to mail this so the letter can't come off. I want to have some espresso. The sun is not too bright. Can I have some sugar? Can I put my head in the mailbox so the mailman can know where I are and put me in the mailbox? Can I keep the screwdriver just like a carpenter keep the screwdriver?

(Source: Pinker, 1994)

达、探讨话题,以及根据社会习俗什么该说什么不该说。当教给儿童在收到礼物时适宜的回答是"谢谢"时,或者在不同场合下使用不同的语言(和朋友们在操场VS和教师在教室),他们就是在学习语言的语用论。

社会性言语在学龄前也有很大的发展。**社会性言语(Social speech)** 指向他人,其目的是让他人理解说话人的意思。在3岁之前,儿童说话似乎只是为了自娱自乐,根本不关心他人是否能够明白。然而,在学前期阶段,儿童开始将话语指向别人,希望别人倾听,而当别人不明白时会感到挫败。因此,如上所述,他们开始通过语用论来调整自己的言语以便别人能够明白。回想皮亚杰的观点,即儿童处于前运算阶段时很多言语都是自我中心的:学龄前儿童很少考虑他们的言语对别人有什么影响。然而,近来的实验证据表明,儿童在某些时候也会懂得考虑

社会性言语 指向他人,目的是让他人明白的言语。

别人，而不像皮亚杰最初说的那样完全不考虑他人的想法和观点。

生活贫穷对语言发展有何影响　根据心理学家贝蒂·哈特和托德·里斯利（Betty Hart & Todd Risley, 1995; Hart, 2000, 2004）里程碑式的研究结果，学龄前儿童在家中听到的语言对将来在认知上的成功有着深远意义。研究者考察了来自各种不同收入水平家庭的父母和孩子在两年期间交流的语言。他们考察了将近1,300个小时的父母与儿童的日常交流，得出如下几个重要发现：

- **父母越富裕，他们与孩子说的话越多**　如图7-12所示，根据家庭经济水平的不同，父母给孩子说话的比率有着显著变化。
- **在特定的一个小时内，划分为职业人士组的父母与接受福利援助组的父母相比，前者与孩子进行交流的时间是后者的两倍**
- **到4岁时，接受福利援助组家庭的孩子与职业人士家庭组的孩子相比，大约少接触130万个单词**
- **在各种不同类型的家庭中，所用语言也有所不同**　和职业人士家庭中的孩子相比，接受社会福利援助家庭中的孩子听到更多的禁令（比如"不行"或者"停下"），频率约是职业人士家庭中的两倍。

最终，研究发现儿童接触到的语言类型和他们在智力测验中的成绩之间有关联。例如，儿童听到的单词数量和种类越多，他们在3岁时的各种智力测验成绩就越好。

尽管是相关结果，不能进行因果解释，但是从数量和种类上来看，该结果明确提出早期接触语言的重要性。它们还指出，教父母和孩子进行更多交谈，并使用更多变语言的干预措施在减少贫穷造成的潜在不良影响方面很有益处。

这一研究结果与越来越多的研究结果相一致的是，家庭收入和贫穷对儿童整体认知发展和行为有着重大影响。到5岁时，来自贫穷家庭的儿童与富裕家庭的儿童相比，IQ分数较低，而且在其他认知发展测量中表现也更差。此外，儿童处在贫穷状态的时间越长，后果就越严重。贫穷不仅减少了儿童所能获得的教育资源，而且它对父母产生的负性影响也限制了他们能为家庭提供的心理支持。简而言

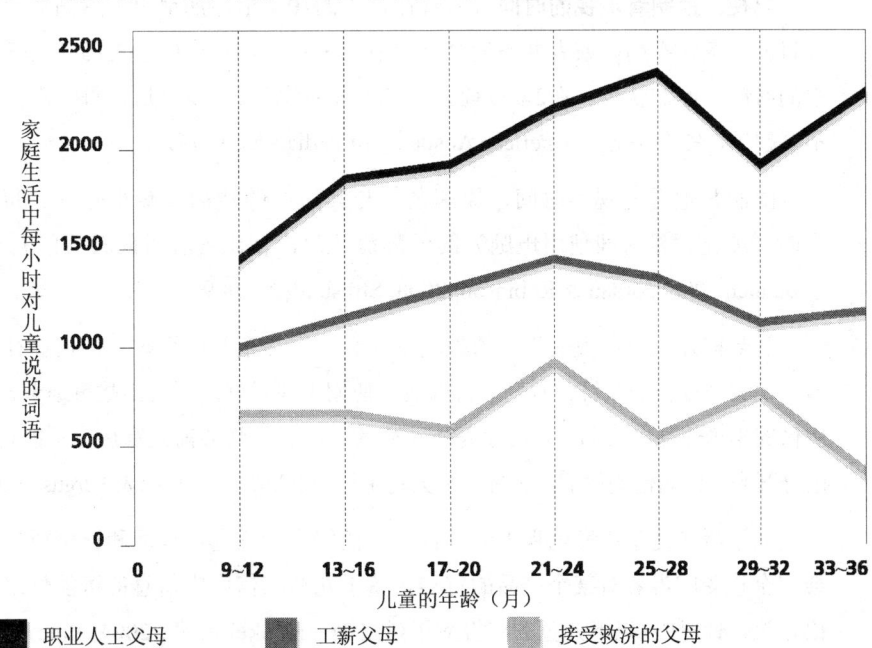

图7-12　不同的语言接触
经济水平不同的父母提供着不同的语言体验。平均来看，职业人士父母和工薪父母对孩子所说的话语比接受救济的父母更多。你认为为什么结果是这样？（Source: Hart & Risley, 1995.）

之，贫穷的后果是严重的，而且效果持久（Bornstein & Bradley, 2003; Farah et al., 2006; Jokela et al., 2009）。

从媒体学习：电视和互联网

这是一个周四的下午，在第九大道的Unitel Studio，《芝麻街》正在拍摄第19季，一个金色短发、身材强健，名叫朱蒂·斯拉德基（Judy Sladky）的年轻女子正在角落里踱步，今天是她来试镜。其他演员来到纽约，渴望成为演员、舞蹈家、歌手、喜剧表演者。但是斯拉德基的抱负是成为爱丽丝（Alice），一头粗毛的迷你乳齿象，它将作为这部戏中最大的动物，史纳菲（Aloysius Snuffleupagus）的婴儿小妹妹初次登台亮相（Hellman, 1987, p. 50）。

如果询问学龄前儿童，他们几乎都能认出史纳菲，也知道大鸟（Big Bird）、厄尼（Ernie）和其他主要角色：他们都是《芝麻街》中的角色。《芝麻街》是历史上面向学龄前儿童最成功的电视节目，观众以百万计。

但是，学龄前儿童并不只看《芝麻街》一个节目，因为——正如我们在第五章所指出的——电视，近来还有互联网和电脑，在美国家庭中扮演着重要的角色。事实上，电视是儿童接触到的最有影响力和分布最广泛的刺激之一，学龄前儿童平均每周看电视的时间超过21小时。超过三分之一的2~7岁儿童的父母报告说，电视在他们家中占用"最多时间"。而学龄前儿童每天仅花费约45分钟进行阅读（见图7-13；Robinson & Bianchi, 1997; Roberts et al., 1999; Bryant & Bryant, 2001, 2003）。

电脑也在影响学龄前儿童的生活。4~6岁的学龄前儿童有70%使用电脑，其中四分之一的人每天都使用。那些使用电脑的儿童平均每天有1个小时用于电脑活动，绝大部分人是自己使用电脑。近五分之一的人在父母的帮助下发过电子邮件（Rideout, Vandewater, & Wartella, 2003）。

现在谈使用电脑及其他新媒体（例如视频游戏）对学龄前儿童的影响还太早。然而，已经有不少研究关注看电视的后果，就像我们接下来要考虑的（Pecora, Murray, Wartella, 2007）。

电视：控制看电视的时间　尽管在过去的10年里，涌现出大量高质量的教育节目，但许多儿童节目的质量并不高，或者并不适合学龄前儿童观众。相应的，美国儿科学会建议应该限制儿童看电视的时间。他们认为，在2岁以前儿童都不要看电视。2岁以后，每天看高质量儿童节目的时间最多不要超过1~2个小时（American Academy of Pediatrics, 1999）。

限制儿童看电视的时间，原因之一与其造成的活动量减小有关。每天看电视或视频超过2个小时（或花大量时间使用电脑）的学龄前儿童，相比观看时间较短的儿童，肥胖的风险显著增加（Danner, 2008; Jordan & Robinson, 2008; Strasburger, 2009）。

学龄前儿童"电视文学"的弊端是什么？当儿童看电视时，他们往往没有完全理解故事中的情节，尤其是较长的节目。看完节目以后，他们不能很好地回忆出故事细节，他们对故事中角色的动机所做的推论往往非常局限，甚至是不正确的。而且，学龄前儿童往往不能将电视节目中的想象和现实区分开来，比如他们相信，真有一个大鸟生活在芝麻街上（Rule & Ferguson, 1986; Wright et al., 1994）。

当学龄前儿童接触电视上的广告时，他们不能批判地理解和评价所接触到的信息。结果，他们会完全接受广告者对某个产品的宣传。鉴于儿童相信广告信息的可能性之高，使得美国心理学会提出建议，针对8岁以下儿童的广告应予以限制（Kunkel et al., 2004; Pine Wilson, & Nash, 2007; Nash,

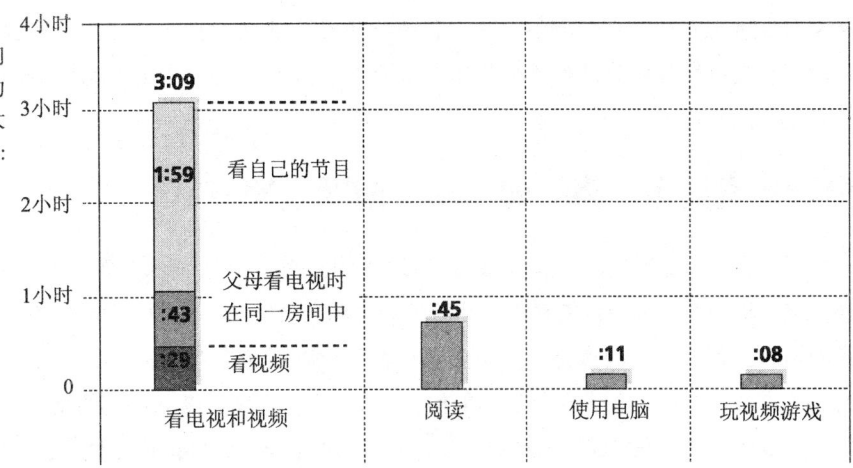

图 7-13 电视时间
虽然2~7岁儿童阅读的时间比玩视频游戏和使用电脑的时间更长，但他们花费大量的时间看电视（Source: Roberts et al., 1999）

时间的表示方式是小时：分钟。由于儿童在一个时间段可能使用不止一个媒体，所以这些数字不能相加以得出儿童总的媒体使用时间。阅读的时间包括家长给儿童读书的时间。

Pine, & Messer, 2009）。

简而言之，儿童不能很好地理解在电视上接触到的世界，该世界也是不真实的。另一方面，随着他们年龄的增长和信息加工能力的提高，儿童理解电视内容的能力也在增强。他们对事情的记忆越来越准确，而且他们越来越能够集中注意于电视节目的核心信息上。这种进步表明，有可能通过对电视媒介的力量进行控制以促使认知进步——这正是《芝麻街》制作者的初衷（Singer & Singer, 2000; Crawley, Anderson, & Santomero, 2002; Berry, 2003; Uchikoshi, 2006）。

芝麻街：每个家庭中的老师？ 毫无疑问，《芝麻街》是美国儿童最受欢迎的教育节目。美国约有一半的学龄前儿童观看这个节目，它被翻译成13种语言，在近100个不同的国家播放。像大鸟和艾摩（Elmo）这样的角色已为全世界的成人和学龄前儿童所熟知（Bickham, Wright, & Huston, 2000; Cole, Arafat, & Tidhar, 2003）。

《芝麻街》的创作是为了给学龄前儿童提供教育经验。它的确切目标包括教授字母和数字、扩大词汇量，并教授前文学（preliteracy）技能。《芝麻街》实现它的目标了吗？很多证据表明它实现了。

例如，一个为期2年的追踪研究比较了三组3~5岁儿童：一组是观看卡通节目或其他节目，一组是观看同样时长的《芝麻街》，而另一组则很少看电视或没有电视。观看《芝麻街》组儿童的词汇量显著大于观看其他节目或很少看电视的两组儿童。这个结果并没有考虑儿童的性别、家庭成员多少和父母受教育程度以及态度。这些发现与早期对《芝麻街》节目的评价相一致，早期评价得出结论认为，观看者表现出所教技能的飞速提高，如背诵字母表，而儿童在没有被直接教授的方面也有提高，比如朗读单词（Rice et al., 1990; McGinn, 2002）。

对节目正式的评估发现，成长于低收入家庭、观看了节目的那些儿童比没有观看的儿童有更好的入学前准备，而且到了6~7岁时在一些口语和数学能力测量中的得分更高。此外，观看《芝麻街》的儿童比没有观看的儿童花在阅读上的时间更多。到了他们6~7岁时，观看《芝麻街》或其他教育节目的儿童更倾向于成为更好的阅读者而且得到教师更多的正性评价（Augustyn, 2003; Linebarger, 2005）。

另一方面，《芝麻街》也并不是没有遭到批评。例如，一些教育工作者声称其展示不同场景的狂热步调使儿童对将要在学校经历的传统教育方式的接受性变差。然而，对《芝麻街》的仔细评估并没有发现观看该节目会导致儿童对传统学校教育的兴趣减低。实际上，近来许多研究表明，《芝麻街》和类似的其他节目对儿童有非常积极的影响（Wright et al., 2001; Fishch, 2004; Zimmerman & Christakis, 2007）。

早期儿童教育：将"前"从学前期去掉

"学前期"这一术语有些用词不当：美国约有四分之三的儿童参加家庭以外的各种形式的护理，这些机构教授各种技能来提高儿童的智力和社会能力（见图7-14）。有一些原因导致这种护理形式的增长，但最主要因素是——正如我们在第六章讨论婴儿看护中心一样——父母双方都在外工作的比例增加。例如，父亲在外工作的比例很高，而拥有6岁以下子女的女性中有接近60%在外工作，而且大多数人是全职（Gilbert, 1994; Borden, 1998; Tamis-LeMonda & Cabrera, 2002）。

然而，这里还有另外一个原因，人们较少将这一点和儿童看护相联系：发展心理学家发现越来越多的证据表明，儿童能从正式入学以前所参加的一些教育活动形式中受益，在美国通常发生在5~6岁。和那些待在家里以及没有参加正式教育活动的儿童相比，参加良好学前教育的儿童明显获得了更多认知和社会性的帮助（Campbell, Ramey, & Pungello, 2002; Friedman, 2004; National Association for the Education of Young Children, 2005）。

各种早期教育　早期教育的种类有很多。一些家庭外的儿童护理和临时看管婴儿没有什么两样，其他的则是着眼于提高儿童的智力和促进社会发展。以下是几种最新的早期教育类型：

- **儿童看护中心（child-care centers）** 一般在家长工作的时候，提供家庭外的儿童看护（儿童看护中心以前是指日托中心。但是，由于很多父母工作时间不是很有规律，因此除了白天之外，其他时间也需要照顾孩子，因此称呼就改成儿童看护中心）。

  尽管儿童看护中心最初设立是为了给孩子提供一个安全、温暖的环境，使他们能和其他儿童进行交互，但今天中心的目标变得更加宽泛，致力于提供一些智力方面的训练。当然，它们的主要目标更加倾向于社会性和情绪培养，而不仅仅是认知能力。

- **家庭儿童看护中心（family child-care centers）** 也提供一些儿童看护，即在私人家庭里进行一些看护。因为在某些地区设立中心是不允许的，看护中心的质量也参差不齐，所以在给孩子报名之前，父母应该考虑这个家庭儿童看护中心是否具备营业执照。相反，基于中心的看护提供者，如设在学校教室、社区中心、教堂和犹太教会堂这些机构的护理中心，往往都能得到政府机构的允许和调控。由于这些机构中的教师比那些提供家庭儿童看护的人受过更多专业训练，护理质量通常也较高。

- **幼儿园**　明确旨在为儿童提供智力和社会体验。他们的时间安排受到比家庭看护中心更多的限制，通常每天只提供3~5个小时的看护。由于这种限制，幼儿园主要服务于那些中等和更高社会经济地位的家庭，因为这些家庭里的父母不用全天工作。

  和儿童看护中心一样，幼儿园所提供的活动也有巨大差别。一些幼儿园强调社会技能，而另外一些则关注智力发展。还有一些则两者都关注。例如，蒙台梭利幼儿园，采用的是意大利教育家玛丽亚·蒙台梭利（Maria Montessori）提出的方法，使用精心设计的教材，通过玩耍来培养儿童的感觉、运动和语言发展。有各种类型的活动供儿童选择，并且儿童可以从一个活动转

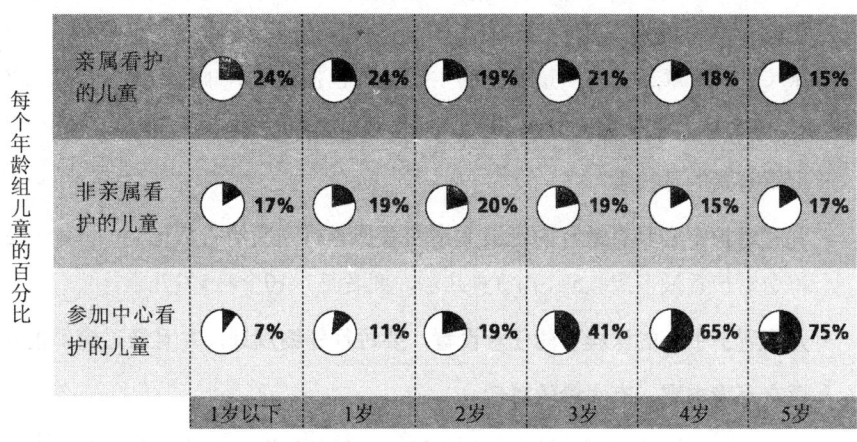

图 7-14 家庭以外的看护

大约有75%的美国儿童参与一些家庭以外的看护形式——这种倾向是越来越多的父母全职工作的结果。证据表明儿童能够从早期儿童教育中获益。
(Source: U.S. Department of Education, National Center for Child Health, 2003.)

*每列加起来不等于100%，因为有些儿童参加了不止一种日间看护。

到另一个（Gutek, 2003）。

类似地，从意大利引进的雷焦·艾米利亚（Reggio Emilia）幼儿园教学法中，儿童参与的"谈判课程"强调儿童和教师的共同参与。该课程在为时一周的机会中整合艺术和参与性，从而建立儿童的兴趣，促进其认知发展。

- **学校儿童看护（School childcare）**由美国一些地方学校系统提供。美国几乎一半的州都为4~6岁儿童建立了学前班计划，主要针对贫困儿童。由于这里的教师比不太规范的儿童看护中心的教师受过更好的训练，学校儿童看护中心的服务通常比其他形式的早期教育质量要高。

儿童看护的有效性 这些计划有效吗？许多研究表明，进入儿童看护中心的学龄前儿童在智力发展上至少表现出和在家中儿童相当的水平，而且常常更好些。例如，一些研究发现，在中心的儿童口头表达更流利，记忆和理解能力更强，甚至比在家中儿童有更高的IQ分数。其他研究发现，早期参与和长期参与儿童看护特别有助于来自贫穷家庭环境的儿童以及处于危险中的儿童（Clark-Stewart & Allhusen, 2002; Vandell, 2004; Dowsett et al., 2008）。

这些儿童在社会性发展方面也有相似的进步。参加高质量看护的儿童比那些没有参加的儿童更加自信、更独立，并具有更多的社会知识。另一方面，家庭外看护的结果并不都是积极的：这些儿童对父母缺乏礼貌、顺从和尊敬，而且有些时候比他们的同伴更争强好胜和富有攻击性。此外，正如我们在第六章讨论过的，每周在儿童看护场所待10个小时以上的儿童，在班级做出扰乱行为的可能性稍高，这种状况会一直延续到六年级（Clarke-Stewart & Allhusen, 2002; NICHD Early Child Care Research Network, 2003; Belsky et al., 2007）。

考虑儿童看护的有效性的另一种方式是从经济角度出发。例如，一项针对幼儿园学龄前教育的研究发现，投入高质量学前教育计划的每1美元产生3.5美元的收益。收益包括毕业率提高、收入增加、青少年犯罪减少，以及儿童福利方面的支出减少（Aguirre et al, 2006）。

需要记住的是，并不是所有的儿童早期看护机构都具有同等效果。这一点很重要。正如我们在第六章对婴儿看护观察的那样，一个关键因素就是看护质量：高质量的看护有助于儿童智力和社会性的发展，而低质量的看护则不具备这些益处，实际上质量差的机构甚至会伤害儿童（Votruba-Drzal, Coley, & Chase-Lansdale, 2004; NICHD Early Child Care Research Network, 2006; Dearing, McCartney & Taylor, 2009）。

儿童看护的质量　我们如何界定"高质量"？一些特点是重要的：它们类似于适合婴儿看护的指标（见第六章）。高质量看护的主要特征包括如下各项（Love et al., 2003; Vandell, Shumow, & Posner, 2005; Lavzer & Goodson, 2006; Leach et al., 2008; Rudd, Cain, & Saxon, 2008）：

- 训练有素的看护者
- 儿童看护中心具有适宜的班级大小和看护者对儿童的人数比例　一个班最多不要超过14~20人，每个看护者最多照顾5~10个3岁儿童，或者是7~10个4~5岁儿童。
- 儿童看护中心的课程不能任意设置，要进行仔细规划，并且通过老师的合作来执行
- 语言环境丰富，有大量的对话
- 看护者对儿童的情感和社会性需求敏感，并且知道何时应进行干预，何时不应干预
- 材料和活动适于其年龄
- 遵循基本的健康和安全标准

没有人知道美国有多少机构是属于"高质量"，但是要远远少于理想的数目。事实上，美国儿童看护在质和量上的供给能力要落后于大多数其他工业化国家（Zigler & Finn-Stevenson, 1995; Scarr, 1998; Muenchow & Marsland, 2007）。

发展的多样性

世界各地的幼儿园：为什么美国落后了？

在法国和比利时进入幼儿园是法定权利。瑞典和芬兰给那些有需要的父母提供儿童看护。俄罗斯有个广泛的系统，包括托儿所—幼儿园[②]、托儿所和幼儿园，75%的3~7岁城市儿童都参加了这个系统。

相反，美国对于学龄前教育，或是总体的儿童教育，都没有同等的国家政策，有如下一些原因。原因之一，教育的决策权力已经下放给各个州和当地学校。另一原因是，美国没有教育学龄前儿童的传统，而其他国家已经进行正式的学前教育几十年了。最后，幼儿园和托儿所在美国的地位一直比较低。例如，幼儿园和托儿所老师在教师中收入最低（教师的薪水随着所教儿童年龄的增长而提高。因此，大学和高中教师的薪水最高，而小学和幼儿园教师的薪水最少）。

根据各国对儿童早期教育目标看法的不同，各国的幼儿园也有显著不同（Lamb et al., 1992）。例如，在一项跨国家研究中，研究者比较了中国、日本和美国的幼儿园，结果发现三个国家的父母对于幼儿园目标的看法有很大区别。中国父母倾向于认为幼儿园主要是为了给孩子日后学业学习提供一个良好的开端，日本父母则认为幼儿园给孩子提供了成为集体中一员的机会。相反，在美国，尽管父母认为获得良好的学业开端和具有团队经验也同样重要，但是他们认为幼儿园的主要目标应该是使孩子更加独立和自力更生（Huntsinger et al., 1997; Johnson et al., 2003）。

---

② 20世纪50年代末至60年代初，苏联学前教育的改革重点是将托儿所和幼儿园一体化，由此出现了一种新的学前教育机构，即托儿所—幼儿园。

为学龄前儿童的学业追求做准备:头脑启动计划真的让头脑启动了吗? 尽管许多为学龄前儿童设计的计划都关注儿童的社会性和情绪因素,但有些却主要用来提高儿童的认知能力,从而为幼儿园之后正式的学习经历做好准备。在美国,最有名的提高未来学业成功的计划就是头脑启动计划。这个涉及1,300万儿童和他们的家庭的计划诞生于20世纪60年代,那时美国正式向贫穷宣战。该计划强调父母的参与,旨在服务于"整个儿童",包括儿童的身体健康、自信、社会责任,以及社会性和情感发展(Zigler & Styfco, 2004; Love, Chazen-Cohen, & Raikes, 2007; Gupta et al., 2009)。

头脑启动计划的成功与否依赖于看待它的角度。例如,如果人们对于该计划的预期是IQ分数的长期提高,那它就是令人失望的。尽管参加了头脑启动计划的儿童当时的IQ有一定的提高,但是这种增长并没有持续。

在积极的一面,很明显头脑启动计划达到了它为学龄前儿童做好入学准备的目标。参加了头脑启动计划的儿童比那些没有参加的儿童有更好的入学前准备。此外,和其他儿童相比,他们能够更好地适应学校,而且较少接受特殊教育或是留级。最后,一些研究表明,参加过头脑启动计划的儿童在高中末期有更好的学业表现,尽管这种优势不是特别明显(Schnur & Belanger, 2000; Brooks-Gunn, 2003; Kronholz, 2003; Bierman et al., 2009)。

除了头脑启动计划,其他类型的幼儿园准备计划也为日后学习提供了帮助。研究表明,那些参与或是从这些学前计划中毕业的儿童较少留级,相比那些没有参加计划的儿童完成学业更顺利。幼儿园准备计划看起来同样具有成本效益。根据对一个准备计划进行的花费-收益分析表明,在计划上每投资1美元,到了毕业者27岁时,纳税人就能节省7美元(Schweinhart, Barnes, & Weikart, 1993; Friedman, 2004; Gormley et al., 2005)。

最近对早期干预计划的全面评估表明,总体来说,它们能带来显著的益处,而且在生命早期投入的政府基金最终可以减少日后的花费。例如,与没有参加早期干预项目的儿童相比,参加了各种计划的儿童表现出情绪和认知发展的提高、更好的学习成绩、增长的经济自足,以及改善的健康行为。尽管并不是所有的计划都产生这些好处,也不是每个儿童都有同等程度的提高,但是评估的结果表明,早期干预的潜在益处确实存在(NICHD Early Child Care Research Network & Ducan, 2003; Love et al., 2006; Barnard, 2007; Izard et al., 2008)。

我们对儿童的推动过难过快了吗?并不是每个人都认为实施提高学前期学习技能的计划是件好事。事实上,根据发展心理学家戴维·埃尔金德(David Elkind)的观点,美国社会倾向于过快推进儿童发展,以致他们在很小的年龄就感到抑郁和压力(Elkind, 2007)。

埃尔金德认为,学业的成功在很大程度上依赖父母控制之外的因素,如遗传的能力以及儿童的成熟速度。因此,如果没有考虑处于特定年龄儿童的当前认知发展水平,我们就不能期望他们掌握一些学习材料。简言之,儿童需要进行**适合发展过程的教学(developmentally appropriate educational practice)**,即根据一般发展水平和儿童的自身特点进行的教育活动(Robinson & Stark, 2005)。

埃尔金德指出,不能武断地期望儿童在特定的年龄段应该掌握什么知识,更好的策略是提供一个鼓励学习的环境,而不是强迫学习。通过创造一个促进学习的氛围——比如,给学龄前儿童朗读故事——父母能够使孩子按照他们自己的步伐前进,而不是超出他们的能力水平(Reese & Cox, 1999; van Kleeck & Stahl, 2003)。

适合发展过程的教学
指根据一般发展水平和儿童的自身特点进行的教育活动。

尽管埃尔金德的建议非常吸引人——显然人们不会不同意避免增加儿童的焦虑和压力水平——但也受到了一些批评。例如，一些教育工作者认为，强迫孩子是中产阶级和更高经济地位水平家庭中的普遍现象，可能只是因为父母比较富裕。对于贫穷家庭中的孩子，他们的父母可能没有足够的资源来督促孩子，也不具备轻松创造促进学习环境的能力，对于他们来说，促进学习的正式计划弊大于利。此外，发展研究者已经发现，有一些方法可以让父母为孩子未来的学业成功做准备，正如我们在《从研究到实践》专栏中所讨论的。

从研究到实践

让学龄前儿童为学业成功做好准备

加利福尼亚州奥克兰市的布雷恩（Brian）和蒂芙妮·艾斯卡尔（Tiffany Aske）极度渴望他们的女儿阿什琳（Ashlyn）能够在一年级时获得好成绩。去年开始送阿什琳进幼儿园时，他们对此还毫无忧虑。阿什琳是个有着明亮双眼的聪明孩子，喜欢学习，附近那所学校的名气也很大。然而到11月份阿什琳满5岁时，她跟不上了。不论测试多少次，她总是无法读出老师给她的130个词的词表：像"我们的"、"房子"和"那里"这样的词。老师安排每周写一篇小短文，关于"我最喜爱的动物"或"我家的度假"，她被这样的家庭作业搞得精疲力竭、心烦意乱，以致趴在餐桌上抽泣。"她告诉我说，妈妈，我写不出故事，我就是写不出来。"蒂芙妮，一位全职母亲，这样回忆。

帮助儿童为成功做好准备并避免学业困难的最好办法是什么？尤其当考虑到技术和教育目标及其优先性的快速变化，这会是家长们难以回答的问题。幸运的是，研究者们提供了乐意指标形式的指南，帮助家长决定，他们的孩子何时准备好进入幼儿园了。有些技巧可以将孩子们在幼儿园中取得成功的可能性最大化，这类指标也帮助家长识别哪些方法可以提高他们的孩子的这些技巧。

一个关键因素是自我表达和语言技巧。儿童必须能够很好地与老师和其他儿童交流。这包括口头表达他们的需求和想法的能力，遵从指示的能力，回答问题的能力和专心、耐心听讲的能力（Arnold and Colburn, 2009）。

此外，数学、阅读和专注技能也很重要。一项考察近36,000名学龄前儿童未来学业成功的纵向研究发现，具备基本的数学和阅读技能，并且能够集中注意力是很重要的。研究的领导者格雷格·邓肯（Greg Duncan）评论说，"这种技能能够影响之后的学习，父母可以轻松地在家中传授给孩子。"这些技能包括字母和数字方面的基础知识（Duncan et al., 2007; Paul, 2007）。

为了让孩子们做好准备，一项重要建议是定期和他们一起读书。这并不只是让孩子在旁边消极地坐着听你读一本书，而是一种让孩子参与其中的互动，通过让他/她猜测接下来会发生什么，或尝试用他/她自己的话复述故事。这样的活动帮助发展重要的预备技能，如认知和语言技能，对书籍的熟悉，以及社会性和情绪发展。此外，和父母在一起的定期故事时间让儿童形成对学习的渴望和好奇，并向儿童传达父母看重阅读和学习的信息（U.S. Department of Education, 2008; The Albert Shanker Institute, 2009）。

其他推荐的准备任务强调对学业成功具有重要性的多种技能。这些技能包括学习跟随一系列指示的简单游戏，如"来做这些动作"③。这类游戏加上对书中尚未读到的情节的积极讨论，可以帮助儿童学习如何使用语言，从而他们能够遵循指示和表达自己的想法。表演简单的舞蹈和歌唱可以帮助儿童提高他们的动作技能。甚至让年幼的儿童重复一系列动作的简单游戏，如拍掌，也是建立学习技能的有用方法（Arnold and Colburn, 2009）。

该研究传达的整体信息十分清晰：家长帮助孩子准备过渡到幼儿园及毕生学习的最好办法是通过与他们互动——说话、提问、阅读和做游戏。

- 为孩子未来教育做准备的需要和给孩子太大压力的顾虑，家长如何平衡这两者？
- 我们可以做些什么来鼓励家长为他们的孩子提供程度适宜的准备活动，尤其是贫困家长？

复习和应用

复习

- 在学前期，儿童的语言能力快速发展，语法理解能力不断增强，并且逐渐由自言自语向社会性语言转变。
- 贫穷会限制父母或其他看护者与儿童进行语言交流的机会，从而影响儿童的语言发展。
- 学龄前儿童观看电视的时间很长。电视对儿童的影响是复杂的，有些节目能够带来益处，有些节目则会对儿童造成不好的影响。
- 如果学龄前教育计划是高质量的，那么对儿童就是有益的，如训练有素的员工、良好的课程、大小合适的班级人数以及较小的员工—学生比率。
- 学龄前儿童更容易从适合他们发展的、符合他们自身的、充满鼓励氛围的环境中获益。

应用毕生发展

- 自言自语是自我中心的还是有用的？成人也会自言自语吗？它起到了怎样的作用？
- **从一名教育者的视角看问题**：如果儿童的认知发展依赖于和他人的交互，那么对于幼儿园或邻里之类的社会环境，社会有什么样的职责？

结　语

本章中，我们探讨了儿童在学前期的发展，包括身体发展、成长、营养需求、整体健康、大脑发展以及粗大和精细运动技能的发展。我们从皮亚杰的观点、信息加工理论以及维果斯基的观点出发讨论了儿童的认知发展，前者描述了儿童前运算阶段的思维特

---

③ Hokey pokey是一首英文儿歌，歌词大意是：伸出你的右手，收起你的右手，伸出你的右手，到处摇摇你的手，来做这些动作，自己来回转一转，就做这些动作。

征，后者则强调社会和文化对儿童发展的影响。接着我们讨论了儿童学前期语言能力的爆发，以及电视对儿童发展的影响。最后我们通过讨论学前期教育及其影响结束本章。

在下一章将讨论儿童的社会性和人格发展之前，简单回顾一下本章的前言部分，描述了威廉在幼儿园中对抽屉的伟大探索。思考下列问题：

（1）你觉得威廉为什么打开抽屉？仅仅是为了寻找食物吗？

（2）穿过幼儿园的房间，打开抽屉、特百惠食品盒和鞋盒的过程中，威廉运用了哪些粗大和精细运动技能？

（3）威廉在这个过程中，遇到了哪些危险？

（4）威廉的老师们有一个班的孩子要照顾，他们能够采取哪些措施阻止威廉到抽屉那里去？

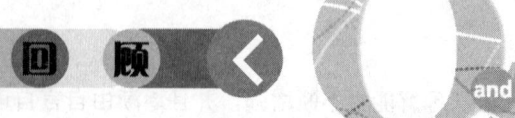

- **儿童在学前期的身体和健康状况如何？**
  - 除了身高和体重的增长，儿童的身体在外形和结构上也经历了变化。儿童长得更加细长，骨头和肌肉也更加结实。
  - 儿童在学前期阶段身体大体上是非常健康的。这几年的肥胖情况是由于遗传和环境因素引起。威胁健康的最大因素是意外事件和环境因素。

- **学龄前儿童的大脑和身体技能有着怎样的发展？**
  - 在学前期，儿童的大脑飞速发展，细胞之间的连接数量和神经元髓鞘数量剧增。大脑两半球开始在某些不同的任务上出现专门化——这个过程称为功能侧化。
  - 在学前期，儿童的粗大和精细运动技能有很大发展。性别差异开始出现，精细动作越来越完善，利手情况开始表现出来。

- **皮亚杰如何解释学龄前儿童的认知发展？**
  - 在皮亚杰所描述的前运算阶段，儿童尚不具备有组织的、形式的和逻辑的思维。然而，当他们突破感觉运动时期学习的局限性时，象征性符号功能的发展使得他们能够进行更快和更有效的思考。
  - 根据皮亚杰的观点，儿童在前运算阶段首次进行直觉思考，主动运用简单的推理能力获得世界知识。

- 其他关于儿童认知发展的观点与皮亚杰的观点有何不同？
  - 另一个关于认知发展的不同观点是信息加工理论，该理论的支持者关注学龄前儿童对信息的储存和回忆，以及信息加工能力的量变（如注意）。
  - 维果斯基认为，儿童认知发展的本质和过程依赖于儿童所处的社会和文化情境。

- 学龄前儿童的语言有着怎样的发展？
  - 儿童从两字句阶段快速发展到更娴熟表达的语言能力，表现出他们词汇的增长和对语法的掌握。
  - 语言能力的发展受到社会经济地位的影响。贫穷家庭中的儿童语言能力较低，最终导致较低的学业成绩。

- 电视对学龄前儿童有何影响？
  - 电视的影响是复杂的。儿童长期接触并非代表真实世界的情绪和情境的现象已经引起人们的关注。另一方面，儿童能够从一些节目（如《芝麻街》）中了解知识，这个节目的制作是为了促进儿童的认知进步。

- 你知道目前有哪些学龄前儿童教育计划？
  - 早期儿童教育计划，以中心、学校为基础的儿童看护或幼儿园能够带来认知和社会知识的进步。
  - 美国缺少关于学龄前儿童教育相应的国家政策。美国联邦发起的主要的学前教育项目就是头脑启动计划，这个项目产生了混合的结果。

关键术语和概念

肥胖（obesity, p.245）　　　　　　　　髓鞘（myelin, p.248）

功能侧化（lateralization, p.248）　　　利手（handedness, p.253）

前运算阶段（preoperational stage, p.256）　　运算（operations, p.256）

中心化（centration, p.257）　　　　　守恒（conservation, p.258）

转变（transformation, p.259）

自我中心思维（egocentric thought, p.260）

直觉思维（intuitive thought, p.260）

自传体记忆（autobiographical memory, p.263）　　脚本（scripts, p.263）

最近发展区（zone of proximal development, ZPD, p.267）

脚手架（scaffolding, p.267）

快速映射（fast mapping, p.270）

自言自语（private speech, p.271）

社会性言语（social speech, p.272）

适合发展过程的教学（developmentally appropriate educational practice, p.280）

句法（syntax, p.270）

语法（grammar, p.271）

语用论（pragmatics, p.271）

我的发展实验室

登录我的发展实验室，获取更多复习资料，外加我的虚拟孩子、练习测试、视频、闪光呈现卡及其他。

8 学前期的社会性和人格发展

本章概要

8.1 形成自我意识
心理社会性发展：解决冲突
学龄前的自我概念：对自我的思考
性别同一性：发展中的男性特征和女性特征

8.2 朋友和家庭：学龄前儿童的社会生活
友谊的发展
按规则玩耍：游戏的作用

● 从研究到实践
学龄前儿童的心理理论：理解他人的想法
学龄前儿童的家庭生活
有效的教养：传授令人满意的行为
儿童虐待与心理虐待：家庭生活的阴暗面
顺应力：克服逆境

● 发展的多样性

8.3 道德发展和攻击行为
道德发展：遵循社会的是非标准
学龄前儿童的攻击和暴力行为

● 成为发展心理学知识的明智消费者

前言：宝宝的第一次申请论文

 斯曼·拉巴尼（Usman Rabbani）毕业于哈佛大学和耶鲁大学。显然，他有撰写申请论文的经验。但这一次，他不知道从何开始。当然，这篇申请论文跟他以前写过的任何一篇都不同。这是为他的孩子哈姆扎（Humza）和拉扎（Raza）撰写的幼儿园入园申请论文。

在纽约，进入最好的幼儿园的竞争激烈程度不亚于进入任何大学。家长请顾问指导他们，花很多时间撰写申请，希望让他们的孩子成为幼儿园的一员。然而，奥斯曼·拉巴尼在撰写申请论文的过程中遭遇了一个富有挑战性的问题：如何在论文中描述一个年幼的儿童？"对于某个突然冒出来的人，你能说什么？"他问，"你自己才刚刚开始了解他们。"

最终，他决定发挥创造性。他将哈姆扎描述为"软心肠的帅哥"，称拉扎为"思想家和淘气的情人"。这些并不是一般用来形容学龄前儿童的说法，但是很明显奥斯曼做了一件正确的事：他的两个儿子都进入了双亲作为首选的那家幼儿园。

在学前期，儿童理解他人情绪的能力开始发展。

预览

跟绝大多数学龄前儿童一样，奥斯曼·拉巴尼的儿子只是开始显露他们的人格。他们的人格在其余生中还会继续发展。不仅他们的人格是全新的，而且他们仍然处于流动和变化的状态中，这个事实或许使得撰写关于他们的论文的任务变得得更加困难。在本章中，我们将处理学前期的人格和社会发展，一个产生巨大成长和变化的阶段。

一开始，我们将考察学龄前儿童如何继续形成自我意识，集中讨论他们如何发展自我概念。我们将特别考察与性别相关的自我问题，这是儿童对于自我和他人看法的核心方面。学龄前儿童的社会生活是本章接下来一部分的重点。我们通过考察各种游戏类型，来了解儿童如何互相玩游戏。我们还会考虑父母和其他权威人物如何通过训练来塑造儿童的行为。

最后，我们将考察学龄前儿童社会行为的两个关键方面：道德发展和攻击行为。我们探讨儿童如何发展出是非标准，以及这种发展如何引导他们去帮助别人。我们也会关注另外一面——攻击行为——考察导致学龄前儿童做出伤害别人行为的那些因素。我们将以一个乐观的注释结束：思考我们如何去帮助学龄前儿童成为更加有道德，更少有攻击性的个体。

读完本章之后，你将能够回答下列问题：

- 学龄前儿童如何发展自我概念？
- 儿童如何发展种族认同感和性别意识？
- 学龄前儿童具备哪些社会关系，参与哪些游戏？
- 父母采用何种教养风格，它们有什么效果？
- 哪些因素会导致对儿童的虐待和忽视？
- 儿童如何发展道德意识？
- 学龄前儿童的攻击行为如何发展？

学龄前儿童对自己的看法部分基于他们成长所处的文化。

8.1 形成自我意识

尽管绝大多数学龄前儿童并没有直白地提出"我是谁"这个问题,但是这个问题构成了学龄前儿童很多发展的基础。在这期间,儿童对于自我的本质很好奇,他们如何回答这个问题将会影响生活的其他方面。

心理社会性发展:解决冲突

当玛丽—爱丽丝(Mary-Alice)脱下外套时,她的幼儿园老师睁大了眼睛惊讶地看着她。通常穿着搭配很好的玛丽—爱丽丝今天的穿着却十分奇怪。她穿着花裤子和一件极不协调的格子上衣。全套装束是条状的头巾、印有动物图像的袜子和圆点雨鞋。妈妈尴尬地耸了一下肩:"玛丽—爱丽丝今天完全是自己打扮的。"她把装着另一双鞋的袋子递给老师,因为白天穿雨鞋很不舒服。

精神分析学家埃里克森可能会表扬玛丽—爱丽丝的妈妈,因为她帮助玛丽—爱丽丝发展了主动意识(如果不是为了时尚)。埃里克森(1963)认为,在学前期阶段,儿童面临的关键冲突是和涉及主动性发展有关的心理社会性发展。

正如我们在第六章中讨论的,**心理社会性发展**(**psychosocial development**)包括个体对自己以及他人行为理解的变化。根据埃里克森的观点,社会和文化为发展中的个体呈现了随年龄而变化的特定挑战。埃里克森认为,人们经历了八个明显不同的阶段,每一个阶段都以人们必须解决的冲突或危机为特征。我们努力解决这些冲突的体验引导着我们发展出持续终生的关于自己的意识。

在学前期早期,儿童正在结束自主对羞愧怀疑阶段,该阶段从第18个月持续至3岁。在这期间,父母如果鼓励儿童的探索行为,儿童就会变得更加独立与自主,如果儿童被限制和过分保护就会变得自我怀疑。

学前期阶段主要包括埃里克森所说的从3岁至6岁的**主动对内疚阶段**(**initiative-versus-guilt stage**)。在这期间,儿童一方面想要独立于父母自己做事情,另一方面,当他们没能成功的时候会有因失败而产生内疚感。随着学龄前儿童不断面对这些冲突,他们对自己的看法就会发生改变。他们渴望自己做事情("let me do it"可能是学龄前儿童最常说的话),但是如果付出的努力失败的话他们就会感到内疚。他们开始把自己看成对自己行为负责的人,开始自己作决定。

对儿童倾向于独立的这种转变反应积极的父母,比如玛丽—爱丽丝的妈妈,会帮助孩子解决这个时期所特有的对立情绪。通过给孩子提供独立行动的机会,同时给予指导,父母能够支持和鼓励孩子的主动性。但是,不鼓励孩子寻求独立性的父母会增加孩子持续存在于他们生活中的内疚感,并且会影响在这个时期开始发展的自我概念。

心理社会性发展 依据埃里克森的观点,发展包括个体对自己作为社会成员以及对他人行为意义的理解上的变化。

主动对内疚阶段 依据埃里克森的观点,3~6岁儿童体验在独立行动和有时候得到负性行动结果之间冲突的时期。

学龄前的自我概念：对自我的思考

如果你要求学龄前儿童指出是什么使得他们与其他孩子不同，他们很容易给出回答："我跑得快"、"我喜欢颜色"或"我是一个坚强的女孩"。这样的答案与**自我概念（self-concept）**有关——他们的身份，他们关于自己作为个体是什么样子的信念体系（Brown, 1998; Tessor, Felson, & Suls, 2000; Marsh, Ellis, & Craven, 2002）。

描述儿童自我概念的陈述并不一定要精确。事实上，学龄前儿童通常会高估自己在所有领域的技能和知识。因此，他们对于未来的看法是非常令人鼓舞的：他们希望赢得下一场游戏，击败比赛中的所有对手，在成长中写下伟大的故事。即使他们刚刚在某项任务上经历了失败，他们还是会期待在未来做得更好。他们持有这样乐观的看法，部分是因为他们还没有开始把自己以及自己的表现与他人相比较。他们的不精确也很有益处，让他们能够自由地把握机会和尝试新的活动（Dweck, 2002; Wang, 2004）。

学龄前儿童对自己的看法也反映了他们的文化中考虑自我的方式。例如，很多亚洲社会具有**集体主义取向（collectivistic orientation）**，强调互依性。这类文化中的人们倾向于把自己看成是大的社会网络中的一部分，他们处在社会网络的中与他人相互联系并对他人负有责任。相反，西方文化中的儿童更可能发展出反映**个人主义取向（individualistic orientatioin）**的观点，强调个人认同以及个体的独立性。他们更倾向于把自己看成是独立和自主的，与他人竞争稀缺资源。结果，西方文化中的儿童更可能关注自己同他人不同的方面。

此类看法遍及某种文化，有时是以很微妙的方式。例如，西方文化中一个著名的谚语说"吱吱叫的轮子先上油"，即"会叫的鸟儿有虫吃"，处在这样观点中的学龄前儿童被鼓励通过表达自己和说出自己的需要来得到他人的注意。另一方面，亚洲文化中的儿童接触的是不同的观点，他们被告知"枪打出头鸟"，这种观点告诉学龄前儿童，他们应该和别人一样，不要与众不同（Dennis et al., 2002; Lehman, Chiu & Schaller, 2004; Wang, 2004, 2006）。

性别同一性：发展中的男性特征和女性特征

男孩的奖励：最有思想、最好学、最有想象力、最热情、最有科学精神、最好的朋友、最风度翩翩（Mr. Personality）、工作最努力、最有幽默感。

女孩的奖励：人见人爱的宝贝、最甜美、最可爱、最好的分享者、最好的艺术家、最大度、最有礼貌、最爱帮助别人、最有创造力。

这样的描述有什么不对？对于女儿在幼儿园毕业典礼上得到上述女孩奖励之一的父母来说，确实有很多与现实不相符的地方。女孩通常由于她们令人喜爱的个性得到赞扬，而男孩则由于他们的聪明和分析能力获得奖励（Deveny, 1994）。

自我概念 个人的身份，人们关于自己作为个体是什么样子的信念体系。

集体主义取向 倡导相互依赖的一种哲学。

个人主义取向 强调个人身份和个体独特性的一种哲学。

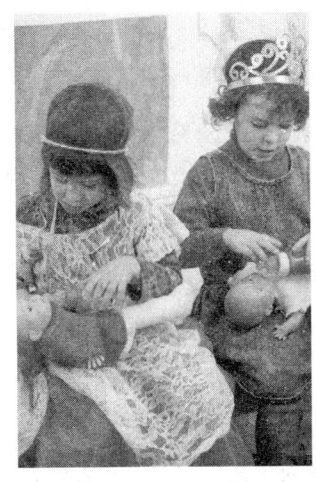

在学前期阶段，游戏的性别差异变得更加显著。此外，男孩和女孩都倾向于和同性玩耍。

这样的情况并不少见：女孩和男孩通常生活在不同的世界。出生时，对待男性和女性的方式自出生开始就有差异，这种差异一直持续到学前期阶段——我们不久将会看到——并延伸至青春期和以后的日子里（Martin & Rube, 2004; Bornstein et al.2008）。

性别，即成为男性或女性的意识，在儿童到达学前期的时候就已经很好地建立起来了（正如我们在第六章中第一次提到的那样，"性别"和"性"不是一回事。性通常是指解剖意义上的性特征和性行为，而性别指的是对于和给定社会中成员身份有关的男性和女性的知觉）。到两岁时，儿童一致地给自己以及周围的人贴上男性或女性的标签（Raag, 2003; Campbell, Shirley, & Candy, 2004）。

性别差异会在游戏中表现出来。学龄前男孩比女孩花更多时间进行打闹游戏，学龄前女孩则花费更多时间参与有组织的游戏和角色扮演。在这个时期，男孩和女孩开始更多地和同性伙伴玩耍，并在儿童中期有增加的趋势。女孩比男孩更早开始偏好同性玩伴。她们在两岁时就开始明显地偏爱和女孩玩耍，而男孩直到3岁才表现出对同性玩伴的偏好（Martin & Fabes, 2001; Raag, 2003）。

这种同性偏好出现在很多文化中。例如，关于中国大陆幼儿园儿童的研究表明，没有出现男孩和女孩一起玩耍的游戏。类似地，游戏中性别"超过"了种族变量：一个西班牙裔的男孩更愿意和一个白种男孩而不是一个西班牙裔女孩玩耍（Whiting & Edwards, 1988; Martin, 1993; Aydt & Corsaro, 2003）。

学龄前儿童对于男孩女孩应该有怎样的行为有着严格的想法。事实上，他们对于性别适宜行为的期望甚至比成年人都更加刻板，并且在学前期比生命中任何其他时候都更缺乏灵活性。直到5岁，儿童对于性别刻板印象的信念变得越来越显著，而且尽管到7岁时，这些信念或多或少不再那么刻板，却并没有消失。事实上，学龄前儿童持有的性别刻板印象与社会中传统的成年人很相似（Serbin, Poulin-Dubois, & Eichstedt, 2002; Lam & Leman, 2003; Ruble et al., 2007）。

那么学龄前儿童性别预期的本质是什么？如成人一样，学龄前儿童预期男性更倾向涉及能力、独立性、强有力和竞争性的特征。相反，女性则被认为更可能具有友善、善于表达、抚育以及服从等特性。尽管这些只是预期，并没有说出男性和女性实际上的行为方式，但是这样的预期为学龄前儿童提供了借以观察世界的一个透镜，并且影响着他们的行为以及他们与同伴和成人互动的方式（Blakemore, 2003; Gelman, Taylor, & Nguyen, 2004）。

学龄前儿童性别预期的盛行和强大,以及男孩和女孩之间行为的差异令人迷惑。为什么性别会在学前期阶段(以及在生命的其他阶段)起这么大的作用?对此发展学家已经提出了一些解释。

关于性别的生物学观点 既然性别与成为男性和女性的意识有关,而性与区分男性女性的身体特征有关,那么发现与性相关的生理特征可能本身就导致了性别差异也就不会令人惊讶了。这一点已经被证明是正确的。

现已发现,激素是一种影响性别行为且与性相关的生物学特征。出生前处于高水平雄性激素环境中的女孩,与她们没有处于这样条件下的姐妹相比,更有可能表现出与男性刻板印象相关的行为(Knickmeyer & Baron-Cohen, 2006; Burton et al., 2009; Mathews et al., 2009)。

这些女孩更倾向于选择男孩作为玩伴,比其他女孩花更多时间玩与男性角色有关的玩具,如汽车和卡车。类似地,出生前处于不正常的高水平雌性激素环境中的男孩倾向于表现出更多与女性刻板印象相关的行为(Servin et al., 2003; Knickmeyer & Baron-Cohen, 2006)。

此外,我们在第七章中提过,一些研究认为,男性和女性大脑结构中存在生物学差异。比如,胼胝体——联结大脑半球的神经纤维束,在女性中所占的比例大于男性。对于一些理论家来说,这样的证据表明,性别差异可能是由激素这样的生物因素导致的(Westerhausen et al., 2004)。

然而,在接受这样的结论之前,我们还要考虑到其他解释,这一点很重要。比如,女性脑中胼胝体比例较大可能是因为某些特殊经历以特定方式影响脑的发育。我们知道,如第六章中所述,在婴儿期人们更多地和女孩说话,这可能会导致大脑的某种发展。如果这是事实,那么就是环境经历产生了生物学变化,而不是相反的方式。

其他发展学家把性别差异看成是通过繁殖以实现物种生存这个生物学目标。基于演化理论的研究工作,这些理论学家认为,我们的男性祖先如果表现出更加刻板的男子气概,例如有力量和富有竞争力,就会吸引那些能为他们提供强壮后代的女性。而在女性刻板任务上(例如养育)表现出色的女性就可能成为更有价值的配偶,因为她们能够增加孩子在危险的童年中存活的机会(Browne, 2006; Ellis, 2006)。

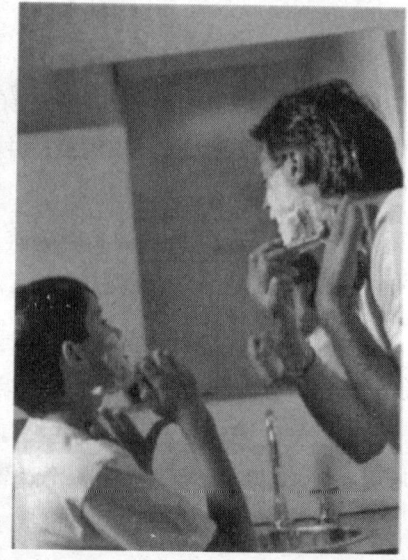

根据社会学习理论,儿童从他们对他人的观察中学习与性别相关的行为和预期。

和其他涉及遗传的生物特征和环境影响相互作用的领域一样，很难把行为特征明确地归因于生物学因素。因为这个问题，我们必须考虑性别差异的其他解释。

精神分析观点 在第一章中，弗洛伊德的精神分析理论认为我们沿着一系列和生理驱力有关的阶段前进。对于弗洛伊德来说，学前期包括性器期（phallic stage），在这个阶段，儿童愉悦感的焦点与生殖器的性特征有关。

弗洛伊德认为，性器期的结束以重要的发展转折点为标志：俄狄浦斯冲突（恋母情结冲突）。他认为，俄狄浦斯冲突（Oedipal conflict）出现在大约5岁，当男女之间解剖差异特别明显的时候。男孩对母亲发展出性兴趣，把父亲看成竞争对手。结果，男孩表现出杀死父亲的渴望，正像希腊神话中俄狄浦斯所做的。但是，因为他们把父亲看成是万能的，男孩发展出对报复的恐惧，以阉割焦虑（castration anxiety）的形式表现出来。为了克服这种恐惧，男孩压制了对母亲的渴望，开始认同父亲，试图与父亲尽可能地相似。**认同（identification）**是儿童试图和同性父母变得相似，整合他们的态度和价值观的过程。

> **认同** 儿童试图和同性父母变得相似，整合父母的态度和价值观的过程。

根据弗洛伊德的观点，女孩经历的是一个不同的过程。她们开始感觉到父亲的性吸引，并体验到阴茎妒羡（penis envy）——弗洛伊德这种认为女性劣于男性的观点不出所料地受到人们的指责。为了解决阴茎妒羡，女孩最终认同母亲，与她们尽可能地相似。

男孩女孩的情况最终结果都是认同同性父母，即儿童接受同性父母的性别态度和价值观。弗洛伊德认为，通过这种方法，社会将男性和女性"应该"如何行为的预期传递给新的一代。

你可能发现很难接受弗洛伊德关于性别差异的复杂解释。大部分发展心理学家也很难接受，他们认为性别发展可更好地被其他模式所解释。他们对于弗洛伊德理论的批评部分是因为其缺乏科学支持。例如，儿童在不到5岁的时候就习得了性别刻板印象。此外，这种学习甚至出现在单亲家庭中。然而，精神分析理论的某些方面已经获得支持，如研究表明如果学龄前儿童的同性父母支持性别刻板行为，那么他们就倾向于表现出这种行为。当然，还有更简单的过程能够解释这一现象，而很多发展学家已经在寻找其他的性别差异解释（Martin & Ruble, 2004）。

社会学习理论 正像该理论字面意思所表示的那样，社会学习理论认为儿童是通过观察他人来学习性别相关的行为和预期。儿童观察父母、教师、兄弟姐妹，甚至同伴的行为。一个小男孩看到了美国职业棒球联赛选手的荣耀，之后变得对运动感兴趣。一个小女孩看到上高中的邻居练习拉拉队舞蹈，就开始自己也试着练习。对他人因性别适宜的行为而获得奖励的观察引导儿童将自己的行为与这些行为一致（Rust et al., 2000）。

书籍和媒体，特别是电视和视频游戏，也在延续性别相关行为的传统观点的过程中起着作用，而学龄前儿童可能会习得这些行为。例如，对最流行电视节目

性别同一性 对于自己是男性或女性的知觉。

性别图式 组织与性别相关信息的认知框架。

性别恒常性 建立在固定不变的生物学因素上的关于一个人一直是男性或女性的信念。

的分析发现，男性角色以二比一的比例远超女性角色。另外，女性更倾向于同男性一起出现，女性—女性的关系不太常见（Calvert et al., 2003）。

电视还将传统的性别角色赋予男性和女性。电视节目通常通过女性角色同男性角色的关系来定义她们。女性角色更有可能作为受害者出现。她们不太可能作为创造者或决策者出现，而且更可能被刻画成对浪漫、家庭、家人感兴趣的人物。根据社会学习理论，这样的榜样倾向于对学龄前儿童有关性别适宜行为的定义施加强大的影响（Scharrer et al., 2006; Hust, Brown, & L'Engle, 2008; Nassif & Gunter, 2008）。

在某些情况下，对社会角色的学习并不涉及榜样，而是发生得更加直接。例如，我们大部分人都听过学龄前儿童被父母告知，要做个"小女孩"或"小男子汉"。这通常就意味着，女孩应该彬彬有礼，男孩应该坚强和泰然自若——与社会对男性和女性传统刻板印象相关的特性。这些直接的训练对学龄前儿童所预期的行为给出了清晰的信息（Leaper, 2002）。

认知理论 在某些理论家的观点中，形成清晰认同感愿望的一个方面就是渴望确立**性别同一性（gender identity）**。为了做到这一点，他们发展出**性别图式（gender schema）**，即组织性别相关信息的认知框架（Barberá, 2003; Martin & Ruble, 2004; Signorella & Frieze, 2008）。

性别图式在生命早期发展出来，作为学龄前儿童看待世界的透镜。例如，学龄前儿童利用他们不断增长的认知能力发展出对于男性和女性而言哪些行为是对的，哪些是不合适的"规则"。于是，一些女孩会认为穿裤子是不合适的，僵化地应用这个规则而拒绝穿上裙子以外的其他衣服。学龄前男孩可能会认为既然化妆品是女性的用品，那么他使用化妆品就是不合适的，甚至幼儿园戏剧中所有其他男孩和女孩都使用的时候，他也是这么想的（Frawley, 2008）。

根据劳伦斯·柯尔伯格（Lawrence Kohlberg）提出的认知发展理论（cognitive-developmental theory），这种僵化部分地反映了学龄前儿童对于性别的理解（Kohlberg, 1966）。僵化的性别图式受到他们对性别差异错误信念的影响。特别是，年幼的学龄前儿童认为性别差异不是基于生理因素，而是基于外表或行为的差异。采用这种世界观，一个女孩可能认为她长大后可以成为一个父亲，一个男孩可能认为他穿上裙子并把头发扎在一起就可以变成女孩。不过，等儿童长到4、5岁的时候，儿童发展出对于**性别恒常性（gender constancy）**的理解，即意识到基于固定不变的生物特征，一个人永远是男的或是女的。

有趣的是，对于学龄前儿童增长的性别恒常性理解的研究表明，它对于性别相关的行为没有特别的影响。事实上，性别图式在儿童理解性别恒常性之前就出现了。甚至年幼的学龄前儿童也可以基于对性别的刻板观点，来断定某些行为是合适的，其他行为则是不合适的（Martin & Ruble, 2004;

▼ **我的发展实验室**

在我的发展实验室观看视频片段"性别恒常性"，看学龄前儿童对关于性别的问题是如何反应的。

表 8-1 性别发展的四种观点

观点	关键概念	应用于学龄前儿童的概念
生物学	那些以现在认为是男性或女性刻板行为方式行事的祖先们可能在繁殖方面更加成功。大脑差异有可能导致性别差异。	通过进化，女孩可能在遗传上被"设定"为更善于表达和具有养育功能，男孩被"设定"为更具有竞争力和更加强壮。出生前接触异性激素已经与男孩和女孩表现出异性典型行为联系起来。
精神分析	性别发展是对同性父母认同的结果，通过经历一系列与生物驱力有关的阶段来实现。	同性父母以性别刻板方式行为的女孩和男孩有可能也这么做，可能是因为对这些父母的认同。
社会学习	儿童通过观察他人的行为来学习性别相关的行为和预期。	儿童注意到其他儿童或成人通过表现性别刻板的行为而得到奖励——有时是因为违背刻板行为受到惩罚。
认知	通过使用在生命早期发展出来的性别图式，学龄前儿童形成观察世界的透镜。利用他们不断增长的认知能力发展出关于哪些是男性和女性适宜行为的"规则"。	学龄前儿童相比其他年龄的人们对于适宜性别行为的规则更加僵化，可能是因为他们刚刚发展出不允许与刻板预期有过多差异的性别图式。

Ruble et al., 2007; Karniol, 2009）。

避免采用性别图式看待世界是否有可能？根据桑德拉·贝姆（Sandra Bem, 1987）的观点，一个方法是鼓励孩子**双性化（androgynous）**，兼具两性特征。例如，父母和照看者可以鼓励儿童把男性看成是坚定而自信的（典型的男性适宜特征），但同时又是友善而温柔的（通常是女性的适宜特征）。类似地，可以鼓励女孩把女性角色看成既是有同情心而温柔的（通常是女性的适宜特征），又是竞争的、自信的和独立的（典型的男性适宜特征）。

如同其他关于性别发展的观点一样（总结于表8-1），认知观点并没有暗示两性之间的差异不正确或不合适。相反，该观点认为，应该教导学龄前儿童把他人看做个体。另外，学龄前儿童需要明白实现他们自己的才能、作为独立的个体行事而不是作为特定性别的代表。

双性化 一个性别角色包括了两个性别典型特征的状态。

复习和应用

复习

- 根据埃里克森的心理社会性发展理论，学龄前儿童经历了从自主对羞愧怀疑阶段到主动对内疚阶段的过程。
- 在学前期阶段，儿童发展出自我概念，以及从他们自己的知觉、父母的行为和社会中得出的关于自己的信念。
- 在学前期阶段，儿童开始形成人种和种族意识。
- 在学前期阶段，性别意识也开始发展。对这个现象的解释包括生物学、精神分析、社会学习，以及认知的观点。

应用毕生发展

- 你可以鼓励学龄前男孩从事哪些活动来使他采用不太刻板的性别图式？
- **从一个儿童看护者的视角看问题**：你如何把埃里克森的信任对不信任阶段、自主对羞愧怀疑阶段以及主动对内疚阶段同先前章节中讨论的安全依恋问题联系起来？

8.2 朋友和家庭：学龄前儿童的社会生活

当胡安（Juan）3岁的时候，他有了自己第一个最好的朋友埃米利奥（Emilio）。胡安和埃米利奥住在圣何塞（San Jose）的同一幢公寓楼里，两人好得亲密无间。他们在公寓走廊里不停地玩着玩具赛车，直到有些邻居开始抱怨噪音才停下来。他们假装为对方读故事，有时还在彼此的家里睡觉——对一个3岁小孩子来说这可是件大事，他们都觉得没有比和这个"最好的朋友"在一起更快乐的事情了。

一个婴儿的家庭能够提供他们需要的几乎所有的社会联系。但很多学龄前儿童，就像胡安和埃米利奥，开始发现同伴之间友谊的快乐。尽管他们将很快扩展自己的社交圈，但父母和家庭对学龄前儿童的生活仍然产生着重要的影响。让我们看看学龄前儿童社会性发展中朋友与家庭这两个方面。

友谊的发展

3岁之前，儿童的大部分社交活动仅发生在同一时间同一地点，并无真正的社会互动。但当儿童3岁左右时，他们开始发展像胡安和埃米利奥一样真正的友谊，因为同伴们开始变成了拥有特别品质和给予奖赏的个体。如果说学龄前儿童与成人的关系反映出他们对于照顾、保护和指导的需求，那么他们与同伴的关系就更多建立在对陪伴、游戏和乐趣的需求上。

随着他们渐渐长大，学龄前儿童对友谊的理解也随之发展。他们开始将友谊看成一个连续的状态，一种稳定的关系，不仅仅发生在当下而且也对未来活动提供了承诺（Harris, 2000; Hay, Payne, & Chadwick, 2004; Sebanc et al., 2007）。

当学龄前儿童渐渐长大，他们对友谊的理解和他们之间互动的质量也随之发生变化。

在学前期阶段，儿童与朋友之间互动的质量与种类均在不断变化。3岁儿童友谊的焦点是共同参与活动所带来的快乐——一起做事一起玩耍，就像胡安和埃米利奥一样在走廊里玩玩具车。但大一些的学龄前儿童则更关注信任、支持和共同兴趣等抽象概念（Park, Lay, & Ramsay, 1993）。纵观整个学前期阶段，一起玩耍在所有友谊中均占据重要地位。与友谊类似，这些游戏的模式在整个学前期阶段也在发生变化。

按规则玩耍：游戏的作用

在罗西·格拉芙（Rosie Graiff）的3岁儿童班里，明妮（Minnie）一边轻声地对自己唱歌，一边轻弹桌子上布娃娃的脚。本（Ben）在地板上推着他的玩具车，发出"隆隆"的噪音。萨拉（Sarah）则绕着教室不停地追逐阿卜杜勒（Abdul）。

玩耍不仅仅是学龄前儿童用来打发时间而做的事情，相反，它对儿童的社会性发展、认知与身体发展均有帮助，甚至在大脑的发育和发展中也起到重要作用（Samuelsson & Johansson, 2006; Ginsburg et al., 2007; Whitebread et al., 2009）。

游戏分类　在学前期阶段之初，儿童开始进行**功能性游戏（functional play）**——3岁儿童的典型游戏，涉及简单、重复性的活动。功能性游戏可能涉及物体，如布娃娃或汽车，或涉及重复性的肌肉活动，如蹦，跳，卷起或摊开一块黏土。在功能性游戏中，参与者的目的是保持活跃，而不是创造出什么最终产品（Bober, Humphry, & Carswell, 2001; Kantrowitz & Evans, 2004）。

当儿童长大一些，功能性游戏逐渐减少。儿童4岁时，他们开始进行一种更为复杂的游戏形式。在**建构性游戏（constructive play）**中，儿童操控物体来生成或建造些什么。儿童用积木建造一幢房子或完成一幅拼图就是建构性游戏。他/她有一个最终目标——造出点什么。这种游戏并非一定要创造出新鲜的事物，儿童可能重复地建起一座积木房子，推倒再重建。

建构性游戏使儿童有机会检验他们正在发展的身体和认知技能，并锻炼他们的精细肌肉动作。他们获得了解决有关问题的经验，如物体结合在一起的方式和顺序。他们还学会如何与他人合作（这是在学前期阶段游戏社会性质转变的过程中，我们发现的一个进步）。因此，学龄前儿童的成年照看者应当提供多样的玩具，使得儿童能够进行功能性游戏和建构性游戏（Edwards, 2000; Shi, 2003; Love & Burns, 2006）。

游戏的社会性方面　如果两个学龄前儿童坐在同一张桌子前，每人带来一个拼图游戏，他们会一起玩吗？

根据米尔德里德·帕滕（Mildred Parten, 1932）的开创性工作，答案是"会"。她指出，学龄前儿童进行**平行游戏（parallel play）**，在游戏中儿童用相似的方法玩相似的玩具，但彼此间并没有互动。平行游戏是

> **功能性游戏**　3岁儿童典型的游戏，涉及简单、重复性的活动。
>
> **建构性游戏**　儿童在游戏中操控物体以生成或建造某物。
>
> **平行游戏**　儿童用相似的方式玩相似的玩具，但彼此间没有互动。

▼ **我的发展实验室**
在我的发展实验室观看视频片段"帕滕的游戏分类"，看你所读到的学龄前儿童展示出的所有游戏类型。

在平行游戏中，儿童用相似的方式玩着相似的玩具，但并不一定有所交互。

旁观者游戏 儿童仅仅注视他人玩耍，但自己并不参与。

联合游戏 两个或更多儿童通过共享或转借玩具或工具进行互动，尽管各自做着不同的事情。

合作性游戏 儿童真正与他人一起玩耍，轮流做游戏，或发起竞赛。

儿童在学前阶段初期的典型模式。学龄前儿童也进行另外一种形式的游戏，一种十分被动的形式：旁观者游戏。在**旁观者游戏（onlooker play）**中，儿童仅仅观看他人玩耍，自己并不参与。他们可能静静观看，或者给予鼓励、建议等评论。

然而，随着学龄前儿童年龄的增长，他们开始进行形式更加复杂的社会性游戏（social play），涉及更高水平的互动。在**联合游戏（associative play）**中，两个或更多儿童以共享或转借玩具或工具的形式进行互动，尽管各自做着不同的事情。在**合作性游戏（cooperative play）**中，儿童真正与他人一起玩耍，轮流做游戏，或发起竞赛（游戏种类总结于表8-2）。

通常情况下，联合游戏和合作性游戏在儿童发展到学前阶段末期才会十分明显。但上过幼儿园和学前班的儿童与较少此类经历的同伴相比，更倾向于较早进行更具社交形式的行为，如联合游戏和合作性游戏（Brownell, Ramani, & Zerwas, 2006; Dyer & Moneta, 2006）。

独自游戏和旁观者游戏在学前阶段后期仍然存在。有时儿童更愿意自己玩耍。当新伙伴想要加入一个团体的时候，一个容易成功的策略就是采取旁观者游戏，并等待机会较为主动地加入到游戏中（Lindsey & Colwell, 2003）。

假装游戏的性质在学前期也会发生变化。在某些方面，假装游戏变得更加脱离实际，并更具想象力，即儿童从只是使用真实物体到借助更不具体的事物。因

表 8-2　学龄前儿童的游戏

游戏种类	描述	举例
一般分类		
功能性游戏	三岁儿童典型的简单、重复性活动。有可能涉及物体或重复性肌肉运动。	重复移动洋娃娃或汽车。蹦，跳，卷起或摊开一块黏土。
建构性游戏	儿童操控物体用以生成或建造某物的更为复杂的游戏。4岁左右发展出来，建构性游戏使儿童能够检验身体和认知技能，并练习精细肌肉运动。	用积木建造一个娃娃屋或车库，玩拼图，用黏土捏动物。
游戏的社会性方面 (帕滕的游戏分类)		
平行游戏	儿童在同一时间用相似方式玩相似的玩具，但没有彼此间的互动。学前期阶段早期颇为典型。	儿童坐在一起，各自玩着自己的玩具车，拼自己的拼图，或独自用黏土捏动物。
旁观者游戏	儿童仅仅注视他人玩耍，自己并不参与。他们可能静静观看或者给予鼓励或建议等评论。常常出现在儿童想要加入一个游戏团体时。	一个儿童注视另一个儿童团体玩玩偶、汽车或黏土，用积木搭房子，或一起玩拼图。
联合游戏	两个或更多儿童通过共享或转借玩具或工具进行互动，尽管各自做着不同的事情。	两个儿童各自搭建自己的积木车库，可能会来回交换积木。
合作性游戏	儿童真正与他人一起玩耍，轮流做游戏，或发起竞赛。	一组儿童一起玩拼图，有可能轮流拼图片。儿童一起玩布娃娃或汽车，可能会轮流和布娃娃说话或一起决定赛车规则。

此，在学前阶段的初期，儿童只有在拥有一个看起来很像真的的塑料收音机时才能够假装听广播。而后来，他们则更有可能使用一个完全不同的物体，如一个大纸盒，来假装收音机（Bornstein et al., 1996）。

我们在第七章中谈论过的俄国发展心理学家维果斯基认为，假装游戏，尤其当它涉及社会性游戏成分时，是学龄前儿童扩展认知技能的重要途径。通过假装游戏，儿童能够"练习"那些属于他们特定文化一部分的活动（比如假装使用电脑或读书），并且扩展他们对世界如何运转的理解。了解更多关于游戏和认知发展的联系，见《从研究到实践》专栏。

根据发展心理学家维果斯基的观点，通过假装游戏，儿童能够"练习"一些属于他们特定文化一部分的活动，并且扩展他们对世界如何运转的理解。

▼ **我的发展实验室**

登录我的发展实验室，观看视频片段"社会戏剧性游戏"，看学龄前儿童参与不同种类的社会性游戏。

文化也会影响儿童游戏的形式。例如，韩裔美国儿童比英裔美国儿童进行更多的平行游戏，而英裔美国学龄前儿童则进行更多的假装游戏（见图8-1；Farver, Kim, & Lee-Shin, 1995; Farver & Lee-Shin, 2000; Bai, 2005）。

图8-1 游戏复杂性的比较
关于韩裔美国学龄前儿童与英裔学龄前儿童游戏复杂程度的一项研究发现，两组被试在游戏模式上有显著差异。你认为该如何解释这一结果？（Source: Adapted from Farver, Kim, & Lee, 1995）

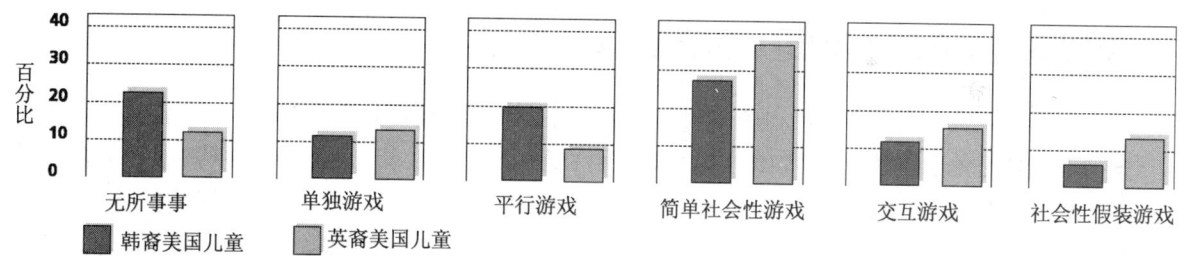

从研究到实践

游戏能够促进大脑发育吗？

珍妮特（Janet）拿起一块柔软的黏土，把它揉成蛇一样长而弯曲的形状，此时富兰克林（Franklin）正让一台玩具卡车在桌面上行驶，卡车跑得飞快，以致从桌子边缘飞了出去。他笑起来，从地上捡起卡车，再一次让它飞下桌子。而他的朋友詹森（Jason）一边看着一边自己咯咯地笑。在另一张桌子上，海伦娜（Helena）假装在读一本书，一边翻页一边无声地和自己对话。

越来越多的研究提出，这样的游戏在全世界的幼儿园中都能找到，并不只是简单的娱乐和玩耍。游戏不仅能提高自我控制和预先计划能力，还能促进大脑的发育。

根据英属哥伦比亚大学发展研究者阿代尔·戴尔蒙德（Adele Diamond）的观点，游戏通过教导他们控制自身冲动的重要性，可以帮助儿童学习自我调节技能（Diamond & Amso, 2008）。

更有趣的是，一些研究者认为游戏可以帮助大脑发育，令其变得更加复杂。基于非人实验，神经学家塞吉奥·派拉（Sergio Pellis）发现，不仅某些类型的大脑损伤会导致异常的游戏种类，而且剥夺动物的游戏能力还会影响其大脑发育的过程（Pellis & Pellis, 2007）。

例如，在一个实验中，派拉及其同事观察处于两种不同条件下的大鼠。在控制条件下，年轻的目标大鼠与其他三只年轻雌性大鼠被置于一处，并给它们机会参与和大鼠游戏同等的活动。在实验条件下，年轻的目标大鼠与三只成年雌性大鼠被置于一处。尽管与成年大鼠关在一个笼中的年轻大鼠没有参与游戏的机会，但它们能够从成年大鼠处获得社会经验，后者会清洁和抚摸它们。当帕拉检查这些大鼠的大脑时，他发现被剥夺游戏能力的大鼠额叶皮层发育不良（Pellis & Pellis, 2007; Henig, 2008; Bell, Pellis, & Kolb, 2009）。

尽管从大鼠的游戏到学步幼儿的游戏，这中间有一个大的飞跃，但这一研究结果的确显示出游戏在促进大脑和认知发展方面的重要性。最后，游戏可能是刺激学龄前儿童智力发育的引擎之一。

- 将游戏整合到学龄前儿童生活中的最佳方式是什么？
- 基于这些新的研究成果，对于教育工作者出于预算理由或为了给学术科目更多时间而减少休息，你想说什么？

学龄前儿童的心理理论：理解他人的想法

儿童游戏发生变化背后的一个原因就是学龄前儿童心理理论的持续发展。如第六章所述，心理理论指的是关于心理活动的知识与信念。运用心理理论，学龄前儿童开始能够解释他人是怎么想的，以及别人为什么会那样做。

儿童不断出现的新游戏和社会技能的一个主要原因是：在学前期阶段，儿童逐渐能够从他人的角度观察世界。即使仅有2岁的儿童也能够理解别人拥有情绪。在3~4岁的时候，学龄前儿童就能够区分出自己的想法与客观事实。例如，3岁儿童知道他们能够想象实际并没有出现的事物，如斑马，而且他人也能够做同样的事。他们能够假装某事已经发生并据此做出反应，这种技能是他们想象游戏（imaginative play）的一部分。并且他们知道其他人也具有同样的能力（Cadinu & Kiesner, 2000; Mauritzson & Saeljoe, 2001; Andrews, Halford, & Bunch, 2003）。

学龄前儿童在发现他人行为背后的动机与原因上也变得更富洞察力。他们开始理解妈妈是因为会面迟到了而感到很生气，尽管他们没有亲眼见到她的迟到。并且在4岁左右，学龄前儿童对于人们会被客观事实愚弄或误导（如涉及熟练手法的魔术戏法）的理解变得惊人的老练。这种理解的进步有助于儿童具有更好的社会技能，因为他们能够洞察他人的想法（Fitzgerald & White, 2002; Eisbach, 2004）。

但是，3岁儿童的心理理论仍存在局限性。尽管在3岁时他们已经理解"假装"的概念，他们对

"信念"的理解仍不全面。3岁儿童理解"信念"的困难在他们错误信念（false belief）任务的表现中可见一斑。在错误信念任务中，学龄前儿童看到一个名叫马克西（Maxi）的玩偶将一块巧克力放在橱柜里后离开。但在马克西离开后，他的妈妈把巧克力移到了其他地方。

看过这个过程之后，实验者询问学龄前儿童，马克西回来后会去哪儿找巧克力。3岁儿童回答（错误地）马克西将要去新的地方寻找。相反，4岁儿童则正确认识到马克西拥有一个错误的信念，他认为巧克

"我们今天已经在这儿做了很多重要的游戏。"
（Source: The New Yorker Collection, 2002. Bruce Eric Kaplan from cartoonbank.com. All Rights Reserved.）

力还在橱柜里，并且会到那里去找（Ziv & Frye, 2003; Flynn, O'Malley, & Wood, 2004; Amsterlaw & Wellman, 2006; Brown & Bull, 2007）。

到了学前期阶段末期，大部分儿童能够轻易解决错误信念问题。有些儿童终其一生都会在错误信念问题上有很大困难：自闭症儿童。自闭症（autism）是一种造成严重语言和情绪困难的心理障碍。自闭症儿童与别人互动特别困难，部分是因为他们很难理解别人在想什么。自闭症的发病率约为万分之四，且大部分是男性。患者缺乏与他人甚至与父母的交流，并且回避人际交往的情境。自闭症个体无论年龄多大，都会在错误信念任务上感到吃力（Heerey, Keltner, & Capps, 2003; Ropar, Mitchell, Ackroyd, 2003; Pellicano, 2007）。

心理理论的出现　什么因素影响了心理理论的出现？当然，大脑成熟是一个重要因素。当额叶髓鞘化变得更加明显时，学龄前儿童逐渐发展出了涉及自我意识的更多情绪能力。此外，激素变化似乎也和更具评价性的情绪有关（Davidson, 2003; Schore, 2003; Sabbagh et al., 2009）。

语言技能的发展也与儿童心理理论的完善有关。特别是关于"想"（think）、"知道"（know）这类词语的理解有助于学龄前儿童对他人心理活动的理解（Astington & Baird, 2005; Farrant, Fletcher, & Maybery, 2006; Farrar et al., 2009）。

正如心理理论的发展能够促进儿童参与社会互动和游戏一样，反之亦然：社会互动与假装游戏的机会也能够促进心理理论的发展。例如，拥有哥哥姐姐的学龄前儿童（他们能够提供高水平的社会互动）比没有哥哥姐姐的儿童具有更好的心理理论能力。此外，受到虐待的儿童在回答错误信念问题的能力上表现出滞后，部分原因是他们正常的社会交往经验较少（Cicchetti et al., 2003; McAlister & Peterson, 2006; Nelson, Admson, & Bakeman, 2008）。

心理理论的发展以及儿童对他人行为的解释均受到儿童所处文化因素的影响。例如，西方工业社会的儿童更倾向于将他人的行为归因到他们是怎样的人，即个人特质（"她赢得这场比赛是因为她跑得快"）。相反，非西方社会的儿童会将他人的行为归因为非个人控制的其他力量上（"她赢得比赛

是因为她很幸运")(Tardif, Wellman, & Cheung, 2004; Wellman et al., 2006; Liu et al., 2008)。

学龄前儿童的家庭生活

晚饭后，当妈妈做清洁的时候，4岁的本杰明在看电视。过了一会儿，他走过来并拿了一块毛巾，说："妈妈，让我帮你刷碗吧。"妈妈对孩子第一次这样的行为感到颇为惊讶，问道："你在哪里学会刷碗的？"

"我在《反斗小宝贝》(Leave It to Beaver)里看到的"，他说，"只是那里面是爸爸帮忙。因为我们没有爸爸，我想应该我来做。"

随着学龄前儿童数量的增加，生活并不像我们所看到的《反斗小宝贝》的重演。许多人要面对现实中越来越复杂的世界。例如，就像我们曾在第六章提到过并将在第十章详细讨论的那样，更多儿童有可能生活在单亲家庭中。在1960年，只有不到10%的18岁以下儿童生活在单亲家庭。但到了2000年，21%的白人家庭、35%的西班牙裔家庭和55%的非裔家庭均是单亲家庭。

但是，对于绝大多数儿童来说，学前期阶段并不是一个混乱和剧变的时期，而是一个逐渐与世界更多互动的阶段。例如，就像我们看到的，学龄前儿童开始与他人发展真正的友谊。一个导致学龄前儿童发展友谊的主要原因是父母提供的温暖、支持的家庭环境。大量研究表明，与父母之间的强有力而积极的关系对儿童与他人之间的关系起到推动作用（Sroufe, 1994; Howes, Galinsky, & Kontos）。那么父母应该如何培养这样的关系呢？

有效的教养：传授令人满意的行为

当玛丽亚认为没有人看见的时候，她走进了哥哥阿历詹卓（Alejandro）的卧室，那里藏着哥哥最后的万圣节糖果。当她拿起哥哥装糖果的花生酱杯子时，妈妈走进了房间并立刻明白发生了什么。

如果你是玛丽亚的母亲，你认为下列反应中哪些是最合理的？

（1）告诉玛丽亚她必须立刻回到自己的房间待上一天，并且她将失去最喜欢的毛毯，这是她每天晚上睡觉和午睡时所盖的毯子。

（2）温和地告诉玛丽亚她所做的并不是一个好的行为，以后不应该再这么做。

（3）解释为什么她的哥哥阿历詹卓会难过，并且告诉她必须待在自己房里一个小时作为惩罚。

（4）忽略这件事，让孩子们自己解决。

这四种反应分别代表了黛安娜·鲍姆林德（Diana Baumrind, 1971, 1980）所定义，并经埃莉诺·麦考比（Eleanor Maccoby）及其同事修正的主要教养风格中的一种（Baumrind, 1971, 1980; Maccoby & Martin, 1983）。

专制型父母（authoritarian parents） 反应如第一种选择。他们控制、惩罚、严格、冷漠。他们的话就是法律，要求孩子无条件服从，不能容忍不同意见的存在。

放任型父母（permissive parents） 提供不严格且不一致的反馈，正如第二种选择。他们几乎不对孩子做出要求，并且不认为自己对孩子的行为结果负有很大的责任。他们很少限制孩子的行为。

权威型父母（authoritative parents）是坚定的，制定清晰且一致的规则限制。尽管他们倾向于相对严格，像专制型父母一样，但是他们深爱着孩子并给予他们情感支持。他们尝试与孩子讲道理，解释他们为什么应该按照特定的方式行事（"阿历詹卓会难过的"），并且与孩子交流他们所施加的惩罚的道理。权威型父母鼓励他们的孩子独立自主。

忽视型父母（uninvolved parents）实质上表现出对孩子没有兴趣，伴有漠不关心、拒绝等行为。他们在感情上疏离儿童，视自己的角色仅仅为喂养、穿衣以及为孩子提供庇护的场所。在最为极端的形式下，忽视型父母常常造成忽视（neglect）——儿童虐待的一种形式（4种模式总结于表8-3）。

父母所采取的特定教养方式会导致儿童行为上的差异吗？答案是一定会的——尽管正如你可能预期的那样，会有许多例外情况（Simons & Conger, 2007; Hoeve et al., 2008; Cheah et al., 2009）。

- **专制型父母的孩子更倾向于性格内向，表现相对较少的社交性** 他们不是非常友好，经常在同伴中表现不自在。专制型父母教养下的女孩特别依赖父母，但男孩往往表现出过分多的敌意。

- **放任型父母的孩子与专制型父母的孩子拥有很多同样不受欢迎的特点** 放任型父母教养下的孩子倾向于依赖和喜怒无常，而且他们的社会技能和自我控制能力很低。

- **权威型父母的孩子表现最好** 他们多表现为独立、友好对待同伴、自有主张而又具有合作精神。他们追求成就的动机很强，并且常获得成功且受人喜爱。无论在与他人的关系还是自我情绪调节方面，他们均能够有效调节自己的行为。

某些权威型父母还表现出一些特质，被称为支持性教养（supportive parenting），包括关怀（parental warmth）、积极主动的教育、纪律训练中的平静探讨，以及对儿童同伴活动的兴趣与参与。拥有支持型父母的儿童在日后可能遇到的逆境面前表现出更好的适应性，从而能够更好地保护自己（Pettit, Bates, & Dodge, 1997; Belluck, 2000; Kaufmann et al., 2000）。

- **忽视型父母的孩子表现最差** 父母的较少介入对他们情感发展产生了相当大的负面影响，导致他们感到不被爱和情感上的疏离，并且也阻碍了其身体和认知方面的发展。

尽管这种分类系统在鉴别和描述父母行为时十分有效，但它们不能解决所有问题。

> **专制型父母** 父母倾向于控制、惩罚、严格与冷漠，他们的话语就是法律。他们崇尚严格的、无条件服从，并不能容忍孩子表达不同意见。
>
> **放任型父母** 提供不严格且不一致的反馈的父母，他们几乎很少对孩子提出要求。
>
> **权威型父母** 父母是坚定的，制定清晰一致的规则限制，但试图给孩子讲道理，向他们解释为什么应该按照特定的方式行事。
>
> **忽视型父母** 父母表现出对自己的孩子几乎没有兴趣，伴有漠不关心、拒绝等行为。

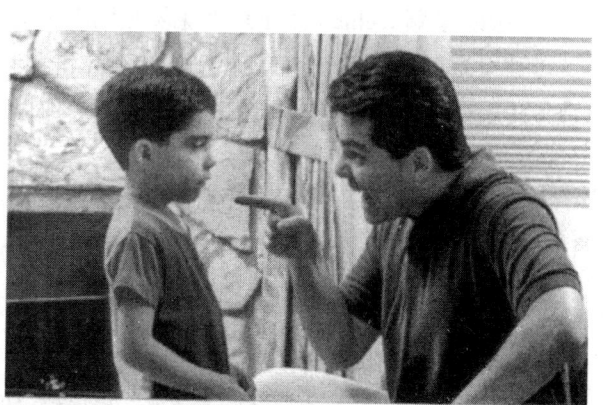

拥有权威型父母的儿童倾向于能够更好地适应环境，部分原因是父母提供了支持，并且花时间向他们解释事情。那么如果父母过分放任、过分专制，或过分忽视，结果又会怎样呢？

表 8-3　教养风格

父母对孩子的要求 父母对孩子的回应	有要求的	没有要求的
高回应性	**权威型** **特点：**坚定，制定清晰、一致的规则限制 **与孩子的关系：**尽管他们相对严格，就像专制型父母，但是他们深爱着孩子，并给予他们情感支持、鼓励孩子独立。他们也试图给孩子讲道理，向他们解释为什么应该按照特定的方式行为，并与孩子交流他们所施加的惩罚的道理。	**放任型** **特点：**不严格且不一致的反馈 **与孩子的关系：**他们几乎很少对孩子提出要求，且并不认为自己对孩子的行为结果负有很大的责任。他们对孩子的行为几乎不施加什么限制或控制。
低回应性	**专制型** **特点：**控制、惩罚、严格、冷漠 **与孩子的关系：**他们的话语就是法律，崇尚严格的、无条件服从，不能容忍孩子表达不同意见。	**忽视型** **特点：**表现出漠不关心、拒绝等行为 **与孩子的关系：**他们在感情上疏离，视自己的角色仅仅为喂养、穿衣及为孩子提供庇护的场所。在最为极端的形式下，这种教养方式会造成忽视——儿童虐待的一种形式。

教养与成长比这些分类要复杂得多！例如，在很多情况下，专制型父母和放任型父母的孩子发展得十分成功。

此外，绝大多数父母并不是完全一致的：尽管专制、放任、权威和忽视这些形式描述了大致的类型，有时父母还是会从他们的显性模式变换为另一种模式。例如，当儿童飞奔到马路中间，哪怕最懒散、放任的父母也会以苛刻、专制的方式做出反应，提出严厉的安全要求。在这种情况下，专制方式或许最为有效（Holden & Miller, 1999; Eisenberg & Valiente, 2002; Gershoff, 2002）。

儿童教养惯例的文化差异　要注意的是，我们刚刚讨论的这些关于儿童教养风格的发现主要应用在西方社会中。最为成功的教养模式可能在很大程度上依赖于特定的文化标准——以及按照恰当的教养惯例，特定文化中的父母被教授了什么（Rudy & Grusec, 2006; Keller et al., 2008; Yagmurlu & Sanson, 2009）。

例如，孝顺（chiao shun）的概念在中国文化中暗示父母应当严厉、严格地控制孩子的行为。父母被视为有责任培养他们的孩子遵从社会和文化下的适当行为标准，特别是良好的在校学业表现。儿童对纪律的接受与认同被视为尊敬父母的标志（Chao, 1994; Wu, Robinson, & Yang, 2002; Ng, Pomerantz, & Lam, 2007）。

中国父母通常对孩子的指示性很强，强迫他们表现优秀，与典型西方国家的父母相比更多控制孩子的行为。这一方法很有效：亚洲父母教养下的孩子倾向于非常成功，尤其在学业方面（Steinberg, Dornbusch, & Brown, 1992; Nelson et al., 2006）。

相反，美国父母通常被建议采用权威方法，并且明确指出应避免专制的方法。有趣的是，事情并不总是这样。直到第二次世界大战前，提出建议的著作中占主导地位的观点还是专制的方法，明显受到清教徒信仰中儿童带有"原罪"，或需要打破他们原有意志这类思想的影响（Smuts & Hagen,

1985）。

简而言之，社会上督促父母遵从的儿童教养惯例，反映了关于儿童本质以及父母的恰当角色及其支持系统的文化观点。没有一种单一的教养方式能够广泛适用，或一成不变地培养出成功的孩子（Wang & Tamis-LeMonda, 2003; Chang, Pettit, & Katsurada, 2006; Wang, Pomerantz, & Chen, 2007）。

类似地，重要的是记住，儿童教养惯例不是影响儿童发展的唯一因素。例如，兄弟姐妹和同伴的影响在儿童发展中扮演了重要角色。此外，儿童行为一部分来自他们独特的遗传天赋，并且他们的行为可以反过来塑造父母的行为。总的来说，父母的儿童教养惯例只是影响儿童的丰富的环境和遗传因素之一（Boivin et al., 2005; Loehlin, Neiderhiser, & Reiss, 2005）。

教养方式是否有效，取决于在特定文化下灌输给父母的恰当教养经验是什么。

儿童虐待与心理虐待：家庭生活的阴暗面

以下数字是触目惊心而令人痛心的：每天至少有5个孩子被他们的父母或照看者杀害，并且每年还有140,000个儿童受到身体上的伤害。每年约有300万美国儿童受到虐待或忽视。虐待有几种不同的形式，从身体虐待到到心理虐待（见图8-2；Briere et al., 1996; Parnell & Day, 1998; National Clearinghouse on Child Abuse and Neglect Information, 2004; U.S. Department of Health and Human Services, 2007）。

身体虐待 儿童虐待可能发生在任何家庭，无论家庭的经济条件或父母的社会地位如何。这种现象在生活于压力较大的家庭更为多见。贫穷、单亲和高于平均水平的婚姻冲突可能造成这样的环境。养父比亲生父亲更有可能对养子实施虐待。儿童虐待也会更多发生在父母间曾有暴力史的家庭（Kitzmann, Gaylord, & Holt, 2003; Litrownik, Newton, & Hunter, 2003; Osofsky, 2003; Evans, 2004）。表8-4列举了一些虐待的危险信号。

被虐待的儿童更有可能暴躁不安、抵制控制，且不容易适应新环境。他们更多出现头痛、胃痛和尿床等经历，通常更加焦虑，而且有可能

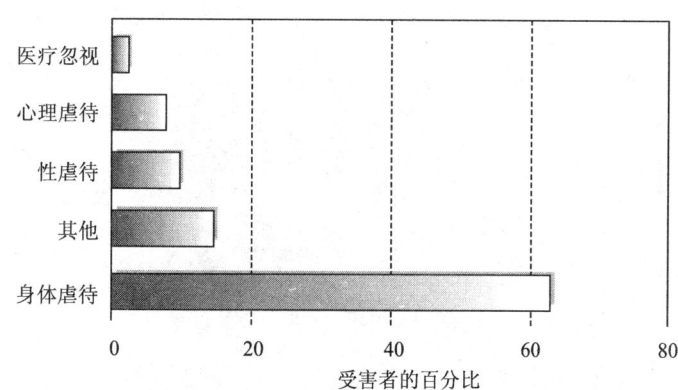

注：百分比的总和可能大于100%，因为某些受害者遭受多种形式的虐待。62.8%的受害者遭受忽视。

图8-2 儿童虐待的种类

忽视是最为常见的虐待形式。教育工作者和健康保健提供者怎样帮助识别儿童虐待的案例呢？

（Source: U.S. Department of Health and Human Services, Adminstration on Children, Youth and Families, 2007.）

> **表 8-4　儿童虐待的预警信号有哪些？**
>
> 因为儿童虐待是一种典型的秘密犯罪，对虐待受害者的识别尤为困难。但是，仍然有一些迹象能够暗示一名儿童是暴力的受害者（Robbins, 1990）：
>
> - 可见的、无合理解释的严重伤痕
> - 咬痕或颈部勒痕
> - 烟头烫伤或开水烫伤
> - 无明显原因的疼痛感
> - 对成人或照看者的恐惧
> - 暖和天气下的不适宜着装（长袖、长裤、高领外衣）——有可能为了掩饰颈部、手臂或腿部的伤痕
> - 极端行为——高度攻击性、极端顺从、极端内向
> - 对身体接触的恐惧
>
> 如果你怀疑某个儿童是攻击的受害者，你就有责任采取行动。打电话联系当地警察局或城市社会服务部门，或美国儿童帮助热线1-800-422-4453。找个教师或牧师谈谈。记住要果断行动，你可能真的会挽救一个人的生命。

出现发展迟滞。某些年龄段的儿童更容易成为虐待的目标：3~4岁与15~17岁儿童比其他年龄段的儿童更容易受到父母虐待（Straus & Gelles, 1990; Ammerman & Patz, 1996; Haugaard, 2000）。

当你考虑到受虐待儿童性格特点这一信息时，请注意把他们贴上由于受虐待而更加危险的标签并不能将受到虐待的责任推向他们；是实施虐待的家庭成员的错。统计结果仅仅表明，拥有这样特点的儿童更有可能成为家庭暴力的受害者。

身体虐待的原因　为什么会出现身体虐待呢？绝大多数父母当然无心伤害他们的孩子。事实上，对孩子实施虐待的父母，在事后大多会表达出困惑和对自己行为的后悔。

造成儿童虐待的一个原因是，被许可和不被许可的体罚形式之间界限模糊。美国社会的习俗认为打屁股不仅是可接受的，而且常常是必要的。几乎半数4岁以下儿童的母亲报告在前一周打过孩子，而且有近20%的母亲认为对一岁以下的孩子打屁股是合适的（Straus, Gelles, & Steinmetz, 2003; Lansford et al., 2005; Deb & Adak, 2006; Shor, 2006）。

不幸的是，"打屁股"与"殴打"之间的界限不清，且愤怒中开始的"打屁股"很容易上升为虐待。越来越多的科学证据表明，应该避免打孩子。尽管体罚可以得到即刻的顺从——孩子通常会中止导致挨打的行为——但会产生很多严重的长远副作用。例如，打屁股常伴随着低质量的亲子关系、孩子和家长较差的心理健康、更严重的不良行为，以及更多的反社会行为。此外，打屁股还给孩子提供了一个暴力和攻击行为的范例，让孩子觉得暴力是

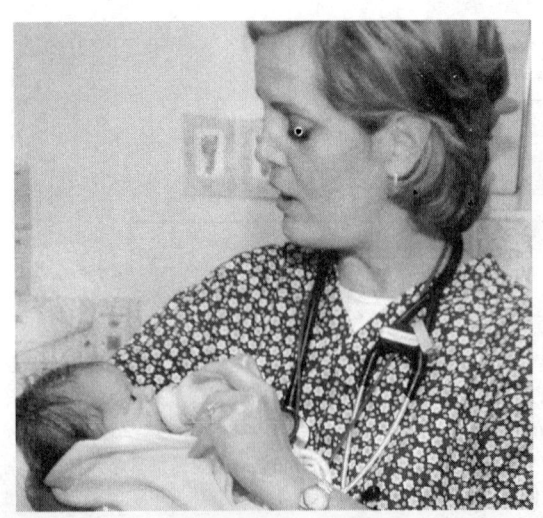

这个9天大的婴儿，名叫温尼（Vinnie），是被遗弃在教堂后面的台阶上之后被人发现的。后来他被一个家庭收养。

可以接受的解决问题的途径。因此，根据美国儿科学会的观点，不建议使用任何形式的体罚（Kazdin & Benjet, 2003; Afifi, et al., 2006; Zolotor et al., 2008）。

另一个导致虐待高发率的因素是西方社会儿童养育的隐私性。在其他许多文化下，儿童养育被看做几个人甚至整个社会的共同责任。在大多数西方文化下，尤其是美国，儿童教养是一种隐私的、独立的家庭行为。因为儿童教养仅仅被看做父母的责任，其他人通常不能在父母丧失耐心的时候介入并提供帮助（Chaffin, 2006; Elliott & Urquiza, 2006）。

有时，虐待的产生是源于成人对儿童在特定年龄阶段保持安静和顺从能力的不切实际的过高期望。当儿童不能达到这些不切实际的期望时可能就会招致虐待（Peterson, 1994）。

暴力循环假说（the cycle of violence hypothesis） 很多时候，对儿童施虐的人在童年时期自己就曾遭受过虐待。根据暴力循环假说，童年时期遭受的忽视与虐待使儿童更倾向于在成年后忽视或虐待自己的孩子（Miller-Perrin & Perrin, 1999; Widom, 2000; Heyman & Slep, 2002）。

根据这一假说，虐待的受害者从他们的童年经历中学到暴力是一种恰当且可以接受的处罚形式。暴力可能会代代相传，因为每一代继承者都在一个虐待、暴力的家庭中习得了虐待的行为方式（并且没有学会不以身体暴力来解决问题和实施惩罚的技能）（Straus, Sugarman, & Giles-Sim, 1997; Blumenthal, 2000; Ethier, Couture, & Lacharite, 2004）。

孩童时期受到虐待并不一定导致对自己孩子的虐待。事实上，统计数据显示仅有三分之一童年曾受虐待或忽视的人虐待自己的孩子；其余三分之二的童年曾受虐待个体并没有成为虐待儿童者。很明显，童年时期遭受虐待并不能充分解释成人虐待儿童的行为（Cicchetti, 1996; Straus & McCord, 1998）。

心理虐待（psychological maltreatment） 儿童也可能成为更为隐蔽虐待形式的受害者。心理虐待是父母或其他照看者伤害儿童的行为、认知、情感或身体功能时所发生的虐待。它可能是外显的行为或忽视之后的结果，也可能出现在这一过程中（Hart, Brassard, & Karlson, 1996; Higgins & McCabe, 2003）。

例如，施虐的父母可能会恐吓、贬低或羞辱自己的孩子，从而胁迫并折磨他们。这样使得儿童感到自己是令人失望或失败的，或可能被父母持续提醒自己是他们的负担。父母可能告诉孩子，他们希望自己从未有过孩子，并且希望孩子从未出生过。儿童可能受到被抛弃甚至死亡的威胁。在另外一些例子中，大一点的儿童可能会遭受剥削。父母强迫他

> **暴力循环假说** 这一理论认为儿童遭受的虐待与忽视使他们成年以后更倾向于对自己的孩子实施虐待或忽视。
>
> **心理虐待** 当父母或其他照看者伤害儿童的行为、认知、情感，或身体功能的时候所发生的虐待。

在这个大家庭中有两个孩子宣称受到了父母的虐待，而且严重营养不良，但其他孩子却似乎得到了很好的照顾。是什么原因造成了这种不正常的情况呢？

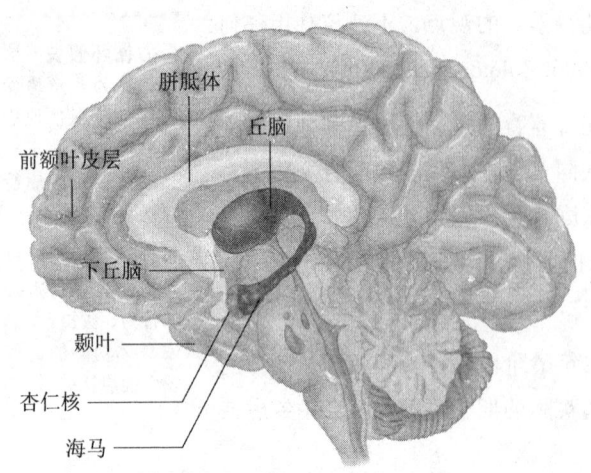

图 8-3 虐待改变脑结构
边缘系统，包括海马和杏仁核，作为儿童虐待的结果，可能被永久地改变（Source: Scientific American, 2002.）

们找工作并将所得收入交给父母。

在其他心理虐待的案例中，虐待以忽视的形式呈现出来。父母会忽略孩子或表现出情感上的不负责任，在这种情况下，儿童可能会承担不现实的责任或被抛弃而需自己谋生。没有人知道每年有多少心理虐待案件发生，因为并没有人常规地搜集过将心理虐待和其他形式的虐待区分开的数据。绝大多数的心理虐待隐秘地发生在家里。

此外，心理虐待通常不会造成如烫伤或骨折等能够引起医师、教师或其他权威人士注意的身体伤害。因此，许多心理虐待的案件很有可能没有被识别出来。但是，有一点是清楚的：心理虐待最为常见的形式是对儿童不加监护和照顾的完全忽视（Hewitt, 1997）。

心理虐待的后果是什么？一些儿童从虐待中恢复过来成长为心理健康的成年人，但在许多案例中，虐待造成了持久性的伤害。例如，心理虐待常常伴随儿童在学校的低自尊、撒谎、品行不端和学习成绩不理想。在极端的案例中，它有可能造成犯罪行为、攻击和谋杀。在另一些案例中，遭受心理虐待的儿童变得沮丧、消沉，甚至自杀（Eigsti & Cicchetti, 2004; Koenig, Cicchetti, & Rogosch, 2004; Allen, 2008）。

心理以及其他形式的虐待造成许多消极后果的一个原因是，受害者的大脑因为遭受虐待而产生了永久性的改变（见文前彩图8-3）。例如，童年遭受虐待可能导致成年后杏仁核与海马结构缩小。由于涉及记忆和情绪调节的边缘系统过度兴奋，虐待带来的恐惧也可能导致大脑产生永久性改变，从而导致成年期的反社会行为（Watts-English et al., 2006; Rick & Douglas, 2007; Twardosz & Lutzker, 2009）。

顺应力：克服逆境

我们承认各种形式的儿童虐待可能会带来身体、心理和神经上的严重伤害，但很明显，并不是所有有虐待经历的儿童都会经受永久性创伤。实际上，就他们所遇到的问题来看，一些儿童的表现确实相当好。是什么能够使这些儿童克服在大多数情况下困扰其他人一生的压力与创伤呢？

答案就是心理学家所定义的一种品质——顺应力。**顺应力**（resilience）是一种克服将儿童置于心理或身体伤害的高风险环境的能力，例如极度的贫困、出生前的应激，或受暴力或其他形式社会混乱困扰的家庭。在特定情况下，一些因素似乎能够降低或消除这些儿童对艰难环境的反应，而这些艰难环境在其他人身上可能造成深远的消极影响（Luthar, Cicchetti, & Becker, 2000; Trickett, Kurtz, &

顺应力 克服将儿童置于心理或身体伤害的高风险环境的能力。

Pizzigati, 2004; Collishaw et al., 2007）。

根据发展心理学家埃米·沃纳（Emmy Werner）的观点，顺应力强的儿童倾向于具备能够激发很多照看者积极反应的气质。他们充满深情、随和，并且性情温和。他们像婴儿一样容易抚慰，并且能够引发任一环境中的绝大多数养育者的关怀。因此，在某种意义上，顺应力强的儿童能够通过激发别人对他们自身发展有利的行为而成功创造自己的环境（Werner, 1995; Werner & Smith, 2002; Martinez-Torteya et al., 2009）。

我的发展实验室

登录我的发展实验室，观看视频片段"社会戏剧性游戏"，看学龄前儿童参与不同种类的社会性游戏。

相似的特质也与年长儿童的顺应力有关。最具顺应力的学龄儿童在社交方面令人愉悦、对人友善，并具有良好的沟通能力。他们相对比较聪明而且独立，认为自己能够塑造自己的命运而不是依赖他人或运气（Curtis & Cicchetti, 2003; Kim & Cicchetti, 2003; Haskett et al., 2006）。

顺应力强的儿童的特点提供了未来改善那些面对一系列发展性威胁的儿童的方法。例如，在首先减少将他们置于风险之中的那些因素的基础上，我们需要通过教育增强他们处理这种情况的能力。事实上，成功帮助弱势儿童的计划拥有一个共同的思路：他们提供具有能力和关怀之心的成人榜样，教这些儿童问题解决的技能，并且帮助他们将自己的需要告诉那些能够为他们提供帮助的人（Davey et al., 2003; Maton, Schellenbach, & Leadbeater, 2004; Condly, 2006）。

发展的多样性

调教儿童

如何最有效地调教儿童已经成为世世代代讨论的问题，今天来自发展心理学家的答案包括了下列建议（O'Leary, 1995; Brazelton & Sparrow, 2003; Flouri, 2005）：

- 对于大多数西方文化下的儿童，权威型的养育最有效。父母应该严格一致，对令人满意的行为给出清晰的指导。权威型的训练者提供规则，但是他们用儿童可以理解的语言向他们解释为什么要制定这些规则。

- 打屁股绝对不是一种合适的调教方法，根据美国儿科学会的观点。打屁股不仅相对于其他纠正不适宜行为的方法效果更差，还会导致额外的有害后果，如更多攻击行为的可能性（American Academy of Pediatrics, 1998）。

- 使用计时隔离进行惩罚，意味着儿童在做错事后，在一段时间之内不允许参与他们喜欢的活动。

- 调整父母的调教行为以适应儿童及情境的特征。试着记住儿童的特定个性，并据此调整针对他们的调教行为。

- 利用惯例（如洗澡惯例、上床睡觉惯例等）来避免冲突。例如就寝时间可能就是一个导火索，导致坚定的父母和反抗的儿童之间一晚上的斗争。父母可以用一些愉快的策略来赢得儿童的顺从——例如每晚就寝前例行地阅读故事，或者跟儿童来场"摔跤"比赛，来平息这种潜在的争斗。

复习

- 在学前期阶段,儿童在个人性格、信任和共同兴趣的基础上发展出他们最初真正的友谊。
- 学龄前儿童的游戏特征随时间而不断变化,变得更加复杂、互动和合作,并且逐渐依赖社会技能。
- 有几种不同的养育风格,包括专制型、放任型、权威型和忽视型。
- 文化对养育风格有很强的影响。
- 一些儿童会遭受家庭成员的虐待。

应用毕生发展

- 在二战之后的美国,什么文化和环境因素使得专制型的养育方式转变为权威型的养育方式?还有什么其他的转变吗?
- **从一个教育工作者的视角看问题**:一名幼儿园老师如何鼓励一个害羞的儿童加入一群正在玩耍的学龄前儿童中去呢?

8.3 道德发展和攻击行为

在幼儿园的点心时间,玩伴简(Jan)和梅格(Meg)检查了各自餐盒里的甜食。简看到了两块美味的奶油饼干,梅格的点心则是不怎么诱人的胡萝卜芹菜条。当简开始大声咀嚼饼干时,梅格看着她的蔬菜条开始哭泣。简对梅格悲伤的反应是把自己另一块饼干给了她,梅格很高兴地接受了。由此可以看出,简能够将自己放到梅格当时的位置,理解梅格的想法和感受,并且做出富有同情心的举动(Katz, 1989, p. 213)。

在这个短短的场景中,我们可以看到在学龄前儿童身上许多道德的关键要素。儿童对于什么在伦理上是对的,以及什么是正确的行为举止的观点的变化,是学前期阶段成长的重要方面。

同时,学龄前儿童所表现出的攻击行为也在发生着变化。我们可以这样认为,作为人类行为的两个相反方面,道德和攻击的发展都与有关他人意识的增长密切相关。

道德发展:遵循社会的是非标准

道德发展(moral development)是指人们的公正感、对于正确与否做出判断的意识以及与道德问题相关的行为的变化。发展学家已经依据儿童对道德的推理、对道德堕落的态度,和面对道德问题时的行为等方面考虑了道德发展。在研究道德发展的过程中,心理学家已经发展出一些理论。

皮亚杰关于道德发展的观点 儿童心理学家皮亚杰是最早研究道德发展问题的学者之一。他提出道德发展就像认知发展一样是阶段性的（Piaget, 1932）。最初阶段是一个广泛的道德思维模式，他称之为他律道德（heteronomous morality），其中的规则被视为恒定且不可变。在这个阶段中（4~7岁），儿童假设有一个且只有一个方式进行游戏，任何其他方式都是不对的，他们严格地按照这个规则玩游戏。但是同时，学龄前儿童可能无法完全掌握游戏规则，结果一群儿童在一起玩，每一个儿童都有稍许不同的游戏规则，但他们还是很开心地一起玩。皮亚杰指出每一位儿童都会"赢"得这种游戏，因为赢等同于玩得开心，而不是真正和他人竞争。

> **道德发展** 人们的公正感、对于正确与否做出判断的意识以及与道德问题相关的行为的变化。

严格的他律道德最终会被两个后续的道德阶段所取代：初始合作和自主合作。正如字面意思所表明的那样，在初始合作阶段（incipient cooperation stage，对应于7~10岁），儿童游戏的社会化变得更加清晰。儿童习得了正式的游戏规则，并根据这一共享知识来玩游戏。因此，规则仍然可以看做是大致不可变的。此时存在一个玩游戏的"正确"方式，初始合作阶段的儿童根据这些正式的游戏规则来进行游戏。

直到自主合作阶段（autonomous cooperation stage，大概从10岁开始），儿童充分意识到如果一起游戏的人同意，正式的游戏规则就可以更改。后期道德发展向更复杂形式的转变（我们将在第十二章中探讨）反映出学龄儿童理解了游戏的规则是被人们创造出来的，而且可以根据人们的意愿来更改。

然而直到后一阶段，儿童对规则及公平问题的推理还局限在具体方面。例如，思考以下两个故事：

> 小男孩约翰（John）在他的房间里，家人叫他吃饭，他走向餐厅。但是在餐厅的门后有一把椅子，上面是摆放了15个杯子的托盘。约翰推开门，门碰翻了托盘，里面的15个杯子都摔碎了。

> 另一个小男孩叫做马尔塞洛（Marcello）。一天当他的妈妈不在家时，他想从碗橱里拿些果酱吃。他爬上了椅子使劲伸手去够果酱，但是果酱放得实在太高，他够不着。但是在这个过程中，他碰掉了一个杯子。杯子摔碎了。（Piaget, 1932, p. 122）

皮亚杰发现，在他律道德阶段的学龄前儿童判断摔碎15个杯子的儿童要比摔碎一个杯子的儿童更不好。相反，已经度过他律道德阶段的儿童认为摔碎一个杯子的儿童更淘气，原因是处于他律道德阶段的儿童不考虑意图。

在他律道德阶段的儿童同样相信内在公正（immanent justice），意思是违反规定立即招致惩罚。学龄前儿童相信只要做错了事就会立即受到惩罚，即使没有人看到他们做错

学龄前儿童相信内在公正。图中这名儿童担心自己将会受到惩罚，即使没有人看到他做坏事。

亲社会行为 有利于他人的帮助行为。

事。相反，年长儿童知道做错事的惩罚是由其他人来决定和执行的。过了他律道德阶段的儿童能够理解判断违反规则的严重性基于是否他们故意做错事。

评价皮亚杰关于道德发展的观点 最近的研究表明，尽管皮亚杰有关道德发展过程的描述是正确的，但是他的理论遭受了和他关于认知发展的理论一样的问题。皮亚杰又一次低估了儿童获得道德能力时的年龄。

现在很清楚，学龄前儿童在3岁左右就已经理解了意图的概念，这使得他们基于意图做出判断的年龄早于皮亚杰假设的年龄。尤其是在提出强调意图的道德问题时，学龄前儿童也会判断有意使坏的儿童比无心犯错的儿童更加"淘气"，虽然无心犯错的那个造成更大的损失。此外，到4岁的时候，儿童就可以判断有意撒谎是不对的（Yuill & Perner, 1998; Bussey, 1992）。

道德的社会学习观点 道德发展的社会学习观点则与皮亚杰的理论完全相反。皮亚杰强调学龄前儿童认知发展的局限如何导致道德推理的特定形式，而社会学习理论更加关注学龄前儿童所处的环境如何使他们产生**亲社会行为**（prosocial behavior），即有利于他人的帮助行为（Eisenberg, 2004; Spinrad, Eisenberg, & Bernt, 2007）。

社会学习理论建立在行为理论（第一章中讨论过）的基础上。它们承认儿童表现出某些亲社会行为，是因为他们以道德适宜方式做出的行动得到了正强化。例如，当克莱尔（Claire）的母亲在她给弟弟丹（Dan）分享饼干后称她是一个"好女孩"时，克莱尔的行为得到了强化。其结果是，之后克莱尔更愿意做出与他人分享的行为（Ramaswamy & Bergin, 2009）。

然而，社会学习理论更进了一步，认为并不是所有亲社会行为都会直接表现出来并被强化。根据社会学习理论，儿童还可以通过观察称为榜样的他人的行为来间接学习道德行为（Bandura, 1977）。儿童模仿由于行为而获得强化的榜样，最终学会自己表现出这些行为。例如，当克莱尔的朋友杰克看到克莱尔和弟弟分享糖果，并因此受到表扬的时候，杰克更有可能在以后某个时刻自己也表现出这种分享行为。

共情的萌芽发展得很早。到2~3岁时，儿童会为其他儿童或成人提供礼物，并自发地和他们共享玩具。

相当多的研究表明，榜样和社会学习的力量对于塑造学龄前儿童的亲社会行为的影响非常大。例如，实验已经表明，看到某人慷慨行为的儿童更倾向于模仿榜样，当把他们放到相似环境中时，他们随后也会表现出慷慨行为。反面也同样成立：如果一个榜样举止非常自私，观察到这种行为的儿童倾向于自己也表现出自私行为（Hastings et al., 2007）。

并非所有榜样对于塑造亲社会行为都有

相同的效果。例如，相比那些看起来较冷漠的成人，儿童更倾向于模仿友善的、有回应的成人行为（Yarrow, Scott, & Waxler, 1973; Bandura, 1977）。另外，看起来具有很强竞争力或很高威望的榜样比其他人更加有效。

儿童并不只是简单地、不假思索地模仿看到的其他人得到奖赏的行为。通过观察道德行为，社会规范提醒他们从家长、教师以及其他权威人物那里传递过来的道德行为的重要性。他们注意到特定情境和某些行为之间的联系。这就增加了在相似情境激发观察者相似行为的可能性。

由此，模仿为**抽象模仿（abstract modeling）**过程中更普遍规则和原则的发展铺平了道路。相对于总是模仿他人的特定行为，更大一点的学龄前儿童开始发展出构成他们所观察行为的基础的概化原则。在观察到榜样由于做出符合道德期望的行为而受到奖励的重复事件时，儿童开始了对道德行为的普遍原则的推断和学习（Bandura, 1991）。

共情和道德行为 **共情（emphy）**是对其他个体的感受的理解。根据一些发展学家的观点，共情是道德行为的核心。

共情的萌芽发展得很早。一岁婴儿听到其他婴儿哭泣也会哭出来。到2~3岁时，儿童会为其他儿童或成人提供礼物，并自发地和他们共享玩具，即使他们是陌生人（Zahn-Waxler & Radke-Yarrow, 1990）。

在学前期阶段，共情一直在发展。一些理论家认为，不断增长的共情——还有其他正性情绪（如同情、钦佩）——使得儿童表现出更加道德的行为方式。另外，一些负性情绪——如对不公平情形的愤怒或对以前的违规行为感到羞愧——也能促进儿童道德行为的发展（Valiente, Eisenberg, & Fabes, 2004; Decety & Jackson, 2006）。

负性情绪会有助于道德发展的说法最早是弗洛伊德在他的精神分析人格发展理论中提出来的。回想一下第一章的内容，弗洛伊德认为，儿童的超我（人格中代表了社会允许做什么、不允许做什么的那一部分）是通过对俄狄浦斯冲突的解决而发展出来的。儿童认同他们的同性父母，整合父母的道德标准以避免由俄狄浦斯情结带来的无意识负罪感。

无论我们是否接受弗洛伊德对于俄狄浦斯情结以及产生的负罪感的解释，他的理论与最近的发现是一致的。这表明学龄前儿童避免体验负性情绪的企图有时会导致他们以更加道德、有益的方式行事。例如，儿童帮助他人的一个原因是为了避免当他们面对他人的不快乐和不幸时所体验到的个人悲伤（Valiente, Eisenberg, & Fabes, 2004; Eisenberg, Valiente, Champion, 2004）。

学龄前儿童的攻击和暴力行为

4岁的杜安（Duane）再也克制不了他的愤怒和挫折感了。虽然他向来脾气温和，但当叶苏（Eshu）开始嘲笑他裤子上的裂缝并且喋喋不休地持续了几分

抽象模仿 模仿为更普遍规则和原则的发展铺平道路的过程。

共情 理解其他个体的感受。

攻击行为，包括身体和言语上的，存在于整个学前期阶段。

> ▼ **我的发展实验室**
>
> 登录我的发展实验室，观看视频片段"关系性攻击"和"反应性攻击"，更好地理解攻击行为的类型，及其在儿童身上的表现。

钟后，杜安终于发作了。他冲向叶苏，把他推倒在地，开始用紧握的小拳头打他。因为杜安太过激动发狂，他的攻击并没有造成很大的伤害，但也足够在幼儿园老师赶到之前让叶苏尝到了苦头，大哭起来。

学龄前儿童的攻击行为还是相当普遍的，尽管类似的例子并不多见。潜在的言语攻击、互相推搡（shoving matches）、脚踢以及其他形式的攻击都存在于整个学前期阶段，尽管等儿童长大一些的时候攻击行为所表现出的严重程度会有所变化。

叶苏对杜安的讥笑同样也是一种攻击。**攻击（aggression）**是对另外一个人有目的的侮辱或伤害（Berkowitz, 1993）。婴儿不会表现出攻击行为，很难说他们的行为意在伤害他人，即使他们不经意地试图去这样做。相反，等儿童进入了学前期阶段，他们就表现出了真正的攻击。

在学前期阶段的早期，一些攻击行为是为了达到一个特定目的，例如从另一个人那里抢走玩具或霸占另一个人所占据的特定空间。因此，从某种意义上来说攻击不是有意的，小小的混战可能事实上正是学前期阶段早期生活中典型的一部分。那种从未表现出或只是偶然表现出攻击行为的儿童是非常罕见的。

另一方面，极端和持续的攻击行为必须要引起关注。大部分儿童在学前期阶段随着年龄的增长，其攻击行为的数量、频率和每次攻击行为的持续时长都会下降（Persson, 2005）。

儿童的人格和社会性发展对攻击行为的减少有所贡献。在学前期阶段，儿童能够越来越好地控制他们正在体验的情绪。**情绪的自我调节（emotional self-regulation）**是将情绪调整到一个理想的状态和强度水平上的能力。从2岁开始，儿童就能够说出他们的感受，并且能够运用策略来调节这些感受。当他们再长大一些的时候，就能运用更为有效的策略，学会更好地对付消极情绪。除了自我控制能力的增长，像我们所见到的那样，儿童也能够发展出老练的社会技能。大多数儿童能够使用语言来表达自己的愿望，而且他们也越来越擅长与他人进行协商谈判（Philippot & Feldman, 2005; Zeman et al., 2006; Cole et al., 2009）。

尽管攻击行为会随年龄增长出现普遍下降的趋势，一些儿童却在整个学前期阶段持续地表现出攻击性。此外，攻击性是一种相对稳定的特质：攻击性最强的学龄前儿童似乎到了学龄期还是攻击性最强的儿童，攻击性最弱的学龄前儿童似乎也会发展成攻击性最弱的学龄儿童（Tremblay, 2001; Schaeffer, Petras, & Ialongo,

---

攻击 对另外一个人有目的的侮辱或伤害。

情绪的自我调节 将情绪调整到一个理想的状态和强度水平上的能力。

2003; Davenport & Bourgeois, 2008）。

男孩通常比女孩表现出更高水平的身体攻击和工具性攻击。**工具性攻击**（instrumental aggression）是指被达成具体目标的愿望所驱动的攻击，例如想得到另一个儿童正在玩的玩具所发动的攻击。

另一方面，尽管女孩表现出的工具性攻击行为较少，但她们也一样富有攻击性，只是与男孩所表现的方式不同。女孩更可能使用**关系攻击**（relational aggression），是意在伤害另一个人感受的非身体攻击。这种攻击可能表现在称呼上，朋友断交，或只是简单地说一些刻薄、引起痛苦的事情使对方难受（Werner & Crick, 2004; Murray-Close, Ostrov, & Crick, 2007; Valles & Knutson, 2008）。

攻击的根源　我们怎么来解释学龄前儿童的攻击行为呢？一些理论家认为攻击行为是一种本能，是人类固有的一部分。例如，弗洛伊德的精神分析理论认为，我们都被性和攻击本能所驱动（Freud, 1920）。根据习性学家康拉德·洛伦茨（他也是一名动物行为专家）的观点，动物（包括人类）共同享有一种战斗本能，即从原始的保护领土、保持稳定的食物供给，以及淘汰较弱动物的动机中衍生出来的本能（Lorenz, 1966, 1974）。

相似的争论来自进化理论学家和社会生物学家（思考社会行为的生物根源的科学家）。他们认为，攻击行为导致交配机会的增加，从而增加了个体的基因向下一代传递的可能性。另外，攻击行为从整体上有助于加强物种及其基因库，因为最强壮的个体将存活下来。最终，攻击本能将促进个体的基因向下一代传递的生存机会（Archer, 2009）。

尽管对于攻击行为的本能解释是符合逻辑的，但是大多数发展学家认为这还不够。本能解释不仅没有考虑到人类随着年龄增长而越来越复杂的认知能力，而且相对缺乏实证支持。对于判断儿童和成人什么时候以及如何进行攻击行为，它也不能给出什么指导，只能指出攻击行为是人类固有的一部分。因此，发展学家已经转向用其他方法来解释攻击行为和暴力行为。

攻击行为的社会学习理论　在杜安推倒叶苏之后的第二天，目睹整个过程的林恩（Lynn）和伊利娅（Ilya）争执起来。她们先是斗嘴，然后林恩把手攥成拳头试图击打伊利娅。幼儿园老师被吓坏了，因为林恩很少生气，她以前从未表现得如此有攻击性。

这两件事情之间有什么联系吗？大多数人会认为有联系，尤其是如果我们赞成社会学习的观点，即认为攻击在很大程度上是习得行为，就更是如此。关于攻击的社会学习理论认为，攻击基于观察和先前的学习。那么，为了理解攻击行为的原因，我们应该看看儿童生长环境中的奖惩系统。

关于攻击的社会学习理论强调，社会和环境条件如何导致个体具有攻击性。这一想法来自认为攻击行为通过直接强化而习得的行为主义观点。例如，学龄前儿童通过攻击性地拒绝同伴分享的要求，他们就能一直独占最喜欢的玩具。用传

工具性攻击　被达成具体目标的愿望所驱动的攻击。

关系性攻击　意在伤害另一个人心理感受的非身体攻击。

图8-4 效仿攻击
这一系列图片来自阿尔伯特·班杜拉经典的Bobo玩偶实验，该实验旨在说明攻击的社会学习。图片清楚地显示出成人榜样的攻击行为（第一排）是如何被目击的儿童所模仿的（第二、三排）。

统的学习理论的说法，他们因为做出攻击行为而受到强化（一直独占玩具），因此日后他们将更有可能表现出攻击行为。

但是社会学习理论认为，强化也很少通过直接的方式呈现出来。很多研究提出与攻击性较强的榜样的接触导致了攻击性的增加，尤其是当观察者本身处于生气、受辱或者挫败的状态下。例如，阿尔伯特·班杜拉及其同事在一项关于学龄前儿童的经典研究中说明了榜样的力量（Bandura, Ross, & Ross, 1963）。一组儿童观看成人攻击性地、粗暴地对待Bobo玩偶（一个大的充气塑胶小丑，是为儿童设计的拳击吊袋，推倒之后还能够恢复到原来站立的姿势）的影片。作为对比，另外一组儿童观看成人安静地玩Tinkertoys（成人玩的万能工匠玩具）（见图8-4）。之后，实验者让学龄前儿童玩很多玩具，其中包括Bobo玩偶和Tinkertoys。但是开始时，实验者不让这些儿童玩自己最喜欢的玩具，以导致他们感到沮丧。正如社会学习观点预测的那样，这些学龄前儿童模仿了成人的行为。看到粗暴对待Bobo玩偶的榜样的儿童比那些看到平静地玩Tinkertoys的榜样的儿童更具有攻击性。

随后的研究支持了这项早期研究，显然与高攻击性榜样的接触增加了一部分观察者效仿攻击行为的可能性。这些发现意义深远，尤其对于生活在充满了暴力事件社区里的儿童来说。例如，一项在市立公共医院进行的调查发现，在6岁以下儿童中，有十分之一声称目击过枪击或者刺伤事件。其他研究指出在一些生活在城市街区的儿童中，三分之一看到过杀人，三分之二看到过严重袭击。如此频繁的暴力现象一定会增加目击者自身表现出攻击行为的可能性（Fraver & Frosch, 1996; Farver et al., 1997; Evans, 2004）。

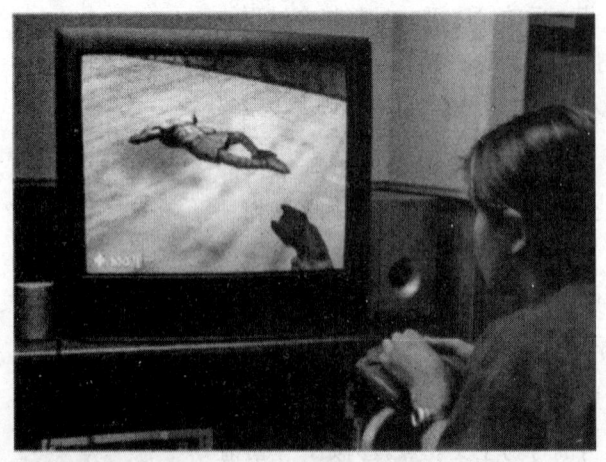

对攻击的社会学习解释认为，儿童对于电视上攻击行为的观察会导致实际的攻击行为。

观看电视上的暴力，有关系吗？ 即使在实际生活中不曾目击过暴力的儿童，他们大多数也通过电视媒体接触到攻击行为。实际上，儿童电视节目（69%）包括比其他节目

（57%）更高程度的暴力。在平均一个小时的时间里，儿童节目包含的暴力事件超过了其他节目中的两倍（见图8-5；Wilson, 2002）。

如此高水平的电视暴力加上班杜拉等人关于效仿暴力的研究结果，不得不使我们关注一个重要的问题：观看攻击行为是否会增加儿童（以及他们成年后）参与真正的——最终致命的攻击行为？很难确切地回答这个问题，主要是因为无法对实验室之外的真实情景进行研究。尽管很明显对于电视攻击行为的实验室观察导致了更高水平的攻击性，但证据只是表明现实世界中目睹攻击与随后的攻击行为之间存在相关（思考一下，如果我们要进行涉及儿童观看习惯的真正实验，需要做哪些工作？可能需要我们在儿童的家里，控制他们在较长的一段时间里对电视节目的观看情况。让一些儿童观看一定量的暴力节目，另外一些儿童则观看非暴力节目——大多数家长是不会同意的）。

尽管事实上研究结果主要是相关关系，但源源不绝的研究证据足以清晰表明观看电视暴力的确会导致随后的攻击行为。纵向研究也发现，偏好暴力电视节目的8岁儿童和他们到30岁时犯罪行为的严重程度有关。其他证据支持了这样一个观点：观看媒体暴力将导致儿童更轻易地做出攻击行为、欺凌行为，而且对暴力受害者遭受的伤害不敏感（Slater, Henry, & Swaim, 2003; Ostrov, Gentile, & Crick, 2006; Christakis & Zimmerman, 2007）。

电视并不是媒体暴力的唯一来源。许多视频游戏也包括了大量的攻击行为，而且很大一部分儿童都在经常玩这些游戏。例如，14%的3岁及以下儿童和大约50%的4~6岁儿童都在玩视频游戏。关于成人的研究表明，玩暴力视频游戏与表现出攻击行为有关，因此玩暴力视频游戏的儿童将更有可能表现出攻击性（Anderson et al., 2004; Barlett, Harris, & Baldassaro, 2007; Polman, de Castro, & van Aken, 2008）。

幸运的是，导致学龄前儿童通过电视和视频游戏习得攻击行为的社会学习原则也提供了降低媒体负面影响的方法。例如，明确地教导儿童用更怀疑和批判的眼光看待暴力。教导他们暴力不是真实世界的表征，观看暴力行为会给他们带来负面的影响，以及他们不应该模仿电视上看到的暴力行为，这些会帮助儿童以不同的视角来观看暴力节目，更少地受它们的影响（Persson & Musher-Eizenman,

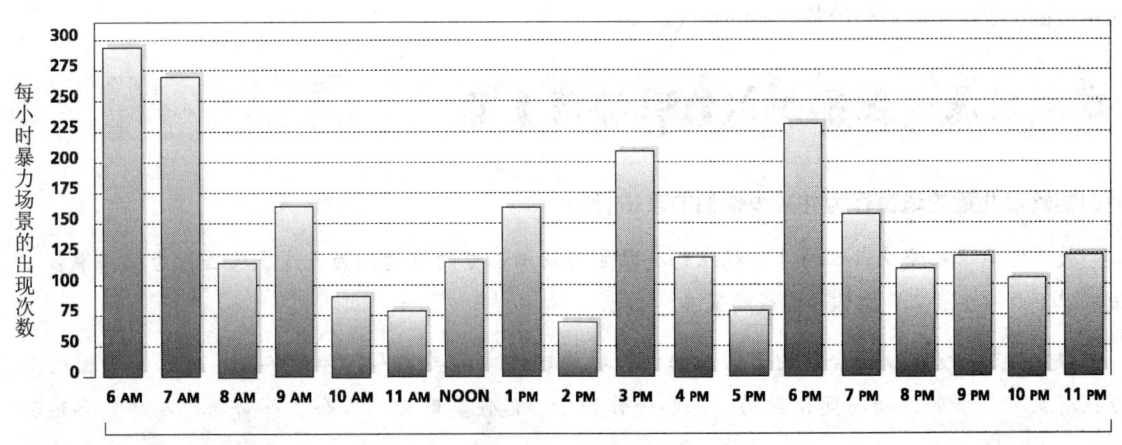

图 8-5 暴力行为
一项对于某一工作日的主要电视网络以及若干有线频道播出节目的暴力行为的调查发现，在每个时间段都有暴力行为。你认为电视中对于暴力行为的描述是否应该受到管制？
(Source: Center for Media and Public Affairs, 1995)

2003; Donnerstein, 2005）。

此外，正如接触高攻击性榜样导致攻击行为，观察非攻击性榜样就会减少攻击。学龄前儿童不仅从他人那里习得如何具有更高的攻击性，也能够习得如何避免冲突和控制攻击行为，这就是我们接下来将要讨论的。

攻击行为的认知理论：暴力背后的观念　　两个儿童在踢球，当他们同时去接球时无意中撞在了一起。其中一个儿童的反应是道歉；另一个则推搡着对方，生气地说"够了！"

尽管事实是两个人对这个小事件应该负同等的责任，但是却产生了完全不同的反应。第一个儿童把这个看成意外，第二个却看成挑衅而且其反应具有攻击性。

关于攻击的认知理论认为，理解道德发展水平的关键是考察学龄前儿童对他人行为以及当时情境的解释。根据发展心理学家肯尼思·道奇（Kenneth Dodge）及其同事的研究，一些儿童比另一些更倾向于认为行为具有攻击性动机。他们无法注意到情境中的适宜线索，也不能准确地解释在给定情境中的行为。相反，他们常常错误地假定发生的事情和别人的敌意有关。随后，在决定他们如何反应的时候，其行为的依据就是那些错误的理解。总之，他们可能对事实并不存在的情况做出攻击性的反应（Petit & Dodge, 2003）。

例如，考虑一下杰克（Jake）的情况。他和加里（Gary）在桌子上画画。杰克伸出手，拿走了加里接下来要用的红色蜡笔。加里马上认为杰克"知道"他要用这只红色蜡笔，杰克拿走它真是非常卑劣。基于这种解释，加里打了"偷"他蜡笔的杰克。

尽管关于攻击的认知理论对导致一些儿童表现出攻击行为的过程提供了描述，却不能成功地解释某些儿童为什么成了不能准确知觉情境的个体。此外，它也无法解释为什么此类不准确的感知者如此轻易地用攻击来反应，以及他们为什么认为攻击是适当的甚至是理想的反应。

另一方面，关于攻击的认知理论在指出减少攻击性的手段方面是有用的：通过教会学龄前儿童更准确地解释情境，我们可以引导他们不要轻易认为别人的行为具有敌意动机，结果就不太可能用攻击本身进行反应。在"成为发展心理学知识的明智消费者"专栏中的指导方针是基于我们在本章讨论过的关于攻击和道德的各种理论观点。

成为发展心理学知识的明智消费者

增加学龄前儿童的道德行为并减少他们的攻击行为

关于学龄前儿童攻击性的许多观点都有助于为鼓励儿童的道德行为并减少攻击行为提供很多方法。以下是一些最容易操作和完成的策略。

· **为学龄前儿童提供用合作的、帮助的、亲社会的方式观察他人行为的机会**　　鼓励他们通过参与拥有共同目标的活动与同伴互动。这些合作的活动能使其明白与人合作并帮助他人的重要性和可取性。

· **不要忽略攻击行为**　　当看到学龄前儿童的攻击行为时，家长和教师应该进行干预，并明确地说明攻击是不可接受的解决冲突的方法。

- **帮助学龄前儿童对他人的行为做出其他解释**　这对于具有攻击性、倾向于把别人的行为看得比实际情况更具有敌意的儿童尤其重要。家长和教师应该帮助这些儿童认识到他们同伴的行为有几种可能的解释。

- **监控学龄前儿童看电视，尤其是看暴力电视节目的情况**　有很多证据表明观看充满暴力的电视节目会导致儿童随后攻击水平的上升。同时，鼓励学龄前儿童观看部分旨在提升道德水准的节目，如《芝麻街》、《爱探险的朵拉》(*Dora the Explorer*)、《罗杰斯先生和他的邻舍》(*Mr. Rogers' Neighborhood*)和《小恐龙班尼》(*Barney*)。

- **帮助学龄前儿童了解自己的感受**　当儿童生气时——所有的儿童都会这样——他们应该知道怎样用一种构建性的方式来处理自己的情感。告诉他们一些具体的事情可以改善这种情况（"我知道你因为杰克不给你玩而非常生气。不要打他，告诉他你也想玩那个游戏"）。

- **明确教会他们推理和自制**　学龄前儿童可以理解道德推理的基本原理，应该告诉他们为什么某些行为是适当的。例如，明确地说"如果你吃掉了所有的小甜饼，其他人就没有餐后甜点了"好过于说"乖孩子就不会吃掉所有的小甜饼"。

复习和应用

复习

- 皮亚杰认为学龄前儿童处于道德发展中的他律道德阶段，此时规则被看成是固定不变的。
- 社会学习理论在道德发展方面强调了对道德行为的强化以及对榜样观察的重要性。精神分析理论和其他理论看重儿童对他人的共情以及他们希望帮助他人来避免内疚带来的不愉快感受。
- 当儿童变得更加能够调节自己的情绪并使用语言来协商争论时，攻击行为的频率和持续时间都会有所下降。
- 习性学家和社会生物学家认为攻击是人类的一种先天特性，而社会学习理论和认知理论的支持者则关注攻击的后天习得方面。

应用毕生发展

- 如果高威望的行为榜样对于影响道德态度和行为尤其有效，那么这里是否暗示在运动、广告以及娱乐这样的产业中的名人有更大的影响力？
- **从一个教育工作者的视角看问题**：老师或家长如何帮助学龄前儿童注意到所看节目中的暴力行为，并保护他们不受影响？

结　语

本章考察了学龄前儿童的社会性和人格发展，其中包括其自我概念的发展。学龄前儿童变化的社会关系可以从游戏性质的变化中看到。我们考虑了典型的教养训练风格及其对儿童日后生活的影响，并考察了导致儿童虐待的因素。我们从几种发展观点出发讨论了道德感的发展，最后对攻击进行了讨论。

在进行下一章的学习之前，花一点时间重读本章前言关于奥斯曼·拉巴尼的双胞胎儿子的幼儿园入园申请，并回答以下问题：

（1）入园申请的过程本身如何影响两个男孩的人格发展？

（2）如果你有一对双胞胎孩子，你会希望让他们进入同一所幼儿园吗？这会如何塑造他们的互动和社会性发展？

（3）假设你在管理一家幼儿园，你只想接收道德发展水平达到某个特定阶段的孩子。你将如何筛选出可能的学生？你会在他们身上寻找何种行为？

（4）奥斯曼·拉巴尼最终将他的一个孩子描述为"帅哥"。你认为他有可能使用这个词来描述女儿吗？为什么会，或者为什么不会？对不同性别的孩子使用不同的词汇，其背后隐含的意义是什么？

- **学龄前儿童如何发展自我概念？**

  - 埃里克森认为，学龄前儿童（18个月至3岁）正处于自主对羞愧怀疑阶段，他们发展出独立性和对于物理世界和社会世界的掌握，或者感到羞愧、自我怀疑和不开心。之后，在3~6岁，处于主动对内疚阶段的学龄前儿童面临着冲突：一方面渴望独立行动，另一方面又由于其行动所导致的不理想后果而内疚。

  - 学龄前儿童的自我概念部分源于他们对自身性格的自我知觉和估计，部分来源于父母对他们的行为，还在一定程度上受到文化的影响。

- **儿童如何发展种族认同感和性别意识？**

  - 学龄前儿童形成对种族的不同态度很大程度上是对其环境做出的反应，包括父母和其他的一些影响。性别差异出现得很早，而且与每种性别的适宜行为和不适宜行为的社会刻板印象一致。

  - 不同理论家对于学龄前儿童持有很强的性别预期有着不同的解释。一些研究者将遗传因素作为性别预期的生物学解释的证据。弗洛伊德的精神分析理论使用基于潜意识的框架。社会学习理论关注包括父母、教师、同伴和媒体等环境影响。而认知理论则提出儿童通过收集、组织关于性别的信息形成性别图式和认知框架。

◎ **学龄前儿童具备哪些社会关系，参与哪些游戏？**

- 学龄前社会关系开始涉及真正的友谊，包含信任的成分，并能够持续很长时间。
- 大一些的学龄前儿童更多地参与建构性游戏，而不再是功能性游戏。他们同样更多地参与联合游戏和合作性游戏，年幼的学龄前儿童则更多地进行平行游戏和旁观者游戏。

◎ **父母采用何种教养风格，它们有什么效果？**

- 教养风格既因人而异，也因文化而不同。在美国和其他西方社会，父母的教养风格主要分为专制型、放任型、忽视型和权威型，而最后一种通常被认为最有效。
- 父母如果是专制型和放任型，孩子可能会依赖性较强，有敌意，自尊比较低。忽视型的父母会使孩子感到自己不受父母喜爱、感情上比较疏离。而权威型父母的孩子会更独立、友好、自信和合作。

◎ **哪些因素会导致对儿童的虐待和忽视？**

- 对于儿童的虐待可能是身体上的，也可能是心理上的。儿童虐待特别容易发生在压力重重的家庭环境中。对于家庭隐私和使用体罚的固有观念导致了美国很高的儿童虐待率。而且，暴力循环假说指出如果一个人在儿童期受过虐待，在他成年以后可能会成为虐待者。

◎ **儿童如何发展道德意识？**

- 皮亚杰认为，学龄前儿童处在道德发展中的他律道德发展阶段，特征是个体相信有外部的、不可改变的行为规则，而且确信所有的不良行为都会立刻得到惩罚。
- 相反，社会学习观点强调道德发展中环境和行为的交互作用，其中行为榜样在发展中起到了重要作用。
- 一些发展学家认为，道德行为源于儿童共情的发展。其他的情绪，包括愤怒、羞愧这些负性情绪，可能也会促进道德行为。

◎ **学龄前儿童的攻击行为如何发展？**

- 攻击，涉及对另一个人有意的伤害，在学前期开始出现。随着儿童年龄的增长、语言技能的提高，攻击行为在频率和持续时间上有所下降。
- 康拉德·洛伦茨等一些习性学家认为，攻击只不过是人类生活中一个简单的生物学事实，这一观点得到社会生物学家的赞同，他们关注物种内部为了传递基因而产生的竞争。
- 社会学习理论关注环境的作用，包括榜样和社会强化对于攻击行为的影响。
- 认知理论强调，在决定是否做出攻击行为时对他人行为的解释起着重要作用。

关键术语和概念

心理社会性发展（psychosocial development, p.289）

主动对内疚阶段（initiative-versus-guilt stage, p.289）

自我概念（self-concept, p.290）

集体主义取向（collectivistic orientation, p.290）

个人主义取向（individualistic orientatioin, p.290）

认同（identification, p.293） 性别同一性（gender identity, p.294）

性别图式（gender schema, p.294） 性别恒常性（gender constancy, p.294）

双性化（androgynous, p.295） 功能性游戏（functional play, p.297）

建构性游戏（constructive play, p.297） 平行游戏（parallel play, p.297）

旁观者游戏（onlooker play, p.298） 联合游戏（associative play, p.298）

合作性游戏（cooperative play, p.298） 专制型父母（authoritarian parents, p.303）

放任型父母（permissive parents, p.290） 权威型父母（authoritative parents, p.303）

忽视型父母（uninvolved parents, p.303）

暴力循环假说（the cycle of violence hypothesis, p.307）

心理虐待（psychological maltreatment, p.307） 顺应力（resilience, p.308）

道德发展（moral development, p.310） 亲社会行为（prosocial behavior, p.312）

抽象模仿（abstract modeling, p.313） 共情（emphy, p.313）

攻击（aggression, p.314） 情绪的自我调节（emotional self-regulation, p.314）

工具性攻击（instrumental aggression, p.315） 关系攻击（relational aggression, p.315）

 我的发展实验室

登录我的发展实验室，获取更多复习资料，外加我的虚拟孩子、练习测试、视频、闪光呈现卡及其他。

综　合

学龄前阶段

3岁大的茱莉（Julie）刚开始上幼儿园。起初她显得羞怯和被动，似乎认可了更年长或者体格更高大的孩子有权让她做事，或者从她那里拿走他们想要的东西。她看不到有什么机会可以避免这些事情的发生，因为她没有力量阻止他们。然而就在短短一年以后，茱莉决定她已经受够了。她不再接受大孩子可以为所欲为的"规则"，而是对它的不公平做出反抗。她不再沉默地让其他孩子支配她，而是使用她新发现的道德意识，以及她逐渐进步的语言技巧，来警告他们住手。茱莉使用她现在拥有的全部发展工具，来让她的世界成为一个更公平和更好的地方。

▼ 我的发展实验室

登录我的发展实验室，阅读真实生活中的父母、社会工作者和教育工作者是如何回答这些问题的。你是否同意他们的答案？为什么？你读到的何种概念是支持他们观点的？

你怎么做?

- 你会如何促进茱莉的发展？关于如何帮助茱莉克服她的羞怯，更有效地与其他孩子交流，你会给茱莉的父母和老师什么样的建议？

你的答案是什么？

父母怎么做?

- 你如何帮助茱莉在家里和在学校变得更自信？你如何帮助她做好准备，以应对幼儿园中的欺负行为，以及家里哥哥的欺负行为？

你的答案是什么？

生理发展

- 在学前期阶段,茱莉长得更大、更重、更强壮了。
- 她的大脑在发育,认知能力也随之增长,包括做计划的能力和将语言作为工具的能力。
- 她学会了使用和控制粗大和精细动作技能。

认知发展

- 在学前期阶段,茱莉的记忆能力增长了。
- 她观察其他人,并从她的同辈和成人身上学习应对不同情况的技巧。
- 她也会使用成长中的语言技能来使自己的行动更有效。

社会性和人格发展

- 像其他学龄前儿童一样,游戏是茱莉社会性、认知和身体发展的一种方式。
- 茱莉学会了游戏规则,例如轮流和公平。
- 她也发展出了帮助自己理解其他人的想法的心理理论。
- 她发展出了最初的公平意识和道德行为。
- 茱莉能够把自己的情绪调节到想要的强度,并且能够使用语言来表达自己的愿望和应对其他人。

社会工作者怎么做?

- 你如何帮助茱莉的父母提供适合茱莉和她哥哥的训练?你如何帮助她的父母优化他们的家庭环境,以促进孩子的身体、认知和社会性发展?

  你的答案是什么?

教育工作者怎么做?

- 你使用什么策略来促进认知和社会性发展?就被欺负的受害者和欺负者双方而言,你如何处理发生在幼儿园教室里的孩子被欺负情况?

  你的答案是什么?

9 儿童中期的生理和认知发展

本章概要

9.1 身体的发展
成长着的身体

● 从研究到实践

运动的发展
儿童中期的健康
心理障碍
有特殊需要的儿童
注意缺陷多动障碍

● 成为发展心理学知识的明智消费者

9.2 智力的发展
皮亚杰的认知发展理论
儿童中期的信息加工
维果斯基的认知发展理论和课堂教学
语言发展：词汇的意思
双语：用多种语言说话

9.3 学校教育：儿童中期涉及的三个R（以及更多）
世界各地及对不同性别儿童的教育：谁接受了教育？
阅读：学会破解词语背后的意思
教育趋势：超越三个R
智力：决定个体的实力
智力基准点：区分智力和智力缺乏
IQ的群体差异
低于和高于智力常模：精神发育迟滞和智力超常

前言：以儿童为导向所引发的轰动

本书最初是在一台手动打字机上写出来的。作者向12家出版社投稿都遭到拒绝。作者的代理人认为她这辈子都不能靠写作维生。

起于这样微不足道的开端，哈利•波特（Harry Potter）系列图书成长为一个出版业的奇迹。系列的最后一本——《哈利•波特与死亡圣器》，成为有史以来销售最快的图书。人们估计它的作者J.K.罗琳（J.K.Rowling）身价超过了10亿美元。哈利•波特图书改编的电影也票房爆棚。

年轻粉丝造成了哈利•波特的轰动效应，然而对于他们很多人来说，这些书不仅仅是一个讲得很好的故事。对很多孩子来说，哈利•波特是他们所阅读的第一本真正意义上的书。就此而言，它成为一座重要的里程碑：一个真实的信号，代表从儿童期的最早阶段到一个极大成熟的阶段（即使距离完全成熟还很远）的过渡。孩子们不只是在书页上体验哈利•波特的奇遇——它属于他们自身发展过程中更加重大的、持续的冒险活动的一部分（Hitchens, 2007; Hale, 2009）。

在儿童中期，儿童的身体、认知和社会技能都发展到了新的高度。

预览

随着身体、认知和社会技能攀升到新的水平，儿童中期以一些里程碑事件为特征，如第一本书、第一次在外面过夜、第一份成绩单，诸如此类。儿童中期从6岁开始，一直持续到12岁左右（也就是青春期开始的时候），通常被称为"学龄期"，因为对于大多数儿童来说，它标志着正式教育的开始。儿童中期的身体和认知发展有时是渐进的，有时则是突变的，但发展总是非常显著的。

我们通过考察身体和运动发展来开始对儿童中期进行探讨。我们将会讨论儿童的身体如何变化，以及营养失调和儿童期肥胖这一成对的问题。我们还会考虑那些有特殊需要的儿童的发展。

接下来，我们把目光转向儿童中期认知能力的发展。我们将考察一些用于描述和解释认知发展的观点，包括皮亚杰理论和信息加工理论，以及维果斯基的重要观点。我们还将探讨语言发展，以及双语所涉及的一些问题，这也是美国日益紧迫的社会政策问题。

最后，我们将考察涉及学校教育的若干问题。在探讨世界各地教育的概况后，我们将考察阅读的关键技能，以及多元文化教育的性质。本章的结尾是对智力的讨论，它与学业成功关系密切。我们将探讨IQ测验的性质，以及对于那些智力水平显著低于和高于智力常模的儿童的教育问题。

读完本章之后，你将能够回答下列问题：

- 儿童在学龄期是如何成长的，哪些因素影响他们的成长？
- 学龄儿童所面临的主要健康问题是什么？
- 哪些特殊需要成为这个年龄阶段儿童的首要问题，如何满足这些需要？
- 根据主要的理论观点，该阶段儿童的认知是如何发展的？
- 在儿童中期，语言是如何发展的？
- 当前的学校教育呈现出哪些趋势？
- 如何测量智力，如何教育异常儿童？

9.1 身体的发展

"Cinderella, dressed in yella, went downstairs to kiss her fellah. But she made a mistake and kissed a snake. How many doctors did it take? One, two, …"

当其他女孩有节奏地吟唱经典的跳绳歌谣时，凯特（Kat）骄傲地展示着自己最近获得的向后跳跃能力。凯特在二年级时开始变得很会跳绳。一年级的时候，她还没能掌握这项技能。但是她在夏天花了无数时间进行练习，现在看来，练习似乎是有成效的。

正如凯特愉快地体验着身体的变化一样，儿童中期是儿童身体迅速发展的一个时期。他们长得更高，变得更加强壮，也掌握了各种各样新的技能。这种发展是如何产生的？我们将首先讨论儿童中期普遍的身体发展特点，然后再来关注一些异常儿童。

同龄儿童的身高相差6英寸（约15厘米）是很平常的事，而且这种差异绝对处于正常范围之内。

成长着的身体

儿童中期成长性质的特征可以用上面这个标题来概括。特别是相对于出生后前5年的快速增长，和以生长发育迸发为特征的青春期，儿童中期的身体发展相对缓慢。另一方面，身体也不是停滞不长的。尽管与学前期相比速度较慢，但身体仍然在发展。

身高和体重的变化 在美国，儿童在小学期间平均每年增长2~3英寸（5~7.6厘米）。到11岁时，女孩的平均身高是4英尺10英寸（约147厘米），男孩的身高稍矮，为4英尺9.5英寸（约146厘米）。女孩的平均身高只有在这段时期才高于男孩。这种身高的差异反映了女孩的身体发展稍快，她们在青春期时的急速发育始于10岁左右。

体重也按相似的模式增加。在儿童中期，男孩和女孩的体重每年大概增加5~7磅（2.27~3.18千克）。体重也会被重新分配。随着"婴儿肥"造成的圆润外表的消失，儿童的身体变得更加强健，力量也逐渐增强。

这些平均身高和体重掩盖了显著的个体差异。如果你曾经见过一队四年级学生走过学校的走廊，你就能体会到这一点。所以，见到比同龄儿童高出6~7英寸（15~18厘米）的孩子，也是很正常的。

成长的文化模式 在北美，大多数儿童获取了充足的营养，从而能最大限度地成长。然而，在世界的其他地方，营养物质的匮乏以及疾病阻碍了儿童的成长，使得他们长得比营养充足时所应达到的水平更矮小、更瘦弱。但同一地方的儿童，发育水平也存在较大差异：在印度加尔各答、中国香港和巴西里约热内卢等城市的穷困地区生活的儿童，比处在同一城市富裕地区的儿童更矮小。

长得矮是一种如此严重的社会劣势，以致这些儿童应该服用人造生长激素，以便长得更高？

在美国，大部分身高和体重的差异是由独特的基因遗传所决定的，包括与种族背景有关的遗传因素。例如，平均来说，来自亚洲和太平洋地区的儿童比来自北欧和中欧地区的儿童更矮小。另外，黑人在儿童期时发育得一般比白人快（Meredith, 1971; Deurenberg, Deurenberg-Yap, & Guricci, 2002; Deurenberg et al., 2003）。

当然，即使在特定的种族内部，个体之间也具有明显的差异。而且，我们也不能把种族间的差异仅仅归因于遗传因素，因为饮食习惯和可能存在的不同富裕水平都会导致差异的产生。此外，严重应激——由父母冲突或酗酒等因素所导致——也会影响垂体的机能，从而影响身体的成长（Powell, Brasel, & Blizzard, 1967; Koska et al., 2002）。

用激素促进成长：矮个儿童可以变得更高吗？ 在美国社会的大部分地区，长得高被看成一种优势。由于这种文化上的偏好，所以如果孩子长得矮，家长有时就会为孩子的成长担心。对于生产Protropin（一种能使矮个儿童长得更高的人造生长激素）的厂商来说，有一个简单的解决方法：让儿童服用这种药物，使他们长得比自然发育所能达到的水平更高（Sandberg & Voss, 2002; Lagrou et al., 2008）。

应该让儿童服用这样的药物吗？这个问题相对来说是一个较新的问题。促进生长的人造激素仅是在过去20年里才开始出现。尽管成千上万自然发育激素不足的儿童正在服用这种药物，但一些观察者却提出质疑："矮"到底是不是一个足够严重的问题，以致儿童必须服用这种药物。当然，个子不高也并不影响个体在社会中的正常发展。此外，这种药物价格昂贵，并可能有危险的副作用。某些情况下，这种药可能导致儿童提早进入青春期，反而会限制儿童以后的生长发育。

另一方面，也没有人否认人造生长激素在提高儿童身高上的作用，某些情况下，它使得非常矮的儿童的身高增量超过了1英尺（约30厘米），最终进入正常高度范围。最后，在关于此类治疗安全性的长期研究出来之前，父母和医护人员必须仔细权衡其利弊（Gohlke & Stanhope, 2002, Heyman et al., 2003; Ogilvy-Stuart & Gleeson, 2004）。

营养 正如我们之前提到的，身型和营养之间具有相当明显的联系。但是身型并不仅是儿童营养水平所影响的唯一方面。例如，在危地马拉村庄长期的纵向研究表明，儿童的营养状况与学龄期的社会性和情绪功能发展的一些因素有关。与营养不足的同龄儿童相比，营养充足的儿童与同伴的关系较为密切，表现出较多的积极情绪和较少的焦虑。较好的营养状况也能使儿童更渴望探索新环境，在挫败情境中更能坚持，在某些活动中更为机警，以及总体上表现得更有活力，也更加自信（Barrett & Frank, 1978；见图9-1）。

营养也与认知表现有关。例如，在一项研究中，肯尼亚营养充足的儿童在儿童言语能力和其他认知能力的考察中比轻度至中度营养不良的儿童的表现得更好。其他研究表明，营养失调（malnutrition）可能会通过抑制儿童的好奇心、反应性和学习动机来影响其认知发展（Wachs, 2002; Grigorenko, 2003;

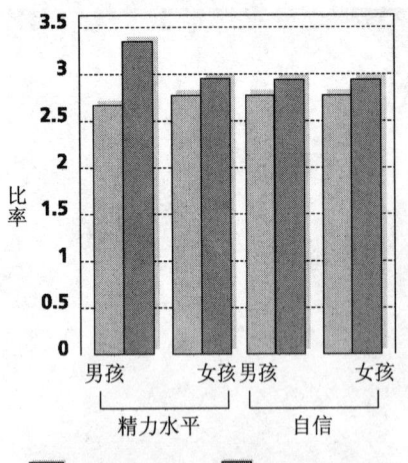

图9-1 营养的益处
获取营养较多的儿童比获得营养较少的儿童更有精力、更自信。这个发现提示我们应实施哪些政策？（Source: Adapted from Barrett & Radke-Yarrow, 1985）

第 9 章 儿童中期的生理和认知发展 ● ● ● 331

营养不充足和疾病严重影响身体发育。在加尔各答、中国香港和里约热内卢这样的城市，生活在贫民区的儿童，比生活在同一城市中富裕地区的儿童矮小。

尽管营养不良和营养失调会明显导致身体、社会性和认知方面的困难，但在某些情况中，营养过剩，即儿童摄取热量太多，也带来了相应的问题，尤其当其导致了儿童期肥胖时更是如此。

Grigorenko, 2003）。

儿童期肥胖　进餐时，露特伦（Ruthellen）的妈妈问她是否想要一片面包，露特伦回答最好不要，她认为自己可能正在变胖。露特伦现在6岁，身高和体重正常。

虽然身高可能是处于儿童中期的孩子及其父母共同关注的问题，但对他们中的一些人来说，保持合适的体重则是更让他们犯愁的事情。事实上，尤其对于女孩来说，更加困扰她们的是体重问题。例如，许多6岁女孩都担心变"胖"，并且9岁和10岁女孩中大概有40%正在努力减肥。为什么？在美国，保持苗条是当务之急。所以，她们对体重的担忧，很大程度上是由此导致的，这种对于苗条的关注弥漫于美国社会的各个角落（见"从研究到实践"专栏；Schreiber et al., 1996; Greenwood & Pietromonaco, 2004）。

尽管人们普遍认为瘦是一种优点，但越来越多的儿童正在变胖。肥胖（obesity）是指一个人的体重比他所处的年龄和身高范围的平均体重水平高出20%。根据这种定义，有15%的美国儿童达到肥胖水平，这个比例自20世纪60年代到现在已经翻了3倍（见图9-2；Brownlee, 2002; Dietz, 2004; Mann, 2005）。

儿童期肥胖导致的问题会持续一生。肥胖的儿童成年以后更可能超重，患心脏病、糖尿病、癌症和其他疾病的风险更大。有些科学家认为肥胖的盛行可能导致美国人平均寿命缩短（Krishnamoorthy, Hart, & Jelalian, 2006; Park, 2008）。

在美国，饮食、遗传和锻炼的缺乏导致了肥胖率的快速增长。

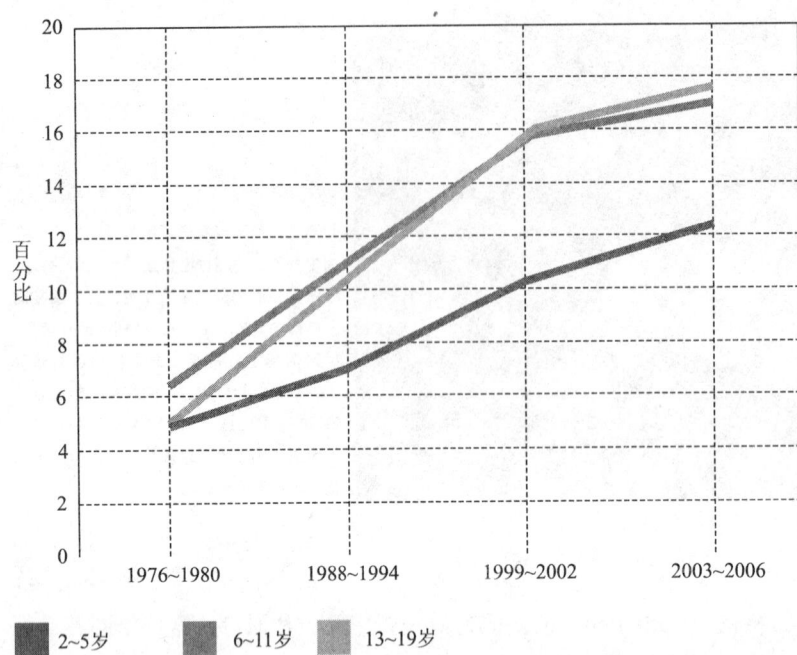

图 9-2 儿童的肥胖问题

在过去的30年中，6~12岁儿童中的肥胖问题急剧增长。（Source: Center for Disease Control and Prevention, restrieved from World Wide Web, 2009.）

■ 2~5岁　　■ 6~11岁　　■ 13~19岁

除了饮食之外，导致肥胖的原因还有遗传和社会因素的共同作用。特定的遗传基因与肥胖有关，致使一些儿童体重超标。例如，与养父母相比，被收养儿童的体重与亲生父母更为相似（Whitaker et al., 1997; Bray, 2008）。

社会因素同样会影响儿童的体重。儿童需要学会控制自己的饮食。那些过分关注和控制孩子饮食的父母，可能会使儿童缺乏一些调节自己食物摄入量的内部控制能力（Johnson & Birch, 1994; Faith, Johnson, & Allison, 1997; Wardle, Guthrie, & Sanderson, 2001）。

糟糕的饮食也会导致肥胖。虽然大多数儿童知道，只有吃特定的食物才能保证饮食均衡和有营养，但他们吃水果和蔬菜的数量比建议的要少得多，吃油腻食物和甜食的数量比建议的要多得多（见文前彩图9-3）。因为不能提供有营养的食物供选择，有时学校午餐计划也成了导致这个问题的原因之一（Johnston, Delva, & O'Malley, 2007; Story, Nanney, & Schwartz, 2009）。

虽然儿童中期的儿童精力很充沛，但令人惊奇的是儿童期肥胖的一个主要影响因素却是缺乏锻炼。大多数学龄儿童参加的体育锻炼相对较少，身体也并不是非常健壮。例如，大约40%的6~12岁男孩不能做两个引体向上，有四分之一连一个也做不

"还记得在过去我们必须先让孩子们胖起来的时候吗？"
(Source: The New Yorker Collection, 2003; Christopher Weyart from cartoonbank.com. All Rights Reserved.)

了。而且，尽管美国在努力提高学龄儿童的健康水平，但儿童的锻炼量几乎没有或根本没有提高，一部分原因是很多学校减少了休息和体育课的时间。从6岁到18岁，男孩的运动量减少了24%，而女孩减少了36%（Moore, Gao, & Bradlee, 2003; Sallis & Glanz, 2006; Weiss & Raz, 2006）。

当我们看到儿童期的孩子在学校操场上愉快地奔跑、进行体育运动、在捉人游戏中互相追赶时，为什么还说他们实际的锻炼水平还是相对较低呢？其中一个回答是许多儿童都在家里待着，看着电视和电脑屏幕。这种长时间的静坐不仅阻止了儿童锻炼身体，他们还经常一边看电视或上网，一边吃零食（Andson & Butcher, 2006; Pardee et al., 2007; Landhuis et al., 2008）。

从研究到实践

媒体形象会影响青春期前儿童的身体形象吗？

对身体形象不满意的现象正在增加。在一个针对8~10岁儿童的研究中，甚至在他们这样幼小的年龄，已经有超过一半的女孩和超过三分之一的男孩对他们的体型感到不满意。更糟糕的是，这种对身体形象的不满意还跟不健康的行为有关，比如进食障碍、吸烟、抑郁和低自尊（wood, Becker, & Thompson, 1996; Jung and Peterson, 2007）。

为什么儿童对他们的身体产生不满？一个答案是与媒体有关。电视、杂志和其他媒体展示出理想化的美貌和健康的典范，就像是真实世界的标准一样。不仅特定体形的代表人数超出比例，而且拥有这种理想体形的人被描述为因为他们的外表而受到赞赏。儿童把自己和这些同性别的理想媒体形象进行比较，得到的结论总是自己不如人家（Fouts & Burggraf, 1999; Hargreaves & Tiggemann, 2003）。

事实上，某些体形根本没人能达到。例如，被兜售给年轻男孩的男性明星的身体尺寸如此夸张，以致在现实生活中的身体上根本实现不了。此外，年轻男孩中流行的电子游戏的男性角色的体型和肌肉都极度夸张（Pope, Olivardia, Gruber, & Borowiecki, 1999; Scharrer, 2004; Harrison & Bond, 2007）。

研究也显示，在观看媒体时男孩和女孩关注的东西不同，结果他们对自己的身体形象所下的结论也不同。一个针对8~11岁儿童的研究显示，男孩的理想身体形象要比他们的实际状态更加高大健壮，而女孩的理想身体形象则比实际上瘦很多。有趣的是，当评估男孩和女孩对自己的身体形象的知觉时，女孩对自己的认识更加准确，即认为自己比理想状态重。相反，男孩的自我知觉是歪曲的：他们眼里的自己比实际状态更加高大健壮（Jung & Peterson, 2007）。

儿童不仅会看到媒体所描绘出的虚假身体形象，而且往往会羡慕这些人物，并努力让自己变得像他们。关于父母和老师如何预防儿童受到这些影响，一个建议是告诉他们媒体上的形象常常是夸大的、达不到的。此外，应该让儿童看到更加健康和范围更广的体形种类——让他们可以认同自己（Jung & Peterson, 2007）。

- 媒体上高大强壮的男性角色总是被描述为举足轻重的成功人士，苗条漂亮的女性角色则总是被描述为受到男孩们的欢迎，你认为这一点重要吗？
- 父母和老师能做些什么来减少媒体形象对儿童身体形象的影响？

我的金字塔(儿童用)提醒你,每天或者至少大多数日子都要运动,并且要选择健康的食物。新模型的每个部分都有给你的信息。你能找出来吗?

每天运动
爬楼梯的人提醒你每天都要活动身体,比如跑步、遛狗、做游戏、游泳、骑自行车或者爬很多楼梯。

从各个组中选择健康的食物
为什么色彩条在金字塔底部变宽了?每个食物组中都有这样一些食物,你应该吃得比别的食物更多,这些食物位于金字塔的底部。

作出适合你的选择
*MyPyramid.gov*网站:关于如何吃得更好和进行更多的锻炼,它会给家里的每个人一些个性化的建议。

吃更多某些食物组里的食物
你注意到有些色彩条比其他的更宽吗?不同的尺寸提醒你更多地从色彩条比较宽的食物组里选择食物。

每日每个颜色
橙、绿、红、黄、蓝、紫,这些颜色代表了5个不同的食物组,再加上油。记住每天都要吃所有食物组中的食物。

一次一个步骤
你无须在一夜之间改变自己的饮食和锻炼状态。从一件全新的好事开始,然后每天增加一个新的步骤。

谷物　蔬菜　水果　油　牛奶　肉和豆类

图9-3　均衡的饮食?
最近的研究表明,儿童的饮食结构几乎与美国农业部的建议是相反的,这种情况可能会导致肥胖问题的增加。现在的10岁儿童比10年前的同龄儿童重了10磅(约4.5千克)左右。
(Source: USDA, 1999; NPD Group, 2004.)

运动的发展

　　学龄儿童的健康水平没有我们所期望的那样高,但这并不意味着他们身体欠佳。事实上,即使不进行定期锻炼,儿童的粗大运动和精细运动技能也会在学龄期得到充分的发展。

　　粗大运动技能　粗大运动技能的一个重要进展体现在肌肉协调方面。当我们看到一个垒球投手发出的球绕过击球手到达本方接球手时,当我们看到一名跑步选手在赛跑中到达终点时,以及当我们看到本章前面提到的会跳绳的凯特时,我们就会被这些儿童从较为笨拙的学前期开始所取得的巨大进步所触动。

　　在儿童中期,儿童掌握了许多早先不能很好完成的技能。例如,大多数学龄儿童能够很容易地学会骑车、滑冰、游泳和跳绳(Cratty, 1986;见图9-4)。

　　男孩和女孩的运动技能有差异吗?几年前发展学家就得出结论,认为在这个阶段中,不同性别儿童在粗大运动技能上的差异变得越来越明显,其中男孩的表现要好于女孩(Espenschade, 1960)。然而,在定期参加类似活动(如垒球)的男孩和女孩之间进行比

在儿童中期,儿童掌握了许多早先不能很好完成的技能,如骑车、滑冰、游泳和跳绳。其他文化中的儿童也是如此吗?

6岁	7岁	8岁	9岁	10岁	11岁	12岁
女孩在运动的准确性方面表现得更好；男孩在更有力且不太复杂的动作方面表现得更好。 能够根据恰当的重心转换和踏步来投掷物体。 获得了蹦跳的能力。	能够闭着眼睛单脚保持平衡。 能够在5厘米宽的平衡木上行走，不会掉下来。 能够单脚跳，并准确地跳到小方格里（跳房子）。 能够正确地进行单足跳练习。	能够握紧5千克压力的物体。 能以2-2、2-3或3-3的模式进行不同节奏的单脚跳。 女孩能够把一个小球投出10米远；男孩能够把一个小球投出18米远。 在这个年龄，两种性别的儿童同时参与的游戏数目是最多的。	女孩垂直跳跃所能达到的高度，比她们站直并举起手后的高度还要高22厘米，男孩则能跳到比站直举高手后还25厘米的地方。 男孩每秒能跑5米，并能把一个小球投出12米远；女孩每秒能跑4.9米，并能把一个小球投出12米远。	能够判断从远处投来的小球的方向并截住它。 男孩和女孩每秒都能跑5.2米。	男孩立定跳远能跳1.5米；女孩立定跳远能跳1.4米。	跳高能够达到0.9米。

图9-4 粗大运动技能
儿童在6~12岁期间粗大运动技能的发展。
(Source: Adapted from Cratty, 1979, p. 222.)

较，就会发现他们在粗大运动技能上的差异非常小（Hall & Lee, 1984; Jurimae & Saar, 2003）。

为什么会发生这样的变化？社会对儿童的期望可能发挥了作用。社会不希望女孩表现得活蹦乱跳，并告诉她们在运动中的表现会差于男孩，所以女孩的表现反映了这样的信息。

然而在今天，至少从官方态度来看，社会信息已经发生了变化。例如，美国儿科学会提出男孩和女孩应该参加相同的体育运动和游戏，并且建议男女生一起参加活动。青春期之前就在身体锻炼和运动中把儿童按性别分开，是没有道理的。而到了青春期，就应该考虑性别情况，因为女性娇小的身躯很容易在身体接触类运动项目中受伤（Raudsepp & Liblik, 2002; Vilhjalmsson & Kristjansdottir, 2003; American Academy of Pediatrics, 1999, 2004）。

精细运动技能 在计算机键盘上打字，用钢笔和铅笔写草书，画一些精细的画，这些只是在儿童早期和中期精细动作协调性发展的基础上获得的一部分成就。6岁和7岁的儿童能够系鞋带和扣上扣子；到8岁时，他们可以独立使用每一只手；到11岁和12岁，他们操控物体的能力几乎达到了成人的水平。

精细运动技能发展的原因之一是，大脑中髓鞘的数量在6~8岁时有了显著增长（Lecours, 1982）。髓鞘，是环绕在神经细胞某些部位上的保护性绝缘物质。由于髓鞘数目的增加能加快神经元之间的电脉冲传导速度,所以信息能够较快地到达肌肉,并能够更好地控制它们。

儿童中期的健康

伊玛妮(Imani)很痛苦。她在流鼻涕,嘴唇干裂,喉咙疼痛。虽然她没有上学待在家里,并整天在看电视里重播的节目,她仍旧感到自己病得非常严重。

尽管伊玛妮很痛苦,但她的情况并不十分糟糕。几天之后她的感冒就会好转,她的身体也不会因生病而虚弱。事实上,她的状况可能还会稍好些,因为现在她对那些导致自己生病的感冒病毒已经有了免疫力。

伊玛妮的感冒可能是她在儿童中期所得的最严重的疾病。对于大多数儿童来说,儿童中期是身体强健的时期,而且他们所得的大多数疾病往往比较轻微和短暂。儿童中期的定期疫苗注射已经使得威胁生命的疾病发病率明显降低,而这些疾病在50年前曾夺去许多儿童的生命。

另一方面,生病也很平常。例如,一项大规模调查的结果显示,90%以上的儿童在儿童中期的6年中可能至少经历一次严重的发病。大多数儿童患有短期疾病,而九分之一的儿童患有长期的慢性疾病,如反复发作的偏头痛。而且一些疾病实际上也变得更为普遍了(Dey & Bloom, 2005)。

哮喘 在过去几十年里,哮喘是流行程度明显增加的疾病之一。**哮喘(asthma)** 是一种慢性疾病,其特征是出现周期性的喘息、咳嗽和呼吸短促的症状。超过1,500万美国儿童患有这种疾病,世界范围内则超过1.5亿人。少数族裔患这种疾病的风险更高(Doyle, 2000; Johnson, 2003; Dey & Bloom, 2005)。

当通向肺部的通道收缩,部分地阻碍了氧气的流通时,哮喘就发作了。由于通道被阻塞,所以个体需要费力地使空气穿过通道,这导致呼吸更加困难。随着空气被迫穿过阻塞的通道,就会发出像哨声一样的喘息声。

引发哮喘的因素很多。最常见的是呼吸道感染(例如感冒或流感),对空气中的刺激物(例如污染、香烟的烟雾、微尘、动物毛发和排泄物)的过敏反应,以及压力和锻炼。有时候甚至空气温度或湿度的突然变化就足以导致一次哮喘发作(Li et al., 2005; Noonan & Ward, 2007; Martin et al., 2009)。

哮喘发作对于儿童和他们的父母来说都是可怕的。呼吸困难所导致的焦虑不安实际上可能会使病情更严重。在某些情况下,呼吸变得非常困难,以致身体进一步出现其他症状,包括出汗、心率加快,以及——在大多数严重的情况下——由缺氧而造成的脸部和嘴唇发青。

最令人迷惑的一点是,为什么在过去的20年中越来越多儿童患上了哮喘这种疾病。一些研究者指出空气污染的加剧导致了患病人数的增加,其他研究者则认为现在只不过是更为精确地诊断出过去可能被遗漏的哮喘病例罢了。还有一些研

哮喘 一种慢性疾病,其特征是出现周期性的喘息、咳嗽和呼吸短促的症状。

究者认为，人们接触如灰尘之类的"哮喘刺激物"的次数可能在增加，因为新的建筑物更能够防风雨，所以没有老房子通风效果好，致使里面的空气流通更加受限。

最后，贫穷可能在其中起到了间接的作用。贫困儿童与其他儿童相比哮喘发病率更高，这可能是由于较差的医疗保健体系和不太卫生的居住环境。例如，贫困儿童与富足儿童相比，更可能置身于哮喘刺激物中，如灰尘微粒、蟑螂的粪便及其残肢，以及啮齿类动物的粪便和尿液等（Nossiter, 1995; Johnson, 2003）。

在儿童中期，尽管哮喘和其他疾病对儿童的健康造成了威胁，但更大的潜在危险却来自潜在的伤害。与严重的疾病相比，在这期间儿童更可能遭受由意外事件所造成的生命危险，正如我们下面将要讨论的那样（Woolf & Lesperance, 2003）。

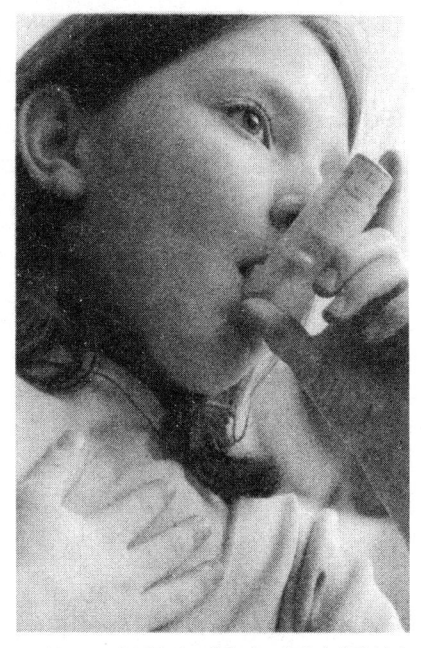

哮喘作为一种慢性呼吸道疾病，其发病率在过去的几十年里已显著增加。

意外事件 学龄儿童日益增长的独立性和活动性导致了新的安全问题。在5~14岁期间，儿童受伤的比率有所增加。男孩比女孩更容易受伤，可能是因为他们身体活动的总体水平较高。相比其他人，一些少数族群体处于更高的风险水平：美国印第安人和阿拉斯加原住民的伤害死亡率是最高的，美国白人和黑人的伤害死亡率大致相同，而亚洲和太平洋岛民的伤害死亡率则是最低的（Noonan, 2003a; Borse et al., 2008）。

学龄儿童活动性的增加是一些意外事件发生的根源。例如，对于那些经常自己步行上学的儿童来说，很多人是第一次独自走这么长的路，他们面临被汽车和卡车撞倒的危险。由于他们缺乏经验，所以当他们计算自己与车辆相距多远时可能会估计错误。此外，自行车事故也呈增长趋势，特别是当儿童更频繁地在繁忙的公路上冒险时（Schnitzer, 2006）。

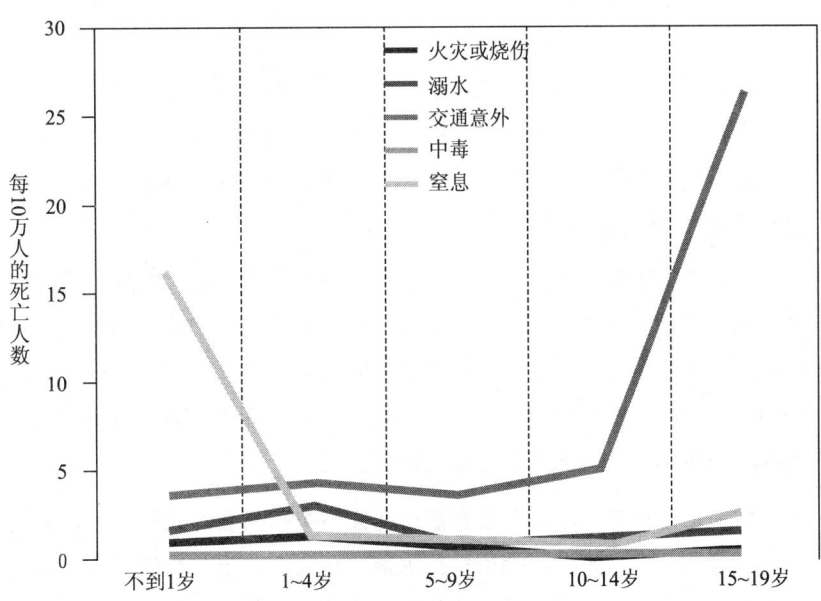

图9-5 不同年龄段的伤害死亡率
在儿童中期，最常见的意外死亡原因都和交通有关。你认为儿童中期以后为什么与交通有关的死亡猛增？
（Source: Borse et al., 2008.）

造成儿童伤害的罪魁祸首是汽车事故。5~9岁的儿童中，每10万个每年就有4个在车祸中丧生。火灾和烧伤、溺水，以及枪杀致死的发生频率依次递减（见文前彩图9-5；Field & Behrman, 2002; Schiller & Bernadel, 2004）。

减少汽车和自行车伤害的两个方法是，使用固定在汽车里的座椅安全带，以及把适当的保护性装备穿在外面。自行车头盔已经显著降低了头部伤害，而且头盔在许多地区是被强制使用的。对于其他活动可以采取相似的保护措施，例如对于滚轴溜冰和滑板运动来说，护膝和护肘都是减少受伤的重要装备（American Academy of Pediatrics Committee on Accident and Poison Prevention, 1990; Lee, Schofer, & Koppelman, 2005; Blake et al., 2008）。

心理障碍

泰勒·惠特尼（Tyler Whitley），7岁，身高4英尺4英寸（约132厘米），体重74磅（约34千克）。他长着金色的头发、蓝色的眼睛，为人慷慨。他患有一种严重的心理疾病——双相障碍。前一分钟他还极其暴躁和生气，下一分钟就会歇斯底里地大笑。他突然出现了严重的幻觉：他能够从一棵很高的树的顶端跳到地上，或从杂货店的手推车上跳下，然后飞起来。接着泰勒令人痛心的抑郁发作了，他告诉父母："我从来就不应该出生。我需要去天堂，这样别人才会快乐"（Kalb, 2003, p.68）。

当人在两种情绪状态（一个极端是精神和精力异常高涨，另一个极端是抑郁）之间循环反复时，就会被诊断为类似泰勒的双相障碍。多年以来，大多数人都忽视了儿童此类心理障碍的症状，甚至到目前为止，父母和教师似乎也没有注意到它们的存在。然而，这却是一个普遍的问题：五分之一的儿童和青少年患有心理障碍，并至少导致一些损伤。例如，大约有5%青春期前的儿童患有儿童期抑郁，13%的9~17岁儿童患有焦虑障碍（Kalb, 2003; Beardslee & Goldman, 2002; Tolan & Dodge, 2005; Cicchetti & Cohen, 2006）。

对于儿童心理障碍的忽视，部分因为儿童表现出的症状与患有类似障碍的成人的症状存在一定差异。甚至当儿童已被诊断为患有儿童期心理障碍时，应该使用哪种治疗方法，也不是非常清楚。例如，抗抑郁剂的使用已经成为治疗多种儿童期心理障碍（包括抑郁和焦虑）的普遍方法。在2002年，医师给18岁以下儿童开出了1,000万以上的抗抑郁剂处方。但令人惊奇的是，政府从来没有批准对儿童使用抗抑郁剂。然而，由于这些药物已获批准对成人使用，所以医师就理所当然地给儿童开出这种药方（Goode, 2004）。

提倡让儿童增加使用类似Prozac（百忧解）、Zoloft（左洛复）、Paxil（帕罗西汀）和Wellbutrin（丁胺苯丙酮）的抗抑郁药的人认为，可以用药物疗法来成功地治愈抑郁和其他心理障碍。在许多情况下，那些主要采用言语方法的传统非药物疗法没有疗效。针对这样的情况，药物是唯一能够减轻病情的方法。此外，至少有一个临床测验已经说明药物对儿童非常有效（Ebmeier, Donaghey, & Steele, 2006; Barton, 2007; Lovrin, 2009）。

然而，批评者声称几乎没有证据能证明抗抑郁剂对儿童的长期效用。甚至更糟的是，没有人知道在儿童大脑发育期间，使用抗抑郁剂的后果以及更一般的长期后果。人们也几乎不知道应该给特定年龄或身型的儿童服用多大的剂量。此外，一些观察者认为，对药物的特别儿童版本（橘子或薄荷味的糖浆）的使用，可能会导致用药过量或最终鼓励了非法药物的使用（Andersen, & Navalta, 2004; Couzin, 2004; Cheung, Emslie, & Mayes, 2006）。

最后，有证据显示抗抑郁剂药物的使用与自杀风险增长之间存在关联。尽管这种关联还没有被强有力地确立起来，美国联邦药品管理局于2004年发布了对名为"选择性5-羟色胺再摄取抑制剂"（SSRI）的一组抗抑郁剂的使用警告。一些专家强烈要求应完全禁止给儿童和青少年使用这些抗抑郁剂（Bostwick, 2006; Gören, 2008; Sammons, 2009）。

尽管使用抗抑郁剂来治疗儿童还存在争议，但儿童期抑郁和其他心理障碍对于很多儿童来说，仍然是一个重大的问题，一定不能忽视。儿童期的障碍不仅具有扰乱性，而且那些在儿童期遭受心理问题的个体在成年之后还存在罹患障碍的危险（Vedantam, 2004; Bostwick, 2006; Gören, 2008）。

正如我们下面将要看到的，成人同样需要注意影响许多学龄儿童的其他特殊需要。

具有特殊需要的儿童

安德鲁•默兹（Andrew Mertz）是一个非常不开心的小男孩……自从他进入马里兰郊区的一所幼儿园之后，危机在三年级的时候就到达了顶峰，那一年真是灾难之年。他不会阅读，而且讨厌学校。妈妈苏珊妮回忆说："因为他不想上学，所以总是在早上发脾气。"一年前，应苏珊妮的强烈建议，学校给安德鲁进行了权威的诊断测验。结果显示他存在许多大脑加工方面的问题，这些能够解释为什么他总是混淆字母及发声。现在安德鲁的问题已经有了一个名称，他正式地被诊断为"学习困难"（learning disabled），并且在法律上他有权获得帮助（Wingert & Kantrowitz, 1997）。

安德鲁已被归入学习困难儿童的行列，这是具有特殊需要的儿童中的一种类型。虽然每个儿童拥有不同的能力，但具有特殊需要（special needs）的儿童与正常发展的儿童在身体素质或学习能力上存在显著差异。此外，他们的特殊需要使得其家庭和教师面临巨大的挑战。

我们现在把目光转向影响儿童智力发展的一些最为常见的异常情况：感觉困难、学习能力丧失和注意缺陷障碍（将在本章后面部分谈到智力显著低于和高于平均水平的儿童的特殊需要）。

感觉困难：视觉、听觉和言语问题 对于感觉损伤的人来说，即使是非常基本的、日常的任务做起来也非常困难。曾经弄丢过自己的眼镜或隐形眼镜的人就能够体会这一点。视力、听力或言语能力低于正常水平让当事人面临巨大的挑战。

我们可以从法定和教育上的意义来考虑**视觉损伤（visual impairment）**。法定损伤的定义非常明确：失明（blindness）是指视敏度在矫正后小于20/200（即在20英尺远处都无法看见正常人在200英尺远处所看到的物体），部分视力（partial sightedness）是指视敏度在矫正后小于20/70。

即使一个人的视觉损伤没有严重到失明的程度，其视觉问题也可能对学业造成严重

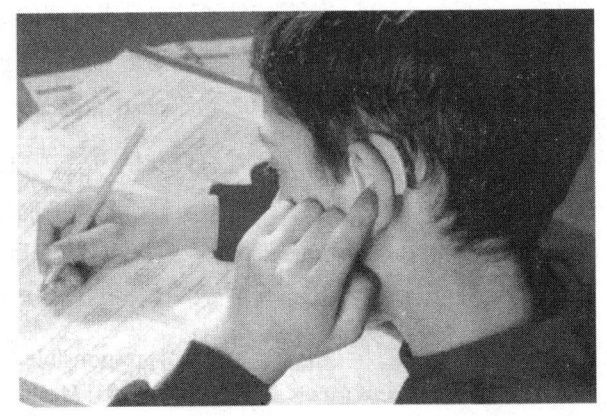

听觉损伤既会产生学业困难和社交困难，也可能导致言语困难。

视觉损伤 一种可能包括失明和部分视力丧失的视觉方面的困难。

听觉损伤 一种包括听力丧失和其他听力方面的困难。

言语损伤 言语与他人的言语水平相差甚远，致使其本身受到注意，使交流受到干扰，或使得说话者适应不良。

口吃 极大地破坏了说话节奏和流畅性的最为常见的言语损伤。

影响。首先，法定标准仅是与远距离视力有关，而大多数教育任务却需要近距离视力。另外，这种对视力的界定没有考虑到有关颜色、深度和亮度知觉的能力——所有这些都可能会影响一个学生的学业成就。大约有千分之一的学生需要视觉损伤方面的特殊教育服务。

大多数严重的视觉问题很早就能被确诊，但有时也可能没有被检查出来。视觉问题也可能随着儿童的身体发育而逐渐出现，儿童眼睛的视觉器官也会相应地发生变化。父母和教师应该能够对儿童视觉问题的一些征兆及时察觉。频繁的眼刺激（发红、麦粒肿或感染）、在阅读时持续的眨眼和面部扭曲、阅读材料与脸部过于贴近、书写困难、经常性头疼、头晕眼花或眼睛灼热感，这些都是视觉问题的一些征兆。

听觉损伤（auditory impairment）也可能导致学业问题，还会造成社交困难，因为同伴交互大多都是通过非正式的谈话进行。听力丧失，这个影响着1%~2%学龄儿童的问题，并不仅仅是听力不好的问题。相反，听觉问题可以在多种维度上变化（Yoshinaga-Itano, 2003; Smith, Bale, & White, 2005）。

在一些听力丧失的情况下，儿童只是在对某一范围内的频率或音高的感知上存在听力损伤。例如，他们的听力可能在正常言语范围内音高上的损伤程度较大，而在其他频率，如那些非常高或低的声音上的损伤程度则非常小。具有这种情况的听力丧失儿童，可能需要对不同频率声音具有不同放大程度的助听器。统一放大所有频率声音的助听器可能是无效的，因为它会把个体能够听到的声音放大到不舒服的程度。

儿童如何适应这种损伤取决于他们听力丧失开始的时间。如果听力丧失发生在婴儿期，其影响可能要比发生在3岁以后严重得多。一方面，很少或从未听过语音的儿童很难理解口语，自己也无法说话。另一方面，如果儿童的听力丧失发生在学习语言之后，将不会对其日后的语言发展造成严重影响。

严重的早期听力丧失也和抽象思维方面的困难有关。因为听力损伤的儿童可能接触语言的机会有限，而有些概念只有通过使用语言才能被完全理解，所以与那些能够通过视觉来说明的概念相比，他们在掌握这样的概念时可能会出现困难。例如，不使用语言就很难解释"自由"或"灵魂"这样的概念（Butler & Silliman, 2002; Marschark, Spencer, & Newsom, 2003）。

听觉困难有时伴随着言语损伤，它是异常情况中最为常见的一种类型：每当儿童大声说话时，听者就能明显感觉到这种损伤。事实上，**言语损伤**（speech impairment）的定义表明，当与他人的言语水平相差甚远，致使其本身受到注意，使交流受到干扰，或使说话者适应不良时，就存在言语损伤。换句话说，如果一个儿童的言语听起来受到损伤，则很可能就是言语损伤。大概有3%~5%的学龄儿童表现出言语损伤的问题（Bishop & Leonard, 2001）。

口吃（stuttering）极大破坏了说话的节奏和流畅性，是最为常见的言语损伤。

虽然关于该主题有很多研究，但还没有明确找出口吃的原因。对于年幼儿童来说，偶尔口吃是很常见的，而且这也会偶然发生在正常成人身上，但长期口吃可能是一个严重的问题。口吃不仅阻碍了交流，还使儿童尴尬和紧张，使他们不爱和别人交谈，也不爱在班里大声说话（Whaley & Parker, 2002; Altholz & Golensky, 2004）。

学习能力丧失 在获取和使用听、说、读、写、推理和数学能力方面存在困难。

父母和教师可以采取一些策略来应对口吃。对于刚刚表现出口吃现象的儿童，不要把他们的注意力放在口吃本身，无论儿童的说话时间会延长多久，都应该给他们足够的时间说完他们已经开始说的话。替口吃者说完他们要说的话或纠正其言语的做法，都是无益的（Ryan, 2001）。

学习能力丧失：成就与学习能力之间的差异 就像本节开始部分所描述的安德鲁·默兹一样，约十分之一的学龄儿童被诊断为**学习能力丧失（learning disabilities）**。其特征是在获取和使用听、说、读、写、推理和数学能力上存在困难。对于这样一种模糊定义、摸彩袋式的分类，当儿童的实际学业表现和明显的学习潜能之间存在差异时，就诊断为学习能力丧失（Lerner, 2002; Bos & Vaughn, 2005）。

如此宽泛的定义包含了非常多极其不同的学习能力丧失。例如，一些儿童患有诵读困难（dyslexia），这种阅读困难会导致阅读和书写时对字母的错误知觉，通常很难读出字母，混淆左右以及表现出拼写困难。虽然人们还没有完全了解诵读困难，但对于这种障碍的一个可能解释是，大脑中负责把单词分解成音素的部分出现了问题，而语言是由音素构成的（Paulesu et al., 2001; McGough, 2003; Lachmann et al., 2005）。

学习能力丧失的原因从总体上来说还不是很清楚。尽管它们一般被归结为某种脑功能紊乱，这种紊乱可能由遗传因素导致，但一些专家认为它们是由一些环境因素导致，如早期较差的营养状况或过敏等（Shaywitz, 2004）。

注意缺陷多动障碍

达丝提·纳什（Dusty Nash），一名长着天使面孔的7岁金发儿童。某天清晨5点钟，他就在芝加哥的家中醒来，然后大发脾气。他号啕大哭并乱踢着，身体上的每一块肌肉都在激烈地运动。最后，大约30分钟过后，达丝提充分控制住自己，下楼去吃早饭。当妈妈在厨房忙碌时，这个亢奋的孩子从橱柜里拿出一盒Kix玉米

7岁的达丝提·纳什旺盛的精力和较低的注意广度是注意缺陷多动障碍造成的，3%~5%的学龄儿童患有这种障碍。

片，然后坐在椅子上。

但是，他是不可能在早上安静地坐着的。用手抓了一些玉米片之后，他开始踢这个盒子，把小小的圆形玉米片撒得满屋都是。接着他的注意力转向电视，确切地说是放电视的桌子。桌上铺着一层西洋跳棋盘桌纸，达丝提开始去揭那张纸。然后他又对撒出来的玉米片产生了兴趣，开始把它们踩碎。这时候妈妈发话了。她用平静而坚决的声音让儿子拿起簸箕，打扫并清理这堆乱糟糟的东西。达丝提拿来了簸箕，却忘了妈妈的其他指令。在几秒钟的时间里，他就把塑料簸箕拆成了一片一片的。他的下一个计划是从浴室里拿三卷手纸，并绕着房间把手纸摊开。这时候才早上7:30（Wallis, 1994, p.43）。

7岁的达丝提·纳什旺盛的精力和较低的注意广度是注意缺陷多动障碍造成的，3%~5%的学龄儿童患有这种障碍。**注意缺陷多动障碍（attention-deficit hyperactivity disorder，ADHD）**的特征是不能集中注意力、冲动、难以忍受挫折，以及通常表现出大量不合适的行为。所有儿童都会在某些时间里表现出这样的特质，但对于那些被诊断为ADHD的儿童来说，这样的行为是很普通的，并且干扰了他们在家里和学校里的正常生活（American Academy of Pediatrics, 2000b; Nigg, 2001; Whalen et al., 2002）。

ADHD的最常见症状是什么？通常很难区分只是具有较高活动水平的儿童和ADHD儿童。最常见的一些症状包括：

- 在完成任务、遵照指令和组织工作方面一直有困难
- 不能观看一个完整的电视节目
- 频繁地打断别人或说话过多
- 往往在听完所有指令之前就开始某项任务
- 很难等待或保持就座
- 坐立不安，扭来扭去

因为没有一个简单的测试能够确定一个儿童是否患有ADHD，所以很难确定有多少儿童患有这种障碍。估计18岁以下的青少年中有3%~7%患有这种障碍。只有训练有素的临床医师，在对孩子进行全面评估并对父母和老师进行访谈之后，才能做出准确的诊断（Sax & Kautz, 2003）。

ADHD的病因还不清楚，不过一些研究发现它和神经发育的延迟有关。具体来说，可能是ADHD儿童大脑皮层的增厚比正常儿童推迟了3年（见图9-6）。

对ADHD儿童的治疗一直存在很大的争议。人们已经发现Ritalin®（哌甲酯）或Dexedrine®（右旋苯丙胺）（有趣的是，它们实际上是兴奋剂）能够降低过度活跃儿童的活动水平，所以许多医师通常给儿童进行药物治疗（HMHL, 2005; Schachar et al., 2008; Arnsten, Berridge, & McCracken, 2009）。

注意缺陷多动障碍（ADHD） 一种学习能力丧失，其特征是不能集中注意力、冲动、难以忍受挫折，常表现出大量不合适的行为。

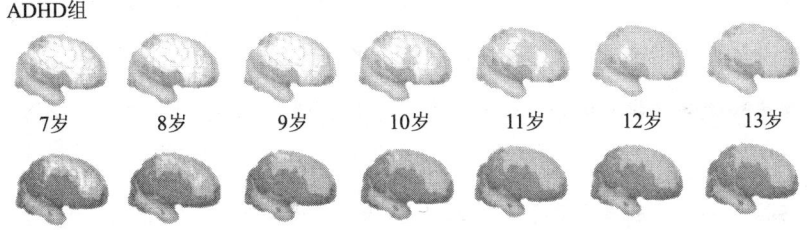

图9-6 ADHD儿童的大脑
与典型的同年龄儿童相比，ADHD儿童的大脑（上面一行）皮层厚度较薄。
（Source: Shaw et al., 2007.）

尽管在许多情况下，此类药物能有效地增加注意广度和顺从行为，但在某些情况下，其副作用（如易怒、食欲减退和抑郁）是很大的，并且这种治疗对健康的长期作用还不清楚。事实上，尽管药物通常能够帮助儿童在短期内改善在校表现，但有关长期改善儿童表现的证据却不一致。一些研究表明，进行药物治疗的儿童几年后在学业上的表现并没有好于没有服药的ADHD儿童。然而，医生开药物处方的频率却在不断增长（见图9-7；Marshall, 2000; Zernike & Petersen, 2001; Mayes & Rafalovich, 2007; Rose, 2008）。

除药物治疗之外，行为疗法也是治疗ADHD的常用手段。采用行为疗法时，父母和老师接受改善行为的技巧培训，主要是对想要的行为给予奖赏（例如口头表扬）。此外，老师可以提高课堂活动的结构化程度，并使用其他班级管理技巧来帮助ADHD儿童，因为他们在完成非结构化的任务上有很大困难（Chronis, Jones, & Raggi, 2006; DuPaul & Weyandt, 2006）。

最后，一些研究已经显示ADHD和儿童的饮食有关，尤其是脂肪酸和食品添加剂，医生有时会开出饮食治疗的处方。然而，饮食治疗本身常常是不够的（Cruz & Bahna, 2006; Stevenson, 2006）（父母和老师可以从www.chadd.org网站上的"注意缺陷多动障碍儿童及成人组织"处获得帮助）。

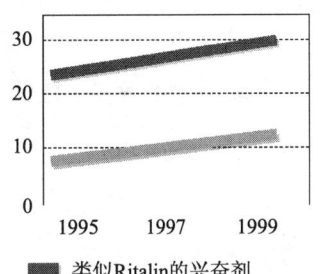

■ 类似Ritalin的兴奋剂
■ 类似Prozac的抗抑郁剂

图9-7 Ritalin处方过量？
因为心理障碍而服用药物的儿童数量已经有了显著增长。
（Source: U. S. Surgeon General, 2000.）

成为发展心理学知识的明智消费者

保持儿童身体健康

这是一个有关当代美国人的简短描述：山姆（Sam）整个星期都坐在桌子旁工作，没有进行定期的锻炼。周末他在电视机前坐了很长时间，总是在吃苏打饼干和糖果。在家里和餐馆中，他的伙食都以高热量和富含脂肪的食物为主（Segal & Segal, 1992, p.235）。

尽管这样的描绘可能适用于许多成年男女，但山姆实际上才6岁。在美国，许多学龄儿童几乎从不进行定期锻炼，最终导致了身体欠佳、肥胖和其他的健康问题。山姆就是这些儿童中的一个。

可以采取下列方法鼓励儿童活动身体（Tyre & Scelfo, 2003; Okie, 2005）：

- **使锻炼富有趣味** 为了让儿童养成锻炼的习惯，应该让他们觉得锻炼很有乐趣。那些让儿童一直处于旁观者角色或竞争性过强的活动，可能导致其运动技能较差，终身讨厌锻炼。

- **成为锻炼的角色榜样** 当儿童发现锻炼是父母、老师或成年朋友生活中定期要进行的内容后，他们可能也会将保持身体健康视为自己生活中定期要进行的内容。

- **使活动适合儿童的身体和运动技能** 例如，使用儿童尺寸的器械，能够使参与的儿童有成就感。

- **鼓励儿童寻找一个搭档** 可以是朋友、兄弟姐妹或父母。锻炼可以涉及多种活动，如滑旱冰或徒步旅行，而且如果有其他人的参与，那么几乎所有的活动都会更加容易开展。

- **缓慢地开始** 那些过去没有形成定期进行身体活动习惯的儿童，应该逐渐参与运动。例如，他们刚开始可以一天只进行5分钟的锻炼，一周7天。10周过后，他们可以努力达到一天进行30分钟，一周3~5天的锻炼目标。

- **督促儿童参与有组织的体育运动，但不要督促得太紧** 不是所有的儿童都愿意运动，督促得太紧可能会事与愿违。把参与和享受乐趣作为这些活动的目标，而不是把取胜作为目标。

- **不要把诸如弹跳（jumping jacks）或俯卧撑之类的身体活动作为对坏行为的惩罚** 相反，学校和父母应该鼓励儿童参加那些旨在让他们感受到乐趣的、有组织的活动。

- **提供健康的饮食** 与那些饮用大量汽水和食用快餐食品的儿童相比，饮食健康的儿童将有更多的能量去进行身体活动。

复习和应用

复习

- 在儿童中期，身体在遗传和社会因素的影响下，缓慢而稳定地成长着。
- 充足的营养对身体、社会性和认知发展至关重要，但营养过剩可能会导致肥胖。
- 在学龄阶段，儿童在很大程度上发展了他们的粗大运动和精细运动技能，其肌肉协调性和操控技能都发展到了接近成人的水平。
- 在过去的几十年中，哮喘和抑郁的发生率已有了显著的增长。
- 许多学龄儿童都具有特殊需要，尤其是在视觉、听觉和语言方面。一些儿童还患有学习能力丧失。
- 以注意、组织和活动问题为特征的注意缺陷多动障碍影响了3%~5%的学龄儿童。使用药物来治疗这种障碍引起了很大争议。

应用毕生发展

- 美国文化的哪些方面可能导致了学龄儿童的肥胖？
- **从一个保健工作者的视角看问题**：在什么情况下你会建议使用类似Protropin的生长激素？身材矮小主要是一个身体问题，还是一个文化问题？

9.2 智力的发展

当贾里德（Jared）某一天从幼儿园回到家中，告诉父母他已经知道天空为什么是蓝色的时候，父母很高兴。贾里德谈论地球大气，尽管他还不能正确地发出那个单词，还谈论空气中的湿气微粒是如何反射太阳光的。虽然他的解释很粗略（他还不太了解什么是"大气"），他还是掌握了大体的概念，而且父母认为，这对于5岁的孩子来说，已经非常了不起了。

很快6年过去了，贾里德现在11岁。他已经花了1个小时努力完成晚上的家庭作业。在结束了2页的分数乘除法作业之后，他开始写美国宪法作业。他正在为他的报告做笔记，这个报告将解释政治派别在撰写宪法文件时所起到的作用，以及宪法出台后是如何被修正的。

在儿童中期智力大幅提升的并不只是贾里德一个人。在这个时期，儿童的认知能力不断扩展，他们逐渐能够理解和掌握复杂的技能。然而，他们和成人的思维并不完全一样。

儿童期思维的进展和局限是什么？一些观点解释了儿童中期认知的发展。

皮亚杰的认知发展理论

让我们重新回到第七章提到的皮亚杰关于学龄前儿童的观点。依据皮亚杰的理论，学龄前儿童的思维处于前运算阶段。这种思维类型主要是自我中心的，前运算阶段的儿童缺乏使用运算（有组织的、形式的、逻辑的心理过程）的能力。

具体运算思维的出现　依据皮亚杰的理论，在学年阶段到来的具体运算阶段中，所有的一切都改变了。**具体运算阶段（concrete operational stage）** 出现于儿童7~12岁时，特征是主动且恰当地使用逻辑。

具体运算思维要求把逻辑运算应用于具体问题之中。例如，当处于具体运算阶段的儿童面临一个守恒问题时（如判断从一个容器倒入另一个形状不同的容器中的液体总量是否不变），他们会运用认知和逻辑过程去回答，而不再只是受事物表象的影响。他们能够进行正确的推理，即因为液体没有漏出，所以液体的总量不变。由于他们自我中心的程度较低，所以他们能够考虑到一个情境中的多个方面，即具有**去中心化（decentering）** 的能力。我们在本节开始时提到的六年级学生贾里德，正在使用去中心化的技能考虑不同派别在创立美国宪法时所持的观点。

当然，从前运算思维到具体运算思维的转变不可能在一夜之间发生。在儿童确定处于具体运算阶段的前两年中，他们的思维在前运算和具体运算之间来回地转换。例如，他们一般能够正确回答守恒问题，但却不能说出为什么。当被问到答案背后的原因时，他们可能会以一个毫无用处的"因为"来回答。

具体运算阶段　7~12岁的认知发展期，以主动且恰当地使用逻辑为特征。

去中心化　考虑一个情境中多个方面的能力。

我的发展实验室

为了更好地理解皮亚杰的理论，请登录我的发展实验室，在视频"守恒"中观看儿童展示你将要读到的内容。

儿童一旦完全采用具体运算思维，他们就展现出很多认知进展。例如，他们获得了可逆性（reversibility）的概念，它是指转变刺激的过程是可以逆转的，即使其恢复到最初的状态。掌握可逆性的概念能够让儿童理解：一个已经被挤压成蛇一样长的黏土可以恢复成它原来的状态。更加抽象地讲，它使学龄儿童理解了：如果3+5=8，那么5+3=8，而且在该阶段的后期，他们还会理解8-3=5。

具体运算思维也能使儿童理解类似时间与速度之间关系之类的概念。例如，考虑一下图9-8中的问题。有两辆汽车用相同的时间从同样的起点到达同样的终点，但是行驶了不同的路线。刚步入具体运算阶段的儿童会认为两辆车以相同的速度行驶。然而，在8~10岁时，儿童开始得出正确的结论：如果行驶了较长路线的汽车到达终点的时间与行驶了较短路线的汽车相同，那它一定跑得更快。

尽管一些早期的跨文化研究似乎表明，某些文化中的儿童从来没有脱离过前运算阶段，但近期的研究则不这样认为。

尽管儿童在具体运算阶段有所进步，但他们的思维仍然有局限性，还是脱离不了具体的物理事实。而且，他们不能理解真正抽象或假设的问题，或涉及形式逻辑的问题。

皮亚杰的观点：皮亚杰是正确的，皮亚杰是错误的 正如我们在第五章和第七章探讨皮亚杰理论时所了解到的那样，追随皮亚杰理论的研究者已经发现，他的观点虽然有许多方面遭到了批评，但也有许多方面是值得肯定的。

皮亚杰是观察儿童的顶级专家，他的许多著作都记录了关于儿童学习和玩耍出色而仔细的观察。此外，他的理论具有重大的教育意义，许多学校都采用从他的观点衍生出来的原则，来指导教学材料的性质及呈现形式（Flavell, 1996; Siegler & Ellis, 1996; Brainerd, 2003）。

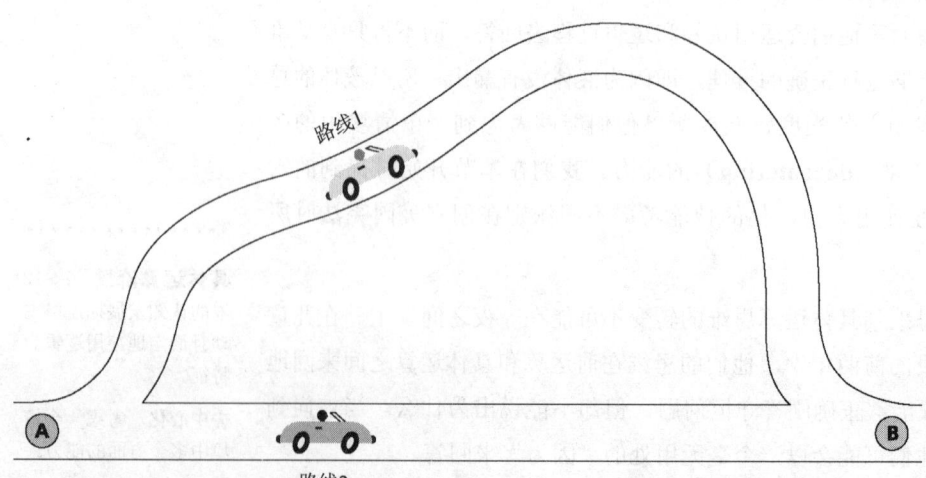

图9-8 关于守恒的路线
在实验者告诉儿童这两辆行驶路线1和路线2的汽车从启程到结束行程，使用的总时间相同后，刚步入具体运算时期的儿童仍然认为两辆车以相同的速度行驶。然而，后来他们得出了正确的结论：如果行驶较长路线的汽车其启程和结束行程的时间与行驶较短路线的汽车相同，那它一定是以较快的速度行驶。

从某种程度上来说，皮亚杰描述的认知发展观点是非常成功的（Lourenco & Machado, 1996）。但同时，批评者也提出了强有力且看似合理的异义。如前所述，许多研究者认为皮亚杰低估了儿童的能力，部分是因为他所进行的迷你实验具有一定的局限性。当采用一系列范围较广的实验任务时，儿童在各阶段的表现就与皮亚杰预期的不太一致（Siegler, 1994; Bjorklund, 1997b）。

在儿童中期，认知发展有了重大进展。

此外，皮亚杰似乎错误地判断了儿童认知能力出现的年龄。可能从之前我们对皮亚杰阶段论的描述过程中就能预想到这一点：越来越多的证据表明，儿童的能力出现得比皮亚杰预想的要早。一些儿童在7岁前就表现出具体运算思维的形式，而皮亚杰认为这种能力在儿童7岁时才会首次出现。

当然，我们也不能摒弃皮亚杰理论。虽然一些早期的跨文化研究似乎表明，某些文化下的儿童从来都没有脱离过前运算阶段，也不能掌握守恒和发展出具体运算，但最近的一些研究则不这样认为。例如，通过守恒方面的适当训练，非西方文化下的儿童也能学会这种能力。例如，在一项研究中，将澳大利亚城市儿童（他们发展出具体运算思维的时间与皮亚杰所说的时间一致）和土著儿童（一般在14岁时还没有表现出对守恒的理解）进行比较（Dasen, Ngini, & Lavallee, 1979）。结果发现，土著儿童接受训练后表现出与城市儿童类似的守恒技能，尽管在出现时间上比城市儿童晚3年（见图9-9）。

此外，当访谈儿童的研究者和儿童来自同一文化背景时，也就是说，当他们熟悉该文化的语言

图9-9 守恒训练

澳大利亚土著儿童在守恒理解的发展上落后于城市儿童，但在训练之后，他们在后来赶了上来。在没有训练的情况下，大概有一半的14岁土著儿童无法形成对守恒的理解。我们可以从训练影响守恒理解的这个事实中得出什么结论？（Source: Adapted from Dasen, Ngini, & Lavallee, 1979.）。

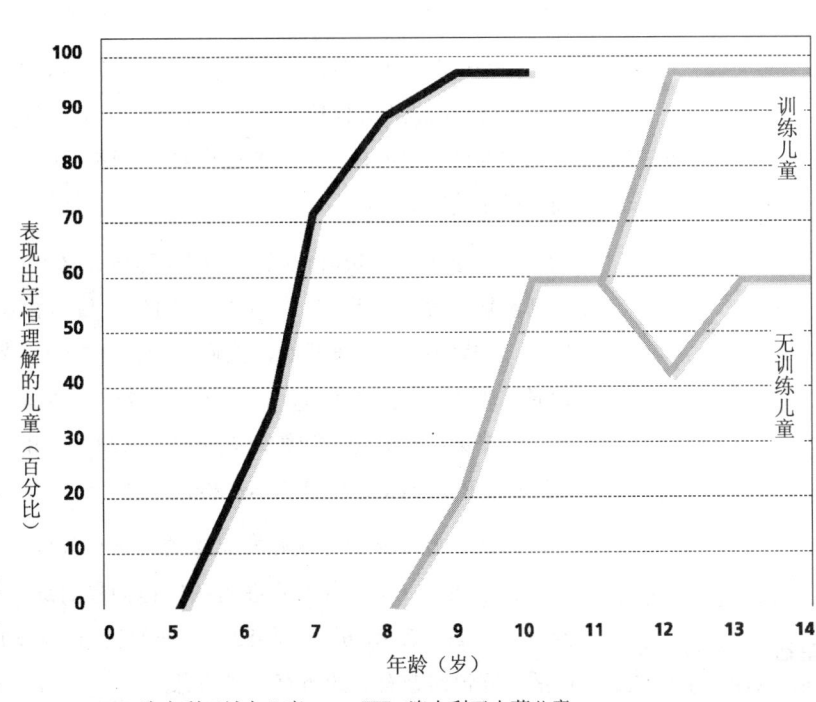

和习俗，使用的推理任务也与该文化所注重的方面有关时，这些儿童就更有可能表现出具体运算思维（Nyiti, 1982; Jahoda, 1983）。最后，这些研究表明，皮亚杰所提出的儿童普遍在儿童中期获得具体运算思维的观点是正确的。尽管其他文化下的学龄儿童在展现某些认知技能方面和西方文化儿童可能存在差异，最有可能的解释是，西方社会中儿童的经历能使他们在皮亚杰的守恒和具体运算测验中表现良好，而非西方文化下的儿童由于具有不同于西方文化儿童的经历所以表现欠佳。因此，我们不能脱离儿童的文化特性来理解其认知发展的过程（Mishra, 1997; Lau, Lee, & Chiu, 2004; Maynard, 2008）。

儿童中期的信息加工

对于一年级的儿童来说，学会拼写如"dog"和"run"这样的简单单词和学会个位数加减的基本数学计算，都是了不起的成就。不过到了六年级，儿童就能进行分数和小数运算了，就像本节开始部分所提到的小男孩贾里德在完成他六年级的家庭作业一样。此外，他们还能拼写如"exhibit"和"residence"这样的单词。

根据信息加工理论，儿童能够越来越娴熟地处理信息。就像计算机一样，随着他们记忆容量的增加，以及用于处理信息的"程序"越来越高级，儿童能够加工更多的数据（Kuhn et al., 1995; Kail, 2003; Zelazo et al., 2003）。

记忆 如第五章所述，**记忆（memory）**在信息加工模型中是指编码、储存和提取信息的能力。对于要记住某个信息的儿童来说，这三个过程必须全部正常地发挥功效。通过编码，儿童最开始用便于记忆存储的方式来记录该信息。从来没有学过5 + 6 = 11，或是学的时候没有集中注意力的儿童，将永远不可能记住它。他们一开始就从未编码过该信息。

但是仅仅接触信息是不够的，信息还必须被储存。在我们的例子中，5 + 6 = 11这个信息必须被放入并保持在记忆系统中。最后，记忆系统的正常工作，还要求存储在记忆中的内容能够被提取。通过提取，存储在记忆中的内容被定位，并提到意识层面，然后被使用。

在儿童中期，短时记忆（也称为工作记忆）能力有了显著发展。例如，儿童逐渐能够听完一串数字（"1-5-6-3-4"）后以相反的顺序复述它们（"4-3-6-5-1"）。从学前期阶段开始，他们只能记住并反向复述大概2个数字；到青春期开始时，他们能完成6个数字的倒述，此外，他们能够使用更复杂的策略来回忆信息，这些策略能够随着训练而逐渐改善（Marshall, 2000; Zernike & Peterson, 2001; Mayes & Rafalovich, 2007; Rose, 2008）。

记忆能力可能会使认知发展中的另一个问题清楚明白地显示出来。一些发展心理学家认为，学龄前儿童在解决守恒问题时遇到的困难可能源于其有限的记忆能力（Siegler & Richards, 1982）。他们认为，年幼儿童也许只是不能回忆起与正确解决守恒问题有关的所有必要信息。

记忆 信息最初被记录、存储和提取的过程。

元记忆（metamemory）即对记忆的基础过程的理解，同样在儿童中期出现并逐渐改善。当儿童步入一年级，且其心理理论发展得比较成熟时，他们就会对什么是记忆有一个大致的了解，也能够明白有些人的记忆力比其他人要好（Cherney, 2003; Ghetti et al., 2008; Jaswal & Dodson, 2009）。

> **元记忆** 对于作为记忆基础的那些过程的理解，在儿童中期出现并发展。

随着学龄儿童慢慢长大，并逐渐使用控制策略——为了改善认知加工过程而有意识地、特意使用的一些策略时，他们对记忆的理解变得更加成熟。例如，学龄儿童意识到复述，即重复信息，是提高记忆力的一种有效策略，于是他们在儿童中期越来越多地使用这种策略。类似地，他们逐渐付出更多的努力把记忆材料组织成一致的模式，这种策略也有助于他们回忆信息。例如，当要记住包括杯子、刀、叉子和盘子的词表时，与刚上学的儿童相比，年长儿童更可能将不同的单词组合成一致的模式——杯子和盘子，叉子和刀（Sang, Miao, & Deng, 2002）。

类似的，处于儿童中期的儿童更多地使用记忆术（mnemonics）。它是一种正规的技术，用于组织信息，使其更容易被记住。例如，五线谱上各行中间的四个音符正好可以拼写成"FACE"（脸的英文单词），或者通过学习歌谣"九月、四月、六月和十一月，都有三十天……"来回忆每个月的天数（Bellezza, 2000; Carney & Levin, 2003; Sprenger, 2007）。

改善记忆 儿童经过训练后能够更有效地使用控制策略吗？一定可以。虽然教儿童使用特定的策略并不是一件容易的事情，但学龄儿童确实能够学会。例如，儿童不仅需要知道如何使用一个记忆策略，还需要知道何时何地使用才最有效。

例如，考虑一下被称为"关键词策略"的创新技术。这种策略能有助于学生学习外语中的词汇、美国各州的首府以及其他两组词语或标签相配对的信息。在关键词策略（keyword strategy）中，一个单词与另一个读音相似的单词配对（Wyra, Lawson, & Hungi, 2007）。例如，学习外语词汇时，一个外语单词和一个读音相似的普通英语单词配对。这个英语单词就是关键词。因此，在学习西班牙语的单词鸭子（pato，发音为pot-o）时，关键词可以是"pot"；学习西班牙语的单词马（caballo，发音为cob-eye-yo）时，关键词可以是"eye"。一旦选择了关键词，儿童就形成了关于这两个相互联系的单词的心理表象。例如，一个学生可能会用在壶里洗澡的鸭子的表象来识记"pato"这个词，或者凸眼睛的马来识记"caballo"这个词。

维果斯基的认知发展理论和课堂教学

学习环境也能激励儿童学习这些策略。回想一下我们在第七章提到的俄国发展学家维果斯基的观点，他认为，儿童是通过接触处于其最近发展区（ZPD）之内的信息而使认知能力得以发展。ZPD体现的是这样一种水平：儿童基本能够但尚未完全理解或完成某项任务。

维果斯基的观点对于一些课堂实践的发展具有极其重要的影响，这些课堂实践的依据是：儿童应该积极参与到他们的教学体验中（e.g., Holzman, 1997）。所以，教室被看做儿童应该有机会做实验和尝试新活动的场所（Vygotsky, 1926/1997; Gredler & Shields, 2008）。

根据维果斯基的观点，教育应该关注涉及和他人交互的活动。儿童—成人和儿童—儿童的交互都能为认知发展提供潜能。交互的性质必须仔细构建，以便使其处于每个儿童的最近发展区之中。

当今一些值得关注的教育创新，就借鉴了许多维果斯基的研究。例如，合作学习（cooperative learning）——儿童为了实现一个共同的目标组成小组一起工作，就吸收了维果斯基理论中的一些内容。在合作小组中工作的学生，能够从他人的看法中受益，并且如果他们向错误的方向进行思考，也会被小组中的其他成员带回到正确的方向上。另一方面，并不是每一个同伴对合作学习小组中的成员都有帮助；正如维果斯基理论所暗示的那样，当小组中有一些成员更能胜任此项任务，并能充当专家的角色时，每个儿童才能最大限度地受益（Gillies & Boyle, 2006; DeLisi, 2006; Law, 2008）。

交互式教学（reciprocal teaching）是另一项反映维果斯基认知发展观点的教育实践。它是一种教授阅读理解策略的技术。学生被指导浏览一段文章的内容、提出有关核心观点的问题、总结这段文章，最后预测下文的内容。这种技术的关键在于其交互性，即强调给予学生担任教师角色的机会。最开始，教师引导学生学习阅读理解策略。慢慢地，学生在最近发展区不断进步，逐渐能够更好地使用这种策略，直到最终能担任教师的角色。这种方法在提高学生的阅读理解水平方面显示出巨大的成效，尤其对于那些阅读困难的学生来说更是如此（Greenway, 2002; Takala, 2006; Spörer, Brunstein, & Kieschke, 2009）。

语言发展：词语的含义

如果你听过学龄儿童之间的谈话，至少乍听起来他们的谈话与成人没有太大差异。然而，这种表面上的相似性具有很大的欺骗性。儿童的语言技能——尤其是在学年阶段之初——仍需锤炼，才能达到成人的娴熟水平。

掌握语言的技巧　儿童的词汇量在其上学期间持续呈现出快速增长的趋势。例如，6岁儿童大概拥有8,000~14,000个单词的词汇量，而9~11岁儿童的词汇量又增长了5,000个单词。

学龄儿童掌握语法的能力也在发展。例如，在学龄早期，和主动语态相比（如"Jon walked the dog"），儿童很少使用被动语态（如"The dog was walked by Jon"）。6岁和7岁儿童则很少使用条件句（如"If Sarah will set the table, I will wash the dishes."）。然而，在儿童中期，他们对被动语态和条件句的使用都有所增加。另外，在儿童中期，儿童对于句法（即用来把单词和短语组织成句子的规则）的理解也在不断加深。

当儿童步入一年级时，其中大多数人都能准确地进行单词发音。然而，特定的音素（语

参与合作小组的学生能够从其他人的看法中受益。

音单元）仍令他们感到烦恼。例如，发出 j、v、th和zh音的能力，比发出其他音素的能力更晚发展出来。

当句子的意思取决于语调或声音的音调时，学龄儿童同样很难理解句子的含义。例如，考虑一下这个句子，"George gave a book to David and he gave one to Bill"。如果单词"he"被重读，则意思是"乔治给了戴维一本书，戴维给了比尔另外一本书"。但如果重音放在单词"and"上，则意思就变为"乔治给了戴维一本书，乔治也给了比尔一本书"。学龄儿童还不太明白上述情况的一些微妙之处（Wells, Peppé, & Goulandris, 2004）。

和学生只接受英语教学的浸入式课程（immersion program）不同，在双语教育中，儿童最初以母语教学，同时也学习英语。

除语言技能外，交谈技能也在儿童中期得以发展。在这个时期，儿童能够较好地使用语用知识，即指导我们正确地使用语言的一些规则，以在特定的社会环境中更好地和人交流。

例如，尽管儿童在儿童早期就意识到交谈中轮流说话的原则，但他们对于这些规则的使用还不太成形。看看下面6岁的优妮（Yonnie）和马克思（Max）之间的对话：

优妮：   我爸爸开一辆联邦快递（FedEx）卡车。
马克思： 我姐姐叫莫利（Molly）。
优妮：   他早上真的很早就起床了。
马克思： 她昨晚尿床了。

而随着年龄的增长，儿童的交谈表现出更多的意见交换，第二个儿童会真正回应第一个儿童说话的内容。例如，11岁的米娅（Mia）和乔什（Jash）之间的对话就反映出他们对语用知识更为熟练地掌握：

米娅：   我不知道克莱尔生日时应该送她什么？
乔什：   我会送她耳环。
米娅：   她已经有很多首饰了。
乔什：   我想她并没有太多。

元语言意识   儿童中期最显著的发展之一，是儿童逐渐增强了对自己如何使用语言的理解，或者说是儿童的**元语言意识**（**metalinguistic awareness**）增强了。到儿童5岁或6岁时，他们能够理解语言是受一套规则支配的。尽管在早年，他们内隐地学习和理解这些规则，但在儿童中期，他们已开始比较明确地理解这些规则（Benelli et al., 2006; Saiegh-Haddad, 2007）。

元语言意识   对自己如何使用语言的理解。

当信息模糊或不完整时，元语言意识可以帮助儿童来理解它们。例如，当给予学前儿童模糊或不清楚的信息时（如如何玩复杂游戏的指示说明），他们很少去询问清楚，如果他们不理解，就会责怪自己。等儿童长到7岁或8岁时，他们就会意识到误解可能不仅由自身因素所致，还会由他人（即与儿童交流的那些人）的因素所致。所以，学龄儿童更可能询问清楚那些模糊的信息（Apperly & Robinson, 2002）。

语言如何促进自我控制 逐渐娴熟的语言技能可以帮助学龄儿童控制和调节他们的行为。例如，在一个实验中，实验者告知儿童如果他们选择立刻吃掉一颗果汁软糖，他们就只能得到一颗，但如果选择等一会儿再吃的话，将得到两颗。大多数4~8岁儿童选择了等待，但他们在等待时所使用的策略具有显著差异。

4岁儿童在等待时经常看着果汁软糖，这种策略并不十分有效。相反，6~8岁儿童使用语言来帮助自己克服诱惑，尽管方式不同。6岁儿童自己说话和唱歌，提醒自己如果等待一会儿就能最终得到更多的果汁软糖。8岁儿童却关注果汁软糖与味道无关的方面，如它们的外观，这有助于他们等待下去。

简而言之，儿童使用"自言自语"的策略来帮助他们调节自己的行为。此外，他们自我控制的有效性也随着其语言能力的提高而不断增强。

双语：用多种语言说话

纽约市布鲁克林地区的小学（New York's P.S. 217）举办图画节时，给父母的通知被翻译成5种语言。这样的说明方式很好，但还不够：40%以上的儿童是移民，他们的家庭成员所说的语言可能是从亚美尼亚语到乌尔都语的26种语言中的任何一种（Leslie, 1991, p. 56）。

从小城镇到大城市，儿童说话的声音都在改变。将近五分之一的美国人在家除了英语外还说另一种语言，并且这个百分比还在增长。**双语（bilingualism）** 现象，即不只使用一种语言，正越来越普遍（Shin & Bruno, 2003; Graddol, 2004; 见图9-10）。

进入学校时几乎不能说英语的儿童必须同时学习标准课程和教授课程所用的语言。一种教育非英语母语者的方法是双语教学（bilingual education），即首先用儿童的母语教儿童，同时又让他们学习英语。在双语教学中，学生能使用自己的母语为基本的课程打下坚实的基础。大多数双语教学计划的最终目标是逐渐从母语教学转向英语教学。

另一种方法是使学生置身于英语环境中，只教他们这种语言。对于该方法的支持者而言，最初用非英语之外的其他语言教授学生，会阻碍他们努力学英语，以及延缓他们融入社会的进程。

这两种完全不同的方法已经高度政治化，一些政治家主张"只说英语"的法律，而其他政治家则通过颁布使用母语的指令，来督促学校系统考虑到非英语母

双语 不只使用一种语言。

语者所面临的挑战。然而，心理学研究表明，知晓一种以上语言的人具备一些认知优势。因为当他们评估一个情境时，他们选择不同语言的可能性更多，所以说双语者表现出较高的认知灵活性。他们解决问题时更具创造性和多面性。此外，用母语学习和少数族裔学生较高的自尊相关（Lesaux & Siegel, 2003; Chen & Bond, 2007; Bialystok & Viswanathan, 2009）。

双语学生经常具有较高的元语言意识，对语言规则的理解更明确，并显示出更高的认知水平。某些研究结果表明，他们甚至可能在智力测验中得分更高。此外，对使用双语的人和只使用一种语言的人进行大脑扫描，结果发现两者有不同的脑活动类型（Swanson, Saez, & Gerber, 2004; Carlson & Meltzoff, 2008; Kovelman, Baker, & Petitto, 2008）。

最后，正如我们在第五章中提到的，因为很多语言学家主张语言获得的基础是普遍性的过程，所以母语教学可能会促进用第二语言的教学。事实上，正如我们将在下面谈到的，许多教育者认为对于所有儿童来说，第二语言的学习应该成为小学教育的一个常规部分（Kecskes & Papp, 2000; McCardle & Hoff, 2006）。

图 9-10 美国除英语以外语言的多样性
这些数字显示了在家除了英语还说其他语言的5岁以上美国居民的人数。随着美国说其他语言的人数和其他语言的种类的增加，教育家应该采用何种方法来满足双语学生的需求？
（Source: Modern Language Association, www.mla.org/census_map, 2005; U.S. Census Bureau, 2000.）

复习

- 根据皮亚杰的观点，学龄儿童处于具体运算阶段，该阶段的特征是将逻辑过程应用于具体问题之中。
- 信息加工理论关注学龄儿童记忆的量变，以及他们所使用的心理程序复杂性的提高。
- 根据维果斯基的观点，学龄期儿童应该拥有做实验以及和同伴一起参与到他们的教学体验中的机会。
- 儿童在学龄期对记忆过程（即编码、存储和提取）的控制逐渐加强，并且元记忆的发展促进了认知加工和记忆的发展。
- 语言发展的特征是词汇量、句法和语用知识的发展，元语言意识的发展，以及将语言用作自我控制的策略。
- 双语能够促进认知灵活性和元语言意识，甚至使儿童在智力测验中表现得更好。

应用毕生发展

- 成人会把语言（自言自语）用做自我控制的策略吗？如何使用？
- 从一个教育工作者的视角看问题：教师应如何运用维果斯基的观点来使10岁儿童了解殖民时代的美国，请提出建议。

9.3 学校教育：儿童中期涉及的三个R（以及更多）

当阅读小组中其他6个孩子的目光齐刷刷转到自己身上时，格伦（Glenn）在座椅上很不自在地扭动着。阅读对他来说从来都不是件容易的事，当轮到自己朗读时他总是感到焦虑。但当老师点头鼓励他时，他朗读了起来。最初还有些犹豫，当读到有关"妈妈新工作的第一天"这个故事时，他来了兴趣。他发现自己能很好地阅读这个段落，并对自己朗读任务的完成感到非常快乐和骄傲。格伦读完时，当老师简单地说了一句"很好，格伦"，他的脸上便洋溢着灿烂的笑容。

类似这样的一些小瞬间，不断地重复着，它们组成了或者是打破了儿童的教育体验。学校教育标志着社会开始正式地将其逐渐积累的知识、信念、价值观和智慧传递给新一代的时间点。从非常实际的意义上来说，这种传递的成功与否决定了世界未来的命运和每个学生个人的成功。

世界各地及不同性别儿童的学校教育：谁受了教育？

与大多数发达国家一样，在美国接受小学教育既是一种普遍的权利，也是一个法定的义

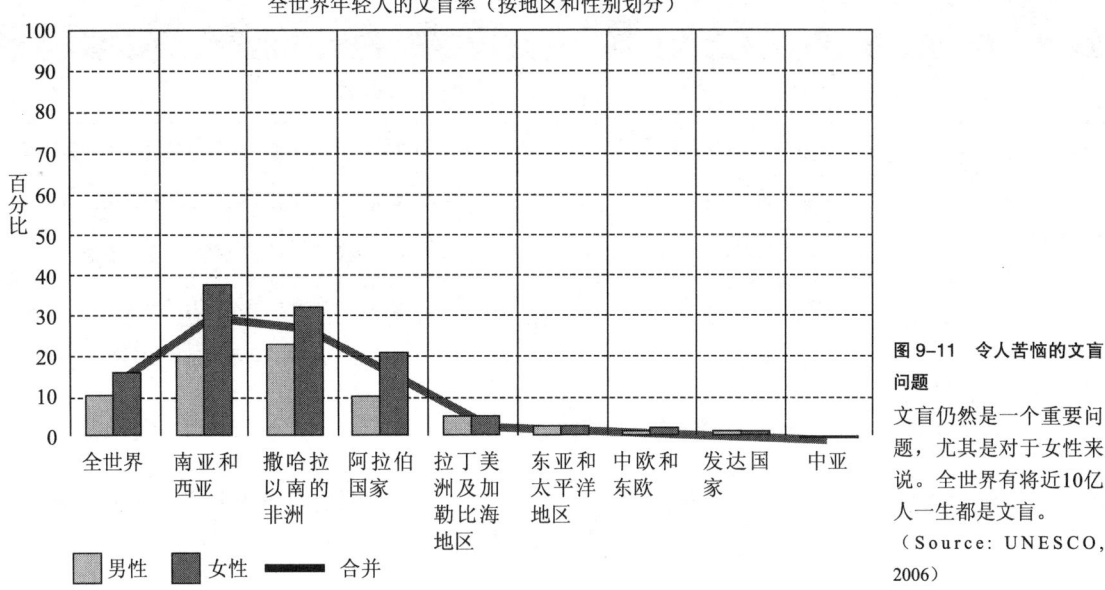

图9-11 令人苦恼的文盲问题

文盲仍然是一个重要问题，尤其是对于女性来说。全世界有将近10亿人一生都是文盲。
（Source: UNESCO, 2006）

务。事实上所有的儿童都在12年中接受免费教育。

然而，世界上其他地方的儿童却没有这么幸运。全世界超过1.6亿儿童甚至没有接受小学教育的机会。另外1亿儿童的受教育程度充其量也只达到了我们的小学水平，总共有将近10亿人（三分之二是女性）一生都是文盲（见图9-11；International Literacy Institute, 2001）。

几乎在所有的发展中国家中，能够接受正规教育的女性数量少于男性，且这种差异存在于学校教育的各个层面中。甚至在发达国家中，女性接触科学和科技领域的机会还是少于男性。这些差异反映了一种性别偏见，它普遍而根深蒂固地存在于文化和父母的偏见中。美国男性和女性的受教育水平较为接近。尤其是在学龄早期，男孩和女孩拥有同等的受教育机会。

阅读：学会破解词语背后的意思

很多教育家欣喜地对"哈利•波特现象"（在前言中有所描述）表示欢迎。它对儿童文学的刺激是受欢迎的，因为对于学校教育来说，没有任何其他任务比学会阅读更加基础了。阅读包括大量的技能，从低水平的认知技能（识别单个字母，把字母和发音联系在一起）到高水平的认知技能（把书面词语与长时记忆中存储的含义匹配起来，并使用上下文和背景知识来确定句子的意思）。

阅读的阶段 阅读技能的发展一般要经历几个阶段，这些阶段历时较长，往往彼此重叠（Chall, 1979, 1992；见表9-1）。在从出生至一年级开始的阶段0中，儿童习

几乎在所有的发展中国家中，能够接受正规教育的男性都多于女性。

表 9-1 阅读技能的发展

阶段	年龄	主要特征
阶段0	出生至一年级开始	学习阅读所需的一些先决能力，如识别字母
阶段1	一年级和二年级	学习语音转录技能；开始进行阅读
阶段2	二年级和三年级	流畅地朗读，但不太理解句子的意思
阶段3	四年级至初中结束	把阅读作为一种学习的方法来使用
阶段4	高中及以后	能够理解反映多重观点的阅读材料

（Source: Based on Chall, 1979.）

得了阅读所必需的一些基本能力，包括在字母表中识别字母、有时写出自己的名字、认出几个非常熟悉的单词（如他们自己的名字或停车标志上的"停"字）。

阶段1第一次涉及真正的阅读，但它主要涉及语音转录技能（phonological recoding skill）。该阶段一般包括一年级和二年级，在这段时期，儿童通过把字母组合在一起而试探出单词。另外，儿童还学会了字母的名字及其发音。

在阶段2中，通常是二年级和三年级，儿童学会流畅地朗读。然而，他们还没有把单词及其含义相联结，因为对他们来说，仅读出单词就需要费很大工夫，以致几乎没有认知资源能用于加工单词的含义。

接下来是阶段3，从四年级到八年级。阅读最后变成了一种方法，特别是一种用于学习的方法。早期进行的阅读，其目的在于让儿童学会阅读，而到了这个阶段儿童开始通过阅读来了解这个世界。然而，即使在这个年龄，儿童也不能完全通过阅读来理解事物。例如，儿童在这个阶段的一个局限性是他们只能理解从单独一种观点所呈现的信息。

在最后的阶段4，儿童能够阅读并加工那些反映了多重观点的信息。这种在进入高中时才出现的能力，使儿童对材料的理解更加透彻。这也解释了为什么文学名著不会在教育的早期呈现给儿童。并不是年幼儿童没有相应的词汇量以理解这样的作品（尽管有时这确实是事实），而是他们缺乏能力理解复杂的文学作品中普遍存在的多重观点。

我们应该怎样教授阅读？究竟哪种阅读教学方法最有效，教育工作者就这个问题已经争论了很长时间。争论的核心问题是，阅读时信息加工机制的性质究竟是什么。阅读编码教学法（code-based approaches to reading）的支持者认为，教阅读时应该通过呈现作为阅读基础的基本技能来进行阅读教学。阅读的编码理论强调阅读的成分，如字母的发音以及它们的组合——语音，还有字母和发音是如何组合成单词的。他们认为阅读包括加工单词的各个成分，

大约在四年级左右，儿童开始主要通过阅读来学习。

并把它们组合成单词，进而从单词中推测出书面句子和段落的意思（Vellutino, 1991; Jimenez, & Guzman, 2003; Gray et al., 2007）。

相反，一些教育工作者认为，最成功的阅读教学法是阅读整体语言教学法（whole-language approaches to reading）。这里，阅读被视为与口语的获得相类似的一个自然过程。根据这种观点，儿童应该通过接触完整的作品——句子、故事、诗歌、清单、图表以及写作其他的应用实例来学习阅读。

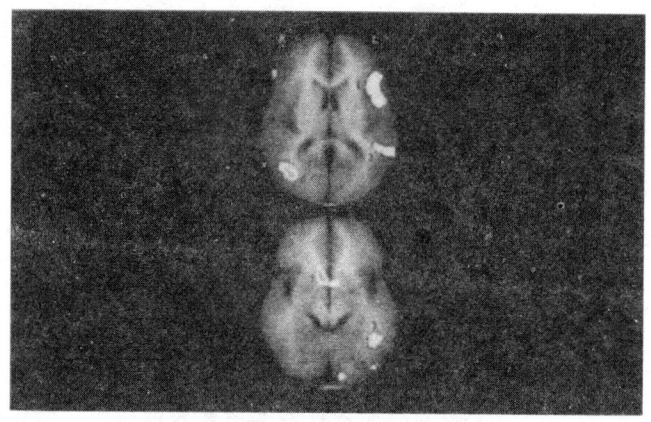

图9-12 在学习了语音后（上图），有阅读困难的学生（下图）不仅在阅读能力有所提高，并且与阅读能力有关的脑区的活性也得到增强。
（Source:Shaywitz et al., 2004）

不是教儿童去痛苦地读单词，而是鼓励他们根据单词出现的上下文来猜单词的意思。通过这种尝试错误的方式，儿童一次就能学习所有的单词和短语，从而逐渐成为熟练的阅读者（Shaw, 2003; Sousa, 205; Donat, 2006）。

越来越多的研究表明，基于编码的阅读教学法要优于整体语言的阅读教学法。例如，一个研究发现，与一组好的阅读者相比，一组儿童在学习了一年语音后，不仅阅读能力明显提高，而且与阅读有关的神经通路也变得更接近好的阅读者（见图9-12；Shaywitz et al., 2004; Shapiro & Solity, 2008）。

基于这样的研究，美国阅读研究小组和美国研究委员会（National Reading Panel and National Research Council）现在支持使用编码教学法来进行阅读教学，这意味着阅读教学方法哪种最有效的争论可能已接近尾声（Rayner et al., 2002）。

教育趋势：超越三个R

21世纪的学校教育与之年前的教育明显不同。事实上，美国的学校正在重新倡导以三个R（阅读、写作和算术/reading, writing, arithmetic）为标志的传统教育原则。对这种教育原则的关注表明教育已经背离了前几十年的教育趋势，即强调学生的社会性发展和强调允许学生根据自己的兴趣选择科目而非学习设定好的课程（Schemo, 2003; Yinger, 2004）。

今天的小学课堂也强调教师和学生的个体责任感。教师要为学生的学习负更多责任，而且学生和教师都要参加州级或国家级测验，以评估他们的能力，学生的压力增加了（McDonnell, 2004）。

随着美国人口日渐多样化，小学也已经越来越关注学生多样性和多元文化的问题。文化和语言一样，其差异也很可能在社会和教育方面影响学生。美国学生的人口统计学正经历非常大的转变。例如，西班牙裔的比例很可能在接下来的50年里变为原来的两倍多。另外，到2050年，非西班牙裔白人可能会变成美国总人口中的一个少数族裔（U. S. Bureau of Census, 2001, 见图9-13）。所以，教育工作者已越来越关注多元文化问题。

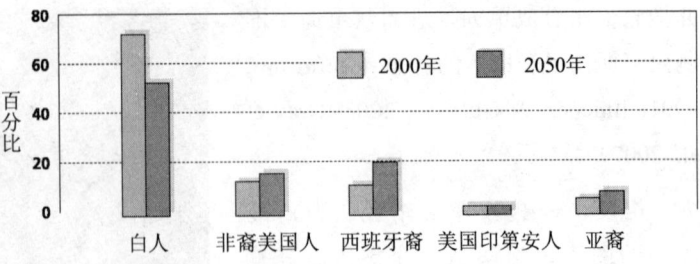

图9-13 美国面貌的改变
当前对于美国人口构成的调查显示：到2050年，非西班牙裔白人的比例将减少，而少数族裔成员的比例将增加。人口统计学的变化对社会工作者将造成哪些方面的影响？
（Source: U. S. Census Bureau, 2000.）

智力：决定个体的实力

"为什么应该说实话？""洛杉矶离纽约有多远？""桌子是由木头制成的；窗户是由_____。"

当10岁的海厄森斯（Hyacinth）弓着背坐在课桌前，努力回答类似的一长串问题时，她试图猜想自己正在五年级教室中所参与的这项测验的意义究竟是什么。显然，该测验并没有涉及她的老师怀特－约翰斯顿（White-Johnston）女士曾经在课上讲过的内容。

"这一列数字的下一个是什么：1，3，7，15，31，___？"

当海厄森斯继续往下做题时，她不再猜想关于这个测验合理性的问题。她已经把这个问题丢给了老师，并自己叹起气来。她没有试图想出那意味着什么，只是尽自己的最大努力去完成这项个人测验。

海厄森斯参加的是一项智力测验。如果她知道自己并不是唯一一个对该测验中试题的意义和重要性提出质疑的人，可能她会非常惊讶。智力测验试题是精心准备的，它与学业成功密切相关（之后我们将说明原因）。然而，很多发展学家也承认，那些与海厄森斯在测验中遇到的问题类似的题目，能否完全恰当地评估智力，还要打一个问号。

对于那些感兴趣于描绘究竟是什么把智力行为和智力缺乏行为区分开来的研究者来说，仅是理解智力概念意味着什么就已经是一个巨大的挑战。尽管非专家人士有他们自己关于智力的理解（例如，一项调查发现，外行认为智力由三个成分组成：问题解决能力、言语能力和社会竞争力），但专家较难同意这种观点（Sternberg et al., 1981; Howe, 1997）。尽管如此，给智力下一个大概的定义还是可能的：**智力**（**intelligence**）是指个体面对挑战时理解世界、理性思考和有效使用资源的能力（Wechsler, 1975）。

界定智力的部分困难源于——多年来人们在寻求如何区分更有才智的人和不太聪明的人时所遵循的多种方法，而有时效果并不理想。为了理解研究者是如何通过设计智力测验来尝试评估智力，我们需要了解智力领域的一些历史性的重要事件。

智力 个体面对挑战时理解世界、理性思考和有效使用资源的能力。

智力基准点：区分智力和智力缺乏

19世纪末20世纪初，巴黎学校体系面临一个问题：相当多的儿童并没有从常规教学中获益。不幸的是，这些儿童中的许多人属于我们现在所说的精神发育迟滞者，他们大多没识别出来及时转至特殊班级。法国教育部长和心理学家阿尔弗雷德·比奈（Alfred Binet）交流了这个问题，并请他设计一种方法，以便能在早期确定出那些可能会从常规课堂之外的教育形式中受益的儿童。

比奈测验 比奈以非常实际的方式解决了这项任务。比奈在对学龄儿童的多年观察中发现，以前那些区分智力智力缺乏学生的方法——其中一些方法基于反应时和视力敏锐度——没有什么用。他启动了一个尝试错误的过程，让那些曾经被老师认为"聪明"或"笨"的学生完成一些题目和任务。那些聪明学生能正确完成而笨学生不能正确完成的任务，就被保留作为测验的内容。不能区分这两组学生的任务就被剔除。最后，他得到一套能够可靠区分曾被老师评为聪明学生和笨学生的测验题目。

比奈在智力测验方面的先驱性工作为后人留下了三个重要遗产。首先是他构建智力测验时注重实效的方法。比奈没有关于智力是什么的理论设想。相反，他使用了一种尝试错误反复试验的心理测量方法，这种构建测验的重要方法一直持续到今天。他对于智力的定义，即他的测验所测的内容，已被很多当代研究者所采用。对于那些注重智力测验的广泛使用性，又想避免关于智力潜在性质的争论的测验编制者来说，尤其受到他们的欢迎。

其次，比奈的贡献还拓展到了智力与学业成功的关系上。比奈构建智力测验时的程序确保了智力和学业成功在本质上是相同的，因为智力被界定为在测验中的成绩表现。所以，比奈的智力测验，以及今天追随比奈的智力测验，已经成为评估学生在多大程度上具有促进学业成功的特质的合理指标。另一方面，这些测验并没有涉及许多与学业能力无关的其他特质，如社会性技能和人格特性。

> **心理年龄** 具有特定实际年龄的人的一般智力水平。

最后，比奈发展出将每个智力测验分数和**心理年龄（mental age）**相联系的方法。心理年龄是指参加测验的儿童平均获得某个分数时的年龄。例如，如果一个6岁的女孩在测验中得了30分，而这个分数却是10岁儿童的平均得分，那么就认为该女孩的心理年龄是10岁。类似地，一个15岁男孩在测验中得了90分，该分数与15岁儿童的平均得分一样，因此可以认为这个男孩的心理年龄是15岁（Wasserman & Tulsky, 2005）。

韦氏儿童智力量表修订版（WISC-IV）作为测量语言和操作（非语言）技能的智力测验而被广泛使用。

实际年龄（或生理年龄） 进行智力测验的儿童的实际年龄。

智商（或IQ分数） 一种考虑学生的心理年龄和实际年龄的智力测量方法。

斯坦福－比奈智力量表第五版（SB5） 由一系列根据受试者年龄不同而变化的题目组成的测验。

韦氏儿童智力量表第四版（WISC-IV） 一个适用于儿童的测验。该测验单独测量语言和操作（非语言）技能，并提供测量总分。

虽然为学生分配的心理年龄提供了他们是否和同伴表现出同等水平的指标，但心理年龄却无法对**实际年龄（chronological，或生理年龄/physical age）** 不同的学生的表现进行充分比较。例如，如果只用心理年龄，可能会认为一个心理年龄为17岁的15岁儿童和一个心理年龄为8岁的6岁儿童一样聪明，但实际上那个6岁儿童的聪明程度可能相对更高。

可以通过**智商（intelligence quotient，或IQ）** 的形式来解决这个问题。智商是考虑了学生的心理年龄和实际年龄的分数。计算IQ分数的传统方法使用了下面的公式，其中MA代表心理年龄，CA代表实际年龄：

$$IQ 分数 = \frac{MA}{CA} CA \times 100$$

该公式表明：心理年龄（MA）与实际年龄（CA）相等的人总会得到数值为100的IQ；如果实际年龄超过了心理年龄，说明智力水平位于平均水平之下，IQ分数将低于100；如果实际年龄低于心理年龄，说明智力水平位于平均水平之上，IQ分数将高于100。

我们可以使用这个公式回到刚才那个心理年龄为17岁的15岁儿童的例子。这个学生的IQ是17/15×100，即113。相比之下，心理年龄为8岁的6岁儿童的IQ是8/6×100，即133，他的IQ分数高于那个15岁的儿童。

现今的IQ分数是以更为复杂的数学方式计算出来，被称为离差智商分数（deviation IQ score）。离差智商分数的平均值仍然设定为100，但现在所编制的测验可以通过得分和该平均值之间的差异程度来计算具有相似得分的人数比例。例如，大概有三分之二的人的得分处在平均分100、正负15分的范围之内，即得分范围为85~115。随着分数高于或低于这个范围，具有相同分数类别的人数比例就会显著下降。

测量IQ：现今测量智力的方法 从比奈那个时代起，智力测验已经能够越来越准确地测量IQ。大多数智力测验都是源于他最初的工作。例如，使用最为广泛的测验——**斯坦福－比奈智力量表第五版（Stanford-Binet Intelligence Scale, Fifth Edition; SB5）**，开始是作为比奈最初测验的美国版本来使用的。该测验由一系列根据受试者年龄不同而变化的题目组成。例如，年幼儿童要回答有关日常活动的问题，或临摹复杂的图形。年长的人要解释谚语、解决类比问题，以及描述各组词语之间的相似性。该测验口头施测，主试逐渐让受试者回答难度越来越大的问题，直到不能完成为止。

韦氏儿童智力量表第四版（Wechsler Intelligence Scale for Children-Fourth Edition WISC-IV） 是另一个被广泛使用的智力测验。该测验（源于其成人版，韦氏成人智力量表）单独测量语言和操作（非语言）技能，并提供测量总分。正如图9-14中的样题那样，该测验各个不同的部分能够较为容易地确定受试者可能具有的任一特定问题（Zhu & Weiss, 2005）。

考夫曼儿童评估问卷第二版（Kaufman Assessment Battery for Children, 2nd Edition, KABC-II）的使用方法与斯坦福－比奈和WISC-IV不同。它评估的是儿童同时整合不同种类刺激的能力，以及进行逐步思考的能力。KABC-II的特别之处在于它的灵活性。它允许主试使用各种措辞和手势，甚至用不同的语言提问，以便使受试者的表现最佳。KABC-II使得测验对那些以英语为第二语言的儿童来说更为有效和公正（Kaufman et al., 2005）。

> **考夫曼儿童评估问卷第二版** 测量儿童同时整合不同种类刺激的能力，以及进行逐步思考的能力的测验。

从IQ测验中得到的IQ分数意味着什么？对大多数儿童来说，IQ分数能够合理预测他们的学业表现。这并不奇怪。因为最初发展智力测验就是为了识别那些学习困难的儿童（Sternberg & Grigorenko, 2002）。

但当涉及学业领域之外的表现时，情况就不一样了。例如，尽管具有较高IQ

名称	题目的目的	样题
语言量表		
信息	评估一般的信息	多少分等于一角？
理解	评估对社会规范和过去经验的理解和评价	把钱存在银行里有什么好处？
算术	通过应用题评估数学推理能力	如果两个纽扣15分钱，那一打纽扣要花多少钱？
相似性	考察能否理解物体之间或概念之间的相似性，即探测抽象推理能力	一个小时和一周从什么方面来说是相似的？
操作量表		
数字符号	评估学习的速度	使用线索把符号和数字匹配起来 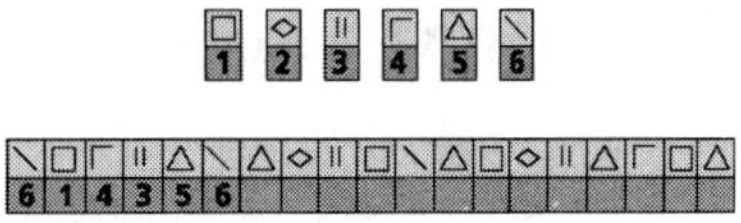
完成图画	视觉记忆和注意	指出缺失的部分 
组合物体	考察对部分与整体之间关系的理解	把各部分放在一起形成一个整体 

图9-14 测量智力
韦氏儿童智力量表（WISC-IV）包括了类似上述的题目。这些题目包含了哪些内容？遗漏了哪些内容？

流体智力 反映了信息加工能力、推理能力和记忆力。

晶体智力 反映了人们所积累的从经验中学到的和能够应用于问题解决情境的那些信息、技能和策略。

分数的人往往接受教育的时间较长，而一旦在统计上控制了教育年限后，IQ分数与经济收入和后来的成功之间的关系却不那么密切。此外，当要预测特定个体未来的成功时，IQ分数经常是不准确的。例如，两个有着不同IQ分数的人可能都在同一所大学里拿到学士学位，但IQ分数较低的那个人却有可能最后收入较高并较为成功。由于传统IQ分数在解决这些问题上存在困难，研究者开始关注研究智力的其他方法（McClelland, 1993）。

IQ测验没有告诉我们的：关于智力的其他概念 现今学校里最常使用的智力测验，都是基于智力是一个单一因素，或是一种单一的心理能力的观点。这种唯一的主要特质通常被称为"g"（Spearman, 1927; Lubinski, 2004）。人们假定g因素是智力各方面表现的基础，g因素就是智力测验所测量的内容。

然而，许多理论家对智力是单一维度的说法争论不已。一些发展学家提出实际上存在两种智力：流体智力和晶体智力。**流体智力（fluid intelligence）** 反映了信息加工能力、推理能力和记忆力。例如，当要求一个学生按照某种标准将一系列字母进行分组，或记住一系列数字时，他可能会使用流体智力（Catell, 1987; Salthouse, Pink, & Tucker-Drob, 2008; Shangguan & shi, 2009）。

相反，**晶体智力（crystallized intelligence）** 反映了人们所积累的从经验中学到的和能够应用于问题解决情境的那些信息、技能和策略。当需要依据过去经验来解决一个难题，或推论出解决一件神秘事情的方法时，人们很可能要依赖晶体智力（McGrew, 2005; Alfonso, Flanagan, & Radwan, 2005）。

其他的理论家把智力分成了更多的成分。例如，心理学家霍华德·加德纳（Howard Gardner）认为我们具有八种不同的智力，每种都是相对独立的（见图9-15）。加德纳认为这些分离的智力不是彼此孤立地发挥作用，而是一起发挥作用，这取决于我们所参与的活动类型（Gardner, 2000, 2003; Chen & Gardner, 2005; Gardner & Moran, 2006）。

我们在第七章讨论了俄国心理学家维果斯基关于认知发展的观点，他采用了一种很不同的观点来研究智力。他建议在评估智力时，不仅要关注那些已经充分发展的认知过程，还应该关注那些最近正在发展的过程。为了做到这一点，维果斯基主张评估时所用的任务应该涉及动态评估（dynamic assessment）过程，即让被评估的人和进行评估的人之间进行合作性的互动。总之，维果斯基认为智力不仅反映了儿童完全依靠自己时的表现情况，还反映了他们在得到成人协助时的表现情况（Vygotsky, 1927/1976; Lohman, 2005）。

身体运动智力，如舞蹈演员、球员和体操运动员所表现的那样，是加德纳八种智力中的一种。你能举出一些其他加德纳智力种类的例子吗？

1. 音乐智力（在音乐任务中的能力）

样例：3岁时，耶胡迪·梅纽因（Yehudi Menuhin）被父母偷偷带到旧金山管弦乐队的音乐会中。在音乐会上，路易斯·帕辛格（Louis Persinger）美妙绝伦的小提琴演奏是如此深深地打动了小梅纽因，以至于他向父母坚持要一把小提琴作为生日礼物，并且非要帕辛格做他的老师。他的这两个愿望都实现了。10岁时，梅纽因已经成为世界知名的小提琴家。

2. 身体运动智力（在解决问题，或构造产品和表演的过程中，运用整个身体或身体各部分的技能，如像舞蹈演员、运动员、演员和外科医生那样）

样例：15岁的巴比·罗斯（Babe Ruth）担任三垒手。在一场比赛中，本队的投手表现不佳，巴比站在三垒位置上大声指责他。他们的教练马塞尔斯大声喊道：“罗斯，如果你这么内行，你来投球！”巴比听后十分吃惊也很尴尬，因为他从未投过球。但教练坚持要他这样做。后来罗斯说，在那个非同寻常的时刻，从站上踏板的一刹那起，他就知道自己是一个天生的投球手。

3. 逻辑数学智力（进行问题解决和科学思考时的技能）

样例：由于在微生物学研究方面的杰出成就，巴巴拉·麦克林托克（Barbara McClintock）1983年获得了诺贝尔医学奖。她这样形容自己思考了半个小时后的思维突破：“突然我跳了起来，跑回（玉米）试验田。刚到玉米田的上方（其他人在玉米田的下方），我就大喊着：'尤瑞卡（Eureka），我知道了！'"

4. 语言智力（生成和使用语言的技能）

样例：10岁的时候，艾略特（T. S. Eliot）创办了一份名为《壁炉旁》（Fireside）的杂志，他是这本杂志的唯一撰稿人。在寒假的3天时间里，他出了8期杂志。每一期杂志里都有诗歌、探险小说、随笔和幽默故事，其中一些流传至今，展示了诗人的特殊天才。

5. 空间视觉智力（涉及空间构型的技能，如艺术家和建筑家所使用的技能）

样例：环绕西太平洋卡罗林（Caroline）群岛……没有使用任何仪器……在实际航行中通过每一个岛屿时，航海者的脑中就必须出现一幅地图，在图上计算已经走完了多少旅程，还剩下多少旅程，对方向还要做哪些修正。航海者在旅途中可能无法真正看到这些岛屿，但脑中必须有它们的位置。

6. 人际交往智力（与他人互动的技能，如对他人的心情、气质、动机和意图的敏感性）

样例：当安妮·沙利文（Anne Sullivan）开始承担起教育既聋又盲的海伦·凯勒（Helen Keller）的艰巨任务时，她的工作是多年来不曾被人理解的。然而，就在她开始教导凯勒两周后，沙利文取得了巨大的成功。用她自己的话说：“今天早上我的心在快乐地歌唱，奇迹发生了！两星期前粗暴的小生命已经变成了温顺的小女孩。"

7. 自我认知智力（关于自己内部状态的知识；对自己的感受和情绪的理解）

样例：在弗吉尼亚·伍尔夫（Virginia Woolf）的文章《往日随想》（A Sketch of the Past）中，字里行间中表现出她对自己内心生活的深刻洞察力。她描述了自己对儿童时期一些特定记忆的反应，这些记忆直到成年期仍令她震惊："尽管我曾经经历了这样一些令人震惊的事件，但我现在并不排斥回忆它们。在我第一次感到惊奇后，我总是立刻感到它们是非常有价值的。所以我一直认为是承受震惊的能力把我塑造成了一个作家。"

8. 自然观察智力（从本质上识别和归类模式的能力）

样例：在史前时期，采猎者需要具有自然观察智力以识别哪些种类的植物可以食用。

图 9-15　加德纳的八种智力

霍华德·加德纳提出的理论认为，智力有八种不同的类型，每一种都是相对独立的。

（Source: Adapted from Walters & Gardner, 1986.）

> **我的发展实验室**
> 你的虚拟孩子在学校表现如何？你认为标准化测试能够用来评价他/她在学校的表现吗？

让我们看看另外一种关于智力的观点，心理学家罗伯特·斯腾伯格（Robert Sternberg, 1990, 2003a）认为，最好采用信息加工过程来看待智力。根据这种观点，人们把材料储存在记忆中，之后用它来解决智力任务。此方式提供了智力的最精确概念。信息加工理论并不关注组成智力结构的各个子成分，而是考察作为智力行为的基础的那些过程（Floyd, 2005）。

有关问题解决过程的性质和速度的研究表明，那些有着较高智力水平的人不仅在解决问题的数量上多于其他人，而且在解决问题的方法上也与别人不同。那些具有较高智商分数的人在解决问题的最初阶段花的时间更多，为了从记忆中提取相关信息。相反，那些在传统智商测验中得分较低的人则往往在最初阶段花的时间较少，他们向前跳过了这一环节，进行没有什么根据的猜想。因此，问题解决中所涉及的过程可能反映了智力的重要差异（Sternberg, 2005）。

斯腾伯格关于智力的信息加工理论的研究工作使他发展出**智力三元论（triarchic theory of intelligence）**。根据这个模型，智力由信息加工的三个方面构成：成分要素、经验要素和情境要素。成分要素反映了人们加工和分析信息的有效程度。这些方面的有效性使人们能够推理一个问题不同部分之间的关系并解决问题，然后评估自己的解决方案水平。那些在成分要素上具有优势的人在传统智力测验中得分最高（Sternberg, 2005）。经验要素是智力中的洞察力成分。那些在经验要素上具有优势的人能够轻易地把新材料与他们已知的材料进行比较，并能以新颖和创造性的方式把它们与已知的事实结合并联系起来。最后，智力的情境要素涉及实践智力，或者说反映了我们如何处理日常生活中问题的方式。

根据斯腾伯格的观点，从这三种要素在个体身上表现出的不同程度来看，人和人之间是有差异的。每个人在智力的这三个要素所涉及的能力上都具有自己特定的模式。我们完成某项特定任务的优异程度，反映了任务与个人这种特定模式相吻合的程度（Sternberg, 2003b, 2008）。

IQ 的群体差异

"jontry"是＿＿的例子。

（a）rulpow　　　（b）flink　　　（c）spudge　　　（d）bakwoe

如果你曾经在一项智力测验中发现类似于上述由无意义单词组成的题目，你的第一反应——也是非常合理的反应很可能是抱怨。一个旨在测量智力的测验怎么能包括那些由无意义术语所构成的题目呢？

然而对某些人来说，实际用于传统智力测试的题目可能近乎无意义。就好比居住在农村地区的儿童被问及有关地铁的一些细节，而居住在城市地区的儿童被问及有关绵羊交配过程的问题。在这两种情况下，我们应该预期受试者的先前经验会对他们回答问题的能力有重大影响。如果一个智商测验中包括了此类问

智力三元论 该模型认为智力由信息加工的三个方面构成：成分要素、经验要素和情境要素。

题，那么这个测验更应该被看做是一个关于先前经验的测量，而不是关于智力的测量。

尽管传统智力测验中的问题并不明显地像我们的例子那样依赖于受试者的先前经验，但是文化背景和经验确实会对智力测验分数造成潜在的影响。事实上，许多教育工作者指出，传统的智力测验稍有利于白人、上层和中层社会的学生，而不利于其他群体（Ortiz & Dynda, 2005）。

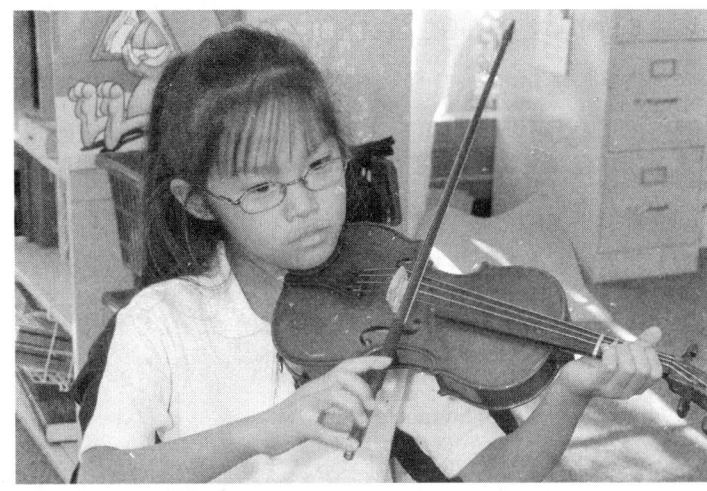

不同种族是否存在智商差异的问题引起了很大的争论，最终与有关遗传和环境对于智力的决定作用的问题密切相关。

解释IQ的种族差异 许多研究者对文化背景和经验如何影响IQ测验分数这个问题，都持有非常不同的观点。争论源于某些种族的平均IQ分数总是低于其他种族的平均IQ分数。例如，非裔美国人的平均IQ得分大约比白人低15分，尽管测量差异随着所使用的特定智力测验的不同而出现大幅变动（Fish, 2001; Maller, 2003）。

这些差异所引发的问题就是，它们是否反映了智力上的真实差异，还是这些差异由智力测验本身的误差所造成，即智力测验有利于大多数人而不利于少数族裔。例如，如果白人在智力测验中的表现优于非裔美国人，是因为他们更熟悉测验题目所使用的语言，我们就很难说该测验能够公平地测量非裔美国人的智力。相似地，如果智力测验中只使用非裔美国人的英语，那么这个测验就没能公平地测量白人的智力。

如何解释不同文化团体在智力测验中的分数差异，是儿童发展中主要争论的问题之一：个体的智力在多大程度上是由遗传决定的，多大程度上是由环境决定的？由于其社会意义，所以这个问题很重要。例如，如果智力主要由遗传决定，并因此在出生时就已经大体定型了，那么试图改变日后认知能力的做法（如学校教育），其成功的可能性就会很小。另一方面，如果智力主要是由环境决定的，那么改变社会和教育状况就会是促进认知功能发展的一个更有希望的途径（Weiss, 2003）。

钟形曲线争论 虽然关于遗传和环境对于智力相对影响的研究已经进行了几十年，但是先前不温不火的争论随着理查德·赫恩斯腾和查尔斯·默里（Richard J. Herrnstein & Charles Murray, 1994）所著的《钟形曲线》（The Bell Curve）的出版而变成了激烈的争吵。书中，赫恩斯腾和默里认为白人和非裔美国人平均15分的智商差异，主要是由遗传而不是由环境造成的。此外，他们认为这种智商差异解释了为什么和大多数人相比，少数族裔的贫穷率较高、

在传统智力测验上的表现，部分取决于受试者先前的经验和文化背景。

就业率较低，接受福利的情况较多。

赫恩斯腾和默里得出的结论遭到了暴风雨般的抗议，而且许多研究者考察书中报告的数据时，都得出了非常不同的结论。大多数发展学家和心理学家的回应是，智力测验中的种族差异可以用不同种族的环境差异来解释。事实上，当多个经济指标和社会因素在统计上被同时考虑时，黑人与白人儿童的平均IQ分数实际上非常接近。例如，来自相似的中产阶级家庭背景的儿童，无论是非裔美国人还是白人，其IQ分数都非常相似（Brooks-Gunn, Klebanov, & Duncan, 1996; Alderfer, 2003）。

此外，评论者坚持认为没有证据表明智力是导致贫穷和其他社会问题的原因。事实上，一些评论者认为，就像我们之前讨论的那样，智力分数与之后的成功并没有特定意义的联系（e.g., Nisbett, 1994; Reifman, 2000; Sternberg, 2005）。

最后，在文化和社会中属于少数族裔成员的IQ分数可能比大多数主流社会成员更低，这是由智力测验本身的性质所导致的。很显然，传统智力测验可能会歧视那些没有体验过主流社会成员所处环境的少数族裔成员（Fagan & Holland, 2007; Razani et al., 2007）。

大多数传统智力测验是通过招募说英语的白人中产阶级被试而编制出来的。所以，来自其他不同文化背景的儿童可能会在这种测验中表现得很差。这不是因为他们不聪明，而是因为测验使用的问题具有文化偏差，它们有利于大多数主流社会成员。事实上，在加利福尼亚州学区的一个经典研究发现，墨西哥裔美国学生被置于特殊教育班级的可能性是白人的10倍（Mercer, 1973; Hatton, 2002）。

更近期的研究表明，在全美范围内，被认为有轻度智力迟钝的非裔学生是白人学生的两倍，专家把这种差异主要归因于文化偏见和贫穷（Reschly, 1996; Terman et al., 1996）。尽管某些IQ测验（如多元文化评估系统，或SOMPA）被设计成不受被试文化背景影响的平等有效的测验，但没有测验可以完全摆脱偏见（Sandoval et al., 1998; Hatton, 2002）。

简言之，智力领域的大多数专家都不相信钟形曲线论断，即团体智商分数的差异主要由遗传因素所决定。而我们仍然无法解决这个问题，因为我们不可能设计出一个能够确定不同群体成员之间智力分数差异原因的决定性实验（想一想为什么无法设计一个这样的实验：从伦理上来说，我们不可能把儿童分配到不同的居住环境以考察环境的作用；也不可能希望从遗传上来控制和改变还未出生的儿童的智力水平）。

如今IQ被视为遗传和环境以复杂的方式共同作用的产物。人们不再把智力看做由基因或经验单独决定的，而是认为基因会影响经验，经验又会影响基因表达。例如，心理学家埃里克·特克海米（Eric Turkheimer）已发现有证据显示，环境因素会更多地影响贫穷儿童的智商，而基因则会更多地影响富足儿童的智商（Turkheimer et al., 2003; Harden, Turkheimer, & Loehlin, 2007）。

最终，了解智力由遗传和环境因素所决定的绝对程度的重要性不及了解如何改善儿童的居住环境和教育体验。通过把儿童的生活环境变得更加丰富多彩，我们将能够更好地让所有儿童发挥他们的潜能，最大限度地对社会做出贡献，而无论他们各自的智力水平如何（Wickelgren, 1999; Posthuma & de Geus, 2006; Nisbett, 2008）。

低于和高于智力常模：精神发育迟滞和智力超常

尽管在幼儿园时康妮（Connie）与她的伙伴还能够保持同样的学习步伐，但到一年级时，几乎在所有科目中，康妮都是学习最差的一个。她并不是没有努力，而是她比其他学生需要更长的时间理解新的材料，并且她一般需要特殊辅导才能跟上班里其他同学。

另一方面，她在某些领域的表现却相当出色：当她画画或手工做出一些东西时，不仅比得上其他同学的表现，而且还超过了他们，做出了令班上许多同学都羡慕的作品。虽然班上的其他同学感到康妮有些不同，但让他们确定这种不同的原因还是有困难的，并且事实上他们也没有花太多时间来思考这个问题。

然而，康妮的父母和老师知道她与众不同的原因。幼儿园时期进行的大量测验显示，康妮的智力低于正常水平，并且她被正式归为有特殊需要的儿童行列。

如果康妮在1975年之前上学，她很可能由于低智商而从常规教室中移至由特殊教育教师执教的班级中。这样的班级通常由有很多不同问题的学生组成，这些问题包括情绪困难、严重阅读障碍、诸如多发性硬化之类的身体能力丧失，还有低IQ。传统上这种班级脱离了常规教育进程，也不和常规班级在一起。

在1975年当国会通过了"公法94-142"——《全体残障儿童教育法案》时，一切都发生了变化。该法案旨在——其目标已基本实现——确保有特殊需要的儿童在**最少限制的环境（least restrictive environment）**中接受全部教育，即教育环境最大限度地相似于那些没有特殊需要的儿童（Yell, 1995）。

实际上，这项法案意味着必须让具有特殊需要的儿童尽可能融入到常规教室和常规活动中，只要这样做具有教育上的益处。只有在学习那些由于他们的存在而特别受影响的课程时，才将特殊需要儿童从常规教室中隔离出来；而在学习所有其他课程时，他们都和正常儿童一起在常规教室里接受教育。当然，那些严重残障的儿童仍然需要大部分或全部的单独教育，这取决于他们情况的严重性。但是这项法案的目的是最大限度地把异常儿童与正常儿童融合在一起（Yell, 1995）。

这种旨在最大限度地避免把异常学生分离出来的特殊教育方法，被称为回归主流。**回归主流（mainstreaming）**使异常儿童可以最大限度地融入到传统教育体系中，并具有十分宽泛的教育选择（Hocutt, 1996; Belkin, 2004）。

最少限制的环境 与那些没有特殊需要儿童所处的环境非常相似的环境。

回归主流 一种把异常儿童最大限度地纳入到传统教育体系，并为他们提供多种教育选择的教育方法。

这名精神发育迟滞的男孩被编入五年级的常规班级中。

精神发育迟滞 智力显著低于平均水平，同时伴有在两个或多个技能领域上存在相关的局限性。

结束按照智力水平进行隔离：回归主流的益处 从许多方面来看，回归主流的引入尽管明显增加了课堂教学的复杂性，但它却是解决传统特殊教育失败的一种措施。一方面，几乎没有研究支持对异常学生进行特殊教育的做法。一些研究考察了诸如学业成就、自我概念、社会适应能力和人格发展因素，它们大都没有发现将特殊需要学生放置于特殊的，而不是常规的教育班级的任何优势。此外，历史上强制少数人从大多数人中分离出来接受特殊教育的体制其效果并不理想，正如对于那些曾经基于种族而进行隔离教学的学校进行考察的结果一样（Wang, Peverly & Catalano, 1987; Wang, Reynolds, & Walberg, 1996）。

然而，最终赞同回归主流的最令人信服的观点是从哲学的角度出发的：因为有特殊需要的学生最终必须在正常的环境中生活，所以，与同伴之间更多的交往应该能够促进他们融入社会，并有助于他们的学习。回归主流为所有儿童获得平等的机会提供了途径，其最终目标是确保所有人，无论是有能力的还是能力丧失者，都可以拥有所有教育机会，并且最终都能公平地享受生活（Fuchs & Fuchs, 1994; Scherer, 2004）。

回归主流的现实情况像它所承诺的那样吗？从某种程度上来说，其支持者所称赞的一些好处已经实现了。然而，课堂教师必须获得大量的支持，才能发挥回归主流的功效。执教一个学生能力相差很大的班级并不是一件简单的事（Kauffman, 1993; Daly & Feldman, 1994; Scruggs & Mastropieri, 1994）。

回归主流的益处促使一些专业人员提出了另一个被称为"全纳"的教育模型。全纳（full inclusion）是指把所有学生整合在一起，即使是严重能力丧失的学生，也要被纳入到常规教室中。在这样的一个体系中，分离性的特殊教育课程将停止运行。全纳是存在争议的，这种做法是否能够推广还需拭目以待（Brehm, 2003; Gersten & Dimino, 2006; Begeny & Martens, 2007; Lindsay, 2007）。

低于常模：精神发育迟滞 大约有1%~3%的学龄儿童被认为是精神发育迟滞。对它的评估存在很大的差异，因为最被广泛接受的定义也还有很多尚待解释的地方。根据美国精神发育迟滞协会（American Association on Mental Retardation, AAMR）的观点，**精神发育迟滞（mental retardation）**是一种能力丧失，其特征是智力功能和涉及概念性、社会性和实用性适应技能的适应性行为具有严重的局限性（AAMR, 2002）。

大多数精神发育迟滞的案例可以归类为家族性精神发育迟滞（familial retardation），没有明显病因，但家族中有精神发育迟滞的病史。其他案例则有明显的生物学病因。最常见的生物学病因是胎儿酒精综合征，是母亲在怀孕期间饮酒造成的，以及唐氏综合征，原因是多了一条染色体。分娩并发症（如暂时的缺氧）也可能造成精神发育迟滞（Plomin, 2005; West & Blake, 2005; Manning & Hoyme, 2007）。

虽然智力方面的局限可以通过相对直接的方式来测量，如标准化智力测验，但要决定如何测量其他方面的发展局限则比较困难。这种不精确性最终导致专家们不能一致地应用"精神发育迟滞"这个术语。此外，那些被归类为精神发育迟滞的人，他们的能力却存在非常大的差异。相应地，有些精神发育迟滞者不需要被特殊关注，就能够学会工作和正常生活；而有些则基本上无法训练，还有些根本不会说话，或无法发展出类似爬行和行走这样的基本运动技能。

大多数精神发育迟滞的个体——约占90%——缺陷的程度相对较低。智力测验分数处于50/55~70范围之内的精神发育迟滞者，属于**轻度迟滞（mild retardation）**。尽管他们的早期发展通常慢于平均水平，但一般来说他们的迟滞甚至在入学前还尚未识别出来。而一旦他们进入了小学，他们的迟滞和对特殊关注的需要往往就变得明显起来，就像本节开始部分所描述的一年级学生康妮一样。通过合适的训练，这些学生能够达到三年级至六年级的教育水平，并且尽管他们不能完成复杂的智力任务，但却可以非常成功地独立拥有一份工作并生活下去。

然而，对于更高水平的精神发育迟滞者来说，智力和适应性方面的缺陷变得愈加明显。智商分数从大概35/40~50/55的个体被划分为**中度迟滞（moderate retardation）**。中度迟滞的人占精神发育迟滞人数的5%~10%，他们在生活的早期就表现出不一样的行为。他们发展语言技能的速度较慢，运动发展也受到影响。常规教育往往不能有效地训练这些中度迟滞的人获得学业技能，因为他们一般都不能跨越二年级的水平。但他们能够学会一些职业和社会性技能，并学会独自去熟悉的地方。一般来说，他们需要中等程度的监督。

位于迟滞最严重的水平的个体属于**重度迟滞（severe retardation**，智商为20/25~35/40）和**极重度迟滞（profound retardation**，智商低于20/25）。他们的生活和工作能力发挥严重受损。这些人通常基本没有或不具备语言能力，对运动的控制能力也很差，可能需要24小时看护。同时，一些重度迟滞者也能够学会基本的自我照顾技能，如穿衣服和吃饭。他们甚至具备发展出在某些方面像成人那样独立的潜能。然而，在他们的一生中，仍不断需要相对高水平的看护，大多数重度和极重度迟滞者都在专门机构里度过其一生的大部分时间。

高于常模：资优儿童 在两岁之前，奥德丽·沃克（Audrey Walker）就能够识别出一连串的五种颜色。当她6岁时，她的爸爸迈克尔无意中听到她对一个小男孩说："不，不，不，亨特，你不明白。你所看到的是闪回。"

在课堂上，当教师反复指导学生练习字母和音节直到他们能够掌握时，奥德丽很快就感到无聊了。相反，她在为资优儿童进行的每周一次的课堂上却很活跃，在那里，她能够以自己那敏捷的大脑所能提供的最快速度学习知识（Schemo, 2004, p. A18）。

资优儿童被看成是异常儿童，有时会让人感到很奇怪。不过，3%~5%的资优学龄儿童却面临他们自己的特殊挑战。

哪些学生被认为是**资优（gifted and talented）**的？研究者们几乎不同意对这

轻度迟滞 智商分数在50/55~70之间的迟滞。

中度迟滞 智商分数大概在35/40~50/55之间的迟滞。

重度迟滞 智商分数大概在20/25~35/40之间的迟滞。

极重度迟滞 智商分数在20/25以下的迟滞。

资优 那些在如智力、创造性、艺术性、领导能力或特定的学业领域中表现非凡的儿童。

加速 允许天才儿童以自己的速度向前发展，甚至可以跳级到更高年级水平的特殊计划。

丰富 学生仍然处于原来的年级水平，但是为他们提供特殊的课程和个别化活动，以加深他们对于特定主题的理解的方法。

类范围较广的学生进行单一的界定。可是，联邦政府认为"天才"（gifted）这个术语包括"在如智力、创造性、艺术性、领导能力或特定学业领域中表现非凡，以及为了发挥这些能力，往往需要学校提供目前还没能提供的服务和活动"的儿童（Sec 582, P.L. 97-35）。智能只代表了异常情况中的一种；异常情况还包括在学业领域之外的非凡潜能。资优儿童有如此多的潜能，以致像低智商学生一样，非常需要特殊的关注——尽管当学校体系面临预算问题时，针对他们的特殊教育项目通常是第一个被取消的（Robinson, Zigler, & Gallagher, 2000; Schemo, 2004; Mendoza, 2006）。

尽管天才儿童，尤其是那些有超高智力的儿童被描述成"不善交际的"、"适应性差的"、"神经过敏的"，但大多数研究表明，高智商的人往往是友善的、适应性较强和受欢迎的（Bracken & Brown, 2006; Shaunessy et al., 2006; Cross et al., 2008）。

例如，一项划时代的开始于20世纪20年代的长期研究考察了1,500名天才学生。该研究发现他们不仅比普通学生更聪明，而且还比智商低于他们的同学更加健康、更具协调性，心理适应性更强。此外，他们以大多数人都羡慕的方式生活着。他们比一般人得到更多的奖赏和声望，在艺术和文学上做出了更多的贡献。例如，在他们40岁的时候，总共已写出了90多本书，375个剧本和短篇小说，以及2,000篇文章，并且他们已经注册了200多项专利。与非天才学生相比，他们对自己的生活报告出更高的满意度，这也是不奇怪的（Terman & Oden, 1959; Sears, 1977; Shurkin, 1992; Renzulli, 2004）。

然而，资质聪颖并不能保证在学校获得成功，如果我们考虑一下这个群体的特定方面就能发现这一点。例如，语言能力既能让人雄辩地表达观点和感受，同样也能让人表达出一些诡辩的或劝诱性的观点，而这些有时是不合适的。此外，教师有时可能会曲解异常聪颖儿童的幽默、新颖性及创造性，并把他们的智力优势看成是捣乱和不适当的。而同伴并不总会有同情心：一些非常聪明的儿童试图隐藏他们的智力以尽量更好地适应其他学生（Swiatek, 2002）。

教育资优儿童 在对资优儿童进行教育时，教育工作者们提出了两个方法：加速和丰富。**加速（acceleration）** 的方法允许天才儿童以自己的速度向前发展，即使这意味着他们会跳级到更高年级。加速计划中的学生教材不一定有别于其他学生所用的教材，他们只是以比一般学生更快的速度进行学习（Smutny, Walker, & Meckstroth, 2007; Wells, Lohman, Marron, 2009）。

另一种方法是**丰富（enrichment）**。通过这一方法，学生仍然处于原来的年级水平，但是为他们提供特殊的课程和个别化活动，以加深他们对于特定主题的理解。在这种方法中，天才儿童和普通儿童不仅在学习教材内容的时间安排上有所不同，其教材的难易程度也存在差异。因此，教学内容丰富的目的在于为天才儿童提供智力上的挑战，鼓励他们进行更高层次的思考（Worrell, Szarko, & Gabelko,

2001; Rotigel, 2003)。

加速计划非常有效。大多数研究已表明，比同龄人入学早很多的天才儿童，和正常年龄入学的儿童相比，表现得同样好，有时还优于他们。最能说明加速计划益处的一个例子是一项正在范德比尔特大学（Vanderbilt University）进行的"数学天才青少年研究"（Study of Mathematically Precocious Youth）计划。在该计划中，具有非凡数学能力的七年级和八年级学生参加了多种特殊班级和工作坊。其结果非常好，这些学生成功地完成了大学课程，有些甚至提前进入了大学。一些学生甚至18岁之前就已经大学毕业（Achter et al., 1999; Lubinski & Benbow, 2001; Webb, Lubinski, & Benbow, 2002）。

复习

- 阅读技能的发展一般经历了几个阶段。把编码（即语音）教学法和整体语言教学法整合起来，似乎最有效果。
- 在传统上对于智力的测量已经成为对那些能够促进学业成功的技能的测量。
- 近期的智力理论指出，可能存在一些独特的智力或一些智力成分，它们反映了信息加工的不同方式。
- 美国教育工作者正致力于如何对智力及其他技能显著低于或高于普通学生的那些异常学生进行教育。

应用毕生发展

- 社会应该确立这样的一个目标吗，即鼓励儿童去适应来自其他文化的儿童？为什么？
- **从一个教育工作者的视角看问题**：霍华德·加德纳的多元智力理论是否意味着课堂教育应该从传统的阅读、写作和算术的三R方法中转变过来？

本章我们讨论了儿童中期的身体和认知发展，探讨了身体发展和与之相关的营养和健康问题。我们也探讨了如皮亚杰、信息加工理论以及维果斯基所解释的这个时期的智力发展。这个时期儿童的记忆和语言能力都在增长，这些能力促进并支持了他们在许多其他方面的发展。我们探讨了世界各地的学校教育情况，尤其是美国的教育，最后对智力进行了考察：如何定义智力，如何测量智力，如何教育和对待智力水平显著低于或高于常模的儿童。

回顾前言关于哈利·波特在年轻读者中的轰动，并考虑以下问题：

（1）认知能力上发生什么样的变化，会让儿童能够享受像哈利·波特的冒险故事这样的系列小说（一套七本、每本都有数百页）？

（2）年龄还小的时候就能够阅读为更高年级的儿童撰写的图书，是高智商的标志吗？

（3）你认为为什么有这么多孩子受到《哈利·波特》这套书的吸引？就你的看法，其中社会因素起了多大作用？

（4）《哈利·波特》系列不会再有新书推出了。教育家要如何把对《哈利·波特》的兴趣转变为持续一生的对阅读的兴趣？

- 儿童在学龄期是如何成长的，哪些因素影响他们的成长？

  - 儿童中期的成长特征是缓慢而稳定。随着婴儿脂肪的消失，体重开始重新分布。成长部分是由遗传决定的，但诸如经济情况、饮食习惯、营养和疾病等社会因素也会明显地影响成长。

  - 在儿童中期，粗大运动技能有显著的发展。文化中固有的对儿童的期望似乎是男孩和女孩粗大运动技能差异的潜在原因。精细运动技能也在迅速发展。

- 学龄儿童所面临的主要健康问题是什么？

  - 充足的营养是十分重要的，因为它对身体发育、健康状况、社会性和情绪功能以及认知能力的发展有着重要的作用。

  - 肥胖部分地受到遗传因素的影响，但同时也与儿童不能控制自己的过度饮食，以及总是过多地坐着不活动（如看电视）有关，还与缺乏身体锻炼有关。

  - 哮喘和儿童抑郁是学龄儿童具有的非常普遍的问题。

- 哪些特殊需要成为这个年龄阶段儿童的首要问题，如何满足这些需要？

  - 与其他的学习能力丧失一样，视觉、听觉和言语损伤会导致学业和社会问题，必须通过敏锐的观察以及合适的辅助手段加以处理。

  - 患有注意缺陷多动障碍的儿童展现出另一种形式的特殊需要。ADHD的特征是不能集中注意力、冲动、不能完成任务、缺乏组织和出现过多不受控制的行为。对于ADHD的药物治疗是很有争议的，因为这种疗法存在副作用，而且它的长期结果还备受怀疑。

- 根据主要的理论观点，该阶段儿童的认知是如何发展的？

  - 根据皮亚杰的观点，学龄儿童进入了具体运算阶段，并且开始把逻辑思维应用于具体问题之中。

- 根据信息加工理论的观点，儿童在学龄期智力的发展源于记忆力的显著提高和所使用的"程序"复杂性的提高。
- 维果斯基建议学生运用儿童—成人和儿童—儿童的互动模式关注主动学习，这些互动模式位于每个儿童的最近发展区中。

在儿童中期，语言是如何发展的？

- 学龄期儿童的语言发展是显著的，他们在词汇量、句法和语用学上都有进步。儿童通过语言策略来学习控制自己的行为，他们在必要时通过寻求清楚明晰的了解使得学习更加有效。
- 双语在学龄期是有益的。那些能用母语学习所有课程，且同时接受英语教育的儿童，似乎没有什么缺陷，而且还具有一些语言和认知方面的优势。

当前的学校教育呈现出哪些趋势？

- 在大多数发达国家中，几乎所有的儿童都可以接受教育，而在许多不太发达国家中的儿童，尤其是女孩，并不像发达国家的儿童那样都能接受教育。
- 阅读能力对教育来说是一种非常基本的技能，它的发展一般经历几个阶段：识别字母，认出极为熟悉的单词，读出字母并把语音组合成单词，流畅地读出单词但还不能理解其意思，能在理解意思的基础上为某种实际目的而阅读，以及阅读那些反映了多种观点的材料。

如何测量智力，如何教育异常儿童？

- 在传统上，智力测验关注那些能把学业成功者和不成功者区分开的因素。智商（或IQ）反映了一个人的心理年龄与实际年龄的比率。其他有关智力的概念关注智力的不同类型或智力在信息加工任务中的不同方面。
- 在现今学校中，异常儿童（包括有智力缺陷的儿童）在最少限制的环境中接受教育，通常是在常规教室中。如果处理得当，这种方法能使所有的学生受益，并且能够使这些异常学生关注自己的优势而不是劣势。
- 资优儿童能够在特殊的教育计划中获益，这些计划包括加速计划和丰富计划。

关键术语和概念

哮喘（asthma, p.336）　　　　　　　　　　视觉损伤（visual impairment, p.339）

听觉损伤（auditory impairment, p.340）　　言语损伤（speech impairment, p.340）

口吃（stuttering, p.340）　　　　　　　　　学习能力丧失（learning disabilities, p.341）

注意缺陷多动障碍（attention-deficit hyperactivity disorder, ADHD, p.342）

具体运算阶段（concrete operational stage, p.345）

去中心化（decentering, p.345）　　　　　　记忆（memory, p.348）

元记忆（metamemory, p.349）

元语言意识（metalinguistic awareness, p.351） 双语（bilingualism, p.352）

智力（intelligence, p.358） 心理年龄（mental age, p.359）

实足（或生理）年龄（chronological or physical age, p.360）

智商（intelligence quotient or IQ score, p.360）

斯坦福–比奈智力量表（Stanford–Binet Intelligence Scale, p.360）

韦氏儿童智力量表（Wechsler Intelligence Scale for Children–Fourth Edition, WISC–IV, p.360）

考夫曼儿童评估问卷（Kaufman Assessment Battery for Children, 2ND Edition KABC–II, p.361）

流体智力（fluid intelligence, p.362） 晶体智力（crystallized intelligence, p.362）

智力的三因素理论（triarchic theory of intelligence, p.364）

最少限制的环境（least restrictive environment, p.367）

回归主流（mainstreaming, p.367） 精神发育迟滞（mental retardation, p.368）

轻度迟滞（mild retardation, p.369） 中度迟滞（moderate retardation, p.369）

重度迟滞（severe retardation, p.369） 极重度迟滞（profound retardation, p.369）

资优（gifted and talented, p.369） 加速（acceleration, p.370）

丰富（enrichment, p.370）

 我的发展实验室

登录我的发展实验室，获取更多复习资料，外加我的虚拟孩子、练习测试、视频、闪光呈现卡及其他。

10 儿童中期的社会性和人格发展

本章概要

10.1 发展中的自我
儿童中期的心理社会性发展
理解自我："我是谁？"的新答案
自尊：发展积极或消极的自我观点
道德发展

10.2 关系：儿童中期关系的建立
友谊的阶段：友谊观点的变化
友谊中的个体差异：什么导致儿童受欢迎?
学校和互联网——欺凌者
性别和友谊：儿童中期的性别分隔

• 成为发展心理学知识的明智消费者

10.3 家庭和学校：儿童中期儿童的行为塑造
家庭：变化着的家庭环境
家和孤独：儿童在做什么

• 从研究到实践
学校：学术环境

• 发展的多样性

前言：玩还是不玩

利（Henry）小朋友性情开朗，受人欢迎。上幼儿园的第一天他过得很好，有新玩伴、新活动，事实上他很感谢妈妈带他去幼儿园。看起来在整个童年阶段他都不会缺少友谊。

然而当亨利进入小学以后，事情开始有所变化了。到三年级时，亨利学校的男孩们开始玩橄榄球，亨利讨厌这项运动。他和女孩们一起玩了一段时间，这让其他男孩开始取笑他。此外，女孩们也开始形成竞争团体，所有团体都有一个共同点：不要男孩。

最后，亨利决定尝试一下橄榄球。但结果是这项运动对他来说实在是太粗暴了。妈妈问是否其他男孩也不喜欢橄榄球。"有些人也不喜欢橄榄球，"亨利解释说，"他们参加是因为不想被排斥。"妈妈完全听懂了儿子没说出来的话：其他人不想"像我一样被排斥"。（Renkl, 2009）

有很多因素导致某些儿童变得不受欢迎，并在社交上被同伴孤立。

亨利的经历并不罕见。随着儿童成长到儿童中期，他们跟其他人交往的方式，以及他们对自己的看法经历了重大的变化。这些变化有时十分顺利。然而，就像亨利的故事所展示的，它们也可能对儿童和父母提出了新的、意料之外的挑战。

本章主要关注儿童中期孩子们的人格和社会性发展。在这一时期，儿童看待自己的观点发生改变，他们和朋友、家人形成新的联结，并和家庭之外的社会机构有了更多的接触。

我们将首先考察他们自我观点的改变，我们将探讨他们如何看待自己的个人特征，并考察有关自尊这个概念的复杂问题。

接下来，我们将转向儿童中期各种关系的发展。我们将探讨友谊的阶段、性别和种族如何影响儿童的交往方式以及和谁交往，还会讨论怎样才能提高儿童的社会能力。

最后，我们将考察儿童生活中的核心社会机构——家庭。我们还将讨论离婚的影响、自我照顾儿童以及团体照看现象。

读完本章之后，你将能够回答下列问题：

- 在儿童中期，儿童的自我观点在哪些方面发生了变化？
- 为什么自尊在儿童中期很重要？
- 随着年龄的增长，儿童的是非感如何变化？
- 儿童中期什么类型的关系和友谊是典型的？
- 性别如何影响友谊？
- 现代社会各类家庭和照料机构对儿童有何影响？
- 儿童的社会和情感生活如何影响他们的在校表现？

10.1 发展中的自我

9岁的卡尔·哈格隆德（Karl Haglund）躺在他的"鹰巢"里休息，这个鹰巢其实是建在他家后院柳树上的一个树上小屋。卡尔有时候会独自坐在散开的树枝间，面朝天空，享受孤独……

这天早晨，卡尔忙着锯树和反复敲打。他说："造房子很有趣。我4岁时就开始建这间小屋了。当我7岁时，爸爸帮我建造了这个平台。因为所有的地方都快散架了，到处都爬满了木蚁，所以我们把它拆毁，然后爸爸造了地板。顶部是我建的，现在已经很结实了。在这里你可以独处不受干扰，但是每当起风时这里就会很糟糕，因为你很可能会被风吹跑。"（Kotre & Hall, p. 116）

当卡尔描述自己和父亲建筑树上小屋的过程时，话语间无不反映出卡尔逐渐增长的能力感。卡尔所流露出的对自己建筑成果的自豪感不仅反映了儿童中期个体自我观点发展的方式，而且体现出心理学家埃里克森所提出的"勤奋"的含义。

> **勤奋对自卑阶段** 这一阶段从6岁持续至12岁，其特征是儿童为了应对由父母、同伴、学校以及复杂的现代社会提出的挑战而付出的努力。

儿童中期的心理社会性发展

我们在第八章讨论过埃里克森有关心理社会性发展的观点，根据这一理论，儿童中期的发展更多地围绕能力展开。**勤奋对自卑阶段（industry-versus-inferiority stage）**大约从6岁持续到12岁，其特征是儿童为了应对由父母、同伴、学校以及复杂的现代社会提出的挑战而付出的努力。

随着儿童的年龄增长，儿童中期的个体在学校面临巨大的挑战。他们不仅要努力掌握学校要求学习的大量知识，还要找到自己在社会中所处的位置。他们越来越多地在团体活动中与其他人合作，以及在不同的社会团体和角色之间切换，包括与老师、朋友和家庭的关系。

如果成功度过勤奋对自卑阶段，儿童就会像卡尔谈论建造经历时那样拥有一种掌握感和熟练感，并伴随逐渐增长的能力感。而另一方面，如果通过这一阶段有困难，儿童就会有一种失败感和自卑感，随后可能在学业追求和同伴交往中退缩，表现出较低的兴趣和取胜动机。

像卡尔这样的儿童可能会发现，儿童中期勤奋感的获得对他们的将来有着持久的影响。例如，有项研究为了考察儿童期勤奋、努力工作与成年期行为的关系，对450位男性被试从儿童早期开始进行了长达35年的追踪（Vaillant & Vaillant, 1981）。结果发现，那些儿童期最勤奋、最努力工作的被试成年后在职业成就和个人生活方面也是最成功的。事实上，儿童期勤奋与成年期成功之间的关系比智力或家庭背景与成年期成功的关系要密切得多。

根据埃里克森的观点，儿童中期包含了勤奋对自卑阶段，其特征是集中注意力应对世界提出的挑战。

理解自我："我是谁？"的新回答

在儿童中期，儿童继续努力找寻"我是谁？"的答案，同时也在试着了解"自我"。尽管这个问题不如青春期表现得那么急迫，但学龄儿童仍然不懈地找寻自己在社会中的位置。

从生理的自我理解到心理的自我理解 儿童中期的个体一直在努力地对自己进行理解。在上一章讨论过的认知进展的帮助下，他们不再从外部的身体特征而是开始更多地从心理特质来看待自己（Marsh & Ayotte, 2003; Sotiriou & Zafiropoulou, 2003; Lerner, Theokas, & Jelicic, 2005）。

例如，6岁的凯里（Carey）这样描述自己："跑得很快，擅长画画"——两个特征都属于依赖外部活动的运动技能。相反，11岁的梅萍（Meiping）把自己描述为"相当聪明、友好、热心助人"。梅萍关于自己的观点是以心理特征、内部特质为基础的，这比年幼儿童的描述更抽象。使用内部特质建构自我概念的能力源于儿童逐渐增长的认知技能，该能力的发展已在第九章有所讨论。

除了这种从外部特征到内部心理特质的转变之外，儿童关于自己是谁的观点也出现了由简单到复杂的变化。根据埃里克森的观点，儿童中期的个体在努力寻找自己能够成功地

随着年龄的增长，儿童不仅使用身体成就，还开始使用心理特征来描述自己。

实现"勤奋"的领域。而当他们长大一些，儿童开始发现他们可能擅长某些事情而不擅长另一些事情。例如，10岁的金尼（Ginny）逐渐知道自己数学很棒，但不擅长拼写；11岁的阿尔伯特开始发现自己很会打垒球，却没有很好的体力踢足球。

儿童的自我概念开始区分出个人领域和学术领域。事实上，如图10-1所示，儿童在4个主要领域对自己进行评价，而每个领域又可以进一步细分。例如，非学业自我概念包括身体外表、同伴关系和身体能力。学业自我概念也可以进行类似划分。关于学生在英语、数学、非学业领域的自我概念的研究表明，虽然这些自我概念之间有重叠，但它们之间并不总是存在相关。例如，一个自认为数学很棒的儿童不一定觉得自己也擅长英语（Burnett & Proctor, 2002; Marsh & Ayotte, 2003; Marsh & Hau, 2004）。

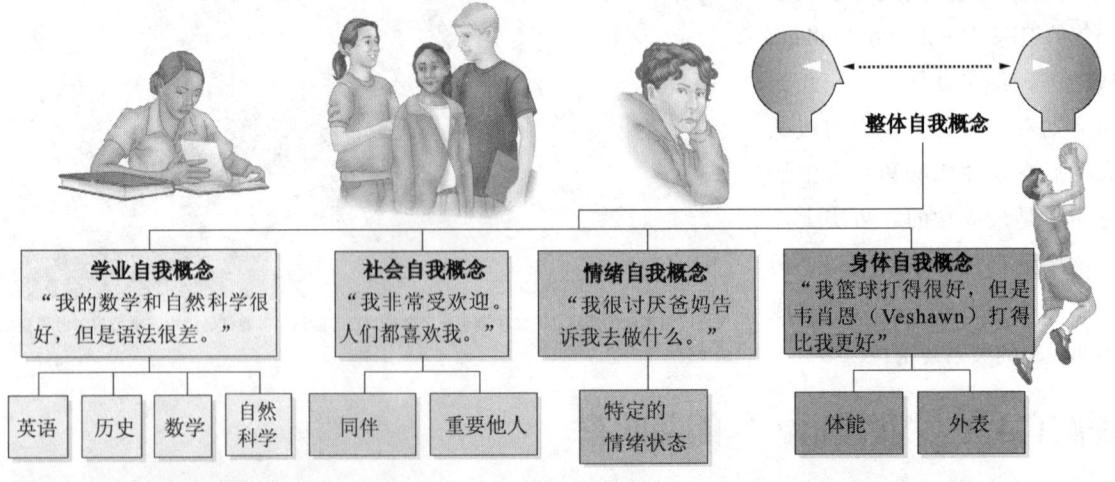

图10-1 向内看：自我的发展
随着儿童年龄的增长，他们的自我观点更加分化，包括人际领域和学术领域。哪些认知变化促成了这种发展？
（Source: Adapted from Shavelson, Hubner, & Stanton, 1976.）

社会比较（social comparison） 如果有人问你"你的数学有多好？"你将如何回答？我们中的大多数人会将自己的表现和同龄及同级其他人的表现进行比较，毕竟我们不可能和爱因斯坦或者那些刚刚开始学习数字的幼儿园小朋友进行比较。

小学阶段的儿童在理解自己有多大能力时，也开始使用相同的推理方式。在此之前，他们多是按照一些假定的标准进行考虑，做出的论断也都是绝对意义上的擅长或不擅长。进入儿童中期后，他们开始使用社会比较的方法，通过与他人比较来判断自己的能力水平（Weiss, Ebbeck, & Horn, 1997）。

社会比较是指期望通过与他人比较来评价自己的行为、能力、专长和看法。根据心理学家利昂·费斯廷格（Leon Festinger, 1954）首次提出的理论观点，当无法对某种能力进行具体客观的测量时，人们会求助于社会现实来评价自己。社会现实（social reality）是指根据他人如何行动、思考、感受和看待世界而衍生出来的理解。

那么谁会提供最充分的比较呢？当儿童中期的个体不能客观地评价自己的能力时，就会更多地参照和自己相似的其他人（Suls & Wills, 1991; Summers, Schallert, & Ritter, 2003）。

向下的社会比较 尽管儿童一般将自己与相似的他人作比较，但某些情况下，尤其是自尊受到威胁时，他们就会选择向下的社会比较（downward social comparison），即和明显差于自己的那些人进行比较（Vohs & Heatherton, 2004; Hui et al., 2006）。

向下的社会比较可以保护儿童的自尊。通过和能力不如自己的人进行比较，儿童能够确保自己处于领先地位，从而保持自己的成功形象。

向下的社会比较有助于解释为什么教学水平较低的小学里某些学生的学业自尊水平要高于教学水平很高的小学里非常有能力的学生。原因似乎是，教学水平低的小学里的学生看到周围的同学学习都不怎么样，所以比较后的感觉相对要好。与此相反，教学水平高的小学里的学生可能发现有更多非常优秀的学生在和自己竞争，所以在比较中他们对自己表现的知觉就会变差。至少从自尊的角度来说，小池塘里的大鱼要优于大池塘里的小鱼，即"宁当鸡头，不当凤尾"（Borland & Howsen, 2003; Marsh & Hau, 2003; Marsh et al., 2008）。

自尊：发展积极或消极的自我观点

儿童不会只使用身体和心理特征方面的一些术语来冷静地看待自己，他们还会以特定的方式判断自己好或不好。**自尊（self-esteem）** 是指个体在整体上和特定方面对自我的积极和消极评价。相比于反映有关自我信念和认知的自我概念（如"我擅长吹小号"，"我的社会科学学得不太好"）来说，自尊有更多的情绪导向（如"每个人都认为我是个书呆子"）（Davis-Kean & Sanlder, 2001; Bracken & Lamprecht, 2003）。

> **社会比较** 期望通过与他人比较来评价自己的行为、能力、特长和看法。
>
> **自尊** 在总体上和特定方面对自我的积极和消极评价。

儿童中期的自尊以重要的方式发展着。如前所述，这一时期的儿童越来越多地将自己与他人比较，以评估自己在多大程度上符合社会标准。此外，他们也逐渐发展出一套自己对成功的内在标准，从而能知道自己有多成功。儿童中期出现的一大进展是自尊开始出现分化，就像自我概念一样。大多数7岁儿童的自尊反映了对自己总体上相当简单的看法。如果总体自尊是积极的，他们就会认为自己能做好一切事情。相反，如果总体自尊是消极的，他们就会觉得自己大多数事情都做不好（Lerner et al., 2005; Harter, 2006）。

然而当儿童进入儿童中期后，他们的自尊在某些领域会变得较高，而在另一些领域却较低。例如，男孩的总体自尊可能由某些领域的积极自尊（例如他感到自己很有艺术才能）和其他领域更加消极的自尊（例如他对自己的运动技能感到不满意）组合而成。

自尊的改变和稳定性　一般来说，总体自尊在儿童中期会有所提高，大概到12岁时又略有下降。尽管对于这种下降有多种可能的解释，但一个主要的原因似乎是从小学到初中的升学通常发生在这个年龄段。研究表明，儿童在小学毕业升初中时，表现出自尊的下降，随后又逐渐回升（Twenge & Campbell, 2001; Robins & Trzesniewski, 2005）。

另一方面，一些儿童长期拥有低自尊。低自尊的儿童面临一条坎坷的道路，部分原因在于低自尊会让他们陷入一种逐渐无法摆脱失败的恶性循环之中。例如，学生哈里（Harry）的自尊一直很低，目前正面临一场重要的考试。由于自尊很低，他预期自己会考砸，所以就非常焦虑——过分的焦虑使得他不能很好地集中精力有效地学习——进而，他可能会觉得既然考不好又何必要学，于是决定不再努力。

最后，哈里的高焦虑和不努力当然导致了他所预期的结果——他考得非常糟糕。这种失败恰好验证了哈里的预期，也强化了他的低自尊，使得失败的恶性循环持续下去（见图10-2）。

相反，拥有高自尊的学生走在一条更加正面的道路上，进入成功循环。更高的期望让他们更加

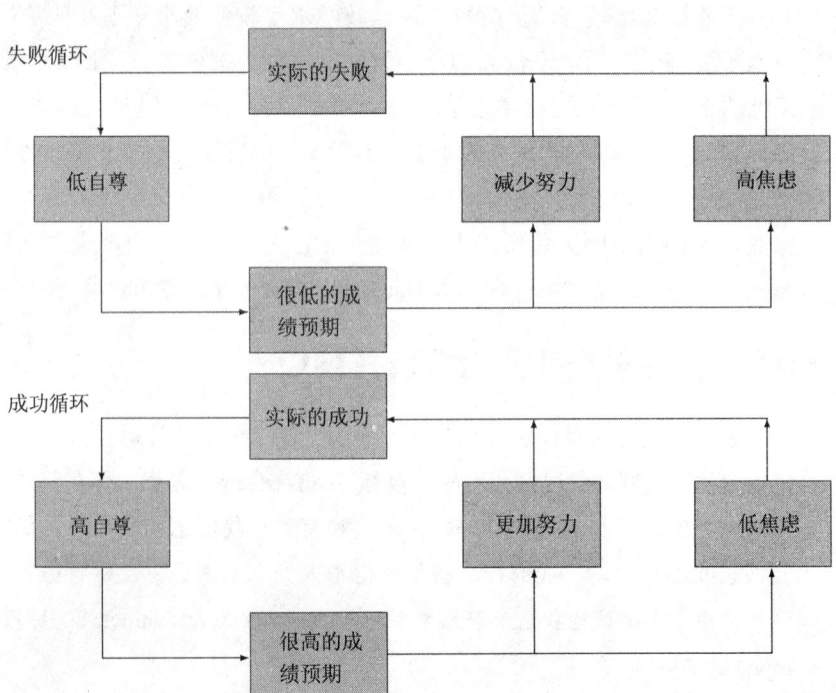

图10-2　低自尊和高自尊的循环
由于低自尊儿童可能预期自己会在考试中考砸，于是他们体验到高焦虑，也不像更高自尊的儿童那样努力学习。结果他们确实考得很差，从而验证了他们对自己的消极观点。相反，高自尊儿童具有更加积极的预期，导致低焦虑和高动机。结果他们表现得更好，从而强化了他们积极的自我意象。老师如何帮助低自尊的学生打破他们的负面循环？

努力且较少焦虑,增加了成功的可能性。这又反过来强化了开启成功循环的高自尊。

父母可以通过提高孩子的自尊来打破这种失败的循环。最好的办法是采用第八章中讨论的权威型养育风格。权威型的父母为孩子提供温暖和情感支持,对孩子的行为设定清晰的限制。相反,其他类型的养育风格对于自尊没有太多的积极影响。高惩罚和高控制的父母会传递给孩子这样的信息:你们是不值得信赖的,没有能力做出正确的决策。这种信息会削弱儿童的能力感。而那些溺爱型的父母对孩子的表现总是会不加区分地给以赞扬和强化,从而形成孩子错误的自尊感,最终可能对孩子造成伤害(Rudy & Grusec, 2006; Bender et al., 2007; Milevsky et al., 2007)。

道德发展

你的妻子患了一种不寻常的癌症,生命垂危。医生认为有一种药也许可以救她一命——相邻城市一名科学家新近研制出来的某种形式的镭。但是这个药的生产成本很贵,科学家的要价却是该药生产成本的10倍。他花了1,000美元生产镭,可是一个很小的剂量却开价10,000美元。你想尽办法找人借钱,总共只借到2,500美元,这才是所需总数的四分之一。你告诉那个科学家你的妻子就快要死了,希望他能够把药便宜卖给你,或者可以日后还钱。但是科学家却说:"不行,我发现了这种药,我要用它来挣钱的。"你很绝望,决定闯进科学家的实验室为妻子偷药。你应该这样做吗?

根据发展心理学家劳伦斯·柯尔伯格(Lawrence Kohlberg)及其同事的观点,儿童对这个问题的回答揭示了他们的道德感和正义感的核心方面。他指出,人们对此类道德两难问题的反应揭示了他们所处的道德发展阶段,也展现出有关他们认知发展大致水平的信息(Kohlberg, 1984; Colby & Kohlberg, 1987)。

柯尔伯格主张,随着正义感的不断发展,人们做出道德判断时使用的推理方式会经历一系列的阶段。根据我们先前讨论的认知特点,年幼学龄儿童倾向于根据具体不变的规则("偷东西就是错的"或"如果我偷东西就会遭受惩罚")或者社会规则("好人不会偷东西"或"如果每个人都偷东西那该怎么办?")进行思考。

然而,在青春期到来之前,个体的推理已经达到了较高的水平,通常接近皮亚杰的形式运算阶段。他们能够理解道德的抽象正式原则,当遇到类似上述问题时通常会根据更宽泛的道德问题和是非问题进行考虑("如果你遵从自己的良心做出了正确的事,那么偷药是可以接受的")。

柯尔伯格主张道德发展可分为三个水平六个阶段(见表10-1)。处于最低水平——前习俗道德(preconventional morality,阶段1和阶段2)的人们会遵循以惩罚或奖励为基础的严格规则。例如,他们可能会这样评价前面的道德两难故事:偷药不值得,如果被逮住的话你可能会进监狱。

下一个水平被称为习俗道德(conventional morality,阶段3和阶段4),处于该水平的人们会把自己看做负责任的社会好公民,并以此方式来处理道德问题。这一水平的某些人会反对偷药,因为他们觉得自己将会因为违反社会规范而感到内疚和不诚实。另一些人则会赞成偷药,因为在此种情形下如果什么都不做,他们会觉得难以面对他人。

最后一个水平称为后习俗道德(postconventional morality,阶段5和阶段6),处于这一水平的人们会超越他们所处社会的特定规则来思考普遍的道德原则。如果有人认为他们会因没有偷药而谴责自己,因为没能坚守住自己的道德原则,那么这些人就是在后习俗道德水平进行思考。

表10-1 柯尔伯格的道德推理序列

水平	阶段	简单道德推理	
		赞成偷药	反对偷药
水平1 前习俗道德：处于这个水平的个体会从奖励和惩罚的角度考虑具体的利益。	**阶段1：** 服从和惩罚取向：在这个阶段，人们坚持规则是为了避免惩罚，为了服从而服从。	"如果你让妻子死掉，你就会陷入麻烦。你将会因为没有花钱去救她而遭到谴责。你和药剂师都会因你妻子的死而受到调查。"	"你不应该偷药。如果你去偷药，你就可能会被抓住并关进监狱。如果你幸运逃脱了，你可能会因为想着警察将会用什么方法抓住你而寝食难安。"
	阶段2： 奖赏取向：在这一阶段，个体只遵守对自己有利的规则，为了所获得的奖赏而服从。	"如果碰巧被抓了，你可以把药还回去，判刑也不会太重。如果只是服一个很短的刑期，而且在你出去后妻子仍然健在的话，对你不会造成太多麻烦。"	"如果你偷了药，可能不会在监狱里待很长时间。但是在你出狱之前妻子可能已经死去，所以这样做并没有什么好处。如果妻子死了，你不应该责怪自己，这并不是你的错，毕竟她患上了癌症。"
水平2 习俗道德：处于这个水平的个体在处理道德问题时把自己当做社会的一员。他们感兴趣于成为社会的好公民来愉悦他人。	**阶段3：** "好孩子"道德：处于该阶段的个体感兴趣于保持他人对自己的尊敬，并做出他们所期望自己做的事情。	"如果你偷了药，没有人会认为你很坏，但是如果你没有偷药，你的家人会认为你是个没有人性的丈夫。如果你让妻子死掉，你再也不能面对任何人。"	"不只是药剂师会认为你是个罪犯；任何人都会这样想。如果你偷了药，你就会觉得你让家人和自己都蒙了羞，你再也不能面对任何人了。"
	阶段4： 权威和社会秩序维持的道德：处于该阶段的个体服从社会规则，并认为社会定义为正确的事情才是对的。	"如果你还有一点荣誉感，就不会仅仅因为害怕去做唯一能够救你妻子的事情而让她死去。如果你没有对她尽责，你就会因为觉得自己导致了她的死亡而感到内疚。"	"你很绝望，当你偷药的时候你可能并不知道你做错了。但是当你被送进监狱时，你就会知道这一点。你会因为自己的不诚实和违法行为而感到内疚。"
水平3 后习俗道德：处于这个水平的人们使用的道德原则比任一特定社会所使用的更加宽泛。	**阶段5：** 契约、个人权益和民主方式接受法律的道德：处于该阶段的人们会做出正确的事，因为他们对社会公认的法律具有一种义务感。他们认为法律可以作为固有社会契约的可变部分而进行修改。	"如果你没有偷药，你将会失去而不是得到他人的尊重。如果你让妻子死去，那是出于恐惧而不是理性。所以你将会失去自尊，很可能也会失去其他人的尊重。"	"你将会失去你在社团中的地位和受到的尊敬，并违反了法律。如果你被情绪所控制，你将会失去对自己的尊重，也会忘记长期的观点。"
	阶段6： 个人原则和良心的道德：在最后这个阶段，个体遵守法律是因为他们以普遍的伦理原则为基础。他们不会服从违背原则的法律。	"如果你没有偷药，如果你让妻子死掉，那么你以后就会因此常常谴责自己。你不会被责备，你能够遵守法律规则的事，却不能遵从你自己的良知标准。"	"如果你偷了药，将不会被其他人责备，但是你会谴责你自己，因为你没能遵从自己的良心和诚实的准则。"

柯尔伯格的理论认为，人们的道德发展以固定的顺序经历上述三个阶段，由于认知发展的局限，直到青春期他们才能发展到最高阶段（Kurtines & Gewirtz, 1987）。然而，并非所有人都会进入最高阶段：柯尔伯格发现到达后习俗道德水平的人相当少。

尽管柯尔伯格理论为道德判断的发展提供了很好的解释，但道德判断与道德行为之间的关系却没有那么强。不过，道德推理水平较高的学生更不容易在学校和社区中表现出反社会行为，如破坏学校规则、参与青少年犯罪等（Richards et al., 1992; Langford, 1995; Carpendale, 2000）。

另外，有实验发现，当给予机会的时候，处于后习俗道德水平（最高类别）的学生中有15%在考试中作弊，尽管他们并不像处于更低水平的学生那样轻易作弊。而处于更低水平的学生中有一半以上表现出作弊行为。很明显，知道什么是正确的道德行为并不意味着就会那样做（Snarey, 1995; Killen & Hart, 1995; Hart, Burock, & London, 2003; Semerci, 2006）。

柯尔伯格的理论由于仅基于对西方文化中个体的观察而受到批评。事实上，跨文化研究发现，处在工业化程度更高、技术更先进文化中的个体比非工业化国家的人通过道德发展各阶段的速度更快。为什么呢？一种解释是，柯尔伯格提出的更高道德阶段是基于涉及政府机构和社会机构（如警察局和法庭）的道德推理的。在工业化程度较低的区域，道德可能更多地基于特定城镇里人与人之间的关系。简而言之，不同文化中道德的性质可能有差异，而柯尔伯格的理论更适合西方文化（Fu et al., 2007）。

柯尔伯格的理论还存在一个更有争议的方面，那就是它难以解释女孩的道德判断。由于该理论最初主要是基于男性被试的数据，因此有些研究者认为它能更好地描述男孩而非女孩的道德发展。这一点也能够解释为什么在使用柯尔伯格阶段顺序的道德判断测验中，女性的得分普遍低于男性。这样的结果导致了女孩道德发展的另一种不同解释的出现。

女孩的道德发展　心理学家卡罗尔·吉利根（Carol Gilligan, 1982; 1987）认为，社会对男孩和女孩养育方式的不同导致了男性和女性看待道德行为观点的基本差异。根据她的观点，男孩主要从正义或公平等大原则的角度看待道德，女孩则根据个人责任和牺牲自我帮助他人的意愿看待道德。因此，对个体的同情在女性的道德行为中是一个更突出的因素（Gilligan, Ward, & Taylor, 1988; Gilligan, Lyons, & Hammer, 1990; Gump, Baker, & Roll, 2000）。

吉利根认为女性的道德发展经历了三阶段过程（总结于表10-2）。第一个阶段称为"个体生存的取向"，女性首先关注的是什么是实用的、对自己最有利的，然后逐渐由自私过渡到责任心，即思考什么对他人是最好的。第二阶段称为"自我牺牲的善良"，女性开始考虑必须牺牲自己的利益以帮助他人得到所需。理想情况下，女性会从"善良"转变为"真实"，即同时考虑自己的需要

劳伦斯·柯尔伯格和卡罗尔·吉利根对儿童道德发展的解释存在很大差异，后者主要关注女性和男性在道德观点上的差异。

表 10-2　吉利根的女性道德发展三阶段

阶段	特征	举例
阶段1 个体生存的取向	首先关注的是什么是实用的、对自己最有利的，然后逐渐由自私过渡到责任心，即思考什么对他人是最好的。	一年级的女孩在和朋友玩耍时可能坚持只玩她自己选择的游戏。
阶段2 自我牺牲的善良	最初的观点是，女性必须牺牲自己的愿望以满足他人所需。逐渐从"善良"过渡到"真实"，即同时考虑自己的需要和他人的需要。	现在这个女孩长大了一些，她可能认为作为一个好朋友，她必须玩朋友选择的游戏，即使她自己并不喜欢这些游戏。
阶段3 非暴力道德	在他人和自己之间建立起道德等价性。伤害任何人——包括自己——都是不道德的。根据吉利根的观点，这是道德推理最复杂的形式。	这个女孩现在可能认识到，朋友必须在一起共同分享时间，并找寻双方都能喜欢的一些活动。

和他人的需要。这种转变会导致进入第三个阶段，称为"非暴力道德"。这时女性开始认识到，伤害任何人都是不道德的——包括伤害她们自己。根据吉利根的观点，这种意识在自我和他人之间建立了道德等价性（moral equivalence），并代表着道德推理的最复杂水平。

吉利根的阶段顺序明显有异于柯尔伯格。一些发展学家认为，吉利根对柯尔伯格研究的反对意见过于彻底，性别差异并不像最初所想的那样显著（Colby & Damon, 1987）。例如，一些研究者指出，男性和女性在做道德判断时都会使用相似的"公正"和"关怀"取向。显然，男孩和女孩道德取向如何有所不同，以及总体上道德发展的性质是什么，人们还不曾了解（Weisz & Black, 2002; Jorgensen, 2006; Donleavy, 2008）。

- 根据埃里克森的观点，儿童中期的个体处在勤奋对自卑阶段。
- 在儿童中期，个体开始使用社会比较的方法，其自我概念建立在心理特征而非身体特征的基础上。
- 在儿童中期，个体的自尊建立在与他人比较和内在成功标准的基础上。如果自尊很低，儿童最后可能陷入失败的恶性循环之中。
- 根据柯尔伯格的观点，道德发展从最初的关注赏罚，发展到对社会习俗和规则的关注，再到普遍的道德原则感。然而，吉利根指出，女孩的道德发展可能有着不同的过程。

应用毕生发展

- 柯尔伯格和吉利根各自都认为道德发展存在三个主要水平。这些水平之间可进行比较吗？你认为在每个理论的哪个水平上可以观察到男性和女性之间的最大不同？

10.2 关系：儿童中期关系的建立

在2号餐厅里，雅米拉（Jamillah）和她的新同学正在慢慢地咀嚼三明治，安静地吸着纸盒里的牛奶……男孩和女孩羞怯地望着餐桌对面的陌生面孔，寻找能跟他/她一起在操场里玩、能成为他/她的朋友的人。

对这些孩子来说，操场也是一个重要的场所。当他们在操场中玩耍的时候，没有人保护他们。所有的儿童都想在游戏中取胜，在技能考试中不丢脸，在打架时不受伤。他们作为群体中一员的身份既不会受到干涉，也无法得到保证。一旦到了操场上，要么被动沉寂，要么主动活跃。没有人会主动成为你的朋友（Kotre & Hall, 1990, pp. 112~113）。

正如雅米拉及其同学所展示的那样，友谊在儿童中期扮演的角色越来越重要。在这一时期，儿童开始对朋友的重要性更为敏感，建立和维持友谊关系成为儿童社会生活中的重要部分。

友谊以多种方式影响儿童的发展。例如，友谊为儿童提供有关世界、他人和自己的信息。朋友能够为儿童提供情感支持，从而使得他们更有效地应对压力。拥有朋友可以使儿童不大可能成为攻击对象，并教儿童如何管理和控制情绪，以及帮助他们解释自身的情绪体验（Berndt, 2002）。

儿童中期的友谊同样能为儿童提供与他人沟通和交互的训练平台。友谊还通过增长儿童的经验来培养他们的智力发展（Harris, 1998; Nangle & Erdley, 2001; Gifford-Smith & Brownell, 2003）。

尽管在儿童中期朋友和其他同伴对儿童的影响越来越大，他们的重要性仍然不及父母和其他家庭成员。大多数发展学家认为，儿童的心理功能和整体的发展是许多因素共同作用的结果，其中包括同伴和父母（Harris, 2000; Vandell, 2000; Parke, Simpkins, & McDowell, 2002）。由于这个原因，我们将在本章后面部分更多地探讨家庭的影响。

友谊的阶段：友谊观点的变化

在儿童中期，儿童对友谊性质的知觉经历了一些深刻的变化。根据发展心理学家威廉·达蒙（William Damon）的观点，儿童对友谊的看法经历了三个不同的阶段（Damon & Hart, 1988）。

阶段1：基于他人行为的友谊 这一阶段大概从4岁至7岁，此时儿童会把那些和自己相似的人（他们分享玩具、一起玩其他活动）当做朋友。所以儿童常常将那些和自己在一起玩得最多的同伴视为朋友。例如，当问一名儿童"你怎么知道某个人是你最好的朋友？"时，他/她的回答是："我有时会寄宿在他家里。当他和朋友们玩球时，他也会让我一起玩。当我在他家过夜时，他就会让我和他一起睡。他喜欢我。"（Damon, 1983, p. 140）

相互信任被认为是儿童中期友谊的核心。

表 10-3　儿童指出朋友身上最受欢迎的和最不受欢迎的行为（按重要性排序）

最受欢迎的行为	最不受欢迎的行为
有幽默感	言语攻击
友善或友好	表达愤怒
乐于助人	不诚实
赞美别人	批判的、批评的
邀请别人参与游戏等	贪婪的、专横的
分享	身体攻击
避免不愉快的行为	令人讨厌或烦恼
应允或给予控制权	嘲笑他人
提供指导	妨碍成功
忠诚	不忠实
表现非常了不起	违反规则
促进成功	忽视他人

（Source: Adapted from Zarbatany, Hartmann, & Rankin, 1990.）

然而，处于第一阶段的儿童不太会考虑他人的个人品质。例如，他们不会根据同伴的独特个人特质做出友谊的判断。相反，他们会使用非常具体的方法——主要根据他人的行为来决定谁是朋友。他们喜欢那些可以相互分享的人，而不喜欢那些不愿意分享、不在一起玩或是发生冲突的人。总而言之，在第一阶段，朋友很大程度上就是那些为愉悦交互提供机会的人。

阶段2：基于信任的友谊　这一阶段大概从8岁持续至10岁，此时儿童对友谊的观点变得更复杂，他们会考虑他人的个人特点、特质以及他人可以提供的奖赏。但这一阶段友谊的核心是相互信任，在需要时能帮上忙的人会被当做朋友。这也同时意味着违背信任的后果很严重，一旦朋友之间出现了这种状况，友谊不再能够像小时候那样通过一起高兴地玩耍而得以修复。此时若想重建友谊，一般需要做出正式的解释和道歉。

阶段3：基于心理亲密的友谊　友谊的第三个阶段开始于儿童中期的后段，从11岁持续至15岁。在这一阶段，儿童开始发展出在青春期依然保持的友谊的观点。我们将在第十二章探讨青少年对友谊的看法。第三阶段友谊的主要标准开始转向亲密和忠诚，特征是亲密感。儿童一般通过相互倾诉分享各自的想法和感受，从而建立友谊。这一时期的友谊有些排外。在儿童中期结束前，儿童寻找忠诚的朋友，他们开始更多地根据友谊带来的心理益处而不是可共享的活动来看待友谊。

儿童也开始对哪些行为是朋友应该具备的，而哪些行为是自己所不喜欢的形成清晰的观点。从表10-3中可看出，大部分五六年级的小学生都喜欢那些邀请自己参加活动，以及在身体上和心理上有所帮助的人，都不喜欢表现出身体攻击和言语攻击行为的人。

友谊中的个体差异：什么导致儿童受欢迎？

为什么有些儿童在校园里受欢迎，而有些儿童却被孤立，其建议通常遭到同伴的拒绝和鄙视呢？发展学家主要从两个方面尝试回答这个问题：一是考察受欢迎程度的个体差异，二是找出一些儿童受欢迎而另一些儿童不受欢迎的原因。

学龄儿童的地位：确立自己的位置　谁的地位最高？尽管学龄儿童不太可能准确地提出这个问

题，但友谊事实上就是表现为清晰的地位等级。**地位（status）**是指群体中其他相关成员对该个体或角色的评价。高地位的儿童有更多的机会获得资源，如游戏、玩具、书籍和信息，低地位的儿童更可能跟随高地位儿童的领导。

地位可以通过好几种方法进行测量，最常用的一种是直接问儿童喜欢或不喜欢某个同学的程度，以及问他们最（不）喜欢和谁一起玩耍或共同完成某个任务。

儿童不受欢迎，被同伴所孤立是由许多因素造成的。

地位是影响儿童友谊的一个重要决定因素。高地位的儿童更容易与其他高地位的儿童建立友谊，低地位的儿童更可能与低地位儿童成为朋友。地位也与儿童拥有的朋友数量有关：高地位儿童很容易就能拥有比低地位儿童更多的朋友。

高地位儿童不仅在社会交往的数量上不同于低地位儿童，而且其交往性质也有差异。高地位的儿童更有可能被其他同伴当做朋友，更有可能形成排外的、令人向往的小团体，他们也倾向于和更多的儿童交往。相反，低地位儿童更可能和比其年幼或受欢迎程度更低的儿童一起玩（Ladd, 1983）。

简而言之，受欢迎程度反映了儿童的地位。处于中高地位的学龄儿童更可能发起并协调共同的社会行为，使得他们社会活动的一般水平高于低地位儿童（Erwin, 1993）。

哪些人格特征导致儿童受欢迎？ 受欢迎儿童有一些共同的人格特征。他们常常乐于助人、善于合作。他们还很有趣，通常具有幽默感，也能够欣赏他人的幽默感。与那些不太受欢迎的儿童相比，他们更容易理解他人的非言语行为和情绪体验。他们也能够更有效地控制自己的非言语行为，从而更好地表现自己。总之，受欢迎儿童具有很高的**社会能力（social competence）**。社会能力是使得个体在社会环境中成功表现的各种社会技能的集合（Feldman, Tomasian, & Coats, 1999）。

虽然受欢迎的儿童一般都很友善、宽容、乐于合作，但是有一类受欢迎的男孩会表现出一系列的消极行为，包括攻击行为、破坏行为和制造麻烦。虽然存在这些行为，他们仍然被同伴认为很酷、很顽强，也常常备受欢迎。部分原因可能是其他人认为他们勇于打破规则，做他人不敢做的事（Vaillancourt & Hymel, 2006; Meisinger et al., 2007; Woods, 2009）。

社会问题解决能力 与受欢迎程度有关的另一个因素是儿童的社会问题解决能力。**社会问题解决（social problem-solving）**是指使用令自己和他人皆满意的策略来解决社会冲突。学龄儿童之间，包括最好的朋友之间，经常会发生社会冲突，因此掌握处理冲突的有效策略是儿童获得社会成功的重要元素（Laursen,

地位 群体中其他相关成员对该个体或角色的评价。

社会能力 使个体在社会环境中成功表现的各种社会技能的集合。

社会问题解决 使用令自己和他人皆满意的策略来解决社会冲突。

Hartup, & Koplas, 1996; Rose &Asher, 1999; Murphy & Eisenberg, 2002）。

根据发展心理学家肯尼思·道奇（Kenneth Dodge）的观点，成功的社会问题解决按照一定的步骤进行，每个步骤对应于儿童的信息加工策略（见图10-3）。道奇认为，儿童在每个步骤上所做的选择，决定了他们最终解决社会问题的方式（Dodge & Crick, 1990; Dodge & Price, 1994; Dodge et al., 2003）。

通过仔细勾画出每个阶段，道奇提供了针对特定儿童身上某些不足的相应干预措施。例如，一些儿童习惯性地对他人的行为产生误解（第2步），并在此基础上做出反应。

假设马克思是一个四年级的小学生，他正在跟威尔玩游戏。威尔输了，很生气，并抱怨规则不好。如果马克思不明白威尔的生气更多是因为没有赢的话，他就很可能开始为规则辩护、批评威尔，弄得自己也很生气。但是如果马克思能够更准确地解释威尔生气的原因，他就能够采用一种更有效的方法，例如提醒威尔："喂，下一局赢我吧！"从而缓和局势。

总的来说，受欢迎的儿童能够更准确地解释其他人的行为，处理社会问题的方法也更多样。相反，不太受欢迎的儿童很难有效地理解他人行为的原因，因此做出的反应可能不太适当。另外，他们处理社会问题的策略更有限，有时仅仅是不知道如何道歉或帮助不开心的人心情变得好一点（Rose & Asher, 1999; Rinaldi, 2002）。

不受欢迎的儿童可能成为习得性无助（learned helplessness）现象的受害者。他们不知道令他们不受欢迎的根源，因此他们可能会感到自己缺乏或完全没有能力去改善自己的处境。结果，他们就这样放弃了，甚至不会尝试更多地去参与同伴活动。相应地，他们的习得性无助变成了自我实现预

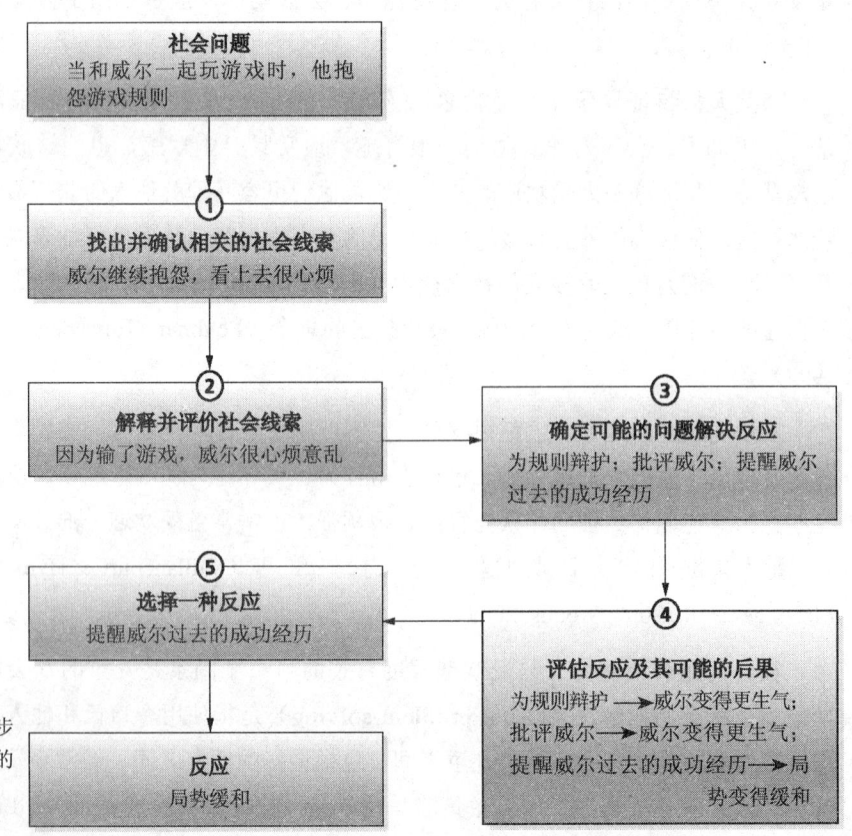

图10-3 问题解决步骤
儿童的问题解决按照一定的步骤进行，这些步骤涉及不同的信息加工策略。
(Source: Based on Dodge, 1985.)

言，减少了他们未来变得更受欢迎的机会（Seligman, 2007; Aujoulat, Luminet, & Deccache, 2007）。

我的发展实验室
你的虚拟孩子遇到欺凌问题了吗？你怎么处理？在我的发展实验室中找出关于欺凌行为的观察视频。

教授社会能力 有什么办法可以帮助不受欢迎的儿童学习社会能力呢？目前已经开发出一些教授儿童学习社会技能的计划，而社会技能似乎是一般社会能力的基础。例如，在一项实验计划中，主要教授不受欢迎的五年级和六年级儿童如何与朋友进行交谈，包括透露自己的事情，通过问问题了解别人，以及以无威胁性的方式为别人提供帮助和建议。

与那些没有接受此类训练的儿童相比，这些儿童和同伴的交往更多，开展的谈话更多，自尊也更高，最重要的是他们比训练前更容易被同伴们接受（Asher & Rose, 1997; Bierman, 2004）。

学校和互联网——欺凌者

在开学前几个星期，菲比·普林斯（Phoebe Prince）刚从爱尔兰搬到马萨诸塞州的南哈德利。在约会了一个高年级橄榄球员后，她成了一个靶子，在学校走廊上伴随着她的嘲笑和辱骂只是这个故事的一部分。她的手机收到恶意短信。互联网上的帖子一直跟到她家。这种折磨起源于学校，然而它对她私人空间的侵犯已经不给她任何喘息之机。

菲比·普林斯，一名南哈德利高中的15岁新生，在被一群总是不放过她的女孩折磨后，吊死了自己（Cullen, 2010）。

不论欺凌来自学校还是网上，菲比不是唯一面临这些的人。大约85%的女孩和80%的男孩报告至少有一次在学校里受到某种形式的骚扰，每天有16万美国学龄儿童因为害怕被欺凌而待在家里不去学校。还有人在网上遭遇欺凌，这种欺凌甚至更令人痛苦，因为发起者常常是匿名的，或者包含一些公开发布的内容（Dehue, Bolman, & Völlink, 2008; Slonje & Smith, 2008; Smith et al., 2008; Mishna, Saini, & Solomon, 2009）。

被欺凌者常常有一些共同特征。他们中的大多数人非常被动、不合群，常常容易哭泣，并缺乏可能会缓解欺凌情境的相应社会技能。例如，他们很难幽默地回应欺凌者的嘲弄。尽管具有这些特征的儿童更容易遭到欺凌，但甚至是不具备这些特征的儿童在校期间有时也会被欺凌：有90%的中学生报告自己在上学阶段曾被欺凌过，最早发生在学前期（Ahmed & Braithwaite, 2004; Li, 2006, 2007; Katzer, Fetchenhauer, & Belschak, 2009）。

大约10%~15%的学生曾经欺凌过他人。大约一半的欺凌者来自有虐待行为的家庭，当然这也意味着另一半的欺凌者并非如此。相比于非欺凌者，欺凌者倾向于看更多的暴力电视，在家里和学校表现出更多的不当行为。当因欺凌他

同性别团体在儿童中期占主导地位。男孩和女孩偶尔才会涉足对方的领地，他们这时的行为通常带有一定的浪漫色彩，被称为"边缘活动"。

人招致麻烦时，欺凌者不但很少自责，很少对被欺凌者表示同情，而且很可能通过撒谎来摆脱困境。此外，欺凌者和同伴相比，成年后更有可能触犯法律。尽管欺凌者有时候在同伴中很受欢迎，但具有讽刺意味的是，一些欺凌者最后自己却成为欺凌行为的受害者（Haynie et al., 2001; Ireland & Archer, 2004; Barboza et al., 2009）。

性别和友谊：儿童中期的性别隔离

女孩守规矩，男孩瞎起哄。

男孩是傻子，女孩有虱子。

男孩去大学学更多知识，女孩去木星变得更愚蠢。

上述说法至少反映了小学男生和女生对异性同学的看法。小学阶段儿童对异性的回避非常明显，大多数男孩和女孩的社交圈子几乎都是同性别的（McHale, Dariotis, & Kauh, 2003; Mehta & Strough, 2009）。

有趣的是，根据性别的友谊隔离几乎在所有社会中都存在。在非工业化社会里，同性别的隔离可能是由于儿童所参与的活动类型导致的结果。例如，许多文化会规定男孩只能做一类事情，而女孩只能做另一类（Whiting & Edwards, 1988）。不过，不同活动的参与可能无法完全解释这种性别隔离。甚至在一些发达国家，虽然同一学校里的儿童参与大部分相同的活动，他们仍然倾向于回避异性同伴。

当男孩和女孩偶尔涉足对方的领地时，他们的行为通常带有一定的浪漫色彩。例如，女孩可能威胁说要吻男孩，男孩可能逗女孩追赶他们玩。这类行为，又称"边缘活动"，有助于强化两性之间的清晰界线，也可能为学龄儿童长大后与异性的交往（涉及性兴趣）奠定了基础，因为到了青少年阶段，社会已经认可异性之间的交往了（Beal, 1994）。

儿童中期跨性别交往的缺乏意味着男孩和女孩的友谊关系只限于同性伙伴。此外，男孩和女孩内部的友谊性质极不相同（Lansford & Parker, 1999; Rose, 2002）。

男孩通常比女孩具有更大的交友圈，他们更喜欢很多人一起玩耍，而不是一对对地玩。男孩的地位等级也很明显，通常会有一个公认的领导者和众多地位不同的成员。这种代表了个体在群体内的相对社会权力的严格等级，被称为**优势等级（dominance hierarchy）**。因此，地位较高的成员能够对地位较低的成员提出质疑和反对，而不用担心有什么后果（Beal, 1994; Pedersen et al., 2007）。

男孩都很关心自己在地位等级中的位置，他们会努力维持和提升自己的地位，与之有关的游戏风格被称为"限制性游戏"。在限制性游戏中，当儿童觉得自己的地位受到挑战，交互就会中断。因此，如果挑战的同伴比自己地位低，男孩就会觉得不公平，可能就会扭打着争夺玩具或表现出其他独断的行为，最终使交互终结。所以，男孩的游戏更容易进出火药味（Benenson & Apostoleris, 1993; Estell et al., 2008）。

男孩使用的友谊语言反映了他们对地位和挑战的关心。例如，看看下面两个

优势等级 代表了成员在群体中的相对社会权力的等级评定。

男孩之间的对话，他们俩曾经是好朋友：

男孩1：你为什么不离开我的院子？

男孩2：你为什么不把我赶出院子？

男孩1：我知道你不想那样。

男孩2：你不把我赶出院子是因为你做不到。

男孩1：不要逼我。

男孩2：你做不到。不要逼我伤害你（窃笑）。（Goodwin, 1990, p. 37）

女孩之间的友谊模式极不相同。学龄期的女孩往往有一两个地位差不多的"好朋友"，而不是拥有一个广阔的朋友圈子。与关注地位差异的男孩相反，女孩自称会避免地位差异，她们更喜欢在同等地位水平上维持友谊。

学龄期女孩之间的冲突常常通过妥协来解决，如忽视情境或让步，而不是让自己的观点获胜。总之，她们的目标是消除不一致，使得社会交互更轻松，没有对抗（Goodwin, 1990; Noakes & Rinaldi, 2006）。

女孩间接地解决社会冲突的动机并非源于她们缺乏自信，也不是源于对使用直接解决办法的忧虑。事实上，当学龄女孩与非朋友的其他女孩互动，或者与男孩互动时，她们可能会表现出很强的对抗性。然而，和朋友在一起时，她们的目标就是维持一种不存在优势等级的地位平等的关系（Beal, 1994; Zahn-Waxler et al., 2008）。

女孩使用的语言一般反映了她们对友谊的看法。相对于明显的命令（"给我铅笔"），女孩更倾向于使用对抗性较小、更间接的语言，一般使用动词的间接形式，例如"我们一起看电影吧"或"你愿意和我交换书吗"，而不是"我想去看电影"或"这些书给我吧"（Goodwin, 1990; Besag, 2006）。

成为发展心理学知识的明智消费者

提高儿童的社会能力

在儿童的成长过程中，友谊的建立和维持非常重要。父母和教师能够做些什么以提高儿童的社会能力？以下策略效果不错。

- **鼓励社会交互** 教师可以想方设法让儿童参加集体活动，父母也可以鼓励儿童成为幼女童军（Brownies）和童子军（Cub Souts）等组织的成员，或参与团队体育运动。

- **教授儿童倾听技能** 给他们演示如何仔细倾听并回应交流的直接内容和潜在含义。

- **教儿童察觉他人用非言语方式表达的情绪和情感** 让他们知道除了注意话语的含义外，还应注意他人的非言语行为。

- **教授学生交谈技能** 让他们认识到提问题和自我坦露的重要性。鼓励学生用以"我"开头的句式表达自己的感觉或观点，避免泛化到其他人。

- **不要让儿童公开选择小组或团队** 相反，随机分配儿童：这样能够保证各组之间能力的均匀分配，避免出现最后只剩下某个儿童未被选择的尴尬情形。

复习和应用

复习

- 儿童对友谊的理解经历了从分享愉快的活动,到考虑满足自己需要的个性特质,再到亲密和忠诚的变化过程。
- 儿童期的友谊表现出地位等级。社会问题解决能力和社会信息加工能力的提高能促进儿童拥有更好的人际技能,提高其受欢迎程度。
- 男孩和女孩逐渐建立起同性别的友谊。男孩的友谊涉及群体关系,而女孩友谊的特征是地位同等的成对女孩。
- 许多儿童在校期间都被欺凌过。针对欺凌者和被欺凌者分别有一些教育方法可以减少欺凌行为。

应用毕生发展

- 你认为友谊的阶段性是儿童期独有的一种现象,还是成人的友谊也会有类似的阶段?

10.3 家庭和学校:儿童中期个体行为的塑造

塔玛拉(Tamara)是一名二年级的学生。这天快放学时,妈妈布伦达(Brenda)等候在教室门外。一下课,塔玛拉就跑到妈妈跟前打招呼。然后,她试探着问妈妈:"妈妈,安娜今天能过来和我一起玩吗?"其实布伦达一直很希望能单独和女儿共度一些时光,因为前三天女儿都是在爸爸那里过的。但是,布伦达又想到,塔玛拉放学后难得邀请一次朋友,所以就答应了这个请求。不巧的是,安娜一家今天似乎有安排,所以她们只好再商量另外一个时间。安娜的妈妈建议说:"星期四怎么样?"塔玛拉还没来得及回答,妈妈就提醒她:"你已经答应了爸爸,那天晚上你要待在他那里的。"塔玛拉充满期待的脸立刻黯淡了,咕哝着:"好吧。"

塔玛拉必须将时间分配到已离婚的父母各自的家庭,这会怎样影响她的适应情况?她的朋友安娜虽然和父母住在一起,但父母一直在外工作,安娜的适应情况又会怎样?当我们考察儿童中期的学校生活和家庭生活如何对儿童造成影响时,就要考虑上述这些问题。

家庭:变化着的家庭环境

最开始的情节通常是这样:约翰和玛丽先坠入爱河,然后步入婚姻,接着玛丽怀孕了。但是如今故事出现了续篇:约翰和玛丽关系破裂了。约翰和有两个儿子的萨利住在了一起。玛丽独自一人带着婴儿保罗。一年后玛丽又遇到了离婚后带着三个孩子的杰克,然后他们结婚了。保罗此时仅仅2岁,却有了一个妈妈、一个爸爸、一个继母、一个继父、5个继兄弟姐妹——还有4对祖父母(亲生的和后继的)和数不尽的叔叔婶婶。猜猜又发生了什么?玛丽再次怀孕了

（Katrowitz & Wingert, 1990, p.24）。

前面的章节已经提到，最近几十年来家庭结构发生了巨大变化。越来越多的父母双方都在外工作、离婚率不断攀升、单亲家庭数量逐渐增长，从而使21世纪儿童的生活环境非常不同于以往的任何一代。

儿童和父母面临的最大挑战之一是儿童不断增长的独立性，这也是儿童中期儿童行为的特征。在这一时期，儿童由先前父母的完全控制，到逐渐控制自己的命运——至少是他们的日常行为。因此儿童中期又被视为父母和儿童共同控制行为的**共同约束（coregulation）**时期。逐渐地，父母为儿童提供一般的行为指导，同时儿童也对自己的日常行为加以控制。例如，父母可能督促孩子每天在学校里购买营养均衡的午餐，而孩子可能自己决定一直吃比萨和两份甜食。

家庭生活 儿童中期儿童和父母待在一起的时间明显减少。尽管如此，父母仍然是儿童生活的重要影响角色，他们需要为儿童提供基本的帮助、建议和指导（Furman & Buhrmester, 1992; Parke, 2004）。

这一时期兄弟姐妹也会对儿童产生重要影响，其中有利也有弊。尽管兄弟姐妹能为儿童提供支持、友谊和安全感，但他们也会引发冲突。

兄弟姐妹之间的争吵和竞争，即兄弟姐妹的竞争（sibling rivalry）可能会发生。当竞争者的年龄和性别相似时，这种竞争是最激烈的。如果父母偏爱其中一个，就会加剧这种竞争。当然，这种知觉并不一定准确。例如，父母可能会允许年长子女有更多的自由，这时年幼子女可能将此解释为偏心。在某些情况下，当儿童察觉到偏心时，不仅会发生兄弟姐妹的竞争，还可能伤害年幼子女的自尊。另一方面，兄弟姐妹的竞争并不是无法避免的，许多兄弟姐妹之间关系很好（Branje et al., 2004; McHale, Kim & Whiteman）。

没有兄弟姐妹的儿童情况如何？独生子女不会经历兄弟姐妹的竞争，但同样会错失兄弟姐妹所带来的益处。人们都有这样一种刻板印象：独生子女娇生惯养、自我中心。然而实际情况并非如此，独生子女与有兄弟姐妹的儿童一样适应良好。事实上，在某些方面，他们通常拥有更高的自尊和更强的成就动机，而且适应得更加良好。这对中国的父母来说无疑是一个好消息，因为中国有着严格的"独生子女"政策。相关研究也表明，中国的独生子女通常比有兄弟姐妹的儿童表现得更好（Jiao, Ji, & Jing, 1996; Miao & Wang, 2003）。

当父母都工作时：儿童的遭遇如何？ 在大多数情况下，父母皆全职工作的儿童普遍过得很好。如果父母很爱孩子，对孩子的需求很敏感，并能将孩子托付给合适的看护机构，那么他们的孩子就会和父母有一方不工作的儿童没有差异（Harvey, 1999）。

父母皆工作的儿童的良好适应性与其父母（尤其是母亲）的心理适应能力有关。一般来说，对自己生活满意的女性倾向于更多地教育孩子，工作满意度高的女性可能为孩子提供更多的心理支持。因此，母亲选择全职工作、待在家里还是

共同约束 父母和儿童共同控制儿童行为的时期。

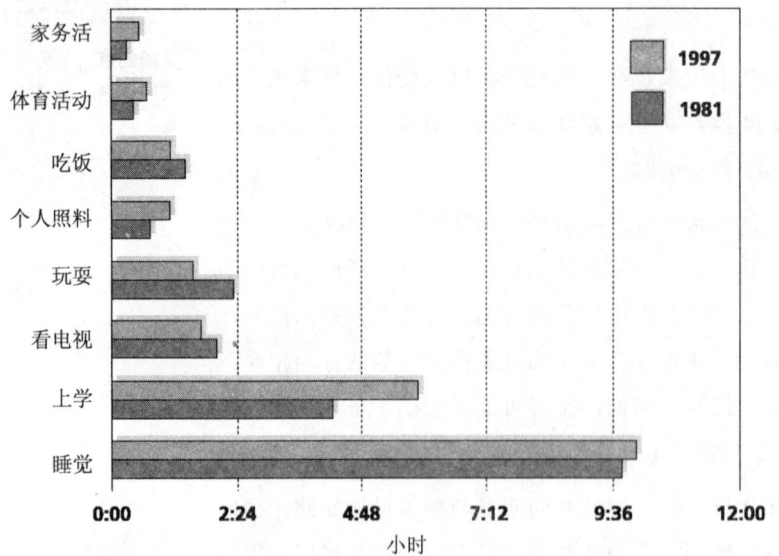

图 10-4　儿童如何分配时间

儿童花费在某些活动上的时间一直保持恒定，而花费在另一些活动（如玩耍、吃饭）上的时间有明显变化。什么原因可以解释这种变化？

(Source: Hofferth & Sanberg, 1998.)

两者兼有似乎不是问题的关键，重要的是她对自己所做出选择的满意程度（Barnett & Rivers, 1992; Gilbert, 1994; Haddock & Rattenborg, 2003）。

尽管我们可能会认为父母皆工作的儿童与父母共处的时间要少于父母有一方待在家中的儿童，研究得出的结果却相反。无论是和家人在一起、待在学校、与朋友在一起还是独处的时间，父母全职工作的儿童与父母一方待在家里的儿童都基本相同（Richards & Duckett, 1994; Gottfried, Gottfried, & Bathurst, 2002）。

儿童白天做些什么？他们做得最多的事情是睡觉和上学，接下来就是看电视和玩耍，然后是个人照料和吃饭。这一趋势几乎没有什么变化（见图10-4），唯一发生变化的是他们处在监督的、结构化环境中的时间。在1981年儿童每天有40%的时间是自由的，而到了90年代末，这个比例降到了25%（Hoffman & Sandberg, 1998）。

家和孤独：儿童在做什么？

当10岁的约纳森·科尔文（Johnetta Colvin）从马丁·路德·金小学放学回家后，她要做的第一件事就是去取一些小甜饼，然后打开电脑。约纳森迅速地浏览信件后，她走到电视机前，像往常一样开始看一个小时的电视。播广告的时候她做了一会儿家庭作业。

她没有和爸妈聊天，因为爸妈都不在家。她只是独自一人在家。

像约纳森一样放学后自己待在家里一直等到父母都下班回家的儿童被称为**自我照料的儿童（self-care child）**。在美国大约有12%~14%的5~12岁儿童放学后有段时间独自一人在家，没有成人监管（Lamorey et al., 1998; Berger, 2000）。

过去对自我照料儿童的关注主要是他们缺乏监管和独处时的负性情绪。其实这类儿童以前被称为"带钥匙的儿童"（latchkey children），代表伤心的、可怜的、被忽视的小孩。不过，如今出现了对自我照料儿童的一种新看法。根据社会学家桑德拉·霍弗尔兹（Sandra Hofferth）的观点，既然许多儿童的时间表都排得满满的，那么几个小时的独处可能利于他们缓解压力。不仅如此，它还为发展儿童更强的自主

自我照料的儿童　放学后独自待在家里一直等到照料者下班回家的儿童，以前被称为"带钥匙的儿童"。

感提供了机会（Hofferth & Sandberg, 2001）。

研究已经证实，自我照料儿童与到家后有父母陪伴的儿童几乎没有差异。尽管有些儿童报告自己独自在家时有消极体验（如孤独），但是似乎没有因此产生情绪困扰。另外，相比于没有朋友监督独自"在外游荡"的情况，自己待在家里将会避免儿童卷入到可能导致事端的活动中（Long & Long, 1983; Belle, 1999; Goyette-Ewing, 2000）。

总之，自我照料对儿童的影响并不一定是坏的。实际上，他们可能发展出更强的独立感和能力感。此外，独处的时间也能使儿童做作业或进行个人活动时不被干扰。父母皆工作的儿童通常感到自己对家庭有很重要的贡献，所以他们的自尊可能会更高（Goyette-Ewing, 2000）。

离婚 像前面描述的塔玛拉这样父母离婚的儿童如今已不再罕见。在美国，只有一半的儿童在整个童年期间与父母双方同住；剩下的一半要么是单亲家庭，要么与继父母、祖父母或其他非父母的亲属同住；还有一些最终被收养（Harvey & Fine, 2004）。

自我照料对儿童的影响并不一定是坏的。他们的独立性和能力感可能会更强。

儿童对父母离婚有什么样的反应？这取决于离婚时儿童的年龄以及父母离婚的时间长短。如果父母刚离婚，儿童的反应会非常糟糕，这时父母和儿童双方都可能表现出一段时间的心理失调，大概持续6个月到2年之久。例如，儿童可能会焦虑、抑郁、出现睡眠障碍或恐怖症。即使父母离婚后儿童与母亲同住，大部分情况下母子关系的质量还是会下降，因为儿童常常觉得自己夹在了父母中间（Amato & Afifi, 2006; Juby et al., 2007; Lansford, 2009）。

如果父母离婚时，儿童处于儿童中期的早期阶段，他们往往会责怪自己造成了父母关系的破裂。儿童到10岁时，当必须在父母双方中做出选择时，他们会感到有压力，因此会在一定程度上体验着分裂的忠诚（divided loyalty）（Shaw, Winslow, & Flanagan, 1999）。

尽管研究者对离婚灾难性的短期影响并无异议，但是离婚的长期影响至今仍然不甚明了。一些研究发现，

根据目前的趋势，近四分之三的美国儿童一生中的某段时间将会生活在单亲家庭中。这可能对儿童造成哪些影响？

离婚18个月到2年后，大多数儿童开始恢复到父母离婚前的心理适应状态。对于许多儿童来说，离婚的长期影响很小（Hetherington & Kelly, 2002; Guttmann & Rosenberg, 2003; Harvey & Fine, 2004）。

然而，有其他证据表明离婚还会带来一些其他影响。例如，来自离婚家庭的儿童进行心理咨询的人数是来自完整家庭的两倍（尽管有时候咨询是法官要求离婚家庭必须履行的一个步骤）。另外，父母离婚的儿童将来自己离婚的风险更高（Wallerstein et al., 2000; Amato & Booth, 2001; Wallerstein & Resnikoff, 2005; Huurre, Junkkari, & Aro, 2006）。

儿童对父母离婚的反应还取决于一些因素，其中之一是家庭的经济地位。在许多情况下，离婚会使父母双方的生活水准下降，儿童可能因此陷入贫困之中（Ozawa & Yoon, 2003; Fischer, 2007）。

而有些情况下，离婚会减少家庭中的敌意和愤怒，从而减轻其消极影响。有30%离婚家庭的冲突水平很高，离婚后冲突的减少反而有益于儿童。对于那些希望和没有住在一起的家长维持积极亲密关系的儿童，尤其是这样（Davies et al., 2002）。

若儿童生活的家庭完整但不快乐，那么离婚相当于一种改善。但是将近70%的离婚家庭，其冲突水平在离婚前并不是特别高，儿童可能需要更艰难的一段时间来适应因父母离婚带来的影响（Amato & Booth, 1997）。

单亲家庭　美国大约有四分之一的18岁以下儿童只和父母中的一方住在一起。如果这种趋势持续发展，那么将有四分之三的儿童在18岁之前要在单亲家庭中生活一段时间。对于少数族裔儿童来说，这个比例甚至更高：将近有60%的18岁以下非裔美国儿童和35%的18岁以下西班牙裔儿童生活在单亲家庭中（U. S. Bureau of the Census, 2000; 见图10-5）。

因父母一方亡故而形成单亲家庭的数量很少。较多的情况是没有配偶（未婚妈妈）、配偶离婚或配偶离开。大多数情况下，单亲家庭里的家长是母亲。

生活在单亲家庭对儿童有什么影响？这个问题很难回答，多半依赖于另一方父母是否在早年间出现以及当时的父母关系如何。除此之外，单亲家庭的经济地位也是一个重要的决定因素。一般来说，单亲家庭的经济状况要比完整家庭更差，生活相对贫困会对儿童造成不利影响（Davis, 2003; Harvey & Fine, 2004）。

总之，生活在单亲家庭对儿童的影响并不总是积极或消极的。如今的单亲家庭数量非常之多，曾经的坏名声也大大降低。儿童最后的成长情况取决于与单亲家长有关的多种因素，如家庭经济地位、家长与儿童共处的时间、家庭内部的压力等。

几代同堂的家庭　有些家庭由几代人组成，孩子、父母和（外）祖父母住在一起。几代人住在同一屋檐下可以给儿童带来丰富的生活体验，使其既受到父母的影响，也受到（外）祖父母的影响。同时，如果几个大人都把自己作为纪律执行者，而没有协调好彼此的行为，那么几代同堂的家庭也存在爆发冲突的可能性，三代同堂家庭在非裔美国人中比在白

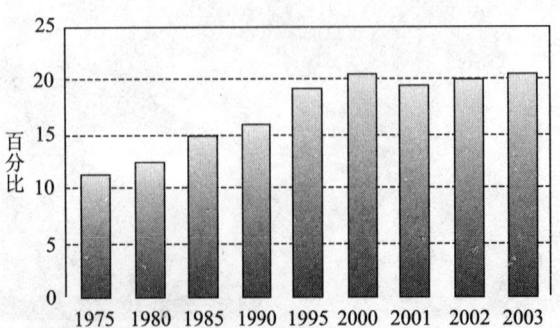

图10-5　单亲妈妈的增长，1975~2003
没有配偶的单亲妈妈数量明显增加。
（Source: U.S. Bureau of the Census, 2004.）

人中更为常见。此外，非裔美国家庭比白人家庭有更多的单身父母的情形，常常十分依赖（外）祖父母照料儿童的日常生活，其文化习俗也非常支持（外）祖父母扮演一个积极的角色（Oberlander, Black, & Starr, 2007; Pittman & Boswell, 2007; Kelch-Oliver, 2008）。

混合家庭 再婚夫妇与一个以上继子（女）住在一起所组成的家庭。

生活在混合家庭 对许多儿童来说，离婚的长远影响还包括父母一方或双方的再婚。在美国，至少包含一个再婚配偶的家庭超过了1,000万个，与一个以上继子（女）同住的再婚夫妇超过了500万对，他们所组成的这种家庭称为**混合家庭（blended families）**。总的来说，17%的美国儿童生活在混合家庭中（U.S. Bureau of the Census, 2001; Bengtson et al., 2004）。

生活在混合家庭对儿童来说是个挑战。混合家庭里常常会出现角色和期待不明确的状况，即角色模糊（role ambiguity）。自己的责任是什么，应该怎样对待继父母和其他兄弟姐妹，如何才能做出对自己在家庭中的角色有广泛影响的决定，儿童对这些可能都不确定。例如，混合家庭的儿童可能要选择与父母中的哪一方共度假期，或者可能需要在生父母和继父母相冲突的建议中进行选择（Dainton, 1993; Cath & Shopper, 2001; Belcher, 2003）。

然而，在大多数情况下，混合家庭的学龄儿童都发展得令人出乎意料的好。和青少年相比，学龄儿童对这种混合家庭的适应会相对顺利，而不像混合家庭的青少年那样面临诸多困难，原因有以下几种：首先，再婚后单亲家庭的经济状况通常会有所改善；其次，混合家庭中有更多的人共同分担家务；最后，家庭里的更多成员增加了社会交互的机会（Greene, Anderson, & Hetherington, 2003; Hetherington & Elmore, 2003）。

并非所有儿童在混合家庭中都适应良好。有些儿童感到日常生活被打乱，已经建立的家庭关系网被打破，适应起来很困难。例如，当一名儿童已经习惯了得到母亲的全部关注时，如果母亲对继子也表现出关心和喜爱，他会感到很难适应。最成功的混合家庭是父母能够为儿童创造一种所有家庭成员都融为一体的环境氛围，这种氛围可以为儿童的自尊提供支持。一般来说，儿童年龄越小，在混合家庭中的过渡就越容易（Jeynes, 2007; Kirby, 2006）。

种族和家庭生活 虽然家庭类型多种多样，但研究并没有发现它与种族之间的一致性关系（Parke, 2004）。例如，非裔美国家庭常常有很强烈的家族感，他们很乐意对大家庭的成员表示欢迎和支持。由于非裔美国家庭中女性当家的情况相对普遍，此时大家庭提供的社会和经济支持就很关键。除此之外，老人（如祖父母）当家的家庭也占了相对高的比例。一些研究发现，生活在祖母当

离婚的男性和女性带着孩子再婚，就组成了混合家庭。

家的家庭里，儿童适应得特别好（McLoyd et al., 2000; Smith & Drew, 2002; Taylor, 2002）。

西班牙裔家庭通常也很强调家庭生活、社区以及宗教组织的重要性。他们教育儿童要重视自己和家庭的关系，并把自己看成大家庭的核心，所以西班牙裔儿童的自我感与家庭紧密联系在一起。一般情况下，西班牙裔家庭的人口相对较多，平均每家3.71个人，而白人家庭的平均人口数为2.97，非裔美国家庭为3.31（Cauce, Stewart, & Domenech-Rodriguez, 2002; U. S. Census Bureau, 2003; Hlgunseth, Ispa, & Rudy, 2006）。

尽管对亚裔美国家庭的研究相对很少，但现有研究表明，在维持纪律方面，父亲更容易成为权力的象征。儿童一般认为家庭需要高于个人需要，而男性需要照顾父母终生，这和亚洲文化的集体主义倾向一致（Ishi-Kuntz, 2000）（考虑另一类型的家庭——那些拥有同性恋父母的家庭——见"从研究到实践"专栏）。

从研究到实践

两个爸爸，两个妈妈：由同性恋父母养育的儿童有何际遇？

越来越多的儿童拥有两个母亲或两个父亲。据估计，美国有100万至500万个家庭由男同性恋或女同性恋组成，大约600万儿童的父母是同性恋（Patterson & Friel, 2000; Patterson, 2007, 2009）。

生活在同性恋家庭中的儿童有何际遇？关于同性父母的养育对孩子的影响，越来越多的研究显示，这些儿童的发展与异性恋家庭的儿童的发展情况相似。他们的性取向与父母的取向无关，行为也符合相应的性别类型，似乎也适应良好（Parke, 2004; Fulcher, Sutfin, & Patterson, 2008; Patterson, 2002, 2003, 2009）。

最近的一项大规模分析检验了25年里对由同性恋父母抚养大的孩子的19项研究，包括1,000多个同性恋和异性恋家庭，证实了这些发现。在儿童的性别角色、性别认同、认知发展、性取向以及社会性和情感发展方面，该分析发现，在同性恋家庭长大的孩子与在异性恋家庭长大的孩子没有显著差异。一个明显的差异是亲子关系的质量；有趣的是，同性恋父母报告他们与孩子的关系比异性恋父母与孩子的关系更好（Crowl, Ahn, & Baker, 2008）。

其他研究表明，同性恋父母的孩子与同伴之间的关系类似于异性父母的孩子，他们与成人（包括同性恋和异性恋）的关系也是如此。进入青春期后，他们的浪漫关系和性行为也和与异性恋父母一起生活的青少年没有差别（Patterson, 1995, 2009; Golombok et al., 2003; Wainright, Russell, & Patterson, 2004）。

简而言之，研究表明，父母是同性恋与父母是异性恋的儿童之间几乎不存在发展上的差异。唯一能够确定的差异是，同性恋父母的孩子受到更多的歧视和偏见。美国公民就同性恋婚姻的合法性展开了激烈的政治辩论。受当今社会刻板印象和歧视的影响，同性恋父母的孩子可能会感到孤立和受伤害（Ryan & Martin, 2000; Davis, Saltzburg, & Locke, 2009）。

• 为什么同性恋父母与他们的孩子的关系比异性恋父母与孩子的关系更加亲密，你能想到可能的解释吗？

• 同性恋父母如何让他们的孩子为应对将要遇到的歧视和偏见做好准备？

贫穷和家庭生活 不论种族如何，生活在经济状况不佳的家庭中的孩子都过得比较艰难。贫穷家庭拥有的基本生活资源较少，并且儿童的生活中有更多的扰乱因素。例如，父母可能被迫寻找更加便宜的住处，或为了找工作而全家搬迁。结果常常导致这样的家庭环境：父母较少回应孩子的需求，提供的社会支持也比较少（Evans, 2004）。

家境困难的压力，加上贫穷儿童生活中的其他压力——例如生活在暴力事件多发的不安全地区和上不好的学校，最终造成了损害。经济条件不佳的儿童可能学习成绩更差，攻击行为和品行问题的发生率更高。此外，经济水平下降与身体和心理方面的健康问题有关。具体来说，伴随着贫穷的长期压力让儿童更容易患心血管疾病、抑郁症和糖尿病（Sapolsky, 2005; Morales & Guerra, 2006; Tracy et al., 2008）。

团体照料：21世纪的孤儿 "孤儿"一词常让我们想起衣衫褴褛、可怜兮兮的小孩，他们喝着锡杯里的麦片粥，住在像监狱一样的房子里。如今情况已经发生了变化。甚至"孤儿"这个术语都很少使用，已经被青少年之家（group home）或居住中心（residential treatment center）所替代。当父母不能很好地照料儿童时，就让这些儿童集中生活在一起，这就是青少年之家。它所照顾的人数相对较少，通常由来自联邦、州和地方的基金进行资金支持。

近些年，来团体照料的现象显著增多。在1995~2000年的5年内，被寄养儿童的数目增长了50%以上。现在，美国有超过50万的儿童住在寄养机构中（Roche, 2000; Jones-Harden, 2004; Bruskas, 2008）。

团体照料机构里的儿童大约有四分之三在自己家中曾被忽视或遭到虐待。在社会服务机构对其家庭进行干预后，他们中的大多数能够回到家中，剩下的那部分儿童由于虐待或其他因素受到的心理伤害特别大，只能待在团体照料机构，而且很可能整个童年阶段都待在那里。儿童若存在严重的问题，例如攻击性强或容易愤怒，就会很难找到领养的家庭。事实上，仅仅是寻找能够处理他们的情绪和行为问题的临时寄养家庭都非常困难（Bass, Shields, & Behrman, 2004; Chamberlain et al., 2006）。

尽管一些政治家认为增加团体照料是解决和依赖福利的

> **▼ 我的发展实验室**
> 登录我的发展实验室，观看关于被忽视的儿童的观察视频。将你自己置于教育者、社会工作者或保健工作者的角色，你如何处理视频中展示的问题？

20世纪初的孤儿院（左图）总是很拥挤和结构化，而今天取代了孤儿院的青少年之家和居住中心（右图）就舒适多了。

表 10-4 最优秀的和最差劲的儿童／青少年照料人员的人格特征

最优秀的照料人员	最差劲的照料人员
灵活、成熟、正直、判断力强、具备常识	僵化、自私、不诚实、辱骂（虐待）、表现反常
恰当的价值观、负责、良好的自我形象、自我控制	不道德、不负责任、药物／酒精滥用、低自尊
响应权威、擅长人际关系、稳定可靠、谦逊	挑剔、被动攻击、生气／暴躁、专制的／（强迫）
可预测的／一致、不防御、养育的／坚定、有自知之明	不可预测／不一致、防御、回避、界线不当
授权儿童、合作、好的角色榜样	不吸取经验、不合作、差的角色榜样

（Source: Adapted from Shealy, 1995.）

未婚妈妈有关的复杂社会问题的方法之一，但提供社会服务和心理治疗的专家并不这么认为。一方面，青少年之家不可能像正常家庭一样一直提供支持和关爱；另一方面，团体照料花费并不低廉：每年为支持团体照料的一名儿童需要花费4万美元，这个数字大约是维持寄养儿童或给儿童提供福利费用的10倍（Roche, 2000; Allen & Bissell, 2004）。

其他专家指出，不能简单地评价团体照料本身的好坏。相反，离开自己的家庭生活对儿童可能具有积极的影响。这取决于青少年之家的员工的特定特征，以及照料人员能否与儿童建立起有效、稳定、深厚的情感联结。另一方面，如果儿童不能与青少年之家的照顾者建立有意义的关系，结果可能会造成伤害（Hawkins-Rodgers, 2007; Knorth et al., 2008）（表10-4给出了最优秀和最差劲的儿童／青少年照料人员的人格特征）。

学校：学术环境

儿童白天的大部分时间都耗在教室里，显然学校对儿童有深远的影响，它决定了儿童的思维方式和世界观。儿童中期，学校教育的许多方面都对儿童产生了重大影响，下面我们开始对这一部分进行介绍。

儿童如何解释学业成功和失败 我们中的大多数都曾经在考试中考砸过。回想一下当你得到一个很差的分数时的感受。你感到无地自容吗？你对老师生气吗？你害怕后果吗？

归因，即你对自己行为背后原因的解释。你的反应就反映了你的归因。人们通过思考对失败（以及成功）做出反应，是因为自身特点（"我不是一个那么聪明的人"）还是因为情境因素（"我昨晚没有睡好"）。例如，当把成功归因于内部因素（"我很聪明"）时，学生倾向于感到自豪；但把失败归因于内部因素（"我很笨"），就会导致羞愧（Weiner, 2007; Hareli & Hess, 2008）。

文化间的比较：归因的个体差异 每个人对成功和失败的归因各不相同。除了存在个体差异外，归因受到的最大影响来自种族背景和社会经济地位。归因是条双行道，它会影响未来的表现，而不同的经验又会使人们对事物的知觉产生差异。因此，对和成就有关的行为的理解和解释必然也存在文化差异。

种族因素是造成差异的一个重要来源。相比于白人，非裔美国人更可能将成功归因于外部而非内部因素。非裔美国儿童倾向于认为决定自己表现的是运气和任务难度（外部原因），即使付出最大的努力，不公正和歧视（外部原因）也会阻碍他们成功（Ogbu, 1988; Graham, 1990, 1994; Rodgers & Summers, 2008）。

过分强调外部因素的重要性的归因模式会降低学生对成功或失败的个人责任感。当归因取决于内部因素时，他们会认为行为的改变（例如更加努力）能够带来成功的改变（Graham, 1986, 1990; Glasgow et al., 1997）。

并非只有非裔美国人才倾向于使用适应不良的归因模式。女性，也常常将自己的失败归因于低能力，即不可控的因素。具有讽刺意味的是，她们不会将自己的成功表现归因于高能力，而是归因于其他不可控的因素。使用这种归因模式的人常常得出如下结论：即使将来再努力也无法获得成功。持有这种观点的女性更不可能为促进将来的成功而付出相应的努力（Nelson & Cooper, 1997; Dweck, 2002）。相对而言，亚洲学生的学业成功率更高，正如"发展的多样性"专栏中所描述的那样，他们展示出了使用内部归因的力量。

预期效应：他人的预期如何影响儿童的行为　设想你是一名小学教师，新学年刚开始，你了解到班里学生的考试情况是这样的：

> 儿童的学业成绩可能会上升、下降或者保持不变。由美国自然科学基金支持的哈佛大学的一项研究主要关注学业成绩进步神速的儿童。无论儿童原来的学业成绩或智力处于何种水平，都可能出现这种进步。如果发生在那些学业成绩不好的儿童身上，就是我们所熟悉的"后来居上"。
>
> 有一项测验可以用来预测儿童将来学业成绩出现神速进步的概率，研究希望进一步确认该测验的效度。现在要在你所在的学校实施这项测验，以找出那些最可能进步神速的儿童……这个预测性测验并不会得出前20%的儿童个个都表现出进步神速的结论，而是会表明前20%的儿童比剩下80%的儿童来年进步神速的概率更大或更小（Rosenthal & Jacobson, 1968, p.66）。

想象一下你对由测验确认的"进步神速"儿童的反应。你对待他们会和对待其他儿童有所不同吗？

根据一项经典但有争议的研究结果，答案应该是肯定的：教师对待那些预期会进步的儿童确实不同于其他儿童（Rosenthal & Jacobson, 1968）。在这项研究中，研究者在新学年开始之际告诉小学教师，根据上述测验的结果，他们班上有5名儿童在新学年中很可能进步神速。但实际上这个信息是伪造的：教师并不知道这5名儿童是随机挑选的。在随后的一年里研究者没有为教师提供进一步的信息。

到了年底，儿童进行了与一年前相同的智力测验。结果发现，被随机指定为"进步神速"儿童的智力增长与班里其他儿童有明显差异，前者的进步更大。然而，不同年级间的结果并不一致：两组儿童的差异在一二年级达到最大，三至六年级差异较小。

研究表明，教师对学生表现的预期会形成自我实现预言。自我实现预言将以何种方式影响儿童？又以何种方式影响教师？

教师预期效应 教师把对儿童的预期传递给儿童、从而确实导致儿童出现所预期的行为的一种循环。

当该实验结果发表在名为《教室里的皮格马利翁》(*Pygmalion in the Classroom*)的研究报告中时，立刻引起了教育界和公众的巨大轰动。轰动的原因在于实验结果的实践价值：如果仅仅拥有高预期就足以带来学业成就的提高，那么拥有低预期不就会导致成就增长更缓慢吗？既然教师有时会对那些来自较低经济水平和少数族裔背景的儿童持有低预期，这是否意味着这些儿童在受教育期间只能注定表现出低成就呢？

虽然一些研究者对该实验的方法学和统计方法提出了批评（Snow, 1969; Wineburg, 1987），但是目前已经有足够的新证据支持这项研究结果，并清楚地表明：教师的预期传递给了学生之后会引起所预期的学生表现。这一现象被称为**教师预期效应（teacher expectancy effect）**，指的是教师把对儿童的预期传递给儿童，从而确实导致儿童出现所预期的行为的一种循环（Babad, 1992; Rosnethal, 2006; McKown & Weinstein, 2008）。

教师预期效应可以看做"自我实现预言"（self-fulfilling prophecy）这个更宽泛概念的特例，这个概念是指一个人的预期将会带来相应的结果（Snyder, 1974）。例如，医师很早就知道给病人提供安慰剂有时能将他们治愈，这只是因为病人预期药物会有效果。

对教师预期效应的一个基本解释似乎是这样：教师形成对儿童能力的最初预期后，会通过一系列复杂的言语和非言语线索将其传递给儿童，被传递的预期为儿童指出什么行为是合适的，然后儿童就会表现出相应的行为（Rosenthal, 2002）。

一旦教师形成预期，这些预期将如何传递给学生呢？教师通过他们在教室里创造出来的社会情绪氛围来传达期望，通过给予高预期儿童更多的支持和积极的反馈（Rosenthal, 1994, 2002）。

并不意外，相对于受到忽视或被消极对待的儿童，那些体验到温暖的社会情绪氛围、被给予更多材料、与教师接触更频繁、得到反馈更多的儿童就会发展出更积极的自我概念，具有更多动机，学习也更努力。最终，

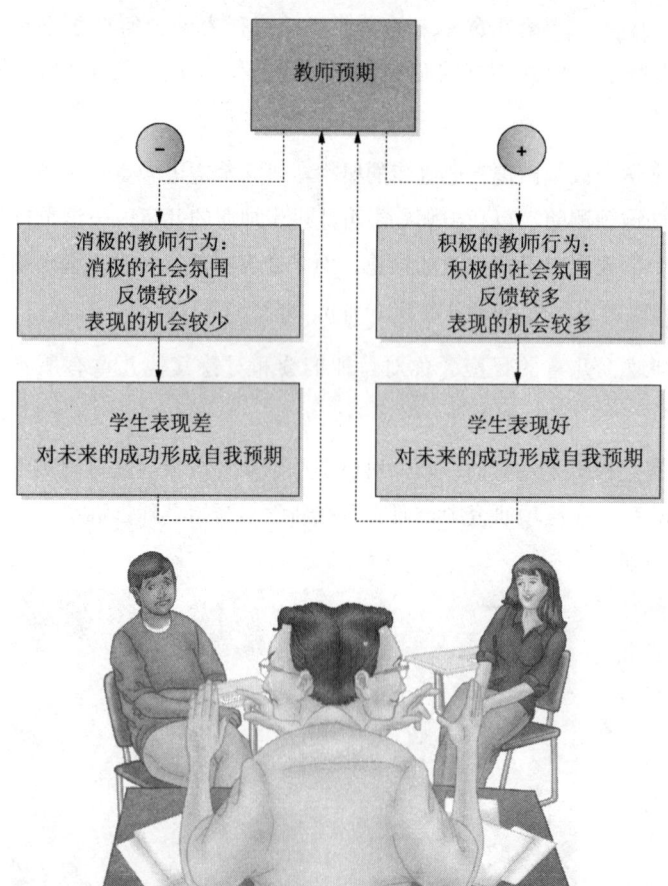

图 10-7 教师预期和学生表现
教师对学生的预期无论积极或消极，都会实际导致学生出现相应的积极或消极表现。这与我们通常提到的自尊有何关系？

高预期的儿童在课堂上可能表现更好。

此时一个循环就完成了：教师对待高预期儿童更积极，儿童对此做出回应，最后表现出符合教师预期的行为。但是要注意，循环到此并不会停止：一旦儿童的表现与教师预期相符，该预期就会得到强化，其结果是，儿童的行为就巩固了教师最初持有的预期（见图10-7）。

预期的影响出现在每一个教室，而且不仅限于教师的预期。例如，儿童会根据传闻和其他少量信息对教师能力形成预期，然后通过言语和非言语行为将之传达给教师，最后可能导致教师产生相应的行为，从而验证了儿童的预期（Feldman & Theiss, 1982; Trouilloud et al., 2006; Reynolds, 2007）。

超越3R：学校应该教授情绪智力吗？ 在许多小学，有关课程的热门话题几乎都与传统的3R无关。相反，美国小学教育的一个重要趋势是设法提高学生的**情绪智力（emotional intelligence）**，即准确评估、评价、表达和调节情绪所基于的一组技能（Pfeiffer, 2001; Salovey & Pizarro, 2003; Mayer, Salovey, & Caruso, 2000, 2008）。

畅销书《情绪智力》（Emotional Intelligence）的作者，心理学家丹尼尔·戈尔曼（Daniel Goleman, 1995）认为，情绪教育应该是学校课程中的一个标准部分。他提出一些能够更有效训练学生管理情绪的计划。例如，在某一个计划中，教师提供给儿童有关移情、自我意识和社会技能的课程，另一个计划通过一些讲述故事教一年级儿童如何关心他人和交朋友。

旨在提高情绪智力的计划还没有得到普遍的认可。一些批评者指出，培养情绪智力的任务最好留给学生家长来做，学校应该将更多的精力集中在传统的课程教学上。另一些批评者指出，将情绪智力加入已经如此繁多的课程中可能会减少学生花在学业上的时间。还有一些批评者认为，目前对情绪智力的组成成分仍没有一套明确的标准，所以很难编制适当、有效的教材（Humphrey et al., 2007）。

然而，大多数人仍然认为情绪智力是值得培养的，并且坚信它不同于传统的智力概念。例如，我们中的大多数人会认为，一个传统意义上很聪明的人也可能不敏感，并缺乏社会技能。训练情绪智力的目的就是培养出不仅具有高认知能力，而且能够有效管理情绪的人（Schulman & Mekler, 1994; Sleek, 1997; Nelis et al., 2009）。

> **情绪智力** 准确评估、评价、表达和调节情绪所基于的一组技能。

发展的多样性

解释亚洲人的学业成功

考虑一下两个学生：本和哈纳（Hannah），他们的学业成绩都很差。假定你认为本的成绩差是由于不可改变的、稳定的因素（如智力水平不够高）所导致，而哈纳则是由于暂时的原因（如学习不够刻苦）导致成绩差，那么你觉得他们中

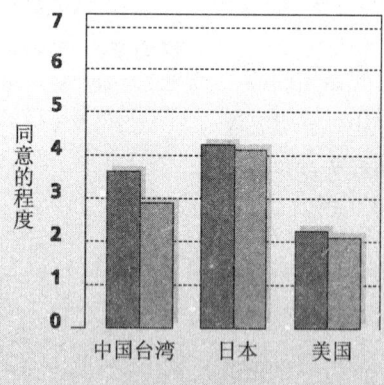

图10-6 母亲对儿童能力的信念
中国台湾母亲和日本母亲比美国母亲更赞同所有儿童生来都具有相同的潜力。研究要求被试用7点量表评定，1代表非常不同意，7代表非常同意。这项对美国学校教育的研究结果有什么实际意义？
（Source: Stenvenson & Lee, 1990.）

的哪个最终在校成绩会更好？

大多数人很可能会预测哈纳的前景更好，毕竟哈纳可以付出更多的努力，而本却很难提高他的智力。

根据心理学家哈罗德·斯蒂文森（Harold Stenvenson）的观点，这种推理方式恰恰是亚洲学生比美国学生成绩更好的关键所在。斯蒂文森的研究表明，美国的教师、父母和学生更可能将学业成绩归因于稳定的内在因素，而日本、中国和其他东亚国家的人更可能将其归因于暂时的情境因素。亚洲人的观点部分地源于古代儒家著作，他们更强调努力工作、持之以恒的重要性（Chen, Lee, & Stevenson, 1996; Stevenson & Lee, 1996; Stevenson, Lee, & Mu, 2000）。

归因风格的文化差异表现在几个方面。有调查表明，日本、中国台湾的母亲、教师和学生全都认为同一个普通班里的学生能力都差不多，而美国的母亲、教师和学生则倾向于认为不同学生的能力存在明显的差异（见图10-6）。

很容易想象出不同的归因风格对教育方式的影响。像美国，教师和学生都认为能力是固定的，那么较差的学业成绩就会使学生感到自己很失败，其努力克服困难的动机也会下降。相反，日本的教师和学生容易将失败看做缺乏刻苦努力所引起的暂时结果，这样他们就更可能为将来的学业成功付出更多的努力。

根据一些发展学家的观点，这些不同的归因风格也许可以解释为什么亚洲学生的学业成绩优于美国学生（Linn, 1997; Wheeler, 1998）。因为亚洲学生倾向于认为学业成功来自努力学习，而美国学生则认为是自己的内在能力决定了学业成绩，所以亚洲学生在学业方面可能比美国学生付出更多的努力。这些争论提示我们，美国教师和学生的归因风格可能是不太适当的，而父母教给儿童的归因风格可能对儿童未来的成功有着重要影响（Eaton & Dembo, 1997; Little & Lopez, 1997; Little, Miyashita, & Karasawa, 2003）。

复习和应用

复习

- 自我照料儿童从他们的经验中可能锻炼出独立的个性，并使自尊得到提升。
- 离婚对儿童的影响依赖于经济状况、离婚前后家庭关系的相对紧张水平等因素。
- 单亲家庭对儿童的影响依赖于经济状况、亲子交流频率、家庭关系紧张水平等因素。
- 人们的归因风格存在个体差异、文化差异和性别差异。
- 预期，尤其是父母和教师的预期，会影响行为并导致相应结果的产生，从而验证预期。

- 情绪智力，即准确评估、评价、表达和调节情绪所基于的一组技能。目前有越来越多的人认可情绪智力是社会智力的一个重要方面。

- 政治学家经常提及"家庭的价值"。该术语与本章涉及的各种家庭情境，包括离婚家庭、单亲家庭、混合家庭、工作的父母、自我照料的儿童、虐待家庭和团体照料，有何关系？
- **从一个保健工作者的视角看问题**：离婚可能如何影响儿童中期个体自尊的发展？父母之间的敌意和紧张会引发儿童的健康问题吗？

结语

自尊和道德发展是儿童中期社会性和人格发展的两个关键领域。这个年龄的儿童倾向于建立并依赖更深的关系和友谊，我们在本章探讨了性别对友谊的影响。此外，家庭结构的变迁、儿童和教师对学业成败的解释也会影响社会性和人格发展。最后，我们讨论了情绪智力，即有助于提高儿童的移情能力、控制和表达情绪能力的一系列素质。

回到前言中提到的亨利的社交努力，回答下列问题。

（1）亨利的社会生活将如何塑造他的自尊？

（2）基于亨利的故事，发展心理学家威廉·达蒙会把亨利及其同伴对友谊的观点归为哪个阶段？

（3）亨利拥有一些什么样的特点，长期来看，这意味着他将会在同伴当中受到欢迎吗？

（4）讨论亨利学校里的男孩和女孩之间的分歧与心理学家的儿童中期性别隔离的观点有何一致性。

- **在儿童中期儿，童的自我观点在哪些方面发生了变化？**
- 根据埃里克森的观点，儿童中期的个体处于勤奋对自卑阶段，他们非常注重发展能力和应对很多挑战。
- 在儿童中期，儿童开始根据心理特征来看待自己，并将其自我概念分化为不同的领域。他们使用社会比较来评价自己的行为、能力、特长和观点。

- **为什么自尊在儿童中期很重要？**
- 儿童在这一时期一直在发展自尊。自尊长期处于低水平的儿童就容易陷入失败循环中，也就是说低自尊会引起低预期和糟糕的表现。

- **随着年龄的增长，儿童的是非感如何变化？**
  - 根据柯尔伯格的观点，人们的道德发展经历了前习俗道德（由奖励和惩罚驱动）、习俗道德（由社会参照驱动）和后习俗道德（由普遍的道德原则感驱动）三个阶段。吉利根概括了女孩的道德发展过程，即从个体生存的取向，到自我牺牲的善良，最后到非暴力道德。

- **儿童中期什么类型的关系和友谊是典型的？**
  - 儿童的友谊体现了地位等级。他们对友谊的理解经历了几个阶段，关注的重点从最初的相互喜欢和在一起的时间，到考虑个人特质和友谊可提供的奖赏，再到最后的亲密和忠诚。
  - 儿童的受欢迎程度与构成社会能力基础的品质有关。考虑到社会交互和友谊的重要性，发展研究者致力于提高儿童的社会问题解决能力和社会信息加工能力。

- **性别如何影响友谊？**
  - 儿童中期的男孩和女孩都更多地选择同性别的朋友。男性友谊以群体、地位等级和限制性游戏为特征，女性友谊则以一两个亲密关系、平等的地位和对合作的依赖为特征。

- **现代社会各类家庭和照料机构对儿童有何影响？**
  - 父母都在外工作的儿童一般过得都很好。那些放学后要自己照顾自己的儿童，即"自我照料的儿童"，可能独立性更强，更可能觉得自己有能力，对家庭有贡献。
  - 父母在儿童中期时离婚对儿童的影响非常大，这主要取决于家庭的经济条件和离婚前配偶间的敌意水平。
  - 生活在单亲家庭对儿童的影响取决于家庭的经济条件和之前父母间的敌意水平。
  - 混合家庭向儿童提出了挑战，同时也为他们增加社会交互提供了机会。
  - 住在团体照料机构的儿童之前常常是忽视和虐待的受害者。大部分儿童能够得到帮助，最后安置在自己或他人的家里，但有25%的儿童将要在团体照料机构中度过他们的童年。

- **儿童的社会和情感生活如何影响他们的在校表现？**
  - 人们会对自己的学业成功和失败做出归因。归因模式不仅存在个体差异，而且还似乎受到文化和性别的影响。
  - 他人的预期，尤其是教师的预期，会使学生改变自己的行为，从而产生符合预期的结果。
  - 情绪智力是指允许人们有效管理自己情绪的一套技能。

关键术语和概念

勤奋对自卑阶段（industry-versus-inferiority stage, p.379）

社会比较（social comparison, p.381）　　自尊（self-esteem, p.381）

地位（status, p.398）　　社会能力（social competence, p.389）

社会问题解决（social problem-solving, p.389）

优势等级（dominance hierarchy, p.392）　　共同约束（coregulation, p.395）

自我照料的儿童（self-care child, p.396）　　混合家庭（blended families, p.399）

教师预期效应（teacher expectancy effect, p.404）

情绪智力（emotional intelligence, p.405）

 我的发展实验室

登录我的发展实验室，获取更多复习资料，外加我的虚拟孩子、练习测试、视频、闪光呈现卡及其他。

综 合

儿童中期

瑞安（Ryan）进入一年级时，满怀希望和对阅读的热切渴望。不幸的是，一个未确诊的视觉问题让他的阅读受到干扰，而精细动作缺陷则使写字变得困难。瑞安至少与他的同伴们处于同等水平：运动活跃，富有想象力，而且十分聪明。然而在社会性方面，他因为要花时间去上特殊教育课程而受到限制。因为他是被挑出来的，也因为一些他的同学们可以做的事情他却做不了，而被一些同学忽视甚至欺凌。尽管如此，当他最终得到合适的治疗后，绝大部分问题都消失了。他的身体和社会技能得到发展，足以匹配他的认知能力。他对学校学习更加用心，对友谊的心态也变得更开放。瑞安的故事有一个快乐的结尾。

 我的发展实验室

登录我的发展实验室，阅读真实生活中的父母、保健工作者和教育工作者是如何回答这些问题的。你是否同意他们的答案？为什么？你读到的何种概念是支持他们观点的？

你怎么做？

- 如果孩子有身体缺陷，使得他/她的学校生活不能顺利进行，你会如何处理这个问题？你如何鼓励孩子？如果孩子因为学业成绩落后而沮丧，你会如何处理？

  你的答案是什么？

父母怎么做？

- 你会使用何种策略来帮助瑞安克服困难并有效运作？你会如何支持他的自尊心？

  你的答案是什么？

生理发展

- 稳定的发育和能力的增长成为这些年里瑞安身体发展的特征。
- 随着肌肉协调性的改善和对新技能的练习,瑞安的粗大和精细动作技能得以发展。
- 瑞安的感觉问题影响了他的学校学习。

认知发展

- 在儿童中期,瑞安的语言和记忆等智力能力变得更加熟练。
- 对瑞安来说,重要的学习任务之一就是流畅地阅读并正确地理解。
- 瑞安展示出智力的很多成分和种类,并且社会交往有助于他的智力能力发展。

社会性和人格发展

- 在这一时期,瑞安克服了学校和同伴带来的很多挑战,这在他的生活中占据中心地位。
- 瑞安的自尊的发展尤其关键,当瑞安感到自己能力不足时,他的自尊受到了损害。
- 瑞安的友谊有助于提供情感支持和促进智力成长。

保健工作者怎么做?

- 对于瑞安的视觉和动作问题,你如何回应?如果瑞安的父母拒绝相信瑞安的身体有任何问题怎么办?你如何说服他们让瑞安接受治疗?

  你的答案是什么?

教育工作者怎么做?

- 你如何处理瑞安在阅读和写字方面的困难?你将做些什么来帮助他融入班级并与同学们交上朋友?关于处理他的问题的教育专家,你有何推荐?

  你的答案是什么?

11 青春期生理和认知发展

本章概要

11.1 生理的成熟
青春期的发育：身体的快速发育和性成熟
发育期：性成熟的开始
营养、食物和进食障碍：为青春期的成长提供能量
大脑发育和思维：为认知发展铺平道路

11.2 认知发展和学校教育
皮亚杰的认知发展理论：使用形式运算
信息加工观点：能力的逐渐变化
思维的自我中心主义：青少年的自我热衷
在校表现

- 从研究到实践

网络空间：在线的青少年

11.3 对青少年幸福的威胁
非法药物
酒精：使用与滥用

- 成为发展心理学知识的明智消费者

烟草：吸烟的危害

- 发展的多样性

性传播疾病：性的风险之一

前言：中学马拉松

像大多数孩子一样，卢克•沃斯（Luke Voss）有时会抱怨所有他不得不做的工作。不过直到他上了中学，母亲吉塞拉（Gisela）才意识到，他的确有值得抱怨的理由。

"他每天从早上8点到下午3点在学校，之后是橄榄球练习，一直到5点。"吉塞拉解释说，"如果我们一块儿吃晚餐——对我来说这很重要——那么他在7点之前都不能开始看书。他睡眠不足，而且他的焦虑给每个人都造成了压力。我们不得不匆忙吃完饭，因为知道他还有好几个小时的作业要做。他甚至在离开餐桌之前就开始祈求帮助了。"

卢克最终习惯了中学的严格。但是这并没有改变问题的本质，对卢克和母亲来说有太多工作、太多家庭和课外活动，而一天只有那么多时间。"这对家庭来说是一种疯狂的生活方式。"吉塞拉承认（Mohler, 2009）。

在青春期，青少年的生活变得越来越复杂。

像卢克一样,许多青少年一边经历着青春期的各种挑战,一边努力达到社会的要求和他们自己的要求。这些挑战远远不止完成一张塞得满满的时间表。围绕着身体的明显变化,来自性、酒精和其他药物的诱惑,使得这个世界变得越来越复杂的认知发展,不断变动着的社会网络,以及萌发的感情,青少年们意识到他们正处在一个激动、烦恼、喜悦与绝望共存的时期。

我们将在本章和下一章讨论青春期的一些基本问题。**青春期**(adolescence)是处于儿童期和成年期之间的一个发展阶段。一般开始于10岁左右,结束于19岁。这是个过渡的阶段。青少年不再被视为儿童,但也还不是成年人,这一阶段身体和心理将会出现显著变化和成长。

本章主要讨论青春期的生理和认知发展。随着青春期的开始,身体将进入特别的成熟期。我们将探讨早熟和晚熟的后果,以及营养和进食障碍。

接下来,我们将探讨青春期的认知发展。在回顾一些理解认知能力变化的理论之后,我们将考察学业表现,着重关注社会经济地位和种族对学业成就的影响。

在本章的最后部分,我们将讨论一些对青少年健康的重大威胁,关注药物、酒精、烟草的使用以及性传播疾病。

读完本章之后,你将能够回答下列问题:

- 青少年将经历哪些身体变化?
- 早熟和晚熟的后果是什么?
- 青少年具有什么样的营养需要?
- 青春期的认知能力以何种方式进行发展?
- 哪些因素会影响青少年的在校表现?
- 青少年会使用哪些危险物质?为什么?
- 青少年性行为有哪些危险?如何避免?

11.1 生理的成熟

青春期 在儿童期和成年期之间的一个发展阶段。

对于Awa部族的男性成员,一项精心计划甚至在西方人眼中显得恐怖的仪式标志着青春期的开始。男孩子被鞭子和带刺的枝条抽打2~3天。通过抽打,男孩赎回他们之前的侵害，并对在战争中死去的族人表达尊重。但这仅仅是开始，仪式要持续更长的时间。

因为我们进入青春期不必忍受这样的身体磨炼，大多数人可能会心存感激。不过西方文化下的成员也有自己进入青春期的仪式，当然没有那么可怕，如13岁的犹太男孩和女孩所经历的犹太成人礼，以及很多基督教教派的成人礼（confirmation ceremony）（Dunham, Kidwell, & Wilson, 1986; Delany, 1995; Herdt, 1998; Eccles, Templeton, & Barber, 2003; Hoffman, 2003）。

无论各种文化的仪式本质如何，它们的最终目的都是相同的：庆祝将儿童的身体转变为可以生育后代的成人身体的变化。通过这些转变，儿童告别了儿童期而迈入了成年期的门槛。

青春期的发育：身体的快速发育和性成熟

在短短的几个月中，一名青少年就能长高很多，并且可能需要不断更新衣服来适应他们的变化，至少是从儿童到青少年体型上的变化。变化的一个方面在于青少年身高和体重的快速增长。平均而言，男孩一年能长高4.1英寸（约10.4厘米），女孩长高3.5英寸（约8.9厘米）。有些青少年甚至在一年中长高了5英寸（约12.7厘米）（Tanner, 1972; Caino et al., 2004）。

在青春期，男孩和女孩开始快速生长的时间各不相同。如图11-1所示，女孩的快速生长期开始于10岁左右，而男孩则开始于12岁左右。从11岁开始的2年里，女孩总体上比男孩要高；但到了13岁后，平均而言，男孩高于女孩这种状态会一直持续下去。

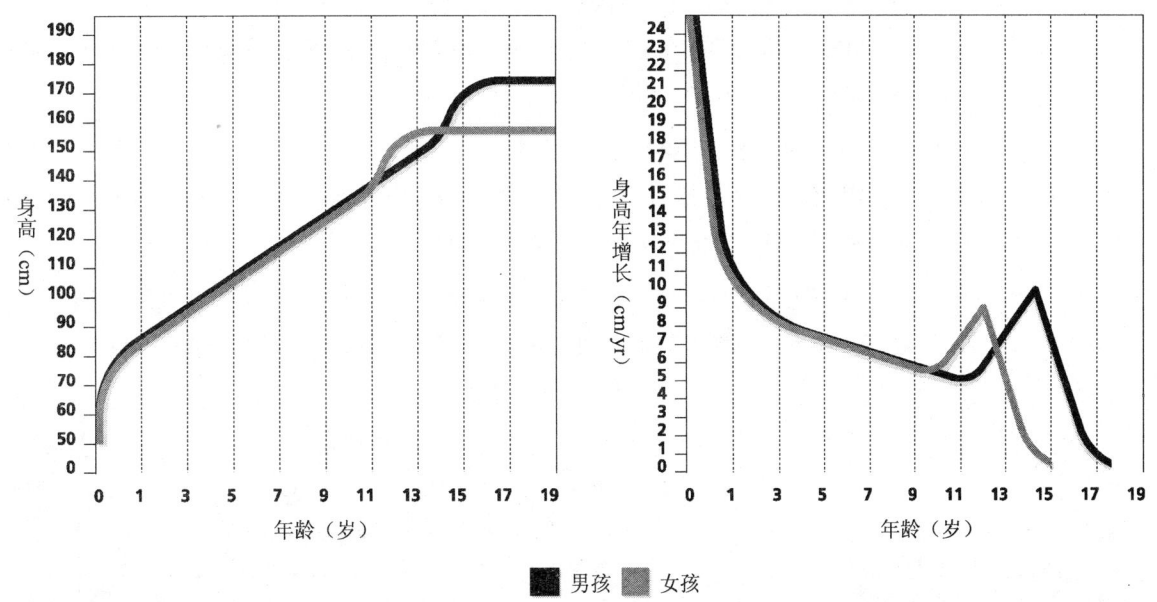

图 11-1 成长模式
成长模式以两种方式描绘出来。左图显示出某一年龄的身高，右图则显示出从出生到青春期结束时的身高增长。注意女孩的快速生长期开始于10岁左右，而男孩则开始于12岁左右。但到了13岁，男孩就差不多比女孩高了。高于或低于平均身高水平对男孩和女孩来说有什么社会影响呢？
（Source: Adapted from Cratty, 1986.）

发育期：性成熟的开始

发育期 性器官开始成熟的时期。

月经初潮 月经最初开始的时间。

发育期（puberty）是性器官开始成熟的时期，开始于脑垂体释放信号刺激体内的其他腺体分泌成人水平的性激素：雄性激素（androgens，男性荷尔蒙）或者雌性激素（estrogens，女性荷尔蒙）（男性和女性都会分泌这些性激素，但男性分泌更多的雄性激素，女性分泌更多的雌性激素）。垂体也会刺激身体增加生长激素的分泌，与性激素共同作用来促进青春期的快速发育。此外，瘦蛋白（leptin）这种激素也在发育期的开端扮演了一个角色。

与快速生长期类似，女孩的发育期开始的时间也早于男孩。女孩大约在11或12岁时开始进入发育期，而男孩则在13或14岁时才开始。但这也有很大的个体差异。例如，有些女孩在7、8岁时就开始进入发育期，有些则晚到16岁才开始。

女孩的发育期 现在还不清楚为什么发育期开始于这样一个特定的时期。但可以肯定的是，环境和文化因素起了一定的作用。例如：**月经初潮**（menarche），即月经最初开始的时间，可能是女孩发育期最显著的特征，在世界各地有很大的差异。在贫困的发展中国家，月经开始的时间要晚于经济发达的国家。即使在发达国家，富裕家庭的女孩月经也要早于不太富裕家庭的女孩（见图11-2）。

因此可见，吸收更多营养、更健康的女孩比营养不良或者患有慢性疾病的女孩更早开始月经。实际上，一些研究发现，体重或身体中脂肪与肌肉的比例也是影响月经初潮的一个因素。例如，在美国，脂肪较少的运动员开始月经的时间要晚于不怎么运动的女孩。相反，肥胖会导致瘦蛋白（与月经初潮有关的激素）的分泌增加，从而使发育期提前（Richard, 1996; Vizmanos & Marti-Henneberg, 2000; Woelfle, Harz, & Roth, 2007）。

其他因素也会影响月经初潮的时间。例如，父母离异、严重的家庭冲突等因素所造成的环境压力，将会导致月经较早开始（Kaltiala-Heino, Kosunen, & Rimpela, 2003; Ellis, 2004; Belsky et al., 2007）。

在过去的一百年里，美国及其他国家的女孩进入发育期的年龄都有所提前。在19世纪末，月经开始的时间平均是14或15岁，而现在差不多是11或12岁。发育

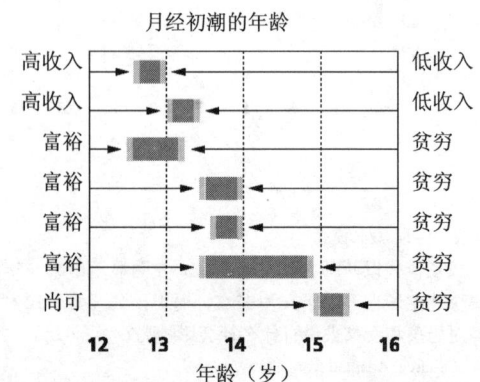

图 11-2 月经初潮的时间
生活在经济发达的国家中的女孩其月经初潮的时间要早于贫穷国家。即使在发达国家，富裕家庭的女孩月经初潮也早于不太富裕家庭的女孩。为什么会这样呢？

(Source: Adapted from Eveleth & Tanner, 1976.)

请注意照片中同一个男孩在青春期前后几年中的变化。

期的其他标志，如达到成人的身高及完成性成熟的年龄，也都有所提前，可能是由于疾病的减少和营养的改善（Hughes, 2007; McDowell, Brody, & Hughes, 2007; Harris, Prior, & Koehoorn, 2008）。

发育期的提前开始是一种通过几代人表现出来的重大**长期趋势（secular trend）**的体现。长期趋势是指通过几代人的积累而导致的身体特征的改变，如由于几个世纪以来营养条件的改善而导致的月经提前开始或身高增加等。

月经初潮的时间改变只是和初级及次级性征发展相关的发育期中若干变化中的一种。**初级性征（primary sex characteristics）**是和直接与繁殖相关的器官、结构的发展有关的特征。相应地，**次级性征（secondary sex characteristics）**是与性成熟有关的身体外观，而与性器官无直接关系。

女孩初级性征的发展是指阴道与子宫的变化。次级性征包括乳房和阴毛的变化。乳房从10岁左右开始发育，阴毛从11岁左右开始出现，腋毛则在2年后出现。

有些女孩的发育期征兆出现得异常早。七分之一的白人女孩乳房或阴毛从8岁就开始发育。更令人惊讶的是，非裔美国女孩的比例是二分之一。发育过早的原因尚不清楚，如何划分正常还是异常进入发育期还存在着争论（Lemonick, 2000; The Endocrine Society, 2001; Ritzen, 2003）。

男孩的发育期 男孩的性成熟经历了与女孩不同的过程。在12岁左右，男孩的阴茎和阴囊开始快速发育，3~4年后达到成人大小。在阴茎发育的同时，其他的初级性征也随着前列腺和精囊的发育而发展着，精囊是产生精液的地方。男孩的初次遗精大约发生在13岁，即在男孩开始产生精子的一年以后。起初，精液中只含有较少的精子，但随着年龄的增长，精子的数量也显著增加。此时，次级性

长期趋势 通过几代人的积累而导致的身体特征的改变。

初级性征 和直接与繁殖相关的器官和结构的发展有关的特征。

次级性征 与性成熟有关的身体外观而与性器官无直接关系的特征。

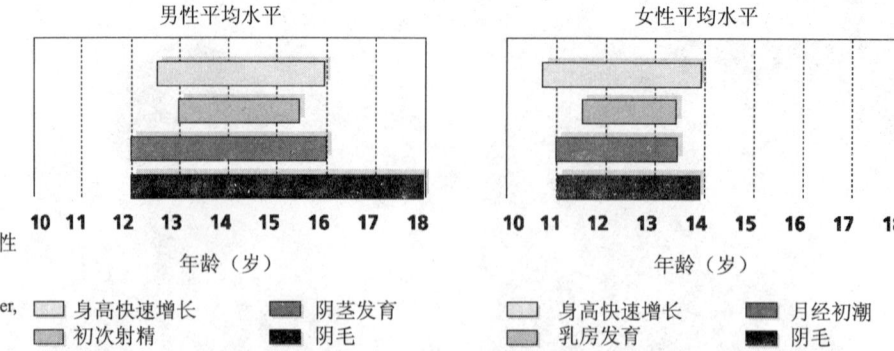

图 11-3 性成熟
男性和女性在青春早期性成熟时的身体变化。
(Source: Adapted from Tanner, 1978)

征也开始发展。在12岁左右，阴毛开始出现，接着出现腋毛和胡须。最终，由于声带变长，喉结变大，男孩的声音变得深沉（图11-3总结了在青春期早期性成熟中的变化）。

激素的大量产生促发了青春期的开始，同样可能导致情绪的快速变化。例如，男孩经常会感到生气和烦恼，这和较高的激素水平有关。而女孩与激素相关的情绪则有所不同：较高的激素水平伴随着怒气和抑郁（Buchanan, Eccles, & Becker, 1992）。

身体意象：对青春期身体变化的反应　与同样发展迅速的婴儿不同，青少年能很好地意识到身体所发生的变化，他们会很害怕或很欢喜地回应这种变化，更多地站在镜子前审视自己的身体。不过，很少能有人对自己的变化无动于衷。

青春期的一些变化并不只是在身体上，还有心理上的。在过去，女孩对于月经初潮表现得很焦虑，因为西方社会更强调月经的负面影响，如痛经、脏乱。但现在，社会对月经的看法变得更加积极，因为月经已经不再神秘，讨论也更加公开（例如，电视中卫生巾的广告已非常普遍）。这样一来，月经初潮则伴随着自尊的增长、地位的上升和更强的自我觉知，使得青春期女孩觉得自己正在长大成人（Johnson, Roberts, & Worell, 1999; Matlin, 2003）。

男孩的初次遗精与女孩的月经初潮很相似。不过女孩一般会把月经初潮告诉母亲，但男孩很少把他们的初次遗精告诉父母甚至朋友（Stein & Reiser, 1994）。为什么呢？原因之一是女孩需要卫生巾，而母亲可以提供给她们；而男孩可能把初次遗精看做性发育的一个迹象，但他们对于性这个领域还一无所知，所以不愿和他人谈论。

月经和遗精是私底下悄悄发生的，但体形大小的改变则是很公开的。因此，10多岁开始发育的青少年通常对自己身体的变化感到尴尬。尤其是女孩，常常会对自己的新身体不满。而很多西方国家的理想美人常常要求一种与现实女性体形不同的不切实际的瘦削。发育使得身体里面出现了大量的脂肪组织，同时臀部也会变大——这和社会所要求的苗条相去甚远（Unger & Crawford, 2004; McCabe & Ricciardelli, 2006; Cotrufo et al., 2007）。

儿童对身体的发育如何反应，部分取决于他们何时进入发育期。发育过早或过晚的男孩和女孩尤其会受到发育时间表的影响。

 我的发展实验室
登录我的发展实验室，观看12岁的琪安娜（kianna）、她的母亲，还有她最好的朋友谈论身体意象在青春期的重要性。

发育期时间表：早熟和晚熟的后果　为什么男孩女孩何时进入发育期很重要呢？因为早熟和晚熟会导致一些社会后果。正如我们将要看到的，社会后果对青少年来说非常重要。

对于男孩来说，早熟有很大的好处。早熟的男孩由于身材高大，在体育运动中很容易成功。他们会变得更受欢迎并且拥有更积极的自我概念。早熟的男孩在以后的生活中更加有责任心和更具合作性，他们也更加顺从。

然而，早熟对男孩也有一些不利方面。早熟的男孩在学校里更容易出现问题，他们也更可能出现不当行为和物质滥用。原因在于他们那更大的体格使得他们更可能去接触比他们大的人，而这些人可能会引导他们做出不适合他们年龄的事情。总的来说，男孩早熟是利大于弊的（Taga, Markey, & Friedman, 2006; Costello et al., 2007; Lynne et al., 2007）。

发育较早的男孩易于在体育上更成功，并且有更积极的自我概念。但过早发育会有什么不利的影响呢？

早熟对于女孩来说情况就不太一样了。她们身体的显著变化——例如乳房的发育可能导致她们感觉不舒服，以及和同伴相比与众不同。此外，由于女孩一般比男孩发育得更早，早熟可能发生在女孩很小的时候。一个早熟的女孩可能会受到她未发育的同学很长时间的嘲笑（Franko & Striegel-Moore, 2002; Olivardia & Pope, 2002; Mendle, Turkheimer, & Fmery, 2007）。

但是，早熟对女孩来说并不完全是消极的经历。早熟的女孩可能会被男生更多地作为潜在约会对象而被追求，她们的受欢迎度会提高她们的自我概念。但这种引人注意是有代价的，她们可能还没有做好准备进行这种适合更大女孩们的一对一约会，这对早熟的女孩来说可能是一种心理上的挑战。并且，她们与未发育的同学的显著差异可能会产生消极后果，造成焦虑、不快和抑郁（Kaltiala-Heino et al., 2003）。

认为女性应该是什么样子的文化规范和标准对早熟女孩有较大的影响。例如，在美国，在媒体上和在现实社会中对于女性特征的看法存在很大争议。看起来很"性感"的女孩可能会同时得到积极和消极的关注。

因此，除非一个女孩可以很好地处理早熟给她带来的种种问题，否则早熟的结果可能是消极的。在一些对性比较自由的国家，早熟的结果可能会更加积极。例如，在对性的看法比较开放的德国，早熟的女孩会比早熟的美国女孩有着更高的自尊。此外，早熟的后果在美国各地也是不同的，这取决于女孩同伴群体对性的观点和社会对性的主流标准（Petersen, 2000; Güre, Ucanok, & Sayil, 2006）。

与早熟一样，晚熟的后果也有利有弊，不过一般在这种情况下，男孩的遭遇比女孩更差。例如，比同伴瘦小的男孩会被视为没有吸引力。由于他们的瘦小，他们不擅长体育运动。并且由于人们总是希望男孩长得又高又大，因此晚熟男孩的社会生活可能会遭受影响。最终，如果这些弊端导致了自我概念的下降，晚熟的不利方面一直会影响到成年期。但从积极方面来看，应对晚熟带来的种种挑战也会在一些方面给男性很大的帮助。晚熟男孩也有很多优点，如果断、有洞察力，并且更具创造性和有趣（Kaltiala-Heino et al., 2003）。

晚熟女孩所面对的则是非常积极的状况。从短期来看，晚熟的女孩可能会在初中阶段的约会以及其他混合性别的活动中被忽视，她们可能具有相对较低的社会地位。但当她们进入十年级开始发育后，晚熟女孩对自己和她们身体的满意度会好于早熟的女孩。实际上，晚熟女孩出现的情绪问题更少。为什么呢？晚熟女孩比那些看起来壮的早熟女孩更能适应社会对于苗条的要求（Peterson, 1988; Kaminaga, 2007; Leen_Felder, Reardon, & Hayward, 2008）。

总之，男孩和女孩对早熟和晚熟的反应各不相同。就像我们反复看到的，为了更好地理解个体的发展，我们必须全面地考虑可能会影响他们的各种因素。一些发展学家提到了另外一些因素——如同伴群体的变化、家庭动力学，尤其是学校和其他社会机构——在决定青少年个体的行为方面，比早熟晚熟以及一般意义上的发育的影响都更为相关（Dorn, Susman, & Porirakis, 2003; Stice, 2003; Mendle, Turkheimer, & Emery, 2007）。

营养、食物和进食障碍：为青春期的成长提供能量

下午一个年糕，晚上一个苹果派。这就是希瑟·罗兹（Heather Rhodes）在美国印第安纳州伦斯勒市（Rensselaer）的圣约瑟夫大学（St. Joseph's College）就读时的一份典型食谱，她越来越害怕自己体重的增加（当一个朋友突然死亡后，她的情况更加恶化）。但当20岁的希瑟一年半之前回到位于伊利诺斯州乔利特市（Joliet）的家过暑假时，家人觉得她都快消失了。"我能看到她衣服里的骨骼轮廓……"她的母亲说，因此母亲和家人有天晚上在起居室里放了一台称，对质希瑟。"我告诉他们这是在攻击我，见鬼去吧！"希瑟回忆道，然而她却不肯称体重。她那5英尺7英寸（约170厘米）的身体只有85磅（约38.6千克），比她在高中时轻了22磅。"我告诉他们一定是秤被做了手脚"，她说。这与她的自我意象不同。"当看到镜子里的我时，"她说，"我依然会觉得我的胃太大而我的脸太胖。"（Sandler, 1994, p. 56）

希瑟的问题是一种严重的进食障碍——神经性厌食症。正如我们所看到的那样，文化对于苗条的理想要求更适合晚熟女孩。但既然身体已经发育，那么女孩们以及越来越多的男孩们如何来应对镜前自己那与大众媒体宣传相去甚远的外表呢？

肥胖成为青春期最常见的营养问题。除了健康问题外,青春期肥胖还存在哪些心理上的问题？

青春期的快速身体发育是由摄取食物量的增长来提供能量的。尤其是在快速生长期，青少年摄入大量的食物，逐渐而不是猛然增加自己的热量摄取。在十几岁时，女孩平均每天需要大约2,200卡路里的热量，男孩则需要2,800卡路里。

当然，并非只有卡路里有助于促进青少年的发育，其他营养物质也是必需的（如钙和铁）。牛奶提供的钙质帮助骨骼发育，并且可以防止日后形成骨质疏松症（骨头变薄）——该疾病大约影响了25%的女性的日后生活。同样，铁对于预防缺铁性贫血非常重要，虽然缺铁性贫血在十几岁时并不常见。

对大多数青少年来说，最主要的营养问题在于保证膳食的平衡。一小部分人的两种极端的营养摄取方法已经成为令人担忧的主要问题，可能对健康造成威胁。其中最普遍的问题包括：肥胖和进食障碍。

肥胖　青春期最常见的营养问题就是肥胖。五分之一的青

少年超重，二十分之一可能被正式划分为肥胖（体重超过标准20%）。而且，女性青少年被划分为肥胖的人数比例在青春期阶段还在不断增长（Brooks & Tepper, 1997; Critser, 2003; Kimm et al., 2003）。

尽管青少年肥胖产生的原因与年幼儿童相同，但其中的心理后果可能会更加严重，因为身体意象在青春期是如此重要。此外，青春期肥胖潜在的健康后果也有很大问题。例如，肥胖加重了循环系统的负担，增加了罹患高血压和糖尿病的可能性。最后，肥胖的青少年有80%的可能性成为肥胖的成年人（Blaine, Rodman, & Newman, 2007; Goble, 2008; Wang et al., 2008）。

缺乏运动是罪魁祸首之一。一项调查显示，到19岁左右，大部分的女性在学校里几乎没有体育课程的户外锻炼。随着年龄的增长，女性参与体育锻炼的人会越来越少。这个问题在黑人女性中更加严重，超过一半的人报告说自己没有参加户外的体育锻炼。而白人女性的这一比率则降为原来的三分之一（见图11-4; Deforche, De Bourdeaudhuij, & Tanghe, 2006; Delva, O'Malley, & Johnson, 2006; Reichert et al., 2009）。

为什么青春期女性参加锻炼如此之少呢？这可能反映了适合女性的运动项目和器材的缺乏，甚至是男孩比女孩更适宜运动的文化规范所造成的结果。

青春期的肥胖高发率还有其他原因。其一是快餐的可获得性——大分量、高热高脂的食物以青少年能够负担的价格送货上门。此外，很多青少年大部分闲暇时间在家里看电视、玩电子游戏或上网，这类静坐性质的活动不仅使得青少年不去运动，而且它们还常常伴随着当做零食的垃圾食品的摄入（Rideout, Vandewater, Wartella, 2003; Delman et al., 2007; Krebs et al., 2007; Bray, 2008）。

神经性厌食症和贪食症 对于肥胖的恐惧以及努力要避免发胖的愿望有时会如此强烈，以致变成了一个问题。例如，希瑟·罗兹就患有**神经性厌食症**（anorexia nervosa），这是一种不肯吃东西的严重进食障碍。错乱的身体意象导致他们拒绝承认自己的行为和外表已不太正常，即使身体已变成"皮包骨头"。

厌食症是一个危险的心理问题。大约15%~20%的患者最终会绝食而死。12~40岁的女性最容易产生这种问题。来自富裕家庭的聪明、成功和吸引人的白人青少年女孩最容易罹患厌食症。现在厌食症也开始成为更多男孩的问题。大约有10%的患者是男性，这个比例还在增长，而且它跟类固醇的使用有关（Robb & Dadson, 2002; Jacobi et al., 2004; Ricciardelli & McCabe, 2004; Crisp et al., 2006）。

神经性厌食症 一种严重的进食障碍，患者不肯吃东西，并且拒绝承认自己的行为和外表有异常，即使身体已变成皮包骨头。

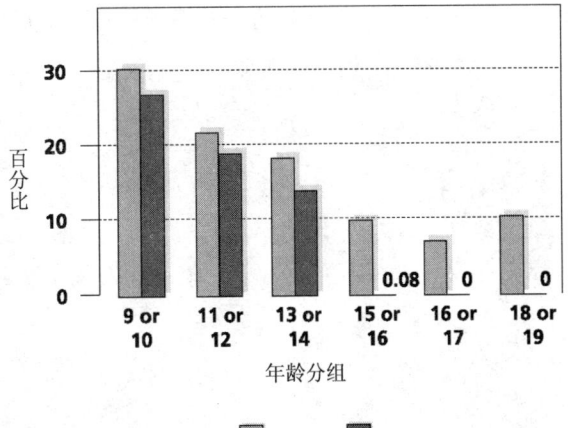

图11-4 身体运动的减少
白人和黑人青少年女性的身体运动在青春期的发展过程中不断减少。出现这种减少的原因是什么呢？
（Source: Kimm et al., 2002.）

贪食症 一种进食障碍，它的特点是无节制地暴食，然后通过泻药或导吐来清除食物。

即使厌食症患者吃得很少，他们对食物依然有兴趣。他们可能会经常去购买食物，收集烹饪书籍，谈论食物或者为他人制作食物。尽管他们是如此之瘦，他们的身体意象却被扭曲，使得他们觉得镜子里的自己肥胖得非常丑陋，需要继续减肥。即使他们瘦得皮包骨头，仍不会自我察觉。

贪食症（bulimia）是另一种进食障碍，它的特点是无节制地暴食，然后通过泻药或导吐来清除食物。贪食症患者可能会吃掉整整一加仑的冰激凌或一整包玉米薯片。但在疯狂进食后，他们会产生强烈的负罪感和抑郁，并故意清除这些食物。

尽管贪食症患者的体重相对正常，但这种障碍非常危险。暴食—清除循环中持续的呕吐和腹泻可能会造成体内化学失衡，最终导致心脏疾病。

尽管很多因素都可能导致出现进食障碍，但真正的原因还不清楚。控制饮食（减肥）往往出现于进食障碍产生之前，因为甚至是体重正常的人也可能在以苗条为美的社会标准下减肥。他们的控制感和成功感更激励着他们减掉更多的体重。此外，早熟的女孩以及过胖的女孩，在青春期晚期更可能由于想要变得更加符合纤瘦如男孩体格般的文化标准而出现进食障碍。抑郁的青少年日后也更有可能发展出进食障碍（Giordana, 2005; Santos, Richards, & Bleckley, 2007; Courtney, Gamboz, & Johnson, 2008）。

一些专家认为，神经性厌食症和贪食症可能具有生物原因。事实上，双生子研究表明遗传因素对此类障碍具有影响。此外，患者有时也会出现激素失调的情况（Kump et al., 2007; Kaye, 2008; Wade et al., 2008; Baker et al., 2009）。

其他对进食障碍的一些解释强调心理和社会因素。例如，一些学者认为进食障碍可能是追求完美、过分要求的家长造成的结果或其他家庭问题的副产品。文化也有一定的作用。例如，神经性厌食症只发现在以瘦为美的文化中。因为大多数地方并不追求纤瘦，所以厌食症在美国以外并不常见（Haines & Neumark-Sztainer, 2006; Harrison & Hefner, 2006; Bennett, 2008）。例如在亚洲，除了受西方文化影响很深的日本和中国香港的上等阶层，厌食症并没有在其他地方出现。神经性厌食症也是最近才出现的障碍。在以丰满为美的17、18世纪也没有厌食症。美国患有厌食症的男孩人数的增长可能与越来越多地强调男性几乎没有脂肪的肌肉型体格有关（Mangweth, Hausmann, & Walch, 2004; Makino et al., 2006;

这位年轻的女性患有神经性厌食症，这是一种严重的进食障碍，患者不肯吃东西，并且拒绝承认自己的行为和外表有异常。

Greenberg, Cwikel, & Mirsky, 2007)。

由于神经性厌食症和贪食症是生物和环境原因的产物，治疗方式也涉及很多种方法。例如，心理治疗和食疗都是必需的。在一些极端案例中，可能还需要住院治疗（Wilson, Grilo, & Vitousek, 2007; Keel & Haedt, 2008; Stein, Latzer, & Merick, 2009）。

大脑发育和思维：为认知发展铺平道路

青春期带来了更强的独立性。青少年越来越倾向于坚持自己的权利。这种独立性，在一定程度上来说，是大脑变化的结果，这种变化为青春期认知功能的显著进步铺平了道路，我们将在本章下一部分讨论这一点。随着神经元数量的不断增长，它们之间的联结变得越来越丰富和复杂，青少年的思维也变得越来越复杂（Thompson & Nelson, 2001; Toga & Thompson, 2003; Petanjek et al., 2008）。

大脑在青春期阶段产生了过量的灰质，这些灰质随后会以每年1%~2%的速度被修剪（见文前彩图11-5）。髓鞘形成（神经元细胞被脂肪细胞所包围的过程）使得信息传递更有效率。灰质的修剪过程以及髓鞘的形成对青少年的认知能力发展都有着重要作用（Sowell et al., 2001; Sowell et al., 2003）。

在青春期有显著发展的一个特定脑区是前额叶，前额叶要到21、22岁左右才能完全发育成熟。前额叶是人们进行思考、评价和做出复杂决策的脑区。它也是青春期能够实现的越来越复杂的智力成就的基础。

在青春期，前额叶与其他脑区的交流工作变得越来越高效。这有助于建立一个分散性和复杂性都更强的脑内交流系统，使得不同脑区在处理信息时更为有效（Scherf, Sweeney, & Luna, 2006; Hare et al., 2008）。

前额叶也是负责冲动控制的脑区。前额叶发育完善的个体可以很好地抑制由愤怒或狂暴等情绪衍生出来的行为，而不是简单地对这些情绪做出反应。

由于在青春期前额叶发育还不成熟，冲动控制能力还没有发展完善（见文前彩

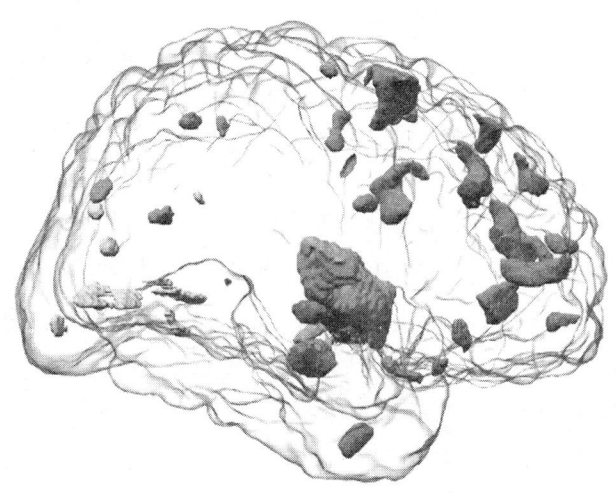

图 11-5 修剪灰质
这幅大脑的三维视图显示了从青春期到成年期被修剪的脑内灰质区域。（Source: Sowell et al., 1999.）

前额叶是负责冲动控制的脑区，在青春期时尚未发育成熟，导致了该年龄群体出现一些危险和冲动的行为。

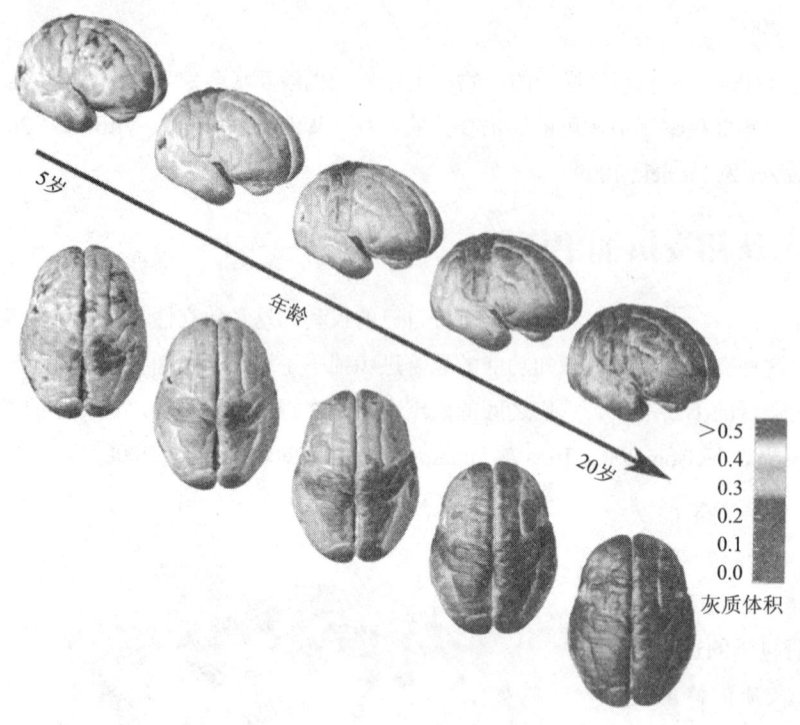

图 11-6 大脑的持续成熟过程
甚至到十八九岁的时候，整个大脑皮层的灰质还在被置换。
（Source: Beckman, 2004.）

图11-6）。大脑的不成熟可能会导致一些青春期特有的危险行为和冲动行为，我们将在后面对此进行讨论（Weinberger, 2001; Steinberg & Scott, 2003; Eshel et al., 2007）。

关于不成熟大脑的争论：太年轻了不能执行死刑？ 思考下面的案例：1993年9月9日，夜里两点刚过，17岁的克里斯托弗·西蒙斯（Christopher Simmons）和15岁的查尔斯·本杰明（Charles Benjamin）闯进了密苏里州南芬顿路易斯大街外面的一处拖车式活动房屋，他们吵醒了车里的雪莉·安·克鲁克（Shirley Ann Crook）——46岁的拖车司机。他们用银色胶带把她绑起来并蒙住她的眼睛和嘴，然后把她放在拖车后部，驾车把她带到一座铁路桥上，最后把她推到了下面的河里。第二天，她的尸体在河里被发现。西蒙斯和本杰明供认了绑架和谋杀，这让他们赚到了6美元（Raeburn, 2004, p.26）。

这一可怕的案件让本杰明被终身监禁，而西蒙斯被判死刑。但是西蒙斯的律师提出上诉，最终美国最高法院判决他和其他任何不满18周岁的人都不能被执行死刑，因为他们的年轻。

最高法院在作决定时对一些事实进行了权衡，其中包括神经学家和儿童发展学家给出的证据：青少年的大脑在很多重要的方面仍然处于发展过程中，因此大脑的不成熟让他们缺乏判断力。根据这一逻辑，青少年不具备做出理性决策的全部能力，因为他们的大脑和成人的大脑还不完全一样。

青少年不能像成人一样对他们的罪行负责，这一观点源于一项研究。研究显示在青春期阶段，有时甚至在那之后，大脑还在继续发育和成熟。例如，构成大脑所不需要的灰质的神经元在青春期开始消失。在它们的位置上，大脑白质的体积开始增加。灰质的减少和白质的增加使更加复杂和缜密的认知过程成为可能（Beckman, 2004）。

青少年的大脑真的那么不成熟，以至于相比那些拥有更老因而更加成熟的大脑的人来说，青少年罪犯所得到的惩罚应该更加宽松？这不是个简单的问题，答案或许更应该来自那些道德研究者，而不是科学家（Aronson, 2007）。

复习和应用

复习

- 青春期是身体快速发育的时期，同时伴随与发育有关的变化。
- 青春期可能导致青少年从混乱到自尊提高的不同反应。
- 早熟或晚熟都有利弊，这取决于性别以及情绪和心理的成熟度。
- 充足的营养对青春期的身体发育是必需的。改变身体需要和环境压力可能引起肥胖或者进食障碍。
- 最常见的进食障碍是神经性厌食症和贪食症。它们都必须结合身体和心理疗法进行治疗。
- 大脑的发育为认知能力的发展铺平了道路，尽管大脑直到21、22岁才发育完善。

应用毕生发展

- 社会和环境因素如何影响进食障碍的产生？
- **从一个教育工作者的视角看问题**：你认为为什么进入青春期在很多文化下都被看做巨大的转变，以至于要举行特殊的仪式？

11.2 认知发展和学校教育

当美嘉（Mejia）老师读到一篇特别有创造性的文章时，她会笑起来。她每年给八年级的学生教授美国政府这门课，她要求学生每人写一篇文章，内容是"如果美国没有赢得独立战争，他们的生活将会是什么样子。"在给六年级学生上课时，她也布置了同样的作业，然而大部分六年级学生似乎并不能想象出一些新鲜的东西。但对八年级学生来说，他们会写出很多有趣的场景：一个男孩把自己想象成卢卡斯勋爵（Lord Lucas）；而一个女孩则想象自己是一个富有农场主的仆人；有的孩子还想象自己正在为推翻政府而努力。

是什么使得青少年与儿童的思维不同呢？最主要的一个变化可能在于他们能够不拘泥于现实而进行想象。在青少年的头脑中有无数抽象的可能性，他们可以对问题进行相对的而不是绝对的思考。他们不再把问题看成非黑即白，而是能够认识到灰色地带的存在。

我们可以使用很多理论来解释青少年的认知发展。首先来看看皮亚杰的理论，他的理论对发展学家们思考青春期的思维有重大影响。

皮亚杰的认知发展理论：使用形式运算

14岁的利（Leigh）正在思考一个问题，任何人看到老式的座钟都会产生同样的问题：钟摆的摆动速度是由什么决定的？为了解决这个问题，她得到了一个单摆。她可以对这个单摆做很多改变：变化线长，变化单摆的重量，变化对单摆的推力，以及变化释放单摆的高度。

利并不记得，在她8岁时也被要求解决同样的问题（作为某纵向研究的一部分）。那时，她正处于具体运算阶段，不具备成功解决该问题的能力。她随意地解决这个问题，而没有任何系统性的行动计划。例如，她同时加重对单摆的推力，缩短线长，以及增加单摆的重量，这使得她无从知道究竟是哪个因素影响了单摆摆动的速度。

不过现在，利的思考变得更具系统性。她没有立刻推摆单摆，而是思考了一会儿到底要考察哪些因素。通过形成"哪个因素最为重要"的假设，她思考着自己将如何对其进行检验。然后，就像一名科学家进行实验一样，她每次只改变一个变量。通过单独地、系统地考察每个变量，她最终得出了正确的结论：线长决定了单摆的摆动速度。

使用形式运算来解决问题　利解决单摆问题（由皮亚杰所设计）的方法表明她已经进入了认知发展的形式运算阶段（Piaget & Inhelder, 1958）。**形式运算阶段（formal operational stage）**是人们已经发展出抽象思维能力的一个阶段。皮亚杰认为青少年在青春期开始时，大约12岁左右，就进入了形式运算阶段。利可以抽象地思考单摆问题，并且能够验证她所形成的假设。

通过采用逻辑的形式原则，青少年能够抽象地思考问题，而不再局限于具体的术语。他们可以通过进行简单的实验和观察实验的结果来系统化地检验自己对问题的理解。

形式运算阶段　人们发展出抽象思维能力的阶段。

青少年可以进行形式推理。他们可以从一般的理论出发，演绎出在特殊情境下特殊结果的解释。就像我们在第一章里讨论的科学家一样，他们先提出假设，接着检验这些假设。这种思维与早期认知发展阶段的区别在于，这种能力开始于抽象的可能性，然后应用到具体的情境中。而在此之前，儿童只能解决具体情境中的问题。例如，在8岁时，利只是改变各种条件来看单摆的变化，是一种具体的方法；而在12岁时，她则是从抽象的观点开始，即每个变量（如线长、重量等）应该被单独检验。

青少年在形式运算阶段还能够使用命题思维。命题思维（propositional thought）是一种在缺失具体例子的情况下使用抽象逻辑的推理形式。例如，命题思维使青少年明白，如果某个前提是正确的，那么得出的结论也一定正确。考虑下面的例子：

就像形成假设的科学家一样，处在形式运算阶段的青少年也可以运用系统性的推理。他们从一般的理论出发，演绎出在特殊情境下对特殊结果的解释。

所有的男人都是凡人。	[前提]
苏格拉底是男人。	[前提]
因此，苏格拉底是凡人。	[结论]

青少年不但能够理解两个正确的前提可以得出正确的结论，还能够对更加抽象的前提和结论进行相似的推理，如下所示：

所有的A都是B。	[前提]
C是A。	[前提]
因此，C是B。	[结论]

尽管皮亚杰指出儿童在青春期开始就可以进入形式运算阶段，但你可能还记得他也假设过：随着进入每一个新的认知发展阶段，所有的能力并不会突然获得，而是在身体成熟和环境经验的共同作用下慢慢获得的。根据皮亚杰的理论，直到15岁左右，青少年才完全进入了形式运算阶段。

一些证据表明，相当一部分人在很晚的年龄才学会形式运算能力，而有些人甚至一直都没有获得这种能力。例如，大部分研究表明，只有40%~60%的大学生和成年人能够完全掌握形式运算思维，有些研究则估计这一比例只有不到25%。但大部分在每个领域都没有表现出形式运算思维的成年人，还是会具备形式运算某些方面的能力（Sugarman, 1988; Keating & Clark, 1990, 1994）。

青少年在使用形式运算上存在差异，原因之一在于他们成长的环境。例如，生活在与世隔绝的、科学不发达社会中以及没有受过正式教育的人，比那些生长在技术高度发达社会中并受到良好教育的人，更不可能达到形式运算思维水平（Jahoda, 1980; Segall et al., 1990; Lamport, Commons, et al., 2006）。

这是不是意味着，没有出现形式运算思维的文化中的青少年（和成人）就不能获得它呢？当然不是。更可能的结论是，在不同的社会中，对于以形式运算为特征的科学推理有着不同的价值判断。如果在日常生活中并不要求进行这种推理，人们也就没有必要在面对问题时使用这种推理了（Gauvain, 1998）。

青少年使用形式运算的结果　青少年使用形式运算进行抽象推理的能力，导致了他们日常行为的改变。早先，他们可能会毫无怀疑地接受所告知的规则及其解释，他们不断增加的抽象思维能力可能会导致他们更努力地对父母和其他权威提出质疑。抽象思维的发展也会导致他们更加理想主义，这可能会让青少年对学校和政府这样的机构的缺点感到不耐烦。

一般来说，青少年变得更好争辩。他们喜欢利用抽象推理来找出别人解释的漏洞，他们的怀疑思维使他们对家长和老师的缺点更加敏感。例如，他们可能会注意到家长们在反对毒品使用问题上的不一致，即使在这些父母在青少年的时候也曾使用过毒品而且没有出现什么问题的情况下。同时，青少年也可能会优柔寡断，因为他们能看到事物多方面的特点（Elkind, 1996; Alberts, Elkind, & Ginsberg, 2007）。

面对质疑能力日益增长的青少年，对于父母、教师以及其他与青少年打交道的成年人是一种挑战。但这也使得青少年觉得更有趣，因为他们在主动寻找他们生活中对价值和公正的理解。

对皮亚杰理论的评价　在前面的各章中我们都提到了皮亚杰的理论，人们对其观点已经提出了一些质疑。下面让我们来进行总结：

- 皮亚杰认为认知能力的发展是普遍的，是分阶段逐步发展的过程，并且发生在一些特定的阶段。

但我们也发现，个体间的认知能力有很大不同，尤其在比较来自不同文化的个体时。更重要的是，即使是同一个体，也会有能力不一致的现象。人们可以通过完成某些测验来表明自己达到了一定的思维水平，但又不能总是通过其他类似的测验。如果皮亚杰是正确的话，一旦个体进入了一定的认知阶段，他们应当表现得始终如一才对（Siegler，1994）。

青少年抽象推理能力使得他们对各种规则和解释产生了质疑。

- 皮亚杰提出的阶段概念表明，认知能力不是逐渐平稳发展的，而是从某一阶段突然变化到下一阶段。相反，很多发展学家都认为认知发展是一个更为连续的过程，是逐渐积累的量变，而不是跳跃式的质变。他们还认为皮亚杰的理论更适合于描述某一阶段的行为，而不适于解释为什么会产生从一个阶段到另一个阶段的转变（Case，1991）。

- 由于皮亚杰所采用的测量认知能力的任务性质，评论者认为他低估了某些能力出现的年龄。现在普遍认为，婴儿和儿童出现更复杂能力的年龄早于皮亚杰所提出的年龄（Bornstein & Lamb，2005）。

- 皮亚杰对思维（thinking）和认识（knowing）的观点过于狭隘。对于皮亚杰来说，认识还主要停留在理解单摆问题的能力上。但在第九章的讨论中，霍华德·加德纳等发展学家就指出，人具有多种智力，这些智力彼此不同并相互独立（Gardner，2000，2006）。

- 最后，一些发展学家还认为形式运算并不能代表思维发展的终结，更具思辨性的思维要到成年早期才能出现。例如，发展心理学家吉塞拉·拉博维奇—菲夫（Giesela Labouvie-Vief，1980，1986）就认为，社会的复杂性要求思维不能仅仅基于纯粹的逻辑，而是要灵活地诠释过程的逻辑，并且这一逻辑能够反映出现实世界中的事件背后的原因十分微妙的事实。拉博维奇—菲夫称之为"后形式思维"（postformal thinking）（我们将在第十三章详细讨论拉博维奇—菲夫的观点）。

一方面，这些对皮亚杰认知发展理论的批评和关注具有很多价值。另一方面，皮亚杰的理论是大量关于思维能力和过程发展的研究的推动力，也促进了很多课堂教学的改革。最终，他对认知发展所持有的论断也滋生了种种反对意见，例如我们下面将谈到的信息加工观点（Taylor & Rosenbach，2005; Kuhn，2008）。

信息加工观点：能力的逐渐变化

从信息加工理论的观点来看认知发展，青少年的心理能力是逐渐持续增长的。皮亚杰认为，青少年认知能力的发展反映了与阶段转变有关的突飞猛进，而**信息加工观点（information-processing** perspective）则认为青少年认知能力的改变是由于获得、使用和储存信息能力上的逐渐变化所带来的，它在人们组织自己关于世界的思考、发展处理新情境的策略、分类事实，以及实现记忆能力和知觉能力的进展的过程中，出现了大量日积月累的变化（Pressley & Schneider, 1997; Wyer, 2004）。

> **信息加工观点** 致力于确定个体获得、使用和储存信息的方式的模型。
>
> **元认知** 人们对自己思维过程的认识，以及对自己认知的监控能力。

青少年的一般智力——通过IQ测验所测量——保持稳定，但智力所基于的特定心理能力却会有巨大的发展。言语能力、数学能力以及空间能力的增长，使得很多青少年反应更加敏捷，拥有更多的信息，以及成为矫健的运动员。注意能力的增长使得青少年能够更有效地分配他们的注意力，使得他们同时能注意多个刺激，比如可以一边复习生物一边听着卢达•克里斯①（Ludacris）的CD。

此外，皮亚杰指出，青少年对问题的理解能力、掌握抽象概念的能力、进行假设思维的能力，以及他们对情境内在可能性的理解能力都发展得越来越精细。这使得他们能够对自己提出的假设不断地进行研究分析。

青少年对世界的了解也越来越多。随着他们接触的材料越来越多，以及他们记忆能力的增强，他们的知识也在不断增长。总体来说，智力所基于的各种心理能力在青春期都有了极大的发展，大概在20岁左右达到顶峰（Kail, 2003, 2004; Kail & Miller, 2006）。

根据信息加工理论对青春期认知发展的解释，心理能力发展最重要的原因在于元认知的发展。**元认知（metacognition）** 是人们对自己思维过程的认识，以及对自己认知的监控能力。虽然学龄儿童也能够使用一些元认知策略，但青少年更有能力理解自己的心理过程。

举例来说，随着青少年对自己记忆能力的理解加深，他们可以更好地估计自己为了记住某种材料而所需的学习时间。此外，他们可以比小时候更好地判断出自己何时已经对材料记忆得足够好了。这种元认知的发展使得青少年能够更加有效地理解和掌握学习材料（Nelson, 1994; Kuhn, 2000; Desoete, Roeyers, & De Clercp, 2003）。

这些新能力也使得青少年能够更好地进行内省和自我觉知——这两项是这一时期的特点。青春期也会产生高度的自我中心，我们将在下面进行介绍。

思维的自我中心主义：青少年的自我热衷

卡洛斯（Carlos）认为他的父母是"控制狂人"。他不能理解为什么父母坚持要他在借走他们的车之后，一定要他打电话回家报告自己在哪里。耶里（Jeri）对莫利（Molly）买了跟她一样的耳环感到震惊，她觉得自己的耳环应当是独一无二的，尽管她并不清楚莫利在买耳环时是否知道自己有

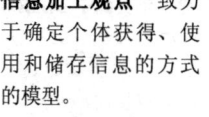

我的发展实验室

阅读青春期的自我中心主义这一节后，登录我的发展实验室，观看"无敌神话"这个视频。视频中一个聪明且受欢迎的年轻女性被询问为什么她觉得自己可以进行不受保护的性行为而不会怀孕。

---

① 美国黑人演员，在音乐领域尤其是HipHop说唱界有很高的造诣，已经出版了六张专辑。

青少年自我中心主义
一种自我热衷的状态，认为全世界都跟自己的观点相同。

假想观众 青少年认为自己的一举一动都会引起别人的关注。

个人神话 一些青少年觉得自己的经历是独一无二的，别人都不会经历。

一对相同的耳环。卢（Lu）对自己的生物老师塞巴斯蒂安（Sebastian）很不满，因为她的期中测验时间太长，又很难，卢没有考好。

青少年新近发展出来的元认知能力使得他们很容易地想象别人正在思考着自己，并且他们还能够想象到别人思维的细节。这同样也是有时占据青少年思维主导地位的自我中心主义的来源。**青少年自我中心主义**（adolescent egocentrism）是一种自我热衷的状态，他们认为全世界都注意着自己。自我中心主义的青少年对权威（如父母、教师）充满了批判精神，不愿接受批评，并且很容易指出别人行为中的错误（Alberts, Elkind, & Ginsberg, 2007; Schwartz, Maynard, & Uzelac, 2008）。

青少年自我中心主义有助于解释为什么青少年有时会觉得自己是其他所有人注意的焦点。事实上，青少年可能会发展出所谓的**假想观众**（imaginary audience）——就像他们自己那样，对青少年的行为给予很多关注的想象中的观察者。

假想观众常常被认为总是在关注青少年考虑最多的一件事：他们自己。但不幸的是，这仅仅是他们的自我中心主义所产生的虚构场景。例如，一名坐在教室里的学生可能觉得教师正在看着自己，而一个打篮球的青少年可能觉得全场的人都在注意他下巴上的青春痘。

自我中心主义还导致了另一种思维的扭曲：即认为个人经历是独一无二的。青少年发展出了**个人神话**（personal fables），他们会觉得自己的经历是独一无二的，别人都不会经历。例如，失恋的青少年可能觉得别人都不会经历这种痛苦，别人都不像自己这样遭到如此待遇，没有人能理解他的感受（Alberts, Elkind, Ginsberg, 2007）。

▼ **我的发展实验室**
你记得在你的生活中曾经有一段时间，你发展出了假想观众吗？观看我的发展实验室中的视频，其中一名青少年显示出假想观众的概念。

个人神话还可能使青少年对威胁他人的风险毫无畏惧。很多青少年的危险行为可能就是个人神话造成的。他们可能认为在性活动中不必使用避孕套，因为个人神话使得他们相信，怀孕和艾滋病之类的性传播疾病只会发生在别人身上，而不会发生在自己身上。他们会酒后驾车，因为个人神话使得他们认为自己是小心的司机，总是能够控制所有情况（Greene et al., 2000; Vartanian, 2000; Reyna & Farley, 2006）（也见从"研究到实践"专栏）。

青少年的个人神话可能使得他们认为自己是不会受伤的，从而进行一些危险行为，像图中巴西少年（被称为"surfistas"）爬到高速列车的车顶上一样。

从研究到实践

告诉所有人：青少年在社交网站上是否暴露了过多个人信息？

社交网站（如MySpace、Facebook）的爆炸式流行激起了对于青少年安全使用这些资源的担忧。人们担心，青少年由于暴露了过多个人信息而使得他们易于受到广告推销、线上跟踪和网络欺凌的损害。关于青少年成为互联网上受害者的案件，从那些耸人听闻的媒体报道看起来，青少年在社交网站上提供过多个人信息的问题似乎十分普遍（Kelley, 2009）。

但是，这样的新闻头条是否确实反映了青少年当中一个普遍的问题，或者只是一些孤立的事件而已？这是研究者调查的问题之一。针对青少年在MySpace上的网页内容，研究者随机选择了超过9,000份MySpace个人资料进行检查，其中超过2,400份是有效的青少年个人资料（女性人数略多于一半）。研究者在每份资料中仔细寻找特定类型的个人信息，包括名字、姓氏、年龄、联系信息、用药或饮酒的参考以及照片（Hinduja & Patchin, 2008）。

研究结论是，有些青少年的确分享了过多的或不合适的信息，但是这个问题并不像看起来那样普遍。在研究者能够看到的青少年个人资料中，约80%列出了他们所在的城市，超过四分之一列出了他们的具体学校，超过一半人发布了至少一张他们自己的照片。这么多的信息汇集在一起，足以让一个陌生人找到这个青少年。另一方面，只有38%的青少年暴露了像是他们的名字这样的信息，只有很少的人——不到9%——暴露了名字和姓氏。只有1%标明了电子邮箱地址，1%的人发布了电话号码。

还有一些发现令人困扰。例如，18%的青少年公开承认自己饮酒，超过5%的人发布了自己仅着泳装或内衣的照片。在网络欺凌行为中，这些信息可以被用在对他们不利的方面，或者吸引性掠夺者的注意力。当这些青少年找工作或申请大学时，这些信息也会回来困扰他们。

另一项研究对一个小样本的青少年进行访谈，以了解不同年龄的青少年如何使用社交网站。研究发现，年龄较小的青少年使用这些网站，目的是为了通过精心制作的网页以富有创造性的方式表现他们的各个方面，从而对他们的身份进行实验。年龄较大的青少年则抛弃了这些风格化和富有表现力的社交网页，而偏爱方便与朋友互相链接的简单页面布局。这些青少年似乎更倾向于限制在社交网站上的自我表达，喜欢有选择地揭示更多个人信息。总的来说，这些研究表明，对于青少年在社交网络上的暴露风险的担忧，尽管有其真实性，但可能被媒体夸大了（Livingstone, 2008）。

- 除了限制他们上这些网站，父母和教师还能做些什么来减少青少年在社交网站上的危险行为？
- 你认为与年龄较小的青少年相比，为什么年龄较大的青少年会以更加实用的方式使用社交网站？

在校表现

青春期的元认知、推理以及其他认知能力的发展，是否能够转化为在校表现的进步呢？如果我们用学生的成绩作为在校表现的测量手段，那么答案是肯定的。在过去的10年中，高中生的成绩在上升。现在高中毕业生的平均绩点为3.3（其量程为4），而10年前这个数字是3.1。超过40%的高中毕业生的平均成绩为A+、A或A-（College Board, 2005）。

■ 平均成绩显著高于美国　　■ 平均成绩显著低于美国

数学（等级）	自然科学（等级）	阅读（等级）	问题解决（等级）
1 芬兰	1 芬兰	1 芬兰	1 韩国
2 韩国	2 加拿大	2 韩国	2 芬兰
3 荷兰	3 日本	3 加拿大	3 日本
4 瑞士	4 新西兰	4 澳大利亚	4 新西兰
5 加拿大	5 澳大利亚	5 新西兰	5 澳大利亚
6 日本	6 荷兰	6 爱尔兰	6 加拿大
7 新西兰	7 韩国	7 瑞典	7 比利时
8 比利时	8 德国	8 荷兰	8 瑞士
9 澳大利亚	9 英国	9 比利时	9 荷兰
10 丹麦	10 捷克	10 挪威	10 法国
11 捷克	11 瑞士	11 瑞士	11 丹麦
12 冰岛	12 奥地利	12 日本	12 捷克
13 奥地利	13 比利时	13 波兰	13 德国
14 德国	14 爱尔兰	14 法国	14 瑞典
15 瑞典	15 匈牙利	15 美国	15 奥地利
16 爱尔兰	16 瑞典	16 丹麦	16 冰岛
17 法国	17 波兰	17 冰岛	17 匈牙利
18 英国	18 丹麦	18 德国	18 爱尔兰
19 波兰	19 法国	19 奥地利	19 卢森堡
20 斯洛伐克	20 爱尔兰	20 捷克	20 斯洛伐克
21 匈牙利	21 美国	21 匈牙利	21 挪威
22 卢森堡	22 斯洛伐克	22 西班牙	22 波兰
23 挪威	23 西班牙	23 卢森堡	23 西班牙
24 西班牙	24 挪威	24 葡萄牙	24 美国
25 美国	25 卢森堡	25 意大利	25 葡萄牙
26 葡萄牙	26 意大利	26 希腊	26 意大利
27 意大利	27 葡萄牙	27 斯洛伐克	27 希腊
28 希腊	28 希腊	28 土耳其	28 土耳其
29 土耳其	29 土耳其	29 墨西哥	29 墨西哥
30 墨西哥	30 墨西哥		

图11-7　与其他国家相比，美国15岁学生的表现
在全世界范围内对学生的学业成绩进行比较，美国学生的表现低于平均水平。
（Source: Adapted from National Governors Association, 2008.）

然而与此同时，独立的成就测验（如SAT分数）则并没有提高。因此对于成绩的提高，一个更可能的解释是分数膨胀。根据这一观点，学生其实并没有发生改变，而是教师变得更加仁慈，对同样的表现给了更高的成绩（Cardman, 2004）。

关于分数膨胀的进一步证据来自美国学生与其他国家的学生相比的表现。例如，与其他工业化国家的学生相比，美国学生在标准化数学和自然科学考试中得分较低（见图11-7；National Governors Association, 2008）。

成绩下降的原因还不太清楚。显然，学生学习的内容更加复杂，更具思辨性，但其认知能力的提高应当足以应付这些复杂的内容。因此我们需要寻找其他的原因来解释成绩的下降。

美国学生较低的成就也反映在高中毕业率上。尽管美国的高中生毕业率曾经是世界第一，但如今它在工业化国家中已经掉到第24位。美国高中生只有78%能够毕业，这个比例显著低于其他发达国家的水平（OECD, 1998, 2001）。

另外，美国学生的数学和自然科学的成绩比其他工业化国家的学生更差，地理成绩只是处于一般水平。这种差异并不是一个简单的原因造成的，而是多种因素的综合结果，如课堂上所花费的时间更少、指导不够透彻等。例如，其他国家的学生群体的同质性更强，也更富裕，而美国学生人群的广泛多样性可能会影响在校成绩。当然，正如我们接下来将要讨论的，美国社会的经济地位差异也通过在校表现反映出来（Stedman, 1997; Schemo, 2001）。

社会经济地位和在校表现：成就上的个体差异 所有的学生在课堂上都有相同的机会，但很明显有些群体的学习成绩就是比其他群体好。最有效的衡量指标之一就是教育成就和社会经济地位（SES）之间的关系。

平均而言，中等和高等社会经济地位的学生比低社会经济地位的学生，在标准化测验中成绩更好、受教育时间更长。当然这种差异并不是从青春期开始的，而是从较低年级开始就被发现了。但到了高中阶段，社会经济地位的影响变得更加显著（Frederikson & Petrides, 2008; Shernoff & Schmidt, 2008）。

为什么来自中等和高等社会经济地位家庭的学生学术成就更高呢？这有很多原因。一方面，贫困的学生缺乏其他学生拥有的很多有利条件。他们的营养和健康状况不够好，通常居住在拥挤的环境中，就读于不太好的学校，可能没有地方来完成家庭作业，并且与其他经济良好的家庭相比，他们的家中可能没有书本和电脑（Prater, 2002; Chiu & McBride-Chang, 2006）。

由于这些原因，来自贫困家庭的学生从上学起就处在不利的境地。随着他们逐渐长大，其在校表现会持续落后，事实上他们还会越来越差。由于后期在校学习的成功在很大程度上取决于早期在校习得的基础能力，早期学习有困难的学生在后来会越来越落后（Huston, 1991; Phillips et al., 1994; Biddle, 2001）。

在校成就的种族差异 不同种族间在校成就的差异是巨大的，这是美国教育面临的问题。例如，在校成就的数据显示，平均而言，非裔美国学生和西班牙裔学生比白人学生的在校表现要差，他们在标准成就测验中的得分也低于白人学生。相反，亚裔美国学生则比白人学生成绩要好（National Center for Educational Statistics, 2003; Frederikson & Petrides, 2008; Shernoff & Schmidt, 2008）。

造成种族间在校成就差异的原因是什么呢？显然，很多差异都是社会经济因素造成的：非裔美国人和西班牙裔的家庭都很贫困，他们糟糕的经济状况可能被反映在其在校表现中。当考虑了社会经济水平后，不同种族间在校成就的差异大大减小，但并没有完全消失（Meece & Kurtz-Costes, 2001; Cokley,

约翰·奥布指出，父母从韩国自由移民到美国的孩子在学校中的表现要好于父母于第二次世界大战期间被迫从韩国移民到日本的孩子。

2003; Cokley, 2003; Guerrero et al., 2006）。

人类学家约翰·奥布（John Ogbu, 1988, 1992）指出某些少数族裔成员不太看重学校成绩。他们相信社会偏见早就决定了无论他们多么努力，他们都不会获得成功。也就是说，在校努力学习并不能获得相应的回报。

奥布指出，与强迫接受新的文化相比，自愿融入新的文化环境的少数族裔成员更容易在学业上获得成功。例如，他发现，父母从韩国自由移民到美国的孩子在学校中的表现相当好，而父母在二战中从韩国被迫移民到日本的孩子在学校的表现则相当差。为什么会出现这种差异？非自愿的移民导致了长久的创伤，降低了后代追求成功的动机。奥布指出，很多非裔美国人的祖先是作为奴隶而非自愿移民到美国来的，这使得他们的成就动机不足（Ogbu, 1992; Gallagher, 1994）。

造成种族成就差异的另一个原因是对学业成功的归因。正如我们在第十章中讨论的，很多亚洲学生将成功视为临时情境因素的结果，如学习的努力程度。与此相反，非裔美国学生则将成功看做外部不可控条件的结果，如运气或社会偏见。持有"成功来自努力"的信念的学生会更加努力，其在校表现就更可能比认为努力无用的学生要好（Stevenson, Chen, & Lee, 1992; Fuligni, 1997; Saunders, Davis, & Williams, 2004）。

青少年对于在校表现不好的看法也可能造成种族之间的在校成就差异。特别是非裔美国学生和西班牙裔学生相信即使在校表现不好，也不妨碍他们以后获得成功。这种信念使得他们学习不太努力。相反，亚裔美国学生则相信如果在校表现不好，就不可能获得一份好工作，也就不可能成功。因此他们对较差在校表现的恐惧，使得他们有很强的动机在校好好学习（Steinberg, Dornbusch, & Brown, 1992）。

对学生学业表现的担忧导致人们为改善学校教育做出了极大的努力。《不让一个孩子掉队法案》（No Child Left Behind Act）是其中影响力最大的教育改革，下面我们就对此进行讨论。

高中成就测验：你的孩子会掉队吗？ 在弗兰克·巴罗（Frank W. Ballou）高中外面，一个学生在午餐时间被同学枪击致死。对于这所学校里的任何人来说，这并不能让他们感到多震惊，因为这里

青少年对在线活动的参与程度
在线的青少年*（12~17岁）

在线	93%

青少年和Y世代[2]比年龄更大的使用者更可能参与下列活动：

在线玩游戏
在线看视频
获取工作的信息
发送即时消息
使用社交网站
下载音乐
建立社交网站个人档案
阅读博客文章
建立博客
登陆虚拟世界

X世代[3]或年龄更大的使用者主要参与的活动：

获取健康信息
在线购物
获取宗教信息

有些活动最年轻的群体和最老的群体的参与程度可能有所差别，但整体差异较小：

使用电子邮件
获取新闻
下载视频
下载播客

*Source: Pew Internet & American Life Project 在2006年10~11月和2007年10月到2008年2月进行的调查，2006年10~11月的调查误差幅度为±4，2007年10月到2008年2月的调查误差幅度为±3。

图11-8 青少年的在线活动
现在，大量的青少年通过电子邮件和即时通信在互联网上进行交流，很多人也使用新技术来获取教育相关的资料和研究。这一趋势将如何影响教育工作者未来的教学方式？
（Source: Pew Internet & American Life Project Surveys, 2009.）

---

[2] Y世代，被公认为美国人在20世纪的最后一个世代，在这个世代诞生成长，进入青年期后，2000年就过了。同时另一个广义的Y世代，则包括了目前在25岁到5岁的美国青年、青少年、孩童，也就是西方世界通称的"青少年族群"。
[3] X世代，Generation X，即未分类的第X代。

是这座城市中滋生最多犯罪的地方。就在这个学年，一个男孩被另一个学生用斧子砍伤，一个女孩在跟另一个女学生用刀子打架时被重伤，此外还有五起纵火事件，以及一具无名尸体被丢弃在旁边的停车场上（Suskind, 1994, p.1; 1999）。

像这样的学校，能够被转变成为每个学生提供安全的环境和优秀的教学质量的学校吗？《不让一个孩子掉队法案》是一个综合性法案，目的是改善全美国学生的在校表现。根据人们在通过该法案时的考虑，这个问题的答案是非常肯定的。

美国国会在2002年通过了《不让一个孩子掉队法案》，要求美国的每个州都编制和执行成就测验，学生必须通过成就测验才能从高中毕业。此外也对学校本身进行排名，从而公众知道哪个学校的测验成绩最好（最差）。这一强制执行的考试计划，其背后的基本想法是确保学生毕业时具备最低程度的能力。支持者认为测验能够激发学生和老师的积极性，从而整体教育水准得以提高（Jehlen & Winans, 2005; Watkins, 2008; Opfer, Henry, & Mashburn, 2008）。

此外，成功的学校会吸引更多的学生（和资金），而表现不佳的学校或者改进，或者被逐出这个行业，由于得不到认证而关闭。如果当地的学校不好，法案允许父母把孩子转到更好的公立学校（Lewis & Haug, 2005; Phelps, 2005; Haney, 2008）。

法案（以及其他强制性的标准化考试形式）的反对者争辩说，法案的强制性会造成一些非计划中的负面后果。他们提出为了确保能有最多的学生通过考试，教师将会"为考试教学"，也就是说他们将专注于考试的内容，而将考试不太涉及的内容排除在外。这一观点认为，强调考试会妨碍促进创造力和批判性思考的教学方法（Thurlow, Lazarus, & Thompson, 2005; Linn, 2008; Koretz, 2008）。

此外，强制性且利害攸关的考试使学生的焦虑水平升高，潜在地导致表现不好，而且在校期间一直表现良好的学生也可能因为考得不好而无法毕业。更进一步地，因为社会经济水平较低和有少数族裔背景的学生，以及有特殊需要的学生考试失败的比例太大，因此批评者认为强制性考试计划存在固有的偏差（Samuels, 2005; Yeh, 2008）。

尽管《不让一个孩子掉队法案》从通过之日起就充满了争议，但这个法案中的一部分得到了普遍的赞同。具体地说，这个法案提供资金来帮助那些在科学研究的基础上所确定的被证明是有效的教育规则和计划。关于构成最佳教育规则的"证据"为何，还存在不同意见，不过人们对客观数据的重视受到了发展和教育研究者的欢迎（Chatterji, 2004; Sunderman, 2008）。

网络空间：在线的青少年

12岁的多米尼克·琼斯（Dominique Jones）住在洛杉矶，她喜欢在上学之前用即时通信（IM）跟朋友联络，了解他们打算穿什么衣服。"你会收到诸如'天哪，我们穿了一模一样的鞋子！'这样的IM信息。放学以后我们会谈论这一天发生的事情，还有第二天我们想穿的衣服。"（Wallis, 2006, p.55）

即时通信只是青少年能够接触到的大量媒体和技术之一，这些媒体和技术多种多样，范围从比较传统的形式如收音机和电视机，到比较新的形式如即时通信、移动电话和平板电脑。青少年使用它们的程度高得惊人。

根据恺撒家庭基金会（Kaiser Family Foundation；一家可靠的智囊机构）以8~18岁的男孩和女孩作为样本进行的一项全面调查，年轻人平均每天花在媒体上的时间为6.5小时。此外，大约有四分之一的时间他们同时使用一种以上的媒体，因此他们实际上使用媒体的时间相当于每天8.5小时（Boneva et al., 2006; Jordan et al., 2007; 见图11-8）。

互联网的普遍可获得性也让教育产生了极大的变化，使得学生能够深入了解大量的信息。然而，关于互联网将如何改变教育，或其是否会一直保持正面的影响，目前还不确定。例如，学校必须改变它们的课程安排，增加一些具体的教授如何发掘互联网价值的重要技巧：学会对海量信息进行分类，识别最有用的信息，抛弃无用的信息。为了获得互联网的全部益处，学生必须获得查找、挑选和整合信息的能力，以创造新的知识（Oblinger & Rush, 1997; Trotter, 2004）。

尽管互联网的益处是实实在在的，但使用互联网也有不利的一面。一些人声称网络空间充满了儿童性骚扰者。这可能过于夸张了，但网络空间的确让一些父母和其他成人强烈反对的东西变得可以获得。此外，网络赌博越来越成为一个问题。高中生和大学生可以很容易地使用信用卡对体育赛事投注和参与网上的赌博游戏（如扑克游戏）（Winters, Stinchfield, & Botzet, 2005; Fleming et al., 2006; Mitchell, Wolak, & Finkelhor, 2007）。

计算机的使用越来越广，这也提出了一项跟社会经济地位、民族和种族有关的新挑战。比较富裕的青少年和社会地位较高群体的成员，比贫穷的青少年和少数族裔群体的成员能够使用计算机的机会更多，这一现象被称为"数字鸿沟"（digital divide）。例如，77%的黑人学生报告自己经常使用个人计算机，而白人学生是87%，西裔/拉丁裔学生则为81%。亚裔美国学生的使用率最高，为91.2%。社会如何缩小这种差异，是一个非常重要的问题（Sax et al., 2004; Fetterman, 2005; Olsen, 2009）。

辍学 大部分学生都能念完高中，但美国每年还是有50万的学生辍学。辍学的后果非常严重。高中辍学者比高中毕业生挣的钱少42%，高中辍学者的失业率为50%。

青少年过早地离开学校有很多原因。一些是由于怀孕或者语言问题，其他则是由于经济问题——他们需要养活自己或他们的家庭。

辍学率因性别和种族不同而不同。男性比女性更容易辍学。此外，尽管最近20年来各种族的辍学率都在下降，西班牙裔和非裔美国学生的辍学率依然高于其他种族。另一方面，并不是所有的少数族裔都呈现出很高的辍学率，例如亚裔的辍学率就低于白人（National Center for Educational Statistics, 2003; Stearns & Glennie, 2006）。

贫困在很大程度上决定了学生能否完成高中学业。来自低收入家庭的学生辍学的可能性是来自中上等收入家庭学生的3倍。由于经济成功取决于教育，而辍学又造成了贫困的恶性循环（National Center for Educational Statistics, 2002）。

复习和应用

- 青春期对应于皮亚杰的形式运算阶段，这一阶段以抽象推理和以实验方法解决问题为标志。

- 根据信息加工的观点，青少年的认知发展是逐渐的量变，包括了思维很多方面和记忆的发展。元认知能力的发展使青少年可以监控思维过程和心理能力。
- 青少年很容易受到自我中心主义的影响，并且觉得有假想观众在不停地关注自己的行为。他们还构建了个人神话，这使他们觉得自己独一无二，免疫于伤害。
- 在校表现与社会经济地位和种族有着复杂的关系。

应用毕生发展

- 在面对复杂的问题时，例如购买什么样的电脑或小汽车，你觉得大部分的成年人会自发运用类似于解决单摆问题的形式运算思维吗？为什么？
- *从一个教育工作者的视角看问题*：为什么被迫移民者的后代在学业上不如那些自愿移民者的后代成功？用什么办法可以克服这个障碍？

11.3 对青少年幸福的威胁

"像很多家长一样，当孩子进入高中后，我也曾担心过毒品的使用。现在我知道了，儿童平均在11或12岁时就开始使用毒品，这是一个我没有想到的年龄。那个时候，瑞安（Ryan）已经开始参加各种聚会。他还参加了少年棒球联盟的棒球俱乐部。在八年级时，瑞安开始有些小麻烦了——有一次，他和一个同伴偷了一个灭火器，但我们以为这只是一个恶作剧。然后，他的成绩开始下滑，晚上开始偷偷外出。他可能会突然就很好斗，接着再次变得开朗和善……"

"直到瑞安14岁彻底垮了的时候，我们才开始考虑毒品的问题。此时他刚开始在McLean高中上学，对他而言就好像是每天去毒品营地。那个时候，所有的一切都不太对劲。他开始旷课，这是一个常见的危险信号，但我们直到他所有科目不及格才从校方得知此事。他只是每天去学校签个到，然后就离开并整天吸食大麻。"（Shafer, 1990, pp.82）

瑞安的父母了解到大麻并不是瑞安唯一吸食的毒品。他的朋友后来承认，瑞安被他们称为"垃圾头"。他几乎尝试了所有的毒品。尽管瑞安努力控制对毒品的使用，但他从没有成功地戒掉过。16岁那一年，瑞安在使用毒品之后闲逛到马路中间，被一辆路过的汽车撞死。

尽管青少年的毒品使用很少导致这种极端后果，但毒品以及其他种类的物质使用和滥用，是青少年健康的几大威胁之一。而青少年期通常是人的一生中最健康的一个时段。虽然毒品、酒精、烟草的使用以及性传播疾病的危险程度很难度量，它们都是青少年健康和幸福的极大威胁，不过它们也是可预防的。

从20世纪90年代末以来，使用大麻的高中生正在减少。

非法药物

青春期非法药物的使用有多普遍呢？非常普遍。例如，最近的一项对50,000名美国学生的调查显示，大约50%的高三学生和20%的八年级学生报告在过去的一年里曾经使用过大麻。尽管大麻的使用量（以及其他毒品的使用量）近几年在减少，数据仍然显示有相当多的青少年还在使用毒品（Nanda & Konnur, 2006; Johnston et al., 2009; Tang & Orwin, 2009; 见图11-9）。

青少年使用毒品有很多原因。有人是因为毒品所带来的快感；有人使用毒品来逃避现实生活的压力，虽然只是暂时的；其他人尝试毒品只是因为做一些违法的事情很兴奋。那些使用毒品的知名人士，如歌星布兰妮·斯皮尔斯（Britney Spears）可能也会对青少年有一些影响。最后，同伴压力也是原因之一：青少年，正如我们将在第十二章所讨论的那样，对知觉到的同伴群体标准特别敏感（Urberg, Luo, & Pilgrim, 2003; Nation & Heflinger, 2006; Young et al., 2006）。

非法药物的使用是危险的。例如，一些药物具有成瘾性。**成瘾药物（addictive drugs）**是指那些让使用者产生生理或心理依赖，并对其产生极大需求的药物。

在药物成瘾后，身体已经习惯了药物的作用，一旦没有了这些药物，便会影响身体的正常功能。更重要的是，成瘾会导致神经系统中实际的物质改变（有可能是长期的）。这样一来，药物的使用不再会有"high"的感觉，而仅仅是维持对每天常态的知觉（Cami & Farré, 2003; Munzar, Cami, & Farré, 2003）。

除了生理成瘾外，药物也可能造成心理成瘾。在这种情况下，人们越来越依赖药物以应对每天的生活压力。如果药物用来作为逃避的手段，它们可能阻止青少年去面对问题和解决问题，导致他们将药物使用放在第一位。最后，药物使用也很危险，因为即使是随意使用一些危险性较低的药物，也会逐渐发展为更加危

成瘾药物 让使用者产生生理或心理依赖，并对其产生极大需求的药物。

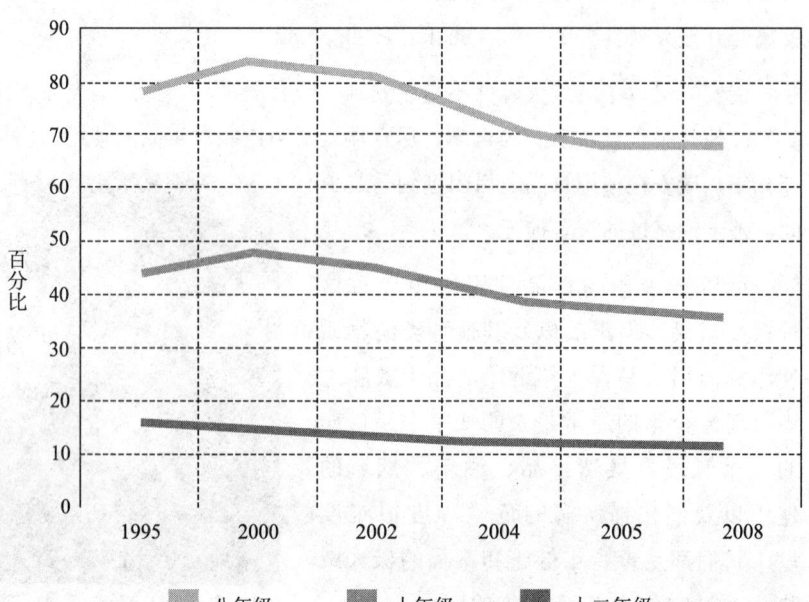

图11-9 向下的趋势
根据一项年度调查，从1999年以来，过去12个月中使用了大麻的学生人数有所减少。什么原因可以解释毒品使用人数的降低呢？
（Source: Johnston, et al., 2009.）

险的物质滥用（Toch, 1995; Segal & Stewart, 1996）。

酒精：使用和滥用

四分之三的大学生有一个共同点：在过去30天内他们至少喝了一次酒精饮料。超过40%的人报告说在过去两周内喝了5次以上的酒精饮料，大约有16%每周要喝酒精饮料16次以上。高中生也喝酒：近三分之一的高中生报告说在高中结束时喝了酒，五分之二的人在八年级时就喝了酒。

酗酒是一些青少年面临的严重问题。

超过一半的十二年级学生和将近五分之一的八年级学生说他们至少喝醉过一次（Ford, 2007; Johnston et al., 2009）。

狂饮（binge drink）在大学校园里尤其是一个问题。对男性来说，狂饮是指一次连续喝5杯以上的酒精饮料；而对于体重较轻，不太有效吸收酒精的女性来说，狂饮是指一次连续喝4杯以上的酒精饮料。调查发现，一般的男性大学生和超过40%的女性大学生报告说自己在过去的2周中曾经有过狂饮（Harrell & Karim, 2008; Beets et al., 2009; 见图11-10）。

狂饮甚至对那些不喝酒或很少喝酒的人也有影响。很少饮酒的人中有三分之二报告说他们在学习或睡觉时，会被醉酒的学生打扰。其中三分之一会被醉酒的学生羞辱，有25%的女性会被醉酒的同学性骚扰（Wechsler et al., 2000, 2002, 2003）。

青少年开始喝酒有很多原因。有些人——尤其是男性运动员，他们的饮酒率高于一般青少年群体——喝酒只是为了证明他们能和其他人喝得一样多。其他人喝酒的原因与使用毒品相同：为了释放和减轻压力。很多人开始喝酒是受了校园中醉鬼的影响，使得他们以为每个人都喝得很厉害，这就是所谓的虚假的同感效应（false consensus effect）（Pavis, Cunningham-Burley, & Amos, 1997; Nelson & Wechsler, 2003; Weitzman, Nelson, & Wechsler, 2003）。

对于一些青少年来说，酒精成了一种无法控制的习惯。**酗酒者**（alcoholics）是有酒精问题的人，他们学会依赖于酒精，却不能控制自己的饮酒行为。他们对酒精的耐受性越来越高，因此需要饮用更多的酒才能获得快感。一

酗酒者 有酒精问题的人，他们学会依赖于酒精，却不能控制自己的饮酒行为。

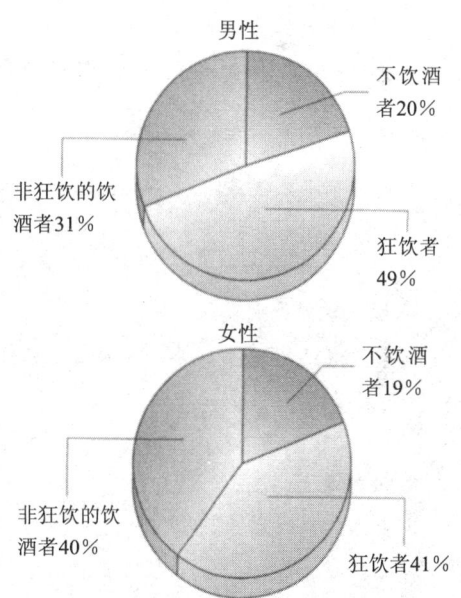

图11-10 大学生的狂饮

对男性来说，狂饮是指一次连续喝5杯以上酒精饮料；而对于女性来说，狂饮是指一次连续喝4杯以上酒精饮料。为什么狂饮如此流行？
（Source: Wechsler et al., 2003.）

些人整日饮酒，另一些人则在某一段时间内疯狂饮酒。

一些青少年（或任何人）成为酗酒者的原因尚不太清楚。基因有一定的影响：酗酒在家族中遗传。另一方面，并非所有的酗酒者都有存在酒精问题的家人。对一些有家族性饮酒问题的青少年来说，酗酒可能是由有酒精问题的父母或家庭成员所带来的相处压力而引发（Berenson, 2005; Clarke et al., 2008）。

重要的是获得帮助，而不是青少年酒精问题或毒品问题的起源。家长、教师和朋友如果意识到有问题，都可以为青少年提供帮助。朋友和家庭成员怎样才能辨别青少年是否出现了酒精或毒品问题呢？我们接下来将提到一些可辨别的迹象。

成为发展心理学知识的明智消费者

沉迷于毒品或酒精？

尽管判断青少年是否存在毒品或酒精滥用问题并不容易，但还是有一些迹象可以辨别，如下所示：

识别毒品文化
- 与毒品有关的杂志或者衣物上的标语
- 过分关注毒品的对话和笑话
- 对讨论毒品表现出敌意
- 收集啤酒罐

生理衰弱的迹象
- 记忆衰退，注意广度缩短，精神难以集中
- 身体协调能力差，说话模糊、不连贯
- 看起来不太健康，对个人卫生和修饰漠不关心
- 眼睛充血，瞳孔放大

在校表现的巨大变化
- 学习成绩的显著下滑——不仅仅是从C变为F，还包括从A变为B或C；不完成作业
- 旷课和迟到现象增多

行为的改变
- 长期的不诚实（说谎、偷窃、作弊）；被警察带走
- 朋友的变动；不愿谈论新朋友
- 拥有大量的钱
- 不恰当的愤怒、敌意、易惹性和保密性的增强
- 动机、精力、自我约束、自尊的降低

- 对业余活动和爱好的兴趣降低（Adapted from Franck & Brownstone, 1991, pp. 593-594.）

如果青少年或其他人符合上面所描述的任一情况，他们可能需要帮助。有一条全美的热线可能很有帮助。对于酒精问题，可以拨打电话（800）622-2255；对于毒品问题，可以拨打电话（800）622-4357。此外需要建议的人可以在电话簿上找到当地匿名戒酒机构和匿名戒毒机构的名单。

烟草：吸烟的危害

大部分青少年都知道吸烟的危害，但很多人还是会吸烟。最近的调查显示，总体上青少年吸烟的人数比过去10年有所减少，但人数还是很多；而特定团体内，人数还在增加。女孩吸烟人数在上升，在奥地利、挪威和瑞典等国，女孩吸烟的比率要高于男孩。此外还存在种族差异：白人的孩子和低社会经济地位家庭的孩子比非裔美国青少年及高社会经济地位家庭的孩子更有可能吸烟，开始吸烟的时间也更早。同样，白人男性高中生比黑人男性高中生吸烟的人数更多，尽管近几年这种差异在减小（Harrell et al., 1998; Stolberg, 1998; Baker, Brandon, & Chassin, 2004; Fergusson et al., 2007）。

吸烟成为一种越来越难维持的习惯。社会对吸烟有着越来越多的管制。现在很难找到一个可以舒服吸烟的地方了：很多地方，包括学校和商场都变成了无烟场所。即使这样，仍然还有相当一部分青少年在吸烟，尽管他们知道吸烟和二手烟的危害。那么，青少年为什么开始吸烟，并且一直维持这个习惯呢？

原因之一是，吸烟在一些青少年眼中是长大成人的仪式和标志。此外，看到有影响力的典范，如电影明星、父母和同伴吸烟也增加了青少年吸烟的几率。香烟也非常容易成瘾。尼古丁，香烟的活跃化学成分，能够使人很快产生生理和心理依赖。尽管吸一两支烟并不能造成烟瘾，但吸多了就可能成瘾。事实上，在生命早期抽10支烟的人，有80%的可能性染上烟瘾（Kodl & Mermelstein, 2004; West, Romero, & Trinidad, 2007; Tucker et al., 2008; Wills et al., 2008）。

发展的多样性

销售死亡：向不发达群体出售香烟

在德国德累斯顿（Dresden），三位身着超短裙的女士给路人分发Lucky Strike香烟，以及印有"你刚得到了来自美国的感觉"字样的小册子。当地的一位医生说："青少年每时每刻都会得到这种促销香烟。"

一辆贴有"Camel"标志的吉普驶入了布宜诺斯艾利斯（阿根廷首都）的一所高中，一位女性开始向正在午休的15、16岁高中生分发免费香烟（Ecenbarger, 1993, p.50）。

如果你是香烟制造商，当你发现使用你的产品的人正在减少，你会怎么办？美国公司正在转向最不发达的群体开发新市场。例如，在20世纪90年代早期，雷诺士（R. J. Reynolds）烟草公司[④]开发了一种新的香烟品牌"Uptown"。他们的广告表明了这个品牌的目标群体是生活在市区的非裔美国人。由于一系列的抗议，烟草公司最终不再销售"Uptown"牌香烟（Quinn, 1990; Brown, 2009）。

---

④ 1913年推出"骆驼"（Camel）牌卷烟，5年后成为美国第一个畅销品牌。

烟草公司不仅在美国国内,而且在国外寻找着新的青少年消费者。在很多吸烟人数不多的发展中国家,烟草公司试图通过一系列营销策略来提高吸烟的人数,尤其是通过免费香烟来吸引青少年吸烟。此外,在一些美国文化和产品占主流的国家,广告往往宣称吸烟是一种美国式的行为,因此也是声望很高的习惯(Sesser, 1993; Boseley, 2008)。

这种策略很有效。例如,在一些拉丁美洲的城市,有50%的青少年吸烟。根据世界卫生组织的数据,吸烟将在21世纪导致10亿人提前死亡(Ecenbarger, 1993; Picard, 2008)。

性传播疾病:性的风险之一

1990年秋天,克里斯塔·布莱克(Krista Blake)18岁了,正在期待着进入俄亥俄州扬斯敦(Youngstown)州立大学。她和男朋友正在讨论结婚的问题。用她的话来说,她的生活"是基本的、传统的美国生活"。后来她因为背疼去医院检查,却发现自己携带艾滋病毒。

布莱克在两年前被一个血友病患者(比她大的男孩)传染了HIV病毒,最终导致了艾滋病。"他知道自己感染了,但他没有告诉我,"她说,"他也没有采取任何措施不让我感染。"(Becahy, 1992, p.49)

艾滋病 后来死于艾滋病的布莱克并不是唯一的一个。获得性免疫缺陷综合征或称艾滋病(AIDS),是一种导致年轻人死亡的主要疾病之一。艾滋病无法治愈,只要感染了艾滋病毒,必定导致死亡。

性传播感染 通过性接触传播的疾病。

由于艾滋病主要通过性接触传播,因此被归为**性传播疾病(sexually transmitted disease, STD)**。尽管它最初只影响同性恋人群,但很快传播到了其他人群,包括异性恋和静脉注射毒品者。少数族裔受到的影响更大:仅占人口18%的非裔和西班牙裔美国人大约占到了艾滋病例的40%。目前已经有2,500万人死于艾滋病,世界上还有3,300万患者(见图11-11; UNAIDS, 2009)。

其他性传播疾病 艾滋病是最致命的性传播疾病,此外还有一些其他更为常见的性传播疾病。实际上,四分之一的青少年在高中毕业前都会传染某种性传播疾病(见图11-12)。总体上,每年大约有250万青少年会传染这里所列的某种性传播疾病(Weinstock, Berman, & Cates, 2004):

最常见的性传播疾病是人乳头瘤病毒(human papilloma virus, HPV)。人乳头病毒可通过非性交形式的生殖器接触传递。绝大多数疾病都不表现出症状,但是人乳头瘤病毒会导致

克里斯塔·布莱克16岁时感染艾滋病毒,后来死于艾滋病。

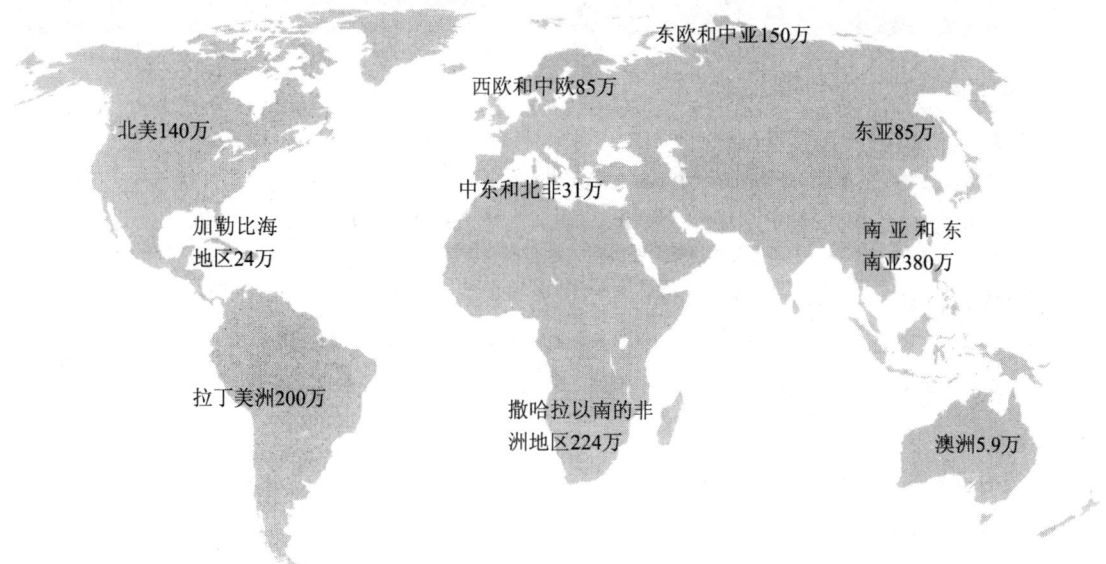

图 11-11 世界范围的艾滋病
携带艾滋病毒的人数在不同地区有较大差异。到目前为止，非洲和中东人数最多，但亚洲的患病人数正在增加。
（Source: UNAIDS & World Health Organization, 2009.）

生殖器疣，有时候还会导致子宫颈癌。现在有疫苗可以预防几种人乳头瘤病毒感染。美国疾病控制与预防中心（the U.S. Centers for Disease Control and Prevention）建议对11~12岁的女孩进行这类疫苗的常规接种——这一建议已经激起了政治上的轩然大波（Kahn, 2007; Casper & Carpenter, 2008; Caskey, Lindau, & Caleb, 2009）。

另一种常见的性传播疾病是滴虫病（trichomoniasis），它是由寄生虫引起的阴道或阴茎内部的感染。开始没有任何症状，最终会引起排尿和射精疼痛。衣原体疾病（chlamydia），是一种细菌引起的疾病。起初并没有什么症状，但后来会导致小便时有灼烧感，阴茎或阴道出现分泌物。该疾病还可能导致骨盆发炎甚至不育症。衣原体疾病可以通过抗生素进行治疗（Nockels & Oakeshott, 1999; Fayers et al., 2003）。

生殖器疱疹（genital herpes）与常常出现在嘴边的唇疱疹病毒很相似。症状首先是在生殖器周围出现水泡或疮，这些水泡可能会破裂而变得很疼。尽管几周后水泡会消失，但这个疾病会在

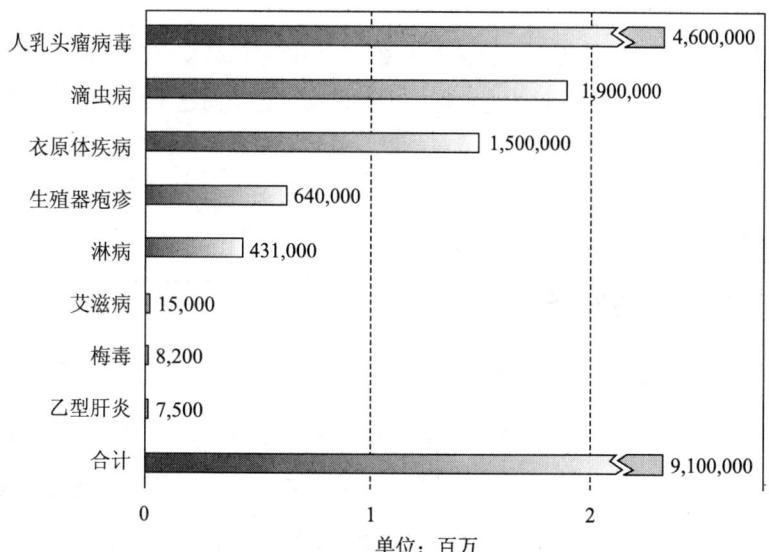

图 11-12 青少年中的性传播感染
为什么青少年尤其处在性传播感染的危险中？
（Source: Alan Guttmacher Institute, 2004; Weinstock, Berman, & Cates, 2006.）

> **表11-1 安全的性行为**
>
> 防止传染性传播疾病万无一失的方法是节欲。不过,如果遵循下列安全性行为指南,一个人可以显著降低传染性传播疾病的风险:
>
> - 了解你的性伙伴。在和某人发生性行为之前,了解他/她过去的性经历。
> - 使用安全套。安全套的使用极大地减少了艾滋病通过体液(精液或血液)的传播。
> - 避免体液交换(尤其是精液),避免肛交。艾滋病毒尤其可能通过直肠内部的细小裂伤传染。口交曾被视为相对安全的方式,现在也被认为有传染艾滋病毒的潜在危险。
> - 保持冷静。饮酒或使用药物会损害判断力,导致糟糕的决策——也增加了使用安全套的困难。
> - 避免高风险行为。像没有保护的肛交或毒品注射中的针头混用会大大增加艾滋病的风险。
> - 考虑一夫一妻的好处。与忠实的伴侣处于长期的一夫一妻关系中的人性传播感染的风险较低。

一段时间后复发,水泡重新出现,并不断循环重现。这种疾病也无法治愈,并且当水泡重新出现时是可传染的。

淋病(gonorrhea)和梅毒(syphilis)是最早发现的性传播疾病,在古代就有案例记录。在抗生素面世之前,这两种疾病都是致命的,现在都可以进行非常有效的治疗。

传染性传播疾病不仅是青春期的一个直接问题,而且也可能成为日后生活的一个问题。其中一些疾病增加了未来不育和罹患癌症的可能性。

避免性传播感染 除了节欲,没有其他方法肯定能避免性传播疾病。不过有些事情如果做到能让性行为变得更安全(见表11-1)。

然而,即使青少年已经受到大量的性教育,但安全性行为仍然远远没有普及。正如本章之前讨论的,青少年倾向于感到自己是不可战胜的,因而更可能做出危险行为,并且认为他们传染性传播疾病的可能性非常小。如果青少年认为他们的性对象是"安全"的——某个他们熟悉而且建立了相当长久关系的人,则尤其如此。

不幸的是,除非个体知道伴侣完整的性史和感染现状,否则无保护的性行为仍然是有风险的。了解伴侣的完整性史十分困难。这个问题十分尴尬,并且伴侣的回答可能并不准确,或者是因为他们自己也蒙在鼓里,或是出于尴尬,或为了维护隐私,或者只是忘记了。结果,性传播疾病还是青少年中的一个重大问题。

复习和应用

复习

- 非法药物的使用在青少年中很普遍,它是一种寻找快感、避免压力或得到同伴赞许的途径。
- 酒精的使用在青少年中同样普遍,它可以使自己变得像成年人,或者减轻对自己的抑制。
- 尽管青少年普遍知道吸烟的危害,但他们还是经常吸烟来提高自己的形象或效仿成年人。
- 艾滋病是最严重的性传播疾病,最终将导致死亡。安全的性行为或节欲能够防止艾滋病,但青少年常常忽视这些策略。

- 其他性传播疾病，如衣原体疾病、生殖器疱疹、滴虫病、淋病和梅毒也对青少年造成影响。

应用毕生发展

- 青少年对自我形象的关注以及他们认为自己是注意的焦点这一认知，将如何影响吸烟和酒精使用？

- **从一个保健工作者的视角看问题**：为什么青少年的认知能力（如推理能力、系统化的思维能力）在不断发展，他们却还在进行着各种不理智的行为（如毒品和酒精滥用、烟草使用，以及不安全的性行为）？你将如何利用青少年的认知能力来制定一些计划帮助预防这些问题？

结语

 青春期称为人生的重大转折期是一种不充分的说法。本章探讨了青少年的身体、心理和认知方面所发生的巨大变化，以及进入青春期和经历青春期给他们带来的种种影响。

在进入下一章之前，让我们回顾本章前言中的卢克·沃斯。根据你现在所知晓的青春期的知识，回答下面有关他的问题：

（1）卢克的生活中充满了各种各样的活动，这可能给他带来了很大的压力。这种压力有何短期和长期影响？

（2）卢克如何减少他生活中的压力？

（3）健康相关的风险是青春期的特征，你认为卢克参与橄榄球运动会让他更容易还是更不容易受到这类风险的影响？为什么？

（4）你会使用什么样的论证说服卢克避免青春期典型的健康风险？

- **青少年将经历哪些身体变化？**

- 青春期将进入身体的快速生长期，女孩通常在10岁左右，而男孩在12岁左右。

- 女孩大约从11岁开始进入发育期，男孩大约13岁左右。发育期的身体变化常常伴有心理效应，如自尊和自我觉知的提高，以及对性的困惑和不确定。

- **早熟和晚熟的后果是什么？**

- 早熟对男孩和女孩有着不同的影响。对于男孩来说，身材更加高大能够导致运动竞技能力的增强、更受欢迎以及更高的自我概念。对于女孩来说，早熟可能导致在更大男孩中更受欢迎，社会生活更加丰富，但也会对自己突然变得与众不同的身体感到尴尬。

- 从短期来看，晚熟可能成为身体和社会方面的劣势，从而影响男孩的自我概念。晚熟的女孩可能被同伴所忽视，但这种不利情况不会持续太久，甚至最终会从中获益。

青少年具有什么样的营养需要？

- 大多数青少年只要摄入适当的食物就可以满足身体成长的营养需要，但有些青少年则变得肥胖或超重。对肥胖的过度关注会导致一些青少年，尤其是女孩形成进食障碍，如神经性厌食症和贪食症。

青春期的认知能力以何种方式进行发展？

- 青春期认知能力的发展十分迅速，表现为抽象思维、推理以及相对地而非绝对看待可能性能力的增长。

- 青春期对应于皮亚杰认知发展的形势运算阶段，人们在形式运算阶段开始进行抽象思维和科学推理。

- 根据信息加工理论，青春期的认知发展是循序渐进发展的，涉及记忆能力、心理策略、元认知以及其他认知功能的发展。

- 青少年的元认知也得到发展，使得他们能够监控自己的思维过程并且精确估计自己的认知能力。

- 青少年日益增长的认知能力也可能促成青少年自我中心主义，这是和青少年逐渐将自己视为独一无二的个体有关的自我热衷状态。自我中心主义使得青少年很难接受批评和容忍权威人物。他们可能会对着重要观察者的假想观众进行表演，并且发展出个人神话。

哪些因素会影响青少年的在校表现？

- 青少年的在校成绩呈现下降的趋势。在校成就和社会经济地位及种族有关。虽然很多学业成就的差异可以归因为社会经济因素，对成功因素的归因模式以及对学业成功与事业成功之间关系的信念体系也是因素之一。

青少年会使用哪些危险物质？为什么？

- 非法药物、酒精、烟草的使用在青少年中十分普遍，其原因在于青少年追求快感、逃避压力，渴望反抗权威，或是效仿角色榜样。

青少年性行为有哪些危险？如何避免？

- 艾滋病是造成年轻人死亡的最主要原因之一，尤其对少数族裔影响更为严重。青少年的行为模式和态度，如羞怯、自我热衷、认为自己不可能被伤害的个人神话，使得他们在进行性活动时不愿采取可以防止艾滋病的安全措施。

- 其他性传播感染，包括衣原体疾病、生殖器疱疹、滴虫病、淋病和梅毒，也经常出现在青少年群体中。这些疾病也可以通过安全性行为和节欲来预防。

关键术语和概念

青春期（adolescence, p.414）　　　　　发育期（puberty, p.416）

月经初潮（menarche, p.416）　　　　　长期趋势（secular trend, p.417）

初级性征（primary sex characteristics, p.417）

次级性征（secondary sex characteristics, p.417）

神经性厌食症（anorexia nervosa, p.421）　贪食症（bulimia, p.422）

形式运算阶段（formal operational stage, p.426）

信息加工观点（information-processing perspective, p.429）

元认知（metacognition, p.429）

青春期自我中心主义（adolescent egocentrism, p.430）

假想观众（imaginary audience, p.430）　个人神话（personal fables, p.430）

成瘾药物（addictive drugs, p.438）　　　酗酒者（alcoholics, p.439）

性传播疾病（sexually transmitted disease, STD, p.442）

我的发展实验室

登录我的发展实验室，获取更多复习资料，外加我的虚拟孩子、练习测试、视频、闪光呈现卡及其他。

12 青春期的社会性和人格发展

本章概要

12.1 同一性："我是谁？"
　　自我概念：我是怎样的人？
　　自尊：我有多喜欢自己？
　　同一性形成：变化或危机？
　　玛西亚关于同一性发展的理论：对埃里克森观点的更新
　　宗教和灵性
　　抑郁和自杀：青少年的心理问题

● 从研究到实践

● 成为发展心理学知识的明智消费者

12.2 关系：家庭和朋友
　　家庭纽带：变化着的关系
　　同伴关系：归属的重要性
　　受欢迎与被拒绝
　　顺应：青春期的同伴压力
　　青少年行为不良：青春期的犯罪行为

12.3 约会、性行为和青少年怀孕
　　约会：21世纪的亲密关系
　　性关系
　　异性恋、同性恋以及双性恋
　　青少年怀孕

前言：青少年的技术使用

孩："嗨……嗯。说什么呢？我不知道（大笑）。我离开一会儿……你很特别，哈哈。"

男孩："嗨……我不知道说什么好，不过至少我写了点东西……"

这不是什么莎士比亚的对白。但是在数字化交流的勇敢新世界中，这些信息——发布在这两个青少年各自的Facebook主页上——是一次浪漫事件的开始。在起初的网上调情之后，两个青少年最后会开始约会（Lewin, 2008, p. A20）。

虽然青少年的社会生活形式多种多样，但某些特定的仪式却是相同的。

预览

Facebook、MySpace、博客、推特（Twitter）、短消息和手机，数字化交流的选择看起来无穷无尽。尽管事情已经足够复杂了，然而这些新的表达和互动方式为生命中的一个阶段——青春期又增加了一层复杂性。现在青少年必须应对被人用短消息分手的耻辱，或者分析社交网站页面上发布的暧昧帖子的意思。

尽管人们将青春期看做迷茫和反抗的时期，然而，越来越多的研究表明，大多数人在度过这个时期时并不是很混乱。尽管他们可能"尝试"不同的角色，做出一些父母不能接受的轻率行为，但是大多数青少年发现青春期是个令人兴奋的时期，因为在这个阶段里，友谊开始形成、亲密关系得到发展，他们对自己的感受也加深了。

这并不是说，青少年所经历的这个转折时期不具有挑战性。正如我们讨论人格与社会性发展那样，在本章中，我们将要看到，青少年在应对世界的方式上发生了显著的变化。

我们将从青少年是如何形成有关自己的观点开始讨论，我们将探讨自我概念、自尊和同一性的发展，我们还会考察两个严重的心理问题：抑郁和自杀。

接下来，我们将讨论青春期中的关系，如青少年如何在家庭中重新定位自己，家庭成员的影响在某些领域中是如何下降的，而同时，同伴又是如何在该领域中形成了新的重要地位。我们也会考察青少年与朋友互动的方式，以及受欢迎程度是如何形成的。

最后，当我们考察约会及亲密关系在青少年生活中所扮演的角色时，本章将会探讨约会和性行为。接下来，将会讨论性行为和约束青少年性生活的标准。最后我们将探讨青少年怀孕问题以及对意外怀孕的预防计划。

读完本章之后，你将能够回答下列问题：

- 自我概念、自尊和同一性在青春期是如何发展的？
- 当青少年处理青春期的压力时，他们面临怎样的危险？
- 与家庭和同伴间关系的质量是如何在青春期发生变化的？
- 青春期的性别关系是怎样的？
- 青春期中青少年的受欢迎和不受欢迎意味着什么？青少年如何对同伴压力做出反应？
- 青春期中约会的功能和特点是什么？
- 青春期的性行为是如何发展的？

12.1 同一性："我是谁？"

"13岁是一个艰难的年龄，非常艰难。虽然很多人说你是个孩子，所以，你可以轻松度过13岁，但是你在13岁要面临很多压力——在学校里要受到人们的尊敬，要被同学喜欢，总是感觉自己不得不成为一个好学生。此外，还有沾染毒品的压力，所以，你必须努力不向这些压力屈服。然而，你又不愿被取笑，所以，你不得不装得很酷。你必须穿上适当的鞋子，适当的衣服。"——卡洛斯·金塔纳（Carlos Quintana）（1998, p.66）。

13岁的卡洛斯·金塔纳展示出一种鲜明的自我意识，来评价他在社会和生活中新形成的位置。在青春期，诸如"我是谁"和"我属于这个世界上哪个地方？"这样的问题开始放在首要位置。

为什么同一性问题在青春期变得如此重要？一个理由是青少年的智力能力变得更为成人化。他们可以通过与他人比较来认识自己，能够意识到他们是独特的个体，不仅独立于他们的父母，还独立于其他所有人。青春期中显著的生理变化使青少年敏锐地意识到自己的身体，并意识到他人正在以他们不习惯的方式对他们做出反应。无论什么原因，在十几岁时，青少年的自我概念和自尊常常发生至关重要的变化。总的来说，是他们对自身同一性的看法上的变化。

自我概念：我是怎样的人？

当让瓦莱丽（Valerie）描述她自己时，她说，"其他人认为我是无忧无虑的，不用去担忧什么事情。但实际上，我常常会紧张不安和情绪化。"

瓦莱丽对别人观点和她自己观点的区分代表了青春期的一种发展进步。在童年时，瓦莱丽已经根据一系列关于她的看法塑造了自己的特质，而在这些看法中，她尚未区分哪些是自己的，哪些是别人的。然而，青少年却能够做出这种区分，当他们试图描述自己是谁时，他们能将自己的观点和他人的观点综合起来考虑（Cole et al., 2001; Updegraff et al., 2004）。

青少年对自己是谁的理解日益增长，而其中一个方面就是以更广阔的视角看待自己。他们可以同时看到自己的不同方面，而且，这种关于自己的观点变得更有组织性和一致性。他们以心理学家的视角看待自己，不仅将特质看做具体的实体，还看做抽象概念（Adams, Montemayor, & Gullotta, 1996）。例如，相比年幼儿童，青少年更可能根据自己的意识形态（如说"我是一个环保主义者"）而不是生理方面的特性（如说"我是班里跑得最快的人"）来描述自己。

然而，在某种意义上，这种更广的、更为多面的自我概

青少年综合自己的和他人的观点思考自己是谁。

念让人喜忧参半，尤其是在青春期开始的头几年。那个时候，青少年可能为他们个性的复杂性所困扰。例如，在青春期早期，青少年可能想以一种特定的方式来看待自己（"我是一个好交际的人，喜欢和他人待在一起"）。当他们的行为与他们的观点不一致的时候，他们可能变得忧虑（"尽管我想变得好交际，但有的时候，我不能忍受待在朋友的周围，只想一个人待着"）。然而，在青春期末期，他们发现能够更容易地接受不同情境引发的不同行为和感受（Trzesniewski, Donnellan, & Robins, 2003; Hitlin, Brown, & Elder, 2006）。

自尊：我有多喜欢自己？

"知道自己是谁"和"喜欢自己是谁"是两回事。虽然青少年在理解他们是谁（他们的自我概念）方面越来越准确，但这种知识并不能保证他们更喜欢自己（他们的自尊）。事实上，他们在理解自己方面越来越准确的知识使得他们可以全面地看待自己，如实描绘自己。他们根据这种知觉去行事，正是这种知觉引导他们发展出他们的自尊。

同样地，这种认知复杂性不但使青少年能区分自我的各个方面，也引导着他们用不同的方式来评价这些方面（Chan, 1997; Cohen, J., 1999）。例如，一位年轻人可能在学业表现方面有高自尊，但在与他人的关系方面有低自尊。或者可能相反，正如这位处于青春期的女孩所说的：

> 我有多喜欢自己这样的人呢？好吧，我喜欢自己的一些方面，但不喜欢其他的一些方面。我喜欢的是自己受大家欢迎，因为拥有朋友对我来说非常重要。但在学校中，我不如那些非常聪明的孩子。不过，这也没什么大不了的，因为如果你太聪明，你就会失去你的朋友。所以，聪明并不那么重要，除了对于父母而言。当我做得并不像他们所期望的那样好时，我觉得自己令他们失望了（Harter, 1990b, p. 364）。

在自尊方面的性别差异 哪些因素会影响青少年的自尊？其中一个因素是性别。尤其是在青春期早期，女孩的自尊往往比男孩更低、更脆弱（Ah-Kion, 2006; Heaven & Ciarrochi, 2008; McLean & Breen, 2009）。

其中一个原因是，与男孩比起来，除学业成就外，女孩往往对身体外表和社交成功更加在意。虽然男孩对这些也很在意，但他们的态度更为随意。而且，社会信息暗示女性的学业成就是社会成功的绊脚石，这就将女孩置于一个艰难的困境中：如果她们的学业非常不错，那么就阻碍了她们在社交上的成功。这就难怪青春期女孩的自尊会比男孩更加脆弱（Unger, 2001; Ricciardelli & McCade, 2003; Ata, Ludden, & Lally, 2007）。

虽然一般来说，青春期男孩的自尊高于女孩，但男孩有他们自己脆弱的地方。例如，社会的刻板性别预期可能使男孩感觉到，他们应该总是表现出自信、坚强和无所畏惧。男孩面临困难时，如不能组建一支球队，或者想要和一个女孩约会却遭到拒绝，由于他们没能满足社会刻板预期，可能不仅会因失败而感到痛苦，还会感到自己无能（Pollack, 1999; Pollack, Shuster, & Trelease, 2001）。

自尊的社会经济地位和种族差异 社会经济地位（SES）和种族因素也会影响自尊。高SES的青少年比低SES的青少年有更高的自尊，在青春期中后期尤其如此。这可能是因为社会地位因素显著提升了个体的地位和自尊——例如，有更昂贵的衣服或汽车——而这在青春期后期变得更引人注目（Van Tassel-Baska, Olszewski, Kubilius, & Kulieke, 1994）。

种族也会对自尊造成影响,但由于对少数族裔的不公待遇有所减少,种族因素的影响也减弱了。早期的研究认为,少数族裔的地位可能导致更低的自尊,这一点最初得到了研究的支持。研究者解释说,非裔和西班牙裔美国人的自尊之所以比白人低,是因为社会中的偏见使得他们感到不被喜欢和遭被拒绝,并且这种感受被整合至他们的自我概念中。较近期的研究描绘了一个不同的情景。大多数研究认为,在自尊水平上,非裔美国青少年与白人没有什么差异(Harter, 1990b)。为什么会这样呢?一种解释是,非裔美国人团体中的社会运动提升了种族自豪感,从而有助于提升非裔美国青少年的自尊。研究发现,非裔和西班牙裔美国人中更强的种族认同感和更高的自尊水平相关(Gray-Little & Hafdahl, 2000; Verkuyten, 2003; Phinney, 2008)。

不同种族青少年自尊水平的总体相似性的另一个原因是,青少年一般偏好和优先注意他们生活中所擅长的那些方面。因此,非裔美国青少年可能集中于那些他们认为最让自己满意的方面,并且通过在这些方面取得成功来获取自尊(Gray-Little & Hafdahl, 2000; Yang & Blodgett, 2000; Phinney, 2005)。

最后,自尊可能不仅仅受到种族单一因素的影响,还受到很多因素复杂组合的综合影响。例如,有些发展学家同时考察了种族和性别因素,创造出"种族性别"(ethgender)这个术语来指种族和性别的共同影响。一项同时考察种族和性别的研究发现,非裔和西班牙裔美国男性的自尊水平最高,而亚裔美国女性和美国印第安人女性自尊水平最低(Romero & Roberts, 2003; Saunders, Davis, & Williams, 2004; Biro et al., 2006)。

Source: Doonesbury © 1997, G. B. Trudeau. Reprinted with permission of Universal Press Syndicate. All Rights Reserved.

同一性形成：变化或危机？

根据第十章讨论过的埃里克森的理论，当青少年面对青春期同一性危机时，对同一性的寻求不可避免地使一些青少年体验到真切的心理混乱（Erikson, 1963）（表12-1总结了埃里克森理论的各个阶段）。埃里克森的理论认为，在青春期，青少年试图弄清楚他们自己的独特性——由于青春期认知能力的发展，这件事他们做得越来越熟练。

埃里克森认为，青少年努力发现他们独特的优点和缺点，以及他们在未来生活中能扮演的最好的角色。这种发现过程常常包括"尝试"不同的角色或选择，来看看这些角色和选择是否符合自己的能力和观点。在这个过程中，青少年通过在个性、职业、性和政治的承诺方面缩窄他们的选择来试图理解自己是谁。埃里克森将此称为**同一性对同一性混乱阶段**（identity-versus-identity confusion stage）。

在埃里克森的观点中，青少年如果在寻找适当同一性的过程中遇到阻碍，可能会以某些方式脱离同一性形成过程。他们可能通过扮演社会所不接受的角色作为表达他们所不想成为的那种人的一种方式，或是在形成和维持长期亲密关系上有困难。一般而言，他们对自我的感觉变得"分散"，无法组织起一个集中的、统一的核心同一性。

另一方面，那些成功地形成了适当同一性的人为自己设置了一条路线，为未来的心理发展奠定了基础。他们了解自己独特的能力，并相信这些能力，然后发展出对自己是谁的准确感知。他们已准备好铺设出一条将充分利用他们独特力量的道路（Blustein, & Palladino, 1991; Archer & Waterman, 1994; Allison & Schultz, 2001）。

同一性对同一性混乱阶段 青少年寻找和确定自己区别于他人的独特方面的过程。

社会压力和对朋友及同伴的依赖 好像青少年自己生成的同一性问题还不够难似的，在同一性对同一性混乱阶段的社会压力同样很高，正如任何一名学生反复被父母和朋友问到"你学什么专业？"和"当你毕业时，你打算做什么？"时所体会到的那样。在决定高中毕业后是去找工作还是读大学时，青少年感受到了压力。如果他们选择工作，还要面临选择哪种职业的压力。到目前为止，他们接受的教育生涯是由美国社会所安排的，社会为他们铺设了一条统一的教育路线。然而，这条路线在高中时终止，因此，青少年就要面临未来道路的艰难选择。

在这个阶段，青少年越来越依赖他们的朋友和同伴作为信息来源。同时，他们对成人的依赖程度有所下降。正如我们在本章后面部分将要讨论的，这种对同伴群体依赖性的增长使得青少年能够形成亲密关系。将自己与他人作比较，有助于他们弄清自己的同一性。

青少年期强烈的种族认同感与更高的自尊水平相关。

对同伴的依赖有助于青少年明确自我的同一性并学习建立关系,这正是埃里克森所提出的这一心理发展阶段与下一阶段"亲密对疏离"之间的桥梁。这种依赖同样与同一性形成中性别差异的主题有关。当埃里克森发展他的理论时,他认为男性和女性经历同一性对同一性混乱阶段的情况不太相同。男性更有可能以表12-1所呈现的顺序经历社会性发展阶段,即在承诺对另一个人的亲密关系之前发展出稳定的同一性。相反,他认为女性的顺序正好倒过来。她们先寻求发展亲密关系,然后通过这些关系形成她们的同一性。这些观点在很大程度上反映了埃里克森提出理论时的社会环境条件,那时,女性较少上大学或创立自己的事业,常常很早就步入婚姻。然而在今天,男孩和女孩在同一性对同一性混乱阶段的体验似乎比较类似。

心理的延缓偿付期 由于同一性对同一性混乱阶段的压力,埃里克森认为,很多青少年追求一种"心理的延缓偿付期"。心理的延缓偿付期(psychological moratorium)是青少年推迟承担即将面临的成人责任,探索各种角色和可能性的一个时期。例如,很多大学生用一个学期或一年旅游、工作或其他方式来考察他们的优先选择。

在同一性对同一性混乱阶段,青少年通过缩减个性、职业、性和政治方面的承诺并对此做出选择来试图理解他们是谁。可以将这个阶段应用于其他文化下的青少年身上吗?为什么?

另一方面,尽管这种心理的延缓偿付期使得青少年能够对各种同一性进行相对自由的探索,但由于现实的原因,很多青少年不能追求这种心理的延缓偿付期。有些青少年由于经济原因,必须在放学后去打工,并且在高中毕业后就必须立即参加工作。结果,他们很少有时间去探索各种同一性,进入心理的延缓偿付期。这是否意味着这些青少年在心理上将受到损害呢?可能不会。实际上,可以在上学的同时成功地维持一份兼职工作的满意感将是一种有效的心理回报,并超过了无法尝试各种角色的失败感。

表 12-1 埃里克森阶段论的总结

阶段	适当的年龄	正性结果	负性结果
1. 信任对不信任	出生至1.5岁	从周围环境的支持得到信任感	对他人感到害怕和不安
2. 自主对羞愧怀疑	1.5~3岁	如果探索得到鼓励,会有自我效能感	怀疑自己,缺乏独立性
3. 主动对内疚	3~6岁	发现发起行动的方式	对行为和想法感到内疚
4. 勤奋对自卑	6~12岁	能力感的发展	自卑感、缺乏掌控感
5. 同一性对同一性混乱	青春期	自我独特性的觉知、获得生活中应扮演角色的知识	不能识别在生活中所应扮演的角色
6. 亲密对疏离	成年早期	亲密关系、性关系和友谊的发展	恐惧和他人之间的关系
7. 再生力对停滞	成年中期	对生命连续性贡献的觉知	个人行为的琐碎化
8. 自我完善对失望	成年晚期	对人生成就的统一感	对人生中所失机会的后悔

(Source: Erikson, 1963.)

根据玛西亚的理论，在选择致力于某个行动过程或意识形态的青少年身上可以看到心理健康同一性的发展。

埃里克森理论的局限 对于埃里克森理论的一个批评是，他使用男性的同一性发展模式作为比较女性同一性的标准。特别是，他将男性只有在实现稳定同一性之后才发展亲密关系看做正常的模式。对于评论者而言，埃里克森的理论是基于以男性为导向的个性和竞争概念的。心理学家卡罗尔·吉利根（Carol Gilligan）提出了另一种观点，认为女性是在关系的建立中发展出同一性的。在这种观点中，女性同一性的核心成分是自己和他人之间关怀网络的建立（Gilligan, Brown, & Rogers, 1990; Gilligan, 2004; Kroger, 2006）。

玛西亚关于同一性发展的理论：对埃里克森观点的更新

以埃里克森的理论为出发点，心理学家詹姆斯·玛西亚（James Marcia, 1966, 1980）认为可以根据两种特性——危机或承诺来看待同一性：存在或缺失。危机（crisis）是同一性发展的一个阶段，在这个阶段中，青少年有意识地在多种选择中做出抉择。承诺（commitment）是对一种行动或思想意识过程的心理投资。例如，我们可以看到以下两名青少年的差异：一名青少年在不同的活动之间换来换去，没有哪个活动持续时间长过几个星期；而另一名青少年则完全投入到无家者收容所的志愿者工作中（Marcia, 2080; Peterson, Marcia, & Carpendale, 2004）。

表 12-2 玛西亚青少年发展的四种状态

		承诺	
		存在	缺失
危机/探索	存在	同一性获得 "我爱动物，我要成为一名兽医。"	同一性延缓 "我准备去商场工作，同时想一想下一步做什么。"
	缺失	过早自认 "我要像妈妈那样，成为一名律师。"	同一性扩散 "我对做什么没什么头绪。"

（Source: Marcia, 1980.）

玛西亚在对青少年开展了深度访谈后，提出了四种青少年同一性类型（见表12-2）。

同一性获得（identity achievement） 处于这种同一性阶段的青少年已经成功地探索及思考过他们是谁和自己想做什么的问题。在思考各种选择的危机阶段后，这些青少年已经确定了某一特定同一性。已经达到这种同一性阶段的青少年往往心理最为健康，相比处于其他任何同一性阶段的青少年，他们的成就动机更高，道德推理也更强。

过早自认（identity foreclosure） 有些青少年还没有经历过对各种选择进行探索的危机阶段，就已经形成同一性。他们接受的是别人为他们做出的最好决定。这种类型中典型的情况是：儿子进入家族企业，因为这是他人所期待的；而女儿决定成为一名医生也仅仅是因为母亲就是医生。尽管过早自认者并不一定会不开心，但他们往往具有所谓的"刚性力量"：他们是快乐的和自我满足的，他们也有对社会赞许的高度需要，并倾向于成为独裁的个体。

同一性延缓（moratorium） 虽然处于同一性延缓阶段的青少年在一定程度上探索了各种选择，他们仍然还没有做出承诺。因此，玛西亚认为，他们表现出相对较高的焦虑，并体验着心理冲突。另一方面，他们往往是活跃和有魅力的，寻求与他人发展亲密关系。位于该同一性阶段的青少年正在努力解决同一性问题，但只有经过一番努力后才能达到同一性。

同一性扩散（identity diffusion） 处于这一阶段的青少年既不探索也不去思考各种选择。他们容易变来变去，从一种事转到另一种事上。根据玛西亚的说法，当他们似乎无忧无虑的时候，对承诺的缺乏损害了他们建立亲密关系的能力。实际上，他们通常表现出社会性退缩。

应当注意的是，青少年并不局限于这四种分类中的一种，这一点很重要。实际上，有些青少年以被称为"MAMA"（moratorium—identity achievement—moratorium—identity achievement）循环的方式，在同一性延缓和同一性获得两个状态之间摆来摆去。例如，即使一个过早自认者可能在没怎么积极思考的情况下，就在青春期早期确定了职业道路，但是，他/她仍可能在后来重新评价这个选择，并且进入另一种状态。因此，对于某些个体来说，同一性可能在过了青春期之后才得以形成。然而，对于大多数人而言，同一性形成于20岁之前或之后（Kroger, 2000; Meeus, 1996, 2003）。

宗教和灵性

你曾经想过为什么上帝要造出蚊子吗？如果他知道那将会造成多少麻烦，为什么上帝要给亚当和夏娃背叛的能力？人们可以先被拯救，之后又失去拯救他们的东西吗？宠物会上天堂吗？

正如这个博客上所发布的，在青春期阶段，人们开始询问关于宗教和灵性的

同一性获得 青少年在考虑了各种选择后对某一特定同一性做出承诺的状态。确定自己区别于他人的独特方面的过程。

过早自认 青少年在没有充分探索各种选择的情况下过早地承诺某种同一性的状态。

同一性延缓 青少年可能在一定程度上探索了各种同一性选择，但是还没有对某一特定选择做出承诺。

同一性扩散 青少年考察各种同一性选择，但是没有对某个选择做出承诺，或者还在思考的状态。

问题。宗教对很多人都很重要,因为它提供了一种满足灵性需求的正式手段。灵性(spirituality)是对更高的存在(如上帝、自然或某些神圣的事物)的附属感。尽管灵性需求通常与宗教信仰相关联,但它们也可以是独立的。很多人认为自己是有灵性的,但他们并不参加正式的宗教活动或信仰任何宗教。

因为青春期阶段青少年的认知能力得到发展,他们得以对宗教事务进行更加抽象的思考。此外,由于对有关同一性的一般问题十分重视,他们可能会质疑自己在宗教上的同一性。在儿童期毫无疑问地接受了自己在宗教上的同一性之后,青少年可能会更加批判性地看待宗教,并试图让自己远离正式的宗教信仰。在其他情形中,他们的宗教附属感可能会进一步加强,因为它提供了"为什么我在这个世界上?"和"生命的意义是什么?"这类抽象问题的答案(Good & Willoughby, 2008; Kiang, Yip, & Fuligni, 2008)。

根据詹姆斯·福勒(James Fowler)的观点,我们对宗教信仰和灵性的理解和实践要经过一系列的阶段,持续一生。在儿童期,个体对上帝和圣经人物持有的看法是停留在书面上的。例如,儿童可能认为上帝住在天上,而且能够看见每个人在做什么(Fowler & Dell, 2006)。

在青春期,对灵性的看法变得更加抽象。随着同一性的建立,青少年一般会发展出一套关键的信仰和价值观。另一方面,在许多情形中,青少年对其观点的思考既不深刻也不系统,直到后来他们变得深思熟虑了。

成年以后,人们一般进入信仰的个性化—深思阶段(individualize-reflective stage of faith)。此时,人们会认真思考自己的信仰和价值观。他们明白自己的观点只是许多观点中的一种,并且认为关于上帝的很多观点都是可能的。最终,宗教信仰发展到最后一个阶段——连接阶段(conjunctive stage),此时,个体发展出对宗教和人性的包罗广泛的看法。他们将人性视为一个整体,并努力提升全体的福祉。在这个阶段,他们会超越正式的宗教信仰,对全世界的人类持有一致的看法。

抑郁和自杀:青少年的心理问题

布里亚纳·卡米莱里(Brianne Camilleri)拥有一切:两位负责的父母、一个关心自己的哥哥,以及靠近波士顿舒适的家。但这些并不能阻止她在九年级时出现越来越严重的绝望感觉。"就好像到哪都有一块乌云跟着我,"她说,"令我无法摆脱"。

布里亚纳开始喝酒和沾染毒品。一个星期天,她在当地一家百货商场偷东西时被抓,妈妈琳达开车把她带回了家。布里亚纳描述车上的情况是"刺骨的沉默"。脑中的阴云是如此浓重,以致她相信自己再也见不到光明了。布里亚纳径直来到浴室,吞下所有她可以吞下的泰诺(Tylenol)和布洛芬(Advil),一共74片。仅仅才14岁,她就想结束自己的

25%~40%的女孩和20%~35%的男孩在青春期有短暂的抑郁体验,尽管重度抑郁的发生率非常低。

生命（Wingert & Kantrowitz, 2002, p. 54）。

虽然到目前为止，大多数青少年能经受住寻找同一性的挑战，就像在其他阶段面临的挑战一样，并没有出现严重的心理问题。但对有些人来说，青春期的压力特别大。实际上，有些个体会发展出严重的心理问题。两种最为严重的是青少年抑郁和自杀。

在过去的30年中，青少年的自杀率已经翻了三倍。图为在一名同学自杀后，这些女孩在互相安慰。

青少年抑郁 任何人都有伤心和心情低落的时期，青少年也不例外。一段关系的结束、在重要任务上的失败，以及所爱之人的死亡，所有这些事情都会让人产生伤心、失落和悲伤的深刻体验。在这些情况下，抑郁是一种很典型的反应。

抑郁在青少年中有多普遍呢？超过四分之一的青少年报告，他们连续两个星期或更长时间感到如此悲伤或者绝望，以致他们停止了正常的活动。几乎三分之二的青少年说，他们在某个时候体验过这种情绪。另一方面，只有很少一部分青少年——约3%——罹患重度抑郁（major depression）。这是一种完全的心理障碍，抑郁程度很严重，持续时间很长（Grunbaum et al., 2001; Galambos, Leadbeater, & Barker, 2004）。

在抑郁比例上，同样也可以发现性别和种族的差异。和成年人一样，平均而言，女性青少年比男性青少年体验更多的抑郁。有些研究已经发现，非裔美国青少年比白人青少年的抑郁比例更高，但不是所有的研究都支持这个结论。美国印第安人也有着更高的抑郁比率（Highttower, 2005; Li, DiGiuseppe, & Froh, 2006; Zahn-Waxler, Shirtcliff, & Marceau, 2008）。

严重的、长期的抑郁情况通常涉及生物因素。虽然某些青少年在遗传上倾向于罹患抑郁症，但与青少年生活中显著变化相关的环境和社会因素也是重要的影响因素。例如，经历过所爱之人去世的青少年，或者在酗酒或抑郁父母的抚养下长大的青少年都是抑郁的高危人群。此外，不受欢迎、几乎没什么亲密朋友、总是体验到拒绝等因素也和青少年的抑郁有关（Lau & Kwok, 2000; Goldsmith et al., 2000; Eley, Liang, & Plomin, 2004; Zalsman et al., 2006）。

关于抑郁，最令人困惑的问题之一是为什么女孩比男孩有更高的抑郁发生率。几乎没有什么证据表明这和荷尔蒙差异或特定基因有关。相反，一些心理学家推测，这是由于对传统女性性别角色的很多要求（这些要求有时相互矛盾）使得青春期女孩比男孩有更大的压力。例如，回忆一下我们在讨论自尊时提到的那个青春期女孩的例子，她对既要在学校学习好又要受欢迎而感到发愁。如果她感到学业成功阻碍了她的受欢迎程度，她便处于一种困境中，从而让她感到无助。除此之外，传统性别角色给予男性的地位仍然高于女性也是不争的事实（Gilbert, 2004; Hyde, & Mezulis, & Abramson, 2008; Chaplin, Gillham, & Seligman, 2009）。

在青春期，女孩抑郁水平普遍更高，这可能反映了应对压力方式的性别差异，而不是心境上的性

与普遍的信念相反，谈论自杀并不会对自杀产生鼓励作用。实际上，它确实有助于提供支持，并消除很多企图自杀者的隔绝感。

别差异。和男孩相比，女孩可能更倾向于通过转向内部来对压力做出反应，由此感到无助和绝望。相反，男孩会更多地通过把压力外化，变得更冲动或更具攻击性，或者使用毒品和酒精来释放压力（Hankin & Abramson, 2001; Winstead & Sanchez, 2005; Wisdom Agnor, 2007; Wu et al., 2007）。

青少年自杀　在近30年中，美国青少年自杀的比率已经翻了3倍。实际上，每90分钟就有一名青少年自杀，年自杀率是每100,000名青少年中有12.2人自杀。而且，报告的比率可能实际上低估了自杀的真实数字：父母和医护人员往往不愿意将死亡报告为自杀，而更愿意将其作为一次事故。即使在这种情况下，自杀也是15~24岁年龄段个体死亡排名第三的普遍原因，位于事故和他杀之后。然而，要牢记的是，虽然自杀的增长率在青春期比其他年龄段都要高，但自杀率的高峰却出现在成年晚期，这一点很重要（Healy, 2001; Grunbaum et al., 2002; Joe & Marcus, 2003; Conner & Goldston, 2007）。

尽管青春期女孩比男孩更频繁地尝试自杀，但男孩的自杀成功率更高。男性的自杀企图更可能导致死亡是因为他们更倾向于使用更为暴力的方式，如开枪自杀；而女孩更倾向于选择较平和的服用过量药物的方式。一些估计数据表明，在男孩和女孩200次的自杀行为中，只有一名自杀成功者（Joseph, Reznik, & Mester, 2003; Dervic et al., 2006; Pompili et al., 2009）。

过去几十年中，青少年自杀率增长的原因尚不清楚。最明显的解释是，青少年所经受的压力增加了，使得那些最脆弱的个体更可能自杀（Elkind, 1984）。但是，为什么只有青少年的压力在增长，在同样的时段，其他人群的自杀率却相对保持稳定？虽然我们仍不确定青少年自杀率为何升高，但清楚的是，有特定的因素增加了自杀的风险，其中一个因素就是抑郁。体验强烈绝望感的抑郁青少年面临更高的自杀风险（虽然大多数抑郁个体没有付诸自杀的行动）。此外，社会抑制、完美主义、高压力和焦虑水平与更高的自杀风险有关。在美国，枪支使用比其他工业化国家更为普遍，这也促使了自杀率的升高（见"从研究到实践"专栏；Goldston, 2003; Zalsman, Levy, & Shoval, 2008; Wright, Wintemute, & Caire, 2008）。

除抑郁外，某些自杀案例与家庭冲突、关系困难或学业困难有关。某些自杀源于虐待和忽视。毒品和酒精滥用者的自杀率也相对较高。如图12-1所示，那些因正在考虑自杀而拨打热线电话的青少年也提到了其他一些因素（Lyon et al., 2000; Bergen, Martin, & Richardson, 2003; Wilcox, Conner, & Caine, 2004）。

某些自杀似乎是由他人自杀所引起的。在连锁自杀（cluster suicide）中，一次自杀事件会引起其他人的自杀意图。例如，有些高中在一次自杀事件广为传播后出现了一系列的自杀事件。因此，

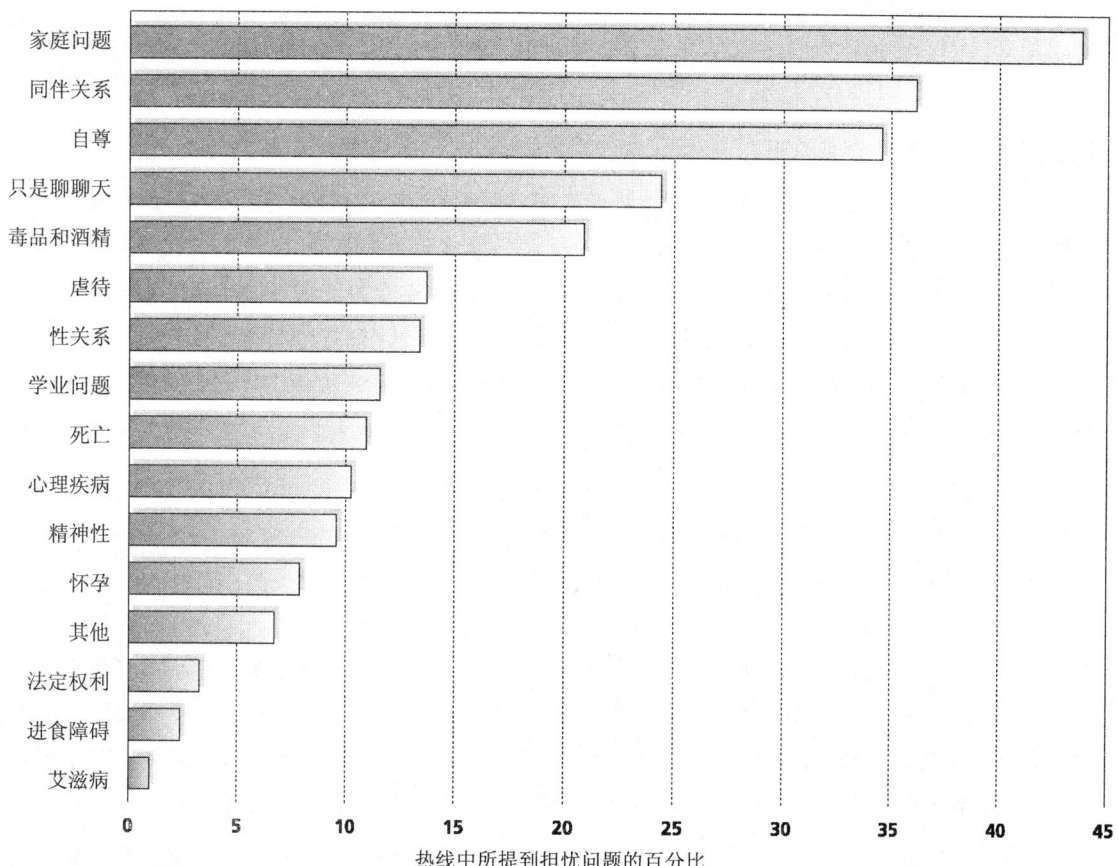

图 12-1 青少年的问题

根据对致电某一热线的电话内容,家庭、同伴关系和自尊问题是考虑自杀的青少年提得最多的问题。
(Source: Boehm & Campbell, 1995.)

很多学校设立了危机干预小组,用以在一名学生自杀时安抚其他学生(Arenson, 2004; Insel & Gould, 2008; Daniel & Goldston, 2009)。

以下是一些能够警示自杀可能性的迹象:

- **直接或间接地讨论自杀** 例如,"我要是死了就好了"或者"你不会再让我感到担心了"。
- **出现学业问题** 如旷课或留级。
- **做好安排,好像是准备一次长途旅行** 例如,散发自己的财物或者安排照顾好宠物。
- **写遗嘱**
- **没有食欲或过度饮食**
- **一般的抑郁** 包括在睡眠模式上的变化、缓慢迟钝和无精打采,以及沉默寡言。
- **行为上的明显变化** 例如,本来是个害羞的人,却突然过分活跃。
- **沉浸于音乐、艺术或文学中关于死亡的主题**

从研究到实践

善意的警告会促使青少年自杀吗？

17岁的迈克（Michael）不想自己最后变得像克伦拜恩杀手①那样疯狂和自我毁灭。这位马萨诸塞州的年轻人知道，当埃里克·哈里斯（Eric Harris）和迪伦·克莱伯德（Dylan Klebold）1999年在科罗拉多州的一所高中犯下谋杀暴行时，他们正在服用抗抑郁药物。迈克不想像他们那样突然精神崩溃。"他说就像是有一个坏人在他的左肩上，一个好人在他的右肩上，但是坏人一直在赢。"迈克尔的母亲洛林（Lorraine）回忆说。尽管深感痛苦，但迈克尔害怕抗抑郁药物会"让他发疯"。洛林则不太确定。在咨询专家之后，她在1月说服迈克尔尝试服用百忧解（Prozac），它是一种5-羟色胺选择性再摄取抑制剂（selective serotonin reuptake inhibitors, SSRI）。春天过完的时候，"好人"赢了：迈克尔第一次上了优等生名单（Dokoupil, 2009, p.48）。

为什么像迈克尔这样抑郁的青少年有这样的想法，认为可能减轻他痛苦的药物治疗是危险的？这是因为美国食品与药物管理局（the U.S. Food and Drug Administration, FDA）在2003年发布公告，警告说青少年接受这类抗抑郁药物治疗可能会增加自杀的风险。大约一年以后，FDA在这类药物的包装上强制性增加了一条警告，清晰地声明药物可以导致"儿童和青少年自杀想法和行为的风险性增加"。同时，围绕对抑郁的儿童和青少年使用抗抑郁药物的问题，产生了大量的争议和激动的情绪。一些儿童在开始药物治疗后自杀，促使FDA采取看起来更合理的谨慎措施（Dokoupil, 2009）。

但是这一行动似乎在无意中造成了负面后果。FDA的目的是让人们意识到，抗抑郁药物治疗可能会暂时性地提高患者在治疗开始后很快自杀的风险，从而患者和他们的家庭能够注意到这一风险，并采取预防措施。但是FDA没能表达清楚一点：未经治疗的抑郁症的危险性要比任何抗抑郁药物高得多——就是说，尽管特定的治疗有一些风险，但仍然比完全不治疗好。

不幸的是，一些青少年和他们的父母似乎被吓得不敢使用抗抑郁药物了。最近的一项研究显示，在警告实行以后，被诊断为抑郁症的青少年数量下降了。开给青少年的SSRI抗抑郁剂的处方数量少了一半，与此同时青少年自杀率上升了18%。人们担心的是，抑郁的青少年和他们的父母，以及他们的保健提供者过于在意FDA的警告，以致他们对于是否尝试抗抑郁药物疗法犹豫不决。但是人们已经为此付出了巨大的代价：他们的抑郁症没能得到治疗，自杀的青少年人数达到了创纪录的高度（Libby et al., 2007; Libby, Orton, & Valuck, 2009）。

好消息是FDA已经认识到它的警告正在被误读，并且已经采取行动来澄清这一点。修改后的警告现在包括了抗抑郁药物疗法的益处和风险，并指出抑郁这样的情绪障碍仍然是自杀的主要原因。如果修改后的警告不能改善事态，FDA会考虑完全撤销这个警告——一个非常少见的行动，但在这个情势下无疑是正当的（Dokoupil, 2009）。

- 为什么开始抗抑郁药物治疗会造成青少年自杀的风险暂时提高？
- 如果你正罹患抑郁症，为什么FDA的警告让你对是否尝试抗抑郁药物犹豫不决？为什么？

---

① 1999年4月20日，美国科罗拉多州杰佛逊县克伦拜恩中学（Columbine High School）发生的校园枪击事件。两名学生——埃里克·哈里斯和迪伦·克莱伯德配备枪械和爆炸物进入校园，枪杀了12名学生和1名教师，造成其他24人受伤，两人接着自杀身亡。这起事件被视为美国历史上最血腥校园枪击事件之一。

成为发展心理学知识的明智消费者

青少年自杀：如何预防

如果你怀疑一名青少年或者任何其他人正在考虑自杀，不要袖手旁观，行动起来！这里有一些建议：

- 和当事人交谈，不带判断地倾听。给他/她提供一个充分理解的场所，可以畅所欲言。

- 特别是谈论一些自杀的想法，询问以下问题：他/她是否有计划？他/她是否买了一支枪？这支枪在哪儿？他/她是否储存了药片？这些药片在哪儿？公众健康服务机构指出，"与普遍的信念相反，这种直白的交谈不会让当事人产生某些危险的想法或者鼓励当事人的自杀行为。"

- 评价情形的严重性，努力区分一般的心烦意乱和更严重的危险，如当事人是否已经制定出自杀计划。如果危机紧急，不要让他/她一个人待着。

- 表现出支持的态度，让这个人知道你关心他/她，努力消除他/她的隔绝感。

- 负责寻求帮助，而不要考虑侵犯到当事人的隐私。不要试图独自解决问题，立刻寻求专业人士的帮助。

- 保持环境安全，去除（而不仅仅是隐藏）潜在的武器，如枪支、剃须刀、剪刀、药品以及其他潜在危险的家居用品。

- 不要让关于自杀的交谈或关于自杀的威胁成为秘密；这些是寻求帮助的呼叫，应该立即采取行动。

- 在努力使他们认识到自己思维误区的过程中，不要使用挑战性的、威胁性的或打击性的言辞，这样会有悲惨的后果。

- 与当事人达成协议，得到他/她的一个承诺（写下来更好），即保证在你们的进一步交谈之前，不要有任何自杀企图。

- 不要过于安心情绪上的突然好转。这种看起来很快的恢复有时反映了最终决定自杀的释然，或者是和某人交谈后的暂时解脱，但最有可能的状况是，潜在的问题仍未解决。

若要寻求与自杀有关问题的立即帮助，请拨打（800）784-2433——全美自杀预防生命线，或（800）621-4000，这条全美热线配有训练有素的顾问。

复习和应用

复习

- 由于青少年关于自我的观点变得更加有组织、更广泛、更抽象，以及开始考虑他人的观点，青春期的自我概念发展得更为分化。

- 当青少年发展出用不同的价值标准来评判自我的不同方面时，他们的自尊也越来越分化。

- 埃里克森的同一性对同一性混乱阶段和玛西亚的四种同一性状态理论，都是集中探讨青少年如何努力确定同一性和社会角色的。
- 青少年面临的危险之一是抑郁，女性受其影响多于男性。
- 自杀是15~24岁年龄段第三大致死因素。

应用毕生发展

- 从依赖成人转向依赖同伴的后果是什么？有进步吗？有危险吗？
- **从一名社会工作者的视角看问题**：你相信玛西亚四种同一性状态理论中的所有状态都可以在生命后期引发重新评价和做出不同的选择吗？在玛西亚的发展理论中，有没有哪些状态对于贫困青少年来说更加难以达到？为什么？

12.2 关系：家庭和朋友

利娅（Leah）已经打扮好了自己，准备去参加人生中第一场真正的正式舞会。不过，衬衫确实有点损坏她装饰着珠子的黑色短裙的轰动性效果，但她坚持穿上这件衬衫来遮住她暴露的双肩。她正在生气，因为男朋友肖恩·莫菲特（Sean Moffitt）迟到了四分钟，而她的母亲琳达（Linda）居然拒绝让她在舞会结束后参加那里对男孩和女孩都开放的通宵聚会……利娅的父亲，乔治的建议是凌晨2点必须回来睡觉，利娅对此非常不满。肖恩则倾向于彻夜聚会，他强调这个聚会整个通宵都会有看护。利娅的母亲已经和舞会主人的妈妈谈过，认为参加一个对男女都开放的通宵聚会看起来"很怪异"，禁止了利娅这种突如其来的想法。利娅翻了个白眼，坚持道："又不是每个人真的都会去睡觉！"（Graham, 1995, p. B1）

青少年的社会比年幼儿童的要大很多。随着青少年与家庭外的人之间的关系变得越来越重要，他们与家庭成员的互动发生了变化，出现了新的特点，但是有时表现出互动困难（Collins, Gleason, & Sesma, 1997; Collins & Andrew, 2004）。

家庭关系：变化着的关系

当帕可·利扎伽瓦（Paco Lizzagara）进入初中时，他与父母的关系发生了显著的变化。在七年级中期时，他和家人良好的关系开始变得紧张起来。帕可觉得父母似乎常常"插手他的事情"。父母并没有给他更多的自由，而这正是他认为在13岁时应得的权利。相反，父母看起来似乎更加严厉。

帕可的父母可能会从另一个角度来看待这件事情。他们可能认为，自己并不是造成家庭关系紧张的原因，帕可才是。在父母看来，在帕可童年期的大多数时光中，他们与帕可建立了亲密、稳定和爱的关系。但帕可似乎突然间改变了好多，他们感觉被帕可从他的生活中排挤出去。而当帕可和他们说话时，却仅仅是批评他们的政治观点、穿着和他们对电视节目的偏好。对父母而言，帕可的行为令人烦恼和困惑。

对自主的探索　父母对青少年的行为有时会感到生气，而更多的是感到困惑。那些原来接受父母的判断、宣言和指导的孩子开始对父母的世界观产生疑问，有时甚至进行反抗。

这些冲突部分源于孩子和父母都必须面对的青春期的角色转变。青少年越来越多地寻求**自主（autonomy）**，即独立性和对其生活的控制感。大多数父母明智地认识到这种转变是青春期正常的一部分，代表了该时期的主要发展任务，他们通过多种方式来迎接这种变化，将之作为孩子成长的标志。然而，在很多情况下，要接受青少年的自主性日益增长的现实，对父母来说可能是困难的（Smetana，1995）。但是，明智地理解这种日益增长的独立性和同意青少年加入一个没有父母在场的聚会是两回事。对于青少年来说，父母的拒绝意味着对他们的信任或信心的缺乏。对于父母来说，这只是出于好意："我相信你，但我担心的是在那里的其他人。"

青少年寻求越来越多的自主性、独立性和对生活的控制感。

在大多数家庭中，青少年的自主性在青春期逐渐增长。例如，一项关于"青少年对父母看法的变化"的研究发现，增长的自主性使他们更多地从父母的角度来看待自己，而不是用理想化的标准看待自己。例如，他们开始将父母看重他们学业是否优秀这件事看做父母对自身教育缺乏的遗憾，以及对他们在生活中有更多选择的期许，而不是将父母看做独裁的教导者，只是盲目地提醒他们做家庭作业而已。同时，青少年开始更多地依靠自己，更多地感到自己是独立的个体（见图12-2）。

自主　独立性和拥有对自己生活的控制感。

青少年自主性的增加改变了父母和青少年之间的关系。在青春期开始之际，亲子关系往往是不对称的：父母拥有大多数权力和对关系的影响力。然而，在青春期末期，权力和影响力变得更为平衡，父母和孩子最终形成更为对称或者平等的关系。尽管父母一般保留更有利的地位，父母和孩子还是分享了权力和影响力（Goede, Branje, & Meeus, 2009）。

文化和自主　最终实现的自主程度，因不同的家庭和不同的孩子而出现不一样的结果。其中，文化因素扮演着重要的角色。在西方社会里，由于倾向于个人主义价值观，青少年寻求自主性相对较早。相反，亚洲社会是集体主义社会，他们推崇集体利益高于个人的观点。所以，在集体主义社会中，青少年寻求自主性的热情不那么明显（Kim et a., 1994; Raeff, 2004; Supple et al., 2009）。

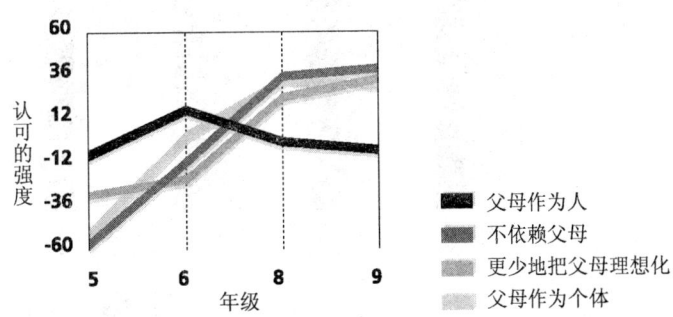

图12-2　对父母的看法的变化
当青少年再长大一些的时候，他们开始更多地将父母知觉为个体，而不再理想化父母。这对家庭关系可能有什么影响呢？
(Source: Adapted form Steinberg & Silverberg, 1986.)

与来自更加崇尚个人主义社会的青少年相比，来自集体主义社会的青少年往往感到对家人有更大的责任。

在对家庭的责任感方面，来自不同文化背景的青少年也有不同的表现。集体主义文化下的青少年比个人主义文化下的青少年感到更大的家庭责任，表现在以下方面：实现家人对他们的期望以在未来援助、尊敬和支持他们的家人。在集体主义社会中，对自主的追求不是那么强烈，预期发展出自主的时间也比较晚（见图12-3；Chao, 2001; Fuligni & Zhang, 2004; Leung, Pe-Pua, & Karnilowicz, 2006）。

例如，询问青少年和父母，他们预期青少年应该在什么年龄进行某些行为（例如和朋友去音乐会），他们基于各自的文化背景给出了不同的答案。与亚裔青少年及其父母相比，白人青少年及其父母回答的时间表更早，即预期在更小的年龄有更高的自主性（Feldman & Wood, 2994）。

集体主义文化中被延长的自主发展时间表对于这些文化中的青少年是否造成负面后果？显然没有，更重要的因素是文化上的预期和发展模式的匹配程度。最要紧的可能是自主性的发展和社会预期的匹配，而不是具体的自主发展进程（Rothbaum et al., 2000; Zimmer-Gembeck & Collins, 2003; Updegraff et al., 2006）。

除了文化因素会影响自主性，性别也有作用。一般来说，相比女孩，男孩在年龄更小的时候就被允许拥有更大的自主性。对男性的自主性的鼓励与更普遍的传统男性刻板印象是一致的，其中男性被视为更加独立的；相反，女性被视为更依赖他人。父母所持的性别刻板印象越强大，他们就越不会鼓励女儿的自主性（Bumpus, Crouter, & McHale, 2001）。

虚构出来的代沟 青少年电影往往将青少年和他们的父母描述成拥有完全相反世界观的两种人。例如，青少年是环保主义者，父母却试图拥有一家污染性的工厂。这些夸张往往是可笑的，因为我们在这种夸张中假定了一个核心事实，即认为父母和

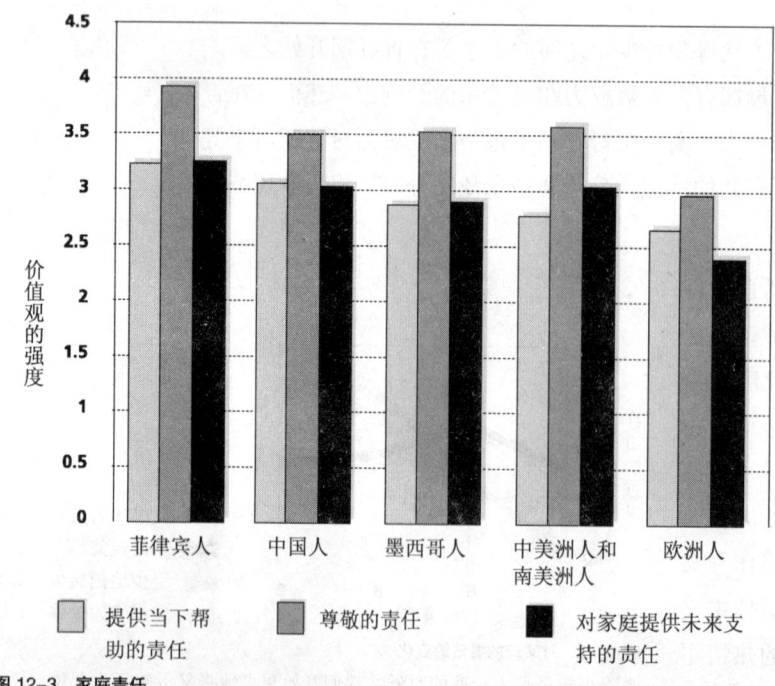

图12-3 家庭责任
来自亚洲和拉丁美洲的青少年比来自欧洲的青少年对家人有更强的尊敬和责任感。
（Source: Fulgini, Tseng, & Lam, 1999.）

青少年往往不是以同样一种方式看待事物。根据这种观点，父母和孩子存在**代沟（generation gap）**，一种在态度、价值观、抱负和世界观方面很深的分歧。

然而，现实却迥然不同。代沟即使存在，也非常之小。青少年和他们的父母在各种领域中往往是观点一致的。支持共和党的父母一般有支持共和党的孩子；信仰基督教的人，他们的孩子一般也有着类似的观点；赞同流产的人，他们的孩子也赞成人工流产合法化。在社会、政治和宗教问题上，父母和青少年往往步调一致，孩子们的烦恼也反映了其父母的观点。大多数成年人可能也同意青少年对社会问题的看法（Flor & Knap, 2001; Knafo & Schwartz, 2003; Smetana, 2005）（见图12-4）。

"我没说所有事情都是你的错——有些事儿是爸爸的错。"

代沟 父母和青少年在态度、价值观、抱负和世界观方面的分歧。

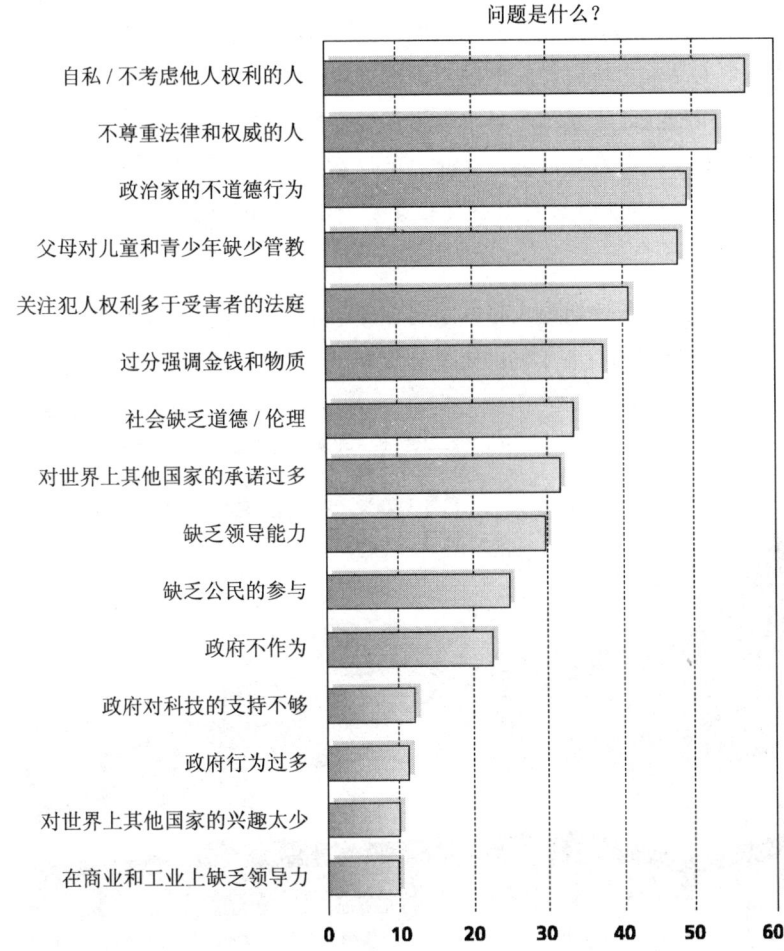

图12-4 问题是什么？
青少年关于社会问题的观点，他们的父母也可能会同意。
（Source: PRIMEDIA/Roper National Youth Survey, 1999.）

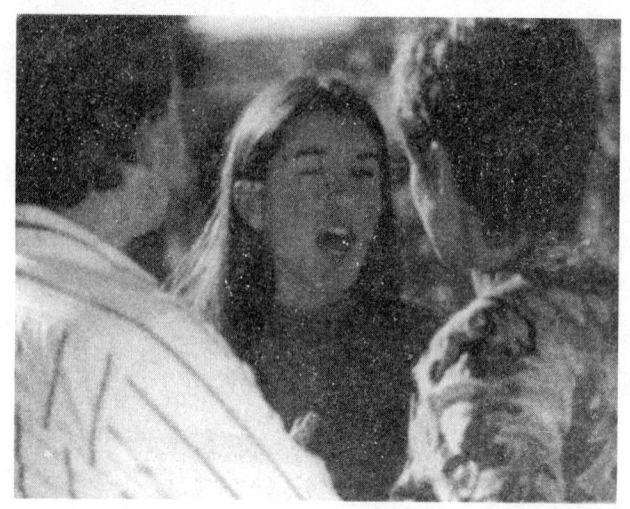

青少年和父母的争论可以带来亲子关系的发展，因为有时父母会看到，孩子的有些意见还是有道理的。

正如我们所说的那样，大多数青少年和父母相处得相当不错。尽管他们要求自主和独立，但仍然对父母有着深深的爱、感情和尊敬，父母对孩子也同样如此。虽然有些亲子关系受到严重干扰，但大多数亲子关系是更积极而非消极的，并有助于青少年避免同伴压力。我们将在本章后面部分谈到这一点（Gavin & Furman, 1996; Resnick et al., 1997; Black, 2002）。

即使从整体来看，青少年和家人在一起的时间越来越少，但他们和父母任一方单独在一起的时间在整个青春期却相当稳定（见图12-5）。简而言之，没有证据表明家庭问题在青春期会比其他发展阶段更严重（Larson et al., 1996; Granic, Hollenstein, & Dishion, 2003）。

与父母的冲突 当然，如果大多数青少年在大部分时间里与父母相处融洽，这意味着还是有某些时候他们会发生冲突。没有任何关系是永远甜蜜和轻松愉快的。父母和青少年可能在社会和政治问题上有类似观点，但他们常常在个人品位上持有相反的观点，例如音乐偏好和着装风格。而且，正如我们所看到的那样，如果父母觉得现在还不是孩子寻求自主和独立性的恰当时候，而此时孩子表现出自主和独立性的要求，父母和孩子就会发生冲突。因此，尽管不是所有的家庭都受到同样程度的影响，但亲子冲突的确更有可能在青春期发生，尤其是在早期阶段（Arnett, 2000; Sagrestano et al., 1999; Smetana, Daddis, & Chuang, 2003）。

为什么青春期早期阶段的冲突比在青春期后期更大呢？发展心理学家朱迪丝·斯梅塔纳（Judith Smetana）认为，这是因为对适当和不适当行为有着不同的定义和解释。一方面，父母可能觉得，在

图12-5 青少年与父母在一起的时间

尽管青少年要求自主和独立，但仍然对父母有着深深的爱、感情和尊敬，而且他们和父母任一方单独在一起的时间（最低的两个部分）在整个青春期相当稳定。

(Source: Larson, Richards, Moneta, Holmbeck, & Duckett, 1996.)

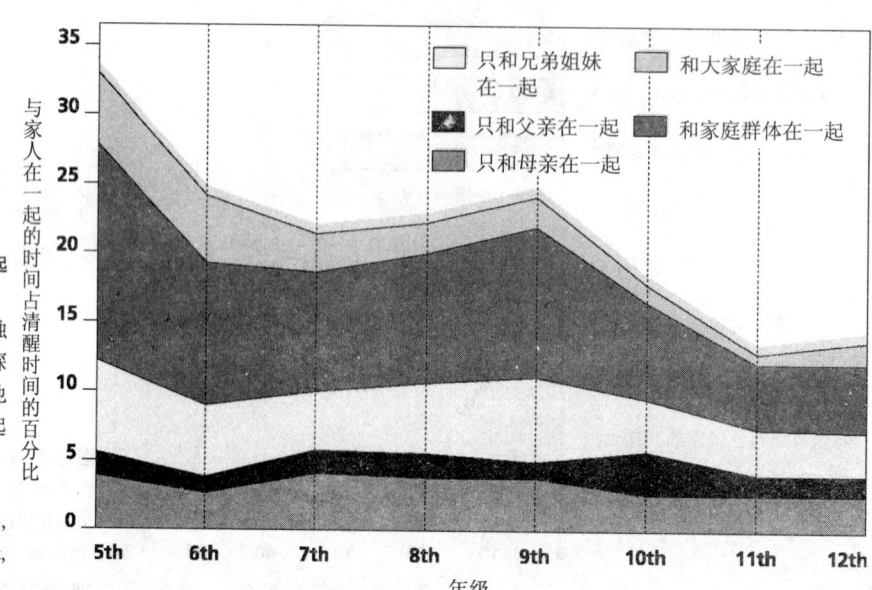

耳朵上穿3个耳洞是不适宜的,因为社会传统认为它不适宜。而另一方面,青少年可能将此视为个人的选择(Smetana, 2005, 2006)。并且,青少年新发展的精细推理能力(在前一章中已讨论过)使得他们能够用更复杂的方式去思考父母的规定。对学龄儿童有说服力的规定("去做这件事,因为我让你做")对一名青少年可能就不那么有效了。

青春期早期的好争辩和过分自信可能最初导致冲突的增长,但这些特质在亲子关系的发展变化中,会通过很多方式扮演重要的角色。虽然父母面对孩子带来的挑战时,最初可能会以防御性的方式进行回应,但是会逐渐变得不那么灵活和僵化,在大多数情形下,父母最终会认识到孩子正在长大,并且愿意在孩子长大的过程中给予支持。

当父母开始意识到孩子的观点通常很有说服力,也不是那么不合理,而且事实上可以信任子女,并给予他们更多的自由时,他们变得更容易被说服,可能会允许甚至最终鼓励孩子的独立性。当这一过程出现在青春期中期时,青春期早期的好斗性就会下降。

这种模式并非是所有青少年的经历。虽然大多数青少年在整个青春期保持了与父母的稳定关系,但仍有20%的家庭经历了一段相当艰难的时光(Dryfoos, 1990; Dmitrieva, Chen, & Greenberg, 2004)。

青春期亲子冲突的文化差异 虽然在每种文化下都能发生亲子冲突,但在"传统的"、工业化前的文化下,亲子冲突似乎更少。在这种传统文化下的青少年也比工业文化下的青少年经历了更少的情感波动和危险行为(Arnett, 2000; Nelson, Badger, & Wu, 2004; Kapadia, 2008)。

为什么呢?答案可能与青少年所期望的和父母所允许的独立程度有关。在更为工业化的社会里,个人主义价值观非常的高,独立性是青少年所期望的一部分。因此,青少年和他们的父母必须商谈自己日益增长的独立程度和独立时间,这个过程往往会导致争吵。相反,在更传统的社会中,并不怎么注重个人主义,所以,青少年没有那么强的寻求独立的倾向。由于青少年更少地寻求独立,因此亲子冲突也就更少(Dasen & Mishra, 2000, 2002)。

同伴关系:归属的重要性

在很多父母的眼中,与青春期最相符的标志是手机或电脑——发送即时消息的载体。对大多数子女而言,与朋友交流被视为不可缺少的生命线,维持着他们和在白天已经长时间相处的朋友之间的纽带。

这种与朋友交流的强烈需要表明同伴在青春期扮演的重要角色。延续童年中期的趋势,青少年越来越多的时间都和同伴待在一起,同伴关系的重要性也随之增加。实际上,可能在生命中没有哪个阶段的同伴关系,会像青春期那么重要。

社会比较 同伴在青春期变得更为重要有很多原因。一方面,他们互相提供机会来比较和评价意见、能力甚至生理变化——这是一种被称为社会比较的过程。因为青春期的生理和认知变化是这个年龄段所特有的变化,同时也是非常显著的变化,尤其是在发育期早期,青少年越来越多地求助于其他有共同经验的个体,最终让他们可以理解这些经验(Schutz, Paxton, & Wertheim, 2002; Rankin, Lane, & Gibbons, 2004)。

父母无法提供社会比较。不仅是因为他们早已远离了青少年所经历的变化,还因为青少年对成人

参照群体 用来与自己作比较的群体。

小派别 由2～12人组成的群体，其成员之间有着频繁的社会交互。

人群 比小派别更大的群体，由共享特定特征的个体所组成，但彼此之间可能没有交互。

性别分隔 指男孩主要与男孩交往，而女孩主要与女孩交往的一种性别间的隔离。

权威的质疑，并且，青少年想要变得更自主的动机也使得父母、其他家庭成员和成人普遍成为不充足和无效的信息来源。那么，还有谁来提供社会比较信息呢？那就是同伴。

参照群体（reference groups） 如前所述，青春期是一个尝试新的同一性、角色和行为的实验期。同伴作为参照群体提供最容易被接受的角色和行为信息。参照群体是个体用来与自己进行比较的一群人。青少年会将自己与相似的人进行比较，正如一名专业棒球队员会将自己与其他棒球队员相比较。

参照群体为青少年提供了判断其能力和社会成功的系列规范或标准。青少年甚至不需要归属到作为参照的群体中。例如，不受欢迎的青少年可能发现自己被受欢迎的群体轻视和拒绝，但他仍然使用更受欢迎的群体作为参照群体（Berndt, 1999）。

小派别和人群：归属于一个群体 青少年认知复杂性日益增长的结果之一，是以更具区别性的方式对别人进行分组。因此，即使青少年不属于某个参照群体，他们一般也会属于某个特定的群体。青少年并不像年幼的学龄儿童那样，根据人们所做的事情这种具体的方面来定义人群（"足球运动员"或"音乐家"），而是使用具有更精细内容的抽象方面来定义人群（"运动员"或"溜冰者"或"投石者"）（Brown, 2004）。

青少年倾向于归属的群体有两种：小派别和人群。**小派别（cliques）** 是由2～12人组成的群体，成员之间有频繁的社会交互。相反，**人群（crowds）** 更大，由共享特定特征的个体组成，但彼此之间可能没有交互。例如，"运动员"和"书呆子"是很多高中有代表性的人群。

特定小派别和人群的成员资格通常由群体成员的相似程度决定。相似性最重要的一个维度与物质使用有关，青少年往往选择与自己同等程度使用酒精和其他毒品的人做朋友。在学业成就方面，他们的朋友也通常和自己比较相似，虽然情况并非总是这样。例如，在青春期早期，在行为举止表现得特别好的青少年对同伴的吸引力下降，而同时，那些行为更具攻击性的青少年反而变得更加有吸引力（Kupersmidt & Dodge, 2004; Hutchinson & Rapee, 2007; Kiuru et al., 2009）。

青春期独特的小派别和群体的出现，在一定程度上反映了青少年认知能力的提升。团体标签是抽象概念，要求青少年对他人做出判断。他们可能只偶尔接触这些人，几乎没有直接的了解。直到青春期中期，青少年的认知能力才使他们能够基于不同小派别和群体的差异做出这样微妙的判断（Burgess & Rubin, 2000; Brown & Klute, 2003）。

性别关系 当儿童从儿童中期步入青春期时，他们的朋友群体几乎都由同性个体组成：男孩与男孩在一起，女孩与女孩在一起。从专业术语上说，这种性别隔离称为**性别分隔（sex cleavage）**。

▼ **我的发展实验室**

登录我的发展实验室，观看关于青春期的视频，看16～20岁的青少年谈论如何作决定、到大学的过渡、第一次谈恋爱，以及与父母的关系。

当两性成员进入发育期时，这种情形就有所变化了。男孩和女孩荷尔蒙的激增，导致性器官的成熟，这标志着发育期的来临（见第十一章）。与此同时，社会压力暗示着这个时候该发展亲密关系了，这些发展导致青少年看待异性的方式发生变化。一名10岁儿童可能将每一名异性个体看成是"讨厌的"和"令人厌恶的"，而步入青春期的男孩和女孩开始在个性和性方面都对对方有了更大的兴趣

儿童期的性别分隔持续至青春期早期。然而，在青春期中期为止，这种分隔现象逐渐减少，男孩和女孩的小派别开始融合。

（稍后我们在考虑青少年约会时将要讨论到，对于男同性恋和女同性恋而言，结成一对恋人还有另外的复杂性）。

当他们进入青春期时，先前平行发展、互不交往的男孩和女孩小派别开始融合在一起。虽然大多数时间里，男孩仍然与男孩在一起，女孩仍然与女孩在一起，但青少年开始加入有异性共同参加的舞会或聚会（Richards et al., 1998）。

很快，青少年和异性待在一起的时间越来越多。由男女生组成的新的小派别开始出现。当然，也并非所有人在一开始就加入这种小派别，早期是同性小派别的领导者以及有着最高地位的个体最先加入。然而，最终大多数青少年会发现自己已身处这种男女生同在的小派别中。

在青春期后期，小派别和人群仍然要经历另一种变化：随着异性间成双成对关系的发展，它们的影响力越来越小，也可能被解散。

受欢迎与被拒绝

当确定谁受欢迎、谁不受欢迎时，大多数青少年都有着敏锐的觉知。事实上，对一些青少年而言，考虑自己是否受欢迎可能是他们生活的核心。

实际上，青少年的社交世界不单被区分为受欢迎和不受欢迎的，它有着更为复杂的区分（见图12-6）。例如，某些青少年是有争议的青少年，与最受人们欢迎的青少年相比，**有争议的青少年**（controversial adolescents）被一些人所喜欢，而被另一些人所讨厌。例如，一名有争议的青少年可能在一个诸如管弦乐队的特定群体中受到高度欢迎，但在其他同学中并不受欢迎。此外，还有**被拒绝的青少年**（rejected adolescents），

不受欢迎的青少年可以分为几类。有争议的青少年被有些人喜欢，而被另一些人讨厌；被拒绝的青少年不被任何人喜欢；被忽视的青少年既不被人喜欢，也不被人讨厌。

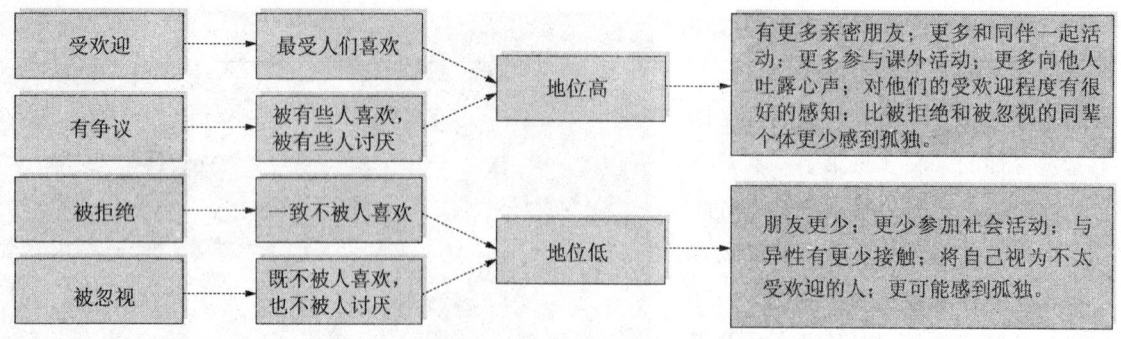

图12-6 青春期的社交世界
一名青少年的受欢迎程度可以根据他自己或同伴的看法分为四类。受欢迎程度与地位、行为和适应能力的差异有关。

有争议的青少年 被有些人喜欢，而被其他人讨厌的青少年。

被拒绝的青少年 明显被人讨厌的青少年，其同伴可能对这类青少年表现出明显的负性态度。

被忽视的青少年 相对来说，无论在积极的交互中还是消极的交互中都不怎么受同伴关注的青少年。

他们都不为人所喜欢。还有**被忽视的青少年（neglected adolescents）**，他们既不为人所喜欢，也不为人所讨厌。被忽视的青少年是被遗忘的学生，他们的地位是如此之低，以致他们几乎被所有人所忽视。

在大多数情形中，受欢迎的和有争议的青少年往往是相似的，因为他们总体地位更高，而被拒绝的和被忽视的青少年一般所占据的地位更低。相对那些不太受欢迎的青少年来说，受欢迎和有争议的青少年有更多亲密的朋友，他们更频繁地加入到同伴活动中，对他人更能袒露自己，也更多地参与到学校的课外活动中。此外，他们也完全知道自己很受欢迎，比不太受欢迎的同学更少感到孤独（Farmer et al., 2003; Zettergren, 2003; Becker & Luthar, 2007; Closson, 2009）。

相比之下，被拒绝和被忽视的青少年的社会生活在很大程度上并不那么愉快。他们朋友更少，不怎么参与社会活动，与异性的接触更少。他们清楚地感到自己不受欢迎，更可能感到孤独（McElhaney, Antonishak, & Allen, 2008）。

是什么决定了青少年在中学时的地位？正如表12-3所阐明的那样，男性和女性有不同的知觉。例如，大学男生认为身体的吸引力是决定中学女生地位的最重要

表12-3 中学地位

什么使得中学女生的地位更高：		什么使得中学男生的地位更高：	
根据大学男生的看法：	根据大学女生的看法：	根据大学男生的看法：	根据大学女生的看法：
1. 身体吸引力	1. 年级/智力	1. 运动的参与	1. 运动的参与
2. 年级/智力	2. 运动的参与	2. 年级/智力	2. 年级/智力
3. 运动的参与	3. 总体社交性	3. 在女孩中的受欢迎程度	3. 总体社交性
4. 总体社交性	4. 身体吸引力	4. 总体社交性	4. 身体吸引力
5. 在男孩中的受欢迎程度	5. 着装	5. 汽车	5. 学校俱乐部/管理

注：访谈者询问几所大学的学生在他们就读中学时青少年是如何赢得同伴的声望的。这几所大学是：Louisiana State University, Southeastern Louisiana University, State University of New York at Albany, State University of New York at Stony Brook, University of Georgia, and the University of New Hampshire.

(Source: Suitor et al., 2001.)

因素，而大学女生相信中学女生所在的年级和智力水平是最重要的因素（Suitor et al., 2001）。

顺应：青春期的同伴压力

无论阿尔多斯·亨利（Aldos Henry）什么时候说他想买某一品牌的运动鞋或某种特定款式的衬衫时，父母都抱怨说他仅仅是屈服于同伴压力，并告诉他要对事物做出自己的判断。

在与阿尔多斯的争论中，他的父母采用的是美国社会关于青少年的一个非常普遍的观点：青少年很容易屈服于**同伴压力（peer pressure）**，即同伴的影响使青少年的行为和态度与他们保持一致。阿尔多斯父母的这种说法对吗？

研究表明，这要视情况而定。在某些情况下，青少年非常容易受同伴的影响。例如，当考虑穿什么衣服、与谁约会以及看什么电影时，青少年往往追随他们同伴群体的领导者。穿合适的衣服，以至特定品牌的衣服，有时可以成为加入某一受欢迎群体的门票。它表明，你知道那个群体的特点。另一方面，在很多非社交事件的情况下，例如，选择一条职业道路或者尝试去解决一个问题，青少年更可能寻求有经验成人的帮助（Phelan, Yu, & Davidson, 1994）。

简而言之，特别是在青春期中后期，青少年寻求他们认为在某个领域最可能是专家的人士的帮助。如果他们有社交方面的担忧，会寻求同伴的帮助——在这方面同伴最可能是专家。如果是那种父母或其他成人最可能提供专家知识的问题，青少年往往寻求他们的建议，并且最容易受到他们意见的影响（Young & Ferguson, 1979; Perrine & Aloise-Young, 2004）。

同伴压力 同伴给个体所施加的与其行为和态度保持一致的影响。

总的来说，对同伴压力的易感性并不是在青春期突然增长的。相反，青少年产生的变化是他们所顺应对象的变化。儿童在童年期相当一致地顺应父母，而在青春期，这种顺应就转移到同伴群体上来。这部分是因为当青少年寻求建立独立于父母的同一性时，其顺应同伴的压力有所增加。

然而，当青少年最终在他们的生活中发展出越来越强的自主性时，他们对同伴和成人的顺应越来越少。随着他们的自信和自己作决定能力的不断增强，无论别人是谁，青少年都倾向于保持独立，并能够拒绝来自别人的压力。尽管如此，在青少年学会抵制与同伴保持一致的压力前，他们可能常常会和朋友发生冲突（Steinberg & Monahan, 2007; Cook, Buehler, & Henson, 2009; Monahan, Steinberg, & Cauffman, 2009）。

当青少年对自己的决定有了更多自信时，他们就不大可能顺应同伴和父母了。

青少年行为不良：青春期的犯罪行为

青少年，还有年轻成人比其他年龄段的群体更可能进行犯罪行为。在某些方面，这个统计数据具有误导性：因为某种特定的行为（例如喝酒）对于青少年来说是违法的，而对于更年长的个体来说并非如此。青少年做某些事情很容易触犯法律，而如果他们再年长一些做同样这些事情的话，就是合法的。但是，即便不把这些违法行为考虑在内，青少年也不成比例地参与到暴力犯罪中，如谋杀、攻击、强奸、偷窃、抢劫和纵火等犯罪。

尽管在过去十几年中，美国青少年的暴力犯罪数量已经下降了40%（这可能是由于经济力量所致），但某些青少年的违法行为仍然是一个显著的问题。暴力是青少年非致命伤害的一个主要原因，是导致10~24岁年轻人死亡的第二大原因。

为什么青少年会卷入犯罪活动？人们将有些违法的青少年称为**社会化不足的不良行为个体**（undersocialized delinquents），这些个体在没有纪律的或者恶劣的、没有关怀的父母监管下长大，虽然他们受同伴影响，但并没有被父母适当地社会化，也没有人教导他们一些行为标准来调节自己的行为。社会化不足的不良行为个体一般在生命早期就开始犯罪活动，这个时期正好处于青春期的开端（Hoeve et al., 2008）。

社会化不足的不良行为个体有某些共同特征。相对来说，在生命很早的时候，他们往往具有攻击性和暴力倾向，这些特征导致他们受到同伴的拒绝和学业上的失败。他们也更可能在儿童期被诊断为注意缺陷多动障碍，他们的智力水平也往往低于平均水平（Henry et al., 1996; Silverthorn & Frick, 1999; Rutter, 2003）。

社会化不足的不良行为个体常常遭受心理问题的折磨，并且在成年时，会形成一种称为反社会人格障碍的心理模式。相对来说，他们不太可能成功地康复，并且很多这种社会化不足的不良行为个体终生都生活于社会的边缘（Rönkä & Pulkkinen, 1995; Lynam, 1996; Frick et al., 2003）。

更大的青少年违法群体是**社会化的不良行为个体**（socialized delinquents），这种青少年理解和遵守社会规范，心理上也相当正常。对于他们来说，青春期的违法行为并不会导致他们一生都犯罪。相反，大多数社会化的不良行为个体只是在青春期有些小偷小摸类的违法行为（例如商店行窃），但并没有持续到成年阶段。

社会化的不良行为个体通常受到同伴的高度

社会化不足的不良行为个体 那些在没有纪律的或者恶劣的、没有关怀的父母监管下长大的青少年不良行为个体。

社会化的不良行为个体 那些理解并遵守社会规范，心理上相当正常的青少年不良行为个体。

社会化不足的不良行为个体在没有纪律的或者恶劣的、没有关怀的父母监管下长大，他们在相对早期的年龄阶段就开始反社会行为。相反，社会化的不良行为个体理解并通常遵守社会规范，他们受到同伴的高度影响。

影响，他们的不良行为也常常以群体的形式表现出来。此外，一些研究表明这些个体的父母不如其他父母对孩子那样管得紧。但正如青春期行为的其他方面一样，这些未成年个体的不良行为往往是由于屈服群体压力或寻求建立成人的同一性所导致的（Fletcher et al., 1995; Thornberry & Krohn, 1997）。

复习和应用

复习

- 对自主性的寻求可能导致青少年和父母之间关系的再调整，但是代沟比普遍所认为的要小。
- 小派别和人群作为青少年中的参照群体，提供了一个现成的社会比较途径。性别分隔现象渐渐减少，直到男孩和女孩开始成双成对。
- 青少年中受欢迎的程度包括受欢迎的、有争议的、被忽视的和被拒绝的。
- 青少年往往在那些他们认为同伴是专家的领域中顺应他们的同伴，而在那些认为成人是专家的领域中顺应成人。
- 青少年不成比例地参与到犯罪活动中，虽然大多数青少年并没有进行犯罪行为。青少年不良行为个体可以分为两类：社会化不足的不良行为个体和社会化的不良行为个体。

应用毕生发展

- 回顾你自己的高中时光，你所在高中占统治地位的小派别是什么？这个群体的成员关系和哪些因素有关？
- **从一个社会工作者的视角看问题**：你认为不同教养风格（独裁的、权威的、放任的和忽视的）的父母对青少年建立自主性的努力是如何进行反应的？

12.3 约会、性行为和青少年怀孕

西维斯特·赵（Sylvester Chiu）几乎花了一个月，最终鼓起勇气去请杰姬·杜宾（Jackie Durbin）看电影。然而这对于杰姬来说，已经不是件令人惊讶的事情了。西维斯特最先把他要约杰姬出去的决心告诉了他的朋友埃里克（Erik），埃里克又把西维斯特的计划告诉了杰姬的朋友辛西娅（Cynthia）。辛西娅接着告诉了杰姬。于是，当西维斯特最终打电话邀请杰姬的时候，杰姬已经预先准备好说"好"了。

欢迎来到约会的复杂世界，它是青春期重要的和充满变化的仪式。正如青少年与他人关系的其他方面一样，在本章的余下部分，我们将讨论约会这个话题。

约会：21世纪的亲密关系

青少年从何时以及怎样开始约会是由文化因素决定的，而这些文化因素一代代发生着变化。直到最近，专一地与某个人约会被看做一种文化理想，具有浪漫情境。实际上，社会经常鼓励青春期的约会，部分是作为青少年探索最终可能走向婚姻的亲密关系的一种途径。今天，一些青少年认为约会（dating）的概念已经过时，并具有局限性。在某些地方，"认识"（hooking up，一个涵盖了从亲吻到性交的所有事情的含糊词汇）一词被视为更加合适。尽管文化规范发生着变化，约会仍然是形成青少年之间亲密关系的社会交互的主导形式（Denizet-Lewis, 2004; Manning, Giordano, & Longmore, 2006; Bogle, 2008）。

约会的作用　虽然在表面上，约会只是潜在导致婚姻的求爱模式中的一部分，它实际上也满足了其他功能（尤其是在早期）。约会是一种学习怎样与另一个体建立亲密关系的途径。它可以提供愉悦感，这取决于一个人约会的状态，还可以提高他的声望。它甚至可以用来发展某个人的自身同一性（Zimmer-Gembeck, & Gallaty, 2006; Friedlander, Connolly, & Pepler, 2007）。

约会在多大程度上发挥了这些功能，尤其是在促进心理亲密感的发展方面？这是一个尚未解决的问题。然而，青春期专家所了解的信息却十分令人惊讶：青春期早期和中期的约会在促进亲密感方面并不很成功。相反，约会常常是一种表面性的行为，参与者很少放下自己的防卫，以至于他们从来都不真正亲密，从来不向对方展露自己的情绪。甚至当性行为是关系的一部分时，心理的亲密感也可能是缺乏的（Collins, 2003; Furman & Shaffer, 2003）。

真实的亲密感在青春期后期变得更为普遍。在那个时候，约会关系对于参与者双方来说，可能都更为深刻，它可能被视为一种选择婚配对象和排除其他潜在对象的方式。

对同性恋青少年来说，约会尤其具有挑战性。在某些情形下，同学公然表现出对同性恋的讨厌和偏见，这可能导致同性恋者为努力适应这种局面而与异性约会。如果他们确实寻求与同性建立关系，他们可能发现很难找到一个不曾公开表达其性取向的伴侣。情况确实如此，公开约会的同性恋伴侣们可能会面临骚扰，这使得关系的发展更为艰难（Savin-Williams, 2003a）。

约会和种族　文化影响不同种族青少年的约会模式，尤其那些父母是从其他国家移民到美国的青少年。父母可能会努力控制孩子的约会行为，以试图维护他们文化的传统价值观，或者确保孩子与同种族个体约会。

例如，亚洲父母可能在态度和价值观上特别保守，部分是因为他们自身可能没有约会的体验（在很多情况下，父母的婚姻是由他人安排的，他们对约会的整个概念并不熟悉）。他们可能坚持要在监护人的陪同下约会，否则，就不准孩子去约会。结果，他们可能发现自己与孩子之间产生了重大的冲突（Hamon & Ingoldsby, 2003; Hoelterk, Axinn, & Ghimire, 2004; Lau et al., 2009）。

性关系

青春期的激素变化不仅促进了性器官的成熟，而且产生了新的和性有关的情感和感受。性行为和有关性的想法是青少年关心的核心问题。几乎所有的青少年都考虑过性，而且有许多人会花很多时间去考虑（Kelly, 2001; Ponton, 2001）。

手淫 青少年进行的第一类性行为往往是独自的性自我刺激，即**手淫（masturbation）**。到15岁时，大约80%的男孩和20%的女孩报告说他们有过手淫。男性手淫的频率在青春期早期发生得较多，然后开始下降；而女性手淫的频率开始较低，随后在整个青春期呈现增长趋势。此外，手淫频率的模式随种族不同而不同。例如，非裔美国男性和女性比白人更少手淫（Oliver & Hyde, 1993; Schwartz, 1999; Hyde & DeLamater, 2004）。

手淫 自我性刺激。

虽然说手淫普遍存在，但它仍然可能使人产生尴尬和内疚感。下面是可能的几个原因：其一是青少年可能相信"手淫标志着在寻找性伙伴方面的无能"这样一个错误的假设。因为统计数据表明，四分之三的已婚男性和68%的已婚女性报告说一年中会手淫10~24次（Davidson, Darling, & Norton, 1995; Das, 2007; Gerressu et al., 2008）。

对某些人来说，手淫还会带来羞耻感，这也是对手淫有错误认识的结果。例如，19世纪的医生和非专业人士向人们警告了手淫的可怕后果，包括"消化不良、脊髓病、头痛、癫痫、各种痉挛发作……视力受损、心悸、身体侧痛和肺出血、心脏痉挛甚至猝死"（Gregory, 1856）。建议的治疗措施包括：用绷带绑住外生殖器，用笼子罩住它们，捆住双手，不使用麻醉剂的男性割礼（这样可能会记得更牢）；对于女孩来说，措施是在阴蒂上涂碳酸。医师克洛格（J. W. Kellogg）认为某些谷物可能更不容易激发性兴奋，这导致他发明了玉米片（Hunt, 1974; Michael et al., 1994）。

事实上，手淫并没有这样的影响。现在，性行为方面的专家将它看做一种正常的、健康的、无害的行为。实际上，有些人认为手淫提供了了解自己的性行为的有用途径。

性交 尽管之前可能有很多不同的性亲密行为，包括热吻、按摩、爱抚和口交，但在大多数青少年的理解中，性交仍然是主要的具有里程碑意义的亲密行为。因此，研究性行为的研究者主要关注异性间的性交行为。

在过去的50年中，青少年发生第一次性交的平均年龄稳定下降，大约有五分之一的青少年在15岁之前就有了性经历。总的来说，初次性交的平均年龄是17岁，大约四分之三的青少年在20岁前就有了性行为（见图12-7）。但与此同

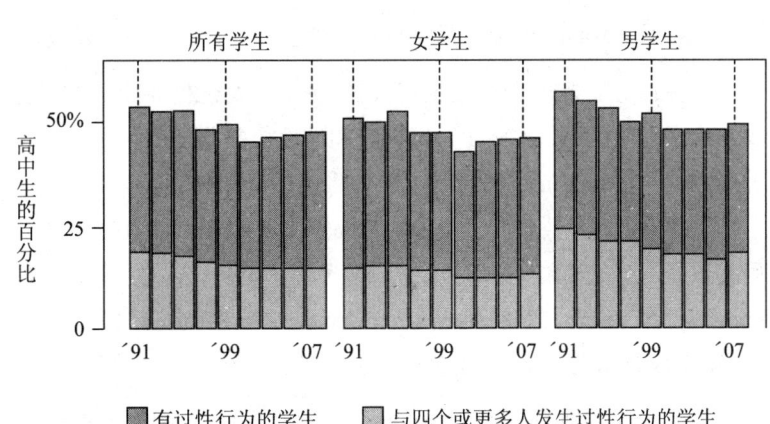

图12-7 青少年和性行为
青少年第一次性交的年龄正在下降，并且大约四分之三的青少年在20岁之前就有了性行为。

（Source: Morbidity and Mortality Weekly Report, 2008.）

时，很多青少年在推迟性行为的发生时间，并且从1991年到2001年，报告从未有过性经历的青少年人数提高了13%（Dailard, 2006; Guttmacher Institute, 2006; MMWR, 2008）。

初次性交的发生时间也有种族差异：非裔美国人发生初次性行为的时间一般早于波多黎各人，而波多黎各人又早于白人。这些种族差异可能反映了社会经济状况、文化价值观和家庭结构的差异（Singh & Darroch, 2000; Hyde, 2008）。

在考虑性行为时，是不可能不考察监控性行为的社会规范的。几十年以前盛行的关于性的社会规范是双重标准。在这种双重标准中，婚前性行为对于男性来说是允许的，但对女性来说却是禁止的。社会告诫女性"好女孩是不能有婚前性行为的"。而男性听到的是，男性婚前性行为是允许的，尽管他们要确保娶到的是处女。

然而今天，双重标准开始让位给新的标准，称为"爱的纵容"（permissiveness with affection）。根据这个标准，如果婚前性行为发生在长期的、忠诚的或者亲密的关系中，那么对于男女双方来说都是允许的（Hyde & Delamater, 2004; Earle et al., 2007）。

然而，双重标准的让位还远远没有完成。对男性性行为的态度仍然比对女性更宽容，甚至在相对更自由的文化中也是如此。在某些文化中，男性和女性的性行为标准非常不同。例如，在北非、中东以及大多数亚洲国家中，大多数女性遵守要到结婚后才能发生性行为的社会规范。在墨西哥，尽管有反对婚前性行为的严格标准，男性发生婚前性行为的可能性也大大高于女性。相反，在撒哈拉以南非洲地区，女性更可能在婚前发生性行为，并且性行为在未婚少女中十分普遍（Johnson et al., 1992; Peltzer & Pengpid, 2006; Wellings et al., 2006; Ghule, Balaiah, & Joshi, 2007）。

性取向：异性恋、同性恋以及双性恋

当我们思考青少年性的发展时，最普遍的模式是异性恋，即指向异性的性吸引和性行为。然而，某些青少年是同性恋，他们的性吸引和性行为指向同性个体（很多男同性恋者更喜欢"gay"这个词，女同性恋者更喜欢"lesbian"这个称呼，因为这些词比"homosexual"涉及更广的态度和生活方式，而"homosexual"只是聚焦在性行为上）。其他人发现自己是双性恋，被两性所吸引。

很多青少年尝试过同性性行为。青少年中大约20%~25%的男性和10%的女性在某个时候有过至少一次同性性经历。实际上，同性恋和异性恋并非是截然分开的性取向。性研究的先驱者阿尔弗雷德·金赛（Alfred Kinsey）认为，应该将性取向看做一个连续体，它的一端是"完全的同性恋"，另一端是"完全的异性恋"（Kinsey, Pomeroy, & Martin, 1948），在这中间是双性恋。尽管很难得到精确的数字，但大多数专家认为，两种性别都有4%~10%的人在他们的一生中是完全的同性恋（Kinsey, Pomeroy, & Martin, 1948; McWhirter, Sanders, & Reinisch, 1990; Michael et al., 1994; Diamond, 2003a, 2003b; Russell & Consolacion, 2003）。

性取向和性别同一性之间的区分使得性取向的确定变得更为复杂。性取向与某人性兴趣的对象有关，而性别同一性是这个人在心理上所认为他/她所属的性别。性取向和性别同一性并不必然相关：一名有着很强男性性别同一性的男性可能被另外一名男性所吸引。因此，男性和女性所表现出传统"男性的"和"女性的"行为的程度并不必然和他们的性取向或性别同一性相关（Hunter &

Mallon, 2000）。

有些人感觉自己生来的生理性别就是错误的。例如，他们感觉自己是装在男人身体中的女人。这些变换性别的个体可能会寻求变性手术的帮助。这种手术通过改变激素和重塑性器官来获得另一种性别的生理特征。

什么决定了性取向？导致人们发展出异性恋、同性恋或双性恋取向的因素还不曾被很好地理解。证据表明，基因和生物因素可能扮演着重要的角色。对双生子的研究表明，同卵双生子比一对兄弟姐妹更有可能都是同性恋者。其他的研究发现，同性恋者和异性恋者大脑的各种结构是不同的，激素的产生似乎也和性取向有关（Ellis et al., 2008; Fitzgerald, 2008; Santilla et al., 2008）。

其他研究者认为，家庭或同辈环境因素也有影响。例如，弗洛伊德认为，同性恋是对异性父母不适当认同的结果（Freud, 1922/1959）。弗洛伊德的理论观点和其他随后的类似观点的困难在于：没有证据支持任何特定的家庭动力或儿童养育实践和性取向存在一致性的相关。类似地，基于学习理论的解释认为，同性恋的产生是由于奖励的作用，即愉快的同性恋经验和不愉快的异性恋经验。不过，这看来也并非是全部的答案（Isay, 1990; Golombok & Tasker, 1996）。

简而言之，对于为什么某些青少年发展出异性恋的性取向，而其他人发展出同性恋的性取向，并没有一个可接受的解释。大多数专家认为，性取向是基于基因的、生理的和环境因素的复杂交互作用而形成的（LeVay & Valente, 2003）。

人们所清楚的是，那些发现自己被同性吸引的青少年可能比其他青少年面对更艰难的时光。美国社会对同性恋仍然抱有强烈的无知和偏见，并坚持着这样一种信念：人们在性取向上具有选择的权力，但同性恋者没有进行选择。如果同性恋者公开他们的性取向，那么，他们可能会被他们的家庭或同伴所拒绝，甚或被骚扰和殴打。结果就是，那些发现自己是同性恋的青少年比异性恋青少年有着更高的抑郁风险，自杀率也显著高于异性恋青少年（Eisenberg & Resnick, 2006; Silenzio et al., 2007; Bos et al., 2008）。

不过，最终大多数人可以把握自己的性取向，并且能够接受它。虽然由于经受着压力、偏见和别人的歧视，同性恋和双性恋者都可能经历心理问题，但没有任何一家主要的心理或医学机构将同性恋看做一种心理障碍。他们都赞成努力减少对同性恋的歧视（van Wormer & McKinney, 2003; Russell & McGuire, 2006）。

青少年怀孕

黑夜结束，白天来临。但对于17岁的特瑞·米歇尔（Tori Michel）来说完全没有什么两样。她那5天大的宝宝凯特琳（Caitlin）已经哭闹了好几个小时，最终在粉紫色汽车坐垫上安静下来。特瑞解释说："她已经筋疲力尽了"。特瑞和她当残疾人护理员的妈妈苏珊一起住在圣路易斯郊区一套两居室复式公寓中。"我想她玩得很快乐"，特瑞说。

直到特瑞通过朋友认识了21岁的詹姆斯并和他有了"一夜情"之前，当妈妈并不是她在Fort Zumwalt South高中三年级的计划之一。特瑞一直都在服用避孕药，但在与交往了很久的男朋友分手

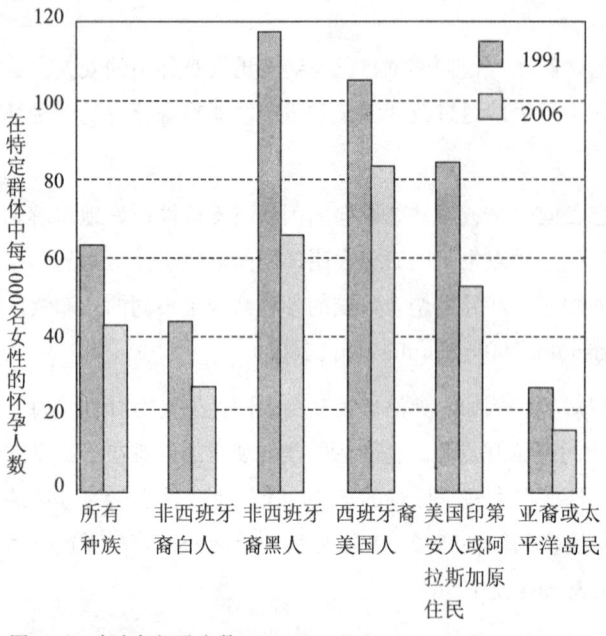

图 12-8 青少年怀孕人数
从1991年以来，在美国所有的种族中，青少年怀孕率显著下降，尽管近年又有所上升。
（Source: National Vital Statistics Report, Vol. 57, 2009.）

后，她就停止了服药。现在她后悔地说："这是错误的结果。"（Gleick, Reed, & Schindehette, 1994）

在凌晨三点给孩子喂食、换尿片以及拜访儿科医师并非大多数人眼中的青少年生活。然而，每年都有成千上万美国青少年分娩。

然而，好消息是，青少年怀孕的数量下降了。在过去10年中，青少年怀孕率下降了30%。非裔美国青少年的生育率下降最明显，10年里生育率下降超过40%。总的来说，青少年的怀孕率是每1,000人中有43人分娩（Centers for Disease Control and Prevention, 2003; Colen, Geronimus, & Phipps, 2006; Hamilton et al., 2009）。

以下这些因素可以解释青少年怀孕率的降低：

- 新的主动干预计划提高了青少年对未加保护措施的性行为的风险意识。例如，大约有三分之二的美国高中建立了全面的性教育计划（Villarosa, 2003; Corcoran & Pillai, 2007）。

- 青少年的性行为比率已经下降。从1991年到2001年，有过性经历的青少年女孩百分比从51%下降至43%。

- 对安全套和其他避孕方式的使用增加。例如，57%性活跃的高中生报告说使用安全套。

- 性交的替代形式可能更为普遍。例如，1995年对男性青少年的全美调查发现，大约一半15~19岁的男孩报告说进行过口交，这比20世纪80年代增加了44%。口交（很多青少年甚至不认为口交是"性行为"）很可能逐渐被视为性交的替代方式（Bernstein, 2004）。

一个显然无助于青少年怀孕率下降的措施是要求青少年作童贞保证。这种对避免婚前性行为的公开保证是某种形式性教育的核心部分，但显然是无效的。例如，在一项对12,000位青少年的调查中，88%的青少年报告说最后发生了性行为。然而，童贞保证确实将最早开始性行为的平均时间推迟了18个月（Bearman & Brucker, 2004）。

即使美国青少年的生育率下降了，但是青少年怀孕率仍比其他工业化国家高出2~10倍。这种意外怀孕的结

这位16岁母亲和她的孩子代表了一个主要的社会问题：青少年怀孕。为什么青少年怀孕的问题在美国比在其他国家更严重？

果对母亲和孩子来说可能都是毁灭性的。与早些时候相比，现在的青少年母亲结婚的可能性更小。在很大部分案例中，母亲在没有父亲帮助的条件下照顾小孩。在没有经济或者情感支持的情况下，一位母亲可能放弃自己的学业，结果她可能在余生要去做那些不需技能而只有微薄工资的工作。在其他案例中，青少年母亲可能长期依赖于社会福利的救济。由于兼顾工作和照顾小孩持续地消耗大量时间，青少年母亲面临残酷的压力，从而可能损害其生理和心理健康（Manlove et al., 2004; Gillmore et al., 2006; Oxford et al., 2006）。

复习和应用

复习

- 青少年的约会有很多的功能，包括亲密关系的建立、娱乐和声望的提高。
- 手淫，曾经被视为非常负性的行为，现在被普遍认为是一种正常的和无害的、持续到成年期的行为。
- 性交是大多数人在青春期实现的主要里程碑。首次性交的年龄反映了文化差异，并且在过去50年中一直在下降。
- 性取向，被最精确地视为一个连续变量而非分类变量，是作为各种因素复杂的交互作用的结果发展出来的。
- 青少年怀孕是美国的一个问题，对青少年母亲及其孩子有很多负性结果。

应用毕生发展

- 青少年社会世界的哪些方面阻碍了约会中真实亲密感的形成？
- **从一名医护工作者的视角看问题**：一位父母向你询问，如何让她14岁大的儿子远离性行为直到他长大，你将和她说些什么？

结 语

们在本章继续探讨青春期，主要是社会性和人格问题。自我概念、自尊和同一性在青春期得到发展，青春期也是自我发现的时期。我们考察了青少年与家庭和同伴的关系，以及青春期的性别和种族关系。最后我们讨论了约会、性和性取向问题。

让我们回到开头的前言部分，在那里我们看到了青少年使用信息技术的情况。根据你现在所知道的青少年社会性和人格发展的知识，思考以下问题：

（1）Facebook或MySpace这样的社交网站如何帮助青少年处理自我概念、自尊和同一性的问题？

（2）你认为像短消息、博客和推特这样的数字化交流方式有助于青少年建立同伴关系吗？为什么？

(3) 青少年如何使用网络资源探索自主性？

(4) 互联网为自我表露和同一性探索提供了无限的机会。你认为这对青少年而言是一件可以利用的好事吗？为什么？

- **自我概念、自尊和同一性在青春期是如何发展的？**

- 在青春期，青少年自我概念分化，不仅包含了自己的观点，也包含了他人的观点，并且能够同时考虑多个方面。当行为反映了对自我的复杂定义时，自我概念的分化可能会导致混乱。

- 青少年也对自尊进行分化，对他们自身的特定方面做出不同的评价。

- 根据埃里克森的观点，青少年处于同一性对同一性混乱阶段。在这个阶段，他们寻求发现自己的独特性和同一性。他们可能变得困惑，表现出功能不良的反应，并且他们可能更多地依赖于朋友和同伴获取帮助和信息，而非成人。

- 詹姆斯·玛西亚确定出青少年可能在青春期或以后的生命历程中经历的四种同一性状态：同一性获得、过早自认、同一性扩散和同一性延缓。

- **当青少年处理青春期的压力时，他们面临怎样的危险？**

- 很多青少年体验过悲伤和绝望的情绪感受，有些还体验了重度抑郁。生物的、环境的和社会的因素都对抑郁有影响。在抑郁的发生率上，有性别和种族的差异。

- 青少年自杀的比率正在上升。现在，自杀是15~24岁年龄段青少年的第三大致死因素。

- **与家庭和同伴间关系的质量是如何在青春期发生变化的？**

- 青少年对自主的要求常常使得他们和父母的关系变得混乱和紧张，但实际上，父母和青少年之间的"代沟"通常较小。

- 在青春期，同伴是重要的，因为他们提供社会比较和参照群体。青少年通过对比参照群体来判断社会成功。青少年之间关系的特点由归属的需要决定。

- **青少年中的性别关系是怎样的？**

- 在青春期，男孩和女孩开始一起在群体里共度时光，这一直持续到青春期末期，这时，男孩和女孩已成双成对。

- **青春期中青少年的受欢迎和不受欢迎意味着什么？青少年如何对同伴压力做出反应？**

- 根据青少年受欢迎的程度分为受欢迎的青少年和有争议的青少年（他们处于受欢迎程度的高

端），以及被忽视的青少年和被拒绝的青少年（他们处于受欢迎程度的低端）。

- 同伴压力并非是一种简单的现象。青少年在那些感觉同伴是专家的领域中顺应同伴，在那些感觉成人是专家的领域中顺应成人。当青少年的自信增长后，他们对同伴和成人的顺应都有所下降。
- 虽然大多数青少年并不犯罪，但是青少年不同比例地参与到犯罪活动中。青少年不良行为个体可以划分为社会化不足的不良行为个体和社会化的不良行为个体。

◎ 青春期中约会的功能和特点是什么？

- 在青春期，约会提供了亲密、娱乐和声望。在开始时，心理上的亲密可能很难实现，但是当青少年成熟起来，有更多自信，并且更认真地对待亲密关系时，就能够较容易地实现心理上的亲密。

◎ 青春期的性行为是如何发展的？

- 对于大多数青少年而言，手淫往往是进入性行为的第一步。随着双重标准的衰退和"爱的纵容"标准的广泛接受，第一次性交的年龄（现在对某些人来说是十来岁）已经下降了。然而，当越来越多的青少年已经开始意识到性传播疾病（STDs）和艾滋病（AIDs）的危险时，性交的比率已有所下降。
- 性取向在基因的、生理的和环境因素的复杂交互作用下发展起来。

关键术语和概念

同一性对同一性混乱阶段（identity-versus-identity-confusion stage, p.454）

同一性获得（identity achievement, p.457） 　　过早自认（identity foreclosure, p.457）

同一性延缓（moratorium, p.457） 　　同一性扩散（identity diffusion, p.457）

自主（autonomy, p.465） 　　代沟（generation gap, p.467）

参照群体（reference groups, p.470） 　　小派别（cliques, p.470）

人群（crowds, p.470） 　　性别分隔（sex cleavage, p.470）

有争议的青少年（controversial adolescents, p.471）

被拒绝的青少年（rejected adolescents, p.471）

被忽视的青少年（neglected adolescents, p.472） 　　同伴压力（peer pressure, p.473）

社会化不足的不良行为个体（undersocialized delinquents, p.474）

社会化的不良行为个体（socialized delinquents, p.474）

手淫（masturbation, p.477）

我的发展实验室

登录我的发展实验室，获取更多复习资料，外加我的虚拟孩子、练习测试、视频、闪光呈现卡及其他。

综 合

青春期

从13岁到18岁，玛丽亚（Mariah）完成了从看似"稳定可靠的"孩子到问题少女再到越来越自信和独立的青春晚期年轻人的蜕变。在青春期早期，她努力定义自身，并用一些绝对不够聪明的答案来回答"我是谁？"的问题。她沾过毒品，几乎无法自拔，她还试图自杀。最后，她为自己的困难向他人求助，改掉了坏习惯，开始致力于建立自我概念，回到学校并开始对摄影产生兴趣，修复了家庭生活，与男朋友建立了一段积极的关系。

▼ 我的发展实验室

登录我的发展实验室，阅读真实生活中的父母、社会工作者和教育工作者是如何回答这些问题的。你是否同意他们的答案？为什么？你读到的何种概念是支持他们观点的？

你怎么做？

- 如果你是玛丽亚的一个朋友，在她试图自杀之前你会给她什么样的建议和支持？在她的恢复期间你会提供什么样的建议和支持？

  你的答案是什么？

父母怎么做？

- 当女儿陷入抑郁并试图自杀时，玛丽亚的父母应该注意到什么样的警示信号？有什么事情是他们应该做到的？

  你的答案是什么？

生理发展

- 青少年要应对很多身体方面的问题。
- 玛丽亚求助于毒品是一种策略。一些青少年用它来应对这一时期的压力。
- 青春期的大脑发育使玛丽亚能够进行复杂的思考，而这有时会造成迷惑。
- 玛丽亚表现出缺乏控制冲动的能力，这一能力属于此时还没有发育完善的前额叶皮层。

认知发展

- 青少年的个人神话包括一种不可战胜的感觉，这可能促使玛丽亚做出冲动的决定。
- 玛丽亚的抑郁可能源于青春期的自我反省和自我意识倾向。
- 玛丽亚可能通过吸毒来逃避日常生活的压力。
- 像玛丽亚这样的青少年有学业困难是很常见的。

社会性和人格发展

- 玛丽亚为形成同一性所作的努力体现了青春期内在冲突的特征。
- 平衡友谊和独处的愿望，意味着玛丽亚在努力适应她日趋复杂的人格。
- 瑞安的友谊有助于提供情感支持和促进智力成长。
- 更加准确的自我概念可能事实上反而降低了玛丽亚的自尊。
- 玛丽亚依赖她的"很酷"的群体，这意味着她在根据一个有问题的参照群体定义自己的同一性。
- 玛丽亚对抑郁症的斗争反映了这一疾病在青春期女孩中更高的发生率。
- 心理的延缓偿付期使玛丽亚得以重建她跟"无能的"父母的关系，并开始真正的独立，玛丽亚因此而受益。
- 她和男朋友的关系表明她回到了一般的社会性模式。

社会工作者怎么做？

- 当像玛丽亚这样的青少年的学业成绩显著下降时，人们是否会基于青少年来自富裕的还是贫穷的家庭而对这些迹象做出不同的解读？专业的照料者如何避免不同的阐释和治疗方式？

你的答案是什么？

教育工作者怎么做？

- 教师应当从玛丽亚的课堂表现看到什么样的信号，表明她有吸毒问题？教师应采取什么措施？

你的答案是什么？

13 成年早期的生理和认知发展

本章概要

13.1 生理发展和压力
身体发展与感觉
运动功能、健身与健康：保持良好状态

- **发展的多样性**
  饮食、营养与肥胖：关注体重
  身体失能：应对身体上的挑战
  压力与应对：处理生活中的挑战

- **成为发展心理学知识的明智消费者**

13.2 认知发展
成年早期的智力发展
后形式思维
沙因的发展阶段
智力：在成年早期重要吗？
生活事件和认知发展

13.3 大学：追求高等教育
高等教育的人口统计学
大学适应：对大学生活要求的反应

- **从研究到实践**

- **成为发展心理学知识的明智消费者**
  性别与学业表现
  校园内的刻板印象威胁和不认同
  大学辍学

前言：两位学生的故事

罗伊·辛格（Roy Singh）看来，上大学不是一个问题，问题只是去哪里上。罗伊的双亲分别是一名数学家和一名医生，两人都是在他出生前从印度移民过来的。罗伊的成长过程一直伴随着"教育是成功的关键"这样的观念。结果，高中时罗伊已经感到很大的压力。每一次考试似乎都对入学申请非常关键。每一项课外活动都以是否能给招生官留下深刻印象的标准来评判。进入"好学校"开始变成罗伊生活中最重要的目标。

当当地社区学院给保罗·赵（Paul Zhao）的录取通知书到达时，他母亲喜极而泣。她是一位单身母亲，带着保罗和他妹妹从中国来到美国。她多年来一直做两份工作以供养家庭。她也做了所有能做的事来防止保罗和他妹妹加入困扰这片地区的帮派或暴力活动。保罗被大学录取，是多年的希望、祈祷和艰辛工作的最终成果。

与社会其他地方一样，大学校园也反映着不断增长的多样性。

预览

虽然罗伊和保罗的生活背景完全不同，但是他们却拥有共同的目标：获得大学教育。他们来自不同的家庭背景、社会经济地位和种族，反映着当今大学生人群的多样性。

无论能否就读大学，人类在成年早期均达到自身认知能力的鼎盛时期。生理发展亦是如此，此时个体可以自由控制身体动作，身体健康状况也达到前所未有的高度。

与此同时，相当一部分始于青春期晚期（约20岁左右）的生理与认知发展贯穿整个成年早期，之后大约在中年初期（约40岁左右）结束。在本章和后续几章中，我们将看到随着新机会不断涌现，人们需要选择担当（或放弃）一系列新的角色，如配偶、父母或上班族，此时便出现了重大的变化。

本章重点阐述这一时期的生理和认知发展。我们将首先着眼于持续到成年早期的身体变化。尽管与青春期相比，这类身体变化更为细微，但发育仍在继续，同时运动技能也随之有所改变。此外，我们还将学习饮食与体重的关系，考察这一年龄段多发的肥胖问题，以及成年早期的压力与应对技能。

随后，主题将转换到认知发展。尽管认知发展的传统理论将成年视为无关紧要的时期，但我们仍将在此探讨一些表明该阶段重大认知发展的新理论。我们也将思考成人智力的本质，以及生活事件对认知发展的影响等问题。

在本章的最后部分我们将探讨"大学"：塑造学生智力发展的机构。在这里，我们将了解大学生人群的构成、性别与种族如何影响学生的学习成就。最后我们将讨论导致大学生辍学的一些原因，以及某些大学生需要面对的适应问题。

读完本章之后，你将能够回答下列问题：

- 成年早期的生理发展状况如何？青年人面临哪些风险？
- 压力带来哪些影响？青年人应当如何应对？
- 认知是否在成年早期继续发展？
- 目前如何界定智力？是什么导致了青年人的认知发展？
- 当前大学生人群的构成有什么变化？
- 学生在大学中学习什么？他们面临哪些困难？

 我的发展实验室

登录我的发展实验室，观看两个年轻人谈论他们作为年轻成人经历过的所有问题和情绪的视频。

13.1 生理发展和压力

格雷迪·麦金农（Grady McKinnon）心情愉快地骑上了他的高山越野自行车。这位27岁的财政审计员，很高兴能够在周末与四位大学好友一起外出骑车、露营。格雷迪曾经担心一个即将到来的工作截止期限会使他错过本次出游。在大学时，格雷迪和好友们几乎每个周末都一起骑车出行。但后来出现的工作、婚姻、其中一位朋友做了父亲等事件，开始渐渐地转移他们的注意力。这次出游是他们这个夏天唯一的一次。格雷迪为终于能够出行大为欣喜。

当格雷迪和朋友们在大学时期刚刚开始规律性的越野自行车运动时，他们的身体状况或许正处于一生中最好的时期。尽管他现在的生活与大学时期相比更为复杂，体育运动也开始退居到工作与其他个人需求之后，但格雷迪仍享受着生命中最为健康的一段时间。通过这个例子，我们可以了解到，尽管大部分人像格雷迪一样在成年早期达到体能的巅峰，但与此同时，他们必须努力应对成年生活所带来的挑战与压力。

身体发展与感觉

在很多方面，身体的发展和成熟在成年早期就完成了。大部分人在这个时期处于体能的巅峰期。他们的身高和肢体比例已基本定型，青春期瘦长的身材已经成为记忆。人们在20出头时大都身体健康、精力旺盛。尽管随着年龄增长而导致自然的**衰老（senescence）**也已开始，但老化的迹象通常要在生命晚期才真正显现。

与此同时，身体的发展仍在继续。某些人，特别是晚熟型的，21~22岁时身高仍在不断增加。

这一时期，身体的某些部位已经完全成熟。例如，大脑的体积与重量一直不断增长，在成年早期达到顶峰（之后体积则会缩小）。大脑灰质的修剪过程继续，髓鞘化（神经细胞被一层脂肪细胞覆盖而绝缘的过程）程度继续提高。大脑内部这些变化有助于支持成年早期的认知发展（Sowell et al., 2001; Toga, Thompson, & Sowell, 2006）。

成年早期的感觉也达到了前所未有的灵敏。尽管眼睛在弹性上已经有些变化（这种老化过程可能在10岁左右就开始了），但对视力的影响微乎其微。直到40岁，才能够明显地看出视力的改变，我们将在第十五章讨论这一点。

衰老 年龄增长导致的身体自然衰退。

人们在20岁初期大都身体健康、精力旺盛，但也常常备受压力困扰。

听觉也在这一时期进入最佳状态，男性感知较高音调的能力稍逊于女性（McGuinness, 1972）。不过总体而言，男性与女性的听觉在这一时期均非常灵敏。在安静的环境下，青年人可以听到20英尺（约6米）外手表的嘀嗒声。

其他感觉能力，包括味觉、嗅觉，以及对触摸和疼痛的灵敏度，在整个成年早期也保持良好的状态。这类感觉能力在40或50岁时才开始退化。

运动功能、健身与健康：保持良好状态

如果你是一位职业运动员，在你步入30岁时，大部分人可能会认为你的巅峰期已过。尽管存在许多著名的特例，如棒球明星罗杰·克莱门斯（Roger Clemens）在40多岁时依然驰骋赛场，但即便运动员不断地训练，在他们到达30岁时，仍将逐渐丧失体能优势。在某些运动中，体能巅峰消失的速度更快，比如游泳选手的最好时期为青春期晚期，而体操选手则更早（Schultz & Curnow, 1988）。

对于不是运动员的我们而言，心理运动能力也在成年早期达到最佳状态。反应时更快、肌肉力量增加、手眼协调能力较其他任何时期都更强（Salthouse, 1993; Sliwinski et al., 1994）。

健身　成年早期所表现出来的典型的良好体质并非与生俱来，也非人所共有。若要开发身体的潜能，人们必须加强锻炼并保持正确的饮食习惯。

锻炼的益处，大家有目共睹。在美国，瑜伽、有氧运动班、诺德士（Nautilus）训练、慢跑和游泳等都是常见的运动。但人们对体育运动也存在错误的认识。例如，只有不足10%的美国人参加了足量的规律性锻炼，以保持良好的体形，另有不到四分之一的美国人选择了有规律的中等程度的锻炼。此外，

并非只有像网球明星小威廉姆斯（Serena Williams）和伟大的棒球明星德里克·杰特（Derek Jeter）那样的职业运动员才能在成年早期达到竞技运动的巅峰。大部分普通人也是在这一期间处于体能的最佳状态。

有锻炼机会者多为中上层人士，出身于社会经济地位（SES）较低的家庭的人，通常既没有时间也没有金钱进行定期锻炼（Estabrooks, Lee, & Gyurcsik, 2003; Bove & Olson, 2006; Delva, O'Malley, & Johnston, 2006; Proper, Cerin, & Owen, 2006）。

保持健康所需的运动量并非越大越好。美国运动医学院（American College of Sports Medicine）与疾病控制和预防中心建议，一个人每天应当累计至少30分钟的中度体育活动，每周至少5天。锻炼时间可以是连续的，也可是阶段性的，但每阶段至少持续10分钟，只要每天总量达到30分钟即可。中度运动包括：快步走（速度为每小时3~4英里）、骑自行车（最高每小时10英里）、打高尔夫（挥棒）、在河岸边投线钓鱼、打乒乓球和划独木舟（每小时2~4英里）。甚至某些常见的家务杂事，比如手工除草、用吸尘器打扫房间、用电动除草机除草等均能提供中等强度的锻炼（American College of Sports Medicine, 1997）。

参加规律性锻炼计划使人受益颇多。锻炼能加强心脏血管的健康，这意味着心脏与其循环系统能够更为有效地运行。此外，肺功能的增加提升了耐力。肌肉变得更为结实，身体也更为灵活、轻便。运动的幅度越大，肌肉、腱、韧带越有弹性。而且在这一时期进行锻炼还可以帮助减缓骨质疏松症（osteoporosis）：一种生命后期出现的身体骨质变得稀疏的疾病。

此外，锻炼还可以提高身体的免疫能力，帮助身体抵御疾病。锻炼甚至可以减缓压力和焦虑，消除抑郁。锻炼除了可以提供人们对自己身体的控制感之外，还可以增加成就感（Mutrie, 1997; Faulkner & Biddle, 2004; Brown, 1991; Harris, Cronkite, & Moos, 2006; Wise et al., 2006; Rethorst, Wipfi, & Landers, 2009）。

规律性锻炼所能带来的另一个好处，也是最为重要的回报——益寿延年（见图13-1；Stevens et al., 2002）。

健康　尽管缺乏锻炼可能导致身体状况不佳（或更加严重的疾病），但总体而言，在成年早期健康的风险相对较小。在这一时期，人们极少感染童年时常见的感冒和其他小病症，而且即使他们真的生病了，通常也能很快痊愈。

20多岁到30多岁的成年人所经受的死亡风险大多来自于事故，而这类事故多与机动车辆有关。但也存在其他杀手：在25~34岁的人群中，死亡威胁还包括艾滋病、癌症、心脏病以及自杀。在死亡人数的统计中，35岁是一个重要的转折点。以这一点为界限，35岁以上因病身亡的人数超过事故所导致的死亡人数，因此疾病开始成为头号致命杀手，这是自婴儿期以来的第一次转折。

每个人的成年早期遭遇不尽相同。生活方式的选择，包括服用或滥用酒精、毒品或吸烟，或进行无保护措施的性行为，均可加速次级老化（secondary aging），即由外界环境因素或个人行为导致的身体体能下降。此外，这类物质也大大增加了青年人死于前述头号致命原因的风险。

正如次级老化定义所描述的，性别和种族等文化因素也和成年早期的死亡风险相关。例如，和女性相比，男性的死亡风险更大，这主要是因为男性发生机动

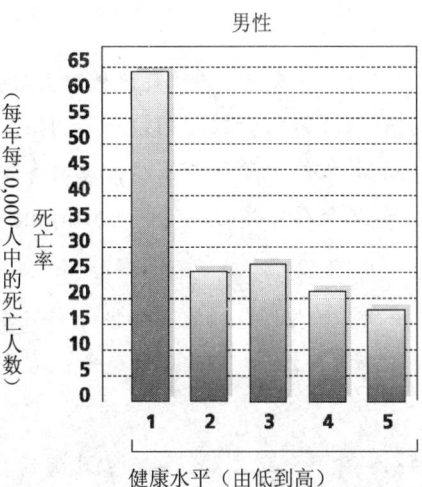
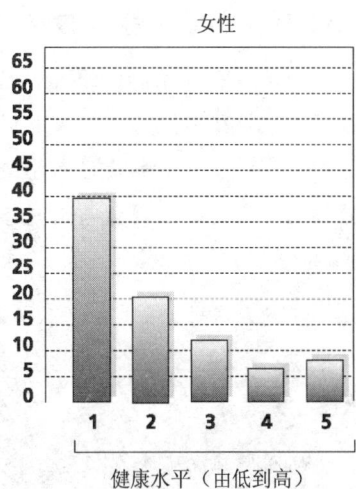

图13-1　健康的功效：益寿延年
健康水平越高，死亡率越低（这一规律男女均适用）。
(Source: Blair et al., 1989.)

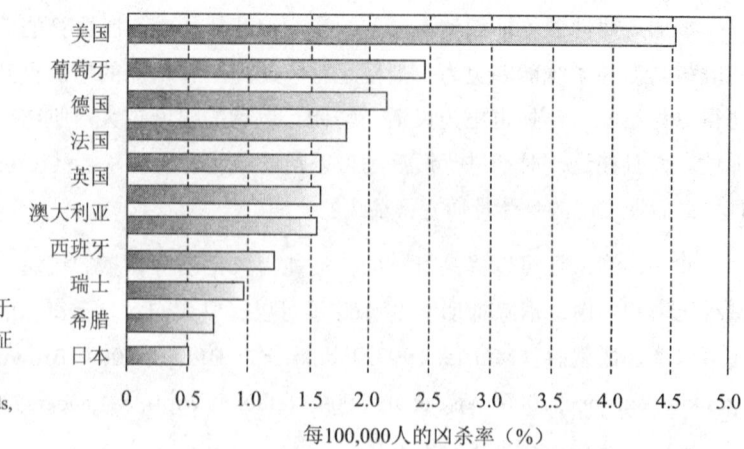

图13-2 追踪凶杀
美国的凶杀率（每10万名男性）远远高于其他任何发达国家。美国社会的哪些特征导致了这一现象？
(Source: United Nations Survey on Crime Trends, 2000.)

车事故的频率更高。此外，非裔美国人的死亡率是白人的两倍。大体上，少数族裔死亡的可能性比白人要高。

导致此年龄段男性死亡的另一主要原因是暴力，这一点在美国表现尤为突出。美国的凶杀率大大超过其他任何一个发达国家（见图13-2）。美国的凶杀率也与种族因素有关。尽管凶杀是导致20~34岁之间的美国白人男性死亡的第三大原因，对同年龄段的非裔美国人和西班牙裔美国人而言，却分别是导致两者死亡的第一大原因和第二大原因。

正如"发展的多样性"所指出的：种族和文化因素不仅与死亡原因有关，而且与年轻人的生活方式和健康的行为方式有关。

美国的凶杀率远远高于其他任何一个发达国家。

发展的多样性

文化信仰如何影响健康与健康护理

马诺利塔（Manolita）最近遭受了一次心脏病发作。医生建议她改变饮食和运动习惯，或者面对另一次危及生命的心脏病发作的风险。在接下来的一段时期，马诺利塔大幅度调整了她的饮食与活动习惯。她也开始走进教堂进行祈祷。最近的一项体检显示，她的身体状况正处于一生中最好的时期。是何种原因让马诺利塔发生了如此令人惊异的康复？（Murguia, Peterson, & Zea, 1997, p. 16）

读完上述短文之后，你认为马诺利塔康复的原因包括以下哪些：（1）她改变了原有的饮食和运动习惯；（2）她成为了一名更善良的人；（3）上帝在考验她的忠诚；（4）她的医生指出了正确的改变方式？

此问题的调查中，超过三分之二的来自中美洲、南美洲或加勒比海的拉美裔移民，认为对马诺利塔康复有适度或重大影响的因素是"上帝在考验她的忠诚",虽然他们大多也认同饮食和运动习惯的改变非常重要(Murguia, et al., 1997)。

这一调查结果有助于说明为何拉丁美洲人很少像其他西方种族在生病时寻求医生帮助。根据一些心理学家的研究,有关健康的信念受文化影响,它与人口统计学变量和心理上的屏障一起,降低了人们寻医问药的可能性(Alejandro Murguia, Rolf Peterson, & Maria Zea, 1997)。

他们还特别指出,拉美人与某些非西方群体一样,更有可能比非西班牙裔白人相信超自然因素将导致疾病。例如,这类群体的成员可能将疾病归因于上帝的一种惩罚、缺乏忠诚或被诅咒。此类信仰可能减少向医生寻求药物治疗的动机(Landrine & Klonoff, 1994)。金钱在其中也扮演着重要的角色。较低的社会经济地位降低了人们支付传统药物治疗费用的能力,而传统药物治疗费用昂贵,也可能间接地促进了较为便宜的非传统型治疗方式的存在。此外,近年来美国移民的一个主要特征——融入主流社会的水平较低,和他们寻医问诊并获得主流社会药物治疗的更低可能性有关(Pachter & Weller, 1993; Landrine & Klonoff, 1994; Antshel & Antshel, 2002)。

在治疗不同文化群体的成员时,健康护理提供者需要考虑其文化信仰。例如,如果一位病人认为他/她的疾病是由一位妒忌心强的对手诅咒而招致,那么该病人很可能不会遵循正常的药物疗法。显而易见,为了提供有效的健康护理,健康护理提供者必须对此类文化健康信仰保持高度的敏感与重视。

饮食、营养与肥胖:关注体重

大部分人在青年早期便知道哪种食品有营养,以及如何保持均衡的饮食,但是他们就是懒于遵守这类规则——尽管这并非难事。

良好的营养　根据美国农业部提供的指导方针,人们可以通过食用低脂肪食品获得充足的营养,其中包括蔬菜、水果、全麦食品、鱼类、禽类、瘦肉,以及低脂乳产品。此外,全麦食品和谷类食品、蔬菜(包括脱水豆类和豌豆)、水果对人体还另有益处:帮助人们提高食物中碳水化合物和纤维素的摄入量。牛奶和其他钙源食品也可用于预防骨质疏松症。最后,人们应当减少盐的摄入量(USDA., 2006)。

青春期不合理的饮食习惯,并非马上导致严重的问题。例如,由于正处于惊人的生长发育期,青少年很少能够感受到食用过多垃圾食品或脂肪带来的危害。不过当他们步入成年早期时,危害便开始显现。随着身体发育的逐渐减缓,人们必须在青年早期降低在青春期所摄入的过多热量。

许多人未能做到这一点。尽管大部分人在步入成年早期时的身高和体重正常,但如果他们不改变之前不合理的

18~29岁年龄段的肥胖比例竟高达12%,而这一比例在整个成年期中不断提高。

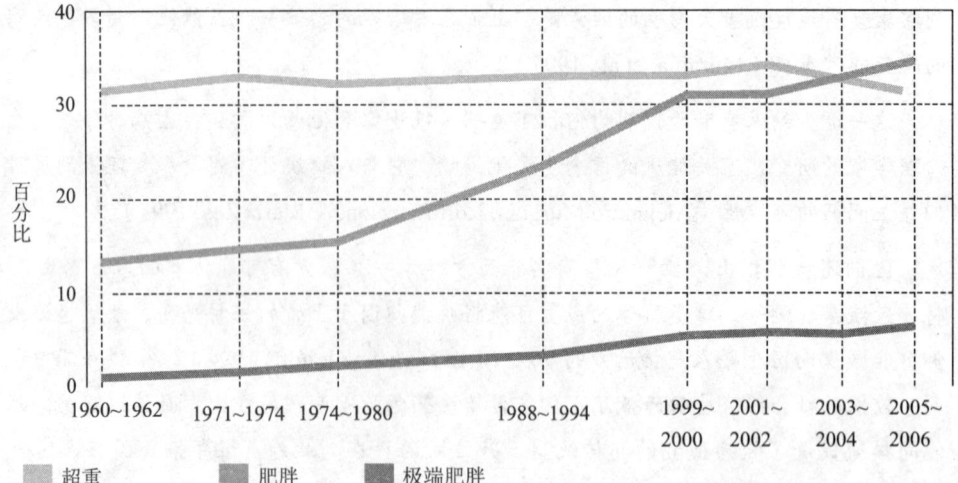

图 13-3 肥胖呈上升趋势

尽管们越来越清楚营养的重要性，但在过去几十年里美国成年人的肥胖率依然急剧上升。你认为导致这种现象的原因是什么？
（Source: Centers for Disease Control and Prevention, 2008.）

超重　　肥胖　　极端肥胖

饮食习惯，他们的体重将逐渐增加（Insel & Roth, 1991）。

肥胖　美国成年人口的数量正在以多种方式不断增长，而肥胖问题也随人口增长一直呈上升趋势。肥胖是指体重到达或超过某一既定身高应有平均体重的20%。成人当中三分之一是肥胖者，这个比例相比19世纪60年代将近翻了三番。此外，随着年龄增长，被划为肥胖之列的人也就越来越多（见图13-3；Centers for Disease Control and Prevention, 2008）。

对许多处于成年早期的人而言，体重控制是一种艰难、而且常常以失败告终的痛苦经历。许多曾经节食的人，他们的体重最终又再次反弹，从而陷入减肥—反弹的恶性循环。事实上，某些肥胖专家指出节食的失败率之高，使得人们可能完全放弃节食。专家们还建议，在减肥过程中，如果人们适度地吃他们特别想吃的食物，就有可能避免减肥失败之后通常出现的暴饮暴食。尽管肥胖者可能永远不能完全达到他们理想中的体重，但依据上述推理，他们最终可能会更为有效地控制自己的体重（Polivy & Herman, 2002; Lowe, 2004; Putterman & Linden, 2004; Quatromoni et al., 2006; Annunziato & Lowe, 2007; Roehrig et al., 2009）。

身体失能：应对身体上的挑战

美国官方对失能（disability）的定义：一种限制某种主要生活行为（诸如行走或视觉）的身体状况。根据这一定义，目前美国有超过5,000万的人口遭受着身体或精神上的挑战。失能的人们在生活中困难重重。

对失能人口的统计描述了一个受教育程度低、就业不充分的小群体的情况。这些有严重生理缺陷

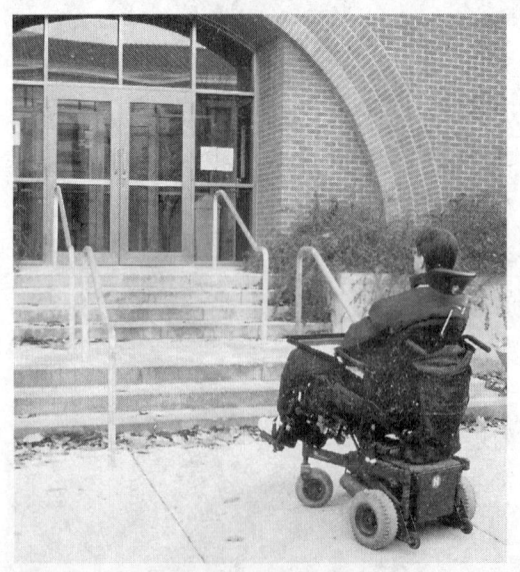

尽管《美国失能个体法案》（ADA）已经被通过，但许多身体失能的个体仍旧无法进入许多老建筑。

的人中,只有不到10%的人有高中学历,不到25%的男性和15%的女性有全职工作,失业率很高。此外,即使失能的人们找到工作,也常常挣得少又无聊(Schaefer & Lamm, 1992; Albrecht, 2005)。

失能个体在将自身完全融入社会大家庭中时会面临几种障碍。尽管美国于1990年颁布了具有历史意义的《美国失能个体法案》(ADA),该法案规定诸如商店、办公楼、宾馆、剧院等所有公共设施必须设立无障碍通道,但坐在轮椅上的失能个体仍旧无法进入许多老建筑。

另一个比身体失能更难以克服的障碍是外界的偏见和歧视。失能个体有时需要面对正常人的同情或回避。有些正常人过多地关注失能个体的失能部位而忽略了其他特质,他们将失能个体视为异类而非一个完整的个体,还有某些人将失能个体看做孩童。外界的这类行为最终将导致失能个体在对待自身的态度上存在障碍(French & Swain, 1997)。

 我的发展实验室

年轻成人会体验到多种压力,并以不同的方式加以应对。登录我的发展实验室,听两个年轻成人阿曼达(Amanda)和格雷(Gray)谈论他们生活中的压力。

压力与应对:处理生活中的挑战

现在是下午5点,罗莎·康沃威(Rosa Convoy)正在赶往回家的路上。她是一位25岁的单身母亲,刚刚结束在一家牙医诊所前台的接待工作。她只有2个小时的时间,需要从儿童看护所接回女儿佐伊(Zoe)、回家、做饭吃饭、去临时保姆家接保姆、和女儿说再见,然后再赶到一所当地社区学院参加7点开始的课程。这就是罗莎每周二和周四晚上紧锣密鼓的行程,她知道如果要准时进入教室,那么她必须马不停蹄,一秒钟都不能耽搁。

虽然不是专家,但是我们也可以看出·康沃威正经受着**压力(stress)**,也称应激,即我们对威胁

这名女性的家被大火烧毁,这种情况给她带来的压力,其影响可能持续很久。

压力(应激) 对于威胁或挑战事件的身体和情绪反应的身体和情绪反应。

心理神经免疫学 (PNI) 研究大脑、免疫系统和心理学因素之间相互关系的学科。

或挑战事件的身体和情绪反应。罗莎以及每个人,如何才能够很好地应对压力?这取决于身体因素与心理因素之间复杂的相互作用。

几乎每个人都经受着不同程度的压力。生活中充满了各式各样、威胁我们健康的事件与境况,我们称之为应激源(stressor)。应激源并非全是令人不愉快的事件。即便是最令人高兴的事件,如得到长久以来梦寐以求的工作或婚礼计划等,也会产生压力(Crowley, Hayslip, & Hobdy, 2003; Shimizu & Pelham, 2004)。

另一新兴领域**心理神经免疫学(psychoneuroimmunology, PNI)**——研究大脑、免疫系统和心理学因素之间相互关系的学科——的研究人员发现,压力会产生几种结果。最为直接、迅速的结果是生物学的反应,即由肾上腺分泌的某种激素导致心跳加速、血压上升、呼吸急促、出汗等。在某些情况下,这一现象对人体有益,因为这在交感神经系统中产生了一种"危机反应",能够让人们更好地防御突发的危险情况(Ray, 2004; Kiecolt-Glaser, 2009)。

另一方面,长期、持续地接触应激源,可能导致身体应对压力的能力降低。因为与压力相关的激素不断地分泌出来,可能对心脏、血管以及身体其他组织造成损害。结果,由于抵御细菌侵害能力的下降而导致人们更容易得病。简言之,急性应激源(acute stressors; 突然的、一次性的事件)和慢性应激源(chronic stressors; 长期的、持续的事件)都可能造成严重的心理问题(Lundberg, 2006; Graham, Christian, & Kiecolt-Glaser, 2006)。

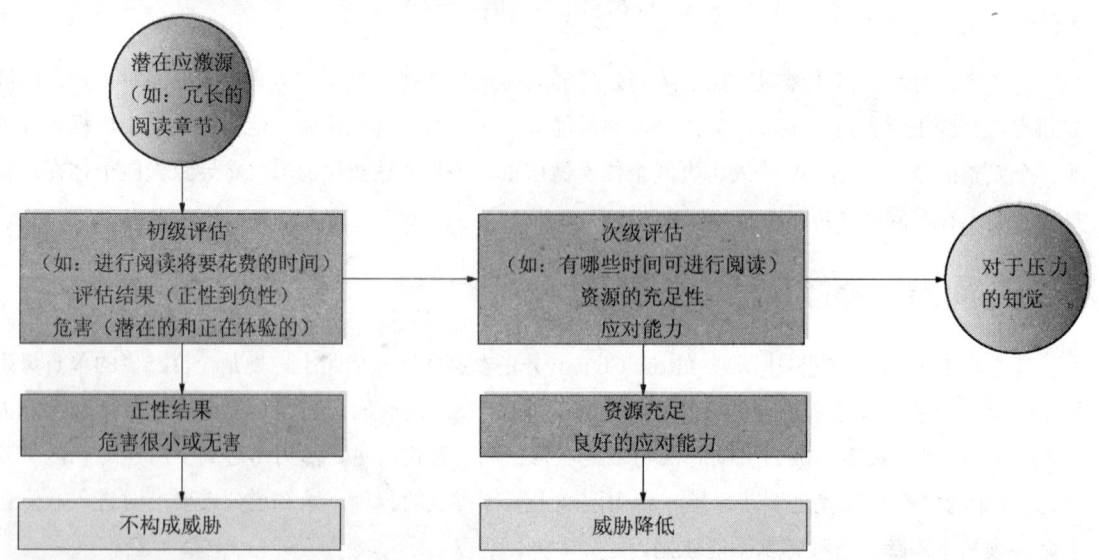

图 13-4 压力的识别步骤
个人评估某种潜在应激源的方式决定了其是否将经受压力。
(Source: Adapted from Kaplan, Sallis, & Patterson, 1993.)

产生压力的根源 经验丰富的职场面试主管、大学咨询师、婚庆商店老板都了解每个人对某种潜在压力事件的反应不尽相同。是何种因素造成人们反应的差异性？根据心理学家阿诺德·拉扎勒斯（Arnold Lazarus）和苏姗·福尔克曼（Susan Folkman）的研究，人们需要通过一系列阶段来判断是否将遭遇压力，如图13-4所示（Lazarus & Folkman, 1984; Lazarus, 1968, 1991）。

首先进行**初级评估（primary appraisal）**。这是个人判定某一事件带来的结果将是正性、负性还是中性所进行的评估。如果初步认为这一事件将带来负性影响，那么他将依据该事件曾经引起的危害进行评估：可能造成何种危害？如何才能避开这一危害？例如，上次法语考试成绩的好坏，使你在面对即将到来的另一次法语考试时会有不同的感受。

接下来进行**次级评估（secondary appraisal）**。次级评估是个人对"我能否处理这一事件？"的回答，这是一次对其应对能力和资源是否足以克服潜在应激源所引发危机的评估。此时，人们尽可能确定他们能否面对这一危机。如果资源不足，而潜在威胁巨大，那么他们将受困于压力。例如，每个人都有可能收到令人心烦的交通违章罚款通知单，但是如果某位正处于经济拮据时期的人收到罚单，那么他所经受的压力将大大加重。

压力，因个人的评估而不同，而评估也随着个人的气质和所处环境的不同而发生变化。心理学家谢莉·泰勒（Shelley Taylor, 2009）提出下列基本原则，帮助人们预测某一事件何时将被评定为充满压力的：

- 产生负性情绪的事件和环境比正性的事件更有可能导致压力。例如，计划收养一名婴儿所产生的压力比面对一名患病的深爱的婴儿要小。
- 不受控制或不可预知的情况比可控制和可预知的情况更易于产生压力。例如，喜欢进行突袭考试的教授，比习惯事先安排好考试日期的教授带给学生

初级评估 判定某一事件带来的结果将是正性、负性，还是中性。

次级评估 评估个人的应对能力和资源是否足以克服潜在应激源带来的危害、威胁或挑战。

虽然我们通常认为负性事件将导致压力（如车祸），但事实上令人愉快的事件（如结婚），也会带来压力。

心身障碍 由心理、情绪和身体问题之间相互作用而引发的医学问题。

应对 控制、降低或学会忍受导致压力的威胁的努力。

的压力要大。

- 模棱两可的事件和环境较清楚明确的事件和环境产生的压力更大。如果人们不能清楚理解某一情境，他们必须努力对其进行了解，而非直接应对。开始一项毫无概念的新工作所引发的压力，比从事另一项内容明确的工作所产生的压力更大。

- 必须同时完成多项耗费心力的任务的人，更可能比完成较少事情者经受很大压力。例如，一名即将临产同时又需要进行论文答辩的大学生，极有可能感受到重大的压力。

压力造成的后果 当身体试图克服压力时，将引起生理唤醒，而生理唤醒又将导致长期的折磨，从而对人体造成危害。如果经受的压力足够强，那么将付出惨痛的代价。例如，头痛、背痛、皮疹、消化不良、慢性疲劳，甚至常见的感冒都可能是由于压力所致（Cohen, Tyrrell, & Smith, 1997; Suinn, 2001）。

此外，免疫系统（人体抵御疾病的天然防线），包括复杂的器官、腺体和细胞，也可能被压力所破坏。这是因为压力过度地刺激免疫系统，致使其开始攻击人体本身，破坏健康的组织，而非坚守原有岗位对抗入侵的细菌和病毒。此外，压力还可能阻止免疫系统进行有效地反应，进而让细菌更为容易地繁殖，或让癌细胞的扩散更为迅速（Miller & Cohen, 2001; Cohen et al., 2002; Caserta et al., 2008）。

长此以往，最终压力将导致**心身障碍（psychosomatic disorders）**，这是由心理、情绪和身体问题之间的相互作用所引发的医学问题。例如，压力可能引发溃疡、哮喘、关节炎、高血压等病症——当然还有其他因素导致这类病症（Davis et al., 2008; Marin et al., 2009）。

总而言之，压力可以通过许多方式影响人类：增加患病的风险，直接导致疾病，让疾病极难痊愈，降低人们应对未来压力的能力等（若要了解你自身经受了多大的压力，完成表13-1中的调查问卷）。尽管在一生中压力可能随时发生，但是请谨记，随着年龄的不断增长，我们可以更好地学习应对压力的方式。接下来，我们将了解应对压力的方式。

应对压力 压力是生活的一部分，每个人都会遇到。然而，某些年轻人相对于其他人来说能够更好地**应对（coping）**压力。应对是指控制、降低或学会忍受导致压力的威胁的努力（Taylor & Stanton, 2007）。成功应对压力的关键是什么？

有些人采用以问题为中心的应对方式。在这种情况下他们通过直接改变局势来减小压力。例如，某人在工作中遇到困难时，他可以向上司反映此事，申请调换工作或另寻其他工作。

另一些人则采用以情绪为中心的应对方式，这涉及有意识地调节情绪。例如，一位必须工作却难以为孩子找到合适看护的母亲可以告诉自己，她应当看到

> **表 13-1 你所承受的压力水平？**
>
> 回答下列问题，累计每一小题的得分，以测试你所承受的压力水平。问题仅适用于上个月。最后附有评分说明，帮助你确定你的压力水平。
>
> 1. 你是否经常因为发生意外事件而感到不安？
>   □ 0 = 从未有过，1 = 基本上没有，2 = 有时会有，3 = 比较频繁，4 = 非常频繁
> 2. 你是否经常感到无力控制生活中的重要事情？
>   □ 0 = 从未有过，1 = 基本上没有，2 = 有时会有，3 = 比较频繁，4 = 非常频繁
> 3. 你是否经常感到紧张或有压力？
>   □ 0 = 从未有过，1 = 基本上没有，2 = 有时会有，3 = 比较频繁，4 = 非常频繁
> 4. 你是否经常对自己应对个人问题的能力充满信心？
>   □ 4 = 从未有过，3 = 基本上没有，2 = 有时会有，1 = 比较频繁，0 = 非常频繁
> 5. 你是否经常感觉到事情的发生如你所愿？
>   □ 4 = 从未有过，3 = 基本上没有，2 = 有时会有，1 = 比较频繁，0 = 非常频繁
> 6. 你是否经常能够控制愤怒？
>   □ 4 = 从未有过，3 = 基本上没有，2 = 有时会有，1 = 比较频繁，0 = 非常频繁
> 7. 你是否经常发现你不能应对所必须处理的所有事情？
>   □ 0 = 从未有过，1 = 基本上没有，2 = 有时会有，3 = 比较频繁，4 = 非常频繁
> 8. 你是否经常认为事情全然处于掌握中？
>   □ 4 = 从未有过，3 = 基本上没有，2 = 有时会有，1 = 比较频繁，0 = 非常频繁
> 9. 你是否经常因为事情超出你的控制而生气？
>   □ 0 = 从未有过，1 = 基本上没有，2 = 有时会有，3 = 比较频繁，4 = 非常频繁
> 10. 你是否经常感到困难累积得如此之多，你已经无法克服？
>   □ 0 = 从未有过，1 = 基本上没有，2 = 有时会有，3 = 比较频繁，4 = 非常频繁
>
> **评分说明**
> 压力水平因人而异。将你的总分与下列平均值进行比较：
>
> | 年龄 | | 性别 | |
> |---|---|---|---|
> | 18~29 | 14.2 | 男性 | 12.1 |
> | 33~44 | 13.0 | 女性 | 13.7 |
> | 45~54 | 12.6 | | |
> | 55~64 | 11.9 | | |
> | 65及以上 | 12.0 | | |
>
> **婚姻状况**
> 寡居 ………… 12.6
> 已婚或同居 ………… 12.4
> 单身或从未结婚 ………… 14.1
> 离异 ………… 14.7
> 分居 ………… 16.6
>
> （Source: Shelden Cohen, Dept. of Psychology, Carnegie Mellon University.）

事情好的一面：至少在经济困难的时期，她还拥有一份工作（Folkman & Lazarus, 1988; Master et al., 2009）。

有时人们意识到他们正处于一种不可逆转的压力之中，但是他们可以通过控制自身的反应来进行应对。例如，他们可以采用冥想或锻炼的方式来降低生理反应。

其他人给予的帮助和安慰等社会支持（social support），也可以帮助提高应对压力的能力。在遇到压力时，向他人求助可以提供情感支持（如在别人肩上哭泣）和物质支持（如一笔短期贷款）。此外，其他人也能提供信息和如何应对压力的具体建议。人们用网络与有相似经历的人交流，原因是人具有从别人的经验中学习的能力（Jackson, 2006; Coulson, Buchanan, & Aubeeluck, 2007; Kim, Sherman, & Taylor, 2008）。

最后，有些心理学家指出，即使人们不能有意识地应对压力，他们依然可以无意识地运用一种他们不曾知晓，但却能帮助减轻压力的防御性应对机制。**防御性应对（defensive coping）** 涉及曲解或否认某一情境的真实本质的无意识策略。例

> **防御性应对** 曲解或否认某一情境的真实本质的无意识策略。

坚强 与应激性疾病低发率相关的人格特征。

如，人们可能拒绝承认某一威胁的严重程度，轻看某种威胁生命的疾病，或者他们可能安慰自己多个学科考试失败并非大事等。

另一种防御性应对机制称为情绪隔绝（emotional insulation），指人们无意识地试图让自己避免感受到强烈的情绪。通过让自己对消极的（或积极的）经历无动于衷，来逃避这些经历带来的痛苦（或激动情绪）。如果防御性应对成为面对压力时的一种习惯性反应，那么将造成人们逃避或忽视问题，阻碍人们了解真相和面对现实（Ormont, 2001）。

有时人们服用毒品或酒精逃避充满压力的环境。与防御性应对一样，饮酒与毒品的使用不但不能帮助解决导致压力的困境，反而可能增加个人的难题。例如，人们可能成瘾于最初为他们提供一种愉悦的逃避感的物质之中而无法自拔。

坚强、顺应和应对 年轻人成功应对压力一部分基于他们的应对风格，即他们应对压力的具体方式的一般倾向。例如，具有"坚强"风格的人们应对压力特别成功。**坚强（hardiness）**是与应激性疾病低发率相关的人格特征。

坚强的个体有责任感，对生活中的挑战乐在其中。毫不意外，坚强的人比不坚强的人更能抵抗应激性疾病。坚强的人能够乐观地看待潜在有威胁的应激源，觉得他们能够有效地加以应对。通过将威胁性情境转化为挑战性情境，他们则不太可能产生高水平的压力（Maddi, 2006; Maddi et al., 2006; Andrew et al., 2008）。

对于面临生命中最重大的困难——例如亲爱之人的突然死亡或永久性的损伤（如脊柱受损）——的人们，他们反应中的一个关键因素就是顺应力水平。正如我们在第八章中初次提到的，顺应力是承受、克服严重的不幸并茁壮成长的能力（Bonanno, 2004; Norlander, et al., 2005; Werner, 2005; Kim-Cohen, 2007）。

顺应力强的年轻成人多半天性善良、容易相处，拥有良好的社会性技巧和交流技巧。他们独立自主，觉得他们能够塑造自己的命运，不依赖其他人或者运气。简言之，他们运用自己拥有的，并且不论他们发现自己处于何种情形之下，他们都会尽力而为（Spencer et al., 2003; Deshields et al., 2005; Friborg et al., 2005; Clauss-Ehlers, 2008）。

面临压力时，其他人给予的帮助和安慰能够提供情感和物质两方面的支持。

成为发展心理学知识的明智消费者

应对压力

尽管没有明确的规则能够涵盖所有压力的实例，但有些常规的方法能够帮助我们应对生活中无处不在的压力。以下是一些常见的应对方式（Sacks, 1993; Kaplan, Sallis, & Patterson, 1993; Bionna, 2006）。

- **对产生压力的根源寻求控制**　让自己控制产生压力的情境，这可能需要耗费许多精力，但可以最终成功应对压力。例如，如果你正担心即将到来的考试，那么你就需要做些事情来消除这种焦虑，如立刻开始学习。

- **将"威胁"重新定义为"挑战"**　变换一种情境的定义，可以使压力看上去没有那样可怕。"在困难中寻找希望"是一句很好的忠告。例如，如果你被解雇了，你可以将这看做寻找另一份新的、可能是更好的工作的机会。

- **寻求社会支持**　如果遇到困难时有其他人的帮助，那么基本上所有的困难都更容易解决。朋友、家庭成员，甚至是由受过培训的咨询顾问所主持的热线电话，均能提供重要的支持（为了帮助识别合适的热线，美国公共健康服务部保留了一个免费查询热线电话的号码，用来提供许多全美性团体的电话号码和地址。请致电800-336-4794）。

- **运用放松技巧**　降低由压力引发的生理唤醒，是一种特别有效的压力应对方式。许多技巧可以产生放松的效果，比如冥想、禅宗与瑜伽、渐进式肌肉放松，甚至是催眠，它们在消除压力方面都有显著的效果。赫伯特·本森（Herbert Benson）医生设计了另一特别有效的放松方式，参见表13-2（Benson, 1993）。

- **努力保持一种健康的生活方式，强化自身的天然应对机制**　这包括锻炼身体，保证营养丰富的饮食，睡眠充足，避免或适度饮酒、吸烟或服用其他药物。

如果不能做到上面所提及的任何一点，那么请牢记：没有任何压力的生活将非常单调、乏味。压力是生活的一部分，成功地应对压力将使你获得满意的体验。

复习和应用

复习

- 体能与感觉能力在成年早期达到巅峰，但发展仍在持续，特别是大脑的发展。
- 青年早期通常处于前所未有的健康状态，事故是死亡的最大威胁。在美国，暴力也是一种显著的风险，特别对非白人男性而言。
- 尽管处于成年早期，人们仍必须通过正常的饮食和锻炼保持健康。对年轻人而言，肥胖是一个越来越困扰的问题。
- 身体失能的个体不仅需要面对自身的身体障碍，还要面对由外界的偏见和歧视所引发的心

> **表13-2　如何习得放松反应？**
>
> 关于放松反应规律性练习的一般性建议：
> - 每天努力留出10~20分钟的时间；早饭之前的时间最佳。
> - 舒服地坐着。
> - 为了在这段时间专心地练习，必须提前安排好必要的生活琐事。比如，打开电话应答机，请其他人帮忙照看孩子。
> - 自己规定一个锻炼时间的长度，并努力保持下去（但不能设定闹钟，而是通过看钟表或手表来确定时间）。
>
> 一些方法可以获得放松反应。以下是一套标准的流程说明：
> 第一步：挑选一个你个人印象最为深刻的单词或短语。例如：一位非宗教的个体可能选择某个中性单词，如一（one）、和平（peace）或爱（love）；一位希望借用一句祈祷词的基督徒则可能选择圣歌中的句子，如上帝是我的牧羊人（The Lord is my shepherd）；而一位犹太教徒则可能选择您好（Shalom）。
> 第二步：安静、舒服地坐定。
> 第三步：闭上眼睛。
> 第四步：放松肌肉。
> 第五步：呼吸自然、缓慢，呼气时心中默念所选的单词或短语。
> 第六步：自始至终保持坦然、淡定的心态。不必担心做得好不好。当其他想法侵入脑海时，只要对自己说："嗯，好吧。"然后平静地回到单词的重复过程中。
> 第七步：持续10~20分钟，然后睁开眼睛查看时间（不能用闹钟）。完成后，静坐1分钟左右，先闭上眼睛，等一下再睁开。
> 第八步：每天练习1~2次。
>
> （Source: Benson, 1993.）

理障碍。

- 较小的压力是一种健康的反应，但压力也会对身体造成危害。对于长期、频繁的压力则需要特别关注。

应用毕生发展

- 说明并讨论你自己应对压力的方式。你采用何种方式应对压力？哪些有效，哪些无效？
- **从一名教育工作者的视角看问题**：能够教会人们经常锻炼是一生有益的观点吗？可以改变学校的体育教学计划，使更多人能够将锻炼坚持一生吗？
- **从一位社会工作者的视角看问题**：失能个体所面对的人际之间的屏障包含哪几类？如何消除这类障碍？

13.2 认知发展

众所周知本（Ben）的酒量很大，特别是在他参加聚会的时候。本的妻子蒂拉（Tyra）警告他，如果他再次满身酒气地回家，她会带着孩子离开他。今天晚上，本外出参加一个公司聚会，然后醉醺醺地回到了家。蒂拉会离开本吗？

如果听到上述情况的是一位青少年，那么他可能认为答案一目了然：蒂拉离开了本（源于亚当斯和拉博维奇－菲夫的研究；Adams & Labouvie-Vief, 1986）。但在处于成年早期的人，对该问题的答案却存在诸多不确定性。当人们步入成年，便开始减少绝对逻辑，转而更多地考虑可能影响特定场合下自身行为的现实利害关系。

成年早期的智力发展

如果认知发展在成年早期遵循和生理发展同样的方式，那么我们将不可能期望发现智力有什么新发展。事实上，皮亚杰（他有关认知发展的理论在以往我们对智力变化的讨论中扮演着极其重要的角色）认为，当人们告别青春期之后，他们的思维至少在质上大部分已经定型，在今后的岁月中将不会改变。人们可能会收集更多信息，但他们分析、看待信息的方式将不再改变。

皮亚杰的观点是否正确？越来越多的证据表明，他的观点是错误的。

在成年早期，思维的性质发生了质的改变。

后形式思维

发展心理学家吉塞拉·拉博维奇-菲夫（Giesela Labouvie-Vief）认为，思维的本质成年早期发生了质的变化。她声称，单纯基于形式运算（皮亚杰理论的最后一个阶段，实现于青春期）的思维仍不能有效地满足年轻人的需要。复杂的社会环境和人们面对所有复杂情况寻求出路时所遇到的越来越多的挑战，要求人们的思维不能仅仅基于逻辑，还需要以实际经验、道德判断和价值观为基础（Giesela Labouvie-Vief, 2006, 2009）。

例如，假设有一位第一次参加工作的年轻单身女性，她的上司是一位已婚男性。她非常敬重他，而上司所处的职位可以为她的事业提供帮助。有一次，上司邀请她陪同会见一位重要的客户。当会见圆满结束后，上司建议他们一起外出就餐庆祝。在那天夜里，他们喝完一瓶酒之后，她的上司试图陪她一起回酒店的房间。她该如何应付这种情况？

单纯的逻辑并不能回答这一问题。拉博维奇-菲夫认为，人们在成年早期不断面临这类不明确的局面，因而他们的思维必须有所发展，以便成功地应对这类问题。她认为，人们在成年早期应当学会运用类比和比喻进行比较、对抗社会上的谬论，并能够通过更多的个人理解泰然处之。此类思维，要求依据个人的价值观和信仰对情境的所有方面进行权衡。这考虑到解释过程，并反映了这样一个事实：真实世界中事件背后的原因是如此微妙，是黑白之间的灰色，而并非黑白分明（Labouvie-Vief, 1990; Thornton, 2004）。

为了展现这类思维的发展过程，拉博维奇-菲夫进行了一项实验，被试的年龄范围在10~40岁之间，实验故事采用类似本节前段所述的本和蒂拉的情节。每个故事都有一个清楚、符合逻辑的结论。不过，如果将现实世界的需要和压力考虑在内，那么故事将会有不同的解释。

对于这类故事情节，青少年主要依赖形式运算所固有的逻辑给出回答。例如，他们预测当本再次醉酒归来时，蒂拉将立刻整理行李，然后带着孩子离家出走。毕竟，那是蒂拉自己所说的。

后形式思维 认为成年人有时必须以相对的谈判协商解除困境的思维方式。

而青年人与青少年的答案则明显不同，他们很少单纯地利用严格的逻辑确定主人公可能的行为模式。他们会考虑很多涵盖现实生活的可能性因素，例如：本是否会向蒂拉道歉并恳求她不要离开？蒂拉是否真如她所说的那样将要离开？蒂拉是否有其他地方可以去？

拉博维奇-菲夫将青年人所展现的思维方式称之为后形式思维。**后形式思维（postformal thought）**是指超越皮亚杰形式运算之上的思维方式。与单纯基于逻辑过程、看待问题泾渭分明的形式运算相比，后形式思维认为成年人有时必须以谈判协商解除困境。

后形式思维也涵盖辩证思维，一种喜欢并欣赏论证、驳斥以及辩论的思维方式（Basseches, 1984）。辩证思维认为并非所有问题都可以一刀切，而问题的答案也并非总是绝对的正确或错误，有时某些问题必须协商解决。

根据心理学家简·辛诺特（Jan Sinnott, 1998a, 2009）的观点，在解决问题时，后形式思维也考虑了真实世界的诸多因素。后形式思维者在考虑问题时，能够对抽象、理想的解决方案和可能阻碍该解决方案成功实施的现实生活中的限制进行权衡。此外，后形式思维者了解导致出现某一情况有很多因素，因此解决方式并非只有一种。

简而言之，后形式思维与辩证思维者承认，现实世界有时不能以完全对或错的方法来解决问题，其中复杂的人类问题无法完全通过逻辑来解决。因此，找到解决难题的最佳方法可能需要采用并整合先前的经验。

佩里关于后形式思维的理论 心理学家威廉·佩里（William Perry1, 1981）认为，成年早期不仅是掌握特定身体知识的发展时期，同时也是理解世界方式的发展时期。佩里研究了学生在大学期间智力与道德的发展方式。在对哈佛大学一组学生的全面访谈中，他发现刚入校的学生们在看待周围的事物（人）时，倾向于运用二元思维（dualistic thinking）的方式。例如，他们推断某事正确或者错误；有些人是好人，否则便是坏人；其他人要么支持他们，要么反对他们。

然而，当这些学生遭遇到来自其他学生和教授的新的思想和观点时，他们的二元思维开始减少。这一点与后形式思维的观点一致，学生们逐渐意识到问题不仅只有一种可能性。此外，他们已经更为清楚地了解到从多个角度看待同一个问题。这种多元思维（multiple thinking）的特征主要表现在学生对待权威方式的改变：从之前假定专家们拥有所有问题的正确答案，转而开始假定如果自己的想法是经过深思熟虑并且有道理的，那么他们的观点也同样是正确的。

根据佩里的理论，大学生们已经步入一个知识与价值观的相对论阶段。他们不再认为世界拥有绝对标准和价值观，而是承认不同的社会、文化和个人都可能具备不同的标准和价值观，而且所有这些标准和价值观都可能是正确的。

需要切记的是，佩里的理论是基于名校里受过良好教育者的抽样访谈。他的研究结果并不适用于未曾接受过多元化观点教育的人群。不过，佩里关于思维在成年早期持续发展的观点被广泛接受。正如我们接下来将要探讨的那样,其他理论认为思维方式的变化在整个成年期内十分显著。

沙因的发展阶段

发展心理学家华纳·沙因(K. Warner Schaie)提出了后形式思维的另一种观点(Schaie et al., 1989; Schaie & Willis, 1993)。在佩里理论的基础上,沙因认为成人的思维遵循一定的阶段性(如图13-5所示)。但沙因更注重成年期对信息的运用方式,而非佩里理论所强调的获取和理解新信息中的变化(Schaie & Zanjani, 2006)。

沙因认为在未进入成年期之前,人们主要的认知发展任务是信息的获得。为此,他将认知发展的第一阶段命名为**获得阶段(acquisitive stage)**,包括整个儿童期和青春期。成年之前我们收集信息的目的,很大程度上是为未来的运用作储备。事实上,儿童期与青春期教育的根本目的,是为人们未来的活动做准备。

然而到了成年早期,情况发生了相当大的改变。与致力于知识未来运用的目的不同,人们收集信息的目的转向现学现用。根据沙因的观点,青年人正处于**实现阶段(achieving stage)**,运用他们的智力与知识实现有关职业、家庭和为社会作贡献的长期目标。在这一阶段,青年人必须面对并解决一些重要问题,并做出重要决定,如从事何种工作、和谁结婚等,这类问题的决策将影响他们的下半生。

在成年早期的最后阶段和成年中期,人们开始步入沙因所命名的责任与执行阶段。在**责任阶段(responsible stage)**,已进入中年的成年人,主要关注如何保护和照顾其配偶、家庭和事业等问题。

接下来,在成年中期的中后期,许多人(但并非所有人)步入**执行阶段(executive stage)**,此时他们的视野更为开阔,更关注广阔的世界(Sinnott, 1997)。处于执行阶段的人们,不再仅仅关注自身的生活,他们也开始参与和支持社会机构。他们可能参加当地政府、宗教集会、社会服务单位、慈善团体、工会等拥有广泛社会影响的组织。显而易见,执行阶段人群的视野已经超越了个人

获得阶段 根据沙因的理论,此阶段为认知发展的第一阶段,包括整个儿童期和青春期,主要发展任务为获取信息。

实现阶段 青年人所实现的一个阶段,他们运用智力与知识,实现有关职业、家庭和为社会作贡献的长期目标。

责任阶段 已步入中年的成年人主要关注个人处境的阶段,其中包括保护和照顾其配偶、家庭和事业等问题。

执行阶段 为成年中期,此时他们的视野较之前更为开阔,更加关注广阔的世界。

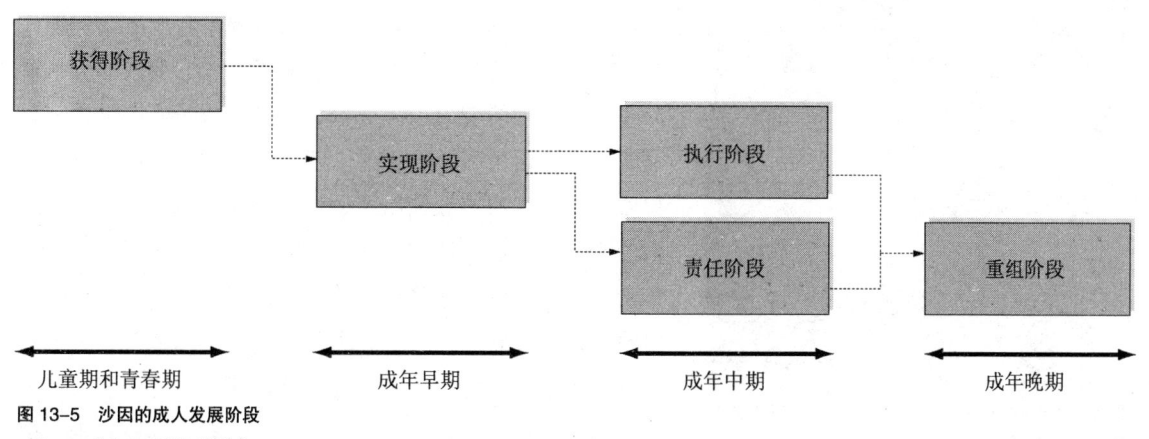

图13-5 沙因的成人发展阶段
(Source: Schaie, 1977~1978.)

重组阶段 为成年晚期,此时他们更关注具有个人意义的任务。

智力三元论 斯腾伯格提出的智力理论,认为智力由三个主要因素构成:成分的、经验的和情境的。

自身的情况。

根据沙因理论模型,老年人将进入最后一个阶段:**重组阶段**(reintegrative stage)。这一阶段是指关注具有个人意义的任务的成年晚期。人们在这一阶段,不再把获得知识作为解决可能面对的潜在问题的手段,而是将信息获得直接针对某些他们特别感兴趣的问题。

此外,他们对那些看似不能立即运用到生活中的事物的兴趣减少,耐性也更低。因此,一位年龄较大的人,对诸如联邦预算是否平衡等抽象问题的关注程度,远不如政府是否能够提供全面的健康护理等问题的关注大。

沙因的认知发展观点提醒我们,认知变化并没有停止于青春期,这一点与佩里的观点一致。相反,认知变化贯穿整个成年早期及其后面的岁月。

智力:成年早期重要吗?

你在当前工作岗位上的工作时间较长,比较有利。你所负责部门的绩效考核和你任职之前不相上下,甚至还要好一些。你有两位助手,一位非常能干,另一位勉强合格却不能真正帮得上忙。即使你实际上已经深得人心,但你仍认为在上司眼中,你与公司其他9名同级别的经理相比没什么特别之处。你的目标是能够快速被提升到执行经理的职位(Based on Wagner & Sternberg, 1985, p. 447)。

你如何达成你的目标?

根据心理学家罗伯特·斯腾伯格(Robert Sternberg)的观点,成年人回答该问题的方式,与其未来的成功有着密切的关系。上述问题是专门用于评估特殊智力类型的系列问题之一,这一特殊智力类型对未来成功的影响比传统IQ测验要大很多(我们在第九章已经讨论过IQ测验)。

斯腾伯格在其提出的**智力三元论**(triarchic theory of intelligence)中指出,智力由三个主要因素构成:成分的、经验的与情境的(见图13-6)。成分要素涉及解决问题中的数据分析,特别是理性行为的问题。成分要素和人们选择并使用规则的能力、挑选恰当问题解决策略的能力,以及如何灵活运用所学知识的一般能力相关。经验要素是指智力、人们先前的经验以及他们应对新情境能力之间的关系。这是智力三个要素中最富有洞察力的方面,通过经验要素,人们可以将一系列之前从未遇见过的情况与已经掌握的知识相关联。最后是智力的情境要素,涉及当人们在面对日常生活和现实环境的要求时,所表现出来多大程度的成功。例如,在适应工作中特定专业要求的过程中,便

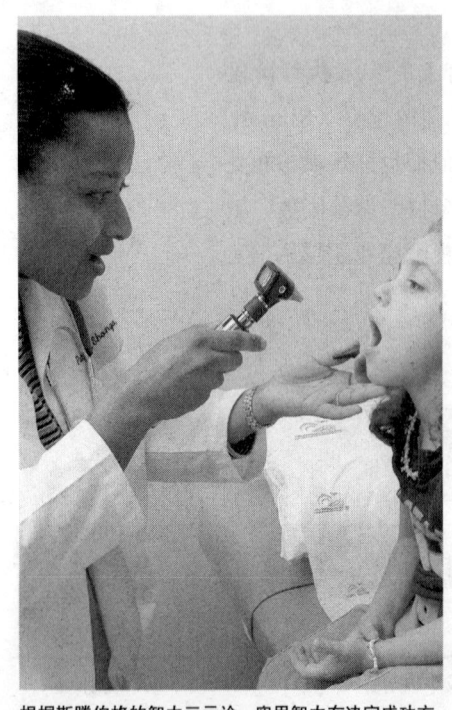

根据斯腾伯格的智力三元论,实用智力在决定成功方面,和传统的学业智力同等重要。

图 13-6 斯腾伯格的智力三元论
（Source: Sternberg, 1985, 1991.）

涉及情境要素（Sternberg, 2005）。

生成IQ分数的传统智力测验，倾向于强调智力的成分方面。然而，越来越多的证据表明，情境要素（也被称为实用智力）是一种更为有用的测量手段，特别是当我们试图比较和预测成年人的成功的时候。

实用智力与情绪智力 根据斯腾伯格的观点，大部分传统测验得出的IQ分数和学业成功密切相关，但和事业成功等其他类型的成就则没有关系。例如，尽管商业的成功对于IQ测验所测量的智力具有最低水平的要求，但职业发展的比率和商业经理人的最终成功和IQ分数的相关并不显著（Cianciolo et al., 2006; Sternberg, 2006; Grigorenko et al., 2009）。

斯腾伯格声称职业成功需要一种智力，即**实用智力**（practical intelligence），这与传统学术追求中涉及的智力存在本质区别（Sternberg et al., 1997）。学业成功基于有关特定种类信息的知识，大部分通过阅读和听课获得；而实用智力则主要通过观察他人并模仿他们的行为而获得。实用智力很高的个体具有很好的"社会性雷达"，他们能够根据经验有效地理解并处理新情境，洞察周围的人和环境（见图13-7中实用智力测验的样题）。

与此类心理能力相关的是另一类涉及情绪领域的智力。**情绪智力**（emotional intelligence）是指准确评估、评价、表达和调节情绪所基于的一系列技能。情绪智力能够赋予某些人与他人和睦相处、理解他人感受和体验并对他人需求给予适

实用智力 根据斯腾伯格的观点，是指主要通过观察他人并模仿他人的行为而获得的智力。

情绪智力 是指准确评估、评价、表达和调节情绪所基于的一系列技能。

管理

你负责选择一个承包商维修几栋大型建筑物。在比较所有投标公司的报价基础并做进一步调查之后，你将目标锁定于两个承包商。此时你正在考虑和威尔逊父子公司（Wilson & Son Company）签订承包合同。在考虑与威尔逊公司签约的过程中，评定下列信息的重要等级。

——该公司提供了多位以往满意客户的推荐信。
——信誉促进局（Better Business Bureau）的报告中没有该公司的重大投诉。
——该公司过去曾经为你的公司提供很好的服务。
——威尔逊的报价比其他承包商低2,000美元（维修总费用大约为325,000美金）。
——以前同你公司有过合作关系的顾客强力推荐威尔逊公司。

销售

你负责销售一系列复印机。其中一种型号的复印机功能相对较少，也较便宜，定价为700美元，但这并非最便宜的型号。该型号的复印机销售情况不容乐观，而且有大量存货压力。不过，配置更为完备、精密的复印机现在缺货，公司要求你倾尽所能提高700美元型号的销售量。在最大程度上提高该滞销品销量的过程中，评定下列策略的重要等级。

——向潜在客户强调，尽管此型号的复印机缺乏某些适当的功能，但低廉的价格可以有所补偿。
——强调这一价位的复印机没有其他型号。
——尽可能多地安排展示该型号复印机的机会。
——强调尽管和其他复印机相比，该型号缺乏复杂的功能，但它却简单实用。

学术心理学

现在，是你在一个著名的心理学系担任讲师的第二年。在刚刚过去的一年中，你在专业杂志发表了两篇不相关的实验性文章，它们不属于你的研究领域。但你认为自己与其他人一样能够发表很多文章。你在第一年的教学广受好评。你还未成为大学委员会的一员，有一名研究生被选为你的工作助手。你没有其他额外资金来源，也没有申请过。

你的目标是成为所在领域的权威人物，并获得该系的终身职位。下面列出你在未来两个月内需要考虑的事情，显然你不能全部做到。将下列事情按照实现你的目标的优先程度进行评定。

——提高教学质量。
——写出基金申请。
——开始一个也许可以产生一篇重要理论文章的长期研究计划。
——开始几项相关的短期研究计划，每一计划均能写出一篇实验文章。
——参与在当地公共电视频道播出的一系列小组研讨会。
——集中招募更多的学生。

学生生活

你正在某大学学习一门入门课程，其中包括三次阶段考试和一次期末考试。如果你的目标是在这门课上获得A的成绩，那么请评定下列行为的重要等级。

——准时上课。
——参加由教员陪伴的可选择每周复习小组。
——详细地阅读指定的课文章节。
——做好详细的课堂笔记。
——利用课余或答疑时间与教授沟通。

图 13-7 实用智力四个领域的测验样题
（Source: Sternberg, 1993.）

当反应的能力。情绪智力也对青年人职业和个人成功具有显著的价值（Mayer, Salovey, Caruso, 2004, 2008; Carmeli & Josman, 2006; Nelis et al., 2009）。

创造力：新异思维 音乐天才莫扎特（Wolfgang Amadeus Mozart）在35岁去世时留下了许多不朽的音乐篇章，而其中大部分是他在成年早期完成的。其他许多拥有创造天分的个体亦是如此：他们的主要作品都是在成年早期完成（Dennis, 1966a；见图13-8）。

成年早期高产的一个原因可能是，在成年早期过后，创造力有可能被心理学家萨尔诺夫·梅德尼克（Sarnoff Mednick, 1963）所描述的"熟悉造就僵化"的情况所抑制。这意味着人们对某一科目了

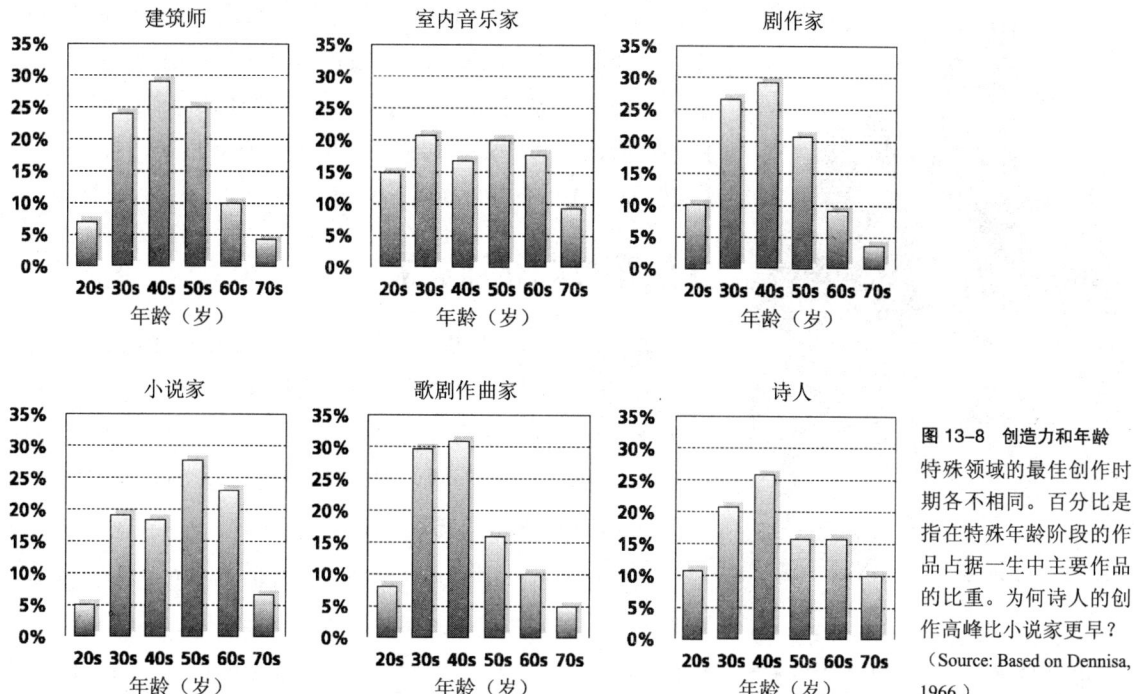

图 13-8 创造力和年龄
特殊领域的最佳创作时期各不相同。百分比是指在特殊年龄阶段的作品占据一生中主要作品的比重。为何诗人的创作高峰比小说家更早？
(Source: Based on Dennisa, 1966.)

解越多，他们在该领域推陈出新的可能性就越小。根据这一推理，在成年早期人们处于创造性巅峰可能是因为他们遇到许多专业级别的问题都是全新的，至少对他们而言如此。然而，随着年龄的增长，他们对这类问题越来越熟悉，因而阻碍了他们的创造力。

然而，并非所有人都如此。许多人直到生命晚期才达到创造力的鼎盛时期。例如，巴克明斯行·福勒（Buckminster Fuller）在50多岁才设计出他最重要的作品——穹窿建筑（geodesic dome）；弗兰克·劳埃德·赖特（Frank Lloyd Wright）于70岁高龄设计出著名的纽约古根海姆博物馆；达尔文（Charles Darwin）与皮亚杰在70多岁依然写出影响力十分广泛的著作；而毕加索（Picasso）90多岁时仍在从事绘画创作。此外，当我们纵观某人整个创作周期，并将之与其最重要的作品创作时期对比时，我们能够发现整个成年期的创作都十分均衡，这点在人文学科方面表现尤为明显（Simonton, 2009）。

总的来说，创造力研究没有揭示出一致的发展模式。原因之一是难以确定**创造力（creativity）**的构成成分，创造力被定义为以新奇的方式组合反应或观点。因为对定义何谓"新奇的"（novel）一词，仁者见仁、智者见智，因此难以鉴别某一模棱两可的特殊行为是否属于创新。

这种不确定性并未阻止心理学家努力尝试的脚步。例如，创造力的一个重要组成元素，是个人甘愿承担风险而尝试可能获得潜在高额回报的意愿。富有创造性的人，可与成功股票市场投资人相媲美，他们努力遵循"低价买入，高价卖出"的原则。很有创造性的人想出或支持未被社会认可或被视为错误（相当于"低价买入"）的观点，他们假设其他人最终能够理解该观点并赋予其应有的价

创造力 以新奇的方式组合反应或观念。

值（相当于"高价卖出"）。根据这一理论，富有创造性的成年人，能够以全新的眼光看待最初可能被人抛弃的观念或问题解决方法，特别是当该问题为人所熟知时。他们能够灵活地脱离旧有的行事方式，转而考虑新的方法和机会（Sternberg, Kaufman, & Peretz, 2002; Sternberg, 2009）。

生活事件和认知发展

婚姻、父母的去世、开始第一份工作、孩子的出生、买房，人类的生命历程是由许多诸如上述内容的重要事件组成。根据我们对前面章节内容的学习可以知道，这类里程碑式事件的发生，不管受欢迎与否，都会带来明显的压力。但它们是否也能引发认知发展呢？

尽管这类研究依然断断续续，而且很大程度上基于个案研究，但越来越多的证据表明此类生活事件能够促进认知发展。例如，孩子的降生，这一复杂事件可能使个体更深刻体会到亲属和父辈之间关系的本质、社会责任以及人性的不朽。同样，一名挚爱亲人的去世，也将促使人们重新思考生命中最重要的内容以及他们的生活方式（Haan, 1985; Aldwin, 1994; Woike & Matic, 2004）。

诸如孩子降生、挚爱亲人去世等影响深远的事件，能够通过提供重新评估我们所处社会的机会而激发认知发展。激发认知发展的复杂事件还有哪些？

经历过生活事件的起伏，有助于青年人以全新的、更为复杂和缜密而不那么僵化的方式思考现实世界。他们不再单纯地运用形式逻辑（一种他们早已全然掌握的策略）于某一情境，而是运用更为广泛的后形式思维看待趋势和模式、个性与选择。此类思维能够让他们更有效地应对复杂的社会环境（将在第十四章讨论）。

复习和应用

复习

- 认知发展在成年早期随着后形式思维的出现继续发展。后形式思维超越了逻辑，涵盖了解释性和主观性思维。
- 佩里认为人们在成年早期的思维方式由二元思维转变为相对思维。
- 根据沙因的理论，人们在使用信息的方式上需要经历五个阶段：获得、实现、责任、执行和重组。
- 新的智力观点包括智力三元论、实用智力与情绪智力。
- 随着青年人将许多已长期存在的问题视为新奇的情况，他们的创造力在成年早期达到巅峰。
- 重大生活事件提供人们重新思考自身和所处世界的机会和动机，对认知发展起到了促进作用。

> **应用毕生发展**
>
> - 何谓"熟悉造就僵化"？你能否从自身的经验中举例说明这一现象？
> - 从一名教育工作者的视角看问题：你能否想出应对某些情况时，你作为一名成年人与作为一名青少年的不同？这其中的差异是否反映了后形式思维？
> - 从一名教育工作者的视角看问题：你认为教育工作者能把人教得更加聪明吗？是否有一些智力的组成要素或变量比其他组成要素或变量更"适合教学"？如果是这样，那么是哪一个要素，成分的、实验的、情境的、实用的还是情绪的？

13.3 大学：追求高等教育

现在是凌晨4:30分，玛丽昂·米利（Marion Mealey），一名于27岁重返大学校园的学生，看了看儿子，遛了一下狗，然后开始为准备生物学考试而学习。6点整，她带着前一天晚上准备好的早餐和午餐离开了家。她的儿子和母亲仍在熟睡。帮她照看儿子的母亲不久也将醒来，然后送孩子上学。

在玛丽昂结束一天4小时的学习和3小时维持家庭生活开支的工作之后，还需要在路上花费4个小时。她可以利用这段时间进行学习。在回到家与家人共度几小时后，她还必须阅读明天上课的学习资料（Adapted from Dembner, 1995）。

玛丽昂·米利是三分之一年龄超过24岁的大学生之一，他们在追求大学教育的道路上遇到了不同寻常的挑战。和她一样的大龄学生已经构成了多样性的一部分——年龄、家庭背景、社会经济地位、种族的不同，构成了当今大学生的多样性。本章前言部分已经提到这一现象，我们看到的保罗·赵，仅仅倒退几年他就可能永远也上不了大学。

对于任何一名学生来说，能够上大学都是一种非常重要的成就。尽管你可能认为上大学是件平常事，但这并非事实：在全美范围内能够考取大学的高中毕业生仍是少数。

高等教育的人口统计学

进入大学读书的都是哪类学生？从美国人口整体来看，美国学生大部分集中在白人和中产阶级。69%的白人高中毕业生进入了大学，而非裔美国人只有61%，西班牙裔则是47%。更令人震惊的是，尽管进入大学的少数族裔学生的绝对数量有所增加，但其在少数族裔人口中所占的总体比例在过去

刚开始或重返大学校园就读的大龄学生人数，仍在持续增加。超过三分之一的在校大学生年龄达到或超过25岁。为什么会有这么多大龄、非传统的学生学习大学课程？

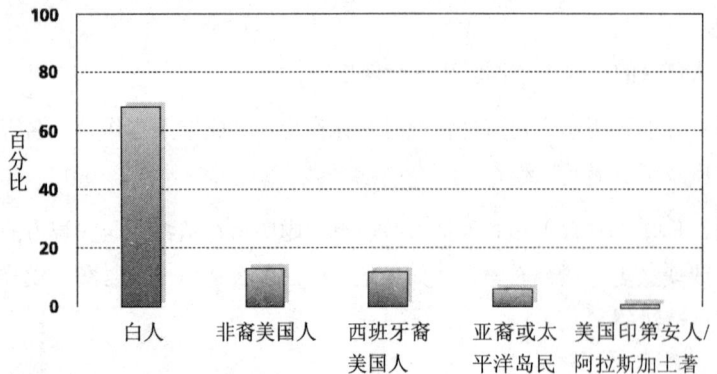

图 13-9 不同种族群体的大学生比例
就读大学的学生分布显示，非白人学生占了在校生近三分之一的比例。
（Source: The Condition of Education, 2004, National Center for Education Statistics, 2004.）

10年里是下降的——大多数教育专家将这一下降归咎于助学金可获得性的变化（U.S. Bureau of the Census, 1998, 2000；见图13-9）。

此外，进了大学却没能毕业的学生比例大幅增加。只有约40%的人在四年后获得了学位。尽管那些没能在四年里获得学位的人中大约有一半最后还是获得了学位，但另一半则一直没能获得学位。少数族裔的情况更加恶劣：全美国的非裔大学生辍学率达到70%（American College Testing Program, 2001）。

对于没有上大学或没有完成大学学业的学生而言，后果堪称严重。高等教育仍旧是一种改善人们经济状况的重要途径。据统计接受过高等教育的成年人只有3%生活在贫困线以下，而高中辍学的人生活贫困的可能性是前者的10倍（见图13-10；O'Haire, 1997; U.S. Census Bureau, 2003）。

上大学的性别差异　在美国，上大学的女性多于男性，而且女性相对男性所占的比例在提高。女性的大学入学率高于男性，并且每100名男性取得学位，就有133名女性取得学位。在少数族裔学生中，性别差异甚至更加明显，每100名非裔美国男性进入大学，就有166名非裔美国女性进入大学

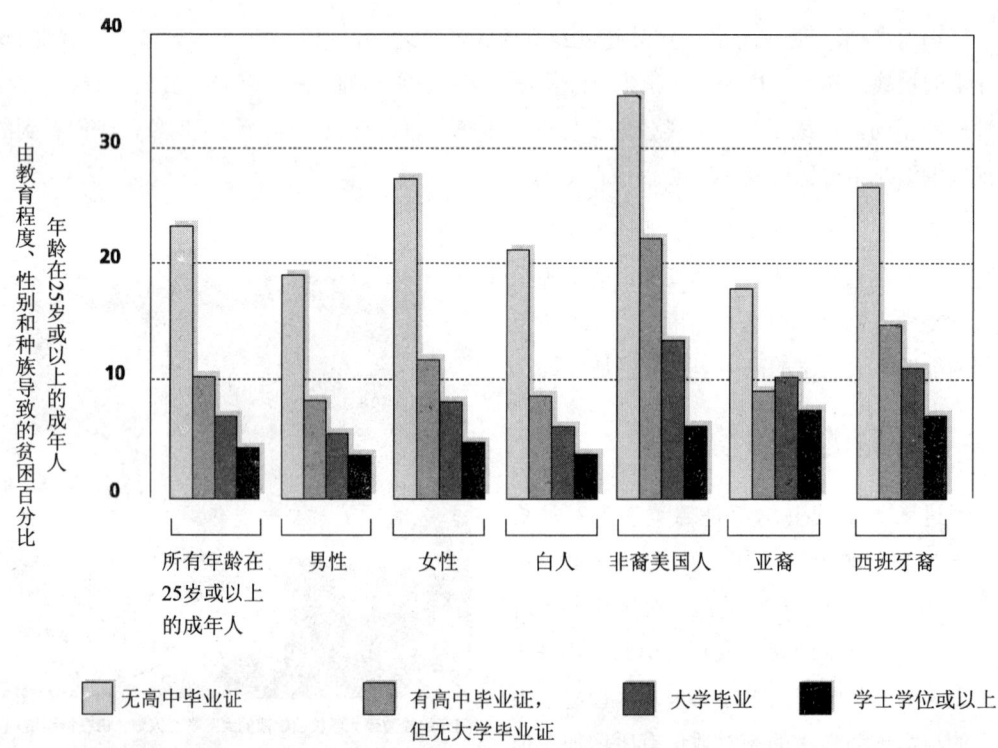

图 13-10 教育与经济保障
教育为人们提供的不仅仅是知识，它也是男性和女性获得经济保障的重要途径。
（Source: U.S. Census Bureau, 1996.）

（Sum, Fogg, & Harrington, 2003; Adebayo, 2008）。

为何在就读大学的问题上，存在如此明显的性别差异？这可能是因为在美国，男性高中毕业后更容易找到赚钱的机会，同时他们认为立即赚钱比上大学更具吸引力。例如，参军、工会，以及其他需要体力的工作可能更容易吸引男性，而结果是更多的男性将其作为最佳选择。此外，除了男性不将上大学作为主要目的之外，女性在高中的学习成绩通常比男性优秀，因而她们更容易被大学录取（Dortch, 1997; Buchmann & Diprete, 2006; England & Li, 2006）。

变化中的大学生：求学永远不言晚？ 如果"普通大学生"这个词让你想到的是十八九岁年轻人的形象，那么你就应当纠正你的观点，因为学生的年龄正在变得越来越大。事实上，26%的美国在校大学生的年龄在25~35岁之间，正如前述的27岁的玛丽昂·米利；36%的社区学院学生超过30岁（Dortch, 1997; U.S. Department of Education, 2005）。

应聘薪资较高的工作并不要求大学文凭，是就读大学的男性数量较女性数量增长缓慢的一个原因。

为何会出现许多大龄、非传统的学生学习大学课程的现象？原因之一是经济问题。大学文凭在获得工作方面的重要性不断增加，某些工人迫于压力，不得不重返校园获取证书。而雇主们也鼓励或要求工人们参加培训，学习新技巧或更新技术。

此外，随着人们年龄的增长，他们开始感觉到需要成家安定下来。这一态度的转变可能减少他们的冒险行为，并使得他们更注重提高养家糊口的能力，这是一种被称为成熟变革（maturation reform）的现象。

根据发展心理学家雪莉·威利斯（Sherry Willis, 1985）的观点，成年人重返校园学习具有几个显著的目的。首先，成年人可能正寻求自身成熟过程的答案。随着他们的成熟，他们开始努力体会发生在他们身上的事情，并对未来有所预期。其次，成年人寻求高等教育，力图更全面地理解现代化社会中快速的技术与文化变换。

此外，有些成年学生也可能正在寻求一种实践优势，以对抗不能适应工作的危险。有些个体也可能试图获取新的职业技能。最后，成年教育经历可能被视为有助于为将来退休打下基础。随着年龄的增大，他们关注的方向开始逐步从工作转向休闲，同时，他们可以将教育视为一种扩展个人可能性的方式。

大学适应：对大学生活要求的反应

在你刚开始进入大学时，你是否感觉沮丧、孤单、焦虑或孤僻？如果是这样，那么你并不是唯一一个有如此体验的人。许多学生，特别是那些刚刚从高中毕业、第一次远离亲人的学生，会在大学第一年经历一段调整时期。**第一年调适**

反应（first-year adjustment reaction）是指一系列与大学体验相关的心理症状，包括孤独、焦虑和抑郁。尽管一年级每位新生都有可能经受第一年调适反应中的一个或多个症状，但在高中阶段的学业或社会地位上取得过巨大成功的学生身上发生这种情况的频率相当高。这些学生在大学学习开始时，经历了地位上的突变，这可能导致他们非常痛苦。

在高中阶段取得成功并深受欢迎的大学新生特别容易表现出第一年调适反应。日渐被大学生所熟悉的咨询服务能够帮助学生进行心理调整。

第一年调适反应 是指一系列与大学体验相关的（包括孤独、焦急和沮丧）心理症状。

第一代大学生是其家族中最先进入大学的人，他们尤其容易在大学第一年遇到困难。他们进入大学的时候对大学和高中之间对学生的要求的差异并没有清晰了解，并且家庭给予他们的社会支持可能不够。此外，他们可能还没有准备好上大学（Barry et al., 2009）。

更常见的情况是，第一年调适反应在学生交友、体验学业成功，以及让自身融入校园生活的过程中顺利解决。然而，在其他情况下，问题却会遗留下来，还可能激化，甚至导致更为严重的心理问题。

从研究到实践

碰运气：赌博饮酒和使用毒品是对大学生身心健康的主要威胁

谈到让很多大学生陷入麻烦的成瘾行为时，你可能会想到饮酒和使用消遣性毒品。然而，人们抓住越来越多的大学生参与赌博，并发现它像物质滥用一样对大学生的生活和未来具有毁灭性。

一些专家将赌博称为"无声的成瘾"，其对大学生来说尤其危险。问题的一部分在于它没有得到像其他成瘾行为那么多的关注。大学不太可能制订明确的政策来处理赌博问题或将干预计划准备就绪，相比对其他危险行为如饮酒或不安全的性行为进行教育的努力，在教育大学生关于赌博的危险方面所做的努力还差得远（Newbart, 2009）。

安能伯格公共政策中心（Annenberg Public Policy Center）实施了一项关于大学生赌博习惯的年度调查。来自该调查的最新数据揭示了这一问题有多普遍，尤其是在大学男生中间。将近三分之一的男性调查对象表示他们每月至少参加一次扑克赌博，近四分之一的人以同样的频率参与体育赛事赌博。超过一半的人报告每月参与某些形式的赌博，包括乐透、老虎机和网上赌博。大学女生参与体育赌博、扑克赌博或网上赌博的情况远少于男生，尽管如此，也有近三分之一的人每月一次参与某些形式的赌博（Annenberg Public Policy Center, 2008）。

学生参与赌博的程度高，是因为赌博具有显著的成瘾性。即使成瘾的赌博者知道赌博危害到了他们自己或其他人,他们也无法控制对赌博的渴望。他们被赌博占据了全部精神,不论是输是赢都无法罢手。约5%~7%的大学生报告了与沉迷赌博一致的行为(Holtgraves, 2009; Clark, 2010)。

多年来,赌博的倾向在大学生中间呈上升趋势。因此,由大学领导人组成的特别工作组呼吁大学对学生赌博采取与防止未成年人饮酒和使用毒品同样的措施。根据工作组的报告,只有22%的大学对赌博有明确的政策,提供资源帮助学生戒赌的学校则更少。明确的禁令是工作组建议的措施之一,但强调沉迷赌博应该被当做一种心理疾病而不是行为问题来处理,这一点也很重要。这意味着大学应该积极主动地鉴别赌博的学生,提供康复资源以及合理的住处,来帮助学生生活重回正轨(Task Force on College Gambling Policies, 2009)。

- 你认为为什么赌博对大学男生的吸引力大于女生?
- 你认为为什么赌博的比率在大学男生中整体呈上升趋势?

成为发展心理学知识的明智消费者

大学生何时对其问题需要专业帮助?

一名大学生朋友过来找你,向你诉说她深感沮丧与不开心,而且看起来她自己根本无法摆脱这种感觉。她不知该怎么办,并打算向专业人士寻求帮助。你对此有何看法?

尽管并非绝对原则,但有些迹象可以被视为寻求专业帮助的信号(Engler & Goleman, 1992)。其中包括:

- **长期持续的心理悲伤,干扰了个人幸福感和正常生活、工作的能力**(悲伤如此巨大,以至于有些人难以完成他们的工作)
- 感觉自己无法有效地应对压力
- 没有明显理由地感到绝望或抑郁
- 无法和他人建立友谊
- 出现没有明显诱因的身体症状,如头痛、胃痉挛和皮疹等

如果出现这类迹象,那么和健康咨询人员,如心理咨询师、临床心理学家或其他心理健康工作人员交谈将会对你有所帮助。校园医疗中心便是求助的最佳去处。私人医生、社区诊所或当地卫生局也能够提供转诊介绍。

人们对心理问题的关注程度如何?调查发现近半数的大学生报告他们至少存在一种严重的心理问题。其他研究也显示,超过40%的学生因抑郁问题求助于学校的咨询中心(见图13-11)。不过,要切记这些数字只包含向咨询中心寻求帮助的学生,尚未涵盖那些未曾求助的学生。因此,这一数字并不能代表有心理问题的大学生人数比率(Benton et al., 2003)。

性别与学业表现

在迪堡大学（DePauw）上学的第一年，我选修了一门微积分课程。因为在我20多年的岁月中从未胆怯过，所以在上课的第一天我便举手问了一个问题。时至今日，我仍能生动地描绘出当时的画面：讲课的教授翻着眼睛，很挫败地用手敲着自己的脑袋，然后对大家说"为什么他们让我来给女孩子教微积分？"从那以后我再也没有问过问题。几个星期后，我去观看一场橄榄球赛，但是忘记带学生证了。我的微积分教授正好负责在门口检查证件，因此我走上前去对他说："我忘记带学生证了，但是您认识我，我是您的学生。"他直视着我，然后说："我不记得班上有你这么个学生。"我真的难以相信世界上竟有一个改变了我的生活、时至今日我仍然记得却根本不认识我的人存在。

尽管今天这类明目张胆的性别主义事件发生的可能性很低，但对女性的歧视与偏见，仍旧是大学生活中存在的一个现实问题。例如，下次上课时，你考虑一下同学的性别，以及你们班所选的课程。尽管男性与女性就读大学的比率大体相当，但是在他们课程的选择方面，却存在明显的差异性。例如，选修教育与社会科学类课程的女性人数多过男性，而在工程学、物理学和数学等科目中，男性人数占有绝对优势。

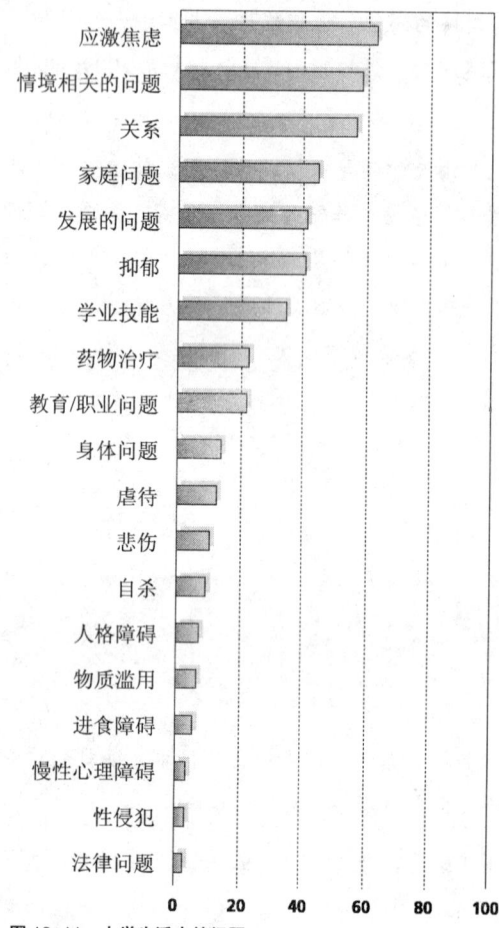

图 13-11　大学生活中的问题

去大学咨询中心求助的大学生反映最为频繁的各种困难。（Source: Benton et al., 2003.）

虽然有些女性选择了数学、工程学和物理学，但是与男性相比，她们更易于放弃。例如，女性在大学学习期间，在此类工科领域中的失败率是男性的2.5倍。尽管女性获得理科与工程学学位的人数逐年增加，但总体而言，女性人数在此领域中仍少于男性（National Science Foundation, 2002; York, 2008）。

不同学科领域之间性别分布和失败率的差异并非偶然。这反映出性别刻板印象的影响力贯穿甚至超越了整个教育界。例如，当女性进入大学一年级被问及职业选择时，她们不太倾向选择传统上被男性统治的行业，如工程学或计算机编程，而更有可能选择传统上由女性主导的护理、社会工作等职业（Glick, Zion, & Nelson, 1988; CIRE, 1990）。

作为教育界性别刻板印象强大影响力的产物，女性在物理学、数学和工程学领域的才能未被充分体现。如何才能改变这种趋势？

对于收入问题，不论是在女性刚参加工作还是达到事业顶峰时，她们所预期的都比男性少（Jackson, Gardner, & Sullivan, 1992; Desmarais & Curtis, 1997; Pelham & Hetts, 2001）。这一预期和现实一致：总体而言，女性每收入77美分时，男性则收入1美元。此外，少数族裔女性的境遇更差：非裔美国女性每收入63美分，男性则收入1美元，而对西班牙裔女性，这个数字则为52美分（Institute for Women's Policy Research, 2006; Zhang, 2008）。

根据竞争领域不同，男性大学生与女性大学生对未来的期望也不相同。例如，一项调查询问大学一年级新生在一系列特质与能力上是否高于或低于平均水平。如图13-12所示，和女性相比，男性更有可能认为自己在全部学业与数学能力、竞争力和情绪健康等方面超过平均值。

同样，男性教授和女性教授对待其课堂中的男性学生和女性学生的态度也不同，尽管区别对待

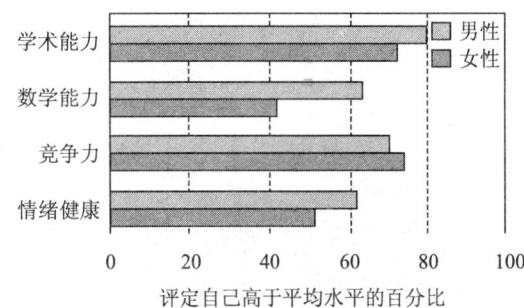

图13-12 巨大的性别差异

在进入大学的第一年，与女性相比，男性更倾向于认为他们在一些和学业成功相关的领域上的能力高于平均水平。产生这一差异的根源是什么？

(Source: The American Freshman: National Norms for Fall, 1990; Astin, Korn, & Berx. Higher Education Research Institute, UCLA.)

表 13-3 课堂上的性别偏见

美国宪法是毕业必修的课程，50多名学生鱼贯而入，大约男女各半。教授一开始就询问对于下个星期的期中考试学生是否有疑问。有几个人举起了手。

伯尼（Bernie）：我们要把书里的人名和日期背下来吗？还是说考试的综合性会更强？

教授：你们需要知道那些重要的日期和人物。不是每个人，只是那些重要的。伯尼，如果我是你，我就会花时间去学一下这些。

埃伦（Ellen）：考试会有哪种形式的简答题？

教授：都是选择题。

埃伦：我们会有一整堂课的时间吗？

教授：是的。还有问题吗？

本（Ben）（大叫出声）：有加分题吗？

教授：我没有这方面的计划，你有什么想法？

本：我喜欢加分题。它们能减轻一点压力。你也能看出谁做了额外的工作。

教授：我会考虑你的建议。查尔斯？

查尔斯：它占我们最终分数的多少？

教授：期中考试占25%。但是记住，课堂出勤率也算分数。我们开始上课，怎么样？

教授讲授了20分钟的宪法，然后提了一个关于选举团的问题。选举团这个话题不像期中考试那么热门，只有4个学生举手。教授点名让本回答。

本：创建选举团是因为人们之间缺乏信任。与其他们选举总统，不如选举选举团成员。

教授：我喜欢你的思考方式。（他对本微笑，本回以一笑）谁能够选举？（50个人里有5个人举手）安吉？

安吉（Angie）：我不知道是不是对的，不过我想只有男人能够选举。

本（大叫出声）：这是个好主意。让女人参加选举以后我们就开始走下坡路了。

安吉看起来很惊讶，但是什么也没说。有些学生笑起来，教授也笑了。他叫了芭芭拉。

芭芭拉（Barbara）：我认为应该十分富有，拥有财产……

乔什（Josh）（没等芭芭拉说完大叫起来）：这是对的。穷人不受信任，他们会颠覆民主制度。但是如果你有财产，你有某些东西处于危险中，你就可以被信任不会做出什么疯狂的事。只有拥有财产的人能够被信任。

教授：说得好，乔什。但是为什么现在我们还有选举团成员呢？迈克？

迈克（Mike）：传统，我猜。

教授：你认为是传统？如果你们走到大街上，问人们他们对选举团的看法，他们会说什么？

迈克：他们可能一无所知。也许他们会以为是选教皇。人们不知道它是如何运作的。

教授：很好，迈克。朱迪，你有什么想说的吗？

朱迪的手是半举着的。当教授点到她的名字时，她看起来有点吓到了。

朱迪（Judy）（声音很小）：也许我们需要一部全新的宪法来改变它。一旦他们聚集到一起去改变那个，他们能够改变任何事情。这会让人们感到害怕，不是吗？

朱迪说话的时候，一些学生坐立不安，传递笔记，浏览课本，少数几个学生甚至开始窃窃私语。

男性教授与女性教授可能无意识地偏爱班中的男性学生，他们可能更多地提问男性学生，并和他们进行更多的目光接触。你认为这种无意识的性别主义何以持续不断？

大多为无心的、教授们也不曾意识到的行为。例如，教授们在课堂上提问男性学生的频率较高，而且他们和男性学生的目光接触也更多。此外，男性学生比女性学生更有可能获得教授的额外帮助。最后，男性学生和女性学生接收到的回应质量也不同，与女性学生相比，男性学生能够接收到教授对其所发表评论更为积极的强化，见表13-3（Epperson, 1988; AAUW, 1992; Sadker & Sadker, 1994）。

善意的性别主义：看似友善实则不善 尽管某些不平等对待女性的案例代表了敌意性别主义（hostile sexism），即人们以一种公然造成伤害的方式对待女性，而在其他情况下，女性却成为了善意性别主义的受害者。善意的性别主义（benevolent sexism）是一种将女性置于表面上看似积极的，实则为刻板的限制性角色的一种性别主义形式。

善意的性别主义最初看似对女性有益。例如，一名男教授可能恭维一名女学生天生丽质，或交付她一项轻松的研究，这样她便不用费力研究。在教授自认为体贴的同时，他事实上可能已经让那名女学生感觉到不被重视，并损害了她对自身竞争力的看法。简而言之，善意的性别主义对人造成的伤害和恶意的性别主义一样严重（Glick et al., 2000; Greenwood & Isbell, 2002; Dardenne, Dumont, & Bollier, 2007）。

校园内的刻板印象威胁和不认同

"非裔美国人的学习成绩普遍很差"、"女性在数学和理科方面缺乏天分"，诸如此类针对非裔美国人和女性的错误的、具有伤害性却经久不衰的刻板印象言论比比皆是。在现实世界中，这类刻板印象言论也产生了破坏性后果。例如，在非裔美国人开始读小学时，他们标准测验分数只比白人学生稍微低一点点，但等到六年级时，这一差距却加大到两个年级的程度。尽管越来越多的非裔美国高中毕业生进入大学深造，但增长的幅度较其他群体要小（American Council on Education, 1995~1996）。

同样，尽管男孩和女孩在中小学的标准化数学测验中成绩不相上下，但是到了高中，这一情况发生了变化。在高中以及随后的大学中，男性在数学方面的表现优于女性。事实上，在以同一预修水平和相同学术能力测验（Scholastic Assessment Test，简称SAT）分数考取大学的男女学生中，女性选修大学数学、理科和工程学科目时，她们的成绩很可能低于男性。不过令人感到惊讶的是，这一现象并未发生在其他学术领域，男性与女性在其他科目中的成绩处于相似水平（Hyde, Fennema, & Lamon, 1990）。

根据心理学家克劳德·斯蒂尔（Claude Steele）的观点，女性与非裔美国人成绩下降这一现象背后有着相同的原因：学术不认同（academic disidentification），即对某一学术领域缺乏个人认同。对女性而言，是对数学和其他理科的不认同；而对非裔美国人来说，更多地扩展到对整个学术领域的不认同。在这两种情况下，消极的社会刻板印象造就了一种**刻板印象威胁（stereotype threat）**，被持有刻板印象的群体成员害怕他们的行为将会证实这一刻板印象（Steele, 1997; Carr & Steele, 2009）。

刻板印象威胁 源自社会上对学术能力持有的刻板印象的认识而造成对学业成就的阻碍。

例如，在以数学等理科为基础的非传统领域中寻求成就的女性，一旦开始担心社会对于她们所预期的失败时，她们的学术表现就可能会停滞不前。在某些情况下，女性可能觉得在男性主导的领域中失败，因为这恰好验证了社会刻板印象，她们所承受的风险和为了成功所做的努力打拼相比，得不偿失。因而在这种情况下，女性可能根本并未努力学习（Inzlicht & Ben-Zeev, 2000）。

与此类似，非裔美国人也可能处在必须证明针对他们学业表现的消极刻板印象不正确的压力下。这类压力可能会引发焦虑和威胁感，最终导致低于真实能力水平的学业表现。讽刺的是，刻板印象威胁对于表现更好、更加自信的学生最为严酷，这些学生还没有把负面的刻板印象内化到质疑自身能力的程度（Carr & Steele, 2009）。

女性与非裔美国人无法忽视负面刻板印象，他们可能受此影响而表现较差，最终认同了与刻板印象相关的学校教育和学术追求。为了找到支持这一推理的证据，斯蒂尔及其同事进行了一项实验：实验者给予由非裔美国人与白人学生组成的两组学生同样的测验进行施测。该测验试题取自研究生入学考试（GRE）中非常难的语言（verbal）能力部分，不过，每组被试的测验说明有所不同。一些学生被告知该测验主要评测"解决语言问题所涉及的心理因素"——与个人能力毫不相关的信息，这一说明强调该测验将不会评估他们的个人能力。与此相反，其他学生则被告知该测验主要关注"解决考察阅读和语言推理能力问题所涉及的各种个人因素"，这意味着该测验将有助于识别学生的个人强项和弱项。

测验的结果清楚地证明了刻板印象假设。认为该测验测量心理因素的非裔美国被试的成绩与白人被试的成绩一样优秀。而认为该测验测量个人主要能力和局限性的非裔美国被试的成绩则显著低于白人被试。与此形成鲜明对比的是，不论测验的说明如何，白人被试的成绩都非常一致。很明显，自身对刻板印象的认同造成了成绩上的差距（Steele & Aronson, 1996）。

简而言之，传统上遭受歧视的群体成员很容易受到有关他们未来成功的预期的影响。不过令人欣慰的是，还存在乐观的一面。在情境中即使相对微妙的变化——如评估所描述的方式——就有可能降低对刻板印象的易受性。致力于告知少数族裔成员有关社会消极刻板印象后果的干预计划可以减少刻板印象的影响力（McGlone & Aronson, 2006, 2007; Rosenthal & Crisp, 2006; Crisp, Bache, & Maitner, 2009）。

大学辍学

并非每一位步入大学的学生都能完成学业。在开始大学生活的6年后，只有

63%的学生顺利毕业。这一现象在某些特殊群体中更为糟糕。例如，在6年的大学生涯中，非裔美国学生与西班牙裔学生的毕业率不足半数（NAACP Education Department, 2003; Carey, 2004）。

为何大学生的辍学率如此之高？有以下几点原因。一是经济问题：考虑到大学昂贵的学费，很多学生无力支付不断增长的费用支出，或在工作与学习之间做痛苦的挣扎，其他学生则因为生活境况的改变而不得不离开学校，如结婚、孩子出生或父母去世等。

学业困难也是其中一个原因。有些学生只是单纯地由于学习成绩不佳而被学校勒令退学或选择自动退学。然而，大部分情况下学生辍学并非出于学业危机（Rotenberg & Morrison, 1993）。

那些在成年早期辍学、希望有朝一日能够重返校园却苦于日常生活中种种琐事的羁绊而未能如愿的大学生可能会经历真正的困难。他们在成年早期可能从事不合意的、低收入的工作，这对他们的智力而言，简直是大材小用。对他们而言，大学教育成为一个遥不可及的梦想。

然而，辍学并非总是青年人生活步伐的倒退。在某些情况下，辍学给予人们再次评估自身目标的思考空间。例如，对于将大学经历视为单纯地消耗时间的学生来说，在他们通过自谋生路达到"真正的"生活目标之前，有时能够从一段全职的工作时期受益。在离开大学的这一时期，他们通常可以从不同的视角看待现实工作和学校，从而获得另一种感受和体验。其他个体则能够从离开学校的这段时间中受益，在社会和心理方面逐渐成熟，这一点我们将在下一章进一步讨论。

复习和应用

复习

- 大学生的入学率因种族不同而存在差异。
- 随着越来越多的成年人重返校园，大学生的平均年龄稳步增长。
- 大学新生常常发觉难以转换自身角色，并经历第一年调适反应。
- 学生在大学不仅学习知识，同时也学习接受更多观点，以相对的价值观理解世界。
- 对于不同性别的不同态度与预期，促使男性与女性在大学中做出不同选择，并表现出不同的行为。
- 学术不认同与刻板印象威胁现象有助于解释特定学术领域中女性与非裔美国人表现不佳的现象。

应用毕生发展

- 你将如何对那些区别对待男女生的大学教授进行心理教育？何种因素造成这一现象？能否改变这一现象？

- **从一个教育工作者的视角看问题**：从你所了解的人类发展角度，大龄学生的出现会如何影响大学课堂？为什么会这样？

在本章我们讨论了成年早期的生理和认知发展。首先我们全面地讨论了健康与健身，以及得益于青年人不断增加的经验和细微变化的阶段性智力发展。同时，我们还探讨了大学的情况，内容涉及人口统计趋势和影响某些大学生群体的学业表现和待遇的差异。我们讨论了大学的优势，以及某些首次面对大学生活的一年级新生经历的调适反应。

回到本章的前言，在那里我们认识了大学生罗伊·辛格和保罗·赵。根据目前你所了解的成年早期生理和认知发展，回答下列问题。

（1）你认为家庭对教育的期望对这两位学生进入大学的决定有何影响？

（2）作为一名出身富裕的印度裔美国学生，如果罗伊进入一所印度裔学生占少数的大学读书，那么他可能面对哪些挑战？

（3）由于保罗出身于"穷街陋巷"，那么学术不认可是否可能成为影响他的一个问题？为什么？

（4）刻板印象威胁现象如何影响罗伊和保罗？

（5）你认为哪名学生可能在适应大学的过程中面临更多困难？谁更有可能从大学辍学？为什么？

- **成年早期的生理发展状况如何？青年人面临哪些风险？**

- 体能与感觉通常在成年早期达到巅峰。健康风险很小，意外事故成为死亡的最大威胁，其次是艾滋病。在美国，暴力是死亡的一个重要因素，特别是在非白人的人群中。

- 由于未能改变成年之前养成的不健康的饮食习惯，在成年早期许多人的体重开始增加，而且成人肥胖的百分比随着年龄的增长而不断增加。

- 身体失能的人群不仅面临身体困难，同时必须面对偏见和刻板印象造成的心理障碍。

- **压力带来哪些影响？青年人应当如何应对？**

- 偶尔适度的压力属于生物学的健康范畴，但长期处于紧张的状态将对身体和心理产生严重的破坏。为了应对潜在的压力情境，人们通过对情境本身进行初级评估，然后对其自身的应对能力进行次级评估。

- 人们以一系列健康或不健康的方式应对压力,其中包含以问题为中心的应对、以情绪为中心的应对、社会支持、防御性应对等。

● 认知是否在成年早期继续发展?

- 一些理论家找出了越来越多的后形式思维证据。后形式思维超越了形式逻辑,产生了更为灵活和主观的思维。与青少年相比,青年人在看待问题时,更多地考虑了现实世界的复杂性,并能够得出更为微妙的答案。
- 根据沙因的理论,思维发展遵循一系列阶段,包括:获得阶段、实现阶段、责任阶段、执行阶段,以及重组阶段。

● 目前如何界定智力?是什么导致了青年人的认知发展?

- 将IQ等同于智力的传统观点正遭受普遍的质疑。根据斯腾伯格的智力三元论,智力是由成分的、经验的和情境的三种元素构成。实用智力似乎和职业成功的关系最为密切,而情绪智力则是社会交互和对他人需要回应的基础。
- 创造力通常在成年早期达到巅峰,可能是因为青年人以全新的方式看待问题,而不是以他们年长同伴熟悉的方式看待问题。
- 诸如生育和死亡等重要的生活事件能帮助个体对自身产生全新的理解,并改变对世界的看法,从而促进其认知发展。

● 当前大学生人群的构成有什么变化?

- 美国大学生的构成发生了很大变化,许多学生超过了传统的19~22岁的年龄范围。与白人高中毕业生相比,只有很小一部分非裔和西班牙裔高中毕业生能够进入大学。

● 学生在大学中学习什么?他们面临哪些困难?

- 许多大学生,特别是那些经历了从高中到大学地位急转直下的学生,在将自身融入新环境时极易遭受到第一年调适反应——感受到抑郁、焦虑和退缩。
- 在大学里,学生学习用不同的方式来理解世界,如从二元思维转换到多元思维方式,或是一种更为相对的价值观。
- 性别差异存在于学生所选择的不同学习领域、学生对其未来职业和收入的期望,以及教授对待学生的态度中。
- 学术不认同是某些学生的一个倾向(特别是女性和非裔美国学生)。由于社会对其在该领域的消极刻板印象,致使他们放弃了对某一学术领域的个人认同。刻板印象威胁是指害怕证实消极刻板印象。这一概念正好可以说明上述现象。

关键术语与概念

衰老（senescence, p.489）

压力（应激）（stress, p.495）

心理神经免疫学（psychoneuroimmunology, PNI, p.496）

初级评估（primary appraisal, p.497）

次级评估（secondary appraisal, p.497）

心身障碍（psychosomatic disorders, p.498）

应对（coping, p.498）

防御性应对（defensive coping, p.599）

坚强（hardiness, p.501）

后形式思维（postformal thought, p.504）

获得阶段（acquisitive stage, p.505）

实现阶段（achieving stage, p.505）

责任阶段（responsible stage, p.505）

执行阶段（executive stage, p.505）

重组阶段（reintegrative stage, p.506）

智力三元论（triarchic theory of intelligence, p.506）

实用智力（practical intelligence, p.507）

情绪智力（emotional intelligence, p.507）

创造力（creativity, p.509）

第一年调适反应（first-year adjustment reaction, p.514）

刻板印象威胁（stereotype threat, p.519）

我的发展实验室

登录我的发展实验室，获取更多复习资料，外加我的虚拟孩子、练习测试、视频、闪光呈现卡及其他。

14 成年早期的社会性和人格发展

本章概要

14.1 关系的缔造：成年早期的亲密关系、喜欢和爱
- 幸福的成分：心理需求的满足
- 成年期的社会时钟
- 寻求亲密：埃里克森对成年早期的看法
- 友谊
- 恋爱：当喜欢变成了爱
- 激情之爱和同伴之爱：爱的两面
- 斯腾伯格的爱情三元理论：爱的三面
- 选择一个伴侣：认出那个对的人
- 依恋类型和浪漫关系：成人的爱情类型是否反映了婴儿期的依恋类型？

• 发展的多样性

14.2 关系的进程
- 婚姻关系、同居关系和其他类型的关系选择
- 如何经营婚姻？

• 从研究到实践
- 为人父母：是否生育孩子
- 孩子对父母的影响：两人成对，三人成群
- 同性恋父母
- 单身：我想一个人

14.3 工作：选择和开始职业生涯
- 成年早期的同一性：工作的作用
- 选择一份职业：选择一生的工作
- 性别与职业选择：女性的工作
- 人们为什么工作？不只是谋生

• 成为发展心理学知识的明智消费者

前言：安妮和迈克尔

运似乎在安妮·米勒（Anne Miller）和迈克尔·达沃利（Michael Davoli）的求爱期插了一手。他们第一次相遇是在一场音乐会上，之后好几个月都没有见过彼此，直到迈克尔偶然搬到了安妮所在的公寓楼。迈克尔把自己锁在外面，安妮帮助他进了家门，之后两人开始时不时地约会。

然而，迈克尔意识到，在他和安妮两人对这段关系变得认真起来之前，他得告诉她一些事情。迈克尔患有妥瑞氏综合症（Tourette's syndrome），一种神经性疾病，在迈克尔身上表现出来的主要症状是细微的面部肌肉抽搐，如快速地眨眼。迈克尔从小就要应对妥瑞氏症带来的影响，他知道如果他将和安妮建立一段关系，她也得面对这件事。"我想让她知道我可能永远不能像我想做的那样牵起她的手，"他说，"我需要知道她是否能接受这个。"（Segrè, 2009, p.ST13.）

幸运的是，安妮对迈克尔告诉她的事情表示完全理解。事实上，对于他们的恋爱，他对"鱼"乐队（Phish）的热爱——他参加了将近200次该乐队的现场演唱会——是比妥瑞氏症更大的阻碍。两人都是体育运动爱好者，迈克尔在他们观看一次棒球比赛后向安妮求婚。这对夫妇于2009年8月成婚（Segrè, 2009）。

成年早期是很多人建立长期关系的时期。

预 览

成年早期是我们面临多种发展任务的时期（见表14-1）。在这一时期，我们开始意识到自己不再是别人的小孩，开始将自己视为大人，以及具有重大责任的、社会中合格的一员（Arnett, 2000）。就像迈克尔和安妮一样，我们建立浪漫关系，并希望它持续到我们的生命尽头。

本章将探讨成年早期的挑战，集中于个体与他人的关系发展及其进程。我们将首先考虑个体如何建立和维持与他人的爱情，探讨"喜欢"与"爱"之间的差异，以及不同类型的爱情。本章也将考察个体如何选择伴侣以及个体的选择是如何受到社会和文化因素影响的。

对于大多数成年早期的个体来说，与他人建立亲密关系是当务之急。我们将考察个体对于是否结婚的选择，以及影响婚姻进程和美好婚姻的因素。接下来，我们将探讨生育孩子对夫妻幸福生活所带来的影响，以及孩子在婚姻中所扮演的角色。当今社会，家庭的结构和大小千差

表14-1 成年期发展任务

成年早期（20~40岁）	成年中期（40~60岁）	成年晚期（60岁以上）
1. 心理上独立于父母	1. 应对身体的变化或疾病，改变身体意象	1. 维持身体健康
2. 对自己的身体负责	2. 对成年中期性生活的变化进行适应	2. 适应身体的衰弱或永久性的损伤
3. 意识到自身的个人生活史和时间限制	3. 接受时间的消逝	3. 随心所欲地支配时间
4. 整合性体验（同性恋或异性恋）	4. 对衰老的适应	4. 适应伴侣或朋友的逝去
5. 发展与伴侣保持亲密关系的能力	5. 遭遇父母以及同辈人的疾病和死亡	5. 以现在和未来为导向，不沉迷于过往
6. 决定是否生育孩子	6. 面对死亡的现实	6. 建立新的情感纽带
7. 生育孩子以及与孩子的关系	7. 对配偶或伴侣关系的重新定义	7. 与子孙关系的逆转（从照顾者转为被照顾者）
8. 与父母建立成人的关系	8. 与长大的子女和孙辈深化关系	8. 寻求和维持社会联系：友谊对孤单寂寞
9. 获得职业技能	9. 维持长久的友谊并建立新友谊	9. 注意到性需求和表达方式的转变
10. 选择一份职业	10. 巩固工作同一性	10. 继续进行有意义的工作和娱乐（满意地支配时间）
11. 使用金钱以获得进一步发展	11. 给年轻人传输技能和价值观	11. 为自己或他人明智地使用财务资源
12. 承担一定的社会角色	12. 有效分配财务资源	12. 适应退休并建立新的生活方式
13. 适应伦理和精神上的价值观	13. 接受社会责任	
	14. 接受社会变化	

(Source: Colarusso & Nemiroff, 1981.)

万别，这也代表了成年早期个体关系的复杂性。

就业是成年早期个体的另一项当务之急。我们将探讨成年早期个体的同一性如何和他们的工作有所联系，以及人们如何选择他们愿意从事的行业。在本章最后，我们将讨论人们工作的原因——不只是为了赚钱——和选择职业所需的技术。

读完本章之后，你将能够回答下列问题：

- 成年早期的个体如何建立爱情关系？随着时间的推移，爱将如何变化？
- 人们如何选择配偶？亲密关系因何得以协调发展，因何终止？
- 孩子的出生会对父母的亲密关系产生怎样的影响？
- 为什么对于成年早期个体而言，选择职业如此重要？哪些因素对职业的选择产生影响？
- 人们为什么工作？工作的哪些因素带来满意感？

14.1 关系的缔造：成年早期的亲密关系、喜欢和爱

阿西亚·卡亚·林（Asia Kaia Linn）的父母在看一幅世界地图的时候，为她取了这个名字。6年前一个星期六的晚上，阿西亚在马萨诸塞州的汉普希尔（Hampshire）学院遇到了克里斯·阿普勒鲍姆（Chris Applebaum），那晚他们一起跳舞，并坠入了爱河。

尽管许多姑娘可能会为一个发型精致、舞步流畅的男士神魂颠倒，但是，阿西亚爱上克里斯却是因为他傻乎乎的发型和笨拙的舞步，这让阿西亚感觉非常开心。她回忆道："他简直是个滑稽的舞伴，只会不停地围着我转，我们俩简直太可笑了！当时我意识到我们在一起是多么开心，并且既荒谬又令人难以置信的是，我爱上他了。"（Brady, 1995, p. 47）

阿西亚跟随着她的第一感觉。最终，她和克里斯在一家艺术画廊举行了非正式的婚礼。客人们着装五光十色、各式各样。结婚戒指则由一架遥控的小卡车从画廊的过道上运过来。

并非每个人都像阿西亚那样轻易坠入爱河。对于一些人来说，爱情之路是曲折的，期间伴随着关系的消逝和美梦的破碎；而对于另一些人来说，则不用这么痛苦。一些人的爱情通向婚姻，以及符合社会普遍观念的家庭、孩子和所谓"白头偕老"的生活；而另一些人的爱情通向不愉快的结局，他们可能以离婚告终，也可能纠缠在婚姻的纷争中。

亲密关系的建立和形成是个体在成年早期主要考虑的事项。成年早期个体的幸福部分上源于他们的亲密关系，很多人担忧他们能否"适时"地发展出正式的亲密关系。即便有些人对建立长期的亲密关系不感兴趣，但在一定程度上，他们通常也关注和他人有所联系。

社会时钟 由文化决定的心理时钟。在与同伴相比的基础上，为我们提供了自己是否在适当时间达到生命主要基准点的判断。

幸福的成分：心理需求的满足

回顾你过去一周的生活，什么使你最快乐？

对成年早期个体的研究发现，使其最快乐的并非钱财或物质目标的实现，而是独立感、胜任力、自尊或和他人的良好关系（Sheldon et al., 2001）。

如果让一个年轻人回忆他何时是快乐的，他很可能会提到心理需求获得满足的经历或时刻，而非物质需求的满足。被提升到一个新的职位，发展一段更深的感情关系，搬进他自己的家，诸如此类都是他可能会提到的。相反，当让他回忆何时最不快乐时，回答很可能是他的基本心理需求得不到满足的时刻。

对美国和亚洲国家在这方面研究的结果进行比较是非常有趣的。例如，韩国的年轻人更多地在与他人交往的体验中获得满足感，而美国的年轻人则更多地在涉及自我和自尊的体验中获得满足感。显然，在决定哪一种心理需求是快乐最重要的因素时，文化的影响非常之大（Sheldon et al., 2001; Diener, Oishi, & Lucas, 2003; Sedikides, Gaertner, & Toguchi, 2003; Jongudomkarn & Camfield, 2006）。

成年期的社会时钟

生育子女、职位晋升、离婚、跳槽、成为父母等，诸如此类的事件标志着生命的"社会时钟"上的时刻。

社会时钟（social clock）是用来描述记录个体生命中主要里程碑的心理时钟。我们每个人都有这样一个"社会时钟"，在与同伴相比的基础上，它告诉我们是否在适当的时间达到生命的主要基准点。我们的"社会时钟"是由文化决定的：它反映了社会对我们的期望。

直到20世纪中期，成年期的"社会时钟"才相对统一——至少对于西方社会中的上层和中层阶级而言如此。大多数个体经历了与特定年龄阶段紧密相连的系列发展阶段。例如，一个典型的男性个体，在他20出头完成学业，随后开始就业，在25岁左右结婚，并在他30多岁的时候，为了供养一个逐渐扩大的家庭而努力工作。女性也有一个设定的模式，但女性的模式大多集中于结婚和生育孩子，而非进入职场发展自己的事业。

如今，男性和女性的"社会时钟"变得更加多样化，主要生活事件发生的时间也有了很大变化。此外，随着社会和文化的变迁，女性的"社会时钟"发生了巨大变化。

女性的"社会时钟" 发展心理学家拉文纳·赫尔森（Ravenna Helson）和他的同事认为，人们有若干种可供

随着时代的变迁，女性的社会时钟不断变化，这都是由文化决定的。

选择的"社会时钟",这一选择与成年期的人格发展有实质性关联。赫尔森在对20世纪60年代早期大学毕业女性的纵向研究中发现,女性的"社会时钟"有专注于家庭的,有专注于事业的,也有专注于个人目标的(Helson & Moane, 1987)。

> **亲密对疏离阶段** 根据埃里克森的理论,从青春期到30岁出头这段时间,个体的主要发展任务是与他人建立亲密关系。

赫尔森发现了若干种"社会时钟"的主要模式。在这项研究中,通过对被试在21岁、27岁、43岁时的评估发现,这些女性已逐渐发展为自律并恪尽职守的成人,并拥有越来越多的独立性和自信,也能更有效地应对压力和不幸。寻找一个配偶并成为母亲,意味着很多女性展现出赫尔森所说的21~27岁之间的传统女性行为。但是,随着孩子们的成长和母性责任的减少,女性的传统角色色彩逐渐减少。这项研究也发现,专注于家庭和专注于事业的两类女性在人格发展过程中有着非常有趣的相似性。这两类女性都逐渐表现出积极的变化。相反,那些对家庭和事业都不怎么关注的女性,在随后的人格发展过程中,几乎没有什么变化或者更多地出现消极变化,如她们的满意感逐渐降低。

赫尔森的结论是:女性所选择的特定"社会时钟"并不是决定其人格发展的关键因素,而选择的过程有可能对其发展带来重要影响。也就是说,女性先选择事业然后生育孩子,还是先养育孩子然后选择事业,或者是选取其他完全不同的路径,都是次要的,重要的是对所选生活轨道的用心经营和专注程度。

值得再次强调的是,"社会时钟"由文化决定。生育孩子的时间、方式、女性职业的进程等都受其所生活环境的社会、经济和文化的影响(Helson, Stewart, & Ostrove, 1995; Stewart & Ostrove, 1998)。

不管两性的"社会时钟"性质如何变化,成年期的一个核心特征是不变的,那就是和他人关系的发展和维持。这种关系是成年早期发展的关键部分。

寻求亲密:埃里克森对成年早期的看法

埃里克森认为,成年早期是个体的**亲密对疏离阶段**(intimacy-versus-isolation stage)。正如我们在第十二章(见表12-1)所言,亲密对疏离阶段跨越了后青春期一直到30岁出头。这一阶段主要的发展任务是和他人发展亲密关系。

埃里克森所指的"亲密"由几个成分组成。一个成分是"无私"的程度,是指牺牲自己的需要,以满足对方的需求。进一步的成分包含了"性",在这一过程中双方共同获得快感,而不是只考虑自己的满足。最后是更深一步的投入,其标志是将自己的同一性融入伴侣的同一性中所做的努力。

根据埃里克森的理论,那些在此过程中经历困难的个体,往往是孤独的、疏离的,害怕和他人建立关系。这些困难可能源于

人们往往被那些自信、忠诚、友善、感情深厚的人所吸引。

个体早期在试图发展强大同一性过程中的失败经历。相反，那些有能力与他人在身体、智力、情感方面建立亲密关系的成年早期个体，往往能够成功解决这一发展阶段所带来的危机和挑战。

尽管埃里克森的理论非常有影响力，但是，这一理论的某些方面困扰了今天的发展学家。例如，埃里克森眼中健康的亲密关系限于成人的异性恋，其目的是生育孩子。因此，同性恋伴侣、丁克家庭以及其他偏离了其理想模式的关系，都被认为是不尽如人意的。此外，埃里克森更多关注男性的发展，对女性的发展不够重视。这些方面都极大地限制了其理论的应用价值（Yip, Sellers, & Seaton, 2006）。

诚然，埃里克森的工作还是非常具有历史性的影响力，因为他强调要考察个体毕生的成长和人格发展。他的这些理论启发了其他发展学家来思考成年早期个体的心理社会性发展以及个体形成的和朋友及伴侣之间的亲密关系（Whiteboure, Sneed, & Sayer, 2009）。

友谊

我们和他人的关系中大部分涉及朋友关系，对大多数人来说，维持朋友关系是其成年生活的重要部分。为什么这样说呢？其中一个理由是，人类有"归属"的基本需求，它引导着成年早期个体建立和维持最低数量的人际关系。有研究表明：大部分人都在致力于建立和维持能够使其产生归属感的关系（Manstead, 1997; Rice, 1999）。

那么，究竟哪些人会最终成为我们的朋友呢？最重要因素之一是接近性（proximity）：我们经常与邻居或者交往最频繁的人成为朋友。人们往往因为这种接近性而从友谊中彼此获益（且往往成本较小），例如同伴关系、社会赞许以及偶然间的一臂之力。

相似性对建立朋友关系也有非常重要的影响。所谓"物以类聚，人以群分"的意思就是说，人们往往被那些与自己有类似态度和价值观的人吸引（Simpkins et al., 2006; Morry, 2007; Selfhout et al., 2009）。

我们也基于人们的个人品质来选择是否和他们成为朋友。哪些是最重要的因素？根据调查结果，人们往往被那些自信、忠诚、友善、感情深厚的人所吸引。此外，人们还喜欢那些支持的、坦率的，并具有幽默感的人。

恋爱：当喜欢变成了爱

丽贝卡（Rebecca）和杰瑞（Jerry）每周都去自助洗衣店洗衣服，他们两个人在那里经过几次邂逅之后，开始交谈起来。他们发现彼此之间有许多共同点，并且开始期待半计划半偶然的会面。几个星期之后，他们开始正式出去约会，并发现彼此非常适合。

如果这种模式是可预知的，那么大多数亲密关系的发展都比较相似：伴随着一系列令人惊讶的规律性进展（Burgess & Huston, 1979; Berscheid, 1985）。

- **两人之间的交往日趋频繁且持续时间更长** 此外，交往的地点不断增加。

- **双方逐渐寻求对方的陪伴**

- **两人之间越来越坦诚** 相互透露自己的隐私，开始表现出身体方面的亲密行为。

- **两人越来越希望分享对方的积极感受和消极感受** 也可能会在彼此赞美之余提出一些批评。
- **两人开始对双方关系的目标达成共识**
- **两人对一些境遇的反应变得越来越相似**
- **两人开始感觉到自己心理上的幸福与这段关系的成功与否紧密相连** 并把这段关系看成是唯一的、不可替代的、弥足珍贵的。
- **两人关于自己和自身行为的定义发生改变** 他们把自己看成一对情侣，并在行为上也表现成一对情侣，而不再是两个独立的个体。

关于亲密关系的发展过程，心理学家伯纳德·穆尔斯腾（Bernard Murstein）提出了另一个观点（Murstein, 1976, 1986, 1987）。根据**刺激—价值—角色理论**（**stimulus-value-role theory; SVR**），亲密关系沿着顺序不变的三个阶段不断推进。尽管刺激、价值、角色因素在特定的阶段发挥着主导作用，它们也在亲密关系发展的其他转折点发挥作用。图14-1对亲密关系的典型发展进程进行了图示。

第一阶段是刺激阶段。关系只建立在表面的、身体方面特征（如长相）的基础上。通常，这代表着最初的相遇。第二阶段是价值阶段。这一阶段通常发生在双方第二次到第七次之间的相遇过程中。在这一阶段中，关系的特征是双方之间的价值观和信念之间不断增加的相似性。最后，到了第三阶段——角色阶段，关系建立在双方所扮演的特定角色的基础之上。例如，双方可能会把自己定义为男女朋友关系，也可能定义为夫妻关系。

当然，并非所有的亲密关系都遵循相似的模式，正因为如此，SVR理论遭到了一些批评（Gupta & Singh, 1982; Sternberg, 1986）。例如，为什么价值观的因素（而非刺激的因素）不能在亲密关系早期发挥主导作用？这好像没有什么理由。

刺激—价值—角色理论 认为亲密关系沿着顺序不变的三个阶段（刺激、价值、角色）不断推进。

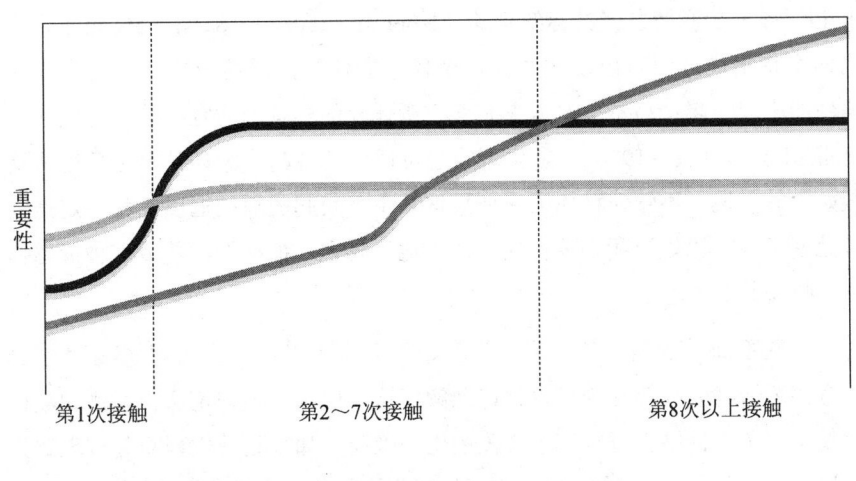

图14-1 亲密关系之路
根据刺激-价值-角色（SVR）理论，亲密关系沿着顺序不变的三个阶段不断推进。
（Source: Murstein, 1987.）

例如，当两个人在政治会议中初次相遇时，也可能因为彼此在某一问题上的见解而相互吸引。对这样的问题，SVR理论并没有提供严密的逻辑。因此，学者们提出了其他一些理论来解释亲密关系的发展进程。

激情之爱和同伴之爱：爱的两面

非常"喜欢"就是"爱"吗？大多数发展心理学家都会持否定的回答；"爱"不仅在量上不同于"喜欢"，而且在质上也代表了和"喜欢"不同的程度。例如，爱在其最初的阶段，就涉及了相当强烈程度的生理唤起，个体会对另一个人的所有一切都感兴趣，不断地幻想另一个人，并伴随激烈的情绪波动（Lamm & Wiesman, 1997）。和"喜欢"不同的是，"爱"包括了亲密成分、激情成分和排他成分（Walster & Walster, 1978; Hendrick & Hendrick, 2003）。

当然，并非所有的爱都一样。我们对母亲的爱不同于对男朋友或女朋友的爱，不同于对兄弟姐妹的爱，也不同于对莫逆之交的爱。那么，这些不同种类的爱以什么来区分呢？一些心理学家建议，我们的爱可以划分为两个类别：激情之爱和同伴之爱。

激情之爱（或浪漫之爱，passionate or romantic love）是全身心投入爱一个人的状态。它包含了强烈的生理兴趣和唤起，并关心对方的需求。与此相对，**同伴之爱（companionate love）**是我们对那些和我们生活紧密相关的人的一种强烈情感（Hecht, Marston, & Larkey, 1994; Lamm & Wiesman, 1997; Hendrick & Hendrick, 2003）。

那么，是什么东西在为"激情之爱"熊熊燃烧起来的呢？有一种理论认为：任何产生强烈感情的东西，甚至是负性的东西，如嫉妒、愤怒或对被拒绝的害怕等，都可能是进一步"激情之爱"的源泉。

心理学家伊莱恩·哈特菲尔德（Elaine Hatfield）和埃伦·贝舍尔德（Ellen Berscheid）提出的**激情之爱的标签理论（labeling theory of passionate love）**认为，当两个特定成分同时出现的时候，个体才能体验浪漫的爱情。这两个成分是：强烈的生理唤起；显示出"爱"是双方所体验的感觉的适宜标签的情境线索（Berscheid & Walster, 1974a）。生理唤起可以由性唤起、激动甚至是负性情绪（如嫉妒）等引发。不管何种原因，如果这种生理唤起随后被冠以"我一定是爱上他（她）了"，"她让我心荡神摇"或"他让我意乱情迷"，那么这种情感体验才可以归因于激情之爱。

有些人在不断遭受假定的"爱人"的拒绝和伤害之后，反而对他/她产生更深的爱意。激情之爱标签理论可以很好地解释这一现象。该理论认为：诸如被拒绝、被伤害等负性情绪也可以产生强烈的生理唤起。如果这些生理唤起被理解为因"爱"而生，那么人们可能会认为自己比经历这些负性情绪之前要更爱对方。

但是，为什么人们要把这种情绪体验冠以"爱"的称号，而非其他可供选择

激情（浪漫）的爱
全身心投入爱一个人的状态。

同伴之爱 对那些与我们生活紧密相关的人的一种强烈情感。

激情之爱的标签理论
当下面两个成分同时出现的时候，个体才能经历浪漫的爱情。这两个成分是：强烈的生理唤起、显示出"爱"是双方所体验的感觉的适宜标签的情境线索。

的称谓呢？其中一个理论认为：在西方文化中，浪漫之爱被认为是可能的、可接受的、令人向往的，总之是人类渴望追求的一种体验，而激情的优点在情歌、广播和电视广告、节目、电影中被高度赞扬，因此成年早期个体已经准备好并期待在他们的生活中体验和经历"爱"（Dion & Dion, 1988; Hatfield & Rapson, 1993; Florsheim, 2003）。

有趣的是，并非所有文化都秉持上述观点。例如，在许多文化中，激情、浪漫之爱只是一个陌生的概念，婚姻可能是基于双方经济基础和社会地位的考虑而进行的安排。即便是在西方文化中，"爱"的概念也并非起源于古代。例如，直到中世纪，西方社会才"发明"了"夫妇双方要相爱"这一观念。当时，社会哲学家首次提出"爱"是婚姻必备的要素。因为之前人们普遍认为婚姻的首要基础是肉体的性欲，这一提议的目标是为婚姻提供另一种基础（Xiaohe & Whyte, 1990; Haslett, 2004）。

亲密成分 包含亲近性、情感性和连通性。

激情成分 包含和性有关的动机驱力、身体接近性和浪漫性。例如，由于吸引而产生的强烈生理唤起。

决心/承诺成分 同时包含个体爱上另一个人的最初认知和长期维护这份爱的决心。

斯腾伯格的爱情三元论：爱的三面

在心理学家斯腾伯格看来，爱不能简单地划分为激情之爱和同伴之爱两种类型。他认为，爱是由三个成分构成的：亲密、激情和决心/承诺。**亲密成分（intimacy component）**包含亲近性、情感性和连通性。**激情成分（passion component）**包含和性有关的动机驱力、身体亲近性和浪漫性。例如，由于吸引而产生的强烈生理唤起。最后，**决心/承诺成分（decision /commitment component）**同时包含个体爱上另一个人的最初认知和长期维护这份爱的决心（Sternberg, 1986, 1988, 1997b）。

上述三个成分可以组合成八种不同类型的爱，这取决于双方关系中是否包含这三个成分（见表14-2）。例如，无爱（nonlove）代表个体间只存在一种普通的人际关系，爱的三个成分都缺失；喜欢（liking）只包含了爱的亲密成分；迷恋的爱（infatuated love）只包含了爱的激情成分；空洞的爱（empty love）只包含了爱的决心/承诺成分。

其他几种类型的爱包含两个或两个以上爱的成分。例如，浪漫的爱（romantic love）包含了爱的亲密成分和激情成分；伴侣的爱（companionate love）包含了爱的亲密成分和决心/承诺成分。当两个人经历浪漫之爱时，他们在身体上和情感上如胶似漆，但并不必然意味着他们会把这段关系视为永恒。另一方面，伴侣的爱在缺失爱的激情成分的情况下，却有可能发展成为长久性的关系。

愚昧的爱（fatuous love）包含了爱的激情成分和决心/承诺成分。这种方式的爱是盲目的，双方缺乏情感联结。

最后，第八种爱，完美的爱（consummate love）包含了爱的三个成分。尽管我们可能认为完美的爱代表了"最理想"的爱，但这种观点是错误的。很多持久的、双方都满意的情爱关系并非

浪漫之爱主要是西方社会的概念。你认为其他文化的成员如何看待浪漫或激情之爱？

表14-2 爱的组合

爱的类型	亲密成分	激情成分	决心/承诺成分	举例
无爱	无	无	无	你对这个人的感觉就像对电影院收取入场券的人感觉差不多。
喜欢	有	无	无	每周至少一起吃午饭一两次的好朋友。
迷恋的爱	无	有	无	仅仅基于性的吸引而短暂投入的关系。
空洞的爱	无	无	有	被安排好的婚姻或"为了孩子"而决定维持婚姻的夫妇。
浪漫之爱	有	有	无	经历了几个月快乐的约会,但尚未对彼此共同的未来作任何规划的情侣。
伴侣的爱	有	无	有	享受对方的陪伴和双方之间关系的伴侣,尽管彼此不再有多少性兴趣。
愚昧的爱	无	有	有	只认识两星期就决定一起生活的伴侣。
完美的爱	有	有	有	充满深情和性活力的长期关系。

基于这种爱。此外,双方关系中占主导地位的爱的类型也会随着时间发生改变。如图14-2所示,在坚定的爱情关系中,爱的决心/承诺成分达到最高点,并且一直保持稳定状态;相反,在关系的早期,爱的激情成分趋向于顶峰,但是最后逐渐下降并趋于平坦;爱的亲密成分持续快速增长,并随着时间的推移继续增长。

斯腾伯格的爱情三元论强调了爱的复杂性和其动态的、不断进展的质量。人们和他们之间的关系随着时间的推移不断变化,他们的爱也是变化着的。

选择一个伴侣:认出那个对的人

对于许多年轻人而言,寻找伴侣是其成年早期的主要任务。当然,社会为个体提供了许多关于如何成功寻求伴侣的建议,就连超市结账的柜台处都有关于此类的杂志。即便如此,个体在确定自己究竟要和哪个人共享生命旅程这件事上并不容易。

寻求配偶:只考虑爱就够了吗? 大部分人都会毫不犹豫地认为:爱是选择配偶的主要因素。大

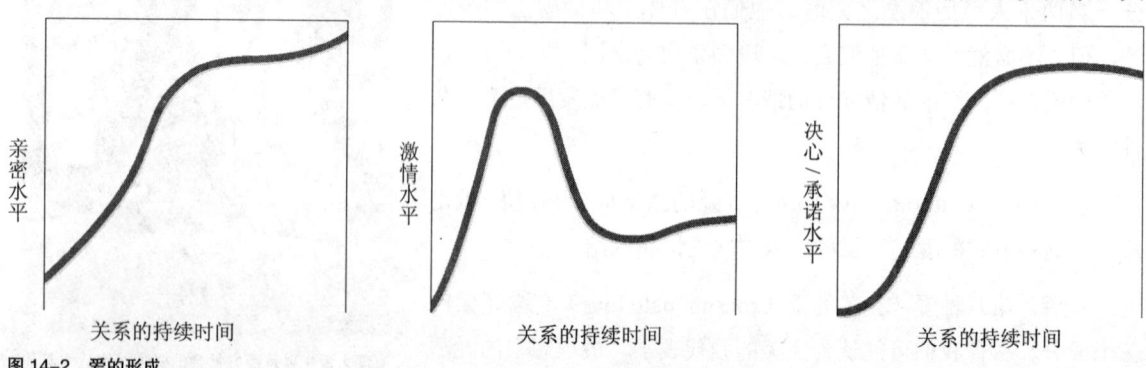

图14-2 爱的形成

在关系的发展过程中,爱的三个成分(亲密、激情、决心/承诺)的强度有所变化。当关系发展的时候,这些成分是如何变化的? (Source: Sternberg, 1986.)

部分美国人就是这样的。但如果我们问问其他社会的人,则爱有可能并不是婚姻的首要考虑因素。例如,在一项对大学生的调查中,当被问及他们是否会和自己不爱的人结婚时,几乎所有美国、日本和巴西的大学生都表示不会,但有相当一部分的巴基斯坦和印度大学生则认为,没有爱情的婚姻是可以接受的(Levine, 1993)。

如果爱不是婚姻唯一重要的因素,那么还有哪些因素呢?这些其他因素的重要程度因文化而异(见表14-3)。例如,对来自世界各地近10,000人的调查发现:美国人认为爱和彼此间的吸引是婚姻最重要的因素;而中国男性则认为健康是最重要的,中国女性认为情感的成熟和稳定性才是最重要的;相反,南非有祖鲁族血统的男性认为情感的稳定性是最重要的,女性则认为可靠性是最重要的(Buss et al., 1990; Buss, 2003)。

然而,婚姻的重要具有跨文化的一致性。例如,"爱和彼此间的吸引"这一项,在特定文化中不一定是最重要的一项,但它在所有文化中大多居于比较重要的地位。此外,可靠性、情感的稳定性、令人愉悦的性情、才智等特性,在各种文化中普遍受到高度重视。

在选择配偶的首要特征中,存在一定的性别差异,且这种性别差异具有跨文化的一致性。这一发现在其他调查中得到证实(e.g., Sprecher, Sullivan, & Hatfield, 1994)。相对女

> **我的发展实验室**
> 登录我的发展实验室,观看史蒂芬妮和拉尔夫的视频。两个年轻人正在寻找爱情,不过他们使用了不同的方法。

表14-3 选择配偶最重要的特性

	中国		南非(祖鲁族)		美国	
	男性	女性	男性	女性	男性	女性
彼此吸引—爱	4	8	10	5	1	1
情感稳定和成熟	5	1	1	2	2	2
可靠性	6	7	3	1	3	3
令人愉悦的性情	13	16	4	3	4	4
所受教育和才智	8	4	6	6	5	5
健康	1	3	5	4	6	9
善于交际	12	9	11	8	8	8
对家庭和孩子的渴望	2	2	9	9	9	7
优雅、整洁	7	10	7	10	10	12
雄心壮志和勤勉刻苦	10	5	8	7	11	6
长相好看	11	15	14	16	7	13
相似的教育背景	15	12	12	12	12	10
良好的财政前景	16	14	18	13	16	11
好厨师、好管家	9	11	2	15	13	16
良好的社会地位或等级	14	13	17	14	14	14
相似的宗教背景	18	18	16	11	15	15
贞洁(处女或处子)	3	6	13	18	17	18
相似的政治背景	17	17	15	17	18	17

注:数字表示对特性的排序。(Source: Buss et al., 1990.)

恋爱时，哪些因素是重要的？在不同文化背景下，对恋爱对象重要特性的选择，既有跨文化的一致性，也有差异性。

性而言，男性在选择配偶时，更加注重对方身体方面的吸引力。相反，女性在选择配偶时更加注重对方是否具有雄心壮志，是否勤勉刻苦。

对这种性别差异跨文化一致性的一个解释是进化因素。根据心理学家戴维·巴斯及其同事的观点（Buss, 2004; Buss & Shackeford, 2008），人类作为一个物种，其寻求配偶的过程，也是在寻求能够使其基因进化达到最优化的某些特性。他认为，人类男性尤其在遗传上被预先设定为要寻求具有最佳生育能力特性的配偶。因此，基于身体方面的吸引力，以及能够有更长时间生育孩子这些因素，年轻女性往往更容易受到男性的青睐。

相反，女性在遗传上被预先设定为要寻求有能力提供各种稀缺资源，以增加后代存活率的配偶。因此，女性往往被那些能够提供最好经济福利的男性所吸引（Walter, 1997; Kasser & Sharma, 1999; Li er al., 2002）。

进化论对这些性别差异的解释遭到人们强烈的质疑。首先，这一解释无法考证。并且，性别差异的跨文化一致性可能仅仅反映了类似的性别刻板印象模式，而与进化没有任何关系。另外，尽管两性之间的某些性别差异的确具有跨文化的一致性，但同时也存在许多不一致的地方。

最后，一些进化论的评论者指出，女性对具有经济优势男性的偏好，可能与进化毫不相干，而是与男性拥有更多权力、地位以及其他资源这一跨文化的一致性紧密相关。因此，女性的这种选择偏好是理性的。另一方面，男性在选择配偶的过程中，没必要考虑经济因素，所以，他们可以采用相对而言有些无关紧要的标准（如身体方面的吸引力）来选择配偶。简而言之，配偶选择标准的性别差异的跨文化一致性，可能是因为经济生活现实具有跨文化的一致性（Eagly & Wood, 2003）。

筛选模型：筛选配偶 虽然调查有助于我们识别潜在配偶身上哪些特性是非常宝贵的，但在如何选择特定个体作为配偶这一问题上，助益不大。心理学家所创建的筛选模型（Louis Janda & Karen Klenke-Hamel, 1980），有助于

图 14-3 筛选潜在的配偶
人们选择合适配偶的过程，就像在使用一面日益精致的筛子对潜在的配偶候选人进行筛选。
(Source: Adapted from Janda & Klenke-Hamel, 1980.)

解释这方面的问题。他们认为，人们选择配偶的过程，就像使用一面日益精致的筛子，对可能的配偶候选人进行筛选，正如我们筛面粉以除去不想要的杂质一样（见图14-3）。

模型假设人们首先筛选那些对吸引力具有主要决定作用的因素。当这一任务完成后，再使用更精细的筛子。最后的结果是基于双方之间相容性的选择。

那么，这种相容性是由什么决定的呢？这不仅仅是具有令人愉悦的人格特征就可以的，若干文化因素也在里面起着重要的作用。例如，人们往往基于同质相婚原则进行婚配。**同质相婚（homogamy）**是指人们往往选择那些与自己在年龄、种族、教育、宗教以及其他人口统计学特性方面相似的人结婚。同质相婚是大多数美国婚姻一贯传承的标准。

然而，同质相婚原则的重要性在不断下降，尤其是在少数族群中。例如，20世纪90年代，非裔美国男性的通婚率增长了四分之三。对其他群体如西班牙裔和亚裔移民而言，同质通婚的原则仍有重要影响（见图14-4；Suro, 1999; Qian & Lichter, 2007; Fu & Heaton, 2008）。

婚姻梯度（marriage gradient）也是美国社会另一个重要的结婚标准。婚姻梯度意味着这样一种倾向：男性往往选择那些比自己年轻、矮小、地位低的女性结婚；而女性往往选择那些比自己年长、高大、地位高的男性结婚（Bernard, 1982）。

婚姻梯度对美国社会的婚姻产生了重要影响，但这种影响对于伴侣选择也有不利的成分。一方面，对于女性而言，这一倾向限制了潜在配偶的数量，尤其当女性上了年纪以后；而当男性上了年纪以后，这一倾向反而增加了潜在配偶的数量。此外，这也导致了一些男性没有办法结婚，可能是他们找不到符合婚姻梯度原则的地位足够低的女性，或者是他们找不到与自己地位相仿或地位更高而愿意委身下嫁的女性。因此，用社会学家杰西·伯纳德（Jessie Bernard, 1982）的话说，他们是"桶底"男人。另一方面，一些女性也没有办法结婚，可能是她们地位太高，或者她们在潜在的配偶中找不到地位足够高的男性。也用伯纳德的话说，她们是"精华"女人。

婚姻梯度原则使得许多受过良好教育的非裔美国女性找不到合适的配偶。因为上

同质相婚 人们往往选择那些与自己在年龄、种族、教育、宗教以及其他人口统计学特性方面相似的人结婚。

婚姻梯度 男性往往选择那些比自己年轻、矮小、地位低的女性结婚；而女性往往选择那些比自己年长、高大、地位高的男性结婚。

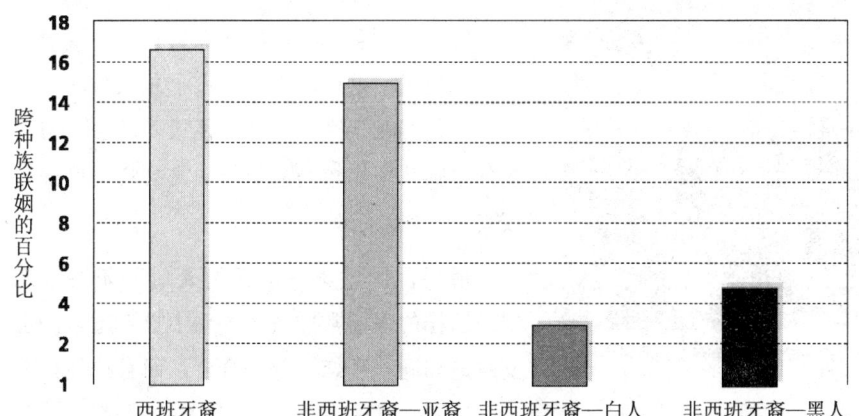

图14-4 跨种族联姻
尽管同质相婚是大多数美国婚姻的传统标准，但跨种族联姻的百分比却在不断增长。什么因素导致了这种变化？
(Source: Based on data from William H. Grey, Milken Institute, reported in American Demographics, Nov. 1999.)

大学的非裔美国男性少于女性,所以,这些女性可以选择的符合社会标准和婚姻梯度原则的男性就少之又少。因此,相对于其他种族的女性而言,非裔美国女性更有可能嫁给那些教育程度低于自己的男性,或者干脆不结婚(Tucker & Mitchell-Kernan, 1995; Kiecolt & Fossett, 1997; Willie & Reddick, 2003)。

依恋类型和浪漫关系:成人的爱情类型是否反映了婴儿期的依恋类型?

"我就想要一个姑娘,就像嫁给我亲爱的老爸爸的那个姑娘……"这首老歌意味着歌曲作者想要找到一个像自己妈妈那样爱自己的姑娘作为配偶。这是否只是一种过时的口味?抑或是一个潜在的真理?直白一点说就是:个体成年后的浪漫关系是否会受到婴儿期依恋类型的影响?

越来越多的证据表明:个体成年后的浪漫关系很可能会受到婴儿期依恋类型的影响。请回忆一下依恋的定义:依恋是一名儿童和特定个体之间发展起来的积极情感联结(见第六章)。大部分婴儿的依恋类型可以划分为以下三种:安全依恋型、回避依恋型和矛盾依恋型。安全依恋型儿童和照顾者之间是健康、积极、信任的依恋关系;回避依恋型儿童与照顾者之间的关系比较冷淡,并且避免与照顾者进行交互;矛盾依恋型儿童在和照顾者分离时表现出巨大的痛苦,但当照顾者回来后,又对其非常生气。

根据心理学家菲利普·谢弗(Phillip Shaver)及其同事的研究,依恋类型在成年期继续发展,并且影响个体浪漫关系的性质(Shaver, 1994; Koski & Shaver, 1997; Tracy, Shaver, & Albino, 2003)。例如,思考以下陈述内容:

(1)我觉得自己易于与他人接近,并且能够很惬意地信赖对方,也能获得对方的信任。我很少因为害怕被离弃或被他人过于接近而担忧。

(2)我在接近他人的时候会觉得有些不自在,我很难完全相信别人、依赖别人。当有人对我特别亲近的时候,我会觉得紧张;我的爱侣常常要求我与他更亲密些,但这往往让我不自在。

(3)我发现别人不愿和我接近。我还常常担心我的爱侣并不是真正爱我,或是不想和我在一起。有时我想要完全融入另一个人,但这往往会把他们吓跑(Shaver, Hazan, & Bradshaw, 1988)。

根据谢弗的研究,同意第一段话的人属于安全依恋型。这样的人易于建立亲密关系并从中获得快乐,而且,他们对亲密关系的未来充满信心。大多数成年早期个体(超过一半以上)表现出这种安全依恋模式(Hazan & Shaver, 1987)。

相反,同意第二段话的人典型地表现出回避依恋模式。这样的人大概占了总人数的四分之一,他们在亲密关系中往往投入较少,与恋人分手的几率比较高,而且经常会觉得孤独和寂寞。

最后,同意第三段话的人属于矛盾依恋型。这样的人通常在亲密关系中投入过多,会反复地和同一个恋人分分合合,而且往往自尊

一些心理学家认为,婴儿期的依恋模式在成人后的亲密关系质量中得以重现。

水平较低。大概20%的成人，不管是否有同性恋倾向，属于这一范畴（Simpson, 1990）。

在伴侣需要帮助的时候，成人个体所提供的关怀性质也受到依恋模式的影响。例如，安全依恋型的成人往往会为对方提供更敏锐的支持性的关怀，对伴侣的心理需求反应迅速。与此相对，焦虑的成人给对方的帮助更可能带有强制性和唐突性（最终帮不了什么忙）（Feeney & Collins, 2001, 2003; Gleason, Iida, & Bolger, 2003; Mikulincer & Shaver, 2009）。

现在比较清楚的是，个体的婴儿期依恋模式与成人后的行为之间是有延续性的。那些在成年后关系中遇到困难的人，最好回顾一下他们的婴儿期生活，以确定问题的根本症结所在（Simpson et al., 2007; Berlin, Cassidy, & Appleyard, 2008; Draper et al., 2008）。

发展的多样性

同性恋：男人之间和女人之间的亲密关系

发展心理学家所进行的大部分研究是针对异性恋关系的，然而，针对男同性恋和女同性恋之间关系的研究也越来越多。研究发现：同性恋之间的关系与异性恋之间的关系非常相似。

例如，男同性恋者在描述自己的成功亲密关系时，与异性恋关系的描述非常相似。他们认为成功的亲密关系涉及对恋人的欣赏和感激，并把双方看做一个整体，较少发生冲突，对恋人持有更多积极的情感。类似地，女同性恋者在亲密关系中表现出高水平的依恋、关怀、亲密、情感和尊重（Brehm, 1992; Beals, Impett, & Peplau, 2002; Kurdek, 2006）。

此外，异性恋之间婚姻梯度的年龄偏好也扩展到了男同性恋者之间。像异性恋男性一样，男同性恋者在选择伴侣的时候，也偏向于选择那些年龄比自己小，或者年龄与自己相仿的男性。另一方面，女同性恋者的年龄偏好居于异性恋女性和异性恋男性之间（Kenrick et al., 1995）。

最后，虽然刻板印象认为，尤其是男同性恋很难形成亲密关系，他们只对性生活感兴趣。但事实并非如此。大多数同性恋者都在寻求长期的、有意义的爱情关系，这与异性恋者所期待的爱情在质量上并没有多大差别。尽管一些研究显示同性恋者的关系持续时间不像异性恋者那么长，但使关系稳定的因素——伴侣的人格特征、其他人对这段关系的支持，以及对这段关系的依赖程度，对于同性恋和异性恋伴侣都是类似的（Diamond, 2003; Diamond & Savin-Williams, 2003; Kurdek, 2005, 2008）。

研究发现，同性恋的亲密关系质量与异性恋没有什么差别。

在2004年，一对同性恋在美国举行了首例同性恋的合法婚礼，而迄今却没有关于同性恋婚姻这一重大社会问题的科学数据。很显然，人们对同性恋结婚的现象反应强烈，但反对者大多是上了年纪的人，年轻人反对的不多。在65岁以上的成年人中，只有18%支持同性恋婚姻合法化，但是，30岁以下的年轻人中有大部分（61%）对此表示支持（Deakin, 2004）。

复习

- 根据埃里克森的理论,成年早期的个体处于亲密对疏离阶段。
- 亲密关系进程遵循着彼此间交往增加、亲密性增加,并对关系进行重新定义的典型模式。刺激—价值—角色理论认为:亲密关系是沿着三个阶段(刺激阶段、价值阶段、角色阶段)不断顺序推进的。
- 激情之爱的标签理论认为,当强烈的生理唤起和情境线索(显示出"爱"是双方所体验感觉的适宜标签)这两个成分同时出现的时候,个体才能体验到爱情。
- 爱的类型包括激情之爱和同伴之爱。斯腾伯格的爱情三元论确定了爱的三个基本成分(亲密、激情、决心/承诺)。
- 在许多西方文化中,选择伴侣过程中爱是最重要的因素。
- 根据筛选模型的观点,人们使用日益精致的筛子对潜在的配偶进行筛选,最终根据同质相婚和婚姻梯度原则选择一个配偶。
- 婴儿期的依恋模式与个体成年后建立亲密关系的能力有关。
- 一般而言,异性恋伴侣、男同性恋伴侣、女同性恋伴侣之间,对亲密关系的价值取向并没有多大差别。

应用毕生发展

- 思考一下你所熟悉的长期婚姻关系,你认为这段关系涉及的是激情之爱,还是同伴之爱,还是二者兼而有之?当关系从激情之爱转变成同伴之爱的时候,发生了什么变化?从同伴之爱变成激情之爱时,又发生了什么变化?哪个方向的转变使得亲密关系更难取得进展?为什么?
- **从一个社会工作者的视角看问题**:同质相婚和婚姻梯度原则如何限制了高社会地位女性的择偶?它们又是如何影响男性的选择的呢?

14.2 关系的进程

"他并不是个大男子主义者,也并非希望我做所有的家务,可他自己什么也不做,他就是不愿去做那些明显需要做的事情,所以,我不得不设定一些基本的规则。比如说,如果我心情不好的话,我可能会嚷嚷:'我跟你一样工作了8个小时。这也是你的家、你的孩子,你必须完成你应当分担的家务!'在过去的4年中,杰克逊(Jackson)从来没有为孩子换过便盆,但是他现在开始换了,也就是说,我们的进展不小。我真是没有料到,生育一个小孩会带来这么多的麻烦。尽管这个孩子是我们一起计划要的,我们还一起参加心理助产法的培训课程，在我生完孩子的最初2个星期，杰克逊都待在家里，但后来——"嘣"，我们之间的关系结束了。"（Cowan & Cowan, 1992, p.63）

亲密关系可能会面临许多挑战。成年早期个体在这一发展阶段中，会遇到一些重要的变化，如开始建构事业，生育孩子，与他人建立或维持（有时是结束）一段关系等。总之，成年早期个体面临的主要问题是：是否结婚以及何时结婚。

婚姻关系、同居关系和其他类型的关系选择

对一些人而言，最主要的问题不是如何选择配偶，而是决定是否结婚。尽管调查发现，大多数异性恋者都表示自己想结婚，但相当数量的人却选择了其他方式。例如，在过去的30年里，结婚的人数有所减少，而那些没有结婚但住在一起的伴侣数量却急剧上升，后者就是所谓的**同居（cohabitation）**（见图14-5）。人口普查办公署称之为异性未婚同居（POSSLQs，即Persons of the Opposite Sex Sharing Living Quarters），如今占美国所有情侣的10%左右。事实上，如今由已婚夫妇构成的家庭只占一部分：2005年，49.7%的美国家庭包括一名已婚男性或女性（Field & Casper, 2001; Doyle, 2004b; Roberts, 2006）。

同居者一般比较年轻，平均年龄在25~34岁之间。非裔美国人比白人更可能选择同居。美国以外的其他国家的同居率可能更高，例如在瑞典，同居成为一种普遍现象。在拉丁美洲，同居具有悠久的历史，并且非常普遍（Wiik, Bernardt, & Noack, 2009）。

为什么这些情侣选择同居而不结婚呢？有些人可能觉得自己还没有做好承诺一生的准备。另一些人认为，同居生活为婚姻提供前期练习。还有一些人则抵制婚姻制度，他们认为婚姻已经过时了，并且要求一对伴侣终生在一起生活是不切实际的（Martin, Martin, & Martin, 2001; Guzzo, 2009）。

有些人认为同居可以增加随后婚姻生活的幸福感，这种想法是不正确的。与此相反，关于美国和西欧社会的一项调查数据显示：婚前同居的夫妇，离婚率高于婚前没有同居的夫妇（Doyle, 2004; Hohmann-Marriott, 2006; Rhoades, Stanley, & Markman, 2006, 2009）。

尽管同居流行，但大多数成年早期个体仍然首选结婚。很多人把婚姻看做爱情关系的巅峰，而另一些人认为，到了一定年龄就该结婚。有些人寻求婚姻是因为配偶

POSSLQs，即"异性未婚同居"，如今已占据美国所有情侣的10%左右，有将近750万人。

同居 一对情侣生活在一起但没有结婚。

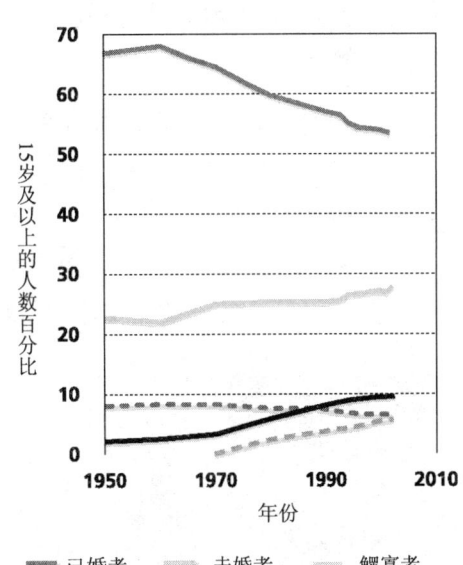

图14-5 异性未婚同居
同居的人数在过去的60年中有了相当大的增长。你认为为什么会造成这种情况？
（Source: U.S. Bureau of the Census, 2001.）

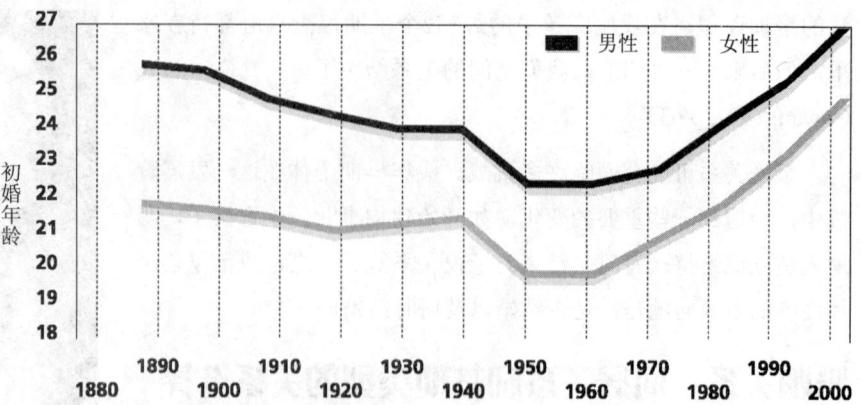

图14-6 推迟结婚
美国成年人初婚的平均年龄是自19世纪末期以来全美统计的最大值。哪些因素可以说明这一现象？
(Source: U.S. Bureau of Census, 2001.)

我的发展实验室

婚姻有不同的类型。登录我的发展实验室，观看拉蒂（Rati）和苏巴茨（Subaz），他们的婚姻是被安排好的，以及谢尔扎德（Scherazade）罗德（Rod），他们是典型的恋爱结婚。

可以担当许多角色。例如，配偶可以担当经济角色，提供财政福利和安全；配偶也可以担当性的角色，提供已为社会普遍接受的性满足的方式；配偶的另一个角色是治疗师和娱乐伙伴，他们可以在一起讨论彼此之间的问题，一起开展活动。更重要的是，婚姻是社会各界普遍认可的生育孩子的唯一合法途径。最后，婚姻为个体提供法律援助和保护。比如，已婚者有资格参加配偶政策下的医疗保险，并有资格享受社会福利金之类的遗属福利（Waite, 1995; Furstenberg, 1996; DeVita, 1996）。

尽管婚姻仍然很重要，但婚姻状态也不是静止不动的。例如，目前美国公民的结婚率是自19世纪90年代以来的最低点。这一现象部分归因于居高不下的离婚率（将在第十六章展开讨论），同时，人们决定推迟结婚也是一部分原因。美国男性初婚的平均年龄是27岁，女性为25岁——这一女性年龄是自19世纪80年代至今的历届全美普查中的最大值（见图14-6；Furstenberg, 1996; U.S. Census Bureau, 2001）。

许多欧洲国家不断为情侣们提供替代婚姻的合法形式。例如，法国提出"全民团结公约"（Civil Solidarity Pacts），这份公约分别赋予情侣很多和已婚夫妇相同的法律权益。所不同的是，不会要求他们做出结婚时所需的毕生法律承诺。全民团结公约比婚姻更加脆弱（Lyall, 2004）。

这是否意味着婚姻作为一项社会制度已经丧失了生命力？应该不是。因为大多数人（约90%）最终都会结婚，并且全美民意调查发现，几乎每一个人都认可"美好的家庭生活是重要的"这一观念。事实上，18~29岁的成年人中有90%都认为"幸福的婚姻是美好生活的因素之一"（Roper Starch Worldwide, 1997）。

那为什么人们会推迟结婚呢？这种延迟实际上反映了人们在经济方面的顾虑和"先立业，后成家"的选择。对成年早期个体而言，选择和开始职业生涯成为日益困难的决定。一些人觉得，只有在职场站稳了脚跟，并且开始赚取足够收入的时候，才能作结婚的打算（Dreman, 1997）。

如何经营婚姻？

拥有美好婚姻关系的夫妇表现出一定的特征。他们彼此表达爱意，较少进行负性交谈。拥有幸福婚姻的夫妇往往把他们知觉为相互依存的夫妻，而非两个独立的个体。他们也经历了社会同质相婚，即休闲活动和角色偏好中的相似性。他们拥有相似的兴趣爱好，对各自的角色分工（如由谁投放垃圾、由谁照顾孩子等）达成共识（Gottman, Fainsilber-Katz, & Hooven, 1996; Carrere et al., 2000; Huston et al., 2001; Stutzer & Frey, 2006）。

成功的婚姻往往包含配偶的彼此陪伴和共享许多活动带来的乐趣。

然而，我们对于幸福婚姻中夫妇特征的了解，并不能帮助我们预防所谓的"流行性离婚"。有关离婚的统计数字是严酷的：在美国，只有一半左右的婚姻保持完整，每年都有100多万例婚姻以离婚告终，每1,000人中有4.2人离婚。在20世纪70年代中期，离婚率曾达到历史最高点，每1,000人中有5.3人离婚。目前的离婚率比当时有所下降，并且，大多数专家认为离婚率已经趋于稳定（National Center for Health Statistics, 2001）。离婚不仅在美国是个大问题，全世界所有国家，不论贫富，在过去几十年中，离婚率都在上升（见图14-7）。

尽管我们在第十六章介绍成年中期时将会探讨离婚的后果，但是，离婚的根源可能形成于成年早期或早期婚姻生活。事实上，离婚大多发生在婚后最初10年中。

早期婚姻冲突 夫妻之间发生冲突是常有的事。统计资料表明，将近一半的新婚夫妇都经历过一定程度的冲突。主要原因是，新婚夫妇通常最开始将对方理想化，正如俗话所说的"情人眼里出西施"。但是，双方经过日复一日的共同生活和深入交互后，逐渐发现对方身上的缺点，正如本章第二节的开头部分一位妻子所提及的情况。事实上，夫妻双方对婚后10年婚姻质量的知觉，大多是最初几年感觉婚姻质量下降，随后几年趋于稳定，接着再继续下降（见图14-8；Kurdek, 2008; Huston et al., 2001; Karney & Bradbury, 2005）。

婚姻冲突有许多原因。丈夫和妻子可能很难完成从父母的孩子到独立自主成人的角色转变。有些人在发展除了他们的配偶外的同一性时遇到困难，而如何在配偶、朋友、家人之间合理分配时间，让每一个人都满意，也是个伤脑筋的问题（Fincham, 1998; Caughlin, 2002; Crawford, Houts, & Huston,

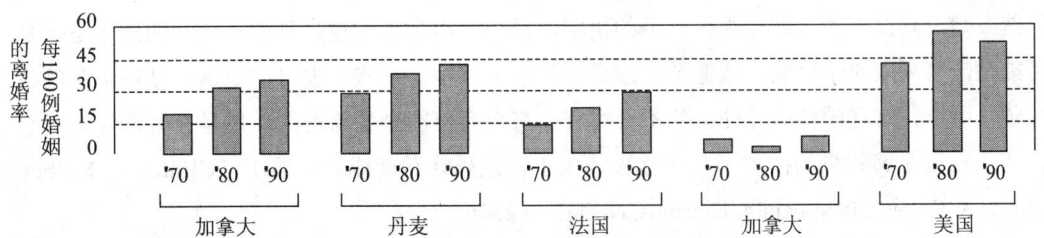

图 14-7 世界各地的离婚率
离婚率上升不是美国独有的现象，调查数据表明，其他国家的离婚率也呈现明显的增长。
（Source: Adapted from Population Council Report, 1995.）

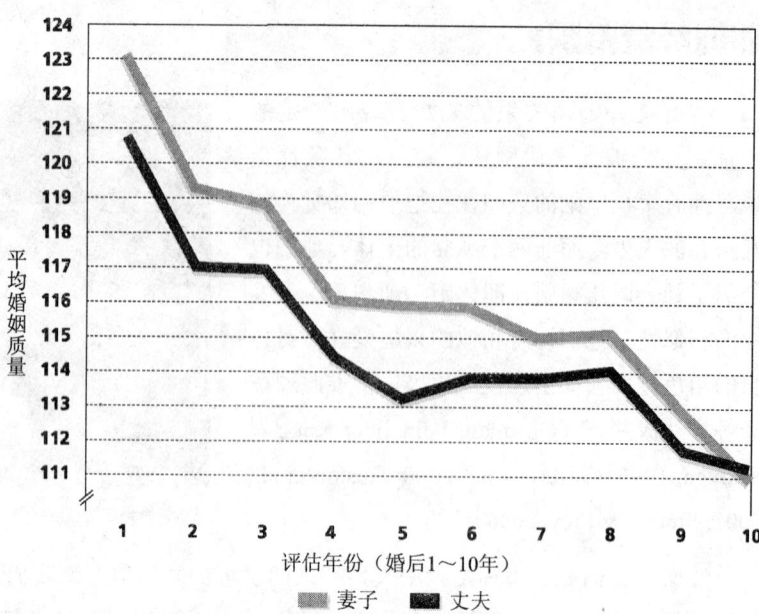

图14-8 对婚姻质量的知觉
在新婚阶段,夫妻之间都以理想化的视角看待对方。但随着时间的推移,双方知觉到的婚姻质量逐渐下降。
(Source: Kurdek, 1999.)

2002; Murray, Bellavia, & Rose, 2003)。

然而,大多数夫妇都认为婚后的最初几年非常令人满意。对他们而言,婚姻是恋爱阶段的延续。通过对双方关系的变化进行商谈,加深彼此之间的了解,许多夫妇感觉自己对配偶的爱比婚前更深。新婚阶段往往是许多夫妇整个婚姻历程中最幸福最快乐的时光(Bird & Melville, 1994; Orbuch et al., 1996; McNulty & Karney, 2004)。

为人父母:是否生育孩子

夫妻双方所做的最重要决定之一是:是否生育孩子。那么,哪些因素使得夫妻双方决定要孩子呢?生育孩子需要耗费许多金钱:一项评估表明,如果一个中产阶级家庭生育两个孩子,当每个孩子长到18岁的时候,花费大约是221,000美元,加上上大学的费用,每个孩子的花费将超过300,000美元(Lino & Carison, 2009)。

相反,年轻夫妇生育孩子的理由可能源于心理方面的需求。他们希望看到自己的孩子一天天长大,从孩子的成功中得到满足,从与孩子的亲密联结中获得无尽乐趣。当然,夫妇在决定生育孩子的过程中,也有为自己考虑的因素。例如,他们希望自己年老后,子女能够赡养自己;让子女继承产业或农场;或单纯是希望子女陪伴自己。而另一些人生育孩子是顺应社会规范的要求:90%以上的已婚夫妇至少生育了一个孩子(Mackey, White, & Day, 1992)。

另一些夫妇,则根本没有做是否要孩子的决定,孩子就出生了。也就是说,他们的孩子是计划外的,可能是没有采取避孕措施,或避孕失败导致了意外怀孕。有些夫妻可能原本计划在不久的将来生育孩子,所以,这样的怀孕并非必然不合时宜,甚至有可能是受欢迎的。但是,有些家庭不想要孩子,或已经有足够数量的孩子了,在这种情况下,意外怀孕就成为问题了(Clinton & Kelber, 1993; Leathers & Kelley, 2000; Pajulo, Helenius, & MaYes, 2006)。

最有可能意外怀孕的夫妇,往往也是社会中最易受伤害的个体。意外怀孕往往发生在那些比较年轻、贫穷和受教育程度低的人身上。令人欣慰的是,在过去几十年中,越来越多的人采取避孕措施，效果也越来越好，因此，意外怀孕的比率大幅降低（Centers for Disease Control and Prevention, 2003; Villarosa, 2003）。

从研究到实践

孩子也许会损害你的快乐

结婚、买大房子、住下来生孩子——这就是美国梦。每个人都知道为人父母是生命中最大的喜悦之一，它对个体的快乐和康乐感有很大的贡献。但是在这方面，可能所有人都错了：研究显示生育孩子可能不会增加你的快乐，反而会使快乐减少（Brooks, 2008）。

社会学家罗宾·西蒙（Robin Simon, 2008）在对数千户美国家庭进行研究之后，对她的发现做出了这样的总结："与没有孩子的同辈相比，父母在情感上的快乐水平较低，更少地体验到正面的情绪，而更多地体验到负面的情绪。事实上，没有任何类型的父母——已婚父母、单身父母、继父母，甚至空巢家庭——报告说他们体验到的情感上的快乐水平明显高于从未生育过孩子的人。"（Ali, 2008, p.62）

当然，为人父母并非没有报答。除了较低的快乐水平，父母也报告比无孩夫妻有更多的生活目标，生活更有意义，生活满意度也更高。但是研究并未显示孩子给父母带来了更多的快乐（Simon, 2008）。

那么，孩子带来更多的快乐这样的想法为什么一直存在着？一个可能的原因是我们从父母那里学到了这个想法。如果有人相信为人父母是一个令人满足和提升生活品质的经历，那么这样的人比那些不相信这一点的人更可能生育孩子。前者会有更多的孩子可以将他们的想法传递下去，而后者不那么令人愉快的观点则不太可能被传递给下一代（Gilbert, 2006）。

人们仍然相信为人父母的快乐，另一个原因是选择性回忆。当回忆他们的养育经历时，人们倾向于关注相对稀少的美好时光：宝宝第一次说话或第一个笑容，公园里快乐的一天，或孩子的毕业日。为人父母的压力——半夜喂食、脏尿片、兄弟姐妹打架、堆积如山的脏衣服等，这些可能更为常见，但是当父母回忆这段经历时，它们不再重要了。因此当询问父母，生育孩子是否丰富了他们的生活时，他们倾向于做出肯定的回答（Powdthavee, 2009）。

但是，当在不同时间点对父母当前的康乐感进行实际测量时，真相便浮现出来：父母并不比没有孩子的人更快乐，而且在某些维度上父母的测量结果甚至更糟。罪魁祸首似乎仍是为人父母所带来的日复一日的压力。在任何一天，相比没有孩子的同辈，父母拥有的自由更少、忧虑更多，要处理的烦人家务也更多（Evenson & Simon, 2005; Powdthavee, 2008, 2009）。

当然，生活中有许多值得追求的事物，如婚姻或事业（更不用提大学教育），它们也带来了相应的日常烦扰和令人头疼的事情。希望在偶尔的喜悦时刻和成就之间达成平衡，让它变得值得（Powdthavee, 2009）。

- 研究者可能忽视了为人父母的哪些益处？
- 你认为为什么父母倾向于回忆为人父母的喜悦而不是烦恼？

家庭的规模　有效避孕品的使用也使美国家庭孩子的平均数量有所减少。20世纪30年代的民意测验显示：70%的选民认为家庭中理想的孩子数目是3个或以上；但到20世纪末，只有不到40%的选民还持这一观点。今天，大多数家庭生育的孩子数目不超过2个，但有人认为，如果经济允许的话，3个或以上的孩子是最理想的（Kate, 1998; Gallup Poll, 2004）。

实际婴儿出生率表明，美国人对生育孩子数目的偏好发生了变化。1957年，美国的人口出生率达到二战以后的最高点（平均每位妇女生育了3.7个孩子），之后人口出生率开始下降。今天，平均每位妇女生育2.1个孩子，低于人口的更替水平（replacement level），即一代人为补充人口死亡数而必须生育的孩子个数。与此相反，在一些不发达国家，人口出生率高达平均每位妇女生育6.9个孩子（World Bank, 2004）。

为什么人口出生率下降了呢？除了更可靠避孕方法对生育的控制作用，另一原因是越来越多的女性走上了工作岗位。工作的同时生育孩子必然产生很大的压力，这使得许多女性生育的孩子数目减少。

此外，许多职业女性为了发展自己的事业而推迟生育孩子的时间。事实上，在过去的10年中，只有30~34岁之间的女性生育率有所上升。而那些在30多岁第一次生孩子的女性，其具有生育能力的时间所剩不多，所以，她们不可能像20几岁就开始生孩子的女性那样生育那么多孩子。而且，有研究表明，生完一个孩子后，过较长时间再生孩子，比较有利于女性健康，这也使得家庭中孩子数目减少（Marcus, 2004）。

生育孩子的传统动机，如年老后获得子女的经济支持等，已经不再具有吸引力了。一些人认为，依靠子女在自己年老时提供经济支持，不如社会保障和养老金来得可靠。另外，如前所述，生育一个孩子的成本非常高，特别是大学费用逐年增长。这一巨大的费用也是限制生育的因素。

最后，一些夫妇不生孩子，是害怕自己不能成为称职的父母，或不想承担生育孩子所带来的责任和辛劳。女性可能担心孩子出生后自己要承担过多的抚养责任，而不敢生孩子。这种情况正是对现实的解读，接下来我们将要讨论这个问题。

双职工夫妇　对成年早期个体产生重大影响的社会变化始于上个世纪后半叶：父母双方都参加工作的家庭越来越多。孩子处于学龄期的已婚女性中，有将近四分之三参加工作；孩子在6岁以下的已婚女性中，有一半以上参加工作；在20世纪60年代中期，孩子1岁左右的母亲中，只有17%全职工作，而今天这个比例上升至50%以上。事实上，现今大部分家庭，父母双方都参加工作（Darnton, 1990; Carnegie Task Force, 1994; Barnett & Hyde, 2001）。

父母双方共同赚取的收入为双职工家庭带来经济优势，但同时带来很多不利影响，尤其对女性而言。即便夫妇双方工作的时间差不多，妻子在照料孩子方面投入的时间和精力往往比丈夫更多（Huppe & Cyr, 1997; Kitterod &

随着参加工作的女性数量不断增加，越来越多的女性选择生育更少的孩子，或是推迟生育孩子。

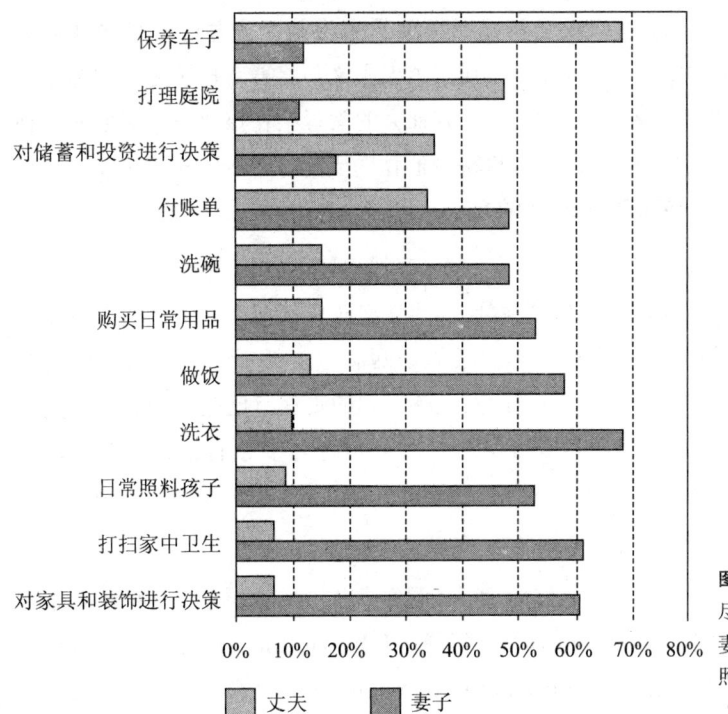

图 14-9 劳动分工

尽管妻子和丈夫每周工作的时间差不多,但是妻子们往往比丈夫们花费更多的时间做家务和照料孩子。你认为为什么会存在这种模式?

(Source: Googans & Burden, 1987.)

Petterson, 2006)。尽管爸爸们已经比过去投入了更多时间给孩子(在过去的20年中,父亲陪孩子的时间增加了四分之一),妈妈们在照料孩子方面还是比爸爸们花费更多时间(Families and Work Institute, 1998)。

此外,丈夫对家庭所做的贡献,其性质不同于妻子所做的贡献。例如,丈夫们往往承担诸如修理草坪、修理房子等更易于提前(也可推迟)制订计划的家务;而妻子们所承担的往往是那些需要立即引起注意的家务,如照料孩子、做菜做饭等。结果,妻子们往往体验更高水平的焦虑和压力(Barnett & Shen, 1997; Juster, Ono, & Stafford, 2000; Haddock & Rattenborg, 2003; Lee, Vernon-Feagans, & Vazquez, 2003;见图14-9)。

孩子对父母的影响:两人成对,三人成群

"当我们第一个孩子出生的时候,我们显得措手不及。当然,我们之前对此做了充分的准备,我们阅读杂志上的文章和相关书籍,甚至还参加了儿童保育的课程。但是,当西恩娜(Sheanna)真正生下来的时候,照顾她的艰巨任务、一天中她每时每刻的存在,以及使我们苦恼的抚养一个幼小同类的巨大使命,都是我们前所未有的体验。这并非是什么负担,但也的确使我们能够以全新的视角看待这个世界。"

孩子的出生改变了家庭生活的方方面面,有积极的变化,也有消极的变化。孩子的出生给夫妻双方的角色带来急剧的变化。他们突然之间承担了新的角色,成为了"父亲"和"母亲",这种新的角色完全压垮了他们对仍在持续的老角色("丈夫"和"妻子")的反应能力。此外,孩子的出生对身体和心理两方面都有所要求,包括几乎持续不断的疲劳、新的财务责任和家庭杂务的增加(Meijer & van den Wittenboer, 2007)。

为人父母将"丈夫"和"妻子"的角色延伸到"爸爸"和"妈妈"的角色,这一转变过程可能给夫妻关系带来长远的影响。

此外,跟许多将养育孩子视为整个群体的责任的非西方文化相比,西方文化强调个人主义,将养育孩子主要视为个人的一项事业。因此,西方社会的父母亲在孩子出生后要开拓他们自己的道路,常常缺少群体的支持(Rubin & Chung, 2006; Lamm & Keller, 2007)。

因此,对许多夫妇而言,照料新生儿所带来的过度疲劳,使他们的婚姻满意度比其他任何时候都低。对于女性而言尤其如此,女性在这一阶段的婚姻满意度低于男性。这种性别差异最可能的原因是,女性感受到的责任感比她们的丈夫要大得多,即使在其双方父母寻求分担育儿事务的家庭中也是如此(Levy-Shiff, 1994; Laflamme, Pomerleau, & Malcuit, 2002; Lu, 2006)。

这并不是说所有夫妇孩子出生后都体验到婚姻满意度的降低。根据约翰·哥特曼(John Gottman)及其同事的研究(Shapiro, Gottman, & Carrère, 2000),在孩子出生后,夫妇的婚姻满意度可能保持稳定,也可能有所增长。他们确定了三个因素,用以帮助夫妇安全渡过孩子出生所带来的不断增长的压力时期。

- 建立对配偶的喜爱和感情
- 对配偶生活中的事件保持关注,并对这些事件做出反应
- 把问题都看做可控制的、可解决的

有些夫妇的婚姻关系满意度一直保持着新婚阶段的水平,这样的夫妇在生育孩子的过程中往往也能保持较高的婚姻满意度。有些夫妇对孩子出生后养育孩子所要付出的努力和其他家务责任持有比较现实的预期,这样的夫妇往往也能够获得较高的满意度。此外,组成共同养育小组(coparenting team)的家长在深思熟虑后采用了共同的儿童养育目标和策略,因此这些家长更容易对他们作为父母的角色感到满意(Schoppe-Sullivan et al., 2006; McHale & Rotman, 2007)。

简而言之,生育孩子也可能带来更多的婚姻满意度,至少是那些对原先婚姻关系满意度高的夫妇。如果原先婚姻关系满意度较低,那么孩子出生后,情况可能会更糟(Shapiro, Gottman, & Carrère, 2000; Driver, Tabares, & Shapiro, 2003; Lawrence et al., 2008)。

同性恋父母

越来越多的孩子在有两个爸爸或两个妈妈的家庭中长大。一项评估粗略表明:有20%的同性恋家庭在抚养孩子(Falk, 1989; Turner, Scadden, & Harris, 1990)。

那么,同性恋家庭与异性恋家庭相比,有什么不同呢?要回答这个问题,我们首先需要考察那些没有抚养孩子的同性恋家庭的特征。根据比较男同性恋、女同性恋、异性恋伴侣的研究,相比异性恋家庭而言,在同性恋家庭中,劳动分工更加公平合理,伴侣之间分别承担相同数量的不同家务。此外,同性恋伴侣往往更加注重劳动的平等分配观念(Kurdek, 1993, 2003b, 2007; Parks, 1998)。

然而，就像异性恋伴侣那样，同性恋家庭一旦有了孩子（通常是领养或人工授精），也会对他们的家庭生活带来巨大的变化。并且和异性恋家庭一样，同性恋家庭也发展出一系列特定的新角色。例如，根据最近关于女同性恋母亲的研究，照料孩子的责任可能主要由某一位家长承担，而另一位家长则在带薪工作中花费更多时间。尽管两位家长通常表示她们平等地分担家务和进行决策，但是，孩子的生母往往在照料孩子方面投入更多。相对地，另一位妈妈更有可能报告自己在带薪工作中花费更多时间（Patterson, 1995）。

"如果希瑟（Heather）有两个妈妈，每个妈妈都有两个兄弟，其中一个兄弟与另一个男人是'室友'，那么希瑟共有几个叔叔？"（Source: The New Yorker Collections, 1999. William Haefeli from cartoonbank.com. All Rights Reserved.）

有了孩子之后，同性恋伴侣的变化也与异性恋夫妇相似，尤其是因照料孩子的需求所带来的双方角色分化。站在孩子的立场上看，在同性恋家庭与在异性恋家庭的生活经历，也是比较相似的。大多数研究认为：同性恋家庭长大的孩子与异性恋家庭长大的孩子，对突发事件的调节能力并没有显著差异。另外，由于社会对同性恋的偏见根深蒂固，所以，在同性恋家庭长大的孩子可能要面对更多的社会挑战，但最终他们也比较顺利地成长起来（Short, 2007; Crowl, Ahn, & Baker, 2008; Patterson, 2009）。

单身：我想一个人

有些人既不结婚也不同居，他们选择终生独居。对于他们而言，单身代表了仔细考虑的人生道路。事实上，在过去的几十年中，单身（singlehood，即没有亲密的伴侣）的人数也有了显著增长，这类人约占女性总体的20%，约占男性总体的30%。而将近10%的人选择一辈子单身（U.S. Bureau of the Census, 2002; Gerber, 2002）。

选择不结婚或同居的人，为他们的行为给出了几种原因。一是他们消极地看待婚姻。这些人更关注居高不下的离婚率和婚姻冲突，而不会像20世纪50年代中期的人那样将婚姻理想化。最后，他们得出结论：与某一个人终身结合在一起的危险性太高了。另一些人则认为婚姻的束缚性太强。他们非常注重个人的变化和成长，而婚姻所蕴涵的长期、稳定的承诺可能会对这些方面产生妨碍。最后一种原因是：有些人没有遇到他们愿意与之共度余生的人。相反，他们珍视自我的独立、自主和自由（DePaulo, 2004, 2006）。

当然，单身生活有优势也有劣势。社会习俗通常把婚姻作为理想的准则，因此单身的人，尤其是单身女性往往遭到社会歧视。此外，单身者往往缺少朋友，在解决性需求方面可能遇到困难，而且他们对于自己未来的财政安全感也比较低（Byrne, 2000; Schachner, Shaver, & Gillath, 2008）。

复习

- 同居逐渐成为年轻人的一种风尚，但大多数人还是会选择结婚。
- 美国的离婚率较高，尤其婚后的头十年是离婚的高发期。
- 高效避孕品的使用和职场女性传统角色的变化，使得家庭的规模逐渐变小，但许多已婚夫妇还是非常渴望生孩子。
- 不管是同性恋还是异性恋，伴随孩子出生而来的关注、角色和责任变化，都给伴侣双方带来了压力。

应用毕生发展

- 你认为成年早期个体在处理结婚、离婚和生孩子等问题上，如何受到自身认知变化（例如，后形式思维和实践智力的出现）的影响？
- **从一个社会工作者的视角看问题**：你认为社会为什么建立了如此推崇婚姻的强有力规范？这一社会规范可能会给希望保持单身的人带来怎样的影响？

14.3 工作：选择和开始职业生涯

"我为什么会想当一名律师？答案多少有些困窘。在上大学四年级的时候，我开始为毕业后从事怎样的工作而烦恼。那时，父母经常问我今后想从事哪方面的工作。每次接到家里打来的电话，我心里就增加一份压力。于是我开始认真考虑这个问题。恰在那时，整天的新闻都是关于辛普森杀妻案的审讯报导，我就想如果自己是个律师不知会是什么情形。而且我一直都对电视上播放的《洛杉矶法律》非常着迷，甚至经常想象自己置身其中一个可以鸟瞰全城景观的宽敞办公室。正是这两个原因，我决定从事律师这份职业，并且申请了法学院。"

对大多数人而言，成年早期做出的选择会影响人的一生。在所有选择中，最为重要的一项便是职业规划。我们对职业规划做出的选择不仅取决于薪金的多少，也取决于自己的地位和自尊感，以及自己一生中想要做出怎样的贡献等。总而言之，关于工作的选择涉及每个成年早期个体同一性的核心部分。

成年早期的同一性：工作的作用

根据精神病学家乔治·维兰特（George Vaillant）的观点，成年早期是以**职业巩固（career consolidation）**这一发展阶段作为标志的。在职业巩固阶段（年龄为20~40岁），成年早期个体开始将精力投放在工作中。维兰特的纵向研究是以相当数量的哈佛大学男性毕业生作为研究对象展开的，研究始于20世纪30年代新生入学时期。基于这项研究，维兰特发现了一个普遍的心理发展模式（Vaillant, 1977; Vaillant & Vaillant, 1990）。

在这些男性20出头的时候，他们往往受到父母权威的影响。接着下来直到30岁出头，他们逐渐独立自主，结婚生子，同时将精力集中于工作——即职业巩固阶段。

根据研究所获得的数据，维兰特描绘出处于职业巩固阶段的不太鼓舞人的人物形象。研究中被试为了获得晋升，非常努力地工作。他们规规矩矩，努力与其所从事的职业规范保持一致。他们没有表现出以前所表现出的独立性和质疑精神，虽然还在大学里面，他们却毫不犹豫地投身到工作中。

维兰特指出，在他的研究中，工作对被试的生活有着非常重要的意义，所以职业巩固阶段理应被视为埃里克森理论中亲密对疏离阶段的补充。在维兰特看来，对职业的关注逐渐取代对亲密关系的关注，而职业巩固阶段恰恰可以使埃里克森理论的亲密对疏离阶段过渡到下一阶段，即再生力对停滞阶段（再生力是指个人对社会的贡献，将在第十六章进行讨论）。

然而，人们对维兰特的观点反应不一。有批评者指出，尽管维兰特的样本数量足够大，却由高度有限的、聪明非凡的人群所组成，而且全为男性，所以，很难说研究结果的推广性有多强。此外，自20世纪30年代后期（研究开始进行的时间）至今，社会规范或多或少会有改变，人们对于工作重要性的认识也可能发生了变化。最后，样本中女性的缺失，以及工作在女性生活中重要性的变化大大限制了维兰特结论的推广程度。

在大多数人的生活中，仍然很难说工作到底有多重要。而目前的研究表明，工作构成了男性和女性同一性的一个重要部分——相对其他任何活动而言，人们在工作中投入了更多的时间和精力（Deaux et al., 1995）。接下来，我们将讨论人们如何选择和决定从事何种职业以及由此带来的问题。

选择一份职业：选择一生的工作

有些人从儿时起就立志成为医生、消防员或是商人，并且始终如一地朝着自己的目标前进。而另一些人对职业的选择往往出于偶然，他们可能在招聘广告上寻找工作机会。大多数人处在这两者之间。

金斯伯格职业选择理论 根据艾利·金斯伯格（Eli Ginzberg, 1972）的观点，人们在选择职业的过程中往往经历一系列典型阶段。第一阶段是**幻想阶段**（fantasy period），这一阶段持续到11岁左右。在幻想阶段，人们对职业的选择不考虑技术、能力或工作机会的可获得性，而仅仅考虑这份职业听起来是否有意思。所以，当一个孩子决

> **职业巩固** 个体20～40岁之间开始的以事业为生活重心的阶段。
>
> **幻想阶段** 金斯伯格理论的第一阶段，持续到11岁左右。此时个体对职业的选择不考虑技术、能力或工作机会的可获得性。

根据金斯伯格的理论，人们选择职业的过程往往经历一系列典型阶段。第一个阶段是幻想阶段，持续到11岁左右。

根据约翰·霍兰德的人格类型理论，人格特性与职业选择的一致性越高，则个体的工作满意度越高。

定自己将来要成为摇滚歌星时，根本不考虑自己总是唱跑调。

第二阶段是**尝试阶段**（tentative period），这一阶段涵盖整个青春期。在尝试阶段，人们开始考虑一些实际情况，务实地考虑职业的要求以及是否符合自己的能力和兴趣。同样，他们也会考虑到自身价值和目标，以及某一职业所能带来的工作满意度。

最后，人们在成年早期进入**现实阶段**（realistic period）。在现实阶段，成年早期个体根据自己的实践经验或职业培训，明确自己的职业选择。通过不断学习和了解，人们逐渐缩小职业选择的范围，并最终作选择。

尽管金斯伯格的理论很有意义，但有批评者认为他对职业选择阶段的划分过于简单。由于金斯伯格研究对象的社会经济地位处于中等水平，所以对那些处于较低经济地位的人来说，可供选择的工作机会就应该少于金斯伯格研究所得出的结果。此外，该理论关于对应不同阶段的年龄划分也过于死板，不一定符合实际。例如，一个高中毕业就工作的人，相比一个刚进入大学的同龄人而言，更有可能在较早时间就开始认真考虑职业选择的问题。同时，经济环境的变化也导致许多成年人在不同的时间更换职业。

霍兰德人格类型理论　其他有关职业选择的理论往往侧重于人格对职业选择的影响。例如，根据约翰·霍兰德（John Holland）的观点，特定的人格类型与特定的职业可以进行完美匹配。如果人格与职业的对应性很高，那么个体会更加喜爱自己的职业，其职业道路也会更加稳定；相反，如果人格与职业的匹配度很低，个体就会觉得不开心，更有可能更换职业（Holland, 1997）。

根据霍兰德的观点，以下6种人格类型对职业选择影响较大：

- **现实型**　这类人注重实效，善于解决实际问题，而且身体强健，但社交技能平庸。他们是优秀的农民、工人和卡车司机。
- **智力型**　这类人善于抽象推理，但他们不擅长与人打交道，比较适合从事和数学及自然科学相关的职业。
- **社交型**　这类人的语言能力和人际关系处理能力很强。他们非常善于与人交往，是优秀的销售员、教师和咨询师。
- **传统型**　这类人喜欢从事高度结构化的工作。他们是优秀的办事员、秘书和银行出纳员。
- **进取型**　这类人喜欢冒险，敢于负责。他们是优秀的领导者，高效的经理人或政治家。

尝试阶段　金斯伯格理论的第二阶段，涵盖整个青春期。此时个体开始务实地考虑各种职业的要求以及自身能力是否适合。

现实阶段　金斯伯格理论的第三阶段，出现在成年早期。此时个体根据实践经验或职业培训明确自己的职业选择，并逐渐缩小职业选择的范围，最终作选择。

- **艺术型** 这类人擅长用艺术形式表达自己，相对于人际交往而言，他们更愿意待在艺术的世界里。他们最适合从事与艺术有关的职业。

大学职业发展中心常用一些测试来帮助学生找出适合的职业，霍兰德的人格分类是这类测试的基础。大多数测试不是给出一个单一的人格类型，而是基于霍兰德分类给出每种类型的得分，假定各种人格类型对不同个体的适用程度不同。

尽管霍兰德的人格类型分类很有价值，但它同时也有一个很大的缺陷：并不是每个人都能完全归于这些分类中。现实中一些从事某项工作的个体并不具备霍兰德分类中相应的人格，也就是说，分类往往有例外的情况。尽管如此，该理论的基本观点已经被证实，人们还据此设立了一系列"职业测评"，通过这些测评，人们可以了解适合自己性格的职业（Deng, Armstrong, & Rounds, 2007; Armstrong, Rounds, & Hubert, 2008）。

> **公共性职业** 与人际关系相关的工作。
>
> **行动性职业** 与任务完成相关的工作。

性别和职业选择：女性的工作

"招聘：小型家族企业招聘全职员工。职责：清洁、烹饪、园艺、洗熨、修补、购物、簿记和理财，也包括儿童保育。工作时间：平均55小时/周，但需要每时每刻待命。节假日要加班。薪水待遇：无报酬，食宿及服装由雇主视情况提供；工作保障和福利亦取决于雇主意愿。无休假，无退休计划，无提升机会。必备条件：无需经验，可边学边干。限女性。"（Unger & Crawford, 1992, p. 446）

一个世纪之前，大部分成年早期的女性会认为这则夸张的职位描述最适合她们，同时也是她们追求的工作类型：家庭主妇。即便那些在外工作的女性，往往也只能获得较低的职位。在20世纪60年代之前，美国的报纸招聘广告大致分为两个版面："招聘助手：男"和"招聘助手：女"。男性职位列表包括警察、建筑工人和法律顾问等；女性职位则是秘书、教师、收款员和图书管理员等。

职业类型按性别分类，反映了社会对两性应该从事相应工作的传统观点。传统观点认为，女性比较适合从事**公共性职业（communal professions）**，即与人际关系相关的工作，比如看护和照料。相反，男性比较适合从事**行动性职业（agentic professions）**，即与任务完成相关的工作，比如木工。而公共性职业相对于行动性职业的社会地位和薪金待遇低下的事实，绝非偶然（Eagly & Steffen, 1984, 1986; Hattery, 2000）。

虽然现在的性别歧视已远非几十年前那样严重（例如，现在刊登的招聘广告如果明确规定只招收男性或只招收女性，都是不合法的），但是，对性别角色的偏见仍然存在。正如我们在第十三章中所讨论的，在传统的男性主导的职业领域内（如工程师或电脑程序员）很难见到女性的身影。如图14-10所示，尽管在最近40年里，工资的性别差距正在缩小，但女性的周薪水平仍然低于男性。事实上，在许多行业中，女性与男性的工作完全一样，但待遇却明显低于男性（Frome et

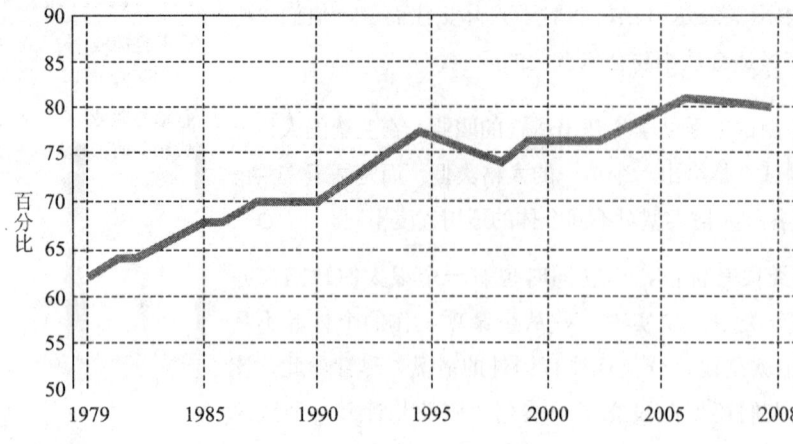

图 14-10 性别工资差异

自1979年以来，女性周薪占男性周薪的百分比持续增长，但也只达到80%多一点，且在最近三年没有发生变化。

（Source: U.S. Bureau of Census, 2009.）

外在动机 驱使人们为了获取实际的奖赏（如金钱和声望）而工作的动机。

al., 2006; U.S. Bureau of the Census, 2006）。

尽管女性的工作地位和薪水待遇低于男性，但还是有越来越多的女性走出家门，参加工作。从1950~2003年，美国劳动力中女性（16岁及以上）所占比例从35%左右增长到60%以上。目前，女性劳动力占总劳动力的55%左右，这一比例与总人口中女性所占比例大致相当。几乎每一位女性都期望能够依靠自己赚钱谋生，并且，几乎所有女性在一生中都或多或少有过工作赚钱的经历。此外，在将近一半的美国家庭中，女性的工作收入几乎与其丈夫的收入一样多（Lewin, 1995; Bureau of Labor Statistics, 2003）。

女性的工作机会较之从前有了较大增长。有更多女性成为医生、律师、保险代理人或巴士司机。然而，如前所述，在职业分类中，依然存在明显的性别差异。例如，女巴士司机更多地从事校园线路的兼职岗位，而男巴士司机则占据着城市线路、待遇更好的全职岗位。类似地，女药剂师多在医院工作，而男药剂师却多在待遇更好的零售药店工作（Unger & Crawford, 2003）。

同样地，处于较高社会地位或担任重要职务的女性（或少数族裔），在职业发展过程中会遭遇到"玻璃天花板"（glass ceiling）。这是指在某一机构内部，由于歧视产生的无形障碍。它阻止个人晋升到高级职位，其发生作用的方式非常微妙。而那些对"玻璃天花板"的存在负有责任的人，通常并没有意识到他们的行为实际上是对女性和少数族裔的歧视（Goodman, Fields, & Blum, 2003; Stockdale &Crosby, 2004）。

人们为什么工作？不只是谋生

这看起来似乎是个很容易回答的问题：人们为了谋生而工作。然而事实并不是这样，成年早期个体找工作的原因远不止这一个。

内在动机与外在动机 诚然，人们工作是为了获得各种具体的奖赏，换言之，是源于外在动机。**外在动机**（extrinsic motivation）驱使人们为了获取实际的奖赏（如金钱和声望）而工作（Singer, Stacey, & Lange, 1993）。

人们也在为着各自的乐趣而工作，为着个人奖赏而工作，而不仅仅是为了工作带来的报酬。这就是所谓的**内在动机（intrinsic motivation）**。在许多西方社会，人们比较认可清教徒式的工作伦理（Puritan work ethic），即"工作本身就很重要"的观点。鉴于这些看法，工作是一项富有意义的行为，能给人带来心理的（至少从传统观念来看），甚至是精神上的幸福感和满足感。

工作同样可以带来个人同一性的感觉。例如，思考一下人们初次见面的时候是如何进行自我介绍的。在互报姓名和住处后，人们往往会特地告诉对方自己所从事的职业。也就是说，人们从事的工作占据了"他们是谁"的很大一部分内容。

外在动机驱使人们获取实际的奖赏，如金钱、声望或昂贵的轿车。那么，在非西方文化的不发达国家，外在动机是如何起作用的呢？

工作也是人类社会生活的重要组成部分。人们对工作投入了相当多的时间，所以，工作也可能是年轻人结交朋友和进行社交活动的源泉。人们在工作中建立的社会关系，很可能影响到工作之外的其他生活领域。此外，工作也通常和社会义务有关，比如和老板共进晚餐，或每到12月举行一年一度的季节派对等。

最后，人们所从事的工作也是决定其社会地位的一个因素。**社会地位（Status）**是社会对个人所扮演角色的价值评价。如表14-4所示，不同职业和一定的社会地位有关。比如医生和大学教师居于社会地位的较高层，而引座员和擦鞋工则位于社会地位的底层。

工作满意度 和特定职业相关的社会地位影响着人们的工作满意度。个体所从事职业的社会地位越高，往往工作满意度也越高。此外，家庭中主要收入提供者的社会地位，也对其他家庭成员的社会地位产生影响（Green, 1995; Schieman, McBrier, & van Gundy, 2003）。

当然，社会地位不代表一切。工作满意度也和其他许多因素有关，其中工作本身的性质也是比较重要的一个因素。一些用电脑工作的职员每时每刻都受到监控；监督员始终如一地观察他们总共击键的次数；在有些公司，员工利用电话进行销售和获取订单，但他们的电话交谈往往被主管监听；很多雇主甚至对员工如何使用因特网和收发电子邮件等加以监控和限制。在这样的工作环境下，员工对工作不满意也就不足为奇了（MacDonald, 2003）。

如果员工能够投入到工作中，并且他们的想法和观点能够得到重视和接纳，那么他们的工作满意度往往就比较高。人们大多喜欢内容丰富且需要多种技能配合方可完成的工作。此外，如果员工可以对其他人产生更多影响（不管这种影响作用能否像管理者那样直接，还是不那么正式），那么，他们将拥有更高的工作满意度（Peterson & Wilson, 2004; Thompson & Prottas, 2006; Carton & Aiello, 2009）。

内在动机 致使人们为了各自的乐趣，而非出于工作带来的酬劳而工作的动机。

社会地位 群体或社会的其他相关成员对某一个体所扮演角色的价值评价。

表14-4　不同职业的社会地位等级

职业	评分	职业	评分
外科医生	100	法庭工作人员	53
律师	99	重型车辆机械师	52
计算机软件工程师	94	钣金工	50
心理学家	93	按摩师	48
建筑师	92	电表抄表员	46
大学教授	86	家电维修工	45
高中教师	86	动物控制人员	44
健康服务经理	85	税务助理	44
人力资源经理	82	医助人员	42
特殊教育教师	80	壁纸工人	41
编辑	79	电话接线员	39
社会工作者	77	厨师	39
消防员	77	收银员	36
作家	76	木匠	35
丧葬承办人	75	舞者	32
神职人员	75	理发师	31
牙科保健员	74	电影放映员	27
私人侦探	72	非农场动物照料人员	25
飞机机械师	72	儿童护理工作者	21
地产经纪人	70	电话推销员	20
邮政服务人员	69	个人/家庭护理援助	19
医疗急救人员	65	看栅工	11
监狱看守	60	女仆和管家	7
电工	58	食品准备工	3
理疗师	56	柜台服务员	1
演员	55	洗碗工	1

（Source: Nam & Boyd, 2004.）

成为发展心理学知识的明智消费者

选择职业

成年早期个体所必须面对的一个重大挑战，就是做出对其今后的人生产生重大影响的决定：选择职业。尽管不一定存在一个所谓正确的选择——大多数人可以适应几份不同的工作并且都干得很开心——但做出选择毕竟是需要勇气的。以下是指导人们如何认真选择职业的建议：

- **系统地评估各种职业选择**　图书馆里有关于潜在职业道路的丰富资料，大多数高校的就业指导中心也可以提供有关职业的数据和就业指导。

- **了解自己**　客观评价自己的优势和劣势，可在学校的就业指导中心通过填写问卷的方式来进行，这可以让你了解自己的兴趣、技能和价值。

- **制作一张"资产负债表"**　列出你所从事某项工作可能获得的收益和付出的成本。首先列出你将直接获得的收益和承担的成本；接着列出别人因你的选择而获得的收益和付出的成本，如家庭成员；继而预计你将从潜在职业中获得的自我肯定和自我否定；最后预计他人对你从事这个职业所持的社会肯定和社会否定。通过以上标准对一系列职业进行系统的评估，你将能够更好地比较各种选择之间的优缺点。

• **通过带薪或无薪实习尝试不同的职业** 通过实习可以直接了解工作，也能更好地获得对职业真实情况的感知。

• **记住：如果你选择错了，你仍然可以换工作** 事实上，现在的人于成年早期或后续阶段都在日益频繁地换工作。人们不该将自己束缚在人生早期阶段所做出的选择上。纵观全书，我们发现，人们只有在经历了一些人生必经的阶段后，才能获得充分的发展。

人类的价值观、兴趣、能力和具体生活环境的变化，可能导致另一种职业比个体成年早期所选择的职业，更加适合个体今后的人生发展，这些情况都是可能的。

复习和应用

复习

- 职业的选择是成年早期非常关键的一步，乔治·维兰特认为：职业巩固阶段作为一个人生发展阶段应该与埃里克森的亲密对疏离阶段具有同等重要的意义。
- 艾利·金斯伯格认为，人生要经历三个职业选择阶段：幻想阶段、尝试阶段和现实阶段。
- 其他有关职业选择的理论，如约翰·霍兰德的理论，试图将不同的人格类型与合适的职业进行匹配。
- 性别刻板印象正在发生改变，但女性在职业选择、角色和薪资待遇等方面仍在遭受不那么明显但确实存在的偏见。
- 人们进行工作同时受到外在动机和内在动机的影响。

应用毕生发展

- 如果维兰特的研究对象是当今社会中的女性，那么他的研究结果会与之前的研究结果一致吗？在哪些方面相一致？在哪些方面不一致？
- **从一个社会工作者的视角看问题**：公共性职业和行动性职业的划分，与关于两性差异的传统观点有什么关系？

结语

成年早期这一阶段的特征是变化和发展更加微妙，却依然非常重要。成年早期的个体往往处于健康和智力水平的最佳状态，他们在这一阶段的挑战和目标是获得真正意义上的独立。

本章探讨了成年早期的个体所要面对的几个最重要的问题：建立亲密关系、恋爱结婚、寻找自己的职业等。我们探索了导致亲爱关系的因素、影响是否结婚及与谁结婚的考虑，以及幸福婚姻与不幸福婚姻的特点。我们还讨论了人们在职业选择中所考虑的因素以及影响人们工作满意感的职业特征。

在我们进入下一章成年中期的内容之前，请你回顾一下本章的前言部分，也就是安妮·米勒和迈克尔·达沃利的关系。根据你对成年早期亲密关系和职业的理解，请回答以下问题：

（1）安妮愿意面对迈克尔的妥瑞氏症造成的影响，这说明他们的关系如何？
（2）同质相婚的概念如何影响婚姻？
（3）根据刺激—价值—角色（SVR）理论，讨论安妮和迈克尔的关系的发展过程。
（4）为了让安妮和迈克尔的婚姻保持快乐，你将给他们什么样的建议？

- **成年早期的个体如何建立爱情关系？随着时间的推移，爱将如何变化？**

- 成年早期个体处于埃里克森发展理论的"亲密对疏离阶段"。只有解决了这一冲突的个体，才能成功地与他人发展亲密关系。

- 根据刺激—价值—角色理论，亲密关系的发展经历了对双方外表特征、价值观和最终扮演角色的考察。

- 激情之爱的特征是强烈的生理唤起、亲密和关怀；而同伴之爱的特征是尊重、欣赏和感情。

- 心理学家斯腾伯格认为：爱是由亲密、激情、决心/承诺这三个主要成分构成的，这些成分的不同组合构成八种不同类型的爱，伴侣双方之间的亲密关系也在动态地经历着不同类型的爱。

- **人们如何选择配偶？亲密关系因何得以协调发展，因何终止？**

- 西方文化中，爱是选择伴侣最重要的因素；而在其他文化中，可能看重其他因素。

- 根据"筛选模型"的观点，人们选择潜在伴侣的标准最初是吸引力，然后是相容性，一般来说符合同质相婚和婚姻梯度原则。

- 在依恋、关怀、亲密、感情和尊重方面，同性恋伴侣寻求的亲密关系质量往往与异性恋的亲密关系质量没有多大差别。

- 即便同居已经成为当今社会的一种风尚，大多数成年早期个体还是会选择结婚。男女两性的平均初婚年龄都在增长。

- 美国的离婚率较高，影响了将近一半的婚姻。

- **孩子的出生会对父母的亲密关系产生怎样的影响？**
  - 超过90%的已婚夫妇至少生育一个孩子，但是家庭的规模逐渐缩小，这种现象部分归因于对生育的控制，部分归因于职业女性的角色变化。
  - 孩子的出生给每一个家庭带来了压力，夫妻双方的关注点、角色和责任都发生了改变。养育孩子的同性恋伴侣，也要经历与异性恋伴侣类似的关系变化。

- **为什么对于成年早期个体而言，选择职业如此重要？哪些因素对职业的选择产生影响？**
  - 根据维兰特的观点，职业巩固是成年早期个体对自身和事业进行定义的一个发展阶段。
  - 金斯伯格建立的模型认为，人们对职业的选择往往经历三个阶段：儿童期的幻想阶段、青春期的尝试阶段和成年早期的现实阶段。
  - 其他研究者（如霍兰德）试图把人格与适合的职业进行匹配。这类研究是就业咨询中最常用的相关职业量表和测量方法的基础。
  - 在工作场所以及准备和选择就业选择过程中的性别角色偏见和刻板印象，仍然是个严重的问题。它迫使女性只能选择某些职业，而不能从事另一些工作。即便是从事相同的工作，女性所获得的报酬也往往低于男性。

- **人们为什么工作？哪些因素带来工作满意感？**
  - 人们参加工作是受到两个因素的激发：一是外在动机，如对金钱和声望的需要；二是内在动机，如工作的乐趣和工作对个人的重要性。工作有助于人们确定自己的同一性、社会生活和社会地位。
  - 工作满意度由许多因素决定，这些因素包括工作的性质和地位、个体对工作的投入程度、个体的职责范围以及个体对他人的影响。

关键术语和概念

社会时钟（social clock, p. 528）

亲密对疏离阶段（intimacy-versus-isolation stage, p. 529）

刺激—价值—角色理论（stimulus-value-role theory, SVR, p. 531）

激情之爱（passionate or romantic love, p. 532）

同伴之爱（companionate love, p, 532）

激情之爱标签理论（labeling theory of passionate love, p, 532）

亲密成分（intimacy component, p, 533）　　激情成分（passion component, p, 533）

决心/承诺成分（decision/commitment component, p, 533）

同质相婚（homogamy, p. 537）　　婚姻梯度（marriage gradient, p. 537）

同居（cohabitation, p. 541）

幻想阶段（fantasy period, p. 551）

现实阶段（realistic period, p. 552）

公共性职业（communal professions, p. 553）

外在动机（extrinsic motivation, p. 554）

社会地位（status, p. 555）

职业巩固（career consolidation, p. 550）

尝试阶段（tentative period, p. 552）

行动性职业（agentic professions, p. 553）

内在动机（intrinsic motivation, p. 555）

 我的发展实验室

登录我的发展实验室，获取更多复习资料，外加我的虚拟孩子、练习测试、视频、闪光呈现卡及其他。

综 合

成年早期

贝拉·阿诺夫（Bella Arnoff）和西奥多·崔（Theodore Choi）面临许多年轻成人典型的发展问题，他们需要考虑健康和衰老的问题。他们承认自己并没有充裕的时间，这一点无须明言。社会以及几乎所有他们的朋友都将结婚视为合乎逻辑的下一步。他们必须检视他们这段关系，决定是否进入这一步：结婚。他们需要面对孩子和事业的问题，以及一方不能工作的可能性。他们甚至不得不重新考虑西奥多想要继续深造的意图。幸运的是他们拥有彼此，以及大量有用的发展工具和能力，来帮助应对这些问题和决定合起来的重量所造成的压力。

▼ 我的发展实验室

登录我的发展实验室，阅读真实生活中的保健提供者、职业顾问和教育工作者是如何回答这些问题的。你是否同意他们的答案？为什么？你读到的何种概念是支持他们观点的？

你怎么做？

- 如果你是贝拉和西奥多的一个朋友，在他们从同居走向婚姻的时候你会建议他们考虑什么因素？如果贝拉或西奥多一个人询问你，你的建议会是一样的吗？

  你的答案是什么？

保健提供者怎么做？

- 考虑到贝拉和西奥多都年轻、健康、身体状况良好，你会建议他们采用何种策略来保持这个状态？

  你的答案是什么？

生理发展

- 贝拉和西奥多的身体和感觉能力都处于顶峰,他们的身体发展接近完成。
- 在这一时期,伴侣双方将越来越需要注意饮食和锻炼。
- 因为贝拉和西奥多面临许多重要的决定,他们很可能受到压力的困扰。

认知发展

- 贝拉和西奥多处于沙因的成就阶段,面临重大的生活问题,包括事业和婚姻。
- 他们能够将后形式思维应用于他们面临的复杂问题。
- 应对重大的生活事件,在产生压力的同时,也会促进两人的认知发展。
- 西奥多回到大学的愿望在如今并不罕见,大学正在为更加多样化的学生服务,包括许多年龄较大的学生。

社会性和人格发展

- 贝拉和西奥多处于这样一个阶段——爱情和友情具有最大的重要性。
- 这对伴侣可能会经历亲密、激情和决心/承诺的结合体。
- 贝拉和西奥多正在同居,并且现在探索将婚姻作为关系的一个选择。
- 关于婚姻和孩子,贝拉和西奥多并未做出不同寻常的决定——这些决定对关系具有重要意义。
- 这对伴侣也必须决定如何处理从两份事业到一份事业的变化,至少是暂时性的——这个决定所涉及的远远不止财务方面。

社会工作者怎么做?

- 假设贝拉和西奥多决定生孩子,关于应对他们面临的主要花费和孩子对他们的事业的影响,你会给他们什么样的建议?你会建议他们当中的一个人暂时放下事业,全职照顾孩子吗?如果是,你如何为他们进行咨询,以决定哪个人应该暂时放下事业?

  你的答案是什么?

教育工作者怎么做?

- 西奥多的一个朋友告诉他,如果他在获得学士学位很长时间之后再去读研究生,他将会是"离水的鱼"。你同意吗?你会建议西奥多在他的年龄变得更大之前立刻进入研究生院,还是等到他的妻子稳定下来?

  你的答案是什么?

15 成年中期的生理和认知发展

本章概要

15.1 生理发展
身体的转变：身体能力的逐渐变化
身高、体重和力量：变化的基准
感觉：中年的视力和听力
反应时：没那么慢
成年中期的性：中年期持续的性生活

15.2 健康
健康和疾病：成年中期身体状况的波动

● **发展的多样性**
成年中期的压力
A 型和 B 型人格的冠心病：健康与人格的联系
癌症的威胁

● **从研究到实践**

15.3 认知发展
成年人的智力会衰退吗？
专业技能的发展：区分专家和新手
记忆：你必须记住它

● **成为发展心理学知识的明智消费者**

前言：更快、更高、更老

2005年以来，麦特·卡朋特（Matt Carpenter）已经在13次长距离竞走比赛中获胜，其中一次比赛的距离为50英里。他的专长是高海拔跑。他保持着派克斯峰马拉松赛事（Pikes Peak Marathon）的最佳纪录，这项比赛包括一段20英里的上升路程，攀登海拔超过14,000英尺的顶峰。2005年他打破了Leadville Trail 100英里耐力赛的纪录，这项比赛的上升高度达到12,600英尺，麦特用时93分多钟。此时，麦特44岁。

麦特为跑步上的成功付出良多。他每天都训练，交替进行3小时以上的和1.5小时的跑步。尽管年龄和艰苦的工作都要求他放弃，但麦特没有显示出放弃竞赛跑的迹象。他在自己的网站上放上了一句话："去努力，痛的时候才会更快！"（Brick, 2009）

对很多人来说，成年中期是体育活动仍然保持着高水平的一个时期。

麦特·卡朋特在高海拔跑上的成功表明了成年中期个体在参与体育活动方面的革新。在活了半个世纪之后，大量中年人开始参加健康俱乐部，为了在逐渐衰老的过程中维持健康和身体的灵活性。

他们之所以这样做，是因为很多人到成年中期（40~65岁）才第一次注意到时间的流逝。他们的身体以及认知能力，在某种程度上，都开始向不良的方向发展。在本章和下一章，将探讨成年中期生理、认知能力和社会性等方面的变化，我们将会看到有关这些方面的消息并不总是坏的。成年中期也是许多个体能力的鼎盛时期，此时他们也正在以前所未有的方式塑造生活。

我们将以生理发展这一部分展开本章内容。我们不仅考虑身高、体重和力量的变化，也将讨论各种感觉器官的缓慢衰退，还会探讨中年人的性生活。

我们将会同时考察中年人的健康和疾病问题，并对这段时期内两种主要的健康问题，即心脏病和癌症，给予额外的关注。

本章的第二部分将集中在中年人认知能力的发展。我们将考察"中年人的智力是否下降"这个棘手的问题，并思考全面回答该问题的困难所在。我们还将探讨记忆问题，考察在成年中期记忆能力的变化方式。

读完本章之后，你将能够回答下列问题：

 我的发展实验室

登录我的发展实验室，观看几个成年人谈论他们在成年中期的经历的视频。

- 哪些因素影响成年中期个体的生理变化？
- 中年男性和中年女性的性生活经历了哪些变化？
- 成年中期对于男性和女性来说，是健康的时期还是多病的时期？
- 什么样的人可能会得冠心病？
- 什么会导致癌症，哪些手段可以用来诊断和治疗癌症？
- 成年中期个体的智力发生了什么变化？
- 衰老如何影响记忆？此时该如何改善记忆？

15.1 生理发展

身体状况的变化逐渐影响着莎伦·博克—托夫（Sharon Boker-Tov）。在她刚满40岁后不久，莎伦注意到她要花费更多的时间才能从非常小的疾病，如感冒和流感中恢复过来。随后，她逐渐意识到了视力的变化：她需要更多的光线才能阅读小号印刷字体，而且必须调节报纸与眼睛之间的距离,这样看报纸才不那么吃力。最后,她突然注意到,额头上在近30岁时逐渐出现的几绺白发已经变成了银色的森林。

身体的转变:身体能力的逐渐变化

成年中期是大部分个体不断意识到身体内部逐渐变化的时期,而这些变化标志着衰老的开始。正如我们在第十三章所讲述的一样,人们体验到的衰老的某些方面,是伴随年龄增长的自然衰退过程。然而其他方面的变化,却是生活方式选择的结果,如饮食、锻炼、吸烟、喝酒和毒品使用等。在贯穿本章的所有内容中,我们都会注意到,人们生活方式的选择对他们中年时期的体能甚至认知能力和健康都有着重大的影响。

当然,生理变化贯穿整个生命周期。但这些成年中期的变化却有着新的重要意义,尤其是在看重年轻外表的西方文化中。对于大多数人来说,这些变化的心理重要性远远超过了他们正在经历的相对微小并且缓慢的体能变化本身。莎伦•博克—托夫甚至在20多岁时就有了少量白发,但在40岁后,白发却以不可忽视的速度迅速增加着——她不再年轻了。

成年中期个体对身体变化的情绪反应部分地取决于他们的自我概念。对于那些自我意象与身体特征紧密联系的个体来说(如受到高度评价的男女运动员,或者身体外表非常吸引人的人们),成年中期是非常困难的。他们从镜子中看到的种种衰老迹象,不仅仅意味着吸引力的下降,同时意味着衰老和死亡。然而,对于那些对自己的看法和身体特质并不紧密相关的中年人来说,他们对于自己身体意象的满意度并不比年轻人低很多(Berscheid, Walster, & Bohrnstedt, 1973; Eitel, 2003)。

身体外表通常对决定女性如何看待自己起到了非常重要的作用。这在西方文化中表现得尤为真切,因为女性面临着保持年轻外表的强大社会压力。事实上,对于外貌,社会对女性和男性施行了双重标准:一方面,年龄增长的女性被认为处境不利;而另一方面,正在变老的男性却更多地被视为表现出了成熟,这有利于他们社会地位的提升(Harris, 1994)。

身高、体重和力量:变化的基准

大多数人在20多岁时达到他们的最高身高,并一直保持较为接近的身高直到55岁左右。在此之后,人们开始了身高的"沉淀过程",脊柱和骨头的连接变得不再致密。虽然身高的下降非常缓慢,最终女性身高平均下降2英寸(约5厘米),男性下降1英寸(约2.5厘米)(Rossman, 1977; Bennani et al., 2009)。

女性身高更容易下降是因为她们患上骨质疏松症的风险更大。**骨质疏松症(osteoporosis)** 是一种骨质变薄、骨脆性增加和骨折危险度升高的病症,通常是由于饮食中缺少钙质所引起的。我们将在第十七章深入讨论这个问题。骨质疏

骨质疏松症 是一种骨质变薄、骨脆性增加和骨折危险度升高的病症,通常是由于饮食中缺少钙质所引起的。

症虽然有基因的影响,但也是受到生活方式选择影响的衰老过程的一方面。女性(对于这个问题,也包括男性)可以通过吃高钙饮食(包括牛奶、酸奶、奶酪和其他乳制品)和经常锻炼来减少罹患骨质疏松症的风险(Alvarez-Leon, Roman-Vinas, & Serra-Majem, 2006; Prentice et al., 2006; Swaim, Barner, & Brown, 2008)。

在成年中期,个体体内的平均脂肪数量也趋于增加。"中年发胖"是这个问题最明显的表现。即使对于那些一生都相对苗条的个体来说,他们的体重也会增加。因为身高并没有增加,实际上还会往回缩,这些体重和身体脂肪的增加会导致更多人肥胖。

但体重的增加并不是必然的。生活方式的选择对体重是否增加起到了关键作用。实际上,在中年时期保持运动锻炼的人大多都能避免肥胖,就像那些生活在比西方文化更加热爱运动、较少静坐的文化中的个体一样。

伴随着身高和体重的变化,体力也开始下降。在整个成年中期,体力逐渐下降,尤其是背部和腿部的肌肉。到60岁左右的时候,人们平均损失了最大体力的10%。但是,体力的这种损失相对来说还比较小,而且大多数人都可以很容易地进行弥补(Troll, 1985; Spence, 1989)。同样,生活方式的选择依然可以导致很大的差别。经常运动的人比习惯于静坐的人更可能感觉到有力气,而且可以在更短的时期内弥补体力的损失。

感觉:中年的视力和听力

远视眼 人们在成年中期都会经历的普遍视力变化,导致近视力的部分损失。

莎伦·博克—托夫需要更多的光线,并且把报纸拿得更远一点儿才能阅读。这种经历对于中年人来说十分普遍,以至于阅读用放大镜和远视近视两用眼镜已经成为中年期的一个典型特征。和莎伦一样,大多数中年人都会清楚地注意到感觉能力的变化,不仅仅是眼睛的变化,还包括其他感觉器官。虽然所有的感觉器官都以大致相同的速度退化,但视力和听力的变化尤为突出。

视力 大约从40岁开始,视敏度(visual acuity)即识别远处和近处空间细节的能力,开始下降(见图15-1)。眼睛晶状体的形状发生改变,弹性下降,使眼睛很难将图像精确地汇聚在视网膜上。晶状体变得更加浑浊,导致穿过眼睛的光线减少(Pitts, 1982; DiGiovanna, 1994)。

成年中期视力有一个普遍的变化是近视力的损失,被称为**远视眼(presbyopia)**。即使那些从来没有戴过眼镜的人也会发现,为了看清楚文字,他们把阅读材料逐渐拿到了更远的地方。最终,他们需要老花镜才能阅读。对于那些先前近视的人,远视眼会迫使他们佩戴双光镜或者两副眼镜(Kalsi, Heron, & Charman, 2001; Koopmans & Kooijman, 2006)。

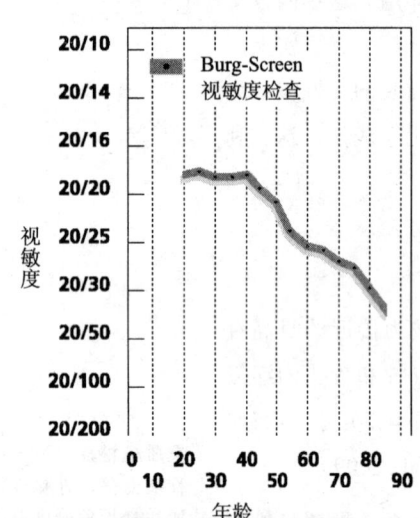

图15-1 视敏度的下降
从40岁左右开始,辨别细节的视觉能力逐渐下降。(Source: Adapted from Pitts, 1982.)

视力的其他变化也开始于成年中期。深度知觉、距离知觉和将世界知觉为三维的能力都在下降。晶状体弹性的降低也意味着中年人适应黑暗的能力受损，使得他们在光线昏暗的环境里更难看清楚。这种视力的下降会使中年人爬楼梯或在黑暗的房间内行走更加困难（Artal et al., 1993; Spear, 1993）。

虽然视觉的这些变化大多数情况下都是由于正常的逐渐衰老过程引起的，但在某些情况下，疾病也起到一定的作用。眼睛最常见的问题之一就是青光眼，如果不予以治疗，最终将导致失明。**青光眼（glaucoma）**是由于眼内液体压力增加所导致的疾病，这可能是由于液体不能适当排出或者分泌了太多的液体。在超过40岁的人中，大约1%~2%的人遭受到青光眼的折磨，而且非裔美国人更容易罹患此病（Wilson, 1989）。

大约从40岁左右，视敏度（辨别细节的能力）开始下降。大部分人开始变成了远视眼。

最初，眼压的上升会挤压参与外周视觉的神经元，引起视野狭窄（管状视力，tunnel vision）。最终，当眼压高到一定程度，使得所有的神经细胞都受到挤压，将会导致完全失明。幸运的是，如果能够及时发现，青光眼是可以治疗的。药物可以减少眼内压力，手术也可以恢复眼内液体的正常排出功能（Plosker & Keam, 2006; Lambiase et al., 2009）。

听力 和视力一样，在成年中期，听力的敏锐程度也开始逐渐下降。但对大部分人来说，听力的下降并没有视力下降那么明显。

成年中期听力下降的部分原因是环境因素。例如，由于职业原因长期接触高强度噪音的人（比如，飞机机械师和建筑工人等）更易于遭受听力下降和永久的听力损伤。

然而，听力的许多变化都仅仅只和衰老有关。例如，衰老使得内耳毛细胞（hair cells）数量减少。当振动使毛细胞弯曲时，它们将神经信息传递给大脑。就像眼睛的晶状体一样，耳膜的弹性也会随着年龄不断下降，降低了对声音的敏感性（Wiley, et al., 2005）。

对高频声音的听力通常最先下降，这种问题一般被称为**老年性耳聋（presbycusis）**。在45~65岁之间的人当中，大约12%的人患有老年性耳聋。听力障碍也存在着性别差异：男性比女性更容易出现听力障碍，大致始于55岁。具有听力障碍的人同时也可能会有辨别声音方向和来源（这种过程被称为声音定位）的困难。声音定位的能力不断恶化是因为它依赖于比较两耳听到的声音的差别。例如，右侧的声音会首先刺激右耳，然后，间隔一个很短暂的时间后，才会到达左耳。听力损失对两耳的影响可能并不相同，由此导致声音定位的能力受损（Schneider, 1997; Willott, Chisolm, & Lister, 2001; Veras & Mattos, 2007）。

青光眼 由于眼内液体压力增加所导致的疾病，这可能是由于液体不能适当排出或者分泌了太多的液体。

老年性耳聋 对高频声音的听力受损。

反应变迟缓的过程可以减缓。在很多情况下，这就是一个"用进废退"的问题。

听力敏感性的下降并不会显著地影响到成年中期的大多数人。大多数人都能够相对容易地弥补听力能力的下降，例如，要求别人说话大声点儿，调高电视机的音量或者更加注意他人的说话内容。

反应时：没那么慢

对衰老问题的一个普遍担忧是"人一旦到了中年，他们的行动就开始变得缓慢"。这种担忧反映了现实情况吗？

在大多数情况下，情况并非如此严重。反应时的确会增长（意味着对一个刺激需要更长时间才能做出反应），但这种增长非常之微小，很难被察觉。例如，从20岁到60岁，对于一个简单任务，比如对高强度噪音做出反应的反应时大概增加了20%。而对于要求多种技能协调工作的更加复杂的任务（例如，开车），其反应时的增加却少于简单任务。当然，在紧急情况下，司机也需要花费更多的时间才能把脚从油门移到刹车板上。这种反应时的增加主要是由于神经系统加工神经冲动的速度变化引起的（Nobuyuki, 1997; Roggeveen, Pime, & Ward, 2007）。

尽管反应时增加了，但中年司机比较年轻司机的事故发生率更低。为什么会这样？部分原因是

锻炼的益处

肌肉系统
在能量分子、肌细胞的厚度和数量、肌肉的厚度、肌肉质量、肌肉力量、血液供给、运动速度和耐力等方面的下降更加缓慢。
脂肪和纤维、反应时、恢复时间和肌肉疼痛等方面增长得更加缓慢。

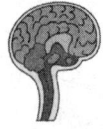

神经系统
中枢神经系统加工冲动的能力下降更加缓慢。
运动神经元脉冲传播速度的增加更加缓慢。

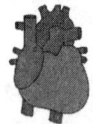

循环系统
保持低密度脂蛋白的较低水平、高密度脂蛋白/胆固醇的较高水平，以及高密度脂蛋白/低密度脂蛋白的较高比例。
高血压、动脉硬化症、心脏病和中风的患病风险下降。

骨骼系统
骨内的矿物质下降缓慢。
骨折和骨质疏松症的风险下降。

图15-2 锻炼的益处
一生保持较高的体育运动水平有许多益处。（Source: DiGiovanna, 1994.）

心理得益
舒缓情绪
产生幸福感
减轻压力

因为年老司机比年轻司机更加小心，更少冒风险。然而，年老司机表现更好的主要原因是由于他们练习开车技能的次数更多。稍微缓慢的反应时可以通过他们的专业技能来弥补。就反应时而言，也许的确是熟能生巧（Marczinski, Milliken, & Nelson, 2003; Makishita & Matsunaga, 2008; Cantin et al., 2009）。

反应逐渐迟缓的过程可以被减缓吗？在大多数情况下，答案是肯定的。生活方式的选择再次起到了重要作用。更具体地说，积极参与体育运动可以减缓衰老，并带来很多重要的益处，如更好的健康状况，改善的肌肉力量和耐力（见图15-2）。大多数发展学家应该都会赞同"用进废退"的说法（Conn, 2003）。

成年中期的性：中年期持续的性生活

性生活依然是大多数中年夫妻生活的关键部分。

对于许多中年人（即使不是大多数）来说，性生活依然是中年生活的重要部分。性行为的频率随着年龄增长而下降（见图15-3），但是性快感依然是大多数中年人生活的关键部分。年龄在45~59岁的人群中，有大约一半的男性和女性报告每周有一次以上的性生活。类似地，性行为依然是中年男性或女性同性恋生活的重要部分（Michael et al., 1994; Gabbay & Wahler, 2002; Cain, Johannes, & Avis,

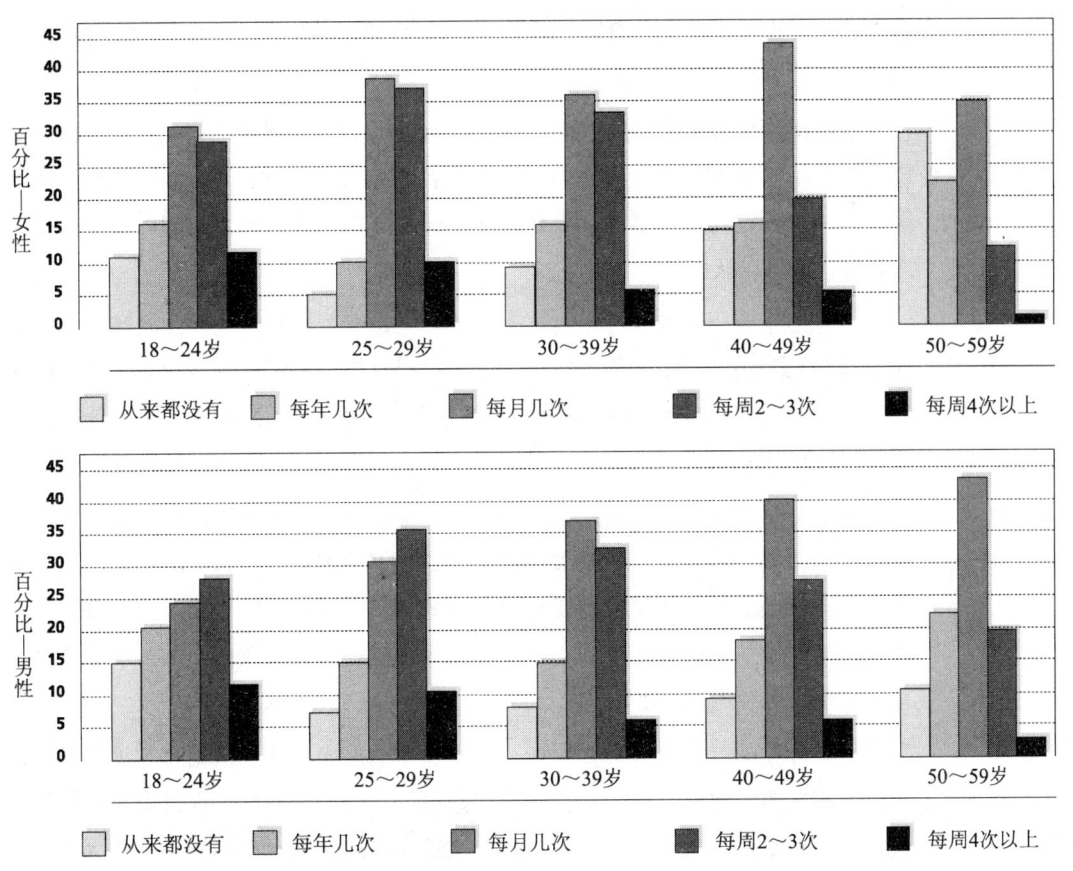

图 15-3 性行为频率
随着人们的衰老，性行为频率逐渐下降。
（Source: Adapted from Michael et al., 1994.）

女性更年期 从可以生育到不能生育的转变时期。

停经 月经停止。

2003; Kimmel & Sang, 2003; Duplassie & Daniluk, 2007）。

对于大多数人来说，成年中期给他们带来前所未有的性的愉悦感和性自由。当孩子都已经长大并离开家庭，中年夫妻有更多的时间用于性活动，而不会受到打扰。过了更年期的女性免去了怀孕的担忧，也不再需要采用避孕技术（Sherwin, 1991; Lamont, 1997）。

成年中期的男性和女性都会面临一些性生活的挑战。例如，男性需要更多的时间才能达到勃起状态，并且在一次性高潮之后需要更长的时间才能进入下一次高潮，射精的液体量也有所下降。此外，睾丸激素（一种男性荷尔蒙）的分泌也随着年龄有所下降（Hyde & Delameter, 2003）。

对于女性而言，阴道壁变得更细，弹性也下降了。阴道开始萎缩，阴道口变窄。这些都可能使性交产生疼痛感。尽管如此，对于大多数女性来说，这些变化还不足以强烈到减少性快感的程度。那些性快感确实减少的女性可以从一些药物中得到帮助，例如使用局部润滑乳和睾酮贴布（Testosterone patch）等，这些药物都是为了提高性快感而研制出来的（Laumann, Paik, & Rosen, 1999; Freedman & Ellison, 2004; Nappi & Polatti, 2009）。

女性更年期和停经 大约从45岁开始，女性进入了一个被称为更年期的阶段，这个阶段将会持续大约15~20年。**女性更年期（female climacteric）**标志着由可以生育到不能生育的转变。

更年期最显著的标志是**停经（menopause）**，也就是月经的中止。对于大多数女性来说，月经周期在大约47~48岁的两年间开始变得不规律，月经频率也有所下降，尽管这一过程可能早在40岁或者晚至60岁开始。如果在一年的时间里都没有来月经，就可以认为已经停经。

有几个原因让停经变得重要。一方面，它是能否进行传统怀孕的转折点（虽然对绝经后的女性进行卵子移植，仍然可以导致怀孕）。另一方面，女性的性激素，如雌激素和黄体酮的分泌也开始下降，导致了一系列与激素相关的变化（Schwenkhagen, 2007）。

激素分泌的变化会引起一系列的症状，虽然不同女性对于这些症状的体验有着重大的差别。广为人知的最普遍的症状之一是"潮热"（hot flash），女性会体验到腰部以上的身体突然的发热感觉。潮热发生时，女性可能发热，并开始流汗。之后，她可能感到寒冷。一些女性一天可能经历数次潮热，而另一些女性可能从来都没有经历过潮热。

在停经期间，头痛、头昏眼花、心悸和关节疼痛也是一些相对常见的症状，尽管并不是非常普遍。例如，在一项调查中，只有一半的女性报告有"潮热"的经历。一般来说，只有大约十分之一的女性在停经期间有严重的不适状况。还有许多个体（可能多达一半）根本没有明显的症状（Hyde & DeLamater, 2003; Grady, 2006; Ishizuka, Kudo, & Tango, 2008）。

对于大多数女性，停经的症状可能在停经最终发生的前10年就开始出现。围绝经期（perimenopause）是指在停经前10年左右开始的一个时期，此时激素的分泌开始发生改变。围绝经期的特征是，有时激素分泌的剧烈波动会引起和停经期完全相同的某些症状。

停经的症状也具有种族差异。与白种人相比，日本人和中国人报告的总体症状一般较少。非裔美国女性经历更多的"潮热"和夜间出汗，而西班牙裔女性报告的其他几种症状都表现得更加严重，包括心绞痛和阴道干燥。虽然这些差异的原因并不清楚，但可能与种族间激素水平的系统性差异有关（Avis et al., 2001; Cain, Johannes, & Avis, 2003; Winterich, 2003; Shea, 2006）。

对于一些女性来说，围绝经期和停经的症状需要加以重视。对这些问题的治疗显然不是一个简单的问题，我们下面接着讨论。

激素治疗的困境：没有简单的答案

不久前，我们有一个40多岁的朋友在便利店停下来，给她13岁的儿子买一瓶运动饮料。正要付账的时候，她感到全身一阵高热，并且头脑昏眩、恶心欲吐。收银员担心地问她是否需要帮助，她摇摇头，很快走了出去。但是当她和儿子回到车里的时候，她惊慌失措，让儿子用她的手机拨打911紧急电话，因为她觉得自己马上就要心脏病发作了。很快，她听到了越来越近的警笛声。就在这时候，热度退下去了，她开始出汗，才意识到这些症状意味着什么。她经历了第一次潮热！（Wingert & Kantrowitz, 2007, p.38）

10年前，医生会对开始停经造成的潮热和其他不适症状给予直接的治疗：他们会开一些常规的激素替代药物。对于数百万名有着相似难题的女性来说，这的确是一个有效的解决方法。在激素治疗（hormone therapy, HT）中，雌激素和黄体酮被用来减轻停经期女性经历的一些最严重的症状。激素治疗可以明显减轻一系列症状，如潮热以及皮肤弹性下降。此外，激素治疗还可以通过改变"好"的胆固醇和"坏"的胆固醇的比率来减少冠心病的发病概率。不仅如此，激素治疗还可以减缓骨质疏松症导致的骨头变薄的过程。如前所述，骨质疏松症是许多人在成年晚期遇到的问题（Palan et al., 2005; McCauley, 2007; Alexandersen, Karsdal, & Christiansen, 2009）。

除此以外，一些研究表明激素治疗与中风和结肠癌的风险下降有关。雌激素可以改善健康女性的记忆力和认知表现，并减轻抑郁症。最后，较高的雌激素水平可以提高性欲（Schwenkhagen, 2007; Cumming et al., 2009; Garcia-Portilla, 2009）。

尽管激素治疗听起来像是包治百病的万灵药，但事实上，随着激素治疗在20世纪90年代早期开始流行，人们也意识到了这种治疗方式可能存在的风险。例如，激素治疗可能会增加乳腺癌和血液凝结的风险。尽管如此，人们还是认为激素治疗的利大于弊。但是所有这些观点在2002年都发生了改变。当时由"女性健康倡议"（Women's Health Initiative）开展的一个大型研究认为激素治疗的长期风险超出了它的益处。服用雌激素和黄体酮两种激素的女性被发现罹患乳腺癌、中风、肺栓塞和心脏病的风险更高。研究发现，中风和肺栓塞的风险增加与只使用雌激素的治疗有关（Lobo, 2009）。

"女性健康倡议"的研究结果引起了人们对激素治疗益处的深刻反思，激素治疗可以保护停经女性免受慢性疾病困扰这一点受到了质疑。许多女性停止服用激素替代药物，选择草药和饮食疗法来治疗停经症状。不幸的是，其中最为流行的治疗方法也被证明与安慰剂有差不多的疗效（Ness, Aronow, & Beck, 2006; Newton et al., 2006; Chelebowski et al., 2009）。

然而，接受激素治疗的停经女性人数急剧下降，这可能反应过度了。医学专家的最新观点认为它并不是一个简单的"是"或"否"的命题；有些女性就是比其他人更适合接受激素治疗。激素治疗不太适合较年长的停经后女性（例如那些参加"女性健康倡议"研究的女性），因为会增加她们得冠心病和其他并发症的危险，而刚开始停经的或有严重停经症状的较年轻的女性仍然可以（至少从短期治疗中）受益（Plonczynski & Plonczynski, 2007; Rossouw et al., 2007; Lewis, 2009）。

结论是，激素治疗有风险，但大部分医生都认为是值得去冒这个风险的。接近停经的女性需要阅读关于这一主题的文献，咨询她们的医生，最后做出一个明智的决定。

停经的心理后果　传统上，专家和普通大众都认为停经与抑郁、焦虑、经常性哭泣、缺少注意力和易激惹直接相关。事实上，一些研究者估计，多达10%的女性在停经后遭受了重度抑郁。有假设认为，停经后女性身体的生理变化引起了这些令人不愉快的结果（Schmidt & Rubinow, 1991）。

然而，如今大多数研究者从另一个角度来看待停经：停经是衰老的正常过程，它本身并不会引起不适的心理症状。这样看待停经似乎更合理一些。当然，一些女性的确体验了心理困难，但她们在生命的其他阶段也存在这些问题（Dell & Stewart, 2000; Matthews et al., 2000; Freeman, Sammel, & Liu, 2004; Somerset et al., 2006）。

研究发现，女性对停经的预期能够对其停经后的体验造成重大差异。一方面，预料停经期会有困难的女性更可能将所有的生理症状和情绪波动归因为停经。另一方面，对停经有着积极态度的女性不大可能将生理感觉归因于停经引起的生理变化。女性对生理症状的归因会影响她们对停经痛苦的知觉，最终影响她们在这一时期的真实体验（Dell & Stewart, 2000; Breheny & Stephens, 2003; Bauld & Brown, 2009）。

停经症状的性质和程度由于女性的种族和文化背景的不同也存在差异。非西方文化的女性在停经体验的许多方面与西方文化的女性都存在差别。例如，处于较高社会地位的印度女性报告的停经症状较少。事实上，她们期待着停经，因为停经后可以带来许多社会性益处，比如和月经有关的禁忌没有了，由于年龄的增长更富有智慧。类似地，玛雅女性根本没有"潮热"的概念，而且她们一般都期待着生育年龄的结束（Beck, 1992; Robinson, 2002; Dillaway et al., 2008）。

男性更年期　男性会经历和女性相似的停经期吗？并非如此。由于女性之前从来没有经历过停经，因此当月经中断后，她们会感到不适。同时，男性在中年期也会经历一些变化，这些变化被统称为男性更年期。**男性更年期（male climacteric）**是指在中年晚期，尤其是50岁出头时，由于生殖系统的变化引起的生理和心理反应的一段时期。

男性更年期　在中年晚期，出现与男性生殖系统变化相联系的心理和生理反应的一段时期。

由于这些改变是逐渐产生的，很难准确地判断男性更年期的确切时期。例如，虽然睾丸激素和精子生成量持续下降，但是男性在整个中年期依然有能力成为父亲。另一方面，大约10%的男性在50岁左右时睾丸激素水平异常地低。对这些男性来说，有时可以使用睾丸激素替代疗法（Fennell et al., 2009）。

一个发生频率非常高的生理变化是前列腺肥大。到40岁时，大概有10%的男性患有前列腺肥大，而到了80岁，这个比例上升到了一半。前列腺肥大会引起小便的困难，包括排尿困难和夜间尿频等。

此外，随着男性逐渐衰老，性问题也开始增加。特别是勃起功能障碍（erectile dysfunction），一种男性不能达到或维持勃起状态的障碍，变得更加常见。伟哥、艾力达（Levitra）和西力士（Cialis）等药品，以及含有睾丸激素的贴片，通常都能够有效地治疗这种问题（Hitt, 2000; Kim & Park, 2006; Abdo et al., 2008）。

虽然某些文化中的女性对停经的预期伴随着恐惧，但玛雅女性根本没有潮热的概念，而且她们一般都期待着生育年龄的结束。

虽然中年时期的生理变化非常清楚，但生理变化是否是某种心理症状或变化的直接原因却不是很清楚。和女性一样，男性在成年中期也明显地表现出心理发展，但是心理变化的程度（第十六章将进行更多讨论）是否与生殖能力或其他生理能力的变化有关依然是一个未决的问题。

复习和应用

复习

- 成年中期个体经历了生理特征和外表的逐渐变化。
- 感觉，尤其是视力和听力的敏锐程度，以及反应速度在中年期略有下降。
- 成年中期的性生活略有变化，但中年夫妻摆脱了怀孕的顾虑，通常可以进入到亲密感和快乐的新阶段。
- 与性欲相关的生理变化同时出现在男性和女性身上。女性的更年期（包括停经）和男性的更年期都会引起一些生理症状，并可能会导致心理反应。
- 新出现的雌激素替代治疗和高龄女性通过移植年轻女性的卵细胞的人工怀孕技术，引起了人们的广泛争议。

应用毕生发展

- 您愿意乘坐中年人还是年轻人驾驶的飞机？为什么？
- **从一个保健专家的视角看问题**：美国的哪些文化因素可能使女性对停经有负性体验？这些因素是如何产生影响的？

15.2 健康

这是杰罗姆·扬格（Jerome Yanger）的一个普通的锻炼时段。早上5：30闹钟响起之后，他爬到了健身脚踏车上，开始用力地蹬脚踏板，期望能够维持或者超过他每小时14英里的平均速度。电视机正好位于健身脚踏车的前面，他用遥控器将电视频道切换到了早间商业新闻。他开始阅读昨晚没有看完的报告，期间偶尔瞥一眼电视，还时不时低声诅咒刚刚看到的那些可怜的销售数据。完成半个小时的锻炼之后，他已经看完了报告，在行政助理为他写好的几封信上署了名，并给一些同事留了两封语音邮件。

在如此紧凑的半个小时之后，大多数人都会回到床上继续睡觉。但这对于杰罗姆·扬格来说已经成为一种习惯：他一向试着同时完成好几个活动。杰罗姆认为这样的行为非常有效。然而，发展学家可能从另一种观点来看待这种行为：这些行为方式使得杰罗姆有可能成为冠心病患者。

虽然大多数人在成年中期都相对比较健康，但是他们也开始更容易出现各种健康问题。我们将讨论中年期一些典型的健康问题，并额外关注冠心病和癌症。

健康和疾病：成年中期身体状况的波动

对中年人来说，关注健康显得日益重要。事实上，一个关于成年人关注内容的调查显示，健康（以及安全和金钱）是他们关注的主要内容。例如，超过一半的被调查成年人表示他们担心或非常担心患有癌症（见图15-4）。

但是对于大多数人来说，中年期是一个健康的阶段。根据一些调查数据的结果，绝大多数中年

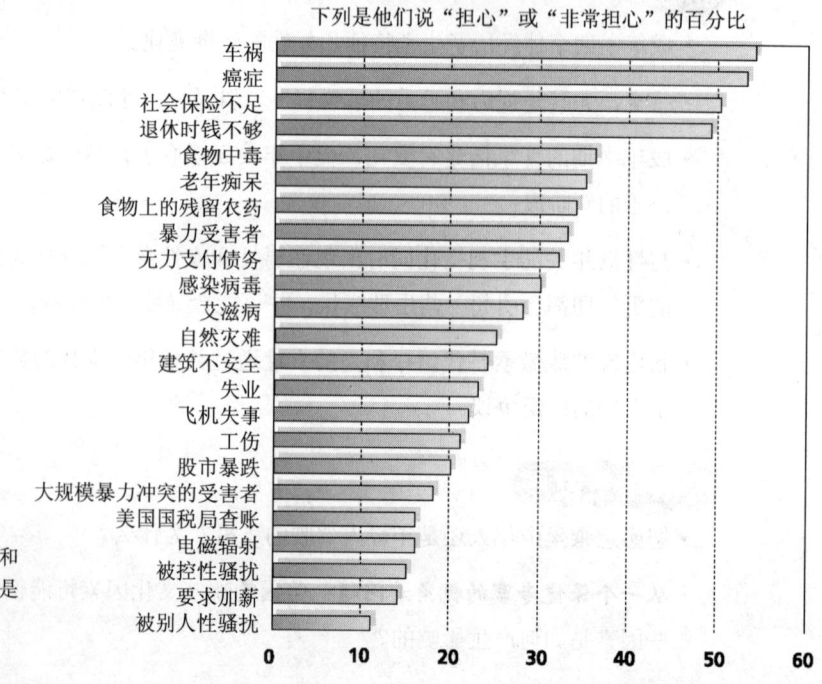

图 15-4 成年中期的担忧
当人们进入成年中期时，对健康和安全的担忧变得越来越多，其次是对经济状况的担忧。

(Source: USA Weekend, 1997.)

人报告说没有慢性疾病，他们的活动也没有受到限制。

事实上，从某种角度来说，个体在成年中期比此前的人生阶段更加富有、更加健康。45~65岁的人罹患传染病、敏感症、呼吸道和消化道疾病的可能性低于相对年轻的成年人。他们现在更少感染此类疾病是因为他们在年轻时已经患过这些疾病，并具备了免疫能力（Sterns, Barrett, & Alexander, 1985）。

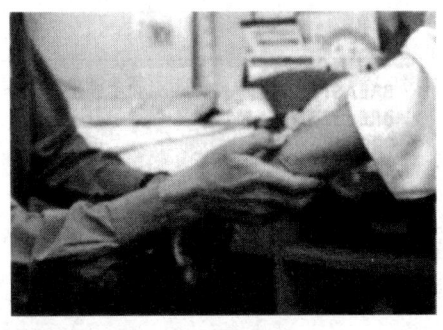

健康日益受到成年中期个体的关注。

某些慢性疾病确实开始在成年中期出现。关节炎通常出现在40岁之后，糖尿病最有可能发生在50~60岁这个阶段，尤其是那些超重的人。高血压也是中年人最常见的慢性疾病之一。由于症状较少，有时候高血压也被称为"无声的杀手"。如果高血压不进行治疗，会极大地增加患者罹患中风和心脏病的风险。出于这些原因，专家推荐成年中期个体定期参加一系列的预防和诊断测查（Walters & Rye, 2009; 见表15-1）。

由于慢性疾病的出现，成年中期个体的死亡率高于此前的任何生命阶段。不过，死亡依然是一

表 15-1 成人的预防性保健筛查建议

筛查	描述	年龄40～49岁	年龄50～59岁	年龄60岁以上
		针对所有成人		
血压	用于检查高血压，可导致心脏病发作、中风或肾病	每2年	每2年	每2年，如有家族高血压病史则每年。
胆固醇—总胆固醇/高密度胆固醇（HDL）	用于检查高胆固醇水平，可增加心脏病的风险	所有成人都应接受至少一次总胆固醇、高密度胆固醇、低密度胆固醇和甘油三酯筛查。心脏病风险因素和脂蛋白的结果将决定保健提供者进行复查的频率		
眼部检查	用于确定是否需要配眼镜，并检查是否有眼病	每2～4年（糖尿病患者则每年）	每2～4年（糖尿病患者则每年）	每2～4年（65岁及以上，每1～2年；糖尿病患者则每年）
乙状结肠镜检查、钡灌肠双重造影或结肠镜检查	使用结肠镜或X光检查结肠癌和直肠癌		以50岁为基线。在初次检查后每3～5年	每3～5年，以健康状况决定停止年龄。在之后的8～10年内做常规的结肠镜检查
大便潜血筛查	检查大便中肉眼不可见的血液，是结肠癌的早期信号		每年	每年
直肠检查（电子）	检查前列腺和卵巢是否有癌症		每年	每年
小便筛查	检查小便中是否有过量蛋白质	每5年	每5年	每3～5年
免疫（注射）：破伤风	防止受伤后感染	每10年	每10年	每10年
流感	预防流感病毒	任何慢性病患者，如心脏病、肺病、肾病、糖尿病	50岁及以上，每年	65岁及以上，每年
肺炎球菌	预防肺炎			65岁时，之后每6年

		女性增加项目		
乳房自检/他检	检查可能为癌症迹象的乳房变化	每月/每年	每月/每年	每月/每年
乳房X光透视	低剂量X光，用于癌症早期探测中确定肿瘤位置	每年	每年	每年
涂片试验	取细胞小样本，检查子宫颈癌或癌前细胞	连续3次常规检查后，每2~3年筛查，除非处于风险中	连续3次常规检查后，每2~3年筛查，除非处于风险中	70岁及以上的女性，经过3次常规检查，并且在70岁之前的10年中检查没有异常，可以不再进行涂片试验
盆腔检查	检查盆腔有无异常状态	每年（如果接受子宫切除术后保留了卵巢）	每年（如果接受子宫切除术后保留了卵巢）	每年（如果接受子宫切除术后保留了卵巢）
		男性增加项目		
前列腺特异抗原	血液检查，用于检测前列腺癌	家族癌症病史为阳性每年（非裔美国人，每年）	每年筛查，基于医生的建议	直到75岁，每年筛查，基于医生的建议
睾丸自检	检测可能为癌症迹象的睾丸变化	每月	每月	每月

(Source: Adapted from Ochsner Clinic Foundation, 2003.)

个概率很小的事件。统计表明，只有3%的40多岁的人有可能在50岁之前去世；只有8%的50多岁的人有可能在60岁之前去世。此外，40~60岁的死亡率在过去50年间急剧下降，例如，现在的死亡率只有20世纪40年代的一半。此外，健康也具有文化差异，我们将在下面进行讨论（Smedley & Syme, 2000）。

发展的多样性

健康的个体差异：种族和性别差异

在描述中年人健康的总体数据的背后，是巨大的个体差异。一方面，大多数人相对健康，而另一方面，一些人却被多种疾病所折磨。这些个体差异部分可以用基因来解释。例如，高血压通常在家族内遗传。

糟糕健康状况的有些原因也与社会和环境因素有关。例如，非裔美国中年人的死亡率是白种人的两倍。但比较一下处于相同社会经济地位的白种人和非裔美国人，非裔美国人的死亡率实际上却低于白种人。为什么会这样呢？

社会经济地位（socioeconomics status，SES）似乎起到了很大的作用。家庭收入越低，家庭成员越有可能患上严重疾病。许多原因导致了这样的结果。生活在低社会经济地位家庭的孩子更可能从事危险的职业，如采矿或建筑工作。低收入也经常意味着较差的健康护理条件。此外，低收入社区的犯罪率和环境污染状况一般都较为严重。最终，较高的死亡率与较低的收入水平联系在了一起（Fingerhut & Makuc, 1992; Dahl & Birkelund, 1997; 见图15-5）。

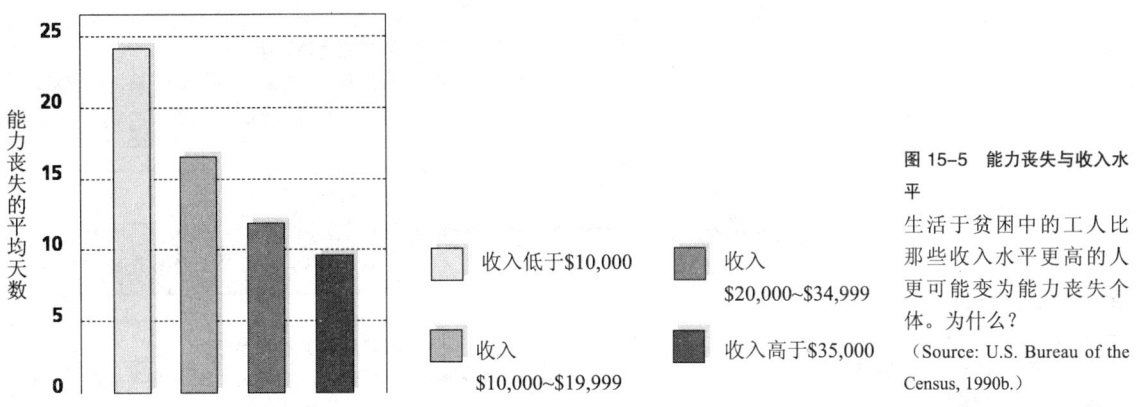

图 15-5 能力丧失与收入水平

生活于贫困中的工人比那些收入水平更高的人更可能变为能力丧失个体。为什么？
（Source: U.S. Bureau of the Census, 1990b.）

和社会经济地位一样，性别也导致了健康状况的差异。虽然女性的总体死亡率低于男性（这种趋势开始于婴儿期），但中年女性患病的发生率却高于男性。

女性更有可能患上轻微的短期疾病，以及慢性但不会危及生命的疾病，如偏头痛。而男性更可能患上更为严重的疾病，如心脏病。此外，女性的吸烟率低于男性，降低了她们罹患癌症和心脏病的可能性。女性比男性较少饮酒，这也降低了她们肝硬化和交通事故的风险。而且女性更少从事危险工作（McDonald, 1999）。

女性较高患病率的另一个原因可能是更多的医疗研究以男性为对象，此外，女性面临的疾病种类也更多。医疗研究的绝大多数资金用于防治通常男性所面临的危及生命的疾病，而不是女性所面临的可能引起能力丧失和痛苦但不一定导致死亡的慢性疾病，如心脏病。通常，当研究者进行男女都可能面临的疾病研究时，大多数情况下都是以男性而不是女性为研究被试。虽然这一偏见已经被美国国家健康研究院（U.S. National Institutes of Health）在提案中进行了说明，但是，由于传统的研究群体由男性主导，造成了医学研究具有性别歧视的历史模式（Vidaver, 2000）。

成年中期的压力

尽管压力事件的实质已经发生了变化，压力在成年中期依然对健康有着重要的影响，如同它在成年早期的影响一样。例如，父母可能对他们处于青春期的孩子的潜在毒品使用感到焦虑，而不是担心

较高和较低社会经济地位人群的生活差异和他们死亡率的差异存在关联。

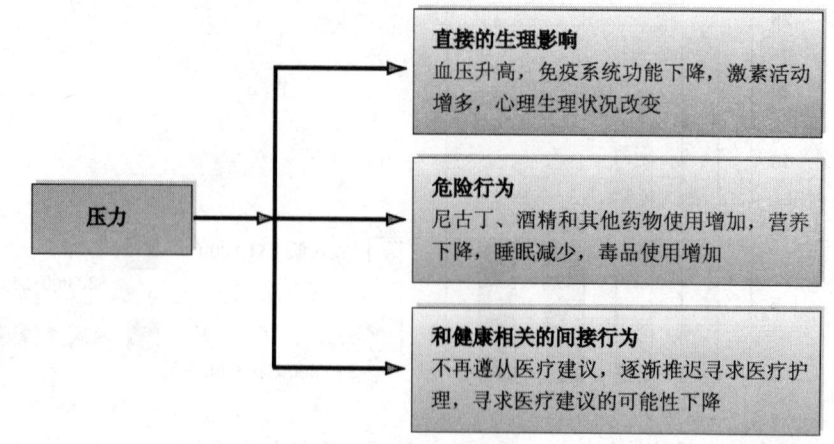

图 15-6 压力的后果
压力产生三个主要的结果：直接的生理影响、危险行为，以及和健康相关的间接行为。
(Source: Adapted from Baum, 1994.)

他们初学走路的孩子是否能够离开橡皮奶头。

无论是什么事件引起了压力，结果都是相似的。正如我们首次在第十三章讨论的那样，研究大脑、免疫系统和心理因素之间关系的心理神经免疫学家（psychoneuroimmunologists）认为，压力导致了三个主要的后果，总结于图15-6。首先，压力导致了血压升高、激素活动增多和免疫系统反应能力下降等一系列的直接生理结果；其次，压力还会使人们做出不健康的行为，如睡眠减少、吸烟、酗酒或服用其他药物；最后，压力对和健康相关的行为也有间接影响。处在巨大压力下的人更不可能寻找良好的医疗护理、进行身体锻炼或者遵从医疗建议（Suls & Wallston, 2003; Zellner et al., 2006; Dagher et al., 2009）。所有这些都会导致或影响包括心脏病等重大疾病在内的健康问题。

A 型和 B 型人格的冠心病：健康与人格的联系

和其他原因相比，更多的中年男性死于和心脏及循环系统相关的疾病。虽然女性相对于男性更不容易患病，但是正如我们即将分析的，她们对这些疾病并不具有免疫力。此类疾病每年杀死大约151,000名65岁以下的人，而且它们导致的工作损失和住院时间比其他各种原因都要多（American Heart Association, 2010）。

心脏病的危险因素 虽然心脏和循环系统疾病是主要的健康问题，但是它们对所有人的危害程度并不相同。一些人患上这类疾病的风险远远低于其他人，例如一些国家的死亡率，比如日本，仅仅是美国的四分之一，而另一些国家的死亡率却比美国高得多（见图15-7）。为什么会存在如此大的差异？

答案是基因和经验特征共同造成了这些差异。似乎某些人在基因上就预先注定了会患上心脏病。如果一个人的父母患有心脏病，那么他/她也患病的可能性就大得多。类似地，性别和年龄也是影响因素。男性比女性更可能患上心脏病，而且患病风险随着年龄增长而上升。

不过，环境和生活方式的选择也很重要。吸烟、高脂肪和高胆固醇的饮食，以及较少运动都会增加罹患心脏病的几率。这些因素也许可以解释国家之间心脏病发病率的差异。例如，日本由心脏病导致的死亡率比美国低，可能是因为饮食差异：日本典型饮食的脂肪含量比美国的典型饮食低得多（Zhou et al., 2003; Wilcox et al., 2006; DeMeersman & Stein, 2007）。

但是饮食并不是唯一的因素。心理因素，尤其是那些与压力的知觉和体验有关的因素，似乎也

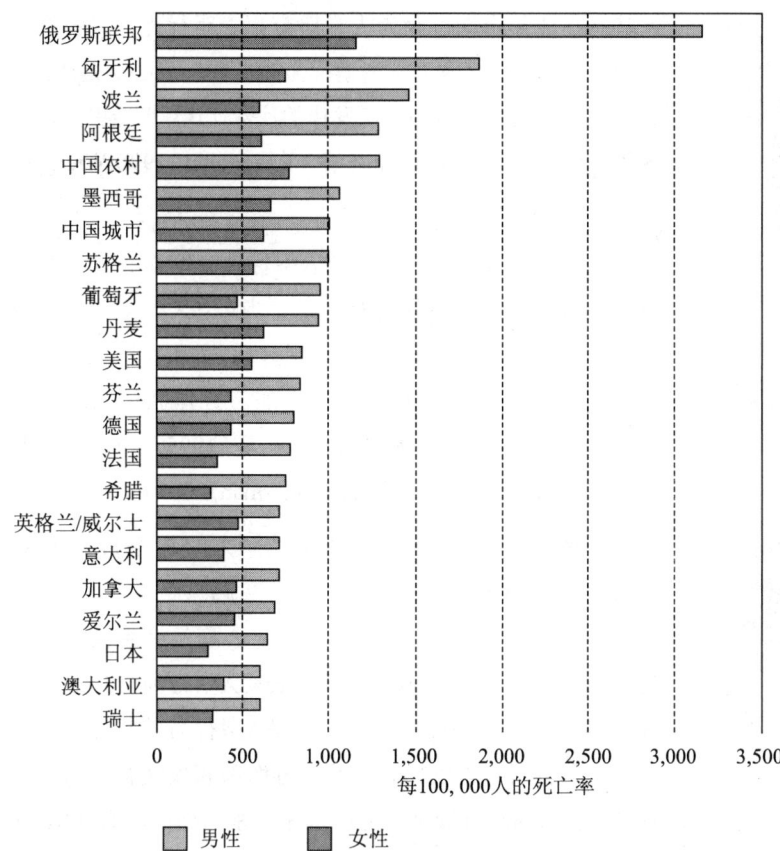

图 15-7 世界范围内心脏病的致死率
心血管疾病导致死亡的风险根据人们所在国家的不同，而出现非常大的差异。哪些文化和环境因素有助于解释这一事实？
（Source: Lloyd-Jones et al., 2009.）

和心脏病有关。特别是一系列的人格特征，如A型行为，似乎与中年人发展出冠心病有关。

A型人格与B型人格 对于一部分成年人来说，在杂货店的长队中耐心等待几乎是不可能的。一个长长的红灯使坐在车里的他们大发雷霆。如果在零售店内碰到一位动作缓慢、不熟练的员工也会使他们暴怒不已。

这样的人——或者那些类似于杰罗姆·扬格，将健身过程作为完成更多工作的机会的人——具有一系列被称做A型行为的共同特征。**A型行为（Type A behavior pattern）**的特征是好胜、缺乏耐心，很容易表现出挫败和敌意。具有A型行为的人被驱使着完成比他人更多的工作，而且他们经常同时进行多个活动。他们是真正的多重任务执行者，你可能看见他们在乘坐市郊火车时，一边打电话一边在笔记本电脑上工作——同时还在吃早餐。他们很容易生气，当他们在试图完成某个目标的过程中遭遇阻碍时，就会表现出语言和非语言的敌意行为。

与A型行为明显不同，许多人实际上表现出相反的、被称做B型行为的特征模式。**B型行为（Type B behavior pattern）**的特征是不逞强好胜、比较耐心，以及没有攻击性。和A型人相反，B型人很少感觉到时间紧迫性，也很少表现出敌意。

大多数人都不是完全的A型人或B型人，事实上，A型和B型代表了一个连续变量的两端，而大多数人都落在两个端点之间的某个位置。不过，大多数人都会更接近这两种类别中的一种或另一种。一个人属于哪一种行为类别具有重要意义，

A型行为 好胜、缺乏耐心，很容易表现出挫败和敌意。

B型行为 不逞强好胜、比较耐心，以及没有攻击性。

除了具有好胜的特征外，A型行为的人也倾向于进行多项活动，或者同时做许多事情。A型人格为与B型人格应对压力的方式是否有差别？

尤其是在成年中期，因为大量研究都表明行为方式与冠心病的发生率有关。例如，A型行为的男性患冠心病是B型行为男性的两倍，致命心脏病发作的次数比B型男性更多，而各种心脏问题是B型男性的5倍（Rosenman, 1990；Wielgosz & Nolan, 2000）。

虽然目前并不清楚为什么A型行为会增加心脏疾病的患病风险，但是最可能的解释是，当A型人处于应激情境中时，他们在心理上会被过度唤起，心率和血压上升，肾上腺素和去甲肾上腺素的分泌增加。身体循环系统的磨损最终将导致冠心病（Raikkonen et al., 1995; Sundin et al., 1995; Williams, Barefoot, & Schneiderman, 2003）。

重要的是注意到，并非A型行为的每个成分都是有害的。将A型行为和心脏病关联起来的因素是敌意（hostility）。此外，A型行为与冠心病的联系仅仅是相关关系。并没有发现确凿的证据表明A型行为导致了冠心病。事实上，一些证据表明，只是A型行为某些方面与疾病有关，而并非A型行为的所有方面都和疾病存在联系。

例如，人们逐渐达成共识：与A型行为有关的敌意和愤怒可能是与冠心病相联系的核心因素（Kahn, 2004; Eaker et al., 2004l; Demaree & Everhart, 2004; Myrtek, 2007）。

虽然已经证实了至少部分A型行为与心脏病有关，但是这并不能说明所有具有A型行为特征的中年人注定都会患上冠心病。首先，迄今为止几乎所有的研究都关注男性，这主要是因为男性罹患冠心病的可能性远远高于女性。此外，除了在A型行为中发现的敌意以外，其他种类的负面情绪也已经与心脏病联系起来。例如，心理学家约翰·德诺雷（Johan Denollet）已经识别出一种他称之为D型（代表distressed）的行为与冠心病有关。他认为不安全感、焦虑和消极的人生观会将人们置于心脏病发作的风险中（Denollet, 2005; Schiffer et al., 2008; Pedersen et al., 2009）。

癌症的威胁

布伦达审视着她所在队列中的人们。她和这些人将参加即将开始的一年一度的"为康复赛跑"活动，这是一个为战胜乳腺癌集资的跑步和竞走比赛。这是令人清醒的一幕。她发现有5个女性身穿亮粉色的衬衣，表明她们是癌症的幸存者。其他一些赛跑者用别针将他们爱人的照片固定在运动衫上，他们的爱人在反抗病魔的战斗中失败了。

很少有疾病能像癌症那样令人恐惧，许多中年人将癌症的诊断视为死刑判决。虽然事实并非如此——现代的医疗手段对许多种癌症都有很好的疗效，而且40%被诊断为癌症的人在5年后依然活着——但是，癌症依然引起了许多恐惧。而且不可否认的是，癌症是美国人的第二大死因（Smedley & Syme, 2000）。

虽然癌症的准确诱因还不清楚，但是癌症扩散的过程却非常明了。由于某些原因，身体内的某些细胞开始毫无控制地迅速繁殖。随着数量的增加，这些细胞形成了肿瘤。如果没有及时对其加以阻止，它们将从健康的细胞和身体组织那里剥夺营养，最终，它们将破坏身体发挥正常功能的能力。

和心脏病一样，癌症与一系列的风险因素有关，包括基因和环境因素。某些癌症具有明显的基因成分。例如，乳腺癌（导致女性死亡最常见的癌症之一）的家族史会提高女性患病的风险。

一些环境和行为因素也和癌症患病风险有关。例如，营养缺乏、吸烟、酒精使用、暴露于日照和辐射之中，以及一些特定的危险职业（比如暴露于某种化学物质或石棉下）都被认为会增加癌症发生的风险。

在癌症确诊之后，根据癌症的不同类型，可以有多种治疗方式。其中一种治疗方式是放射治疗（radiation therapy），即用放射手段摧毁肿瘤。采用化学疗法（chemotherapy）的病人将摄取适当剂量的有毒物质，以从根本上毒死肿瘤细胞。最后，还可以采用手术来移除癌细胞（通常也包括相邻的组织）。具体的治疗方式取决于确诊时癌症在病人身体内的扩散程度。

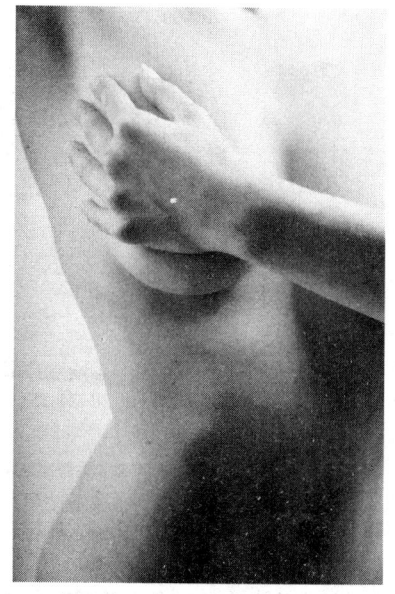

女性应该定期检查她们的乳房是否具有乳腺癌的迹象。

由于及早诊断癌症将会增加患者治愈的机会，因此，识别癌症初期症状的诊断手段显得非常重要，这在罹患癌症风险增加的成年中期表现得尤为突出。

因此，医生督促女性定期检查乳房，男性经常检查睾丸，以察看是否有癌变的迹象。除此之外，前列腺癌，男性最常见的癌症之一，也可以通过常规的直肠检查和血液检查确认是否有前列腺特异抗原（prostate-specific antigen, PSA）来进行诊断。

乳房X光透视（mammograms）提供了女性乳房的内部扫描情况，也可以在癌症的早期阶段帮助确诊。然而，正如我们在"从研究到实践"专栏中讨论的，女性什么时候开始对乳房进行定期检查依然是个有争议的问题。

与癌症相关的心理因素：心理会战胜肿瘤吗？ 越来越多的证据表明癌症不仅和生理因素有关，也和心理因素有关。特别是一些研究表明，人们对癌症的情绪反应会影响他们康复的情况。例如，在一项研究中，表现出"战斗精神"的女性较好地应对了癌症。另一方面，与态度不太积极的病人相比，态度积极的病人的长期存活率并不更高（Watson et al., 1999; Rom, Miller, & Peluso, 2009）。

人格因素在癌症中也扮演着重要角色。例如，乐观的癌症病人报告的生理和心理上的不适少于那些悲观的病人（Bolger et al., 1996; Gerend, Aiken, & West, 2004; Shelby et al., 2008）。

心理因素可以预防癌症，甚至促进癌症治愈的可能性。和这种观点有关的证据是：心理治疗可以为癌症病人的治疗创造良好的康复条件。例如，对于乳腺癌晚期的病人，参加团体治疗的女性比没有参加的其他女性至少多活了18个月。其次，参与心理治疗的女性所体验的焦虑和痛苦也较少（Spiegel, 1993, 1996; Spiegel & Giese-Davis, 2003）。

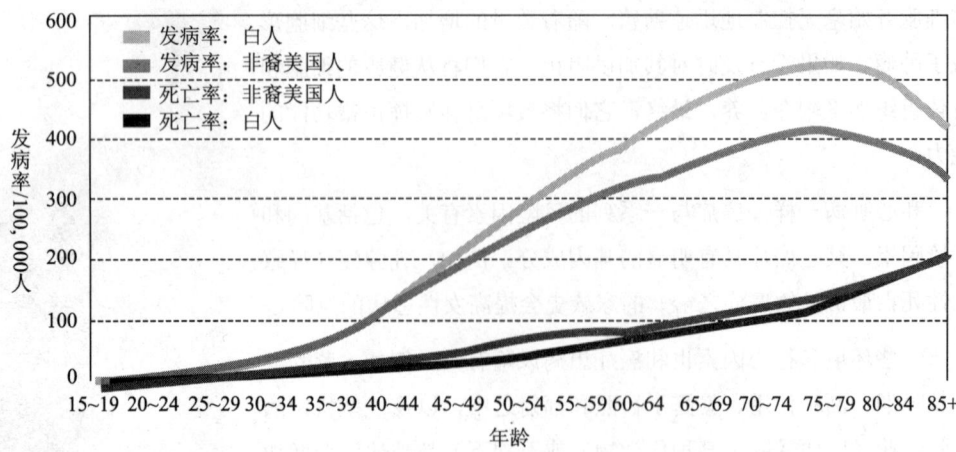

图 15-8　年龄和乳腺癌患病风险
年度患病率的数据表明，从30岁左右开始，患乳腺癌的风险逐渐增加。
（Source: Adapted from American Cancer Society, 2003.）

确切地说，一个人的心理状态是如何与他/她的癌症预后情况联系起来的呢？癌症的治疗非常复杂，而且常常是令人不舒服的。态度最积极的、专注于治疗的病人更可能遵循治疗方法。结果，这些病人更可能取得治疗的成功（Holland & Lewis, 1993; Sheridan & Radmacher, 2003）。

但也有另一种可能：积极的心理态度有利于身体的免疫系统（防御疾病的天然防线）。积极的态度可能会激活免疫系统，使它产生更多的"杀手"细胞以抗击癌症细胞。相反，消极的情绪态度可能减弱身体自然的"杀手"细胞抗击癌症细胞的能力（Ironson & Schneiderman, 2002; Gidron et al., 2006）。

虽然一些研究表明，个人生活的社会支持水平与较低的癌症患病风险有关，但是态度、情绪和癌症之间的关系并没有得到证实。

需要记住的是，态度、情绪和癌症之间的关系还远没有被证实。其次，假设癌症病人只有拥有更加良好的态度才能康复得更好，这既没有被证明是正确的，也是不公平的。数据确实表明的是，心理治疗应当成为癌症治疗的常规组成部分，尽管心理治疗只是改善病人的心理状态和鼓舞他们的士气（Owen et al., 2004; Weber et al., 2004; Coyne et al., 2009）。

从研究到实践

定期的乳房X光透视：女性应该在什么年龄开始？

我吃得好，做运动，自己给孩子们哺乳，并尽我可能购买有机食品。我从未生活在有毒废物堆场地区，而且我的家族中也没有人得癌症。我以为自己在乳房里发现肿块的概率微乎其微。

但是5年前，新英格兰的春天刚刚来临的一个安静的周日早晨，我在生活中坚信的每件事都永远地改变了。我的丈夫和2个孩子（分别是4岁和1岁）在楼下的厨房里做早餐。我在楼上享受一个急需的热水淋浴……我一边让水流过疼痛的背部，一边开始平常的乳房自检……我摸到了一个肿块。

在某种程度上，这位38岁的女性是幸运的：她的癌症发现得很早。从统计上来看，乳腺癌越早被诊断出来，女性存活的可能性就越大。但是如何实现早期诊断，却在医学界激起了某种程度的争论。具体来讲，争论围绕在女性开始定期进行乳房X光透视（一种微弱的X射线，用于检验乳腺组织）的年龄。

乳房X光透视是在乳腺癌的早期阶段对其进行确诊的最好手段之一。这种技术可以帮助医生发现非常小的肿瘤，使得病人在肿瘤增大和向身体其他部位扩散之前有足够的时间进行治疗。乳房X光透视具有挽救很多生命的潜力，几乎所有医生都建议成年中期女性从某个时间开始定期进行乳房X光透视。

但是，女性应该在什么年龄开始进行定期的乳房X光透视呢？如图15-8所示，乳腺癌的患病风险在30岁左右开始出现，随后不断增加。95%的新增病例发生在40岁及以上的女性身上（SEER，2005）。

两方面的考虑使得确定女性应该在什么年龄开始定期进行乳房X光透视变得更加困难。首先，检查存在假阳性，也就是说，检查表明存在问题，而实际上可能没有任何问题。年轻女性的乳房组织比年长女性更致密，因而，年轻女性的检查更可能出现假阳性的结果。实际上，一些估计认为，多达三分之一的接受了多次乳房X光透视的年轻女性可能会出现假阳性的结果，使得她们有必要进行更加深入的检查或活组织检查。其次，也可能出现相反的问题：假阴性，即乳房X光透视没有检测出确实存在的癌症（Wei et al., 2007; Destounis et al., 2009; Elmore et al., 2009）。

美国预防性服务工作组（the U.S. Preventive Services Task Force）是一个由政府指派的机构，2009年在一项被证明充满了争议的提案中，提出40多岁的女性不应该定期进行乳房X光透视，而50~74岁的女性应每两年进行一次乳房X光透视，而不是每年。他们的提议基于一项损益分析，该分析显示这样做可以让乳房X光透视的风险减半，但获得的益处仍可以达到每年进行一次检查的80%（Nelson et al., 2009）。

他们的提议立刻得到了几个主要的女性组织，以及美国癌症学会（American Cancer Society）和美国放射学会（American College of Radiology）的批评。他们争辩说，40岁及以上的女性应当每年接受筛查（Grady, 2009）。

归根结底，确定检查时间是一个非常个人化的决定。女性应该咨询她们的保健提供者，并对关于乳房X光透视频率的最新文献进行讨论。对于有乳腺癌家族病史或BRCA基因存在变异的女性，很明显在40岁开始定期进行乳房X光透视是有益的（Grady, 2009）。

- 你认为为什么医学专家对于乳房X光透视的检查频率难以达成一致？
- 关于乳腺癌筛查的频率，你给一个40岁的家庭成员的建议和给陌生人的建议会一样吗？为什么？有何差别？

复习和应用

复习

- 一般来说,中年是健康状况良好的时期,尽管此时人们罹患慢性疾病(如关节炎、糖尿病和高血压)的可能性增加。
- 心脏病是中年人的风险之一。基因和环境因素,以及A型行为都可能导致心脏病。
- 癌症的发病率在成年中期变得非常显著。
- 放射治疗、化疗和手术都能够成功地治愈癌症,而心理因素(如奋战精神和拒绝接受癌症)却能够提高癌症的存活几率。

应用毕生发展

- 哪些社会政策可以降低低社会经济地位成员致残性疾病的发病率?
- **从一个保健专家的视角看问题**:心理态度对癌症存活率的影响是否说明非传统的治疗手段(如冥想技术)在癌症的治疗中有一定的作用?为什么?

15.3 认知发展

实在是糊里糊涂得可以。45岁的比娜·克林曼(Bina Clingman)想不起来是否已经把丈夫交给她的信件寄出去了。同时,她怀疑这是衰老的迹象。恰好在第二天,她的这种感觉更加强烈了,因为她花了20分钟寻找一个电话号码,而她知道自己将电话号码写在某个地方的一张纸上。当她找到的时候,她感到很惊讶,甚至有一点焦虑。"我正在丧失记忆力吗?"她带着烦恼和某种程度的担忧问自己。

许多40多岁的人都会告诉你,他们感觉自己比20年前更加心不在焉。他们也会对自己不如年轻时那么聪明有一些忧心忡忡。常识告诉我们,随着年龄的增大,人们会失去部分头脑灵敏性。但这种观点有多准确?

成年人的智力会衰退吗?

在很多年里,当被问及智力在成年期是否下降时,专家们会提供一个明确的、不可动摇的回答。这个回答让大多数成年人都不太乐意:智力在18岁时达到顶峰,并一直保持到25岁左右,然后开始逐渐下降直到生命结束。

然而,对于智力在整个生命期内的变化问题,如今发展学家们看到了一个更加复杂的答案——他们得出了一个不同的、更加复杂的结论。

回答这个问题的困难　智力在25岁左右开始下降的结论是建立在大量研究的基础上的。特别是横断研究（在同一时间点上测量不同年龄个体）清楚地显示，年长的被试非常可能在传统智力测验（第九章谈到的一种测验类型）中的表现比年轻被试差。

但是我们必须考虑到横断研究的缺点，尤其是横断研究中产生同辈效应（cohort effects）的可能性。回忆第一章的内容，同辈效应是指由于特定历史时期对特定年龄段人群的影响。例如，假设与年轻人相比，横断研究中年长被试接受的教育较少，他们的工作提供的刺激也较少，或者他们相对来说不太健康。在这种情况下，年长群体较低的IQ分数并不能完全，甚至不能部分地归因于年轻和年长个体的智力差异。总的来说，由于没有控制同辈效应，横断研究可能低估了年长被试的智力。

为了克服横断研究中的同辈效应问题，发展学家开始求助于纵向研究，即研究相同的个体在相当长的一段时间内不同阶段的表现。这种研究方法揭示了智力的另一种发展模式：成年人的智力相当稳定，甚至当他们到达35岁左右，有些个体直到50多岁时，他们的智力测验分数还有所上升。在此之后，智力测验分数开始下降（Bayley & Oden, 1955）。

但是让我们暂缓做出最后结论，先考虑一下纵向研究的缺点。例如，多次参加同一个智力测验的人可能会表现较好，只不过是因为他们对测验更加熟悉，也更适应测验情境。类似地，由于在这些年内经常参加相同的测验，他们甚至可能会记住一些测验题目。因此，练习效应（practice effect）可以解释为什么人们在智力纵向研究中的成绩高于横断研究的成绩（Salthouse, 2009）。

其次，采用纵向研究方法的研究者很难保证样本的完整性。参与研究的被试可能会搬迁、决定不再参加研究或者生病、死亡。实际上，随着时间推移，依然留在研究中的参与者可能代表了比那些不再参加研究的个体更健康、更稳定、心理上更加积极的一部分人。如果事实是这样，那么纵向研究就可能错误地高估了年长被试的智力。

晶体和流体智力 发展学家对智力随年龄的变化做出结论的能力仍然面临更多阻碍。例如，许多智力测验包括动手表现，如排列一组木块。这些测验题目都有时间限制，并根据完成问题的速度进行计分。如果年长个体在动手任务上花费较多的时间——本章前面部分曾经讨论过，反应时随着年龄增长而变得缓慢——那么他们在IQ测验上较差的表现可能是生理上的改变，而不是认知能力的改变（Schaie, 1991; Nettelbeck & Rabbit, 1992）。

使问题更加复杂的是，许多研究者认为存在两类智力：流体智力和晶体智力。正如我们在第九章首次提到的，**流体智力（fluid intelligence）** 反映的是信息加工、推理和记忆的能力。例如，当要求一个人根据一定的规则重新排列一串字母或者记忆一组数字时，他应用的就是流体智力。相反，**晶体智力（crystallized intelligence）** 是人们由经验习得并应用于问题解决情境中的信息、技能和策略的积累。某人为解决一个字谜或者试图识别神秘故事中的杀人凶手时，使用的就是基

> **流体智力** 反映人们信息加工、推理和记忆的能力。
>
> **晶体智力** 人们由经验习得并应用于问题解决情境中的信息、技能和策略的积累。

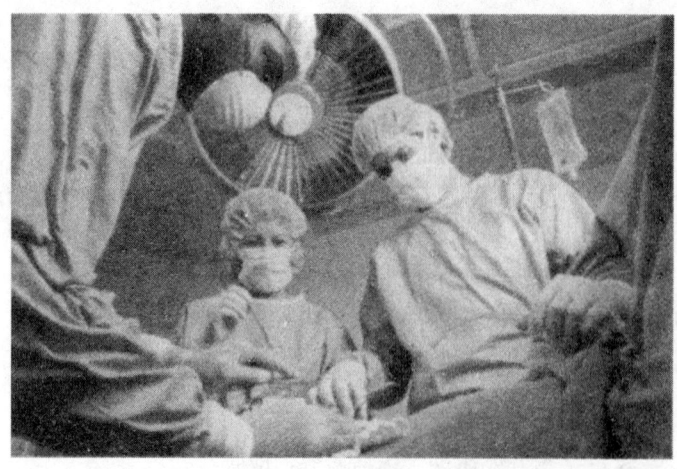

评价成年中期的认知能力是很困难的。虽然某些种类的认知能力开始下降,但是晶体智力保持稳定,甚至还可能有所增强。

于他/她过去经历的晶体智力。

最初,研究者认为流体智力主要由基因决定,而晶体智力主要由经验或环境因素决定。但是,他们后来放弃了对智力的这种划分,主要是因为他们发现晶体智力也部分地取决于流体智力。例如,一个人解决字谜问题的能力(涉及晶体智力)受到他对单词和图案的熟悉程度(流体智力的体现)的影响。

当发展学家分别分析这两种智力时,他们得出了关于智力是否随年龄下降问题的新答案。实际上,他们得出了两个答案:既是,也不是。说"是",是因为一般来说,流体智力确实随着年龄下降;说"不是",是因为晶体智力保持稳定,而且在某些情况下还确实会提高(Salthouse, Atkinson, & Berish, 2003; Bugg et al., 2006; Salthouse, Pink, & Tucker-Drob, 2008;见图15-9)。

如果我们考察更加具体的智力种类,真正的年龄差异和智力发展将会显现出来。发展心理学家华纳·沙因(K. Warner Schaie, 1994)开展了大量关于成年人智力发展过程的纵向研究。根据他的观点,我们应该考虑多种特定能力,如空间定向、数字能力、语言能力等,而不仅仅是晶体智力和流体智力这种粗略划分。

从这个角度分析,智力在成年期如何变化这一问题有了更加具体的答案。沙因发现某些能力,如归纳推理、空间定向、知觉速度和言语记忆,在25岁左右开始逐渐下降,并在老年时继续下降。数字和语言能力表现出相反的变化模式。数字能力一直增长到45岁左右,在60岁时较低,然后在剩下的生命中一直保持稳定。语言能力一直增长到成年中期的开始,大概40岁左右,然后在剩下的生命中相当稳定(Schaie, 1994)。

为什么会出现这些变化?其中一个原因就是脑功能在成年中期开始发生变化。例如,研究者发现对学习、记忆和思维灵活性起关键作用的20个基因发挥功能的效率早在40岁时就开始降低(Lu et al., 2004)。

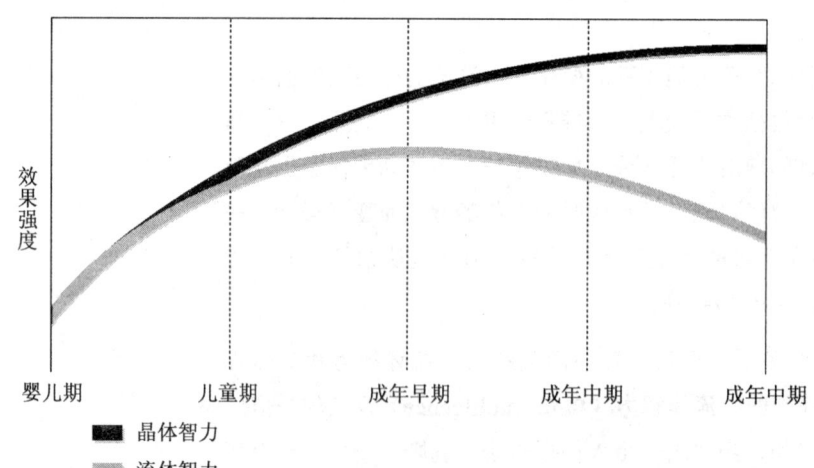

图15-9 晶体和流体智力的变化
虽然晶体智力随着年龄增长,流体智力却在中年期开始下降。这暗示着成年中期的一般胜任力如何?(Source: Schaie, 1985.)

重组问题：什么是成年中期竞争力的源泉？ 尽管特定认知能力在成年中期逐渐下降，但是正是在生命的这个阶段，人们开始在社会中拥有一些最重要和最有权力的职位。面对某些认知能力已经开始明显下降的情况，我们如何解释这种稳定发展甚至增长的竞争力？

其中一个答案来自心理学家蒂莫西·索特豪斯（Timothy Salthouse, 1990, 1994a）。他提出有四个原因可以解释为什么会存在这种矛盾。首先，很可能认知能力的典型测量所探测的认知能力种类与胜任特定职业的能力要求并不相同。回忆在第十三章中对实用智力的讨论，我们发现传统IQ测验并不能测量与职业成功相关的认知能力。如果我们测量实用智力而不是通过传统IQ测验来评估智力，也许就不会出现成年中期智力和认知能力下降与实际竞争力上升之间的矛盾了。

成年中期和晚期的认知能力发展是一个增强和减弱的混合过程。当人们由于生理的恶化开始失去某些能力时，他们可以强化在其他领域的技能而提升自己。

第二个因素也与IQ测量和职业成功有关。很可能最成功的中年人并不能代表一般的中年人。也许只有小部分人特别成功，而剩下的只有中等或没有什么本事的人可能已经换了工作、退休或者生病、去世。如果我们分析特别成功的人，那么，我们检测的样本个体是不具有代表性的。

也可能是由于职业成功所要求的认知能力并不是特别高。根据这一观点，人们可能在职业上相当成功，而某些认知能力却在下降。换句话说，他们认知能力的下降并不是非常重要，他们有足够的大脑来备用。

最后，也可能年长个体比较成功是因为他们发展出了具体的专业技能和特定的竞争力。IQ测验测量的是对新异刺激的反应时，而职业的成功则可能受到特别具体的熟练操作能力的影响。因此，尽管他们总的智力能力表现出下降的趋势，中年人依然可能保持甚至发展他们取得职业成功所需要的独特才能。这种解释激发了人们对专业技能的大批研究，我们将在本章后面部分进行讨论。

例如，发展心理学家保罗和玛格丽特·巴尔特斯（Paul Baltes & Margaret Baltes）研究了**选择性最优化（selective optimization）**。它是指人们集中于某个特定技能领域的能力发展，以补偿其他领域能力损失的过程。巴尔特斯认为，成年中期和晚期的认知能力发展是一个增强和减弱的混合过程。在人们由于生理状况的恶化开始失去某种能力时，他们可以通过强化在其他领域的技能而提升自己。由于通过专业技能可以弥补能力损失，人们可以避免表现出实际状况的恶化。那么，总体认知能力的竞争力，最终可能保持稳定甚至有所改善（Bajor & Baltes, 2003; Baltes & Carstensen, 2003; Baltes & Freund, 2003; Ebner, Freund, & Baltes,

选择性最优化 人们集中于某个特定技能领域的能力发展，以补偿其他领域能力损失的过程。

专业技能 对特定领域技能或知识的掌握。

2006）。

例如，回忆反应时随着人们变老而加长这一事实。因为反应时是打字技能的一个组成成分，我们可以预期年长打字员会比年轻打字员速度慢一些。但是，事实并非如此。为什么呢？答案是虽然年长打字员的反应时增加，但是他们可以提前记住所打字内容前面的材料部分，这可以帮助他们弥补较长的反应时。类似地，尽管一个商务专员可能在回忆名字方面速度比较慢，但是他能够对过去完成的交易形成心理档案，因此，他可以很容易地创建新的合约。

选择性最优化只是在各个领域具有专业技能的成年人用于保持较高表现的策略之一。那么，专家的其他特征有哪些？

专业技能的发展：区分专家和新手

如果你生病了需要诊治，你是愿意找刚从医学院校毕业的年轻医生看病，还是找有丰富经验的中年医生看病？

如果你选择年长的医生，很可能是因为你假设他/她具有更高的专业技能。**专业技能（expertise）**是指对特定领域技能或知识的掌握。专业技能比智力广泛的范围更加集中。当人们因为职业的要求，或者是因为他们就是喜欢该领域，而将注意力和实践投入到特定的领域并获得了经验时，专业技能就得以发展。例如，医生只是因为经验的不断增长，而变得越来越擅长分析病人的症状。类似地，喜欢烹饪并且经常下厨的人，可以预先知道如果对食谱进行一些调整，食物的味道将会怎样变化（Morita et al., 2008）。

当人们对某个特定领域更加富有经验，并且能够更加灵活地掌握程序和规则时，专业技能得以发展。

用什么标准可以区分某个领域的专家和新手呢？初学者采用正式的程序和规则，经常非常严格地遵守这些程序和规则；而专家则依靠经验和直觉，并且经常打破规则。因为专家拥有丰富的经验，他们的行为经常是自动化的，不需要太多思考就可以完成。专家经常不能非常清楚地解释他们是如何得出结论的，他们的解决方案在他们看来通常是对的——而且更有可能确实也是正确的。脑成像研究显示，与新手相比，专家使用不同的神经通路来解决问题（Grabner, Neubauer, & Stern, 2006）。

最后，当出现困难时，专家能够比非专家形成更好的问题解决策略，而且他们在思考问题时也更加灵活。专家的经验为他们提供了针对同一问题的多种解决路径，从而提高了成功率（Willis, 1996; Clark, 1998; Arts, Gijselaers, & Boshuizen, 2006）。

当然，并不是每个成年中期个体都会在特定领域发展出专业技能。职业责任、闲暇时间的多少、教育水平、收入和婚姻状况都会影响专业技能的发展。

记忆：你必须记住它

只要每次玛丽·多诺万（Mary Donovan）找不到钥匙，她就会嘀咕着对自己说："我的记性越来越差了。"就像担心不能记住字母和电话号码等内容的比娜·克林曼一样，玛丽可能会认为记忆损失在中年时期非常正常。

然而，如果她和绝大多数成年中期个体一样，那么，她的评价就不一定准确。根据有关成年期记忆能力变化的研究，大多数人只是表现出非常微小的记忆损失，而且许多人在成年中期根本没有表现出记忆损失。此外，由于社会对衰老的刻板印象，成年中期个体易于将他们地心不在焉归结为衰老，尽管他们这辈子都是那么地心不在焉。因此，可能是他们对自己的健忘给予了新的含义，而不是他们实际的记忆能力发生了改变（Chasteen et al., 2005; Hoessler & Chasteen, 2008; Hess, Hinson, & Hodges, 2009）。

记忆类型 为了理解记忆能力变化的本质，我们有必要考虑不同类型的记忆。记忆传统上被认为由三个连续的成分组成：感觉记忆、短时记忆（也称为工作记忆）和长时记忆。感觉记忆是对信息最初的短暂存储，只能保持一瞬间。信息被个体的感觉系统作为原始的、无意义的刺激记录下来。然后，信息进入了短时记忆，保持15~25秒钟。最后，如果信息得到复述，它将进入长时记忆，并在此进行相对永久的保存。

感觉记忆和短时记忆在成年中期实际上都没有减弱。但是长时记忆略有不同，某些人的长时记忆会随着年龄下降。但是，长时记忆下降的原因似乎并不是消退或者记忆完全丧失，而是随着年龄的增长，人们编码和存储信息的效率降低。除此之外，年龄使得人们提取存储在记忆系统中信息的效率下降。换句话说，即使信息被存储在长时记忆中，定位或者提取这些信息可能会更加困难（Schieber et al., 1992; Salthouse, 1994b）。

需要记住的是，中年期的记忆能力下降相对来说比较微小，并且大多数个体都可以通过各种认知策略进行弥补，这一点很重要。如前所述，对初次提到的材料给予更多的注意可以帮助日后的回忆。你丢失了汽车钥匙可能与记忆能力下降没有多大关系，而是反映了你在放置钥匙时并没有留意。

和发展专业技能的一些原因相同，许多中年人发现很难对某些事情集中注意力。他们习惯使用记忆捷径，即图式，以减轻日常繁杂事情的记忆负担。

记忆图式 人们回忆信息的方法之一是通过使用**图式（schemas）**，即存储在记忆系统中有条理的信息块。图式有助于人们表征世界的组织方式，并允许人们对新信息进行分类和解释（Fiske & Taylor, 1991）。例如，我们可能具有在餐馆就餐的图式。我们不需将新餐馆里的一次用餐作为一个全新的体验。我们知道当我们去餐馆时，我们会坐在一个桌子或者柜台前，得到一个菜单来选择食物。外出就餐的图式告诉我们如何与服务生交互、最先吃哪种食物，以及用餐后应留下小费。

图式 存储在记忆系统中有条理的信息块。

理解美国印第安人讲述的传说故事可能要求对他们的文化有一定的了解，因为故事中存在特定的图式。

人们对特定个体（如母亲、妻子和孩子的独特行为模式）、不同种类的人们（如邮递员、律师或教授），以及行为和事件（如在餐馆就餐或者看牙医）都持有图式。图式帮助人们将行为组织成有机的整体，并解释社会事件。例如，知道看医生图式的人并不会对脱衣服的要求感到惊讶。

图式也可以传达文化信息。心理学家苏姗·费斯克（Susan Fiske）和雪莉·泰勒（Shelley Taylor）（1991）曾经介绍过一个古老的美国印第安人民间故事作为例子：一名英雄参加了多场战斗，后来被箭射中，然而他并没有感觉到箭伤带来的疼痛，当他回到家里，把战斗的事情告诉了他人，一些黑色的东西便从他的嘴里流出来。第二天早晨他死了。

这个故事让大多数西方人迷惑不解，因为他们从来都没有受过这个故事所属的美国印第安人文化的教育。但是，对于那些熟悉美国印第安人文化的人来说，故事却具有完整的意义：由于有灵魂相伴，所以英雄不会感觉到疼痛，而从他嘴里流出来的黑色东西就是离去的灵魂。

对于美国印第安人，他们日后可以相对容易地记起这个故事，因为它具有意义，而对于其他文化的个体，故事却没有意义。此外，与现有图式一致的材料比不一致的材料更可能被回忆起来（Van Manen & Pietromonaco, 1993）。例如，一个经常将钥匙放在特定地点的人可能会丢钥匙，因为除了通常的地点外，他不能回忆起可能将钥匙放在了其他什么地方。

成为发展心理学知识的明智消费者

记忆的有效策略

我们所有人都曾经健忘过。然而，一些技巧可以帮助我们更有效地记住我们希望记住的内容，并且很难忘记。**记忆术（mnemonics）**是组织信息的正式策略，它可以使得信息更容易被记住。这些记忆术不仅适用于成年中期，也适用于生命的其他阶段。详细介绍如下（Bellezza, Six, & Phillips, 1992; Guttman, 1997; Bloom & Lamkin, 2006; Morris & Friz, 2006）：

- **进行组织** 对于那些很难记住把钥匙放在什么地方或者记住约会的人，最简单的方法是让他们做事更加条理化和组织化。采用记事本、将钥匙放在一个钩子上，或者使用便笺纸，这些手段都可以帮助保持记忆。

- **给予注意** 当你遇到新的信息时给予注意，并有意识地强调自己将来可能希望回忆这些内容，你可以通过这样的方式改善记忆。如果你特别关注记住某些东西，例如汽车停靠的位置，那么在停车的时候你就应该给予注意，并且提醒自己

记忆术 组织信息的正式策略，使得信息更可能被记住。

你必须得记住这一信息。

- **利用编码特殊性原则** 根据编码特殊性原则，如果回忆信息的环境与最初学习（即编码）的环境相似，人们就更可能回忆出信息（Tulving & Thompson, 1973）。例如，如果在学生进行学习的教室里进行考试，他们就能够回忆出更多的信息。

- **形象化** 构建观点的心理图像可以帮助以后的回忆。例如，如果你想记住全球变暖可能导致海平面上升，想象一下自己在一个炎热的天气里躺在海滩上，海浪会离你铺在海滩上的毯子越来越近。

- **复述** 在记忆领域里，不断地练习可以熟能生巧，即使不至于完美，至少也会更好。对于所有年龄段的成年人都能够通过花费更多的时间复述希望记住的内容，来提高记忆。通过复述希望回忆的内容，人们可以从根本上改善对材料的回忆。

复习和应用

复习

- 由于横断研究和纵向研究的局限性，"智力在成年中期是否下降"的问题而变得非常复杂。
- 智力可以分为许多成分，某些成分在成年中期会下降，而其他成分保持稳定，甚至有所提高。
- 一般来说，认知竞争力在成年中期相当稳定，尽管智力功能的某些方面有所下降。
- 记忆在中年期可能会出现下降的趋势。但实际上，长时记忆的不足可能是由于存储和提取策略缺乏效率而导致。

应用毕生发展

- 晶体智力和流体智力如何一起发挥作用以帮助中年人处理新的情境和问题？
- **从一个教育工作者的视角看问题**：你如何理解成年中期IQ分数下降与稳定的认知竞争力之间的矛盾，这将如何影响返回学校的中年人的学习能力？

结 语

成年中期个体一般都拥有良好的体能和健康。虽然细微的变化正在发生，但是，由于其他认知技能的加强，个体通常很容易弥补这些变化。慢性疾病和危及生命的疾病发病率有所上升，尤其是心脏病和癌症。在认知能力领域，智力和记忆的某些方面逐渐下降，但是这种下降可以被补偿性的策略和其他领域能力的提升所掩盖。

回到本章前言关于麦特·卡朋特的高海拔赛跑的前言部分，回答以下问题：

（1）成年中期身体功能的哪些变化可能会影响卡朋特的表现？

（2）卡朋特可以做哪些调整来弥补他能力上的变化？

（3）卡朋特在高强度体育运动中表现出色，你认为他这样的能力在中年人当中是典型的吗？

（4）如果卡朋特在成年中期返回学校，与他年轻的同学相比，他将面对怎样的认知挑战？

- **哪些因素影响成年中期个体的生理变化？**

- 在成年中期（40~65岁），人们的身高和体力开始缓慢下降，同时体重增加。身高的下降，尤其是女性，可能与骨质疏松症（由于食物中缺少钙质引起的骨头变薄）有关。生理和心理恶化最好的矫正方法就是健康的生活方式，包括定期锻炼。

- 在这个时期，由于眼睛的晶状体发生变化，导致视敏度下降。成年中期个体近视觉、深度和距离知觉、对黑暗的适应，以及知觉三维空间的能力通常会下降。此外，青光眼（一种可能导致失明的疾病）的发病率在成年中期也有所增加。

- 听敏度在这个时期也略微下降，尤其是听高频声音的能力和声音定位能力的下降。

- 中年人的反应时开始逐渐增加，但是复杂任务的缓慢反应大部分可以通过由于多年操作带来的技能提升而抵消。

- **中年男性和中年女性的性生活经历了哪些变化？**

- 中年人经历了性生活的变化，但是这些变化却并不像通常假设的那样引人注目，许多中年夫妻体验到新的性自由和愉悦感。

- 中年女性经历了更年期，即从能生育到不能生育的变化过程。更年期最明显的标志就是绝经，通常伴随着生理和情绪上的不适。对于绝经期的治疗和态度的转变似乎可以缓和女性的恐惧以及绝经引起的痛苦体验。

- 激素治疗（HT）是通过替代女性身体内的雌激素以减少停经症状以及减缓衰老带来的不良情况的治疗方式。虽然有证据表明激素治疗具有积极效果，但是一些研究显示激素治疗的弊大于利。

- 男性也经历了生殖系统的变化，有时也称为男性的更年期。一般来说，精子和睾丸激素的分泌量下降，前列腺增大，导致排尿困难。

- **成年中期对于男性和女性来说，是健康的时期还是多病的时期？**

- 成年中期一般是一个健康的阶段，但是人们开始更容易患上慢性疾病，包括关节炎、糖尿病和高血压，而且死亡率高于此前任何时期。然而美国成年中期个体的死亡率一直在稳定地下降。

- 成年中期总体的健康状况由于社会经济地位和性别而有所不同。高社会经济地位的人比低社会经济地位的人更健康，死亡率也更低。女性比男性的死亡率低，但是有更高的患病率。研究者通常对男性面临的危及生命的疾病给予更多注意，而对女性面临的非致命慢性疾病关注较少。

什么样的人可能会得冠心病？

- 心脏病开始成为成年中期个体生活中的重要因素。基因特征（如年龄、性别和心脏病家族史）都和心脏病的患病风险有关，此外环境和行为因素也有关系，包括吸烟、高脂肪和高胆固醇饮食以及缺乏锻炼。

- 心理因素对心脏病的发生也起到了一定作用。与好胜、缺少耐心、挫败和特定的敌意相联系的行为模式被称为A型行为，和心脏问题的高风险有关。

什么会导致癌症，哪些手段可以用来诊断和治疗癌症？

- 和心脏病一样，癌症开始成为成年中期的一个威胁，而且与基因和环境因素有关。治疗手段包括放射治疗、化疗和做手术。

- 心理因素对癌症的发生也起到了作用。拒绝承认自己患有癌症和跟癌症抗争的病人，比冷静地接受诊断结果和陷入无望之中的病人，有更高的存活率。此外，具有很强家庭和社会联系的人比缺少这种联系的人患上癌症的可能性要低。

- 乳腺癌是中年女性的重大风险因素。乳房X光摄影透视检查可以尽早确认癌化的肿瘤以保证成功治疗。但是女性何时应该开始进行定期的乳房X光透视检查，40岁还是50岁？这个问题充满了争议。

成年中期个体的智力发生了什么变化？

- 智力在成年中期是否会下降的问题很难回答，因为解释这个问题的两个基本方法具有严重的局限性。横断研究，即在同一时间点研究许多不同年龄被试，遭遇到同辈效应的困难。纵向研究，即在不同时间点关注相同被试，遭遇到保持样本完整性的困难。

- 由于智力可以分为多种成分，因而使得智力下降的问题变得更加复杂。一些研究者将智力划分为两种主要类型：流体智力和晶体智力。他们发现一般来说，流体智力在成年中期出现缓慢下降，而晶体智力保持稳定，甚至有所提高。那些将智力划分为更多种成分的研究发现了更加复杂的变化模式。

- 成年中期个体一般表现出高水平的总体认知能力，尽管特定领域的智力功能已被证实出现了下降。人们倾向于集中训练某个具体领域，以补偿损失的领域，这种策略被称为选择性最优化。

- 专业技能可以通过注意和练习来保持，甚至可以提升某个具体领域的认知竞争性。专家加工其擅长领域内的信息与新手显著不同。

衰老如何影响记忆？此时该如何改善记忆？

- 成年中期的记忆能力似乎处于下降过程中，但感觉记忆和短时记忆却并没有出现问题。即使是

- 人们以记忆图式的形式解释、存储和回忆信息。记忆图式将相关的信息片段组织在一起，形成预期并添加意义。图式建立在先前情境的基础上，而且图式可以易化对新情境的解释以及对符合图式的信息的回忆。

- 记忆术，即通过迫使人们在存储信息时给予信息更多的注意（关键词技巧）、使用能够激发提取的线索（编码一致性原则），或者复述需要提取的信息等方式，来帮助人们提高回忆信息的能力。

关键术语和概念

骨质疏松症（osteoporosis, p. 567）　　远视眼（presbyopia, p. 568）

青光眼（glaucoma, p. 569）　　老年性耳聋（presbycusis, p. 569）

女性更年期（female climacteric, p. 572）　　停经（menopause, p. 572）

男性更年期（male climacteric, p. 574）　　A型行为（Type A behavior pattern, p. 581）

B型行为（Type B behavior pattern, p. 581）　　流体智力（fluid intelligence, p. 587）

晶体智力（crystallized intelligence, p. 587）

选择性最优化（selective optimization, p. 589）

专业技能（expertise, p. 590）　　图式（schemas, p. 591）

记忆术（mnemonics, p. 592）

我的发展实验室

登录我的发展实验室，获取更多复习资料，外加我的虚拟孩子、练习测试、视频、闪光呈现卡及其他。

16 成年中期的社会性和人格发展

本章概要

16.1 人格发展
成人人格发展的两种观点：常规—危机和生活事件
埃里克森理论中的再生力对停滞阶段

● 发展的多样性
个性的稳定与变化

● 从研究到实践

16.2 亲密关系：中年期的家庭
婚姻
家庭的变化：变成空巢家庭
成为祖父母：谁？我吗？
家庭暴力：隐蔽的歪风

● 成为发展心理学知识的明智消费者

16.3 工作与休闲
工作和事业：中年期的工作
工作中的挑战：工作上的不满
失业：梦想的破灭
转换和在中年开展事业
休闲：工作以外的生活

前言：从服装到摇滚再到谈话

说　米兰迪·巴比茨（Mirandi Babitz）的事业之路充满了曲折，那是太轻描淡写了。她的工作已经从时尚的好莱坞精品时装店扩展到了治疗师办公室，还包括大量摇滚乐界人士。

在20世纪60年代第一次结婚后，米兰迪和丈夫在洛杉矶开了一家服装商场。这对夫妻在业界取得了极大的成功。米兰迪为大门乐队的吉姆·莫里森（Jim Morrison）、埃里克·克莱普顿（Eric Clapton），还有这一时期的其他著名乐手设计服装。

然而，当这段婚姻结束后，米兰迪离开了时装行业。通过跟音乐界的联系，她最后成了一名巡回演出经理人。米兰迪再次获得了成功，和像邦妮·瑞特（Bonnie Rait）及CSN乐队（Crosby, Stills & Nash）这样的明星一起工作。不过，米兰迪逐渐发现，她不只是在管理摇滚乐手的生活，而是以他们的生活方式在生活。在与物质滥用进行斗争之后，她恢复了正常的生活。

冷静下来后，米兰迪最终离开了音乐行业，却发现自己已经快要40岁，还不知道事业下次开始的方向。一个心理学家朋友建议她考虑心理治疗。米兰迪接受了这个建议，并获得了临床心理学的硕士学位。

如今，米兰迪成为一名治疗师已经超过14年了。她仍然经常与乐手一起工作，但是运用一种和她在摇滚乐界时完全不同的才能。米兰迪擅长帮助那些有成瘾问题的人，她用自己不寻常的生命故事使其他人受益（Nishi, 2008）。

在中年期，人们常常会寻求新的挑战。

米兰迪·巴比茨的曲折人生并非罕见：成年中期的生活不会按照预设的、可预测的模式前进。事实上，中年时期的一个显著特点就是其多样性，不同的人的人生之路仍然互不相同。

在本章中，我们将关注成年中期的人格和社会性发展。首先我们将考察这一时期具有代表性的人格变化，然后探索发展心理学家对于中年期理解背后的一些争议，包括现在媒体普遍提到的中年危机现象。

接下来，我们将考虑中年期涉及的亲密关系，以及这一时期把人们联系在一起（或是拆开）的各种家庭纽带，包括婚姻、离婚、空巢家庭、祖孙教养。我们还会探讨家庭关系中阴暗的一面：家庭暴力，这一问题的普遍程度相当令人惊讶。

最后，本章将考察成年中期工作和休闲的作用。我们将考察工作在人们生活中的角色变化，以及一些与工作有关的困难，比如工作倦怠和失业。最后是对休闲时间的讨论，这一问题在中年期变得越来越重要。

读完本章之后，你将能够回答下列问题：

- 成年中期的人格以哪些方式发生变化？
- 成年中期的人格发展是否有连续性？
- 成年中期婚姻和离婚的典型模式是什么？
- 中年人面临何种家庭状况的改变？
- 美国家庭暴力的原因和特征是什么？
- 成年中期的工作和职业的特点是什么？

16.1 人格发展

"我的40岁生日可不好过。这并不是说我在这一天早上醒来感觉有所不同，而是40岁这一年我开始意识到生命的有限和死亡的迫近。我开始明白自己可能不会成为曾经野心勃勃幻想过的美国总统，或是大公司的CEO。时间不再是我的朋友，而是成了我的对手。但是这有些奇怪：过去我的行为模式是关注于未来，计划做这做那的，现在我开始感激目前自己所拥有的一切。我审视自己的生活，对自己的一些成就很满意，并开始关注那些进展顺利的事情，而不是自己还有所欠缺的东西。但是这种心理状态不是一天之内突然产生的，步入40岁之后的很多年之后我才有了这种感觉。甚至到了现在，我还是很难完全接受自己已经中年了这一事实。"

正如这名47岁男性所说，意识到自己已经人到中年并不好过。在大多数西方社会，40岁这个年纪有着特殊的意义,至少在他人眼中这代表着一个不可逃避的事实,那就是这个人已经是中年人了;另外一层含义是,具体到日常生活的经验中,这个人将要经历"中年危机"的痛苦。这种观点正确吗?正如我们将要看到的那样,这取决于你的观点如何。

成人人格发展的两种观点:常规—危机和生活事件

成年期人格发展的传统观点认为,人们经历一系列固定的发展阶段,每个阶段都与年龄密切相关。每个阶段都有其特定的危机,在这些危机中,个体将会经历充满质疑甚至出现心理混乱的紧张时期。这种传统观点是人格发展常规—危机模型的一个特色。**常规—危机模型**(normative-crisis models)根据相对普遍的阶段来看待人格发展,这些阶段和一系列年龄相关的危机有关。例如,埃里克森的心理社会性理论预测人们在一生中将经历一系列的阶段和危机。

在西方社会,进入40岁是一个重要的里程碑。

常规—危机模型 以相对普遍的阶段为基础的人格发展理论,这些阶段和系列与年龄相关的危机联系在一起。

生活事件模型 以成人生活中特定事件的时间点,而不是年龄为基础的人格发展理论。

相反,一些批评家认为常规—危机理论可能已经过时。在它们出现的那个时期,人们在社会上的角色相对僵化和一致。传统上认为男性应该工作养家,女性应该在家成为家庭主妇,照顾孩子。而且男性和女性的角色在相对统一的年纪表现出来。

然而,如今人们的角色和时间选择却非常多样化。一些人40岁才结婚生子,另一些人甚至更晚。还有人不结婚,而是和异性或者同性伴侣同居,一起领养孩子或者根本不要孩子。总的来说,社会的变迁开始让人们质疑和年龄紧密相关的常规—危机模型(Fugate & Mitchell, 1997; Barnett & Hyde, 2001; Fraenkel, 2003)。

由于上述这些变化,一些理论家,如拉文纳·赫尔森(Ravenna Helson),开始关注**生活事件模型**(life events models)。该模型认为决定人格发展方向的不是年龄,而是成人生活中的特殊事件。例如,一个21岁生了第一个孩子的女性所面临的心理压力可能和一个39岁才生第一胎的女性相似。结果就是尽管这两名女性年龄不同,但是她们人格发展中具有一定的共同点(Helson & Wink, 1992; Helson & Srivastava, 2001; Roberts, Helson, & Klohnen, 2002)。

现在还不清楚常规—危机和生活事件观点哪一个能够更准确地描绘成年中期人格发展的情况。但是有一点是很清楚的,那就是持有各种观点的发展理论家们都一致同意:成年中期是心理持续显著成长的一个时期。

埃里克森理论中的再生力对停滞阶段

正如我们在第十二章中所讨论的那样,精神分析学家埃里克森认为成年中期是再生力对停滞的时期。在埃里克森看来,一个人在成年中期或者为家庭、社区、工作和社会做出自己的贡献（即他所称的再生力），或者进入停滞状态。具有再生力的人们努力扮演好引导和鼓励下一代的角色。通常人们通过养育子女表现出再生力，但其他角色也可以满足这个需求。人们可能直接和年轻个体一起工作，充当他们的导师，或者通过创造性、艺术性的产品输出来寻求一种长期的贡献，从而满足再生力需求。能够体验再生力的个体，他们的关注点就会超出自身，通过其他人看到自己生命的延续（An & Cooney, 2006; Peterson, 2006; Cheek & Piercy, 2008; Clark & Arnold, 2008）。

另一方面，在这个阶段缺乏心理上的成长意味着人们开始趋于停滞。他们整天关注自己行为上的琐碎小事，开始感到自己只是为社会做了非常有限的贡献，他们的存在也没有什么价值。事实上，一些人还在挣扎着，仍然在寻找更充实的新职业，另一些人则开始感到挫败和厌倦。

尽管埃里克森提出了关于人格发展的宽泛观点，一些心理学家仍然建议我们需要更精确地了解成年中期人格的变化。我们将探讨其他三种理论。

建立在埃里克森的观点之上：瓦利恩特、古尔德、莱文森　发展学家乔治•瓦利恩特（George Vaillant, 1977）提出，45~55岁之间有一个重要的时期：保持意义对僵化（keeping the meaning versus rigidity）。在这个时期，成年人寻求他们生活的意义，他们通过发展出对他人优势和弱点的接纳来获得"保持意义"的感觉。尽管他们认识到世界是不完美的，有很多缺陷，他们还是努力保卫自己的世界，而且他们相对满足。例如本节开头提到的中年人，似乎对他在生命中发现的意义而感到满足。不能保持生命意义的人就会有变得僵化和日益与他人疏离的危险。

精神病学家罗杰•古尔德（Roger Gould, 1978, 1980）提出了埃里克森和瓦利恩特观点之外的另一种看法。尽管他同意人们将经历一系列阶段和潜在的危机，但是他认为成人经历的是和特定年龄段有关的7个系列阶段（见表16-1）。根据古尔德的观点，人们在40岁左右时意识到自己的时间是有限的，于是开始感到一种实现生命目标的紧迫感。对于生命是有限的这一事实的领悟，能够促进人们变得更加成熟。

古尔德的成人发展模型是基于一个相对较小的样本提出来的，在很大程度上依赖于他自己的临床判断。事实上，他对于不同阶段的描述受到精神分析观点的很大影响，但是几乎没有得到研究支持。

表 16-1　古尔德关于成人发展的转换阶段

阶段	大致年龄	发展
1	16~18岁	渴望脱离父母的控制
2	18~22岁	离开家；同伴群体导向
3	22~28岁	发展独立性；对职业和孩子的承诺
4	29~34岁	质疑自己；角色混乱；易于对婚姻和职业感到不满
5	35~43岁	迫切实现生命目标的时期；意识到时间有限；重新调整生活目标
6	43~53岁	安心；接受自己的生活
7	53~60岁	更加宽容；接纳过往；不那么消极；总的来说成熟了

（Source: From Transforamtions, by R.L. Gould & M.D. Gould, 1978, New York: Simon & Schuster.）

另一种不同于埃里克森理论的观点是心理学家丹尼尔·莱文森（Daniel Levinson）所提出的生命季节（seasons of life）理论。莱文森（Levinson, 1986, 1992）对一组男性进行了密集性访谈，根据他的观点，40岁出头是面临转变和危机的时期。莱文森认为从20岁左右进入成年早期，一直到成年中期，成年男性经历了一系列的阶段。第一个阶段就是离开家进入成人社会。在大约40岁或45岁的时候，人们进入了莱文森称为中年转变（midlife transition）的阶段。这个阶段是一个质疑的时期，人们开始关注生命的有限本质，质疑一些日常的基本假设。他们体验了最初的衰老迹象，并对抗他们可能无法在有生之年完成所有目标这一事实。

在莱文森看来，这一评估、质疑时期可能会导致**中年危机（midlife crisis）**，即由于意识到生命的有限性而带来不确定和优柔寡断的状况。面对身体衰老的迹象，男性可能会发现即使自己最引以自豪的成就带来的满足感也没有他们期望的多。回顾过去，他们可能试图确定哪些地方出了问题，同时找寻改正过去错误的方式。因此，中年危机就是一个充满质疑的痛苦和骚动时期。

莱文森认为，大多数人都很容易受到相当强烈的中年危机的影响。但是在接受他的观点之前，我们还需要考虑其研究中的一些缺陷。首先，他最初的理论仅仅基于40位男性，对于女性的研究很多年之后才进行，样本量同样很小。其次，莱文森夸大了他用于构建理论的样本中所发现的一致性和普遍性。实际上，正如我们接下来将要讨论的，普遍的中年危机概念遭到了人们大量的批评（McCrae & Costa, 1990; Stewart & Ostrove, 1998）。

中年危机：现实还是虚构？ 中年危机概念是莱文森生命季节理论中的核心部分。这个概念是指假定以剧烈的心理波动为标志的40岁左右的时期。这个概念自身具有对生活的含义：在美国社会，人们普遍认为40岁代表着一个重要的心理转变期。

然而，这种观点存在一个问题：它缺乏支持中年危机广泛存在的证据。事实上，大多数研究表明，对于大多数人来说，他们进入中年的过渡期相当平静。大部分人把中年期看做得到回报的时期。例如对于父母来说，他们通常已经跨越了养育子女特别辛苦的阶段，有些情况下孩子已经离家独立，这就使得父母有机会重新点燃他们一度失去的亲密感。很多中年人发现自己的事业蒸蒸日上——正如本章后面部分将要探讨的那样——非但没有危机，他们可能会对生活非常满意。他们关注当前而不是展望未来，寻求对家庭、朋友和其他社会群体最大程度的涉入感。那些对于生活经历感到悔恨的人可能会被激发改变生活的方向，而那些确实改变了生活的人将拥有较好的心理状态（Stewart & Vandewater, 1999）。

此外，当人们接近并进入成年中期时，大多数个体觉得自己比实际更年轻，如图16-1所示（Miller, Hemesath, & Nelson, 1997; Wethington, Cooper, & Holmes, 1997）。

简而言之，对于大多数人会经历中年危机的证据并不比第十二章所讨论的暴

> **中年危机** 由于意识到生命的有限性而带来不确定和优柔寡断的阶段。

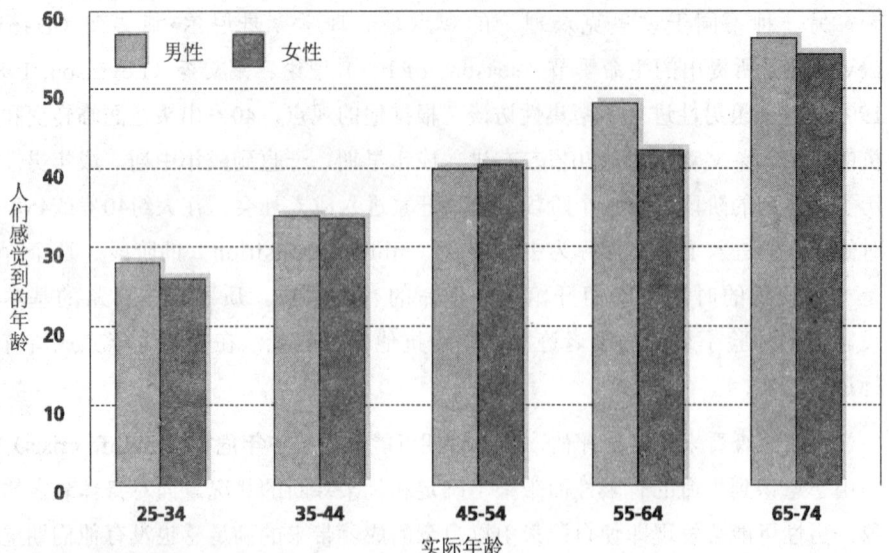

图16-1 多数时间你觉得自己有多大年纪?
在整个成年期,大多数人都觉得自己比实际年龄年轻。
(Source: The John D. and Catherine T. MacArthur Foundation Research Network on Successful Midlife Development, 1999.)

尽管并没有充足的证据说明人们普遍都会经历"中年危机",这种观念仍然普遍存在。为什么这个观点如此流行?

风雨般青春期的证据更加有说服力。不过,就像这个概念一样,有关中年危机普遍存在的观点却似乎被"常识"不同寻常地保护起来。为什么会这样呢?

一个原因可能是经历波动的中年人相对比较显眼,也更容易被旁人记住。举例来说,如果有一个离了婚的40岁男人,把他稳重的福特(Taurus)旅行车换成了红色的绅宝(Saab)敞篷车,还和一个小他很多岁的女人再婚,他就会看起来更显眼;相比之下,一个保持着原配妻子和Taurus车的幸福已婚男人就没那么引人注目了。结果,我们更有可能注意到并回忆出婚姻的困难方面而不是顺利的方面。因此,吵闹的、普遍存在的中年危机的虚构说法就这样一直保留下来了。然而,现实却不是这样。对于多数人来说,中年危机更多是一种虚构而不是现实。事实上,一些人的中年期可能根本没有发生任何变化。正如我们在"发展的多样性"专栏中探讨的那样,在一些文化下,中年甚至不会被视为一个独立的生命阶段。

发展的多样性

中年期:在一些文化中根本不存在的阶段

没有"中年期"这样的说法。

如果我们看到印度奥里萨邦Oriya文化下女性的生活的话,至少就会得出上面这个结论。发展人类学家理查德·舒韦德(Richard Shweder)对社会等级较高的印度女性如何看待衰老过程进行了研究。根据他的研究结果,中年期根本不存在。这些女性看待她们的生活进程不是基于实足年龄,而是基于在特定时间自己的社会责任性质、家庭管理问题以及道德感(Shweder, in press)。

Oriyan女性衰老的模型基于生命中的两个阶段：在父亲家的生活（bapa gharo），之后在婆婆家的生活（sasu gharo）。这两个生活段落在包办婚姻下多代大家族组成的Oriyan家庭生活中具有一定的意义。婚后，丈夫仍然和父母住在一起，妻子要搬到婆家。结婚就意味着妻子的社会地位从一个孩子（某个人的女儿）转变为一个性活跃的女性（媳妇）。

印度女性看待生活的进程不是基于实足年龄，而是基于一个人在某一特定时间的社会责任性质、家庭管理问题以及道德感。

这种从孩子到媳妇的转变通常发生在18~20岁，但是，实足年龄本身并不能明确地划分Oriyan女性的生活阶段，月经初潮或是停经这种生理上的变化也不能作为划分标准。相反，正是导致社会责任显著改变（从女儿到媳妇的转变），才能够对她们的生活阶段进行划分。例如，女性需要把关注的焦点从自己的父母身上转移到丈夫的父母身上，而且她们必须开始性生活以便为丈夫家族传宗接代。

在西方人眼中，关于这些印度女性生命过程的描述表明她们可能知觉自己的生活是受到约束的，因为在大多数情况下，她们都不出去工作。但是她们自己并不这么看。实际上，在Oriya文化中，家庭事务很受人尊敬，也很有价值。此外，Oriyan女性认为她们自己比必须在外工作的男性更有教养。

简言之，独立中年期的概念很明显是文化的产物。不同的文化对于特定年龄阶段的划分呈现出显著的差异。

个性的稳定与变化

哈里·亨尼西（Harry Hennesey），53岁，是一家投资银行的副总裁，他觉得自己内心仍然像个孩子。

很多成年人都会同意这种感觉。尽管大多数人倾向于说自己从青春期之后改变了很多——大部分是朝着好的方向发展——很多人同样主张在基本人格特质方面，年轻时候的自己和现在的自己有着重要的相似之处。

人格在一生中保持稳定还是随年龄变化，是中年期人格发展中的重要问题之一。埃里克森和莱文森等理论家明确提出，人格随时间的发展确实变化巨大。埃里克森的阶段论和莱文森的季节理论都描述了一套固定的改变模式。这种改变可能与年龄相关，且可预测，但是确确实实存在着。

相反，一项令人印象深刻的研究指出，至少在个人特质方面，人格还是相当稳定的，并贯穿人的一生。发展心理学家保罗·科斯塔（Paul Costa）和罗伯特·麦克雷（Robert McCrae）发现了特定特质的显著稳定性：20岁时好脾气的人到了75岁时仍然是好脾气的；25岁时充满感情的人到50岁时仍然充满慈爱；26岁时个性紊乱的人到60岁时仍然如此。类似地，30岁时的自我概念可以很好地预测80岁时的自我概念（Srivastava, John & Gosling, 2003; Terracciano, Costa, & McCrae, 2006; Terracciano, McCrae, & Costa, 2009; 见图16-2）。

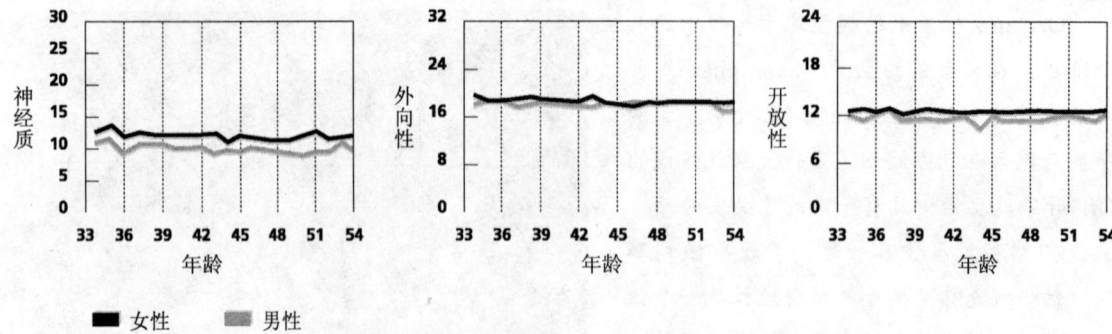

图 16-2 人格的稳定性
根据保罗·科斯塔和罗伯特·麦克雷的观点，基本的人格特质（如神经质、外向性和开放性）在整个成年期非常稳定和一致。
(Source: Adapted from Costa et al., 1986, p. 148.)

还有一些证据表明，人的特质实际随年龄增长愈发根深蒂固。例如，一些研究表明自信的青少年在50多岁的时候变得更加自信，而同样的时间进程也会使原本害羞的人变得更加不同。

大五人格特质的稳定性与变化 相当多的研究集中关注"大五"人格特质，它们代表五种主要的人格特征集合，如下所示：

- 神经质（neuroticism） 一个人喜怒无常、焦虑、自责的程度
- 外向性（extroversion） 一个人有多么外向或是害羞的程度
- 开放性（openness） 一个人对于新鲜体验的好奇程度
- 宜人性（agreeableness） 一个人是否容易相处，是否乐意帮忙
- 责任感（conscientiousness） 一个人让事情有条不紊及具有责任感的程度

大量研究发现大五人格特质在30岁之后就相当稳定，尽管某些特质会发生变化。具体来说，神经质、外向性和开放性从成年早期到中期稍微有些下降，而宜人性和责任感会有所上升——这一发现具有跨文化的一致性。不过，在这些基本特质中，基本的模式在整个成年期一直保持恒定（McCrae & Costa, 2003; Srivastava, et al., 2003）。

关于人格特质稳定性的证据是否与埃里克森、古尔德、莱文森等理论家所支持的人格改变的观点相抵触？答案不一定，因为如果进行更仔细的观察，我们将会发现这两种理论之间的差异看起来比实际情况更为明显。

一方面，人们的基本特质确实表现出很强的连续性，尤其是在成年以后。另一方面，人们同样很容易有所改变，而成年期又塞满了很多重要的生活事件，如家庭地位、职业甚至经济收入的改变。此外，由于衰老导致的生理变化、疾病、爱侣的死亡，以及对于生命有限的日益理解，都会成为人们改变看待自己和世界普遍观点的推动力（Krueger & Heckhausen, 1993; Roberts, Walton, & Viechtbauer, 2006）。

为支持这一观点，正如我们在"从研究到实践"专栏中所讨论的，有一项新研究以一批婴儿潮[①]时代出生的人为对象，回溯到他们的大学时代，并追踪整个成年期在人格上的改变。

[①] 在第二次世界大战之后的1946~1964年间，美国达到史无前例生育高峰，共有7,590万名婴儿出生，创造了史上著名的"婴儿潮"。

毕生幸福 假如你在《快问快答》（Jeopardy，美国一个益智游戏节目）节目中中了大奖，你会成为一个更快乐的人吗？

对于大多数人来说，答案将是否定的。越来越多的研究表明，成人的主观幸福感或总体幸福的感觉毕生保持稳定。即使赢了彩票也不能改变幸福感。尽管当时个体感觉良好，但是一年之后，主观幸福感就会恢复到中彩票之前的水平（Diener, 2000）。

个人幸福感的稳定性说明大多数人具有一个幸福的"调定点"（set point），虽然日常生活存在起起伏伏，但"调定点"这一幸福水平基本稳定。尽管特殊事件有可能临时使一个人的情绪得到振奋或变得消沉（例如工作得到了出乎意料的高评价，或是失业），人们最终还是会回到他们通常的幸福水平上。

然而，幸福调定点并不是完全固定的。在某些情况下，调定点会发生变化，作为特定生活事件如离婚、配偶死亡、失业和残疾等的结果。此外，人们对这些事件的适应程度也不同（Lucas, 2007; Diener, Lucas, & Scollon, 2009）。

大多数人的幸福调定点似乎都相当的高，例如，大约30%的美国人认为自己"非常幸福"，只有10%的人认为自己"不太幸福"，大部分人说他们"很幸福"。这些结果在不同的社会阶层中都非常类似。男性和女性评定自己的幸福感差不多，而非裔美国人将自己评定为"非常幸福"的比率只比白人略有下降。不论经济地位如何，全世界的人们都有着类似的幸福水平（Schkade & Kahneman, 1998; Staudinger, Fleeson, & Baltes, 1999; Diener, 2000; Diener, Oishi, & Lucas, 2003）。

最后，似乎明确的一点是，不论人们的经济地位如何，他们都觉得自己是幸福的。那么，结论就是：金钱买不到幸福。

从研究到实践

发展的环境、发展的人格：我们的人格在成年期如何变化

我感到自己在过去20年里长大了，而且改变了很多。45岁的时候我得了癌症，然后一个孩子的吸毒问题牵扯了我的大部分精力，同时我所在的部门发生了合并，工作随之发生了急剧的变化，我怎么可能不发生改变呢？

正如这名58岁的中年人所说，人格变化常常是那些我们无法控制的生活事件所促成的。基本人格特征和作为日常生活的一部分而遭遇到的生活事件结合在一起，我们的人格就作为这个结合体而发生变化。

研究者苏珊·惠特伯恩（Susan Whitbourne）及其同事进行的一项新研究展示了人格的这种流动性。研究基于埃里克森的阶段理论，对两组婴儿潮时期出生的人进行追踪，从大学时期分别到他们45岁和55岁的时候。在测量中，测试对象的回答随时间而改变，显示出整个成年期的人格发展。儿童期的信任、自主、主动阶段继续缓慢成长到55岁，表明这些品质并非从生命早期就一成不变，而是随着新的挑战和生活事件出现，在一生中不断被重温。

而且，该研究发现并非每个人的人格发展都经过同样的历程。每个人心理社会性成长的速度不

虽然埃里克森和莱文森认为，人格随时间出现巨大的变化，但其他研究却表明人格的个人特质保持终生稳定。你认为40年之后图中的这些高中游泳运动员还有多少人仍然坚持锻炼？为什么？

同，这个发现和埃里克森的说法是一致的。他宣称人格发展是一个个人化的过程，部分由人们的生活经历决定。

其他有趣的发展变化也浮现出来。研究所追踪的两个不同的组代表了婴儿潮世代的早期和晚期成员，因此，他们倾向于在发展的不同阶段有不同的生活经历。年长组拥有更为传统的童年，但是他们在20世纪60年代进入大学时经历了相当大的社会反叛时期。年轻组在这个年龄时没有经历同样的反叛性社会气候。因此，研究者预期这两个组会显露出在整个生命期内不同的心理社会性成长模式——实际上也是如此。年长组在大学里表现出来的勤勉程度不如年轻组，但随后的增长幅度更大。在最近几年里，年长组也展现出在自我整合方面更大的成长（Whitbourne, 2010）。

总的来说，这些发现表明人格变化发生在整个成年期，并且其形式与埃里克森的理论一致。此外，对不同的人，人格变化的速度不同，顺序也未必固定不变。最后，影响个人的价值观和人际关系的重大生活事件，对他们其后的心理社会性发展也有影响（Whitboure, Sneed, & Sayer, 2009）。

- 你预期何种生活事件在成年期对人格有最大的影响？为什么？
- 何种社会力量会影响如今的大学生的心理社会性发展？以什么方式？

复习和应用

复习

- 常规—危机模型把人们描绘成按照系列与年龄相关的阶段向前发展；生活事件模型则关注面对多变的生活事件时人们所做出反应中的特定变化。
- 根据埃里克森的观点，成年中期包含再生力对停滞阶段，而瓦利恩特则将成年中期视为"保持意义对僵化"阶段。
- 古尔德认为人们的成年期要经历7个阶段。
- 莱文森认为中年转变将导致中年危机，但是几乎没有证据表明大部分中年人都会出现这一现象。
- 从广义来说，基本的人格特征相对保持稳定。人格的特定方面确实似乎因为生活事件而发生改变。

应用毕生发展

- 你认为中年转变对于一个自己孩子刚进入青春期的中年人和一个第一次为人父母的中年人来说，会有什么不同吗？
- **从一个社会工作者的视角看问题**：在西方文化下，常规—危机模型中人格发展的方式有哪些独特的地方？

16.2 亲密关系：中年期的家庭

对于凯茜和鲍勃来说，陪同他们的儿子乔恩去参加大学开学典礼有别于他们家庭生活中所经历过的其他任何事情。当乔恩被美国另一海岸的一所大学录取的时候，凯茜和鲍勃并没有真正思考过他将要离开家的事实。直到把他留在新校园里即将离开他的时候，他们突然意识到，生活将以他们无法彻底了解的方式发生改变。这是一种痛苦的体验，不仅仅是因为凯茜和鲍勃会像一般父母担心孩子那样担心儿子，而且还因为他们感受到了巨大的失落——即从更大范围来说，他们养育儿子的任务完成了，现在他要靠自己了。这种想法让他们充满了骄傲和对他未来的期待，但同时也伴随着极大的悲伤，他们会想念他的。

在很多非西方文化下，人们居住在传统的大家庭中，通常几代人都住在一个宅子里或一个村落中。对于这些家庭成员来说，成年中期并没有什么特别。但是在西方文化下，家庭动力在中年发生了显著的改变。正是在中年期，大多数父母不仅会经历和孩子之间关系的变化，而且还会经历和其他家庭成员的关系变化。在21世纪的西方文化下，这是一个角色关系转变的时期，包括日益增长的联合和变换。接下来，我们将考察在这一时期婚姻发展和改变的路径，然后考虑社会家庭生活的其他替代形式（Kaslow，2001）。

婚姻

15年前，中年期对于大多数人来说都是类似的。成年早期结婚的人仍然和原配在一起。而在100多年前，当时人们的寿命比现在要短得多，40多岁的人绝大多数都已成家——但是不一定和最初的配偶在一起。原配通常已经去世，人们在中年的时候正好步入第二次婚姻。

然而现在，情况却有所不同，更加多变。更多的人到了成年中期仍然单身，从没结过婚。单身的人可能独自居住或是和伴侣生活在一起。例如，尽管婚姻对于同性恋者来说不是一个必然选择，他们也会发展出忠实的亲密关系。在异性恋者中，一些人离婚了，独立居住，然后再婚。在成年中期，很多人的婚姻以离婚告终，还有很多家庭"混合"在一起成为新的家庭成员，包括自己的孩子和再婚配偶先前婚姻中的继子女。其他的夫妻会在一起度过四五十年，其中大部分时间处于成年中期。很多人的婚姻满意度都在中年时达到最高。

婚姻中的起起伏伏 即使对于幸福的一对夫妇来说，婚姻仍然有起起伏伏，满意度在婚姻过程中时升时降。最常见的满意度模式就是如图16-3所示的U形曲线（Figley，1973）。具体地说，婚姻满意

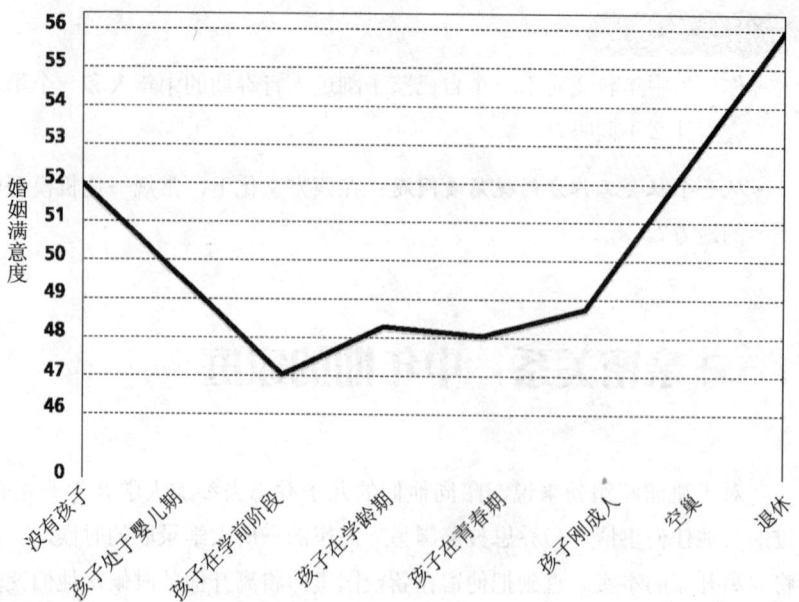

图16-3 婚姻满意度的阶段

对于大多数夫妇来说，婚姻满意度在婚姻进程中呈现出U型曲线。婚姻满意度在第一个孩子出生后开始下降，然后在最小的孩子离家之后回升，并最终恢复到和新婚时差不多的满意度水平。你认为为什么会出现这种满意度模式？

（Source: Adapted from Rollins & Cannon, 1974.）

度在婚姻的最初几年开始下降，并持续下降，至孩子出生时为最低点。不过从这一时段开始，满意度开始回升，最终逐渐恢复到结婚前的水平（Harvey & Weber, 2002; Gorchoff, John, & Helson, 2008; Medina, Lederhos, & Lillis, 2009）。

中年夫妇有一些特定的满意度来源。例如，在一项调查的反馈中，男性和女性都认为配偶是自己最好的朋友，他们都喜欢自己配偶那样的人。他们还将婚姻视为长期的忠诚和追求一致目标的过程。最后，大多数人还觉得在婚姻的过程中配偶变得更加有趣（Levenson, Carstensen, & Gottman, 1993）。

性生活满意度与总体婚姻满意度有关。对已婚夫妇来说重要的不是多久进行一次性生活，相反，满意度和他们关于性生活质量的一致意见有关（Spence, 1997; Lizinger & Gordon, 2005; Butzer & Campbell, 2008）。

再婚 大约75%~80%的离婚者最终会在2~5年内再婚。他们更可能和同是离婚者的人再婚，部分原因是离婚者更有可能成为可供选择的人选，还有一个原因是离婚者享有共同的经历（DeWitt, 1992）。

尽管总体再婚率比较高，但某些群体的再婚率远远高于另一些群体。例如，对于女性来说，再婚就比男性困难，这对于岁数较大的女性更是如此。25岁以下的离婚女性有90%再婚，而40岁以上的离婚女性只有不到三分之一的人再婚（Bumpass, Sweet, & Martin, 1990; Besharov & West, 2002）。

造成这种年龄差异的原因是我们在第

大约四分之三的离婚者通常会在2~5年之内再婚。

十四章讨论过的婚姻梯度：社会规范促使男性选择比自己更年轻、体格更矮小、社会地位更低的女性。结果就是，女性年龄越大，被社会规范认可的可供选择的男性就越少，因为和她同一个年龄段的男性更可能去寻找更年轻的女性。此外，女性在关于外表吸引力的社会双重标准面前处于劣势。年龄较大的女性会被认为是没有吸引力的，而年龄较大的男性则更可能被看做"与众不同的"、"成熟的"（Bernard, 1982; Buss, 2003; Doyle, 2004a）。此外，离婚者在总体上报告生活满意度低于已婚者（Lucas, 2005）。

还有很多原因导致离婚人士认为再婚比单身更有吸引力。其中一个再婚动机是避免社会压力。即使在21世纪初婚姻破裂现象已经很普遍，离婚还是会带来一定的坏名声，人们试图通过再婚对此加以消除。

离婚人士怀念婚姻提供的伴侣关系，离婚男性特别报告出感到孤独，或是面对更多的躯体和心理健康问题。最后，结婚肯定具有经济上的益处，比如共同分担买房的花费，或是享受配偶提供的医疗保险（Ross, Microwsky, & Goldsteen, 1991; Stewart et al., 1997）。

第二次婚姻和第一次婚姻有所不同。大龄夫妇倾向于更加成熟，对于伴侣和婚姻的期待也更加现实。他们对待婚姻不像年轻夫妇那样追求浪漫，他们倾向于更加谨慎。他们对于角色和责任显示出更大的灵活性，他们更公平地分担家务琐事，并以更参与的方式进行决策（Hetherington, 1999）。

然而，不幸的是，这并没有使第二次婚姻更稳定。事实上，再婚的离婚率略微高于第一次婚姻，有一些因素可以解释这个现象。一个原因是再婚可能会遭受到第一次婚姻中所没有的压力，比如不同家庭混合在一起造成的紧张局面。另一个原因是曾经经历过离婚并最终抚平伤痛的人，他们在第二次婚姻可能更少全身心投入到亲密关系中，而且对于离开不满意的婚姻做好了更充分的准备。最后，他们可能有一些人格或情绪特征，使得他们不太容易相处（Cherlin, 1993; Warshak, 2000; Coleman, Ganong & Weaver, 2001）。

尽管第二次婚姻有很高的离婚率，很多人的再婚却是相当成功的。在这种情况下，再婚夫妇报告的婚姻满意度和幸福的初婚夫妇的满意度一样高（Bird & Melville, 1994; Michael, 2006）。

家庭的变化：变成空巢家庭

对很多父母来讲，在成年中期发生的主要转变是由于孩子或是上大学、结婚、入伍，或是在离家很远的地方工作而和孩子们分开。甚至那些生孩子相对较晚的父母也会在成年中期面临这样的转变，因为这个阶段将要持续四分之一个世纪。正如我们看到关于凯茜和鲍勃描述的那样，孩子的离开是个痛苦的过程——事实上，非常痛苦，以至于被称为"空巢综合征"。**空巢综合征（empty nest syndrome）**是指父母在孩子离家后所体验的不快乐、担心、孤单和抑郁的状况

空巢综合征 和孩子离开家之后，父母的不快乐、担心、孤单和抑郁感觉有关的体验。

最小的孩子离家上大学对于父母来说标志着一个显著的转变，这些父母将面临"空巢"。

（Lauer & Lauer, 1999）。

很多家长报告需要进行巨大的适应，尤其是那些一直在家养育孩子的女性，这种失落感更加艰难。毫无疑问，如果传统的家庭主妇在生活中除了孩子之外几乎什么都没有，那么她们确实要面对一个富有挑战性的阶段。

虽然应对失落的感觉可能很艰难，父母还是会发现成年中期具有很多积极的方面。即使是没有外出工作的母亲，也会发现当孩子离家的时候，她们有很多其他的消遣方式来打发过剩的精力和心理能量，如社区活动或娱乐活动。此外，她们可能觉得自己现在有机会出去工作或是重返校园。最后，很多母亲发现当母亲的那段日子真不容易，调查显示大多数人觉得现在成为一个母亲比过去更困难。这样的母亲可能会觉得自己从一堆责任中解放出来了（Heubusch, 1997; Morfei et al., 2004）。

因此，尽管大多数父母面对孩子的离家都会产生失落感，然而几乎没有证据表明，孩子离家除了会带来短暂的悲伤和痛苦感之外，还会带来什么其他的不良感受。对于外出工作的女性来说尤其如此（Antonucci, 2001; Crowley, Hayslip, & Hobdy, 2003）。

实际上，孩子离开家还会带来一些显而易见的益处：夫妻双方有更多的时间彼此相处；已婚或是未婚的人们可以全身投入到自己的工作中，而不必担心需要辅导孩子功课或是使用自己的汽车之类的事情；房子也更加整洁，电话也会少很多（Gorchoff, John, & Helson, 2008）。

需要注意的是，绝大多数考察所谓的空巢综合征的研究主要集中在女性身上，因为传统上男性很少像女性那样投入到孩子的养育中，所以人们假定孩子离家所带来的转变对于男性来说会很平稳。然而，至少有一些研究表明，当孩子离家时男性同样体验到失落的感觉，尽管这种失落感的性质和女性所体验的感觉有所不同。

一项对孩子离家的父亲所做的调查发现，尽管大多数父亲关于孩子的离家表现出快乐或是中性的情绪，但几乎有四分之一的父亲感觉不快乐（Lewis, Freneau, & Roberts, 1979）。那些父亲可能会提到失去的一些机会，后悔有些事情没有陪孩子完成。例如，有些人觉得自己太忙很少陪孩子，或者没有尽到为人父的养育责任。

空巢综合征的概念最初是指，当孩子长大以后更倾向于离家另觅佳处。然而，随着时代的变迁，空巢家庭可能会被人们称之为"飞去来器般的孩子"再次填满，正如我们接下来所讨论的那样。

飞去来器般的孩子：重新填满空巢　卡罗尔·奥利斯（Carole Olis）不知道该拿她23岁的儿子罗勃（Rob）怎么办。自从2年多前大学毕业，他就一直在家里住着。而罗勃其他6个哥哥姐姐都是只回到家里待几个月就又离开了。奥利斯夫人摇着头说："我问他，'你怎么不出去和朋友一起住？'罗勃早就准备好了答案：'他们也都住在家里。'"

卡罗尔·奥利斯并不是唯一为儿子的归来感到惊讶和有些困惑的家长。在美国有越来越多的年轻人回到家里和中年父母住在一起。

这些回来的孩子被称为**"飞去来器般的孩子"**（boomerang children），他们主要是因为经济的原因回到家中。由于经济萧条，很多年轻人大学毕业后找不到工作，或者找到的工作报酬太少，入不敷出。而有些年轻人在婚姻失败后回到家中。18~24岁年龄段有超过一半的人和父母住在一起。总体上，在美国大约14%的年轻人和父母住在一起，而在一些欧洲国家，这个比例还要更高（Roberts, 2009）。

父母对于回到家中的孩子的反应主要根据其原因而有所不同。如果孩子没有工作，他们回到空巢家庭可能让父母非常烦恼。特别是父亲可能无法理解大学毕业生找工作的不易，而且有可能不会对回到家里的孩子表现出关心和同情。此外，还有可能出现为了吸引配偶注意而导致的父母－子女之间微妙的敌对状态（Gross, 1991; Wilcox, 1992; Mitchell, 2006）。

相反，母亲倾向于对失业的孩子更加同情。特别是单身妈妈可能会欢迎由于孩子回家而提供的帮助和安全感。父母对于有工作的子女回来帮助料理家务都感到相当正性的情绪体验（Quinn, 1993; Veevers & Mitchell, 1998）。

夹心层：夹在孩子和父母中间　就在孩子离巢的同时，或者当"飞去来器般的孩子"归来的时候，很多中年人还面临其他挑战：日渐增长的照料年迈父母的责任。**夹心层**（sandwich generation）就是指这些夹在自己的孩子和年迈父母之间倍感压力的中年人（Riley & Bowen, 2005; Grundy & Henretta, 2006; Chassin et al., 2009）。

飞去来器般的孩子　离开家一段时间之后，又回到家里和中年父母住在一起的年轻人。

夹心层　必须同时满足照料孩子和年迈父母要求的成年中期夫妇。

夹心层是一种相对较新的现象，由许多趋势汇集而成。首先，男女双方结婚较晚，生孩子的年龄也更晚。与此同时，人们的寿命也更长了。因此，成年中期个体同时需要抚养孩子和照顾父母的可能性在日益增长。

照顾年迈的父母在心理上可能感觉很棘手。一方面，角色转换的程度非常明显：子女承担家长的角色，父母处于更加依赖性的位置。正如我们将在第十八章中讨论的那样，原先很独立的老年人可能也会拒绝子女提供的帮助，并对此不满。他们确实不想成为子女的负担。例如，几乎所有独居的老年人都报告说不愿和子女住在一起（CFCEPIA, 1986; Merrill, 1997）。

成年中期个体为父母提供一系列的照料。在某些情况下，仅仅是经济上的照料，比如帮

"我属于夹心层——我的父母反对我，而我的孩子讨厌我。"
(Source: The New Yorker Collection, 2005. Barbara Smaller from cartoonbank.com. All Rights Reserved.)

助他们依靠微薄的退休金做到收支平衡。而在其他情况下，这还包括帮助父母做家务，比如春天拆下防暴风雪的窗户，或是冬季铲雪等。

在更加极端的情况下，年老的父母可能会被子女接到家里居住。人口普查数据显示，多代同堂的家庭，即三代或三代以上居住在一起的家庭，是所有家庭类型中增长最快的。在1990~2000年期间，多代同堂的家庭数量增长了三分之一以上，它们占所有家庭的4%（Navarro, 2006）。

多代同堂的家庭局面复杂，父母和子女的角色被重新界定。一般来说，作为中间一代的成年子女——他们无论如何不再是孩子了——承担家庭管理的责任。他们和父母必须适应这种关系的改变，并找出决策的一些共同基础。年老的父母会发现丧失独立性是最难受的，这一点对于成年子女来说，也同样非常痛苦。最年轻的一代可能会反对将最年长的一代纳入家庭中。

在多数情况下，照顾年迈父母的担子并没有平等分配，更大部分的责任由女性承担。甚至在夫妻双方都工作的情况下，中年女性也倾向于在对年老父母的日常照顾中花费更多精力，甚至对公公婆婆也是如此（Soldo, 1996; Bengtson, 2001）。

文化同样也会影响照料者看待自己的观点。例如，亚洲文化具有更强的集体主义倾向，其成员更有可能将照料看做传统的、再正常不过的责任。相反，个体主义文化下的成员可能不会觉得家庭关系非常重要，照料父母可能是更难以承受的负担（Ho et al., 2003; Kim & Lee, 2003）。

作为夹在两代中间的夹心层，他们可以拓展照料孩子的资源。尽管他们身上的担子很重，但仍然有显著的回报。中年子女和年老的父母之间的心理依恋将会持续增长。亲子关系中的双方都能够更现实地看待对方。他们可能变得更加亲近，更能接受彼此的缺点，以及更加欣赏彼此的长处（Mancini & Blieszner, 1991; Vincent, Phillipson, & Downs, 2006）。

成为祖父母：谁？我吗？

当利恩（Lean）的大儿子和儿媳有了第一个孩子的时候，她简直不能相信自己在54岁时当了奶奶！她仍然觉得自己还太年轻，现在还不能被认为是某个人的祖母。

成年中期经常带给人们一个明确的衰老标志：成为祖父母。然而，对于某些人来说，成为祖父母是盼望已久的事情。他们可能怀念幼小孩子的精力、兴奋劲，甚至他们的要求，他们会将成为祖父母看做生命自然进程中的下一个阶段。另一些人对于做祖父母却不那么高兴，他们把这看做明显的衰老标志。

祖父母教养有很多种风格。参与型（involved）祖父母积极投入到孙辈的照料中，对孙辈的生活具有影响。他们对于孙辈的行为举止具有明确的期望。在子女上班的时候，退休的祖父母每周照顾孙辈几天就是参与型祖父母的例子（Cherlin & Furstenberg, 1986; Mueller, Wilhelm, & Elder, 2002; Fergusson, Maughan, & Golding, 2008）。

非裔美国人的祖父母比白人祖父母更多地参与到对孙辈的照料中，其中一个原因是非裔美国人三代同堂的情况更为普遍。

相反，慈爱型（companionate）祖父母显得更加轻松。他们扮演着孙辈支持者和伙伴的角色，而不承担对孙辈的责任。经常打电话或是看望孙辈、可以时不时地带孙辈出门度假或是邀请他们单独到家里来玩的祖父母，表现的就是慈爱型祖父母的行为。

最后，最冷淡的类型是疏远型（remote）祖父母。他们和孙辈关系冷淡、保持距离，对孙辈几乎没有兴趣。例如，很少看望孙辈，和孙辈待在一起的时候会抱怨他们孩子气的行为。

人们乐于成为祖父母的程度具有显著的性别差异。一般来说，祖母比祖父对孙辈更感兴趣，也更满意，特别是当她们和幼小孙辈的互动水平很高的时候（Smith, 1995; Smith & Drew, 2002）。

此外，非裔美国人的祖父母比白人祖父母更多地参与到孙辈的照料中。对该现象最合理的解释是非裔美国人家庭中三代同堂住在一起的情况比白人家庭更为普遍。此外，非裔美国家庭比白人家庭更可能由父母中某一方做主，他们在日常孩子的照料中极大地依赖祖父母的帮忙，而且文化规范也倾向于高度支持祖父母扮演积极的角色（Baydar & Brooks-Gunn, 1998; Baird, John, & Hayslip, 2000; Crowther & Rodriguez, 2003; Stevenson, Henderson, & Baugh, 2007）。

家庭暴力：隐蔽的歪风

在发现一只不认识的耳环之后，妻子因为丈夫的不忠而指责他。他的反应是把她摔到公寓的墙壁上，然后把她的衣服从窗户扔出去。在另一个事件中，丈夫变得很愤怒。他冲着妻子尖叫，把她摔到墙上，然后拎起她扔向屋外。还有一次，妻子打电话报警，哀求警察保护自己，当警察赶到的时候，她的眼睛被打青了，嘴唇破了，脸肿了，歇斯底里地叫着说："他要杀了我！"

不幸的是，上面的场景远非罕见。很多关系中都包括了身体和心理两方面的暴力。

配偶虐待的盛行 在美国，家庭暴力是婚姻中丑陋的真相之一，其发生率很高。四分之一的婚姻中会发生某种形式的暴力，而近年来死于他杀的女性超过一半都是被配偶杀死的。21%~34%的女性至少有一次遭到亲密伴侣的打、踢、揍、掐住喉咙，或者用武器威胁或袭击的经历。事实上，在美国有将近15%的婚姻都持续充斥着严重的暴力。此外，家庭暴力是一个世界性的问题。估计全球三分之一的女性在生活中都经历了某些形式的暴力伤害（Browne, 1993; Walker, 1999; Garcia-Moreno et al., 2005）。

在美国，社会中的各个部分都可能存在着配偶暴力。暴力发生在各个阶层、种族、民族和宗教群体中。同性恋和异性恋的伴侣关系都可能具有虐待成分。暴力还是不分性别的：尽管大多数情况下是丈夫虐待妻子，但大约有8%的情况却是妻子对丈夫进行身体虐待（Emery & Laumann-Billings, 1998; de Anda & Becerra, 2000; Harway, 2000; Cameron, 2003; Dixon & Browne, 2003）。

特定的因素也会增加虐待发生的可能性。例如，配偶

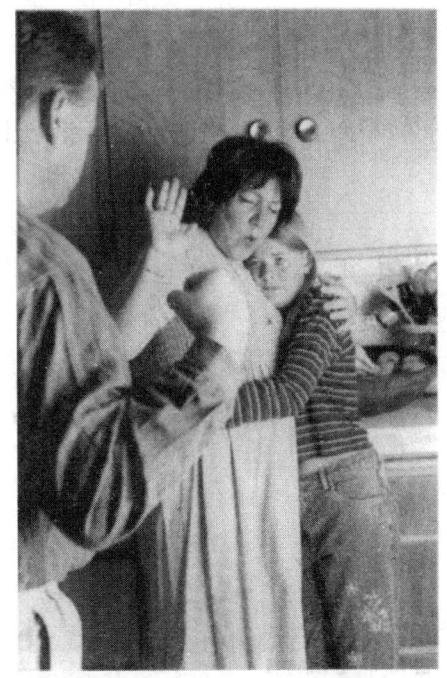

虐待自己孩子和配偶的人通常在他们还是儿童的时候就曾被虐待过，这反映了一个暴力的循环。

虐待更可能发生在具有持续经济问题和高水平言语攻击的大家庭中。那些成长于暴力家庭的丈夫和妻子也更有可能实施暴力（Straus & Yodanis, 1996; Ehrensaft, Cohen, & Brown, 2003; Lackey, 2003）。

导致家庭处于暴力危险中的因素和另一种家庭暴力形式——儿童虐待相关的因素非常相似。儿童虐待更多发生在有压力的环境、较低的社会经济地位、单亲家庭或是婚姻冲突较高的情境中。有四个或者更多孩子的家庭发生虐待的比例都更高，年收入低于15,000美元的家庭发生虐待的比例大约比较高收入家庭高出7倍。但并非所有类型的虐待在贫困家庭中的比率都更高，乱伦却更可能发生在富裕的家庭中（Dodge, Bates, & Pettit, 1990; APA, 1996; Cox, Kotch, & Everson, 2003）。

丈夫在婚姻中的攻击性一般发生在三个阶段（Walker, 1989; 见16-4）。首先是紧张状态建立（tension building）阶段，丈夫在该阶段变得烦躁，并通过言语攻击表达不满，还可能表现出一些推搡之类的初级身体攻击。妻子可能不顾一切地试图避免迫在眉睫的暴力，试着安抚她的配偶，或是回避这种情境。这种行为可能会触怒丈夫，他感觉到妻子的脆弱，而且她试图逃避的行为可能将导致愤怒的提升。

下一个阶段包括一次激烈的殴打事件（acute battering incident），这时身体虐待真正发生。这一阶段可能持续几分钟到几个小时，妻子可能被推挤到墙上、扼住喉咙、踢打和踩踏。她们的胳膊可能被扭伤甚至折断，她们可能被使劲摇晃、扔下一段楼梯，或者被烟头或是开水烫伤。这一过程中，大约四分之一的妻子都被迫进行性行为，主要通过攻击性的性行为和强暴的形式。

最后，在一些——当然不是全部——情况下，进入爱的悔悟（love contrition）阶段。在这一阶段，丈夫感到自责，并为自己的行为道歉。他可能对妻子进行照料，提供急救措施和同情，同时保证他再也不会采取暴力行为了。由于妻子会觉得自己在某种程度上激发了攻击行为，她们可能愿意接受道歉并原谅丈夫，愿意相信攻击行为再也不会发生了。

暴力循环假说 这一理论认为虐待和忽视孩子会导致他们成人后成为虐待者。

爱的悔悟阶段有助于解释为什么很多妻子待在有虐待行为的丈夫身边，并且不断成为虐待的受害者。她们不顾一切地想要维持婚姻，并且认为没有更好的选择。有些妻子留下来是因为她们模糊地觉得自己对虐待事件负有责任，其他留下来的妻子则是出于恐惧：她们害怕一旦自己离开，丈夫就会追来。

暴力循环 仍然有些妻子留在虐待者丈夫身边是因为她们和丈夫一样，在童年时习得了一些似乎无法忘记的惨痛教训，即暴力是可接受的解决争端的手段。

虐待配偶和孩子的个体通常在儿童时代就是虐待行为的受害者。根据**暴力循环假说（cycle of violence**

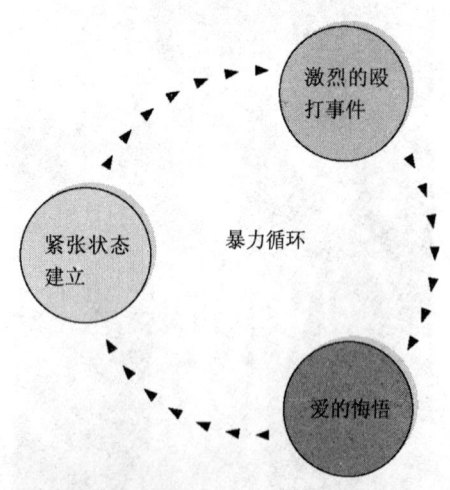

图16-4 暴力的阶段
(Source: Adapted from Walker, 1979, 1984; Gondolf, 1985.)

hypothesis），虐待和忽视儿童将导致他们成年后成为虐待者。和社会学习理论的观点一致，暴力循环假说认为当家庭成员在上一代的管教下，家庭暴力将从上一代传给下一代。事实上，虐待配偶的个体在成长过程中常常目睹配偶虐待，如同虐待子女的父母在自己还是孩子的时候常常都是虐待的受害者（Serbin & Karp, 2004; Whiting et al., 2009）。

成长在虐待家庭并不一定会导致成年后的虐待。只有大约三分之一在儿童期被虐待或被忽视的人，成年后会虐待自己的孩子。有三分之二的虐待者童年时并未受到虐待。暴力循环假说并不能解释所有的虐待情况（Jacobson & Gottman, 1998）。

不论虐待的原因是什么，都有应对的办法，我们接下来将进行讨论。

配偶虐待和社会：暴力的文化根基 在陈冬卢（Dong Lu Chen，音译）把妻子殴打致死之后，他被判刑缓期5年执行。他对自己的行为供认不讳，但是声称妻子对他不忠。他的律师（和一个人类学家）在法庭上辩护说，传统的中国价值观可能导致他对于妻子企图不忠做出暴力反应。

在一个老挝移民李鸿（Lee Fong，音译）绑架了一个16岁少女之后，被指控诱拐、性攻击和恐吓的他获得无罪释放。在他的案例中，律师辩称"偷窃新娘"是老挝人的传统习俗。

这两个案例都是在美国的法庭上做出的判决。两个案例中律师都把他们的辩护建立在被告移民前所在亚洲国家的基础之上。在这些国家中，对于女性的暴力是普遍的，甚至可能得到社会赞同。陪审团明显赞同这种"文化辩护"的正当性（Findlen, 1990）。

尽管通常的趋势是把婚姻中的暴力和攻击看做北美特有的现象，事实上在其他文化的传统观念中，暴力被视为可接受的（Rao, 1997）。例如，打老婆的情况在男尊女卑、将女性当做财产一样对待的文化下特别普遍。

同样在西方社会，打老婆曾经也是可接受的。根据英国共同法（English common law）的规定，丈夫可以殴打妻子，而英国共同法正是美国法律系统的基础。在19世纪，这一法律被修改为仅允许某些特定类型的殴打。特别是，丈夫不能用比大拇指粗的棍子殴打老婆，这就是"大拇指原则（rule of thumb）"这一短语的起源。直到19世纪后期这一法律才从美国的书本中删除（Davidson, 1977）。

一些虐待问题的专家指出，男女分工所依赖的传统力量结构是虐待的根源。他们认为社会对男女地位的区分差异越大，就越可能发生虐待。

作为证据，他们指向考察男女法律、政治、教育和经济角色的研究。例如，一些研究比较了美国不同州的虐待数据。虐待事件在那些女性地位特别高或是特别低的州更容易发生。显然，女性地位低使得女性更容易成为暴力的目标；相反，不同寻常的高地位可能使丈夫感觉受到威胁，因此更可能表现出虐待行为（Dutton, 1994; Vandello & Cohen, 2003）。

成为发展心理学知识的明智消费者

应对配偶虐待

尽管事实情况是大约25%的婚姻中都存在配偶虐待，但由于资金不足，人们给予虐待受害者的关注不够，无法满足目前的需求。实际上，一些心理学家认为正是导致社会多年来低估了该问题重要性的一些因素,现在又阻碍了有效干预措施的发展。不过,仍然有一些措施能够为配偶虐待的受害者提高帮助(Dutton, 1992; Browne, 1993; Koss et al., 1993)。

- **教给丈夫和妻子一个基本前提** 身体暴力从来就不是可以用来解决争端的办法。

- **打电话报警** 攻击另一个人是违法的,哪怕是配偶也是如此。尽管希望法律强制力量和警察的介入可能会比较困难,但这也是解决家庭虐待的有效方式。法官还可以发布限制令要求虐待妻子的丈夫不能接近妻子。

- **理解配偶随后表现出的自责不论多么打动人心,都可能和未来实施暴力的可能性无关** 即使一位丈夫在殴打妻子之后表现出爱的悔悟,并且发誓他再也不会实施暴力,但这样的承诺却无法保证以后不会再次出现虐待行为。

- **如果你是虐待事件的受害者,寻找一个避难所** 很多社区都有为家庭暴力受害者提供的庇护所,可以留宿女性和儿童。因为庇护所的地址是保密的,所以虐待者配偶不可能找到你。电话号码可以在电话簿的黄页或蓝页上找到,当地警察也知道这些号码。

- **如果你从虐待的配偶身上感到了危险,到法院申请法官的限制令** 有了限制令,配偶就不能再接近你,否则将会受到法律制裁。

复习和应用

复习

- 对于大多数夫妇来说,婚姻满意度在成年中期有所上升。
- 成年中期家庭的变迁包括孩子的离别。近些年来,出现了"飞去来器般的孩子"的现象。
- 中年期的成人通常对于年迈的父母有了更多的责任感。
- 进一步的变化就是成为祖父母。从类型上可以把祖父母分为参与型、慈爱型和疏远型。
- 婚姻暴力通常经过三个阶段:紧张状态建立、激烈的殴打事件和爱的悔悟。
- 社会经济地位较低的家庭中家庭暴力的发生率最高。"暴力循环"可以做出部分的解释,文化规范可能也起到了一定的作用。

应用毕生发展

- 空巢、"飞去来器般的孩子"、夹心层和祖父母养育现象是依赖于文化的吗?为什么此类现象在推行多代大家庭的社会中有所不同?
- **从保健提供者的视角看问题**:对于那些在孩提时被虐待的人来说,可以采取哪些措施在来结束他们成长为虐待者的暴力循环?

16.3 工作与休闲

享受每周的高尔夫比赛,开始邻里联防计划,训练一支小联盟棒球队,参加一个投资俱乐部,旅行,上烹饪课,观看影院系列电影,竞选当地议会成员,和朋友一起去看电影,听佛教讲座,修理房子后面的走廊,陪伴高中生班级进行跨州旅行,在年度假期中躺在北卡罗来纳州的Duck海滩上看书……

当我们了解成年中期个体实际在做什么的时候,我们发现活动的种类就像个体之间一样有很多差异。尽管对于大多数人来说,成年中期代表了工作成就和权力的顶峰,但它同时是一个人们投身于休闲和娱乐活动的时期。实际上,中年期可能是工作与休闲活动协调得最好的时期。中年人不再感到必须在工作中证明自己,他们逐渐重视自己能够为家庭、社区,以及更广范围的社会做出的贡献,他们可能发现工作和休闲互相补充,增强了整体幸福感。

工作和事业:中年期的工作

对于很多人来说,中年期是具有最强的生产力、成功和赢取权力的时期,同样也是一个职业成功不再像之前那样被如此重视的时期。对于那些没有实现刚步入工作时所希望的职业目标的人来说尤其如此。在这类情况下,工作不再受到重视,而家庭和其他工作以外的兴趣变得越来越重要(Howard, 1992; Simonton, 1997)。

使得人们对工作满意的因素在中年时发生改变。年轻人感兴趣的是抽象的和关系到未来发展的方面,比如发展的机会或是得到赏识的可能性。而中年雇员更加关心的是当前的工作质量。例如,他们更关注薪酬、工作条件和特定政策(如休假政策)。此外,就像生命的早期阶段一样,总体工作质量的改变与男性和女性压力水平的改变有关(Hattery, 2000; Peterson & Wilson, 2004; Cohrs, Abele, & Dette, 2006)。

总的来说,年龄和工作的关系似乎呈正相关:员工年龄越大,体验到的总体工作满意度就越高。这种模式并不奇怪,因为对职位不满的年轻人会辞职,然后去寻找更满意的新工作。而员工年纪越大,改变职位的机会就越少。因此,他们可能学会忍受现状,并且接受他们现有的职位是他们可能得到的最好选择这一事实。这种接纳可能最终将转变为满意度(Tangri, Thomas, & Mednick, 2003)。

工作的挑战:工作上的不满

对工作感到满意并不是成年中期的普遍现象。实际上,对于某些人来说,由于对工作条件或工作性质的不满逐渐积累,工作的压力越来越大。在某些情况中,因工作条件太差,最终导致工作倦怠或者工作更换。

工作倦怠发生于员工体验到不满意、理想破灭、挫败和对工作感到厌倦时。那些处于这种状态中的人对于工作变得越来越玩世不恭和漠不关心。

工作倦怠 发生于员工体验到不满意、理想破灭、挫败和对工作感到厌倦时的一种情况。

工作倦怠 对于44岁的佩吉·奥加唐（Peggy Augarten）来说，在她工作的郊区医院的特护病房上早班越来越困难了。尽管病人的过世是件令人难过的事，但是她发现自己最近总是在最奇怪的时候为病人哭出声来：当她洗衣服的时候、洗碗的时候或者看电视的时候。当她开始害怕早晨去上班时，她知道自己对于工作的感受正在经历根本性的转变。

奥加唐的反应也许可以归为工作倦怠的现象。**工作倦怠（burnout）** 发生于员工体验到不满意、理想破灭、挫败和对工作感到厌倦时。工作倦怠通常最有可能发生在涉及帮助别人的工作中，而且通常对那些最理想主义和最有干劲的人打击最大。事实上，在某些方面，此类工作者可能对工作承担了过多的义务，当意识到自己对于贫穷、医疗等重大社会问题只能起到很少的作用时，他们是非常失望和沮丧的（Demir, Ulusoy, & Ulusoy, 2003; Taris, van Horn, & Schaufeli, 2004; Bakker & Heuven, 2006）。

工作倦怠的一个后果就是在工作中日益增长的犬儒主义。比如一个雇员可能对自己说："我这么努力地工作是为了什么啊？甚至都没有人注意到在过去两年里我的付出。"另外，员工可能对他们在工作中的表现觉得无所谓、漠不关心。员工最初进入职业领域时的理想主义可能被悲观主义所取代，对于问题不再提供任何有价值的解决方案（Lock, 1992）。

即使在具有很高要求和压力似乎无法克服的职业中，人们也能够对抗工作倦怠。例如，一个因为没有足够时间照顾每一位病人而深感绝望的护士，我们可以帮助她意识到一个更可行的目标是同样重要的，比如快速地给病人推背。即使疾病、贫穷、种族歧视和不适当的教育系统等"大问题"可能看起来令人沮丧，然而工作的组织形式同样可以使员工（以及他们的上级）把注意力放到日常工作中小小的成功上面，比如一个客户的感谢（Krasner et al., 2009; Peisah et al., 2009）。

失业：梦想的破灭

"梦想远去了，也许再也不会回来了。这似乎把你撕成了碎片，就这么破碎了。你沿着河岸看去……是一片平坦的空地。那里过去曾经有一个巨大的垃圾堆，以前是对钢铁进行熔化、重新回收、加工的地方。现在一切都夷为平地了。很多次我经过这里，不经意间看到它，很难想象它再也不在那里了。"（Kotre & Hall, 1990, p. 290）

52岁的马特·诺尔特（Matt Nort）对于废弃的匹兹堡钢铁厂的描述就像是他自己生活的象征。因为他已经失业好几年了，马特对于自己生活中职业成就的梦想和他曾经工作过的工厂一起消亡了。

对于很多职员来说，失业是很难接受的生活现实，他们可能再也找不到工作了，其心理压力和经济压力一样巨大。对于那些被解雇、因为公司裁员而下岗，或是因为技术落后不能胜任而被迫离开工作的员工来说，失业可能导致心理上，甚至是生理上的破坏性（Sharf, 1992）。

失业可能使人感觉焦虑、抑郁和易怒。他们的自信可能直线下降，他们也可能无法集中注意力。事实上，一项分析显示，失业率每上升1%，自杀率就会上升4%，而在精神病机构入院的男性就会增加4%，女性增加2%（Connor, 1992; Inoue et al., 2006; Paul & Moser, 2009）。

甚至失业最初看起来比较积极的方面，如拥有更多的时间，也会带来不愉快的结果。可能是因为感觉抑郁，以及拥有过多的时间，和有工作的人相比，失业的人更不太愿意参加社区活动、去图书馆或是读书。他们更可能约会迟到，甚至吃饭也会迟到（Ball & Orford, 2002; Tyre & McGinn, 2003）。

这些问题可能还会持续一段时间，中年人失业后找不到工作的情况可能比年轻人持续更久，而当他们逐渐变老，找到满意工作的机会也就更少了。而且，雇主可能歧视那些年龄较大的应聘者，使得他们找到一份新工作难上加难。具有讽刺意味的是，这种歧视不仅是不合法的，也是基于不恰当的假设：研究发现年长员工和年轻员工相比，更少缺勤，在工作岗位上的时间更长、更可靠，也更愿意学习新的技能（Allan, 1990; Birsner, 1991; Connor, 1992）。

中年失业可能是一次灾难性的经历，它有可能打击你的世界观。

总而言之，中年失业是一次灾难性的经历。对于某些人，尤其是对于那些再也没有找到有意义工作的人来说，这极大地打击了他们的整体世界观。对于被迫进入这种非自愿的、过早的退休状态的人来说，失去工作可能导致悲观主义、犬儒主义和失望。克服这种感觉通常要慢慢来，并进行大量的心理调整，以最终战胜困境。对于那些确实找到新工作的人来说，同样也面临着挑战（Trippet, 1991; Waters & Moore, 2002）。

转换和在中年开展事业

对于某些人来说，成年中期带来了改变的渴望。他们可能经历了工作中的不如意，在失业一段时间之后转换了职业，或者是回到了多年前离开的职场，他们的发展道路通往新的职业生涯。

在成年中期改变职业，是有一些原因的，可能是他们的工作几乎没有什么挑战；或是他们已经熟练地掌握了工作要领，原本困难的工作现在也不过是日常事务。另一些人做出改变，是因为工作发生了不喜欢的改变，或者是他们失去了工作。他们可能被要求用更少的资源完成更多的工作，或技术的进步给他们的日常活动带来了巨大的改变，使得他们不再喜欢自己所做的事情。

还有另外一些人对于他们已经取得的地位并不满意，并且期待能有一个崭新的开始；有些人产生了工作倦怠，感觉自己做着单调的事情；而有些人仅仅是因为不想在余下的生命里继续做着同样的事情。对于他们来说，中年期就是他们可以做些有意义的职业转变的最后时机（Steers & Porter, 1991）。

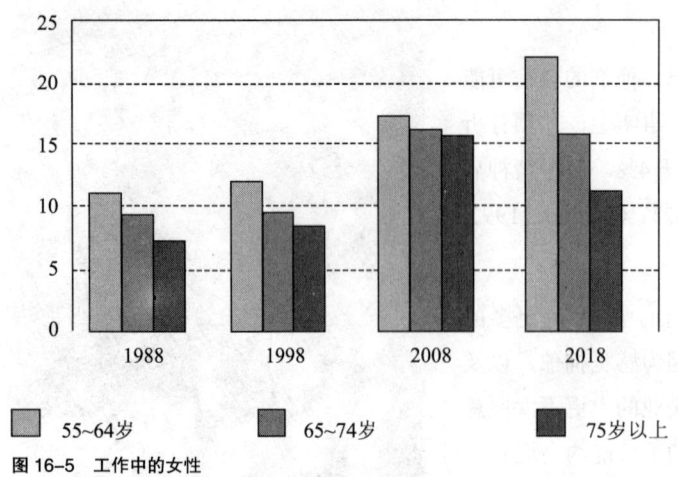

图16-5 工作中的女性
55~64岁的工作女性的百分比从1980年起稳步上升，这10年里仍在继续增长。（Source: Monthly Labor Review, 2009.）

最后，相当多的人（几乎全部是女性）在把孩子养大之后重返人才市场。有些人可能需要在离婚之后找到一份挣钱的工作。从20世纪80年代中期开始，职业女性的数量比起50年代有了显著的增长。大约半数55~64岁的女性在工作，对于那些大学毕业现在正在工作的女性来说，这个比例还会更高（见图16-5）。

人们可能抱着不切实际的高期望进入新的职业领域，然后对于现实情况非常失望。此外，开始新的职业生涯的中年人可能发现自己处在入门级的位置，他们的同事远远比自己年轻（Sharf, 1992; Barnett & Hyde, 2001）。但是从长远来看，在成年中期开始新的职业生涯可能会让人欢欣鼓舞。那些转换或是开始新的职业生涯的人有可能成为特别有价值的员工（Connor, 1992; Adelmann, Antonucci, & Crohan, 1990; Bromberger & Matthews, 1994）。

一些预言家指出职业的改变可能不再是特例，而是惯例。根据这种观点，技术进步如此之快，以致人们通常戏剧性地定期被迫改变他们的工作以进行谋生。在这种设想中，人们在一生中将拥有不止一个职业，而是好几个。

简言之，事实是绝大部分移民最终都会成为美国社会中做出贡献的一员。例如，他们会缓解劳动力的短缺，并且他们寄给留在家乡的亲人的钱会为世界经济增添活力（World Bank, 2003）。

休闲：工作以外的生活

典型的工作周大约包括35~40小时——对于大多数人来说还要更短——大部分中年人每周有70小时左右的清醒时间可以自由支配（Kacapyr, 1997）。那么他们在闲暇的时候做些什么呢？

首先，他们会看电视。中年人平均每周观看15个小时左右的电视。但是，除了看电视之外，中年人在闲暇的时候还有更多的事情可以做。实际上，对于很多人来说，成年中期代表了投入到室外活动中的一个全新机会。随着孩子离开家，父母有大量的时间可以参与到更广泛的活动中，比如参加各种运动，或参与一些公民活动，如加入城镇委员会。美国中年人大约每周花费6小时参加社会活动（Robinson & Godbey, 1997; Lindstrom et al., 2005）。

相当多的人发现闲暇时间的吸引力如此之大，以至于纷纷选择提前退休。对于做出此类选择的人，以及那些有足够经济来源维持余生的人来说，生活可以相当满意。提前退休者倾向于健康状况良好，他们也可能参与一些新的活动（Cliff, 1991; Ransom, Sutch, & Williamson, 1991）。

尽管成年中期代表了更多休闲活动的机会，但是大多数人还是报告说自己的生活节奏似乎并没有放慢。因为他们参与了很多活动，所以每周大部分的空闲时间都分割成15~30分钟的小块。因此，尽管从1965年开始每周的闲暇时间增加了5个小时，但很多人仍然觉得自己的空闲时间并没有比以前有所增加（Robinson & Godbey, 1997）。

为何额外的闲暇时间没有被人们注意到呢？一个原因就是，美国的生活节奏仍然比很多国家快很多。有一项研究通过测量步行者行走60英尺（约18米）所需的平均时间、顾客购买一张邮票所需的时间，以及公共钟表的精确度，对很多国家和地区的生活节奏进行了对比。根据这些测量结果，美国的生活节奏比其他很多国家都要快，尤其是拉丁美洲、亚洲、中东和非洲国家。另一方面，很多国家的生活节奏也超过美国，例如西欧和日本就比美国快很多，瑞士名列第一（见表16-2；Levine, 1997a, 1997b）。

表 16-2　全世界的生活节奏

	总体生活节奏	行走60英尺	邮政服务	公共钟表
瑞士	1	3	2	1
爱尔兰	2	1	3	11
德国	3	5	1	8
日本	4	7	4	6
意大利	5	10	12	2
英国	6	4	9	13
瑞典	7	13	5	7
奥地利	8	23	8	3
荷兰	9	2	14	25
中国香港	10	14	6	14
法国	11	8	18	10
波兰	12	12	15	8
哥斯达黎加	13	16	10	15
中国台湾	14	18	7	21
新加坡	15	25	11	4
美国	16	6	23	20
加拿大	17	11	21	22
韩国	18	20	20	16
匈牙利	19	19	19	18
捷克斯洛伐克	20	21	17	23
希腊	21	14	13	29
肯尼亚	22	9	30	24
中国大陆	23	24	25	12
保加利亚	24	27	22	17
罗马尼亚	25	30	29	5
约旦	26	28	27	19
叙利亚	27	29	28	27
萨尔瓦多	28	22	16	31
巴西	29	31	24	28
印度尼西亚	30	26	26	30
墨西哥	31	17	31	26

31个国家和地区生活节奏的排名，共有三种测量指标：市区步行60英尺所用的时间（分钟）；一个邮局职员完成一张邮票的购买交易所需的时间（分钟）；公共钟表的准确性（分钟）。

(Source: Adapted from Levine, 1997a.)

复习和应用

复习

- 成年中期个体看待工作的方式和以前有所不同，他们更注重短期因素，而更少强调职业奋斗与雄心壮志。

- 大部分中年人的工作满意度还是相当高，但有些人因为对自己的业绩感到失望或其他原因而不满意自己的工作。工作倦怠也是其中一个原因，尤其是对于那些从事助人职业的个体来说更是如此。

- 中年失业可能具有经济、心理和生理上的负性影响。

- 中年期职业的转变变得更加普通，主要的动力是对工作的不满意、对于挑战的需求或是对孩子长大之后找一份工作的希望。

- 成年中期个体通常比以前拥有更多的休闲时间。他们经常把这些时间用来参与室外的娱乐活动和社区活动。

应用毕生发展

- 为什么和以前相比，为职业成就奋斗对中年人没有那么大的吸引力了？什么样的认知和人格变化有可能导致这一现象的产生？

- **从一个社会工作者的视角看问题**：你认为为什么移民的雄心壮志与成就普遍被低估了？引人注目的负面案例的出现是否起了作用（如同在中年危机和激烈的青春期所看到的）？

结语

管有些观念长期认为成年中期是一个停滞、充满危机和不满意的时期，但我们看到人们在这个时期不断地成长和改变。身体上，他们经历逐渐地衰退，对于一些疾病更加易感。认知上，中年人在一些领域有所得，在另一些领域有所失，一般来说他们学会对衰退的能力进行补偿。

在社会和人格发展的领域，我们目睹了人们面临家庭关系和工作生活中的诸多改变，并且处理得相当成功。我们同样看到，将这一时期作为危机时期的特征是夸大消极的方面，而忽视积极的方面，但是这个阶段通常以成功的调整和满意为特征。最具有典型性的是，中年人成功地扮演了很多角色，和很多年龄阶段的人进行互动，其中包括孩子、父母、配偶、朋友，以及同事。

在本章中，我们考察了中年期发展的阶段理论，审视了这个阶段显现出来的重大争论。我们还探讨了亲密关系在成年中期的重要地位，尤其是和孩子、父母以及配偶之间的关系。我们看到了这些领域的改变在这个时期更有可能影响成人的生活。最后，我们探讨了中年期的工作和闲暇时光。在中年期，职业和退休的问题格外突出。

在进入下一章之前，我们先回想一下本章前言中关于米兰迪·巴比茨的事业之旅，利用你关于中年期的知识，考虑以下问题。

（1）米兰迪·巴比茨在中年期改变职业的原因是典型的还是非典型的？在她具体的事业轨迹中，对工作的不满是否扮演了一个重要的角色？

（2）巴比茨的经历最符合谁的中年期观点，埃里克森、瓦利恩特还是莱文森？你为什么这样认为？

（3）巴比茨是否显露出任何中年危机的迹象？为什么？

（4）你能根据人格发展的常规—危机模型或生活事件模型更准确地阐释巴比茨的生活吗？为什么？

- **成年中期的人格以哪些方式发生变化？**

- 人们是否按照常规—危机模型所指出的或多或少一致的过程，经历了与年龄相关的发展阶段，还是像生活事件模型提出的，发展是对于在不同时间、以不同顺序发生的重要生活事件的反应？对于这个问题人们有很多不同的观点。

- 埃里克森认为该年龄段的发展冲突是再生力对停滞，涉及从自身到外部世界关注点的转换。乔治·瓦利恩特将主要发展问题视为"保持意义对僵化"，即人们试图抽取出自己生命的意义，并接受他人的长处和短处。

- 根据罗杰·古尔德的观点，人们在成年期经历了7个阶段。丹尼尔·莱文森的生命季节理论关注40岁出头的人的中年转变。这一年龄段的人们对抗他们的死亡，质疑他们的成就，通常会导致中年危机。莱文森的研究主要基于小样本的男性被试，其研究方法上的局限性遭到了批评。

- 中年危机的概念因为缺乏证据而受到质疑，甚至"中年"这一概念的划分也有着文化的差异，一些文化中划分得明显，另一些文化中则没有这个概念。

- **成年中期的人格发展是否有连续性？**

- 总的来说，广泛的人格可能是长期相对稳定的，但也有一些特定方面随着生活改变而发生变化。

- **成年中期婚姻和离婚的典型模式是什么？**

- 对于大部分已婚夫妇而言，成年中期是一个满意的时期，但是对于很多夫妇来说，婚姻满意度持续下降，最终导致离婚。

- 大多数离婚的人通常会和离异者再婚。由于婚姻梯度的关系，超过40岁的女性比男性更难以再婚。
- 再婚的人比初婚的人更加现实和成熟，更公平地分担角色和责任。但是，再婚比初婚的离婚率更高。

中年人面临何种家庭状况的改变？

- 空巢综合征，即在孩子离家之后假定出现的心理剧变，可能被夸大了。当"飞去来器般的孩子"在面临经济生活的严峻现实之后，再次回到家中和父母居住在一起好多年时，父母和孩子的分离通常被延迟。
- 中年人通常面对抚养孩子和照顾年迈父母的责任。这样的人被称为夹心层，他们面临着巨大挑战。
- 很多中年人第一次成为祖父母。研究者区分了三种祖父母养育风格：参与型、慈爱型和关系型。种族和性别会影响祖父母养育风格。

美国家庭暴力的原因和特征是什么？

- 美国的家庭暴力已经达到了普遍的程度，四分之一的婚姻中会发生某种暴力形式。处在经济或情绪压力之下的家庭中，暴力发生的可能性最高。另外，儿童期被虐待的人成年以后更有可能成为施虐者，这是一种被称为"暴力循环"的现象。
- 婚姻中攻击的典型过程有三个阶段：紧张状态建立、一次激烈的殴打事件，以及爱的悔悟阶段。尽管表现出悔悟，如果施虐者没有得到有效的帮助，他们还是会继续施虐。

成年中期的工作和职业的特点是什么？

- 对于大多数人来说，中年期是一个工作满意度较高的时期。事业的雄心壮志对中年员工的推动力变小，他们更加看重工作之外的一些兴趣。
- 对工作的不满意可能出于对个人成就和地位的不满，或是感觉自己无法为工作中一些不可克服的问题做出一点改变。后一种情况被称为"工作倦怠"，通常影响那些从事助人职业的个体。
- 一些人在成年中期必须面对意外失业，这将产生经济、心理和生理上的不良后果。
- 越来越多的人在中年的时候自愿变换工作，有些人是为了增加工作中的挑战、满意度和地位，而另一些人则回到了多年前为了养育子女而离开的人才市场中寻找工作。
- 中年人有相当多的可供支配的休闲时间，很多人用来参与社交活动、娱乐活动或是社区活动。中年期的休闲活动为退休进行着良好准备。

关键术语和概念

常规—危机模型（normative-crisis models, p. 601）

生活事件模型（life events models, p. 601）

空巢综合征（empty nest syndrome, p. 611）

飞去来器般的孩子（boomerang children, p. 613）

夹心层（sandwich generation, p. 613）

暴力循环假说（cycle of violence hypothesis, p. 616）

中年危机（midlife crisis, p. 603）

工作倦怠（burnout, p. 620）

 我的发展实验室

登录我的发展实验室，获取更多复习资料，外加我的虚拟孩子、练习测试、视频、闪光呈现卡及其他。

综 合

成年中期

利·瑞安（Leigh Ryan）在身体和精神两方面都处于活跃状态。她对自己的婚姻有点不确定。她正好50岁，不管从实际年龄来看，还是从发展阶段来看，都处在成年中期的中间。她在成年中期的头一半时间里持续成长，并且她有严格的计划要在后一半时间里继续发展。她很活跃，在跳舞和园艺的嗜好上十分投入。她在全职工作和兼职执教之余还在进行社会学方面的深造。在社交方面，她喜欢招待朋友和回馈社区，但是她发现她的长期婚姻并不令人满意，她默默地为解决这个问题而努力。在中年期，她感觉到住在蒙特利尔的家人对她的吸引，可能事实上她会将自己的家朝那个方向搬迁。毫无疑问，她的发展将继续下去，无论她选择在哪里生活，是否和丈夫一起。

我的发展实验室

登录我的发展实验室，阅读真实生活中的婚姻顾问、保健提供者和教育顾问是如何回答这些问题的。你是否同意他们的答案？为什么？你读到的何种概念是支持他们观点的？

你怎么做？

- 你会建议利考虑削减她的时间表吗（通过放弃教职或减少课程负担的方式）？为什么？

你的答案是什么？

婚姻顾问怎么做？

- 考虑到利的年龄和处境，在她考虑离婚的时候，你会建议她考虑婚姻中的哪些因素？如何分辨她对婚姻的不满是一个需要解决的真实问题，还是一个"中年危机"？

你的答案是什么？

生理发展

- 利显露出少量中年期身体素质下降的迹象,她还保持着较高的身体活动水平。
- 她一直保持身体健康,这会帮助她减轻骨质疏松症和其他疾病。
- 利对婚姻的不满可能反映了她和丈夫性生活的变化。

认知发展

- 利正在修博士学位,这对智力上的敏捷性和活跃性提出了要求。
- 利对教学的热爱表明她有一个活跃的头脑,并且愿意运用她的智力。
- 在传统的智力类型之外,利很可能还拥有大量的实用智力。
- 她的记忆力几乎没有下降,这让她得以学习新技能。

社会性和人格发展

- 在成年中期,利和许多人分享抚养孩子长大和送他们上大学的经历。
- 她对社区和家庭的贡献表明她管理好了埃里克森的再生力对停滞阶段。
- 利正在为她的婚姻状况而努力,她的婚姻显示出明显的走下坡路的迹象,而不是复兴。
- 关于婚姻和孩子,贝拉和西奥多并未做出不同寻常的决定——这些决定对关系具有重要意义。
- 利面临着空巢的前景,这可能会促使她留在婚姻中。

保健提供者怎么做?

- 你如何确定利的许多活动是有利于她的健康的,而不是可能诱发压力和有害的?

你的答案是什么?

教育顾问怎么做?

- 你会建议利学习社会学以外的、就她的年龄而言也许更加实用的东西吗?她去读博士是不是太老了?她能跟上更年轻的学生吗?

你的答案是什么?

17 成年晚期的生理和认知发展

本章概要

17.1 成年晚期的身体发展
衰老：神话与现实
老年人的身体变化
变长的反应时
各种感觉：视觉、听觉、味觉和嗅觉

17.2 成年晚期的健康和幸福
老年人的健康问题：生理疾病和心理障碍

• **成为发展心理学知识的明智消费者**
成年晚期的幸福感：衰老和疾病的关系
成年晚期的性生活：不用就作废
衰老的理论：死亡为什么不可避免？
延缓衰老：科学家能找到永葆青春的奥秘吗？

• **发展的多样性**

17.3 成年晚期的认知发展
老年人的智力
有关老年人智力特点的最新结论

• **从研究到实践**
记忆：记住过去和现在的事情
活到老，学到老

前言：用更好的方法给坚果脱壳

乔克·布兰代斯（Jock Brandis）作为灯光师在电影行业工作了30年，主要负责解决复杂的工程问题。然而，在2001年去过一次非洲以后，乔克把他的事业转向了一个新的方向。在拜访马拉维①的和平工作队②（the Peace Corps）的一个朋友时，他看到当地妇女用带血的手指在剥花生壳。在当地花生是一种重要的经济作物。乔克意识到，如果能有一种机器代替她们做脱壳的工作，这会对当地经济有无法估量的帮助。

但是，当乔克回到美国以后，他发现根本就没有这样的机器。"如果你在电影行业工作，"乔克说，"要是有人问你能制作这个吗、你能做那个吗，答案永远都是'是'。然后你再去想怎么做。所以我想，我要发明这个东西。"

乔克发明了通用坚果脱壳机，这是一个给花生脱壳的简单机器，只要28美元。他也成立了一个非营利组织——满腹项目（the Fully Belly Project），来帮助推广这一装置。如今，通用坚果脱壳机被用于17个国家，满腹项目还在继续它的工作，去帮助那些发展中国家的人获得他们需要的工具，以成功运营一个盈利的农场。"很多人可能会想，'我的上帝，你都60多岁了，你最好快点儿，因为到75岁的时候你就会站在敬老院的前门廊上了。'"乔克说，"我不这么认为，我的想法不是那样的……我正在开始一项完全不同的事业，它和我以前的任何事业一样前程远大。"（Essick, 2009; Brandis, 2010）

老年医学专家发现，成年晚期个体也可以像年轻人一样精神饱满、精力充沛。

---
① 非洲国家。
② 由美国肯尼迪总统发起的，将受过训练的志愿人士送到发展中国家提供技术、教育和医疗方面援助的公益性组织。

老年医学专家 研究衰老的专家。

乔克·布兰代斯并不是唯一一个在成年晚期精力异常充沛的人。越来越多的老年人作为开拓者进入新领域，在体育方面取得新的成绩，并在一般意义上重塑了我们对成年晚期生活的看法。对于越来越多的成年晚期的人们来说，精力充沛的脑力和体力活动仍然是日常生活的一个重要组成部分。

老年在过去意味着丧失，包括脑细胞的损失、智能的衰退、精力的衰减，以及性欲的消退。现在，这种观点逐渐被**老年医学专家（gerontologists）** 的新看法所代替。这些专家认为，成年晚期是人们继续变化的一个时期——个体在某些方面会衰退，但在另一些方面会有所增长。而不是仅仅将成年晚期视为一种衰退。

成年晚期从65岁左右开始一直持续到死亡。虽然"年老"的定义一直在变，但大多数成年晚期个体仍然像比他们年轻几十岁的人一样精力充沛、精神饱满。这样，我们就不能简单地用实足年龄来定义老年，而必须考虑到老年人的生理和心理健康以及他们的功能性年龄（functional ages）。一些研究者根据功能性年龄将老年人分为三组：一组是年轻老人，比较健康、积极；一组是有一些健康问题、日常活动有困难的年老老人；还有一组是虚弱的、需要照顾的高龄老人。

尽管一个人的实足年龄能够预测他最有可能属于哪个组，但是这种预测并不一定准确。根据功能性年龄，一个积极、健康的百岁老人可以归入年轻老人一组。相比而言，一个患肺气肿晚期的65岁老人则要归入高龄老人一组。

本章将探讨成年晚期的生理和认知发展。首先我们将讨论衰老的神话与现实，同时考察使得人们误解成年晚期的一些刻板印象。我们将探讨衰老的外部征兆和内部迹象，以及神经系统和感观能力随着衰老而发生的变化。

接下来，我们将探讨成年晚期个体的健康状况和幸福感。在考察困扰老年人的一些主要障碍之后，我们将探讨哪些因素决定了老年人的幸福感以及衰老使得老年人更易患病的原因，还将集中讨论解释衰老过程的一些理论，以及性别、种族对寿命的影响。

最后，我们将讨论成年晚期的智力发展。我们将考察老年人的智力性质和认知能力变化的多种方式，还将评估成年晚期中不同的记忆种类，最后将讨论减缓老年人智力衰退的方法。

读完本章之后，你将能够回答下列问题：

- 在今天的美国，变老是一个什么样的状况？
- 成年晚期将会发生哪些生理变化？
- 衰老将如何影响老年人的感觉能力？

- 老年人总的健康状况如何？他们容易罹患哪些疾病？
- 老龄阶段的幸福感和性生活还能够维持吗？
- 人们预期自己能活多久？他们为什么会死去？
- 老年人的智力状况如何？
- 在成年晚期，个体的记忆力会下降吗？

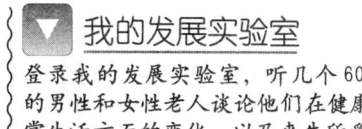

我的发展实验室

登录我的发展实验室，听几个60多岁的男性和女性老人谈论他们在健康和日常生活方面的变化，以及丧失所爱。

17.1 成年晚期的身体发展

从宇航员转行为参议员的约翰·格伦（John Glenn）为了帮助NASA（美国国家航空和宇宙航行局）研究老年人对太空旅行的适应状况，接受了一个为期10天的太空使命，于77岁那一年重返太空。格伦的杰出成就使他从众多老年人中脱颖而出，其实许多成年晚期个体的生活非常积极。他们精力充沛，完全沉浸在生活当中。

衰老：神话和现实

成年晚期和生命的其他阶段相比有明显的区别：因为人们活得越来越长，所以成年晚期的长度实际上在增加。无论把这个阶段定义为以65岁还是70岁为开端，今天全世界处于成年晚期的个体所占的比例要高于历史上任何时候。实际上，对于很多人来说，这个阶段持续的时间非常之长，所以人口统计学家对老年人群的测查一般根据年龄而划分。他们使用的术语与研究者使用的"功能性年龄"相同，但含义不同（所以如果有人使用这些术语，务必要弄清楚其含义）。对于人口统计学家来说，年轻老人的年龄范围为65~74岁，年老老人为75~84岁，高龄老人为85岁以上。

成年晚期的人口统计　在美国有八分之一的人年龄在65岁（含）以上。根据预测，截至2050年这个数字将达到四分之一，而85岁以上的人数也将从现在的400万增加到1,800万（见图17-1；Schneider, 1999; Administration on Aging, 2003）。

老年群体中增长速度最快的是高龄老人，即85岁（含）以上的老人。在最近20年里，高龄老人的人数几乎翻了一倍。老年人口爆炸的现象并不只限于美国，事实上，发展中国家的老年人口增长率还要更高一些。如图17-2所示，全世界各国老年人的人数都在激增。到2050年，全世界60岁以上的人数将第一次超过15岁以下的人数（Sandis, 2000; United Nations, 2002）。

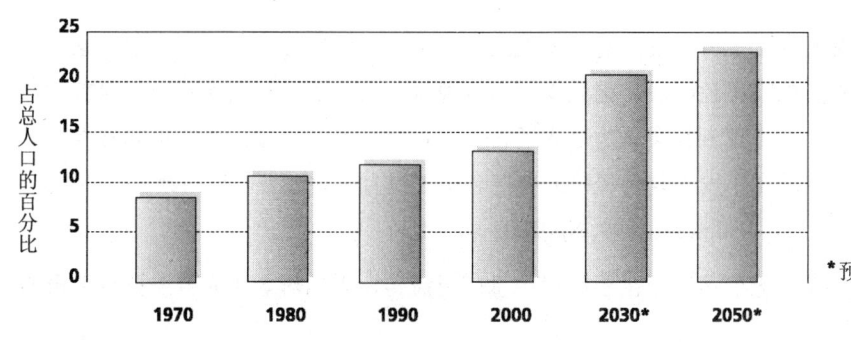

图17-1　快速增长的老年人口

到2050年，65岁以上的人数在总人口中所占的比例将快速增长至25%。你能说出导致这种增长的两个因素吗？

（Source: Adapted from U. S. Bureau of the Census, 2000.）

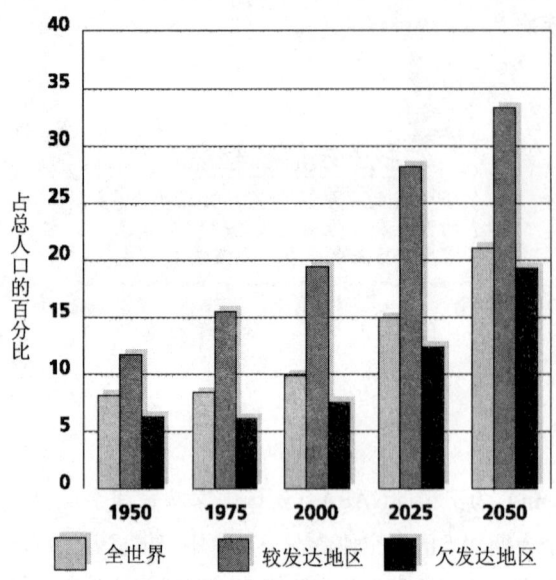

图 17-2 全世界的老年人口

寿命增加正在改变全世界人口的剖面图走向。预计到2050年，60岁以上老人所占的比例将会大幅增加。

（Source: United Nations Population Division, 2002.）

老年歧视 指向老年人的偏见和区别对待。

对老年人的歧视：遭遇对老年人的刻板印象

好埋怨（crotchety）、怪老头（old codger）、老笨蛋（old coot）、老糊涂（senile）、古怪的老头（geezer）、老巫婆（old hag），上面这些都是成年晚期的标签。如果你发现它们没有描绘出一幅美丽的画卷，那么你就对了：这些词都是贬义的、有偏见的，包含了对老年人的公开歧视和隐性歧视。**老年歧视（ageism）**是指向老年人的偏见和区别对待。

老年歧视表现在几个方面。普遍存在的对老年人的消极态度是，老年人更难充分地运用他们的心理能力。例如，许多有关态度的研究表明，相比更年轻的人，人们认为老年人在许多特质上表现得更加消极，特别是与一般胜任力和吸引力有关的特质（Cuddy & Fiske, 2004; Angus & Reeve, 2006; Iverson, Larsen, & Solem, 2009）。

此外，人们对老年人和年轻人的相同行为常常会做出完全不同的解释。假如你听到有人描述寻找房门钥匙的过程，这个人是20岁还是80岁，会使你对他的知觉产生什么变化？记忆力减退的老年人常被视为慢性遗忘，且容易出现心理障碍。相似的行为若发生在年轻人身上，则被宽容地解释为因脑子里事情太多而产生的暂时遗忘（Erber, Szuchman, & Rothberg, 1990; Nelson, 2004）。

对老年人的消极看法与西方社会崇尚年轻人和青春容貌的特点有关。除了专门为老年用品设计的广告外，其他广告中几乎都不会出现老年人的面孔。当老年人出现在电视节目里时，他们通常作为某人的父母、祖父母出场，而不是代表他们自己（Vernon, 1990; McVittie, McKinay, & Widdicombe, 2003）。

对老年人的歧视除了会引起这类消极看法外，还会反映在对待老年人的方式上。例如，老年人找工作时可能会遇到公开的歧视，在面试中可能被告知缺乏胜任某项工作的体力。有时他们还会被大材小用，老年人也接受了这样的刻板印象，成为自我实现预言，损害了他们的表现（Hedge, Borman, & Lammlein, 2006; Rupp, Vodanovich, & Credém 2006; Levy, 2009）。

在某种程度上可以说，对老年人的歧视是现代西方文化的一种特定现象。在美国历史上的殖民地阶段，老人受到高度尊敬，因为活得长意味着德高望重。与此类似，大部分亚洲社会认为老人活得长会拥有特殊的智慧，所以也非常尊敬老人。许多美国印第安人社会传统上会把老年人视为储存过去信息的仓库（Cowgill & Holmes, 1972; Palmore, 1999; Ng, 2002）。

然而在今天的美国，由于错误信息广泛流传，人们对老年人普遍持有消极的看法。例如，你可以通过回答表17-1中的问题来测试自己关于衰老的知识。大多数人的正确率不超过平均水平即50%（Palmore, 1988, 1992）。考虑到西方社会对老年人的刻板印象如此普遍，因此很有必要弄清楚这些观点的准确性。它们与事实相符吗？

答案多半是否定的，衰老引起的后果因人而异。尽管有些老年人身体很虚弱、认知上存在困难，还需要持续的照顾，但是也有许多像乔克·布兰代斯一样独立、精力充沛、思维敏捷和精明的智者。除此之外，有些问题乍看上去似乎是由衰老引起的，但其实真正的原因是疾病、饮食不当或营养不良。正如下面我们将要看到的，与生命早期类似，生命的秋季和冬季也会发生许多变化和成长，有时甚至还会大于生命早期（Whitbourne, 2007）。

当你看图中的这名女性时你看到了什么？对老年人的歧视普遍存在于针对老年人的消极态度中，认为老年人更难充分地运用他们的能力。

老年人的身体变化

"感觉燃烧。"健身录音中的语音说道，此时小组里的14个女性大部分都在跟着做。当健身录音继续进行各种健身项目时，每个女性参与的程度却各不相同。有些人在用力地伸展，另一些人大部分时候似乎只是在跟着音乐的拍子摆动。这里与美国的上千个健身班没有多少差别。不过，对一名年轻的观察者而言，她会很吃惊地发现：健身小组中最年轻的

表 17-1　衰老的神话

1. 大多数老人（65岁及以上）记忆存在缺陷、分不清方向、精神错乱。对还是错？
2. 老年期的五种感觉（视觉、听觉、味觉、触觉、嗅觉）都会退化。对还是错？
3. 大多数老人对于性生活都没有兴趣或是没有能力。对还是错？
4. 老年期肺活量会衰减。对还是错？
5. 大多数老年人在大部分时间都在患病。对还是错？
6. 老年期体能会衰减。对还是错？
7. 至少有十分之一的老年人住在提供长期服务的公共机构中（例如敬老院、精神病院、养老院）。对还是错？
8. 老年司机每人发生的交通事故数少于65岁以下司机。对还是错？
9. 老年工作者的工作效率常常不如年轻工作者的工作效率高。对还是错？
10. 超过四分之三的老年人非常健康，能够完成日常活动。对还是错？
11. 大多数老年人不能适应变化。对还是错？
12. 老年人学习新东西常常需要更长的时间。对还是错？
13. 对一般的老年人来说，学习新东西几乎是不可能的。对还是错？
14. 老年人的反应一般比年轻人要慢。对还是错？
15. 总的来说，老年人往往都很相似。对还是错？
16. 大多数老年人说他们很少感到无聊。对还是错？
17. 大多数老年人与社会隔离。对还是错？
18. 老年工人发生的事故比年轻工人少。对还是错？

评分说明：
所有的奇数题都是错的；所有的偶数题都是对的。大多数大学生答错六道题，高中生答错九道题。即使是大学教师平均也答错三道题。

（Source: Adapted from Palmore, 1988; Rowe & Kabu, 1999.）

初级衰老 随着人体变老，由于遗传预设而引起的普遍的不可逆转的变化。

次级衰老 由于疾病、健康习惯和其他个体差异而非年龄增加本身而引起的生理和认知功能变化，这种变化并非不可避免。

骨质疏松症 骨头变脆、变薄、易骨折的情况。

女性66岁，而最年老的女性81岁，她还穿着讲究的斯潘德克（Spandex）紧身衣。

观察者的吃惊反映了对老年人的一种普遍的刻板印象。许多人都会有这样的印象：年过65的老人习惯久坐不运动，喜静，不会参与这类要求旺盛精力的健身活动。然而事实却大相径庭。老年人的体能虽然与年轻时确有差别，但是他们大多数人身体仍然相当灵活和健康（Fiatarone & Garnett, 1997; Riebe, Burbank, & Garber, 2002）。

当然，从成年中期开始身体会发生细微的变化，到了成年晚期这种变化就会很明显。衰老的外部迹象以及身体内部功能的有关指标下降都是无可置疑的。

当我们讨论衰老时，要记住第十三章和第十五章介绍的初级衰老和次级衰老之间的区别，这一点很重要。**初级衰老（primary aging/senescence）**是指随着人体越来越老而出现的普遍的、不可逆转的变化。这种变化由遗传预先设定好，它反映了我们每个人从出生开始经历的不可避免的改变。相反，**次级衰老（secondary aging）**包含着由于疾病、健康习惯和其他个体差异而非年龄增加本身引起的变化，这种变化并非必然发生。尽管涉及次级衰老的生理和认知功能改变对于老年人来说很普遍，但是它们都可能避免，有时候还可能出现逆转。

衰老的外部迹象 衰老最明显的迹象之一是头发的变化。大多数人的头发会逐渐变灰，最终变白，可能还会变得稀薄。脸部和身体其他部位的皮肤失去弹性和胶原蛋白（形成身体组织基本纤维的蛋白质），从而出现皱纹（Bowers & Thomas, 1995; Medina, 1996）。

老年人可能会明显地变矮，有些人会比以前矮4英寸（约10厘米）。尽管这种变矮部分是因为身体姿势的改变，但主要原因是脊椎骨的软骨变薄。对于女性来说尤其如此，因为女性分泌的雌激素减少，所以比男性更容易罹患**骨质疏松症（osteoporosis）**，骨头也更容易变薄。

骨质疏松症影响了25%的60岁以上老年女性，它也是老年女性和男性容易发生骨折的一个主要原因。如果早年能够吸收充足的钙和蛋白质，并进行适当锻炼，就能很大程度上预防这种疾病。另外，骨质疏松症可以通过福善美（fosamax，又称 alendronate）之类的药物进行治疗，甚至可以预防（Moyad, 2004; Picavet & Hoeymans, 2004; Swaim, Barner, & Brown, 2008）。

尽管对老年人的消极刻板印象在两性身上都存在，但对于女性尤为明显。实际上，西方文化对外表持有双重标准：同样是出现衰老迹象，对女性的评价比对男性更苛刻。例如，男性出现

即使在成年晚期，锻炼也是可能的，同时也是有益的。

虽然男性出现灰发常常被视为"卓越的",但是相同的特征出现在女性身上却被更多地看做"上了年纪"的标志——明显的双重标准。

灰头发常被视为"卓越的",这是品质的一种标志;相同的特征出现在女性身上就是一种"上了年纪"的信号(Sontag, 1979; Bell, 1989)。

 我的发展实验室

登录我的发展实验室,听一位90岁的老人谈论他过去喜欢做的事情和现在身体允许他做的事情之间的差异。

双重标准造成的一种影响是,女性比男性更有可能将衰老的特征隐藏起来,她们感到的压力更大。例如,与老年男性相比,老年女性更有可能去染发、做整形手术,或使用能够让她们看起来更年轻的化妆品(Unger & Crawford, 1992)。然而,这种情况正在发生变化。男性对容貌的保持也越来越感兴趣,比如现在市场上有许多供男性使用的化妆品(如防皱霜),这也是西方文化以年轻为导向的又一种体现。这种变化可以解释为双重标准正在减轻的一种迹象,也可以解释为男女两性都开始更多关注对老年人的歧视。

内部衰老 随着衰老的外部特征越来越明显,身体内部各器官的功能也在发生着巨大的变化。许多能力都随年龄增长而衰退(见图17-3;Whitbourne, 2001; Aldwin & Gilmer, 2004)。

在健康状态下,随着年龄的增长,老年人的大脑会变得越来越小、越来越轻,但还保留着原有的结构和功能。收缩的大脑会逐渐远离颅骨,所以70岁人的脑与颅骨之间的空间会是20岁人的两倍。脑内血流量将会降低,即大脑消耗的氧气和葡萄糖变少。大脑某些部位的神经元或脑细胞会减少,但不会像先前以为的那样严重。近来研究表明,大脑皮层的细胞数目可能只有轻微下降。事实上,有证据表明特定类型的神经发育会持续一生(Tisserand & Jolles, 2003; Lindsey & Tropepe, 2006; Raz et al., 2007;见图17-4)。

脑内血流量减少的部分原因是心脏在整个循环系统中泵血的能力下降。由于全身血管收缩、硬化,心脏必须更努力地工作,而一般情况下它无法充分地补给。研究表明,一个75岁老人的心脏泵血量还不到他成年早期泵血量的四分之三(Kart, 1990; Yildiz, 2007)。

老年期身体其他系统的运转能力也不如生命早期。例如,随着年龄变老,呼吸系统的效率降低,消化系统分泌的消化液减少,消化食物的能力也减弱,这时老年人更容易患上便秘。年龄增加还会伴随着激素分泌水平的下降。除此之外,肌肉纤维体积和数量都会减少,而且它们利用血液里的氧气和

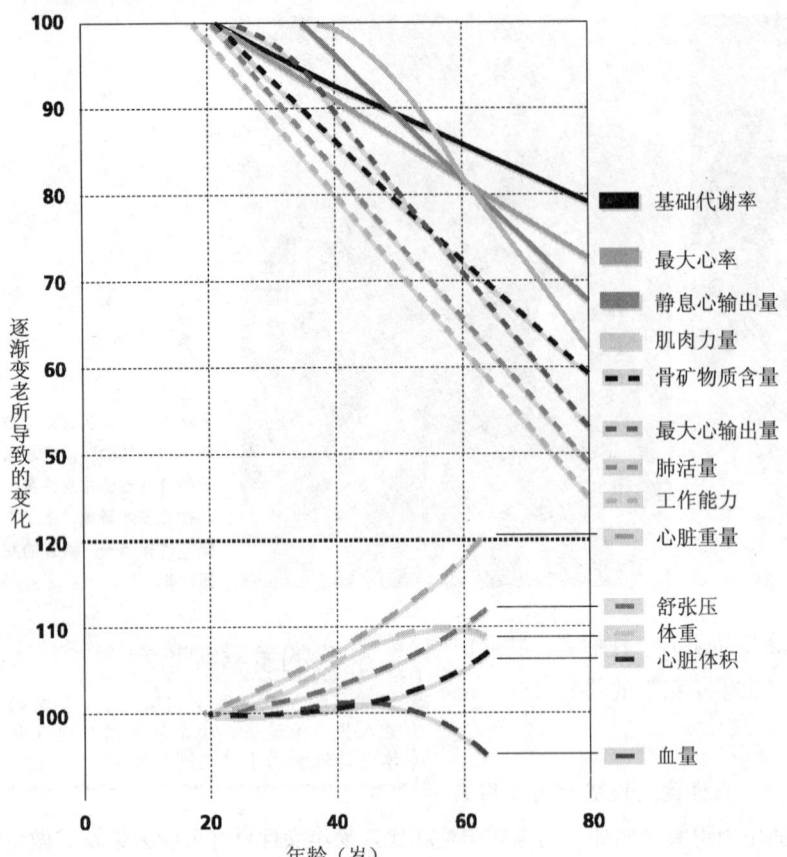

图 17-3　身体机能的变化
随着人们逐渐变老，身体各系统的功能发生了明显的改变。
（Source: Whitbourne, 2001.）

存储营养成分的能力也在降低（Fiatarone & Garnett, 1997; Lamberts, van den Beld, & van der Lely, 1997; Deruelle et al., 2008）。

尽管所有这些变化都是自然衰老过程中的一部分，但是对于生活方式不太健康的人来说，它们常常更早出现，比如吸烟将加速心脏血管容量的减少。

健康的生活方式也会减缓与衰老有关的变化。例如，参加举重类锻炼活动的人其肌肉纤维萎缩的速度比久坐不动的人更加缓慢。与此类似，身体越健康，心理测验的成绩就越好，身体健康还能防止脑组织的退化，甚至有助于新的神经元的生长。越来越多的研究表明，静坐的老年人如果开始进行有氧锻炼，最终会显示出认知方面的益处（Elder, DeGasperi, & GamaSosa, 2006; Colcombe et al., 2006; Kramer, Erickson, & Colcombe, 2006; Pereira et al., 2007）。

变长的反应时

小孙子游戏机的屏幕上出现"游戏结束！"的提示时，卡尔吃惊地缩了起来。他喜欢玩孩子们的游戏，但却难以像孩子们那样迅速地干掉那些坏蛋。

随着人们逐渐变老，老年人做事所需的时间也更长，例如系领带，应答响起的电话，玩游戏时按键等。速度减

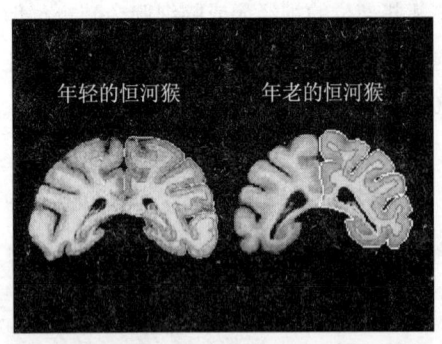

图 17-4　脑细胞减少
MRI图像显示出这只32岁恒河猴（右）大脑中白质减少，但是灰质没有减少。年轻的成年猴（左）是5岁。（Source: Rosene et al., 1996.）

慢的原因之一是反应时的增长。正如第十五章中谈到的那样，反应时在中年期开始变长，这种变化到了成年晚期会非常明显（Fozard et al., 1994; Benjuya, Melzer, & Kaplanski, 2004; Der & Deary, 2006）。

反应时变长的原因至今仍不清楚。其中一个解释是**外周减速假设（peripheral slowing hypothesis）**，即外周神经系统的整体加工速度变慢。外周神经系统包含从脊髓和脑延伸出来到达身体各末端的神经分支，其效率会随着衰老而降低。这样一来，信息从环境传递到大脑需要更长的时间，而大脑下达的指令传递到全身肌肉的时间也变长（Salthouse, 1989, 2006）。

其他研究者提出了另一种解释——**总体减速假设（generalized slowing hypothesis）**，即神经系统各部分（包括大脑）的加工效率都变差。这样一来，减速就是全方位的，包括对简单和复杂刺激的加工以及传递指令到全身肌肉的速度（Cerella, 1990）。

虽然我们不知道哪种假设的解释更准确，但毫无疑问的是，反应时和总体加工速度的减慢使老人发生事故的几率升高。因为反应变慢和加工时间变长，他们无法有效地接收可能代表危险情况的环境信息，由此他们的决策过程更加缓慢，最终他们帮助自己避免危险的能力也遭到损害。按照一定驾程内发生的事故数来计算，70岁以上的老年司机发生的致命事故数与十几岁的青少年一样多（Whitbourne, Jacobo, & Munoz-Ruiz, 1996; 见图17-5）。

尽管老人需要更长的时间进行反应，但他们关于时间的知觉似乎随着衰老而有所加快。相比年轻人，老年人会感到日子过得更快，时间似乎更容易飞逝而过。究其原因，可能是大脑为协调内部生物钟而做出了改变（Mangan, 1997）。

各种感觉：视觉、听觉、味觉和嗅觉

在老年期，身体中感觉器官出现了明显退化，尽管各感觉器官的退化情况各

外周减速假设 认为随着年龄增长，外周神经系统的整体加工速度会变慢的理论。

总体减速假设 认为随着年龄增长，神经系统各部分（包括大脑）的加工效率变差的理论。

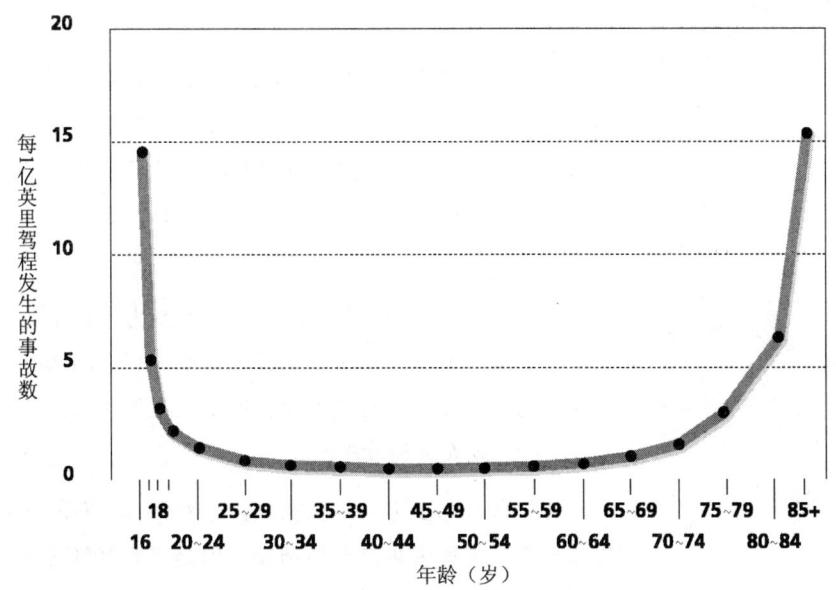

图17-5 不同年龄阶段驾车发生的致命交通事故
按照每英里驾程内发生的事故数来计算，70岁以上的老年司机发生的致命事故数量与十几岁的青少年相当。为什么会这样？
(Source: National Highway Traffic Safety Administration, 1994.)

不相同。因为感觉的重要作用是将人和外部世界联系起来,所以感觉能力的衰退将会对心理产生很大影响。

视觉 随着老龄的到来,眼睛的各个组织,包括角膜、晶状体、视网膜和视神经,都发生了变化,从而引起视力的下降。例如,晶状体变得浑浊,一名健康的60岁老人视网膜的光线量只有一名20岁年轻人的三分之一。视神经传导神经冲动的效率也降低了(Scheiber, 1992; Gawande, 2007)。其结果是,视力衰退表现在好几个维度上。例如老年人更不容易看清远处的物体,看书时需要更多的光线,而且从黑暗的地方到明亮的地方需要更长的时间进行适应,反之亦然。

视力的变化给日常生活带来了很多困难。开车变得更具挑战性,尤其是夜间驾车。类似地,看书需要更充足的光线,眼睛也更容易疲劳。另一方面,戴眼镜或隐形眼镜可以克服不少困难,大多数老年人能够借此看得清楚(Horowitz, 1994; Ball & Rebok, 1994; Owsley, Stalvey, & Phillips, 2003)。

一些眼疾在成年晚期变得更加常见,如白内障(cataracts)——眼睛晶状体的某些区域出现了云状物或不透明,从而阻挡了光线的通过。白内障患者看东西会模糊不清,在明亮光线下会感觉刺眼。如果患有白内障而不进行治疗,晶状体就会变为乳白色,最后导致失明。白内障可以通过手术去除,通过佩戴眼镜或隐形眼镜来恢复视力,也可以利用眼内植入晶状体(即在眼内永久植入一个塑料镜片)来恢复视力(Walker, Anstey, & Lord, 2006)。

影响众多老年人的另一个严重问题是青光眼。我们在第十五章也提到,当眼睛内的液体未能适当排出或者生成过多时,眼内液体压力就会增加,这时会形成青光眼。如果发现及时,青光眼也可以通过药物或手术进行治疗。

60岁以上老人失明的最常见原因是年龄相关的黄斑退化(age-related macular degeneration, AMD),它会影响视网膜附近的黄色区域,即视觉最敏锐的黄斑。当一部分黄斑变薄退化时,视力就会逐渐恶化(见图17-6)。如果能够早期做出诊断,有时可以用激光治疗。一些证据还表明多食用防衰老的维生素(C、E和A)可以减少罹患这种疾病的风险(Rattner & Nathans, 2006; Wiggins & Uwaydat, 2006; Coleman et al., 2008; Jager, Mieler, & Miller, 2008)。

图17-6 黄斑退化患者眼中的世界
黄斑退化导致视网膜中央区域的逐渐退化,只留下边缘视觉。这个例子显示黄斑退化患者可能看到的景象。(Source: AARP, 2005, p.34.)

听觉 大约30%的65~74岁老人存在某种程度的听觉损伤,而75岁以上老人的相应比例已经超过50%。总的来说,美国有1,000万以上的老人存在某种听力损失(HHL, 1997; Chisolm, Willott, & Lister, 2003)。

衰老尤其会影响人听到高频声音的能力。如果背景噪音很多,或者有不少人同时在说话,那么高频听力受损的老人要听清对话就会很困难。此外,大声的噪音让一些老人感到很痛苦。

助听器有助于弥补这些损失,它对75%左右的永久性听力损失患者可能有所帮助,但是只有20%的老人使用它们。原因之一是这些助听器还远不够完美。助听器放大背景噪音的倍数与放大对话声的倍数一样多，这很难让使用者将希望听到的对话声从其他声音中分离出来。一个在餐馆中想努力听清对话的老人可能会被叉子碰撞盘子的声音弄晕。许多老人觉得使用助听器使他们看起来比实际年龄还要老，而且有可能导致其他人将他们当成神志不清的人对待（Lesner, 2003; Meister & von Wedel, 2003）。

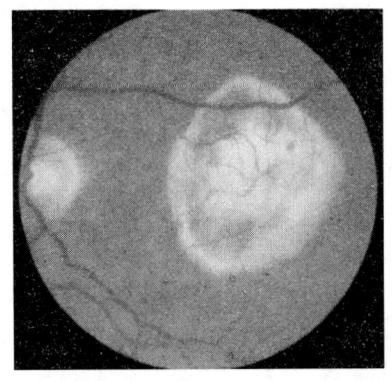

年龄相关的黄斑退化将会影响位于视网膜附近的黄色区域，即黄斑。一旦黄斑变薄退化，视力就会逐渐恶化。

听觉损失尤其会影响老年人的社会生活。由于无法完全听清对话，有些听力有问题的老年人远离他人，回避很多人在场的场合。由于他们无法确定别人在说什么，他们可能也不愿意做出反应。听力损失可能会使老年人产生妄想，因为他们会根据心理恐惧而不是事实来填补空白。例如，当有人说"I hate going to the mall"时，听力受损的人可能会听成"I hate going to Maude's"。因为只能捕捉到一些对话片断，所以听力受损的老人很容易感到孤单和被忽略（Myers, 2000; Goorabi, Hoseinabadi, & Share, 2008）。

此外，听力损失可能会加速老年人的认知能力下降。当他们努力去理解他人说的话时，有听力问题的老年人将大量的心理资源用于感知别人说的话——否则这些心理资源会被用于处理话语所传达的信息，结果导致了记忆和理解信息的困难（Wingfield, Tun, & McCoy, 2005）。

味觉和嗅觉 因为老年期味觉和嗅觉的敏感性会发生变化，所以一向爱好饮食的人到了老年，其生活质量可能会大大下降。到老年时这两类感觉的辨别力都会下降，所以食物尝起来、闻起来都没有以前那样可口了（Kaneda et al., 2000; Nordin, Razani, & Markison, 2003; Murphy, 2008）。

味觉和嗅觉敏感性下降的原因可以追溯到生理上的变化。大多数老年人舌头上的味蕾比年轻时要少，脑中的嗅球也开始萎缩，从而使嗅觉能力下降。因为嗅觉与味觉有一定的关系，所以嗅球萎缩也会使食物尝起来更加无味。

味觉和嗅觉敏感性的下降将会带来副作用。因为食物尝起来没有那么好吃，人就会吃得更少，这很容易引发营养不良。为了补偿味蕾的减少，他们可能在做菜时放更多的盐，从而增加患高血压的几率，而高血压恰恰是老年人最常发生的健康问题之一（Smith et al., 2006）。

复习和应用

复习

- 老年人常常受到歧视，即指向老年人的偏见和区别对待。
- 衰老同时会引起外部变化（头发变薄变灰，产生皱纹）和内部变化（大脑变小，脑内血流量减少，循环、呼吸和消化的效率降低）。
- 解释老年人反应时增长的两种主要假设是外周减速假设和总体减速假设。

- 在距离较远、光线微弱，以及从暗处移到亮处、从亮处移到暗处的情况下，老年人更不容易看清物体。
- 听力，特别是高频能力可能会减弱。这将导致老年人出现社交和心理困难。嗅觉和味觉的辨别力可能会下降，从而引发营养问题。

应用毕生发展

- 应该对老年人驾驶执照的更新进行严格检查吗？应该考虑哪些问题？
- **从一个社会工作者的视角看问题**：如果老年人因为"精力充沛"、"活泼"、"年轻"之类而受到表扬和关注，这是对老年歧视的支持还是挑战？

17.2 成年晚期的健康和幸福感

"对一个演员来说，最大的损失就是失去观众。我可以让红海一分为二，但却不能与你分开，这正是我不能将你隔离在我的生命舞台之外的原因。现在的我并没有任何变化。只要我还能够，我就会坚持工作；当我必须休息的时候医生会告诉我。如果你看到我的步伐不再轻盈，我的口中不能再叫出你的名字，你应该知道为什么。如果我再次为你讲述一个有趣的故事，请你，无论如何，大声地笑出来。"（Heston, 2002）

上面这些是2008年去世的演员查尔顿·赫斯顿（Charlton Heston）宣布自己患上阿尔茨海默氏症的时候所说的一段话。美国有450万人正在遭受这种病症的折磨，他们的身体和心智都在衰退。在某种程度上，阿尔茨海默氏症——导致2004年美国前总统里根死亡的原因——成为我们对于老年人看法的象征，而根据普遍的刻板印象来看，老年人的身体不太健康，更易于患病。

美国前总统里根于93岁离开人世前，经受了10年阿尔茨海默氏症的折磨。

然而，现实并非如此，大多数老年人在老年期的大部分时间内健康状况相对良好。根据美国的一项调查，65岁以上老人中，几乎有四分之三的人认为自己的健康状况良好、很好或非常棒（USDHHS, 1990; Kahn & Rowe, 1999）。

当然另一方面，步入老龄阶段也意味着更容易患上很多疾病。现在我们就来看看一些困扰老年人的主要生理和心理问题。

老年人的健康问题：生理疾病和心理障碍

大多数发现于成年晚期的疾病并不只限于老年人，比如所有年龄的人都有可能罹患癌症或心脏病。不过，这些疾病和许多其他疾病的发病率随着年老而增加，所以导致老年人总体患病几率增加。另外，年轻人患病后很容易恢复元气，而老年人恢复起来却很慢。最终，疾病更可能耗尽了老年人的元气，从而阻碍他们完全康复。

常见的生理疾病 导致老年人死亡的主要疾病有心脏病、癌症和中风，将近四分之三的老年人死于这些疾病。由于衰老伴随身体免疫系统的弱化，所以老年人也更容易染上传染病（Feinberg, 2000）。除了容易罹患致命病症之外，大多数老年人都至少患有一种长期的慢性疾病（AARP, 1990），例如，折磨了近半数老年人的关节炎（一个或多个关节发炎）。关节炎会引起周身各部位的胀痛，甚至会导致残废。关节炎患者会发现自己连最简单的日常活动（例如拧开罐头盖、用钥匙开锁）都完成不了。阿斯匹林和其他药物虽然可以缓解肿胀和疼痛，但却无法将其治愈（Burt & Harris, 1994）。

将近三分之一的老人患有高血压。因为高血压没有任何症状，所以许多患有高血压的人都意识不到自身状况，这样就会很危险。如果不进行治疗的话，随着时间的推移，循环系统内的高压会导致血管和心脏的恶化，从而增加罹患脑血管疾病或中风的可能性（Wiggins & Uwaydat, 2006）。

心理和精神疾病 大约有15%~25%的65岁以上老人表现出心理障碍的某些症状，尽管这个比例比中年人和青年人相对要低。和这些疾病有关的行为症状在65岁以上老人身上的表现有时候与中年人及青年人的表现有所不同（Haight, 1991; Whitbourne, 2001）。

心理障碍中最常见的问题之一是抑郁症，它的特征是具有强烈的悲伤、悲观和无望的感觉。老年人变得抑郁的一个明显原因是，他们要不断经受配偶和朋友死亡的痛苦。另一个可能的原因是，衰退的体能和健康状况会使老年人感到自己更不独立、更没有控制感（Penninx et al., 1998; Kahn, Hessling, & Russell, 2003; Menzel, 2008; Vink et al., 2009）。

这些解释有一定的道理，但我们仍然没有完全弄清楚为何成年晚期的抑郁问题比生命早期的更严重。不过，有些研究却表明成年晚期的抑郁发生率实际上可能更低。关于这种矛盾发现的一个原因是：成年晚期可能存在两类抑郁，一类是出现在生命早期一直持续到老年，另一类是由于衰老而引起的（Gatz, 1997）。

一些老人为了医治各种各样的病症，会同时服用不同的药物，这样很容易患上药物所致的心理障碍。这一现象也不少见。由于新陈代谢的变化，适合25岁年轻人的药对75岁老人来说剂量可能就太

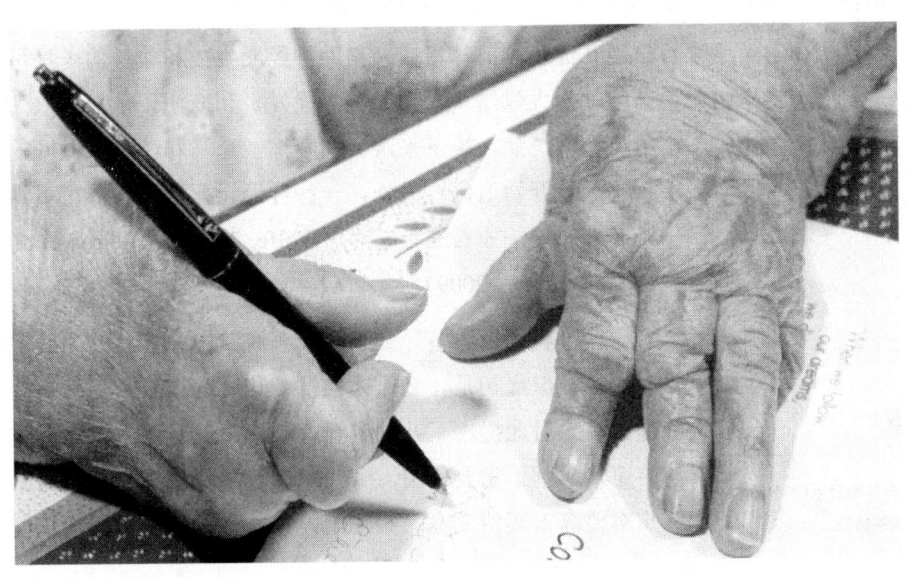

关节炎导致手部关节肿胀、发炎。

大。药物的相互作用很微妙，可通过不同的心理症状表现出来，例如药物中毒可能会引起焦虑症状。正是由于这些可能性的存在，需要服药的老人必须将自己曾服过的各种药很仔细地告诉医师和药剂师。他们同时还必须避免自己服用一些非处方药，因为非处方药和处方药混用可能会很危险，甚至会致命。

老年人最常见的精神疾病是**痴呆症（dementia）**，它包括多种病症，是严重的记忆丧失中的广泛类别，并伴有其他心理功能的衰退。痴呆症有多种成因，但症状都很相似，包括记忆力减退、智力下降和判断力受损。罹患痴呆症的几率随着年老而不断增加。60~65岁老人中被诊断为痴呆症的比例不到2%，而65岁以上老人每增加5岁这个比例就翻一翻，到了85岁以上这个比例升到三分之一左右。当然，患病几率上也存在一些种族上的差异，非裔美国人和西班牙裔美国人患痴呆症的几率高于白种人（National Research Council, 1997）。

痴呆症最常见的形式是阿尔茨海默氏症，它代表了老年人群面临的最严重的心理健康问题之一。

阿尔茨海默氏症　阿尔茨海默氏症（Alzheimer's disease）是一种渐进性大脑障碍，表现为记忆丧失和混乱。美国每年有10万人死于此病。19%的75~84岁老人，以及将近50%的85岁以上老人患有阿尔茨海默氏症。除非能够找到治愈方法，否则截至2050年将会有1,400万人成为阿尔茨海默氏症的受害者，这个数目比现在的三倍还要多（Cowley, January 2000）。

阿尔茨海默氏症的症状逐渐显现出来。一般来说，第一个症状是异乎寻常的健忘。一位老人在一周内可能数次停在杂货店门口，忘记自己已经买过东西了。他们在和他人的对话过程中可能想不起来某些词语。一开始是近期记忆受到影响，然后旧有记忆开始消退，最后陷入完全混乱状态，吐字不清，甚至不能认出最亲密的家人和朋友，还会失去对肌肉的自主控制，卧床不起。因为患者最初能意识到自己的记忆在衰退，也非常明白该病的后期症状，所以可能会产生焦虑、恐惧或抑郁情绪——考虑到严酷的预后情况，这一点不难理解。

痴呆症　老年人最常见的一种精神疾病，包括多种病症，每种都包括严重的记忆丧失，并伴有其他心理功能的衰退。

阿尔茨海默氏症　引起记忆丧失和混乱的渐进性大脑障碍。

从生物学角度来看，当β淀粉样前体蛋白（帮助神经元生成和成长的一种蛋白质）的制造出错时，细胞就会大量结块，引起神经元发炎和变质，从而导致阿尔茨海默氏症。接下来，大脑萎缩，海马和额叶、颞叶的一些区域开始退化。另外，一些神经元死亡，导致很多神经递质短缺，如乙酰胆碱等（Wolfe, 2006; Medeiros et al, 2007; Bredesen, 2009）。

尽管我们很清楚导致了阿尔茨海默氏症症状的大脑生理变化，但最初是什么原因触发了这一问题至今仍然是个谜。有人对此提出了几种解释，其中之一是第二章探讨过的遗传起到了重要作用。一些家庭发生阿尔茨海默氏症的几率要高于其他家庭。实际上，某些家庭有一半的孩子似

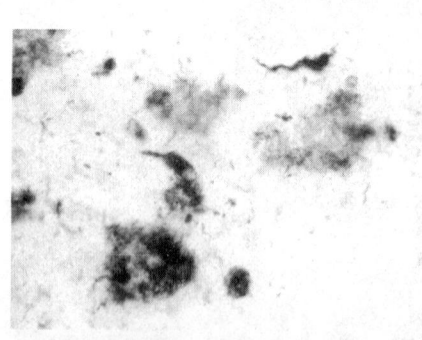

阿尔茨海默氏症患者的大脑扫描图显示神经细胞缠绕在一起形成斑块，这是该疾病的特征。

乎从父母那里遗传了这种疾病。研究还发现，在阿尔茨海默氏症症状出现的多年之前，那些受遗传影响更可能罹患此病的人的大脑扫描图表明，当他们回忆信息时脑功能出现了异常，见文前彩图17-7所示（Coon et al., 2007; Thomas & Fenech, 2007; Baulac et al., 2009）。

大多数证据表明，阿尔茨海默氏症是一种遗传疾病，但是非遗传因素（如高血压或饮食）可能会增加人们罹患此病的几率。在一项跨文化研究里，居住在尼日利亚一个镇上的穷困黑人比住在美国的非裔美国人更少患上阿尔茨海默氏症。研究者推断，这两组人在饮食上的差异——尼日利亚居民主要吃蔬菜——也许可以解释阿尔茨海默氏症发病率的不同（Hendrie et al., 2001; Friedland, 2003; Wu, Zhou, & Chen, 2003; Lahiri et al., 2007）。

研究者也考察了可能引起该疾病的其他原因，如免疫功能紊乱，激素分泌不平衡，某些病毒所致。其他研究发现，20岁出头时较低的语言能力与晚年由阿尔茨海默氏症引起的认知能力退化有关（Snowdon et al., 1996; Alisky, 2007）。

目前还没有能够治愈阿尔茨海默氏症的方法，治疗只能缓解一些症状而已。虽然我们现在还不能完全理解阿尔茨海默氏症的病因，但是有一些药物治疗似乎比较有效，不过长期效果并不佳。某些类型的阿尔茨海默氏症会出现神经递质乙酰胆碱（ach）损失的情况，最有效的药物都与此有关。盐酸多奈哌齐（donepezil，商品名安理申"Aricept"）、酒石酸卡巴拉汀（rivastigmine，商品名艾斯能"Exelon"）、加兰他敏（galantamine，商品名利忆灵"Reminyl"）都是最常用的处方药，它们似乎能够减轻某些症状，但是只对一半的阿尔茨海默氏症病人有效，而且疗效是暂时的（Corliss, 1966; Gauthier & Scheltens, 2009）。

其他正在研究的药物包括消炎药，旨在降低阿尔茨海默氏症病人的大脑炎症。另外，考虑到有证据表明服用维生素的人罹患该病的风险更低，研究者正在对维生素C和E的化学成分进行检测。不过目前来说，很清楚的是没有一种药物能够真正将其治愈（Alzheimer's Association, 2004; Mohajeri & Leuba, 2009; Sabbagh, 2009）。

当患者失去自理能力甚至不能控制膀胱和肠功能时，他们必须接受全天24小时看护。由于这样的看护连最有奉献精神的家庭都不太可能做到，所以大多数阿尔茨海默氏症患者是在疗养院走

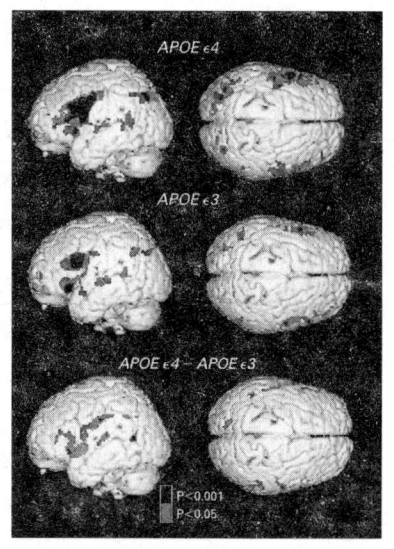

图17-7 不同的大脑？
在完成回忆任务的同时对个体进行脑扫描发现，有阿尔茨海默氏症遗传倾向的人的大脑与那些没有此倾向的人的大脑有所不同。最上方是具有阿尔茨海默氏症患病风险的个体的大脑图，中间是正常人的大脑图。最下方标出了上面两行大脑图之间存在差异的区域。

（Source: Bookheimer et al., 2000.）

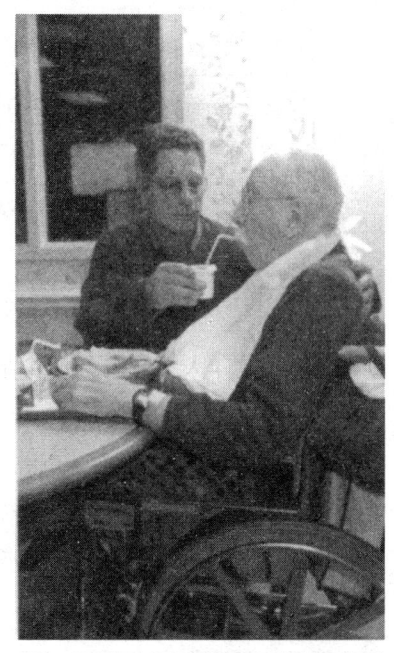

照料阿尔茨海默氏症病人需要极大的体力和情感投入，许多照料者因而感到受挫、生气和筋疲力尽。怎样可以减轻照料者的压力？

完生命的最后一段路程。这样的病人占疗养院病人的三分之二左右（Prigerson, 2003）。

阿尔茨海默氏症病人的看护者常常成为该疾病的间接受害者。看护者很容易由于患者压倒一切的需求而感到挫败、愤怒和筋疲力尽。看护者不仅要付出繁重的体力劳动，还要眼睁睁地看着所爱的人身体不断恶化、情绪持续波动甚至突然发狂，直至病人离开人世。总之，看护阿尔茨海默氏症患者是一项非常繁重的工作（Thomas et al., 2006; Ott, Sanders, & Kelber, 2007; Sanders et al., 2008）。

成为发展心理学知识的明智消费者

看护氏症患者

当朋友或亲人不幸患上阿尔茨海默氏症时，他们的身体状况和心理状态将不断恶化。所以说，阿尔茨海默氏症是最难处理的疾病之一。不过有一些办法可以帮助阿尔茨海默氏症患者和看护者。

- 让患者尽可能从事一些日常活动，使他们感到在家里很安全
- 为日常用品贴上标签，给患者提供日历、详细且简明的清单，口头提醒他们时间和地点
- 让穿衣服变得简单起来　衣服尽量不要有拉链和纽扣，把衣服按穿在身上的顺序摆出来。
- 安排好洗澡的日程　患者可能害怕摔跤和很烫的水，因此可能会拒绝洗澡。
- 不要让患者开车　患者常常希望像以前一样继续开车，但他们的事故率很高，几乎是平均水平的20倍。
- 监控电话的使用　患者在应答电话时可能会同意电话推销员和投资咨询者的请求，从而上当受骗。
- 提供锻炼的机会　如每日散步，这能够阻止肌肉功能退化而导致的僵硬。
- 看护者要记得为自己抽出部分时间　虽然看护患者的工作是全天候的，但是看护者需要有自己的生活。看护者可以从社区服务组织那里寻求帮助。
- 打电话或写信给能够提供服务和信息的机构

成年晚期的幸福感：衰老与疾病的关系

生病是老年人不可避免的事情吗？答案并非如此。相比年龄，老年人是否生病更多地取决于许多其他因素，其中包括遗传的易患病体质、过去及现在的环境因素和心理因素。

一些疾病（如癌症和心脏病）显然有遗传的成分，例如有些家庭的乳腺癌发病率就比其他家庭高。不过，遗传的易患病体质并不是说一个人一定将会得某种疾病。人们的生活方式，即他们是否吸烟、饮食的特点、是否接触致癌物质（如阳光、石棉）等，都可能提高或降低他们患此类疾病的几率。

此外，经济水平也起着一定的作用。例如，在生命的所有阶段中，住在贫困地区的个体很难获得医疗护理。即使是生活相对较好的人也很难找到负担得起的健康护理。举个例子，2002年老年人用现款支付的健康护理费用平均为3,600美元，在10年内增长了45%。此外，老年人将其所有支出的

13%用于了健康护理,这个比例是年轻人的两倍多。由于美国缺乏覆盖一般医疗护理的健康护理保险系统,所以许多老年人为支付健康护理费用而面临沉重的经济负担。结果,许多老年人得不到充分的护理。他们也不大可能定期检查身体,等到最后寻求治疗的时候,疾病往往已经发展得非常严重了(Administration on Aging, 2003)。

经济幸福感是衰老与疾病之间关系的重要因素,部分是因为贫困会限制老年人获得医疗护理。

最后一点,心理因素对老年人患病和死亡的可能性也有重要影响。例如,对居住环境有控制感,哪怕只是对日常事务进行选择的权利,都可以让人拥有更好的心理状态和健康状况(Taylor, 1991; Levy et al., 2002)。

提高健康水平 为了身体健康,同时也为了延年益寿,老年人可以做一些特定的事情。无疑在生命的最后阶段,人们应该做些正确的事情,比如饮食要适当,进行身体锻炼,避免明显的健康危害(见图17-8)。针对老年人的医疗机构和社会服务机构已经开始强调生活方式的重要性,很多此类机构的目标不仅包括使老年人远离疾病和死亡,还包括拓展老年人的积极寿命,即他们能够保持健康、享受生活的时间(Burns, 2000; Resnick, 2000; Sawatzky & Naimark, 2002; Gavin & Myers, 2003; Katz & Marshall, 2003)。

> ▼ **我的发展实验室**
> 登录我的发展实验室,观看琼安(Joan)和比尔(Bin)的视频,他们是一对70多岁的夫妇;他们俩都是远足、划船、网球和滑雪的爱好者,完全是运动家的风格。

不过有时候,老年人即使依照这些简单的指导行事也会遇到困难。粗略的估计显示,15%~50%的老年人营养不良,数百万的老年人每天还在挨饿(Burt & Harris, 1994; deCastro, 2002; Donini, Savina & Cannella,

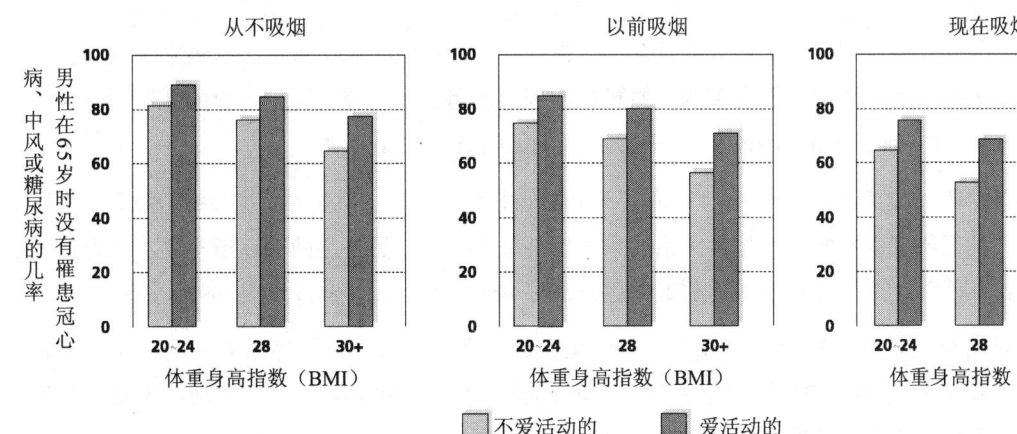

图 17-8 锻炼和健康饮食的益处

近期对7,000多名40~59岁男性的研究发现,不吸烟、保持体重、有规律地锻炼能够大大降低罹患冠心病、中风、糖尿病的几率。虽然这个研究只考察了男性,但是健康的生活方式同样有益于女性。[体重身高指数(BMI)的计算方式:用你的体重(磅)乘以705,除以你的身高(英寸),然后再除以你的身高。]

(Source: Adapted from Wannamethee, et al., 1998.)

2003）。

引起营养不良和饥饿的原因有很多。一些老年人太穷而买不起足够的食物；一些老年人因为身体太虚弱而无法自己购物或煮饭；还有一些老年人没有准备适当菜肴的动机，特别是当他们独自居住或抑郁时。对于那些味觉和嗅觉敏感性下降的老年人来说，吃精心准备的食物可能不再是种享受，而且一些老年人早年期间的膳食可能就不怎么均衡（Horwath, 1991; Wolfe, Olson, & Kendall, 1998）。

进行充分的锻炼对于老年人来说可能也有一定的困难。体力活动可以增加肌肉的强度和灵活性，降低血压，减少心脏病的发作风险，并会带来其他一些好处，但很多老人都得不到足够的锻炼，因而也享受不到这些益处（Hardy & Grogan, 2009; Kamijo et al., 2009; Kelley et al., 2009）。

例如，疾病会阻碍老年人进行锻炼，冬季的恶劣天气可能也会限制老年人走出家门。除此之外，许多因素可能交织在一起，例如一个没有钱吃适当食物的穷人可能也没有体力进行锻炼（Traywick & Schoenberg, 2008; Logsdon et al., 2009）。

成年晚期的性生活：不用就作废

你的祖父母有性生活吗？非常可能的回答是：有。尽管答案可能会令你吃惊，但越来越多的证据表明，到了八九十岁人们在性方面仍然十分活跃。尽管刻板印象会令我们觉得两个75岁的老人发生性行为不太适当，而一个75岁老人手淫似乎更奇怪，但实际上这种情况确实存在。对此的消极态度是由美国的社会预期造成的。而许多其他文化却会预期老年人在性方面保持活跃，一些社会还预期，随着逐渐变老人们在性方面更放得开（Winn & Newton, 1982; Hyde, 1994; Hillman, 2000; Lindau et a., 2007）。

两个主要因素决定了老年人是否参与性活动（Masters, Johnson, & Kolodny, 1982）。一个是良好的身体健康和心理健康。参与性活动既需要身体健康，也需要对性活动持有积极的态度。另一个是之前的性活动是否规律。老年人之前没有性活动的时间越长，将来发生性活动的可能性越低。"使用它或失去它"似乎能准确描述老年人的性功能。性活动能够持续一生，现实情况也常常如此。此外，一些证据表明，有性生活可能会起到一些预料不到的作用。有研究发现，规律的性活动与更低的死亡风险有关（Kellett, 2000; Henry & McNab, 2003; Huang et al., 2009）!

一项调查发现，70岁以上老人中有43%的男性和33%的女性手淫，手淫的平均频率是每周一次。大约三分之二的已婚老人和配偶发生性关系的频率也是每周一次。另外，随着逐渐变老，认为自己的性伴侣外表有吸引力的人数比例也在增加（见图17-9；Brecher et al., 1984; Budd, 1999）。

当然，随着衰老，性功能确实出现了一些变化。成年期睾丸激素（雄性激素）的分泌水平逐渐下降，一些研究发现50～70岁期间睾丸激素下降的幅度平均为30%~40%。男性勃起需要更长的时间和更多的刺激，不应期阶段（男性在性高潮后不能再次被唤起的时间）可能会持续一天甚至几天。女性的阴道变窄，失去弹性，自然分泌的润滑液变少，使性交变得更加困难（Frishman, 1996; Seidman, 2003）。即使在老年期，性活动也必须注意卫生安全。像年轻人一样，老年人也容易染上性病。事实上，被诊断为艾滋病患者的人中有10%超过50岁（National Institute of Aging, 2004）。

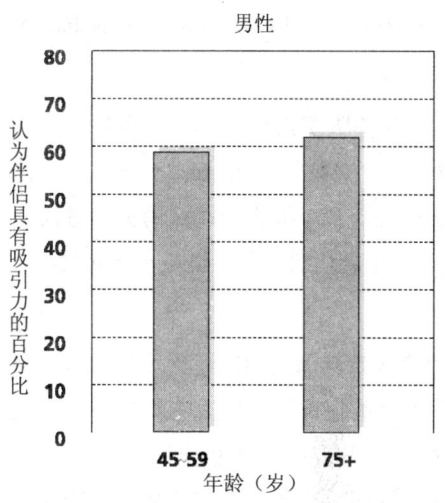
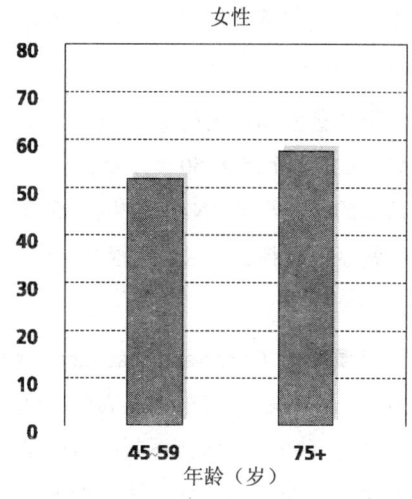

图 17-9 吸引力随年龄的变化

45岁以上的美国人中超过50%都认为他们的伴侣具有吸引力，而且随着时间的推移吸引力逐渐增大。（Source: AARP/Modern Maturity Sexuality Study, August, 1999.）

衰老的理论：死亡为什么不可避免？

讨论成年晚期的健康问题就不可避免要谈到死亡。无论在生命的各阶段身体有多么健康，我们都很清楚每个人都要经历身体的衰老直至生命的结束。这是为什么呢？有两种主要的理论可以解释我们为什么会经历衰老和死亡：遗传预程理论和磨损理论。

衰老的遗传预程理论

认为人体 DNA 遗传密码包含了细胞繁殖的内置时间限制的理论。

衰老的遗传预程理论（genetic preprogramming theories of aging）该理论认为，人体DNA遗传密码包含了细胞繁殖的内置时间限制。当经历了由遗传决定的那段时间之后，细胞就不能再分裂了，个体从此开始走向衰退（Finch & Tanzi, 1997；Rattan, Kristensen, & Clark, 2006）。

实际上，遗传预程理论有几个变式。一个是认为遗传物质包含了"死亡基因"，它预置了使身体走向衰退和死亡的密码。我们在第一章里提到过，坚持进化观点的研究者认为物种的生存会要求人们必须活到足够长的时间以进行繁殖，但繁殖期之后的长寿命就没有必要了。根据这种观点，那些更容易在生命晚期侵袭人类的遗传疾病将会持续存在，因为遗传允许人们有时间繁殖后代，所以也会将引起疾病和死亡的"预置"基因传递下去。

遗传预程理论的另一个变式认为，身体细胞可以复制的次数是固定的。在整个生命过程中，新的细胞通过细胞复制产生，以修复和补充全身各组织器官的细胞。然而根据这种观点，负责身体运转的遗传指令只能被解读一定次数，之后就会难以辨认（就如同硬盘里的程序经过反复使用后，硬盘就会报废）。随着这些指令逐渐变得难以理解，细胞就会停止繁殖。由于身体没有以同样的速度得

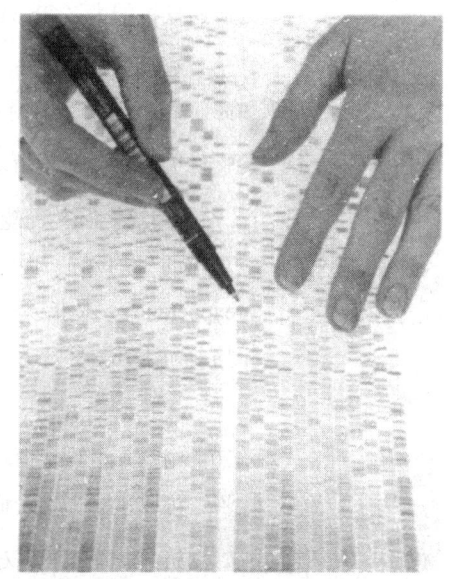

根据衰老的遗传预程理论，人体的 DNA 遗传密码内置了对生命长度的时间限制。

磨损理论 认为随着年龄增长，身体的机械功能只是发生了磨损的理论。

平均寿命 一个群体中成员死亡的平均年龄。

到更新，因此就会出现衰退，最终导致死亡（Hayflick, 1974; Thoms, Kuschal, & Emmert, 2007）。

遗传预程理论的证据：研究显示，当实验室里人类细胞达到分裂条件时，它们只能成功进行大约50次分裂。它们每分裂一次，端粒（telomere）——位于染色体顶端的、微小的DNA保护区就会变得短一点。当一个细胞的端粒消失的时候，细胞就停止复制了，这让它很容易受到损伤和产生老化的迹象（Chung et al., 2007; Epel, 2009）。

磨损理论（wear-and-tear theories） 该理论认为身体的功能退化正如机械磨损的过程，身体就像汽车和洗衣机一样。一些支持磨损理论的研究者指出，为了能进行各种活动，身体会不断制造能量，同时生成副产品。这些副产品与毒素以及日常生活中面临的各种威胁（例如辐射、化学暴露、交通事故和疾病）共同起作用，逐渐破坏身体的正常功能，结果就是衰退和死亡。

这些副产品中与衰老有关的一类特殊物质是自由基（free radicals），它是由人体细胞产生的带电分子或原子。因为带电，所以自由基可能会对身体的其他细胞产生消极影响。大量研究表明，氧的自由基可能和许多年龄相关的问题有联系，包括癌症、心脏病和糖尿病等（Sierra, 2006; Hayflick, 2007; Sonnen et al., 2009）。

调和关于衰老的理论 遗传预程理论和磨损理论对死亡为何不可避免做出了不同的解释。前者认为生命存在一个固定的时间限制，它在基因中已经预先设定好。后者则关注生命过程中逐渐增多的毒素的作用，相对来说是一种更乐观的看法。磨损理论认为如果能够找到一种方法以消除身体和环境产生的毒素，那么就可能延缓衰老。例如，特定的基因似乎能够延缓衰老并提升人们对衰老相关的疾病的抵抗能力（Ghazi, Henis-Korenblit, & Kenyon, 2009）。

我们不知道哪种理论能够提供关于衰老更准确的解释。每种理论都得到了一些研究的支持，而且似乎能够解释衰老的某些方面。但是，人为什么会变老和死亡就仍然是一个未解之谜（Horiuchi, Finch, & Mesle, 2003）。

平均寿命：我能活多久？ 我们虽然并不完全清楚衰退和死亡的原因，但是对人的平均寿命却可以给出明确结论：大多数人能够活到老年。**平均寿命（life expectancy）** 是指一个群体中成员死亡的平均年龄。例如，出生在2010年的人的平均寿命为78岁。

人类平均寿命一直在稳定地增加。在美国，1776年的平均寿命只有35岁；到了20世纪初，平均寿命增加到47岁；在1950~1990的40年间，平均寿命从68岁增加到75岁。可以预测平均寿命还会继续增加，到2050年可能会达到80岁（见图17-10）。

近200年来平均寿命的稳步增加有多种原因。健康和卫生条件变得更好，许多疾病（如天花）已被完全消灭，早些年间常常会致死的一些疾病（如麻疹、腮腺炎等）现在已经通过疫苗和预防措施得到了很好的控制，人们的工作条件普遍提

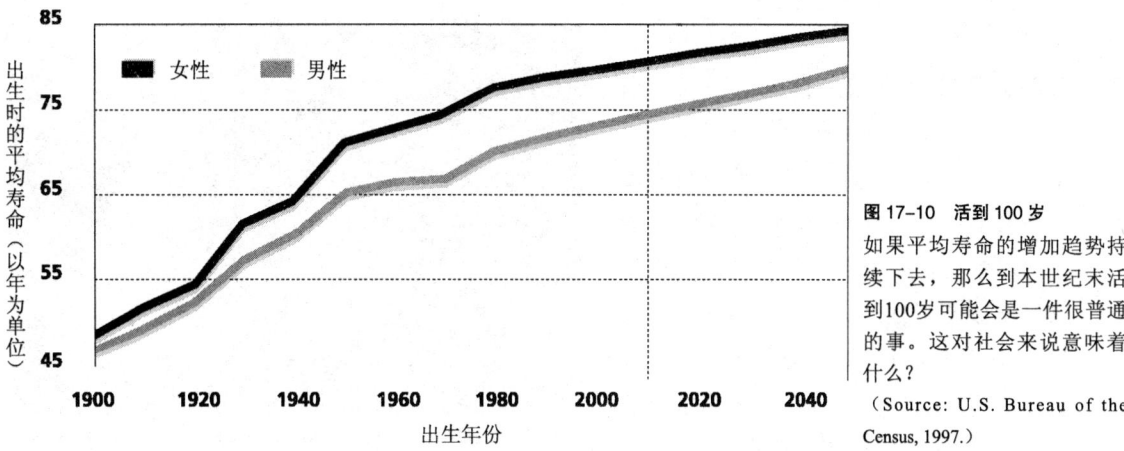

图 17-10 活到 100 岁
如果平均寿命的增加趋势持续下去，那么到本世纪末活到100岁可能会是一件很普通的事。这对社会来说意味着什么？
(Source: U.S. Bureau of the Census, 1997.)

高，许多商品比以前更安全。正如我们所看到的，许多人越来越多地认识到，选择适当的生活方式（如保持体重，多吃新鲜蔬菜和水果，锻炼身体）可以延年益寿。随着环境因素的不断改善，我们可以预测人们的平均寿命将会继续增加。我们也可以看到，很多人越来越懂得选择合适的生活方式，这不仅能够延长他们的寿命，而且可以扩展他们的生活，增加他们享受健康生活的时间。

老年医学专家关注的一个主要问题是，人的寿命到底能够增加多少年。最常见的回答是，生命的上限在120岁左右，即世界上最老的老人——1997年去世的122岁珍妮•卡尔梅特（Jeanne Calment）达到的水平。超出这个年龄很可能要求人类的遗传特质发生重要改变，而这在技术和伦理上都是不太可能的。不过，正如我们下面将要讨论的，近10年来一些科学和技术上的进步表明，大幅延长生命并非不可能。

延缓衰老：科学家能找到永葆青春的奥秘吗？

研究者即将发现延缓衰老、永葆青春的奥秘了吗？

目前还没有发现，但至少在动物身上，研究者已经非常接近答案了。近10年来研究者在寻找延缓衰老的方法上取得了巨大的进展。例如，对线虫（一般只能活9天的微型透明蠕虫）的研究发现，把它们的生命延长到50天也是可能的，这相当于把人的生命延长到420年。果蝇的寿命也被延长到了原来的两倍（Whitbourne, 2001; Libert et al., 2007; Ocorr et al., 2007）。

根据一些领域的新发现，并不存在一种可以延缓衰老的单一机制。相反，将下列最有希望的延长寿命的方法结合起来可能会比较有效。

- **端粒治疗** 之前提到的，端粒（telomere）是位于染色体顶端的微小区域，每一次细胞分裂时它都会变得更短，并最终消失，终止细胞复制，此时也更容易遭到破坏。一些科学家认为，加长端粒能够延缓一些随年龄增长而发生的问题。目前研究者正在试图找出控制端粒自然生成的基因和一种似乎能调节端粒长度的酶（Steinert, Shay, & Wright, 2000; Urquidi, Tarin, & Goodison, 2000; Chung et al., 2007）。

- **解锁长寿基因** 特定的基因控制人体克服环境挑战的能力，使其能够更好地克服物理上的逆境。如果能够控制这些基因，那么它们可以提供一种延长寿命的途径。一个尤其有前途的基因家族是寿调因（sirtuins），它可以调节和延长寿命（Guarente, 2006; Sinclair & Guarente, 2006; Glatt et al.,

2007）。

- **通过抗氧化药物减少自由基** 如前所述，自由基是一种不稳定的分子，是正常细胞活动的副产品，它可能游离在整个身体内部，破坏其他细胞并引起衰老。尽管旨在减少自由基的抗氧化类药物尚未被证明有效，但一些科学家认为它们最终将变得更加完美。此外，一些科学家猜想也许有可能在人体细胞内插入产生类似抗氧化剂的酶的基因。同时，营养学家还强调要多进食富含抗氧化维生素的食物，如水果、蔬菜等（Birlouz-Aragon & Tessier, 2003; Kedziora-Kornatowska et al., 2007; Haleem et al., 2008）。

日本人的平均寿命为79岁。在类似冈比亚这样的国家，人们的平均寿命只有45岁。

- **限制热量** 至少在最近10年里研究者已经知道，当提供的食物热量非常低时（只相当于其正常吸收量的30%~50%），大鼠的平均寿命比那些喂养更好（提供所需的全部维生素和矿物质）的大鼠要长30%，原因似乎是饥饿的大鼠产生的自由基更少。研究者希望能够生产出一种药物，在不会让人一直感到饥饿的情况下模仿热量的效果（Lee et al., 1999; Mattson, 2003; Ingram, Young, & Mattison, 2007; Cuervo, 2008）。

- **仿生学方法：替换坏掉的器官** 心脏移植、肝移植、肺移植，如今，用机能良好的器官替换受损或患病的器官似乎已经是一件很平常的事。

    然而，虽说器官移植取得了巨大的进展，但是由于身体会排斥外来组织，所以移植常常会失败。为了克服这个问题，一些研究者建议移植器官可由接受移植者自己的细胞克隆而来，从而解决排斥问题。一种更为彻底的进展是，可以对来自动物的不会引起排斥反应的遗传工程细胞进行克隆、培养，然后植入到需要移植器官的人身上。最后，技术上的进步将允许培育人工器官来替换患病或受损的器官，这种情况将会变得非常普遍（Cascalho, Ogle, & Platt, 2006; Kwant et al., 2007; Li & Zhu, 2007）。

不幸的是，延长寿命的所有可能性都未得到证实。而当前急待解决的一个问题是如何缩小不同种族之间平均寿命的巨大差距，这也是下面"发展的多样性"专栏所要重点讨论的内容。这些差异对整个社会具有重要的意义。

发展的多样性

性别和种族对平均寿命的影响：不同的生活，不同的寿命

- 美国出生的白人平均能活到78岁，而非裔美国人平均要少活5年。
- 出生在日本的人平均寿命为79岁，而出生在冈比亚（Gambia）的人平均寿命不到45岁。
- 今天出生在美国的男性平均能活73岁，女性可能会多活7年。

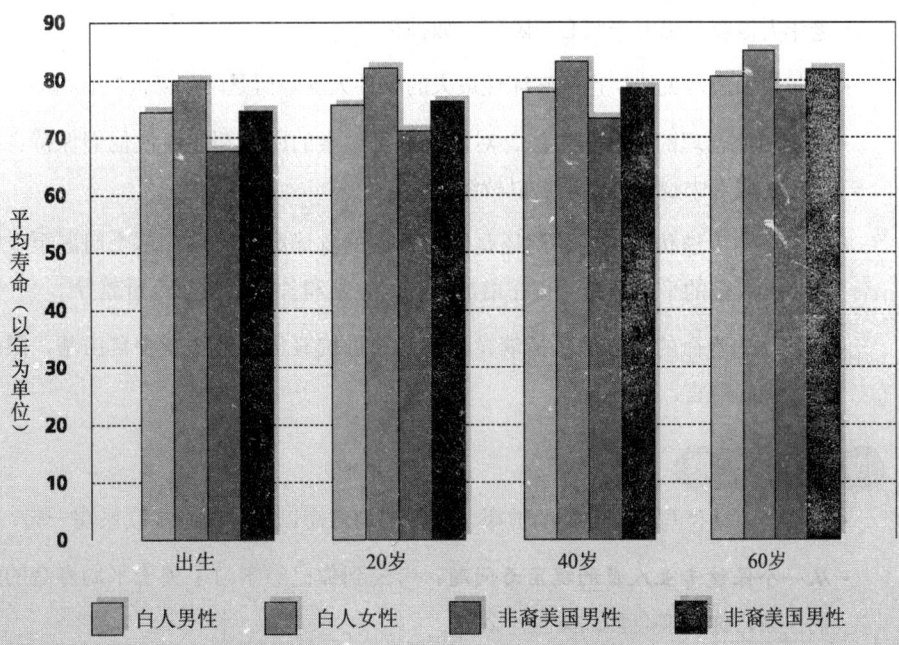

图 17-11 非裔美国人和白人的平均寿命
无论性别如何，非裔美国人的平均寿命都比白人更短。造成这种差异的原因是遗传、文化，还是两者皆有？
（Source: Anderson, 2001.）

有很多原因导致了这些差异。以最明显的性别差异为例，在工业化国家，女性比男性平均多活4~10年。女性的这种优势始于胎儿期：虽然男孩的出生率略微高些，但无论在怀孕期间、婴儿期还是童年期，男孩死亡的可能性更大。所以，到了30岁男性和女性的人数几乎持平。但到了65岁，84%的女性和70%的男性还活着。对85岁以上的老人而言，这种差异更大，男女比例为1∶2.57（AARP, 1990）。

对这种性别差异有不同的解释。一种解释认为，女性分泌的激素（如雌性激素、黄体酮）更多，这在一定程度上保护她们免受心脏病之类疾病的困扰。另一种可能是女性在生活中有更多的健康行为，比如吃得很好。不过，没有确凿的证据能够充分支持任何一种解释（DiGiovanna, 1994; Emslie & Hunt, 2008）。

无论是什么原因，这种性别差距依然在持续加大。20世纪初期，女性的平均寿命只比男性多2年，到了80年代这种差距扩大到7年。现在这种差距似乎保持稳定，这主要是因为男性可能比以前采纳了更为积极健康的行为，比如更少吸烟，吃得更好，锻炼更多。

种族差异仍然令人困扰，它们体现了美国不同群体在社会经济状况上的明显差异。例如，白人比非裔美国人的平均寿命要长10%（见图17-11）。此外，与平均寿命一直处于顶端的白种人相比，非裔美国人的平均寿命近些年来还出现了轻微的下滑。

 复习和应用

复习

- 虽然大多数老年人都很健康，但他们还是会得一些很严重的疾病。而且大部分老人死前至少患有一种慢性疾病。

- 老年人很容易患上一些心理障碍，如抑郁症。
- 老年人中最常见的、也是破坏性最大的一种大脑障碍是阿尔茨海默氏症。
- 在老年期合理的饮食、锻炼、对健康危害因素的回避都能够使他们保持良好的健康状况。对于健康的成人来说，性活动可以持续一生。
- 死亡是由于遗传预程的作用还是因为普遍的身体磨损所致，这个问题至今仍没有答案。几个世纪以来人们的平均寿命一直在增加，它因性别和种族不同而有所差异。
- 增加平均寿命的新方法包括端粒治疗，通过抗氧化类药物减少自由基，限制热量的摄入以及替换坏掉的器官。

应用毕生发展

- 社会经济地位与成年晚期的健康状况、平均寿命以怎样的方式联系在一起？
- **从一个保健专业人员的视角看问题**：考虑到你已经学习了关于平均寿命的解释，为了延长自己的生命，你可能会尝试做些什么？

17.3 成年晚期的认知发展

我的发展实验室

81岁的老西尔玛（Thelma）信奉一句格言"不用就作废"。她看戏、听音乐会，还去大学上课。登录我的发展实验室，观看西尔玛谈论她的人生观。

三名女性正在谈论变老有多么不方便。

"有时候，"她们中的一个说道，"当我走到电冰箱前，我都不记得自己是要把东西放进去还是要把东西取出来。"

"哦，那没什么。"第二个女性说，"有好多次我发现自己站在楼梯边，不知道是要上楼还是要下楼。"

"哦，我的天哪！"第三个女性大叫道，"我真高兴我没有出现你们那样的问题。"——她敲着桌子。"噢，"她说，同时从椅子上站起来，"有人在敲门。"（Dent, 1984, p. 38）

这个古老的笑话为我们展现了对衰老的刻板观点。实际上，不久之前还有许多老年医学专家都很赞同"老年人都很迷糊、健忘"的观点。

但是如今，这种观点发生了巨大的改变。研究者不再认为老年人的认知能力必然会下降，而是认为他们的整体智力和特殊认知能力（如记忆和问题解决）更有可能保持良好。事实上，通过适当的练习和接触一定类别的环境刺激，老年人的认知能力能够切实得到改善。

老年人的智力

老年人认知能力不断退化的观点最初来自对研究结果的误解。我们在第十五章首次提到，早期关于智力如何随衰老而改变的研究，通常只是简单地比较青年人和老年人在同一智力测验上的得分，使用的是传统的横断实验法。例如，研究者用相同的测验对一组30岁被试和一组70岁被试进行测试，然后比较他们的成绩。

然而这种方法有许多缺陷。一是横断设计无法排除同辈效应,即成长的特定年代所造成的影响。例如,如果因为时代不同,年幼组比年长组接受的教育更多,那么我们可以预期,只是因为这个原因年幼组的得分就会更高。除此之外,由于一些传统的智力测验包含计时部分或反应时成分,那么老年人较长的反应时就可以解释他们较低的成绩。

为了尽量克服这些问题,发展心理学家开始转向纵向研究,即长时间地追踪相同的个体。不过,由于使用相同的测验,久而久之被试可能对测验题目非常熟悉。除此之外,纵向研究的被试可能会因搬家、退出研究、生病或死亡而只剩下一小部分被试,这部分人的认知能力可能相对更好。简单地说,纵向研究也有它的缺点,它们的使用最初也曾推断出一些关于老年人的错误结论。

有关老年人智力特点的最新结论

近年来,越来越多的研究正在尝试克服横断设计和纵向设计各自的缺点。目前正在进行的一项规模十分宏大的研究是发展心理学家华纳·沙伊(K. Warner Schaie)关于老年人智力的研究,他采用的是序列设计方法。我们在第一章里讨论过,序列研究通过在若干时间点考察不同年龄组的被试而将横断设计和纵向设计结合起来。

沙伊在华盛顿州的西雅图市(Seattle, Washington)随机选择了500名被试,对其进行了一系列认知能力测验。这些被试的年龄范围在20~70岁,从20岁开始,年龄相差5年的被试为一组。研究者每7年对这些被试进行一次测验,而每年都有更多的新被试参与进来。到现在为止,接受测试的总人数已经超过5000(Schaie, 1994)。

该研究和其他研究一起总结了老年人智力变化的一些特点。主要结论如下(Schaie, 1994; Craik & Salthouse, 1999; Salthouse, 2006):

- **在以25岁为起点的整个成年期,个体的某些能力逐渐下降而另一些能力则相对稳定** 成年期各智力能力随年龄增长的变化模式各不相同(见文前彩图17-12)。此外,随着年龄的增长,流体智力(处理新问题和新情境的能力)逐渐下降,晶体智力(对获得的信息、技能和策略的储存)则保持稳定,在某些情况下还会上升(Baltes & Schaie, 1974; Schaie, 1993)。

- **对于普通人来说,在67岁之前,个体的某些认知能力会下降,但下降的幅度很小,80岁以后才会很明显** 即使在81岁时,也只有不到一半的人在测验中的成绩比7年前有所下降。

- **不同个体智力变化的模式存在明显差异** 一些人从30多岁开始就出现智力下降,而另一些人直到70多岁才会出现这种下降。事实上,70多岁的老年人中大约有三分之一的测验得分要高于年轻成人的平均水平。

- **环境因素和文化因素对智力下降的程度存在影响** 如果个体没有罹患慢性疾病、具有较高社会经济地位、置身于能够激发智力的环境中、具有灵活的人格特点、其配偶愉快乐观、保持良好的知觉加工速度、对自己早年的成就感到满意,那么其智力下降幅度就会较小。

环境因素和智力能力之间的关系表明,适当的刺激、练习和激励可以让老年人保持他们的脑力。这种认知能力上的可塑性(plasticity,即行为的可变性)表明,成年晚期可能发生的智力改变并不是固定不变的。就像在人类发展的其他领域一样,脑力领域用"用进废退"来形容再合适不过了。基于这一原则,一些发展学家已经试图发展出一些干预手段来帮助老年人保持他们的信息加工能力。

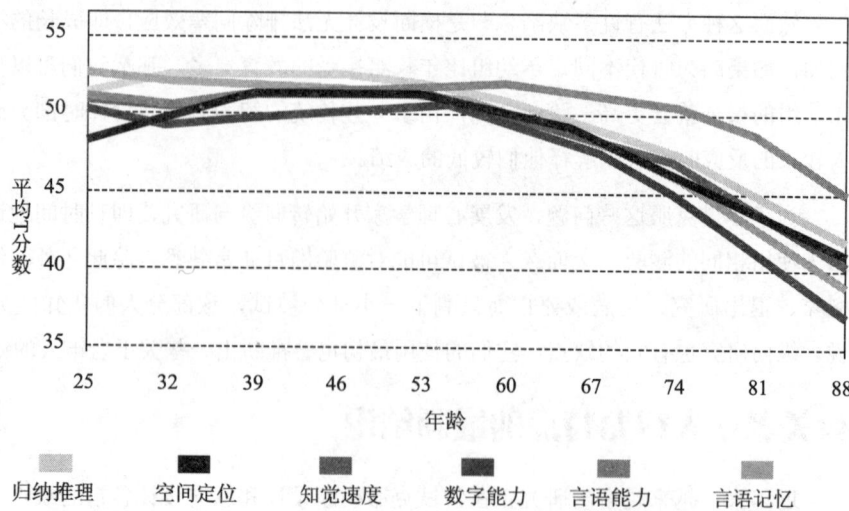

图 17-12 智力功能的变化
虽然有些智力能力在成年期有所下降，但另外一些能力仍然保持相对稳定。
(Source: Schaie, 1994, p. 307.)

例如，在老年人的智力功能上，投入较少的时间和精力能够获得巨大的回报。在一个研究中，研究者检验了老年人接受认知训练后在真实环境中的长期获益。参与者接受10次认知训练课程，每次课程持续一小时，并且课程难度逐渐增加。三组参与者接受记忆力训练（例如对字母表的快速记忆策略）、推理训练（例如找出数列的模式）或加工速度训练（例如识别电脑屏幕上短暂出现的对象）。一些参与者还在一年和三年后分别接受辅助训练，每次训练都包含四次以上的课程（Willis et al., 2006）。

在接受初次训练课程五年后，认知上的提升非常明显。与没有接受训练的控制组相比，接受了推理训练的参与者五年后在推理任务上的表现提高了40%，接受记忆力训练的人在记忆任务上的表现提高了75%，接受加工速度训练的人在速度任务上的表现提高了300%（Vedantam, 2006; Willis et al., 2006）！

重要的是，并非所有发展学家都相信"不用就作废"的假设。例如，发展心理学家蒂莫西·索尔特豪斯（Timothy Salthouse）提出，脑力训练并不能影响成年晚期真实的、基本的认知能力下降。他争辩说有些人——这类人在一生中持续参与高水平的脑力活动，如纵横字谜——在进入成年晚期时拥有一份"认知储备"，即使实际上脑力水平已经发生下降的时候，这份认知储备也让他们可以继续表现出较高的脑力水平。他的假设有很大的争议性，大多数发展学家都同意脑力训练有益的假设（Salthouse, 2006; Basak et al., 2008; Hertzog et al., 2008）。

从研究到实践

大身体、小脑子：成年晚期的认知能力下降和大脑体积的关联

忘记你曾经听到过的有关"补脑食物"的说法吧——喂得太多可能实际上会导致大脑缩小。至少一些研究者得出了这样的结论。他们对70岁以上认知状况良好的老人进行脑成像研究，并发现总体来说，体重较重的老人的大脑小于较瘦的老人的大脑。

研究者使用被称为基于张量的形态测量学（tensor-based morphometry）的脑成像技术生成大脑的三维图像，在老人的样本中仔细观察以寻找大脑缩小的证据。图像显示身体质量指数较高的老人倾

向于拥有更小的大脑。与体重正常的同龄人相比，超重的老人的大脑体积下降6%，而肥胖的老人下降8%。换句话说，与瘦老人相比，超重老人的大脑看起来要老8年，而肥胖老人的大脑看起来要老16年。这个差异在前额叶和颞叶——与计划和记忆功能有关的脑区尤其明显（Raji et al., in press）。

前些时候，研究者已经知道中年肥胖与成年晚期的认知能力下降有关。此外，与肥胖有关的特定健康问题（如糖尿病或高血压）也和大脑缩小及认知能力下降有关。原因也许是肥胖导致的血管阻塞作用造成进入大脑的血流量减少，造成脑细胞的死亡。在其他研究中可以发现两者相关的证据，该研究显示同样的脑区在超重老人身上缩小了，而在那些进行锻炼的老人身上则是正常的（Schultz, 2009）。

基于这些新发现，还不清楚的是减肥是否能够逆转这一趋势。例如，在一生中维持健康的体重比在生命晚期改正这个问题更加重要。研究者也警告说，任何关于肥胖导致大脑缩小的结论都是不成熟的。大脑的缩小先于并且导致了体重的增加，这种可能性还无法被排除（Luchsinger & Gustafson, 2009）。

- 有什么理由可以认为老年人减肥无助于减少与肥胖相关的认知能力的下降？
- 研究者如何回答"肥胖是大脑缩小的原因还是结果"这个问题？

记忆：记住过去和现在的事情

作曲家亚伦·科普兰（Aaron Copland）对自己老年后的记忆状况这样总结道："我能记起四五十年前发生的所有事情，包括日期、地点、人物、背景。下一个生日我就要90岁了，但是我发现自己根本记不住昨天发生的事情。"（Time, 1980, p. 57）话语中的一个错误让我们更加确信科普兰的分析是准确的：因为下个生日时他只有80岁！

衰老必然会引起记忆丧失吗？不一定。跨文化研究表明，相比不太尊敬老人的国家里的人们而言，高度尊敬老人的国家（如中国）里的人们更不容易出现记忆丧失。在这类文化中，对衰老更积极的预期可能使得人们更加乐观地看待自己的能力（Levy & Langer, 1994; Hess, Auman, & Colcombe, 2003）。

即使因衰老而导致的记忆力衰退确实发生了，丧失的记忆也主要限于情景记忆，即与特定生活经验有关的记忆，比如回忆你第一次参观纽约是哪一年。与此相反，其他类型的记忆如语义记忆（一般知识和事实，如2 + 2 = 4或澳大利亚的首都名称）和内隐记忆（人们没有意识到的记忆，如怎样骑自行车）基本上不会受到年龄的影响（Nilsson et al., 1997; Dixon, 2003; Nilsson, 2003）。

老年期的记忆能力确实发生了变

与中国老年人相比，记忆丧失在西方老年人中更常见。哪些因素导致了老年人记忆丧失的文化差异？

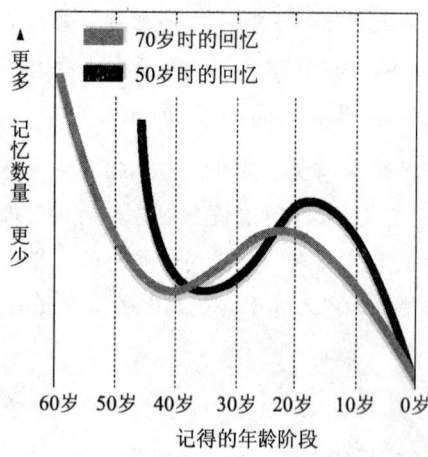

图 17-13 对过去事件的记忆

自传体记忆随着逐渐变老而发生变化，70岁的人关于自己二十几岁和三十几岁的记忆最好，50岁的人关于自己十几岁和二十几岁的记忆最好。处于这两个年龄段的人都能够对近期事件回忆得更多。

（Source: Rubin, 1996.）

自传体记忆 对个体自身生活信息的记忆。

化。例如短时记忆能力在成年期逐渐减退，到70岁时的衰退更加明显。遗忘最快的是那些快速呈现和以文字形式呈现的信息，比如电脑服务热线的接线员要快速背诵的用于解决电脑问题的一系列复杂步骤。此外，那些完全不熟悉的信息也很难被记住，例如一些散文段落、人的名字和面孔，甚至包括像机器标签上的使用说明一样重要的信息，这很可能是因为初次遇到新信息时很难对它们进行有效的编码和加工。尽管这些和年龄有关的变化一般都很小，而且由于大多数老年人会自动学习如何对其进行补偿，所以可以忽略它们对日常生活的影响，但是记忆的丧失却是真实存在的（Cherry & Park, 1993; Carroll, 2000; Light, 2000）。

自传体记忆：回忆我们生活的每一天 当谈到**自传体记忆（autobiographical memory）**——对自身生活信息的记忆时，适合年轻人的一些原则也同样适用于老年人，例如回忆常常遵循的快乐原则（Pollyanna principle），即愉快的记忆比不愉快的记忆更容易被想起。类似地，人们更容易忘记关于自己过去的信息中那些与他们现在看待自己的方式不一致的部分。他们更可能记起符合现在的自我概念的信息，就像严格的父母不会记起自己曾经在高中舞会上喝醉过一样（Rubin 1996; Eacott, 1999; Rubin & Greenberg, 2003; Skowronski, Walker, & Betz, 2003; Loftus, 2003）。

每个人对生命某些阶段的记忆要优于对其他阶段的记忆。如图17-13所示，在进行自传体回忆时，70岁老人回忆自己二十几岁和三十几岁时包含的细节更多。与此相反，50岁人对自己十几岁和二十几岁的记忆更多。对这两个年龄段的人来说，他们对早年的回忆都要好于对近几十年的回忆，但是前者的完整程度不如近期发生的事件（Fromholt & Larsen, 1991; Rubin, 2000）。

在作决策时，成年晚期的人们也会使用回忆信息。他们用跟较年轻的人不同的方式回忆这些信息。例如，他们加工信息更慢，当涉及复杂规则时，可能会做出糟糕的判断，并且他们比年轻人更关注情感内容。另一方面，老年人的知识和经验积累可以弥补他们的不足，尤其是他们有强烈的动机去做一个好的决定时（Peters et al., 2007）。

解释成年晚期的记忆变化 对老年人记忆发生明显变化的解释主要集中在三大方面：环境因素、信息加工缺陷和生物因素。

- **环境因素** 在老年人身上可以更经常地看到导致记忆力减退的一些短暂因素。例如，老年人更有可能比年轻人服用一些妨碍记忆的处方药。老年人在记忆任务上表现较差，可能与服用的药物有关，而不是与年龄有关。

与此类似，记忆减退有时可能与老年期的生活改变有关。例如，退休人员不再面临来自工作的智力挑战，就有可能对记忆的使用不再那么熟练。而且，他们回忆信息的动机可能不如以前，从而在记忆任务上表现较差。而且在实验的测验情境中，他们也可能不像年轻人那样尽力而为。

- **信息加工缺陷**　记忆减退可能与信息加工能力的改变有关。例如，进入老年期后，人们抑制无关信息和想法的能力可能会减弱，而这些无关想法将会干扰我们成功地解决问题。类似地，老年人的信息加工速度可能会减慢，从而导致记忆受损，这可能与我们前面讨论的反应时减慢影响智力测验得分的方式类似（Bashore, Ridderinkhof, & van der Molen, 1998; Palfai, Halperin, & Hoyer, 2003; Salthouse, Atkinson, & Berish, 2003）。

  另一种信息加工的观点认为，老年人集中精力于新信息的效率比年轻人差，并且在注意适当的刺激、组织记忆中的材料方面也有更大困难。这种信息加工缺陷理论得到了大多数研究的支持。该理论指出，记忆减退是因为老年人在涉及记忆能力的任务中，集中注意力和组织任务的能力发生退化所致。根据这种观点，老年人从记忆中提取信息的效率也会比较差。这些信息加工缺陷最终会导致老年人记忆能力的减退（Castel & Craik, 2003; Luo & Craik, 2008, 2009）。

- **生物因素**　解释老年期记忆减退的最后一种观点集中在生物因素上。根据这种观点，记忆的改变是由大脑和身体的衰退所致。

  例如，情景记忆的衰退可能与大脑额叶的退化或雌激素的减少有关。一些研究也发现海马细胞的数量减少，而海马是与记忆有关的重要脑区。不过，有些老人虽没有表现出生物方面退化的任何迹象，但仍然出现了特定种类的记忆缺陷（Eberling et al., 2004; Lye et al., 2004; Stevens et al., 2008）。

活到老，学到老

整个阿肯色大学校园都在谈论期中考试和橄榄球。在自助餐厅里，学生们正在抱怨食物。

"午餐小面包在哪？"其中一个说。另一个人抱怨说："我是个素食者，他们却只有肉类。"很快，每个人又都开始转而抱怨起课程了。

除了其中的拐杖、助听器和白头发之外，这是大学里典型的一幕，因为学生都是60岁以上的老人。这就是成立于1975年、由波士顿非盈利组织运行的老年游学营（Elderhostel）计划，通过雇用大学教员为60岁以上老人开设为时一周的教育课程，教学范围涉及从系谱学到古埃及考古学的所有内容（Stern, 1994, p. A1）。

老年游学营计划是面向成年晚期个体的最大的教育计划，每年有超过25万人参加它组织的数千个课堂，多萝西·麦卡尔平（Dorothy McAlpin）只是其中的一名学生。老年游学营在全世界的各大学校园内都有上演，它与其他越来越多的证据共同表明，智力的成长和改变在人的一生中都很重要，其中自然也包括成年晚期。我们在认知训练的研究中也看到，练习特定认知技能对那些希望维持智力功能的老人来说尤为重要（Sack, 1999; Simson, Wilson, & Harlow-Rosentraub, 2006）。

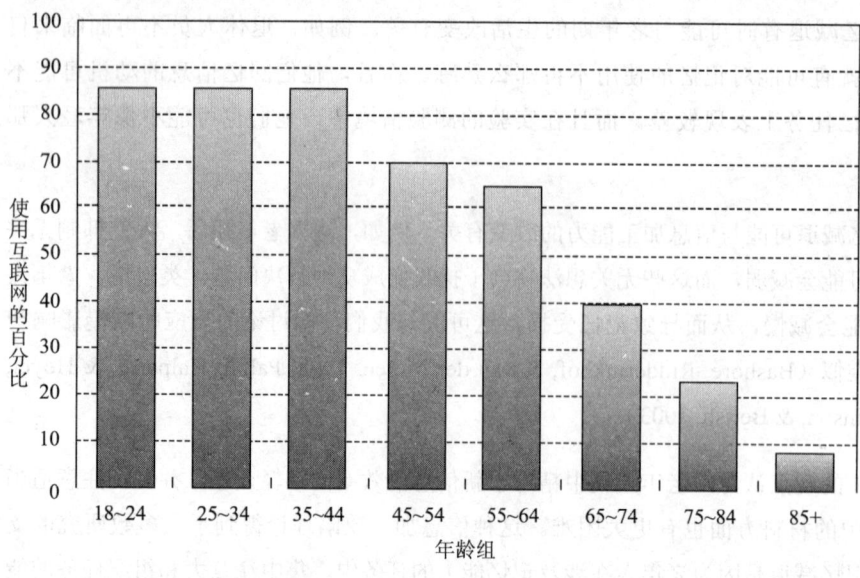

图 17-14 技术的使用与年龄
在美国，老年人对互联网的使用程度远不及年轻人。
（Source: Charness & Boot, 2009, Figure IA.）

老年游学营这类项目的流行反映了在老年人群中不断增长的一种趋势。因为大多数老年人都已经退休，所以他们有时间追求进一步的教育，钻研他们一直感兴趣的学科。

虽然不是每个人都能负担得起老年游学营的学费，但是许多公立大学为65岁及以上的老人提供免费教学。另外，一些退休社区位于或临近大学校园，例如由密歇根大学和宾州州立大学建造的一些社区（Beck, 1991; Masunaga, 1998; Powell, 2004）。

虽然一些老年人对他们的智力有所怀疑，因此回避与年轻学生一起竞争的常规大学课堂，但他们的顾虑多半是错的。老年人在严格的大学课堂上维持自己的地位常常不会很困难。此外，教授和其他学生普遍认为，这些有着丰富生活经历的老年人通常对教育有所助益（Simpson, Simon, & Wilson, 2001; Simson, Wilson, & Harlow-Rosentaub, 2006）。

成年晚期的技术和学习　技术的使用是最大的代沟之一。相比更年轻的个体，65岁及以上的老人使用技术的可能性要低得多（见图17-14）。

为什么老年人较少使用技术呢？一个障碍是他们不太感兴趣并且缺乏动机，部分是因为他们不太可能还在工作，因此不太需要学习新技术；另一个障碍就是认知，例如，因为流体智力（应对新问题和新情况的能力）随年龄增加而有所下降，这可能影响了学习技术的能力（Ownby et al., 2008; Charness & Boot, 2009）。

这并不意味着成年晚期的人们没有能力学会使用技术。越来越多的老人在使用电子邮件和Facebook这样的社交网站。在一个一般社会中，随着技术的使用越来越普遍，年老一代相对于年轻一代在技术适应上的落后很可能会缩小（Lee & Czaja, 2009）。

复习和应用

- 虽然一些智力在25岁以后的成年期会逐渐下降，但另一些智力会保持相对稳定。

- 智力具有很大的可塑性，可以通过刺激、练习和激励得到保持。
- 记忆减退主要影响情景记忆和短时记忆。
- 对老年人记忆变化的解释主要有环境因素、信息加工衰退和生物因素三类。

- 你认为晶体智力的稳定或提高能够完全补偿或部分补偿流体智力的降低吗？为什么？
- **从一个保健专业人员的视角看问题**：文化因素（如社会对老年人的尊敬程度）对老年人的记忆能力有何影响？

结 语

哪些人属于老人？老人有多老？在本章中，我们首先回顾了老年人的人口统计学变量和对老年人的歧视现象。然后讨论了老年期的健康和幸福感，发现通过好的饮食、好的习惯和好的锻炼可以扩展老年人的幸福感。我们还讨论了寿命的长度和平均寿命增加的一些原因。最后我们考察了老年人的认知能力，一些研究证据表明人们对老年人智力和记忆力的刻板印象与现实情况之间存在巨大差异。

回到本章前言中乔克·布兰代斯发明通用坚果脱壳机的故事，并回答下列问题：

（1）乔克在哪些方面不同于人们对老年人和老年生活的刻板印象？

（2）他在哪些方面证实了这些刻板印象？

（3）乔克生活中的哪些因素可能有助于他的高活动水平？你认为他作为一个更年轻的人会是什么样的？

（4）乔克会做些什么来保持他高水平的认知功能？

- **在今天的美国，变老是一个什么样的状况？**
  - 在美国和许多其他国家，老年人的数目和比例比历史上任何时候都要大，老年人是美国人口中增长最快的一部分。老年群体更容易受到刻板印象和歧视（"对老年人的歧视"一词指代的现象）的影响。

- **成年晚期将会发生哪些生理变化？**
  - 在老年阶段，身体外部特征出现了明显衰老的变化，但是许多进入这一阶段的老年人仍然保持着健康、积极和灵活的状态。

- 老年人的大脑体积变小，流向全身各部位（包括大脑）的血流量（和氧气）减少，循环系统、呼吸系统和消化系统的工作效率降低。
- 老年人的反应时会变慢，这一事实可以用外周减速假设（外周神经系统的加工速度减慢）和总体减速假设（全部神经系统的加工减慢）来进行解释。

● 衰老将如何影响老年人的感觉能力？

- 老年人眼睛的生理变化使得视力降低，一些眼疾更容易发生，包括白内障、青光眼和年龄相关的黄斑退化。
- 老年人的听力也会下降，尤其是听高频音的能力。听力丧失对老年人的心理和社会生活产生影响，因为它阻碍了老年人参与社会交往。
- 味觉和嗅觉的减退也会对老年人的健康产生影响。

● 老年人总的健康状况如何？他们容易罹患哪些疾病？

- 虽然有些人很健康，但是到了老年期某些严重疾病的发病率会增高，从疾病中复原的能力也会降低。大多数老年人至少存在一种长期疾病。导致老年人死亡的几大重要因素是心脏病、癌症和中风。
- 老年人也容易罹患心理疾病（如抑郁）和大脑障碍，尤其是阿尔茨海默氏症。

● 老龄阶段的幸福感和性生活还能够维持吗？

- 心理因素和生活方式会影响老年人的幸福感。对生活和环境有控制感会产生积极的作用，同样，适当的饮食、锻炼和回避风险因素（如吸烟）等也有积极的效果。
- 尽管老年期性功能有所变化，但如果老年人的身体健康和心理健康状况良好，性生活仍会持续下去。

● 人们预期自己能活多久？他们为什么会死去？

- 死亡不可避免，这一点毫无疑问，但是如何解释这一点仍然不得而知。遗传预程理论认为人体有一个固定的时间限制，而磨损理论认为身体功能的退化仅仅是磨损坏了而已。
- 几个世纪以来，人们的平均寿命一直在稳步增长，而且持续到现在。平均寿命因性别和种族不同而出现差异。技术进步也许可以进一步延长寿命，比如端粒治疗，使用抗氧化类药物减少自由基，食用低热量食物和器官移植。

● 老年人的智力状况如何？

- 根据类似华纳·沙因进行的序列研究，智力能力在老年期一般会逐渐降低，但是不同能力变化的方式不同。训练、刺激、练习和激励能够帮助老年人保持智力。

- **在成年晚期，个体的记忆力会下降吗？**

- 老年期丧失记忆并不是指所有的记忆，而是几类特定的记忆。情景记忆最容易受影响，语义记忆和内隐记忆在很大程度上不会受影响。短时记忆在70岁之前会逐渐下降，随后就会迅速退化。

- 对记忆改变的解释可能主要集中在环境因素、信息加工缺陷和生物因素这三个方面。哪类观点最确切至今尚未完全弄清楚。

关键术语和概念

老年医学专家（gerontologists, p. 632）　　老年歧视（ageism, p. 634）

初级衰老（primary aging, p. 636）　　次级衰老（secondary aging, p. 636）

骨质疏松症（osteoporosis, p. 636）

外周减速假设（peripheral slowing hypothesis, p. 639）

总体减速假设（generalized slowing hypothesis, p. 639）

痴呆症（dementia, p. 644）

阿尔茨海默氏症（Alzheimer's disease, p. 644）

（衰老的）遗传预程理论（genetic preprogramming theories of aging, p. 649）

（衰老的）磨损理论（wear-and-tear theories, p. 650）

平均寿命（life expectancy, p. 650）　　可塑性（plasticity, p. 656）

自传体记忆（autobiographical memory, p. 658）

 我的发展实验室

登录我的发展实验室，获取更多复习资料，外加我的虚拟孩子、练习测试、视频、闪光呈现卡及其他。

18 成年晚期的社会性和人格发展

本章概要

18.1 人格发展和成功地老化
成年晚期人格的稳定性和变化
成年晚期的年龄阶层理论

● **发展的多样性**
年龄能带来智慧吗？
成功老化：秘诀是什么？

18.2 成年晚期的日常生活
居住安排：居住的地点和空间
财务问题：成年晚期的经济状况
成年晚期的工作和退休

● **成为发展心理学知识的明智消费者**

18.3 关系：年老的和年轻的
晚年婚姻：一起，然后孤单
成年晚期的社会关系

● **从研究到实践**
家庭关系：联系的纽带
虐待老人：误入歧途的关系

前言：老年人上网

2007年，73岁的宝拉•瑞斯（Paula Rice）在遭受一次心脏病发作后就无法离家外出了。她的婚姻以离婚告终，四个成年的孩子也住得离她在肯塔基州艾兰城的家很远。宝拉面临着让老年人长期焦虑的问题之一：独自变老。

然而宝拉并不孤独。尽管无法外出，但她仍然是一张广泛的社交网络的积极参与者——一张在线的网络。宝拉是Eons.com的成员，这是一个以老年人为对象的社交网站。她有时一天在线14个小时。"我快无聊死了，"宝拉说，"Eons，就是因为寂寞，给了我一个一直去那儿的理由。"（Clifford, 2009, p.D5）

宝拉对在线社交网络的接受并非不同寻常。越来越多的老年人加入像Facebook和Eons这样的社交网站。考虑到有多少老人独自生活，这种在网上形成的联系显得非常重要。当我们倾向于和年轻一代建立数字化友谊的时候，更多的老年人正在因特网社区中寻找自己的位置（Clifford, 2009）。

老年人也可以浪漫，并且这种浪漫和生命中较早时期的浪漫同样强烈和令人满足。

跟其他人联系和交往的渴望并不专属于任何年龄段。在生命的这个时期,像宝拉这样的老年人常常因为距离、身体不好以及死亡而与家庭成员和朋友断了联系,互联网给他们提供了一个与他人建立关系的机会。

在本章中,我们将探讨成年晚期的社会性和人格方面,它们仍然保持和在生命早期生活中一样的重要性。首先我们将思考人格如何在高龄个体中连续发展的,然后考察人们成功老化的多种方式。

接下来,我们将思考诸如居住安排、经济问题等各种社会因素如何影响老年人的日常生活。我们还将探讨文化如何塑造我们对待老年人的方式,考察工作和退休对老年个体的影响,以及人们充分利用退休时光的方式。

最后,我们将考察成年晚期的关系,不仅是夫妻之间的关系,还包括老年个体与其他亲戚和朋友之间的关系。我们将探讨成年晚期的社会网络如何在人们生活中继续保持重要的和支持性的角色。另外还考虑几十年前的事情(比如离婚),如何继续影响人们的生活。最后我们将讨论虐待老年人这一日益增长的现象。

读完本章之后,你将能够回答下列问题:

- 人格在成年晚期以何种方式得以发展?
- 人们如何应对衰老?
- 老年人生活在怎样的环境中,他们需要面对哪些困难?
- 退休的生活如何?
- 成年晚期的婚姻生活如何度过?
- 当老伴去世时,个体会怎么样?
- 在成年晚期,哪些关系是重要的?

18.1 人格发展和成功地老化

格里塔·罗奇(Greta Roach)有一个顽皮的动作,就是当她要说一些有趣的事情时,她习惯先轻推你一下。她之所以经常这样做,和她的世界观有关。即使去年她弄伤了膝盖,不得不退出保龄球联赛,而无法使得蓝色抛光铬的奖杯继续摆放在起居室的桌子上,她也不曾认为自己处于一个虚弱的年纪。

93岁的罗奇对待生活的积极态度和她20几岁时一样,她所做的事情不是所有老年人都能做的。"我享受生活。我参加各种俱乐部,喜欢出席电视节目,给老朋友写信……"她停顿了一下,"给那些仍然还活着的老朋友。"(Pappano, 1994, pp. 19, 30)

罗奇在很多方面,如她的智慧、她的热情,还有她的活动水平,与她年轻时是一样的。但对于其他老年人来说,时间和环境似乎给他们带来了多方面的改变,如对生活的态度、对待自己的观点,甚至其人格的基本特质也发生了改变。研究毕生发展的学者们需要回答的一个基本问题就是:成年晚期的人格保持稳定还是有所变化?

成年晚期人格的稳定性和变化

人格在整个成年期是相对稳定的,还是会在某些方面表现出显著的变化呢?答案似乎取决于我们希望考虑人格的哪些方面。根据我们在第十六章中介绍过的发展心理学家保罗·科斯塔(Paul Costa)和罗伯特·麦克雷(Robert McCrae)的观点,"大五"基本人格特质(神经质、外向性、开放性、宜人性、责任感)在成年期是非常稳定的。例如,在20岁时性情平和的人在75岁时也是性情平和的,在成年早期持有正性自我概念的人在成年晚期仍然能够积极地看待自己(Costa & McCrae, 1988, 1989, 1997; McCrae & Costa, 1997, 2003)。

以罗奇为例,她在93岁时仍然活跃和幽默,就像她20几岁时一样。其他纵向研究也表明人格特质是相当稳定的。因此,看起来人格具有基本的持续性(Field & Millsap, 1991)。

尽管基本人格特质具有这种一般稳定性,它仍有可能随着时间而发生变化。就像第十六章中提到的那样,在成年期社会环境的重大改变可能会造成个体人格的波动和改变。对于80岁的人来说很重要的东西,在其40岁时未必同样重要。

为了解释这些变化,一些理论家对发展上的不连续性给予了关注。正如我们将要看到的那样,埃里克森、罗伯特·派克(Robert Peck)、丹尼尔·莱文森(Daniel Levinson)和伯尼斯·纽嘉顿(Bernice Neugarten)的研究工作考察了出现在成年晚期的新挑战所带来的人格改变。

自我完善对失望:埃里克森的最后一个阶段 心理学家埃里克森的人格发展观点的最后部分,就是关于成年晚期。此时个体进入生命的最后阶段,也就是心理社会性发展的第八个阶段,称为**自我完善对失望阶段(ego-integrity-versus-despair stage)**,这个时期的特点是回顾和评价过去经历,并和生活达成协议或进行妥协。

成功经历这个发展阶段的人会体验到满意感和成就感,用埃里克森的话来说就是"完善"。当人们达到了完善这一状态时,他们觉得自己已经实现和完成了关于生活的设想,没怎么留下遗憾。相反,有些人在回顾过去时并不满意,他们可能觉得自己错过了一些重要的机会,没有实现自己的愿望。这些人可能对自己

自我完善对绝望阶段
埃里克森关于生命周期的最后一个阶段,这个时期的特点是回顾和评价过去,和生活达成协议或进行妥协。

自我的重新定义对沉迷于工作角色 老年人必须用与工作角色或职业无关的内容来重新定义自己。

身体超越对身体专注 此时人们必须学会应付和看淡那些由老化带来的体能变化。

自我超越对自我专注 老年人必须对即将到来的死亡有所认识的阶段。

做过的或失败的事情，以及自己的生活感到不开心、抑郁、生气或者沮丧，一句话，他们很失望。

派克的发展任务 尽管埃里克森的理论为成年晚期的发展呈现了一幅多种可能性的图画，其他理论家也为生命最后阶段的发展提供了更多不同的观点。例如，发展心理学家罗伯特·派克（Robert Peck, 1968）认为，老年人的人格发展由三个主要发展任务或挑战组成。

在派克的观点中，老年人的第一个任务是必须用与工作角色或职业无关的方式来重新定义自己，他把这个阶段称为**自我的重新定义对沉迷于工作角色**（redefinition of self versus preoccupation with work-role）。我们在讨论退休时就会看到，当人们停止工作时所发生的变化将会引发适应困难，严重影响人们看待自己的方式。派克建议人们必须调整自己的观念，不要么强调自己作为工作者或职业人士的角色，而是更注重那些与工作无关的角色，例如做祖父。

派克认为，成年晚期的第二个主要发展任务是**身体超越对身体专注**（body transcendence versus body preoccupation）。如第十七章所述，随着年纪增大，个体将会体验到显著的体能改变。在身体超越对身体迷恋阶段，人们必须学会应付和看淡那些由衰老带来的体能变化（超越）。如果他们做不到这一点，他们就只会关注体能衰退和人格发展上的缺陷。罗奇90多岁时才停止打保龄球，她就是一个能成功应对老化的体能改变的例子。

最后，老年人面对的第三个任务是**自我超越对自我关注**（ego transcendence versus ego preoccupation），此时个体必须对即将到来的死亡有所认识。他们需要知道虽然死亡是不可避免的，有可能已经为期不远，但他们已为社会做出了贡献。如果成年晚期个体视这些贡献（可以是养育孩子，或是与工作和公益相关的活动）将超越自己的生命而延续下去，他们将会体验到自我超越。否则，他们会受到其生命是否对社会有意义和有价值这个问题的困扰。

莱文森最后的季节：生命的冬天 丹尼尔·莱文森的成年发展理论没有埃里克森和派克的理论那么注重老年人必须面对的挑战。相反，他关注人们变老时所导致的人格改变的过程。根据丹尼尔·莱文森的理论，人们通过跨越一个转变阶段进入成年晚期，这个阶段主要发生在60~65岁左右（Levinson, 1986; 1992）。在这一阶段中，人们终于认为自己进入了成年晚期，或者说，最终是"老"了。由于他们清楚地知道社会对老年个体的刻板印象是什么，它们将会如何消极，这些老年个体与自己目前所处这一类别的观念进行着抗争。

莱文森认为，随着年纪越来越老，人们渐渐意识到他们不再处于生命周期的中心阶段，而是日益变成生命的次要阶段。力量、尊重和权威的丧失对于习惯了对自己生活进行掌控的个体来说，是难以适应的。

积极的一面是，成年晚期的个体对于年轻个体来说也是一种资源，他们可能会发现自己被视为"受尊敬的长者"，年轻人会寻求和依赖他们的建议。而

当"婴儿潮世代"到了90多岁

白内障将会"很酷"

将会出现品牌设计师设计的拐杖和助步车。

当墨西哥菜和泰国菜从人们视野中消失时,一种全新的烹饪方式将会兴起。

关于100岁的生活是什么样子的书籍将会成为畅销书。

老年人可能会变成"受尊敬的长者",年轻人会寻求和依赖他们的建议。

且，老年人具有可以单纯为了愉悦感而做某事的自由，而不是因为一些义务而去做某事。

应对衰老：纽嘉顿的研究　相对于关注衰老的共性，或是和衰老有关的过程和任务，伯尼斯·纽嘉顿（1972，1977）的经典研究考察了人们应对衰老的不同方式。纽嘉顿在对70多岁老人的研究中发现了4种人格类型：

- **不完整和瓦解型人格（disintegrated and disorganized personalities）**　一些人不能接受衰老的事实，当他们越来越老时，他们感到绝望，或者对外界充满敌意。这些人通常是生活在疗养院或住院治疗的老人。
- **被动—依赖型人格（passive-dependent personalities）**　有些人惧怕变老，惧怕患病，惧怕未来，惧怕无能为力。他们太过恐惧，以致他们可能在并不需要帮助的时候从家属和护理者身上寻求帮助。
- **防御型人格（defended personalities）**　有些人用一种特别的方式表达对变老的恐惧。他们试图阻止衰老的步伐，可能试着表现出年轻、精力旺盛的样子，参与年轻人的活动。不幸的是，他们可能对自己产生了不现实的期望，因而不得不承担失望的风险。
- **整合型人格（integrated personalities）**　最成功的个体和谐地应对衰老。他们接受变老的现实，并保持自尊。

纽嘉顿发现，在这些研究对象中，大多数属于最后一类。他们承认衰老，能够回顾自己的生活和以一种接纳的态度展望将来。

生活回顾和怀旧：人格发展的共同主题　回顾个人以前的生活，是埃里克森、派克、纽嘉顿和莱文森对老年人的人格发展研究工作的主要思路。实际上，**生活回顾（life review）**能让人们考察和评价自己的生活，它是关注成年晚期的多数人格理论家的共同主题。

生活回顾　人们考察和评价他们生活时的看法。

根据老年医学专家罗伯特·巴特勒（Robert Butler，2002）的看法，当人们越来越清晰地认识到将来的死亡时，就会激发生活回顾。当人们变老时，他们回顾自己的生活，回忆和重新考虑自己所经历的事情。当人们回想过去的经历，纠缠在过去的问题中，重新剥开伤口时，我们可能首先会怀疑这种回想是有害的，但并非所有情况都是这样。在回顾过去的生活事件时，老年人通常能更好地认识自己的往昔。他们也许能够解决与某些特殊个体之间的遗留问题和冲突（例如从孩提时代开始的疏远），他们可能还会用更加平静的方式面对当前生活（McKee et al., 2005; Bohlmeijer et al., 2007; Bohlmeijer, Westerhof, & de Jong, 2008）。

生活回顾的过程能够促进回忆，培养与他人相互联系的感觉。

生活回顾还能带来其他好处。例如，回想可以产生和他人相互联系的分享感和亲密感。此外，当老年人寻求和他人分享他们过去的经历时，回想还能够成为社会交互的源泉（Sherman, 1991; Parks, Sanna, & Posey, 2003）。

回想甚至还会有认知上的好处，那就是提高老年人的记忆力。通过回顾过去，人们激活过去生活事件中一系列有关人和事的记忆。反过来，这些记忆可能会激发其他相关的记忆，还可能回想起过去的一些景象、声音甚至气味（Thorsheim & Roberts, 1990; Kartman, 1991）。

生活回顾和怀旧的结果并非总是积极的。那些容易受到过去问题困扰的人，往往会想起那些无法更改的陈年伤痛和错误，最终有可能对那些已经过世的人感到内疚、抑郁和愤怒。在这样的情况下，回忆过去将会导致心理功能的损害（DeGenova, 1993; Cappeliez, Guindon, & Robitaille, 2008）。

总的来说，生活回顾和怀旧的过程在老年个体当前的生活中起着非常重要的作用。它提供了过去和现在之间的联结，还可能提高人们对当前世界的认识。另外，它还能够提供看待过去事件和他人的新认识，使得老年个体的人格继续稳定发展，在当下发挥出更有效的功能（Webster & Haight, 2002; Coleman, 2005; Haber, 2006）。

成年晚期的年龄阶层理论

在特定的社会中，年龄（就像种族和性别一样）提供了对人进行分类的一种方式。**年龄阶层理论（age stratification theories）** 认为在生命过程的不同阶段中，人们的经济资源、力量和特权的分配是不均匀的。这样的不均匀在成年晚期尤为严重。

虽然医疗技术的进步能使人类寿命得以延长，但它却阻止不了老年人的力量和权威的逐渐衰退，至少在个人主义社会中情况是如此。例如，收入最高的年龄大概是50多岁，随后收入就开始减少。老年人能够发挥影响的机会也许变得有限，甚至在他们自己的大家庭中也难以有影响力。祖父母们退休后居住的地方，通常远离他们原来居住的地方，也远离子女们居住的地方。这样就使得年轻人更自立，他们通常与老年人分开，更少依赖老年人。此外，技术的迅猛变化也使老年人似乎不太能够掌握重要的技能。最终，老年人不被看成社会生产的主力军，甚至被认为是与社会生产不相关的（Cohn, 1982; Macionis, 2001）。如莱文森的理论所强调的那样，在西方社会人们很清楚地认识到随着变老，个人地位就会降低。莱文森认为，成年晚期的主要转变在于适应这种地位的降低。

年龄阶层理论有助于解释为什么在个人主义没那么浓的社会中，老化被视为积极的。例如，在农业活动占主导的文化中，老年人掌握了对动物和土地等重要资源的控制权，在这种情况下，退休的概念是不存在的，老年个体（特别是老年男性）是非常受尊敬的，其中一部分原因就是他们还继续参与重要的社会日常活

> **年龄阶层理论** 在生命过程的不同阶段，人们的经济资源、力量和特权的分配是不均匀的。

动。而且，因为农业实践的发展速度慢于工业社会中技术进步的速度，因此在农业社会中，人们认为老年人拥有相当多的智慧。像"尊老"这样的文化价值观，在个体主义没那么浓的国家中，并没有受到抑制。同样，文化价值观决定了不同社会的人将如何对待老年人。

发展的多样性

文化如何塑造人们对待成年晚期个体的方式

人们看待老年人的方式是有文化差异的。例如，普遍来说，亚洲社会中的人们比西方社会中的人们更加尊重老年人，尤其是尊重家里的老年人。虽然在一些工业迅速发展的亚洲社会中，例如在日本，人们尊老的态度在减弱，但人们对老化的看法和对待老年人的方式，仍然比西方社会更为良好。当然，某些突发事件会触发西方社会的人对老年人的重视，例如在法国发生过近15,000名老年人的意外死亡（2003年的炽烈热浪袭来时，很多老年人因为其儿女们在休假得不到照顾而死亡）（Ikels, 1989; Cobbe, 2003; Degnen, 2007）。

是什么导致亚洲文化对老年人更加尊重呢？一般而言，尊重老年人的那些文化在社会经济方面是相对同质的。另外，在那样的社会中，随着年龄增长人们担负更多的责任，老年人在相当大的程度上控制了很多资源。

此外，亚洲社会的人在毕生发展中，比西方社会的人表现得更稳定，老年人继续参与社会所看重的活动。最后，亚洲文化更加有组织地围绕在大家庭周围，而老一辈的人能够很好地被整合到大家庭的家庭结构当中（Fry, 1985; Sangree, 1989）。在这样的环境中，年轻的家庭成员会认为老年人积累了大量他们可以分享的智慧。

另一方面，即使在那些强调善待老年人的美好社会中，人们也并非总是遵照"尊老"的准则行事的。例如在中国，人们对老年人的钦佩、尊敬甚至崇拜是很强的，但在很多小社会中，除了对那些老年精英人物，人们的实际行为并没有其态度所表现出的那样美好。另外，老年人通常是被儿子和儿媳照顾的，那些只有女儿的父母发现自己在年老时没人照顾。总之，即使在特定文化中，照料老年人的形式也不是一成不变的，因此不能对特定社会中人们照顾老年人的方式做出泛泛的评论（Harrell, 1981; Comunian & Gielen, 2000）。

特别尊敬老年人的并不只是亚洲文化。例如，在拉丁文化中，老年人被认为拥有特别的内在力量，在家庭中是年轻个体的宝贵资源。在许多非洲文化中，到达老年被视为法术的信号；在某些非洲文化中，老年人被称为"大人"（Diop, 1989; Holmes & Holmes, 1995; Lehr, Seiler, & Thomae, 2000）。

年龄能带来智慧吗？

人们认为年老的好处之一是有智慧。但是否多数老年人都有智慧呢？随着年纪变老，人们能否获得智慧？

尽管似乎有理由相信我们越老就越有智慧，但我们仍不能下定论，因为**智慧（wisdom）**的概念（在生活实践方面的专家知识）到现在还几乎不曾被老年医学专家和其他研究者注意过。部分原因是"智慧"难以定义和测量，具有相当的模糊性（Brugman, 2006; Baltes & Smith, 2008; Meeks & Jeste, 2009）。

智慧可以被视为对知识、经验和思想的积累的反映。根据这样的定义，要获得真正的智慧，成为老年人可能是必须的，或者至少是有用的（Wink & Dillon, 2003; Kunzmann & Baltes, 2005; Staudinger, 2008）。

智慧和智力不一样，但要区别这两者却很需要技巧。一些研究者认为，两者的一个基本区别是它们与时间的关

是什么导致亚洲文化对老年人更加尊重呢？

智慧 在生活实践方面的专家知识。

系：由智力产生的知识与目前有关，而智慧相对来说是永恒的。智力能让个体有逻辑地、系统地思考，而智慧是对人类行为的理解。心理学家罗伯特·斯腾伯格研究了实践智力，我们曾在第十三章中讨论过。根据他的观点，智力能让人类发明原子弹，而智慧能阻止人们使用它（Seppa, 1997）。测量智慧是困难的，厄苏拉·施陶丁格和保罗·巴尔特斯设计的研究（Ursula Staudinger & Paul Baltes, 2000）表明，稳定地测量人们的智慧是有可能的。在这项研究中，被试年龄为20~70岁，他们2人一组讨论和生活事件有关的问题。其中有个问题是有人接到好友的一个电话声称其打算自杀，另一个问题是一名14岁的女孩想立即搬离自己的家，被试要回答他们应该做什么和想什么。

虽然这些问题没有绝对正确或错误的答案，但有几个标准可以用来评价被试的回答：被试具备多少关于那个问题的实际知识；具备多少关于决策的知识，例如考虑到决策的后果；在多大程度上考虑到主人公所处的生命周期的具体情况和主人公可能持有的价值观；是否能意识到可能不止唯一的解决办法。

利用这些标准，被试的回答被评定为相对有智慧或没有智慧。例如，对于自杀问题，以下是一个被评为相对有智慧的答案样本：

一方面，这个问题具有实用价值，一个人必须用这样或那样的方式行事。另一方面，它还有哲学上的意义，作为一个人，是否被允许杀死自己……首先我们需要辨认自杀这个决定是长时间考虑的结果还是对于一刹那的生活情境的反应。对于后一种情况，我们不知道这个想法会持续多久。生活中有些情况会有让人产生自杀的想法，但我认为没有谁会轻易放弃生命。如果想生存，人们应该努力与死亡作斗争……似乎我们有责任为想自杀的人提供另一种解决问题的途径。比如现在，我们的社会中似乎有种越来越接受老年人自杀的趋势，这是很危险的。不是因为自杀本身，而是因为它对社会造成的影响很恶劣（Staudinger & Baltes, 1996, p. 762）。

> **脱离理论** 成年晚期以心理、生理和社会水平上的逐渐退缩为标志。

施陶丁格和巴尔特斯的研究还发现，老年被试在"能够促进个体睿智地思考"的实验条件中表现更好，其他研究者也认为最有智慧的个体可能是那些老年的个体。

其他研究曾根据心理理论的发展来考察智慧。心理理论（theory of mind）是一种推测他人想法、感受和意图等心理状态的能力。老年个体运用他们随年龄而积累的经验，表现为可以运用更成熟的心理理论（Happe, Winner, & Brownell, 1998）。

成功老化：秘诀是什么？

77岁的艾莉诺·雷诺德斯（Elinor Reynolds）大部分时间都在家里度过，她生活得平静而有规律。艾莉诺一生未婚，每隔几个星期两个妹妹过来探望她一次，外甥和外甥女们偶尔来一下。但绝大多数时间她都是一个人度过的。她觉得这样的生活很快乐。

相反，凯瑞·马斯特森（Carrie Masterson）也是77岁，她几乎每天都做着不同的事情。如果她不去老年中心参加某些活动，就会去购物。女儿抱怨说，当打电话找凯瑞时，她"总是不在家"，而凯瑞回答说她从未繁忙或开心过。

很明显，成功老化没有特定的方式。人们如何老化取决于自身的人格因素和所处的环境。一些人参与的活动日渐减少，另一些人则与自己感兴趣的人和爱好保持着积极的联系。有三个主要理论提供了解释：脱离理论、活跃理论和连续理论。脱离理论认为成功老化主要是逐步退隐；活跃理论则主张成功老化需要个体继续参与外界活动；连续理论则采用折衷的立场，认为最重要的是保持自己所需的参与水平。下面我们将逐一进行讨论。

脱离理论：逐步隐退（disengagement theory） 根据脱离理论的观点，成年晚期个体通常在生理、心理和社会水平上从外界活动中逐步隐退（Cummings & Henry, 1961）。在生理水平上，老年人的精力水平降低，生活节奏呈现出日渐下降的趋势。心理上，他们开始从人群中退出，对外界表现出较少的兴趣，更多关注自己的内心世界。最后，在社会水平上，他们更少参与社交活动，减少了日常的面对面交流和总体的社会活动，对他人生活的参与和投入也变得更少（Quinnan, 1997）。

脱离理论认为，退隐是一个相互的过程。由于社会标准和人们对老化的预期，总体上社会也在远离老年人。例如，强制性的退休年龄迫使年纪大的人不再扮演与工作相关的角色，从而加速了脱离的进程。

尽管脱离理论有一定的逻辑性，但支持它的研究并不多。此外，该理论受到不少批评，因为原本是社会没能为成年晚期的人们提供充足的机会去建立有意义的联系，它接受了社会在这方面的失败，然后在某种意义上将原因归咎于这些人自身。

当然，某种程度的脱离并不一定是负面的。例如，老年人的逐步隐退能使他

第 18 章 成年晚期的社会性和人格发展 ● ● ● 675

脱离理论认为成功老化主要是逐步退隐,而活跃理论则主张成功老化需要人们继续保持和他人的交互。

们有更多时间来思考自己的生活,更少受到社会角色的束缚。而且,人们能对自己的社会关系有更深的认识,更关注那些能满足他们需要的人(Carstensen, 1995; Settersten, 2002; Wrosch, Bauer, & Scheier, 2005)。

绝大多数老年医学家都不同意脱离理论,他们指出脱离是相对不常见的。在大多数案例中,老年人仍保持投入、活跃和忙碌,并且(尤其是在非西方文化中)社会预期也希望他们在日常生活保持积极参与的状态。很明显,脱离并不是一个自动的、普遍的过程(Bergstrom & Holmes, 2000; Crosnoe & Elder, 2002)。

活跃理论(activity theory):继续参与 脱离理论缺少支持,因而产生了另一种替代的理论,就是人们所说的活跃理论。它认为成功老化需要继续保持成年中期的兴趣和所从事的活动,并防止社交数量和类型的减少。根据这一观点,人们通过高度参与外界活动,来得到生活的幸福感和满意感。此外,如果老年人不是通过隐退的方式,而是通过保持适度的社会参与就能够适应环境中不可避免的变化,从而可以成功步入成年晚期(Bell, 1978; Charles, Reynolds, & Gatz, 2001; Consedine, Magai, & King, 2004; Hutchinson & Wexler, 2007)。

活跃理论认为,成年晚期的成功老化反映了老年人对其早年参与活动的一种延续。即使在不能再参与某些活动的情况下,例如先是工作然后退休了,活跃理论也主张人们寻找替代活动,这样可以成功老化。

但是活跃理论像脱离理论一样,不能对所有情况进行解释。首先,活跃理论几乎没有区分活动的类型。不同活动对人们的幸福感和满意度的影响显然是不一样的,而仅仅是为了保持参与度而参加各种活动就不大可能使人感到满意。总之,人们所参与的活动的性质可能比单纯的参与次数和数量更为重要(Burrus-Bammel & Bammel, 1985; Adams, 2004)。

需要特别关注的是,对于某些成年晚期个体来说,"更少就是更多"的原则更加适用。对于此类个体来说,更少的活动能带来更大的生活乐趣。他们能够放

活跃理论 此理论认为当人们保持成年中期的活动兴趣、活动和社会交互时,就会发生成功老化。

连续理论 认为人们需要保持自己所需的社会参与水平，从而得到最大的幸福感和自尊感。

选择性最优化 人们关注某些特殊技能，从而补偿在其他领域中的丧失的过程。

慢生活节奏，仅仅做那些能给自己带来最大快乐的事情（Ward, 1984）。实际上，一些人将能够调整生活步伐视为成年晚期最大的好处之一。对他们来说，相对少的活动，甚至独处，是备受欢迎的生活状态（Hansson & Carpenter, 1994）。

简而言之，脱离理论和活跃理论都不能描绘成功老化的全貌。对于某些人来说，逐步脱离外界时，他们得到更多的快乐和满意感。而对于另一些人来说，保持高度的活跃性和参与度，会让他们更满意（Rapkin & Fischer, 1992; Ouwehand, de Ridder, & Bensing, 2007）。

连续理论（continuity theory）：折衷的立场 这个观点综合了脱离理论和活跃理论，认为人们仅需要保持自己所需的社会参与水平，就能得到最大的幸福感和自尊感（Whitbourne, 2001; Atchley, 2003）。

根据连续理论的观点，那些高度活跃和社交性很强的人，如果尽量保持社交活动，就会感到很快乐。而那些更愿意退休的人，他们喜欢幽静、单独的活动，例如看书或在丛林中散步，如果能够从事这样的活动，他们将会非常快乐（Maddox & Campbell, 1985; Holahan & Chapman, 2002）。

很明显，不论老年个体参与活动的水平如何，他们大多数都体验到和年轻个体一样多的正性情绪。此外，他们在调节自己的情绪方面变得越来越熟练。

还有其他因素可以增加成年晚期的幸福感。例如，生理和心理健康对老年人的总体幸福感无疑是很重要的。类似地，足够的经济保障也至关重要，它能给人们提供基本的需要，包括食物、衣服和医疗。另外，自主感、独立性和对个人生活的控制感也非常有帮助（Morris, 2001; Charles, Mather, & Carstensen, 2003; Charles & Carstensen, 2010）。

最后，正如我们在第十七章中所讨论过的那样，老年人看待年老的方式将会影响他们的幸福感和满意度。那些积极看待成年晚期的人（例如年老意味着获得更多的知识和智慧）相比消极看待成年晚期的人，更善于用正面的眼光看待自己（Thompson, 1993; Levy, Slade, & Kasl, 2002; Levy, 2003）。

最后，根据调查结果，作为一个群体，成年晚期的人们报告比年轻的人们更快乐。这并非指那些65岁以上的人总是更加快乐，而是变老似乎给大多数人带来了某种程度的满足。

通过补偿达到选择性最优化：成功老化的普遍模型 在考虑成功老化的因素时，发展心理学家保罗·巴尔特斯和玛格丽特·巴尔特斯关注"通过补偿达到选择性最优化"模型（selective optimization with compensation model）。在第十五章中讨论过，该模型潜在的假设是成年晚期将带来潜在能力上的改变和丧失，但这因人而异。人们有可能通过选择性最优化来克服能力上的改变。

选择性最优化（selective optimization） 是指人们关注某些特殊的技能，以此补偿在其他领域中能力丧失的过程。人们通过寻求增强自己在动机上、认知上和体能上的一般资源来做到这一点，同时通过选择的过程，关注自己特别感兴趣的

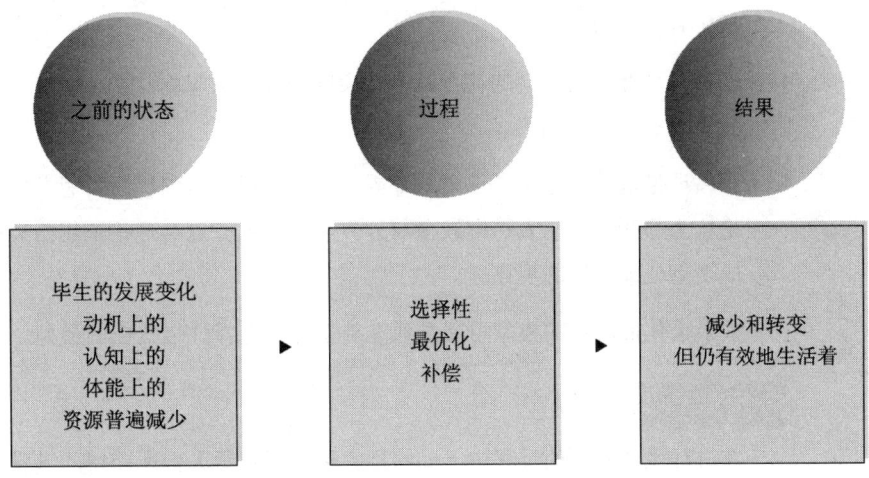

图18-1 通过补偿达到选择性最优化

根据保罗·巴尔特斯和玛格丽特·巴尔特斯所设定的模型,当老年人关注自己最擅长的重要领域,补偿其他领域的能力丧失时,他们就能够成功老化。这一模型仅仅适用于老年人吗?

(Source: Adapted from Baltes & Balters, 1990.)

特定领域。一个终生从事马拉松运动的人,为了加强训练可能需要削减或完全放弃其他运动。通过放弃其他运动,他/她也许可以通过集中训练来保持其跑步技能(Baltes & Freund, 2003a, 2003b; Rapp, Krampe, & Baltes, 2006; Burnett-Wolle & Godbey, 2007)。

与此同时,该模型认为老年人利用补偿来弥补因为衰老而丧失的能力。补偿的形式可以各种各样,譬如带上助听器来弥补听力的衰退。钢琴巨匠阿瑟·鲁宾斯坦(Arthur Rubinstein)是另一个通过补偿达到选择性最优化的例子。鲁宾斯坦在晚年时仍能保持其表演生涯,而且很受欢迎。为了做到这一点,他采取了恰能说明选择性最优化模型的一些策略。

首先,鲁宾斯坦减少了在音乐会上表演的乐曲数目,这就是在追求表演质量方面选择性的一个例子。其次,他更频繁地练习那些表演曲目,这是运用了最优化。最后,作为补偿的一个例子,他减慢了快节奏乐章的前奏的演奏速度,这样听起来好像他演奏的速度和以前一样(Baltes & Baltes, 1990)。

简而言之,通过补偿达到选择性最优化的模型道出了成功老化的基本原则。虽然成年晚期可能带来各种潜在的能力改变,但那些尽力在特定领域取得成绩的人能更好地补偿其他方面能力的丧失和缺损。这样做的结果就是,老年人在某些方面的活动有所减少,但也有相应的转变和调节,最终其生活仍然是成功和有效的。

复习和应用

复习

- 人格的某些方面会保持稳定,而其他方面根据人们老化时所处的社会环境而改变。
- 埃里克森把老年期称为自我完善对失望阶段,关注个体对自己生活的感受;派克则关注该时期所要面对的三个任务。
- 根据莱文森的观点,在与"变老"的概念做过抗争后,人们体验到解放和自我关注。纽嘉顿则关注人们应对老化的方式。
- 年龄阶层理论认为经济资源、力量和特权在人的一生中的分配是不均匀的,而这种情况在成年晚期尤为严重。

- 老年人受尊重的社会的特点是：社会同质性、大家庭结构、老年人责任重大，以及他们拥有重要资源的控制权。
- 脱离理论认为，老年人逐渐从外界退出，可以让他们进行反思并感到满意。相反，活跃理论认为那些快乐的人是继续参与外界活动的人。连续理论采用折衷的立场，它可能是关于成功老化最有用的观点。
- 关于老化最成功的模型可能是通过补偿达到选择性最优化的模型。

应用毕生发展

- 在进行生活回顾的过程中，如何用人格特质解释人们所获得的满意程度？
- **从一个社会工作者的视角看问题**：文化因素如何影响老年人采用脱离策略或活跃策略的可能性？

18.2 成年晚期的日常生活

"我听说所有退休的人都抱怨他们没有这个或没有那个……我并不拮据。我已经有房有车了。我的两个儿子都长大了。我不需要很多新衣服。每次我出去吃饭，都能得到老年人优惠。这是我生命中最快乐的时期，是我的黄金时期。"（Gottschalk, 1983, p. 1）

上述对成年晚期的积极看法来自一位74岁的退休船员。尽管不是所有退休人员都有这样的想法，但还是有很多人（尽管不是绝大多数人）都觉得退休后的生活很开心、很投入。我们将探讨人们在成年晚期的一些生活方式，先从他们的居住地说起。

居住安排：居住的地点和空间

一想到"老年人"，你是否像很多人一样，你的思维就会一下子跳到疗养院？人们对它的刻板印象是，住在那里的老年人是孤独的、不开心的，他们受到机构的束缚，只能被陌生人照顾。

但事实上，完全不是这样的。虽然有些人年老时住在疗养院，但这只是一小部分人——仅仅占老年人总数的5%。很多人始终住在家里，而且至少有一名家庭成员陪伴。

住在家里 很大一部分老年人独自生活。在美国960万独居的个体当中，四分之一是超过65岁的人。大概有三分

居住在多代家庭中，和儿女、儿媳、女婿及孙子们一起，对成年晚期个体来说，是有益和有帮助的。这种情况是否存在不利因素呢？其解决办法又是什么？

之二超过65岁的人与其他家庭成员同住，多数情况是和配偶同住。一些老年人和兄弟姐妹同住，另一些与子女、孙子女甚至曾孙子女等多代人一起居住。

和家庭成员住在一起的结果多种多样，这取决于家庭结构的性质。对于已婚夫妇们来说，与配偶同住代表了先前生活的延续。另一方面，搬去和子女同住的老人，要适应多代人在一起的生活是十分费劲的。这不仅存在着失去自主和隐私的风险，老年人还会看不惯自己孩子养育下一代的方式。除非人们对家庭成员所扮演的角色有既定的准则，否则就会容易发生矛盾（Rnavarro，2006）。

在某些群体中，更多情况下老年人住在大家庭里。如第十五章所述，非裔美国人比白人更有可能和多代人住在一起。而且，相对白人家庭来说，在非裔美国人、亚裔美国人和西班牙裔美国人的家庭中，家庭中一名成员对另一名成员的影响更大，大家庭中成员间的相互依赖也更多（Becker, Beyene, & Newsom, 2003）。

专门的居住环境 对于大概10%的成年晚期个体来说，家庭就是一个机构。正如我们将要看到的那样，供老年人生活的专门环境有很多不同的类型。

近来，有关居住安排的变革之一是**连续照料社区（continuing-care community）**。此类社区主要是为退休人员和年纪大的居民提供一个好的生活环境。居民们可能需要各种级别的照料，这些照料由社区提供。居民只需签署一个合同，社区在合同中承诺为居民提供其所需级别的照料。在很多这类社区中，人们刚开始住在独立的房子或公寓中，他们或是自理，或是偶尔需要照顾。随着年龄增大，他们的需求不断增加时，他们最终就会搬到协助生活区（assisted living）。在那里，人们单独住在房间里，但配有适当程度的医疗护理。连续照料最终发展到各渠道的全天护理，通常在有全天陪护的疗养院中进行。

连续照料社区尽量做到同等对待各宗教和各种族的人，它们通常由私人或宗教组织所主持。由于参加此类社区需要大量的启动资金，社区成员相对来说都是比较富有的。尽管如此，连续照料社区仍在努力提高其多样化水平。此外，以房屋土地和包含更年轻人群的发展计划为基础，它们还通过建立日托中心来增加代间交流的机会（Barton, 1997; Charker, 2003; Berkman, 2006）。

护理机构存在好几种类型，从提供日间的钟点护理到全天的24小时护理。在**成人日托机构（adult day-care facilities）**中，老年个体只能在日间得到照顾，晚上和周末他们在家里度过。当老年人在机构中时，他们接受别人照料、就餐、按照时间表参与活动。有时这些成人机构还包括婴儿和幼儿的日托计划，这样就使得老年人能够和小孩子进行交互（Ritchie, 2003; Tse & Howie, 2005; Gitlin et al., 2006; Dabelko & Zimmerman, 2008）。

其他机构能够提供更多的照料。最精细的护理机构是**专业护理机构（skilled-nursing facilities）**，它为长期患病的老人和患病后逐步恢复的老人提供全日护理。尽管只有4.5%的65岁以上老人住在护理机构，但这个数字随着年龄增长急剧增加。65~74岁的老人只有1.1%住在疗养机构，75~84岁的老人是4.7%，85岁及以上

连续照料社区 为退休人员和年纪大的居民提供各种级别照料的生活环境的社区。

成人日托机构 老年个体只能在日间得到照顾，晚上和周末在家中度过的机构。

专业护理机构 为长期患病的老人和患病后逐步恢复的老人提供全日护理的机构。

公共救济的制度化
一种冷漠、缺乏情感，以及不再关心照顾自己的心理状态。

的老人则是18.2%。大约5%的老人住在各种养老院里，这些养老院提供多种支持性服务（Administration on Aging, 2006）。

护理中心的照料越深入，居住者所需做出的适应也越多。虽然一些新入住的老人能够适应得比较快，但居住在护理机构中所带来的自主性丧失，将会导致老人出现一些困难。另外，老年人与其他社会成员一样，也会受人们对养老院刻板印象的影响，所以他们对养老院的预期可能会非常消极。他们觉得自己仅仅是在坐等生命的消逝，被一个尊崇年轻的社会所遗忘和抛弃（Biedenharn & Normoyle, 1991; Baltes, 1996）。

制度化和习得性无助 尽管生活在护理机构中的老人的恐惧可能被夸大，但它们会导致**公共救济的制度化（institutionalism）**，这是一种冷漠的、缺乏情感以及不再照顾自己的心理状态。公共救济的制度化部分上源于一种习得性无助感，即人们无法控制周围环境的信念（Butler & Lewis, 1981; Peterson & Park, 2007）。

这种由公共救济的制度化引起的无助感，确实会产生严重后果。例如，想象一下当老年人入住养老院时，与过去能够自由支配的生活相比，一个明显的变化是他们不再拥有对自己最基本活动的控制权。他们会被规定什么时候吃饭，吃些什么，睡觉时间由他人安排，甚至连洗澡时间都被规定了（Kane et al., 1997; Wolinsky, Wyrwith, & Babu, 2003）。

一个经典的实验表明了这种丧失控制感的后果。心理学家埃伦•兰格和欧文•詹尼斯（Ellen Langer & Irving Janis, 1997）把一些住在养老院的老年人分成两组，其中一组被鼓励对自己日常活动做出各种选择，另一组没有选择，并主张他们任由养老院的职员照顾。结果非常明显：具有选择的被试不仅更快乐，而且更健康。一年半后，这组被试只有15%的人去世，而另一组中则有30%的被试去世了。

简而言之，住在养老院和其他机构中的老年人，丧失了对日常生活特定方面的控制权，这样严重影响了他们的幸福感。但我们必须懂得，不是所有养老院都是制度森严的。防止权力丧失的最好办法是让入住者能做一些与基本生活有关的决定，让老年人有一种对自己生活的控制感。

财务问题：成年晚期的经济状况

和处于生命周期其他阶段的人一样，成年晚期的人们的社会经济状况也有好有差。他们在年轻时的工作如果收入多些，老年时也就富裕，而之前比较贫穷的人，老年时也比较拮据。

而且，不同群体在早年经历过的不公平在晚年时变得更严重。同时，如今进入成年晚期的个体所承受的经济压力也在逐渐增加，因为随着寿命的不断延长，人们更有可能把积蓄用完。

大约11%的65岁及以上的老年人处于贫困状态，这个比例与65岁以下人群的比例相当接近。而且，在不同群体和不同性别中，也有明显的差异。生活在贫困

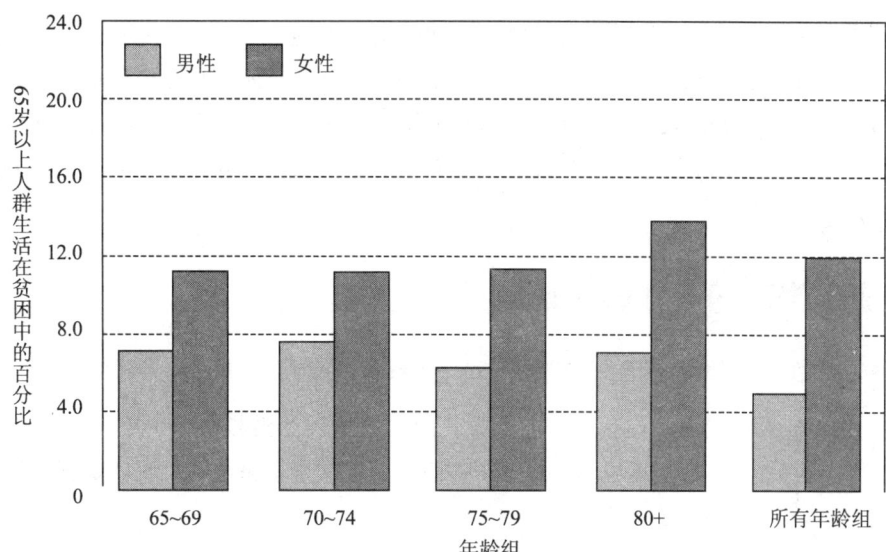

图 18-2 贫困和老年人
65岁及以上的老年人有10%生活在贫困中，生活在贫困中的女性接近男性的两倍。
（Source: U.S. Bureau of the Census, 2005.）

之中的女性几乎是男性的两倍。在那些独自生活的老年女性当中，近四分之一的个体生活在贫困线以下。如果已婚女性丧偶，她也可能会变得贫困，因为她可能在丈夫生前患病时用完了所有积蓄，而丈夫的养老金随着其去世也不再发放（Spraggins，2003；见图18-2）。

此外，8%的老年白人生活在贫困线以下，西班牙裔和非裔美国人则分别为19%和24%。少数族裔女性可能是各种情况中最差的一种。例如，65~74岁离婚的黑人女性中，贫困的比率占到了47%（Federal Interagency Forum on Age-Related Statistics, 2000; U.S. Bureau of the Census, 2005）。

成年晚期财政危机的原因之一是，他们必须依赖支持生活的固定收入。与年轻人不同，老年人的收入主要来自社会保障、退休金和积蓄，而这些几乎不随通货膨胀而变化。结果，当通货膨胀使得食品和衣服等商品价格升高时，老年人收入的增长速度就跟不上。一个人65岁时非常不错的收入到了20年后，其价值就会降低，因此老年人就逐渐变得贫困。

健康保健费用的上升是老年人财政危机的又一原因。老年人在健康方面的花费平均是其收入的20%左右。对于那些需要在护理机构中接受护理的人来说，经济上的支出是令人咋舌的，每年平均需

在成年晚期，社会经济状况反映了早年的情况。

要近8万美元（MetLife Mature Market Institute, 2009）。

除非为社会保障和医疗费用提供资金，否则目前正在工作的年轻美国公民的负担必然会增加。不断增长的费用意味着年轻人的税款要被更多地用于老年基金。这种情况增加了老一辈和年轻一辈之间的矛盾和隔膜。事实上，正如我们将要看到的那样，社会保障费用成了人们决定工作多长时间的关键因素之一。

成年晚期的工作和退休

现在是清晨5点，阿瑟·温斯顿（Arther Winston）泊了车，打了卡，就像他70年来的每个工作日一样。

"他们说我是工作狂。"温斯顿说道。温斯顿是洛杉矶一个巴士公司的清洁监督员，这个月他就满98岁了。他从不迟到，从不请病假，而且从未早退过。"我就是喜欢到这儿来上班。"他说道。

那么，他的秘密在哪儿？

"我不抽烟，不喝酒，而且也不会被信用卡所愚弄。"他说道。

当被问到他是否想退休时，温斯顿说："不，不，绝对不想。"也许当他100岁时，他可能仍会"做一天是一天"。

"当我每天早上走出来，然后说'感谢上帝让我看到了之前从未看到过的另一天，一天就足够'，这种感觉真的很好！"温斯顿说道。

"要在什么时候退休？"是很多成年晚期个体面临的重大决定之一。有些像温斯顿一样的人希望工作到不能工作为止。其他人则在经济条件允许的情况下就退休。

真正退休后，很多人从一名"工作者"转变成"退休者"，他们在认同自己的新身份时，感到十分困难。他们没有了职业的头衔，不再有人向他们寻求建议，而且不能再说"我在钻石公司工作"一类的话。

但对于另一些人来说，退休是一个很好的机遇，能够让他们悠闲地生活，而且可能是其成年期中第一次以这样的方式生活。大多数人早在55岁或60岁时就退休了，而人们的寿命又在不断延长，因此很多人退休后的生活时间比上几代人都要长。老年人的数目在不断增加，在美国人群中，退休的意义和影响力日渐加深。

老年工作者：反击老年歧视　　其实在成年晚期的某些时间，很多人也继续工作——全职或者兼职。他们之所以能够这样做，主要因为在70年代后期通过的某项法案认为几乎所有行业中规定的退休年龄都是不合法的。部分法律明确禁止歧视老年人，这些法律让很多人有机会继续以前的工作，或者在其他领域开展全新的工作（Lindemann & Kadue, 2003）。

老年人继续工作，无论是因为他们喜欢工作中的智力回报和社会性回报，还是因为他们需要依靠工作获得经济收入，在很多时候都会遭到歧视。这是事实，尽管在法律上是被禁止的。一些雇主劝说老年雇员离开工作岗位，为的是用新人代替他们，这样可以少付些薪金。而且，一些雇主认为老年工作者不能满足工作任务的需要，又不情愿转换工作岗位，这种对老年人的刻板印象一直持续着，尽管在法律上已被禁止（Moss, 1997）。

并没有多少证据支持老年工作者的工作能力降低这个说法。在很多领域，例如文学、艺术、科学、政治，甚至娱乐界，我们很容易发现人们在成年晚期也能做出重大贡献的例子。即使在少数法律允许规定其退休年龄的行业中，例如一些涉及公众安全的行业，也没有什么证据支持人们必须在某个特定年龄退休的说法。

例如，一个关于年老警察、年老消防官员和年老狱警的大范围详细研究表明，年龄不是一个人能否胜任其工作的良好预测源，也不是一个人的工作表现的良好预测源。相反，对个体的工作表现进行的个案分析才是更准确的预测源（Landy & Conte, 2004）。

尽管歧视老年人仍然是一个问题，市场劳动力（market force）也许有助于减少其严重性。当在生育高峰期出生的人退休后，市场劳动力锐减，企业可能会鼓励老年人继续工作，或者退休后重新回到工作岗位。不过，对于大多数老年人来说，退休仍然是普遍的。

退休：过一种悠闲的生活 人们为什么决定退休？尽管其基本原因很明显，就是想停止工作，但还有很多其他因素影响人们做出退休的决定。例如，有时候人们在工作了这么长时间之后，已经相当倦怠，他们需要缓和工作中的紧张感和挫败感，从自己已经力不从心的感觉中跳出来。有些人因为健康状况的下降而退休，还有一些人是因为如果在一定年龄退休，就能得到雇主所提供的奖金和较高的退休金。最后，有些人早就计划着退休，利用多出来的闲暇时间旅游、学习或享受天伦之乐（Sener, Terzioglu, & Karabulut, 2007; Nordenmark & Stattin, 2009; Petkoska & Earl, 2009）。

无论人们退休的理由是什么，他们都需要经历一系列的退休阶段（总结于表18-1）。退休后人们首先进入蜜月期（honeymoon period），刚退休的人参加之前由于工作而无法安排的各种活动（如旅行）。第二个时期是清醒期（disenchantment），此时退休的人觉得退休并不完全像自己想的那样，他们开始想念工作时的奖励、同事情谊，或者开始发现很难再次忙碌起来（Atchly, 1985; Atchley & Barusch, 2004）。

接着到了重新定位期（reorientation），此时退休的人重新考虑自己的选择，开始参与新的更加充实的活动。如果成功渡过这个阶段，就到了退休平淡期（retirement routine stage），他们开始接受退休的现实并对新的生活状态感到满足。但不是所有人都能到达这个阶段，有些人在很长时间内都不接

表 18-1 退休阶段

阶段	特点
蜜月期	在这个阶段，刚退休的人参加之前由于工作而无法安排的各种活动，如旅行。
清醒期	在这个阶段，退休者觉得退休并不完全像自己想的那样，他们开始想念工作时的奖励、同事情谊，或者他们开始发现很难再次忙碌起来。
重新定位期	在这一时期，退休者重新考虑自己的选择，开始参与新的更加充实的活动。如果成功渡过这个阶段，就能进入下一阶段。
退休平淡期	此时退休者开始接受退休的现实，并对新的生活状态感到满意。但不是所有人都能到达这个阶段，有些人在很长时间内都不接受退休生活。
结束期	虽然有些人在退休的结束阶段重新回去工作了，但对大多数人来说，在退休的结束阶段出现了体能的衰退。在这种情况下，人们的健康状况变得很差，甚至不能独立发挥作用。

（Source: Atchley, 1982.）

退休对每个人来说都是一个不同的旅程。有些人喜欢安静的生活，另一些继续保持活跃，而且有时还追寻新的活动。你能解释为什么很多非西方文化的国家中，人们退休后的生活没有像脱离理论所说的那样吗？

受退休生活。

最后一个阶段是退休的结束期（termination）。虽然有些人在退休的结束阶段重新回去工作了，但对大多数人来说，在退休的结束阶段出现了体能的衰退。在这种情况下，人们的健康状况变得很差，甚至不能独立发挥作用。显然，不是所有人都要经历这些阶段，而且上述顺序也不是普遍的。在很大程度上，个人对退休的态度来自当初他们选择退休的理由。例如，由于健康问题而被迫退休的人和渴望能够在一定年龄退休的人，内心的体验是很不一样的。类似地，喜欢自己的工作和轻视自己工作的人，感受也是不一样的。

简而言之，退休对心理的影响也因人而异。对很多人来说，退休是美好生活的延续，他们充分享受它所带来的休闲时光。此外，正如我们在"成为发展心理学知识的明智消费者"专栏中看到的那样，人们可以做很多事情来规划美好的退休生活。

成为发展心理学知识的明智消费者

计划和实现美好的退休生活

有哪些因素能够创造出美好的退休生活？老年医学专家认为有如下几个因素（Kreitlow & Kreitlow, 1997; Rowe & Kahn, 1998; Noone, Stephens, & Alpass, 2009）：

- **事先做好经济计划** 很多经济专家认为社会保障金在未来是不够用的，个人积蓄特别重要。同样，足够的健康保险也非常重要。

- **考虑逐渐从工作中退出** 有时可以先从全日工作转换到兼职工作，这样能更容易步入退休生活。这种方式可能比从全日工作一下子进入退休状态更有效。

- **在退休之前发掘自己的爱好** 评估一下对于现在的工作，你喜欢的是什么，并考虑一下这些喜欢的东西能如何迁移到闲暇的活动中。

- **如果你结了婚或长期和某人生活在一起，你应该和伴侣讨论一下你对理想退休状况的看法** 你会发现你需要和伴侣协商，找出一个适合你们俩的生活方式。

- **考虑你想住在哪里** 暂时考虑一下你想要居住的社区。

- **权衡缩小住所的利与弊** 你需要的空间可能比以前小，并且你可能乐于接受保养维修活儿的减少。

- **计划自愿提供时间** 退了休的人们拥有大量技能，这些通常是非盈利组织和小企业所需要的。诸如退休老年志愿者计划（the Retired Senior Volunteer Program）或寄养祖父母计划（Foster Grandparent Program）那样的组织，可以让你的技能派上用场，同时帮助了有此类需求的人们。

复习

- 老年人有各式各样的居住环境,其中很多人和家庭成员一起住在家里。
- 财政问题会让老年人陷入困境,多数原因是他们的收入是固定的,而健康支出却在不断增长,人类寿命也在延长。
- 当人们适应退休的过程中,可能会经历所有的退休阶段,包括蜜月期、清醒期、重新定位期、退休平淡期和结束期。

应用毕生发展

- 根据成功老化的研究,对于将要退休的人,你会有什么建议?
- 从一个保健专业人员的视角看问题:养老院可以采取什么样的政策来减少其入住者的"公共救济的制度化"?为什么这样的政策不是很普遍?

18.3 关系:年老的和年轻的

"好吧,我告诉你",伊娃·绍伊莫西(Eva Solymosi)说道。接下来她展开了叙述,从她第一次遇到约瑟夫说起。那时她13岁,是匈牙利一个穷苦的厨师,一位老妇人待她如友,忠告她说:"如果碰到一个友善的男子,就不要放过。"

伊娃看到了约瑟夫,一个18岁的烟囱清洁工,正从一口公共水井中喝着凉水。"他的样子很友善,就是他了,"伊娃边说边耸肩。他们第二年就结婚了,去了美国,从那时开始就一直在一起,直到她93岁、他97岁……

他们是好搭档。当一个人说话时,另一个静静地站起来去拿相关的图片或信件。他们共同做家务,称赞彼此的付出。

当约瑟夫去购物或者观看电视新闻时,伊娃会浏览自己的一叠相册。那儿有约瑟夫年轻时读报的样子、伊娃在20世纪20年代吃玉米棒的样子、他们买的第一颗圣诞树。她看到了一张约瑟夫18岁时的照片,"啊哈,这就是我爱上的那张面孔。在我看来,他现在仍那么帅。"约瑟夫没说什么,只是用自己的拐杖轻轻地敲了一下伊娃的拐杖(Ansberry, 1995, pp. A1, A17)。

约瑟夫和伊娃之间的温情脉脉是显而易见的。他们的关系,已经80多年了,还是那么和谐,给他们带来了平静的快乐,他们的生活是很多夫妇所渴望的那种。但那也是人们在晚年时少有的生活。相比拥有自己伴侣的老年人,更多人独自生活着。

人们在成年晚期时社会关系的特点是什么样的呢?为了回答这个问题,我们将首先探讨那个时期人们的婚姻质量。

晚年的婚姻：一起，然后孤单

那是一个人的世界——至少65岁以后的婚姻是这样的。与配偶同住的男性比例远高于女性（见图18-3）。这种差异的原因之一是70%的女性寿命长于其丈夫，至少长好几年，而男性数目减少了（很多已经去世）后失去丈夫的老年女性又不大可能再婚（Barer, 1994）。

此外，我们在第十四章首次讨论到的婚姻梯度也是导致以上情况的一个有力影响因素。婚姻梯度反映的是社会规范，女性通常和比自己年龄大的男性结婚，于是晚年时，女性便只能孤单地生活。同时，婚姻梯度使女性更早地结婚，因为那时适合结婚的对象更多（Treas & Bengtson, 1987; AARP, 1990）。

绝大多数在生命晚期仍然处于已婚状态的人都报告说他们很满意自己的婚姻。伴侣提供了大量的友谊和情感支持。因为在生命的这个时期，他们已经在一起很长时间了，他们对自己的伴侣有着很深的了解（Brubaker, 1991; Levenson, Cerstensen, & Gottman, 1993; Jose & Alfons, 2007）。

然而，并非婚姻的所有方面都同样令人满意，当配偶经历生活中的转变时，婚姻可能要经受严重的压力。例如，婚姻中的一方或双方的退休会给夫妻关系带来改变（Askham, 1994; Henry, Miller, & Giarrusso, 2005）。

对于一些夫妇来说，有时压力很大，以至于其中一方或另一方要求离婚。在美国，尽管没有确切数据，但至少有2%的离婚所涉及的女性超过了60岁（Uhlenberg, Cooney, & Boyd, 1990）。

晚年离婚的理由是多样的。通常，女性需要离婚是因为丈夫有虐待或酗酒行为。但更多情况下是丈夫要求离婚，因为他们找到了一个更年轻的女人。通常离婚发生在退休后不久，此时，一直潜心于工作的男性经历着心理上的扰动（Cain, 1982; Solomon et al., 1998）。

在生命晚期离婚对于女性来说是尤其困难的。在婚姻梯度和适婚男性数目很少这双重不利因素下，年纪大的离异女性不太可能再婚。成年晚期的离婚具有很大的破坏性。对于很多女性来说，婚姻中的角色可能是其一生中的主要角色和核心身份，她们会把离婚看做人生一个很大的失败。因此离异女性的生活质量和幸福感会骤然下降（Goldscheider, 1994; Davies & Denton, 2002）。

寻求一段新的关系可能是很多离异或配偶去世的人的首要任务。像生命中的早期阶段一样，人们努力发展新关系，利用多种策略去认识潜在的伴侣，如参加单身组织，甚至上网去寻觅伴侣（Durbin, 2003; Dupuis, 2009）。

有些人在进入成年晚期时从未结过婚，这一点很重要。那些终身保持单身的人（大概占人口的5%），成年

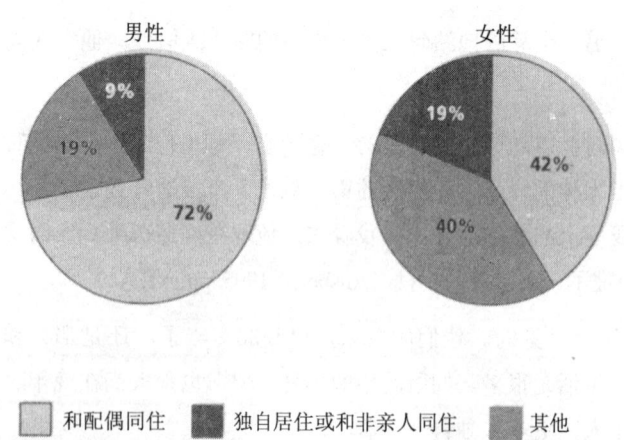

图18-3 老年美国人的居住模式
关于老年男性和女性的健康状态和适应情况，这些模式表明了哪些内容？（Source: Administration on Aging.）

晚期对他们来说改变不多，因为独自居住的状态并没有改变。实际上，单身的人在老年时比结婚的人更少感到孤单，他们有更多自主的感觉（Essex & Nam, 1987; Newston & Keith, 1997）。

应对退休：俩人在一起的时间太多了？ 当莫里斯·阿伯克龙比（Morris Abercrombie）最终停止了全职工作时，妻子罗克珊（Roxanne）觉得他在家的时间增多，导致在某些方面增添了麻烦。虽然他们的婚姻关系很好，但他干涉她的日常活动，不断追问她和谁打电话、她刚才到哪里去了、什么时候出去的，所有这些都让她觉得很厌烦。最后，她开始希望他在家的时间少一些。这个想法很有讽刺意味：因为以往他总是在外工作，她曾经希望莫里斯能有更多时间在家。

莫里斯和罗克珊的这种情形并不是他俩所独有的。对于很多夫妻来说，退休意味着彼此的关系需要重新协调。在一些情况下，退休导致夫妻共同在家的时间比之前他们婚姻中的任何时候都多。在另一些情况下，退休改变了长期以来家务在夫妻双方中的分配情况，丈夫有更多责任承担日常家务。

研究表明，这时通常会有一个有趣的角色倒置。在早期的婚姻中，妻子比丈夫更渴望与配偶在一起；与之相反，成年晚期时，丈夫更渴望和妻子在一起。婚姻的权力结构也转变了：男性退休后变得更有帮助性，更少竞争性，同时，女性变得更加自信和自主（Blumstein & Schwartz, 1989; Bird & Melville, 1994）。

照顾年老的配偶 成年晚期身体状况的改变，有时需要人们用从未料到的方式来照顾配偶。例如，听听一位妻子心灰意冷的说法：

"我哭了很多次，因为我从没想过会是这样的。我从没想过要清扫洗浴室，替他换衣服，整天洗衣服。我在20多岁时这样照顾婴儿，现在我这样照顾丈夫。"（Doress et al., 1987, pp. 199-200）

同时，有些人会较为积极地看待照顾病重和垂死的配偶，他们认为某种程度上，这是体现自己对配偶的爱和奉献的最后机会。实际上，一些照料者感到很快乐，因为他们能担负起对配偶的责任。而那些有郁闷情绪的人，其不愉快最终也会减退，因为他们能够成功适应照料工作的压力（Lawton et al., 1989; Townsend et al., 1989; Zarit & Reid, 1994）。

即使能用那样乐观的方式来看待对配偶的照顾，也不能否认如下事实：照顾配偶是一项挺费劲的活儿，更糟糕的是，照顾配偶的人，自己本身身体状况也不大好。实际上，照顾别人对照料者的生理和心理健康都是不利的。例如，照料者对生活的满意度低于不用照顾别人的人（Vitaliano, Dougherty, & Siegler, 1994; Grant, Weaver, & Elliott, 2004; Choi & Marks, 2006）。

应该注意到，在很多情况下，提供照料的人通常是妻子。近四分之三向配偶提供照料的人是女性。部分原因和人口状况有关：男性通常早于女性死亡，自然他们患上致命疾病的时间也早于女性。第二个原因与社会对性别角色的传统看法有关，认为女性是"天生的"照料者。于是，健康护理专家更倾向于建议妻子照顾丈夫，而不是丈夫照顾妻子

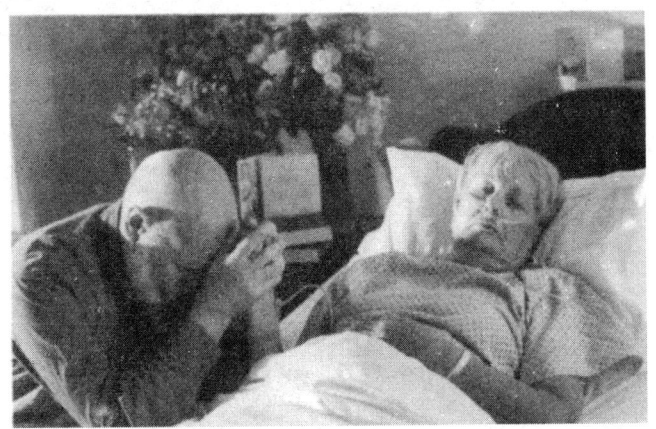

成年晚期最艰难的责任之一是照顾患病的配偶。

（Polansky, 1976; Unger & Crawford, 1992）。

配偶的死亡：开始寡居/鳏居 几乎没有什么事件比丧偶更让人感到悲痛。特别是对于年轻时就结了婚的人来说，配偶的去世会导致巨大的丧失感，而且还带来经济和社会环境上的重大改变。如果是一段美好的婚姻，配偶的去世意味着失去一个伴侣、爱人、知己和帮手。

伴侣去世后，健在的一方要突然认同一个新的、自己并不熟悉的身份：寡妇/鳏夫（widowhood）。同时，他们丢掉了自己最熟悉的角色：配偶。突然间，他们不再是夫妻中的一方了，他们被社会、被自己看做单独的个体。所有这些都发生在他们面对巨大伤痛时，而这种伤痛有时是压倒一切的（我们将会在第十九章中进行更多讨论）。

寡居/鳏居带来了很多新的要求和担忧。再没有伴侣可以分享每天发生的事情。如果以前主要的家务活都是已去世的配偶在承担，健在的那一人就必须学会做这些家务而且得天天做。虽然原来的家庭成员和朋友们能够提供大量的支持，但这些帮助逐渐会减弱，只留下新寡/新鳏的人面对单身生活（Wortman & Silver, 1990; Hanson & Hayslip, 2000）。

▼ **我的发展实验室**
登录我的发展实验室，观看关于鲍勃的视频，他刚刚失去共同生活了48年的妻子。他谈论失去她对他有何影响，以及他如何维持积极的人生观。

人们的社会生活往往会因配偶的死亡而发生剧变。一对夫妇通常与另一对夫妇一起交往；鳏寡个体在保持原来那些夫妻俩共同筑起的友谊时，就感觉像"第五个轮子"一样碍眼。渐渐地，那样的友谊就会衰退，尽管它们有可能被与和其他单身个体建立的新友谊所代替（van den Hoonaard, 1994）。

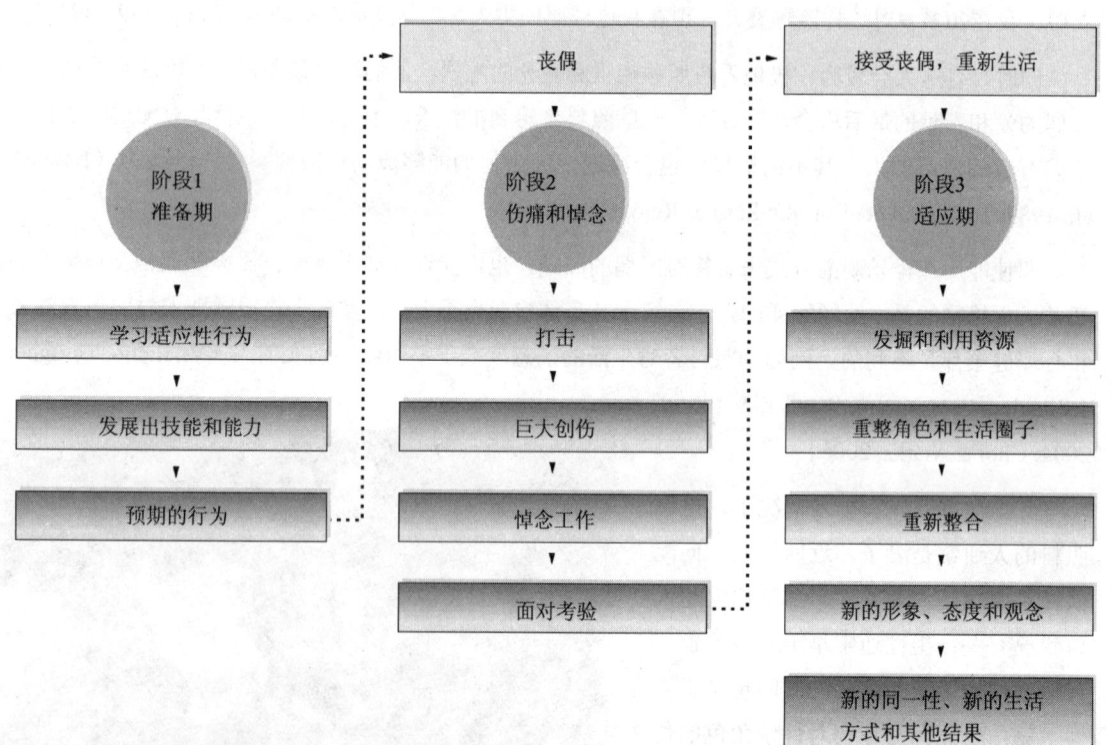

图18-4 适应寡居/鳏居的过程
你认为这个过程对男性和女性来说是一样的吗？
(Source: Based on Heinemann & Evans, 1990.)

经济问题是很多鳏寡个体需要考虑的主要问题之一。尽管很多人有保险、积蓄和退休金来提供经济保障，但一些个体（通常是女性）在配偶逝世后则会体验到经济状况的下滑，就像本章之前提及的那样。在那些情况下，经济状况的改变会迫使人做出痛心的决定，例如卖掉夫妻俩共同居住的房子（Meyer, Wolf, & Himes, 2006）。

适应寡居/鳏居的过程分三个阶段（见图18-4）。第一个阶段是准备期（preparation），夫妇的任何一方都要有思想准备，在将来的几年甚至几十年，对方都有可能去世。此时要考虑很多事情，例如买人身保险，准备遗嘱，决定养孩子以便将来老了能有所依靠。这些事情，每一件都是为将来要变成鳏寡个体做准备，那时人们需要一定程度的帮助（Heinemann & Evans, 1990; Roecke & Cherry, 2002）。

第二个阶段是伤痛和悼念（grief and mourning），这是配偶去世后，健在一方的即时反应。他们首先要承受丧偶后的痛苦和打击，继而要渡过一个丧偶带来的情绪起伏阶段。个体渡过这个阶段所需的时间取决于其他人所给予支持的多少以及个人的人格特征。对某些人来说，伤痛和悼念期会持续几年，而其他人只需持续几个月。

最后一个阶段是适应期（adaptation），鳏寡个体要适应新的生活。他们开始接受配偶的死亡，以一个新的角色生活，并建立新的友谊。适应阶段还需要重新整合和发展一个新的同一性——作为一个单身的人。

需要知道的是，关于丧偶的三阶段模型不是对每个人都适用的。而且，模型中各个时期的时间也完全是因人而异的。而且，有些人会经历复杂性悲伤（complicated grief），这是一种无休止的哀痛，有时会持续几个月甚至几年。经历复杂性悲伤的人们会发现难以放开所爱的人，而且他们对已故之人的记忆妨碍了正常的生活（Holland et al., 2009; Piper et al., 2009; Zisook & Shear, 2009）。

尽管如此，对于多数人来说，配偶死亡之后，生活会恢复正常，重新变得愉快。配偶的死亡，难免会成为生命中一个重大的事件。在成年晚期，其影响尤为严重，因为配偶的死亡预示着自己也会死亡。

成年晚期的社会关系

老年人和年轻人一样喜欢结交朋友，友谊在成年晚期的生活中占据很重要的地位。实际上，人们在晚年时与朋友在一起的时间多于与家人在一起的时间。朋友是比家人更有力的社会支持。另外，大约有三分之一的老年人在自我报告中说，在最近一年里建立了一段新友谊，而且很多老年人经常参与重要的社会交往活动（见图18-4；Hartshorne, 1994; Hansson & Carpenter, 1994; Ansberry, 1997）。

友谊：为什么朋友在成年晚期很重要　友谊之所以重要的原因之一是与控制感有关。友谊关系和家庭关系不一样，我们能在那些自己喜欢和不喜欢的人之间做出选择，这意味着我们有很大的控制权。因为老年人在其他方面（例如健康）的控制感逐步丧失，所以此时维持友谊的能力在生命中的重要性胜过在生命中的其他时期（Krause & Borawski-Clark, 1994; Pruchno & Rosenbaum, 2003; Stevens, Martina, & Westerhof, 2006）。

此外，友谊——特别是新近建立的——可能比家庭关系更灵活，因为新建立的友谊没有遗留的责任和过往冲突。相反，家庭关系中可能会有长时间积累下来的争吵记录，甚至是很深的矛盾，这些都

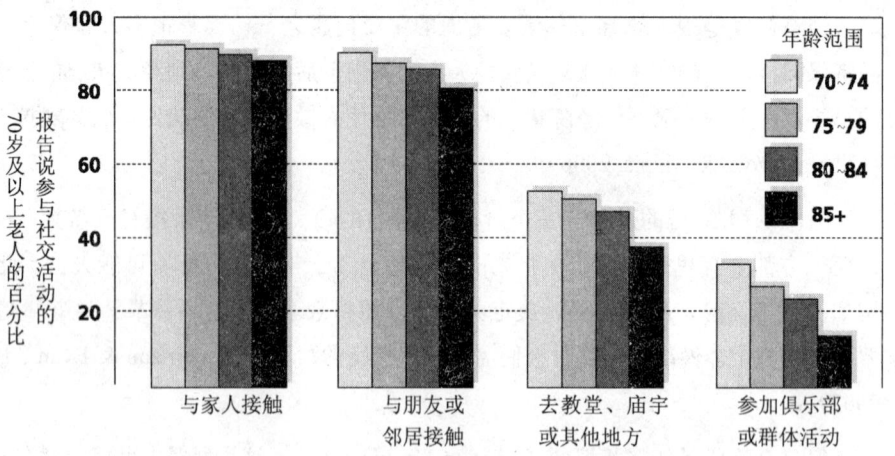

图 18-5 成年晚期的社交活动

朋友和家人在老年人的社会生活中占据重要地位。

(Source: Federal Interagency Forum on Age Related Statistics, 2000.)

会削弱家人对丧偶者的情绪支持（Hartshorne, 1994; Magai & McFadden, 1996）。

导致成年晚期友谊关系重要的另一个原因是，随着年龄的增长，人们更可能失去婚姻伴侣。配偶去世后，人们多数会寻求朋友的陪伴，以帮助自己应对丧偶的痛苦，并且弥补配偶去世后伙伴关系的缺失。

当然，一个人到了老年，不止配偶会死去，朋友们也会死去。成年晚期的人们看待友谊的方式决定了他们在多大程度上能够承受朋友逝世的打击。如果一份友谊被看做是不可替代的，那么失去某位朋友就会让人感到非常难过。另一方面，如果一份友谊只是被看做众多友谊之一，那么某位朋友的过世对个体的打击就没有那么大。在后一种情况下，老年人更容易开展一段新的友谊（Hartshorne, 1994）。

社会支持（social support）：他人的重要性 友谊能为人们提供基本的社会需要之一：社会支持。它是指社会关系网中相关人士所提供的安慰和帮助。这些支持对成功老化非常重要（Avlund, Lund, & Holstein, 2004; Gow et al., 2007; Evans, 2009）。

社会支持 其他人或者社会关系网中的相关个体所提供的安慰和帮助。

社会支持的益处是巨大的。例如，别人能够通过移情为老年人提供情绪支持，还能够就老年人所关心的问题提供建议。另外，面临同样情境（如配偶去世）的人会对当事人的处境有或多或少的理解，能为如何应对困难提供大量的有效建议，这比其他人的建议更可靠。最后，别人还可以提供物质上的支持，比如载一程或者帮忙买食品。在面对实际困难时，别人也能帮上忙，例如与难缠的房东进行交涉，修理坏了的电器等。

社会支持不仅对接受者有好处，对提供者也有益。提供帮助的人，知道自己正在为其他人的幸福而做出努力，他们感到自己是有用

研究发现社会支持具有巨大的益处，对提供者和接受者来说都有好处。互惠作为社会支持的一个因素，其重要性何在？

的，自尊也会提高。

什么样的社会支持最有效和最恰当？它可能有很多种方式：为别人准备食物，陪伴别人去看电影，或是邀请别人共进晚餐。创造机会进行互惠也是很重要的。互惠（reciprocity）指的是如果一个人对另一人提供过积极的支持，他就会期待以后对方能够对自己有所帮助。在西方社会，老年人和年轻人一样，比较看重互惠的关系（Clark & Mills, 1993; Becker, Beyene, & Newsom, 2003）。

随着年纪越来越老，一个人要回报别人所给予的社会支持可能逐渐变得困难。结果就是，老年人与别人的关系变得越来越不对称，接受帮助的老年人会感到过意不去（见"从研究到实践"专栏）。

从研究到实践

老年孤独对心理健康的影响

重度抑郁症一直是一种困难的心理问题，在成年晚期尤其具有挑战性。抑郁症是老年人最常见的心理障碍之一，与多由心脏病和中风导致的死亡风险的大幅增长有关。居住在护理机构的老年人患抑郁症的可能性是住在家中的老年人的近三倍。这一统计结果提示了成年晚期的人罹患抑郁症的原因之一：社会隔离（Gargiulo & Ebmeier, 2008）。

老年人缺少社会支持和多种健康问题有关，其中包括抑郁症、体质下降、自我伤害，以及各种原因导致的死亡的增加。即使成年晚期的人明显拥有足够的社会关系，他们也可能并不这样认为。人们实际拥有的社会支持和陪伴的数量与他们希望拥有的数量的差距导致了孤独，结果是孤独感和客观的社会隔离与同样类型的健康风险相关（O'Luanaigh & Lawlor, 2008; Rebin & Uchino, 2008）。

一个近期的研究以大量居住在城市社区的居家老人为对象，检验了实际的、客观的社会隔离和主观的孤独，以及它们和抑郁症的关系。研究者发现25%的老年男性和40%的老年女性报告有孤独感，总共有10%的人进一步报告孤独感使他们十分苦恼，5%报告孤独感具有侵扰性（让他们无法忽视）。造成孤独的最重要因素是配偶的死亡（Golden et al., 2009）。

近三分之一拥有足够的社会关系的被试仍然报告感到孤独。尽管鳏居/寡居和主观的孤独有关，但它和社会隔离无关。换句话说，甚至当老年人拥有足够的社会关系时，失去配偶也会带给他们一种社会剥夺的感觉。鳏居/寡居的老年人抑郁症发病率增高也可以用孤独来解释。

这一研究的意义十分清楚：老年人的抑郁症及其对他们的健康的损害，与客观的社会隔离和主观的孤独都有关。

- 为什么甚至对于那些拥有良好社会支持网络的老年人，失去配偶也会产生孤独感？
- 根据该研究，你能想出一种干预策略来帮助防止近期丧偶的老年人患上抑郁症吗？

家庭关系：联系的纽带

即使在配偶去世后，很多老年人仍然是大家庭里的一员。他们仍然和兄弟姐妹、儿女、孙子女，甚至曾孙子女保持着联系，这些人是老年人晚年生活中重要的安慰来源。

在成年晚期，兄弟姐妹通常能够提供很强的情感支持。因为他们是童年时愉快记忆的分享者，他们代表了一个人所拥有的最长时间的人际关系,他们能够彼此扶持。虽然不是所有童年记忆都是愉快的,但在晚年期间保持与兄弟姐妹来往是一种巨大的情感支持(Bengston, Rosenthal, & Burton, 1990; Moyer, 1992)。

孩子们 比兄弟姐妹更重要的就是子女和孙子女了。虽然现在搬迁率很高,但多数家长和孩子之间的联系还是非常紧密的,无论是地理位置上还是心理上。大约75%儿女的住所与父母的住所相隔在30分钟车程以内,父母和孩子经常彼此探望和聊天。女儿似乎比儿子更常探望父母,母亲比父亲更常看望儿女(Field & Minkler, 1988; Krout, 1988; Ji-liang, Li-qing, & Yan, 2003)。

因为大多数老年人至少会有一个孩子离自己住得比较近,家庭成员仍然能够为彼此提供大量的帮助。此外,父母和孩子在成年子女应该如何对待父母的看法上,意见比较一致(见表18-2)。尤其是父母预期子女应该帮助父母理解自身资源、提供情绪支持并深入讨论一些重要的事情,例如医疗问题。另外,很多时候子女自身就需要别人的帮助,以致难以继续照料年老的父母(Dellmann-Jenkins & Brittain, 2003; Ron, 2006; Funk, 2010)。

父母和孩子之间的联系有时是不对称的,父母想要更加紧密的联系,但子女却希望疏远一点。父母觉得自己在亲子联系中更可能是发展的根基(developmental stake),因为他们把孩子看做自己信念、观念和准则的延续,而子女需要自立,不想依赖家长。这些想法的分歧使得家长更可能缩小他们和子女之间的矛盾,而子女却更有可能把矛盾扩大化(O'Connor, 1994)。

对于父母来说,子女仍然是巨大兴趣和快乐的来源。例如,一些研究表明,即使在成年晚期,

表18-2 父母和子女关于成年子女应该如何对待父母的看法非常相似

条目	子女的评价等级	父母的评价等级
帮助理解资源	1	2
提供情绪支持	2	3
讨论重要问题	3	1
突发事件出现时,在家里腾出位置	4	7
牺牲个人自由	5	6
当患病时给予照顾	6	9
特殊场合要在一起	7	5
提供经济援助	8	13
给父母提供建议	9	4
调整家庭日常安排以提供帮助	10	10
对父母负责任	11	8
调整工作日程以提供帮助	12	12
觉得父母应该和子女住在一起	13	15
每周探望一次	14	11
住得离父母比较近	15	16
每周写一次信	16	14

(Source: Adapted from Hamon & Blieszner, 1990.)

父母仍然几乎每天都把子女挂在嘴边,特别是当子女遇到困难的时候。与此同时,子女也会向父母寻求建议,了解信息,有时也会寻求实质性的帮助,如资金等(Greenberg & Becker, 1988)。

孙子女和曾孙子女 正如我们在第十六章中讨论过的,不是所有祖父母都会同样地参与孙辈们的活动,即使那些非常以孙子女为荣的祖父母,也会和孙儿们保持一定的距离,避免直接的照料责任(Cherlin & Furstenberg, 1986)。

我的发展实验室

你的祖父母在你的生活中的参与程度如何?你觉得自己对他们的生活有何影响?登录我的发展实验室,观看玛丽亚(Maria)的视频,以了解一位祖母对此的看法。玛丽亚是一位68岁的老人,她跟女儿住在一起,在女儿女婿上班的时候照看孙子女。

如人们所看到的那样,祖母比祖父更加愿意参与孙儿们的活动;类似地,孙儿们对祖父母的看法也存在性别差异。特别是,多数处于成年早期的孙儿们觉得与祖母更亲近。另外,他们觉得与外祖母比与祖母更亲(Hayslip, Shore, & Henderson, 2000; Lavers-Preston & Sonuga-Barke, 2003; Bishop et al., 2009)。

非裔美国人祖父母比白人祖父母更多地参与孙辈的活动,相对于白人孙辈来说,非裔美国人孙辈与祖父母感觉更亲。此外,相对于白人祖父来说,非裔美国人祖父在孙辈的生活中处于更加中心的地位。这些种族差异的原因可能是研究中涉及非裔美国人多代家庭的比例大于白人的多代家庭。在那样的家庭里,祖父母通常都在儿童教养过程中扮演核心角色(Crowther & Rodriguez, 2003; Stevenson, Henderson, & Baugh, 2007)。

曾孙在白人和非裔美国人曾祖父母生活中的地位都不那么重要。很多曾祖父母和曾孙的联系都不是很密切。密切的关系只会在两者住得比较近的时候才会出现(Doka & Mertz, 1988)。

关于曾祖父母与曾孙之间联系相对不密切有几个解释。一是他们没有太多体力和精神来与曾孙建立关系;另一原因是曾孙太多了,曾祖父母感觉与他们之间没有太强的情感联系。事实上,因为曾祖父母一般有很多子女,所以就会有更多的曾孙,有时都难以辨认清楚,这种情况很常见。例如,当肯尼迪总统的母亲罗丝·肯尼迪(Rose Kennedy,她生了9个孩子)在104岁去世时,她有30名孙儿和41名曾孙!

虽然很多曾祖父母与曾孙之间没有很密切的联系,但仅仅是自己有曾孙这样一个事实,也能让他们感到很高兴。例如,他们会觉得曾孙是自己和其家庭的延续,同时也能表明自己的长寿(Doka & Mertz, 1988)。

虐待老人:误入歧途的关系

因为身体健康,又有可观的养老金,76岁的玛丽应该享受舒服的退休生活。但是,事实上,她生活得很可怜,因为成年儿子给予她无休止的威胁、侮辱和轻蔑。

她的儿子既赌博又滥用毒品,而且很残忍:他向玛丽吐唾沫,在她面前挥舞着餐刀,偷她的钱,而且变卖她的东西。在看过几次急诊、住过两次医院后,社会工作者劝说玛丽搬出去住,参加由受亲人虐待的老人组成的支持小组。当玛丽住进新家,又得到一些知心朋友的支持之后,她最后得到了平静。但玛丽的儿子找到了她,出于作为一名母亲的内疚和惭愧,她收留了他——然后,新一轮的受虐待生活又开始了(Minaker & Frishman, 1995, p. 9)。

虐待老人 对老年人身体上和心灵上的虐待，或者忽视老年人。

人们很容易认为，像上述这种情况是很少见的。然而在现实中，它们比我们认为的数量要多得多。**虐待老人（elder abuse）**，包括身体上和心灵上的虐待，或者忽视老年人，每年可能影响了200万60岁以上的人。甚至这个估计都有可能太过保守，因为受到虐待的人通常会感到难堪和羞耻，而不愿意报告自己的困境。而且随着老年人数目的不断增加，专家认为虐待老年人的案例数目仍在增长（Brubaker, 1991）。

虐待老人通常发生在家庭成员之间，尤其是针对年老的父母。那些健康状况更差、更孤独的成年晚期个体比一般人更有可能遭受虐待的危险，他们也更可能住在照看者的家中。尽管有很多原因导致对老人的虐待，但通常是照看者所承受的经济、心理和社会压力共同起了作用，因为他们必须一天24小时照看老人。因此，患有阿尔茨海默氏症或其他痴呆症的人，更有可能成为虐待的对象（Tauriac & Scruggs, 2006; Baker, 2007; Lee, 2008）。

应对虐待老人的最好方法首先是要防止其发生。照顾老年人的家庭成员必须不时地休息一下，也可以联系社会支持机构提供建议和具体的支持。例如，全美家庭照料者协会（National Family Caregivers Association, 800-896-3650）拥有一个照料者网络，并出版时事通讯。任何人如果怀疑有老年人受到虐待，可以联系当地权威机构，如成年人保护服务中心（Adult Protective Services）和老年人保护服务中心（Elder Protective Services）。

复习和应用

复习

- 虽然成年晚期的婚姻通常是愉快的，但老化的压力也会导致离婚。
- 退休通常带来婚姻中权力关系的重新分配。
- 配偶死亡给健在的一方带来了巨大的心理上、社会性上和物质上的转变。
- 晚年时的友谊是很重要的，它能够提供社会支持和同龄人的陪伴，因为同龄朋友更能理解老年人的感受和问题。
- 家庭关系在老年人的生活中仍然存在，特别是与兄弟姐妹及子女们的关系。
- 虐待老人通常涉及年老体弱、没有社会交往的父母，以及认为年老父母是负担的照料者。

应用毕生发展

- 配偶的退休通过哪些方式给婚姻带来压力？对于夫妻双方都工作的家庭来说，退休会导致压力减轻，还是会翻番？
- 从一个社会工作者的视角看问题：哪些因素共同造成了成年晚期的生活对于女性来说更困难的现象？

 生命晚期，人们的社会性和人格继续发展。本章我们关注了人格的变化和稳定性问题，以及能够影响人格发展的一些生活事件。我们打破了人们的一些刻板印象，如老年人的生活方式和退休的影响。关系，尤其是婚姻关系和家庭关系，对于老年人的幸福感来说非常重要。另外，友谊和社交网络也很重要。

回到本章前言中有关宝拉·瑞斯使用Eons.com的故事，并回答如下问题：

（1）基于前言中的证据，你认为宝拉是如何应对埃里克森称为自我完善对绝望的阶段的？又是如何应对派克的发展任务的？

（2）你认为老年人使用社交网站的增长是对年龄阶层理论的支持抑或反对的证据？并做出解释。

（3）根据脱离理论和活跃理论讨论宝拉对在线社交网络的使用。

（4）你认为如果宝拉仍然处在已婚状态，她会在网上这么活跃吗？如果她再婚了呢？为什么？

- **人格在成年晚期以何种方式得以发展？**

- 在埃里克森心理发展的自我完善对失望阶段，当人们回顾自己的生活时，他们可能感到满意，于是能够整合（integration）；或者感到不满意，于是导致绝望或者缺乏整合。

- 罗伯特·派克定义了老年期的三个主要任务：自我的重新定义对沉迷于工作角色、身体超越对身体专注、自我超越对自我关注。

- 丹尼尔·莱文森定义了一个转变阶段——此时人们正步入成年晚期，与变"老"和一些社会刻板印象进行抗争。如果成功渡过这一转变阶段，人们就会有解放和自我尊重感。

- 伯尼斯·纽嘉顿根据人们应对衰老的方式，定义了四种人格类型：不完整和瓦解型人格、被动—依赖型人格、防御型人格和整合型人格。

- 生活回顾是关于成年晚期的发展理论的一个共同主题，它能够帮助人们解决过去的矛盾，获得智慧和平静心态，但一些人会受过去的错误和疏忽所困扰。

- 年龄阶层理论认为，人们的经济资源、力量和特权分布的不均匀在成年晚期尤为严重。一般来说，西方社会没有亚洲社会那么尊重老年人。

- **人们如何应对衰老？**
  - 脱离理论和活跃理论代表了对成功老化的两种相反观点。人们的选择部分地取决于他们之前的习惯和人格特征。
  - 通过补偿达到选择性最优化模型关注个人能够发挥影响的重要领域，以此补偿在其他领域上的能力丧失。

- **老年人生活在怎样的环境中，他们需要面对哪些困难？**
  - 老年人可以住在家里，与家庭成员住在一起，参加成人日托中心，住在连续照料社区中，以及住在专业护理机构中。
  - 老年人可能会容易遭受经济打击，因为他们必须应对日益上涨的健康费用和其他支出，而他们的收入却是固定的。

- **退休的生活如何？**
  - 退休的人必须要面对更长的闲暇时间。那些能成功处理退休生活的人，在退休之前就做好了准备，并有很多的兴趣爱好。
  - 退休的人往往经历一些退休阶段，包括蜜月期、清醒期、重新定位期、退休平淡期和结束期。

- **成年晚期的婚姻生活如何度过？**
  - 晚年的婚姻一般还能像早年那样快乐，虽然那些伴随衰老的主要生活转变所带来的压力会造成某些不和。与男性相比，离婚对女性来说更艰难，部分原因是婚姻梯度的持续影响。
  - 配偶健康状态的衰退会导致夫妻间的另一方（通常是妻子）变成一名照看者，这样同时会给婚姻带来挑战和奖励。

- **当老伴去世时，个体会怎么样？**
  - 配偶的去世迫使健在的一方转变为新的社会角色，要适应失去伴侣和家务分担者的生活，并创造新的社会生活，以及解决经济问题。
  - 社会学家定义了适应寡居的三个阶段：准备期、伤痛和悼念期、适应期。一些人从没达到适应阶段。

- **在成年晚期，哪些关系是重要的？**
  - 友谊在成年晚期是很重要的，因为它提供了个体控制感、伙伴关系和社会支持。
  - 家庭关系，尤其是与兄弟姐妹和与子女的关系，能为老年人提供大量的情绪支持。
  - 虐待老人的现象日渐普遍，没有社会交往的、健康状态不好的老年父母可能遭到被迫照顾他们的子女的虐待。

关键术语和概念

自我完善对失望阶段（ego-integrity-versus-despair stage, p. 667）

自我的重新定义对沉迷于工作角色（redefinition of self versus preoccupation with work-role, p. 668）

身体超越对身体专注（body transcendence versus body preoccupation, p. 668）

自我超越对自我关注（ego transcendence versus ego preoccupation, p. 668）

生活回顾（life review, p. 670）

年龄阶层理论（age stratification theories, p. 671）

智慧（wisdom, p. 672）

脱离理论（disengagement theory, p. 674）

活跃理论（activity theory, p. 675）

连续理论（continuity theory, p. 676）

选择性最优化（selective optimization, p. 676）

连续照料社区（continuing-care community, p. 679）

成人日托机构（adult day-care facilities, p. 679）

专业护理机构（skilled-nursing facilities, p. 679）

公共救济的制度化（institutionalism, p. 680）

社会支持（social support, p. 690）

虐待老人（elder abuse, p. 694）

我的发展实验室

登录我的发展实验室，获取更多复习资料，外加我的虚拟孩子、练习测试、视频、闪光呈现卡及其他。

综合

成年晚期

亚瑟·温斯顿（Arthur Winston）和本·塔夫提（Ben Tufty）选择了两种完全不同的方式来度过他们的晚年。亚瑟热爱工作，完全没法想象退休，而本则等不及要退休，现在正在享受他的闲暇生活。这两个到达退休年龄的人的共同之处是，他们都致力于保持身体健康、智力活跃，以及维持重要的关系——即使他们选择了完全不同的方式来做这些事情。通过关注他们在三个方面的需要，亚瑟和本一直保持乐观和开朗。很明显，他们都对自己在这世界上度过的每一天满怀期待。

 我的发展实验室

登录我的发展实验室，阅读真实生活中的退休顾问、保健提供者和教育工作者是如何回答这些问题的。你是否同意他们的答案？为什么？你读到的何种概念是支持他们观点的？

你怎么做？

- 如果有人叫你做一个关于亚瑟和本的口头历史报告，你认为他们的回忆会有多完整和准确？他们对哪段时期的记忆更值得信赖，20世纪50年代，抑或20世纪90年代？你觉得自己会更喜欢跟哪个人交谈？

你的答案是什么？

退休顾问怎么做？

- 对于一个像亚瑟那样希望永远待在工作岗位上的人，你会给他什么样的建议？对于像本那样希望早早退休的人，你会给他什么样的建议？你会在这些人身上寻找一些什么样的特征，以给出合适的建议？

你的答案是什么？

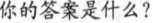

生理发展

- 尽管实际年龄都是"高龄老人"了，但亚瑟和本在机能年龄上还属于"年轻的老人"。
- 两个人都在健康和态度方面挑战了年龄歧视者的刻板印象。
- 两人都避免了患上阿尔茨海默氏症及其他与老龄有关的身体和心理障碍。
- 亚瑟和本已经做出了健康生活方式的选择——锻炼、良好的饮食，以及避免坏习惯。

认知发展

- 亚瑟和本明显都具有非常丰富的晶体智力——信息、技术和策略的储备。
- 他们通过使用刺激、练习和激励来维持脑力并展示其可塑性。
- 两人都有轻微的记忆问题，如事件记忆力或自传式记忆力的下降。

社会性和人格发展

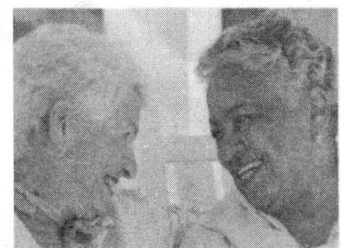

- 亚瑟和本正处在埃里克森的自我完善对绝望阶段，但是对派克的"自我的重新定义对沉迷于工作角色"的发展任务，他们似乎选择了不同的回答。
- 根据纽嘉顿的人格理论，两个人用不同的方式应对老化。
- 两个人都随着年龄增长获得了智慧，知道自己是谁，以及如何应对他人。
- 在玩低压力的游戏时，本可能会因为反应慢或回忆能力不够好而需要补偿。
- 两个人都选择继续住在家中。
- 两个人都没有经过典型的退休阶段。

保健提供者怎么做?

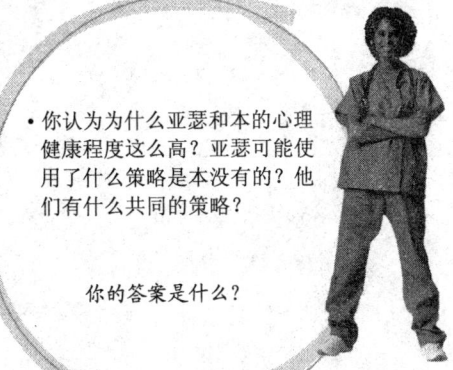

- 你认为为什么亚瑟和本的心理健康程度这么高？亚瑟可能使用了什么策略是本没有的？他们有什么共同的策略？

你的答案是什么？

教育工作者怎么做?

- 你会向亚瑟或本推荐认知训练吗？通过老年游学营或网络获得的大学课程呢？为什么？

你的答案是什么？

19 生命的结束：临终和死亡

本章概要

19.1 生命历程中的临终和死亡
  定义死亡：如何判定生命的结束
  生命历程中的死亡：原因和反应

● **发展的多样性**
  死亡教育可以使我们做好准备吗？

19.2 面对死亡
  了解临终过程：死亡分步骤吗？
  选择自然死亡：DNR是否是正确的道路？
  临终关怀：死亡的地点

19.3 丧失亲人与悲痛
  服丧与葬礼：最终的仪式
  丧亲与悲痛：适应至亲的亡故

● **从研究到实践**

● **成为发展心理学知识的明智消费者**

前言：笑着面对终点

87岁的阿奇·沃克尔（Archie Walker）决定自己不要在医院度过最后的日子。医生已经确定他的癌症无法治愈，阿奇选择离开病床回到家中。

阿奇的亲人和朋友来拜访他，妻子朱迪（Judy）和两个孩子照料他。在最后的日子里，阿奇看起来既不害怕也不消沉。他心情愉快，为自己的葬礼做了详细的安排。他和老朋友们开玩笑，讲述他在阿拉巴马州的童年故事。

阿奇在他自己的床上去世，妻子和孩子就在他身边。他去得很安详，伴随他最喜欢的一张爵士唱片的旋律，去世几分钟前他特别要求放这张唱片。按照阿奇的愿望，比起哀伤的告别，他的葬礼更像是他这一生的庆典。

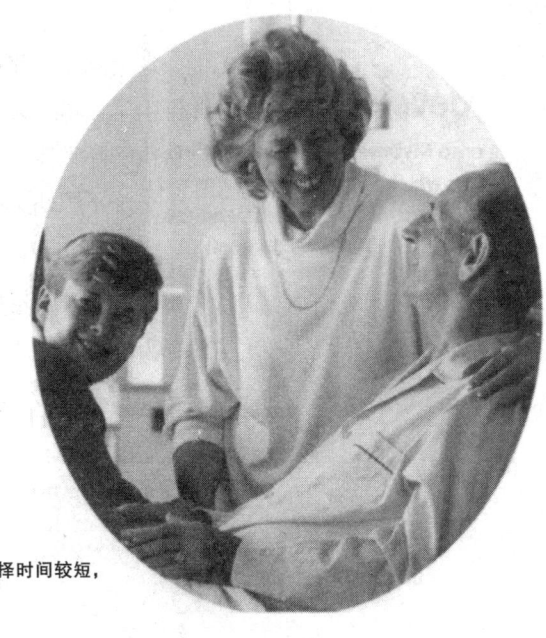

如果可以选择，很多人会选择时间较短，但质量更高的人生。

死亡是我们每个人在某个时间都会遇到的事情，它的必然性正如我们的降生一般。正因如此，它是生命进程中至关重要的一个里程碑。

发展心理学关注死亡的研究仅仅开始于几十年前。在本章中，我们将从几个不同方面探讨死亡。我们将从对死亡的定义开始（一个比其表面看起来更为复杂的概念），然后主要考察人们在生命中的各个阶段对死亡的看法和反应，随后比较不同社会对待死亡的观念有何差异。

接下来，我们将探讨人们是如何面对死亡的。我们将介绍一个理论，它把人们面临死亡时的态度分成几个不同阶段。我们还将考察人们如何使用自然死亡声明和辅助自杀。

最后，我们将转向丧亲与悲痛，考察区分正常的和不健康的悲痛之间的困难，并讨论丧失亲人带来的一系列后果。本章还包含出殡与服丧的有关内容，讨论人们应该怎样为不可避免的死亡做好准备。

读完本章之后，你将能够回答下列问题：

- 什么是死亡，在不同生命阶段的死亡各意味着什么？
- 人们以怎样的方式面对自己即将死亡的前景？
- 死者亲人对死亡有怎样的反应和应对措施？

 我的发展实验室

登录我的发展实验室，观看鲍勃谈论他的妻子和女儿的去世，及其对他和家庭的影响。

19.1 生命历程中的临终和死亡

法律和政治上的一场大战让特莉·夏沃（Terry Schiavo）的丈夫终于获得了拔掉她的进食管的权力，她已经赖此维生了15年之久。这些年来夏沃都以医生所称的"永久性植物状态"躺在床上，已经没有人期待由于呼吸停止和心脏停搏导致大脑受损的夏沃还会苏醒。经过一系列的法庭辩论后，她的丈夫——不顾她父母的意愿——获准指示看护拔掉进食管，之后夏沃很快就去世了。

夏沃的丈夫拔掉她的进食管是正确的决定吗？当它被拔掉的时候她是不是已经死去了？她的法定权力被丈夫的行为不公平地忽略了吗？

回答这些问题的难度显示了它的复杂性——有关生与死的话题。死亡不仅是一个生物学过程，它同样包含着心理层面。我们不仅需要考察死亡的定义，还需要考察我们在生命的不同时期对死亡的看法是如何改变的。

定义死亡：如何判定生命的结束

什么是死亡？尽管这个问题看起来有些突兀，但定义生命的终点确实是一个很复杂的课题。在过去的几十年里，随着医学的发展，过去一些被判定为死亡的患者如今可能被认为还活着。

功能性死亡（functional death） 定义为心脏和呼吸停止。尽管这种定义看起来非常清楚，但仍然没有彻底地说明所有情况。比如说，一个呼吸和心跳都停止了5分钟的人可能会重新活过来并且没有任何损伤。这就意味着如果按照功能性死亡的定义，现在的这个活着的人曾经死了一次吗？

因为这种不严密性，心跳和呼吸已经不再作为衡量死亡的标准。医学专家开始通过脑功能对死亡进行测量。在**脑死亡（brain death）**中，所有由电子仪器测量的脑电波活动都已经停止。一旦被定义为脑死亡，脑功能就再无恢复的可能。

一些医学专家建议，将死亡仅仅定义为脑电波的消失未免太狭隘了。他们主张丧失了思考、推理、感觉和体验世界的能力才足以宣称一个人的死亡。这种观点夹杂了许多心理学因素，一个遭受了难以修复的脑创伤、昏迷或是无法再对人类生活有任何感知的人，都可以说是已经死亡。从这种情况下，即使一些原始脑活动依然存在，死亡也已经到来了（Ressner，2001）。

这种观点并不令人惊奇，尽管它将我们从严格的医学标准转移到道德和哲学层面的思考，也依然存在很大争议。因此，在美国许多地方关于死亡的法定定义依然以脑功能的完全丧失来界定，尽管一些法令依然沿用呼吸和心跳停止的标准。事实上，通常死亡的发生是不需要进行脑电波测量的。只有在一些特定场合下（如死亡时刻很重要、有可能进行器官移植，或涉及犯罪和法律问题的时候），才会密切监控脑电波。

在法律和医学上建立起完善的死亡定义的困难，也许反映了在整个生命过程中人们对死亡的了解和态度的改变。

生命历程中的死亡：原因和反应

我们通常将死亡与"上了年纪"联系在一起。但是对于许多人来说，死亡到来得更早。在这种情况下，年轻人的死亡多被视为"非自然的"，因而它所引起的社会反应也就尤为强烈。事实上，在今天的美国，许多人认为孩子是应该被保护起来的——他们不应该对死亡了解过多。但各个年龄的人均有可能经历亲友的亡故，或是自身的意外死亡。我们对待死亡的反应是如何随年龄发展的？接下来，我们将针对不同年龄阶段做进一步讨论。

婴儿期和儿童期死亡 虽然经济高度发达，但是美国的新生儿死亡比例依然较高（第三章讨论到）。尽管从60年代中期开始，美国一岁以内新生儿的死亡率在下降，但仍然排在第36位（Centers for Disease Control，2004）。

> **功能性死亡** 心跳和呼吸的停止。
>
> **脑死亡** 由脑电波测量而得，建立在全部脑活动停止迹象上的诊断。

婴儿猝死综合征（SIDS）
看起来健康的婴儿出现无法解释的死亡。

正如这些统计结果所显示的，很多父母经历了失去新生儿的痛苦，这种影响是深远而且巨大的。失去孩子通常会引发成人失去正常的成人反应，有时还会由于死亡发生得如此之早而使家庭成员遭受更严重的打击，最常见的一种反应是极度抑郁（DeFrain et al., 1991; Brockington, 1992; Murphy, Johnson, & Wu, 2003）。

一种特别难于应对的死亡便是产前死亡，又称流产，第二章中已经有所涉及（McGreal, Evans, & Burrows, 1997; Wheeler & Austin, 2001）。父母会和未出生的孩子建立起某种心理上的联系，因此如果孩子在尚未出生时就已经死亡，他们通常会觉得极度痛苦。朋友和亲戚们通常很难理解流产对父母造成的情绪上的打击，这会使父母觉得他们的损失更加令人心痛。

另一种引发极端压力的死亡是婴儿猝死综合征，部分是由于这种综合征的出乎意料。第四章讨论到，**婴儿猝死综合征**（sudden infant death syndrome，简称SIDS），指的是看似正常的婴儿停止呼吸或因某种意外原因死亡。这通常发生于婴儿2~4个月左右，一个健康的宝宝在午睡或夜间休息时被放入婴儿床里就再也没有醒来。

在SIDS的事件中，父母通常会感到极大的自责，熟人们也会怀疑死亡的真实原因。但是，人们至今没有发现SIDS的明确诱因，它发生得近乎随机，父母并不应该为此而感到内疚（Paterson et al., 2006; Kinney & Thach, 2009; Mitchell, 2009）。

在儿童期，导致死亡最普遍的因素便是意外事故，特别是车祸、火灾、溺亡等。但是，相当多的美国儿童死于谋杀，这一比例自1960年以来几乎翻了三倍。在20世纪90年代早期，谋杀已经成为1~9岁孩子死亡的第四大原因（Finkelhor, 1997; Centers for Disease Control, 2004）。

对于父母而言，孩子的死亡将引发极大的丧失感和悲痛情绪。事实上，在多数父母眼中没有比这更难接受的死亡了，包括丧偶或失去自己的父母在内。父母的极端反应部分源于对"孩子应比父母活得更长久"这一自然规律的违背，同时源于他们觉得自己有保护孩子脱离任何伤害的责任，所以一旦孩子死亡，他们就会觉得是自己的失职（Gilbert, 1997; Strength, 1999）。

父母通常缺乏对孩子死亡的充分准备，他们可能会在事后反复责问自己这件事情为何发生。因为父母与子女间的纽带是如此之强，父母有时会感觉自己的一部分也随之死亡了。其造成的压力如此严重，以致失去孩子会导致父母因心理障碍入院的概率显著增高（Stroebe, & Hansson,

在儿童期导致死亡最普遍的因素便是意外事故，特别是车祸、火灾、溺水等。但是，有相当多的美国儿童死于谋杀。

1993; Wayment & Vierthaler, 2002）。

儿童的死亡概念 孩子本身在5岁以前尚未发展出有关死亡的概念，尽管他们在这之前已经意识到死亡的存在，但他们更倾向于认为那只是一种暂时状态，生命可能由此缩减，却不会停止。比如，一个学龄前儿童可能会说："死人不会感觉到饿，不过，也许只有一点点而已。"（Kasternbaum, 1985, p. 629）

还有一些学龄前儿童觉得死亡就和睡觉一样——就像童话中的睡美人，早晚是会再醒过来的。对于有这种信念的孩子来说，死亡毫不可怕，而且还让他们感到好奇，他们觉得如果人们足够努力的话——通过药物治疗、提供食物或者运用魔术——死去的人就可以"生还"。

在某些情况下，孩子对于死亡的错误理解会在情绪上引发灾难性的后果。孩子们通常倾向于夸大他们该为某人的死亡负责的结论。比如，他们可能会认为如果自己做得更好些，死亡就可以避免了。同样，他们可能会认为如果已经去世的人真得想要活过来的话，也是能够办得到的。

在5岁左右，儿童已经能够较好地理解死亡的终结和不可逆性。在某些情况下，儿童将死亡赋予某种魔鬼或恶魔的形象。起初，他们并不认为死亡是普遍存在的，而是仅仅发生在少数的特定人身上。但在9岁的时候，他们开始承认死亡是普遍存在的（Nagy, 1948）。在儿童中期，儿童也习得了有关死亡的一些习俗，比如葬礼、火化、公墓等（Hunter & Smith, 2008）。

对于那些本身濒临死亡的儿童，死亡是一个非常真实的概念。在一个开创性的研究中，人类学家米拉·布鲁邦德—朗纳（Myra Bluebond-Langner, 1980, 2000）发现，一些孩子能够非常直接地表达他们正濒临死亡，他们会说"我快要死了"。其他的孩子则不那么直接，而是指出他们再也不会回到学校，不会参加别人的生日会，或者谈论埋葬洋娃娃。儿童也可能十分清楚，大人不喜欢谈论他们的病情或他们死亡的可能性。

青春期的死亡 我们可以想象，青春期认知能力的飞速发展将会使青少年对死亡的理解更加复杂深入。但在许多时候，青少年的死亡观点依然和儿童一样存在不切实际的地方，尽管表现层面有些不同。

当青少年了解到死亡的终结和不可逆性时，他们倾向于觉得这件事不会在他们身上发生，然而这种观点可能会引发某些危险行为。正如第十一章中所讨论的那样，青少年发展出一种个人神话，即一系列使他们觉得自己很独特和特殊的信念——这些信念是如此独特，以至于他们会认为自己是无法侵犯的，那些发生在别人身上的糟糕事情并不会在自己身上发生（Elkind, 1985）。

许多时候，这种危险行为会导致青少年死亡。比如，青少年中最普遍的死亡原因是意外事故，通常包含机动车等交通工具的事故。其他常见的原因还有谋杀、自杀、癌症、艾滋病等（National Center for Health Statistics, 1994）。

当青少年的自我神话不得不面对疾病所引起的死亡时，其结果常常是粉碎性的。得知自己面临死亡的青少年通常会感觉气愤和受到欺骗——觉得命运对他们十分不公。又因为他们的情绪和行为都如此消极，医疗人员很难对他们实施有效的救助。

相反，一些被诊断为患有绝症的青少年表现出完全的拒绝。对自己不可侵犯的坚信使他们无法接受疾病的严重性。在不影响他们接受治疗的情况下，一定程度的拒绝还是有好处的，因为它能使

青少年关于死亡的观点更可能是高度浪漫化和戏剧化的。

青少年最大可能地保持正常的生活状态（Beale, Baile, & Aaron, 2005）。

成年早期的死亡 成年早期在许多人看来是为生活做好准备的开始。经过了儿童期和青春期的准备阶段，个体开始在世界上留下自己独立的足迹。由于在这一时期的死亡是近乎无法想象的，它的发生也就格外让人难以接受。年轻人正积极地追求他们的生活目标，任何威胁其未来的疾病都会让他们感到愤怒和不耐烦。

在成年早期，最主要的死亡原因仍然是意外事故，接下来是谋杀、自杀、艾滋病和癌症。然而，在成年早期临近结束的时候，疾病成为主要原因。

对于那些需要在成年早期面对死亡的人而言，有一些担忧也特别重要。一个是对发展出亲密关系和表达性欲的渴望，这两方面如果不是被疾病完全阻止的话，也会受到诸多限制。例如，艾滋病毒检验呈阳性的个体会觉得很难再开始一段崭新的关系，而在已有关系中的性活动则面临更大的挑战（Rabkin, Remien, & Wilson, 1994）。

另一个成年早期的人特别关注的是对将来的规划问题。当大多数人开始为将来的职业和家庭绘制蓝图的时候，身患绝症的年轻人承受着更多的负担。他们应该结婚吗，即使伴侣可能很快就将独自一人？这对夫妇应该有孩子吗，即使孩子很可能只由父母中的一方养大？他们应该在什么时候将自己的病情告诉老板？很明显雇主会对不健康的员工有歧视。这些问题都很难找到答案。

正如青少年一样，年轻人很容易成为不合作的病人。他们对所面临的困境感到暴怒，觉得世界很不公平，并将这种情绪指向养育者和所爱的人。此外，他们会使为他们提供直接看护的医护人员觉得特别脆弱，因为这些人自己本身也很年轻（Cook & Oltjenbruns, 1989）。

成年中期的死亡 对于处在成年中期的个体而言，患上可能威胁生命的疾病（这一年龄段最普遍的致死原因）并不会引发如此严重的打击。实际上，处在这一年龄段的他们已经很清楚地知道自己早晚有一天是要死去的，因此他们能够从一个更为实际的角度看待死亡。

他们的认清现实并不能使他们更容易地接受死亡。事实上，对死亡的恐惧往往比任何先前的年龄段都更加强烈，甚至比其后的年龄段也要强烈。这种恐惧将使人们开始关注自己还有多少年可活，而并非像先前那样关注自己已经活了多久（Levinson, 1992）。

在成年中期最普遍的致死原因是心脏病和中风。尽管这些疾病的突发性常常使人难以预备，但从某些层面而言，这些疾病确实比像癌症那样痛苦的慢性疾病要轻松一些。这肯定是许多人更为倾向的死亡方式：当被问到的时候，他们会说希望一个短暂无痛苦的死亡，而不涉及躯体的任何损失（Taylor, 1991）。

成年晚期的死亡 当人们到达成年晚期的时候，他们已经知道自己的生命在走向结束。除此以外，他们还面临周围环境中越来越多的死亡。配偶、兄弟姐妹、朋友都可能已经率先离开了世界，这些都持续提醒着他们自己即将面临的死亡必然性。

最可能的致死原因是癌症、中风和心脏病。那么当这些死因得到控制的时候情况又是如何呢？根据人口统计学家的估计，平均年龄70岁的人将延长大约7年左右的寿命（图19-1；Hayward, Crimmins, & Saito, 1997）。

由于死亡在老龄人群中普遍存在，因此和之前的其他年龄段相比，这一年龄阶段的人群对死亡的焦虑相对减少。但这并不意味着他们欢迎死亡，只能代表他们对死亡的态度更为实际并有过反思。他们对死亡进行思考，并开始为其做准备。正如第十八章中所讨论到的，一些人已经开始因为逐渐减弱的心理和生理机能而远离尘嚣世界（Gesser, Wong, & Reker, 1988; Turner & Helms, 1994）。

死亡的临近通常伴随认知功能的加速衰退。在所谓的最终衰竭（terminal decline）中，记忆和读写等认知功能上的显著衰退，预示着在其后几年里即将到来的死亡（Wilson et al., 2007; Gerstorf et al., 2008; Thorvaldsson et al., 2008）。

一些老年人选择主动寻求死亡，即自杀。实际上，男性的自杀比例在成人晚期持续攀升，没有任何一个年龄组比85岁以上的白人男性自杀比例更高（青少年和年轻人自杀的总人数较多，但在整体中所占的比例却相对较低）。自杀通常是重度抑郁或某些形式的痴呆所导致的后果，也可能由丧偶引起。并且，正如本章后面部为将讨论的，一些身患绝症的人将向他人寻求与自杀有关的帮助（De Leo, Conforti, & Carollo, 1997; Chapple et al., 2006; Mezuk et al., 2008）。

对于身患绝症的老年人来说，一个最主要的问题就是他们的生命是否还有意义。面临死亡的老年人比年轻人更会强烈地感到他们是家庭和社会的负担。而且，他们有时会被有意无意地告知一些信息：他们对社会的价值已经结束，他们已经是"垂死"状态而非"重病"状态（Kastenbaum, 2000）。

那么老年人是否希望得知自己"死期将近"的消息呢？在多数情况下，答案是肯定的。正如年轻的病人希望得知自己病情的真相一样，老年人也希望知道有关自己身体状况的细节情况。但具有讽刺意味的是，看护者却并不希望表现得如此坦率：医生通常回避告知之临终病人他们的病情是无可挽回的（Kaufman, 1992; Goold, Williams, & Arnold, 2000; Hagerty et al., 2004）。

另一方面，不是所有人都愿意知道他们真正的病情或者获悉他们即将死亡的消息。事实上，值得注意的是，不同的人对待死亡的态度是非常不同的。这一点尤其受到个人因素的影响。比方说，容易焦虑的人更加担心死亡。此外，对待死亡的态度还存在明显的文化差异，这一点我们将在"发展的多样性"专栏中进行讨论。

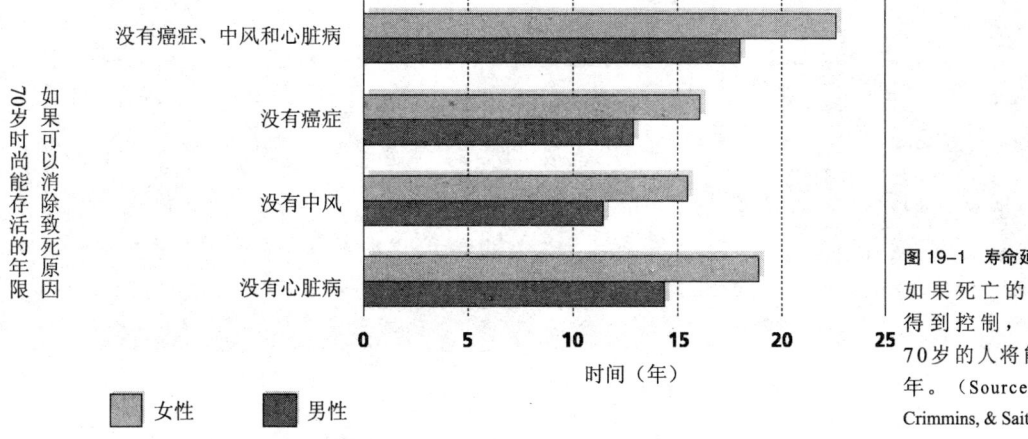

图 19-1 寿命延长
如果死亡的主要原因得到控制，平均年龄70岁的人将能够再活7年。（Source: Hayward, Crimmins, & Saito, 1997.）

发展的多样性

区分死亡概念

在一个部落仪式的中央，一个老人等待他的大儿子在他的脖颈上套上绳圈。老人身患重病，已经做好准备放弃与现世的联系。他要求儿子将他带向死亡，儿子已经遵从了。

对于印度教徒来说，死亡并不是终点，而是一个连续轮回的一部分。因为他们相信投胎转世，死亡被认为是由重生接替的全新生命的开始，因此死亡也被看做生命的伴生物。

人们对死亡的反应表现为很多种形式，特别是在不同的文化里。但即使在西方社会中，对死亡的反应也具有多样性。例如，考虑下面哪一种情况更好一些：一个家庭事业有成、完满地过完一生的人，或是在战争时期为保卫国家牺牲的年轻英勇的战士？其中一种死亡方式比另一种更好吗？

答案要依据不同的个人价值观而定，这又与文化和亚文化的导向作用极其相关，一般通过宗教信仰被人们所分享。例如，有些社会将死亡视为一种惩罚，或是个人对社会的贡献。其他人则把死亡看做从现实劳苦中的一种解脱。还有些人把死亡看做永生的起点，另一些人却认为根本没有天堂或地狱存在，生命只是像在现实中表现的那样而已（Bryant, 2003）。

由于宗教信仰中对于生命意义和死亡的看法都非常多样化，死亡观点存在巨大差异也就丝毫不令人惊讶。例如，一项调查研究发现，与逊尼穆斯林（Sunni Moslem）和德鲁兹教（Druze，其根源是伊斯兰教）的同龄儿童相比，10岁左右的基督教和犹太教徒倾向于从一个更科学的角度看待死亡（而不仅仅是躯体生理活动的停止），而后两者通常认为死亡是具有"精神"意义的。我们并不能肯定这种观念上的差异是由不同的宗教和文化背景引起的，还是与濒死人群接触的差异影响了不同群体的人们死亡概念的发展。但是，不同群体成员间死亡观念上的差异却是显而易见的（Florian & Kravetz, 1985; Thorson et al., 1997; Aiken, 2000）。

对于美国印第安人来说，死亡被看做生命的延续。比方说，Lakota印第安部落的父母会这样告诉孩子："对你的兄弟们好一些，因为有朝一日他会死去。"当人们死去的时候，他们被认为将会到达一个叫"Wanagi Makoce"的精神家园，所有的人和动物都居住在那里。死亡，也因此不会使人感到愤怒或被视为不公（Huang, 2004）。

一些文化里的成员比其他人更早地习得与死亡有关的知识。例如，相比在日常生活中较少接触死亡的文化，一些与暴力和死亡过多接触的文化下的个体将会更早地认识死亡。例如，居住在以色列的儿童比英美儿童更早地认识到死亡的终结性、不可逆性和无可避免性（McWhirter Young, & Majury, 1983; Atchley, 2000; Braun, Pietsch, & Blanchette, 2000）。

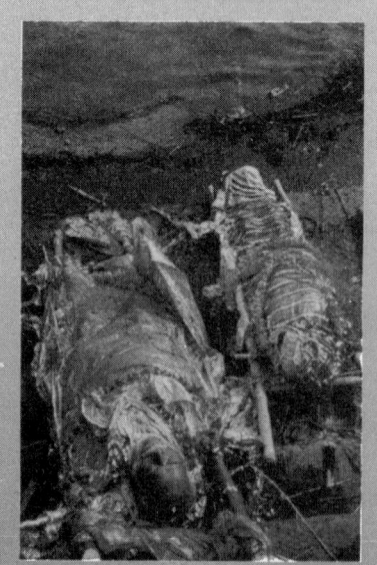

不同的死亡概念将会带来不同的葬礼仪式，图中为印度葬礼。

死亡教育可以让我们做好准备吗？

"妈妈什么时候能活过来？"

"为什么巴里会死？"

"祖父是因为我不够好才死去的吗？"

儿童的这类疑问说明了为什么许多发展心理学家以及**死亡学家**（thanatologists）建议将死亡教育列为学校里的重点课程之一。死亡学家是研究死亡和临终的专业人士。随后，一种叫做"死亡教育"的相对较新的课程应运而生。死亡教育包含了关于死亡、临终和丧葬等许多内容。死亡教育用来帮助各个年龄的人们更好地面对死亡和临终状况——不仅是他人的死亡，还包括自己的死亡。

> **死亡学家** 研究死亡和临终的专业人士。

死亡教育的兴起部分缘于我们隐藏死亡的方式，至少在大部分西方社会是这样。我们通常把与濒死病人打交道的任务交给医院，并且不和儿童讨论有关死亡的话题，也不允许他们参加葬礼，担心他们会受到惊扰。即使是那些熟悉死亡的人，比如急救工作者和医疗专家，也不能很自如地讨论这个话题。由于在日常生活中经常被回避，各个年龄段的人都很少有机会面对自己关于死亡的感觉或是获得有关死亡更实际的感知（Wass, 2004; Kim & Lee, 2009; Waldrop & Kirkendall, 2009）。

以下是一些死亡教育课程的内容：

- **危机干预教育** 当世贸大楼遭到袭击的时候，为了减轻儿童的焦虑，他们成为主要的危机干预对象。年幼儿童关于死亡的概念是最不稳定的，因此针对那一天在其认知发展中烙下的有关生命消殒话题，他们需要合理的解释。危机干预教育也同样用于其他非极端条件下。比如在有学生被杀或自杀的情况下，学校也会开展紧急咨询（Sandoval, Scott, & Padilla, 2009）。

- **常规死亡教育** 尽管在小学里很少有关于死亡的教材，但这类课程在高中已经变得相当普遍。例如，一些高中针对死亡和临终开设了特殊的课程。不仅如此，大学里的某些院系（如心理学、人类学、社会学、教育学等院系）也逐渐开设起这类课程（Eckerd, 2009）。

- **对职业助人者的死亡教育** 涉及死亡、临终关怀和丧葬等相关职业的专业人员特别需要这些方面的死亡教育。如今几乎所有的医疗和护士学校都会对学生提供某种形式的死亡教育。最成功的教育不仅要教会学生如何帮助病人及其家属妥善处理好即将到来的死亡，而且还要进一步引发学生对该话题本身的探索（Kastenbaum, 1999; Thompson, Alston, & Holbert, 2008）。

尽管没有任何一种简单形式的死亡教育足够把死亡阐释清楚，以上提到的那些课程却可以帮助人们更准确地掌握这种所有人都会经历的、和"生"并列的普遍注定的"死亡"真谛。

复习

- 死亡曾被定义为心跳和呼吸的终止（功能性死亡）、脑电波的消失（脑死亡）和人类特质的丧失。
- 婴儿和年幼儿童的死亡对于父母来说特别难以接受，而对于青少年而言，死亡看起来近乎不可能。
- 成年早期的死亡被看做是不公平的，但当人们进入成年中期，则会开始认识到死亡的现实性。
- 到达成年晚期的时候，人们知道他们注定死亡并开始着手准备。
- 在死亡的态度和信念上，明显的文化差异强有力地影响着人们对死亡的反应。
- 死亡学家建议把死亡列入正常的学习课程中去。

应用毕生发展

- 你认为人们应该得知自己即将死去的消息吗？你的答案会取决于这个人的年龄而有所不同吗？
- 从一个教育工作者的视角看问题：根据学龄前儿童的认知水平发展和对死亡的理解，你觉得他们将对父母的死亡作何反应？

19.2 面对死亡

63岁的海伦·雷诺兹（Helen Reynolds），以修补并切除阻碍正常血液流动的心脏瓣膜。已经分别在一月份和四月份进行了两次手术，但到了五月份，她的双脚已经变成熟透的紫茄子色，那斑驳的紫色外皮无可辩驳地显示出坏疽的迹象。六月份的时候，她选择先切除她的右腿，随后是左腿，希望以此使病情稳定下来。医生对该手术表示怀疑并推迟了她想做的事⋯⋯

可是后来，雷诺兹开始很反常地谈论她的疼痛。在那个六月里一个星期天的下午，一位护士叫来了作为实习生的兰德尔·埃文斯（Randall Evans）先生，这位新墨西哥医学院的毕业生，正准备在"特别看护"领域开展自己的事业。他很快因其热诚和富有同情心受到

临终关怀以为临终病人提供充足的社会支持和温暖为宗旨。临终关怀着重于使病人的生活尽可能过得充实丰富，而不是用尽一切办法挤出更多的存活时间。临终关怀对个人和社会的益处是什么？

护士员工的普遍欢迎。但与内科监护病房（MICU）的护士不同，他很难读懂雷诺兹的唇语（呼吸器使她不可能说出声），她只能把自己的要求写下来。她很困难地在留言纸上写下："我不再愿意这样活下去，我已经决定结束我的生命。"（Begley, 1991, pp. 44～45）

不到一周后，当辅助她生存的呼吸器按照她的要求被挪走之后，海伦•雷诺兹去世了。

正如其他死亡一样，雷诺兹的死引发了一系列问题。她要求移走呼吸器的要求与自杀等同吗？医护人员应该答应她的要求吗？她这样对待即将到来的死亡是最为有效的解决之道吗？人们该如何面对并适应死亡？毕生发展学家与从事死亡和濒死研究的专家正在努力地找寻这些问题的答案。

了解临终过程：死亡分步骤吗？

没有人比伊丽莎白•屈布勒－罗斯（Elisabeth Kübler-Ross）对我们理解人类如何面对死亡产生的影响更大。作为一位精神病专家，屈布勒－罗斯在与濒死者及其看护者广泛调查接触的基础上，发展出一整套关于死亡和濒死体验的理论（Kübler-Ross, 1969, 1982）。基于屈布勒－罗斯的观察，她最初提出，人们在死亡过程中要先后经历五个基本步骤（总结于图19-2）。

拒绝　"不！我不可能会死！一定是哪里搞错了！"通常情况下在获知自己面临死亡的消息时，人们都会有如此的抗议举动。这便是面对死亡的第一个步骤——拒绝。在拒绝过程中，人们不肯承认自己即将死亡。他们可能反驳说诊断结果出了错误，或者医生们并不知道他们到底在说些什么。

拒绝以多种形式出现。患者可能仅仅是拒绝相信所获知的消息而直接拒绝诊断。在极端事件中，患者在医院这段时间的记忆将会被遗忘。在其他形式的拒绝中，病人可能在拒绝接受诊断消息和承认他们知道自己即将死亡之间反复摇摆。

尽管我们可能将由拒绝带来的现实感缺失看做损害精神健康的一种迹象，但实际上许多专家把拒绝视为正性的。拒绝是一种帮助人们以自己的方式和步伐吸纳不愉快信息的防御机制。只有当他们真正接受了这一信息时他们才能继续生活下去，并最终认可他们即将死亡的事实。

愤怒　经过了"拒绝"阶段以后，人们可能会表现出愤怒。一个濒死的病人可能会对任何人动怒：健康的人、配偶和其他家庭成员、照顾他们的人等。他们可能会猛烈抨击其他人，不明白（有

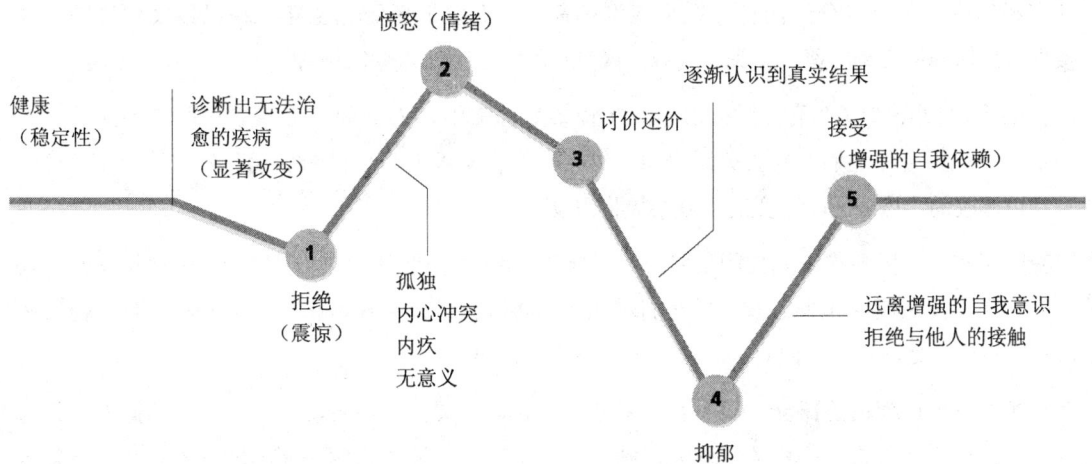

图19-2　走向生命的终结
根据屈布勒－罗斯（1975）的理论，以上是走向死亡的不同步骤。你是否认为其间存在文化差异呢？

时也会说出来）为什么将要死去的是他们而不是其他人。他们可能会对上帝动怒，认为自己一生为善，而世界上还有许多更坏的人应该死去。

与处于"愤怒"阶段的人相处可能是件很困难的事情，因为他们把愤怒集中在其他人身上，可能会说出或做出一些使人痛苦或难以理解的事。最终，大多数病人渡过了这一阶段，进入到下一阶段：讨价还价。

讨价还价 "如果你表现好，你将会得到回报。"大部分人在童年阶段就习得了这一说法，而许多人也将其运用在即将面对的死亡当中。"表现好"意味着许诺成为一个更好的人，"回报"就是继续活下去。

在讨价还价过程中，面临死亡的人试着去商讨能够摆脱死亡的到来。他们可能宣称，如果上帝能拯救自己，他们就将献身于穷苦人民。他们还可能承诺，如果可以活到亲眼看到儿子结婚的话，他们随后便能接受死亡。

但是，在讨价还价过程中的许诺很少能够真正兑现。如果其中一个许诺被证实的话，人们通常又会去寻找另一个，然后再一个。此外，他们可能无法履行他们的承诺，因为他们的病情逐渐加重，无法实现他们想要做的事情。

在某些方面，"讨价还价"也会带来一些正性结果。尽管死亡不能被绝对推迟，以参加某一特定活动或活到某一特定时间为目标确实可以延迟死亡的到来。例如，犹太人的死亡率在逾越节（holiday of Passover）前后大幅度减少。类似地，中国老年妇女在重要节假日之前和节日期间的死亡率也会显著降低，在节日过后又将有所回升。那似乎就像是人们进行了协商，想把自己的生命延续到节日以后一样（Phillips & Smith, 1990; Philips, 1992）。

当然，最终所有形式的讨价还价依然无法避免必然的死亡。当人们终于意识到这一点时，便进入了"抑郁"阶段。

抑郁 许多濒死的人都经历过抑郁阶段。当意识到死亡已成定局，他们无法以任何讨价还价的方式逃脱的时候，人们就会有一种巨大的失落感。他们知道自己正在失去所爱的人，他们的生命真的正在走向终结。

他们经历的抑郁可以分为两种。在反应型抑郁中，悲哀的感觉完全建立在已经发生过的事件上：接受医疗措施所带来的尊严丧失、失业，或是得知永远无法重返家中等。

濒死的人同样会体验"预备型抑郁"。在预备型抑郁中，人们的悲哀建立在即将到来的损失上。他们知道死亡会使他们的社会关系迈向终结，他们将永难见到自己的后代。死亡的现实在这一阶段是难以逃脱的，这一无法改变的生命结局将引发巨大的悲痛。

接受 屈布勒-罗斯指出死亡的最终阶段是接受。到达接受状态的人们将会完全地认识到死亡的迫近。伴随着情感淡漠和少言寡语，他们对现在和将来已经没有任何积极或消极的感觉。他们和自己讲和，想要独处。对于他们而言，死亡再也不能引发痛苦。

对屈布勒-罗斯理论的评价 屈布勒-罗斯对于我们有关死亡的看法产生了巨大的影响。作为系统观察人们如何面对自己死亡的第一人，她被认为是这一领域的先驱。屈布勒-罗斯几乎是独自一人把死亡现象带入公众的视线里，而死亡之前是被西方社会所忽视的现象。屈布勒-罗斯对于那些直接提供死亡帮助的人具有更大的贡献。

另一方面，屈布勒－罗斯的研究成果也遭到了一些批评。首先，她关于死亡概念的定义具有明显的局限性。其死亡概念大多集中在已经获知自己即将死亡的人，或是那些以相对轻松自由的方式死亡的人。而对于那些身患病症却生死难测的人而言，她的理论就不太适用。

然而，最重要的批评来自其理论"阶段论"的本质。不是每个人在死亡过程中都能经历每一个阶段，而且有些人会以其他的顺序经历这些阶段，还有一些人也许会在同一个阶段上反复经历好几次。抑郁的病人可能会表现出暴怒，愤怒的病人也可能会更多地讨价还价（Schulz & Aderman, 1976; Kastenbaum, 1992）。这一批评对与濒死病人相处的医护人员和其他看护者尤为重要。因为屈布勒－罗斯对死亡的阶段性划分是如此广为人知，好心的看护者有时会激励病人按照已知的阶段顺序经历这些阶段，却忽略了他们的个体需求。

此外，屈布勒－罗斯在她的理论中考虑到的相关因素过少。比如其他研究者发现，"焦虑"在死亡过程中也起着巨大的作用。焦虑可能与即将到来的死亡有关，或者可能与对病痛的恐惧有关。一位身患绝症的病人，相比对死亡的恐惧，可能更加害怕难以控制的剧痛（Taylor, 1991; Hayslip et al., 1997）。

最后要指出的是，人们在面对即将到来的死亡时表现出巨大的差异。死亡的确切原因、死亡过程将会延续多久、病人的年龄、性别、人格特征，以及能从家庭和朋友那里得到的社会支持等，都会影响死亡的进程和人们对死亡的反应（Stroebe, Stroebe, & Hansson, 1993; Carver & Scheire, 2002）。

简而言之，研究者对于屈布勒－罗斯理论解释人们如何应对即将到来的死亡的准确性有很明显的忧虑。在对这些忧虑的回应中，其他理论家也提出过其他的观点。比如，心理学家埃德温·施纳德曼（Edwin Shneidman）曾指出在人们面对死亡的过程中，可能以任意顺序产生（或反复产生）一些相关的反应"主题"：包括怀疑的想法、不公平感、对剧痛甚至一般疼痛的恐惧，以及有关痊愈的幻想（Leenaars & Shneidman, 1999）。

另一位理论家查尔斯·科尔（Charles Corr）指出，正如其他生命阶段一样，濒临死亡的人面临一系列心理任务，这包括尽可能减轻身体紧张，保持生活的丰富多样性，延续或加深与他人的关系，以及通过精神上的求索培养希望等（Corr & Doka, 2001; Corr, Nabe, & Corr, 2000, 2006）。

选择自然死亡：DNR 是否是正确的道路？

在病人病历上写下的"DNR"（Do Not Resuscitate）具有一个简单明确的含义："不必使他苏醒"。DNR强调不必采取任何维持病人生命的手段。对于身患绝症的病人，DNR可能意味着立刻死亡与多活数天数月甚至数年之间的区别，后者仅由许多极端的、侵入性的甚至非常痛苦的医疗措施所维持。

决定是否采用极端医疗干预引起了以下一些讨论。一个是"额外"和那些常规措施相比，究竟有何不同。这两者间并不存在严格的界限，作决定的人必须考虑到病人的特殊需要、他/她先前的医疗历史，以及诸如年龄和宗教等因素。例如，对同一病情下12岁和85岁的病人可能需要采取不同的标准。

另一个问题与生活质量有关。我们该如何衡量个体目前的生活质量，并决定是否采用特殊的医疗

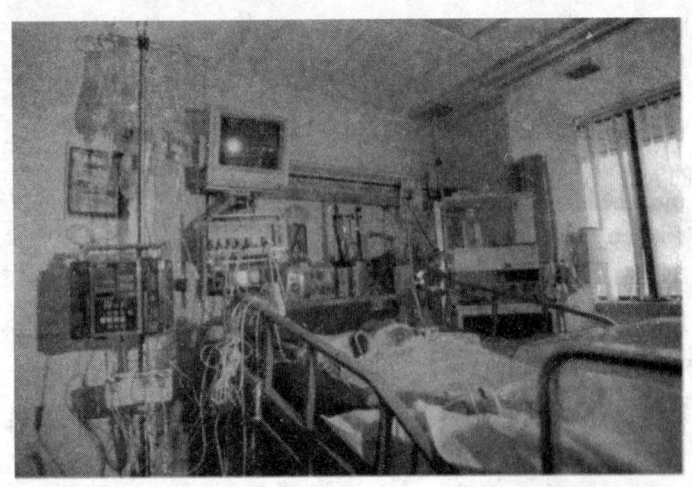

许多绝症患者选择"DNR"("不必使他苏醒"),作为一种回避额外医疗干预的手段。

手段辅助或阻止其继续生活下去呢?谁来做出这样的决定——病人、家属,还是医生?

有一件事是很清楚的:医疗工作者不愿意按照濒死病人及其家人的愿望中断侵入性的治疗。即使在病人肯定会走向死亡,病人本身也不愿意再接受任何治疗的情况下,医生也通常宣称并不了解病人的这些愿望。例如,尽管三分之一的病人要求不再接受治疗,却只有不到一半的医生承认他们知道病人的这种意向(见表19-1)。此外,只有49%的病人病历上存在生存意向记录。医生和其他健康护理工作者可能不愿按照病人的DNR要求去做,部分是因为他们通常被训练去拯救病人,而非允许他们死亡,也有可能是为了避免法律责任问题(Knaus et al., 1995; Goold, Williams, & Arnold, 2000; McArdle, 2002)。

自然死亡声明(living wills,生存意向书) 为了能够根据自己的病情,对最终决定进行更多的掌控,越来越多的病人选择签署自然死亡声明。它是在人们无法表达愿望的情况下,依靠其先前愿望确定采取何种医疗手段的法律文件(见图19-3)。

一些人会指定一位特殊人员,即医疗保健代理人,作为他们的代表参与做出和健康保健有关的决定。医疗保健代理人通过自然死亡声明或名为永久授权书的法律文件得到授权。他们可能被授权处理所有的医疗问题(如昏迷),或者仅包括绝症。

正如DNR命令一样,如果患者不明确向医疗保健代理人和医生表达出自己的意愿,自然死亡声明里的内容将不被执行。尽管人们事先可能不太想这样做,他们仍然应该和他们选定的医疗保健代理人进行坦诚的交谈,以表明自己的愿望。

安乐死与辅助自杀 在20世纪90年代早期,杰克•凯沃尔基安医生(Dr. Jack Kevorkian)因发明并推广了"自杀机器"而广为人知——并频繁被起诉。只要病

自然死亡声明 在人们无法表达愿望的情况下,依靠其先前愿望确定采取何种医疗手段的法律文件。

表 19-1 艰难的死亡:4,301位临终关怀病人的经历

不想被医治的绝症病人比例	31%
在不想被医治的绝症病人中,医生知道他们愿望的比例	47%
在不想被医治的绝症病人中,愿望被写入病历的比例	49%

(Source: Knaus et al., 1995.)

人按一下按钮，这种机器就会释放麻醉剂以及一种可以使心脏停止跳动的药物。由于帮助病人通过这种机器自主操作得到药物，凯沃尔基安参与了"辅助自杀"的过程，即为濒死病人提供自杀途径。凯沃尔基安因参与一次辅助自杀事件而被控二级谋杀并入狱8年，这起事件出现在电视节目《60分钟》中。

辅助自杀继续在美国激起严重冲突。俄勒冈州是个例外，那里在1998年通过了"死亡权利法"。在该法令生效的头10年，近300人通过药物结束了生命（Ganzini, Beer, & Brouns, 2006; Davey, 2007）。

在许多国家，辅助自杀是可以接受的。比如在荷兰，医疗人员可以帮助病人结束生命。但是，辅助自杀必须符合以下几个条件：至少两个医生将病人诊断为不治之症，存在无法忍受的物理或精神创伤，病人需给出书面同意书，以及病人的亲属也需要被事先告之（Naik, 2002; Kleepies, 2004; Battin et al., 2007）。

辅助自杀是安乐死的一种形式，**安乐死（euthanasia）**是帮助濒死病人更快死亡的措施。安乐死通常被视为"善意谋杀"，它可以有多种形式。被动安乐死包括移除呼吸器或其他有助于维持生命的医疗仪器，以此帮助病人自然死亡，比如医护人员遵行DNR命令。在主动自愿安乐死中，看护者或医务人员在自然死亡之前便采取相应行动，也许会使用某种致命的药物剂量等。正如我们所看到的，辅助自杀介于被动和主动自愿安乐死之间。尽管广泛流传，安乐死仍是一种关乎情感并争议颇大的行为举动。

没有人知道它是怎样流传开的。但是，一项对特别看护病房中护士的调查结果表明，20%的护士曾经至少一次故意加速了病人的死亡，而且其他专家也指出，安乐死并不罕见（Asch, 1996）。

我，＿＿＿＿＿＿＿＿＿＿＿＿＿＿＿＿＿＿＿＿＿，在神志清醒的状况下做此声明，如果某天我永久性地丧失为自己的医疗问题作决定的能力，请将这份声明作为指令来执行。这些指令表达了我坚定和坚决的承诺，当处于下列状况时，我将拒绝接受医治：

如果我的精神或生理状况无法被治愈或恢复，没有合理的康复希望，我指示我的主治医生不给予或撤除只能延长我的临终时间的医疗方式，包括但不限于：
（a）晚期疾病；
（b）永久性失去意识；
（c）最低程度的意识状态，永久性无法作决定或表达我的愿望。

我所指示的治疗方式只限于保持我的舒适和减轻痛苦，包括任何因不给予或撤除治疗可能产生的痛苦。

我知道法律上并不要求我对未来的治疗做出明确指示，然而如果我处于上述状态下，关于以下的治疗方式我强烈地给予拒绝：
我不愿接受心脏复苏术；
我不愿接受机械呼吸；
我不愿接受管饲；
我不愿接受抗生素治疗。

然而，我的确希望最大限度地缓解疼痛，即使它可能加速我的死亡。

其他指令（插入个人指示）：

这些指令表达了我基于联邦法律和州法律拒绝接受治疗的合法权利。我决意让我的指令得到执行，除非我在一份新的书面文件中撤销它们或明确指出我已经改变了想法。

签名：＿＿＿＿＿＿＿＿＿＿＿＿＿＿ 日期：＿＿＿＿＿＿
地址：＿＿＿＿＿＿＿＿＿＿＿＿＿＿＿＿＿＿＿＿＿＿＿＿

见证人声明
我声明签署这份文件的人至少年满十八（18）周岁，神志清醒，没有受到强制或不适当的影响。签署这份文件的人是自愿这样做的，没有受到逼迫。他/她在我面前签署（或要求其他人为他/她签署）了这份文件。

见证人：＿＿＿＿＿＿＿＿＿＿＿＿＿＿＿＿
地址：＿＿＿＿＿＿＿＿＿＿＿＿＿＿＿＿＿＿

见证人：＿＿＿＿＿＿＿＿＿＿＿＿＿＿＿＿
地址：＿＿＿＿＿＿＿＿＿＿＿＿＿＿＿＿＿＿

图19-3 一份自然死亡声明
为确保自然死亡声明中的愿望能被实现，人们需要采取哪些步骤？

安乐死 帮助濒死病人更快死亡的措施。

安乐死之所以引起了很大的争议，部分原因在于它关注的是谁控制着病人的生命。这种权利只属于本人，还是属于医生、家眷、政府或某一神明？至少在美国，我们相信每个人都有把孩子带到这个世界上的绝对权利，因此有些人宣称我们同样具有结束自己生命的绝对权力（Lester, 1996; Allen et al., 2006）。

另一方面，许多反对安乐死的人指出这种行为在道德上是无法被接受的。在他们看来，提前结束一个人的生命，不论病人本身是多么希望如此，也与谋杀无异。另一些人指出，医生对病人未来寿命的预测通常不够准确。比如，一项大规模的调查SUPPORT（the Study to Understand Prognoses for Outcomes and Risks of Treatment，理解治疗风险和后果的预后研究）发现，病人通常比医生的预期活得要长。事实上在某些情况下，被诊断为有50%的可能活不过半年的病人，通常可以再活好几年（Bishop, 2006; 见图19-4）。

反对安乐死的另一种观点集中在病人的情绪状态上。在病人要求或者有时请求看护者帮助他们死去的时候，他们可能正陷入某种形式的极度抑郁之中。在这些情况下，病人可能会被安排服用抗抑郁药物减轻抑郁。一旦抑郁症状减轻，病人可能会改变先前放弃生命的愿望。

关于安乐死的争论还将继续进行下去。这是一个高度个人化的问题，但随着世界老龄人口的增长，整个社会都应该越来越重视这个问题（Becvar, 2000; Gostin, 2006; McLachlan, 2008）。

临终关怀：死亡的地点

让我们重新回忆一下海伦·雷诺兹在紧急看护病房度过的最后几个月。尽管家庭成员频繁地来看她，随着病情的恶化，她同样面临许多独自看电视的孤独时光。

正如雷诺兹一样，美国一半以上死去的病人以这样的方式在医院迎来死亡。但也存在其他的方式。事实上，医院并不是面对死亡的理想地点，因为医院通常是非个人化的，由医护人员轮班上岗，由于探病时间受到限制，人们通常只能孤独地死去，没法享受亲人在一旁的安慰。

此外，医院是用来帮助病人好转而非等待死亡之地，因此它对走向死亡的病人提供的特别看护格外昂贵。因而，医院通常没有充足的资源去满足临终病人及其家人的情感要求。

由于传统医院在死亡相关服务上的欠缺，除了住院以外，还有一些其他选择。在**家庭看护**

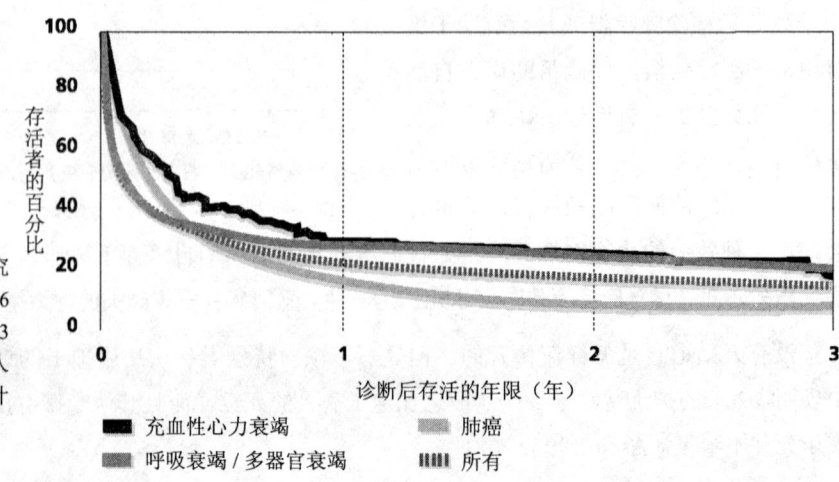

图19-4 临终病人到底能活多久 根据一项大范围SUPPORT研究的结果，在被确诊为继续存活6个月的可能性不足50%的3,693名病人中，有相当大比例的人比预期活得更久。你认为为什么会发生这种现象？

（Source: Lynn, J. et al., 1997.）

（home care）中，濒死的病人可以始终待在自己家中接受医护人员的上门治疗。许多濒死病人更喜欢家庭看护，因为他们可以让最后的日子在熟悉的环境里度过，与他们喜爱的人在一起，与一生积累的财富在一起。

尽管病人倾向于家庭看护，但对于家庭成员而言则要困难许多。提供临终看护会使家庭成员感到巨大的心理安慰，因为他们为所爱的人付出了一些宝贵的东西。但这是非常消耗精力的事情，无论是从体力上还是精神上，都需要24小时随时待命。而且，因为许多亲人并未经过专业的看护训练，他们可能无法提供最佳看护。许多人觉得他们没有能力在家看护临终病人（Perreault, Fothergill-Bourbonnais, & Fiset, 2004）。

对于这些家庭而言，除了医院看护以外，越来越流行的看护方式的选择就是临终关怀。**临终关怀（hospice care）**是为医疗机构里身患绝症的濒死病人提供的关怀。在中世纪，收容所是安慰和款待旅行者的地方。根据这一概念，今天的临终关怀也以为临终病人提供充足的社会支持和温暖为宗旨。它们的工作重点并不在于延长人的寿命，而是使病人最后的日子变得愉快且有意义。一般来说，接受临终关怀的人将不再进行痛苦的治疗，也没有额外的多种多样的手段来延长寿命。临终关怀的宗旨在于使病人的生活过得尽可能充实丰富，而不是用尽一切办法延长病人的存活时间（Johnson, Kassner, & Kutner, 2004; Corr, 2007）。

尽管此项研究尚无定论，接受临终关怀的病人看起来确实比其他以传统方式接受治疗的病人对生活更为满意。临终关怀由此成为除了传统医院看护以外，可供临终病人选择的又一个方式（Tang, Aaronson, & Forbes, 2004; Seymour et al., 2007; Rhodes et al., 2008）。

家庭看护 与医院看护不同，濒死的病人可以始终待在自己家中接受上门的医护人员的治疗。

临终关怀 为医疗机构里身患绝症的濒死病人提供的关怀。

我的发展实验室
你刚刚阅读了有关家庭看护的内容，现在登录我的发展实验室，观看一位女性谈论让丈夫在家中去世给她带来的压力。

复习和应用

复习

- 伊丽莎白·屈布勒—罗斯定义了面临死亡的五个步骤：拒绝、愤怒、讨价还价、抑郁和接受。其理论的阶段性本质因缺乏灵活性而受到批评。其他学者也提出了另外一些理论。

- 关于临近死亡的问题引起非常大的争议，包括医生应采取何种程度的治疗手段来保障濒死病人的生命，由谁来决定采取何种手段等。自然死亡声明是人们对自己的死亡决定做出控制的一种方式。

- 辅助自杀，或者更普遍而言——"安乐死"同样在美国引起很大争议，而且在许多地方并不合法，但许多人相信如果进行有效的管理，这种做法应该被合法化。

- 尽管大部分的美国人都在医院里去世，但越来越多的人在他们生命中最后的日子里选家庭看护或临终关怀。

> **应用毕生发展**
>
> - 你认为辅助自杀应该被允许吗？其他形式的安乐死呢？为什么？
> - **从一个教育工作者的视角看问题**：你认为屈布勒—罗斯关于面临死亡的五个阶段会受文化影响吗？会受年龄影响吗？为什么？

19.3 丧失亲人与悲痛

"没有人曾经告诉过我悲痛与恐惧如此相似。我并不害怕，但感觉上却很像在害怕。悲痛同样让我感到胃里翻来覆去地难受，同样地坐立不安，同样地打哈欠。我一直压抑着。在其他时候感觉就像是稍微多喝了点酒，或是经受猛烈地震动。在世界和我之间有着看不见的隔阂。我发现很难听进任何人说的话，或者很难想要听得进，实在是无趣。"（Lewis, 1985, p. 394）

作为一种普遍经历而言，我们中的许多人惊人地缺乏对失去亲人所带来悲痛的必要准备。特别是在西方社会里，平均寿命很长，死亡率比历史上的任何时刻都要低，人们倾向于将死亡看做一个反常的现象，而不是生命里必然发生的一个部分。这种态度就使得悲痛更加令人难以忍受，特别是当我们将今日与过去生命相对较短而死亡率较高进行比较的时候。在西方社会里，对于大多数仍然活着的人来说，悲痛的第一步，是各种形式的葬礼（Gluhoski, Leader, & Wortman, 1994; Nolen-Hoeksema & Larson, 1999; Bryant, 2003）。

服丧与葬礼：最终的仪式

死亡在美国是一件大买卖。平均的丧葬仪式费用高达7,000美元。人们在准备葬礼的时候通常会考虑购买华丽的棺材、用豪华轿车运送到公墓、遗体保存以及遗体告别等费用（AARP, 2004）。

部分情况下，葬礼所达到的宏大程度与负责葬礼者的脆弱性有关。他们通常是死者的近亲，希望证明自己对死者的爱，因此很容易被说服为死者选择"最好的"葬礼方式（Culver, 2003）。

但这不仅仅是有野心的推销员促使许多人在葬礼上花费大量的金钱。在很大程度上，葬礼的形式和婚礼一样，是由风俗习惯所决定的。因为一个人的死亡不仅对所爱的人，同时也对整个社区来说，代表一种重要的转变，因此与死亡有关的仪式就尤其重要。所以，从某种意义上来说，葬礼不仅仅是向公众宣布某个人已经死去，而是对每个人生命终结的认同和对生死轮回的一种接受（DeSpelder & Strickland, 1992）。

在西方社会，丧葬仪式具有自己传统的规范模式，尽管表面形式上会有些变化。在葬礼之前，遗体被以某种方式保存好，穿上特别的服饰。葬礼通常包括有关宗教仪式的典礼、致词、某种形式的列队，以及其他一些规范程序，比如天主教徒的"守灵"（wake）以及犹太教徒的七日服丧（shivah），此时亲戚朋友都来拜会失去亲人的家庭，并对死者表达敬意。军方葬礼通常包括鸣枪、在棺材上铺国旗等。

哀悼的文化差异 其他文化中包含许多不同的丧葬仪式。比如在一些社会里,哀悼者刮脸以示悲痛,而在其他时候,他们任凭头发生长而不理发,男人们也可能在一段时间内不刮胡须。在另一些文化中,哀悼者甚至可能雇佣他人来痛哭以示悲痛。有些时候葬礼上会出现一些喧闹的仪式,但在其他文化下肃静却是普遍规则。甚至情绪的表达,比如哭泣的时间段和总量等,都会依不同文化而有所不同(Rosenblatt, 2001)。

因为一个人的死亡不仅对所爱的人,同时也对整个社区来说,代表着一种重要的转变,因此与死亡有关的仪式就尤其重要。死亡带来的情绪上的巨大变化,和商家的鼓动综合在一起,常常导致人们在葬礼上的过度花费。

例如,印度尼西亚的巴厘人在葬礼上的哀悼者几乎不会表露情绪,因为他们认为必须冷静才能让神听到他们的祈祷。相反,非裔美国人的葬礼上,哀悼者则被鼓励表现出他们的悲痛之情,并且葬礼仪式就是要让参加者展示他们的感受(Rosenblatt, 1988; Rosenblatt & Wallace, 2005; Collins & Doolittle, 2006)。

从历史上说,一些文化下发展出的丧葬仪式极端得让我们感到惊愕不已。比如,"殉夫"这种传统的印度殉葬仪式现在已经被法律禁止。在这个仪式中,寡妇需要主动投入被认为是丈夫身体的熊熊烈火中。在古代中国,奴隶也时常会和主人的遗体一起活埋。

最终,无论特殊的仪式是什么样子,所有的葬礼通常都具有同一功能:作为某位死者生命终结的标志。它也为生者提供了一个平台,让他们可以聚集到一起,分担他们的悲伤,并互相安慰。

丧亲与悲痛:适应至亲的亡故

在深爱的亲人死亡以后,一段痛苦的适应时期随之而来,其中涉及丧亲和悲痛。**丧亲(bereavement)** 是指对某人死亡的客观事实的承认;而**悲痛(grief)** 则是指对他人去世的情感反应。每个人的悲痛都是不同的,但西方社会中人们面对亲人亡故进行调节的方法却又存在一定的相似性。

生者悲痛的第一阶段通常伴随着震惊、麻木、置疑或完全否定。人们可能会回避客观事实,试着按照以往的方式生活,尽管痛苦有时发生,并相继引发悲痛、恐惧、深度悲伤和忧虑等。然而,如果痛苦太强烈的话,人们又会转回到麻木状态之中。从某些方面看来,这样一种心理状态可能是有益的,因为它使得生者能够顺利地安排丧葬事宜并完成其他心理上的困难任务。一般而言,人们在几天或几周之内经过这一阶段,尽管有时也会拖久一些。

丧亲 对某个人死亡的客观事实的承认。

悲痛 指对他人去世的情感反应。

在下一个阶段，人们开始面对死亡，并认识到他们丧失的程度。他们完全沉浸在巨大的悲痛中，开始承认将与死者永久分离的现实。如果是这样的话，哀悼者将陷入极度的悲伤甚至抑郁中，这是在该情形下常会出现的情绪，并不需要进行药物治疗。他们可能会想念死去的亲人，情绪可能从不耐烦变化到无精打采。然而，他们也开始反观自己与死者的实际关系，无论好坏。通过这样做，他们开始把自己从与已逝的至爱亲人的联结中解脱出来（de Vries, et al., 1997）。

最终，丧失亲人的生者将会进入适应阶段。他们开始重新拾起生活的片段，重新建立新的同一性。比如，失去丈夫的女性把自己定位于单身者的身份而并非寡妇。他们与旁人建立新的关系，而某些人甚至会发现应对死亡的经历有助于他们更好地完成自身成长。他们变得更加自立，更加感激生活。

需要记住的是，不是每个人都按照相同的顺序经历悲痛的几个阶段，这一点很重要。人们表现出巨大的个体差异，部分是因为他们自身的人格特征、与死者的关系，或是丧亲后继续正常生活的可能性。事实上，大部分丧亲者都能很快恢复精神，甚至在失去亲人后不久就能够体验到强烈的正面情感。心理学家乔治·博纳诺（George Bonanno）对丧亲做了全面的研究，根据他的观点，人类在进化意义上做好了亲近之人死亡后继续前进的准备。他拒绝接受服丧有固定阶段的观念，并争辩说大多数人都会很有效率地继续他们的生活（Bonanno, 2009）。

区分不健康悲痛与正常悲痛　尽管对于不健康悲痛与正常悲痛有许多种区分，但研究表明律师和临床专家的很多观点都不正确。悲痛没有一个特定的时限，特别是那种"在配偶死亡后一年需停止悲痛"的常识。对于某些人而言，悲痛的时间要比一年长得多。一些人体验到复杂性悲伤（有时是持续悲痛障碍，prolonged grief disorder），这是一种延续几个月或几年的无休止的哀痛（我们在上一章中讨论过的）。估计有15%的丧亲者遭受复杂性悲伤的折磨（Piper et al., 2009; Schumer, 2009; Zisook & Shear, 2009）。

研究也驳斥了"亲人死亡后的抑郁普遍存在"的一般看法。只有15%~30%的人在丧失亲人后表现出相对较深的抑郁（Prigerson et al., 1995; Bonanno, Wortman, & Lehman, 2002; Hensley, 2006）。

相似地，人们通常认为在面对死亡时最初没有表现出悲痛的人是不肯正视现实，他们更可能在其后的日子里出现问题。但事实并非如此。正是那些在死亡面前即刻表现出最强烈的痛苦的人随后更容易遇到健康和适应性问题（Boerner et al., 2005）。

丧亲和悲痛的后果　从某一方面而言，死亡是传染性的，特别是对于死者的亲人而言。许多证据表明，守寡之人也存在很大的死亡风险。一些研究证明在丧偶后的第一年，死亡的危险性高达正常状态下的7倍。丧偶男性和丧偶年轻女性的死亡风险尤其大，再婚可以使他们的死亡风险降低。这对于丧偶男性尤

在亲人或朋友死亡以后，人们要经历一个痛苦的丧亲和悲痛过程。图中这些波斯尼亚的青少年正在为一位死于敌人炮击的朋友默哀。

其有效，尽管原因并不清楚（Gluhoski, Leder, & Wortman, 1994; Martikainen & Valkonen, 1996; Aiken, 2000）。

如果失去亲人的人本身就表现出不安全、焦虑或恐惧等特性时，丧亲更可能导致其产生抑郁或其他的负性结果，使其更加难以寻得有效的应对手段。此外，在死者去世前和其关系不稳定的亲人，相比关系稳定的人，可能在死者去世后受到更大的负面影响。那些高度依赖死者的亲人，以及那些失去亲人后变得十分脆弱的人，更容易在亲人亡故后陷入困境。那些在悲痛和思念上花费了大量时间的人们也是如此。

如果缺乏来自家庭、朋友或其他团体、宗教等方面的社会支持，丧亲之人将更可能感觉到孤单，也因此存在更高的死亡危险。最终，人们将无法正确地理解死亡的意义（比如感激生命），他们整体的适应能力也较差（Davis & Nolen-Hoeksema, 2001; Nolen-Hoeksema, 2001; Nolen-Hoeksema & Davis, 2002; Torges, Stewart, & Nolen-Hoeksema, 2008; 也见"从研究到实践"专栏）。

亲人的突然死亡同样可能影响悲痛的过程。相比事先能够预料的死亡，亲人的意外死亡使生者更难于接受。例如，一项研究发现，经历亲人突然死亡的人们在4年以后仍然没有完全恢复，部分是因为死亡的突然、无预期。这通常是暴力导致的后果，而暴力在年轻人群体中发生得更加频繁（Burton, Haley, & Small, 2006）。

从研究到实践

通过 Facebook 活着

"我总是在想，为什么在这儿写下文字这么难？既然这么难，为什么我还要这么做？为什么会有人这么做？……我想让你知道，我仍然关心你。可能给你留言会让自己感觉你现在只是在别的什么地方似的。因为，我觉得写在这里可能会让我的信息更好地传递给你。我一直在大声地跟你说话，或是在我的头脑中这样做。但是，我感到给你留言或写信更像是真实地在和你"交谈"。我想这可能是因为写信给某人是人们一般会做的事，它感觉更真实。我能看到它，寄出它，我知道它会到达某个地方。我觉得你会在某个地方读到它。"（Williams & Merten, 2009, p.82）

一名青少年在一个去世朋友的Facebook档案里写下了这段话。Facebook和Myspace这类社交网站的爆炸式发展使得一种新的文化现象兴起：死者留下的档案里的即时对话成为一种互动式的纪念物。对很多人来说，比如例子中的悲痛的青少年，社交网站档案已经成为他们与其生活中的人交流的重要手段。如果其中一个人去世了，档案会继续存在下去，作为这个人的一个可触及的象征——一个他们可以像以前那样与之交流的象征。

对这一哀悼过程感兴趣的研究者研究了20个去世的青少年的朋友和亲人在他们的社交网站档案中的留言，以寻找共同的主题。他们注意到研究中的近5,000条留言有几个主要的主题和共同点（Williams & Merten, 2009）。留言对象几乎全部为死者，而不是浏览这个档案的活着的亲人和朋友。这强调了档案的一个功能，即作为对所失去的亲爱之人表达感情的通道。近一半的留言包含一些情绪或认知应对策略的指示物，如愤怒、否认或接受的表达。

这些类型的留言显示出处理、理解和寻找对死亡的观点的意图。下面是应对愤怒的一个例子：

我恨这个事实，你这样对待自己。我恨你没有告诉任何人。但是我什么也做不了。我真希望我疯了。但是什么也不会改变，我希望你不要做出这样一个永久性的决定……现在没有人或者任何东西能把你带回来了，我再也见不到你了，永远。我再也不能和你说话了。（Williams & Merten, 2009, p.80）

通过追忆过去的共同经历或谈论现在生活中的事件继续与死者交流的形式，是另一个常见的主题。这类留言的例子如下：

就在两个星期以前，你发信息问我什么时候再一起出去玩（但是我们现在不能这样做了）。昨天你还把我逗笑了……在体育课上。一分钟你就走了！！！我还记得我们第一次见面。我会一直记得你对我说的话，关于找到那个对的人，因为我值得拥有最好的！我永远不会忘记你，我希望你能够认识到，现在就有很多人真的爱你和关心你！（Williams & Merten, 2009, p.82）

很多留言是关于参加死者的葬礼，看见他/她的遗体，尤其是提到经历真相和所爱之人的死亡结局所促使他们意识到的事实。很多留言进一步提到了对死后生活的信仰和死者所去的地方的认识。最后，研究者发现了一个他们没有预料到的主题：几乎或完全不认识死者的人的留言。考虑到过世的都是青少年，他们的死亡是影响到整个社区的人们的悲剧，这样的现象是讲得通的。

• 你认为为什么悲痛的朋友和亲人在死者的社交网站档案中将死者而不是彼此作为留言对象？
• 用这种方式"与死者对话"将如何帮助人们度过哀悼的过程？

成为发展心理学知识的明智消费者

帮助孩子面对悲痛

因为年幼儿童对死亡的理解有限，所以他们在面对悲痛时需要特别的帮助。以下是一些可以采取的策略：

• **坦诚相对** 不要说已经死去的人只是"睡着了"或是"去了一个遥远的地方"。采用与儿童年龄相符的语言告诉他们真相，委婉但清晰地指出死亡的普遍存在和不可逆性。比如，你可以在回答"奶奶死后是否会感觉饥饿"时这样说："不会，在一个人死后，他们的身体不再工作，因此他们不再需要食物。"

• **鼓励对悲痛的表达** 不要阻止孩子哭泣或是流露他们的情感。相反，告诉他们觉得可怕是正常的，他们可以表达出对死者的想念。鼓励他们画一幅画、写一封信，或是以其他方式去表达他们的感受。与此同时，假设他们通常对死者怀有精确的记忆。

• **帮孩子确信亲人的去世不是他们的错** 儿童有时会把亲人的死亡归咎到自己身上——他们容易弄错亲人死亡的原因，认为如果他们没有犯错，亲人就不会死去。

• **理解儿童的悲痛可能以难以预期的方式表现出来** 儿童在亲人死亡的初期可能并没有表现出悲痛，但随后他们可能会莫名其妙地变得心烦意乱，或是表现出吸吮手指或想和父母同睡等退行行为。我们需要记住的是，死亡对于儿童的冲击可能是压倒一切的，我们要尽可能给予他们爱和支持。

• **儿童可能会对关于死亡的童书做出回应** 一本特别有效的书是《当恐龙死去时》，作者是劳瑞·克拉斯尼·布朗（Laurie Krasny Brown）和马克·布朗（Marc Brown）。

复习和应用

复习

- 丧亲是指失去所爱的亲人；悲痛指的是针对这一丧失引发的情绪反应。
- 葬礼仪式在帮助人们面对亲人死亡、认识到自身死亡的必然性，以及继续日后的生活方面起到了重要作用。
- 对于许多人来说，悲痛要先后经历拒绝、悲伤和适应的阶段。
- 儿童在面对悲痛时需要特别的帮助。

应用毕生发展

- 为什么美国社会中这么多的人不愿去思考或谈论死亡？
- **从一个社会工作者的视角看问题**：你觉得为什么在新近丧偶的人群中死亡率如此之高？为什么再婚可以降低死亡风险？

结 语

这一章节以及本书的最后部分主要关注成年晚期和生命临近终结的阶段。生理功能和认知功能的衰退在这一阶段已经变得十分正常，但在大多数时间里人们依然可以继续积极健康地生活——与刻板印象中所认为的衰老大不相同。

正如在毕生发展中的其他阶段一样，变化与持续性在成年晚期同样显著。比如说，我们注意到认知功能上的个体差异，即使有所衰退，仍然能反映出早年岁月里所呈现的个体差异。我们可以看到早年所选择的生活方式，比如锻炼状况等，均会对这一时期的健康长寿造成影响。

社会性和人格发展也在成年晚期得到延续。我们看到尽管许多人表现出与早年相同的人格特征，成年晚期同样也会出现比先前波动更大的独特时段。人们生活的多种方式和在该阶段的丰富社会关系均和刻板印象有很大的反差。

我们以对生命不可避免的结局的讨论作为本书的结束部分。即使在这里，当我们讨论了死亡本身和它在不同人生阶段和文化下不同含义时，我们依然面临着许多挑战。另外，传统的住院看护、临终关怀、缓和医疗看护和家庭看护是否能够让病人快乐安详地离去仍是个问题。

总之，我们不断地经历和调整生理和认知功能的改变，并学习适应新的社会情境，在毕生发展过程中仍充满着新的机遇和挑战。发展一直进行直到死亡那一刻,如果做好准备的话,我们将会感谢所有的人生阶段,并从中学到很多东西。

在你合上本书之前,请回到本章前言关于阿奇·沃克尔用积极的方式面对死亡的内容。基于你自己对死亡的理解,请回答以下问题:

(1)你觉得沃克尔处于屈布勒—罗斯理论中的哪个阶段?

(2)如果沃克尔是个20岁出头的年轻人,他对死亡临近的反应会有何不同?

(3)沃克尔对生命结束的庆祝和幽默的态度对他的家庭的哀悼过程有何影响?

(4)如果沃克尔选择在医院里接受治疗,他最后的日子将有何不同?如果他要求临终关怀,又会有何不同?

- **什么是死亡,在不同生命阶段的死亡各意味着什么?**

  - 死亡很难被精确定义。功能性死亡指的是心跳和呼吸的停止,但人们在此阶段仍可被重新救活,但脑死亡指的是脑部电活动的消失,是不可逆转的。
  - 婴儿和年幼儿童的死亡对家长而言是最具灾难性的,这在很大程度上因为它看起来有违自然规律且难于理解。
  - 青少年对自己的不可侵犯性有种不现实的感觉,这让他们很容易在事故中死亡。拒绝通常会使身患绝症的少年儿童很难接受他们自身的严重性。
  - 对于年轻人而言,死亡是完全不可想象的。身患绝症的年轻人可能会因为感觉到命运对自己的不公而极不配合治疗。
  - 在成年中期,疾病变成引起死亡的首要原因。而对于死亡现实的知晓将会导致对死亡的巨大恐惧。
  - 成年晚期个体已经对死亡做好了准备。如果死亡临近的话,老年人倾向于获知这一消息,他们必须应对的主要问题是自己的生命是否依然有价值。
  - 人们对死亡的反应部分是由文化决定的。死亡可能被看做从尘世苦难的解脱、愉悦的死后生活的开始、一种判决或惩罚,或仅仅是生命的终结。
  - 死亡教育有助于人们学习与死亡相关的知识,并认清自己终将走向死亡的事实。

- **人们以怎样的方式面对自己即将死亡的前景?**

  - 伊丽莎白·屈布勒—罗斯定义了面临死亡的五个阶段:拒绝、愤怒、讨价还价、抑郁和接受。其理论的阶段性本质因缺乏灵活性而受到批评。其他学者也提出了另外一些理论。
  - 自然死亡声明是病人控制有关自身死亡决定的一种方式,它涉及病人在生命受到威胁的情况下应该选择何种特定医疗手段，以及指定医疗保健代理人来执行病人的意愿。
- 辅助自杀，是安乐死的一种，在美国的许多地方是不合法的。
- 尽管大部分美国人都在医院过世，但越来越多的人在他们生命最后的日子里选择家庭看护或临终关怀。

● **死者亲人对死亡有怎样的反应和应对措施？**
- 丧葬仪式有以下两种用途：承认亲人的死亡，以及使所有参与者认识和预期到死亡的必然性。
- 丧失所爱的人会引发涉及丧亲和悲痛的适应过程。悲痛可能先后经历震惊、拒绝、开始接受和最终适应阶段。丧亲的一个后果是生者死亡风险的增加。
- 儿童在面对死亡的时候需要特别的帮助，包括坦诚相对，鼓励对悲痛的表达，帮孩子确信亲人的去世不是他们的错，以及理解儿童的悲痛可能延迟或以间接的方式显现出来等。

关键术语和概念

功能性死亡（functional death, p. 703）　　脑死亡（brain death, p. 703）

婴儿猝死综合征（sudden infant death syndrome, SIDS, p. 704）

死亡学家（thanatologists, p. 709）　　自然死亡声明（living wills, p. 714）

安乐死（euthanasia, p. 715）　　家庭看护（home care, p. 717）

临终关怀（hospice care, p. 717）　　丧亲（bereavement, p. 719）

悲痛（grief, p. 719）

 我的发展实验室

登录我的发展实验室，获取更多复习资料，外加我的虚拟孩子、练习测试、视频、闪光呈现卡及其他。

综　合

临终和死亡

詹姆斯·提布隆（James Tiburon）是一名护士，他承认自己一直不太适应遭遇到的许多死亡。作为工作的一部分，詹姆斯能够看到生命各个阶段的死亡，从婴儿到老人，以及能够想象到的所有死因。他接待悲痛的家庭，与他们一起工作以确定何时执行DNR指令，并陪伴他们走过从医院停尸房领走遗体的痛苦过程。他目击到临终和死亡的第一现场，还有至少是悲痛的第一阶段。尽管总是近距离观察死亡，但詹姆斯仍然保持着决然的乐观和正视生命的态度，是一个直言不讳地接受死亡并继续生活的典范。

▼ 我的发展实验室

登录我的发展实验室，阅读真实生活中的政策制定者、保健提供者和教育工作者是如何回答这些问题的。你是否同意他们的答案？为什么？你读到的何种概念是支持他们观点的？

你怎么做？

- 考虑到你所知道的可能的死亡地点，在需要的情况下你对最亲爱的人有何推荐，住院看护、家庭看护，还是临终关怀？为什么？其他的选择会更适用于你知道的其他亲人吗？

  你的答案是什么？

政策制定者怎么做？

- 关于是否允许个人在严重患病和极端痛苦的情况下决定是否继续他们的生命，政府应该参与决策吗？这应该属于法律事务还是个人良知的范畴？

  你的答案是什么？

生命历程中的死亡

- 詹姆斯对于面对生命终结时的问题很熟悉。
- 詹姆斯见过每个年龄段的死亡，包括婴儿期。
- 他接待过在生命各个阶段失去亲人的家庭成员。
- 作为工作的一部分，詹姆斯研究死亡教育和接受过非正式死亡教育的生者。

面对死亡

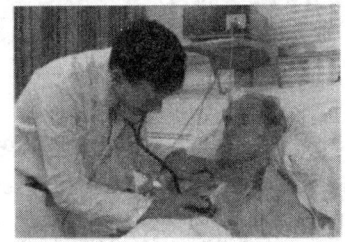

- 詹姆斯照料过临终的病人。
- 他和医生及家庭一起做出生或死的决定（如DNR）。
- 可能有病人要求他帮助他们死亡。
- 詹姆斯具有将医院作为病人死亡场所的工作经历。

丧失亲人与悲痛

- 作为大都市医院里的一名工作者，詹姆斯无疑见过很多文化上不同的哀痛表达，以及多种形式的哀悼。
- 在接待死者仍然在生的亲人时，他看见的大多数是悲痛的第一阶段——震惊、麻木、否认。
- 詹姆斯很可能不得不对儿童谈论死亡，这是个非常困难的任务。

保健提供者怎么做？

- 在决定是否终止生命维持系统时，哪个标准是最重要的？你认为不同的文化有不同的标准吗？

你的答案是什么？

教育工作者怎么做？

- 针对保健提供者的死亡课程中，应深入探讨哪些主题？对于普通人呢？

你的答案是什么？

附录一：术语表

abstract modeling 抽象模仿

the process in which modeling paves the way for the development of more general rules and principles(Ch.8)

acceleration 加速

special programs that allow gifted students to move ahead at their own pace, even if this means skipping to higher grade levels(Ch.9)

accommodation 顺应

changes in existing ways of thinking that occur in response to encounters with new stimuli or events(Ch.5)

achieving stage 实现阶段

the point reached by young adults in which intelligence is applied to specific situations involving the attainment of long-term goals regarding careers, family, and societal contributions(Ch.13)

acquired immunodeficiency syndrome(AIDS) 获得性免疫缺陷综合征(艾滋病)

a sexually transmitted disease, produced by the HIV virus, that has no cure and ultimately causes death(Ch.11)

acquisitive stage 获得阶段

according to Schaie, the first stage of cognitive development, encompassing all of childhood and adolescence, in which the main developmental task is to acquire infomlation(Ch.13)

activity theory 活跃理论

the theory suggesting that successful aging occurs when people maintain the interests, activities, and social interactions with which they were involved during middle age(Ch.18)

addictive drugs 成瘾药物

drugs that produce a biological or psychological dependence in users, leading to increasingly powerful cravings for them(Ch.11)

adolescence 青春期

the developmental stage between childhood and adulthood(Ch.11)

adolescent egocentrism 青少年自我中心主义

a state of self-absorption in which the world is viewed from one's own point of view(Ch.11)

adult day-care facilities 成人日托机构

a facility in which elderly individuals receive care only during the day, but spend nights and weekends in their own homes(Ch.18)

affordances 情境支持

the action possibilities that a given situation or stimulus provides(Ch.4)

age of viability 存活年龄

the point at which an infant can survive a premature birth(Ch.3)

age stratification theories 年龄阶层理论

the view that an unequal distribution of economic resources, power, and privilege exlsts among people at different scages ofthe life course(Ch.18)

age-graded influences 年龄方面影响

biological and environmental innuences that are similar for individuals in a particular age group, regardless of when or where they are raised(Ch.1)

ageism 对老年人的歧视

prcjudice and discrimination directed at older people(Ch.17)

agentic professions 行动性职业

occupations that are associated wich getting things accomplished(Ch.14)

aggression 攻击

intentional injury or harm to another person(Ch.8)

Ainsworth Strange situation 安斯沃斯陌生情境

a sequence of staged episodes that illustrate the strength ofattachment between a cbild and(typically) his or her mother(Ch.6)

alcoholics 酗酒者

persons with alcohol problems who have kamed to depend on alcohol and are unable to control their drinking(Ch.11)

Alzheimer's disease 阿尔茨海默氏症

a progressive brain disorder that produces loss of memory and confusion(Ch.17)

ambivalent attachment pattern 矛盾依恋型

a style of attachment in which children display a combination of positive and negative reactions to their mothers(Ch.6)

amniocentesis 羊膜穿刺

the process of idemifying genetic defects by examining a small sample of fetal cells drawn by a needle inserted into the amniotic fluid surrounding the unborn fetus(Ch.2)

androgynous 双性化

a state in which gender roles encompass characteristics thought typical of both sexes(Ch.8)

anorexia nervosa 神经性厌食症

a severe eating disorder in which individuals refuse to eat, while denying that their behavior and appearance, which may become skeletal, are out of the ordinary(Ch.11)

anoxia 缺氧症

a restriction of oxygen to the baby, lasting a few minutes during the birth process, which can produce brain damage(Ch.3)

Apgar scale 阿普加量表

a standard measurement system that looks for a variety of indications of good health in newborns(Ch.3)

applied research 应用研究

research meant to provide practical solutions to immediate problems(Ch.1)

artmcial insemination 人工授精

a process of fenilization in which a man's sperm is placed directly into a woman's vagina by a physician(Ch.2)

assimilation 同化

the process in which people understand an experience in terms of their current stage of cognitive development and way of thinking(Ch.5)

associative play 联合游戏

play in which two or more children actually interact with one another by sharing or borrowing toys or materials, although they do not do the same thing(Ch.8)

asthma 哮喘

a chronic condition characterized by periodic attacks of wheezing, coughing, and shortness of breath(Ch.9)

attachment 依恋

the positive emotional bond that develops between a child and a particular individual(Ch.6)

attention-deficit hyperactivity disorder(ADHD) 注意缺陷多动障碍

a leaming disability marked by inattention, impulsiveness, a low tolerance for frustration, and generally a great deal of inappropriate activity(Ch.9)

attributions 归因

people's explanations for the reasons behind their behavior(Ch.10)

auditory impairment 听力损伤

a special need that involves the loss of hearing or some aspect of hearing(Ch.9)

authoritarian parents 专制型父母

parents who are controlling, punitive, rigid, and cold, and whose word is law They value strict, unquestioning obedience from their children and do not tolerate expressions of disagreement(Ch.8)

authoritative parents 权威型父母

parents who are firm, setting clear and consistent limits, but who try to reason with their children, giving explanations for why they should behave in a particular way(Ch.8)

autobiographical memory 自传体记忆

memory of particular events from one's own life(Chs.7, 17)

autonomy 自主

having independence and a sense of control over one's life(Ch.12)

autonomy-versus-shame-and-doubt stage 自主对羞愧怀疑阶段

the period during which, according to Erikson, toddlers(aged 18 months to 3 years)develop independence and autonomy if they are allowed the freedom to explore, or shame and self-doubt if they are restricted and overprotected(Ch.6)

avoidant attachment pattern 回避依恋型

a style of attachment in which children do not seek proximity to the mother(Ch.6)

babbling 牙牙学语

making speechlike but meaningless sounds(Ch.5)

Bayley Scales of Infant Development 贝利婴儿发展量表

a measure that evaluates an infant's development from 2 to 42 months(Ch.5)

behavior modification 行为矫正

a formal technique for promoting the frequency of desirable behaviors and decreasing the incidence of unwanted ones(Ch.1)

behavioral genetics 行为遗传学

the study of the effects of heredity on behavior and psychological characteristics(Ch.2)

behavioral perspective 行为观点

the approach that suggests that the keys to understanding deveiopment are observable behavior and outside stimuli in the environment(Ch.1)

bereavement 丧亲

acknowledgment of the objective fact that one has experienced a death(Ch.19)

bilinzualism 双语

the use ofmore than one language(Ch.9)

bioecological approach 生物生态学理论

the perspective suggesting that different levels of the environment simultaneously innuence individuals(Ch.1)

blended families 混合家庭

a remarried couple that has at least one stepchild living with them(Ch.10)

body transcendence versus body preoccupation 身体超越对身体专注

a period in which pcople must leam to cope with and move beyond changes in physical capabilities as a result of aging(Ch.18)

bonding 联结

close physical and emotional contact between parent and child during the pe riod immediately following birth, argued by some to affect lacer relationship strength(Ch.3)

boomerang children 飞去来器般的孩子

young adults who retum, after leaving home for some period, to live in the homes of their middleaged parents(Ch.16)

brain death 脑死亡

a diagnosis ofdeath, based on the cessation of all signs ofbrain activity, as measured by electrical brain waves(Ch.19)

Brazelton Neonatal Behavioral Assessment Scale(NBAS) 新生儿行为评估量表

a measure designed to determine infants-neurological and behavioral responses to their environment(Ch.4)

bulimia 贪食症

an eating disorder characterized by binges on large quantities of food, followedbypurges ofthe food through vomiting or the use of laxatives(Ch.11)

bumout 工作倦怠

a situation that occurs when workers experience dissatisfaction, disllusionment, flmstratjon, and weariness from their jobs(Ch.16)

career consolidation 职业巩固

a stage that is entered between the ages of 20 and 40, when young adults become centered on their careers(Ch.14)

case studies 个案研究

studies that involve extensive, in-depth interviews with a particular individual or small group of individuals(Ch.1)

centration 中心化

the process of concentrating on one limited aspect of a stimulus and ignoring other aspects(Ch.7)

cephalocaudal principle 头尾原则

the principle that gfowth follows a pattem that begins with the hcad and upper body parts and then proceeds down to the rest of the body(Ch.4)

cerebral cortex 大脑皮质

the upper layer of the brain(Ch.4)

Cesarean delivery 剖宫产

a birth in which the baby is surgically removed from the uterus, ralher than traveling through the birth canal(Ch.3)

child-care centers 儿童看护中心

places outside the home that provide care for children(Ch.7)

chlamydia 衣原体疾病

themost common sexually transmitted disease, caused by a parasite(Ch.11)

chorionic vllus sampling(CVS) 绒毛膜取样

a test used to find genetic defects that involves takjng samples of hairlike material that surrounds the embryo(Ch.2)

chromosomes 染色体
rod-shaped portions of DNA that are organized in 23 pairs(Ch.2)

chronological(or physical)age 实际（或生理）年龄
the actual age of the child taking the intelligence test(Ch.9)

circular reaction 循环反应
an activity tbat permits the construction of cognitive schemes through the repetition of a chance motor event(Ch.5)

classical conditioning 经典条件作用
a type of leaming in which an organjsm responds in a particular way to a neutral stimulus that nomally does not bring about that type of response(Chs.1, 3)

cliques 小派别
groups of from 2 to 12 people whose members have frequent social interactions with one another(Ch.12)

cluster suicide 连锁自杀
a situation in which one sujcide leads to attempts by others to kill themselves(Ch.12)

cognitive development 认知发展
development involving the ways that growth and change in intellectual capabilities influence a person's behavior(Ch.1)

cognitive neuroscience approaches 认知神经科学理论
the approach that examines cognitive development through the lens of brain processes(Ch.1)

cognitive perspective 认知观点
the approach that fbcuses on tbe processes that allow people to know, understand, and think about the world(Ch.1)

cohabitation 同居
couples living together without being married(Ch.14)

cohort 同辈团体
a group of people born at around the same tjme in the same place, or more generally, a class of people shraring similar charactefistics(Ch.1)

collectivistic orientation 集体主义取向
a philosophy that promotes the notion of interdependence(Ch.8)

communal professions 公共性职业
occupations that are associated with relationships (Ch.14)

companionate love 同伴之爱
the strong affection for those with whom our lives are deeply involved (Ch.14)

concrete operational stage 具体运算阶段
the period of cognilive development between 7 and 12 years of age, which is characterized by the active, and appropriate, use oflogic(Ch.9)

conservation 守恒
the knowledge that quantity is unrelated to the arrangement and physical appearance of objects(Ch.7)

constructive play 建构性游戏
play in which children manipulate objects to produce or build something(Ch.8)

continuing-care community 连续照料社区
a community that offers an environment in which all the residents are of retifement age or older and need various levels of care(Ch.18)

continuity theory 连续理论
the theory suggesting that people need to maintain tbeir desired level of involvement in society in order to maximize their sense of well being and self-esteem(Ch.18)

continuous change 连续变化
gradual development in which achievements at one level build on those of previous 1evels(Ch.1)

control group 控制组
the group in an experiment that receives either no treatment or altemative treatment(Ch.1)

controversial adolescents 有争议的青少年
children who are liked by some peers and disliked by others(Ch.12)

cooperative play 合作性游戏
play in whlch children genuinely interact with one another, taking turns, playing games, or devising contests(Ch.8)

coping 应对
the effort to control,reduce,or leam to tolerate the threats that lead to stress(Ch.13)

coregulation 共同约束
a period in which parents and children jointly control children's behavior(Ch.10)

correlatjonalresearch 相关研究
research that seeks to identify whether an association or rclationship between two factors exists(Ch.1)

creativity 创造力

the combination of responses of ideas in novel ways(Ch.13)

critical period 关键期

a specinc time during development when a panicular event has its greatest consequences and the presence of cenain kinds of environmental stimuli are necessary for development to proceed normally(Ch.1)

cross-modal transference 跨通道迁移

the ability to identify a stimulus that previously has been expe rienced only through one sense by using another sense(Ch.5)

cross-sectional research 横断研究

research in which people of different ages are compared at the same point in time(Ch.1)

crowds 人群

larger groups than cliques, composed of in djviduals who share particular characteristics but who may not interact with one another(Ch.12)

crystallized intelligence 晶体智力

the accumulation of infomation, skills, and strategies that people have leamed through experjence and that they can apply in problem-solving situatfons(Chs.9, 15)

cycle of violence hypothesis 暴力循环假说

the theory that the abuse and neglect that children suffer predisposes them as adults to abuse and neglect their own children(Chs.8, 16)

decentering 去中心化

the ability to take multiple aspects of a simation into account(Ch.9)

decision/commitment component 决心/承诺成分

the tbird aspect of love that embodies both the initial cognition that one loves another person and the longer-term detennination to maintain that love(Ch.14)

deferred imitation 延迟模仿

an act in which a person who is no longer present is imitated by children who have witnessed a similar act(Ch.5)

dementia 痴呆症

the most common mental disorder of the elderly, it covers several diseases, each ofwhich includes serious memory loss accompanied by declines in other mental functioning(Ch.17)

dependent variable 因变量

the variable that researchers measurc in an experiment and expect to change as a result of the experimental manipulation(Ch.1)

developmental quotient 发展商数

an overall developmental score that relates to performance in four domains: motor skills, language use, adaptive behavjor, and personalsocial(Ch.5)

developmentally approprjate educational practice 适合发展过程的教学

education that is based on both typicaI development and the unique characteristics of a given child(Ch.7)

diflferential emotions theory 情绪分化理论

Izard's theory that emotional expressions reflect emotional experiences and help in the regulation of emotion itself(Ch.6)

difficult babies 难养型婴儿

babies who have negative moods and are slow to adapt to new situations; when confronted with a new situation, they tend to withdraw(Ch.6)

discontinuous change 不连续变化

development that occurs in distinct steps or stages, with each stage bringing abouc behavior that is assumed to be qualitatively different from behavior at earlier stages(Ch.1)

disengagement theory 脱离理论

the period in late adulthood that marks a gradual withdrawal from the world on physical, psychological, and social levels(Ch.18)

disorganized-disoriented attachment pattern 混乱依恋型

a style of attachment in which children show inconsistent, often contradictory behavior(Ch.6)

dizygotic twins 双卵双生子

twins who are produced when two separate ova are fertilized by two separate sperm at roughly the same time(Ch.2)

DNA(deoxyribonucleic acid) 脱氧核糖核酸

the substance that genes are composed of that determines the nature of every cell in the body and how it will function(Ch.2)

dominance hierarchy 优势等级

rankings that represent the relative social power of those in a group(Ch.10)

dominant trait 显性特征

the one trait that is expressed when two competing traits are present(Ch.2)

Down syndrome 唐氏综合征

a disorder produced by the presence of an extra chromosome on the 21st pair; once referred to as mongolism(Ch.2)

dynamic systems theory 动力系统理论

a theory of how motor skills develop and are coordinated(Ch.4)

easy babies 易养型婴儿

babies who have a positive disposition; their body functions operate regularly,and they are adaptable(Ch.6)

ego transcendence versus ego preoccupation 自我超越对自我关注

the period in which elderly people must come to grips with their coming death(Ch.18)

egocentric thought 自我中心思维

thinking that does not take into account the viewpoints of others(Ch.7)

ego-integrity-versus-despair stage 自我完善对失望阶段

Erikson's final stage of life, characterized by a process of looking back over one's life, evaluating it, and coming to terms with it(Ch.18)

elder abuse 虐待老人

the physical or psychological mistreatment or neglect of elderly individuals(Ch.18)

embryonic stage 胚胎期

the period from 2 to 8 weeks following fertilization during which significant growth occurs in the major organs and body systems(Ch.2)

emotional intelligence 情绪智力

the set of skills that underlies the accurate assessment,evaluation,expression, and regulation ofemotions(Chs.10, 13)

emotional self-regulation 情绪的自我调节

the capability to adjust emotions to a desired state and level of intensity(Ch.8)

empathy 共情

an emotional response that corresponds to the feelings of another person(Chs.6, 8)

empty nest syndrome 空巢综合征

the experience that relates to parents-feelings of unhappiness, worry, loneliness, and depression resulting from their children's departure from home(Ch.16)

enrichment 丰富

an approach through which students are kept at grade level but are enrolled in special programs and given individual activitics to allow greater depth of study on a given topic(Ch.9)

episiotomy 外阴切开术

an incision sometimes made to increase the size of the opening of the vagina to allow the baby to pass(Ch.3)

Erikson's theory of psychosocial development 埃里克森的心理社会性发展理论

the theory that considers how individuals come to understand themselves and the meaning of others—and their own—behavior(Ch.6)

euthanasia 安乐死

the practice of assisting people who are terminally ill to die more quickly(Ch.19)

evolutionary perspective 进化观点

the theory that seeks to identify behavior that is a result of our genetic inheritance from our ancestors(Ch.1)

executive stage 执行阶段

the period in middle adulthood when people take a broader perspective than earlier, bccoming more concerned about the world(Ch.l3)

experiment 实验

a process in which an investigator, called an experimenter.devises two different experiences for subjects or participants(Ch.1)

experimental research 实验研究

research designed to discover causal relationships between various factors(Ch.1)

expertise 专业技能

the acquisition of skill or knowledge in a particular area(Ch.15)

expressive style 表达性风格

a style of language use in which language is used primarily to express feelings and needs about oneselfand others(Ch.5)

extrinsic motivation 外在动机

motivation that drives people to obtain tangible rewards, such as money and prestige(Ch.14)

fantasy period 幻想阶段

according to Ginzberg, the period, lasting until about age 11, when career choices are made, and discarded, without regard to skills, abilities, or available job opportunities(Ch.14)

fast mapping 快速映射

instances in which new words are associated with their meaning after only a brief encounter(Ch.7)

female climacteric 女性更年期

the period that marks the transition from being able to bear children to being unable to do so(Ch.15)

fertilization 受精

the process by which a sperm and an ovum—the male and female gametes, respectively—join to form a single new cell(Ch.2)

fetal alcohol effects(FAE) 胎儿酒精效应

a condition in which children display some, although not all, of the problems of fetal alcohol syndrome due to the mother's consumption of alcohol during pregnancy(Ch.2)

fetal alcohol syndrome(FAS) 胎儿酒精综合征

a disorder caused by the pregnant mother consuming substantial quantities of alcohol during pregnancy, potentially resulting in mental retardation and delayed growth in the child(Ch.2)

fetal monitor 胎儿监护仪

a device that measures the baby's heartbeat during labor(Ch.3)

fetal stage 胎儿期

the stage that begins at about 8 weeks after conception and continues until birth(Ch.2)

fetus 胎儿

a developing child, from 8 weeks after conception until birth(Ch.2)

field study 现场研究

a research investigation carried out in a naturally occurring setting(Ch.1)

first-year adjustment reaction 新生调适反应

a cluster of psychological symptoms, including loneliness, anxiety, withdrawal, and depression, relating to the college experience suffered by first-year college students(Ch.13)

fluid intelligence 流体智力

intelligence that reflects information processing capabilities, reasoning, and memory(Chs.9, 15)

formal operational stage 形式运算阶段

the stage at which people develop the ability to think abstractly(Ch.11)

fragile X syndrome 脆性X综合征

a disorder produced by injury to a gene on the X chromosome, producing mild to moderate mental retardation(Ch.2)

functional death 功能性死亡

the absence of a heartbeat and breathing(Ch.19)

functional play 功能性游戏

play that involves simple, repetitive activities typical of 3-yearolds(Ch.8)

gametes 配子

the sex cells from the mother and flather that form a new cell at conception(Ch.2)

gender 性别

the sense of being male or female(Ch.6)

gender constancy 性别恒常性

the belief that people are permanently males or females, depending on fixed, unchangeable biological factors(Ch.8)

gender identity 性别同一性

the perception ofoneselfas male or female(Ch.8)

gender schema 性别图式

a cognitive framework that organizcs information relevant to gender(Ch.8)

generalized slowing hypothesis 总体减速假设

the theory that processing in all parts of the nervous system, including the brain, is less efficient(Ch.17)

generation gap 代沟

a divide between parents and adolescents in attitudes, values, aspirations, and world views(Ch.12)

generativity-versus-stagnation stage 再生力对停滞阶段

according to Erikson, the stage during middle adulthood in which people consider their contributions to family and society(Ch.16)

genes 基因

the basic unit of genetic information(Ch.2)

genetic counseling 遗传咨询

the discipline that focuses on helping people deal with issues relating to inherited disorders(Ch.2)

genetic preprogramming theories of aging 衰老的遗传预程理论

theories that suggest that our body's DNA genetic code contains a builtin time limit for the reproduction of human cells(Ch.17)

genital herpes 生殖器疱疹

a common sexually transmitted disease which is a virus and not unlike cold sores that sometimes appear around the mouth(Ch.11)

genotype 基因型

the underlying combination of genetic material present(but not outwardly visible)in an organism(Ch.2)

germinal stage 胚芽期

the first—and shortest—stage of the prenatal period, which takes place during the first 2 weeks following conception(Ch.2)

gerontologists 老年医学专家

specialists who study aging(Ch.17)

gifted and talented 资优

children who show evidence of high performance capability in areas such as intellectual, creative, artistic, leadership capacity, or specific academic fields(Ch.9)

glaucoma 青光眼

a condition in which pressure in the fluid of the eye increases, either because the fluid cannot drain properly or because too much fluid is produced(Ch.15)

goal-directed behavior 目标指向的行为

behavior in which several schemes are combined and coordinated to generate a single act to solve a problem(Ch.5)

goodness-of-fit 拟合度

the notion that development is dependent on the degree of match between children's temperament and the nature and demands of the environment in which they are being raised(Ch.6)

grammar 语法

the system of rules that determines how our thoughts can be expressed(Ch.7)

grief 悲痛

the emotional response to one's loss(Ch.19)

habituation 习惯化

the decrease in the response to a stimulus that occurs after repeated presentations of the same stimulus(Ch.3)

handedness 利手

the preference of using one hand over another(Ch.7)

heteronomous morality 他律道德

the stage of moral development in which rules are seen as invariant and unchangeable(Ch.8)

heterozygous 杂合的

inheriting from parents different forms of a gene for a given trait(Ch.2)

history-graded influences 历史方面影响

biological and environmental influences associated with a particular historical moment(Ch.1)

holophrases 整句字

one-word utterances that stand for a whole phrase, whose meaning depends on the particular context in which they are used(Ch.5)

home care 家庭看护

an alternative to hospitalization in which dying people stay in their homes and receive treatment from their families and visiting medical staff(Ch.19)

homogamy 同质相婚

the tendency to marry someone who is similar in age, race, education, religion, and other basic demographic characteristics(Ch.14)

homozygous 纯合的

inheriting from parents similar genes for a given trait(Ch.2)

hospice care 临终关怀

care provided for the dying in institutions devoted to those who are terminally ill(Ch.19)

humanistic perspective 人本主义观点

the theory that contends that people have a natural capacicy to make decisions about their lives and control their behavior(Ch.1)

hypothesis 假设

a prediction stated in a way that permits it to be tested(Ch.1)

identification 认同

the process in which children attempt to be similar to their same-sex parent, incorporating the parent-s attitudes and values(Ch.8)

identity achievement 同一性获得

the status of adolescents who commit to a particular identity following a period during which they consider various alternatices(Ch.12)

identity diffusion 同一性扩散

the status of adolescents who consider various identity alternatives, but don't commit to one or even consider options(Ch.12)

identity foreclosure 过早自认

the status of adolescents who prematurely commit

to an identity without adequately exploring alternatives(Ch.12)

identity-versus-identity-confusion stage 同一性对同一性混乱阶段

the period during which teenagers seek to determine what is unique and distinctive about themselves(Ch.12)

imaginary audience 假想观众

an adolescent's belief that his or her own behavior is a primary focus of others-attentions and concems(Ch.11)

in vitrofertilization(IVF) 体外受精

a procedure in which a woman's ova are removed from her ovaries, and a man's sperm are used to fertilize the ova in a laboratory(Ch.2)

independent variable 自变量

the variable that researchers manipulate in an experiment(Ch.1)

individualistic orientation 个人主义取向

a philosophy that emphasizes personal identity and the uniqueness of the individual(Ch.8)

industry-versus-inferiority stage 勤奋对自卑阶段

the period from age 6 to 12 characterized by a focus on efforts to attain competence in meeting the challenges presented by parents, peers, school, and the other complexities of the modern world(Ch.10)

infant mortality 婴儿死亡率

death within the first year of life(Ch.3)

infant-directed speech 婴儿指向的言语

a type of speech directed toward infants, characterized by short, simple sentences(Ch.5)

infantile amnesia 婴儿遗忘症

the lack of memory for experiences that occurred prior to 3 years of age(Ch.5)

infertility 不孕

the inability to conceive after 12 to 18 months of trying to become pregnant(Ch.2)

information processing approaches 信息加工理论

the model that seeks to identify the ways that individuals take in, use, and store information (Chs.1, 5, 11)

initiative-versus-guilt stage 主动对内疚阶段

according to Erikson, the period during which children aged 3 to 6 years experience conflict between independence of action and the sometimes negative results of that action(Ch.8)

institutionalism 公共救济的制度化

a psychological state in which people in nursing homes develop apathy, indifference, and a lack of caring about themselves(Ch.18)

instrumental aggression 工具性攻击

aggression motivated by the desire to obtain a concrete goal(Ch.8)

intelligence 智力

the capacity to understand the world, think with rationality, and use resources effectively when faced with challenges(Ch.9)

intelligence quotient(or IQ score) 智商

a measure of intelligence that takes into account a student's mental and chronological age(Ch.9)

intimacy component 亲密成分

the component of love that encompasses feelings of closeness, affection, and connectedness(Ch.14)

intimacy-versus-isolation stage 亲密对疏离阶段

according to Erikson, the period of postadolesc-ence into the early 30s that focuses on developing close relationships with others(Ch.14)

intrinsic motivation 内在动机

motivation that causes people to work for their own enjoyment, not for the rewards work may bring(Ch.14)

intuitive thought 直觉思维

thinking that reflects preschoolers-use of primitive reasoning and their avid acquisition of knowledge about the world(Ch.7)

Kaufman Assessment Battery for Children(K-ABC) 考夫曼儿童评估问卷

an intelligence test that measures children's ability to integrate different stimuli simultaneously and to use step-by-step thinking(Ch.9)

Klinefelter's syndrome 克兰费尔特综合征

a disorder resulting from the presence of an extra X chromosome that produces underdeveloped genitals, extreme height, and enlarged breasts(Ch.2)

kwashiorkor 夸休可尔症

a disease in which a child's stomach, limbs, and face swell with water (Ch.4)

labeling theory of passionate love 激情的爱标签理论

the theory that individuals experience romantic love when two events occur together: intense physiological arousal and situational cues suggesting that the arousal is due to love(Ch.14)

laboratory study 实验室研究

a research investigation conducted in a controlled setting explicitly designed to hold events constant(Ch.1)

language 语言

the systematic, meaningful arrangement of symbols, which provides the basis for communic-ation (Ch.5)

language-acquisition device(LAD) 语言获得机制

a neural system of the brain hypothesized to permit understanding of language(Ch.5)

lateralization 功能侧化

the process in which certain cognitive functions are located more in one hemisphere of the brain than in the other(Ch.7)

learning disabilities 学习能力丧失

diffculties in the acquisition and use of listening, speaking, reading, writing, reasoning, or mathematical abilities(Ch.9)

learning theory approach 学习理论观点

the theory that language acquisition follows the basic laws of rein forcement and conditioning(Ch.5)

least restrictive environment 最少限制的环境

the setting that is most similar to that of children without special needs(Ch.9)

life events models 生活事件模型

the approach to personality development that is based on the timing of particular events in an adult's life rather than on age perse(Ch.16)

life expectancy 平均寿命

the average age of death for members of a population(Ch.17)

life review 生活回顾

the point at which people examine and evaluate their lives(Ch.18)

lifespan development 毕生发展

the field of study that examines patterns of growth, change, and stability in behavior that occur throughout the entire life span(Ch.1)

living wills 自然死亡声明

legal documents designating what medical treatments people want or do not want if they cannot express their wishes(Ch.19)

longitudinal research 纵向研究

research in which the behavior of one or more participants in a study is measured as they age(Ch.1)

low-birthweight infants 低出生体重儿

infants who weigh less than 2,500 grams(around 5 1/2 pounds)at birth(Ch.3)

mainstreaming 回归主流

an educational approach in which exceptional children are integrated to the extent possible into the traditional educational system and are provided with a broad range of educational alternatives(Ch.9)

male climacterjc 男性更年期

the period of physical and psychological change relating to the male reproductive system that occurs during late middlc age(Ch.15)

marasmus 消瘦

a disease characterized by the cessation of growth(Ch.4)

marriage gradient 婚姻梯度

the tendency for men to marry women who are slightly younger, smaller, and lower in status, and women to marry men who are slightly older, larger, and higher in status(Ch.14)

masturbation 手淫

sexual self-stimulation(Ch.12)

maturation 成熟

the predetermined unfolding of genetic information(Ch.1)

memory 记忆

the process by which information is initially recorded, stored, and retrieved(Chs.5, 9)

menarche 月经初潮

the onset of menstruation(Ch.11)

menopause 停经

the cessation of menstruaion(Ch.15)

mental age 心理年龄

the typical intelligence level found for people at a given chronological age(Ch.9)

mental representation 心理表征

an internal image of a past event or object(Ch.5)

mental retardation 心理迟滞

a significantly subaverage level of intellectual functioning which occurs with related limitations in two or more skill areas(Ch.9)

metacognition 元认知

the knowledge that people have about their own thinking processes,and their ability to monitor their cognition(Ch.11)

metalinguistic awareness 元语言意识

an understanding of one's own use of language(Ch.9)

metamemory 元记忆

an understanding about the processes that underlie memory, which emerges and improves during middle childhood(Ch.9)

midlife crisis 中年危机

a stage of uncertainty and indecision brought about by the realization that life is finite(Ch.16)

mild retardation 轻度迟滞

retardation in which IQ scores fall in the range of 50 or 55 to 70(Ch.9)

mnemonics 记忆术

formal strategies for organizing material in ways that make it more likely to be remembered(Ch.15)

moderate retardation 中度迟滞

retardation in which IQ scores range from around 35 or 40 to 50 or 55 (Ch.9)

monozygotjc twins 单卵双生子

twins who are genetically identical(Ch.2)

moral development 道德发展

the changes in people's sense of justice and of what is right and wrong, and in their behavior related to moral issues(Ch.8)

moratorium 同一性延缓

the status of adolescents who may bave explored various identity alternatives to some degree, but have not yet committed themselves(Ch.12)

multifactorial transmission 多因素传递

the determination of traits by a combination of both genetic and environmental factors in which a genotype provides a range within which a phenotype may be expressed(Ch.2)

multimodal approach to perception 多通道知觉理论

the approach that considers how information that is collected by various indivdual sensory systems is integrated and coordinated(Ch.4)

mutual regulation model 相互调节模型

the model in which infants and parents learn to communicate emotional states to one another and to respond appropriately(Ch.6)

myelin 髓鞘

a fatty substance that helps insulate neurons and speeds the transmission of nerve impulses(Chs.4, 7)

nativist approach 先天论观点

the theory that a genetically determined, innate mechanism directs language development(Ch.5)

naturalistic observation 自然观察

a type of correlational study in which some naturally occurring behavior is observed without intervention in the situation(Ch.1)

neglected adolescents 被忽视的青少年

children who receive relatively little attention from their peers in the form of either positive or negative interactions(Ch.12)

neonate 新生儿

the term used for newborns(Ch.3)

neuron 神经元

the basic cell of the nervous system(Ch.4)

nonnormative life events 非常规生活事件

specific, atypical events that occur in a particular person's life at a time when they do not happen to most people(Ch.1)

nonorganic failure to thrive 非器质性发育不良

a disorder in which infants stop growing due to a lack of stimulation and attention as the result of inadequate parenting(Ch.4)

normative-crisis models 常规—危机模型

the approach to personality development that is based on fairly univesal stages tied to a sequence of age-related crises(Ch.16)

norms 常模

the average performance of a large sample of children of a given age (Ch.4)

obesity 肥胖

body weight more than 20 percent higher than the average weight for a person of a given age and height(Ch.7)

object permanence 客体永存

the realization that people and objects exist even when they cannot be seen(Ch.5)

onlooker play 旁观者游戏

action in which children simply watch others at play,but do not actually participate themselves(Ch.8)

operant conditioning 操作性条件作用

a form of learning in whicb a voluntary response is strengthened or weakened by its association with positive or negative consequences(Chs.1, 3)

operations 运算

organized, formal, logical mental processes(Ch.7)

osteoporosis 骨质疏松症

a condition in which the bones become brittle, fragile, and thin, often brought about by a lack of calcium in the diet(Chs.15, 17)

overextension 过度泛化

the overly broad use of words, overgeneralizing their meaning(Ch.5)

parallel play 平行游戏

action in which children play with similar toys, in a similar manner,but do not interact with each other(Ch.8)

passion component 激情成分

the component of love that comprises the motivational drives relating to sex, physical closeness, and romance(Ch.14)

passionate(or romantic)love 激情（浪漫）的爱

a state of powerful absorption in someone(Ch.14)

peer pressure 同伴压力

the influence of one's peers to conform to their behavior and attitudes (Ch.12)

perception 知觉

the sorting out, interpretation, analysis, and integration of stimuli involving the sense organs and brain(Ch.4)

peripheral slowing hypothesis 外周减速假设

the theory that suggests that overall processing speed declines in the peripheral nervous system with increasing age(Ch.17)

permissive parents 放任型父母

parents who provide lax and inconsistent feedback and require little oftheir children(Ch.8)

personal fables 个人神话

the view held by some adolescents that what happens to them is unique,exceptional, and shared by no one else(Ch.11)

personality 人格

the sum total ofthe enduring characteristics that differentiate one individual from another(Ch.6)

personality development 人格发展

development involving the ways that the enduring characteristics that differentiate one person flrom another change over the life span(Ch.1)

phenotype 表型

an observable trait; the trait that actually is seen(Ch.2)

physical development 生理发展

development involving the body's physical makeup, including the brain,nervous system, muscles, and senses, and the need for food, drink,and sleep(Ch.1)

placenta 胎盘

a conduit between the mother and fetus, providing nourishment and oxygen via thc umbilical cord(Ch.2)

plasticity 可塑性

the degree to which a developing structure or behavior is modifiable due to experience(Chs.4, 17)

polygenic inheritance 多基因遗传

inheritance in which a combination of multiple gene pairs is responsible for the production of a particular trait(Ch.2)

postformal thought 后形式思维

thinking that acknowledges that adult predicaments must sometimes be solved in relativistic termls(Ch, 13)

postmature infants 过度成熟儿

infants still unborn 2 weeks after the mother's due date(Ch.3)

practical intelligence 实践智力

according to Sternberg, intelligence that is learned primarily by observing others and modeling their behavior(Ch.13)

pragmatics 语用论

the aspect of language that relates to communicating effectively and appropriately with others(Ch.7)

prelinguistic communication 前语言交流

communication through sounds, facial expressions, gestures, imitation,and other nonlinguistic means(Ch.5)

preoperational stage 前运算阶段

according to Paget, the stage from approximately age 2 to age 7 in which children's use of symbolic thinking grows, mental reasoning emerges,and the use of concepts increases(Ch.7)

presbycusis 老年性耳聋

loss of the ability to hear sounds of high frequency(Ch. l5)

presbyopia 远视眼

a nearly universal change in eyesight during middle adulthood that results in some loss of near vision(Ch.15)

preschools(or nursery schools) 幼儿园(或托儿所)

child-care facilities designed to provide intellectual and social experiences for children(Ch.7)

preterm infants 早产儿

infants who are born prior to 38 weeks after conception(also known as premature infants)(Ch.3)

primary aging 初级衰老

aging that involves universal and irreversible changes that, due to genetic preprogramming, occur as people get older(Ch.17)

primary sex characteristics 初级性征

characteristics associated with the development of the organs and structures of the body that directly relate to reproduction(Ch.11)

principle of hierarchical integration 等级整合原则

the principle that simple skills typically develop separately and independently, but are later integrated into more complex skills(Ch.4)

principle of the independence of systems 系统独立性原则

the principle that different body systems grow at different rates(Ch.4)

private speech 自言自语

speech by chiidrcn that is spoken and directed to themselvcs(Ch.7)

profound retardation 极重度迟滞

retardation in which IQ scores fall below 20 or 25(Ch.9)

prosocial behavior 亲社会行为

helping behavior that benefits others(Ch.8)

proximodistal principle 近远原则

the principle that development proceeds from the center of the body outward(Ch.4)

psychoanalytic theory 精神分析理论

the theory proposed by Freud that suggests that unconscious forces act to determine personality and behavior(Ch.1)

psychodynamic perspective 心理动力学观点

the approach that states behavior is motivated by inner forces, memories, and conflicts that are generally beyond people's awareness and control (Ch.1)

psychological maltreatment 心理虐待

abuse that occurs when parents or other caregivers harm children's behavioral, cognitive, emotional, or physical functionlng(Ch.8)

psychoneuroimmunology(PNI) 心理神经免疫学

the study of the relationship among the brain, the immune system, and psychological factors(Ch.13)

psychosexual development 性心理发展

according to Freud, a series of stages that cbildren pass through in which pleasure, or gratification, is focused on a particular biological function and body part(Ch.1)

psychosocial development 心理社会性发展

the approach that encompasses changes in our interactions with and understandings of one another, as well as in our knowledge and understanding of ourselves as members of society(Chs.1, 8)

psychosomatic disorders 心身障碍

medical problems caused by the interaction of psychological, emotlonal, and physical diffculties(Ch.13)

puberty 发育期

the period during which the sexual organs mature(Ch.11)

rapid eye movement(REM)sleep 快速眼动睡眠

the period of sleep that is found in older children and adults and is associated with dreaming(Ch.4)

realistic period 现实阶段

the third stage of Ginzberg's theory, which occurs in early adulthood, when people begin to explore specific career options, either through actual experience on the job or through training for a profession, and then narrow their choices and make a commitment(Ch.14)

recessive trait 隐性特征

a trait within an organism that is present, but is not expressed(Ch.2)

reciprocal socialization 交互式社会化

a process in which infants-behaviors invite further responses from parents and other caregivers, which in turn bring about further responses from the infants(Ch.6)

redefinition of self versus preoccupation with work-role 自我的重新定义对沉迷于工作角色

the theory that those in old age must redefine themselves in ways that do not relate to their workroles or occupations(Ch.18)

reference groups　参照群体

groups of people with whom one compares oneself(Ch.12)

referential style　参照性风格

a style of language use in which language is used primarily to label objects(Ch.5)

reflexes　反射

unlearned, organized involuntary responses that occur automatically in the presence of certain stimuli(Chs.3, 4)

reintegrative stage　重组阶段

the period of late adulthood during which the focus is on tasks that have personal meaning(Ch.13)

rejected adolescents　被拒绝的青少年

children who are actively disliked, and whose peers may react to them in an obviously negative manner(Ch.12)

relational aggression　关系攻击

non-physical aggression that is intended to hurt another person's psychological well-being(Ch.8)

resilience　顺应力

the ability to overcome circumstances that place a child at high risk for psychological or physical damage(Ch.8)

responsible stage　责任阶段

the stage where the major concerns of middle-aged adults relate to their personal situations, including protecting and nourishing their spouses, families, and careers(Ch.13)

rhythms　节律

repetitive, cyclical patterns of behavior(Ch.4)

sample　样本

the group of participants chosen for the experiment(Ch.1)

sandwich generation　夹心层

couples who in middle adulthood must fulfill the needs of both their children and their aging parents(Ch.16)

scaffolding　脚手架

the support for learning and problem-solving that encourages independence and growth(Ch.7)

schemas　图式

organized bodies of information stored in memory(Ch.15)

schemes　图式

an organized pattern of functioning that adapts and changes during developmeut(Ch.5)

school childcare　学校儿童看护

child-care facility provided by some local school systems in the United States(Ch.7)

scientific method　科学的方法

the process of posing and answering questions using careful, controlled techniques that include systematic, orderly observation and the collection of data(Ch.1)

scripts　脚本

broad representations in memory of events and the order in which they occur(Ch.7)

secondary aging　次级衰老

changes in physical and cognitive functioning that are due to illness, health habits, and other individual differences, but which are not due to increased age itselfand are not inevitable(Ch.17)

secondary sex characteristics　次级性征

the visible signs of sexual maturity that do not directly involve the sex organs(Ch.11)

secular trend　长期趋势

a statistical tendency observed over several generations(Ch.11)

secure attachment pattern　安全依恋型

a style of attachment in which children use the mother as a kind of home base and are at ease when she is present; when she leaves, they become upset and go to her as soon as she returns(Ch.6)

selective optimization　选择性最优化

the process by which people concentrate on particular skills areas to compensate for losses in other areas(Chs.15, 18)

self-awareness　自我觉知

knowledge of oneself(Ch.6)

self-care children　自我照料的儿童

children who let themselves into their homes after school and wait alone until their caretakers return from work; previously known as latchkey children(Ch.10)

self-concept　自我概念

a person's identity, or set of beliefs about what one is like as an individual(Ch.8)

self-esteem　自尊

an individual's overall and specific positive and

negative self-evaluation(Ch.10)

senescence or biological aging 衰老

the natural physical decline brought about by increasing age(Ch.13)

sensation 感觉

the physical stimulation of the sense organs(Ch.4)

sensitive period 敏感期

a specific, but limited, time, usually early in an organism's life, during which the organism is particularly susceptible to environmental influences relating to some particular facet of development (Chs.1, 4)

sensorimotor stage(of cognitive development) （认知发展的）感觉运动阶段

Piaget's initial major stage of cognitive development, which can be broken down into six substages(Ch.5)

separation anxiety 分离焦虑

the distress displayed by infants when a customary care provider departs(Ch.6)

sequential studies 序列研究

research in which researchers examine a number of different age groups over several points in time(Ch.1)

severe retardation 重度迟滞

retardation in which IQ scores range from around 20 or 25 to 35 or 40(Ch.9)

sex cleavage 性别分隔

sex segregation in which boys interact primarily with boys and girls primarily with girls(Ch.12)

sexually transmitted disease(STD) 性传播疾病

a disease that is spread through sexual contact(Ch.11)

sickle-cell anemia 镰形细胞贫血

a blood disorder that gets its name from the shape of the red blood cells in those who have it(Ch.2)

skilled-nursing facilities 专业护理机构

a facility that provides full-time nursing care for people who have chronic illnesses or are recovering from a temporary medical condition (Ch.18)

slow-to-warm babies 发动缓慢型婴儿

babies who are inactive, showing relatively calm reactions to their environment; their moods are generally negative, and they withdraw from new situations, adapting slowly(Ch.6)

small-for-gestational-age infants 足月低出生体重儿

infants who, because of delayed fetal growth, weigh 90 percent(or less) of the average weight of infants of the same gestational age(Ch.3)

social clock 社会时钟

the culturally-determined psychological timepiece providing a sense of whether we have reached the major benchmarks of life at the appropriate time in comparison to our peers(Ch.14)

social comparison 社会比较

the desire to evaluate one's own behavior, abilities, expertise, and opinions by comparing them to those of others(Ch.10)

social competence 社会能力

the collection of social skills that permits individuals to perform successfully in social settings(Ch.10)

social development 社会性发展

the way in which individuals-interactions with others and their social relationships grow, change, and remain stable over the conrse of life(Ch.1)

social problem-solving 社会问题解决

the use of strategies for solving social conflicts in ways that are satisfactory both to oneself and to others(Ch.10)

social referencing 社会性参照

the intentional search for information about others-feelings to help explain the meaning of uncertain circumstances and events(Ch.6)

social smile 社会性微笑

smiling in response to other individuals(Ch.6)

social speech 社会性言语

speech directed toward another person and meant to be understood by that person(Ch.7)

social support 社会支持

assistance and comfort supplied by another person or a network of caring, interested people(Ch.18)

social-cognitive learning theory 社会—认知学习理论

learning by observing the behavior of another person, called a model (Ch.1)

socialized delinquents 社会化的不良行为个体

adolescent delinquents who know and subscribe to the norms of society and who are fairly normal psychologicany(Ch.12)

sociocultural theory 社会文化理论

the approach that emphasizes how cognitive development proceeds as a result of social interactions between members of a culture(Ch.1)

sociocultural-graded influences　社会文化影响

the impact of social and cultural factors present at a particular time for a particular individual, depending on such variables as ethnicity, social class, and subcultural membership(Ch.1)

speech impairment　言语损伤

speech that deviates so much from the speech of others that it calls attention to itself, interferes with communication, or produces maladjustment in the speaker(Ch.9)

Stanford-Binet Intelligence Scale
斯坦福—比奈智力量表

a test that consists of a series of items that vary according to the age of the person being tested(Ch.9)

state　状态

the degree of awareness an infant displays to both internal and external stimulation(Ch.4)

states of arousal　唤醒状态

different degrees of sleep and wakefulness through which newborns cycle, ranging from deep sleep to great agitation(Ch.3)

status　地位

the evaluation of a role or person by other relevant members of a group (Chs.10, 14)

stereotype threat　刻板印象威胁

obstacles to performance that come from awareness of the stereotypes held by society about academic abilities(Ch.13)

stillbirth　死产

the delivery of a child who is not alive, occurring in less than 1 delivery in 100(Ch.3)

stimulus-value-role(SVR)theory
刺激—价值—角色理论

the theory that relationships proceed in a fixed order of three stages: stimulus, value, and role(Ch.14)

stranger anxiety　陌生人焦虑

the caution and wariness displayed by infants when encountering an unfamiliar person(Ch.6)

stress　压力

the physical and emotional response to events that threaten or challenge us(Ch.13)

stuttering　口吃

substantial disruption in the rhythm and fluency of speech; the most common speech impairment (Ch.9)

sudden infant death syndrome(SIDS)　婴儿猝死综合征

the unexplained death of a seemingly healthy baby(Chs.4, 19)

surrogate mother　代孕母亲

a woman who agrees to carry a child to term in cases in which the mother who provides the donor eggs is unable to conceive(Ch.2)

survey research　调查研究

a type of study where a group of people chosen to represent some larger population are asked questions about their attitudes, behavior, or thinking on a given topic(Ch.1)

synapse　突触

the gap at the connection between neurons, through which neurons chemically communicate with one another(Ch.4)

syntax　句法

the way in which an individual combines words and phrases to form sentences(Ch.7)

Tay-Sachs disease　泰伊—萨克斯病

a disorder that produces blindness and muscle degeneration prior to death; there is no treatment(Ch.2)

teacher expectancy effect　教师预期效应

the cycle of behavior in which a teacher transmits an expectation about a child and thereby actually brings about the expected behavior(Ch.10)

telegraphic speech　电报语

speech in which words not critical to the message are left out(Ch.5)

temperament　气质

patterns of arousal and emotionality that represent consistent and enduring characteristics in an individual(Chs.2, 6)

tentative period　尝试阶段

the second stage of Ginzberg's theory, which spans adolescence, when people begin to think in pragmatic terms about the requirements of various jobs and how their own abilities might fit with them(Ch.14)

teratogen　致畸剂

a factor that produces a birth defect(Ch.2)

thanatologists　死亡学家

people who study death and dying(Ch.19)

theoretical research 理论研究

research designed specifically to test some developmental explanation and expand scientific knowledge(Ch.1)

theories 理论

explanations and predictions concerning phenomena of interest, providing a framework for understanding the relationships among an organized set of facts or principles(Ch.1)

theory of mind 心理理论

knowledge and beliefs about how the mind works and how it influences behavior(Ch.6)

transformation 转变

the process in which one state is changed into another(Ch.7)

triarchic theory of intelligence 智力三元论

Sternberg's theory that intelligence is made up of three major components: componential, experiential, and contextual(Chs.9, 13)

trust-versus-mistrust stage 信任对不信任阶段

according to Erikson, the period during which infants develop a sense of trust or mistrust, largely depending on how well their needs are met by their caregivers(Ch.6)

Type A behavior pattern A型行为

behavior characterized by competitiveness, impatience, and a tendency toward frustration and hostility(Ch.15)

Type B behavior pattern B型行为

behavior characterized by noncompetitiveness, patience, and a lack of aggression(Ch.15)

ultrasound sonography 超声成像

a process in which high-frequency sound waves scan the mother's womb to produce an image of the unborn baby, whose size and shape can then be assessed(Ch.2)

underextension 泛化不足

the overly restrictive use of words, common among children just mastering spoken language(Ch.5)

undersocialized delinquents 社会化不足的不良行为个体

adolescent delinquents who are raised with little discipline or with harsh, uncaring parental supervision(Ch.12)

uninvolved parents 忽视型父母

parents who show almost no interest in their children and indifferent, rejecting behavior(Ch.8)

universal grammar 普遍语法

Noam Chomsky's theory that all the world's languages share a similar underlying structure(Ch.5)

very-low-birthweight infants 极低出生体重儿

infants who weigh less than 1,250 grams(around 2.25 pounds)or, regardless of weight, have been in the womb less than 30 weeks(Ch.3)

visual impairment 视觉损伤

a difficulty in seeing that may include blindness or partial sightedness (Ch.9)

visual-recognition memory 视觉再认记忆

the memory and recognition of a stimulus that has been previously seen(Ch.5)

wear-and-tear theories 磨损理论

the theory that the mechanical functions of the body simply wear out with age(Ch.17)

Wechsler Adult Intelligence Scale-Revised(WAIS-III) 韦氏成人智力量表（第三版）

a test for adults that provides separate measures of verbal and performance(or nonverbal)skills, as well as a total score(Ch.9)

Wechsler Intelligence Scale for Children-Fourth Edition (WISC-IV) 韦氏儿童智力量表（第四版）

a test for children that provides separate measures of verbal and performance(or nonverbal)skills, as well as a total score(Ch.9)

wisdom 智慧

expert knowledge in the practical aspects of life(Ch.18)

X-linked genesX 连锁基因

genes that are considered recessive and located only on the X chromosome(Ch.2)

zone of proximal development （ZPD） 最近发展区

according to Vygotsky,the level at which a child can almost, but not fully, perform a task independently, but can do so with the assistance of someone more competent(Ch.7)

zygote 受精卵

the new cell formed by the process of fertilization (Ch.2)

附录二：参考文献

AAMR (American Association on Mental Retardation). (2002). *Mental retardation: Definition, classification, and systems of support.* Washington, DC: Author.

AARP (American Association of Retired Persons). (1990). *A profile of older Americans.* Washington, DC: Author.

AARP (American Association of Retired Persons). (1999). *A profile of older Americans.* Washington, DC: Author.

AARP (American Association of Retired Persons). (2004, May 25). Funeral arrangements and memorial service. Available online at http://www.aarp.org/griefandloss/articles/73_a.html.

Abdo, C., Afif-Abdo, J., Otani, F., & Machado, A. (2008). Sexual satisfaction among patients with erectile dysfunction treated with counseling, sildenafil, or both. *Journal of Sexual Medicine, 5,* 1720–1726.

Aber, J. L., Bishop-Josef, S. J., Jones, S. M., McLearn, K. T., & Phillips, D. A. (Eds.). (2007). *Child development and social policy: Knowledge for action.* Washington, DC: American Psychological Association.

Aboud, F. E., & Sankar, J. (2007). Friendship and identity in a language-integrated school. *International Journal of Behavioral Development, 31,* 445–453.

Abushaikha, L. (2007). Methods of coping with labor pain used by Jordanian women. *Journal of Transcultural Nursing, 18,* 35–40.

Achenbach, T. A. (1992). Developmental psychopathology. In M. H. Bornstein & M. E. Lamb (Eds.), *Developmental psychology: An advanced textbook.* Hillsdale, NJ: Lawrence Erlbaum.

Ackerman, B. P., & Izard, C. E. (2004). Emotion cognition in children and adolescents: Introduction to the special issue. *Journal of Experimental Child Psychology, 89* [Special issue: Emotional cognition in children], 271–275.

Acocella, J. (August 18 & 25, 2003). Little people. *The New Yorker,* pp. 138–143.

ACOG. (2002). *Guidelines for perinatal care.* Elk Grove, IN: Author.

Adair, L. (2008). Child and adolescent obesity: Epidemiology and developmental perspectives. *Physiology & Behavior, 94,* 8–16.

Adams, K. B. (2004). Changing investment in activities and interests in elders' lives: Theory and measurement. *International Journal of Aging and Human Development, 58,* 87–108.

Adamson, L., & Frick, J. (2003). The still face: A history of a shared experimental paradigm. *Infancy, 4,* 451–473.

Adebayo, B. (2008). Gender gaps in college enrollment and degree attainment: An exploratory analysis. *College Student Journal, 42,* 232–237.

Adelmann, P. K., Antonucci, T. C., & Crohan, S. E. (1990). A causal analysis of employment and health in midlife women. *Women and Health, 16,* 5–20.

Administration on Aging (2003). *A Profile of Older Americans: 2003.* Washington, DC: U.S. Department of Health and Human Services.

Administration on Aging. (2006). *Profiles of older Americans 2005: Research report.* Washington, DC: U.S. Department of Health and Human Resources.

Afifi, T., Brownridge, D., Cox, B., & Sareen, J. (2006, October). Physical punishment, childhood abuse and psychiatric disorders. *Child Abuse & Neglect, 30,* 1093–1103.

Agrawal, A., & Lynskey, M. (2008). Are there genetic influences on addiction: Evidence from family, adoption and twin studies. *Addiction, 103,* 1069–1081. http://search.ebscohost.com, doi:10.1111/j.1360-0443.

Aguirre, G. K. (2006). Interpretation of clinical functional neuroimaging studies. In M. D'Esposisto (Ed.), *Functional MRI: Applications in clinical neurology and psychiatry.* Boca Raton, FL: Informa Healthcare.

Ah-Kion, J. (2006, June). Body image and self-esteem: A study of gender differences among mid-adolescents. *Gender & Behaviour, 4,* 534–549.

Ahmed, E., & Braithwaite, V. (2004). Bullying and victimization: Cause for concern for both families and schools. *Social Psychology of Education, 7,* 35–54.

Ahn, W., Gelman, S., & Amsterlaw, J. (2000). Causal status effect in children's categorization. *Cognition, 76,* B35–B43.

Aiken, L. R. (2000). *Dying, death, and bereavement* (4th ed.). Mahwah, NJ: Lawrence Erlbaum.

Ainsworth, M. D. S., Blehar, M. C., Waters, E., & Wall, S. (1978). *Patterns of attachment: A psychological study of the strange situation.* Hillsdale, NJ: Lawrence Erlbaum.

Aitken, R. J. (1995, July 7). The complexities of conception. *Science, 269,* 39–40.

Akmajian, A., Demers, R. A., & Harnish, R. M. (1984). *Linguistics.* Cambridge, MA: MIT Press.

Akshoomoff, N. (2006). Autism spectrum disorders: Introduction. *Child Neuropsychology, 12,* 245–246.

Albers, L. L., & Krulewitch, C. J. (1993). Electronic fetal monitoring in the United States in the 1980s. *Obstetrics & Gynecology, 82,* 8–10.

The Albert Shanker Institute. (2009). *Preschool curriculum: What's in it for children and teachers.* Retrieved October 21, 2009 from http://www.shankerinstitute.org/Downloads/Early%20Childhood%2012-11-08.pdf.

Alberts, A., Elkind, D., & Ginsberg, S. (2007). The personal fable and risk-taking in early adolescence. *Journal of Youth and Adolescence, 36,* 71–76.

Albrecht, G. L. (2005). *Encyclopedia of disability* (General ed.). Thousand Oaks, CA: Sage Publications.

Alderfer, C. (2003). The science and nonscience of psychologists' responses to *The Bell Curve. Professional Psychology: Research & Practice, 34,* 287–293.

Aldwin, C. M. (1994). *Stress, coping, and development: An integrative perspective.* New York: Guilford Press, 1994.

Aldwin, C., & Gilmer, D. (2004). *Health, illness, and optimal aging: Biological and psychosocial perspectives.* Thousand Oaks, CA: Sage Publications.

Ales, K. L., Druzin, M. L., & Santini, D. L. (1990). Impact of advanced maternal age on the outcome of pregnancy. *Surgery, Gynecology & Obstetrics, 171,* 209–216.

Alexander, B., Turnbull, D., & Cyna, A. (2009). The effect of pregnancy on hypnotizability. *American Journal of Clinical Hypnosis, 52,* 13–22.

Alexander, G. M., & Hines, M. (2002). Sex differences in response to children's toys in nonhuman primates. *Evolution and Human Behavior, 23,* 467–479.

Alexander, G., Wilcox, T., & Woods, R. (2009). Sex differences in infants' visual interest in toys. *Archives of Sexual Behavior, 38,* 427–433.

Alexandersen, P., Karsdal, M. A., & Christiansen, C. (2009). Long-term prevention with hormone-replacement therapy after the menopause: Which women should be targeted? *Womens Health (London, England), 5,* 637–647.

Alfonso, V. C., Flanagan, D. P., & Radwan, S. (2005). The impact of the Cattell-Horn-Carroll theory on test development and interpretation of cognitive and academic abilities. In D. P. Flanagan & P. L. Harrison (Eds.), *Contemporary intellectual assessment: Theories, tests,*

Ali, L. (2008, July 14). True or false: Having kids makes you happy. *Newsweek,* p. 62.

Alibali, M., Phillips, K., & Fischer, A. (2009). Learning new problem-solving strategies leads to changes in problem representation. *Cognitive Development, 24,* 89–101. http://search.ebscohost.com, doi:10.1016/j.cogdev.2008.12.005.

Alisky, J. M. (2007). The coming problem of HIV-associated Alzheimer's disease. *Medical Hypotheses, 12,* 47–55.

Allam, M. D., Marlier, L., & Schall, B. Learning at the breast: Preference formation for an artificial scent and its attraction against the odor of maternal milk. *Infant Behavior & Development, 29,* 308–321.

Allan, P. (1990). Looking for work after forty: Job search experiences of older unemployed managers and professionals. *Journal of Employment Counseling, 27,* 113–121.

Allen, B. (2008). An analysis of the impact of diverse forms of childhood psychological maltreatment on emotional adjustment in early adulthood. *Child Maltreatment, 13,* 307–312.

Allen, J., Chavez, S., DeSimone, S., Howard, D., Johnson, K., LaPierre, L., et al. (2006, June). Americans' attitudes toward euthanasia and physician-assisted suicide, 1936–2002. *Journal of Sociology & Social Welfare, 33,* 5–23.

Allen, M., & Bissell, M. (2004). Safety and stability for foster children: The policy context. *The Future of Children, 14,* 49–74.

Allison, B., & Schultz, J. (2001). Interpersonal identity formation during early adolescence. *Adolescence, 36,* 509–523.

Al-Owidha, A., Green, K., & Kroger, J. (2009). On the question of an identity status category order: Rasch model step and scale statistics used to identify category order. *International Journal of Behavioral Development, 33,* 88–96.

Altemus, M., Deuster, P. A., Galliven, E., Carter, C. S., & Gold, P. W. (1995). Suppression of hypothalamic pituitary adrenal axis responses to stress in lactating women. *Journal of Clinical Endocrinology and Metabolism, 80,* 2954–2959.

Altholz, S., & Golensky, M. (2004). Counseling, support, and advocacy for clients who stutter. *Health & Social Work, 29,* 197–205.

Alvarez-Leon, E. E., Roman-Vinas, B., & Serra-Majem, L. (2006). Dairy products and health: A review of the epidemiological evidence. *British Journal of Nutrition, 96,* Supplement, S94–S99.

Alzheimer's Association. (2004, May 28). Standard prescriptions for Alzheimer's. Available online at http://www.alz.org/AboutAD/Treatment/Standard.asp.

Amato, P., & Afifi, T. (2006, February). Feeling caught between parents: Adult children's relations with parents and subjective well-being. *Journal of Marriage and Family, 68,* 222–235.

Amato, P., & Booth, A. (1997). *A generation at risk.* Cambridge, MA: Harvard University Press.

Amato, P., & Previti, D. (2003). People's reasons for divorcing: Gender, social class, the life course, and adjustment. *Journal of Family Issues, 24,* 602–626.

American Academy of Pediatrics. (2000b). Clinical Practice Guideline: Diagnosis and evaluation of the child with attention-deficit/hyperactivity disorder. *Pediatrics.* http://www.pediatrics.org/cgi/content/full/105/5/1158.

American Academy of Pediatrics (Committee on

at home, school, and recreational centers. *Pediatrics, 103*, 1053–1056.

American Academy of Pediatrics (Committee on Psychosocial Aspects of Child and Family Health). (1998, April). Guidance for effective discipline. *Pediatrics, 101*, 723–728.

American Academy of Pediatrics (Committee on Sports Medicine). (1988). Infant exercise programs. *Pediatrics, 82*, 800–825.

American Academy of Pediatrics, Dietz, W. H. (Ed.), & Stern, L. (Ed.). (1999). *American Academy of Pediatrics guide to your child's nutrition: Making peace at the table and building healthy eating habits for life.* New York: Villard.

American Academy of Pediatrics. (1997, April 16). Press release.

American Academy of Pediatrics. (1999, August). Media education. *Pediatrics, 104*, 341–343.

American Academy of Pediatrics. (2004, June 3). *Sports programs.* Available online at http://www.medem.com/medlb/article_detaillb_for_printer.cfm?article_ID=ZZZD2QD5M7C&sub_cat=405.

American Academy of Pediatrics. (2005). Breastfeeding and the use of human milk: Policy Statement. *Pediatrics, 115*, 496–506.

American College of Medical Genetics. (2006). *Genetics in Medicine, 8* (5), Supplement.

American College of Sports Medicine. (1997, November 3). *Consensus development conference statement on physical activity and cardiovascular health.* Available online at: http://www.acsm.org/nhlbi.htm.

American College Testing Program. (2001). *National dropout rates.* Iowa City, IA: American College Testing Program.

American Council on Education. (1995–1996). *Minorities in higher education.* Washington, DC: Office of Minority Concerns.

American Heart Association. (1988). *Heart facts.* Dallas, TX: Author.

American Psychiatric Association. (1994). *Diagnostic and statistical manual of mental disorders* (4th ed.). Washington, DC: Author.

American Psychological Association. (1992). *Ethical principles of psychologists and code of conduct.* Washington, DC: Author.

American Psychological Association. (2002). *Ethical principles of psychologists and code of conduct. Updated.* Washington, DC: Author.

Amitai, Y., Haringman, M., Meiraz, H., Baram, N., & Leventhal, A. (2004). Increased awareness, knowledge and utilization of preconceptional folic acid in Israel following a national campaign. *Preventive Medicine: An International Journal Devoted to Practice and Theory, 39*, 731–737.

Ammerman, R. T., & Patz, R. J. (1996). Determinants of child abuse potential: Contribution of parent and child factors. *Journal of Clinical Child Psychology, 25*, 300–307.

Amsterlaw, J., & Wellman, H. (2006). Theories of mind in transition: A microgenetic study of the development of false belief understanding. *Journal of Cognition and Development, 7*, 139–172.

An, J., & Cooney, T. (2006, September). Psychological well-being in mid to late life: The role of generativity development and parent–child relationships across the lifespan. *International Journal of Behavioral Development, 30*, 410–421.

Anand, K. J. S., & Hickey, P. R. (1992). Halothane-morphine compared with high-dose sufentanil for anesthesia and post-operative analgesia in neonatal cardiac surgery. *New England Journal of Medicine, 326*(1), 1–9.

Anders, T. F., & Taylor, T. (1994). Babies and their sleep environment. *Children's Environments, 11*, 123–134.

Anderson, C. A., Funk, J. B., & Griffiths, M. D. (2004). Contemporary issues in adolescent video game playing: Brief overview and introduction to the special issue. *Journal of Adolescence, 27*, 1–3.

Anderson, P., & Butcher, K. (2006, March). Childhood obesity: Trends and potential causes. *The Future of Children, 16*, 19–45.

Anderson, R. N. (2001), *United States life tables, 1998. National vital statistics reports* (Vol. 48, No. 18). Hyattsville, MD: National Center for Health Statistics.

Andrew, M., McCanlies, E., Burchfiel, C., Charles, L., Hartley, T., Fekedulegn, D., et al. (2008). Hardiness and psychological distress in a cohort of police officers. *International Journal of Emergency Mental Health, 10*, 137–148.

Andrews, G., Halford, G., & Bunch, K. (2003). Theory of mind and relational complexity. *Child Development, 74*, 1476–1499.

Angus, J., & Reeve, P. (2006, April). Ageism: A threat to "aging well" in the 21st century. *Journal of Applied Gerontology, 25*, 137–152.

Anisfeld, M. (1996). Only tongue protrusion modeling is matched by neonates. *Developmental Review, 16*, 149–161.

Annenberg Public Policy Center. (2008). *Internet gambling stays low among youth ages 14 to 22 but access to gambling sites continues.* Philadelphia: Annenberg Public Policy Center.

Ansaldo, A. I., Arguin, M., & RochLocours, L. A. (2002). The contribution of the right cerebral hemisphere to the recovery from aphasia: A single longitudinal case study. *Brain Languages, 82*, 206–222.

Ansberry, C. (1997, November 14). Women of Troy: For ladies on a hill, friendships are a balm in the passages of life. *Wall Street Journal*, pp. A1, A6.

Antonucci, T. C. (2001). Social relations: An examination of social networks, social support, and sense of control. In J. E. Birren & K. W. Schaie (Eds.), *Handbook of the psychology of aging* (5th ed.). San Diego: Academic Press.

Antshel, K., & Antshel, K. (2002). Integrating culture as a means of improving treatment adherence in the Latino population. *Psychology, Health & Medicine, 7*, 435–449.

APA (American Psychological Association). (1996). *Violence and the family.* Washington, DC: Author.

APA Reproductive Choice Working Group. (2000). *Reproductive choice and abortion: A resource packet.* Washington, DC: American Psychological Association.

Apperly, I., & Robinson, E. (2002). Five-year-olds' handling of reference and description in the domains of language and mental representation. *Journal of Experimental Child Psychology, 83*, 53–75.

Archer, J. (2009). The nature of human aggression. *International Journal of Law and Psychiatry, 32*, 202–208.

Archer, S. L., & Waterman, A. S. (1994). Adolescent identity development: Contextual perspectives. In C. B. Fisher & R. M. Lerner (Eds.), *Applied developmental psychology.* New York: McGraw-Hill.

Arcus, D. (2001). Inhibited and uninhibited children: Biology in the social context. In T. D. Wachs & G. A. Kohnstamm (Eds.), *Temperament in context.* Mahwah, NJ: Lawrence Erlbaum.

Arenson, K. W. (2004, December 3). Worried colleges step up efforts over suicide. *New York Times*, p. A1.

Ariès, P. (1962). *Centuries of childhood.* New York: Knopf.

Armstrong, J., Hutchinson, I., Laing, D., & Jinks, A. (2006). Facial electromyography: Responses of children to odor and taste stimuli. *Chemical Senses, 32*, 611–621.

Armstrong, P., Rounds, J., & Hubert, L. (2008). Re-conceptualizing the past: Historical data in vocational interest research. *Journal of Vocational Behavior, 72*, 284–297.

Arnett, J. J. (2000). Emerging adulthood: A theory of development from the late teens through the twenties. *American Psychologist, 55*, 469–480.

Arnold, R., & Colburn, N. (2009, September 1). Ready, set, go! Storytime can help children (and parents) become kindergarten-ready. *School Library Journal*, p. 24.

Arnsten, A., Berridge, C., & McCracken, J. (2009). The neurobiological basis of attention-deficit/hyperactivity disorder. *Primary Psychiatry, 16*, 47–54.

Aronson, J. D. (2007). Brain imaging, culpability and the juvenile death penalty. *Psychology, Public Policy, and Law, 13* 115–142.

Arseneault, L., Moffitt, T. E., & Caspi, A. (2003). Strong genetic effects on cross-situational antisocial behavior among 5-year-old children according to mothers, teachers, examiner-observers, and twins' self-reports. *Journal of Child Psychology and Psychiatry and Allied Disciplines, 44*, 832–848.

Artal, P., Ferro, M., Miranda, I., & Navarro, R. (1993). Effects of aging in retinal image quality. *Journal of the Optical Society of America, 10*, 1656–1662.

Arts, J. A. R., Gijselaers, W. H., & Boshuizen, H. P. A. (2006). Understanding managerial problem-solving, knowledge use and information processing: Investigating stages from school to the workplace. *Contemporary Educational Psychology, 31*, 387–410.

Asch, D. A. (1996, May 23). The role of critical care nurses in euthanasia and assisted suicide. *New England Journal of Medicine, 334*, 1374–1379.

Asendorpf, J. (2002). Self-awareness, other-awareness, and secondary representation. In A. Meltzoffa & W. Prinz (Eds.), *The imitative mind: Development, evolution, and brain bases.* New York: Cambridge University Press.

Asendorpf, J. B., Warkentin, V., & Baudonniere, P. (1996). Self-awareness and other-awareness II: Mirror self-recognition, social contingency awareness, and synchronic imitation. *Developmental Psychology, 32*, 313–321.

Asher, S. R., & Rose A. J. (1997). Promoting chidren's social-emotional adjustment with peers. In P. Salovey & D. Sluyter, (Eds) *Emotional development and emotional intelligence: Educational implications.* New York: Basic Books.

Asher, S. R., Singleton, L. C., & Taylor, A. R. (1982). Acceptance vs. friendship. Paper presented at the meeting of the American Research Association, New York.

Aslin, R. N. (1987). Visual and auditory development in infancy. In J. D. Osofsky (Ed.), *Handbook of infant development* (2nd ed.). New York: Wiley.

Astin, A., Korn, W., & Berg, E. (1989). *The American Freshman: National norms for Fall, 1989.* Los Angeles: University of California, Los Angeles, American Council on Education.

Astington, J., & Baird, J. (2005). *Why language matters for theory of mind*. New York: Oxford University Press.

Ata, R. N., Ludden, A. B., & Lally, M. M. (2007). The effects of gender and family, friend, and media influences on eating behaviors and body image during adolescence. *Journal of Youth and Adolescence, 36* 1024–1037.

Atchley, R. (2003). Why most people cope well with retirement. In J. Ronch & J. Goldfield (Eds.), *Mental wellness in aging: Strengths-based approaches*. Baltimore, MD: Health Professions Press.

Atchley, R. C. (2000). *Social forces and aging* (9th ed.). Belmont, CA: Wadsworth Thomson Learning.

Atkins, D. C., & Furrow, J. (2008, November). *Infidelity is on the Rise: But for whom and why?* Paper presented at the annual meeting of the Association for Behavioral and Cognitive Therapies, Orlando, FL.

Auestad, N., Scott, D. T., Janowsky, J. S., Jacobsen, C., Carroll, R. E., Montalto, M. B., Halter, R., Qiu, W., Jacobs, J. R., Connor, W. E., Connor, S. L., Taylor, J. A., Neuringer, M., Fitzgerald, K. M., & Hall, R. T. (2003). Visual cognitive and language assessments at 39 months: A follow-up study of children fed formulas containing long-chain polyunsaturated fatty acids to 1 year of age. *Pediatrics, 112*, e177–e183.

Augustyn, M. (2003). "G" is for growing. Thirty years of research on children and *Sesame Street*. *Journal of Developmental and Behavioral Pediatrics, 24*, 451.

Aujoulat, I., Luminet, O., & Deccache, A. (2007). The perspective of patients on their experience of powerlessness. *Qualitative Health Research*, Vol 17, 772–785.

Auyeung, B., Baron-Cohen, S., Ashwin, E., Knickmeyer, R., Taylor, K., & Hackett, G. (2009). Fetal testosterone and autistic traits. *British Journal of Psychology, 100*, 1–22.

Avis, N. E., Stellato, R., Crawford, S., Bromberger, J., Ganz, P., Cain, V., & Kagawa-Singer, M. (2001). Is there a menopausal syndrome? Menopausal status and symptoms across racial/ethnic groups. *Social Science & Medicine, 52*, 345–356.

Avlund, K., Lund, R., & Holstein, B. (2004). Social relations as determinant of onset of disability in aging. *Archives of Gerontology & Geriatrics, 38*, 85–99.

Axia, G., Bonichini, S., & Benini, F. (1995). Pain in infancy: Individual differences. *Perceptual and Motor Skills, 81*, 142.

Aydt, H., & Corsaro, W. (2003). Differences in children's construction of gender across culture: An interpretive approach. *American Behavioral Scientist, 46*, 1306–1325.

Aylward, G. P., & Verhulst, S. J. (2000). Predictive utility of the Bayley Infant Neurodevelopmental Screener (BINS) risk status classifications: Clinical interpretation and application. *Developmental Medicine & Child Neurology, 42*, 25–31.

Ayoub, N. C. (2005, February 25). A pleasing birth: Midwives and maternity care in the Netherlands. *The Chronicle of Higher Education*, p. 9.

Babad, E. (1992). Pygmalion—25 years after interpersonal expectations in the classroom. In P. D. Blanck (Ed.), *Interpersonal expectations: Theory, research and application*. Cambridge, England: Cambridge University Press.

Bacchus, L., Mezey, G., & Bewley, S. (2006). A qualitative exploration of the nature of domestic violence in pregnancy. *Violence against Women, 12*, 588–604.

Badenhorst, W., Riches, S., Turton, P., & Hughes, P. (2006). The psychological effects of stillbirth and neonatal death on fathers: Systematic review. *Journal of Psychosomatic Obstetrics & Gynecology, 27*, 245–256.

Bader, A. P. (1995). Engrossment revisited: Fathers are still falling in love with their newborn babies. In J. L. Shapiro, M. J. Diamond, & M. Grenberg (Eds.), *Becoming a father*. New York: Springer.

Baer, J. S., Sampson, P. D., & Barr, H. M. (2003). A 21-year longitudinal analysis of the effects of prenatal alcohol exposure on young adult drinking. *Archives of General Psychiatry, 60*, 377–385.

Bai, L. (2005). Children at play: A childhood beyond the Confucian shadow. *Childhood: A Global Journal of Child Research, 12*, 9–32.

Bailey, J. M., Kirk, K. M., Zhu, G., Dunne, M. P., & Martin, N. G. (2000). Do individual differences in sociosexuality represent genetic or environmentally contingent strategies? Evidence from the Australian twin registry. *Journal of Personality and Social Psychology, 78*, 537–545.

Baillargeon, R. (2004). Infants' physical world. *Current Directions in Psychological Science, 13*, 89–94.

Baillargeon, R. (2008). Innate ideas revisited: For a principle of persistence in infants' physical reasoning. *Perspectives on Psychological Science, 3*, 2–13.

Baird, A., John, R., & Hayslip, Jr., B. (2000). Custodial grandparenting among African Americans: A focus group perspective. In B. Hayslip, Jr., & R. Goldberg-Glen (Eds.), *Grandparents raising grandchildren: Theoretical, empirical, and clinical perspectives*. New York: Springer.

Baker, J., Maes, H., Lissner, L., Aggen, S., Lichtenstein, P., & Kendler, K. (2009). Genetic risk factors for disordered eating in adolescent males and females. *Journal of Abnormal Psychology, 118*, 576–586.

Baker, J., Mazzeo, S., & Kendler, K. (2007). Association between broadly defined bulimia nervosa and drug use disorders: Common genetic and environmental influences. *International Journal of Eating Disorders, 40*, 673–678.

Baker, M. (2007, December). Elder mistreatment: Risk, vulnerability, and early mortality. *Journal of the American Psychiatric Nurses Association, 12*, 313–321.

Baker, T., Brandon, T., & Chassin, L. (2004). Motivational influences on cigarette smoking. *Annual Review of Psychology, 55*, 463–491.

Bakker, A., & Heuven, E. (2006, November). Emotional dissonance, burnout, and in-role performance among nurses and police officers. *International Journal of Stress Management, 13*, 423–440.

Balaban, M. T., Snidman, N., & Kagan, J. (1997). Attention, emotion, and reactivity in infancy and early childhood. In P. J. Lang, R. F. Simons, & M. T. Balaban (Eds.), *Attention and orienting: Sensory and motivational processes* (pp. 369–391). Mahwah, NJ: Lawrence Erlbaum.

Ball, K., & Rebok, G. W. (1994). Evaluating the driving ability of older adults. [Special Issue: Research translation in gerontology: A behavioral and social perspective]. *Journal of Applied Gerontology, 13*, 20–38.

Ball, M., & Orford, J. (2002). Meaningful patterns of activity amongst the long-term inner city unemployed: A qualitative study. *Journal of Community & Applied Social Psychology, 12*, 377–396.

Ballen, L., & Fulcher, A. (2006). Nurses and doulas: Complementary roles to provide optimal maternity care. *Journal of Obstetric, Gynecologic, & Neonatal Nursing: Clinical Scholarship for the Care of Women, Childbearing Families, & Newborns, 35*, 304–311.

Baltes, M. M. (1996). *The many faces of dependency in old age*. New York: Cambridge University Press.

Baltes, M., & Carstensen, L. (2003). The process of successful aging: Selection, optimization and compensation. In U. Staudinger & U. Lindenberger (Eds.), *Understanding human development: Dialogues with lifespan psychology*. Netherlands: Kluwer Academic Publishers.

Baltes, P. B. (2003). On the incomplete architecture of human ontogeny: Selection, optimization and compensation as foundation of developmental theory. In U. M. Staudinger & U. Lindenberger (Eds.), *Understanding human development: Dialogues with lifespan psychology*. Dordrecht, Netherlands: Kluwer Academic Publishers.

Baltes, P. B., & Baltes, M. M. (1990). Psychological perspectives on successful aging: The model of selective optimization with compensation. In P. B. Baltes & M. M. Baltes (Eds.), *Successful aging: Perspectives from the behavioral sciences*. Cambridge, England: Cambridge University Press.

Baltes, P. B., & Schaie, K. W. (1974, March). The myth of the twilight years. *Psychology Today*, 35–38.

Baltes, P. B., & Staudinger, U. M. (2000). Wisdom: A metaheuristic (pragmatic) to orchestrate mind and virtue toward excellence. *American Psychologist, 55*, 122–136.

Baltes, P. B., Staudinger, U. M., & Lindenberger, U. (1999). Lifespan psychology: Theory and application to intellectual functioning. *Annual Review of Psychology, 50*, 471–507.

Baltes, P., & Freund, A. (2003a). Human strengths as the orchestration of wisdom and selective optimization with compensation. In L. Aspinwall & U. Staudinger (Eds.), *A psychology of human strengths: Fundamental questions and future directions for a positive psychology*. Washington, DC: American Psychological Association.

Baltes, P., & Freund, A. (2003b). The intermarriage of wisdom and selective optimization with compensation: Two meta-heuristics guiding the conduct of life. In C. Keyes & J. Haidt (Eds.), *Flourishing: Positive psychology and the life well-lived*. Washington, DC: American Psychological Association.

Baltes, P., & Smith, J. (2008). The fascination of wisdom: Its nature, ontogeny, and function. *Perspectives on Psychological Science, 3*, 56–64.

Bamshad, M. J., & Olson, S. E. (2003, December). Does race exist? *Scientific American, 78*–85.

Bandura, A. (1977). *Social learning theory*. Englewood Cliffs, NJ: Prentice-Hall.

Bandura, A. (1978). Social learning theory of aggression. *Journal of Communication, 28*, 12–29.

Bandura, A. (1986). *Social foundations of thought and action*. Englewood Cliffs, NJ: Prentice Hall.

Bandura, A. (1991). Social cognitive theory of self-regulation. *Organizational Behavior and Human Decision Processes, Vol. 50*, [Special issue: Theories of cognitive self-regulation]. 248–287.

Bandura, A. (1994). Social cognitive theory of mass communication. In J. Bryant & D. Zillmann (Eds.), *Media effects: Advances in theory and research. LEA's communication series*. Hillsdale, NJ: Lawrence Erlbaum.

Bandura, A. (2002). Social cognitive theory in cultural context. *Applied Psychology: An International Review, 51* [Special Issue], 269–290.

Bandura, A., Grusec, J. E., & Menlove, F. L. (1967). Vicarious extinction of avoidance behavior. *Journal of Personality and Social Psychology, 5*, 16–23.

Bandura, A., Ross, D., & Ross, S. (1963). Vicarious extinction of avoidance behavior. *Journal of Personality and Social Psychology, 67*, 601–607.

Baptista, T., Aldana, E., Angeles, F., & Beaulieu, S. (2008). Evolution theory: An overview of its applications in psychiatry. *Psychopathology, 41,* 17–27.

Barber, S., & Gertler, P. (2009). Empowering women to obtain high quality care: Evidence from an evaluation of Mexico's conditional cash transfer programme. *Health Policy and Planning, 24,* 18–25.

Barberá, E. (2003). Gender schemas: Configuration and activation processes. *Canadian Journal of Behavioural Science, 35,* 176–180.

Barboza, G., Schiamberg, L., Oehmke, J., Korzeniewski, S., Post, L., & Heraux, C. (2009). Individual characteristics and the multiple contexts of adolescent bullying: An ecological perspective. *Journal of Youth and Adolescence, 38,* 101–121.

Barlett, C., Harris, R., & Baldassaro, R. (2007). Longer you play, the more hostile you feel: Examination of first person shooter video games and aggression during video game play. *Aggressive Behavior, 33,* 486–497.

Barnett, R. C., & Hyde, J. S. (2001). Women, men, work, and family. *American Psychologist, 56,* 781–796.

Barnett, R. C., & Rivers, C. (1992). The myth of the miserable working woman. *Working Woman, 2,* 62–65, 83–85.

Barnett, R. C., & Shen, Y-C. (1997). Gender, high- and low-schedule-control housework tasks, and psychological distress: A study of dual-earner couples. *Journal of Family Issues, 18,* 403–428.

Baron-Cohen, S. (2003). *The essential difference: Men, women and the extreme male brain.* London: Allen Lane/Penguin.

Baron-Cohen, S. (2005). Testing the extreme male brain (EMB) theory of autism: Let the data speak for themselves. *Cognitive Neuropsychiatry, 10,* 77–81.

Barr, R., & Hayne, H. (1999). Developmental changes in imitation from television during infancy. *Child Development, 70,* 1067–1081.

Barr, R., Muentener, P., Garcia, A., Fujimoto, M., & Chávez, V. (2007). The effect of repetition on imitation from television during infancy. *Developmental Psychobiology, 49,* 196–207.

Barrett, D. E., & Frank, D. A. (1987). *The effects of undernutrition on children's behavior.* New York: Gordon & Breach.

Barrett, D. E., & Radke-Yarrow, M. R. (1985). Effects of nutritional supplementation on children's responses to novel, frustrating, and competitive situations. *American Journal of Clinical Nutrition, 42,* 102–120.

Barrett, T., & Needham, A. (2008). Developmental differences in infants' use of an object's shape to grasp it securely. *Developmental Psychobiology, 50,* 97–106.

Barry, L. M., Hudley, C., Kelly, M., & Cho, S. (2009). Differences in self-reported disclosure of college experiences by first-generation college student status. *Adolescence, 44,* 55–68.

Barton, J. (2007). The autobiographical self: Who we know and who we are. *Psychiatric Annals, 37,* 276–284.

Barton, L. J. (1997, July). A shoulder to lean on: Assisted living in the U.S. *American Demographics,* 45–51.

Basak, C., Boot, W., Voss, M., & Kramer, A. (2008). Can training in a real-time strategy video game attenuate cognitive decline in older adults? *Psychology and Aging, 23,* 765–777.

Bashore, T. R., Ridderinkhof, K. R., & van der Molen, M. W. (1998). The decline of cognitive processing speed in old age. *Current Directions in Psychological Science, 6,* 163–169.

Bass, S., Shields, M. K., Behrman, R. E. (2004). Children, families, and foster care: Analysis and recommendations. *The Future of Children, 14,* 5–30.

Basseches, M. (1984). *Dialectical thinking and adult development.* Norwood, NJ: Ablex.

Bates, J. E., Marvinney, D., Kelly, T., Dodge, K. A., Bennett, D. S., & Pettit, G. S. (1994). Child-care history and kindergarten adjustment. *Developmental Psychology, 30,* 690–700.

Battin, M., van der Heide, A., Ganzini, L., van der Wal, G., & Onwuteaka-Philipsen, B. (2007). Legal physician-assisted dying in Oregon and the Netherlands: Evidence concerning the impact on patients in "vulnerable" groups. *Journal of Medical Ethics, 33,* 591–597.

Bauer, P. J. (1996). What do infants recall of their lives? Memory for specific events by 1- to 2-year-olds. *American Psychologist, 51,* 29–41.

Bauer, P. J. (2004). Getting explicit memory off the ground: Steps toward construction of a neuro-developmental account of changes in the first two years of life. *Developmental Review 24,* [Special Issue: Memory development in the new millennium], 347–373.

Bauer, P. J. (2007) Recall in Infancy: A Neurodevelopmental Account. *Current Directions in Psychological Science, 16,* 142–146.

Bauer, P. J., Wenner, J. A., Dropik, P. L., & Wewerka, S. S. (2000). Parameters of remembering and forgetting in the transition from infancy to early childhood. With commentary by Mark L. Howe. *Monographs of the Society for Research in Child Development, 65,* 4.

Baulac, S., Lu, H., Strahle, J., Yang, T., Goldberg, M., Shen, J., et al. (2009). Increased DJ-1 expression under oxidative stress and in Alzheimer's disease brains. *Molecular Neurodegeneration, 4,* 27–37.

Bauld, R., & Brown, R. (2009). Stress, psychological distress, psychosocial factors, menopause symptoms and physical health in women. *Maturitas, 62,* 160–165.

Baum, A. (1994). Behavioral, biological, and environmental interactions in disease processes. In S. Blumenthal, K. Matthews, & S. Weiss (Eds.), *New research frontiers in behavioral medicine: Proceedings of the National Conference.* Washington, DC: NIH Publications.

Baumrind, D. (1971). Current patterns of parental authority. *Developmental Psychology Monographs, 4* (1, pt. 2).

Baumrind, D. (1980). New directions in socialization research. *Psychological Bulletin, 35,* 639–652.

Baydar, N., & Brooks-Gunn, J. (1998). Profiles of grandparents who help care for their grandchildren in the United States. *Family Relations, 47,* 385–393.

Bayley, N. (1969). *Manual for the Bayley Scales of Infant Development.* New York: Psychological Corporation.

Bayley, N., & Oden, M. (1955). The maintenance of intellectual ability in gifted adults. *Journal of Gerontology, 10,* 91–107.

Beach, B. A. (2003). Rural children's play in the natural environment. In D. E. Lytle (Ed.), *Play and educational theory and practice.* Westport, CT: Praeger Publishers/Greenwood Publishing Group.

Beal, C. R. (1994). *Boys and girls: The development of gender roles.* New York: McGraw-Hill.

Beale, E. A., Baile, W. F., & Aaron, J (2003). Silence is not golden: Communicating with children dying from cancer. *Journal of Clinical Oncology, 23,* 3629–3631.

Beals, K., Impett, E., & Peplau, L. (2002). Lesbians in love: Why some relationships endure and others end. *Journal of Lesbian Studies, 6,* 53–63.

Bearce, K., & Rovee-Collier, C. (2006). Repeated priming increases memory accessibility in infants. *Journal of Experimental Child Psychology, 93,* 357–376.

Beardslee, W. R., & Goldman, S. (2003, September 22). Living beyond sadness. *Newsweek,* p. 70.

Bearman, P., & Bruckner, H. (2004). Study on teenage virginity pledge. Paper presented at meeting of the National STD Prevention Conference, Phildadelphia, PA.

Becahy, R. (1992, August 3). AIDS epidemic. *Newsweek,* p. 49.

Beck, M. (1991, November 11). School days for seniors. *Newsweek,* pp. 60–65.

Beck, M. (1992, May 25). Menopause. *Newsweek,* pp. 71–79.

Becker, B., & Luthar, S. (2007, March). Peer-perceived admiration and social preference: Contextual correlates of positive peer regard among suburban and urban adolescents. *Journal of Research on Adolescence, 17,* 117–144.

Becker, G., Beyene, Y., & Newsom, E. (2003). Creating continuity through mutual assistance: Intergenerational reciprocity in four ethnic groups. *Journals of Gerontology: Series B: Psychological Sciences & Social Sciences, 58B,* S151–S159.

Beckman, M. (2004, July 30). Neuroscience: Crime, culpability, and the adolescent brain. *Science,* pp. 305, 596–599.

Becvar, D. S. (2000). Euthanasia decisions. In F. W. Kaslow et al. (Eds.), *Handbook of couple and family forensics: A sourcebook for mental health and legal professionals.* New York: Wiley.

Beets, M., Flay, B., Vuchinich, S., Li, K., Acock, A., & Snyder, F. (2009). Longitudinal patterns of binge drinking among first year college students with a history of tobacco use. *Drug and Alcohol Dependence, 103,* 1–8.

Begeny, J., & Martens, B. (2007). Inclusionary education in Italy: A literature review and call for more empirical research. *Remedial and Special Education, 28,* 80–94.

Begley, S. (1991, August 26). Choosing death. *Newsweek,* pp. 43–46.

Begley, S. (1995, July 10). Deliver, then depart. *Newsweek,* p. 62.

Belcher, J. R. (2003). Stepparenting: Creating and recreating families in America today. *Journal of Nervous & Mental Disease, 191,* 837–838.

Belkin, L. (1999, July 25). Getting the girl. *New York Times Magazine,* pp. 26–35.

Belkin, L. (2004, September 12). The lessons of Classroom 506: What happens when a boy with cerebral palsy goes to kindergarten like all the other kids. *New York Times Magazine,* pp. 41–49.

Bell, H., Pellis, S., & Kolb, B. (2009). Juvenile peer play experience and the development of the orbitofrontal and medial prefrontal cortices. *Behavioural Brain Research, 207,* 7–13.

Bell, I. P. (1989). The double standard: Age. In J. Freeman (Ed.), *Women: A feminist perspective* (4th ed.). Mountain View, CA: Mayfield.

Bell, J. Z. (1978). Disengagement versus engagement—A need for greater expectation. *Journal of American Geriatric Sociology, 26,* 89–95.

Bell, S. M., & Ainsworth, M. D. S. (1972). Infant crying and maternal responsiveness. *Child Development, 43,* 1171–1190.

Belle, D. (1999). *The after-school lives of children: Alone and with others while parents work.* Mahwah, NJ: Lawrence Erlbaum.

Bellezza, F. S., Six, L. S., & Phillips, D. S. (1992). A mnemonic for remembering long strings of digits. *Bulletin of the Psychonomic Society, 30,* 271–274.

Bellezza, F. S. (2000). Mnemonic devices. In A. E. Kazdin (Ed.), *Encyclopedia of psychology* (vol. 5, pp. 286–287). Washington, DC: American Psychological Association.

Belluck, P. (2000, October 18). New advice for parents: Saying "that's great!" may not be. *New York Times,* p. A14.

Belsky, J. (2006). Early child care and early child development: Major findings from the NICHD Study of Early Child Care. *European Journal of Developmental Psychology, 3,* 95–110.

Belsky, J. (2009). Classroom composition, childcare history and social development: Are childcare effects disappearing or spreading? *Social Development, 18,* 230–238.

Belsky, J., Vandell, D. L., Burchinal, M., Clarke-Stewart, A. K., McCartney, K., & Owen, M. T. (2007). Are there long-term effects of early child care? *Child Development, 78,* 188–193.

Bem, S. (1987). Gender schema theory and its implications for child development: Raising gender-aschematic children in a gender-schematic society. In M. R. Walsh (Ed.), *The psychology of women: Ongoing debates.* New Haven, CT: Yale University Press.

Bender, H., Allen, J., McElhaney, K., Antonishak, J., Moore, C., Kelly, H., et al. (2007, December). Use of harsh physical discipline and developmental outcomes in adolescence. *Development and Psychopathology, 19,* 227–242.

Benedict, H. (1979). Early lexical development: Comprehension and production. *Journal of Child Language, 6,* 183–200.

Benelli, B., Belacchi, C., Gini, G., & Lucangeli, D. (2006, February). "To define means to say what you know about things": The development of definitional skills as metalinguistic acquisition. *Journal of Child Language, 33,* 71–97.

Benenson, J. F., & Apostoleris, N. H. (1993, March). Gender differences in group interaction in early childhood. Paper presented at the biennial meeting of the Society for Research in Child Development, New Orleans, LA.

Bengston, V., Rosenthal, C., & Burton, L. (1996). Paradoxes of families and aging. Citation In R. H. Binstock, et al. (Eds.) *Handbook of aging and the social sciences* (4th ed.). San Diego, CA: Academic Press.

Bengtson, V. L., Acock, A. C., Allen, K. R., & Dilworth-Anderson, P. (Eds.). (2004). *Sourcebook of family theory and research.* Thousand Oaks, CA: Sage Publications.

Benjamin, J., Ebstein, R. P., & Belmaker, R. H. (2002). Personality genetics, 2002. *Israel Journal of Psychiatry and Related Sciences,* [Special Issue], 39, 271–279.

Benjuya, N., Melzer, I., & Kaplanski, J. (2004). Aging-induced shifts from a reliance on sensory input to muscle cocontraction during balanced standing. *Journal of Gerontology: Series A: Biological Sciences and Medical Sciences, 59,* 166–171.

Bennani, G., Allali, F., Rostom, S., Hmamouchi, I., Khazzani, H., El Mansouri, L., Ichchou, L., Abourazzak, F. Z., Abougal, R., & Hajjaj-Hassouni, N. (2009). Relationship between historical height loss and vertebral fractures in postmenopausal women. *Clinical Rheumatology, 28,* 1283–1289.

Bennett, A. (1992, October 14). Lori Schiller emerges from the torments of schizophrenia. *Wall Street Journal,* pp. A1, A10.

Bennett, J. (2008, September 15). It's not just white girls. *Newsweek,* p. 96.

Benoit, D., & Parker, C. H. (1994). Stability and transmission of attachment across three generations. *Child Development, 65,* 1444–1456.

Benson, E. (2003, March). "Goo, gaa, grr?" *Monitor on Psychology,* 50–51.

Benson, H. (1993). The relaxation response. In D. Goleman & J. Guerin (Eds.), *Mind–body medicine: How to use your mind for better health.* Yonkers, NY: Consumer Reports Publications.

Benton, S.A., Robertson, J. M., Tseng, W-C., Newton, F. B., & Benton, S. L. (2003). Changes in counseling center client problems across 13 years. *Professional Psychology: Research and Practice, 34,* 66–72.

Berenson, P. (2005). *Understand and treat alcoholism.* New York: Basic Books.

Bergen, H., Martin, G., & Richardson, A. (2003). Sexual abuse and suicidal behavior: A model constructed from a large community sample of adolescents. *Journal of the American Academy of Child & Adolescent Psychiatry, 42,* 1301–1310.

Berger, L. (2000, April 11). What children do when home and alone. *New York Times,* p. F8.

Bergmann, R. L., Bergman, K. E., & Dudenhausen, J. W. (2008). Undernutrition and growth restriction in pregnancy. *Nestle Nutritional Workshop Series; Pediatrics Program, 61,* 1030121.

Bergstrom, M. J., & Holmes, M. E. (2000). Lay theories of successful aging after the death of a spouse: A network text analysis of bereavement advice. *Health Communication, 12,* 377–406.

Berkman, R. (Ed.). (2006). *Handbook of social work in health and aging.* New York: Oxford University Press.

Berko, J. (1958). The child's learning of English morphology. *Word, 14,* 150–177.

Berkowitz, L. (1993). *Aggression: Its causes, consequences, and control.* New York: McGraw-Hill.

Berlin, L., Cassidy, J., & Appleyard, K. (2008). The influence of early attachments on other relationships. *Handbook of attachment: Theory, research, and clinical applications* (2nd ed.) (pp. 333–347). New York: Guilford Press.

Bernal, M. E. (1994, August). *Ethnic identity of Mexican-American children.* Address at the annual meeting of the American Psychological Association, Los Angeles, CA.

Bernard, J. (1982). *The future of marriage.* New Haven, CT: Yale University Press.

Berndt, T. J. (1999). Friends' influence on students' adjustment to school. *Educational Psychologist, 34,* 15–28.

Berndt, T. J. (2002). Friendship quality and social development. *Current Directions in Psychological Science, 11,* 7–10.

Bernier, A., & Meins, E. (2008). A threshold approach to understanding the origins of attachment disorganization. *Developmental Psychology, 44,* 969–982.

Bernstein, N. (2004, March 7). Behind fall in pregnancy, a new teenage culture of restraint. *New York Times,* pp. 1, 20.

Berry, G. L. (2003). Developing children and multicultural attitudes: The systemic psychosocial influences of television portrayals in a multimedia society. *Cultural Diversity and Ethnic Minority Psychology, 9,* 360–366.

Berscheid, E. (1985). Interpersonal attraction. In G. Lindzey & E. Aronson (Eds.), *Handbook of social psychology* (3rd ed.). New York: Random House.

Berscheid, E., & Walster, E. (1974). Physical attractiveness. In G. Lindzey & E. Aronson (Eds.), *Handbook of social psychology* (3rd ed.). New York: Random House.

Berscheid, E., Walster, E., & Bohrnstedt, G. (1973). The happy American body: A survey report. *Psychology Today, 7*(6), 119–131.

Bertin, E., & Striano, T. (2006, April). The still-face response in newborn, 1.5-, and 3-month-old infants. *Infant Behavior & Development, 29,* 294–297.

Besag, Valerie E. (2006). *Understanding girls' friendships, fights and feuds: A practical approach to girls' bullying;* Maidenhead, Berkshire: Open University Press/McGraw-Hill Education.

Besharov, D. J., & West, A. (2002). African American marriage patterns. In A. Thernstrom & S. Thernstrom (Eds.), *Beyond the color line: New perspectives on race and ethnicity in America.* Stanford, CA: Hoover Institution Press.

Bhatia, J., Greer, F., and the Committee on Nutrition. (2008). Use of soy protein-based formulas in infant feeding. *Pediatrics,* 121, 1062–1068.

Bhushan, B., & Khan, S. M. (2006). Laterality and accident proneness: A study of locomotive drivers. *Laterality: Asymmetries of Body, Brain and Cognition, 11,* 395–404.

Bialystok, E., & Viswanathan, M. (2009). Components of executive control with advantages for bilingual children in two cultures. *Cognition, 112,* 494–500.

Bickham, D. S., Wright, J. C., & Huston, A. C. (2000). Attention, comprehension and the educational influences of television. In D. G. Singer & J. L. Singer (Eds.), *Handbook of children and the media.* Thousand Oaks, CA: Sage Publicatins.

Biddle, B. J. (2001). *Social class, poverty, and education.* London: Falmer Press.

Biedenharn, B. J., & Normoyle, J. B. (1991). Elderly community residents' reactions to the nursing home: An analysis of nursing home-related beliefs. *Gerontologist, 31,* 107–115.

Bierman, K. L. (2004). *Peer rejection: Developmental processes and intervention strategies.* New York: Guilford Press.

Bierman, K., Torres, M., Domitrovich, C., Welsh, J., & Gest, S. (2009). Behavioral and cognitive readiness for school: Cross-domain associations for children attending Head Start. *Social Development, 18,* 305–323.

Bigelow, A., & Rochat, P. (2006). Two-month-old infants' sensitivity to social contingency in mother–infant and stranger–infant interaction. *Infancy, 9,* 313–325.

Bijeljac-Babic, R., Bertoncini, J., & Mehler, J. (1993). How do 4-day-old infants categorize multisyllabic utterances? *Developmental Psychology, 29,* 711–721.

Bionna, R. (2006). *Coping with stress in a changing world.* New York: McGraw-Hill.

Birch, E. E., Garfield, S., Hoffman, D. R., Uauy, R., & Birch, D. G. (2000). A randomized controlled trail of early dietary supply of long-chain polyunsaturated fatty acids and mental development in term infants. *Developmental Medicine and Child Neurology, 42,* 174–181.

Bird, G., & Melville, K. (1994). *Families and intimate relationships.* New York: McGraw-Hill.

Birlouez-Aragon, I., & Tessier, F. (2003). Antioxidant vitamins and degenerative pathologies: A review of vitamin C. *Journal of Nutrition, Health & Aging, 7,* 103–109.

Biro, F., Striegel-Moore, R., Franko, D., Padgett, J., & Bean, J. (2006, October). Self-esteem in adolescent females. *Journal of Adolescent Health, 39,* 501–507.

Birsner, P. (1991). *Mid-career job hunting.* New York: Simon & Schuster.

Bishop, D. V. M., & Leonard, L. B. (Eds.). (2001). *Speech and language impairments in children: Causes, characteristics, intervention and outcome.* Philadelphia: Psychology Press.

Bishop, D., Meyer, B., Schmidt, T., & Gray, B. (2009). Differential investment behavior between grandparents and grandchildren: The role of paternity uncertainty. *Evolutionary Psychology, 7,* 66–77.

Bishop, J. (2006, April). Euthanasia, efficiency, and the historical distinction between killing a patient and allowing a patient to die. *Journal of Medical Ethics, 32,* 220–224.

Bjorklund, D. (2006). Mother knows best: Epigenetic inheritance, maternal effects, and the evolution of human intelligence. *Developmental Review, 26,* 213–242.

Bjorklund, D. F. (1997a). In search of a metatheory of cognitive development (or Piaget is dead and I don't feel so good myself). *Child Development, 68,* 144–148.

Bjorklund, D. F. (1997b). The role of immaturity in human development. *Psychological Bulletin, 122,* 153–169.

Bjorklund, D. F., & Ellis, B. (2005). Evolutionary psychology and child development: An emerging synthesis. In B. J. Ellis (Ed.), *Origins of the social mind: Evolutionary psychology and child development.* New York: Guilford Press.

Black, J. E., & Greenough, W. T. (1986). Induction of pattern in neural structure by experience: Implication for cognitive development. In M. E. Lamb, A. L. Brown, & B. Rogoff (Eds.), *Advances in developmental psychology* (Vol. 4). Hillsdale, NJ: Lawrence Erlbaum.

Black, K. (2002). Associations between adolescent–mother and adolescent–best friend interactions. *Adolescence, 37,* 235–253.

Black, M. M., & Matula, K. (1999). *Essentials of Bayley Scales of Infant Development II assessment.* New York: Wiley.

Blaine, B. E., Rodman, J., & Newman, J. M. (2007). Weight loss treatment and psychological well-being: A review and meta-analysis. *Journal of Health Psychology, 12,* 66–82.

Blair, P., Sidebotham, P., Berry, P., Evans, M., & Fleming, P. (2006). Major epidemiological changes in sudden infant death syndrome: A 20-year population-based study in the UK. *Lancet, 367,* 314–319.

Blair, S. N., Kohl, H. W., Paffenberger, R. S., Clark, D. G., Cooper, K. H., & Gibbons, L. W. (1989). Physical fitness and all-cause mortality: A prospective study of healthy men and women. *JAMA: The Journal of the American Medical Association, 262,* 2395–2401.

Blake, G., Velikonja, D., Pepper, V., Jilderda, I., & Georgiou, G. (2008). Evaluating an in-school injury prevention programme's effect on children's helmet wearing habits. *Brain Injury, 22,* 501–507.

Blake, J., & de Boysson-Bardies, B. (1992). Patterns in babbling: A cross-linguistic study. *Journal of Child Language, 19,* 51–74.

Blakemore, J. (2003). Children's beliefs about violating gender norms: Boys shouldn't look like girls, and girls shouldn't act like boys. *Sex Roles, 48,* 411–419.

Blakeslee, S. (1995, August 29). In brain's early growth, timetable may be crucial. *New York Times,* pp. C1, C3.

Blass, E. M., Ganchrow, J. R., & Steiner, J. E. (1984). Classical conditioning in newborn humans 2–48 hours of age. *Infant Behavior and Development, 7,* 223–235.

Blewitt, P., Rump, K., Shealy, S., & Cook, S. (2009). Shared book reading: When and how questions affect young children's word learning. *Journal of Educational Psychology, 101.*

Bloom, C., & Lamkin, D. (2006). The Olympian struggle to remember the cranial nerves: Mnemonics and student success. *Teaching of Psychology, 33,* 128–129.

Bloom, L. (1993). *The transition from infancy to language: Acquiring the power of expression.* New York: Cambridge University Press.

Blount, B. G. (1982). Culture and the language of socialization: Parental speech. In D. A. Wagner & H. W. Stevenson (Eds.), *Cultural perspectives on child development.* San Francisco: Freeman.

Bluebond-Langer, M. (1980). *The private worlds of dying children.* Princeton, NJ: Princeton University Press.

Bluebond-Langner, M. (2000). *In the shadow of illness.* Princeton, NJ: Princeton University Press.

Blum, D. (2002). *Love at Goon Park: Harry Harlow and the science of affection.* New York: Perseus Publishing.

Blumenthal, S. (2000). Developmental aspects of violence and the institutional response. *Criminal Behaviour & Mental Health, 10,* 185–198.

Blustein, D. L., & Palladino, D. E. (1991). Self and identity in late adolescence: A theoretical and empirical integration. *Journal of Adolescent Research, 6,* 437–453.

Boatella-Costa, E., Costas-Moragas, C., Botet-Mussons, F., Fornieles-Deu, A., & De Cáceres-Zurita, M. (2007). Behavioral gender differences in the neonatal period according to the Brazelton scale. *Early Human Development, 83,* 91–97.

Bober, S., Humphry, R., & Carswell, H. (2001). Toddlers' persistence in the emerging occupations of functional play and self-feeding. *American Journal of Occupational Therapy, 55,* 369–376.

Boehm, K. E., & Campbell, N. B. (1995). Suicide: A review of calls to an adolescent peer listening phone service. *Child Psychiatry & Human Development, 26,* 61–66.

Boerner, K., Wortman, C. B., & Bonanno, G. A. (2005). Resilient or at risk? A 4-year study of older adults who initially showed high or low distress following conjugal loss. *Journals of Gerontology: Series B, Psychological Sciences and Social Sciences, 60,* P67–P73.

Bogle, K. A. (2008). 'Hooking Up': What educators need to know, *The Chronicle of Higher Education,* p. A32

Bohlmeijer, E., Roemer, M., Cuijpers, P., & Smit, F. (2007). The effects of reminiscence on psychological well-being in order adults: A meta-analysis. *Aging & Mental Health, 11.*

Bohlmeijer, E., Westerhof, G., & de Jong, M. (2008). The effects of integrative reminiscence on meaning in life: Results of a quasi-experimental study. *Aging & Mental Health, 12,* 639–646.

Boivin, M., Perusse, D., Dionne, G., Saysset, V., Zoccolilo, M., Tarabulsy, G. M., Tremblay, N., & Tremblay, R. E. (2005). The genetic-environmental etiology of parents' perceptions and self-assessed behaviours toward their 5-month-old infants in a large twin and singleton sample. *Journal of Child Psychology and Psychiatry, 46,* 612–630.

Bolger, N., Foster, M., Vinokur, A. D., & Ng, R. (1996). Close relationships and adjustments to a life crisis: The case of breast cancer. *Journal of Personality and Social Psychology, 70,* 283–294.

Bonanno, G. A. (2004). Loss, trauma, and human resilience: Have we underestimated the human capacity to thrive after extremely aversive events? *American Psychologist, 59,* 20–28.

Bonanno, G. A. (2009). *The other side of sadness.* New York: Basic Books.

Bonanno, G. A., Wortman, C. B., Lehman, D. R., Tweed, R. G., Haring, M., Sonnega, J., et al. (2002). Resilience to loss and chronic grief: A prospective study from preloss to 18-months postloss. *Journal of Personality and Social Psychology, 83,* 1150–1164.

Bonanno, G., Galea, S., Bucciarelli, A., & Vlahov, D. (2006). Psychological resilience after disaster: New York City in the aftermath of the September 11th terrorist attack. *Psychological Science, 17,* 181–186.

Boneva, B., Quinn, A., Kraut, R., Kiesler, S., Shklovski, I. (2006). Teenage communication in the instant messaging era. In R. Kraut & M. Brynin, *Computers, phones, and the Internet: Domesticating information technology.* New York: Oxford University Press.

Bonke, B., Tibben, A., Lindhout, D., Clarke, A. J., & Stijnen, T. (2005). Genetic risk estimation by healthcare professionals. *Medical Journal of Autism, 182,* 116–118.

Bonnicksen, A. (2007). Oversight of assisted reproductive technologies: The last twenty years. *Reprogenetics: Law, policy, and ethical issues.* Baltimore, MD: Johns Hopkins University Press.

Bookheimer, S. Y., Strojwas, M. H., Cophen, M. S., Saunders, A. M., Pericak-Vance, M. A., Mazziotta, J. C., & Small, G. W. (2000, August 17). Patterns of brain activation in people at risk for Alzheimer's disease. *New England Journal of Medicine, 343,* 450–456.

Bookstein, F. L., Sampson, P. D., Streissguth, A. P., & Barr, H. M. (1996). Exploiting redundant measurement of dose and developmental outcome: New methods from the behavioral teratology of alcohol. *Developmental Psychology, 32,* 404–415.

Booth, C., Kelly, J., & Spieker, S. (2003). Toddlers' attachment security to child-care providers: The Safe and Secure Scale. *Early Education & Development, 14,* 83–100.

Bor, W. (2004). Prevention and treatment of childhood and adolescent aggression and antisocial behaviour: A selective review. *Australian & New Zealand Journal of Psychiatry, 38,* 373–380.

Borden, M. E. (1998). *Smart start: The parents' complete guide to preschool education.* New York: Facts on File.

Borland, M. V., & Howsen, R. M. (2003). An examination of the effect of elementary school size on student academic achievement. *International Review of Education, 49,* 463–474.

Bornstein, M. H. (2000). Infant into conversant: Language and nonlanguage processes in developing early communication.

Bornstein, M. H., & Bradley, R. H. (2003). *Socioeconomic status, parenting, and child development.* Mahwah, NJ: Lawrence Erlbaum.

Bornstein, M. H., & Lamb, M. E. (1992). *Development in infancy: An introduction.* New York: McGraw-Hill.

Bornstein, M. H., & Lamb, M. E. (Eds.). (2005). *Developmental science.* Mahwah, NJ: Lawrence Erlbaum.

Bornstein, M. H., Cote, L., & Maital, S. (2004). Cross-linguistic analysis of vocabulary in young children: Spanish, Dutch, French, Hebrew, Italian, Korean, and American English. *Child Development, 75,* 1115–1139.

Bornstein, M. H., Haynes, O. M., O'Reilly, A. W., & Painter, K. M. (1996). Solitary and collaborative pretense play in early childhood: Sources of individual variation in the development of representational competence. *Child Development, 67*, 2910–2929.

Bornstein, M. H., Putnick, D. L., Suwalsky, T. D., & Gini, M. (2006). Maternal chronological age, prenatal and perinatal history, social support, and parenting of infants. *Child Development, 77*, 875–892.

Bornstein, M. H., Tamis-LeMonda, C. S., Hahn, C., & Haynes, O. M. (2008). Maternal responsiveness to young children at three ages: Longitudinal analysis of a multidimensional, modular, and specific parenting construct. *Developmental Psychology, 44*, 867–874.

Bornstein, M., & Arterberry, M. (2003). Recognition, discrimination and categorization of smiling by 5-month-old infants. *Developmental Science, 6*, 585–599.

Borse, N. N., Gilchrist, J., Dellinger, A. M., Rudd, R. A., Ballesteros, M. F., & Sleet, D. A. (2008). *CDC Childhood Injury Report: Patterns of unintentional injuries among 0–19 Year Olds in the United States, 2000–2006*. Atlanta, GA: Centers for Disease Control and Prevention, National Center for Injury Prevention and Control.

Bos, C. S., & Vaughn, S. S. (2005). *Strategies for teaching students with learning and behavior problems* (6th ed.). Boston: Allyn & Bacon.

Bos, H., Sandfort, T., de Bruyn, E., & Hakvoort, E. (2008). Same-sex attraction, social relationships, psychosocial functioning, and school performance in early adolescence. *Developmental Psychology, 44*, 59–68.

Bostwick, J. M. (2006). Do SSRIs cause suicide in children? The evidence is underwhelming. *Journal of Clinical Psychology, 62*, 235–241.

Bouchard, T. J., & McGue, M. (1981). Familial studies of intelligence: A review. *Science, 212*, 1055–1059.

Bouchard, T. J., Jr. (1997, September/October). Whenever the twain shall meet. *The Sciences*, 52–57.

Bouchard, T. J., Jr. (2004). Genetic influence on human psychological traits: A survey. *Current Directions in Psychological Science, 13*, 148–153.

Bouchard, T. J., Jr., Lykken, D. T., McGue, M., Segal, N. L., & Tellegen, A. (1990, October 12). Sources of human psychological differences: The Minnesota Study of twins reared apart. *Science, 250*, 223–228.

Boucher, N., Bairam, A., & Beaulac-Baillargeon, L. (2008). A new look at the neonate's clinical presentation after in utero exposure to antidepressants in late pregnancy. *Journal of Clinical Psychopharmacology, 28*, 334–339.

Bourne, V., & Todd, B. (2004). When left means right: An explanation of the left cradling bias in terms of right hemisphere specializations. *Developmental Science, 7*, 19–24.

Boutot, E., & Tincani, M. (Eds.). (2009). *Autism encyclopedia: The complete guide to autism spectrum disorders*. Waco, TX: Prufrock Press.

Bove, C., & Olson, C. (2006). Obesity in low-income rural women: Qualitative insights about physical activity and eating patterns. *Women & Health, 44*, 57–78.

Bower, T. G. R. (1977). *A primer of infant development*. San Francisco: Freeman.

Bowers, K. E., & Thomas, P. (1995, August). Handle with care. *Harvard Health Letter*, pp. 6–7.

Bowlby, J. (1951). Maternal care and mental health. *Bulletin of the World Health Organization, 3*, 355–534.

Bowlby, R. (2007). Babies and toddlers in non-parental daycare can avoid stress and anxiety if they develop a lasting secondary attachment bond with one carer who is consistently accessible to them. *Attachment & Human Development, 9*, [Special issue: The Life and Work of John Bowlby: A Tribute to his Centenary], 307–319.

Bracey, J., Bamaca, M., & Umana-Taylor, A. (2004). Examining ethnic identity and self-esteem among biracial and monoracial adolescents. *Journal of Youth & Adolescence, 33*, 123–132.

Bracken, B., & Brown, E. (2006, June). Behavioral identification and assessment of gifted and talented students. *Journal of Psychoeducational Assessment, 24*, 112–122.

Bracken, B., & Lamprecht, M. (2003). Positive self-concept: An equal opportunity construct. *School Psychology Quarterly, 18*, 103–121.

Bradley, R., & Corwyn, R. (2008). Infant temperament, parenting, and externalizing behavior in first grade: A test of the differential susceptibility hypothesis. *Journal of Child Psychology and Psychiatry, 49*, 124–131. http://search.ebscohost.com

Bradshaw, M., & Ellison, C. (2008). Do genetic factors influence religious life? Findings from a behavior genetic analysis of twin siblings. *Journal for the Scientific Study of Religion, 47*, 529–544. http://search.ebscohost.com, doi:10.1111/j.1468-5906.2008.00425.x

Brady, L. S. (1995, January 29). Asia Linn and Chris Applebaum. *New York Times*, p. 47.

Brainerd, C. (2003). Jean Piaget, learning research, and American education. In B. Zimmerman (Ed.), *Educational psychology: A century of contributions*. Mahwah, NJ: Lawrence Erlbaum.

Brandis, J. (2010). $100,000 Purpose Prize Winner. Video download at http://www.purposeprize.org/video/yt_video.cfm?candidateID=3779 on January 18, 2010.

Branje, S. J. T., van Lieshout, C. F. M., van Aken, M. A. G., & Haselager, G. J. T. (2004). Perceived support in sibling relationships and adolescent adjustment. *Journal of Child Psychology and Psychiatry, 45*, 1385–1396.

Branum, A. (2006). Teen maternal age and very preterm birth of twins. *Maternal & Child Health Journal, 10*, 229–233.

Braun, K. L., Pietsch, J. H., & Blanchette, P. L. (Eds.). (2000). *Cultural issues in end-of-life decision making*. Thousand Oaks, CA: Sage Publications.

Bray, G. A. (2008). Is new hope on the horizon for obesity? *The Lancet, 372*, 1859–1860.

Brazelton, T. B. (1969). *Infants and mothers: Differences in development*. (Rev. ed.) New York: Dell.

Brazelton, T. B. (1973). *The Neonatal Behavioral Assessment Scale*. Philadelphia: Lippincott.

Brazelton, T. B. (1983). *Infants and mothers: Differences in development* (Rev. ed.). New York: Dell.

Brazelton, T. B. (1990). Saving the bathwater. *Child Development, 61*, 1661–1671.

Brazelton, T. B. (1997). *Toilet training your child*. New York: Consumer Visions.

Brazelton, T. B., & Sparrow, J. D. (2003). *Discipline: The Brazelton way*. New York: Perseus.

Brazelton, T. B., Christophersen, E. R., Frauman, A. C., Gorski, P. A., Poole, J. M., Stadtler, A. C. & Wright, C. L. (1999). Instruction, timeliness, and medical influences affecting toilet training. *Pediatrics, 103*, 1353–1358.

Brecher, E. M., & the Editors of Consumer Reports Books. (1984). *Love, sex, and aging*. Mount Vernon, NY: Consumers Union.

Bredesen, D. (2009). Neurodegeneration in Alzheimer's disease: Caspases and synaptic element interdependence. *Molecular Neurodegeneration, 4*, 52–59.

Breen, F., Plomin, R., & Wardle, J. (2006). Heritability of food preferences in young children. *Physiology & Behavior, 88*, 443–447.

Breheny, M., & Stephens, C. (2003). Healthy living and keeping busy: A discourse analysis of mid-aged women's attributions for menopausal experience. *Journal of Language & Social Psychology, 22*, 169–189.

Brehm, K. (2003). Lessons to be learned at the end of the day. *School Psychology Quarterly, 18*, 88–95.

Brehm, S. S. (1992). *Intimate relationships* (2nd ed.). New York: McGraw-Hill.

Bremner, G., & Fogel, A. (Eds.), (2004). *Blackwell handbook of infant development*. Malden, MA: Blackwell Publishers.

Brick, M. (2009, February 24). At 44, a running career in ascent. *New York Times*, p. B10.

Bridges, J. S. (1993). Pink or blue: Gender-stereotypic perceptions of infants as conveyed by birth congratulations cards. *Psychology of Women Quarterly, 17*, 193–205.

Bridgett, D., Gartstein, M., Putnam, S., McKay, T., Iddins, E., Robertson, C., et al. (2009). Maternal and contextual influences and the effect of temperament development during infancy on parenting in toddlerhood. *Infant Behavior & Development, 32*, 103–116. http://search.ebscohost.com, doi:10.1016/j.infbeh.2008.10.007

Briere, J. N., Berliner, L., Bulkley, J., Jenny, C., & Reid, T. (Eds.). (1996). *The APSAC handbook on child maltreatment*. Thousand Oaks, CA: Sage Publications.

Brock, J., Jarrold, C., Farran, E. K., Laws, G., & Riby, D. M. (2007). Do children with Williams syndrome really have good vocabulary knowledge? Methods for comparing cognitive and linguistic abilities in developmental disorders. *Clinical Linguistics & Phonetics, 21*, 673–688.

Brockington, I. F. (1992). Disorders specific to the puerperium. *International Journal of Mental Health, 21*, 41–52.

Brody, N. (1993). Intelligence and the behavioral genetics of personality. In R. Plomin & G. E. McClearn (Eds.), *Nature, nurture, and psychology*. Washington, DC: American Psychological Association.

Bromberger, J. T., & Matthews, K. A. (1994). Employment status and depressive symptoms in middle-aged women: A longitudinal investigation. *American Journal of Public Health, 84*, 202–206.

Bronfenbrenner, U. (1989). Ecological systems theory. In R. Vasta (Ed.), *Six theories of child development*. Greenwich, CT: JAI Press.

Bronstein, P. (1999). Differences in mothers' and fathers' behaviors toward children: A cross-cultural comparison. In L. A. Peplau et al. (Eds.), *Gender, culture, and ethnicity: Current research about women and men*. Mountain View, CA: Mayfield Publishing.

Brook, U., & Tepper, I. (1997). High school students' attitudes and knowledge of food consumption and body image: Implications for school-based education. *Patient Education & Counseling, 30*, 282–288.

Brooks, A. (2008). *Gross national happiness: Why happiness matters for America—and how we can get more of it*. New York: Basic Books.

Brooks-Gunn, J. (2003). Do you believe in magic? What we can expect from early childhood intervention programs. *Social Policy Report, 17*, 1–16.

Brooks-Gunn, J., Klebanov, P. K., & Duncan, G. J. (1996). Ethnic differences in children's intelligence test scores: Role of economic deprivation, home environment, and maternal characteristics. *Child Development, 67*, 396–408.

Brotanek, J., Gosz, J., Weitzman, M., & Flores, G. (2007). Iron deficiency in early childhood in the United States: Risk factors and racial/ethnic disparities. *Pediatrics, 120*, 568–575.

Brown, B. B., & Klute, C. (2003). Friendships, cliques, and crowds. In G. R.Adams & M. D. Berzonsky, (Eds). *Blackwell handbook of adolescence*. Malden, MA: Blackwell Publishing, 330–348.

Brown, C. P. (2009). Pivoting a prekindergarten program off the child or the standard? A case study of integrating the practices of early childhood education into elementary school. *The Elementary School Journal, 110*, 202–227.

Brown, E. L., & Bull, R. (2007). Can task modifications influence children's performance on false belief tasks? *European Journal of Developmental Psychology, 4*, 273–292.

Brown, G., McBride, B., Shin, N., & Bost, K. (2007). Parenting predictors of father-child attachment security: Interactive effects of father involvement and fathering quality. *Fathering, 5*, 197–219.

Brown, J. D. (1998). *The self*. New York, McGraw-Hill.

Brown, J. L., & Pollitt, E. (1996, February). Malnutrition, poverty and intellectual development. *Scientific American*, 38–43.

Brown, R. (1973). *A first language*. Cambridge, MA: Harvard University Press.

Brown, S. A. (2004). Measuring youth outcomes from alcohol and drug treatment. *Addiction, 99*, 38–46.

Brown, W. M., Hines, M., & Fane, B. A. (2002). Masculinzed finger length patterns in human males and females with congenital adrenal hyperplasia. *Hormones and Behavior, 42*, 380–386.

Browne, A. (1993). Violence against women by male partners: Prevalence, outcomes, and policy implications. *American Psychologist, 48*, 1077–1087.

Browne, K. (2006, March). Evolved sex differences and occupational segregation. *Journal of Organizational Behavior, 27*, 143–162.

Brownell, C. A., Ramani, G. B., & Zerwas, S. (2006). Becoming a social partner with peers: Cooperation and social understanding in one- and two-year-olds. *Child Development, 77*, 803–821.

Brownlee, S. (2002, January 21). Too heavy, too young. *Time*, pp. 21–23.

Brubaker, T. (1991). Families in later life: A burgeoning research area. In A. Booth (Ed.), *Contemporary families*. Minneapolis, MN: National Council on Family Relations.

Bruck, M., & Ceci, S. (2004). Forensic developmental psychology: Unveiling four common misconceptions. *Current Directions in Psychological Science, 13*, 229–232.

Brueggeman, I. (1999). Failure to meet ICPD goals will affect global stability, health of environment, and well-being, rights and potential of people. *Asian Forum News, 8*.

Brugman, G. (2006). *Wisdom and aging*. Amsterdam, Netherlands: Elsevier.

Brune, C., & Woodward, A. (2007). Social cognition and social responsiveness in 10-month-old infants. *Journal of Cognition and Development, 8*, 133–158.

Bruskas, D. (2008). Children in foster care: A vulnerable population at risk. *Journal of Child and Adolescent Psychiatric Nursing, 21*, 70–77.

Bryant, C. D. (Ed.). (2003). *Handbook of death and dying*. Thousand Oaks, CA: Sage Publications.

Bryant, J., & Bryant, J. (2003). Effects of entertainment televisual media on children. In E. Palmer & B.Young (Eds.), *The faces of televisual media: Teaching, violence, selling to children*. Mahwah, NJ: Lawrence Erlbaum.

Bryant, J., & Bryant, J. A. (Eds.). (2001). *Television and the American family* (2nd ed.). Mahwah, NJ: Lawrence Erlbaum.

Buchanan, C. M., Eccles, J. S., & Becker, J. B. (1992). Are adolescents the victims of raging hormones? Evidence for activational effects of hormones on moods and behavior at adolescence. *Psychological Bulletin, 111*, 62–107.

Buchmann, C., & DiPrete, T. (2006, August). The growing female advantage in college completion: The role of family background and academic achievement. *American Sociological Review, 7*, 515–541.

Budd, K. (1999). The facts of life: Everything you wanted to know about sex (after 50). *Modern Maturity, 42*, 78.

Budwig & I. C. Uzgiris (Eds.). (1999). *Communication: An arena of development*. Westport, CT: Ablex Publishing.

Bugg, J., Zook, N., DeLosh, E., Davalos, D., & Davis, H. (2006, October). Age differences in fluid intelligence: Contributions of general slowing and frontal decline. *Brain and Cognition, 62*, 9–16.

Bull, M., & Durbin, D. (2008). Rear-facing car safety seats: Getting the message right. *Pediatrics, 121*, 619–620.

Bullinger, A. (1997). Sensorimotor function and its evolution. In J. Guimon (Ed.), *The body in psychotherapy* (pp. 25–29). Basil, Switzerland: Karger.

Bumpass, L., Sweet, J., & Martin, T. (1990). Changing patterns of remarriage. *Journal of Marriage and the Family, 52*, 747–756.

Bumpus, M. F., Crouter, A. C., & McHale, S. M. (2001). Parental autonomy granting during adolescence: Exploring gender differences in context. *Developmental Psychology, 37*, 163–173.

Burbach, J., & van der Zwaag, B. (2009). Contact in the genetics of autism and schizophrenia. *Trends in Neurosciences, 32*, 69–72. http://search.ebscohost.com, doi:10.1016/j.tins.2008.11.002

Burd, L., Cotsonas-Hassler, T. M., Martsolf, J. T., & Kerbeshian, J. (2003). Recognition and management of fetal alcohol syndrome. *Neurotoxicological Teratology, 25*, 681–688.

Burdjalov, V. F., Baumgart, S., & Spitzer, A. R. (2003). Cerebral function monitoring: A new scoring system for the evaluation of brain maturation in neonates. *Pediatrics, 112*, 855–861.

Burgess, K. B., & Rubin, K. H. (2000). Middle childhood: Social and emotional development. In A. E. Kazdin (Ed.), *Encyclopedia of psychology* (Vol. 5). Washington, DC: American Psychological Association.

Burgess, R. L., & Huston, T. L. (Eds.). (1979). *Social exchanges in developing relationships*. New York: Academic Press.

Burnett, P., & Proctor, R. (2002). Elementary school students' learner self-concept, academic self-concepts and approaches to learning. *Educational Psychology in Practice, 18*, 325–333.

Burnett-Wolle, S., & Godbey, G. (2007). Refining research on older adults' leisure: Implications of selection, optimization, and compensation and socioemotional selectivity theories. *Journal of Leisure Research, 39*, 498–513.

Burnham, M., Goodlin-Jones, B., & Gaylor, E. (2002). Nighttime sleep–wake patterns and self-soothing from birth to one year of age: A longitudinal intervention study. *Journal of Child Psychology & Psychiatry & Allied Disciplines, 43*, 713–725.

Burns, D. M. (2000). Cigarette smoking among the elderly: Disease consequences and the benefits of cessation. *American Journal of Health Promotion, 14*, 357–361.

Burrus-Bammel, L. L., & Bammel, G. (1985). Leisure and recreation. In J. E. Birren & K. W. Schaie (Eds.), *Handbook of the psychology of aging*. New York: Van Nostrand Reinhold.

Burt, V. L., & Harris, T. (1994). The third National Health and Nutrition Examination Survey: Contributing data on aging and health. *Gerontologist, 34*, 486–490.

Burton, A., Haley, W., & Small, B. (2006, May). Bereavement after caregiving or unexpected death: Effects on elderly spouses. *Aging & Mental Health, 10*, 319–326.

Burton, L., Henninger, D., Hafetz, J., & Cofer, J. (2009). Aggression, gender-typical childhood play, and a prenatal hormonal index. *Social Behavior and Personality, 37*, 105–116.

Busick, D., Brooks, J., Pernecky, S., Dawson, R., & Petzoldt, J. (2008). Parent food purchases as a measure of exposure and preschool-aged children's willingness to identify and taste fruit and vegetables. *Appetite, 51*, 468–473.

Buss, D. (2009). The great struggles of life: Darwin and the emergence of evolutionary psychology. *American Psychologist, 64*, 140–148. http://search.ebscohost.com, doi:10.1037/a0013207

Buss, D. M. (2003a). The dangerous passion: Why jealousy is as necessary as love and sex: Book review. *Archives of Sexual Behavior, 32*, 79–80.

Buss, D. M. (2003b). *The evolution of desire: Strategies of human mating* (Revised ed.). New York: Basic Books.

Buss, D. M. (2004). *Evolutionary psychology: The new science of the mind* (2nd ed.). Boston: Allyn & Bacon.

Buss, D. M., & Reeve, H. K. (2003). Evolutionary psychology and developmental dynamics: Comment on Lickliter and Honeycutt. *Psychological Bulletin, 129*, 848–853.

Buss, D. M., et al. (1990). International preferences in selecting mates: A study of 37 cultures. *Journal of Cross-Cultural Psychology, 21*, 5–47.

Buss, D., & Shackelford, T. (2008). Attractive women want it all: Good genes, economic investment, parenting proclivities, and emotional commitment. *Evolutionary Psychology, 6*, 134–146.

Buss, K. A., & Goldsmith, H. H. (1998). Feat and anger regulation in infancy: Effects on the temporal dynamics of affective expression. *Child Development, 69*, 359–374.

Buss, K. A., & Kiel, E. J. (2004). Comparison of sadness, anger, and fear facial expressions when toddlers look at their mothers. *Child Development, 75*, 1761–1773.

Bussey, K. (1992). Lying and truthfulness: Children's definition, standards, and evaluative reactions. *Child Development, 63*, 1236–1250.

Butler, K. G., & Silliman, E. R. (2002). *Speaking, reading, and writing in children with language learning disabilities: New paradigms in research and practice*. Mahwah, NJ: Lawrence Erlbaum.

Butler, R. N. (2002). The life review. *Journal of Geriatric Psychiatry, 35*, 7–10.

Butler, R. N., & Lewis, M. I. (1981). *Aging and mental health.* St. Louis: Mosby.

Butterworth, G. (1994). Infant intelligence. In J. Khalfa (Ed.), *What is intelligence? The Darwin College lecture series* (pp. 49–71). Cambridge, England: Cambridge University Press.

Butzer, B., & Campbell, L. (2008). Adult attachment, sexual satisfaction, and relationship satisfaction: A study of married couples. *Personal Relationships, 15,* 141–154.

Buysse, D. J. (2005). Diagnosis and assessment of sleep and circadian rhythm disorders. *Journal of Psychiatric Practice, 11,* 102–115.

Byrd, D., Katcher, M., Peppard, P., Durkin, M., & Remington, P. (2007). Infant mortality: Explaining black/white disparities in Wisconsin. *Maternal and Child Health Journal, 11,* 319–326.

Byrne, A. (2000). Singular identities: Managing stigma, resisting voices. *Women's Studies Review, 7,* 13–24.

Cabrera, N., Shannon, J., & Tamis-LeMonda, C. (2007). Fathers' influence on their children's cognitive and emotional development: From toddlers to pre-K. *Applied Developmental Science, 11,* 208–213.

Cacciatore, J., & Bushfield, S. (2007). Stillbirth: The mother's experience and implications for improving care. *Journal of Social Work in End-of-Life & Palliative Care, 3,* 59–79.

Cadinu, M. R., & Kiesner, J. (2000). Children's development of a theory of mind. *European Journal of Psychology of Education, 15,* 93–111.

Cain, V., Johannes, C., & Avis, N. (2003). Sexual functioning and practices in a multi-ethnic study of midlife women: Baseline results from SWAN. *Journal of Sex Research, 40,* 266–276.

Caino, S., Kelmansky, D., Lejarraga, H., & Adamo, P. (2004). Short-term growth at adolescence in healthy girls. *Annals of Human Biology, 31,* 182–195.

Calhoun, F., & Warren, K. (2007). Fetal alcohol syndrome: Historical perspectives. *Neuroscience & Biobehavioral Reviews, 31,* 168–171.

Calvert, S. L., Kotler, J. A., Zehnder, S., & Shockey, E. (2003). Gender stereotyping in children's reports about educational and informational television programs. *Media Psychology, 5,* 139–162.

Camarota, S. A. (2001). *Immigrants in the United States — 2000: A snapshot of America's foreign-born population.* Washington, DC: Center for Immigration Studies.

Cameron, P. (2003). Domestic violence among homosexual partners. *Psychological Reports, 93,* 410–416.

Cami, J., & Farré, M., (2003). Drug addiction. *New England Journal of Medicine, 349,* 975–986.

Campbell, A., Shirley, L., & Candy, J. (2004). A longitudinal study of gender-related cognition and behaviour. *Developmental Science, 7,* 1–9.

Campbell, D., Scott, K., Klaus, M., & Falk, M. (2007). Female relatives or friends trained as labor doulas: Outcomes at 6 to 8 weeks postpartum. *Birth: Issues in Perinatal Care, 34,* 220–227.

Campbell, F., Ramey, C., & Pungello, E. (2002). Early childhood education: Young adult outcomes from the Abecedarian Project. *Applied Developmental Science, 6,* 42–57.

Campos, J. J., Langer, A., & Krowitz, A. (1970). Cardiac responses on the visual cliff in prelocomotor human infants. *Science, 170,* 196–197.

Camras, L. A., & Sachs, V. B. (1991). Social referencing and caretaker expressive behavior in a day care setting. *Infant Behavior and Development, 14,* 27–36.

Camras, L., Oster, H., Bakeman, R., Meng, Z., Ujiie, T., & Campos, J. (2007). Do infants show distinct negative facial expressions for fear and anger? Emotional expression in 11-month-old European American, Chinese, and Japanese Infants. *Infancy, 11,* 131–155.

Canals, J., Fernandez-Ballart, J., & Esparo, G. (2003). Evolution of Neonatal Behavior Assessment Scale scores in the first month of life. *Infant Behavior & Development, 26,* 227–237.

Canning, P., Courage, M., Frizzell, L., & Seifert, T. (2007). Obesity in a provincial population of Canadian preschool children: Differences between 1984 and 1997 birth cohorts. *International Journal of Pediatric Obesity, 2,* 51–57.

Cantin, V., Lavallière, M., Simoneau, M., & Teasdale, N. (2009). Mental workload when driving in a simulator: Effects of age and driving complexity. *Accident Analysis and Prevention, 41,* 763–771.

Caplan, L. J., & Barr, R. A. (1989). On the relationship between category intensions and extensions in children. *Journal of Experimental Child Psychology, 47,* 413–429.

Cappeliez, P., Guindon, M., & Robitaille, A. (2008). Functions of reminiscence and emotional regulation among older adults. *Journal of Aging Studies, 22,* 266–272.

Cardman, M. (2004). Rising GPAs, course loads a mystery to researchers. *Education Daily, 37,* 1–3.

Carey, K. (2004). *A matter of degrees: Improving graduation rates in four-year colleges and universities.* Washington, DC: Education Trust.

Carlson, S. M., & Meltzoff, A. N. (2008). Bilingual experience and executive functioning in young children. *Developmental Science, 11,* 282–298.

Carmeli, A., & Josman, Z. (2006). The relationship among emotional intelligence, task performance, and organizational citizenship behaviors. *Human Performance, 19,* 403–419.

Carmichael, M. (2004, May 10). Have it your way: Redesigning birth. *Newsweek,* pp. 70–72.

Carmichael, M. (2006, May 8). Health: Does 'milk' hurt kids? *Newsweek,* p. 73.

Carnegie Task Force on Meeting the Needs of Young Children. (1994). *Starting points: Meeting the needs of our youngest children.* New York: Carnegie Corporation.

Carney, R. N. & Levin, J. R. (2003) Promoting higher-order learning benefits by building lower-order mnemonic connections. *Applied Cognitive Psychology, 17,* 563–575.

Caron, A. (2009). Comprehension of the representational mind in infancy. *Developmental Review, 29,* 69–95.

Carpendale, J. I. M. (2000). Kohlberg and Piaget on stages and moral reasoning. *Developmental Review, 20,* 181–205.

Carr, P. B., & Steele, C. M. (2009). Stereotype threat and inflexible perseverance in problem solving. *Journal of Experimental Social Psychology, 45,* 853–859.

Carrere, S., Buehlman, K. T., Gottman, J. M., Coan, J. A., & Ruckstuhl, L. (2000). Predicting marital stability and divorce in newlywed couples. *Journal of Family Psychology, 14,* 42–58.

Carroll, L. (2000, February 1). Is memory loss inevitable? Maybe not. *New York Times,* pp. D1, D7.

Carson, R. G. (2005). Neural pathways mediating bilateral interactions between the upper limbs. *Brain Research Review, 49,* 641–662.

Carstensen, L. L. (1995). Evidence for a life-span theory of socioemotional selectivity. *Current Directions in Psychological Science, 4,* 151–156.

Carton, A., & Aiello, J. (2009). Control and anticipation of social interruptions: Reduced stress and improved task performance. *Journal of Applied Social Psychology, 39,* 169–185.

Carver, C., & Scheier, M. (2002). Coping processes and adjustment to chronic illness. In A. Christensen & M. Antoni (Eds.), *Chronic physical disorders: Behavioral medicine's perspective* (pp. 47–68). Malden, MA: Blackwell Publishers.

Carver, L. J., & Cornew, L. (2009). The development of social information gathering in infancy: A model of neural substrates and developmental mechanisms. In M. de Haan & M. R. Gunnar (Eds). *Handbook of developmental social neuroscience.* New York: Guilford Press.

Carver, L., & Vaccaro, B. (2007, January). 12-month-old infants allocate increased neural resources to stimuli associated with negative adult emotion. *Developmental Psychology, 43,* 54–69.

Carver, L., Dawson, G., & Panagiotides, H. (2003). Age-related differences in neural correlates of face recognition during the toddler and preschool years. *Developmental Psychobiology, 42,* 148–159.

Cascalho, M., Ogle, B. M., & Platt, J. L. (2006). The future of organ transplantation. *Annals of Transplantation, 11,* 44–47.

Case, R. (1999). Conceptual development. In M. Bennett, *Developmental psychology: Achievements and prospects.* Philadelphia: Psychology Press.

Case, R., Demetriou, A., & Platsidou, M. (2001). Integrating concepts and tests of intelligence from the differential and developmental traditions. *Intelligence, 29,* 307–336.

Caserta, M., O'Connor, T., Wyman, P., Wang, H., Moynihan, J., Cross, W., et al. (2008). The associations between psychosocial stress and the frequency of illness, and innate and adaptive immune function in children. *Brain, Behavior, and Immunity, 22,* 933–940.

Caskey, R., Lindau, S., & Caleb Alexander, G. (2009). Knowledge and early adoption of the HPV vaccine among girls and young women: Results of a national survey. *Journal of Adolescent Health, 45,* 453–462.

Casper, M., & Carpenter, L. (2008). Sex, drugs, and politics: The HPV vaccine for cervical cancer. *Sociology of Health & Illness, 30,* 886–899.

Caspi, A. (2000). The child is father of the man: Personality continuities from childhood to adulthood. *Journal of Personality and Social Psychology, 78,* 158–172.

Cassidy, J., & Berlin, L. J. (1994). The insecure/ambivalent pattern of attachment: Theory and research. *Child Development, 65,* 971–991.

Castel, A., & Craik, F. (2003). The effects of aging and divided attention on memory for item and associative information. *Psychology & Aging, 18,* 873–885.

Catell, R. B. (1987). *Intelligence: Its structure, growth, and action.* Amsterdam: North-Holland.

Cath, S., & Shopper, M. (2001). *Stepparenting: Creating and recreating families in America today.* Hillsdale, NJ: Analytic Press.

Cauce, A. (2008). Parenting, culture, and context: Reflections on excavating culture. *Applied Developmental Science, 12,* 227–229. http://search.ebscohost.com, doi:10.1080/10888690802388177

Cauce, A., & Domenech-Rodriguez, M. (2002). Latino families: Myths and realities. In J. M. Contreras, J. K. A.

Kerns, & A. M. Neal-Barnett (Eds.), *Latino children and families in the United States*. Westport, CT: Praeger.

Caughlin, J. (2002). The demand/withdraw pattern of communication as a predictor of marital satisfaction over time. *Human Communication Research, 28*, 49–85.

Cavallini, A., Fazzi, E., & Viviani, V. (2002).Visual acuity in the first two years of life in healthy term newborns: An experience with the Teller Acuity Cards. *Functional Neurology: New Trends in Adaptive & Behavioral Disorders, 17*, 87–92.

CDC Office of Women's Health. (2008). *Leading causes of death in males in the United States, 2004*. Atlanta, GA: Centers for Disease Control and Prevention.

Ceci, S. J., & Bruck, M. (1993). The suggestibility of the child witness: A historical review and synthesis. *Psychological Bulletin, 113*, 403–439.

Ceci, S. J., Fitneva, S. A., & Gilstrap, L. L. (2003). Memory development and eyewitness testimony. In A. Slater & G. Bremner, *An introduction to developmental psychology*. Malden, MA: Blackwell Publishers.

Center for Communication and Social Policy, University of California. (1998). *National television violence study, Vol. 2*. Thousand Oaks, CA: Sage Publications.

Center for Media and Public Affairs (1995), *Analysis of violent content of broadcast and cable television stations on Thursday April 7,1995*. Washington, DC: Center for Media and Public Affairs.

Centers for Disease Control. (2003). Incidence-surveillance, epidemiology, and end results program, 1973–2000. Atlanta, GA: Author.

Centers for Disease Control. (2004). Health behaviors of adults: United States, 1999–2001. *Vital and Health Statistics, Series 10, no. 219*. Washington, DC: U.S. Department of Health and Human Services.

Centers for Disease Control and Prevention (2008). Prevalance of oversight, obesity and extreme obesity among adults: United States, trends 1960–62 through 2005–2006. *Health & Stats*. Washington, DC: U.S. Department of Health and Human Services.

Centers for Disease Control, National Vital Statistics Reports (2009). Births: Preliminary Data for 2007. Statistics, www.cdc.gov/nchs/data/nvsr/nvsr57/nvsr57_12.pdf.

Cerella, J. (1990). Aging and information-processing rate. In J. E. Birren & K. W. Schaie (Eds.), *Handbook of the psychology of aging* (3rd ed.). San Diego, CA: Academic Press.

CFCEPLA (Commonwealth Fund Commission on Elderly People Living Alone). (1986). *Problems facing elderly Americans living alone*. New York: Louis Harris & Associates.

Chaffin, M. (2006). The changing focus of child maltreatment research and practice within psychology. *Journal of Social Issues, 62*, 663–684.

Chaker, A. M. (2003, September 23). Putting toddlers in a nursing home. *Wall Street Journal*, D1.

Chall, J. S. (1979). The great debate: Ten years later, with a modest proposal for reading stages. In L. B. Resnick & P. A. Weaver (Eds.), *Theory and practice of early reading*. Hillsdale, NJ: Lawrence Erlbaum.

Chamberlain, P., Price, J., Reid, J., Landsverk, J., Fisher, P., & Stoolmiller, M. (2006, April). Who disrupts from placement in foster and kinship care? *Child Abuse & Neglect, 30*, 409–424.

Chan, D. W. (1997). Self-concept and global self-worth among Chinese adolescents in Hong Kong. *Personality & Individual Differences, 22*, 511–520.

Chang, I., J., Pettit, R. W., & Katsurada, E. (2006). Where and when to spank: A comparison between U.S. and Japanese college students. *Journal of Family Violence, 21*, 281–286.

Chao, R. K. (1994). Beyond parental control and authoritarian parenting style: Understanding Chinese parenting through the cultural notion of training. *Child Development, 65*, 1111–1119.

Chao, R. K. (2001). Extending research on the consequences of parenting style for Chinese Americans and European Americans. *Child Development, 72*, 1832–1843.

Chaplin, T., Gillham, J., & Seligman, M. (2009). Gender, anxiety, and depressive symptoms: A longitudinal study of early adolescents. *Journal of Early Adolescence, 29*, 307–327.

Chapple, A., Ziebland, S., McPherson, A., & Herxheimer, A. (2006, December). What people close to death say about euthanasia and assisted suicide: A qualitative study. *Journal of Medical Ethics, 32*, 706–710.

Charles, S. T., Mather, M., & Carstensen, L. L. (2003). Aging and emotional memory: The forgettable nature of negative images for older adults. *Journal of Experimental Psychology: General, 132*, 237–244.

Charles, S. T., Reynolds, C. A., & Gatz, M. (2001). Age-related differences and change in positive and negative affect over 23 years. *Journal of Personality and Social Psychology, 80*, 136–151.

Charles, S., & Carstensen, L. (2010). Social and emotional aging. *Annual Review of Psychology, 61*, 383–409.

Charness, N., & Boot, W. R. (2009). Aging and information technology use: Potential and barriers. *Current Directions in Psychological Science, 18*, 253–258.

Chassin, L., Macy, J., Seo, D., Presson, C., & Sherman, S. (2009). The association between membership in the sandwich generation and health behaviors: A longitudinal study. *Journal of Applied Developmental Psychology*, I31I, 38–46.

Chasteen, A. L., Bhattacharyya, S., Horhota, M., Tam, R., & Hasher, L. (2005). How feelings of stereotype threat influence older adults' memory performance. *Experimental Aging Research, 31*, 235–260.

Chatterji, M. (2004). Evidence on "What works": An argument for extended-term mixed-method (ETMM) evaluation designs. *Educational Researcher, 33*, 3–14.

Cheah, C., Leung, C., Tahseen, M., & Schultz, D. (2009). Authoritative parenting among immigrant Chinese mothers of preschoolers. *Journal of Family Psychology, 23*, 311–320.

Chen, J., & Gardner, H. (2005). Assessment based on multiple-intelligences theory. In D. P. Flanagan & P. L. Harrison (Eds.), *Contemporary intellectual assessment: Theories, tests, and issues*. New York, Guilford Press.

Chen, S. X., & Bond, M. H. (2007). Explaining language priming effects: Further evidence for ethnic affirmation among Chinese-English bilinguals, *Journal of Language and Social Psychology, 26*, 398–406.

Chen, X., Hastings, P. D., Rubin, K. H., Chen, H., Cen, G., & Stewart, S. L. (1998). Child-rearing attitudes and behavioral inhibition in Chinese and Canadian toddlers: A cross-cultural study. *Developmental Psychology, 34*, 677–686.

Cherlin, A. (1993). *Marriage, divorce, remarriage*. Cambridge, MA: Harvard University Press.

Cherlin, A., & Furstenberg, F. (1986). *The new American grandparent*. New York: Basic Books.

Cherney, I. (2003). Young children's spontaneous utterances of mental terms and the accuracy of their memory behaviors: A different methodological approach. *Infant & Child Development, 12*, 89–105.

Cherney, I., Kelly-Vance, L., & Glover, K. (2003).The effects of stereotyped toys and gender on play assessment in children aged 18–47 months. *Educational Psychology, 23*, 95–105.

Cherry, K. E., & Park, D. C. (1993). Individual difference and contextual variables influence spatial memory in younger and older adults. *Psychology and Aging, 8*, 517–526.

Cheung, A. H., Emslie, G. J., & Mayes, T. L. (2006). The use of antidepressants to treat depression in children and adolescents. *Canadian Medical Association Journal, 174*, 193–200.

Chien, S., Bronson-Castain, K., Palmer, J., & Teller, D. (2006). Lightness constancy in 4-month-old infants. *Vision Research, 46*, 2139–2148.

Child Health USA. (2007). U.S. Department of Health and Human Services, Health Resources and Services Administration, Maternal and Child Health Bureau. *Child Health USA 2007*. Rockville, MD: U.S. Department of Health and Human Services.

Childers, J. (2009). Early verb learners: Creative or not? *Monographs of the Society for Research in Child Development, 74*, 133–139. http://search.ebscohost.com, doi:10.1111/j.1540-5834.2009.00524.x

ChildStats.gov. (2000). *America's children 2000*. Washington, DC: National Maternal and Child Health Clearinghouse.

ChildStats.gov. (2009). *America's children 2009*. Washington, DC: National Maternal and Child Health Clearinghouse.

Chisolm, T., Willott, J., & Lister, J. (2003). The aging auditory system: Anatomic and physiologic changes and implications for rehabilitation. *International Journal of Audiology, 42*, 2S3–2S10.

Chiu, M. M., & McBride-Chang, C. (2006). Gender, context, and reading: A comparison of students in 43 countries. *Scientific Studies of Reading, 10*, 331–362.

Chlebowski, R. T., Schwartz, A. G., Wakelee, H., Anderson, G. L., Stefanick, M. L., Manson, J. E., Rodabough, R. J., Chien, J. W., Wactawski-Wende, J., Gass, M., Kotchen, J. M., Johnson, K. C., O'Sullivan, M. J., Ockene, J. K., Chen, C., Hubbell, F. A. & Women's Health Initiative Investigators. (2009). Oestrogen plus progestin and lung cancer in postmenopausal women (Women's Health Initiative trial): a post-hoc analysis of a randomised controlled trial. *Lancet, 374*, 1243–1251.

Chomsky, N. (1968). *Language and mind*. New York: Harcourt Brace Jovanovich.

Chomsky, N. (1978). On the biological basis of language capacities. In G. A. Miller & E. Lennenberg (Eds.), *Psychology and biology of language and thought* (pp. 199–220). New York: Academic Press.

Chomsky, N. (1991). Linguistics and cognitive science: Problems and mysteries. In A. Kasher (Ed.), *The Chomskyan turn*. Cambridge, MA: Blackwell.

Chomsky, N. (1999). On the nature, use, and acquisition of language. In W. C. Ritchie & T. J. Bhatia (Eds.), *Handbook of child language acquisition*. San Diego: Academic Press.

Chomsky, N. (2005). Editorial: Universals of human nature. *Psychotherapy and Psychosomatics [serial online], 74*, 263–268.

Choy, C. M., Yeung, Q. S., Briton-Jones, C. M., Cheung, C. K., Lam, C. W., & Haines, C. J. (2002). Relationship between semen parameters and mercury concentrations in blood and in seminal fluid from subfertile males in Hong Kong. *Fertility and Sterility, 78*, 426–428.

Christakis, D., & Zimmerman, F. (2007). Violent television viewing during preschool is associated with antisocial behavior during school age. *Pediatrics, 120,* 993–999.

Christophersen, E. R., & Mortweet, S. L. (2003). Disciplining your child effectively. In E. R. Christophersen & S. L. Mortweet, *Parenting that works: Building skills that last a lifetime.* Washington, DC: American Psychological Association.

Chronis, A., Jones, H., & Raggi, V. (2006, June). Evidence-based psychosocial treatments for children and adolescents with attention-deficit/hyperactivity disorder. *Clinical Psychology Review, 26,* 486–502.

Chung, S. A., Wei, A. Q., Connor, D. E., Webb, G. C., Molloy, T., Pajic, M., & Diwan, A. D. (2007). Nucleus pulposus cellular longevity by telomerase gene therapy. *Spine, 15,* 1188–1196.

Cianciolo, A. T., Matthew, C., & Sternberg, R. J. (2006). Tacit knowledge, practical intelligence, and expertise. In K. A. Ericsson, N. Charness, P. J. Feltovich, & R. R. Hoffman, *The Cambridge handbook of expertise and expert performance.* New York: Cambridge University Press.

Cicchetti, D. (1996). Child maltreatment: Implications for developmental theory and research. *Human Development, 39,* 18–39.

Cicchetti, D. (2003). Neuroendocrine functioning in maltreated children. In D. Cicchetti and E. Walker (Eds.), *Neurodevelopmental mechanisms in psychopathology.* New York: Cambridge University Press.

Cicchetti, D. (2004). An odyssey of discovery: Lessons learned through three decades of research on child maltreatment. *American Psychologist, 59* [Special issue: Awards Issue 2004], 731–741.

Cicchetti, D., & Cohen, D. J. (2006). *Developmental Psychopathology, Vol. 1: Theory and method* (2nd Edition). Hoboken, NJ: Wiley.

Cina, V., & Fellmann, F. (2006). Implications of predictive testing in neurodegenerative disorders. *Schweizer Archiv für Neurologie und Psychiatrie, 157,* 359–365.

CIRE (Cooperative Institutional Research Program of the American Council on Education). (1990). *The American freshman: National norms for fall 1990.* Los Angeles: American Council on Education.

Cirulli, F., Berry, A., & Alleva, E. (2003). Early disruption of the mother–infant relationship: Effects on brain plasticity and implications for psychopathology. *Neuroscience & Biobehavioral Reviews, 27,* 73–82.

Clark, J. E., & Humphrey, J. H. (Eds.). (1985). *Motor development: Current selected research.* Princeton, NJ: Princeton Book Company.

Clark, K. B., & Clark, M. P. (1947). Racial identification and preference in Negro children. In T. M. Newcomb & E. L. Hartley (Eds.), *Readings in social psychology.* New York: Holt, Rinehart & Winston.

Clark, L. (2010). Decision-making during gambling: An integration of cognitive and psychobiological approaches. *Philosophical Transactions of the Royal Society of London: B Biological Sciences, 365,* 319–330.

Clark, M. S., & Mills, J. (1993). The difference between communal and exchange relationships: What it is and is not. *Personality and Social Psychology Bulletin, 19,* 684–691.

Clark, M., & Arnold, J. (2008). The nature, prevalence and correlates of generativity among men in middle career. *Journal of Vocational Behavior, 73,* 473–484.

Clark, R. (1998). *Expertise.* Silver Spring, MD: International Society for Performance Improvement.

Clark, R., Hyde, J. S., Essex, M. J., & Klein, M. H. (1997). Length of maternity leave and quality of mother–infant interactions. *Child Development, 68,* 364–383.

Clarke, A. R., Barry, R. J., McCarthy, R., Selikowitz, M., & Johnstone, S. J. (2008). Effects of imipramine hydrochloride on the EEG of children with Attention-Deficit/Hyperactivity Disorder who are non-responsive to stimulants. *International Journal of Psychophysiology, 68,* 186–192.

Clarke-Stewart, A., & Friedman, S. (1987). *Child development: Infancy through adolescence.* New York: Wiley.

Clauss-Ehlers, C. (2008). Sociocultural factors, resilience, and coping: Support for a culturally sensitive measure of resilience. *Journal of Applied Developmental Psychology, 29,* 197–212.

Claxton, L. J., Keen R., & McCarty, M. E. (2003). Evidence of motor planning in infant reaching behavior. *Psychological Science, 14,* 354–356.

Claxton, L., McCarty, M., & Keen, R. (2009). Self-directed action affects planning in tool-use tasks with toddlers. *Infant Behavior & Development, 32,* 230–233.

Clearfield, M., & Nelson, N. (2006, January). Sex differences in mothers' speech and play behavior with 6-, 9-, and 14-month-old infants. *Sex Roles, 54,* 127–137.

Cliff, D. (1991). Negotiating a livable retirement: Further paid work and the quality of life in early retirement. *Aging and Society, 11,* 319–340.

Clifford, S. (2009, June 2). Online, "a reason to keep on going." *New York Times,* p. D5.

Clifton, R. (1992). The development of spatial hearing in human infants. In L. A. Werner & E. W. Rubel (Eds.), *Developmental psychoacoustics* (pp. 135–157). Washington, DC: American Psychological Association.

Clinton, J. F., & Kelber, S. T. (1993). Stress and coping in fathers of newborns: Comparisons of planned versus unplanned pregnancy. *International Journal of Nursing Studies, 30,* 437–443.

Closson, L. (2009). Status and gender differences in early adolescents' descriptions of popularity. *Social Development, 18,* 412–426.

Cnattingius, S., Berendes, H., & Forman, M. (1993). Do delayed childbearers face increased risks of adverse pregnancy outcomes after the first birth? *Obstetrics and Gynecology, 81,* 512–516.

Cobbe, E. (2003, September 25). France ups heat toll. *CBS Evening News.*

Cohen, J. (1999, March 19). Nurture helps mold able minds. *Science, 283,* 1832–1833.

Cohen, L. B., & Cashon, C. H. (2003). Infant perception and cognition. In R. M. Lerner & M. A. Easterbrooks (Eds.), *Handbook of psychology: Developmental psychology,* Vol. 6. New York: Wiley.

Cohen, S., Hamrick, N., Rodriguez, M. S., Feldman, P. J., Rabin B. S., & Manuck, S. B. (2002). Reactivity and vulnerability to stress-associated risk for upper respiratory illness. *Psychosomatic Medicine, 64,* 302–310.

Cohen, S., Tyrell, D. A., & Smith, A. P. (1997). Psychological stress in humans and susceptibility to the common cold. In T. W. Miller (Ed.), *International Universities Press Stress and Health Series, Monograph 7. Clinical disorders and stressful life events* (pp. 217–235). Madison, CT: International Universities Press.

Cohn, R. M. (1982). Economic development and status change of the aged. *American Journal of Sociology, 87,* 1150–1161.

Cohrs, J., Abele, A., & Dette, D. (2006, July). Integrating situational and dispositional determinants of job satisfaction: Findings from three samples of professionals. *Journal of Psychology: Interdisciplinary and Applied, 140,* 363–395.

Cokley, K. (2003). What do we know about the motivation of African American students? Challenging the "anti-intellectual" myth. *Harvard Educational Review, 73,* 524–558.

Colby, A., & Damon, W. (1987). Listening to a different voice: A review of Gilligan's in a different voice. In M. R. Walsh (Ed.), *The psychology of women.* New Haven, CT: Yale University Press.

Colby, A., & Kohlberg, L. (1987). *The measurement of moral adjudgment* (Vols. 1–2). New York: Cambridge University Press.

Colcombe, S. J., Erickson, K. I., Scalf, P. E., Kim, J. S., Prakash, R., McAuley, E., Elavsky, S., Marquez, D. X., Hu, L., & Kramer, A. F. (2006). Aerobic exercise training increases brain volume in aging humans. *Journals of Gerontology: Series A: Biological Sciences and Medical Sciences, 61,* 1166–1170.

Cole, C. F., Arafat, C., & Tidhar, C. (2003). The educational impact of Rechov Sumsum/Shara'a Simsim: A Sesame Street television series to promote respect and understanding among children living in Israel, the West Bank and Gaza. *International Journal of Behavioral Development, 27,* 409–422.

Cole, D. A., Maxwell, S. E., Martin, J. M., Peeke, L. G., Seroczynski, A. D., Tram, J. M., Joffman, K. B., Ruiz, M. D., Jacquez, F., & Maschman, T. (2001). The development of multiple domains of child and adolescent self-concept: A cohort sequential longitudinal design. *Child Development, 72,* 1723–1746.

Cole, M. (1992). Culture in development. In M. H. Bornstein & M. E. Lamb (Eds.), *Developmental psychology: An advanced textbook* (3rd ed.). Hillsdale, NJ: Lawrence Erlbaum.

Cole, P., Dennis, T., Smith-Simon, K., & Cohen, L. (2009). Preschoolers' emotion regulation strategy understanding: Relations with emotion socialization and child self-regulation. *Social Development, 18,* 324–352.

Cole, S. A. (2005). Infants in foster care: Relational and environmental factors affecting attachment. *Journal of Reproductive & Infant Psychology, 23,* 43–61.

Coleman, H., Chan, C., Ferris, F., & Chew, E. (2008). Age-related macular degeneration. *The Lancet, 372,* 1835–1845.

Coleman, M., Ganong, L., & Weaver, S. (2001). Relationship maintenance and enhancement in remarried families. In J. Harvey & A. Wenzel (Eds.), *Close romantic relationships: Maintenance and enhancement.* Mahwah, NJ: Lawrence Erlbaum.

Coleman, P. (2005, July). Editorial: Uses of reminiscence: Functions and benefits. *Aging & Mental Health, 9,* 291–294.

Colen, C., Geronimus, A., & Phipps, M. (2006, September). Getting a piece of the pie? The economic boom of the 1990s and declining teen birth rates in the United States. *Social Science & Medicine, 63,* 1531–1545.

Colino, S. (2002, February 26). Problem kid or label? *Washington Post,* p. HE01.

Collins, W. (2003). More than myth: The developmental significance of romantic relationships during adolescence. *Journal of Research on Adolescence, 13,* 1–24.

Collins, W. A., Gleason, T., & Sesma, A. (1997). Internalization, autonomy, and relationships: Development during adolescence. In J. E. Grusec & L. Kuczynski (Eds.), *Parenting and children's internalization of values: A handbook of contemporary theory* (pp. 78–99). New York: Wiley.

Collins, W., & Andrew, L. (2004). Changing relationships, changing youth: Interpersonal contexts of adolescent development. *Journal of Early Adolescence, 24,* 55–62.

Collins, W., & Doolittle, A. (2006, December). Personal reflections of funeral rituals and spirituality in a Kentucky African American family. *Death Studies, 30,* 957–969.

Collishaw, S., Pickles, A., Messer, J., Rutter, M., Shearer, C., & Maughan, B. (2007). Resilience to adult psychopathology following childhood maltreatment: Evidence from a community sample. *Child Abuse & Neglect, 31*, 211–229.

Colom, R., Lluis-Font, J. M., & Andrés-Pueyo, A. (2005). The generational intelligence gains are caused by decreasing variance in the lower half of the distribution: Supporting evidence for the nutrition hypothesis. *Intelligence, 33*, 83–91.

Colombo, J., & Mitchell, D. (2009). Infant visual habituation. *Neurobiology of Learning and Memory, 92*, 225–234.

Colpin, H., & Soenen, S. (2004). Bonding through an adoptive mother's eyes. *Midwifery Today Int Midwife, 70*, 30–31.

Coltrane, S., & Adams, M. (1997). Children and gender. In T. Arendell (Ed.), *Contemporary parenting: Challenges and issues. Understanding Families* (Vol. 9, pp. 219–253). Thousand Oaks, CA: Sage Publications.

Committee on Children, Youth and Families. (1994). *When you need child day care.* Washington, DC: American Psychological Association.

Commons, M. L., Galaz-Fontes, J. F., & Morse, S. J. (2006). Leadership, cross-cultural contact, socioeconomic status, and formal operational reasoning about moral dilemmas among Mexican non-literate adults and high school students. *Journal of Moral Education, 35*, 247–267.

Compton, R., & Weissman, D. (2002). Hemispheric asymmetries in global-local perception: Effects of individual differences in neuroticism. *Laterality, 7*, 333–350.

Comunian, A. L., & Gielen, U. P. (2000). Sociomoral reflection and prosocial and antisocial behavior: Two Italian studies. *Psychological Reports, 87*, 161–175.

Condly, S. (2006, May). Resilience in children: A review of literature with implications for education. *Urban Education, 41*, 211–236.

Condry, J., & Condry, S. (1976). Sex differences: A study of the eye of the beholder. *Child Development, 47*, 812–819.

Conel, J. L. (1930/1963). *Postnatal development of the human cortex* (Vols. 1–6). Cambridge, MA: Harvard University Press.

Conn, V. S. (2003). Integrative review of physical activity intervention research with aging adults. *Journal of the American Geriatrics Society, 51*, 1159–1168.

Connell-Carrick, K. (2006). Early child care and early child development: Major findings of the NICHD Study of Early Child Care. *Child Welfare Journal, 85*, 819–836.

Conner, K., & Goldston, D. (2007, March). Rates of suicide among males increase steadily from age 11 to 21: Developmental framework and outline for prevention. *Aggression and Violent Behavior, 12(2)*, 193–207.

Connor, R. (1992). *Cracking the over-50 job market.* New York: Penguin Books.

Consedine, N., Magai, C., & King, A. (2004). Deconstructing positive affect in later life: A differential functionalist analysis of joy and interest. *International Journal of Aging & Human Development, 58*, 49–68.

Cook, A. S., & Oltjenbruns, K. A. (1989). *Dying and grieving: Lifespan and family perspectives.* New York: Holt, Rinehart & Winston.

Cook, E., Buehler, C., & Henson, R. (2009). Parents and peers as social influences to deter antisocial behavior. *Journal of Youth and Adolescence, 38*, 1240–1252.

Coon, K. D., Myers, A. J., Craig, D. W., Webster, J. A., Pearson, J. V., et al. Lince, D. H., Zismann, V. L., Beach, T. G., Leung, D., Bryden, J., Halperin, R. F., Marlowe, L., Kaleem, M., Walker, D. G., Ravid, R., Heward, C. B., Rogers, J., Papassotiropoulos, A., Reiman, E. M., Hardy, J., & Stephan, D. A. (2007). A high-density whole-genome association study reveals that APOE is the major susceptibility gene for sporadic late-onset Alzheimer's disease. *Journal of Clinical Psychiatry, 68*, 613–618.

Coons, S., & Guilleminault, C. (1982). Developments of sleep-wake patterns and non-rapid-eye-movement sleep stages during the first six months of life in normal infants. *Pediatrics, 69(6)*, 793–798.

Coon, K. D., Myers, A. J., Craig, D. W., Webster, J. A., Pearson, J. V., et al. (2007). A high-density whole-genome association study reveals that APOE is the major susceptibility gene for sporadic late-onset Alzheimer's disease. *Journal of Clinical Psychiatry, 68*, 613–618.

Corballis, M. C., Hattie, J., & Fletcher, R. (2008). Handedness and intellectual achievement: An even-handed look. *Neuropsychologia, 46*, 374–378.

Corballis, P. (2003). Visuospatial processing and the right-hemisphere interpreter. *Brain & Cognition, 53*, 171–176.

Corbetta, D., & Snapp-Childs, W. (2009). Seeing and touching: The role of sensory-motor experience on the development of infant reaching. *Infant Behavior & Development, 32*, 44–58.

Corbin, J. (2007). Reactive attachment disorder: A biopsychosocial disturbance of attachment. *Child & Adolescent Social Work Journal, 24*, 539–552.

Corcoran, J., & Pillai, V. (2007, January). Effectiveness of secondary pregnancy prevention programs: A meta-analysis. *Research on Social Work Practice, 17*, 5–18.

Cordes, S., & Brannon, E. (2009). Crossing the divide: Infants discriminate small from large numerosities. *Developmental Psychology, 45*, 1583–1594.

Cordón, I. M., Pipe, M., Sayfan, L., Melinder, A., & Goodman, G. S. (2004). Memory for traumatic experiences in early childhood. *Developmental Review, 24*, 101–132.

Corliss, J. (1996, October 29). Alzheimer's in the news. *HealthNews*, pp. 1–2.

Cornish, K., Turk, J., & Hagerman, R. (2008). The fragile X continuum: New advances and perspectives. *Journal of Intellectual Disability Research, 52*, 469–482.

Corr, C. (2007). Hospice: Achievements, legacies, and challenges. *Omega: Journal of Death and Dying, 56*, 111–120.

Corr, C. A., Nabe, C. M., & Corr, D. M. (2000). *Death and dying, life and living* (3rd ed.). Belmont, CA: Wadsworth/Thomson Learning.

Corr, C., & Doka, K. (2001). Master concepts in the field of death, dying, and bereavement: Coping versus adaptive strategies. *Omega: Journal of Death & Dying, 43*, 183–199.

Corr, C., Nabe, C., & Corr, D. (2006). *Death & dying, life & living.* Belmont, CA: Thomson Wadsworth.

Costa, P. T., & McCrae, R. R. (1997). Longitudinal stability of adult personality. In R. Hogan, J. A. Johnson, & S. R. Briggs (Eds.), *Handbook of personality psychology* (pp. 269–290). San Diego, CA: Academic Press.

Costa, P. T., Busch, C. M., Zonderman, A. B., & McCrae, R. R. (1986). Correlations of MMPI factor scales with measures of the five factor model of personality. *Journal of Personality Assessment, 50*, 640–650.

Costa, P. T., Jr., & McCrae, R. R. (1988). Personality in adulthood: A six-year longitudinal study of self-report and spouse ratings on the NEO Personality Inventory. *Journal of Personality and Social Psychology, 54*, 853–863.

Costa, P. T., Jr., & McCrae, R. R. (1989). Personality continuity and the changes of adult life. In M. Storandt & G. R. VandenBos (Eds.), *The adult years: Continuity and change.* Washington, DC: American Psychological Association.

Costello, E., Compton, S., & Keeler, G. (2003). Relationships between poverty and psychopathology: A natural experiment. *JAMA: The Journal of the American Medical Association, 290*, 2023–2029.

Costello, E., Sung, M., Worthman, C., & Angold, A. (2007, April). Pubertal maturation and the development of alcohol use and abuse. *Drug and Alcohol Dependence, 88*, S50–S59.

Côté, J. (2005). Editor's introduction. *Identity, 5*, 95–96.

Cotrufo, P., Monteleone, P., d'Istria, M., Fuschino, A., Serino, I., & Maj, M. (2000). Aggressive behavioral characteristics and endogenous hormones in women with bulimia nervosa. *Neuropsychobiology, 42*, 58–61.

Coulson, N. S., Buchanan, H., & Aubeeluck, A. (2007). Social support in cyberspace: A content analysis of communication within a Huntington's disease online support group. *Patient Education and Counseling, 68*, 173–178.

Couperus, J., & Nelson, C. (2006). Early brain development and plasticity. *Blackwell handbook of early childhood development.* New York: Blackwell Publishing.

Courtney, E., Gamboz, J., & Johnson, J. (2008). Problematic eating behaviors in adolescents with low self-esteem and elevated depressive symptoms. *Eating Behaviors, 9*, 408–414.

Couzin, J. (2002, June 21). Quirks of fetal environment felt decades later. *Science, 296*, 2167–2169.

Couzin, J. (2004, July 23). Volatile chemistry: Children and antidepressants. *Science, 305*, 468–470.

Cowan, C. P., & Cowan, P. A. (1992). *When partners become parents.* New York: Wiley.

Cowgill, D. O., & Holmes, L. D. (1972). *Aging and modernization.* New York: Appleton-Century-Crofts.

Cowley, G. (2000, January 31). Alzheimer's: Unlocking the mystery. *Newsweek*, pp. 46–51.

Cox, C., Kotch, J., & Everson, M. (2003). A longitudinal study of modifying influences in the relationship between domestic violence and child maltreatment. *Journal of Family Violence, 18*, 5–17.

Coyne, J., Thombs, B., Stefanek, M., & Palmer, S. (2009). Time to let go of the illusion that psychotherapy extends the survival of cancer patients: Reply to Kraemer, Kuchler, and Spiegel (2009). *Psychological Bulletin, 135*, 179–182.

Cramer, M., Chen, L., Roberts, S., & Clute, D. (2007). Evaluating the social and economic impact of community-based prenatal care. *Public Health Nursing, 24*, 329–336.

Crane, E., & Morris, J. (2006). Changes in maternal age in England and Wales—Implications for Down syndrome. *Down Syndrome: Research & Practice, 10*, 41–43.

Cratty, B. (1979). *Perceptual and motor development in infants and children* (2nd ed.). Englewood Cliffs, NJ: Prentice-Hall.

Cratty, B. (1986). *Perceptual and motor development in infants and children* (3rd ed.). Englewood Cliffs, NJ: Prentice-Hall.

Crawford, D., Houts, R., & Huston, T. (2002). Compatibility, leisure, and satisfaction in marital relationships. *Journal of Marriage & Family, 64*, 433–449.

Crawford, M., & Unger, R. (2004). *Women and gender: A feminist psychology* (4th ed.). New York: McGraw-Hill, 2004.

Crawford, M., & Unger, R. (2004). *Women and gender: A feminist psychology* (4th ed.). New York: McGraw-Hill.

Crawley, A., Anderson, D., & Santomero, A. (2002). Do children learn how to watch television? The impact of extensive experience with *Blue's Clues* on preschool children's television viewing behavior. *Journal of Communication, 52*, 264–280.

Crisp, A., Gowers, S., Joughin, N., McClelland, L., Rooney, B., Nielsen, S., et al. (2006, May). Anorexia nervosa in males: Similarities and differences to anorexia nervosa in females. *European Eating Disorders Review, 14*, 163–167.

Crisp, R., Bache, L., & Maitner, A. (2009). Dynamics of social comparison in counter-stereotypic domains: Stereotype boost, not stereotype threat, for women engineering majors. *Social Influence, 4*, 171–184.

Critser, G. (2003). *Fat land: How Americans became the fattest people in the world.* Boston: Houghton Mifflin.

Crockenberg, S., & Leerkes, E. (2003). Infant negative emotionality, caregiving, and family relationships. In A. Crouter & A. Booth (Eds.), *Children's influence on family dynamics: The neglected side of family relationships* (pp. 57–78). Mahwah, NJ: Lawrence Erlbaum.

Crosnoe, R., & Elder, G. H., Jr. (2002). Successful adaptation in the later years: A life course approach to aging. *Social Psychology Quarterly, 65*, 309–328.

Cross, T., Cassady, J., Dixon, F., & Adams, C. (2008). The psychology of gifted adolescents as measured by the MMPI-A. *Gifted Child Quarterly, 52*, 326–339.

Cross, W. E., & Cross, T. B. (2008). The big picture: Theorizing self-concept structure and construal. In P. B. Pedersen et al. (Eds.) *Counseling across cultures* (6th ed.). Thousand Oaks, CA: Sage Publications.

Crowl, A., Ahn, S., & Baker, J. (2008). A meta-analysis of developmental outcomes for children of same-sex and heterosexual parents. *Journal of GLBT Family Studies, 4*, 385–407.

Crowley, B., Hayslip, B., & Hobdy, J. (2003). Psychological hardiness and adjustment to life events in adulthood. *Journal of Adult Development, 10*, 237–248.

Crowley, K., Callaman, M. A., Tenenbaum, H. R., & Allen, E. (2001). Parents explain more often to boys than to girls during shared scientific thinking. *Psychological Science, 12*, 258–261.

Crowther, M., & Rodriguez, R. (2003). A stress and coping model of custodial grandparenting among African Americans. In B. Hayslip & J. Patrick (Eds.), *Working with custodial grandparents.* New York: Springer Publishing.

Cruz, N., & Bahna, S. (2006, October). Do foods or additives cause behavior disorders? *Psychiatric Annals, 36*, 724–732.

Cuddy, A. J. C., & Fiske, S. T. (2004). Doddering but dear: Process, content, and function in stereotyping of older persons. In T. Nelson (Ed.), *Ageism: Stereotyping and prejudice against older persons.* Cambridge, MA: MIT Press.

Cuervo, A. (2008). Calorie restriction and aging: The ultimate "cleansing diet." *Journals of Gerontology: Series A: Biological Sciences and Medical Sciences, 63A*, 547–549.

Culbertson, J. L., & Gyurke, J. (1990). Assessment of cognitive and motor development in infancy and childhood. In J. H. Johnson & J. Goldman (Eds.), *Developmental assessment in clinical child psychology: A handbook* (pp. 100–131). New York: Pergamon Press.

Cullen, K. (2010, January 10). Too little too late against bully tactics. *The Boston Globe*, p. 12.

Culver, V. (2003, August 26). Funeral expenses overwhelm survivors: $10,000-plus tab often requires aid. *Denver Post*, p. B2.

Cumming, G. P., Currie, H. D., Moncur, R., & Lee, A. J. (2009). Web-based survey on the effect of menopause on women's libido in a computer-literate population. *Menopause International, 15*, 8–12.

Cummings, E., & Henry, W. E. (1961). *Growing old.* New York: Basic Books.

Curl, M. N., Davies, R., Lothian, S., Pascali-Bonaro, D., Scaer, R. M., & Walsh, A. (2004). Childbirth educators, doulas, nurses, and women respond to the six care practices for normal birth. *Journal of Perinatal Education, 13*, 42–50.

Curtis, W. J., & Cicchetti, D. (2003). Moving research on resilience in the 21st century: Theoretical and methodological considerations in examining the biological contributors to resilience. *Development and Psychopathology, 15*, 126–131.

Cynader, M. (2000, March 17). Strengthening visual connections. *Science, 287*, 1943–1944.

Dabelko, H., & Zimmerman, J. (2008). Outcomes of adult day services for participants: A conceptual model. *Journal of Applied Gerontology, 27*, 78–92.

Dagher, A., Tannenbaum, B., Hayashi, T., Pruessner, J., & McBride, D. (2009). An acute psychosocial stress enhances the neural response to smoking cues. *Brain Research, 129*, 340–348.

Dahl, E., & Birkelund, E. (1997). Health inequalities in later life in a social democratic welfare state. *Social Science & Medicine, 44*, 871–881.

Dahl, R. (2008). Biological, developmental, and neurobehavioral factors relevant to adolescent driving risks. *American Journal of Preventive Medicine, 35*, S278–SS284.

Dailard, C. (2001). Sex education: Politicians, parents, teachers and teens. *The Guttmacher Report on Public Policy (Alan Guttmacher Institute)*, 41–4. Retrieved March 4, 2006, from http://www.guttmacher.org/pubs/tgr/04/1/gr040109.pdf

Dailard, C. (2006, Summer). Legislating against arousal: The growing divide between federal policy and teenage sexual behavior. *Guttmacher Policy Review, 9*, 12–16.

Daley, K. C. (2004). Update on sudden infant death syndrome. *Current Opinion in Pediatrics, 16*, 227–232.

Dalton, T. C., & Bergenn, V. W. (2007). *Early experience, the brain, and consciousness: An historical and interdisciplinary synthesis.* Mahwah, N.J.: Lawrence Erlbaum Associates Publishers.

Daly, T., & Feldman, R. S. (1994). Benefits of social integration for typical preschoolchildren. Unpublished manuscript.

Damon, W. (1983). *Social and personality development.* New York: Norton.

Damon, W., & Hart, D. (1988). *Self-understanding in childhood and adolescence.* New York: Cambridge University Press.

Daniel, S., & Goldston, D. (2009). Interventions for suicidal youth: A review of the literature and developmental considerations. *Suicide and Life-Threatening Behavior, 39*, 252–268.

Daniels, H. (Ed.). (1996). *An introduction to Vygotsky.* New York: Routledge.

Danner, F. (2008). A national longitudinal study of the association between hours of TV viewing and the trajectory of BMI growth among US children. *Journal of Pediatric Psychology, 33*, 1100–1107.

Dardenne, B., Dumont, M., & Bollier, T. (2007). Insidious dangers of benevolent sexism: Consequences for women's performance. *Journal of Personality and Social Psychology, 93*, 764–779.

Dare, W. N., Noronha, C. C., Kusemiju, O. T., & Okanlawon, O. A. (2002). The effect of ethanol on spermatogenesis and fertility in male Sprague-Dawley rats pretreated with acetylsalicylic acid. *Nigeria Postgraduate Medical Journal, 9*, 194–198.

Darnton, N. (1990, June 4). Mommy vs. Mommy. *Newsweek*, pp. 64–67.

Das, A. (2007). Masturbation in the United States. *Journal of Sex & Marital Therapy, 33*, 301–317.

Dasen, P. R., & Mishra, R. C. (2002). Cross-cultural views on human development in the third millennium. In W. W. Hartup & R. K. Silbereisen (Eds.), *Growing points in developmental science: An introduction.* Philadelphia: Psychology Press.

Dasen, P., Inhelder, B., Lavallee, M., & Retschitzki, J. (1978). *Naissance de l'intelligence chez l'enfant Baoule de Cote d'Ivoire.* Berne: Hans Huber.

Dasen, P., Ngini, L., & Lavallee, M. (1979). Cross-cultural training studies of concrete operations. In L. H. Eckenberger, W. J. Lonner, & Y. H. Poortinga (Eds.), *Cross-cultural contributions to psychology.* Amsterdam: Swets & Zeilinger.

Davenport, B., & Bourgeois, N. (2008). Play, aggression, the preschool child, and the family: A review of literature to guide empirically informed play therapy with aggressive preschool children. *International Journal of Play Therapy, 17*, 2–23.

Davey, M. (2007, June 2). Kevorkian freed after years in prison for aiding suicide. *New York Times*, p. A1.

Davey, M., Eaker, D. G., & Walters, L. H. (2003). Resilience processes in adolescents: Personality profiles, self-worth, and coping. *Journal of Adolescent Research, 18*, 347–362.

Davidson, J. K., Darling, C. A., & Norton, L. (1995). Religiosity and the sexuality of women: Sexual behavior and sexual satisfaction revisited. *Journal of Sex Research, 32*, 235–243.

Davidson, R. J. (2003). Affective neuroscience: A case for interdisciplinary research. In F. Kessel & P. L. Rosenfield (Eds.), *Expanding the boundaries of health and social science: Case studies in interdisciplinary innovation.* London: Oxford University Press.

Davidson, T. (1977). Wifebeating: A recurring phenomenon throughout history. In M. Roy (Ed.), *Battered women: A psychosociological study of domestic violence.* New York: Van Nostrand Reinhold.

Davies, P. G., Spencer, S. J., & Steele, C. M. (2005). Clearing the air: Identity safety moderates the effects of stereotype threat on women's leadership aspirations. *Journal of Personality & Social Psychology, 88*, 276–287.

Davis, A. (2003). *Your divorce, your dollars: Financial planning before, during, and after divorce.* Bellingham, WA: Self-Counsel Press.

Davis, A. (2008). Children with Down syndrome: Implications for assessment and intervention in the school. *School Psychology Quarterly, 23*, 271–281. http://search.ebscohost.com, doi:10.1037/1045-3830.23.2.271

Davis, C., & Nolen-Hoeksema, S. (2001). Loss and meaning: How do people make sense of loss? *American Behavioral Scientist, 44*, 726–741.

Davis, D., Shaver, P., Widaman, K., Vernon, M., Follette, W., & Beitz, K. (2006, December). "I can't get no satisfaction": Insecure attachment, inhibited sexual communication, and sexual dissatisfaction. *Personal Relationships, 13*, 465–483.

Davis, M., & Emory, E. (1995). Sex differences in neonatal stress reactivity. *Child Development, 66*, 14–27.

Davis, M., Zautra, A., Younger, J., Motivala, S., Attrep, J., & Irwin, M. (2008). Chronic stress and regulation of cellular markers of inflammation in rheumatoid arthritis: Implications for fatigue. *Brain, Behavior, and Immunity, 22*, 24–32.

Davis, T. S., Saltzburg, S., & Locke, C. R. (2009). Supporting the emotional and psychological well being of sexual minority youth: Youth ideas for action. *Children and Youth Services Review, 31*, 1030–1041.

Davis-Kean, P. E., & Sandler, H. M. (2001). A meta-analysis of measures of self-esteem for young children:

A framework for future measures. *Child Development, 72*, 887–906.

Davison, G. C. (2005). Issues and nonissues in the gay-affirmative treatment of patients who are gay, lesbian, or bisexual. *Clinical Psychology: Science & Practice, 12*, 25–28.

de Anda, D., & Becerra, R. M. (2000). An overview of "Violence: Diverse populations and communities." *Journal of Multicultural Social Work, 8* (1–2), 1–14.

De Leo, D., Conforti, D., & Carollo, G. (1997). A century of suicide in Italy: A comparison between the old and the young. *Suicide & Life-Threatening Behavior, 27*, 239–249.

De Meersman, R., & Stein, P. (2007, February). Vagal modulation and aging. *Biological Psychology, 74*, 165–173.

de Onis, M., Garza, C., Onyango, A. W., & Borghi, E. (2007). Comparison of the WHO child growth standards and the CDC 2000 growth charts. *Journal of Nutrition, 137*, 144–148.

de Rosnay, M., Cooper, P., Tsigaras, N., & Murray, L. (2006, August). Transmission of social anxiety from mother to infant: An experimental study using a social referencing paradigm. *Behaviour Research and Therapy, 44*, 1165–1175.

De Roten, Y., Favez, N., & Drapeau, M. (2003). Two studies on autobiographical narratives about an emotional event by preschoolers: Influence of the emotions experienced and the affective closeness with the interlocutor. *Early Child Development & Care, 173*, 237–248.

de Schipper, E. J., Riksen-Walraven, J. M., & Geurts, S. A. E. (2006). Effects of child–caregiver ratio on the interactions between caregivers and children in childcare centers: An experimental study. *Child Development, 77*, 861–874.

de St. Aubin, E., & McAdams, D. P. (Eds). (2004). *The generative society: Caring for future generations.* Washington, DC: American Psychological Association.

de St. Aubin, E., McAdams, D. P., & Kim, T. C. (Eds.). (2004). *The generative society: Caring for future generations.* Washington, DC: American Psychological Association.

de Vries, M. W. (1984). Temperament and infant mortality among the Masai of East Africa. *American Journal of Psychiatry, 141*, 1189–1194.

de Vries, R. (1969). Constancy of generic identity in the years 3 to 6. *Monographs of the Society for Research in Child Development, 34* (3, Serial No. 127).

de Vries, R. (2005). *A pleasing birth.* Philadelphia: Temple University Press.

Deakin, M. B. (2004, May 9). The (new) parent trap. *Boston Globe Magazine*, pp. 18–21, 28–33.

Dearing, E., McCartney, K., & Taylor, B. (2009). Does higher quality early child care promote low-income children's math and reading achievement in middle childhood? *Child Development, 80*, 1329–1349.

Deater-Deckard, K., & Cahill, K. (2006). Nature and nurture in early childhood. *Blackwell handbook of early childhood development* (pp. 3–21). New York: Blackwell Publishing.

Deaux, K. (2006). A nation of immigrants: Living our legacy. *Journal of Social Issues, 62*, 633–651.

Deaux, K., Reind, A., Mizrahi, K., & Ethier, K. A. (1995). Parameters of social identity. *Journal of Personality and Social Psychology, 68*, 280–291.

Deb, S., & Adak, M. (2006, July). Corporal punishment of children: Attitude, practice and perception of parents. *Social Science International, 22*, 3–13.

Decarrie, T. G. (1969). A study of the mental and emotional development of the thalidomide child. In B. M. Foss (Ed.), *Determinants of infant behavior* (Vol. 4). London: Methuen.

DeCasper, A. J., & Fifer, W. P. (1980). Of human bonding: Newborns prefer their mothers' voices. *Science, 208*, 1174–1176.

DeCasper, A. J., & Prescott, P. (1984). Human newborns' perception of male voices: Preference, discrimination, and reinforcing value. *Developmental Psychobiology, 17*, 481–491.

DeCasper, A. J., & Spence, M. J. (1986). Prenatal material speech influences newborns' perception of speech sounds. *Infant Behavior and Development, 9*, 133–150.

deCastro, J. (2002). Age-related changes in the social, psychological, and temporal influences on food intake in free-living, healthy, adult humans. *Journals of Gerontology: Series A: Biological Sciences & Medical Sciences, 57A*, M368–M377.

Decety, J., & Jackson, P. L. (2006). A social-neuroscience perspective on empathy. *Current Directions in Psychological Science, 15*, 54–61.

Deforche, B., De Bourdeaudhuij, I., & Tanghe, A. (2006, May). Attitude toward physical activity in normalweight, overweight and obese adolescents. *Journal of Adolescent Health, 38*, 560–568.

DeFrain, J., Martens, L., Stork, J., & Stork, W. (1991). The psychological effects of a stillbirth on surviving family members. *Omega—Journal of Death and Dying, 22*, 81–108.

DeFrancisco, B., & Rovee-Collier, C. (2008). The specificity of priming effects over the first year of life. *Developmental Psychobiology, 50*, 486–501.

DeGenova, M. K. (1993). Reflections of the past: New variables affecting life satisfaction in later life. *Educational Gerontology, 19*, 191–201.

Degnen, C. (2007). Minding the gap: The construction of old age and oldness amongst peers. *Journal of Aging Studies, 21*, 69–80.

Degroot, A., Wolff, M. C., & Nomikos. G. G. (2005). How early experience matters in intellectual development in the case of poverty. *Preventative Science, 5*, 245–252.

Dehaene-Lambertz, G., Hertz-Pannier, L., & Dubois, J. (2006). Nature and nurture in language acquisition: Anatomical and functional brain-imaging studies in infants. *Neurosciences, 29*, [Special issue: Nature and nurture in brain development and neurological disorders], 367–373.

Dehue, F., Bolman, C., & Vollnik, T. (2008). Cyberbullying: Youngsters' experiences and parental perception. *CyberPsychology & Behavior, 11*, 217–223.

Delaney, C. H. (1995). Rites of passage in adolescence. *Adolescence, 30*, 891–897.

DeLisi, L., & Fleischhaker, W. (2007). Schizophrenia research in the era of the genome, 2007. *Current Opinion in Psychiatry, 20*, 109–110.

DeLisi, M. (2006). Zeroing in on early arrest onset: Results from a population of extreme career criminals. *Journal of Criminal Justice, 34*, 17–26.

Dell, D. L., & Stewart, D. E. (2000). Menopause and mood. Is depression linked with hormone changes? *Postgraduate Medicine, 108*, 34–36, 39–43.

Dellmann-Jenkins, M., & Brittain, L. (2003). Young adults' attitudes toward filial responsibility and actual assistance to elderly family members. *Journal of Applied Gerontology, 22*, 214–229.

Delmas, C., Platat, C., Schweitzer, B., Wagner, A., & Oujaa, M. & Simon, C. (2007). Association between television in bedroom and adiposity throughout adolescence. *Obesity, 15*, 2495–2503.

Delva, J., O'Malley, P., & Johnston, L. (2006, October). Racial/ethnic and socioeconomic status differences in overweight and health-related behaviors among American students: National trends 1986–2003. *Journal of Adolescent Health, 39*, 536–545.

Demaree, H. A., & Everhart, D. E. (2004). Healthy high-hostiles: Reduced parasympathetic activity and decreased sympathovagal flexibility during negative emotional processing. *Personality and Individual Differences, 36*, 457–469.

Dembner, A. (1995, October 15). Marion Mealey: A determination to make it. *Boston Globe*, p. 22.

Demir, A., Ulusoy, M., & Ulusoy, M. (2003). Investigation of factors influencing burnout levels in the professional and private lives of nurses. *International Journal of Nursing Studies, 40*, 807–827.

Deng, C., Armstrong, P., & Rounds, J. (2007). The fit of Holland's RIASEC model to US occupations. *Journal of Vocational Behavior, 71*, 1–22.

Denizet-Lewis, B. (2004, May 30). Friends, friends with benefits and the benefits of the local mall. *New York Times Magazine*, pp. 30–35, 54–58.

Dennis, T. A., Cole, P. M., Zahn-Wexler, C., & Mizuta, I. (2002). Self in context: Autonomy and relatedness in Japanese and U.S. mother–preschooler dyads. *Child Development, 73*, 1803–1817.

Dennis, W. (1966a). Age and creative productivity. *Journal of Gerontology, 21*, 1–8.

Dennis, W. (1966b). Creative productivity between the ages of 20 and 80 years. *Journal of Gerontology, 11*, 331–337.

Dennison, B., Edmunds, L., Stratton, H., & Pruzek, R. (2006). Rapid infant weight gain predicts childhood overweight. *Obesity, 14*, 491–499.

Denollet, J. (2005). DS14: Standard assessment of negative affectivity, social inhibition, and Type D personality. *Psychosomatic Medicine, 67*, 89–97.

Dent, C. (1984). Development of discourse rules: Children's use of indexical reference and cohesion. *Developmental Psychology, 20*, 229–234.

DePaulo, B. (2004). *The scientific study of people who are single: An annotated bibliography.* Glendale, CA: Unmarried America.

DePaulo, B. (2006). *Singled out: How singles are stereotyped, stigmatized, and ignored, and still live happily ever after.* New York: St Martin's Press.

DePaulo, B. M., & Morris W. L. (2006). The unrecognized stereotyping and discrimination against singles. *Current Directions in Psychological Science, 15*, 251–254.

Deruelle, F., Nourry, C., Mucci, P., Bart, F., Grosbois, J. M., Lensel, G. H., & Fabre, C. (2008). Difference in breathing strategies during exercise between trained elderly men and women. *Scandinavian Journal of Medical Science in Sports, 18*, 213–220.

Dervic, K., Friedrich, E., Oquendo, M., Voracek, M., Friedrich, M., & Sonneck, G. (2006, October). Suicide in Austrian children and young adolescents aged 14 and younger. *European Child & Adolescent Psychiatry, 15*, 427–434.

Deshields, T., Tibbs, T., Fan, M. Y., & Taylor, M. (2005, August 12). Differences in patterns of depression after treatment for breast cancer. *Psycho-Oncology*, published online, John Wiley & Sons.

Desmarias, S., & Curtis, J. (1997). Gender and perceived pay entitlement: Testing for effects of experience with income. *Journal of Personality and Social Psychology, 72*, 141–150.

Desoete, A., Roeyers, H., & De Clercq, A. (2003). Can offline metacognition enhance mathematical problem solving? *Journal of Educational Psychology, 95*, 188–200.

DeSpelder, L., & Strickland, A. L. (1992). *The last dance: Encountering death and dying* (3rd ed.). Palo Alto, CA: Mayfield.

Destounis, S., Hanson, S., Morgan, R., Murphy, P. Somerville, P., Seifert, P., Andolina, V., Aarieno, A., Skolny, M., & Logan-Young, W. (2009). Computer-aided detection of breast carcinoma in standard mammographic projections with digital mammography. *International Journal of Computer Assisted Radiological Surgery, 4*, 331–336.

Deurenberg, P., Deurenberg-Yap, M., & Guricci, S. (2002). Asians are different from Caucasians and from each other in their body mass index/body fat percent relationship. *Obesity Review, 3*, 141–146.

Deurenberg, P., Deurenberg-Yap, M., Foo, L. F., Schmidt, G., & Wang, J. (2003). Differences in body composition between Singapore Chinese, Beijing Chinese and Dutch children. *European Journal of Clinical Nutrition, 57*, 405–409.

DeVader, S. R., Neeley, N. L., Myles, T. D., & Leet, T. L. (2007). Evaluation of gestational weight gain guidelines for women with normal prepregnancy body mass index. *Obstetrics and Gynecology, 110*, 745–751.

Deveny, K. (1994, December 5). Chart of kindergarten awards. *Wall Street Journal*, p. B1.

deVilliers, P. A., & deVilliers, J. G. (1992). Language development. In M. H. Bornstein & M. E. Lamb (Eds.), *Developmental psychology: An advanced textbook.* Hillsdale, NJ: Lawrence Erlbaum.

Devlin, B., Daniels, M., & Roeder, K. (1997). The heritability of IQ. *Nature, 388*, 468–471.

DeVries, H. M., Hamilton, D. W., Lovett, S., & Gallagher-Thompson, D. (1997). Patterns of coping preferences for male and female caregivers of frail older adults. *Psychology and Aging, 12*, 263–267.

DeWitt, P. M. (1992). The second time around. *American Demographics*, 60–63.

Dey, A. N., & Bloom, B. (2005). Summary health statistics for U.S. children: National Health Interview Survey, 2003. *Vital Health Statistics 10, 223*, 1–78.

DeYoung, C., Quilty, L., & Peterson, J. (2007). Between facets and domains: 10 aspects of the Big Five. *Journal of Personality and Social Psychology, 93*, 880–896.

Diambra, L., & Menna-Barreto, L. (2004). Infradian rhythmicity in sleep/wake ratio in developing infants. *Chronobiology International, 21*, 217–227.

Diamond, A., & Amso, D. (2008). Contributions of neuroscience to our understanding of cognitive development. *Current Directions in Psychological Science, 17*, 136–141.

Diamond, L. (2003a). Love matters: Romantic relationships among sexual-minority adolescents. In P. Florsheim (Ed.), *Adolescent romantic relations and sexual behavior: Theory, research, and practical implications.* Mahwah, NJ: Lawrence Erlbaum.

Diamond, L. (2003b). Was it a phase? Young women's relinquishment of lesbian/bisexual identities over a 5-year period. *Journal of Personality & Social Psychology, 84*, 352–364.

Diamond, L., & Savin-Williams, R. (2003). The intimate relationships of sexual-minority youths. In G. Adams & M. Berzonsky (Eds.), *Blackwell handbook of adolescence.* Malden, MA: Blackwell Publishers.

Dick, D. M., & Rose, R. J. (2002). Behavior genetics: What's new? What's next? *Current Directions in Psychological Science, 11*, 70–74.

Dick, D., Rose, R., & Kaprio, J. (2006). The next challenge for psychiatric genetics: Characterizing the risk associated with identified genes. *Annals of Clinical Psychiatry, 18*, 223–231.

Diego, M., Field, T., & Hernandez-Reif, M. (2008). Temperature increases in preterm infants during massage therapy. *Infant Behavior & Development, 31*, 149–152.

Diego, M., Field, T., & Hernandez-Reif, M. (2009). Procedural pain heart rate responses in massaged preterm infants. *Infant Behavior & Development, 32*, 226–229.

Diego, M., Field, T., Hernandez-Reif, M., Vera, Y., Gil, K., & Gonzalez-Garcia, A. (2007). Caffeine use affects pregnancy outcome. *Journal of Child & Adolescent Substance Abuse, 17*, 41–49.

Diener, E. (2000). Subjective well-being: The science of happiness and a proposal for a national index. *American Psychologist, 55*, 34–43.

Diener, E., Lucas, R. E., & Scollon, C. N. (2009). Beyond the hedonic treadmill: Revising the adaptation theory of well-being. In E. Diener (Ed.), *The science of well-being: The collected works of Ed Diener.* New York: Springer Science + Business Media.

Diener, E., Oishi, S., & Lucas, R. (2003). Personality, culture, and subjective well-being: Emotional and cognitive evaluations of life. *Annual Review of Psychology, 54*, 403–425.

Diener, M., Isabella, R., Behunin, M., & Wong, M. (2008). Attachment to mothers and fathers during middle childhood: Associations with child gender, grade, and competence. *Social Development, 17*, 84–101.

Dietz, W. (2004). Overweight in childhood and adolescence. *New England Journal of Medicine, 350*, 855–857.

Dietz, W. H., & Stern, L. (Eds.). (1999). *American Academy of Pediatrics guide to your child's nutrition: Making peace at the table and building healthy eating habits for life.* New York: Villard.

DiGiovanna, A. G. (1994). *Human aging: Biological perspectives.* New York: McGraw-Hill.

Dildy, G. A., et al. (1996). Very advanced maternal age: Pregnancy after 45. *American Journal of Obstetrics and Gynecology, 175*, 668–674.

Dillaway, H., Byrnes, M., Miller, S., & Rehan, S. (2008). Talking 'among Us': How women from different racial-ethnic groups define and discuss menopause. *Health Care for Women International, 29*, 766–781.

Dilworth-Bart, J., & Moore, C. (2006, March). Mercy mercy me: Social injustice and the prevention of environmental pollutant exposures among ethnic minority and poor children. *Child Development, 77*, 247–265.

Dinero, R., Conger, R., Shaver, P., Widaman, K., & Larsen-Rife, D. (2008). Influence of family of origin and adult romantic partners on romantic attachment security. *Journal of Family Psychology, 22*, 622–632.

Dion, K. L., & Dion, K. K. (1988). Romantic love: Individual and cultural perspectives. In R. J. Sternberg & M. L. Barnes (Eds.), *The psychology of love.* New Haven, CT: Yale University Press.

Diop, A. M. (1989). The place of the elderly in African society. *Impact of Science on Society, 153*, 93–98.

DiPietro, J. A., Bornstein, M. H., & Costigan, K. A. (2002). What does fetal movement predict about behavior during the first two years of life? *Developmental Psychobiology, 40*, 358–371.

DiPietro, J. A., Costigan, K. A., & Gurewitsch, E. D. (2005). Maternal psychophysiological change during the second half of gestation. *Biological Psychology, 69*, 23–39.

Dittman, M. (2005). Generational differences at work. *Monitor on Psychology, 36*, 54–55.

Dixon, L., & Browne, K. (2003). The heterogeneity of spouse abuse: A review. *Aggression & Violent Behavior, 8*, 107–130.

Dixon, R., & Cohen, A. (2003). Cognitive development in adulthood. In R. Lerner & M. Easterbrooks (Eds.), *Handbook of psychology: Vol. 6: Developmental psychology* New York: Wiley.

Dixon, W. E., Jr. (2004). There's a long, long way to go. *PsycCRITIQUES.*

Dmitrieva, J., Chen, C., & Greenberg, E. (2004). Family relationships and adolescent psychosocial outcomes: Converging findings from Eastern and Western cultures. *Journal of Research on Adolescence, 14*, 425–447.

Dobson, V. (2000). The developing visual brain. *Perception, 29*, 1501–1503.

Dodge, K. A. (1985). A social information processing model of social competence in children. In M. Perlmutter (Ed.), *Minnesota Symposia on Child Psychology, 18*, 77–126.

Dodge, K. A., Bates, J. E., & Pettit, G. S. (1990, December 20). Mechanisms in the cycle of violence. *Science, 250*, 1678–1683.

Dodge, K. A., Lansford, J. E., & Burks, V. S. (2003). Peer rejection and social information-processing factors in the development of aggressive behavior problems in children. *Child Development, 74*, 374–393.

Doka, K. J., & Mertz, M. E. (1988). The meaning and significance of great-grandparenthood. *Gerontologist, 28*, 192–197.

Dokoupil, T. (2009, March 2). Men will be men. *Newsweek, 153*, 50.

Doman, G., & Doman, J. (2002). *How to teach your baby to read.* Wyndmoor, PA: Gentle Revolution Press.

Dombrowski, S., Noonan, K., & Martin, R. (2007). Low birth weight and cognitive outcomes: Evidence for a gradient relationship in an urban, poor, African American birth cohort. *School Psychology Quarterly, 22*, 26–43.

Dominguez, H. D., Lopez, M. F., & Molina, J. C. (1999). Interactions between perinatal and neonatal associative learning defined by contiguous olfactory and tactile stimulation. *Neurobiology of Learning and Memory, 71*, 272–288.

Domsch, H., Lohaus, A., & Thomas, H. (2009). Prediction of childhood cognitive abilities from a set of early indicators of information processing capabilities. *Infant Behavior & Development, 32*, 91–102.

Donat, D. (2006, October). Reading their way: A balanced approach that increases achievement. *Reading & Writing Quarterly: Overcoming Learning Difficulties, 22*, 305–323.

Dondi, M., Simion, F., & Caltran, G. (1999). Can newborns discriminate between their own cry and the cry of another newborn infant? *Developmental Psychology, 35*, 418–426.

Donini, L., Savina, C., & Cannella, C. (2003). Eating habits and appetite control in the elderly: The anorexia of aging. *International Psychogeriatrics, 15*, 73–87.

Donlan, C. (1998). *The development of mathematical skills.* Philadelphia: Psychology Press.

Donleavy, G. (2008). No man's land: Exploring the space between Gilligan and Kohlberg. *Journal of Business Ethics, 80*, 807–822.

Donnerstein, E. (2005, January). Media violence and children: What do we know, what do we do? Paper presented at the annual National Teaching of Psychology meeting, St. Petersburg Beach, FL.

Dorn, L., Susman, E., & Ponirakis, A. (2003). Pubertal timing and adolescent adjustment and behavior: Conclusions vary by rater. *Journal of Youth & Adolescence, 32,* 157–167.

Dortch, S. (1997, September). Hey guys: Hit the books. *American Demographics,* 4–12.

Douglas-Hall, A., & Chau, M. (2007). *Basic facts about low-income children—birth to age 18.* New York: National Center for Children in Poverty.

Douglass, R., & McGadney-Douglass, B. (2008). The role of grandmothers and older women in the survival of children with kwashiorkor in urban Accra, Ghana. *Research in Human Development, 5,* 26–43.

Doussard-Roosevelt, J. A., Porges, S. W., Scanlon, J. W., Alemi, B., & Scanlon, K. B. (1997). Vagal regulation of heart rate in the prediction of developmental outcome for very low birth weight preterm infants. *Child Development, 68,* 173–186.

Dowsett, C., Huston, A., Imes, A., & Gennetian, L. (2008). Structural and process features in three types of child care for children from high and low income families. *Early Childhood Research Quarterly, 23,* 69–93.

Doyle, R. (2000, June). Asthma worldwide. *Scientific American, 28.*

Doyle, R. (2004a, January). Living together. *Scientific American,* p. 28.

Doyle, R. (2004b, April). By the numbers: A surplus of women. *Scientific American, 290,* 33.

Draper, T., Holman, T., Grandy, S., & Blake, W. (2008). Individual, demographic, and family correlates of romantic attachments in a group of American young adults. *Psychological Reports, 103,* 857–872.

Dreman, S. (Ed.). (1997). *The family on the threshold of the 21st century.* Mahwah, NJ: Lawrence Erlbaum.

Driscoll, A. K., Russell, S. T., & Crockett, L. J. (2008). Parenting styles and youth well-being across immigrant generations. *Journal of Family Issues, 29,* 185–209.

Driver, J., Tabares, A., & Shapiro, A. (2003). Interactional patterns in marital success and failure: Gottman laboratory studies. In F. Walsh (Ed.), *Normal family processes: Growing diversity and complexity* (3rd ed.). New York: Guilford Press.

Dromi, E. (1987). *Early lexical development.* Cambridge, England: Cambridge University Press.

Dryfoos, J. G. (1990). *Adolescents at risk: Prevalence and prevention.* New York: Oxford University Press.

DuBois, D. L., & Hirsch, B. J. (1990). School and neighborhood friendship patterns of blacks and whites in early adolescence. *Child Development, 61,* 524–536.

DuBreuil, S. C., Garry, M., & Loftus, E. F. (1998). Tales from the crib: Age regression and the creation of unlikely memories. In S. J. Lynn, & K. M. McConkey (Eds.), *Truth in memory.* New York: Guilford Press.

Dudding, T. C., Vaizey, C. J., & Kamm, M. A. (2008). Obstetric anal sphincter injury: Incidence, risk factors, and management. *Annals of Surgery, 247,* 224–237.

Duenwald, M. (2003, July 15). After 25 years, new ideas in the prenatal test tube. *New York Times,* p. D5.

Duenwald, M. (2004, May 11). For couples, stress without a promise of success. *New York Times,* p. D3.

Dumka, L., Gonzales, N., Bonds, D., & Millsap, R. (2009). Academic success of Mexican origin adolescent boys and girls: The role of mothers' and fathers' parenting and cultural orientation. *Sex Roles, 60,* 588–599. http://search.ebscohost.com, doi:10.1007/s11199-008-9518-z

Duncan, G. J., & Brooks-Gunn, J. (2000). Family poverty, welfare reform, and child development. *Child Development, 71,* 188–196.

Duncan, G. J., Dowsett, C., Claessens, A., Magnuson, K. Huston, A. C., Klebanov, P., Pagani, L. S., Feinstein L., Engel, M., Brooks-Gunn, J., Sexton, H., Duckworth, & K. Japel Crista (2007). School Readiness and Later Achievement. *Developmental Psychology, 43,* 1428–1446.

Dunham, R. M., Kidwell, J. S., & Wilson, S. M. (1986). Rites of passage at adolescence: A ritual process paradigm. *Journal of Adolescent Research, 1,* 139–153.

DuPaul, G., & Weyandt, L. (2006, June). School-based intervention for children with attention deficit hyperactivity disorder: Effects on academic, social, and behavioural functioning. *International Journal of Disability, Development and Education, 53,* 161–176.

Duplassie, D., & Daniluk, J. C. 2007). Sexuality: Young and middle adulthood. In A. Owens & M. Tupper (Eds.), *Sexual health: Vol. 1, Psychological foundations.* Westport, CT: Praeger.

Durik, A. M., Hyde, J. S., & Clark, R. (2000). Sequelae of cesarean and vaginal deliveries: Psychosocial outcomes for mothers and infants. *Developmental Psychology, 36,* 251–260.

Dutta, T., & Mandal, M. K. (2006). Hand preference and accidents in India. *Laterality: Asymmetries of Body, Brain and Cognition, 11,* 368–372.

Dutton, D. G. (1994). *The domestic assault of women: Psychological and criminal justice perspectives* (2nd ed.). Vancouver, BC, Canada: University of British Columbia Press.

Dutton, M. A. (1992) *Empowering and healing the battered woman: A model of assessment and intervention.* New York: Springer.

Dweck, C. (2002). The development of ability conceptions. In A. Wigfield, Allan, & J. Eccles (Eds.), *Development of achievement motivation.* San Diego: Academic Press.

Dyer, S., & Moneta, G. (2006). Frequency of parallel, associative, and co-operative play in British children of different socioeconomic status. *Social Behavior and Personality, 34,* 587–592.

Dyson, A. H. (2003). "Welcome to the jam": Popular culture, school literacy and making of childhoods. *Harvard Educational Review, 73,* 328–361.

Eacott, M. J. (1999). Memory of the events of early childhood. *Current Directions in Psychological Science, 8,* 46–49.

Eagly, A. H., & Steffen, V. J. (1984). Gender stereotypes stem from the distribution of women and men into social roles. *Journal of Personality and Social Psychology, 46,* 735–754.

Eagly, A. H., & Steffen, V. J. (1986). Gender and aggressive behavior: A meta-analytic review of the social psychological literature. *Psychological Bulletin, 100,* 309–330.

Eagly, A. H., & Wood, W. (2003). In C. B. Travis, *Evolution, gender, and rape.* Cambridge, MA: MIT Press.

Eaker, E. D., Sullivan, L. M., Kelly-Hayes, M., D'Agostino, R. B., Sr., & Benjamin, E. J. (2004). Anger and hostility predict the development of atrial fibrillation in men in the Framingham Offspring Study. *Circulation, 109,* 1267–1271.

Earle, J. R., Perricone, P. J., Davidson, J. K., Moore, N. B., Harris, C. T., & Cotton, S. R. (2007). Premarital sexual attitudes and behavior at a religiously-affiliated university: Two decades of change. *Sexuality & Culture: An Interdisciplinary Quarterly, 11,* 39–61.

Eastman, Q. (2003, June 20). Crib death exoneration in new gene tests. *Science, 300,* 1858.

Easton, J., Schipper, L., & Shackelford, T. (2007). Morbid jealousy from an evolutionary psychological perspective. *Evolution and Human Behavior, 28,* 399–402.

Eaton, M. J., & Dembo, M. H. (1997). Differences in the motivational beliefs of Asian American and non-Asian students. *Journal of Educational Psychology, 89,* 433–440.

Eaton, W. O., & Enns, L. R. (1986). Sex differences in human motor activity level. *Psychological Bulletin, 100,* 19–28.

Eaton, W. O., & Yu, A. P. (1989). Are sex differences in child motor activity level a function of sex differences in maturational status? *Child Development, 60,* 1005–1011.

Eberling, J. L., Wu, C., Tong-Turnbeaugh, R., & Jagust, W. J. (2004). Estrogen- and tamoxifen-associated effects on brain structure and function. *Neuroimage, 21,* 364–371.

Ebmeier, K. P., Donaghey, C., & Steele, J. D. (2006). Recent developments and current controversies in depression. *The Lancet, 367,* 153–167.

Ebner, N., Freund, A., & Baltes, P. (2006, December). Developmental changes in personal goal orientation from young to late adulthood: From striving for gains to maintenance and prevention of losses. *Psychology and Aging, 21,* 664–678.

Eccles, J., Templeton, J., & Barber, B. (2003). Adolescence and emerging adulthood: The critical passage ways to adulthood. In M. Bornstein & L. Davidson (Eds.), *Well-being: Positive development across the life course.* Mahwah, NJ: Lawrence Erlbaum.

Ecenbarger, W. (1993, April 1). America's new merchants of death. *The Reader's Digest,* 50.

Eckerd, L. (2009). Death and dying course offerings in psychology: A survey of nine Midwestern states. *Death Studies, 33,* 762–770.

Eckerman, C. O., & Oehler, J. M. (1992). Very-low-birthweight newborns and parents as early social partners. In S. L. Friedman & M. D. Sigman (Eds.), *The psychological development of low-birthweight children.* Norwood, NJ: Ablex.

Eckerman, C., & Peterman, K. (2001). Peers and infant social/communicative development. In G. Bremner & A. Fogel (Eds.), *Blackwell handbook of infant development* (pp. 326–350). Malden, MA: Blackwell Publishers.

Edgerley, L., El-Sayed, Y., Druzin, M., Kiernan, M., & Daniels, K. (2007). Use of a community mobile health van to increase early access to prenatal care. *Maternal & Child Health Journal, 11,* 235-239.

Edwards, C. P. (2000). Children's play in cross-cultural perspective: A new look at the Six Cultures study. *Cross-Cultural Research: The Journal of Comparative Social Science, 34,* 318–338.

Edwards, J. (2004). Bilingualism: Contexts, constraints, and identities. *Journal of Language and Social Psychology, 23,* [Special issue: Acting Bilingual and Thinking Bilingual], 135–141.

Ehrensaft, M., Cohen, P., & Brown, J. (2003). Intergenerational transmission of partner violence: A 20-year prospective study. *Journal of Consulting & Clinical Psychology, 71,* 741–753.

Eid, M., Riemann, R., Angleitner, A., & Borkenau, P. (2003). Sociability and positive emotionality: genetic and environmental contributions to the covariation between different facets of extraversion. *Journal of Personality, 71,* 319–346.

Eiden, R., Foote, A., & Schuetze, P. (2007). Maternal cocaine use and caregiving status: Group differences in caregiver and infant risk variables. *Addictive Behaviors, 32,* 465–476.

Eigsti, I., & Cicchetti, D. (2004). The impact of child maltreatment on expressive syntax at 60 months. *Developmental Science, 7,* 88–102.

Eimas, P. D., Siqueland, E. R., Jusczyk, P., & Vigorito, J. (1971). Speech perception in infants. *Science, 171,* 303–306.

Einarson, A., Choi, J., Einarson, T., & Koren, G. (2009). Incidence of major malformations in infants following antidepressant exposure in pregnancy: Results of a large prospective cohort study. *The Canadian Journal of Psychiatry / La Revue canadienne de psychiatrie, 54,* 242–246.

Eisbach, A. O. (2004). Children's developing awareness of diversity in people's trains of thought. *Child Development, 75,* 1694–1707.

Eisenberg, M. E., & Resnick, M. D. (2006). Suicidality among gay, lesbian and bisexual youth: The role of protective factors. *Journal of Adolescent Health, 39,* 662–668.

Eisenberg, N. (2004). Another slant on moral judgment. *psycCRITQUES, 12–15.*

Eisenberg, N., & Valiente, C. (2002). Parenting and children's prosocial and moral development. In M. Bornstein (Ed.), *Handbook of parenting: Vol. 5: Practical issues in parenting.* Mahwah, NJ: Lawrence Erlbaum.

Eisenberg, N., Fabes, R. A., Guthrie, I. K., & Reiser, M. (2000). Dispositional emotionality and regulation: Their role in predicting quality of social functioning. *Journal of Personality and Social Psychology, 78,* 136–157.

Eisenberg, N., Valiente, C., & Champion, C. (2004). Empathy-related responding: Moral, social, and socialization correlates. In A. G. Miller (Ed.), *Social psychology of good and evil.* New York: Guilford Press.

Eitel, B. J. (2003). Body image satisfaction, appearance importance, and self-esteem: A comparison of Caucasian and African-American women across the adult lifespan. *Dissertation Abstracts International: Section B: The Sciences & Engineering, 63,* p. 5511.

Elder, G. A., De Gasperi, R., & Gama Sosa, M. A. (2006). Research update: Neurogenesis in adult brain and neuropsychiatric disorders. *Mt. Sinai Journal of Medicine, 73,* 931–940.

Eley, T. C., Lichtenstein, P., & Moffitt, T. E. (2003). A longitudinal behavioral genetic analysis of the etiology of aggressive and nonaggressive antisocial behavior. *Development and Psychopathology, 15,* 383–402.

Eley, T., Liang, H., & Plomin, R. (2004). Parental familial vulnerability, family environment, and their interactions as predictors of depressive symptoms in adolescents. *Child & Adolescent Social Work Journal, 21,* 298–306.

Elkind, D. (1985). Egocentrism redux. *Developmental Review, 5,* 218–226.

Elkind, D. (1996). Inhelder and Piaget on adolescence and adulthood: A postmodern appraisal. *Psychological Science, 7,* 216–220.

Elkind, D. (2007). *The Hurried Child.* Cambridge, MA: DaCapo Press.

Elkins, D. (2009). Why humanistic psychology lost its power and influence in American psychology: Implications for advancing humanistic psychology. *Journal of Humanistic Psychology, 49,* 267–291. http://search.ebscohost.com, doi:10.1177/0022167808323575

Elliott, K., & Urquiza, A. (2006). Ethnicity, culture, and child maltreatment. *Journal of Social Issues, 62,* 787–809.

Ellis, B. H., MacDonald, H. Z., Lincoln, A. K., Cabral, H. J. (2008). Mental health of Somali adolescent refugees: The role of trauma, stress, and perceived discrimination. *Journal of Consulting and Clinical Psychology, 76,* 184–193.

Ellis, B. J. (2004). Timing of pubertal maturation in girls: An integrated life history approach. *Psychological Bulletin, 130,* 920–958.

Ellis, L., & Engh, T. (2000). Handedness and age of death: New evidence on a puzzling relationship. *Journal of Health Psychology, 5,* 561–565.

Elmore, J. G., Jackson, S. L., Abraham, L., Miglioretti, D. L., Carney, P. A., Geller, B. M., Yankaskas, B. C., Kerlikowske, K., Onega, T., Rosenberg, R. D., Sickles, E. A., & Buist, D. S. (2009). Variability in interpretive performance at screening mammography and radiologists' characteristics associated with accuracy. *Radiology, 253,* 641–651.

Else-Quest, N. M., Hyde, J. S., & Clark, R. (2003). Breastfeeding, bonding, and the mother-infant relationship. *Merrill-Palmer Quarterly, 49,* 495–517.

Emery, R. E., & Laumann-Billings, L. (1998). An overview of the nature, causes, and consequences of abusive family relationships: Toward differentiating maltreatment and violence. *American Psychologist, 53,* 121–135.

Emslie, C., & Hunt, K. (2008). The weaker sex? Exploring lay understandings of gender differences in life expectancy: A qualitative study. *Social Science & Medicine, 67,* 808–816.

Endo, S. (1992). Infant-infant play from 7 to 12 months of age: An analysis of games in infant-peer triads. *Japanese Journal of Child and Adolescent Psychiatry, 33,* 145–162.

The Endocrine Society. (2001, March 1). *The Endocrine Society and Lawson Wilkins Pediatric Endocrine Society call for further research to define precocious puberty.* Bethesda, MD: The Endocrine Society.

England, P., & Li, S. (2006, October). Desegregation stalled: The changing gender composition of college majors, 1971–2002. *Gender & Society, 20,* 657–677.

Engler, J., & Goleman, D. (1992). *The consumer's guide to psychotherapy.* New York: Simon & Schuster.

Englund, K., & Behne, D. (2006). Changes in infant directed speech in the first six months. *Infant and Child Development, 15*(2), 139–160.

Ennett, S. T., & Bauman, K. E. (1996). Adolescent social networks: School, demographic, and longitudinal considerations. *Journal of Adolescent Research, 11,* 194–215.

Enright, E. (2004, July & August). A house divided. *AARP Magazine,* pp. 54, 57.

Ensenauer, R. E., Michels, V. V., & Reinke, S. S. (2005). Genetic testing: Practical, ethical, and counseling considerations. *Mayo Clinic Proceedings, 80,* 63–73.

Epel, E. (2009). Telomeres in a life-span perspective: A new "psychobiomarker"? *Current Directions in Psychological Science, 18,* 6–10.

Epperson, S. E. (1988, September 16). Studies link subtle sex bias in schools with women's behavior in the workplace. *Wall Street Journal,* p. 19.

Epstein, L., & Mardon, S. (2007, September 17). Homeroom zombies. *Newsweek,* pp. 64–65.

Erber, J. T., Szuchman, L. T., & Rothberg, S. T. (1990). Everyday memory failure: Age differences in appraisal and attribution. *Psychology and Aging, 5,* 236–241.

Erikson, E. H. (1963). *Childhood and society.* New York: Norton.

Erlandsson, K., Dsilna, A., Fagerberg, I., & Christensson, K. (2007). Skin-to-skin care with the father after cesarean birth and its effect on newborn crying and prefeeding behavior. *Birth: Issues in Perinatal Care, 34,* 105–114.

Erwin, P. (1993). *Friendship and peer relations in children.* Chichester, England: Wiley.

Escott, D., Slade, P., & Spiby, H. (2009). Preparation for pain management during childbirth: The psychological aspects of coping strategy development in antenatal education. *Clinical Psychology Review, 29,* 617–622.

Espenschade, A. (1960). Motor development. In W. R. Johnson (Ed.), *Science and medicine of exercise and sports.* New York: Harper & Row.

Essick, K. (2009, November 23). Profiles in later life. *Wall Street Journal,* p. R8.

Estabrook, P. A., Lee, R. E., & Gyurcsik, N. C. (2003). Resources for physical activity participation: Does availability and accessibility differ by neighborhood socioeconomic status? *Annals of Behavioral Medicine, 25,* 100–104.

Estell, D. B., Jones, M. H., Pearl, R., Van Acker, R., Farmer, T. W., & Rodkin, P. C. (2008). Peer groups, popularity, and social preference: Trajectories of social functioning among students with and without learning disabilities. *Journal of Learning Disabilities, 41,* 5–14.

Ethier, L., Couture, G., & Lacharite, C. (2004). Risk factors associated with the chronicity of high potential for child abuse and neglect. *Journal of Family Violence, 19,* 13–24.

Evans, G. W. (2004). The environment of childhood poverty. *American Psychologist, 59,* 77–92.

Evans, G., Boxhill, L., & Pinkava, M. (2008). Poverty and maternal responsiveness: The role of maternal stress and social resources. *International Journal of Behavioral Development, 32,* 232–237. http://search.ebscohost.com, doi:10.1177/0165025408089272

Evans, R. (2009). A comparison of rural and urban older adults in Iowa on specific markers of successful aging. *Journal of Gerontological Social Work, 52,* 423–438.

Eveleth, P., & Tanner, J. (1976). *Worldwide variation in human growth.* New York: Cambridge University Press.

Evenson, R., and Simon, R. (2005). Clarifying the relationship between parenthood and depression. *Journal of Health and Social Behavior, 46,* 341–358.

Fagan, J., & Holland, C. (2007). Racial equality in intelligence: Predictions from a theory of intelligence as processing. *Intelligence, 35,* 319–334.

Fagan, J., Holland, C., & Wheeler, K. (2007). The prediction, from infancy, of adult IQ and achievement. *Intelligence, 35,* 225–231.

Fagan, M. (2009). Mean length of utterance before words and grammar: Longitudinal trends and developmental implications of infant vocalizations. *Journal of Child Language, 36,* 495–527. http://search.ebscohost.com, doi:10.1017/S0305000908009070

Faith, M. S., Johnson, S. L., & Allison, D. B. (1997). Putting the behavior into the behavior genetics of obesity. *Behavior Genetics, 27,* 423–439.

Falck-Ytter, T., Gredeback, G., & von Hofsten, C. (2006). Infants predict other people's action goals. *Nature Neuroscience, 9,* 878–879.

Falk, D. (2004). Prelinguistic evolution in early hominins: Whence motherese? *Behavioral and Brain Sciences, 27,* 491–503.

Falk, P. J. (1989). Lesbian mothers: Psychosocial assumptions in family law. *American Psychologist, 44,* 941–947.

Families and Work Institute. (1998). *Report on men spending more time with kids.* Washington, DC: Author.

Fantz, R. (1963). Pattern vision in newborn infants. *Science, 140,* 296–297.

Fantz, R. L. (1961). The origin of form perception. *Scientific American*, 72.

Farah, M., Shera, D., Savage, J., Betancourt, L., Giannetta, J., Brodsky, N., et al. (2006, September). Childhood poverty: Specific associations with neurocognitive development. *Brain Research, 1110*, 166–174.

Farmer, T. W., Estell, D. B., Bishop, J. L., O'Neal, K. K., & Cairns, B. D. (2003). Rejected bullies or popular leaders? The social relations of aggressive subtypes of rural African American early adolescents. *Developmental Psychology, 39*, 992–1004.

Farrant, B., Fletcher, J., & Maybery, M. (2006, November). Specific language impairment, theory of mind, and visual perspective taking: Evidence for simulation theory and the developmental role of language. *Child Development, 77*, 1842–1853.

Farrar, M., Johnson, B., Tompkins, V., Easters, M., Zilisi-Medus, A., & Benigno, J. (2009). Language and theory of mind in preschool children with specific language impairment. *Journal of Communication Disorders, 42*, 428–441.

Farroni, T., Menon, E., Rigato, S., & Johnson, M. (2007). The perception of facial expressions in newborns. *European Journal of Developmental Psychology, 4*, 2–13.

Farver, J. M., & Frosch, D. L. (1996). L.A. stories: Aggression in preschoolers' spontaneous narratives after the riots of 1992. *Child Development, 67*, 19–32.

Farver, J. M., & Lee-Shin, Y. (2000). Acculturation and Korean-American children's social and play behavior. *Social Development, 9*, 316–336.

Farver, J. M., Kim, Y. K., & Lee-Shin, Y. (1995). Cultural differences in Korean- and Anglo-American preschoolers' social interaction and play behaviors. *Child Development, 66*, 1088–1099.

Farver, J. M., Welles-Nystrom, B., Frosch, D. L., & Wimbarti, S. (1997). Toy stories: Aggression in children's narratives in the United States, Sweden, Germany, and Indonesia. *Journal of Cross-Cultural Psychology, 28*, 393–420.

Farzin, F., Charles, E., & Rivera, S. (2009). Development of multimodal processing in infancy. *Infancy, 14*, 563–578.

Faulkner, G., & Biddle, S. (2004). Exercise and depression: Considering variability and contextuality. *Journal of Sport & Exercise Psychology, 26*, 3–18.

Fayers, T., Crowley, T., Jenkins, J. M., & Cahill, D. J. (2003). Medical student awareness of sexual health is poor. *International Journal STD/AIDS, 14*, 386–389.

Federal Interagency Forum on Age-Related Statistics. (2000). *Older Americans 2000: Key indicators of well-being*. Hyattsville, MD: Federal Interagency Forum on Age-Related Statistics.

Federal Interagency Forum on Child and Family Statistics. (2003). *America's children: Key national indicators of well-being, 2003*. Federal Interagency Forum on Child and Family Statistics. Washington, DC: U.S. Government Printing Office.

Feeney, B. C., & Collins, N. L. (2003). Motivations for caregiving in adult intimate relationships: Influences on caregiving behavior and relationship functioning. *Personality and Social Psychology Bulletin, 29*, 950–968.

Feigelman, W., Jordan, J., & Gorman, B. (2009). How they died, time since loss, and bereavement outcomes. *Omega: Journal of Death and Dying, 58*, 251–273.

Feinberg, T. E. (2000). The nested hierarchy of consciousness: A neurobiological solution to the problem of mental unity. *Neurocase, 6*, 75–81.

Feldhusen, J. (2003). Precocity and acceleration. *Gifted Education International, 17*, 55–58.

Feldman, R. S. (Ed.). (1992). *Applications of nonverbal behavioral theories and research*. Hillsdale, NJ: Lawrence Erlbaum.

Feldman, R. S., & Rimé, B. (Eds.). (1991). *Fundamentals of nonverbal behavior*. Cambridge, England: Cambridge University Press.

Feldman, R. S., & Theiss, A. J. (1982). The teacher and student as Pygmalions: The joint effects of teacher and student expectation. *Journal of Educational Psychology, 74*, 217–223.

Feldman, R. S., Philippot, P., & Custrini, R. J. (1991). Social competence and nonverbal behavior. In R. S. Feldman & B. Rime (Eds.), *Fundamentals of nonverbal behavior*. Cambridge, England: Cambridge University Press.

Feldman, R. S., Tomasian, J., & Coats, E. J. (1999). Adolescents' social competence and nonverbal deception abilities: Adolescents with higher social skills are better liars. *Journal of Nonverbal Behavior, 23*, 237–249.

Feldman, R., & Masalha, S. (2007). The role of culture in moderating the links between early ecological risk and young children's adaptation. *Development and Psychopathology, 19*, 1–21.

Feldman, S. S., & Wood, D. N. (1994). Parents' expectations for preadolescent sons' behavioral autonomy: A longitudinal study of correlates and outcomes. *Journal of Research on Adolescence, 4*, 45–70.

Fell, J., & Williams, A. (2008), The effect of aging on skeletal-muscle recovery from exercise: Possible implications for aging athletes. *Journal of Aging and Physical Activity, 16*, 97–115. http://search.ebscohost.com

Fennell, C., Sartorius, G., Ly, L. P., Turner, L., Liu, P. Y., Conway, A. J., & Handelsman, D. J. (2009). Randomized cross-over clinical trial of injectable vs. implantable depot testosterone for maintenance of testosterone replacement therapy in androgen deficient men. *Clinical Endocrinology, 42*, 88–95.

Fenwick, K. D., & Morrongiello, B. A. (1998). Spatial co-location and infants' learning of auditory-visual associations. *Behavior & Development, 21*, 745–759.

Fenwick, K., & Morrongiello, B. (1991). Development of frequency perception in infants and children. *Journal of Speech, Language Pathology, and Audiology, 15*, 7–22.

Ferguson, M., & Molfese, P. (2007). Breast-fed infants process speech differently from bottle-fed infants: Evidence from neuroelectrophysiology. *Developmental Neuropsychology, 31*, 337–347.

Fergusson, D. M., Horwood, L. J., & Ridder, E. M. (2006). Abortion in young women and subsequent mental health. *Journal of Child Psychology and Psychiatry, 47*, 16–24.

Fergusson, D., Horwood, L., Boden, J., & Jenkin, G. (2007, March). Childhood social disadvantage and smoking in adulthood: Results of a 25-year longitudinal study. *Addiction, 102*, 475–482.

Fergusson, E., Maughan, B., & Golding, J. (2008). Which children receive grandparental care and what effect does it have? *Journal of Child Psychology and Psychiatry, 49*, 161–169.

Fernald, A. (2001). Hearing, listening, and understanding: Auditory development in infancy. In G. Bremner & A. Fogel (Eds.), *Blackwell handbook of infant development*. Malden, MA: Blackwell Publishers.

Fernald, A., & Morikawa, H. (1993). Common themes and cultural variations in Japanese and American mothers' speech to infants. *Child Development, 64*, 637–656.

Fernyhough, C. (1997). Vygotsky's sociocultural approach: Theoretical issues and implications for current research. In S. Hala (Ed.), *The development of social cognition* (pp. 65–92). Hove, England: Psychology Press/Lawrence Erlbaum, Taylor & Francis.

Feshbach, S., & Tangney, J. (2008). Television viewing and aggression: Some alternative perspectives. *Perspectives on Psychological Science, 3*, 387–389. http://search.ebscohost.com, doi:10.1111/j.1745-6924. 2008.00086.x

Festinger, L. (1954). A theory of social comparison processes. *Human Relations, 7*, 117–140.

Fetterman, D. M. (2005). Empowerment evaluation: From the digital divide to academic distsress. In D. Fetterman & A. Wandersman (Eds.), *Empowerment evaluation principles in practice*. New York: Guilford Press.

Fiatarone, M. S. A., & Garnett, L. R. (1997, March). Keep on keeping on. *Harvard Health Letter*, pp. 4–5.

Field, D., & Minkler, M. (1988). Continuity and change in social support between young-old and old-old or very-old age. *Journal of Gerontology, 43*(4), 100–106.

Field, M. J., & Behrman, R. E. (Eds.). (2002). *When children die*. Washington, DC: National Academies Press.

Field, T. (2001). Massage therapy facilitates weight gain in preterm infants. *Current Directions in Psychological Science, 10*, 51–54.

Field, T. M. (1982). Individual differences in the expressivity of neonates and young infants. In R. S. Feldman (Ed.), *Development of nonverbal behavior in children*. New York: Springer-Verlag.

Field, T. M., & Millsap, R. E. (1991). Personality in advanced old age: Continuity or change? *Journals of Gerontology: Series B: Psychological Sciences and Social Sciences, 46*, P299–P308.

Field, T., Diego, M., & Hernandez-Reif, M. (2006). Prenatal depression effects on the fetus and newborn: A review. *Infant Behavior & Development, 29*, 445–455.

Field, T., Diego, M., & Hernandez-Reif, M. (2008). Prematurity and potential predictors. *International Journal of Neuroscience, 118*, 277–289.

Field, T., Diego, M., & Hernandez-Reif, M. (2009). Depressed mothers' infants are less responsive to faces and voices. *Infant Behavior & Development, 32*, 239–244.

Field, T., Greenberg, R., Woodson, R., Cohen, D., & Garcia, R. (1984). Facial expression during Brazelton neonatal assessments. *Infant Mental Health Journal, 5*, 61–71.

Field, T., Hernandez-Reif, M., & Diego, M. (2006). Newborns of depressed mothers who received moderate versus light pressure massage during pregnancy. *Infant Behavior & Development, 29*(1), 54–58.

Fields, J. & Casper, L. M. (2001). *America's families and living arrangements: March 2000*. Current Population Reports P20–537. Washington DC: U.S. Census Bureau.

Fifer, W. (1987). Neonatal preference for mother's voice. In N. A. Kasnegor, E. M. Blass, & M. A. Hofer (Eds.), *Perinatal development: A psychobiological perspective. Behavioral biology* (pp. 111–124). Orlando, FL: Academic Press.

Figley, C. R. (1973). Child density and the marital relationship. *Journal of Marriage and the Family, 35*, 272–282.

Finch, C. E., & Tanzi, R. E. (1997, October 17). Genetics of aging. *Science, 278*, 407–410.

Fincham, F. D. (1998). Child development and marital relations. *Child Development, 69*, 543–574.

Fincham, F. D. (2003). Marital conflict: Correlates, structure, and context. *Current Directions in Psychological Science, 12,* 23–27.

Fingerhut, L. A., & MaKuc, D. M. (1992). Mortality among minority populations in the United States. *American Journal of Public Health, 82,* 1168–1170.

Finkelhor, D. (1997). The homicides of children and youth: A developmental perspective. In G. K. Kantor & J. L. Janinski (Ed.), *Out of the darkness: Contemporary perspectives on family violence* (pp. 17–34). Thousand Oaks, CA: Sage Publications.

Finkelstein, D. L., Harper, D. A., & Rosenthal, G. E. (1998). Does length of hospital stay during labor and delivery influence patient satisfaction? Results from a regional study. *American Journal of Managed Care, 4,* 1701–1708.

Fisch, S. M. (2004). *Children's learning from educational television:* Sesame Street *and beyond.* Mahwah, NJ: Erlbaum.

Fischer, K. W., & Hencke, R. W. (1996). Infants' construction of actions in context: Piaget's contributions to research on early development. *Psychological Science, 7,* 204–210.

Fischer, K. W., & Rose, S. P. (1995). Concurrent cycles in the dynamic development of brain and behavior. *Newsletter of the Society for Research in Child Development,* p. 16.

Fischer, T. (2007). Parental divorce and children's socio-economic success: Conditional effects of parental resources prior to divorce, and gender of the child. *Sociology, 41,* 475–495.

Fish, J. M. (Ed.). (2001). *Race and intelligence: Separating science from myth.* Mahwah, NJ: Lawrence Erlbaum.

Fisher, C. (2005). Deception research involving children: Ethical practices and paradoxes. *Ethics & Behavior, 15,* 271–287.

Fisher, C. B. (2003). *Decoding the ethics code: A practical guide for psychologists.* Thousand Oaks, CA: Sage Publications.

Fisher, C. B. (2004). Informed consent and clinical research involving children and adolescents: Implications of the revised APA Ethics Code and HIPAA. *Journal of Clinical Child & Adolescent Psychology, 33,* 832–839.

Fisher, C., Hauck, Y., & Fenwick, J. (2006). How social context impacts on women's fears of childbirth: A Western Australian example. *Social Science & Medicine, 63,* 64–75.

Fiske, S. T., & Taylor, S. E. (1991). *Social cognition* (2nd ed.). New York: McGraw-Hill.

Fitzgerald, D., and White, K. (2003). Linking children's social worlds: Perspective-taking in parent-child and peer contexts. *Social Behavior & Personality, 31,* 509–522.

Fitzgerald, P. (2008). A neurotransmitter system theory of sexual orientation. *Journal of Sexual Medicine, 5,* 746–748.

Fivush, R., Kuebli, J., & Clubb, P. A. (1992). The structure of events and event representations: A developmental analysis. *Child Development, 63,* 188–201.

Flanigan, J. (2005, July 3). Immigrants benefit U.S. economy now as ever. *Los Angeles Times.*

Flavell, J. H. (1994). Cognitive development: Past, present, and future. In R. D. Parke, P. A. Ornstein, J. J. Rieser, & C. Zahn-Waxler (Eds.), *A century of developmental psychology.* Washington, DC: American Psychological Association.

Flavell, J. H. (1996). Piaget's legacy. *Psychological Science, 7,* 200–203.

Fleming, M., Greentree, S., Cocotti-Muller, D., Elias, K., & Morrison, S. (2006, December). Safety in cyberspace: Adolescents' safety and exposure online. *Youth & Society, 38,* 135–154.

Fletcher, A. C., Darling, N. E., Steinberg, L., & Dornbusch, S. M. (1995). The company they keep: Relation of adolescents' adjustment and behavior to their friends' perceptions of authoritative parenting in the social network. *Developmental Psychology, 31,* 300–310.

Flom, R., & Bahrick, L. (2007). The development of infant discrimination of affect in multimodal and unimodal stimulation: The role of intersensory redundancy. *Developmental Psychology, 43,* 238–252.

Flor, D. L., & Knap, N. F. (2001). Transmission and transaction: Predicting adolescents' internalization of parental religious values. *Journal of Family Psychology, 15,* 627–645.

Florian, V., & Kravetz, S. (1985). Children's concepts of death: A cross-cultural comparison among Muslims, Druze, Christians, and Jews in Israel. *Journal of Cross-Cultural Psychology, 16,* 174–189.

Florsheim, P. (2003). Adolescent romantic and sexual behavior: What we know and where we go from here. In P. Florsheim (Ed.), *Adolescent romantic relations and sexual behavior: Theory, research, and practical implications.* Mahwah, NJ: Lawrence Erlbaum.

Flouri, E. (2005). *Fathering and child outcomes.* New York: Wiley.

Floyd, R. G. (2005). Information-processing approaches to interpretation of contemporary intellectual assessment instruments. In D. P. Flanagan, & P. L. Harrison, (Eds.), *Contemporary intellectual assessment: Theories, tests, and issues.* New York: Guilford Press.

Flynn, E., O'Malley, C., & Wood, D. (2004). A longitudinal, microgenetic study of the emergence of false belief understanding and inhibition skills. *Developmental Science, 7,* 103–115.

Fogel, A., Hsu, H., Shapiro, A., Nelson-Goens, G., & Secrist, C. (2006, May). Effects of normal and perturbed social play on the duration and amplitude of different types of infant smiles. *Developmental Psychology, 42,* 459–473.

Fok, M. S. M., & Tsang, W.Y.W. (2006). 'Development of an instrument measuring Chinese adolescent beliefs and attitudes towards substance use': Response to commentary. *Journal of Clinical Nursing, 15,* 1062–1063.

Folkman, S., & Lazarus, R. S. (1988). Coping as a mediator of emotion. *Journal of Personality and Social Psychology, 54,* 466–475.

Ford, J. A. (2007). Alcohol use among college students: A comparison of athletes and nonathletes. *Substance Use & Misuse, 42,* 1367–1377.

Fortunato, J., and Scheimann, A. (2008). Protein-energy malnutrition and feeding refusal secondary to food allergies. *Clinical Pediatrics, 47,* 496–499.

Fouts, G., & Burggraf, K. (1999). Television situation comedies: Female body images and verbal reinforcements. *Sex Roles, 40,* 473–482.

Fowers, B. J., & Davidov, B. J. (2006). The virtue of multiculturalism: Personal transformation, character, and openness to the other. *American Psychologist, 61,* 581–594.

Fowler, J. W., & Dell, M. L. (2006). Stages of Faith From Infancy Through Adolescence: Reflections on Three Decades of Faith Development Theory. In E. C. Roehlkepartain, P. E. King, L. Wagener, & P. L. Benson (Eds.), *The handbook of spiritual development in childhood and adolescence.* Thousand Oaks, CA: Sage Publications.

Fozard, J. L., Vercruyssen, M., Reynolds, S. L., Hancock, P. A., et al. (1994). Age differences and changes in reaction time: The Baltimore Longitudinal Study of Aging. *Journal of Gerontology, 49,* 179–189.

Fraenkel, P. (2003). Contemporary two-parent families: Navigating work and family challenges. In F. Walsh (Ed.), *Normal family processes: Growing diversity and complexity* (3rd ed., pp. 61–95). New York: Guilford Press.

Fraley, R. C., & Spieker, S. J. (2003). Are infant attachment patterns continuously or categorically distributed? A taxometric analysis of Strange Situation behavior. *Developmental Psychology, 39,* 387–404.

Franck, I., & Brownstone, D. (1991). *The parent's desk reference.* New York: Prentice-Hall.

Frankel, M. and Chapman, A. (2000). *Human inheritable genetic modifications: Assessing scientific, ethical, religious, and policy issues.* Washington, DC: American Association for the Advancement of Science.

Frankenburg, W. K., Dodds, J., Archer, P., Shapiro, H., & Bresnick, B. (1992). The Denver II: A major revision and restandardization of the Denver Developmental Screening Test. *Pediatrics, 89,* 91–97.

Franko, D., & Striegel-Moore, R. (2002). The role of body dissatisfaction as a risk factor for depression in adolescent girls: Are the differences Black and White? *Journal of Psychosomatic Research, 53,* 975–983.

Fransen, M., Meertens, R., & Schrander-Stumpel, C. (2006). Communication and risk presentation in genetic counseling: Development of a checklist. *Patient Education and Counseling, 61,* 126–133.

Fraser, S., Muckle, G., & Després, C. (2006, January). The relationship between lead exposure, motor function and behaviour in Inuit preschool children. *Neurotoxicology and Teratology, 28,* 18–27.

Frawley, T. (2008). Gender schema and prejudicial recall: How children misremember, fabricate, and distort gendered picture book information. *Journal of Research in Childhood Education, 22,* 291–303.

Frazier, L. M., Grainger, D. A., Schieve, L. A., & Toner, J. P. (2004). Follicle-stimulating hormone and estradiol levels independently predict the success of assisted reproductive technology treatment. *Fertility and Sterility, 82,* 834–840.

Frederickson, N., & Petrides, K. (2008). Ethnic, gender, and socio-economic group differences in academic performance and secondary school selection: A longitudinal analysis. *Learning and Individual Differences, 18,* 144–151.

Freedman, A. M., & Ellison, S. (2004, May 6). Testosterone patch for women shows promise. *Wall Street Journal,* pp. A1, B2.

Freedman, D. S., Khan, L. K., Serdula, M. K., Dietz, W. H., Sriniasan, S. R., & Berenson, G. S. (2004). Inter-relationships among childhood BMI, childhood height, and adult obesity: The Bogalusa Heart Study. *International Journal of Obesity and Related Metabolic Disorders, 28,* 10–16.

Freeman, E., Sammel, M., & Liu, L. (2004). Hormones and menopausal status as predictors of depression in women in transition to menopause. *Archives of General Psychiatry, 61,* 62–70.

Freeman, J. M. (2007). Beware: the misuse of technology and the law of unintended consequences. *Neurotherapeutics, 4,* 549–554.

Freiberg, P. (1998, February). We know how to stop the spread of AIDS: So why can't we? *APA Monitor,* 32.

French, S., & Swain, J. (1997). Young disabled people. In J. Roche & S. Tucker (Eds.), *Youth in society: Contemporary theory, policy and practice* (pp. 199–206). London, England: Sage Publications.

Freud, S. (1920). *A general introduction to psychoanalysis*. New York: Boni & Liveright.

Friborg, O., Barlaug, D., Martinussen, M., Rosenvinge, J. H., & Hjemdal, O. (2005). Resilience in relation to personality and intelligence. *International Journal of Methods in Psychiatric Research, 14*, 29–42.

Frick, P. J., Cornell, A. H., Bodin, S. D., Dane, H. A., Barry, C. T., & Loney, B. R. (2003). Callous-unemotional traits and developmental pathways to severe conduct problems. *Developmental Psychology, 39*, 246–260.

Friedland, R. (2003). Fish consumption and the risk of Alzheimer disease: Is it time to make dietary recommendations? *Archives of Neurology, 60*, 923–924.

Friedlander, L. J., Connolly, J. A., & Pepler, D. J., & Craig, W. M. (2007). Biological, familial, and peer influences on dating in early adolescence. *Archives of Sexual Behavior, 36*, 821–830.

Friedman, D. E. (2004). *The new economics of preschool*. Washington, DC: Early Childhood Funders' Collaborative/NAEYC.

Friedman, S., Heneghan, A., & Rosenthal, M. (2009). Characteristics of women who do not seek prenatal care and implications for prevention. *Journal of Obstetric, Gynecologic, & Neonatal Nursing: Clinical Scholarship for the Care of Women, Childbearing Families, & Newborns, 38*, 174–181.

Frishman, R. (1996, October). Hormone replacement therapy for men. *Harvard Health Letter*, pp. 6–8.

Fritz, G., & Rockney, R. (2004). Summary of the practice parameter for the assessment and treatment of children and adolescents with enuresis. Work Group on Quality Issues; *Journal of the American Academy of Child & Adolescent Psychiatry, 43*, 123–125.

Frome, P., Alfeld, C., Eccles, J., & Barber, B. (2006, August). Why don't they want a male-dominated job? An investigation of young women who changed their occupational aspirations. *Educational Research and Evaluation, 12*, 359–372.

Fromholt, P., & Larsen, S. F. (1991). Autobiographical memory in normal, aging and primary degenerative dementia (dementia of the Alzheimer type). *Journal of Gerontology, 46*, 85–91.

Fry, C. L. (1985). Culture, behavior, and aging in the comparative perspective. In J. E. Birren & K. W. Schaie (Eds.), *Handbook of the psychology of aging*. New York: Van Nostrand Reinhold.

Fu, G., Xu, F., Cameron, C., Heyman, G., & Lee, K. (2007, March). Cross-cultural differences in children's choices, categorizations, and evaluations of truths and lies. *Developmental Psychology, 43*(2), 278–293.

Fu, X., & Heaton, T. (2008). Racial and educational homogamy: 1980 to 2000. *Sociological Perspectives, 51*, 735–758.

Fuchs, D., & Fuchs, L. S. (1994). Inclusive schools movement and the radicalization of special education reform. *Exceptional Children, 60*, 294–309.

Fugate, W. N., & Mitchell, E. S. (1997). Women's images of midlife: Observations from the Seattle Midlife Women's Health Study. *Health Care for Women International, 18*, 439–453.

Fulgini, A. J. (1998). The adjustment of children from immigrant families. *Current Directions in Psychological Science, 7*, 99–103.

Fulgini, A. J. (1997). The academic achievement of adolescents from immigrant families: The roles of family background, attitudes, and behavior. *Child Development, 68*, 351–368.

Fuligni, A. J., & Fuligni, A. S. (2007). Immigrant families and the educational development of their children. In J. E. Lansford, et al (Eds.) *Immigrant families in contemporary society*. New York: Guilford Press.

Fuligni, A. J., Tseng, V., & Lam, M. (1999). Attitudes toward family obligations among American adolescents with Asian, Latin American, and European backgrounds. *Child Development, 70*, 1030–1044.

Fuligni, A., & Hardway, C. (2006, September). Daily variation in adolescents' sleep, activities, and psychological well-being. *Journal of Research on Adolescence, 16*, 353–378.

Fuligni, A., & Yoshikawa, H. (2003). Socioeconomic resources, parenting, and child development among immigrant families. In M. Bornstein & R. Bradley (Eds.), *Socioeconomic status, parenting, and child development*. Mahwah, NJ: Lawrence Erlbaum.

Fuligni, A., & Zhang, W. (2004). Attitudes toward family obligation among adolescents in contemporary urban and rural China. *Child Development, 75*, 180–192.

Funk, L. (2010). Prioritizing parental autonomy: Adult children's accounts of feeling responsible and supporting aging parents. *Journal of Aging Studies, 24*, 57–64.

Furman, W., & Buhrmester, D. (1992). Age and sex differences in perceptions of networks of personal relationships. *Child Development, 63*, 103–115.

Furman, W., & Shaffer, L. (2003). The role of romantic relationships in adolescent development. In P. Florsheim (Ed.), *Adolescent romantic relations and sexual behavior: Theory, research, and practical implications*. Mahwah, NJ: Lawrence Erlbaum.

Furnham, A., & Weir, C. (1996). Lay theories of child development. *Journal of Genetic Psychology, 157*, 211–226.

Furstenberg, F. F., Jr. (1996, June). The future of marriage. *American Demographics*, 34–40.

Gabriele, A., & Schettino, F. (2008). Child malnutrition and mortality in developing countries: Evidence from a cross-country analysis. *Analyses of Social Issues and Public Policy (ASAP), 8*, 53–81.

Gagnon, S. G., & Nagle, R. J. (2000). Comparison of the revised and original versions of the Bayley Scales of Infant Development. *School Psychology International, 21*, 293–305.

Galambos, N., Leadbeater, B., & Barker, E. (2004). Gender differences in and risk factors for depression in adolescence: A 4-year longitudinal study. *International Journal of Behavioral Development, 28*, 16–25.

Gallagher, J. J. (1994). Teaching and learning: New models. *Annual Review of Psychology, 45*, 171–195.

Gallistel, C. (2007). Commentary on Le Corre & Carey. *Cognition, 105*, 439–445.

Galluccio, L., & Rovee-Collier, C. (2006). Nonuniform effects of reinstatement within the time window. *Learning and Motivation, 37*, 1–17.

Gallup Poll. (2004). How many children? *The Gallup Poll Monthly*.

Ganzini, L., Beer, T., & Brouns, M. (2006, September). Views on physician-assisted suicide among family members of Oregon cancer patients. *Journal of Pain and Symptom Management, 32*, 230–236.

Garcia, C., & Saewyc, E. (2007). Perceptions of mental health among recently immigrated Mexican adolescents. *Issues in Mental Health Nursing, 28*, 37–54.

Garcia, C., Bearer, E. L., & Lerner, R. M. (Eds.). (2004). *Nature and nurture: The complex interplay of genetic and environmental influences on human behavior and development*. Mahwah, NJ: Lawrence Erlbaum.

Garcia-Moreno, C., Heise, L., Jansen, H. A. F. M., Ellsberg, M., & Watts, C. (2005, November 25). Violence against women. *Science, 310*, 1282–1283.

Garcia-Portilla, M. (2009). Depression and perimenopause: a review. *Actas Esp Psiquiatr. 37*, 231–321.

Gardner, H. (2000). *Intelligence reframed: Multiple intelligences for the 21st century*. New York: Basic Books.

Gardner, H. (2003). Three distinct meanings of intelligence. In R. Sternberg & J. Lautrey (Eds.), *Models of intelligence: International perspectives*. Washington, DC: American Psychological Association.

Gardner, H. (2006). *Changing minds: The art and science of changing our own and other people's minds*. Cambridge, MA: Harvard Business Press.

Gardner, H., & Moran, S. (2006). The science of multiple intelligences theory: A response to Lynn Waterhouse. *Educational Psychologist, 41*, 227–232.

Garland, J. E. (2004). Facing the evidence: Antidepressant treatment in children and adolescents. *Canadian Medical Association Journal, 17*, 489–491.

Garlick, D. (2003). Integrating brain science research with intelligence research. *Current Directions in Psychological Science, 12*, 185–189.

Gartstein, M., Slobodskaya, H., & Kinsht, I. (2003). Cross-cultural differences in temperament in the first year of life: United States of America (US) and Russia. *International Journal of Behavioral Development, 27*, 316–328.

Gartstein, M., Slobodskaya, H., & Kinsht, I. (2003). Cross-cultural differences in temperament in the first year of life: United States of America (US) and Russia. *International Journal of Behavioral Development, 27*, 316–328.

Gatz, M. (1997, August). Variations of depression in later life. Paper presented at the Annual Convention of the American Psychological Association, Chicago.

Gaulden, M. E. (1992). Maternal age effect: The enigma of Down syndrome and other trisomic conditions. *Mutation Research, 296*, 69–88.

Gauthier, S., & Scheltens, P. (2009). Can we do better in developing new drugs for Alzheimer's disease?. *Alzheimer's & Dementia, 5*, 489–491.

Gauvain, M. (1998). Cognitive development in social and cultural context. *Current Directions in Psychological Science, 7*, 188–194.

Gavin, L. A., Furman, W. (1996). Adolescent girls' relationships with mothers and best friends. *Child Development, 67*, 375–386.

Gavin, T., & Myers, A. (2003). Characteristics, enrollment, attendance, and dropout patterns of older adults in beginner Tai-Chi and line-dancing programs. *Journal of Aging & Physical Activity, 11*, 123–141.

Gawande, A. (2007, April 30). The way we age now. *The New Yorker*, pp. 49–59.

Gazmararian, J. A., Petersen, R., Spitz, A. M., Goodwin, M. M., Saltzman, L. E., & Marks, J. S. (2000). Violence and reproductive health: Current knowledge and future research directions. *Mat Child Health, 4*, 79–84.

Gazzaniga, M. S. (1983). Right-hemisphere language following brain bisection: A twenty-year perspective. *American Psychologist, 38*, 525–537.

Gee, H. (2004). *Jacob's ladder: The history of the human genome*. New York: Norton.

Gelman, R. (2006, August). Young natural-number arithmeticians. *Current Directions in Psychological Science, 15*, 193–197.

Gelman, R., & Gallistel, C. R. (2004, October 15). Language and the origin of numerical concepts. *Science, 306*, 441–443.

Gelman, S. A., Taylor, M. G., & Nguyen, S. (2004). Mother–child conversations about gender. *Monographs of the Society for Research in Child Development, 69.*

General Social Survey. (1998). *National opinion research center*. Chicago: University of Chicago.

Genovese, J. (2006). Piaget, pedagogy, and evolutionary psychology. *Evolutionary Psychology, 4*, 127–137.

Gentilucci, M., & Corballis, M. (2006). From manual gesture to speech: A gradual transition. *Neuroscience & Biobehavioral Reviews, 30*, 949–960.

Gerard, C. M., Harris, K. A., & Thach, B. T. (2002). Spontaneous arousals in supine infants while swaddled and unswaddled during rapid eye movement and quiet sleep. *Pediatrics, 110*, 70.

Gerber, M. S. (October 9, 2002). Eighty million strong—the singles lobby. *The Hill*, p. 45.

Gerber, P., & Coffman, K. (2007). Nonaccidental head trauma in infants. *Child's Nervous System, 23*, 499–507.

Gerend, M., Aiken, L., & West, S. (2004). Personality factors in older women's perceived susceptibility to diseases of aging. *Journal of Personality, 72*, 243–270.

Gerhardt, P. (1999, August 10). Potty training: How did it get so complicated? *Daily Hampshire Gazette*, p. C1.

Gerressu, M., Mercer, C., Graham, C., Wellings, K., & Johnson, A. (2008). Prevalence of masturbation and associated factors in a British national probability survey. *Archives of Sexual Behavior, 37*, 266–278.

Gerrish, C. J., & Mennella, J. A. (2000). Short-term influence of breastfeeding on the infants' interaction with the environment. *Developmental Psychobiology, 36*, 40–48.

Gershkoff-Stowe, L., & Hahn, E. (2007). Fast mapping skills in the developing lexicon. *Journal of Speech, Language, and Hearing Research, 50*, 682–696.

Gershkoff-Stowe, L., & Thelen, E. (2004). U-shaped changes in behavior: A dynamic systems perspective. *Journal of Cognition & Development, 5*, 88–97.

Gershoff, E. T. (2002). Parental corporal punishment and associated child behaviors and experiences: A meta-analytic and theoretical review. *Pychological Bulletin, 128*, 539–579.

Gersten, R., & Dimino, J. (2006, January). RTI (response to intervention): Rethinking special education for students with reading difficulties (yet again). *Reading Research Quarterly, 41*, 99–108.

Gerstorf, D., Ram, N., Estabrook, R., Schupp, J., Wagner, G., & Lindenberger, U. (2008). Life satisfaction shows terminal decline in old age: Longitudinal evidence from the German Socio-Economic Panel Study (SOEP). *Developmental Psychology, 44*, 1148–1159.

Gervain, J., Macagno, F., Cogoi, S., Peña, M., & Mehler, J. (2008). The neonate brain detects speech structure. *PNAS Proceedings of the National Academy of Sciences of the United States of America, 105*, 14222–14227.

Gesell, A. L. (1946). The ontogenesis of infant behavior. In L. Carmichael (Ed.), *Manual of child psychology*. New York: Harper.

Gesser, G., Wong, P. T., & Reker, G. T. (1988). Death attitudes across the life span: The development and validation of the Death Attitude Profile (DAP). *Omega: Journal of Death and Dying, 18*, 113–128.

Ghazi, A., Henis-Korenblit, S., & Kenyon, C. (2009). A transcription elongation factor that links signals from the reproductive system to lifespan extension in Caenorhabditis elegans. *PLoS Genetics, 5*, 71–77.

Ghetti, S., & Angelini, L. (2008). The development of recollection and familiarity in childhood and adolescence: Evidence from the dual-process signal detection model. *Child Development, 79*, 339–358.

Ghule, M., Balaiah, D., & Joshi, B. (2007). Attitude towards premarital sex among rural college youth in Maharashtra, India. *Sexuality & Culture, 11*, 1–17.

Gibbs, N. (2002, April 15). Making time for a baby. *Time*, pp. 48–54.

Gibson, E. J., & Walk, R. D. (1960). The "visual cliff." *Scientific American, 202*, 64–71.

Gidron, Y., Russ, K., Tissarchondou, H., & Warner, J. (2006, July). The relation between psychological factors and DNA-damage: A critical review. *Biological Psychology, 72*, 291–304.

Gifford-Smith, M., & Brownell, C. (2003). Childhood peer relationships: Social acceptance, friendships, and peer networks. *Journal of School Psychology, 41*, 235–284.

Gilbert, D. *Stumbling on happiness*. (2006). New York: Alfred A. Knopf.

Gilbert, K. R. (1997). Couple coping with the death of a child. In C. R. Figley, B. E. Bride, & N. Mazza (Eds.), *The series in trauma and loss. Death and trauma: The traumatology of grieving* (pp. 101–121). Washington, DC: Taylor & Francis.

Gilbert, L. A. (1994). Current perspectives on dual-career families. *Current Directions in Psychological Science, 3*, 101–105.

Gilbert, S. (2004, March 16). New clues to women veiled in black. *New York Times*, p. D1.

Gilbert, W. M., Nesbitt, T. S., & Danielsen, B. (1999). Childbearing beyond age 40: Pregnancy outcome in 24,032 cases. *Obstetrics and Gynecology, 93*, 9–14.

Gillespie, N. A., Cloninger, C. R., & Heath, A. C. (2003). The genetic and environmental relationship between Cloninger's dimensions of temperament and character. *Personality and Individual Differences, 35*, 1931–1946.

Gillies, R., & Boyle, M. (2006, May). Ten Australian elementary teachers' discourse and reported pedagogical practices during cooperative learning. *The Elementary School Journal, 106*, 429–451.

Gilligan, C. (1982). *In a different voice: Psychological theory and women's development*. Cambridge, MA: Harvard University Press.

Gilligan, C. (1987). Adolescent development reconsidered. In C. E. Irwin (Ed.), *Adolescent social behavior and health*. San Francisco: Jossey-Bass.

Gilligan, C. (2004). Recovering psyche: Reflections on life-history and history. *Annual of Psychoanalysis, 32*, 131–147.

Gilligan, C., Brown, L. M., & Rogers, A. G. (1990). Psyche embedded: A place for body, relationships, and culture in personality theory. In A. I. Rabin, & R. A. Zucker (Eds). *Studying persons and lives*. New York: Springer.

Gilligan, C., Lyons, N. P., & Hammer, T. J. (Eds.). (1990). *Making connections*. Cambridge, MA: Harvard University Press.

Gilligan, C., Ward, J. V., & Taylor, J. M. (Eds.). (1988). *Mapping the moral domain: A contribution of women's thinking to psychological theory and education*. Cambridge, MA: Harvard University Press.

Gilliland, A. L., & Verny, T. R. (1999). The effects of domestic abuse on the unborn child. *Journal of Prenatal and Perinatal Psychology and Health, 13* [Special Issue], 235–246.

Gillmore, M., Gilchrist, L., Lee, J., & Oxford, M. (2006, August). Women who gave birth as unmarried adolescents: Trends in substance use from adolescence to adulthood. *Journal of Adolescent Health, 39*, 237–243.

Gilmore, C. K., & Spelke, E. S. (2008). Children's understanding of the relationship between addition and subtraction. *Cognition, 107*, 932–945.

Ginzberg, E. (1972). Toward a theory of occupational choice: A restatement. *Vocational Guidance Quarterly, 12*, 10–14.

Giordana, S. (2005). *Understanding eating disorders: Conceptual and ethical issues in the treatment of anorexia (Issues in Biomedical Ethics)*. New York: Oxford University Press.

Gitlin, L., Reever, K., Dennis, M., Mathieu, E., & Hauck, W. (2006, October). Enhancing quality of life of families who use adult day services: Short- and long-term effects of the Adult Day Services Plus Program. *The Gerontologist, 46*, 630–639.

Glasgow, K. L., Dornbusch, S. M., Troyer, L., Steinberg, L., & Ritter, P. L. (1997). Parenting styles, adolescents' attributions, and educational outcomes in nine heterogeneous high schools. *Child Development, 68*, 507–529.

Glatt, S., Chayavichitsilp, P., Depp, C., Schork, N., & Jeste, D. (2007). Successful aging: From phenotype to genotype. *Biological Psychiatry, 62*, 282–293.

Gleason, J. B., Perlmann, R. U., Ely, R., & Evans, D. W. (1991). The babytalk register: Parents' use of diminutives. In J. L. Sokolov & C. E. Snow (Eds.), *Handbook of research in language development using CHILDES*. Hillsdale, NJ: Lawrence Erlbaum.

Gleason, J. B., Perlmann, R. U., Ely, R., & Evans, D. W. (1994). The babytalk register: Parents' use of diminutives. In J. L. Sokolov & C. E. Snow (Eds.), *Handbook of research in language development using CHILDES*. Mahwah, NJ: Lawrence Erlbaum.

Gleason, J., & Ely, R. (2002). Gender differences in language development. In A. McGillicuddy-De Lisi & R. De Lisi (Eds.), *Biology, society, and behavior: The development of sex differences in cognition* (pp. 127–154). Westport, CT: Ablex Publishing.

Gleason, M., Iida, M., & Bolger, N. (2003). Daily supportive equity in close relationships. *Personality & Social Psychology Bulletin, 29*, 1036–1045.

Gleick, E., Reed, S., & Schindehette, S. (1994, October 24). The baby trap. *People Weekly*, pp. 38–56.

Gleitman, L., & Landau, B. (1994). *The acquisition of the lexicon*. Cambridge, MA: Bradford.

Glick, P., Fiske, S. T., Mladinic, A., Saiz, J. L., et al. (2000). Beyond prejudice as simple antipathy: Hostile and benevolent sexism across cultures. *Journal of Personality and Social Psychology, 79*, 763–775.

Glick, P., Zion, C., & Nelson, C. (1988). What mediates sex discrimination in hiring decisions? *Journal of Personality and Social Psychology, 55*, 178–186.

Gliga, T., Elsabbagh, M., Andravizou, A., & Johnson, M. (2009). Faces attract infants' attention in complex displays. *Infancy, 14*, 550–562.

Gluhoski, V., Leader, J., & Wortman, C. B. (1994). Grief and bereavement. In V. S. Ramachandran (Ed.), *Encyclopedia of human behavior*. San Diego: Academic Press.

Goble, M. M. (2008). Medical and psychological complications of obesity. In H. D. Davies, et al. (Eds). *Obesity in childhood and adolescence, Vol 1: Medical, biological, and social issues*. Westport, CT: Praeger Publishers/Greenwood Publishing.

Goede, I., Branje, S., & Meeus, W. (2009). Developmental changes in adolescents' perceptions of relationships with their parents. *Journal of Youth and Adolescence, 38,* 75–88.

Gohlke, B. C., & Stanhope, R. (2002). Final height in psychosocial short stature: Is there complete catch-up? *Acta Paediatrica, 91,* 961–965.

Goldberg, A. E. (2004). But do we need universal grammar? Comment on Lidz et al. *Cognition, 94,* 77–84.

Goldberg, J., Pereira, L., & Berghella, V. (2002). Pregnancy after uterine artery emobilization. *Obstetrics and Gynecology, 100,* 869–872.

Golden, J., Conroy, R., Bruce, I., Denihan, A., Greene, E., Kirby, M., and Lawlor, B. (2009). Loneliness, social support networks, mood and wellbeing in community-dwelling elderly. *International Journal of Geriatric Psychiatry, 24,* 694–700.

Goldfarb, Z. (2005, July 12). Newborn medical screening expands. *Wall Street Journal,* p. D6.

Goldschmidt, L., Richardson, G., Willford, J., & Day, N. (2008). Prenatal marijuana exposure and intelligence test performance at age 6. *Journal of the American Academy of Child & Adolescent Psychiatry, 47,* 254–263.

Goldsmith, L. T. (2000). Tracking trajectories of talent: Child prodigies growing up. In R. C. Friedman & B. M. Shore et al. (Eds.), *Talents unfolding: Cognition and development.* Washington, DC: American Psychological Association.

Goldsmith, S. K., Pellmar, T. C., Kleinman, A. M., & Bunney, W. E. (2002). *Reducing suicide: A national imperative.* Washington, DC: National Academies Press.

Goldstein, A. P. (1999). Aggression reduction strategies: Effective and ineffective. *Psychology Quarterly, 14,* 40–58.

Goldston, D. B. (2003). *Measuring suicidal behavior and risk in children and adolescents.* Washington, DC: American Psychological Association.

Goleman, D. (1993, July 21). Baby sees, baby does, and classmates follow. *New York Times,* p. C10.

Goleman, D. (1995). *Emotional intelligence.* New York: Bantam.

Golombok, S., & Tasker, F. (1996). Do parents influence the sexual orientation of their children? Findings from a longitudinal study of lesbian families. *Developmental Psychology, 32,* 3–11.

Golombok, S., Golding, J., Perry, B., Burston, A., Murray, C., Mooney-Somers, J., & Stevens, M. (2003). Children with lesbian parents: A community study. *Developmental Psychology, 39,* 20–33.

Gondolf, E. W. (1985). Fighting for control: A clinical assessment of men who batter. *Social Casework, 66,* 48–54.

Good, M., & Willoughby, T. (2008). Adolescence as a sensitive period for spiritual development. *Child Development Perspectives, 2,* 32–37.

Goode, E. (1999, January 12). Clash over when, and how, to toilet-train. *New York Times,* pp. A1, A17.

Goode, E. (2004, February 3). Stronger warning is urged on antidepressants for teenagers. *New York Times,* p. A12.

Goodlin-Jones, B. L., Burnham, M. M., & Anders, T. F. (2000). Sleep and sleep disturbances: Regulatory processes in infancy. In A. J. Sameroff & M. Lewis et al. (Eds.), *Handbook of developmental psychopathology* (2nd ed.). New York: Kluwer Academic/Plenum Publishers.

Goodman, G. S. (2006). Children's eyewitness memory: A modern history and contemporary commentary. *Journal of Social Issues, 62,* 811–832.

Goodman, G., & Melinder, A. (2007, February). Child witness research and forensic interviews of young children: A review. *Legal and Criminological Psychology, 12,* 1–19.

Goodman, G., & Quas, J. (2008). Repeated interviews and children's memory: It's more than just how many. *Current Directions in Psychological Science, 17,* 386–390.

Goodman, J. S., Fields, D. L., & Blum, T. C. (2003). Cracks in the glass ceiling: In what kinds of organizations do women make it to the top? *Group & Organization Management, 28,* 475–501.

Goodwin, M. H. (1990). Tactical uses of stories: Participation frameworks within girls' and boys' disputes. *Discourse Processes, 13,* 33–71.

Googans, B., & Burden, D. (1987). Vulnerability of working parents: Balancing work and home roles. *Social Work, 32,* 295–300.

Goold, S. D., Williams, B., & Arnold, R. M. (2000). Conflicts regarding decisions to limit treatment: A differential diagnosis. *JAMA: The Journal of the American Medical Association, 283,* 909–914.

Goorabi, K., Hoseinabadi, R., & Share, H. (2008). Hearing aid effect on elderly depression in nursing home patients. *Asia Pacific Journal of Speech, Language, and Hearing, 11,* 119–124.

Gopnik, A., Meltzoff, A. N., & Kuhl, P. K. (2002). *The scientist in the crib: What early learning tells us about the mind.* New York: HarperCollins.

Gorchoff, S., John, O., & Helson, R. (2008). Contextualizing change in marital satisfaction during middle age: An 18-year longitudinal study. *Psychological Science, 19,* 1194–1200.

Gordon, N. (2007). The cerebellum and cognition. *European Journal of Paediatric Neurology, 30,* 214–220.

Gorman, A. (2010, January 7). UCLA study says legalizing undocumented immigrants would help the economy. *Los Angeles Times.*

Gormley, W. T., Jr., Gayer, T., Phillips, D., & Dawson, B. (2005). The effects of universal pre-K on cognitive development. *Developmental Psychology, 41,* 872–884.

Gostin, L. (2006, April). Physician-assisted suicide A legitimate medical practice? *JAMA: The Journal of the American Medical Association, 295,* 1941–1943.

Goswami, U. (1998). *Cognition in children.* Philadelphia: Psychology Press.

Gottesman, I. I. (1991). *Schizophrenia genesis: The origins of madness.* New York: Freeman.

Gottfried, A., Gottfried, A., & Bathurst, K. (2002). Maternal and dual-earner employment status and parenting. In M. Bornstein (Ed.), *Handbook of parenting: Vol. 2: Biology and ecology of parenting.* Mahwah, NJ: Lawrence Erlbaum.

Gottlieb, G., & Blair, C. (2004). How early experience matters in intellectual development in the case of poverty. *Preventive Science, 5,* 245–252.

Gottman, J. M., Fainsilber-Katz, L., & Hooven, C. (1996). *Meta-emotion: How families communicate emotionally.* Mahwah, NJ: Lawrence Erlbaum.

Gottschalk, E. C., Jr. (1983, February 21). Older Americans: The aging man gains in the 1970s, outpacing rest of the population. *Wall Street Journal,* pp. 1, 20.

Gould, R. L. (1978). *Transformations: Growth and change in adult life.* New York: Simon & Schuster.

Gould, S. (1980). Need for achievement, career mobility, and the Mexican-American college graduate. *Journal of Vocational Behavior, 16,* 73–82.

Gould, S. J. (1977). *Ontogeny and phylogeny.* Cambridge, MA: Harvard University Press.

Gow, A., Pattie, A., Whiteman, M., Whalley, L., & Deary, I. (2007). Social support and successful aging: Investigating the relationships between lifetime cognitive change and life satisfaction. *Journal of Individual Differences, 28,* 103–115.

Goyette-Ewing, M. (2000). Children's after-school arrangements: A study of self-care and developmental outcomes. *Journal of Prevention & Intervention in the Community, 20,* 55–67.

Grabner, R. H., Neubauer, A., C., & Stern, E. (2006). Superior performance and neural efficiency: The impact of intelligence and expertise. *Brain Research Bulletin, 69,* 422–439.

Graddol, D. (2004, February 27). The future of language. *Science, 303,* 1329–1331.

Grady, D. (2006, November). Management of menopausal symptoms. *New England Journal of Medicine, 355,* 2338–2347.

Graham, E. (1995, February 9). Leah: Life is all sweetness and innocence. *The Wall Street Journal,* p. Bl.

Graham, I., Carroli, G., Davies, C., & Medves, J. (2005). Episiotomy rates around the world: An update. *Birth: Issues in Perinatal Care, 32,* 219–223.

Graham, J. E., Christian, L. M., & Kiecolt-Glaser, J. K. (2006). Stress, age, and immune function: toward a lifespan approach. *Journal of Behavioral Medicine, 29,* 389–400.

Graham, S. (1986). An attributional perspective on achievement motivation and black children. In R. S. Feldman (Ed.), *The social psychology of education: Current research and theory.* New York: Cambridge University Press.

Graham, S. (1990). Communicating low ability in the classroom: Bad things good teachers sometimes do. In S. Graham & V. S. Folkes (Eds.), *Attribution theory: Applications to achievement, mental health, and interpersonal conflict.* Hillsdale, NJ: Lawrence Erlbaum.

Graham, S. (1992). "Most of the subjects were white and middle class": Trends in published research on African Americans in selected APA journals. *American Psychologist, 47,* 629–639.

Graham, S. (1994). Motivation in African Americans. *Review of Educational Research, 64,* 55–117.

Granic, I., Hollenstein, T., & Dishion, T. (2003). Longitudinal analysis of flexibility and reorganization in early adolescence: A dynamic systems study of family interactions. *Developmental Psychology, 39,* 606–617.

Grant, C., Wall, C., Brewster, D., Nicholson, R., Whitehall, J., Super, L., et al. (2007). Policy statement on iron deficiency in pre-school-aged children. *Journal of Paediatrics and Child Health, 43,* 513–521.

Grantham, T., & Ford, D. (2003). Beyond self-concept and self-esteem: Racial identity and gifted African American students. *High School Journal, 87,* 18–29.

Grantham-McGregor, S., Ani, C., & Fernald, L. (2001). The role of nutrition in intellectual development. In R. J. Sternberg & E. L. Grigorenko (Eds.), *Environmental effects on cognitive abilities.* Mahwah, NJ: Lawrence Erlbaum.

Grantham-McGregor, S., Powell, C., Walker, S., Chang, S., & Fletcher, P. (1994). The long-term follow-up of severely malnourished children who participated in an intervention program. *Child Development, 65,* 428–439.

Gratch, G., & Schatz, J. A. (1987). Cognitive development: The relevance of Piaget's infancy books. In J. D. Osofsky (Ed.), *Handbook of infant development* (2nd ed.). New York: Wiley.

Grattan, M. P., DeVos, E. S., Levy, J., & McClintock, M. K. (1992). Asymmetric action in the human newborn:

Sex differences in patterns of organization. *Child Development, 63,* 273–289.

Gray, C., Ferguson, J., Behan, S., Dunbar, C., Dunn, J., & Mitchell, D. (2007, March). Developing young readers through the linguistic phonics approach. *International Journal of Early Years Education, 15,* 15–33.

Gray-Little, B., & Hafdahl, A. R. (2000). Factors influencing racial comparisons of self-esteem: A quantitative review. *Psychological Bulletin, 126,* 26–54.

Gredler, M. E., & Shields, C. C. (2008). *Vygotsky's legacy: A foundation for research and practice.* New York: Guilford Press.

Green, M. H. (1995). Influences of job type, job status, and gender on achievement motivation. *Current Psychology: Developmental, Learning, Personality, Social, 14,* 159–165.

Greenberg, J., & Becker, M. (1988). Aging parents as family resources. *Gerontologist, 28,* 786–790.

Greenberg, L., Cwikel, J., & Mirsky, J. (2000, January). Cultural correlates of eating attitudes: A comparison between native-born and immigrant university students in Israel. *International Journal of Eating Disorders, 40,* 51–58.

Greene, K., Krcmar, M., Walters, L. H., Rubin, D L., & Hale, J. L. (2000). Targeting adolescent risk-taking behaviors: The contribution of egocentrism and sensation-seeking. *Journal of Adolescence, 23,* 439–461.

Greene, S., Anderson, E., & Hetherington, E. (2003). Risk and resilience after divorce. In F. Walsh (Ed.), *Normal family processes: Growing diversity and complexity.* New York: Guilford Press.

Greenway, C. (2002). The process, pitfalls and benefits of implementing a reciprocal teaching intervention to improve the reading comprehension of a group of year 6 pupils. *Educational Psychology in Practice, 18,* 113–137.

Greenwood, D. N., & Pietromonaco, P. R. (2004). The interplay among attachment orientation, idealized media images of women, and body dissatisfaction: A social psychological analysis. In L. J. Shrum (Ed.), *Psychology of entertainment media: Blurring the lines between entertainment and persuasion.* Mahwah, NJ: Lawrence Erlbaum.

Greenwood, D., & Isbell, L. (2002). Ambivalent sexism and the dumb blonde: Men's and women's reactions to sexist jokes. *Psychology of Women Quarterly, 26,* 341–350.

Gregory, K. (2005). Update on nutrition for preterm and full-term infants. *Journal of Obstetrics and Gynecological Neonatal Nursing, 34,* 98–108.

Gregory, S. (1856). *Facts for young women.* Boston.

Griffith, D. R., Azuma, S. D., & Chasnoff, I. J. (1994). Three-year outcome of children exposed prenatally to drugs. *Journal of the American Academy of Child and Adolescent Psychiatry, 33,* 20–27.

Grigorenko, E. (2003). Intraindividual fluctuations in intellectual functioning: Selected links between nutrition and the mind. In R. Sternberg & J. Lautrey (Eds.), *Models of intelligence: International perspectives.* Washington, DC: American Psychological Association.

Grigorenko, E., Jarvin, L., Diffley, R., Goodyear, J., Shanahan, E., & Sternberg, R. (2009). Are SSATS and GPA enough? A theory-based approach to predicting academic success in secondary school. *Journal of Educational Psychology, 101,* 964–981.

Groome, L. J., Swiber, M. J., Atterbury, J. L., Bentz, L. S., & Holland, S. B. (1997). Similarities and differences in behavioral state organization during sleep periods in the perinatal infant before and after birth. *Child Development, 68,* 1–11.

Groome, L. J., Swiber, M. J., Bentz, L. S., Holland, S. B., & Atterbury, J. L. (1995). Maternal anxiety during pregnancy: Effect on fetal behavior at 38 to 40 weeks of gestation. *Developmental and Behavioral Pediatrics, 16,* 391–396.

Groopman, J. (1998 February 8). Decoding destiny. *The New Yorker,* pp. 42–47.

Gross, P. A. (1991). *Managing your health: Strategies for lifelong good health.* Yonkers, NY: Consumer Reports Books.

Gross, R. T., Spiker, D., & Haynes, C. W. (Eds.). (1997). *Helping low-birthweight, premature babies: The Infant Health and Development Program.* Stanford, CA: Stanford University Press.

Grossmann, K. E., Grossmann, K., Huber, F., & Wartner, U. (1982). German children's behavior towards their mothers at 12 months and their fathers at 18 months in Ainsworth's Strange Situation. *International Journal of Behavioral Development, 4,* 157–181.

Grossman, K. E., Grossmann, K., & Waters, E. (Eds.). (2005). *Attachment from infancy to adulthood: The major longitudinal studies.* New York: Guilford Press.

Grossmann, T., Striano, T., & Friederici, A. (2006, May). Crossmodal integration of emotional information from face and voice in the infant brain. *Developmental Science, 9,* 309–315.

Grunbaum, J. A., Kann, L., Kinchen, S. A., Williams, B., Ross, J. G., Lowry, R., & Kolbe, L. (2002). Youth risk behavior surveillance—United States, 2001. Atlanta, GA: Centers for Disease Control.

Grunbaum, J. A., Lowry, R., & Kann, L. (2001). Prevalence of health-related behaviors among alternative high school students as compared with students attending regular high schools. *Journal of Adolescent Health, 29,* 337–343.

Grundy, E., & Henretta, J. (2006, September). Between elderly parents and adult children: A new look at the intergenerational care provided by the "sandwich generation." *Ageing & Society, 26,* 707–722.

Grych, J. H., & Clark, R. (1999). Maternal employment and development of the father–infant relationship in the first year. *Developmental Psychology, 35,* 893–903.

Guarente, L. (2006, December 14). Sirtuins as potential targets for metabolic syndrome. *Nature, 14,* 868–874.

Guasti, M. T. (2002). *Language acquisition: The growth of grammar.* Cambridge, MA: MIT Press.

Guerrero, A., Hishinuma, E., Andrade, N., Nishimura, S., & Cunanan, V. (2006, July). Correlations among socioeconomic and family factors and academic, behavioral and emotional difficulties in Filipino adolescents in Hawaii. *International Journal of Social Psychiatry, 52,* 343–359.

Guerrini, I., Thomson, A., & Gurling, H. (2007). The importance of alcohol misuse, malnutrition and genetic susceptibility on brain growth and plasticity. *Neuroscience & Biobehavioral Reviews, 31,* 212–220.

Guinsburg, R., de Araújo Peres, C., Branco de Almeida, M. F., Xavier Balda, R., Bereguel, R. C., Tonelotto, J., & Kopelman, B. I. (2000). Differences in pain expression between male and female newborn infants. *Pain, 85,* 127–133.

Gump, L. S., Baker, R. C., & Roll, S. (2000). Cultural and gender differences in moral judgment: A study of Mexican Americans and Anglo-Americans. *Hispanic Journal of Behavioral Sciences, 22,* 78–93.

Gupta, A., & State, M. (2007). Recent advances in the genetics of autism. *Biological Psychiatry, 61,* 429–437.

Gupta, R., Pascoe, J., Blanchard, T., Langkamp, D., Duncan, P., Gorski, P., et al. (2009). Child health in child care: A multistate survey of Head Start and non–Head Start child care directors. *Journal of Pediatric Health Care, 23,* 143–149.

Gupta, U., & Singh, P. (1982). An exploratory study of love and liking and type of marriages. *Indian Journal of Applied Psychology, 19,* 92–97.

Gur, R. C., Gur, R. E., Obrist, W. D., Hungerbuhler, J. P., Younkin, D., Rosen, A. D., Skilnick, B. E., & Reivich, M. (1982). Sex and handedness differences in cerebral blood flow during rest and cognitive activity. *Science, 217,* 659–661.

Gure, A., Ucanok, Z., & Sayil, M. (2006). The associations among perceived pubertal timing, parental relations and self-perception in Turkish adolescents. *Journal of Youth and Adolescence, 35,* 541–550.

Gurin, P., Nagda, B. R. A., & Lopez, G. E. (2004). The benefits of diversity in education for democratic citizenship. *Journal of Social Issues, 60,* 17–34.

Gutek, G. L. (2003). Maria Montessori: Contributions to educational psychology. In B. J. Zimmerman (Ed.), *Educational psychology: A century of contributions.* Mahwah, NJ: Lawrence Erlbaum.

Guterl, F. (2002, November 11). What Freud got right. *Newsweek,* pp. 50–51.

Guttman, M. (1997, May 16–18). Are you losing your mind? *USA Weekend,* pp. 4–5.

Guttmann, J., & Rosenberg, M. (2003). Emotional intimacy and children's adjustment: A comparison between single-parent divorced and intact families. *Educational Psychology, 23,* 457–472.

Guzzo, K. (2009). Marital intentions and the stability of first cohabitations. *Journal of Family Issues, 30,* 179–205.

Haan, N. (1985). Processes of moral development: Cognitive or social disequilibrium? *Developmental Psychology, 21,* 996–1006.

Haas-Thompson, T., Alston, P., & Holbert, D. (2008). The impact of education and death-related experiences on rehabilitation counselor attitudes toward death and dying. *Journal of Applied Rehabilitation Counseling, 39,* 20–27.

Haber, D. (2006). Life review: Implementation, theory, research, and therapy. *International Journal of Aging & Human Development, 63,* 153–171.

Hack, M., Flannery, D. J., Schluchter, M., Cartar, L., Borawski, E., & Klein, N. (2002). Outcomes in young adulthood for very low birth weight infants. *New England Journal of Medicine, 346,* 149–157.

Haddock, S., & Rattenborg, K. (2003). Benefits and challenges of dual-earning: Perspectives of successful couples. *American Journal of Family Therapy, 31,* 325–344.

Haeffel, G., Getchell, M., Koposov, R., Yrigollen, C., DeYoung, C., af Klinteberg, B., et al. (2008). Association between polymorphisms in the dopamine transporter gene and depression: Evidence for a gene-environment interaction in a sample of juvenile detainees. *Psychological Science, 19,* 62–69.

Hagerty, R. G., Butow, P. N., Ellis, P. A., Lobb, E. A., Pendlebury, S., Leighl, N., Goldstein, D., Lo, S. K., & Tattersall, M. H. (2004). Cancer patient preferences for communication of prognosis in the metastatic setting. *Journal of Clinical Oncology, 22,* 1721–1730.

Haight, B. K. (1991). Psychological illness in aging. In E. M. Baines (Ed.), *Perspectives on gerontological nursing.* Newbury Park, CA: Sage Publications.

Haines, J., & Neumark-Sztainer, D. (2006, December). Prevention of obesity and eating disorders: A consideration of shared risk factors. *Health Education Research, 21,* 770–782.

Haith, M. H. (1986). Sensory and perceptual processes in early infancy. *Journal of Pediatrics, 109*(1), 158–171.

Haith, M. H. (1991, April). Setting a path for the 90s: Some goals and challenges in infant sensory and perceptual development. Paper presented at the biennial meeting of the Society for Research in Child Development, Seattle, WA.

Hale, M. (2009, July 15). The woman behind the boy wizard. *New York Times.*

Haleem, M., Barton, K., Borges, G., Crozier, A., & Anderson, A. (2008). Increasing antioxidant intake from fruits and vegetables: Practical strategies for the Scottish population. *Journal of Human Nutrition and Dietetics, 21,* 539–546.

Halgunseth, L. C., Ispa, J. M., & Rudy, D. (2006). Parental control in Latino families: An integrated review of the literature. *Child Development, 77,* 1282–1297.

Hall, E. G., & Lee, A. M. (1984). Sex differences in motor performance of young children: Fact or fiction? *Sex Roles, 10,* 217–230.

Hall, J. J., Neal, T., & Dean, R. S. (2008). Lateralization of cerebral functions. In A. M. McNeil & D. Wedding (Eds.) *The neuropsychology handbook* (3rd ed.). New York: Springer Publishing.

Hall, R. E., & Rowan, G. T. (2003). Identity development across the lifespan: Alternative model for biracial Americans. *Psychology and Education: An Interdisciplinary Journal, 40,* 3–12.

Hall, R., Huitt, T., Thapa, R., Williams, D., Anand, K., & Garcia-Rill, E. (2008). Long-term deficits of preterm birth: Evidence for arousal and attentional disturbances. *Clinical Neurophysiology, 119,* 1281–1291.

Halliday, M. A. K. (1975). *Learning how to mean—Explorations in the development of language.* London: Edward Arnold.

Halpern, L. F., MacLean, W. E., & Baumeister, A. A. (1995). Infant sleep-wake characteristics: Relation to neurological status and the prediction of developmental outcome. *Developmental Review, 15,* 255–291.

Hamilton, B. E., Martin, J. A., & Ventura, S. J. (2009). Washington, DC:

Hamilton, G. (1998). Positively testing. *Families in Society, 79,* 570–576.

Hamon, R. R., & Ingoldsby, B. B. (Eds.). (2003). *Mate selection across cultures.* Thousand Oaks, CA: Sage Publications.

Hane, A., Feldstein, S., and Dernetz, V. (2003). The relation between coordinated interpersonal timing and maternal sensitivity in four-month-old infants. *Journal of Psycholinguistic Research, 32,* 525–539.

Haney, W. M. (2008). Evidence on education under NCLB (and how Florida boosted NAEP scores and reduced the race gap). In: Gail L. Sunderman (Ed.), *Holding NCLB accountable: Achieving, accountability, equity & school reform.* Thousand Oaks, CA: Corwin Press.

Hankin, B. L., & Abramson, L. Y. (2001). Development of gender differences in depression: An elaborated cognitive vulnerability-transactional stress theory. *Psychological Bulletin, 127,* 773–796.

Hanson, D. R., & Gottesman, I. I. (2005). Theories of schizophrenia: A genetic-inflammatory-vascular synthesis. *BMC Medical Genetics, 6,* 7.

Hansson, R. O., & Carpenter, B. N. (1994). *Relationship in old age: Coping with the challenge of transition.* New York: Guilford Press.

Happe, F. G. E., Winner, E., & Brownell, H. (1998). The getting of wisdom: Theory of mind in old age. *Developmental Psychology, 34,* 358–362.

Harden, K., Turkheimer, E., & Loehlin, J. (2007). Genotype by environment interaction in adolescents' cognitive aptitude. *Behavior Genetics, 37,* 273–283.

Hardy, L. T. (2007). Attachment theory and reactive attachment disorder: Theoretical perspectives and treatment implications. *Journal of Child and Adolescent Psychiatric Nursing, 20,* 27–39.

Hardy, S., & Grogan, S. (2009). Preventing disability through exercise: Investigating older adults' influences and motivations to engage in physical activity. *Journal of Health Psychology, 14,* 1036–1046.

Hare, T. A., Tottenham, N., Galvan, A., & Voss, H. U. (2008). Biological substrates of emotional reactivity and regulation in adolescence during an emotional go-nogo task. *Biological Psychiatry, 63,* 927–934.

Hareli, S., & Hess, U. (2008). When does feedback about success at school hurt? The role of causal attributions. *Social Psychology of Education, 11,* 259–272.

Hargreaves, D., & Tiggemann, M. (2003). The effect of "thin ideal" television commercials on body dissatisfaction and schema activation during early adolescence. *Journal of Youth and Adolescence, 32,* 367–373.

Harlow, H. F., & Zimmerman, R. R. (1959). Affectional responses in the infant monkey. *Science, 130,* 421–432.

Harrell, J. S., Bangdiwala, S. I., Deng, S., Webb, J. P., & Bradley, C. (1998). Smoking initiation in youth: The roles of gender, race, socioeconomics, and developmental status. *Journal of Adolescent Health, 23,* 271–279.

Harrell, S. (1981). Growing old in rural Taiwan. In P. T. Amoss & S. Harrell (Eds.), *Other ways of growing old.* Stanford, CA: Stanford University Press.

Harrell, Z. A., & Karim, N. M. (2008). Is gender relevant only for problem alcohol behaviors? An examination of correlates of alcohol use among college students. *Addictive Behaviors, 33,* 359–365.

Harris, A., Cronkite, R., & Moos, R. (2006, July). Physical activity, exercise coping, and depression in a 10-year cohort study of depressed patients. *Journal of Affective Disorders, 93,* 79–85.

Harris, J. R. (1998). *The nurture assumption: Why children turn out the way they do.* New York: Free Press.

Harris, J. R. (2000). Socialization, personality development, and the child's environments: Comment on Vandell. *Developmental Psychology, 36,* 711–723.

Harris, J., Vernon, P., & Jang, K. (2007). Rated personality and measured intelligence in young twin children. *Personality and Individual Differences, 42,* 75–86.

Harris, M. B. (1994). Growing old gracefully: Age concealment and gender. *Journals of Gerontology, 49,* 149–158.

Harris, M., Prior, J., & Koehoorn, M. (2008). Age at menarche in the Canadian population: Secular trends and relationship to adulthood BMI. *Journal of Adolescent Health, 43,* 548–554.

Harris, P. L. (1987). The development of search. In P. Sallapatek & L. Cohen (Eds.), *Handbook of infant perception: From perception to cognition* (Vol. 2, pp. 155–207). Orlando, FL: Academic Press.

Harrison, K., & Hefner, V. (2006, April). Media exposure, current and future body ideals, and disordered eating among preadolescent girls: A longitudinal panel study. *Journal of Youth and Adolescence, 35,* 153–163.

Harrison, K., and Bond, B. (2007). Gaming magazines and the drive for muscularity in preadolescent boys: A longitudinal examination. *Body Image, 4,* 269–277.

Harrist, A., & Waugh, R. (2002). Dyadic synchrony: Its structure and function in children's development. *Developmental Review, 22,* 555–592.

Hart, B. (2000). A natural history of early language experience. *Topics in Early Childhood Special Education, 20,* 28–32.

Hart, B. (2004). What toddlers talk about. *First Language, 24,* 91–106.

Hart, B., & Risley, T. R. (1995). *Meaningful differences in the everyday experience of young American children.* Baltimore, MD: Paul Brookes.

Hart, C. H., Yang, C., Nelson, D. A., Jin, S., Bazarskaya, N., & Nelson, L. (1998). Peer contact patterns, parenting practices, and preschoolers' social competence in China, Russia, and the United States. In P. Slee & K. Rigby (Eds.), *Peer relations amongst children: Current issues and future directions.* London: Routledge.

Hart, D., Burock, D., & London, B. (2003). Prosocial tendencies, antisocial behavior, and moral development. In A. Slater & G. Bremner (Eds.), *An introduction to developmental psychology.* Malden, MA: Blackwell Publishers.

Hart, S. N., Brassard, M. R., & Karlson, H. (1996). Psychological maltreatment. In J. N. Briere, L. Berliner, J. Bulkley, C. Jenny, & T. Reid (Eds.), *The APSAC handbook on child maltreatment.* Thousand Oaks, CA: Sage Publications.

Hart, S., & Carrington, H. (2002). Jealousy in six-month-old infants. *Infancy, 3,* 395–402.

Harter, S. (1990). Issues in the assessment of self-concept of children and adolescents. In A. LaGreca (Ed.), *Through the eyes of a child.* Boston: Allyn & Bacon.

Harter, S. (2006). The Development of Self-Esteem. *Self-esteem issues and answers: A sourcebook of current perspectives.* New York: Psychology Press.

Harter, S. (2006). The Self. In *Handbook of child psychology: Vol. 3, Social, emotional, and personality development* (6th ed.). Hoboken, NJ: John Wiley & Sons Inc.

Hartshorne, J., & Ullman, M. (2006). Why girls say 'holded' more than boys. *Developmental Science, 9,* 21–32.

Hartshorne, T. S. (1994). Friendship. In V. S. Ramachandran (Ed.), *Encyclopedia of human behavior.* San Diego: Academic Press.

Hartup, W. W., & Stevens, N. (1999). Friendships and adaptation across the life span. *Current Directions in Psychological Science, 8,* 76–79.

Harvey, E. (1999). Short-term and long-term effects of early parental employment on children of the National Longitudinal Survey of Youth. *Developmental Psychology, 35,* 445–459.

Harvey, J. H., & Fine, M. A. (2004). *Children of divorce: Stories of loss and growth.* Mahwah, NJ: Lawrence Erlbaum.

Harvey, J., & Weber, A. (2002). *Odyssey of the heart: Close relationships in the 21st century* (2nd ed.). Mahwah, NJ: Lawrence Erlbaum.

Harway, M. (2000). Families experiencing violence. In W. C. Nichols & M. A. Pace-Nichols et al. (Eds.), *Handbook of family development and intervention. Wiley series in couples and family dynamics and treatment.* New York: Wiley.

Hasher, L., & Zacks, R. T. (1984). Automatic processing of fundamental information: The case of frequency of occurrence. *American Psychologist, 39,* 1372–1388.

Haskett, M., Nears, K., Ward, C., & McPherson, A. (2006, October). Diversity in adjustment of maltreated children: Factors associated with resilient functioning. *Clinical Psychology Review, 26,* 796–812.

Haslam, C., & Lawrence, W. (2004). Health-related behavior and beliefs of pregnant smokers. *Health Psychology, 23,* 486–491.

Haslett, A. (2004, May 31). Love supreme. *The New Yorker,* pp. 76–80.

Hatfield, E., & Rapson, R. L. (1993). Historical and cross-cultural perspectives on passionate love and sexual desire. *Annual Review of Sex Research, 4,* 67–97.

Hattery, A. (2000). *Women, work, and family: Balancing and weaving.* Thousand Oaks, CA: Sage Publications.

Hatton, C. (2002). People with intellectual disabilities from ethnic minority communities in the United States and the United Kingdom. In L. M. Glidden (Ed.) *International review of research in mental retardation, Vol. 25.* San Diego, CA: Academic Press.

Haugaard, J. J. (2000). The challenge of defining child sexual abuse. *American Psychologist, 55,* 1036–1039.

Hauser, M., Chomsky, N., & Fitch, W. (2002). The faculty of language: What is it, who has it, and how did it evolve? *Science, 298,* 1569–1579.

Hawkins-Rodgers, Y. (2007). Adolescents adjusting to a group home environment: A residential care model of reorganizing attachment behavior and building resiliency. *Children and Youth Services Review, 29,* 1131–1141.

Hay, D. F., Pawlby, S., & Angold, A. (2003). Pathways to violence in the children of mothers who were depressed postpartum. *Developmental Psychology, 39,* 1083–1094.

Hayden, T. (1998, September 21). The brave new world of sex selection. *Newsweek,* p. 93.

Hayflick, L. (1974). The strategy of senescence. *The Journal of Gerontology, 14,* 37–45.

Hayflick, L. (2007). Biological aging is no longer an unsolved problem. *Annals of the New York Academy of Sciences,* pp. 1–13.

Haynie, D. L., Nansel, T., Eitel, P., Crump, A. D., Saylor, K., Yu, K., & Simons-Morton, B. (2001). Bullies, victims, and bully/victims: Distinct groups of at-risk youth. *Journal of Early Adolescence, 21,* 29–49.

Hayslip, B., Jr., Shore, R. J., & Henderson, C. E. (2000). Perceptions of grandparents' influence in the lives of their grandchildren. In B. Hayslip, Jr., Goldberg, & G. Robin (Eds). *Grandparents raising grandchildren: Theoretical, empirical, and clinical perspectives.* New York: Springer.

Hayslip, B., Servaty, H. L., Christman, T., & Mumy, E. (1997). Levels of death anxiety in terminally ill persons: A cross validation and extension. *Omega—Journal of Death & Dying, 34,* 203–217.

Hayward, M., Crimmins, E., & Saito, Y. (1997). Cause of death and active life expectancy in the older population of the United States. *Journal of Aging and Health,* 122–131.

Hazan, C., & Shaver, P. (1987). Romantic love conceptualized as an attachment process. *Journal of Personality and Social Psychology, 52,* 511–524.

Hazin, A. N., Alves, J. G. B., & Falbo, (2007). The myelination process in severely malnourished children: MRI findings. *International Journal of Neuroscience, 117,* 1209–1214.

Healy, P. (2001, March 3). Data on suicides set off alarm. *Boston Globe,* p. B1.

Heaven, P., & Ciarrochi, J. (2008). Parental styles, gender and the development of hope and self-esteem. *European Journal of Personality, 22,* 707–724.

Hecht, M. L., Marston, P. J., & Larkey, L. K. (1994). Love ways and relationship quality in heterosexual relationships. *Journal of Social and Personal Relationships, 11,* 25–43.

Hedge, J., Borman, W., & Lammlein, S. (2006). *Age stereotyping and age discrimination.* Washington, DC: American Psychological Association.

Hedgepeth, E. (2005). Different lenses, different vision. *School Administrator, 62,* 36–39.

Heerey, E. A., Keltner, D., & Capps, L. M. (2003). Making sense of self-conscious emotion: Linking theory of mind and emotion in children with autism. *Emotion, 3,* 394–400.

Heimann, M. (2001). Neonatal imitation—a "fuzzy" phenomenon? In F. Lacerda & C. von Hofsten (Eds.), *Emerging cognitive abilities in early infancy.* Mahwah, NJ: Lawrence Erlbaum.

Heimann, M. (Ed.). (2003). *Regression periods in human infancy.* Mahwah, NJ: Lawrence Erlbaum.

Heimann, M., Strid, K., Smith, L., Tjus, T., Ulvund, S., & Meltzoff, A. (2006). Exploring the relation between memory, gestural communication, and the emergence of language in infancy: A longitudinal study. *Infant and Child Development, 15,* 233–249.

Heinemann, G. D., & Evans, P. L. (1990). Widowhood: Loss, change, and adaptation. In T. H. Brubaker (Ed.), *Family relationships in later life.* Newbury Park, CA: Sage Publications.

Hellman, P. (1987, November 23). *Sesame Street* smart. *New York,* pp. 49–53.

Helms, J. E., Jernigan, M., & Mascher, J. (2005). The meaning of race in psychology and how to change it: A methodological perspective. *American Psychologist, 60,* 27–36.

Helson R., & Moane, G. (1987). Personality change in women from college to midlife. *Journal of Personality and Social Psychology, 53,* 176–186.

Helson, R., & Srivastava, S. (2001). Three paths of adult development: Conservers, seekers, and achievers. *Journal of Personality and Social Psychology, 80,* 995–1010.

Helson, R., & Wink, P. (1992). Personality change in women from the early 40s to the early 50s. *Psychology and Aging, 7,* 46–55.

Helson, R., Stewart, A. J., & Ostrove, J. (1995). Identity in three cohorts of midlife women. *Journal of Personality and Social Psychology, 69,* 544–557.

Hendrick, C., & Hendrick, S. (2003). Romantic love: Measuring cupid's arrow. In S. Lopez & C. Snyder (Eds.), *Positive psychological assessment: A handbook of models and measures.* Washington, DC: American Psychological Association.

Hendrie, H. C., Ogunniyi, A., Hall, K. S., Baiyewu, O., Unverzagt, F. W., Gureje, O., Gao, S., Evans, R. M., Ogunseyinde, A. O., Adeyinka, A. O., Musick, B., & Hui, S. L. (2001). Incidence of dementia and Alzheimer disease in 2 communities: Yoruba residing in Ibadan, Nigeria, and African Americans residing in Indianapolis, Indiana. *JAMA: The Journal of the American Medical Association, 285,* 739–747.

Henig, R.M. (2008). Taking play seriously. *New York Times Magazine,* 38–45, 60, 75.

Henry, B., Caspi, A., Moffitt, T. E., & Silva, P. A. (1996). Temperamental and familial predictors of violent and nonviolent criminal convictions: Age 3 to 18. *Developmental Psychology, 32,* 614–623.

Henry, J., & McNab, W. (2003). Forever young: A health promotion focus on sexuality and aging. *Gerontology & Geriatrics Education, 23,* 57–74.

Herdt, G. H. (Ed.). (1998). *Rituals of manhood: Male initiation in Papua New Guinea.* Somerset, NJ: Transaction Books.

Hernandez, D. J., Denton, N. A., McCartney, S. E. (2008). Children in immigrant families: Looking to America's Future. *Social Policy Report, 22,* 3–24.

Hernandez-Reif, M., Field, T., Diego, M., Vera, Y., & Pickens, J. (2006, January). Brief report: Happy faces are habituated more slowly by infants of depressed mothers. *Infant Behavior & Development, 29,* 131–135.

Herrnstein, R. J., & Murray, C. (1994). *The bell curve: Intelligence and class structure in American life.* New York: Free Press.

Hertelendy, F., & Zakar, T. (2004). Prostaglandins and the myometrium and cervix. *Prostaglandins, Leukotrienes and Essential Fatty Acids, 70,* 207–222.

Hertenstein, M. J. (2002). Touch: Its communicative functions in infancy. *Human Development, 45,* 70–94.

Hertenstein, M. J., & Campos, J. J. (2001). Emotion regulation via maternal touch. *Infancy, 2,* 549–566.

Hertenstein, M. J., & Campos, J. J. (2004). The retention effects of an adult's emotional displays on infant behavior. *Child Development, 75,* 595–613.

Hertzog, C., Kramer, A., Wilson, R., & Lindenberger, U. (2008). Enrichment effects on adult cognitive development: Can the functional capacity of older adults be preserved and enhanced? *Psychological Science in the Public Interest, 9,* 1–65.

Hespos, S. J., & Baillargeon, R. (2008). Young infants' actions reveal their developing knowledge of support variables: Converging evidence for violation-of-expectation findings. *Cognition, 107,* 304–316.

Hess, T. M., Hinson, J. T., & Hodges, E. A. (2009). Moderators of and mechanisms underlying stereotype threat effects on older adults' memory performance. *Experimental Aging Research, 31,* 153–177.

Hess, T., Auman, C., and Colcombe, S. (2003). The impact of stereotype threat on age differences in memory performance. *Journals of Gerontology: Series B: Psychological Sciences & Social Sciences, 58B,* P3–P11.

Heston, C. (2002, August 9). Quoted in Charlton Heston has Alzheimer's symptoms. Retrieved May 13, 2004 from http://www.cnn.com/2002/US/08/09/heston.illness.

Hetherington, E. M. (Ed.) (1999). *Coping with divorce, single parenting, and remarriage: A risk and resiliency perspective.* Mahwah, NJ: Lawrence Erlbaum.

Hetherington, E. M., & Kelly, J. (2002). For better or worse: Divorce reconsidered. New York: Norton.

Hetherington, E., & Elmore, A. (2003). Risk and resilience in children coping with their parents' divorce and remarriage. In S. Luthar (Ed.), *Resilience and vulnerability: Adaptation in the context of childhood adversities.* New York: Cambridge University Press.

Heubusch, K. (1997, September). A tough job gets tougher. *American Demographics,* 39.

Hewitt, B. (1997, December 15). A day in the life. *People Magazine,* pp. 49–58.

Hewlett, B., & Lamb, M. (2002). Integrating evolution, culture and developmental psychology: Explaining caregiver-infant proximity and responsiveness in central Africa and the USA. In H. Keller & Y. Poortinga (Eds.), *Between culture and biology: Perspectives on ontogenetic development* (pp. 241–269). New York: Cambridge University Press.

Hewstone, M. (2003). Intergroup contact: Panacea for prejudice? *Psychologist, 16,* 352–355.

Heyman, J. D., Breu, G., Simmons, M., & Howard, C. (2003, September 15). Drugs can make short kids grow but is it right to prescribe them? *People Magazine,* pp. 103–104.

Heyman, R., & Slep, A. M. (2002). Do child abuse and interparental violence lead to adulthood family violence? *Journal of Marriage & Family, 64,* 864–870.

HHL (Harvard Health Letter). (1997, May). Turning up the volume, *Harvard Mental Health Letter,* p. 4.

Hietala, J., Cannon, T. D., & van Erp, T. G. M. (2003). Regional brain morphology and duration of illness in never-medicated first-episode patients with schizophrenia. *Schizophrenia, 64,* 79–81.

Higgins, D., & McCabe, M. (2003). Maltreatment and family dysfunction in childhood and the subsequent adjustment of children and adults. *Journal of Family Violence, 18,* 107–120.

Highley, J. R., Esiri, M. M., McDonald, B., Cortina-Borja, M., Herron, B. M., & Crow, T. J. (1999). The size and fibre composition of the corpus callosum with respect to gender and schizophrenia: A post-mortem study. *Brain, 122,* 99–110.

Hightower, J. R. R. (2005). Women and depression. In A. Barnes (Ed.), *Handbook of women, psychology, and the law.* New York: Wiley.

Higley, E., & Dozier, M. (2009). Nighttime maternal responsiveness and infant attachment at one year. *Attachment & Human Development, 11,* 347–363.

Hildreth, K., Sweeney, B., & Rovee-Collier, C. (2003). Differential memory-preserving effects of reminders at 6 months. *Journal of Experimental Child Psychology, 84,* 41–62.

Hill, S., & Flom, R. (2007, February). 18- and 24-month-olds' discrimination of gender-consistent and inconsistent activities. *Infant Behavior & Development, 30,* 168–173.

Hillman, J. (2000). *Clinical perspectives on elderly sexuality.* Dordrecht, Netherlands: Kluwer Academic Publishers.

Hilton, J., & Anderson, T. (2009). Characteristics of women with children who divorce in midlife compared to those who remain married. *Journal of Divorce & Remarriage, 50,* 309–329.

Hinduja, S., and Patchin, J. (2008). Personal information of adolescents on the Internet: A quantitative content analysis of MySpace. *Journal of Adolescence, 31,* 125–146.

Hirsch, H. V., & Spinelli, D. N. (1970). Visual experience modifies distribution of horizontally and vertically oriented receptive fields in cats. *Science, 168,* 869–871.

Hirsh-Pasek, K., & Michnick-Golinkoff, R. (1995). *The origins of grammar: Evidence from early language comprehension.* Cambridge, MA: MIT Press.

Hitchens, C. (2007, August 12). The boy who lived. *New York Times,* p. A4.

Hitlin, S., Brown, J. S., & Elder, G. H., Jr. (2006). Racial self-categorization in adolescence: Multiracial development and social pathways. *Child Development, 77,* 1298–1308.

Hitt, J. (2000, February 20). The second sexual revolution. *New York Times Magazine,* pp. 34–62.

Hjelmstedt, A., Widström, A., & Collins, A. (2006). Psychological correlates of prenatal attachment in women who conceived after in vitro fertilization and women who conceived naturally. *Birth: Issues in Perinatal Care, 33,* 303–310.

HMHL (Harvard Mental Health Letter). (2005). The treatment of attention deficit disorder: New evidence. *Harvard Mental Health Letter, 21,* 6.

Ho, B., Friedland, J., Rappolt, S., Noh, S. (2003). Caregiving for relatives with Alzheimer's disease: Feelings of Chinese-Canadian women. *Journal of Aging Studies, 17,* 301–321.

Hocutt, A. M. (1996). Effectiveness of special education: Is placement the critical factor? *The Future of Children, 6,* 77–102.

Hoek, J., & Gendall, P. (2006). Advertising and obesity: A behavioral perspective. *Journal of Health Communication, 11,* 409–423.

Hoelterk L. F., Axinn, W. G., & Ghimire, D. J. (2004). Social change, premarital nonfamily experiences, and marital dynamics. *Journal of Marriage & Family, 66,* 1131–1151.

Hoessler, C., & Chasteen, A. L. (2008). Does aging affect the use of shifting standards? *Experimental Aging Research, 34,* 1–12.

Hoeve, M., Blokland, A., Dubas, J., Loeber, R., Gerris, J., & van der Laan, P. (2008). Trajectories of delinquency and parenting styles. *Journal of Abnormal Child Psychology: An Official Publication of the International Society for Research in Child and Adolescent Psychopathology, 36,* 223–235.

Hofer, M. A. (2006). Psychobiological roots of early attachment. *Current Directions in Psychological Science, 15,* 84–88.

Hofferth, S. L., & Sandberg, J. (1998). *Changes in American children's time, 1981–1997.* Ann Arbor: University of Michigan Institute for Social Research.

Hofferth, S., & Sandberg, J. F. (2001). How American children spend their time. *Journal of Marriage and the Family, 63,* 295–308.

Hoffman, L. (2003). Why high schools don't change: What students and their yearbooks tell us. *High School Journal, 86,* 22–37.

Hohmann-Marriott, B. (2006, November). Shared beliefs and the union stability of married and cohabiting couples. *Journal of Marriage and Family, 68,* 1015–1028.

Holahan, C., & Chapman, J. (2002). Longitudinal predictors of proactive goals and activity participation at age 80. *Journals of Gerontology: Series B: Psychological Sciences & Social Sciences, 57B,* P418–P425.

Holden, G. W., & Miller, P. C. (1999). Enduring and different: A meta-analysis of the similarity in parents' child rearing. *Psychological Bulletin, 125,* 223–254.

Holland, J. (2008). Reading aloud with infants: The controversy, the myth, and a case study. *Early Childhood Education Journal, 35,* 383–385.

Holland, J. C., & Lewis, S. (1993). Emotions and cancer: What do we really know? In D. Goleman & J. Gurin (Eds.), *Mind–body medicine.* Yonkers, NY: Consumer Reports Books.

Holland, J. L. (1997). *Making vocational choices: A theory of vocational personalities and environments* (3rd ed.). Odessa, FL: Psychological Assessment Resources.

Holland, J. M., Neimeyer, R. A., Boelen, P. A., & Prigerson, H. G. (2009). The underlying structure of grief: A taxometric investigation of prolonged and normal reactions to loss. *Journal of Psychopathology and Behavioral Assessment, 31,* 190–201.

Holland, N. (1994, August). Race dissonance—Implications for African American children. Paper presented at the annual meeting of the American Psychological Association, Los Angeles, CA.

Hollich, G. J., Hirsh-Pasek, K., Golinkoff, R. M., Brand, R. J., Brown, E. C., He, L., Hennon, E., & Rocrot, C. (2000). Breaking the language barrier: An emergentist coalition model of the origins of word learning. *Monographs of the Society for Research in Child Development, 65* (3, Serial No. 262).

Holmes, E. R., & Holmes, L.D. (1995). *Other cultures, elder years.* Thousand Oaks, CA: Sage Publications.

Holowaka, S., & Petitto, L. A. (2002). Left hemisphere cerebral specialization for babies while babbling. *Science, 287,* 1515.

Holtgraves, T. (2009). Gambling, gambling activities, and problem gambling. *Psychologically Addictive Behavior, 23,* 295–302.

Holzman, L. (1997). *Schools for growth: Radical alternatives to current educational models.* Mahwah, NJ: Lawrence Erlbaum.

Hong, S. B., & Trepanier-Street, M. (2004). Technology: A tool for knowledge construction in a Reggio Emilia inspired teacher education program. *Early Childhood Education Journal, 32,* 87–94.

Hooks, B., & Chen, C. (2008). Vision triggers an experience-dependent sensitive period at the retinogeniculate synapse. *The Journal of Neuroscience, 28,* 4807–4817. http://search.ebscohost.com, doi:10.1523/JNEUROSCI.4667-07.2008

Hopkins, B., & Westra, T. (1989). Maternal expectations of their infants' development: Some cultural differences. *Developmental Medicine and Child Neurology, 31,* 384–390.

Hopkins, B., & Westra, T. (1990). Motor development, maternal expectation, and the role of handling. *Infant Behavior and Development, 13,* 117–122.

Hopkins-Golightly, T., Raz, S., & Sander, C. (2003). Influence of slight to moderate risk for birth hypoxia on acquisition of cognitive and language function in the preterm infant: A cross-sectional comparison with preterm-birth controls. *Neuropsychology, 17,* 3–13.

Horiuchi, S., Finch, C., & Mesle, F. (2003). Differential patterns of age-related mortality increase in middle age and old age. *Journals of Gerontology: Series A: Biological Sciences & Medical Sciences, 58A,* 495–507.

Hornik, R., & Gunnar, M. R. (1988). A descriptive analysis of infant social referencing. *Child Development, 59,* 626–634.

Hornor, G. (2008). Reactive attachment disorder. *Journal of Pediatric Health Care, 22,* 234–239.

Horowitz, A. (1994). Vision impairment and functional disability among nursing home residents. *Gerontologist, 34,* 316–323.

Horwath, C. C. (1991). Nutrition goals for older adults: A review. *Gerontologist, 31,* 811–821.

Horwitz, B. N., Luong, G., & Charles, G. T. (2008). Neuroticism and extraversion share genetic and environmental effects with negative and positive mood spillover in a nationally representative sample. *Personality and Individual Differences, 45,* 636–642.

Hotelling, B. A., & Humenick, S. S. (2005). Advancing normal birth: organizations, goals, and research. *Journal of Perinatal Education, 14,* 40–48.

House, S. H. (2007). Nurturing the brain nutritionally and emotionally from before conception to late adolescence. *Nutritional Health, 19,* 143–61.

Houts, A. (2003). Behavioral treatment for enuresis. In A. Kazdin (Ed.), *Evidence-based psychotherapies for children and adolescents* (pp. 389–406). New York: Guilford Press.

Howard, A. (1992). Work and family crossroads spanning the career. In S. Zedeck (Ed.), *Work, families and organizations.* San Francisco: Jossey-Bass.

Howard, L., Kirkwood, G., & Latinovic, R. (2007). Sudden infant death syndrome and maternal depression. *Journal of Clinical Psychiatry, 68,* 1279–1283.

Howe, M. J. (1997). *IQ in question: The truth about intelligence.* London, England: Sage Publications.

Howe, M. L., Courage, M. L., & Edison, S. C. (2004). When autobiographical memory begins. In S. Algarabel, A. Pitarque, T. Bajo, S. E. Gathercole, &

M. A. Conway (Eds.), *Theories of memory: Vol. 3*. New York: Psychology Press.

Howes, C., Galinsky, E., & Kontos, S. (1998). Child care caregiver sensitivity and attachment. *Social Development, 7*, 25–36.

Howes, O., & Kapur, S. (2009). The dopamine hypothesis of schizophrenia: Version III—The final common pathway. *Schizophrenia Bulletin, 35*, 549–562.

Hsu, V., & Rovee-Collier, C. (2006). Memory reactivation in the second year of life. *Infant Behavior & Development, 29*, 91–107.

Huang, A., Subak, L., Thom, D., Van Den Eeden, S., Ragins, A., Kuppermann, M., et al. (2009). Sexual function and aging in racially and ethnically diverse women. *Journal of the American Geriatrics Society, 57*, 1362–1368.

Huang, J. (2004). Death: Cultural traditions. From *On Our Own Terms: Moyers on Dying*. Retrieved May 24, 2004 from www.pbs.org.

Hubbs-Tait, L., Nation, J. R., Krebs, N. F., & Bellinger, D. C. (2005). Neurotoxicants, micronutrients, and social environments: Individual and combined effects on children's development. *Journal of the American Psychological Society, 6*, 57–101.

Hubel, D. H., & Wiesel, T. N. (1979). Brain mechanisms of vision. *Scientific American, 241*, 150–162.

Hubel, D. H., & Wiesel, T. N. (2004). *Brain and visual perception: The story of a 25-year collaboration*. New York: Oxford University Press.

Hudson, J. A., Sosa, B. B., & Shapiro, L. R. (1997). Scripts and plans: The development of preschool children's event knowledge and event planning. In S. L. Friedman & E. K. Scholnick (Eds.), *The developmental psychology of planning: Why, how and when do we plan*. Mahwah, NJ: Lawrence Erlbaum.

Hueston, W., Geesey, M., & Diaz, V. (2008). Prenatal care initiation among pregnant teens in the United States: An analysis over 25 years. *Journal of Adolescent Health, 42*, 243–248.

Hughes, S. M., & Gore, A. C. (2007). How the Brain Controls Puberty, and Implications for Sex and Ethnic Differences. *Family & Community Health, 30* (1, Suppl.), S112-S114.

Hui, A., Lau, S., Li, C. S., Tong, T., & Zhang, J. (2006). A cross-societal comparative study of Beijing and Hong Kong children's self-concept. *Social Behavior and Personality, 34*, 511–524.

Huijbregts, S., Tavecchio, L., Leseman, P., & Hoffenaar, P. (2009). Child rearing in a group setting: Beliefs of Dutch, Caribbean Dutch, and Mediterranean Dutch caregivers in center-based child care. *Journal of Cross-Cultural Psychology, 40*, 797–815. http://search.ebscohost.com, doi:10.1177/0022022109338623

Huizink, A., Mulder, E., & Buitelaar, J. (2004). Prenatal stress and risk for psychopathology: Specific effects or induction of general susceptibility? *Psychological Bulletin, 130*, 115–142.

Huizink, A., Mulder, E., & Buitelaar, J. (2004). Prenatal stress and risk for psychopathology: Specific effects or induction of general susceptibility? *Psychological Bulletin, 130*, 115–142.

Human Genome Project. (2006). Available online at http://www.ornl.gov/sci/techresources/Human_Genome/medicine/genetest.shtml

Humphrey, N., Curran, A., Morris, E., Farrell, P., & Woods, K. (2007, April). Emotional intelligence and education: A critical review. *Educational Psychology, 27*, 235–254.

Hunt, M. (1974). *Sexual behaviors in the 1970s*. New York: Dell.

Hunt, M. (1993). *The story of psychology*. New York: Doubleday.

Hunter, J., & Mallon, G. P. (2000). Lesbian, gay, and bisexual adolescent development: Dancing with your feet tied together. In B. Greene & G. L. Croom (Eds.), *Education, research, and practice in lesbian, gay, bisexual, and transgendered psychology: A resource manual, Vol. 5*. Thousand Oaks, CA: Sage Publications.

Hunter, S., & Smith, D. (2008). Predictors of children's understandings of death: Age, cognitive ability, death experience and maternal communicative competence. *Omega: Journal of Death and Dying, 57*, 143–162.

Huntsinger, C. S., Jose, P. E., Liaw, F., & Ching, W-D. (1997). Cultural differences in early mathematics learning: A comparison of Euro-American, Chinese-American, and Taiwan-Chinese families. *International Journal of Behavioral Development, 21*, 371–388.

Huppe, M., & Cyr, M. (1997). Division of household labor and marital satisfaction of dual income couples according to family life cycle. *Canadian Journal of Counseling, 31*, 145–162.

Hust, S., & Brown, J. (2008). Gender, media use, and effects. *The handbook of children, media, and development* (pp. 98–120). Malden, MA: Blackwell Publishing.

Huston, A. (Ed.). (1991). *Children in poverty: Child development and public policy*. Cambridge, England: Cambridge University Press.

Huston, T. L., Caughlin, J. P., Houts, R. M., & Smith, S. E. (2001). The connubial crucible: Newlywed years as predictors of marital delight, distress, and divorce. *Journal of Personality and Social Psychology, 80*, 237–252.

Hutchinson, A., Whitman, R., & Abeare, C. (2003). The unification of mind: Integration of hemispheric semantic processing. *Brain & Language, 87*, 361–368.

Hutchinson, D., & Rapee, R. (2007). Do friends share similar body image and eating problems? The role of social networks and peer influences in early adolescence. *Behaviour Research and Therapy, 45*, 1557–1577.

Hutchinson, S., & Wexler, B. (2007, January). Is "raging" good for health? Older women's participation in the Raging Grannies. *Health Care for Women International, 28*, 88–118.

Hutton, P. H. (2004). *Phillippe Ariès and the politics of French cultural history*. Amherst: University of Massachusetts Press.

Huurre, T., Junkkari, H., & Aro, H. (2006, June). Long-term psychosocial effects of parental divorce: A follow-up study from adolescence to adulthood. *European Archives of Psychiatry and Clinical Neuroscience, 256*, 256–263.

Hyde, J. S. (1994). *Understanding human sexuality* (5th ed.). New York: McGraw-Hill.

Hyde, J. S., & DeLamater, J. D. (2003). *Understanding human sexuality* (8th ed.). New York: McGraw-Hill.

Hyde, J. S., Fennema, E., & Lamon, S. J. (1990). Gender differences in mathematics performance: A meta-analysis. *Psychological Bulletin, 107*, 139–155.

Hyde, J. S., Klein, M. H., Essex, M. J., & Clark, R. (1995). Maternity leave and women's mental health. *Psychology of Women Quarterly, 19*, 257–285.

Hyde, J., & Grabe, S. (2008). Meta-analysis in the psychology of women. In *Psychology of women: A handbook of issues and theories (2nd ed.)*. Westport, CT: Praeger Publishers/Greenwood Publishing Group.

Hyde, J., Mezulis, A., & Abramson, L. (2008). The ABCs of depression: Integrating affective, biological, and cognitive models to explain the emergence of the gender difference in depression. *Psychological Review, 115*, 291–313.

Hyde, M. (2004). Cochlear Implants: Parents' Choices and Perceptions. *Journal of Deaf Studies and Deaf Education, 9*, 247.

Hyssaelae L., Rautava, P., & Helenius, H. (1995). Fathers' smoking and use of alcohol: The viewpoint of maternity health care clinics and well-baby clinics. *Family Practice, 12*, 22–27.

Iglesias, J., Eriksson, J., Grize, F., Tomassini, M., & Villa, A. E. (2005). Dynamics of pruning in simulated large-scale spiking neural networks. *Biosystems, 79*, 11–20.

Ikels, C. (1989). Becoming a human being in theory and practice: Chinese views of human development. In D. I. Kertzer & K. W. Schaie (Eds.), *Age structuring in comparative perspective*. Hillsdale, NJ: Lawrence Erlbaum.

Ingersoll, E. W., & Thoman, E. B. (1999). Sleep/wake states of preterm infants: Stability, developmental change, diurnal variation, and relation with caregiving activity. *Child Development, 70*, 1–10.

Ingram, D. K., Young, J., & Mattison, J. A. (2007). Calorie restriction in nonhuman primates: Assessing effects on brain and behavioral aging. *Neuroscience, 14*, 1359–1364.

Inoue, K., Tanii, H., Abe, S., Kaiya, H., Nata, M., & Fukunaga, T. (2006, December). The correlation between rates of unemployment and suicide rates in Japan between 1985 and 2002. *International Medical Journal, 13*, 261–263.

Insel, B. J., & Gould, M. S. (2008). Impact of modeling on adolescent suicidal behavior. *Psychiatric Clinics of North America, 31*, 293–316.

Insel, P. M., & Roth, W. T. (1991). *Core concepts in health* (6th ed.). Mountain View, CA: Mayfield.

Institute for Women's Policy Research (2006). The best and worst state economies for women. *Briefing Paper, No. R334*. Washington, DC: Institute for Women's Policy Research.

Interlandi, J. (2007). Chemo Control. *Scientific American, 296*, 30–38.

International Cesarean Awareness Network. (2004). Available online at http://www.ican-online.org/ International Cesarean Awareness Network. (2007, April 10). Available online at http://www.birthchoiceuk.com.

International Human Genome Sequencing Consortium. (2001). Initial sequencing and analysis of the human genome. *Nature, 409*, 860–921.

International Literacy Institute. (2001). Literacy overview. Available online at http://www.literacyonline.org/explorer.

Inzlicht, M., & Ben-Zeev, T. (2000). A threatening intellectual environment: Why females are susceptible to experiencing problem-solving deficits in the presence of males. *Psychological Science, 11*, 365–371.

Ip, W., Tang, C., & Goggins, W. (2009). An educational intervention to improve women's ability to cope with childbirth. *Journal of Clinical Nursing, 18*, 2125–2135.

Ireland, J. L., & Archer, J. (2004). Association between measures of aggression and bullying among juvenile young offenders. *Aggressive Behavior, 30*, 29–42.

Ironson, G., & Schneiderman, N. (2002). Psychological factors, spirituality/religiousness, and immune function in HIV/AIDS patients. In H. G. Koenig & H. J. Cohen (Eds.), *Link between religion and health: Psychoneuroimmunology and the faith factor*. London: Oxford University Press.

Isaacs, K. L., Barr, W. B., Nelson, P. K., & Devinsky, O. (2006). Degree of handedness and cerebral dominance. *Neurology, 66*, 1855–1858.

Isay, R. A. (1990). *Being homosexual: Gay men and their development*. New York: Avon.

Ishi-Kuntz, M. (2000). Diversity within Asian-American families. In D.H. Demo, K. R. Allen, & M.A. Fine (Eds.), *Handbook of family diversity*. New York: Oxford.

Ishizuka, B., Kudo, Y., & Tango, T. (2008). Cross-sectional community survey of menopause symptoms among Japanese women. *Maturitas, 61*, 260–267.

Iverson, T., Larsen, L., & Solem, P. (2009). A conceptual analysis of ageism. *Nordic Psychology, 61*, 4–22.

Izard, C. E. (1982). The Psychology of Emotion Comes of Age on the Coattails of Darwin. *PsycCRITIQUES, 27*, 426–429.

Izard, C. E., King, K. A., Trentacosta, C. J., Morgan, J. K., Laurenceau, J., Krauthamer-Ewing, E., & Finlon, K. J. (2008). Accelerating the development of emotion competence in Head Start children: Effects on adaptive and maladaptive behavior. *Development and Psychopathology, 20*, 369–397.

Izard, J., Haines, C., Crouch, R., Houston, S., & Neill, N. (2003). Assessing the impact of the teaching of modelling: Some implications. In S. Lamon, W. Parker, & K. Houston (Eds.), *Mathematical modelling: A way of life: ICTMA 11*. Chichester, England: Horwood Publishing.

Izard, V., Sann, C., Spelke, E., & Streri, A. (2009). Newborn infants perceive abstract numbers. *PNAS Proceedings of the National Academy of Sciences of the United States of America, 106*, 10382–10385.

Jackson, L. A., Gardner, P. D., & Sullivan, L. A. (1992). Explaining gender differences in self-pay expectations: Social comparison standards and perceptions of fair pay. *Journal of Applied Psychology, 77*, 651–663.

Jackson, T. (2006, May). Relationships between perceived close social support and health practices within community samples of American women and men. *Journal of Psychology: Interdisciplinary and Applied, 140*, 229–246.

Jacobson, N., & Gottman, J. (1998). *When men batter women*. New York: Simon & Schuster.

Jager, R., Mieler, W., & Miller, J. (2008). Age-related macular degeneration. *The New England Journal of Medicine, 358*, 2606–2617.

Jahoda, G. (1980). Theoretical and systematic approaches in mass-cultural psychology. In H. C. Triandis & W. W. Lambert (Eds.), *Handbook of cross-cultural psychology* (Vol. 1). Boston: Allyn & Bacon.

Jahoda, G. (1983). European "lag" in the development of an economic concept: A study in Zimbabwe. *British Journal of Developmental Psychology, 1*, 113–120.

James, W. (1890/1950). *The principles of psychology*. New York: Holt.

Jamieson, D. W., Lydon, J. E., Stewart, G., & Zanna, M. P. (1987). Pygmalion revisited: New evidence for student expectancy effects in the classroom. *Journal of Educational Psychology, 79*, 461–466.

Janda, L. H., & Klenke-Hamel, K. E. (1980). *Human sexuality*. New York: Van Nostrand.

Jaswal, V., & Dodson, C. (2009). Metamemory development: Understanding the role of similarity in false memories. *Child Development, 80*, 629–635.

Javawant, S., & Parr, J. (2007). Outcome following subdural hemorrhages in infancy. *Archives of the Disabled Child, 92*, 343–347.

Jehlen, A., & Winans, D. (2005). No child left behind—myth or truth? *NEA Today, 23*, 32–34.

Jensen, A. (2003). Do age-group differences on mental tests imitate racial differences? *Intelligence, 31*, 107–121.

Jensen, L. A. (2008). Coming of age in a multicultural world: Globalization and adolescent cultural identity formation. In D. L Browning (Ed.) *Adolescent identities: A collection of readings*. New York: The Analytic Press/Taylor & Francis Group.

Jiao, S., Ji, G., & Jing, Q. (1996). Cognitive development of Chinese urban only children and children with siblings. *Child Development, 67*, 387–395.

Ji-liang, S., Li-qing, Z., & Yan, T. (2003). The impact of intergenerational social support and filial expectation on the loneliness of elder parents. *Chinese Journal of Clinical Psychology, 11*, 167–169.

Jimenez, J., & Guzman, R. (2003). The influence of code-oriented versus meaning-oriented approaches to reading instruction on word recognition in the Spanish language. *International Journal of Psychology, 38*, 65–78.

Joe, S., & Marcus, S. (2003). Datapoints: Trends by race and gender in suicide attempts among U.S. adolescents, 1991–2001. *Psychiatric Services, 54*, 454.

Johnson, A. M., Wadsworth, J., Wellings, K., & Bradshaw, S. (1992). Sexual lifestyles and HIV risk. *Nature, 360*, 410–412.

Johnson, D. C., Kassner, C. T., & Kutner, J. S. (2004). Current use of guidelines, protocols, and care pathways for symptom management in hospice. *American Journal of Hospital Palliative Care, 21*, 51–57.

Johnson, D. J., Jaeger, E., Randolph, S. M., Cauce, A. M., Ward, J., & National Institute of Child Health and Human Development: Early Child Care Research Network. (2003). Studying the effects of early child care experiences on the development of children of color in the United States: Toward a more inclusive research agenda. *Child Development, 74*, 1227–1244.

Johnson, K., & Eilers, A. (1998). Effects of knowledge and development on subordinate level categorization. *Cognitive Development, 13*, 515–545.

Johnson, M. H. (1998). The neural basis of cognitive development. In D. Kuhn & R. S. Siegler (Eds.), *Handbook of child psychology: Vol. 2: Cognition, perception, and language* (5th ed.). New York: Wiley.

Johnson, N. (2003). Psychology and health: Research, practice, and policy. *American Psychologist, 58*, 670–677.

Johnson, N. G., Roberts, M. C., & Worell, J. (Eds.). (1999). *Beyond appearance: A new look at adolescent girls*. Washington, DC: American Psychological Association.

Johnson, S. L., & Birch, L. L. (1994). Parents' and children's adiposity and eating style. *Pediatrics, 94*, 653–661.

Johnston, L. D., Bachman, J. G., & O'Malley, P. M. (2008). *Monitoring the future study*. Lansing: University of Michigan.

Johnston, L. D., Bachman, J. G., & O'Malley, P. M. (2009). *Monitoring the future study*. Lansing: University of Michigan.

Johnston, L., Delva, J., & O'Malley, P. (2007). Soft drink availability, contracts, and revenues in American secondary schools. *American Journal of Preventive Medicine, 33*, S209–SS225.

Jokela, M., Elovainio, M., Singh-Manoux, A., & Kivimäki, M. (2009). IQ, socioeconomic status, and early death: The US National Longitudinal Study of Youth. *Psychosomatic Medicine, 71*, 322–328.

Jones, A., & Crandall, R. (Eds.). (1991). Handbook of self-actualization. *Journal of Social Behavior and Personality, 6*, 1–362.

Jones, H. (2006). Drug addiction during pregnancy: Advances in maternal treatment and understanding child outcomes. *Current Directions in Psychological Science, 15*, 126–130.

Jones, S. (2006). Exploration or imitation? The effect of music on 4-week-old infants' tongue protrusions. *Infant Behavior & Development, 29*, 126–130.

Jones, S. (2007). Imitation in infancy: The development of mimicry. *Psychological Science, 18*, 593–599.

Jones-Harden, B. (2004). Safety and stability for foster children: A developmental perspective. *The Future of Children, 14*, 31–48.

Jordan, A. B., & Robinson, T. N. (2008). Children's television viewing, and weight status: Summary and recommendations from an expert panel meeting. *Annals of the American Academy of Political and Social Science, 615*, 119–132.

Jordan, A., Trentacoste, N., Henderson, V., Manganello, J., & Fishbein, M. (2007). Measuring the time teens spend with media: Challenges and opportunities. *Media Psychology, 9*, 19–41.

Jorgensen, G. (2006, June). Kohlberg and Gilligan: Duet or duel? *Journal of Moral Education, 35*, 179–196.

Joseph, H., Reznik, I., & Mester, R. (2003). Suicidal behavior of adolescent girls: Profile and meaning. *Israel Journal of Psychiatry & Related Sciences, 40*, 209–219.

Juby, H., Billette, J., Laplante, B., & Le Bourdais, C. (2007). Nonresident fathers and children: Parents' new unions and frequency of contact. *Journal of Family Issues, 28*, 1220–1245.

Jung, J., and Peterson, M. (2007). Body dissatisfaction and patterns of media use among preadolescent children. *Family and Consumer Sciences Research Journal, 36*, 40–54.

Jurimae, T., & Saar, M. (2003). Self-perceived and actual indicators of motor abilities in children and adolescents. *Perception and Motor Skills, 97*, 862–866.

Juster, T., Ono, H., & Stafford, F. (2000) *Time use*. Presented at the Sloan Centers on Work and Family Conference, San Francisco.

Kacapyr, E. (1997, October). Are we having fun yet? *American Demographics*, 28–30.

Kagan, J. (2000, October). Adult personality and early experience. *Harvard Mental Health Letter*, pp. 4–5.

Kagan, J. (2003). An unwilling rebel. In R. J. Sternberg (Ed.), *Psychologists defying the crowd: Stories of those who battled the establishment and won*. Washington, DC: American Psychological Association.

Kagan, J. (2008). In defense of qualitative changes in development. *Child Development, 79*.

Kagan, J., & Snidman, N. (1991). Infant predictors of inhibited and uninhibited profiles. *Psychological Science, 2*, 40–44.

Kagan, J., Arcus, D., & Snidman, N. (1993). The idea of temperament: Where do we go from here? In R. Plomin & G. E. McClearn (Eds.), *Nature, nurture, and psychology*. Washington, DC: American Psychological Association.

Kagan, J., Arcus, D., Snidman, N., Feng, W. Y., Hendler, J., & Greene, S. (1994). Reactivity in infants: A cross-national comparison. *Developmental Psychology, 30*, 342–345.

Kagan, J., Kearsley, R., & Zelazo, P. R. (1978). *Infancy: Its place in human development*. Cambridge, MA: Harvard University Press.

Kagan, J., Snidman, N., Kahn, V., & Towsley, S. (2007). The preservation of two infant temperaments into adolescence. *Monographs of the Society for Research in Child Development, 72*, 1–75.

Kahana-Kalman, R., and Walker-Andrews, A. (2001). The role of person familiarity in young infants' perception of emotional expressions. *Child Development, 72,* 352–369.

Kahn, J. (2007, February). Maximizing the potential public health impact of HPV vaccines: A focus on parents. *Journal of Adolescent Health, 40,* 101–103.

Kahn, J. P. (2004). Hostility, coronary risk, and alpha-adrenergic to beta-adrenergic receptor density ratio. *Psychosomatic Medicine, 66,* 289–297.

Kahn, J., Hessling, R., & Russell, D. (2003). Social support, health, and well-being among the elderly: What is the role of negative affectivity? *Personality & Individual Differences, 35,* 5–17.

Kahn, R. L., & Rowe, J. W. (1999). *Successful aging.* New York: Dell.

Kahneman, D., Krueger, A., Schkade, D., Schwarz, N., & Stone, A. (2006, June). Would you be happier if you were richer? A focusing illusion. *Science, 312,* 1908–1910.

Kail, R. (2003). Information processing and memory. In M. Bornstein & L. Davidson (Eds.), *Well-being: Positive development across the life course.* Mahwah, NJ: Lawrence Erlbaum Associates.

Kail, R. V. (2004). Cognitive development includes global and domain-specific processes. *Merrill-Palmer Quarterly, 50* [Special issue: 50th anniversary issue: Part II, the maturing of the human development sciences: Appraising past, present, and prospective agendas], 445–455.

Kail, R. V., & Miller, C. A. (2006). Developmental change in processing speed: Domain specificity and stability during childhood and adolescence. *Journal of Cognition and Development, 7, 2006.* 119–137.

Kaiser, L. L., Allen, L., & American Dietetic Association. (2002). Position of the American Dietetic Association: Nutrition and lifestyle for a healthy pregnancy outcome. *Journal of the American Dietetic Association, 102,* 1479–1490.

Kalb, C. (1997, Spring/Summer). The top 10 health worries. *Newsweek Special Issue,* pp. 42–43.

Kalb, C. (2003, March 10). Preemies grow up. *Newsweek,* pp. 50–51.

Kalb, C. (2004, January 26). Brave new babies. *Newsweek,* pp. 45–53.

Kalsi, M., Heron, G., & Charman, W. (2001). Changes in the static accommodation response with age. *Ophthalmic & Physiological Optics, 21,* 77–84.

Kaltiala-Heino, R., Rimpelae, M., Rantanen, P., & Rimpelae, A. (2000). Bullying at school—an indicator of adolescents at risk for mental disorders. *Journal of Adolescence, 23,* 661–674.

Kamijo, K., Hayashi, Y., Sakai, T., Yahiro, T., Tanaka, K., & Nishihira, Y. (2009). Acute effects of aerobic exercise on cognitive function in older adults. *The Journals of Gerontology: Series B: Psychological Sciences and Social Sciences, 64B,* 356–363.

Kaminaga, M. (2007). Pubertal development and depression in adolescent boys and girls. *Japanese Journal of Educational Psychology, 55,* 21–33.

Kan, P., & Kohnert, K. (2008). Fast mapping by bilingual preschool children. *Journal of Child Language, 35,* 495–514.

Kane, R. A., Caplan, A. L., Urv-Wong, E. K., & Freeman, I. C. (1997). Everyday matters in the lives of nursing home residents: Wish for and perception of choice and control. *Journal of the American Geriatrics Society, 45,* 1086–1093.

Kaneda, H., Maeshima, K., Goto, N., Kobayakawa, T., Ayabe-Kanamura, S., & Saito, S. (2000). Decline in taste and odor discrimination abilities with age, and relationship between gustation and olfaction. *Chemical Senses, 25,* 331–337.

Kantrowitz, E. J., & Evans, G. W. (2004). The relation between the ratio of children per activity area and off-task behavior and type of play in day care centers. *Environment & Behavior, 36,* 541–557.

Kao, G. (2000). Psychological well-being and educational achievement among immigrant youth. In D. J. Hernandez (Ed.), *Children of immigrants: Health, adjustment, and public assistance.* Washington, DC: National Academy Press.

Kao, G., & Vaquera, E. (2006, February). The salience of racial and ethnic identification in friendship choices among Hispanic adolescents. *Hispanic Journal of Behavioral Sciences, 28,* 23–47.

Kapadia, S. (2008). Adolescent-parent relationships in Indian and Indian immigrant families in the US: Intersections and disparities. *Psychology and Developing Societies, 20,* 257–275.

Kaplan, H., & Dove, H. (1987). Infant development among the Ache of Eastern Paraguay. *Developmental Psychology, 23,* 190–198.

Kaplan, R. M., Sallis, J. F., Jr., & Patterson, T. L. (1993). *Health and human behavior: Age specific breast cancer annual incidence.* New York: McGraw-Hill.

Karney, B. R., & Bradbury, T. N. (2005). Contextual influences on marriage. *Current Directions in Psychological Science, 14,* 171–174.

Karniol, R. (2009). Israeli kindergarten children's gender constancy for others' counter-stereotypic toy play and appearance: The role of sibling gender and relative age. *Infant and Child Development, 18,* 73–94.

Kart, C. S. (1990). *The realities of aging* (3rd ed.). Boston: Allyn & Bacon.

Kartman, L. L. (1991). Life review: One aspect of making meaningful music for the elderly. *Activities, Adaptations, and Aging, 15,* 42–45.

Kaslow, F. W. (2001). Families and family psychology at the millennium: Intersecting crossroads. *American Psychologist, 56,* 37–44.

Kasser, T., & Sharma, Y. S. (1999). Reproductive freedom, educational equality, and females' preference for resource-acquisition characteristics in mates. *Psychological Science, 10,* 374–377.

Kastenbaum, R. (1985). Dying and death: A life-span approach. In J. E. Birren & K. W. Schaie (Eds.), *Handbook of the psychology of aging.* New York: Van Nostrand Reinhold.

Kastenbaum, R. (1999). Dying and bereavement. In J. C. Cavanaugh & S. K. Whitbourne (Eds.), *Gerontology: An interdisciplinary perspective.* New York: Oxford University Press.

Kastenbaum, R. (2000). *The psychology of death* (3rd ed.). New York: Springer.

Kastenbaum, R. J. (1992). *The psychology of death.* New York: Springer-Verlag.

Katchadourian, H. A. (1987). *Biological aspects of human sexuality* (3rd ed.). New York: Holt, Rinehart & Winston.

Kate, N. T. (1998, March). How many children? *American Demographics, 35.*

Kato, K., & Pedersen, N. L. (2005). Personality and coping: A study of twins reared apart and twins reared together. *Behavior Genetics, 35,* 147–158.

Katrowitz, B., & Wingert, P. (1990, Winter/Spring). Step by step. *Newsweek Special Edition,* pp. 24–34.

Katz, L. G. (1989, December). Beginners' ethics. *Parents,* p. 213.

Katz, S., & Marshall, B. (2003). New sex for old: Lifestyle, consumerism, and the ethics of aging well. *Journal of Aging Studies, 17,* 3–16.

Katzer, C., Fetchenhauer, D., & Belschak, F. (2009). Cyberbullying: Who are the victims? A comparison of victimization in internet chatrooms and victimization in school. *Journal of Media Psychology: Theories, Methods, and Applications, 21,* 25–36.

Kauffman, J. M. (1993). How we might achieve the radical reform of special education. *Exceptional Children, 60,* 6–16.

Kaufman, J. C., Kaufman, A. S., Kaufman-Singer, J., & Kaufman, N. L. (2005). The Kaufman Assessment Battery for Children—Second Edition and the Kaufman Adolescent and Adult Intelligence Test. In D. P. Flanagan & P. L. Harrison (Eds.), *Contemporary intellectual assessment: Theories, tests, and issues.* New York: Guilford Press.

Kaufmann, D., Gesten, E., Santa Lucia, R. C., Salcedo, O., Rendina-Gobioff, G., & Gadd, R. (2000). The relationship between parenting style and children's adjustment: The parents' perspective. *Journal of Child & Family Studies, 9,* 231–245.

Kaye, W. (2008). Neurobiology of anorexia and bulimia nervosa. *Physiology & Behavior, 94,* 121–135.

Kayton, A., (2007). Newborn screening: A literature review. *Neonatal Network, 26,* 85–95.

Kazdin, A. E., & Benjet, C. (2003). Spanking children: Evidence and issues. *Current Directions in Psychological Science, 12,* 99–103.

Kazura, K. (2000). Fathers' qualitative and quantitative involvement: An investigation of attachment, play, and social interactions. *Journal of Men's Studies, 9,* 41–57.

Keating, D. (1990). Adolescent thinking. In S. S. Feldman & G. R. Elliott (Eds.), *At the threshold.* Cambridge, MA: Harvard University Press.

Keating, D. P. (2004). Cognitive and brain development. In R. M. Lerner & L. Steinberg (Eds.), *Handbook of adolescent psychology* (2nd ed.). Hoboken, NJ: John Wiley & Sons.

Kecskes, I., & Papp, T. (2000). *Foreign language and mother tongue.* Mahwah, NJ: Lawrence Erlbaum.

Kedziora-Kornatowski, K., Szewczyk-Golec, K., Czuczejko, J., van Marke de Lumen, K., Pawluk, H., Motyl, J., Karasek, M., & Kedziora, J. (2007). Effect of melatonin on the oxidative stress in erythrocytes of healthy young and elderly subjects. *Journal of Pineal Research, 42,* 153–158.

Kelch-Oliver, K. (2008). African American grandparent caregivers: Stresses and implications for counselors. *The Family Journal, 16,* 43–50.

Keller, H., Otto, H., Lamm, B., Yovsi, R. D., & Kartner, J. (2008). The timing of verbal/vocal communications between mothers and their infants: A longitudinal cross-cultural comparison. *Infant Behavior & Development, 31,* 217–226.

Keller, H., Voelker, S., & Yovsi, R. D. (2005). Conceptions of parenting in different cultural communities: The case of West African Nso and northern German women. *Social Development, 14,* 158–180.

Keller, H., Yovsi, R., Borke, J., Kärtner, J., Henning, J., & Papaligoura, Z. (2004). Developmental consequences of early parenting experiences: Self-recognition and self-regulation in three cultural communities. *Child Development, 75,* 1745–1760.

Kellett, J. M. (2000). Older adult sexuality. In L. T. Szuchman & F. Muscarella et al. (Eds.), *Psychological perspectives on human sexuality.* New York: Wiley.

Kelley, G., Kelley, K., Hootman, J., & Jones, D. (2009). Exercise and health-related quality of life in older community-dwelling adults: A meta-analysis of randomized controlled trials. *Journal of Applied Gerontology, 28*, 369–394.

Kellman, P., & Arterberry, M. (2006). Infant visual perception. In W. Damon & R. M. Lerner (Eds.), *Handbook of child psychology: Vol. 2, Cognition, perception, and language* (6th ed.). New York: Wiley.

Kelly, G. (2001). *Sexuality today: A human perspective.* (7th ed.) New York: McGraw-Hill.

Kelly-Weeder, S., & Cox, C. (2007). The impact of lifestyle risk factors on female infertility. *Women & Health, 44*, 1–23.

Kennell, J. H. (2002). On becoming a family: Bonding and the changing patterns in baby and family behavior. In J. Gomes-Pedro & J. K. Nugent (Eds.), *The infant and family in the twenty-first century*. New York: Brunner-Routledge.

Kenrick, D. T., Keefe, R. C., Bryna, A., Barr, A., & Brown, S. (1995). Age preferences and mate choice among homosexuals and heterosexuals: A case for modular psychological mechanisms. *Journal of Personality and Social Psychology, 69*, 1166–1172.

Kiang, L., Yip, T., & Fuligni, A. J. (2008). Multiple social identities and adjustment in young adults from ethnically diverse backgrounds. *Journal of Research on Adolescence, 18*, 643–670.

Kidwell, J. S., Dunyam, R. M., Bacho, R. A., Pastorino, E., & Portes, P. R. (1995). Adolescent identity exploration: A test of Erikson's theory of transitional crisis. *Adolescence, 30*, 785–793.

Kiecolt, K. J., & Fossett, M. A. (1997). The effects of mate availability on marriage among black Americans: A contextual analysis. In R. J. Taylor, J. S. Jackson, & L. M. Chatters (Eds.), *Family life in black America* (pp. 63–78). Thousand Oaks, CA: Sage Publications.

Kiecolt-Glaser, J. K. (2009). Psychoneuroimmunology: Psychology's gateway to biomedical future. *Perspectives on Psychological Science, 4*, [Special issue: Next big questions in psychology]. p. 367–369.

Kilner, J. M., Friston, J. J., & Frith, C. D. (2007). Predictive coding: An account of the mirror neuron system. *Cognitive Processes, 33*, 88–997.

Kim, E. H., & Lee, E. (2009). Effects of a death education program on life satisfaction and attitude toward death in college students. *Journal of Korean Academic Nursing, 39*, 1–9.

Kim, H., Sherman, D., & Taylor, S. (2008). Culture and social support. *American Psychologist, 63*, 518–526.

Kim, J. (1995, January). You cannot know how much freedom you have here. *Money*, p. 133.

Kim, J., & Cicchetti, D. (2003). Social self-efficacy and behavior problems in maltreated children. *Journal of Clinical Child & Adolescent Psychology, 32*, 106–117.

Kim, J-S., Lee, E-H. (2003). Cultural and noncultural predictors of health outcomes in Korean daughter and daughter-in-law caregivers. *Public Health Nursing, 20*, 111–119.

Kim, S., & Park, H. (2006, January). Five years after the launch of Viagra in Korea: Changes in perceptions of erectile dysfunction treatment by physicians, patients, and the patients' spouses. *Journal of Sexual Medicine, 3*, 132–137.

Kim, U., Triandis, H. C., Kagitçibais, Ç., Choi, S., & Yoon, G. (Eds.). (1994). *Individualism and collectivism: Theory, method, and applications*. Thousand Oaks, CA: Sage Publications.

Kim, Y., Choi, J. Y., Lee, K. M., Park, S. K., Ahn, S. H., Noh, D. Y., Hong, Y. C., Kang, D., & Yoo, K. Y. (2007). Dose-dependent protective effect of breast-feeding against breast cancer among never-lactated women in Korea. *European Journal of Cancer Prevention, 16*, 124–129.

Kim, Y., Hur, J., Kim, K., Oh, K., & Shin, Y. (2008). Prediction of postpartum depression by sociodemographic, obstetric and psychological factors: A prospective study. *Psychiatry and Clinical Neurosciences, 62*, 331–340.

Kimball, J. W. (1983). *Biology* (5th ed.). Reading, MA: Addison-Wesley.

Kim-Cohen, J. (2007). Resilience and developmental psychopathology. *Child and Adolescent Psychiatric Clinics of North America, 16*, 271–283.

Kimm, S., Glynn, N. W., Kriska, A., Barton, B. A., Kronsberg, S. S., Daniels, S. R., Crawford, P. B., Sabry, Z., & Liu, K. (2002). Decline in physical activity in Black girls and white girls during adolescence, *New England Journal of Medicine, 347*, 709–715

Kincl, L., Dietrich, K., & Bhattacharya, A. (2006, October). Injury trends for adolescents with early childhood lead exposure. *Journal of Adolescent Health, 39*, 604–606.

Kinney, H. C., Randall, L. L., Sleeper, L. A., Willinger, M., Beliveau, R. A., Zec, N., Rava, L. A., Dominici, L., Iyasu, S., Randall, B., Habbe, D., Wilson, H., Mandell, F., McClain, M., & Welty, T. K. (2003). Serotonergic brainstem abnormalities in Northern Plains Indians with the sudden infant death syndrome. *Journal of Neuropathology and Experimental Neurology, 62*, 1178–1191.

Kinney, H., & Thach, B. (2009). Medical progress: The sudden infant death syndrome. *The New England Journal of Medicine, 361*, 795–805.

Kinsey, A. C., Pomeroy, W. B., & Martin, C. E. (1948). *Sexual behavior in the human male*. Philadelphia: Saunders.

Kirby, J. (2006, May). From single-parent families to stepfamilies: Is the transition associated with adolescent alcohol initiation? *Journal of Family Issues, 27*, 685–711.

Kirchengast, S., & Hartmann, B. (2003). Impact of maternal age and maternal-somatic characteristics on newborn size. *American Journal of Human Biology, 15*, 220–228.

Kisilevsky, B. S., Hains, S. M. J., Xing Xie, K. L., Huang, H., Ye, H. H., Zhang, Z., & Wang, Z. (2003). Effects of experience on fetal voice recognition. *Psychological Science, 14*, 220–224.

Kisilevsky, B., Hains, S., Brown, C., Lee, C., Cowperthwaite, B., Stutzman, S., et al. (2009). Fetal sensitivity to properties of maternal speech and language. *Infant Behavior & Development, 32*, 59–71.

Kissane, D., & Li, Y. (2008). Effects of supportive-expressive group therapy on survival of patients with metastatic breast cancer: A randomized prospective trial. *Cancer, 112*, 443–444.

Kitamura, C., & Lam, C. (2009). Age-specific preferences for infant-directed affective intent. *Infancy, 14*, 77–100.

Kitterod, R., & Pettersen, S. (2006, September). Making up for mothers' employed working hours? Housework and childcare among Norwegian fathers. *Work, Employment and Society, 20*, 473–492.

Kitzmann, K., Gaylord, N., & Holt, A. (2003). Child witnesses to domestic violence: A meta-analytic review. *Journal of Consulting & Clinical Psychology, 71*, 339–352.

Kiuru, N., Nurmi, J., Aunola, K., & Salmela-Aro, K. (2009). Peer group homogeneity in adolescents' school adjustment varies according to peer group type and gender. *International Journal of Behavioral Development, 33*, 65–76.

Kleespies, P. (2004). The wish to die: Assisted suicide and voluntary euthanasia. In P. Kleespies (Ed.), *Life and death decisions: Psychological and ethical considerations in end-of-life care*. Washington, DC: American Psychological Association.

Klier, C. M., Muzik, M., Dervic, K., Mossaheb, N., Benesch, T., Ulm, B., & Zeller, M. (2007). The role of estrogen and progesterone in depression after birth. *Journal of Psychiatric Research, 41*, 273–279.

Kloep, M., Güney, N., Çok, F., & Simsek, Ö. (2009). Motives for risk-taking in adolescence: A cross-cultural study. *Journal of Adolescence, 32*, 135–151. http://search.ebscohost.com, doi:10.1016/j.adolescence.2007.10.010

Knafo, A., & Schwartz, S. H. (2003). Parenting and accuracy of perception of parental values by adolescents. *Child Development, 73*, 595–611.

Knaus, W. A., Conners, A. F., Dawson, N. V., Desbiens, N. A., Fulkerson, W. J., Jr., Goldman, L., Lynn, J., & Oye, R. K. (1995, November 22). A controlled trial to improve care for seriously ill hospitalized patients: The study to understand prognoses and preferences for outcomes and risks of treatments (SUPPORT). *JAMA: The Journal of the American Medical Association, 273*, 1591–1598.

Knickmeyer, R., & Baron-Cohen, S. (2006, December). Fetal testosterone and sex differences. *Early Human Development, 82*, 755–760.

Knight, K. (1994, March). Back to basics. *Essence*, pp. 122–138.

Knorth, E. J., Harder, A. T., Zandberg, T., & Kendrick, A. J. (2008). Under one roof: A review and selective meta-analysis on the outcomes of residential child and youth care. *Children and Youth Services Review, 30*, 123–140.

Kochanska, G. (1998). Mother–child relationship, child fearfulness, and emerging attachment: A short-term longitudinal study. *Developmental Psychology, 34*, 480–490.

Kochanska, G. (2002). Mutually responsive orientation between mothers and their young children: A context for the early development of conscience. *Current Directions in Psychological Science, 11*, 191–195.

Kochanska, G., & Aksan, N. (2004). Development of mutual responsiveness between parents and their young children. *Child Development, 75*, 1657–1676.

Kodl, M., & Mermelstein, R. (2004). Beyond modeling: Parenting practices, parental smoking history, and adolescent cigarette smoking. *Addictive Behaviors, 29*, 17–32.

Koenig, A., Cicchetti, D., & Rogosch, F. (2004). Moral development: The association between maltreatment and young children's prosocial behaviors and moral transgressions. *Social Development, 13*, 97–106.

Koenig, L. B., McGue, M., Krueger, R. F., & Bouchard, Jr., T. J. (2005). Genetic and environmental influences on religiousness: Findings for retrospective and current religiousness ratings. *Journal of Personality, 73*, 471–488.

Kohlberg, L. (1966). A cognitive-developmental anaylsis of children's sex-role concepts and attitudes. In E. E. Maccoby (Ed.), *The development of sex differences*. Stanford, CA: Stanford University Press.

Kohlberg, L. (1984). *The psychology of moral development: Essays on moral development* (Vol. 2). San Francisco: Harper & Row.

Koivisto, M., & Revonsuo, A. (2003). Object recognition in the cerebral hemispheres as revealed by visual field experiments. *Laterality: Asymmetries of Body, Brain & Cognition, 8,* 135–153.

Kolata, G. (2004, May 11). The heart's desire. *New York Times,* p. D1.

König, R. (2005). Introduction: Plasticity, learning, and cognition. In R. König, P. Heil, E. Budinger, & H. Scheich (Eds.), *Auditory cortex: A synthesis of human and animal research.* Mahwah, NJ: Lawrence Erlbaum.

Kolb, B., & Gibb, R. (2006). Critical periods for functional recovery after cortical injury during development. In S. G. Lomber & J. J. Eggermont, (Eds); *Reprogramming the cerebral cortex: Plasticity following central and peripheral lesions.* New York: Oxford University Press.

Koopmans, S., & Kooijman, A. (2006, November). Presbyopia correction and accommodative intraocular lenses. *Gerontechnology, 5,* 222–230.

Koretz, D. (2008). The pending reauthorization of NCLB: An opportunity to rethink the basic strategy. In: Gail L. Sunderman (Ed.) *Holding NCLB accountable: Achieving, accountability, equity, & school reform.* Thousand Oaks, CA: Corwin Press.

Koroukian, S. M., Trisel, B., & Rimm, A. A. (1998). Estimating the proportion of unnecessary cesarean sections in Ohio using birth certificate data. *Journal of Clinical Epidemiology, 51,* 1327–1334.

Koshmanova, T. (2007). Vygotskyian Scholars: Visions and Implementation of Cultural-Historical Theory. *Journal of Russian & East European Psychology, 45,* 61–95.

Koska, J., Ksinantova, L., Sebokova, E., Kvetnansky, R., Klimes, I., Chrousos, G., & Pacak, K. (2002). Endocrine regulation of subcutaneous fat metabolism during cold exposure in humans. *Annals of the New York Academy of Science, 967,* 500–505.

Koss, M. P., Goodman, L. A., Browne, A., Fitzgerald, L. F., Keita, G. P., & Russo, N. F. (1993). *No safe haven: Violence against women, at home, at work, and in the community.* Final report of the American Psychological Association Women's Programs Office Task Force on Violence Against Women. Washington, DC: American Psychological Association.

Kotre, J., & Hall, E. (1990). *Seasons of life.* Boston: Little, Brown.

Kovelman, I., Baker, S. A., & Petitto, L.A. (2008). Bilingual and monolingual brains compared: A functional magnetic resonance imaging investigation of syntactic processing and a possible 'neural signature' of bilingualism. *Journal of Cognitive Neuroscience, 20,* 153–169.

Kozulin, A., (2004). Vygotsky's theory in the classroom: Introduction. *European Journal of Psychology of Education, 19,* 3–7.

Kramer, A. F., Erickson, K. I., & Colcombe, S. J. (2006). Exercise, cognition, and the aging brain. *Journal of Applied Physiology, 101,* 1237–1242.

Kramer, M., Aboud, F., Mironova, E., Vanilovich, I., Platt, R., Matush, L., et al. (2008). Breastfeeding and child cognitive development: New evidence from a large randomized trial. *Archives of General Psychiatry, 65,* 578–584.

Krantz, S. G. (1999). Conformal mappings. *American Scientist, 87,* 436.

Krasner, M., Epstein, R., Beckman, H., Suchman, A., Chapman, B., Mooney, C., et al. (2009). Association of an educational program in mindful communication with burnout, empathy, and attitudes among primary care physicians. *JAMA: The Journal of the American Medical Association, 302,* 1284–1293.

Krause, N., & Borawski-Clark, E. (1994). Clarifying the functions of social support in later life. *Research on Aging, 16,* 251–279.

Kraut, R. E. (1988). Telework as a work-style innovation. In B. D. Ruben (Ed) *Information and behavior, Vol. 2.* New Brunswick, NJ: Transaction Publishers.

Krcmar, M., Grela, B., & Lin, K. (2007). Can toddlers learn vocabulary from television? An experimental approach. *Media Psychology, 10,* 41–63.

Krebs, N. F., Himes, J. H., Jacobson, D., Nicklas, T. A., Guilday, P., & Styne, D. (2007). Assessment of child and adolescent overweight and obesity. *Pediatrics,* [Special issue: Assement of childhood and adolescent overweight and obesity]. *120,* S193-S228.

Kringelbach M. L., Lehtonen A., Squire S., Harvey A. G., Craske M. G., et al. (2008). A specific and rapid Neural signature for parental instinct. PLoS ONE 3 (2): e1664. doi:10.1371/journal.pone.0001664

Krishnamoorthy, J. S., Hart, C., & Jelalian, E, (2006). The epidemic of childhood obesity: Review of research and implications for public policy. *Social Policy Report, 19,* 3–19.

Kroger, J. (2006). *Identity development: Adolescence through adulthood.* Thousand Oaks, CA: Sage Publications.

Kroger, J. (2007). Why is identity achievement so elusive? *Identity: An International Journal of Theory and Research, 7,* 331–348.

Krojgaard, P. (2005). Infants' search for hidden persons. *International Journal of Behavioral Development, 29,* 70–79.

Kronholz, J. (2003, August 19). Trying to close the stubborn learning gap. *Wall Street Journal,* pp. B1, B5.

Kronholz, J. (2003, September 2). Head Start program gets low grade. *Wall Street Journal,* p. A4.

Krueger, G. (2006, September). Meaning-making in the aftermath of sudden infant death syndrome. *Nursing Inquiry, 13,* 163–171.

Krueger, J., & Heckhausen, J. (1993). Personality development across the adult life span: Subjective conceptions vs. cross-sectional contrasts. *Journals of Gerontology, 48,* 100–108.

Kübler-Ross, E. (1969). *On death and dying.* New York: Macmillan.

Kübler-Ross, E. (1982). *Working it through.* New York: Macmillan.

Kübler-Ross, E. (Ed.). (1975). *Death: The final stage of growth.* Englewood Cliffs, NJ: Prentice-Hall.

Kuczynski, L., & Kochanska, G. (1990). Development of children's noncompliance strategies from toddlerhood to age 5. *Developmental Psychology, 26,* 398–408.

Kuhl, P. (2006). *A new view of language acquisition. Language and linguistics in context: Readings and applications for teachers.* Mahwah, NJ: Lawrence Erlbaum.

Kuhl, P. K., Andruski, J. E., Chistovich, I. A., Chistovich, L. A., Kozhevnikova, E. V., Ryskina, V. L., Stolyarova, E. I., Sundberg, U., & Lacerda, F. (1997, August 1). Cross-language analysis of phonetic units in language addressed to infants. *Science, 277,* 684–686.

Kuhn, D. (2008). Formal operations from a twenty-first century perspective. *Human Development, 51,* 48–55.

Kuhn, D., Garcia-Mila, M., Zohar, A., & Andersen, C. (1995). Strategies of knowledge acquisition. With commentary by S. H. White, D. Klahr, & S. M. Carver, and a reply by D. Kuhn. *Monographs of the Society for Research in Child Development, 60,* 122–137.

Kump, S., & Krasovec, S. J. (2007). Education: A possibility for empowering adults. *International Journal of Lifelong Education, 26,* 635–649.

Kunkel, D., Wilcox, B. L., Cantor, J., Palmer, E., Linn, S., & Dowrick, P. (2004, February 20). *Report of the APA task force on advertising and children.* Washington, DC: American Psychological Association.

Kunzmann, U., & Baltes, P. (2005). *The psychology of wisdom: Theoretical and empirical challenges.* New York: Cambridge University Press.

Kupersmidt, J. B., & Dodge, K. A. (Eds.). (2004). *Children's peer relations: From development to intervention.* Washington, DC: American Psychological Association.

Kurdek, L. (2003). Negative representations of the self/spouse and marital distress. *Personal Relationships, 10,* 511–534.

Kurdek, L. (2006, May). Differences between partners from heterosexual, gay, and lesbian cohabiting couples. *Journal of Marriage and Family, 68,* 509–528.

Kurdek, L. (2007). The allocation of household labor by partners in gay and lesbian couples. *Journal of Family Issues, 28,* 132–148.

Kurdek, L. (2008). Change in relationship quality for partners from lesbian, gay male, and heterosexual couples. *Journal of Family Psychology, 22,* 701–711.

Kurdek, L. A. (1993). The allocation of household labor in gay, lesbian, and heterosexual married children. *Journal of Social Issues, 49,* 127–139.

Kurdek, L. A. (1999). The nature and predictors of the trajectory of change in marital quality for husbands and wives over the first 10 years of marriage. *Developmental Psychology, 35,* 1283–1296.

Kurdek, L. A. (2005). What do we know about gay and lesbian couples? *Current Directions in Psychological Science, 14,* 251–258.

Kurtines, W. M., & Gewirtz, J. L. (1987). *Moral development through social interaction.* New York: Wiley.

Kwant, P. B., Finocchiaro, T., Forster, F., Reul, H., Rau, G., Morshuis, M., El Banayosi, A., Korfer, R., Schmitz-Rode, T., & Steinseifer, U. (2007). The MiniACcor: Constructive redesign of an implantable total artificial heart, initial laboratory testing and further steps. *International Journal of Artificial Organs, 30,* 345–351.

Laas, I. (2006). Self-actualization and society: A new application for an old theory. *Journal of Humanistic Psychology, 46,* 77–91.

Labouvie-Vief, G. (1980). Beyond formal operations: Uses and limits of pure logic in life-span development. *Human Development, 23,* 141–161.

Labouvie-Vief, G. (1986). Modes of knowledge and the organization of development. In M. L. Commons, L. Kohlberg, F. Richards, & J. Sinnott (Eds.), *Beyond formal operations 3: Models and methods in the study of adult and adolescent thought.* New York: Praeger.

Labouvie-Vief, G. (1990). Modes of knowledge and the organization of development. In M. L. Commons, C. Armon, L. Kohlberg, F. A. Richards, T. A. Grotzer, & J. Sinnott (Eds.), *Adult development (Vol. 2). Models and methods in the study of adolescent thought.* New York: Praeger.

Labouvie-Vief, G. (2006). Emerging structures of adult thought. In J. J. Arnett & J. L. Tanner (Eds.), *Emerging adults in America: Coming of age in the 21st century.* Washington, DC: American Psychological Association.

Labouvie-Vief, G. (2009). Cognition and equilibrium regulation in development and aging. *Restorative Neurology and Neuroscience, 27,* 551–565.

Labouvie-Vief, G., & Diehl, M. (2000). Cognitive complexity and cognitive–affective integration: Related or separate domains of adult development? *Psychology & Aging, 15,* 490–504.

Lacerda, F., von Hofsten, C., & Heimann, M. (2001). *Emerging cognitive abilities in early infancy.* Mahwah, NJ: Lawrence Erlbaum.

Lachmann, T., Berti, S., Kujala, T., & Schroger, E. (2005). Diagnostic subgroups of developmental dyslexia have different deficits in neural processing of tones and phonemes. *International Journal of Psychophysiology, 56,* 105–120.

Lackey, C. (2003). Violent family heritage, the transition to adulthood, and later partner violence. *Journal of Family Issues, 24,* 74–98.

Ladd, G. W. (1983). Social networks of popular, average and rejected children in social settings. *Merrill-Palmer Quarterly, 29,* 282–307.

Laditka, S., Laditka, J., & Probst, J. (2006). Racial and ethnic disparities in potentially avoidable delivery complications among pregnant Medicaid beneficiaries in South Carolina. *Maternal & Child Health Journal, 10,* 339–350.

Laflamme, D., Pomerleau, A., & Malcuit, G. (2002). A comparison of fathers' and mothers' involvement in childcare and stimulation behaviors during free-play with their infants at 9 and 15 months. *Sex Roles, 47,* 507–518.

LaFromboise, T., Coleman, H. L., & Gerton, J. (1993). Psychological impact of biculturalism: Evidence and theory. *Psychological Bulletin, 114,* 395–412.

Lafuente, M. J., Grifol, R., Segarra, J., & Soriano, J. (1997). Effects of the Firstart method of prenatal stimulation on psychomotor development: The first six months. *Pre- & PeriNatal Psychology, 11,* 151–162.

Lahiri, D. K., Maloney, B., Basha, M. R., Ge, Y. W., & Zawia, N. H. (2007). How and when environmental agents and dietary factors affect the course of Alzheimer's disease: The "LEARn" model (latent early-life associated regulation) may explain the triggering of AD. *Current Alzheimer Research, 4,* 219–228.

Laible, D., Panfile, T., & Makariev, D. (2008). The quality and frequency of mother-toddler conflict: Links with attachment and temperament. *Child Development, 79,* 426–443.

Lam, V., & Leman, P. (2003). The influence of gender and ethnicity on children's inferences about toy choice. *Social Development, 12,* 269–287.

Lamaze, F. (1970). *Painless childbirth: The Lamaze method.* Chicago: Regnery.

Lamb, M. E., Sternberg, K. J., Hwang, C. P., & Broberg, A. G. (Eds.). (1992). *Child care in context: Cross-cultural perspectives.* Hillsdale, NJ: Erlbaum.

Lamberts, S. W. J., van den Beld, A. W., & van der Lely, A-J. (1997, October 17). The endocrinology of aging. *Science, 278,* 419–424.

Lambiase, A., Aloe, L., Centofanti, M., Parisi, V., Mantelli, F., Colafrancesco, V., et al. (2009). Experimental and clinical evidence of neuroprotection by nerve growth factor eye drops: Implications for glaucoma. *PNAS Proceedings of the National Academy of Sciences of the United States of America, 106,* 13469–13474.

Lamm, B., & Keller, H. (2007). Understanding cultural models of parenting: The role of intracultural variation and response style. *Journal of Cross-Cultural Psychology, 38,* 50–57.

Lamont, J. A. (1997). Sexuality. In D. E. Stewart & G. E. Robinson (Eds.), *A clinician's guide to menopause. Clinical practice* (pp. 63–75). Washington, DC: Health Press International.

Lamorey, S., Robinson, B. E., & Rowland, B. H. (1998). *Latchkey kids: Unlocking doors for children and their families.* Newbury Park, CA: Sage Publications.

Landau, R. (2008). Sex selection for social purposes in Israel: Quest for the 'perfect child' of a particular gender or centuries old prejudice against women? *Journal of Medical Ethics, 34,* http://search.ebscohost.com, doi:10.1136/jme.2007.023226

Landhuis, C., Poulton, R., Welch, D., & Hancox, R. (2008). Programming obesity and poor fitness: The long-term impact of childhood television. *Obesity, 16,* 1457–1459.

Landrine, H., & Klonoff, E. A. (1994). Cultural diversity in causal attributions for illness: The role of the supernatural. *Journal of Behavior Medicine, 17,* 181–193.

Langer, E., & Janis, I. (1979). *The psychology of control.* Beverly Hills, CA: Sage Publications.

Langford, P. E. (1995). *Approaches to the development of moral reasoning.* Hillsdale, NJ: Lawrence Erlbaum.

Langille, D. (2007). Teenage pregnancy: Trends, contributing factors and the physician's role. *Canadian Medical Association Journal, 176,* 1601–1602.

Lansford, J. (2009). Parental divorce and children's adjustment. *Perspectives on Psychological Science, 4,* 140–152.

Lansford, J. E., & Parker, J. G. (1999). Children's interactions in triads: Behavioral profiles and effects of gender and patterns of friendships among members. *Developmental Psychology, 35,* 80–93.

Lansford, J. E., Chang, L, Dodge, K. A., Malone, P. S., Oburu, P., Palmérus, K., Bacchini, D., Pastorelli, C., Bombi, A. S., Zelli, A., Tapanya, S., Chaudhary, N., Deater-Deckard, K., Manke, B., & Quinn, N. (2005). Physical discipline and children's adjustment: Cultural normativeness as a moderator. *Child Development, 76,* 1234–1246.

Lansford, J. E., Malone, P. P., Dodge, K. A., Crozier, J. C., Pettit, G. S., & Bates, J. E. (2006). A 12-Year Prospective Study of Patterns of Social Information Processing Problems and Externalizing Behaviors. *Journal of Abnormal Child Psychology: An official publication of the International Society for Research in Child and Adolescent Psychopathology, 34,* 715–724.

Larsen, K. E., O'Hara, M. W., & Brewer, K. K. (2001). A prospective study of self-efficacy expectancies and labor pain. *Journal of Reproductive and Infant Psychology, 19,* 203–214.

Larson, R. W., Richards, M. H., Moneta, G., Holmbeck, G., & Duckett, E. (1996). Changes in adolescents' daily interactions with their families from ages 10 to 18: Disengagement and transformation. *Developmental Psychology, 32,* 744–754.

Lau, I., Lee, S., & Chiu, C. (2004). Language, cognition, and reality: Constructing shared meanings through communication. In M. Schaller & C. Crandall (Eds.), *The psychological foundations of culture.* Mahwah, NJ: Lawrence Erlbaum.

Lau, M., Markham, C., Lin, H., Flores, G., & Chacko, M. (2009). Dating and sexual attitudes in Asian-American adolescents. *Journal of Adolescent Research, 24,* 91–113.

Lau, S., & Kwok, L. K. (2000). Relationship of family environment to adolescents' depression and self-concept. *Social Behavior & Personality, 28,* 41–50.

Lauer, J. C., & Lauer, R. H. (1999). *How to survive and thrive in an empty nest.* Oakland, CA: New Harbinger Publications.

Laugharne, J., Janca, A., & Widiger, T. (2007). Posttraumatic stress disorder and terrorism: 5 years after 9/11. *Current Opinion in Psychiatry, 20,* 36–41.

Laumann, E. O., Paik, A., & Rosen, R. C. (1999). Sexual dysfunction in the United States: Prevalence and predictors. *JAMA: The Journal of the American Medical Association, 281,* 537–544.

Laursen, B., Hartup, W. W., & Koplas, A. L. (1996). Towards understanding peer conflict. *Merrill-Palmer Quarterly, 42,* 76–102.

Lauter, J. L. (1998). Neuroimaging and the trimodal brain: Applications for developmental communication neuroscience. *Phoniatrica et Logopaedica, 50,* 118–145.

Lavers-Preston, C., & Sonuga-Barke, E. (2003). An intergenerational perspective on parent–child relationships: The reciprocal effects of tri-generational grandparent–parent–child relationships. In R. Gupta & D. Parry-Gupta (Eds.), *Children and parents: Clinical issues for psychologists and psychiatrists.* London: Whurr Publishers, Ltd.

Lavzer, J. I., & Goodson, B. D. (2006). The "quality" of early care and education settings: Definitional and measurement issues. *Evaluation Review, 30,* 556–576.

Lawrence, E., Rothman, A., Cobb, R., Rothman, M., & Bradbury, T. (2008). Marital satisfaction across the transition to parenthood. *Journal of Family Psychology, 22,* 41–50.

Lazarus, R. S. (1968). Emotions and adaptations: Conceptual and empirical relations. In W. Arnold (Ed.), *Nebraska symposium on motivation.* Lincoln: University of Nebraska.

Lazarus, R. S. (1991). *Emotion and adaptation.* New York: Oxford University Press.

Lazarus, R. S., & Folkman, S. (1984). *Stress, appraisal, and coping.* New York: Springer.

Le Corre, M., & Carey, S. (2007). One, two, three, four, nothing more: An investigation of the conceptual sources of the verbal counting principles. *Cognition, 105,* 395–438.

Leach, P., Barnes, J., Malmberg, L., Sylva, K., & Stein, A. (2008). The quality of different types of child care at 10 and 18 months: A comparison between types and factors related to quality. *Early Child Development and Care, 178,* 177–209.

Leaper, C. (2002). Parenting girls and boys. In M. Bornstein (Ed.), *Handbook of parenting: Vol. 1: Children and parenting.* Mahwah, NJ: Lawrence Erlbaum.

Leathers, H. D., & Foster, P. (2004). *The world food problem: Tackling causes of undernutrition in the third world.* Boulder, CO: Lynne Rienner Publishers.

Leathers, S., and Kelley, M. (2000). Unintended pregnancy and depressive symptoms among first-time mothers and fathers. *American Journal of Orthopsychiatry, 70,* 523–531.

Leavitt, L. A., & Goldson, E. (1996). Introduction to special section: Biomedicine and developmental psychology: New areas of common ground. *Developmental Psychology, 32,* 387–389.

Lecours, A. R. (1982). Correlates of developmental behavior in brain maturation. In T. Bever (Ed.), *Regressions in mental development.* Hillsdale, NJ: Lawrence Erlbaum.

Lee, B. H., Schofer, J. L., & Koppelman, F. S. (2005). Bicycle safety helmet legislation and bicycle-related non-fatal injuries in California. *Accidental Analysis and Prevention, 37,* 93–102.

Lee, K., & Homer, B. (1999). Children as folk psychologists: The developing understanding of the mind. In A. Slater & D. Muir (Eds.), *The Blackwell reader in developmental psychology.* Malden, England: Blackwell.

Lee, M. (2008). Caregiver stress and elder abuse among Korean family caregivers of older adults with disabilities. *Journal of Family Violence, 23,* 707–712.

Lee, M., Vernon-Feagans, L., & Vazquez, A. (2003). The influence of family environment and child temperament on work/family role strain for mothers and fathers. *Infant & Child Development, 12,* 421–439.

Lee, R. M. (2005). Resilience against discrimination: Ethnic identity and other-group orientation as protective factors for Korean Americans. *Journal of Counseling Psychology*, 52, 36–44.

Leen-Feldmer, E. W., Reardon, L. E., Hayward, C., & Smith, R. C. (2008). The relation between puberty and adolescent anxiety: Theory and evidence. In M. J. Zvolensky & J. A. Smits, (Eds). Anxiety in health behaviors and physical illness. New York: Springer Science + Business Media.

Leenaars, A. A., & Shneidman, E. S. (Eds.). (1999). *Lives and deaths: Selections from the works of Edwin S. Shneidman*. New York: Bruuner-Routledge.

Lefkowitz, E. S., Sigman, M., & Kit-fong Au, T. (2000). Helping mothers discuss sexuality and AIDS with adolescents. *Child Development*, 71, 1383–1394.

Legerstee, M., & Markova, G. (2008). Variations in 10-month-old infant imitation of people and things. *Infant Behavior & Development*, 31, 81–91.

Legerstee, M., Anderson, D., & Schaffer, A. (1998). Five- and eight-month-old infants recognize their faces and voices as familiar and social stimuli. *Child Development*, 69, 37–50.

Lehman, D., Chiu, C., & Schaller, M. (2004). Psychology and culture. *Annual Review of Psychology*, 55, 689–714.

Lehr, U., Seiler, E., & Thomae, H. (2000). Aging in a cross-cultural perspective. In A. L. Comunian, & U. P. Gielen (Eds.), *International perspectives on human development*. Lengerich, Germany: Pabst Science Publishers.

Lemonick, M. D. (2000, October 30). Teens before their time. *Time*, pp. 68–74.

Lepage, J. F., & Théret, H. (2007). The mirror neuron system: Grasping others' actions from birth? *Developmental Science*, 10, 513–523.

Lerner, J. W. (2002). *Learning disabilities: Theories, diagnosis, and teaching strategies*. Boston: Houghton Mifflin.

Lerner, R. M., Fisher, C. B., & Weinberg, R. A. (2000). Toward a science for and of the people: Promoting civil society through the application of developmental science. *Child Development*, 71, 11–20.

Lerner, R. M., Theokas, C., & Jelicic, H. (2005). Youth as active agents in their own positive development: A developmental systems perspective. In W. Greve, K. Rothermund, & D. Wentura, *Adaptive self: Personal continuity and intentional self-development*. Ashland, OH: Hogrefe & Huber.

Lesaux, N. K., & Siegel, L. S. (2003). The development of reading in children who speak English as a second language. *Developmental Psychology*, 39, 1005–1019.

Leslie, C. (1991, February 11). Classrooms of Babel. *Newsweek*, pp. 56–57.

Lesner, S. (2003). Candidacy and management of assistive listening devices: Special needs of the elderly. *International Journal of Audiology*, 42, 2S68–2S76.

Lester, D. (2006, December). Sexual orientation and suicidal behavior. *Psychological Reports*, 99, 923–924.

Leung, C., Pe-Pua, R., & Karnilowicz, W. (2006, January). Psychological adaptation and autonomy among adolescents in Australia: A comparison of Anglo-Celtic and three Asian groups. *International Journal of Intercultural Relations*, 30, 99–118.

Leung, K. (2005). [Special issue: Cross-cultural variations in distributive justice perception. *Journal of Cross-Cultural Psychology*], 36, 6–8.

LeVay, S., & Valente, S. M. (2003). *Human sexuality*. Sunderland, MA: Sinauer Associates.

Levenson, R. W., Carstensen, L. L., & Gottman, J. M. (1993). Long-term marriage: Age, gender, and satisfaction. *Psychology and Aging*, 8, 301–313.

Levin, R. J. (2007). Sexual activity, health and well-being—the beneficial roles of coitus and masturbation. *Sexual and Relationship Therapy*, 22, 135–148.

Levine, R. (1994). *Child care and culture*. Cambridge: Cambridge University Press.

Levine, R. (1997a, November). The pace of life in 31 countries. *American Demographics*, 20–29.

Levine, R. (1997b). A *geography of time: The temporal misadventures of a social psychologist, or how every culture keeps time just a little bit differently*. New York: HarperCollins.

Levine, R. V. (1993, February). Is love a luxury? *American Demographics*, 29–37.

Levine, S. C., Huttenlocher, J., Taylor, A., & Langrock, A. (1999). Early sex differences in spatial skill. *Developmental Psychology*, 35, 940–949.

Levinson, D. (1992). *The seasons of a woman's life*. New York: Knopf.

Levinson, D. J. (1986). A conception of adult development. *American Psychologist*, 41, 3–13.

Levy, B. (2009). Stereotype embodiment: A psychosocial approach to aging. *Current Dirctions in Psychological Science*, 18, 332–336.

Levy, B. L., & Langer, E. (1994). Aging free from negative stereotypes: Successful memory in China and among the American deaf. *Journal of Personality and Social Psychology*, 66, 989–997.

Levy, B. R., (2003). Mind matters: Cognitive and physical effects of aging self-stereotypes. *Journal of Gerontology: Series B: Psychological Sciences and Social Sciences*, 58B, P203–P211.

Levy, B. R., Slade, M. D., Kunkel, S. R., & Kasl, S. V. (2004). Longevity increased by positive self-perceptions of aging. *Journal of Personality and Social Psychology*, 83, 261–270.

Levy-Shiff, R. (1994). Individual and contextual correlates of marital change across the transition to parenthood. *Developmental Psychology*, 30, 591–601.

Lewin, T. (2003, October 29). A growing number of video viewers watch from crib. *New York Times*, pp. A1, A22.

Lewin, T. (2005, December 15). See baby touch a screen: But does baby get it? *New York Times*, p. A1.

Lewin, V. (2009). Twinship: A unique sibling relationship. In V. Lewin & B. Sharp (Eds). *Siblings in development: A psychoanalytic view*. London: Karnac Books.

Lewis, B., Legato, M., & Fisch, H. (2006). Medical implications of the male biological clock. *JAMA: The Journal of the American Medical Association*, 296, 2369–2371.

Lewis, C. S. (1958). *The allegory of love: A study in medieval traditions*. New York: Oxford University Press.

Lewis, C. S. (1985). A grief observed. In E. S. Shneidman (Ed.), *Death: Current perspectives* (3rd ed.). Palo Alto, CA: Mayfield.

Lewis, C., & Lamb, M. (2003). Fathers' influences on children's development: The evidence from two-parent families. *European Journal of Psychology of Education*, 18, 211–228.

Lewis, D. M., & Haug, C. A. (2005). Aligning policy and methodology to achieve consistent across-grade performance standards. *Applied Measurements in Education*, 18, 11–34.

Lewis, J., & Elman, J. (2008). Growth-related neural reorganization and the autism phenotype: A test of the hypothesis that altered brain growth leads to altered connectivity. *Developmental Science*, 11, 135–155.

Lewis, M., & Carmody, D. (2008). Self-representation and brain development. *Developmental Psychology*, 44, 1329–1334.

Lewis, M., & Ramsay, D. (2004). Development of self-recognition, personal pronoun use, and pretend play during the 2nd year. *Child Development*, 75, 1821–1831.

Lewis, M., Feiring, C., & Rosenthal, S. (2000). Attachment over time. *Child Development*, 71, 707–720.

Lewis, R., Freneau, P., & Roberts, C. (1979). Fathers and the postparental transition. *Family Coordinator*, 28, 514–520.

Lewis, V. (2009). Undertreatment of menopausal symptoms and novel options for comprehensive management. *Current Medical Research Opinion*, 25, 2689–2698.

Lewkowicz, D. (2002). Heterogeneity and heterochrony in the development of intersensory perception. *Cognitive Brain Research*, 14, 41–63.

Leyens, J. P., Camino, L., Parke, R. D., & Berkowitz, L. (1975). Effects of movie violence on aggression in a field setting as a function of group dominance and cohesion. *Journal of Personality and Social Psychology*, 32, 346–360.

Li, C, DiGiuseppe, R., & Froh, J. (2006, September). The roles of sex, gender, and coping in adolescent depression. *Adolescence*, 41, 409–415.

Li, G. R., & Zhu, X. D. (2007). Development of the functionally total artificial heart using an artery pump. *ASAIO Journal*, 53, 288–291.

Li, J., Laursen, T. M., Precht, D. H., Olsen, J., & Mortensen, P. B. (2005). Hospitalization for mental illness among parents after the death of a child. *New England Journal of Medicine*, 352, 1190–1196.

Li, N. P., Bailey, J. M., Kenrick, D. T., & Linsenmeier, J. A. W. (2002). The necessities and luxuries of mate preferences: Testing the tradeoffs. *Journal of Personality and Social Psychology*, 82, 947–955.

Li, Q. (2006). Cyberbullying in schools: A research of gender differences. *School Psychology International*, 27, 157–170.

Li, Q. (2007). New bottle but old wine: A research of cyberbullying in schools. *Computers in Human Behavior*, 23, 1777–1791.

Li, S. (2003). Biocultural orchestration of developmental plasticity across levels: The interplay of biology and culture in shaping the mind and behavior across the life span. *Psychological Bulletin*, 129, 171–194.

Libby, A., Brent, D., Morrato, E., and Orton, H. (2007). Decline in treatment of pediatric depression after FDA advisory on risk of suicidality with SSRIs. *The American Journal of Psychiatry*, 164, 884–891.

Libby, A., Orton, H., and Valuck, R. (2009). Persisting decline in depression treatment after FDA warnings. *Archives of General Psychiatry*, 66, 633–639.

Libert, S., Zwiener, J., Chu, X., Vanvoorhies, W., Roman, G., & Pletcher, S. D. (2007, February 23). Regulation of Drosophila life span by olfaction and food-derived odors. *Science*, 315, 1133–1137.

Lickliter, R., & Bahrick, L. E. (2000). The development of infant intersensory perception: Advantages of a comparative convergent-operations approach. *Psychological Bulletin*, 126, 260–280.

Lidz, J., & Gleitman, L. R. (2004). Yes, we still need Universal Grammar: Reply. *Cognition*, 94, 85–93.

Light, L. L. (2000). Memory changes in adulthood. In S. H. Qualls & N. Abeles et al. (Eds.), *Psychology and the* aging revolution: How we adapt to longer life (pp. 73–97). Washington, DC: American Psychological Association.

Lillard, L. A., & Waite, L. J. (1995). 'Til death do us part: Marital disruption and mortality. *American Journal of Sociology, 100*, 1131–1156.

Lindau, S., Schumm, L., Laumann, E., Levinson, W., O'Muircheartaigh, C., & Waite, L. (2007). A study of sexuality and health among older adults in the United States. *The New England Journal of Medicine, 357*, 762–775.

Lindsay, G. (2007). Educational psychology and the effectiveness of inclusive education/mainstreaming. *British Journal of Educational Psychology, 77*, 1–24.

Lindsey, B. W., & Tropepe, V. (2006). A comparative framework for understanding the biological principles of adult neurogenesis. *Progressive Neurobiology, 80*, 281–307.

Lindsey, E., & Colwell, M. (2003). Preschoolers' emotional competence: Links to pretend and physical play. *Child Study Journal, 33*, 39–52.

Lindstrom, H., Fritsch, T., Petot, G., Smyth, K., Chen, C., Debanne, S., et al. (2005, July). The relationships between television viewing in midlife and the development of Alzheimer's disease in a case-control study. *Brain and Cognition, 58*, 157–165.

Linebarger, D. L., & Walker, D. (2005). Infants' and toddlers' television viewing and language outcomes, *American Behavioral Scientist, 48*, 624–645.

Linn, M. C. (1997, September 19). Finding patterns in international assessments. *Science, 277*, 1743.

Linn, R. L. (2008). Toward a more effective definition of adequate yearly progress. In:

Lino, Mark & Carlson, Andrea. (2009). *Expenditures on Children by Families, 2008.*

Lipsitt, L. (2003). Crib death: A biobehavioral phenomenon? *Current Directions in Psychological Science, 12*, 164–170.

Lipsitt, L. P. (1986). Toward understanding the hedonic nature of infancy. In L. P. Lipsitt & J. H. Cantor (Eds.), *Experimental child psychologist: Essays and experiments in honor of Charles C. Spiker* (pp. 97–109). Hillsdale, NJ: Lawrence Erlbaum.

Litovsky, R. Y., & Ashmead, D. H. (1997). Development of binaural and spatial hearing in infants and children. In R. H. Gilkey & T. R. Andersen (Eds.), *Binaural and spatial hearing in real and virtual environments* (pp. 571–592). Mahwah, NJ: Lawrence Erlbaum.

Litrownik, A., Newton, R., & Hunter, W. (2003). Exposure to family violence in young at-risk children: A longitudinal look at the effects of victimization and witnessed physical and psychological aggression. *Journal of Family Violence, 18*, 59–73.

Little, T. D., & Lopez, D. F. (1997). Regularities in the development of children's causality beliefs about school performance across six sociocultural contexts. *Developmental Psychology, 33*, 165–175.

Little, T., Miyashita, T., & Karasawa, M. (2003). The links among action-control beliefs, intellectual skill, and school performance in Japanese, US, and German school children. *International Journal of Behavioral Development, 27*, 41–48.

Litzinger, S., & Gordon, K. (2005, October). Exploring relationships among communication, sexual satisfaction, and marital satisfaction. *Journal of Sex & Marital Therapy, 31*, 409–424.

Livingstone, S. (2008). Taking risky opportunities in youthful content creation: teenagers' use social networking sites for intimacy, privacy and self-expression. *New Media and Society, 10*, 393–411.

Lloyd-Jones D., Adams R., Carnethon M., De Simone G., Ferguson T. B., Flegal K., Ford E., Furie K., Go A., Greenlund K., Haase N., Hailpern S., Ho M., Howard V., Kissela B., Kittner S., Lackland D., Lisabeth L., Marelli A., McDermott M., Meigs J. Mozaffarian D., Nichol G., O'Donnell C., Roger V., Rosamond W., Sacco R., Sorlie P., Stafford R., Steinberger J., Thom T., Wasserthiel-Smoller S., Wong N., Wylie-Rosett J., Hong Y.; American Heart Association Statistics Committee and Stroke Statistics Subcommittee. (2009). Heart disease and stroke statistics—2009 update: A report from the American Heart Association Statistics Committee and Stroke Statistics Subcommittee. *Circulation, 119*, e21–181.

Lobel, M., & DeLuca, R. (2007). Psychosocial sequelae of cesarean delivery: Review and analysis of their causes and implications. *Social Science & Medicine, 64*, 2272–2284.

Lobo, R. A., Beliske, S., Creasman, W. T., Frankel, N. R., Goodman, N. F., Hall, J. E., Ivey, S. L., Kingsberg, S., Langer, R., Lehman, R., McArthur, D. B., Montgomery-Rice, V., Notelovitz, M., Packing, G. S., Rebar, R. W., Rousseau, M., Schenken, R. S., Schneider, D. L., Sherif, K., & Wysocki, S. (2006). Should symptomatic menopausal women be offered hormone therapy? *Medscape General Medicine, 8*, 40.

Lock, R. D. (1992). *Taking charge of your career direction* (2nd ed.). Pacific Grove, CA: Brooks/Cole.

Loeb, S., Fuller, B., Kagan, S. L., & Carrol, B. (2004). Child care in poor communities: Early learning effects of type, quality and stability. *Child Development, 75*, 47–65.

Loehlin, J. C., Neiderhiser, J. M., & Reiss, D. (2005). Genetic and environmental components of adolescent adjustment and parental behavior: A multivariate analysis. *Child Development, 76*, 1104–1115.

Loessl, B., Valerius, G., Kopasz, M., Hornyak, M., Riemann, D., & Voderholzer, U. (2008). Are adolescents chronically sleep-deprived? An investigation of sleep habits of adolescents in the southwest of Germany. *Child: Care, Health and Development, 34*, 549–556.

Loewen, S. (2006). Exceptional intellectual performance: A neo-Piagetian perspective. *High Ability Studies, 17*, 159–181.

Loftus, E. F. (2004). Memories of Things Unseen. *Current Directions in Psychological Science, 13*, 145–147.

Loftus, E. F. (2006). Memories of things unseen. *Current Directions in Psychological Science, 13*, 145–147.

Loftus, E. F., & Bernstein, D. M. (2005). Rich false memories: The royal road to success. In A. F. Healy, *Experimental cognitive psychology and its applications.* Washington, DC: American Psychological Association.

Logsdon, R., McCurry, S., Pike, K., & Teri, L. (2009). Making physical activity accessible to older adults with memory loss: A feasibility study. *The Gerontologist, 49* (Suppl. 1), S94–S99.

Lohman, D. (2005). Reasoning abilities. *Cognition and intelligence: Identifying the mechanisms of the mind.* New York: Cambridge University Press.

Lonetto, R. (1980). *Children's conception of death.* New York: Springer.

Long, K, & Long, L. (1983). *Latchkey children.* New York: Penguin.

Lorenz, K. (1957). Companionship in bird life. In C. Scholler (Ed.), *Instinctive behavior.* New York: International Universities Press.

Lorenz, K. (1966). *On aggression.* New York: Harcourt Brace Jovanovich.

Lorenz, K. (1974). *Civilized man's eight deadly sins.* New York: Harcourt Brace Jovanovich.

Lorenz, K. Z. (1965). *Evolution and the modification of behavior.* Chicago: University of Chicago Press.

Losonczy-Marshall, M. (2008). Gender differences in latency and duration of emotional expression in 7- through 13-month-old infants. *Social Behavior and Personality, 36*, 267–274.

Lothian, J. (2005). *The official Lamaze guide: Giving birth with confidence.* Minnetonka, MN: Meadowbrook Press.

Lourenco, O., & Machado, A. (1996). In defense of Piaget's theory: A reply to 10 common criticisms. *Psychological Review, 103*, 143–164.

Love, A. S., Yin, Z., Codina, E., & Zapata, J. T. (2006). Ethnic identity and risky health behaviors in school-age Mexican-American children. *Psychological Reports, 98*, 735–744.

Love, A., & Burns, M. S. (2006). 'It's a hurricane! It's a hurricane!': Can music facilitate social constructive and sociodramatic play in a preschool classroom? *Journal of Genetic Psychology, 167*, 383–391.

Love, J. M., Chazan-Cohen, R., & Raikes, H. (2007). Forty Years of Research Knowledge and Use: From Head Start to Early Head Start and Beyond. In L. J. Aber, et al. (Eds.) *Child development and social policy: Knowledge for action.* Washington, DC: American Psychological Association.

Love, J. M., Harrison, L., Sagi-Schwartz, A., van Ijzendoorn, M. H., Ross, C., Ungerer, J. A., Raikes, H., Brady-Smith, C., Boller, K., Brooks-Gunn, J., Constantine, J., Kisker, E. E., Paulsell, D., & Chazan-Cohen, R. (2003). Child care quality matters: How conclusions may vary with context. *Child Development, 74*, 1021–1033.

Lovrin, M. (2009). Treatment of major depression in adolescents: Weighing the evidence of risk and benefit in light of black box warnings. *Journal of Child and Adolescent Psychiatric Nursing, 22*, 63–68.

Lowe, M. R., & Timko, C. A. (2004). What a difference a diet makes: Towards an understanding of differences between restrained dieters and restrained nondieters. *Eating Behaviors, 5*, 199–208.

Lowrey, G. H. (1986). *Growth and development of children* (8th ed.). Chicago: Year Book Medical Publishers.

Lu, L. (2006). The transition to parenthood: Stress, resources, and gender differences in a Chinese society. *Journal of Community Psychology, 34*, 471–488.

Lu, M. C., Prentice, J., Yu, S. M., Inkelas, M., Lange, L. O., & Halfon, N. (2003). Childbirth education classes: Sociodemographic disparities in attendance with breastfeeding initiation. *Maternal Child Health, 7*, 87–93.

Lu, T., Pan, Y., Lap. S-Y., Li, C., Kohane, I., Chang, J., & Yankner, B. A. (2004, June 9). Gene regulation and DNA damage in the aging human brain. *Nature,* 1038.

Lu, X. (2001). Bicultural identity development and Chinese community formation: An ethnographic study of Chinese schools in Chicago. *Howard Journal of Communications, 12*, 203–220.

Lubinski, D. (2004). Introduction to the special section on cognitive abilities: 100 years after Spearman's (1904) "'General Intelligence,' objectively determined and measured." *Journal of Personality and Social Psychology, 86*, 96–111.

Lubinski, D., & Benbow, C. P. (2001). Choosing excellence. *American Psychologist, 56*, 76–77.

Lubinski, D., & Benbow, C. P. (2006). Study of mathematically precocious youth after 35 years: Uncovering antecedents for the development of math-science expertise. *Perspectives on Psychological Science, 1,* 316–345.

Lucas, R. E. (2005). Time does not heal all wounds: A longitudinal study of reaction and adaptation to divorce. *Psychological Science, 16,* 945–951.

Lucas, S. R., & Berends, M. (2002). Sociodemographic diversity, correlated achievement, and de facto tracking. *Sociology of Education, 75,* 328–349.

Luchsinger, J., and Gustafson, D. (2009). Adiposity, type 2 diabetes, and Alzheimer's disease. *Journal of Alzheimer's Disease, 16,* 693–704.

Luke, B. & Brown, M. B. (2008). Maternal morbidity and infant death in twin vs triplet and quadruplet pregnancies. *American Journal of Obstetrics and Gynecology, 198,* 1–10.

Lundberg, U. (2006, July). Stress, subjective and objective health. *International Journal of Social Welfare, 15,* S41–S48.

Luo, L., & Craik, F. (2008). Aging and memory: A cognitive approach. *The Canadian Journal of Psychiatry / La Revue canadienne de psychiatrie, 53,* 346–353.

Luo, L., & Craik, F. (2009). Age differences in recollection: Specificity effects at retrieval. *Journal of Memory and Language, 60,* 421–436.

Luo, Y., Kaufman, L., & Baillargeon R. (2009). Young infants' reasoning about physical events involving inert and self-propelled objects. *Cognitive Psychology, 58,* 441–486.

Luthar, S. S., Cicchetti, D., & Becker, B. (2000). The construct of resilience: A critical evaluation and guidelines for future work. *Child Development, 71,* 543–562.

Lyall, S. (2004, February 15). In Europe, lovers now propose: Marry me, a little. *New York Times,* p. D2.

Lye, T. C., Piguet, O., Grayson, D. A., Creasey, H., Ridley, L. J., Bennett, H. P., & Broe, G. A. (2004). Hippocampal size and memory function in the ninth and tenth decades of life: The Sydney Older Persons Study. *Journal of Neurology, Neurosurgery, and Psychiatry, 75,* 548–554.

Lynam, D. R. (1996). Early identification of chronic offenders: Who is the fledgling psychopath? *Psychological Bulletin, 120,* 209–234.

Lynch, M. E., Coles, C. D., & Corely, T. (2003). Examining delinquency in adolescents: Risk factors. *Journal of Studies on Alcohol, 64,* 678–686.

Lynn J., Teno, J. M., Phillips, R. S., Wu, A. W., Desbiens, N., Harrold J., Claessens, M. T., Wenger, N., Kreling, B., & Connors, A. F., Jr. (1997). Perceptions by family members of the dying experience of older and seriously ill patients. SUPPORT Investigators. Study to Understand Prognoses and Preferences for Outcomes and Risks of Treatments [see comments]. *Annals of Internal Medicine, 126,* 164–165.

Lynn, R. (2009). What has caused the Flynn effect? Secular increases in the Development Quotients of infants. *Intelligence, 37,* 16–24.

Lynne, S., Graber, J., Nichols, T., Brooks-Gunn, J., & Botvin, G. (2007, February). Links between pubertal timing, peer influences, and externalizing behaviors among urban students followed through middle school. *Journal of Adolescent Health, 40,* 35–44.

Lyon, M. E., Benoit, M., O'Donnell, R. M., Getson, P. R., Silber, T., & Walsh, T. (2000). Assessing African American adolescents' risk for suicide attempts: Attachment theory. *Adolescence, 35,* 121–134.

Lyons, M. J., Bar, J. L., & Kremen, W. S. (2002). Nicotine and familial vulnerability to schizophrenia: A discordant twin study. *Journal of Abnormal Psychology, 111,* 687–693.

Ma, H., Bernstein, L., Pike, M. C., & Ursin, G. (2006). Reproductive factors and breast cancer risk according to joint estrogen and progesterone receptor status: A meta-analysis of epidemiological studies. *Breast Cancer Research, 8,* R43.

Mabbott, D. J., Noseworthy, M., Bouffet, E., Laughlin, S., & Rockel, C. (2006). White matter growth as a mechanism of cognitive development in children. *Neuroimaging, 15,* 936–946.

Maccoby, E. E., & Lewis, C. C. (2003). Less day care or different day care? *Child Development, 74,* 1069–1075.

Maccoby, E. E., & Martin, J. A. (1983). Socialization in the context of the family: Parent–child interaction. In P. H. Mussen (Ed.) & E. M. Hetherington (Vol. Ed.), *Handbook of child psychology: Vol. 4. Socialization, personality, and social development* (4th ed., pp. 1–101). New York: Wiley.

MacDonald, G. (2007, January 25). Montessori looks back—and ahead: As name marks 100 years, movement is taking stock. *USA Today,* p. 9D.

MacDonald, H., Beeghly, M., Grant-Knight, W., Augustyn, M., Woods, R., Cabral, H., et al. (2008). Longitudinal association between infant disorganized attachment and childhood posttraumatic stress symptoms. *Development and Psychopathology, 20,* 493–508.

MacDonald, W. (2003). The impact of job demands and workload stress and fatigue. *Australian Psychologist, 38,* 102–117.

MacDorman, M. F., & Matthews, T. J. (2009). Behind International Rankings of Infant Mortality: How the United States Compares with Europe. *NCHS Data Brief, # 23.*

MacDorman, M. F., Martin, J. A., Mathews, T. J., Hoyert, D. L., & Ventura, S. J. (2005). Explaining the 2001–02 infant mortality increase: Data from the linked birth/infant death data set. *National Vital Statistics Report, 53,* 1–22.

MacDorman, M., Declercq, E., Menacker, F., & Malloy, M. (2008). Neonatal mortality for primary cesarean and vaginal births to low-risk women: Application of an 'intention-to-treat' model. *Birth: Issues in Perinatal Care, 35,* 3–8.

Machaalani, R., & Waters, K. (2008). Neuronal cell death in the Sudden Infant Death Syndrome brainstem and associations with risk factors. *Brain: A Journal of Neurology, 131,* 218–228.

Macionis, J. J. (2001). *Sociology.* Upper Saddle River, NJ: Prentice Hall.

Mackey, M. C., White, U., & Day, R. (1992). Reasons American men become fathers: Men's divulgences, women's perceptions. *Journal of Genetic Psychology, 153,* 435–445.

MacPhee, D., Kreutzer, J. C., & Fritz, J. J. (1994). Infusing a diversity perspective into human development courses. *Child Development, 65,* 699–715.

MacWhinney, B. (1991). Connectionism as a framework for language acquisition. In J. Miller (Ed.), *Research on child language disorders.* Austin, TX: Pro-ed.

Maddi, S. R., (2006). Hardiness: The courage to grow from stresses. *Journal of Positive Psychology, 1,* 160–168.

Maddi, S. R., Harvey, R. H., Khoshaba, D. M., Lu, J. L., Persico, M., & Brow, M. (2006). The personality construct of hardiness, III: Relationships with repression, innovativeness, authoritarianism, and performance. *Journal of Personality, 74,* 575–598.

Maddox, G. L., & Campbell, R. T. (1985). Scope, concepts, and methods in the study of aging. In R. H. Binstock & E. Shanas (Eds.), *Handbook of aging and the social sciences* (2nd ed.). New York: Van Nostrand Reinhold.

Magai, C., & McFadden, S. H. (Eds.). (1996). *Handbook of emotion, adult development, and aging.* New York: Academic Press.

Mahgoub, N., & Lantz, M. (2006, December). When older adults suffer the loss of a child. *Psychiatric Annals, 36,* 877–880.

Makino, M., Hashizume, M., Tsuboi, K., Yasushi, M., & Dennerstein, L. (2006, September). Comparative study of attitudes to eating between male and female students in the People's Republic of China. *Eating and Weight Disorders, 11,* 111–117.

Makishita, H., & Matsunaga, K. (2008). Differences of drivers' reaction times according to age and mental workload. *Accident Analysis & Prevention, 40,* 567–575.

Maller, S. (2003). Best practices in detecting bias in nonverbal tests. In R. McCallum (Ed.), *Handbook of nonverbal assessment.* New York: Kluwer Academic/Plenum Publishers.

Mameli, M. (2007). Reproductive cloning, genetic engineering and the autonomy of the child: The moral agent and the open future. *Journal of Medical Ethics, 33,* 87–93.

Mancini, J. A., & Blieszner, R. (1991). Aging parents and adult children. In A. Booth (Ed.), *Contemporary families.* Minneapolis, MN: National Council on Family Relations.

Mandel, D. R., Jusczyk, P. W., & Pisoni, D. B. (1995). Infants' recognition of the sound patterns of their own names. *Psychological Science, 6,* 314–317.

Mangan, P. A. (1997, November). *Time perception.* Paper presented at the annual meeting of the Society for Neuroscience, New Orleans.

Mangweth, B., Hausmann, A., & Walch, T. (2004). Body fat perception in eating-disordered men. *International Journal of Eating Disorders, 35,* 102–108.

Manlove, J., Franzetta, K., McKinney, K., Romano-Papillo, A., & Terry-Humen, E. (2004). *No time to waste: Programs to reduce teen pregnancy among middle school-aged youth.* Washington, DC: National Campaign to Prevent Teen Pregnancy.

Mann, C. C. (2005, March 18). Provocative study says obesity may reduce U.S. life expectancy. *Science, 307,* 1716–1717.

Manning, M., & Hoyme, H. (2007). Fetal alcohol spectrum disorders: A practical clinical approach to diagnosis. *Neuroscience & Biobehavioral Reviews, 31,* 230–238.

Manning, W., Giordano, P., & Longmore, M. (2006, September). Hooking up: The relationship contexts of "nonrelationship" sex. *Journal of Adolescent Research, 21,* 459–483.

Manstead, A. S. R. (1997). Situations, belongingness, attitudes, and culture: Four lessons learned from social psychology. In C. McGarty & S. A. Haslam et al. (Eds.), *The message of social psychology: Perspectives on mind in society.* Oxford, England: Blackwell Publishers, Inc.

Mao, A., Burnham, M. M., Goodlin-Jones, B. L., Gaylor, E. E., & Anders, T. F. (2004). A comparison of the sleep-wake patterns of cosleeping and solitary-sleeping infants. *Child Psychiatry and Human Development, 35,* 95–105.

Marcia, J. E. (1980). Identity in adolescence. In J. Adelson (Ed.), *Handbook of adolescent psychology.* New York: Wiley.

Marcovitch, S., Zelazo, P., & Schmuckler, M. (2003). The effect of the number of A trials on performance on the A-not-B task. *Infancy, 3,* 519–529.

Marcus, A. D. (2004, February 3). The new math on when to have kids. *Wall Street Journal,* pp. D1, D4.

Marczinski, C., Milliken, B., and Nelson, S. (2003). Aging and repetition effects: Separate specific and nonspecific influences. *Psychology & Aging, 18,* 780–790.

Marin, T., Chen, E., Munch, J., & Miller, G. (2009). Double-exposure to acute stress and chronic family stress is associated with immune changes in children with asthma. *Psychosomatic Medicine, 71,* 378–384.

Marschark, M., Spencer, P. E., & Newsom, C. A. (Eds.). (2003). *Oxford handbook of deaf students, language, and education.* London: Oxford University Press.

Marschik, P., Einspieler, C., Strohmeier, A., Plienegger, J., Garzarolli, B., & Prechtl, H. (2008). From the reaching behavior at 5 months of age to hand preference at preschool age. *Developmental Psychobiology, 50,* 512–518.

Marsh, H. W., & Ayotte, V. (2003). Do multiple dimensions of self-concept become more differentiated with age? The differential distinctiveness hypothesis. *International Review of Education, 49,* 463.

Marsh, H. W., & Hau, K. T. (2003). Big-fish-little-pond effect on academic self-concept. *American Psychologist, 58,* 364–376.

Marsh, H., Ellis, L., & Craven, R. (2002). How do preschool children feel about themselves? Unraveling measurement and multidimensional self-concept structure. *Developmental Psychology, 38,* 376–393.

Marsh, H., Seaton, M., Trautwein, U., Lüdtke, O., Hau, K., O'Mara, A., et al. (2008). The big-fish-little-pond-effect stands up to critical scrutiny: Implications for theory, methodology, and future research. *Educational Psychology Review, 20,* 319–350.

Marshall, E. (2000, November 17). Planned Ritalin trial for tots heads into uncharted waters. *Science, 290,* 1280–1282.

Marshall, N. L. (2004). The quality of early child care and children's development. *Current Directions in Psychological Science, 13,* 165–168.

Martikainen, P., & Valkonen, T. (1996). Mortality after the death of a spouse: Rates and causes of death in a large Finnish cohort. *American Journal of Public Health, 86,* 1087–1093.

Martin, C. L., & Ruble, D. (2004). Children's search for gender cues: Cognitive perspectives on gender development. *Current Directions in Psychological Science, 13,* 67–70.

Martin, C. L., Ruble, D. N., & Szkrybalo, J. (2002). Cognitive theories of early gender development. *Psychological Bulletin, 128,* 903–933.

Martin, C., & Fabes, R. (2001). The stability and consequences of young children's same-sex peer interactions. *Developmental Psychology, 37,* 431–446.

Martin, J. A., Hamilton, B. E., Sutton, P. D., Ventura, S. J., Menacker, F., & Munson, M. L. (2005). Births: Final data for 2003. *National Vital Statistics Reports, 54,* Table J, p. 21.

Martin, J., McNamara, M., Milot, A., Halle, T., & Hair, E. (2007). The effects of father involvement during pregnancy on receipt of prenatal care and maternal smoking. *Maternal and Child Health Journal, 11,* 595–602.

Martin, P., Martin, D., & Martin, M. (2001). Adolescent premarital sexual activity, cohabitation, and attitudes toward marriage. *Adolescence, 36,* 601–609.

Martin, S., Li, Y., Casanueva, C., Harris-Britt, A., Kupper, L., & Cloutier, S. (2006). Intimate partner violence and women's depression before and during pregnancy. *Violence Against Women, 12,* 221–239.

Martineau, J., Cochin, S., Magne, R., & Barthelemy, C. (2008). Impaired cortical activation in autistic children: Is the mirror neuron system involved? *International Journal of Psychophysiology, 68,* 35–40.

Martinez-Torteya, C., Bogat, G., von Eye, A., & Levendosky, A. (2009). Resilience among children exposed to domestic violence: The role of risk and protective factors. *Child Development, 80,* 562–577.

Masataka, N. (1996). Perception of motherese in a signed language by 6-month-old deaf infants. *Developmental Psychology, 32,* 874–879.

Masataka, N. (1998). Perception of motherese in Japanese sign language by 6-month-old hearing infants. *Developmental Psychology, 34,* 241–246.

Masataka, N. (2000). The role of modality and input in the earliest stage of language acquisition: Studies of Japanese sign language. In C. Chamerlain & J. P. Morford (Eds.), *Language acquisition by eye.* Mahwah, NJ: Lawrence Erlbaum.

Masataka, N. (2003). *The Onset of Language.* Cambridge, England: Cambridge University Press.

Masataka, N. (2006). Preference for consonance over dissonance by hearing newborns of deaf parents and of hearing parents. *Developmental Science, 9,* 46–50.

Masling, J. M., & Bornstein, R. F. (Eds.). (1996). *Psychoanalytic perspectives on developmental psychology.* Washington, DC: American Psychological Association.

Maslow, A. H. (1970). *Motivation and personality* (2nd ed.). New York: Harper & Row.

Massaro, A., Rothbaum, R., & Aly, H. (2006). Fetal brain development: The role of maternal nutrition, exposures and behaviors. *Journal of Pediatric Neurology, 4,* 1–9.

Master, S., Amodio, D., Stanton, A., Yee, C., Hilmert, C., & Taylor, S. (2009). Neurobiological correlates of coping through emotional approach. *Brain, Behavior, and Immunity, 23,* 27–35.

Masters, W. H., Johnson, V., & Kolodny, R. C. (1982). *Human sexuality.* Boston: Little, Brown.

Mathews, G., Fane, B., Conway, G., Brook, C., & Hines, M. (2009). Personality and congenital adrenal hyperplasia: Possible effects of prenatal androgen exposure. *Hormones and Behavior, 55,* 285–291.

Matlin, M. (2003). From menarche to menopause: Misconceptions about women's reproductive lives. *Psychology Science, 45,* 106–122.

Maton, K. I., Schellenbach, C. J., Leadbeater, B. J., & Solarz, A. L. (Eds.). (2004). *Investing in children, youth, families and communities.* Washington, DC: American Psychological Association.

Matson, J., & LoVullo, S. (2008). A review of behavioral treatments for self-injurious behaviors of persons with autism spectrum disorders. *Behavior Modification, 32,* 61–76.

Matsumoto, A. (1999). *Sexual differentiation of the brain.* Boca Raton, FL: CRC Press.

Matsumoto, D., & Yoo, S. H. (2006). Toward a new generation of cross-cultural research. *Perspectives on Psychological Science, 1,* 234–250.

Mattes, E., McCarthy, S., Gong, G., van Eekelen, J., Dunstan, J., Foster, J., et al. (2009). Maternal mood scores in mid-pregnancy are related to aspects of neonatal immune function. *Brain, Behavior, and Immunity, 23,* 380–388.

Matthews, K. A., Wing, R. R., Kuller, L. H., Meilahn, E. N., & Owens, J. F. (2000). Menopause as a turning point in midlife. In S. B. Manuck, & R. Jennings et al. (Eds.), *Behavior, health, and aging.* Mahwah, NJ: Lawrence Erlbaum.

Mattson, M. (2003). Will caloric restriction and folate protect against AD and PD? *Neurology, 60,* 690–695.

Mattson, S., Calarco, K., & Lang, A. (2006). Focused and shifting attention in children with heavy prenatal alcohol exposure. *Neuropsychology, 20,* 361–369.

Mauritzson, U., & Saeljoe, R. (2001). Adult questions and children's responses: Coordination of perspectives in studies of children's theories of other minds. *Scandinavian Journal of Educational Research, 45,* 213–231.

Mayer, J. D., Salovey, P., & Caruso, D. R. (2000). Emotional intelligence as zeitgeist, as personality, and as a mental ability. In R. Bar-On, & J. D. A. Parker (Eds.), *The handbook of emotional intelligence: Theory, development, assessment, and application at home, school, and in the workplace.* San Francisco, CA: Jossey-Bass.

Mayer, J. D., Salovey, P., & Caruso, D. R. (2004). Emotional intelligence: Theory, findings, and implications. *Psychological Inquiry, 15,* 197–215.

Mayes, L., Snyder, P., Langlois, E., & Hunter, N. (2007). Visuospatial working memory in school-aged children exposed in utero to cocaine. *Child Neuropsychology, 13,* 205–218.

Mayes, R., & Rafalovich, A. (2007). Suffer the restless children: The evolution of ADHD and paediatric stimulant use, 1900–80. *History of Psychiatry, 18,* 435–457.

Mayseless, O. (1996). Attachment patterns and their outcomes. *Human Development, 39,* 206–223.

Mazoyer, B., Houdé, O., Joliot, M., Mellet, E., & Tzourio-Mazoyer, N. (2009). Regional cerebral blood flow increases during wakeful rest following cognitive training. *Brain Research Bulletin, 80,* 133–138. http://search.ebscohost.com, doi:10.1016/j.brainresbull.2009.06.021

McAlister, A., & Peterson, C. (2006, November). Mental playmates: Siblings, executive functioning and theory of mind. *British Journal of Developmental Psychology, 24,* 733–751.

McArdle, E. F. (2002). New York's Do-Not-Resuscitate law: Groundbreaking protection of patient autonomy or a physician's right to make medical futility determinations? *DePaul Journal of Health Care Law, 8,* 55–82.

McCabe, M. P., & Ricciardelli, L. A. (2006). A Prospective study of extreme weight change behaviors among adolescent boys and girls. *Journal of Youth and Adolescence, 35,* 425–434.

McCall, R. B. (1979). *Infants.* Cambridge, MA: Harvard University Press.

McCardle, P., Hoff, E. (Eds.). (2006). *Childhood bilingualism: Research on infancy through school age;* Clevedon, Avon, UK: Multilingual Matters.

McCauley, K. M. (2007). Modifying women's risk for cardiovascular disease. *Journal of Obstetric and Gynecological Neonatal Nursing, 36,* 116–124.

McClelland, D. C. (1993). Intelligence is not the best predictor of job performance. *Current Directions in Psychological Research, 2,* 5–8.

McCowan, L. M. E., Dekker, G. A., Chan, E., Stewart, A., Chappell, L. C., Hunger, M., Moss-Morris, R., & North, R. A. (2009). Spontaneous preterm birth and small for gestational age infants in women who stop smoking early in pregnancy: Prospective cohort study. *BMJ: British Medical Journal, 338*(7710), Jun 27, 2009.

McCrae, R. R., & Costa, P. T., Jr. (1990). *Personality in adulthood.* New York: Guilford Press.

McCrae, R. R., Costa, P. T., Jr., Ostendorf, F., Angleitner, A., Hebíková, M., Avia, M. D., Sanz, J., Sánchez-Bernardos, M. L., Kusdil, M. E., Woodfield, R., Saunders, P. R., & Smith, P. B. (2000). Nature over nurture: Temperament, personality, and life span development. *Journal of Personality and Social Psychology, 78,* 173–186.

McCrae, R., & Costa, P. (2003). *Personality in adulthood: A five-factor theory perspective* (2nd ed.). New York: Guilford Press.

McCrink, K., & Wynn, K. (2004). Large-number addition and subtraction by 9-month-old infants. *Psychological Science, 15*, 776–782.

McCrink, K., & Wynn, K. (2009). Operational momentum in large-number addition and subtraction by 9-month-olds. *Journal of Experimental Child Psychology, 103*, 400–408.

McCullough, M. E., Tsang, J., & Brion, S. (2003). Personality traits in adolescence as predictors of religiousness in early maturity: Findings from the Terman longitudinal study. *Personality & Social Psychology Bulletin, 29*, 980–991.

McCutcheon-Rosegg, S., Ingraham, E., & Bradley, R. A. (1996). *Natural childbirth the Bradley way: Revised edition.* New York: Plume Books.

McDaniel, A., & Coleman, M. (2003). Women's experiences of midlife divorce following long-term marriage. *Journal of Divorce & Remarriage, 38*, 103–128.

McDonald, K. A. (1999, June 25). Studies of women's health produce a wealth of knowledge on the biology of gender differences. *The Chronicle of Higher Education*, pp. A19, A22.

McDonald, L., & Stuart-Hamilton, I. (2003). Egocentrism in older adults: Piaget's three mountains task revisited. *Educational Gerontology, 29*, 417–425.

McDonnell, L. M. (2004). *Politics, persuasion, and educational testing.* Cambridge, MA: Harvard University Press.

McDonough, L. (2002). Basic-level nouns: First learned but misunderstood. *Journal of Child Language, 29*, 357–377.

McDowell, M., Brody, D., & Hughes, J. (2007). Has Age at Menarche Changed? Results from the National Health and Nutrition Examination Survey (NHANES) 1999–2004. *Journal of Adolescent Health, 40*, 227–231.

McElhaney, K., Antonishak, J., & Allen, J. (2008). "They like me, they like me not": Popularity and adolescents' perceptions of acceptance predicting social functioning over time. *Child Development, 79*, 720–731.

McElwain, N., & Booth-LaForce, C. (2006, June). Maternal sensitivity to infant distress and nondistress as predictors of infant–mother attachment security. *Journal of Family Psychology, 20*, 247–255.

McGinn, D. (2002, November 11). Guilt free TV. *Newsweek*, pp. 53–59.

McGlone, M., & Aronson, J. (2006, September). Stereotype threat, identity salience, and spatial reasoning. *Journal of Applied Developmental Psychology, 27*, 486–493.

McGlone, M., & Aronson, J. (2007). Forewarning and forearming stereotype-threatened students. *Communication Education, 56*, 119–133.

McGlothlin, H., Killen, M. (2005). Children's perceptions of intergroup and intragroup similarity and the role of social experience. *Journal of Applied Developmental Psychology, 26*, 680–698.

McGough, R. (2003, May 20). MRIs take a look at reading minds. *The Wall Street Journal*, p. D8.

McGreal, D., Evans, B. J., & Burrows, G. D. (1997). Gender differences in coping following loss of a child through miscarriage or stillbirth: A pilot study. *Stress Medicine, 13*, 159–165.

McGrew, K. S. (2005). The Cattell-Horn-Carroll theory of cognitive abilities: Past, present, and future. In D. P. Flanagan & P. L. Harrison (Eds.), *Contemporary intellectual assessment: Theories, tests, and issues.* New York: Guilford Press.

McGue, M., Bouchard, T. J., Jr., Iacono, W., & Lykken, D. T. (1993). Behavioral genetics of cognitive ability: A life-span perspective. In R. Plornin & G. E. McClearn (Eds.), *Nature, nurture, and psychology.* Washington, DC: American Psychological Association.

McGuinness, D. (1972). Hearing: Individual differences in perceiving. *Perception, 1*, 465–473.

McHale, J. P., & Rotman, T. (2007). Is seeing believing? Expectant parents' outlooks on coparenting and later coparenting solidarity. *Infant Behavior & Development, 30*, 63–81.

McHale, S. M., Kim, J-Y., & Whiteman, S. D. (2006). Sibling relationships in childhood and adolescence. In P. Noller & J. A. Feeney (Eds.), *Close relationships: Functions, forms and processes.* Hove, England: Psychology Press/Taylor & Francis.

McHale, S., Dariotis, J., & Kauh, T. (2003). Social development and social relationships in middle childhood. In R. Lerner & M. Easterbrooks (Eds.), *Handbook of psychology: Developmental psychology* (Vol. 6). New York: Wiley.

McKee, K., Wilson, F., Chung, M., Hinchliff, S., Goudie, F., Elford, H., et al. (2005, November). Reminiscence, regrets and activity in older people in residential care: Associations with psychological health. *British Journal of Clinical Psychology, 44*, 543–561.

McKenzie, R. B. (1997). Orphanage alumni: How they have done and how they evaluate their experience. *Child & Youth Care Forum, 26*, 87–111.

McKown, C., & Weinstein, R. (2008). Teacher expectations, classroom context, and the achievement gap. *Journal of School Psychology, 46*, 235–261.

McLachlan, H. (2008). The ethics of killing and letting die: Active and passive euthanasia. *Journal of Medical Ethics, 34*, 636–638.

McLean, K., & Breen, A. (2009). Processes and content of narrative identity development in adolescence: Gender and well-being. *Developmental Psychology, 45*, 702–710.

McLoyd, V. C., Cauce, A. M., Takeuchi, D., & Wilson, L. (2000). Marital processes and parental socialization in families of color: A decade review of research. *Journal of Marriage and Family, 62*, 1070–1093.

McMurray, B., Aslin, R. N., & Toscano, J. C. (2009). Statistical learning of phonetic categories: Insights from a computational approach. *Developmental Science, 12*, 369–378.

McNulty, J. K., & Karney, B. R. (2004). Positive expectations in the early years of marriage: Should couples expect the best or brace for the worst? *Journal of Personality and Social Psychology, 86*, 729–743.

McVittie, C., McKinlay, A., & Widdicombe, S. (2003). Committed to (un)equal opportunities? "New ageism" and the older worker. *British Journal of Social Psychology, 42*, 595–612.

McWhirter, D. P., Sanders, S., & Reinisch, J. M. (1990). *Homosexuality, heterosexuality: Concepts of sexual orientation.* New York: Oxford University Press.

McWhirter, L., Young, V., & Majury, Y. (1983). Belfast children's awareness of violent death. *British Journal of Psychology, 22*, 81–92.

Mead, M. (1942). *Environment and education, a symposium held in connection with the fiftieth anniversary celebration of the University of Chicago.* Chicago: University of Chicago.

Meade, C., Kershaw, T., & Ickovics, J. (2008). The intergenerational cycle of teenage motherhood: An ecological approach. *Health Psychology, 27*, 419–429.

Meadows, B. (2005, March 14). The Web: The bully's new playground. *People*, pp. 152–155.

Mealey, L. (2000). *Sex differences: Developmental and evolutionary strategies.* Orlando, FL: Academic Press.

Medeiros, R., Prediger, R. D., Passos, G. F., Pandolfo, P., Duarte, F. S., Franco, J. L., Dafre, A. L., Di Giunta, G., Figueiredo, C. P., Takahashi, R. N., Campos, M. M., & Calixto, J. B. (2007). Connecting TNF-alpha signaling pathways to iNOS expression in a mouse model of Alzheimer's disease: Relevance for the behavioral and synaptic deficits induced by amyloid beta protein. *Journal of Neuroscience, 16*, 5394–5404.

Medina, A., Lederhos, C., & Lillis, T. (2009). Sleep disruption and decline in marital satisfaction across the transition to parenthood. *Families, Systems, & Health, 27*, 153–160.

Medina, J. J. (1996). *The clock of ages: Why we age—How we age—Winding back the clock.* New York: Cambridge University Press.

Mednick, S. A. (1963). Research creativity in psychology graduate students. *Journal of Consulting Psychology, 27*, 265–266.

Meece, J. L., & Kurtz-Costes, B. (2001). Introduction: The schooling of ethnic minority children and youth. *Educational Psychologist, 36*, 1–7.

Meeks, T., & Jeste, D. (2009). Neurobiology of wisdom: A literature overview. *Archives of General Psychiatry, 66*, 355–365.

Meeus, W. (2003). Parental and peer support, identity development and psychological well-being in adolescence. *Psychology: The Journal of the Hellenic Psychological Society, 10*, 192–201.

Mehta, C. M., & Strough, J. (2009). Sex segregation in friendships and normative contexts across the life span. *Developmental Review, 29*, 201–220.

Meijer, A. M., & van den Wittenboer, G. L. H. (2007). Contribution of infants' sleep and crying to marital relationship of first-time parent couples in the first year after childbirth. *Journal of Family Psychology, 21*, 49–57.

Meisinger, E., Blake, J., Lease, A., Palardy, G., & Olejnik, S. (2007). Variant and invariant predictors of perceived popularity across majority-Black and majority-White classrooms. *Journal of School Psychology, 45*, 21–44.

Meister, H., & von Wedel, H. (2003). Demands on hearing aid features—special signal processing for elderly users? *International Journal of Audiology, 42*, 2S58–2S62.

Meltzoff, A. (2002). Elements of a developmental theory of imitation. In A. Meltzoff & W. Prinz (Eds.), *The imitative mind: Development, evolution, and brain bases* (pp. 19–41). New York: Cambridge University Press.

Meltzoff, A. N. (1981). Imitation, intermodal coordination and representation in early infancy. In G. Butterworth (Ed.), *Infancy and epistemology.* Brighton, UK: Harvester Press.

Meltzoff, A. N., & Moore, M. K. (1977). Imitation of facial and manual gestures by human neonates. *Science, 198*, 75–78.

Meltzoff, A. N., & Moore, M. K. (1989). Imitation in newborn infants: Exploring the range of gestures imitated and the underlying mechanisms. *Developmental Psychology, 25* (6), 954–962.

Meltzoff, A. N., & Moore, M. K. (1994). Imitation, memory, and the representation of persons. *Infant Behavior and Development, 17*, 83–99.

Meltzoff, A. N., & Moore, M. K. (1999). Persons and representation: Why infant imitation is important for theories of human development. In J. Nadel & G. Butterworth et al. (Eds.), *Imitation in infancy. Cambridge studies in cognitive perceptual development.* New York: Cambridge University Press.

Meltzoff, A., & Moore, M. (2002). Imitation, memory, and the representation of persons. *Infant Behavior & Development, 25*, 39–61.

Melzer, D., Hurst, A., & Frayling, T. (2007). Genetic variation and human aging: Progress and prospects. *The Journals of Gerontology: Series A: Biological Sciences and Medical Sciences, 62*, 301–307. http://search.ebscohost.com

Mendle, J., Turkheimer, E., Emery, R. E. (2007). Detrimental psychological outcomes associated with early pubertal timing in adolescent girls. *Developmental Review, 27*, 151–171.

Mendoza, C. (2006, September). Inside today's classrooms: Teacher voices on No Child Left Behind and the education of gifted children. *Roeper Review, 29*, 28–31.

Menzel, J. (2008). Depression in the elderly after traumatic brain injury: A systematic review. *Brain Injury, 22*, 375–380.

Mercado, E. (2009). Cognitive plasticity and cortical modules. *Current Directions in Psychological Science, 18*, 153–158.

Mercer, J. R. (1973). *Labeling the mentally retarded.* Berkeley: University of California Press.

Merrill, D. M. (1997). *Caring for elderly parents: Juggling work, family, and caregiving in middle and working class families.* Wesport, CT: Auburn House/Greenwood Publishing Group.

Meritesacker, B., Bade, U., & Haverkock, A. (2004). Predicting maternal reactivity/sensitivity: The role of infant emotionality, maternal depressiveness/anxiety, and social support. *Infant Mental Health Journal, 25*, 47–61.

Merlo, L., Bowman, M., & Barnett, D. (2007). Parental nurturance promotes reading acquisition in low socioeconomic status children. *Early Education and Development, 18*, 51–69.

Mervis, J. (2004, June 11). Meager evaluations make it hard to find out what works. *Science, 304*, 1583.

Messer, S. B., & McWilliams, N. (2003). The impact of Sigmund Freud and *The Interpretation of Dreams.* In R. J. Sternberg (Ed.), *The anatomy of impact: What makes the great works of psychology great* (pp. 71–88). Washington, DC: American Psychological Association.

MetLife Mature Market Institute. (2009). *The MetLife Market Survey of Nursing Home & Home Care Costs 2008.* Westport, CT: MetLife Mature Market Institute.

Meyers, R. H. (2004). Huntington's disease genetics. *NeuroRx, 2*, 255–262.

Mezuk, B., Prescott, M., Tardiff, K., Vlahov, D., & Galea, S. (2008). Suicide in older adults in long-term care: 1990 to 2005. *Journal of the American Geriatrics Society, 56*, 2107–2111.

Miao, X., & Wang, W. (2003). A century of Chinese developmental psychology. *International Journal of Psychology, 38*, 258–273.

Michael, R. T., Gagnon, J. H., Laumann, E. O., & Kolata, G. (1994). *Sex in America: A definitive survey.* Boston: Little, Brown.

Michaels, M. (2006). Factors that contribute to stepfamily success: A qualitative analysis. *Journal of Divorce & Remarriage, 44*, 53–66.

Miesnik, S., & Reale, B. (2007). A review of issues surrounding medically elective cesarean delivery. *Journal of Obstetric, Gynecologic, & Neonatal Nursing: Clinical Scholarship for the Care of Women, Childbearing Families, & Newborns, 36*, 605–615.

Mikulincer, M., & Shaver, P. (2009). An attachment and behavioral systems perspective on social support. *Journal of Social and Personal Relationships, 26*, 7–19.

Mikulincer, M., & Shaver, P. R. (2005). Attachment security, compassion, and altruism. *Current Directions in Psychological Science, 14*, 34–38.

Mikulincer, M., & Shaver, P. R. (2007). *Attachment in adulthood: Structure, dynamics, and change.* New York: Guilford Press.

Miles, R., Cowan, F., Glover, V., Stevenson, J., & Modi, N. (2006). A controlled trial of skin-to-skin contact in extremely preterm infants. *Early Human Development, 2* (7), 447–455.

Milevsky, A., Schlechter, M., Netter, S., & Keehn, D. (2007). Maternal and paternal parenting styles in adolescents: Associations with self-esteem, depression and life-satisfaction. *Journal of Child and Family Studies, 16*, 39–47.

Miller, E. M. (1998). Evidence from opposite-sex twins for the effects of prenatal sex hormones. In L. Ellis & L. Ebertz (Eds.), *Males, females, and behavior: Toward biological understanding.* Westport, CT: Praeger Publishers/Greenwood Publishing Group.

Miller, G., & Cohen, S. (2001). Psychological interventions and the immune system: A meta-analytic review and critique. *Health Psychology, 20*, 47–63.

Miller, J. L., & Eimas, P. D. (1995). Speech perception: From signal to word. *Annual Review of Psychology, 46*, 467–492.

Miller, L., Bishop, J., Fischer, J., Geller, S., & Macmillan, C. (2008). Balancing risks: Dosing strategies for antidepressants near the end of pregnancy. *Journal of Clinical Psychiatry, 69*, 323–324.

Miller, P. H., & Seier, W. L. (1994). *Strategy utilization deficiencies in children: When, where, and why.* San Diego, CA: Academic Press.

Miller-Perrin, C. L., & Perrin, R. D. (1999). *Child maltreatment: An introduction.* Thousand Oaks, CA: Sage Publications.

Mimura, K., Kimoto, T., & Okada, M. (2003). Synapse efficiency diverges due to synaptic pruning following overgrowth. *Physical Review E: Statistical, Nonlinear, and Soft Matter Physics, 68*, 124–131.

Minaker, K. L., & Frishman, R. (1995, October). Love gone wrong. *Harvard Health Letter*, pp. 9–12.

Mishna, F., Saini, M., & Solomon, S. (2009). Ongoing and online: Children and youth's perceptions of cyber bullying. *Children and Youth Services Review, 31*, 1222–1228.

Mishra, R. C. (1997). Cognition and cognitive development. In J. W. Berry, P. R. Dasen, & T. S. Saraswathi (Eds.), *Handbook of cross-cultural psychology, Vol. 2: Basic processes and human development* (2nd ed., pp. 143–175). Boston, MA: Allyn & Bacon.

Misri, S. (2007). Suffering in silence: The burden of perinatal depression. *The Canadian Journal of Psychiatry / La Revue canadienne de psychiatrie, 52*, 477–478.

Mistry, J., & Saraswathi, T. (2003). The cultural context of child development. In R. Lerner & M. Easterbrooks (Eds.), *Handbook of psychology: Developmental psychology*, Vol. 6 (pp. 267–291). New York: Wiley.

Mitchell, B. A. (2006). *The boomerang age: Transitions to adulthood in families.* New Brunswick, NJ: AldineTransaction.

Mitchell, B., Carleton, B., Smith, A., Prosser, R., Brownell, M., & Kozyrskyj, A. (2008). Trends in psychostimulant and antidepressant use by children in 2 Canadian provinces. *The Canadian Journal of Psychiatry / La Revue canadienne de psychiatrie, 53*, 152–159.

Mitchell, E. (2009). What is the mechanism of SIDS? Clues from epidemiology. *Developmental Psychobiology, 51*, 215–222.

Mitchell, K., Wolak, J., & Finkelhor, D. (2007, February). Trends in youth reports of sexual solicitations, harassment and unwanted exposure to pornography on the Internet. *Journal of Adolescent Health, 40*, 116–126.

Mitchell, S. (2002). *American generations: Who they are, how they live, what they think.* Ithaca, NY: New Strategists Publications.

Mittal, V., Ellman, L., & Cannon, T. (2008). Gene-environment interaction and covariation in schizophrenia: The role of obstetric complications. *Schizophrenia Bulletin, 34*, 1083–1094. http://search.ebscohost.com, doi:10.1093/schbul/sbn080

Mittendorf, R., Williams, M. A., Berkey, C. S., & Cotter, R. F. (1990). The length of uncomplicated human gestation. *Obstetrics and Gynecology, 75*, 73–78.

Mizuno, K., & Ueda, A. (2004). Antenatal olfactory learning influences infant feeding. *Early Human Development, 76*, 83–90.

MMWR. (2008, August 1). Trends in HIV- and STD-Related risk behaviors among high school students—United States, 1991–2007. *Morbidity and Mortality Weekly Report, 57*, 817–822.

Modern Language Association (2005). Language map. www.mla.org/census_map.2005.

Mohajeri, M., & Leuba, G. (2009). Prevention of age-associated dementia. *Brain Research Bulletin, 80*, 315–325.

Mohler, M. (2009). So much homework, so little time. *Parents Website.* http://www.parents.com/teens-tweens/school-college/school-college/so-much-homework-so-little-time/. Downloaded November 23, 2009.

Moldin, S. O., & Gottesman, I. I. (1997). Genes, experience, and chance in schizophrenia—positioning for the 21st century. *Schizophrenia Bulletin, 23*, 547–561.

Molfese, V. J., & Acheson, S. (1997). Infant and preschool mental and verbal abilities: How are infant scores related to preschool scores? *International Journal of Behavioral Development, 20*, 595–607.

Molina, J. C., Spear, N. E., Spear, L. P., Mennella, J. A., & Lewis, M. J. (2007). The International society for developmental psychobiology 39th annual meeting symposium: Alcohol and development: beyond fetal alcohol syndrome. *Developmental Psychobiology, 49*, 227–242.

Monahan, K., Steinberg, L., & Cauffman, E. (2009). Affiliation with antisocial peers, susceptibility to peer influence, and antisocial behavior during the transition to adulthood. *Developmental Psychology, 45*, 1520–1530.

Monastra, V. (2008). The etiology of ADHD: A neurological perspective. *Unlocking the potential of patients with ADHD: A model for clinical practice.* Washington, DC: American Psychological Association.

Montague, D., & Walker-Andrews, A. (2002). Mothers, fathers, and infants: The role of person familiarity and parental involvement in infants' perception of emotion expressions. *Child Development, 73*, 1339–1352.

Montgomery-Downs, H., & Thomas, E. B. (1998). Biological and behavioral correlates of quiet sleep respiration rates in infants. *Physiology and Behavior, 64*, 637–643.

Monthly Labor Review. (2009, November). Employment outlook: 2008–2018: Labor force projections to 2018: Older workers staying more active. *Monthly Labor Review.* Washington, DC: U.S. Department of Labor.

Moon, C. (2002). Learning in early infancy. *Advances in Neonatal Care, 2*, 81–83.

Mooney, C. (2009, June). Vaccination nation. *Discover*, p. 58.

Moore, K. L. (1974). *Before we are born: Basic embryology and birth defects*. Philadelphia: Saunders.

Moore, K. L., & Persaud, T. V. N. (2003). *Before we were born* (6th ed.). Philadelphia: Saunders.

Moore, L., Gao, D., & Bradlee, M. (2003). Does early physical activity predict body fat change throughout childhood? *Preventive Medicine: An International Journal Devoted to Practice & Theory, 37*, 10–17.

Morales, J. R., & Guerra, N. F. (2006). Effects of multiple context and cumulative stress on urban children's adjustment in elementary school. *Child Development, 77*, 907–923.

Morelli, G. A., Rogoff, B., Oppenheim, D., & Goldsmith, D. (1992). Cultural variation in infants' sleeping arrangements: Questions of independence [Special section: Cross-cultural studies of development]. *Developmental Psychology, 28*, 604–613.

Morfei, M. Z., Hooker, K., Carpenter, J., Blakeley, E. & Mix, C. (2004). Agentic and communal generative behavior in four areas of adult life: Implications for psychological well-being. *Journal of Adult Development, 11*, 55–58.

Morice, A. (1998, February 27–28). Future moms, please note: Benefits vary. *Wall Street Journal*, p. 15.

Morita, J., Miwa, K., Kitasaka, T., Mori, K., Suenaga, Y., Iwano, S., et al. (2008). Interactions of perceptual and conceptual processing: Expertise in medical image diagnosis. *International Journal of Human-Computer Studies, 66*, 370–390.

Morris, L. B. (March 21, 2001). For elderly, relief for emotional ills can be elusive. *New York Times*, p. A6.

Morris, P., & Fritz, C. (2006, October). How to improve your memory. *The Psychologist, 19*, 608–611.

Morrongiello, B., & Hogg, K. (2004). Mothers' reactions to children misbehaving in ways that can lead to injury: Implications for gender differences in children's risk taking and injuries. *Sex Roles, 50*, 103–118.

Morrongiello, B., Corbett, M., & Bellissimo, A. (2008). 'Do as I say, not as I do': Family influences on children's safety and risk behaviors. *Health Psychology, 27*, 498–503.

Morrongiello, B., Corbett, M., McCourt, M., & Johnston, N. (2006, July). Understanding unintentional injury-risk in young children I. The nature and scope of caregiver supervision of children at home. *Journal of Pediatric Psychology, 31*, 529–539.

Morrongiello, B., Klemencic, N., & Corbett, M. (2008). Interactions between child behavior patterns and parent supervision: Implications for children's risk of unintentional injury. *Child Development, 79*, 627–638.

Morrongiello, B., Zdzieborski, D., Sandomierski, M., & Lasenby-Lessard, J. (2009). Video messaging: What works to persuade mothers to supervise young children more closely in order to reduce injury risk? *Social Science & Medicine, 68*, 1030–1037.

Morry, M. (2007, February). The attraction-similarity hypothesis among cross-sex friends: Relationship satisfaction, perceived similarities, and self-serving perceptions. *Journal of Social and Personal Relationships, 24*, 117–138.

Motschnig, R., & Nykl, L. (2003). Toward a cognitive-emotional model of Rogers's person-centered approach. *Journal of Humanistic Psychology, 43*, 8–45.

Mottl-Santiago, J., Walker, C., Ewan, J., Vragovic, O., Winder, K., & Stubblefield, P. (2008). A hospital-based doula program and childbirth outcomes in an urban, multicultural setting. *Maternal and Child Health Journal, 12*, 372–377.

Moyad, M. A. (2004). Preventing male osteoporosis: Prevalence, risks, diagnosis and imaging tests. *Urological Clinics of North America, 31*, 321–330.

Moyer, M. S. (1992). Sibling relationships among older adults. *Generations, 16*, 55–58.

Moyle, J., Fox, A., Arthur, M., Bynevelt, M., & Burnett, J. (2007). Meta-analysis of neuropsychological symptoms of adolescents and adults with PKU. *Neuropsychology Review, 17*, 91–101. http://search.ebscohost.com, doi:10.1007/s11065-007-9021-2

Mueller, E., & Vandell, D. (1979). Infant–infant interactions. In J. Osofsky (Ed.), *Handbook of infant development*. New York: Wiley.

Mueller, M., Wilhelm, B., & Elder, G. (2002). Variations in grandparenting. *Research on Aging, 24*, 360–388.

Muenchow, S., & Marsland, K. W. (2007). Beyond baby steps: Promoting the growth and development of U.S. child-care policy. In L. J. Aber, et al. (Eds.). *Child development and social policy: Knowledge for action*. Washington, DC: American Psychological Association.

Munzar, P., Cami, J., & Farré, M. (2003). Mechanisms of drug addiction. *New England Journal of Medicine, 349*, 2365–2365.

Murguia, A., Peterson, R. A., & Zea, M. C. (1997, August). Cultural health beliefs. Paper presented at the annual meeting of the American Psychological Association, Toronto, Canada.

Murphy, B., & Eisenberg, N. (2002). An integrative examination of peer conflict: Children's reported goals, emotions, and behaviors. *Social Development, 11*, 534–557.

Murphy, C. (2008). The chemical senses and nutrition in older adults. *Journal of Nutrition for the Elderly, 27*, 247–265.

Murphy, M. (2009). Language and literacy in individuals with Turner syndrome. *Topics in Language Disorders, 29*, 187–194. http://search.ebscohost.com

Murphy, M., & Mazzocco, M. (2008). Mathematics learning disabilities in girls with fragile X or Turner syndrome during late elementary school. *Journal of Learning Disabilities, 41*, 29–46. http://search.ebscohost.com

Murphy, S., Johnson, L., & Wu, L. (2003). Bereaved parents' outcomes 4 to 60 months after their children's death by accident, suicide, or homicide: A comparative study demonstrating differences. *Death Studies, 27*, 39–61.

Murray, L., Cooper, P., Creswell, C., Schofield, E., & Sack, C. (2007, January). The effects of maternal social phobia on mother–infant interactions and infant social responsiveness. *Journal of Child Psychology and Psychiatry, 48*, 45–52.

Murray, L., de Rosnay, M., Pearson, J., Bergeron, C., Schofield, E., Royal-Lawson, M., et al. (2008). Intergenerational transmission of social anxiety: The role of social referencing processes in infancy. *Child Development, 79*, 1049–1064.

Murray, S., Bellavia, G., & Rose, P. (2003). Once hurt, twice hurtful: How perceived regard regulates daily marital interactions. *Journal of Personality & Social Psychology, 84*, 126–147.

Murray-Close, D., Ostrov, J., & Crick, N. (2007, December). A short-term longitudinal study of growth of relational aggression during middle childhood: Associations with gender, friendship intimacy, and internalizing problems. *Development and Psychopathology, 19*, 187–203.

Murstein, B. I. (1976). *Who will marry whom? Theories and research in marital choice*. New York: Springer.

Murstein, B. I. (1986). *Paths to marriage*. Beverly Hills, CA: Sage Publications.

Murstein, B. I. (1987). A clarification and extension of the SVR theory of dyadic pairing. *Journal of Marriage and the Family, 49*, 929–933.

Mutrie, N. (1997). The therapeutic effects of exercise on the self. In K. R. Fox (Ed.), *The physical self: From motivation to well being* (pp. 287–314). Champaign, IL: Human Kinetics.

Myers, D. (2000). *A quiet world: Living with hearing loss*. New Haven, CT: Yale University Press.

Myers, N. A., Clifton, R. K., & Clarkson, M. G. (1987). When they were very young: Almost-threes remember two years ago. *Infant Behavior and Development, 10*, 123–132.

Myklebust, B. M., & Gottlieb, G. L. (1993). Development of the stretch reflex in the newborn: Reciprocal excitation and reflex irradiation. *Child Development, 64*, 1036–1045.

Myrtek, M. (2007). *Type A behavior and hostility as independent risk factors for coronary heart disease*. Washington, DC: American Psychological Association.

NAACP Education Department. (2003). *NAACP call for action in education*. Baltimore, MD: NAACP.

Nadal, K. (2004). Filipino American identity development model. *Journal of Multicultural Counseling & Development, 32*, 45–62.

Nadel, S., & Poss, J. E. (2007). Early detection of autism spectrum disorders: Screening between 12 and 24 months of age. *Journal of the American Academy of Nurse Practitioners, 19*, 408–417.

Nagy, E. (2006). From imitation to conversation: The first dialogues with human neonates. *Infant and Child Development, 15*, 223–232.

Naik, G. (2002, November 22). The grim mission of a Swiss group: Visitor's suicides. *Wall Street Journal*, pp. A1, A6.

Naik, G. (2009, February 3). Parents agonize over treatment in the womb. *Wall Street Journal*, p. D1.

Nanda, S., & Konnur, N. (2006, October). Adolescent drug & alcohol use in the 21st century. *Psychiatric Annals, 36*, 706–712.

Nangle, D. W., & Erdley, C. A. (Eds.) (2001). *The role of friendship in psychological adjustment*. San Francisco: Jossey-Bass.

Nappi, R., & Polatti, F. (2009). The use of estrogen therapy in women's sexual functioning. *Journal of Sexual Medicine, 6*, 603–616.

Nash, A., Pine, K., & Messer, D. (2009). Television alcohol advertising: Do children really mean what they say? *British Journal of Developmental Psychology, 27*, 85–104.

Nassif, A., & Gunter, B. (2008). Gender representation in television advertisements in Britain and Saudi Arabia. *Sex Roles, 58*, 752–760.

Nation, M., & Heflinger, C. (2006). Risk factors for serious alcohol and drug use: The role of psychosocial variables in predicting the frequency of substance use among adolescents. *American Journal of Drug and Alcohol Abuse, 32*, 415–433.

National Association for the Education of Young Children. (2005). Position statements of the NAEYC. Available online at http://www.naeyc.org/about/positions.asp#where.

National Center for Children in Poverty. (2005). *Basic facts about low-income children in the United States*. New York: National Center for Children in Poverty.

National Center for Educational Statistics (2003). *Public high school dropouts and completers from the common core of data: school year 2000–01 statistical analysis report*. Washington, DC: NCES.

National Center for Health Statistics. (1994). *Division of vital statistics.* Washington, DC: Public Health Service.

National Center for Health Statistics. (2000). *Health United States, 2000 with adolescent health chartbook.* Hyattsville, MD.

National Center for Health Statistics. (2001). *Division of vital statistics.* Washington, DC: Public Health Service.

National Center for Health Statistics. (2003). *Division of vital statistics.* Washington, DC: Public Health Service.

National Clearinghouse on Child Abuse and Neglect Information. (2004). *Child maltreatment 2002: Summary of key findings/National Clearinghouse on Child Abuse and Neglect Information.* Washington, DC: Author.

National Highway Traffic Safety Administration. (1994). *Age-related incidence of traffic accidents.* Washington, DC: National Highway Traffic Safety Administration.

National Institute of Aging. (2004, May 31). Sexuality in later life. Available online at http://www.niapublications.org/engagepages/sexuality.asp.

National Research Council. (1997). *Racial and ethnic differences in the health of older Americans.* New York: Author.

National Safety Council. (1989). *Accident facts: 1989 edition.* Chicago: National Safety Council.

National Science Foundation (NSF), Division of Science Resources Statistics. (2002). *Women, minorities, and persons with disabilities in science and engineering: 2002.* Arlington, VA: National Science Foundation.

National Sleep Foundation. (2002). *Americans favor later high school start times, according to National Sleep Foundation Poll.* Washington, DC: National Sleep Foundation.

Navarro, M. (2006, May 25). Families add 3rd generation to households. *New York Times*, pp. A1, A22.

Nawaz, S., Griffiths, P., & Tappin, D. (2002). Parent-administered modified dry-bed training for childhood nocturnal enuresis: Evidence for superiority over urine-alarm conditioning when delivery factors are controlled. *Behavioral Interventions, 17*, 247–260.

Nazzi, T., & Bertoncini, J. (2003). Before and after the vocabulary spurt: Two modes of word acquisition? *Developmental Science, 6*, 136–142.

Needleman, H. L., Riess, J. A., Tobin, M. J., Biesecker, G. E., & Greenhouse, J. B. (1996, February 7). Bone lead levels and delinquent behavior. *JAMA: The Journal of the American Medical Association, 2755*, 363–369.

Negy, C., Shreve, T., & Jensen, B. (2003). Ethnic identity, self-esteem, and ethnocentrism: A study of social identity versus multicultural theory of development. *Cultural Diversity & Ethnic Minority Psychology, 9*, 333–344.

Neisser, U. (2004). Memory development: New questions and old. *Developmental Review, 24*, 154–158.

Nelis, D., Quoidbach, J., Mikolajczak, M., & Hansenne, M. (2009). Increasing emotional intelligence: (How) is it possible? *Personality and Individual Differences, 47*, 36–41.

Nelson, C. A., & Bosquet, M. (2000). Neurobiology of fetal and infant development: Implications for infant mental health. In C. H. Zeanah, Jr. (Ed.), *Handbook of infant mental health* (2nd ed.). New York: Guilford Press.

Nelson, D. A., Hart, C. H., Yang, C., Olsen, J. A., & Jin, S. (2006). Aversive parenting in China: Associations with child physical and relational aggression. *Child Development, 77*, 554–572.

Nelson, H. D., Tyne, K., Naik, A., Bougatsos, C., Chan, B. K., & Humphrey, L. (2009). Screening for breast cancer: An update for the U.S. Preventive Services Task Force. *Annals of Internal Medicine, 151*, 727–737.

Nelson, K. (1996). *Language in cognitive development: Emergence of the mediated mind.* New York: Cambridge University Press.

Nelson, L. J., & Cooper, J. (1997). Gender differences in children's reactions to success and failure with computers. *Computers in Human Behavior, 13*, 247–267.

Nelson, L., Badger, S., & Wu, B. (2004). The influence of culture in emerging adulthood: Perspectives of Chinese college students. *International Journal of Behavioral Development, 28*, 26–36.

Nelson, P., Adamson, L., & Bakeman, R. (2008). Toddlers' joint engagement experience facilitates preschoolers' acquisition of theory of mind. *Developmental Science, 11*, 847–

Nelson, T. (2004). *Ageism: Stereotyping and prejudice against older persons.* Cambridge, MA: MIT Press.

Nelson, T. O. (1994). Metacognition. In V. S. Ramachandran (Ed.), *Encyclopedia of human behavior* (Vol. 3). San Diego: Academic Press.

Nelson, T., & Wechsler, H. (2003). School spirits: Alcohol and collegiate sports fans. *Addictive Behaviors, 28*, 1–11.

Nesheim, S., Henderson, S., Lindsay, M., Zuberi, J., Grimes, V., Buehler, J., Lindegren, M. L., & Bulterys, M. (2004). *Prenatal HIV testing and antiretroviral prophylaxis at an urban hospital—Atlanta, Georgia, 1997–2000.* Atlanta, GA: Centers for Disease Control.

Ness, J., Aronow, W., & Beck, G. (2006). Menopausal symptoms after cessation of hormone replacement therapy. *Maturitas, 53*, 356–361.

Neugarten, B. L. (1972). Personality and the aging process. *The Gerontologist, 12*, 9–15.

Neugarten, B. L. (1977). Personality and aging. In J. E. Birren & K. W. Schaie (Eds.), *Handbook for the psychology of aging.* New York: Van Nostrand Reinhold.

Newman, R., & Hussain, I. (2006). Changes in preference for infant-directed speech in low and moderate noise by 4.5- to 13-month-olds. *Infancy, 10*, 61–76.

Newton, K., Reed, S., LaCroix, A., Grothaus, L., Ehrlich, K., & Guiltinan, J. (2006). Treatment of vasomotor symptoms of menopause with black cohosh, multi-botanicals, soy, hormone therapy, or placebo. *Annals of Internal Medicine, 145*, 869–879.

Ng, F. F., Pomerantz, E. M., & Lam, S. (2007). European American and Chinese parents' responses to children's success and failure: Implications for children's responses. *Developmental Psychology, 43*, 1239–1255.

Ng, S. (2002). Will families support their elders? Answers from across cultures. In T. Nelson (Ed.), *Ageism: Stereotyping and prejudice against older persons.* Cambridge, MA: MIT Press.

NICHD Early Child Care Research Network. (1997). The effects of infant child care on infant-mother attachment security: Results of the NICHD study of early child care. *Child Development, 68*, 860–879.

NICHD Early Child Care Research Network. (2001a). Child care and children's peer interaction at 24 and 36 months: The NICHD study of early child care. *Child Development, 72*, 1478–1500.

NICHD Early Child Care Research Network. (2001b). Child-care and family predictors of preschool attachment and stability from infancy. *Development Psychology, 37*, 847–862.

NICHD Early Child Care Research Network. (2003a). Does quality of child care affect child outcomes at age 41/2? *Developmental Psychology, 39*, 451–469.

NICHD Early Child Care Research Network. (2003b). Families matter—even for kids in child care. *Journal of Developmental and Behavioral Pediatrics, 24*, 58–62.

NICHD Early Child Care Research Network. (2005). *Child care and child development: Results from the NICHD study of early child care and youth development.* New York: Guilford Press.

NICHD Early Child Care Research Network. (2006a). *Child care and child development: Results from the NICHD study of early child care and youth development.* New York: Guilford Press.

NICHD Early Child Care Research Network. (2006b). *The NICHD study of early child care and youth development: Findings for children up to age 4 1/2 years.* (Figure 5, p. 20). Washington, DC: National Institute of Child Health and Human Development.

Niederhofer, H. (2004). A longitudinal study: Some preliminary results of association of prenatal maternal stress and fetal movements, temperament factors in early childhood and behavior at age 2 years. *Psychological Reports, 95*, 767–770.

Nielsen, M., Dissanayake, C., & Kashima, Y. (2003). A longitudinal investigation of self–other discrimination and the emergence of minor self-recognition. *Infant Behavior & Development, 26*, 213–226.

Nieto, S. (2005). Public education in the twentieth century and beyond: high hopes, broken promises, and an uncertain future. *Harvard Educational Review, 75*, 43–65.

Nigg, J. T. (2001). Is ADHD a disinhibatory disorder? *Psychological Bulletin, 127*, 571–598.

Nigg, J., Knottnerus, G., Martel, M., Nikolas, M., Cavanagh, K., Karmaus, W., et al. (2008). Low blood lead levels associated with clinically diagnosed attention-deficit/hyperactivity disorder and mediated by weak cognitive control. *Biological Psychiatry, 63*, 325–331.

Nihart, M. A. (1993). Growth and development of the brain. *Journal of Child and Adolescent Psychiatric and Mental Health Nursing, 6*, 39–40.

Nilsson, L. (2003). Memory function in normal aging. *Acta Neurologica Scandinavica, 107*, 7–13.

Nilsson, L. G., Bäckman, L., Erngrund, K., Nyberg, L., et al. (1997). The Betula prospective cohort study: Memory, health, and aging. *Aging Neuropsychology & Cognition, 4*, 1–32.

Nisbett, R. (1994, October 31). Blue genes. *New Republic, 211*, 15.

Nishi, D. (2008, December 23). Segueing from a life of rock 'n' roll into therapy. *Wall Street Journal*, p. D6.

Noakes, M.A., Rinaldi, C.M. (2006). Age and gender differences in peer conflict, *Journal of Youth and Adolescence, 35*, 881–891.

Nobuyuki, I. (1997). Simple reaction times and timing of serial reactions of middle-aged and old men. *Perceptual & Motor Skills, 84*, 219–225.

Nockels, R., & Oakeshott, P. (1999). Awareness among young women of sexually transmitted chlamydia infection. *Family Practice, 16*, 94.

Nolen-Hoeksema, S. (2001). Ruminative coping and adjustment to bereavement. In M. Stroebe & R. Hansson (Eds.), *Handbook of bereavement research: Consequences, coping, and care.* Washington, DC: American Psychological Association.

Nolen-Hoeksema, S., & Davis, C. (2002). Positive responses to loss: Perceiving benefits and growth. In

C. Snyder & S. Lopez (Eds.), *Handbook of positive psychology*. London: Oxford University Press.

Nolen-Hoeksema, S., & Larson, J. (1999). *Coping with loss*. Mahwah, NJ: Lawrence Erlbaum.

Noonan, C. W., & Ward, T. J. (2007). Environmental tobacco smoke, woodstove heating and risk of asthma symptoms. *Journal of Asthma, 44*, 735–738.

Noonan, D. (2003, September 22). When safety is the name of the game. *Newsweek*, pp. 64–66.

Nordin, S., Razani, L., & Markison, S. (2003). Age-associated increases in intensity discrimination for taste. *Experimental Aging Research, 29*, 371–381.

Norlander, T., Von Schedvin, H., & Archer, T. (2005). Thriving as a function of affective personality: Relation to personality factors, coping strategies and stress. *Anxiety, Stress & Coping: An International Journal, 18*, 105–116.

Norman, R. M. G., Malla, A. K. (2001). Family history of schizophrenia and the relationship of stress to symptoms: Preliminary findings. *Australian & New Zealand Journal of Psychiatry, 35*, 217–223.

Norton, A., & D'Ambrosio, B. (2008). ZPC and ZPD: Zones of teaching and learning. *Journal for Research in Mathematics Education, 39*, 220–246.

Notaro, P., Gelman, S., & Zimmerman, M. (2002). Biases in reasoning about the consequences of psychogenic bodily reactions: Domain boundaries in cognitive development. *Merrill-Palmer Quarterly, 48*, 427–449.

NPD Group. (2004). *The reality of children's diet*. Port Washington, NY: NPD Group.

Nugent, J. K., Lester, B. M., & Brazelton, T. B. (Eds.). (1989). *The cultural context of infancy, Vol. 1: Biology, culture, and infant development*. Norwood, NJ: Ablex.

Nyiti, R. M. (1982). The validity of "culture differences explanations" for cross-cultural variation in the rate of Piagetian cognitive development. In D. Wagner & H. Stevenson (Eds.), *Cultural perspectives on child development*. New York: Freeman.

Nylen, K., Moran, T., Franklin, C., & O'Hara, M. (2006). Maternal depression: A review of relevant treatment approaches for mothers and infants. *Infant Mental Health Journal, 27*, 327–343.

O'Connor, M., & Whaley, S. (2006). Health care provider advice and risk factors associated with alcohol consumption following pregnancy recognition. *Journal of Studies on Alcohol, 67*, 22–31.

O'Connor, P. (1994). Very close parent/child relationships: The perspective of the elderly person. *Journal of Cross-Cultural Gerontology, 9*, 53–76.

O'Grady, W., & Aitchison, J. (2005). *How children learn language*. New York: Cambridge University Press.

O'Hare, W. (1997, September). *American Demographics*, 50–56.

O'Leary, S. G. (1995). Parental discipline mistakes. *Current Directions in Psychological Science, 4*, 11–13.

O'Toole, M. L., Sawicki, M. A., & Artal, R. (2003). Structured diet and physical activity prevent postpartum weight retention. *Journal of Women's Health, 12*, 991–998.

Oberlander, S. E., Black, M., & Starr, R. H. (2007). African American adolescent mothers and grandmothers: A multigenerational approach to parenting. *American Journal of Community Psychology, 39*, 37–46.

Oblinger, D. G., & Rush, S. C. (1997). *The learning revolution: The challenge of information technology in the academy*. Bolton, MA: Anker Publishing Co.

Ochsner Clinic Foundation. (2003). *Adult preventive health care screening recommendations*. New Orleans, LA: Ochsner Clinic Foundation.

Ocorr, K., Reeves, N. L., Wessells, R. J., Fink, M., Chen, H. S., Akasaka, T., Yasuda, S., Metzger, J. M., Giles, W., Posakony, J. W., Bodmer, R. (2007). KCNQ potassium channel mutations cause cardiac arrhythmias in Drosophila that mimic the effects of aging. *Proceedings of the National Academy of Sciences, 104*, 3943–3948.

OECD (Organization for Economic Cooperation and Development). (1998). *Education at a glance: OECD indicators, 1998*. Paris: Author.

Ogbu, J. (1992). Understanding cultural diversity and learning. *Educational Researcher, 21*, 5–14.

Ogbu, J. U. (1988). Black education: A cultural-ecological perspective. In H. P. McAdoo (Ed.), *Black families*. Beverly Hills, CA: Sage Publications.

Ogden, C. L., Kuczmarski, R. J., Flegal, K. M., Mei, Z., Guo, S., Wei, R., Grummer-Strawn, L. M., Curtin, L. R., Roche, A. F., & Johnson, C. L. (2002). Centers for Disease Control and Prevention 2000 growth charts for the United States: Improvements to the 1977 National Center for Health Statistics Version. *Pediatrics, 109*, 45–60.

Ogilvy-Stuart, A. L., & Gleeson, H. (2004). Cancer risk following growth hormone use in childhood: Implications for current practice. *Drug Safety, 27*, 369–382.

Okie, S. (2005). *Winning the war against childhood obesity*. Washington, DC: Joseph Henry Publications.

Olivardia, R., & Pope, H. (2002). Body image disturbance in childhood and adolescence. In D. Castle & K. Phillips (Eds.), *Disorders of body image*. Petersfield, England: Wrightson Biomedical Publishing.

Oliver, B., & Plomin, R. (2007). Twins' Early Development Study (TEDS): A multivariate, longitudinal genetic investigation of language, cognition and behavior problems from childhood through adolescence. *Twin Research and Human Genetics, 10*, 96–105.

Oliver, M. B., & Hyde, J. S. (1993). Gender differences in sexuality: A meta-analysis. *Psychological Bulletin, 114*, 29–51.

Oller, D. K., Eilers, R. E., Urbano, R., & Cobo-Lewis, A. B. (1997). Development of precursors to speech in infants exposed to two languages. *Journal of Child Language, 24*, 407–425.

Olness, K. (2003). Effects on brain development leading to cognitive impairment: A worldwide epidemic. *Journal of Developmental & Behavioral Pediatrics, 24*, 120–130.

Olsen, S. (2009, October 30). Will the digital divide close by itself? *New York Times*. http://bits.blogs.nytimes.com/2009/10/30/will-the-digital-divide-close-by-itself. Downloaded November 23, 2009.

Olson, E. (2006, April 27). You're in labor, and getting sleeeepy. *New York Times*, p. C2.

Olson, S. (2003). *Mapping human history: Genes, race, and our common origins*. New York: Mariner Books.

O'Luanaigh, C., and Lawlor, B. (2008). Loneliness and the health of older people. *International Journal of Geriatric Psychiatry, 23*, 1213–1221.

Opfer, J. E., & Siegler, R. S. (2007). Representational change and children's numerical estimation.Citation. *Cognitive Psychology, 55*, 169–195.

Opfer, V.D., Henry, G.T., Mashburn, A.J. (2008). The district effect: Systemic responses to high stakes accountability policies in six southern states. *American Journal of Education, 114*, 299–332.

Orbuch, T. L., House, J. S., Mero, R. P., & Webster, P. S. (1996). Marital quality over the life course. *Social Psychology Quarterly, 59*, 162–171.

Oretti, R. G., Harris, B., & Lazarus, J. H. (2003). Is there an association between life events, postnatal depression and thyroid dysfunction in thyroid antibody positive women? *International Journal of Social Psychiatry, 49*, 70–76.

Organization for Economic Cooperation and Development [OECD] (1998, 2001). Education at a glance: OECD indicators, 2001. Paris: Author.

Ormont, L. R. (2001). Developing emotional insulation (1994). In L. B. Fugeri, *The technique of group treatment: The collected papers of Louis R. Ormont*. Madison, CT: Psychosocial Press.

Ortiz, S. O., & Dynda, A. M. (2005). Use of intelligence tests with culturally and linguistically diverse populations. In D. P. Flanagan & P. L. Harrison (Eds.), *Contemporary intellectual assessment: Theories, tests, and issues*. New York: Guilford Press.

Osofsky, J. (2003). Prevalence of children's exposure to domestic violence and child maltreatment: Implications for prevention and intervention. *Clinical Child & Family Psychology Review, 6*, 161–170.

Ostrov, J., Gentile, D., & Crick, N. (2006, November). Media exposure, aggression and prosocial behavior during early childhood: A longitudinal study. *Social Development, 15*, 612–627.

Ott, C., Sanders, S., & Kelber, S. (2007). Grief and personal growth experience of spouses and adult-child caregivers of individuals with Alzheimer's disease and related dementias. *The Gerontologist, 47*, 798–809.

Ouwehand, C., de Ridder, D. T., & Bensing, J. M. (2007). A review of successful aging models: Proposing proactive coping as an important additional strategy. *Clinical Psychology Review, 43*, 101–116.

Owen, J. E., Klapow, J. C., Roth, D. L., Nabell, L., & Tucker, D. C. (2004). Improving the effectiveness of adjuvant psychological treatment for women with breast cancer. The feasibility of providing online support. *Psycho-Oncology, 13*, 281–292.

Ownby, R. L. Czaja, S. J., Loewenstein, D., & Rubert, M. (2008). Cognitive abilities that predict success in a computer-based training program. *The Gerontologist, 48*, 170–180.

Owsley, C., Stalvey, B., & Phillips, J. (2003). The efficacy of an educational intervention in promoting self-regulation among high-risk older drivers. *Accident Analysis & Prevention, 35*, 393–400.

Oxford, M., Gilchrist, L., Gillmore, M., & Lohr, M. (2006, July). Predicting variation in the life course of adolescent mothers as they enter adulthood. *Journal of Adolescent Health, 39*, 20–26.

Oyserman, D., Kemmelmeier, M., Fryberg, S., Brosh, H., & Hart-Johnson, T. (2003). Racial ethnic self-schemas. *Social Psychology Quarterly, 66*, 333–347.

Ozawa, M., & Yoon, H. (2003). Economic impact of marital disruption on children. *Children & Youth Services Review, 25*, 611–632.

Pachter, L. M., & Weller, S. C. (1993). Acculturation and compliance with medical therapy. *Journal of Development and Behavior Pediatrics, 14*, 163–168.

Paisley, T. S., Joy, E. A., & Price, R. J., Jr. (2003). Exercise during pregnancy: A practical approach. *Current Sports Medicine Reports, 2*, 325–330.

Pajkrt, E., Weisz, B., Firth, H. V., & Chitty, L. S. (2004). Fetal cardiac anomalies and genetic syndromes. *Prenatal Diagnosis, 24*, 1104–1115.

Pajulo, M., Helenius, H., & MaYes, L. (2006, May). Prenatal views of baby and parenthood: Association with sociodemographic and pregnancy factors. *Infant Mental Health Journal, 27,* 229–250.

Palan, P. R., Connell, K., Ramirez, E. Inegbenijie, C., Gavara, R. Y., Ouseph, J. A., & Mikhail, M. S. (2005). Effects of menopause and hormone replacement therapy on serum levels of coenzyme Q10 and other lipid-soluble antioxidants. *Biofactors, 25,* 61–66.

Palfai, T., Halperin, S., & Hoyer, W. (2003). Age inequalities in recognition memory: Effects of stimulus presentation time and list repetitions. *Aging, Neuropsychology, & Cognition, 10,* 134–140.

Palmore, E. B. (1988). *The facts on aging quiz.* New York: Springer.

Palmore, E. B. (1992). Knowledge about aging: What we know and need to know. *Gerontologist, 32,* 149–150.

Palmore, E. B. (1999). *Ageism: Negative and Positive.* New York: Springer Publishing Co.

Paneth, N. S. (1995). The problem of low birth weight. *The Future of Children, 5,* 19–34.

Papousek, H., & Papousek, M. (1991). Innate and cultural guidance of infants' integrative competencies: China, the United States, and Germany. In M. H. Borstein (Ed.), *Cultural approaches to parenting.* Hillsdale, NJ: Lawrence Erlbaum.

Pappano, L. (1994, November 27). The new old generation. *Boston Globe Magazine,* 18–38.

Paquette, D., Carbonneau, R., & Dubeau, D. (2003). Prevalence of father-child rough-and-tumble play and physical aggression in preschool children. *European Journal of Psychology of Education, 18,* 171–189.

Pardee, P. E., Norman, G. J., Lustig, R. H., Preud'homme, D., & Schwimmer, J. B. (2007). Television viewing and hypertension in obese children. *American Journal of Preventive Medicine, 33, Dec. Special issue: Timing of repeat colonoscopy disparity between guidelines and endoscopists' recommendation.* 439–443.

Paris, J. (1999). *Nature and nurture in psychiatry: A predisposition–stress model of mental disorders.* Washington, DC: American Psychiatric Press.

Park, A. (2008, June 23). Living Large. *Time,* pp. 90–92.

Park, K. A., Lay, K., & Ramsay, L. (1993). Individual differences and developmental changes in preschoolers' friendships. *Developmental Psychology, 29,* 264–270.

Parke, R., Simpkins, S., & McDowell, D. (2002). Relative contributions of families and peers to children's social development. In P. Smith & C. Hart (Eds.), *Blackwell handbook of childhood social development.* Malden, MA: Blackwell Publishers.

Parke, R.D. (2004). Development in the family. *Annual Review of Psychology, 55,* 365–399.

Parker, S. T. (2005). Piaget's legacy in cognitive constructivism, niche construction, and phenotype development and evolution. In S. T. Parker & J. Langer (Eds.), *Biology and knowledge revisited: From neurogenesis to psychogenesis.* Mahwah, NJ: Lawrence Erlbaum.

Parks, C. A. (1998). Lesbian parenthood: A review of the literature. *American Journal of Orthopsychiatry, 68,* 376–389.

Parks, C., Sanna, L., & Posey, D. (2003). Retrospection in social dilemmas: How thinking about the past affects future cooperation. *Journal of Personality & Social Psychology, 84,* 988–996.

Parks, E. S. (2007). Treatment of signed languages in deaf history texts. *Sign Language Studies, 8,* 72–93.

Parlee, M. B. (1979, October). The friendship bond. *Psychology Today, 13,* 43–45.

Parmalee, A. H., Jr., & Sigman, M. D. (1983). Prenatal brain development and behavior. In P. H. Mussen (Ed.), *Handbook of child psychology* (Vol. 2, 4th ed.). New York: Wiley.

Parnell, T. F., & Day, D. O. (Eds.). (1998). *Munchausen by proxy syndrome: Misunderstood child abuse.* Thousand Oaks, CA: Sage Publications.

Parten, M. B. (1932). Social participation among preschool children. *Journal of Abnormal and Social Psychology, 27,* 243–269.

Pascalis, O., de Haan, M., & Nelson, C. A. (2002). Is face processing species-specific during the first year of life? *Science, 296,* 1321–1323.

Patenaude, A., F., Guttmacher, A. E., & Collins, F. S. (2002). Genetic testing and psychology: New roles, new responsibilities. *American Psychologist, 57,* 271–282.

Paterson, D. S., Trachtenberg, F. L., Thompson, E. G., Belliveau, R. A., Beggs, A. H., Darnall, R., Chadwick, A. E., Krous, H. F., & Kinney, H. C. (2006). Multiple serotonergic brainstem abnormalities in sudden infant death syndrome. *JAMA: The Journal of the American Medical Association, 296,* 2124–2132.

Patterson, C. (2003). Children of lesbian and gay parents. In L. Garnets & D. Kimmel (Eds.), *Psychological perspectives on lesbian, gay, and bisexual experiences* (2nd ed.). New York: Columbia University Press.

Patterson, C. (2009). Children of lesbian and gay parents: Psychology, law, and policy. *American Psychologist,* (64), 727–736.

Patterson, C. J. (1995). Families of the baby boom: Parents' division of labor and children's adjustment, [Special issue: Sexual orientation and human development] *Developmental Psychology, 31,* 115–123.

Patterson, C. J. (2002). Lesbian and gay parenthood. In M. Bornstein (Ed.), *Handbook of parenting.* Mahwah, NJ: Lawrence Erlbaum.

Patterson, C. J. (2009). Children of lesbian and gay parents: Psychology, law, and policy. *American Psychologist, 64,* 727–736.

Patterson, C., & Friel, L.V. (2000). Sexual orientation and fertility. In G. R. Bentley & N. Mascie-Taylor (Eds.), *Infertility in the modern world: Biosocial perspectives.* Cambridge, UK: Cambridge University Press.

Patterson, C. J. (2007). *Handbook of counseling and psychotherapy with lesbian, gay, bisexual, and transgender clients.* (2nd ed.) Kathleen J. Bieschke, Ruperto M. Perez & Kurt A. DeBord (Eds); Washington, DC: American Psychological Association.

Paul, K., & Moser, K. (2009). Unemployment impairs mental health: Meta-analyses. *Journal of Vocational Behavior, 74,* 264–282.

Paul, P. (2006, January 16). Want a brainier baby? *Time, 167*(3), p. 104.

Paul, P. (2007, November 21). Tutors for toddlers. *Time,* pp. 91–92.

Paulesu, E., Démonet, J. F., Fazio, F., McCrory, E., Chanoine, V., Brunswick, N., Cappa, S. F., Cossu, G., Habib, M., Frith, C. D., & Frith, U. (2001, March 16). Dyslexia: Cultural diversity and biological unity. *Science, 291,* 2165–2167.

Pauli-Pott, U., Mertesacker, B., & Bade, U. (2003). Parental perceptions and infant temperament development. *Infant Behavior & Development, 26,* 27–48.

Pavis, S., Cunningham-Burley, S., & Amos, A. (1997). Alcohol consumption and young people: Exploring meaning and social context. *Health Education Research, 12,* 311–322.

Pavlov, I. P. (1927). *Conditioned reflexes.* London: Oxford University Press.

Peck, R. C. (1968). Psychological developments in the second half of life. In B. L. Neugarten (Ed.), *Middle age and aging.* Chicago: University of Chicago Press.

Peck, S. (2003). Measuring sensitivity moment-by-moment: A microanalytic look at the transmission of attachment. *Attachment & Human Development, 5,* 38–63.

Pecora, N., Murray, J. P., & Wartella, E. (Eds.). (2006). *Children and television: Fifty years of research.* Mahwah, NJ: Lawrence Erlbaum Associates.

Pedersen, S., Vitaro, F., Barker, E. D., & Borge, A. I. H. (2007). The timing of middle-childhood peer rejection and friendship: Linking early behavior to early-adolescent adjustment. *Child Development, 78,* 1037–1051.

Pedersen, S., Yagensky, A., Smith, O., Yagenska, O., Shpak, V., & Denollet, J. (2009). Preliminary evidence for the cross-cultural utility of the type D personality construct in the Ukraine. *International Journal of Behavioral Medicine, 16,* 108–115.

Peirano, P., Algarin, C., & Uauy, R. (2003). Sleep-wake states and their regulatory mechanisms throughout early human development. *Journal of Pediatrics, 143,* Supplement, S70–S79.

Peisah, C., Latif, E., Wilhelm, K., & Williams, B. (2009). Secrets to psychological success: Why older doctors might have lower psychological distress and burnout than younger doctors. *Aging & Mental Health, 13,* 300–307.

Pelham, B., & Hetts, J. (2001). Underworked and overpaid: Elevated entitlement in men's self-pay. *Journal of Experimental Social Psychology, 37,* 93–103.

Pellicano, E. (2007). Links between theory of mind and executive function in young children with autism: Clues to developmental primacy. *Developmental Psychology, 43,* 974–990.

Pellis, S. M., & Pellis, V. C. (2007). Rough-and-tumble play and the development of the social brain. *Current Directions in Psychological Science, 16,* 95–98.

Peltonen, L., & McKusick, V. A. (2001, February 16). Dissecting the human disease in the postgenomic era. *Science, 291,* 1224–1229.

Peltzer, K., & Pengpid, S. (2006). Sexuality of 16- to 17-year-old South Africans in the context of HIV/AIDS. *Social Behavior and Personality, 34,* 239–256.

Penninx, B., Guralnik, J. M., Ferrucci, L., Simonsick, E. M., Deeg, D., & Wallace, R. B. (1998). Depressive symptoms and physical decline in community-dwelling older persons. *JAMA: The Journal of the American Medical Association, 279,* 1720–1726.

Pennisi, E. (2000, May 19). And the gene number is ...? *Science, 288,* 1146–1147.

Pereira, A. C., Huddleston, D. E., Brickman, A. M., Sosunov, A. A., Hen, R., McKhann, G. M., Sloan, R., Gage, F. H., Brown, T. R., & Small, S. A. (2007). An in vivo correlate of exercise-induced neurogenesis in the adult dentate gyrus. *Proceedings of the National Academy of Sciences, 104,* 5638–5643.

Peritto, L. A., Holowka, S., & Sergio, L. E. (2004). Baby hands that move to the rhythm of language: Hearing babies acquiring sign languages babble silently on the hands. *Cognition, 93,* 43–73.

Perlman, J., & Waters, M. (Eds.) (2002). *The new race question: How the census counts multiracial individuals.* New York: Russell Sage Foundation.

Perlmann, R. Y., & Gleason, J. B. (1990, July). Patterns of prohibition in mothers' speech to children. Paper presented at the Fifth International Congress for the Study of Child Language, Budapest, Hungary.

Perreault, A., Fothergill-Bourbonnais, F., & Fiset, V. (2004). The experience of family members caring for a dying loved one. *International Journal of Palliative Nursing, 10*, 133–143.

Perrine, N. E., & Aloise-Young, P. A. (2004). The role of self-monitoring in adolescents' susceptibility to passive peer pressure. *Personality & Individual Differences, 37*, 1701–1716.

Perry, W. G. (1981). Cognitive and Ethical Growth: The Making of Meaning. In A. W. Chickering and Associates, *The Modern American College*. San Francisco: Jossey-Bass.

Persson, A., & Musher-Eizenman, D. R. (2003). The impact of a prejudice-prevention television program on young children's ideas about race. *Early Childhood Research Quarterly, 18*, 530–546.

Persson, G. E. B. (2005). Developmental perspectives on prosocial and aggressive motives in preschoolers' peer interactions. *International Journal of Behavioral Development, 29*, 80–91.

Petanjek, Z., Judas, M., Kostovic, I., & Uylings, H. B. M. (2008). Lifespan alterations of basal dendritic trees of pyramidal neurons in the human prefrontal cortex: A layer-specific pattern. *Cerebral Cortex, 18*, 915–929.

Peters, C., Claussen Bell, K. S., Zinn, A., Goerge, R. M., & Courtney, M. E. (2008). *Continuing in Foster Care Beyond Age 18: How Courts Can Help*. Chicago: Chapin Hall at the University of Chicago.

Peters, E., Hess, T. M., Vastfjall, D., & Auman, C. (2007). Adult age differences in dual information processes: Implications for the role of affective and deliberative processes in older adults' decision making. *Perspectives on Psychological Science, 2*, 1–23.

Petersen, A. (2000). A longitudinal investigation of adolescents' changing perceptions of pubertal timing. *Developmental Psychology 36*, 37–43.

Peterson, A. C. (1988, September). Those gangly years. *Psychology Today*, pp. 28–34.

Peterson, C., & Park, N. (2007). Explanatory style and emotion regulation. In J. J. Gross (Ed.), *Handbook of emotion regulation*. New York: Guilford Press.

Peterson, C., Wang, Q., & Hou, Y. (2009). "When I was little": Childhood recollections in Chinese and European Canadian grade school children. *Child Development, 80*, 506–518.

Peterson, D. M., Marcia, J. E., & Carependale, J. I. (2004). Identity: Does thinking make it so? In C. Lightfoot, C. Lalonde, & M. Chandler, *Changing conceptions of psychological life*. Mahwah, NJ: Lawrence Erlbaum.

Peterson, L. (1994). Child injury and abuse-neglect: Common etiologies, challenges, and courses toward prevention. *Current Directions in Psychological Science, 3*, 116–120.

Peterson, M., & Wilson, J. F. (2004). Work stress in America. *International Journal of Stress Management, 11*, 91–113.

Peterson, R. A., & Brown, S. P. (2005). On the use of beta coefficients in meta-analysis. *Journal of Applied Psychology, 90*, 175–181.

Petit, G., & Dodge, K. A. (2003). Violent children: Bridging development, intervention, and public policy. *Developmental Psychology*, [Special Issue: Violent Children], *39*, 187–188.

Petrou, S. (2006). Preterm birth—What are the relevant economic issues? *Early Human Development, 82* (2), 75–76.

Pettit, G. S., Bates, J. E., & Dodge, K. A. (1997). Supportive parenting, ecological context, and children's adjustment: A 7-year longitudinal study. *Child Development, 68*, 908–923.

Pfeiffer, S. I. (2001). Emotional intelligence: Popular but elusive construct. *Roeper Review, 23*, 138–142.

Phelan, P., Yu, H. C., & Davidson, A. L. (1994). Navigating the psychosocial pressures of adolescence: The voices and experiences of high school youth. *American Educational Research Journal, 31*, 415–447.

Phelps, R. P. (Ed.). (2005). *Defending standardized testing*. Mahwah, NJ: Erlbaum.

Philippot, P. & Feldman, R.S. (Eds.). (2004). *The Regulation of Emotion*. Mahwah, NJ: Lawrence Erlbaum.

Phillips, D. (1992, September). Death postponement and birthday celebrations. *Psychosomatic Medicine, 26*, 12–18.

Phillips, D. A., Voran, M., Kisker, E., Howes, C., & Whitebook, M. (1994). Child care for children in poverty: Opportunity or inequity? *Child Development, 65*, 472–492.

Phillips, D., & Smith, D. (1990, April 11). Postponement of death until symbolically meaningful occasions. *JAMA: The Journal of the American Medical Association, 269*, 27–38.

Phillips-Silver, J., & Trainor, L. J. (2005, June 3). Feeling the beat: Movement influences infant rhythm perception. *Science, 308*, 1430.

Phillipson, S. (2006, October). Cultural variability in parent and child achievement attributions: A study from Hong Kong. *Educational Psychology, 26*, 625–642.

Phinney, J. S. (2008). Ethnic identity exploration in emerging adulthood. In D. L. Browning (Ed.), *Adolescent identities: A collection of readings*. New York: Analytic Press/Taylor & Francis Group.

Phinney, J. S., & Alipuria, L. L. (2006). Multiple social categorization and identity among multiracial, multi-ethnic, and multicultural individuals: Processes and implications. In R. J. Crips & M. Hewstone (Eds.), *Multiple social categorization: Processes, models and applications*. New York: Psychology Press.

Phinney, J. S., Ferguson, D. L., & Tate, J. D. (1997). Intergroup attitudes among ethnic minority adolescents: A causal model. *Child Development, 68*, 955–969.

Phinney, J., Lochner, B., & Murphy, R. (1990). Ethnic identity development and psychological adjustment in adolescence. In A. Stiffman & L. Davis (Eds.), *Advances in adolescent mental health: Vol. 5. Ethnic issues*. Greenwich, CT: JAI Press.

Phinnye, J. S. (2005). Ethnic identity in late modern times: A response to Rattansi and Phoenix. *Identity, 5*, 187–194.

Piaget, J. (1932). *The moral judgment of the child*. New York: Harcourt, Brace & World.

Piaget, J. (1952). *The origins of intelligence in children*. New York: International Universities Press.

Piaget, J. (1962). *Play, dreams and imitation in childhood*. New York: Norton.

Piaget, J. (1983). Piaget's theory. In W. Kessen (Ed.), P. H. Mussen (Series Ed.), *Handbook of child psychology: Vol 1. History, theory, and methods* (pp. 103–128). New York: Wiley.

Piaget, J., & Inhelder, B. (1958). *The growth of logical thinking from childhood to adolescence* (A. Parsons & S. Seagrin, Trans.). New York: Basic Books.

Piaget, J., Inhelder, B., & Szeminska, A. (1960). *The child's conception of geometry*. New York: Basic Books. (Original work published 1948).

Picard, A. (2008, February 14). Health study: Tobacco will soon claim one million lives a year. *The Globe and Mail*, A15.

Picavet, H. S., & Hoeymans, N. (2004). Health related quality of life in multiple musculoskeletal diseases: SF-36 and EQ-5D in the DMC3 study. *Annals of the Rheumatic Diseases, 63*, 723–729.

Pine, K. J., Wilson, P., & Nash, A. S. (2007). The relationship between television advertising, children's viewing and their requests to Father Christmas. *Journal of Developmental & Behavioral Pediatrics, 28*, 456–461.

Ping, R., & Goldin-Meadow, S. (2008). Hands in the air: Using ungrounded iconic gestures to teach children conservation of quantity. *Developmental Psychology, 44*, 1277–1287.

Pinker, S. (1994). *The language instinct*. New York: William Morrow.

Pinker, S. (2005). So how does the mind work? *Mind & Language, 20*, 1–24.

Piper, W. E., Ogrodniczuk, J. S., Joyce, A. S., & Weidman, R. (2009). Follow-up outcome in short-term group therapy for complicated grief. *Group Dynamics: Theory, Research, and Practice, 13*, 46–58.

Pittman, L. D., & Boswell, M. K. (2007). The role of grandmothers in the lives of preschoolers growing up in urban poverty. *Applied Developmental Science, 11*, 20–42.

Pitts, D. G. (1982). The effects of aging upon selected visual functions. In R. Sekuler, D. Kline, & K. Dismukes (Eds.), *Aging and human visual function*. New York: Alan R. Liss.

Plante, E., Schmithorst, V., Holland, S., & Byars, A. (2006). Sex differences in the activation of language cortex during childhood. *Neuropsychologia, 44*, 1210–1221.

Plomin, R. (1994). *Genetics and experience: The interplay between nature and nurture*. Newbury Park, CA: Sage Publications.

Plomin, R. (2005). Finding genes in child psychology and psychiatry: When are we going to be there? *Journal of Child Psychology and Psychiatry, 46*, 1030–1038.

Plomin, R., & Rutter, M. (1998). Child development, molecular genetics, and what to do with genes once they are found. *Child Development, 69*, 1223–1242.

Plonczynski, D. J., & Plonczynski, K. J. (2007). Hormone therapy in perimenopausal and post-menopausal women: Examining the evidence on cardiovascular disease risks. *Journal of Gerontological Nursing, 33*, 48–55.

Plosker, G., & Keam, S. (2006). Bimatoprost: A pharmacoeconomic review of its use in open-angle glaucoma and ocular hypertension. *PharmacoEconomics, 24*, 297–314.

Poest, C. A., Williams, J. R., Witt, D. D., & Atwood, M. E. (1990). Challenge me to move: Large muscle development in young children. *Young Children, 45*, 4–10.

Polivka, B. (2006, January). Needs assessment and intervention strategies to reduce lead-poisoning risk among low-income Ohio toddlers. *Public Health Nursing, 23*, 52–58.

Polivy, J., & Herman, C. (2002). If at first you don't succeed: False hopes of self-change. *American Psychologist, 57*, 677–689.

Polkinghorne, D. E. (2005). Language and meaning: Data collection in qualitative research. *Journal of Counseling Psychology, 52* [Special issue: Knowledge in context: Qualitative methods in counseling psychology research], 137–145.

Pollack, W. (1999). *Real boys: Rescuing our sons from the myths of boyhood.* New York: Owl Books.

Pollack, W., Shuster, T., & Trelease, J. (2001). *Real boys' voices.* New York: Penguin.

Pollak, S., Holt, L., & Wismer Fries, A. (2004). Hemispheric asymmetries in children's perception of nonlinguistic human affective sounds. *Developmental Science, 7,* 10–18.

Pollitt, E., Golub, M., Gorman, K., Grantham McGregor, S., Levitsky, D., Schürch, B., Strupp, B., & Wachs, T. (1996). A reconceptualization of the effects of undernutrition on children's biological, psychosocial, and behavioral development. *Social Policy Report, 10,* 1–22.

Polman, H., de Castro, B., & van Aken, M. (2008). Experimental study of the differential effects of playing versus watching violent video games on children's aggressive behavior. *Aggressive Behavior, 34,* 256–264.

Pomares, C. G., Schirrer, J., & Abadie, V. (2002). Analysis of the olfactory capacity of healthy children before language acquisition. *Journal of Developmental Behavior and Pediatrics, 23,* 203–207.

Pompili, M., Masocco, M., Vichi, M., Lester, D., Innamorati, M., Tatarelli, R., et al. (2009). Suicide among Italian adolescents: 1970–2002. *European Child & Adolescent Psychiatry, 18,* 525–533.

Ponton, L. E. (2001). *The sex lives of teenagers: Revealing the secret world of adolescent boys and girls.* New York: Penguin Putnam.

Pope, H,. Olivardia, R., Gruber, A., and Borowiecki, J. (1999). Evolving ideals of male body image as seen through action toys. *International Journal of Eating Disorders, 26,* 65–72.

Population Council Report. (1995, May 30). The decay of families is global, studies says. *New York Times,* p. A5.

Porges, S. W., Lipsitt, & Lewis P. (1993). Neonatal responsivity to gustatory stimulation: The gustatory-vagal hypothesis. *Infant Behavior & Development, 16,* 487–494.

Porter, M., van Teijlingen, E., Yip, L., & Bhattacharya, S. (2007). Satisfaction with cesarean section: Qualitative analysis of open-ended questions in a large postal survey. *Birth: Issues in Perinatal Care, 34,* 148–154.

Porter, R. H., Bologh, R. D., & Malkin, J. W. (1988). Olfactory influences on mother–infant interactions. In C. Rovee-Collier & L. Lipsitt (Eds.), *Advances in infancy research* (Vol. 5). Norwood, NJ: Ablex.

Portes, A., & Rumbaut, R. (2001). *Legacies: The story of the immigrant second generation.* Los Angeles: University of California Press.

Posthuma, D., & de Geus, E. (2006, August). Progress in the molecular-genetic study of intelligence. *Current Directions in Psychological Science, 15,* 151–155.

Poulin-Dubois, D. (1999). Infants' distinction between animate and inanimate objects: The origins of naive psychology. In P. Rochat, *Early social cognition.* Hillsdale, NJ: Lawrence Erlbaum.

Poulin-Dubois, D., Serbin, L., & Eichstedt, J. (2002). Men don't put on make-up: Toddlers' knowledge of the gender stereotyping of household activities. *Social Development, 11,* 166–181.

Poulton, R., & Caspi, A. (2005). Commentary: How does socioeconomic disadvantage during childhood damage health in adulthood? Testing psychosocial pathways. *International Journal of Epidemiology, 23,* 51–55.

Powdthavee, N. (2008). Putting a price tag on friends, relatives, and neighbours: Using surveys of life satisfaction to value social relationships. *Journal of Socio-Economics, 37,* 1459–1480.

Powdthavee, N. (2009). Think having children will make you happy *The Psychologist, 22,* 308–310.

Powell, M., Roberts, K., Thomson, D., & Ceci, S. (2007). The impact of experienced versus non-experienced suggestions on children's recall of repeated events. *Applied Cognitive Psychology, 21,* 649–667.

Powell, R. (2004, June 19). Colleges construct housing for elderly: Retiree students move to campus. *Washington Post,* p. F13.

Prater, L. (2002). African American families: Equal partners in general and special education. In F. Obiakor & A. Ford (Eds.), *Creating successful learning environments for African American learners with exceptionalities.* Thousand Oaks, CA: Corwin Press.

Prechtl, H. F. R. (1982). Regressions and transformations during neurological development. In T. G. Bever (Ed.), *Regressions in mental development.* Hillsdale, NJ: Lawrence Erlbaum.

Prentice, A., Schoenmakers, I., Laskey, M. A., de Bono, S., Ginty, F., & Goldberg, G. R. (2006). Nutrition and bone growth and development. *Proceedings of the Nutritional Society, 65,* 348–360.

Prescott, C., & Gottesman, I. (1993). Genetically mediated vulnerability to schizophrenia. *Psychiatric Clinics of North America, 16,* 245–267.

Pressley, M., & Schneider, W. (1997). *Introduction to memory development during childhood and adolescence.* Mahwah, NJ: Lawrence Erlbaum.

Prezbindowski, A. K., & Lederberg, A. R. (2003). Vocabulary assessment of deaf and hard-of-hearing children from infancy through the preschool years. *Journal of Deaf Studies and Deaf Education, 8,* 383–400.

Price, D. W., & Goodman, G. S. (1990). Visiting the wizard: Children's memory for a recurring event. *Child Development, 61,* 664–680.

Price, R., & Gottesman, I. (1991). Body fat in identical twins reared apart: Roles for genes and environment. *Behavior Genetics, 21,* 1–7.

Priddis, L., & Howieson, N. (2009). The vicissitudes of mother-infant relationships between birth and six years. *Early Child Development and Care, 179,* 43–53.

Prigerson, H. (2003). Costs to society of family caregiving for patients with end-stage Alzheimer's disease. *New England Journal of Medicine, 349,* 1891–1892.

Prigerson, H. G., Frank, E., Kasl, S. V., et al. (1995). Complicated grief and bereavement-related depression as distinct disorders: Preliminary empirical validation in elderly bereaved spouses. *American Journal of Psychiatry, 152,* 22–30.

PRIMEDIA/Roper (1999). *Roper National Youth Survey.* Storrs, CT: Roper Center for Public Opinion Research.

Prince, M. (2000, November 13). How technology has changed the way we have babies. *The Wall Street Journal,* pp. R4, R13.

Principe, G. F., & Ceci, S. J. (2002). 'I saw it with my own ears': The effects of peer conversations on preschoolers' reports of nonexperienced events. *Journal of Experimental Child Psychology, 83,* 1–25.

Proper, K., Cerin, E., & Owen, N. (2006, April). Neighborhood and individual socio-economic variations in the contribution of occupational physical activity to total physical activity. *Journal of Physical Activity & Health, 3,* 179–190.

Propper, C., & Moore, G. (2006, December). The influence of parenting on infant emotionality: A multi-level psychobiological perspective. *Developmental Review, 26,* 427–460.

Pruchno, R., & Rosenbaum, J. (2003). Social relationships in adulthood and old age. In R. Lerner & M. Easterbrooks (Eds.), *Handbook of psychology, Vol. 6: Developmental psychology.* New York: Wiley.

Puchalski, M., & Hummel, P. (2002). The reality of neonatal pain. *Advances in Neonatal Care, 2,* 245–247.

Puntambekar, S., & Hübscher, R. (2005). Tools for scaffolding students in a complex learning environment: What have we gained and what have we missed? *Educational Psychologist, 40,* 1–12.

Putney, N. M., & Bengtson, V. L. (2001). Families, intergenerational relationships and kinkeeping in midlife. In M. E. Lachman (Ed.), *Handbook of midlife development.* Hoboken, NJ: Wiley.

Putterman, E., & Linden, W. (2004). Appearance versus health: Does the reason for dieting affect dieting behavior? *Journal of Behavioral Medicine, 27,* 185–204.

Qian, Z-C, & Lichter, D. T. (2007). Social boundary and marital assimilation: Evaluating trends in racial and ethnic intermarriage. *American Sociological Review, 72,* 68–94.

Quatromoni, P., Pencina, M., Cobain, M., Jacques, P., & D'Agostino, R. (2006, August). Dietary quality predicts adult weight gain: Findings from the Framingham Offspring Study. *Obesity, 14,* 1383–1391.

Quinn, J. B. (1993, April 5). What's for dinner, Mom? *Newsweek,* p. 68.

Quinn, M. (1990, January 29). Don't aim that pack at us. *Time,* p. 60.

Quinn, P. (2008). In defense of core competencies, quantitative change, and continuity. *Child Development, 79,* 1633–1638.

Quinn, P., Uttley, L., Lee, K., Gibson, A., Smith, M., Slater, A., et al. (2008). Infant preference for female faces occurs for same- but not other-race faces. *Journal of Neuropsychology, 2,* 15–26.

Quinnan, E. J. (1997). Connection and autonomy in the lives of elderly male celibates: Degrees of disengagement. *Journal of Aging Studies, 11,* 115–130.

Quintana, C. (1998, May 17). Riding the rails. *New York Times Magazine,* pp. 22–24, 66.

Quintana, S.M., (2007). Racial and ethnic identity: Developmental perspectives and research. *Journal of Counseling Psychology. 54,* 259–270.

Quintana, S. M., Aboud, F. E., Chao, R. K., Contreras-Grau, J., Cross Jr, W. E., Hudley, C., Hughes, D., Liben, L. S., Nelson-Le Gall, S., & Vietze, D. L. (2006). Race, ethnicity, and culture in child development: contemporary research and future directions. *Child Development, 77,* 1129–1141.

Quintana, S. M., McKown, C., Cross, W. E., & Cross, T. B. (2008). *Handbook of race, racism, and the developing child.* Stephen M. Quintana & Clark McKown (Eds.). Hoboken, NJ: John Wiley & Sons Inc.

Raag, T. (2003). Racism, gender identities and young children: Social relations in a multi-ethnic, inner-city primary school. *Archives of Sexual Behavior, 32,* 392–393.

Rabain-Jamin, J., & Sabeau-Jouannet, E. (1997). Maternal speech to 4-month-old infants in two cultures: Wolof and French. *International Journal of Behavioral Development, 20,* 425–451.

Rabin, R. (2006, June 13). Breast-feed or else. *New York Times,* p. D1.

Rabkin, J., Remien, R., & Wilson, C. (1994). *Good doctors, good patients: Partners in HIV treatment.* New York: NCM Publishers.

Raeburn, P. (2004, October 1). Too immature for the death penalty? *New York Times Magazine,* 26–29.

Raeff, C. (2004). Within-culture complexities: Multifaceted and interrelated autonomy and connectedness characteristics in late adolescent selves. In M. E. Mascolo & J. Li (Eds.), *Culture and developing selves: Beyond dichotomization*. San Francisco, CA: Jossey-Bass.

Raikkonen, K., Keskivaara, P., Keltikangas, J. L., & Butzow, E. (1995). Psychophysiological arousal related to Type A components in adolescent boys. *Scandinavian Journal of Psychology, 36*, 142–152.

Raji, C., Ho, A., Parikshak, N., Becker, J., Lopez, O., Kuller, L., Hua, X., Leow, A., Toga, A., and Thompson, P. (in press). Brain structure and obesity. *Human Brain Mapping*.

Rakison, D., & Oakes, L. (2003). *Early category and concept development: Making sense of the blooming, buzzing confusion*. London: Oxford University Press.

Raman, L., & Winer, G. (2002). Children's and adults' understanding of illness: Evidence in support of a coexistence model. *Genetic, Social, & General Psychology Monographs, 128*, 325–355.

Ramaswamy, V., & Bergin, C. (2009). Do reinforcement and induction increase prosocial behavior? Results of a teacher-based intervention in preschools. *Journal of Research in Childhood Education, 23*, 527–538.

Ramos, É., St-André, M., Rey, É., Oraichi, D., & Bérard, A. (2008). Duration of antidepressant use during pregnancy and risk of major congenital malformations. *British Journal of Psychiatry, 192*, 344–350.

Ramsey-Rennels, J. L., & Langlois, J. H. (2006). Infants' differential processing of female and male faces. *Current Directions in Psychological Science, 15*, 59–62.

Ranade, V. (1993). Nutritional recommendations for children and adolescents. *International Journal of Clinical Pharmacology, Therapy, and Toxicology, 31*, 285–290.

Ranganath, C., Minzenberg, M., & Ragland, J. (2008). The cognitive neuroscience of memory function and dysfunction in schizophrenia. *Biological Psychiatry, 64*, 18–25. http://search.ebscohost.com, doi:10.1016/j.biopsych.2008.04.011

Rankin, B. (2004). The importance of intentional socialization among children in small groups: A conversation with Loris Malaguzzi. *Early Childhood Education Journal, 32*, 81–85.

Rankin, J., Lane, D., & Gibbons, F. (2004). Adolescent self-consciousness: Longitudinal age changes and gender differences in two cohorts. *Journal of Research on Adolescence, 14*, 1–21.

Ransjö-Arvidson, A. B., Matthiesen, A. S., Lilja, G., Nissen, E., Widström, A. M., & Unväs-Moberg, K. (2001). Maternal analgesia during labor disturbs newborn behavior: Effects on breastfeeding, temperature, and crying. *Birth, 28*, 5–12.

Ransom, R. L., Sutch, R., & Williamson, S. H. (1991). Retirement: Past and present. In A. H. Munnell (Ed.), *Retirement and public policy: Proceedings of the Second Conference of the National Academy of Social Insurance*, Washington, DC. Dubuque, IA: Kendall/Hunt.

Rapkin, B. D., & Fischer, K. (1992). Personal goals of older adults: Issues in assessment and prediction. *Psychology and Aging, 7*, 127–137.

Rapp, M., Krampe, R., & Baltes, P. (2006, January). Adaptive task prioritization in aging: Selective resource allocation to postural control is preserved in Alzheimer disease. *American Journal of Geriatric Psychiatry, 14*, 52–61.

Ratanachu-Ek, S. (2003). Effects of multivitamin and folic acid supplementation in malnourished children. *Journal of the Medical Association of Thailand, 4*, 86–91.

Rattan, S. I. S., Kristensen, P., & Clark, B. F. C. (Eds.). (2006). *Understanding and modulating aging*. Malden, MA: Blackwell Publishing on behalf of the New York Academy of Sciences, 2006.

Rattner, A., & Nathans, J. (2006, November). Macular degeneration: Recent advances and therapeutic opportunities. *Nature Reviews Neuroscience, 7*, 860–872.

Raudsepp, L., & Liblik, R. (2002). Relationship of perceived and actual motor competence in children. *Perception and Motor Skills, 94*, 1059–1070.

Ray, L., Bryan, A., MacKillop, J., McGeary, J., Hesterberg, K., & Hutchison, K. (2009). The dopamine D receptor (4) gene exon III polymorphism, problematic alcohol use and novelty seeking: Direct and mediated genetic effects. *Addiction Biology, 14*, 238–244. http://search.ebscohost.com, doi:10.1111/j.1369-1600.2008.00120.x

Ray, O. (2004). How the mind hurts and heals the body. *American Psychologist, 59*, 29–40.

Rayner, K., Foorman, B. R., Perfetti, C. A., Pesetsky, D., & Seidenberg, M. S. (2002, March). How should reading be taught? *Scientific American*, 85–91.

Raz, N., Rodrigue, K., Kennedy, K., & Acker, J. (2007, March). Vascular health and longitudinal changes in brain and cognition in middle-aged and older adults. *Neuropsychology, 21*, 149–157.

Razani, J., Murcia, G., Tabares, J., & Wong, J. (2007). The effects of culture on WASI test performance in ethnically diverse individuals. *The Clinical Neuropsychologist, 21*, 776–788.

Reblin, M., and Uchino, B. (2008). Social and emotional support and its implication for health. *Current Opinions in Psychiatry, 21*, 201–205.

Reddy, V. (1999). Prelinguistic communication. In M. Barrett (Ed.), *The development of language* (pp. 25–50). Philadelphia: Psychology Press.

Reed, R.K. (2005). *Birthing fathers: The transformation of men in American rites of birth*. New Brunswick, NJ: Rutgers University Press.

Reese, E., & Cox, A. (1999). Quality of adult book reading affects children's emergent literacy. *Developmental Psychology, 35*, 20–28.

Reese, E., & Newcombe, R. (2007). Training mothers in elaborative reminiscing enhances children's autobiographical memory and narrative. *Child Development, 78*, 1153–1170.

Reichert, F., Menezes, A., Wells, J., Dumith, C., & Hallal, P. (2009). Physical activity as a predictor of adolescent body fatness: A systematic review. *Sports Medicine, 39*, 279–294.

Reifman, A. (2000). Revisiting *The Bell Curve*. *Psycoloquy*, 11.

Reiner, W. G., & Gearhart, J. P. (2004). Discordant sexual identity in some genetic males with cloacal exstrophy assigned to female sex at birth. *The New England Journal of Medicine, 350*, 333–341.

Reis, S., & Renzulli, J. (2004). Current research on the social and emotional development of gifted and talented students: Good news and future possibilities. *Psychology in the Schools, 41*, 119–130.

Reissland, N., & Shepherd, J. (2006, March). The effect of maternal depressed mood on infant emotional reaction in a surprise-eliciting situation. *Infant Mental Health Journal, 27*, 173–187.

Rembis, M. (2009). (Re)defining disability in the 'genetic age': Behavioral genetics, 'new' eugenics and the future of impairment. *Disability & Society, 24*, 585–597. http://search.ebscohost.com, doi:10.1080/09687590903010941

Renkl, M. (2009). Renkl, M. Five facts about kids' social lives. http://www.parenting.com/article/Child/Development/5-Facts-About-Kids-Social-Lives/1.Downloaded 11/17/09.

Renner, L., & Slack, K. (2006, June). Intimate partner violence and child maltreatment: Understanding intra- and intergenerational connections. *Child Abuse & Neglect, 30*, 599–617.

Reschly, D. J. (1996). Identification and assessment of students with disabilities. *The Future of Children, 6*, 40–53.

Rescorla, L., Alley, A., & Christine, J. (2001). Word frequencies in toddlers' lexicons. *Journal of Speech, Language, & Hearing Research, 44*, 598–609.

Resnick, B. (2000). A seven step approach to starting an exercise program for older adults. *Patient Education & Counseling, 39*, 243–252.

Resnick, M. D., Bearman, P. S., Blum, R. W., Bauman, K. E., Harris, M. R., Jones, L., Tabor, J., Beuhring, T., Sieving, R., Shew, M., Ireland, M., Bearinger, L. H., & Udry, J. R. (1997). Protecting adolescents from harm: Findings from the National Longitudinal Study on Adolescent Health. *JAMA: The Journal of the American Medical Association, 278*, 823–832.

Ressner, J. (2001, March 6). When a coma isn't one. *Time Magazine*, p. 62.

Resta R., Biesecker, B. B., Bennett, R. L., Blum, S., Estabrooks. H. S., Strecker, M. N., Williams J. L. (2006). A new definition of genetic counseling: National Society of Genetic Counselors' Task Force Report. *Journal of Genetic Counseling, 15*, 77–83.

Rethorst, C., Wipfli, B., & Landers, D. (2009). The antidepressive effects of exercise: A meta-analysis of randomized trials. *Sports Medicine, 39*, 491–511.

Reuters Health eLine. (2002, June 26). Baby's injuring points to danger of kids imitating television. *Reuters Health eLine*.

Reyna, V. F. (1997). Conceptions of memory development with implications for reasoning and decision making. In R. Vasta (Ed.), *Annals of child development: A research annual* (Vol. 12, pp. 87–118). London, England: Jessica Kingsley Publishers.

Reyna, V. F., & Farley, F. (2006). Risk and rationality in adolescent decision making. *Psychological Science in the Public Interest, 7*, 1–44.

Reynolds, D. (2007). Restraining Golem and harnessing Pygmalion in the classroom: A laboratory study of managerial expectations and task design. *Academy of Management Learning & Education, 6*, 475–483.

Rhoades, G., Stanley, S., & Markman, H. (2006, December). Pre-engagement cohabitation and gender asymmetry in marital commitment. *Journal of Family Psychology, 20*, 553–560.

Rhoades, G., Stanley, S., & Markman, H. (2009). The pre-engagement cohabitation effect: A replication and extension of previous findings. *Journal of Family Psychology, 23*, 107–111.

Rhodes, R., Mitchell, S., Miller, S., Connor, S., & Teno, J. (2008). Bereaved family members' evaluation of hospice care: What factors influence overall satisfaction with services?. *Journal of Pain and Symptom Management, 35*, 365–371.

Rhule, D. (2005). Take care to do no harm: Harmful interventions for youth problem behavior. *Professional Psychology: Research and Practice, 36*, 618–625.

Ricciardelli, L. A., & McCabe, M. P. (2004). A biopsychosocial model of disordered eating and the pursuit of muscularity in adolescent boys. *Psychological Bulletin, 130*, 179–205.

Ricciardelli, L., & McCabe, M. (2003). Sociocultural and individual influences on muscle gain and weight loss strategies among adolescent boys and girls. *Psychology in the Schools, 40,* 209–224.

Rice, F. P. (1999). *Intimate relationships, marriages, & families* (4th ed.). Mountain View, CA: Mayfield.

Rice, M. L., Huston, A. C., Truglio, R., & Wright, J. (1990). Words from "Sesame Street": Learning vocabulary while viewing. *Developmental Psychology, 26* (3) 421–428.

Richards, H. D., Bear, G. G., Stewart, A. L., & Norman, A. D. (1992). Moral reasoning and classroom conduct: Evidence of a curvilinear relationship. *Merrill-Palmer Quarterly, 38,* 176–190.

Richards, M. H., & Duckett, E. (1994). The relationship of maternal employment to early adolescent daily experience with and without parents. *Child Development, 65,* 225–236.

Richards, M. H., Crowe, P. A., Larson, R., & Swarr, A. (1998). Developmental patterns and gender differences in the experience of peer companionship during adolescence. *Child Development, 69,* 154–163.

Richards, M. P. M. (1996). The childhood environment and the development of sexuality. In C. J. K. Henry & S. J. Ulijaszek (Eds.), *Long-term consequences of early environment: Growth, development and the lifespan developmental perspective.* Cambridge, England: Cambridge University Press.

Richardson, G., Goldschmidt, L., & Willford, J. (2009). Continued effects of prenatal cocaine use: Preschool development. *Neurotoxicology and Teratology, 31,* 325–333.

Richardson, H., Walker, A., & Horne, R. (2009). Maternal smoking impairs arousal patterns in sleeping infants. *Sleep: Journal of Sleep and Sleep Disorders Research, 32,* 515–521.

Richardson, K., & Norgate, S. (2007). A critical analysis of IQ studies of adopted children. *Human Development, 49,* 319–335.

Rick, S., & Douglas, D. (2007). Neurobiologlcal effects of childhood abuse. *Journal of Psychosocial Nursing & Mental Health Services, 45,* 47–54.

Rideout V., Vandewater, E., & Wartella, E. (2003). *Zero to Six: Electronic media in the lives of infants, toddlers, and preschoolers.* Menlo Park, CA: Kaiser Family Foundation.

Riebe, D., Burbank, P., & Garber, C. (2002). Setting the stage for active older adults. In P. Burbank & D. Riebe (Eds.), *Promoting exercise and behavior change in older adults: Interventions with the transtheoretical mode.* New York: Springer Publishing Co.

Riley, L., & Bowen, C. (2005, January). The sandwich generation: Challenges and coping strategies of multigenerational families. *The Family Journal, 13,* 52–58.

Rinaldi, C. (2002). Social conflict abilities of children identified as sociable, aggressive, and isolated: Developmental implications for children at-risk for impaired peer relations. *Developmental Disabilities Bulletin, 30,* 77–94.

Ripple, C., & Zigler, E. (2003). Research, policy, and the federal role in prevention initiatives for children. *American Psychologist, 58,* 482–490.

Ritchie, L. (2003). Adult day care: Northern perspectives. *Public Health Nursing, 20,* 120–131.

Ritzen, E. M. (2003). Early puberty: What is normal and when is treatment indicated? *Hormone Research, 60,* Supplement, 31–34.

Rivera-Gaziola, M., Silva-Pereyra, J., & Kuhl, P. K. (2005). Brain potentials to native and non-native speech contrasts in 7- and 11-month-old American infants. *Developmental Science, 8,* 162–172.

Robb, A., & Dadson, M. (2002). Eating disorders in males. *Child & Adolescent Psychiatric Clinics of North America, 11,* 399–418.

Robb, M., Richert, R., & Wartella, E. (2009). Just a talking book? Word learning from watching baby videos. *British Journal of Developmental Psychology, 27,* 27–45. http://search.ebscohost.com, doi:10.1348/026151008X320156

Roberts, B. W., Walton, K. E., & Viechtbauer, W. (2006). Patterns of mean-level change in personality traits across the life course: A meta-analysis of longitudinal studies. *Psychological Bulletin, 132,* 1–25.

Roberts, B., Helson, R., & Klohnen, E. (2002). Personality development and growth in women across 30 years: Three perspectives. *Journal of Personality, 70,* 79–102.

Roberts, R. E., Phinney, J. S., Masse, L. C., Chen, Y. R., Roberts, C. R., & Romero, A. (1999). The structure of ethnic identity of young adolescents from diverse ethnocultural groups. *Journal of Early Adolescence, 19,* 301–322.

Roberts, R., Roberts, C., & Duong, H. (2009). Sleepless in adolescence: Prospective data on sleep deprivation, health and functioning. *Journal of Adolescence, 32,* 1045–1057.

Roberts, S. (2006, Ocotber 15). It's official: To be married means to be outnumbered. *New York Times,* p. 22.

Roberts, S. (2007, January 16). 51% of women are now living without spouse. *New York Times,* p. A1.

Roberts, S. (2009, November 24). Economy is forcing young adults back home in big numbers, survey finds. *New York Times,* p. A16.

Robins, R. W., & Trzesniewski, K. H. (2005). Self-esteem development across the lifespan. *Current Directions in Psychological Science, 14,* 158–162.

Robinson, A. J., & Pascalis, O. (2004). Development of flexible visual recognition memory in human infants. *Developmental Science, 7,* 527–533.

Robinson, A., & Stark, D. R. (2005). *Advocates in action.* Washington, DC: National Association for the Education of Young Children.

Robinson, G. (2002). Cross-cultural perspectives on menopause. In A. Hunter & C. Forden (Eds.), *Readings in the psychology of gender: Exploring our differences and commonalities.* Needham Heights, MA: Allyn & Bacon.

Robinson, G. E. (2004, April 16). Beyond nature and nurture. *Science, 304,* 397–399.

Robinson, J. P., & Bianchi, S. (1997, December). The children's hours. *American Demographics,* 20–23.

Robinson, J. P., & Godbey, G. (1997). *Time for life: The surprising ways Americans use their time.* College Park: Pennsylvania State University Press.

Robinson, N. M., Zigler, E., & Gallagher, J. J. (2000). Two tails of the normal curve: Similarities and differences in the study of mental retardation and giftedness. *American Psychologist, 55,* 1413–1421.

Rochat, P. (2004). Emerging co-awareness. In G. Bremner & A. Slater (Eds.), *Theories of infant development.* Malden, MA: Blackwell Publishers.

Rochat, P. (Ed.). (1999). *Early social cognition: Understanding others in the first months of life.* Mahwah, NJ: Erlbaum.

Roche, T. (2000, November 13). The crisis of foster care. *Time,* pp. 74–82.

Rodgers, K. A., & Summers, J. J. (2008). African American students at predominantly White institutions: A motivational and self-systems approach to understanding retention. *Educational Psychology Review, 20,* 171–190.

Rodriguez, L., Schwartz, S. J., & Whitbourne, S. K. (2010). American identity revisited: The relation between national, ethnic, and personal identity in a multiethnic sample of emerging adults. *Journal of Adolescent Research, 25,* 324–349.

Roehrig, M., Masheb, R., White, M., & Grilo, C. (2009). Dieting frequency in obese patients with binge eating disorder: Behavioral and metabolic correlates. *Obesity, 17,* 689–697.

Roelofs, J., Meesters, C., Ter Huurne, M., Bamelis, L., & Muris, P. (2006, June). On the links between attachment style, parental rearing behaviors, and internalizing and externalizing problems in non-clinical children. *Journal of Child and Family Studies, 15,* 331–344.

Roffwarg, H. P., Muzio, J. N., & Dement, W. C. (1966). Ontogenic development of the human sleep–dream cycle. *Science, 152,* 604–619.

Rogan, J. (2007). How much curriculum change is appropriate? Defining a zone of feasible innovation. *Science Education, 91,* 439–460.

Rogers, C. R. (1971). A theory of personality. In S. Maddi (Ed.), *Perspectives on personality.* Boston: Little, Brown.

Rogers, S., & Willams, J. (2006). *Imitation and the social mind: Autism and typical development.* New York: Guilford Press.

Roggeveen, A. B., Prime, D. J., & Ward, L. M. (2007). Lateralized readiness potentials reveal motor slowing in the aging brain. *Journals of Gerontology: Series B: Psychological Science and Social Science, 62,* P78–P84.

Rogoff, B., & Chavajay, P. (1995). What's become of research on the cultural basis of cognitive development? *American Psychologist, 50,* 859–877.

Rolls, E. (2000). Memory systems in the brain. *Annual Review of Psychology, 51,* 599–630.

Rom, S. A., Miller, L., & Peluso, J. (2009). Playing the game: Psychological factors in surviving cancer. *International Journal of Emergency Mental Health, 11,* 25–35.

Romero, A., & Roberts, R. (2003). The impact of multiple dimensions of ethnic identity on discrimination and adolescents' self-esteem. *Journal of Applied Social Psychology, 33,* 2288–2305.

Ron, P. (2006). Care giving offspring to aging parents: How it affects their marital relations, parenthood, and mental health. *Illness, Crisis, & Loss, 14,* 1–21.

Rönkä, A., & Pulkkinen, L. (1995). Accumulation of problems in social functioning in young adulthood: A developmental approach. *Journal of Personality and Social Psychology, 69,* 381–391.

Roopnarine, J. L., Johnson, J. E., & Hooper, F. H. (Eds.). (1994). *Children's play in diverse cultures.* Albany: State University of New York Press.

Ropar, D., Mitchell, P., & Ackroyd, K. (2003). Do children with autism find it difficult to offer alternative interpretations to ambiguous figures? *British Journal of Developmental Psychology, 21,* 387–395.

Roper Starch Worldwide. (1997, August). Romantic resurgence. *American Demographics, 35.*

Rose, A. J. (2002). Co-rumination in the friendships of girls and boys. *Child Development, 73,* 1830–1843.

Rose, A. J., & Asher, S. R. (1999). Children's goals and strategies in response to conflicts within a friendship. *Developmental Psychology, 35,* 69–79.

Rose, R. J., Viken, R. J., Dick, D. M., Bates, J. E., Pulkkinen, L., & Kaprio, J. (2003). It *does* take a village:

Nonfamilial environments and children's behavior. *Psychological Science, 14,* 273–278.

Rose, S. (2008, January 21). Drugging unruly children is a method of social control. *Nature, 451,* 521.

Rose, S. A., Feldman, J. F., & Jankowski, J. J. (2004). Dimensions of cognition in infancy. *Intelligence, 32,* 245–262.

Rose, S. A., Feldman, J. F., Wallace, I. F., & McCarton, C. (1991). Information processing at 1 year: Relation to birth status and developmental outcome during the first 5 years. *Developmental Psychology, 27,* 723–737.

Rose, S., Feldman, J., & Jankowski, J. (1999). Visual and auditory temporal processing, cross-modal transfer, and reading. *Journal of Learning Disabilities, 32,* 256–266.

Rose, S., Feldman, J., & Jankowski, J. (2009). Information processing in toddlers: Continuity from infancy and persistence of preterm deficits. *Intelligence, 37,* 311–320.

Rose, S., Jankowski, J., & Feldman, J. (2002). Speed of processing and face recognition at 7 and 12 months. *Infancy, 3,* 435–455.

Roseberry, S., Hirsh-Pasek, K., Parish-Morris, J., & Golinkoff, R. (2009). Live action: Can young children learn verbs from video?. *Child Development, 80,* 1360–1375.

Rosen, S., & Iverson, P. (2007). Constructing adequate non-speech analogues: What is special about speech anyway?. *Developmental Science, 10,* 165–168.

Rosenblatt, P. C. (1988). Grief: The social context of private feelings. *Journal of Social Issues, 44,* 67–78.

Rosenblatt, P. C. & Wallace, B. R. (2005). *African American grief.* New York: Brunner-Routledge.

Rosenman, R. H. (1990). Type A behavior pattern: A personal overview. *Journal of Social Behavior and Personality, 5,* 1–24.

Rosenstein, D., & Oster, H. (1988). Differential facial responses to four basic tastes in newborns. *Child Development, 59,* 1555–1568.

Rosenthal, H., & Crisp, R. (2006, April). Reducing stereotype threat by blurring intergroup boundaries. *Personality and Social Psychology Bulletin, 32,* 501–511.

Rosenthal, R. (2002). The Pygmalion effect and its mediating mechanisms. In J. Aronson (Ed.), *Improving academic achievement: Impact of psychological factors on education.* San Diego: Academic Press.

Rosenthal, R., & Jacobson, L. (1968). *Pygmalion in the classroom: Teacher expectation and pupils' intellectual development.* New York: Holt, Rinehart & Winston.

Ross, C. E., Microwsky, J., & Goldsteen, K. (1991). The impact of the family on health. In A. Booth (Ed.), *Contemporary families.* Minneapolis, MN: National Council on Family Relations.

Ross, J., Stefanatos, G., & Roeltgen, D. (2007). Klinefelter syndrome. *Neurogenetic developmental disorders: Variation of manifestation in childhood.* Cambridge, MA: The MIT Press.

Ross, M., & Wilson, A. E. (2003). Autobiographical memory and conceptions of self: Getting better all the time. *Current Directions in Psychological Science, 12,* 66–69.

Rossman, I. (1977). Anatomic and body composition changes with aging. In C. E. Finch & L. Hayflick (Eds.), *Handbook of the biology of aging.* New York: Van Nostrand Reinhold.

Rossouw, J. E., Prentice, R. L., Manson, J. E., Wu, L., Barad, D., Barnabei, V. M., Ko, M., LaCroix, A. Z., Margolis, K. L., & Stefanick, M. L. (2007). Postmenopausal hormone therapy and risk of cardiovascular disease by age and years since menopause. *JAMA: The Journal of the American Medical Association, 297,* 1465–1477.

Rotenberg, K. J., & Morrison, J. (1993). Loneliness and college achievement: Do loneliness scale scores predict college drop-out? *Psychological Reports, 73,* 1283–1288.

Roth, D., Slone, M., & Dar, R. (2000). Which way cognitive development? An evaluation of the Piagetian and the domain-specific research programs. *Theory & Psychology, 10,* 353–373.

Rothbart, M. (2007). Temperament, development, and personality. *Current Directions in Psychological Science, 16,* 207–212.

Rothbart, M., & Derryberry, D. (2002). Temperament in children. In C. von Hofsten & L. Backman (Eds.), *Psychology at the turn of the millennium, Vol. 2: Social, developmental, and clinical perspectives.* Florence, KY: Taylor & Frances/Routledge.

Rothbaum, F., Rosen, K., & Ujiie, T. (2002). Family systems theory, attachment theory and culture. *Family Process, 41,* 328–350.

Rothbaum, F., Weisz, J., Pott, M., Miyake, K., & Morelli, G. (2000). Attachment and culture: Security in the United States and Japan. *American Psychologist, 55,* 1093–1104.

Rotigel, J. V. (2003). Understanding the young gifted child: Guidelines for parents, families, and educators. *Early Childhood Education Journal, 30,* 209–214.

Rovee-Collier, C. (1993). The capacity for long-term memory in infancy. *Current Directions in Psychological Science, 2,* 130–135.

Rovee-Collier, C. (1999). The development of infant memory. *Current Directions in Psychological Science, 8,* 80–85.

Rowe, D. C. (1994). *The effects of nurture on individual natures.* New York: Guilford Press.

Rowley, S., Burchinal, M., Roberts, J., & Zeisel, S. (2008). Racial identity, social context, and race-related social cognition in African Americans during middle childhood. *Developmental Psychology, 44,* 1537–1546.

Rubin, D. C. (1986). *Autobiographical memory.* Cambridge, England: Cambridge University Press.

Rubin, D. C. (2000). Autobiographical memory and aging. In C. D. Park & N. Schwarz et al. (Eds.), *Cognitive aging: A primer.* Philadelphia: Psychology Press/Taylor & Francis.

Rubin, D. C. (Ed.). (1996). *Remembering our past: Studies in autobiographical memory.* New York: Cambridge University Press.

Rubin, D., & Greenberg, D. (2003). The role of narrative in recollection: A view from cognitive psychology and neuropsychology. In G. Fireman & T. McVay (Eds.), *Narrative and consciousness: Literature, psychology, and the brain.* London: Oxford University Press.

Rubin, K. H., & Chung, O. B. (Eds.). (2006). *Parenting beliefs, behaviors, and parent-child relations: A cross-cultural perspective.* New York: Psychology Press.

Ruble, D. N., Taylor, L. J., Cyphers, L., Greulich, F. K., Lurye, L. E., & Shrout, P. E. (2007). The role of gender constancy in early gender development. *Child Development, 78,* 1121–1136.

Ruda, M. A., Ling, Q-D., Hohmann, A. G., Peng, Y. B., & Tachibana, T. (2000, July 28). Altered nociceptive neuronal circuits after neonatal peripheral inflammation. *Science, 289,* 628–630.

Rudd, L. C., Cain, D. W., & Saxon, T. F. (2008). Does improving joint attention in low-quality child-care enhance language development? *Early Child Development and Care, 178,* 315–338.

Rudy, D., & Grusec, J. (2006, March). Authoritarian parenting in individualist and collectivist groups: Associations with maternal emotion and cognition and children's self-esteem. *Journal of Family Psychology, 20,* 68–78.

Ruff, H. A. (1989). The infant's use of visual and haptic information in the perception and recognition of objects. *Canadian Journal of Psychology, 43,* 302–319.

Ruffman, T., Slade, L., & Redman, J. (2005). Young infants' expectations about hidden objects. *Cognition* [serial Online], *97,* B35-b43.

Rule, B. G., & Ferguson, T. J. (1986). The effects of media violence on attitudes, emotions and cognitions. *Journal of Social Issues, 42,* 29–50.

Runyan, D. (2008). The challenges of assessing the incidence of inflicted traumatic brain injury: A world perspective. *American Journal of Preventive Medicine, 34,* S112–SS115.

Rupp, D., Vodanovich, S., & Credé, M. (2006, June). Age bias in the workplace: The impact of ageism and causal attributions. *Journal of Applied Social Psychology, 36,* 1337–1364.

Russell, S. T., & McGuire, J. K. (2006). Critical Mental Health Issues for Sexual Minority Adolescents. Citation. In F. A. Villarruel & T. Luster, Eds., *The crisis in youth mental health: Critical issues and effective programs, Vol. 2: Disorders in adolescence.* Westport, CT: Praeger Publishers/Greenwood Publishing Group.

Russell, S., & Consolacion, T. (2003). Adolescent romance and emotional health in the United States: Beyond binaries. *Journal of Clinical Child & Adolescent Psychology, 32,* 499–508.

Russon, A. E., & Waite, B. E. (1991). Patterns of dominance and imitation in an infant peer group. *Ethology & Sociobiology, 12,* 55–73.

Rust, J., Golombok, S., Hines, M., Johnston, K., & Golding, J.; ALSPAC Study Team. (2000). The role of brothers and sisters in the gender development of preschool children. *Journal of Experimental Child Psychology, 77,* 292–303.

Rutter, M. (2003). Commentary: Causal processes leading to antisocial behavior. *Developmental Psychology, 39,* 372–378.

Rutter, M. (2006). *Genes and behavior: Nature-nurture interplay explained.* New York: Blackwell Publishing.

Ryan, B. P. (2001). *Programmed therapy for stuttering in children and adults* (2nd ed.) Springfield, IL: Charles C. Thomas.

Ryan, D., & Martin, A. (2000). Lesbian, gay, bisexual, and transgender parents in the school systems. *The School Psychology Review, 29,* 207–216.

Sabbagh, M. (2009). Drug development for Alzheimer's disease: Where are we now and where are we headed? *American Journal of Geriatric Pharmacotherapy (AJGP), 7,* 167–185.

Sabbagh, M., Bowman, L., Evraire, L., & Ito, J. (2009). Neurodevelopmental correlates of theory of mind in preschool children. *Child Development, 80,* 1147–1162.

Sack, K. (1999, March 21). Older students bring new life to campuses. *New York Times,* p. WH8.

Sacks, M. H. (1993). Exercise for stress control. In D. Goleman & J. Gurin (Eds.), *Mind–body medicine.* Yonkers, NY: Consumer Reports Books.

Sadker, M., & Sadker, D. (1994). *Failing at fairness: How America's schools cheat girls.* New York: Scribner's.

Saiegh-Haddad, E. (2007). Linguistic constraints on children's ability to isolate phonemes in Arabic. *Applied Psycholinguistics, 28,* 607–625.

Sales, B. D., & Folkman, S. (Eds.). (2000). *Ethics in research with human participants*. Washington, DC: American Psychological Association.

Sallis, J., & Glanz, K. (2006, March). The role of built environments in physical activity, eating, and obesity in childhood. *The Future of Children, 16*, 89–108.

Salovey, P., & Pizarro, D. (2003). The value of emotional intelligence. In R. Sternberg & J. Lautrey (Eds.), *Models of intelligence: International perspectives*. Washington, DC: American Psychological Association.

Salthouse, T. (2009). When does age-related cognitive decline begin? *Neurobiology of Aging, 30*, 507–514.

Salthouse, T. A. (1989). Age-related changes in basic cognitive processes. In APA Master Lectures, *The adult years: Continuity and change*. Washington, DC: American Psychological Association.

Salthouse, T. A. (1990). Cognitive competence and expertise in aging. In J. E. Birren & W. K. Schaie, et al. (Eds.), *Handbook of the psychology of aging* (3rd ed.). San Diego, CA: Academic Press.

Salthouse, T. A. (1993). Speed mediation of adult age differences in cognition. *Developmental Psychology, 29*, 722–738.

Salthouse, T. A. (1994). The aging of working memory. *Neuropsychology, 8*, 535–543.

Salthouse, T. A. (2006). Mental exercise and mental aging: Evaluating the validity of the "Use it or lose it" hypothesis. *Perspectives on Psychological Science, 1*, 68–87.

Salthouse, T. A., Atkinson, T. M., & Berish, D. E. (2003). Executive functioning as a potential mediator of age-related cognitive decline in normal adults. *Journal of Experimental Psychology: General, 132*, 566–594.

Salthouse, T., Pink, J., & Tucker-Drob, E. (2008). Contextual analysis of fluid intelligence. *Intelligence, 36*, 464–486.

Samet, J. H., De Marini, D. M., & Malling, H. V. (2004, May 14). Do airborne particles induce heritable mutations? *Science, 304*, 971.

Sammons, M. (2009). Writing a wrong: Factors influencing the overprescription of antidepressants to youth. *Professional Psychology: Research and Practice, 40*, 327–329.

Samuels, C. A. (2005). Special educators discuss NCLB effect at national meeting. *Education Week, 24*, 12.

Samuelsson, I., & Johansson, E. (2006, January). Play and learning—inseparable dimensions in preschool practice. *Early Child Development and Care, 176*, 47–65.

Sandberg, D. E., & Voss, L. D. (2002). The psychosocial consequences of short stature: A review of the evidence. *Best Practice and Research Clinical Endocrinology and Metabolism, 16*, 449–463.

Sanders, S., Ott, C., Kelber, S., & Noonan, P. (2008). The experience of high levels of grief in caregivers of persons with Alzheimer's disease and related dementia. *Death Studies, 32*, 495–523.

Sandis, E. (2000). The aging and their families: A cross-national review. In A. L. Comunian & U. P. Gielen (Eds.), *International perspectives on human development*. Lengerich, Germany: Pabst Science Publishers.

Sandler, B. (1994, January 31). First denial, then a near-suicidal plea: "Mom, I need your help." *People Weekly*, pp. 56–58.

Sandoval, J., Frisby, C. L., Geisinger, K. F., Scheuneman, J. D., & Grenier, J. R. (Eds.). (1998). *Test interpretation and diversity: Achieving equity in assessment*. Washington, DC: APA Books.

Sandoval, J., Scott, A., & Padilla, I. (2009). Crisis counseling: An overview. *Psychology in the Schools, 46*, 246–256.

Sang, B., Miao, X., & Deng, C. (2002). The development of gifted and nongifted young children in metamemory knowledge. *Psychological Science (China), 25*, 406–409, 424.

Sangree, W. H. (1989). Age and power: Life-course trajectories and age structuring of power relations in East and West Africa. In D. I. Kertzer & K. W. Schaie (Eds.), *Age structuring in comparative perspective*. Hillsdale, NJ: Lawrence Erlbaum.

Sanoff, A. P., & Minerbrook, S. (1993, April 19). Race on campus. *U.S. News and World Report*, pp. 52–64.

Santesso, D., Schmidt, L., & Trainor, L. (2007). Frontal brain electrical activity (EEG) and heart rate in response to affective infant-directed (ID) speech in 9-month-old infants. *Brain and Cognition, 65*, 14–21. http://search.ebscohost.com, doi:10.1016/j.bandc.2007.02.008

Santillo, A. F.,m Skoglund, L., Lindau, M., Eeg-Olofsson, K. E., Tovi, M., Engler, H., Brundin, R., Ingvast, S., Lannfelt, L., Glaser, A., & Kilander, L. (2009). Frontotemporal dementia-amyotrophic lateral sclerosis complex is simulated by neurodegeneration with brain iron accumulation. *Alzheimer Disease and Associated Disorders, 23*, 298–300.

Santos, M., Richards, C., & Bleckley, M. (2007). Comorbidity between depression and disordered eating in adolescents. *Eating Behaviors, 8*, 440–449.

Sapolsky, R. (2005, December). Sick of poverty. *Scientific American*, 93–99.

Sato, Y., Fukasawa, T., Hayakawa, M., Yatsuya, H., Hatakeyama, M., Ogawa, A., et al. (2007). A new method of blood sampling reduces pain for newborn infants: A prospective, randomized controlled clinical trial. *Early Human Development, 83*, 389–394.

Saudino, K., & McManus, I. C. (1998). Handedness, footedness, eyedness and earedness in the Colorado Adoption Project. *British Journal of Developmental Psychology, 16*, 167–174.

Saunders, J., Davis, L., & Williams, T. (2004). Gender differences in self-perceptions and academic outcomes: A study of African American high school students. *Journal of Youth & Adolescence, 33*, 81–90.

Savage-Rumbaugh, E. S., Murphy, J., Sevcik, R. A., Brakke, K. E., Williams, S. L., & Rumbaugh, D. M. (1993). Language and comprehension in ape and child. *Monographs of the Society for Research in Child Development, 58* (3–4, Serial No. 233).

Savin-Williams, R. (2003). Lesbian, gay, and bisexual youths' relationships with their parents. In L. Garnets & D. Kimmel (Eds.), *Psychological perspectives on lesbian, gay, and bisexual experiences* (2nd ed) New York: Columbia University Press.

Sawatzky, J., & Naimark, B. (2002). Physical activity and cardiovascular health in aging women: A health-promotion perspective. *Journal of Aging & Physical Activity, 10*, 396–412.

Sax, L., & Kautz, K. J. (2003). Who first suggests the diagnosis of attention-deficit/hyperactivity disorder? *Annals of Family Medicine, 1*, 171–174.

Sax, L., et al. (2004). *The American freshman: National norms for fall 2004*. Los Angeles: Higher Education Research Institute, UCLA.

Scarr, S. (1993). Biological and cultural diversity: The legacy of Darwin for development. *Child Development, 64*, 1333–1353.

Scarr, S. (1998). American child care today. *American Psychologist, 53*, 95–108.

Scarr, S., & Carter-Saltzman, L. (1982). Genetics and intelligence. In R. J. Sternberg (Ed.), *Handbook of human intelligence* (pp. 792–896). Cambridge, England: Cambridge University Press.

Schachar, R., Ickowicz, A., Crosbie, J., Donnelly, G. A. E., Reiz, J. L., Miceli, P. C., Harsanyi, Z., & Drake, A. C. (2008). Cognitive and behavioral effects of multilayer-release methylphenidate in the treatment of children with attention-deficit/hyperactivity disorder. *Journal of Child and Adolescent Psychopharmacology, 18*, 11–24.

Schachner, D., Shaver, P., & Gillath, O. (2008). Attachment style and long-term singlehood. *Personal Relationships, 15*, 479–491.

Schachter, E. P. (2005). Erikson meets the postmodern: Can classic identity theory rise to the challenge? *Identity, 5*, 137–160.

Schaefer, R. T., & Lamm, R. P. (1992). *Sociology* (4th ed.). New York: McGraw-Hill.

Schaeffer, C., Petras, H., & Ialongo, N. (2003). Modeling growth in boys' aggressive behavior across elementary school: Links to later criminal involvement, conduct disorder, and antisocial personality disorder. *Developmental Psychology, 39*, 1020–1035.

Schaie, K. W. (1977–1978). Toward a stage of adult theory of adult cognitive development. *Journal of Aging and Human Development, 8*, 129–138.

Schaie, K. W. (1993). The Seattle longitudinal studies of adult intelligence. *Current Directions in Psychological Science, 2*, 171–175.

Schaie, K. W. (1994). The course of adult intellectual development. *American Psychologist, 49*, 304–313.

Schaie, K. W., & Willis, S. L. (1993). Age difference patterns of psychometric intelligence in adulthood: Generalizability within and across ability domains. *Psychology and Aging, 8*, 44–55.

Schaie, K. W., & Zanjani, F. A. K. (2006). Intellectual development across adulthood. In C. Hoare, *Handbook of adult development and learning*. New York: Oxford University Press.

Schaller, M., & Crandall, C. S. (Eds.). (2004). *The psychological foundations of culture*. Mahwah, NJ: Lawrence Erlbaum.

Scharfe, E. (2000). Development of emotional expression, understanding, and regulation in infants and young children. In R. Bar-On & J. Parker (Eds.), *The handbook of emotional intelligence: Theory, development, assessment, and application at home, school, and in the workplace*. San Francisco: Jossey-Bass/Pfeiffer.

Scharrer, E. (2004). Virtual violence: Gender and aggression in video game advertisements. *Mass Communication & Society, 7*, 393–412.

Scharrer, E., Kim, D., Lin, K., & Liu, Z. (2006). Working hard or hardly working? Gender, humor, and the performance of domestic chores in television commercials. *Mass Communication and Society, 9*, 215–238.

Schatz, M. (1994). *A toddler's life*. New York: Oxford University Press.

Schechter, D., & Willheim, E. (2009). Disturbances of attachment and parental psychopathology in early childhood. *Child and Adolescent Psychiatric Clinics of North America, 18*, 665–686.

Schecter, T., Finkelstein, Y., & Koren, G. (2005). Pregnant "DES daughters" and their offspring. *Canadian Family Physician, 51*, 493–494.

Schellenberg, E. G., & Trehub, S. E. (1996). Natural musical intervals: Evidence from infant listeners. *Psychological Science, 7*, 272–277.

Schemo, D. J. (2001, December 5). U.S. students prove middling on 32-nation test. *New York Times*, p. A21.

Schemo, D. J. (2003, November 13). Students' scores rise in math, not in reading. *New York Times*, p. A2.

Schemo, D. J. (2004, March 2). Schools, facing tight budgets, leave gifted programs behind. *New York Times*, pp. A1, A18.

Schempf, A. H., (2007). Illicit drug use and neonatal outcomes: A critical review. *Obstetrics and Gynecological Surveys, 62*, 745–757.

Scherer, M. (2004). Contrasting inclusive with exclusive education. In M. Scherer (Ed.), *Connecting to learn: Educational and assistive technology for people with disabilities*. Washington, DC: American Psychological Association.

Scherf, K. S., Sweeney, J. A., & Luna, B. (2006). Brain basis of developmental change in visuospatial working memory. *Journal of Cognitive Neuroscience, 18*, 1045–1058.

Schieber, F., Sugar, J. A., & McDowd, J. M. (1992). Behavioral sciences and aging. In J. E. Birren, B. R. Sloan, G. D. Cohen, N. R. Hooyman, & B. D. Lebowitz, *Handbook of mental health and aging* (2nd ed.). San Diego, CA: Academic Press, 1992.

Schieman, S., McBrier, D. B., & van Gundy, K. (2003). Home-to-work conflict, work qualities, and emotional distress. *Sociological Forum, 18*, 137–164.

Schiffer, A., Pedersen, S., Broers, H., Widdershoven, J., & Denollet, J. (2008). Type-D personality but not depression predicts severity of anxiety in heart failure patients at 1-year follow-up. *Journal of Affective Disorders, 106*, 73–81.

Schiller, J. S., & Bernadel, L. (2004). Summary health statistics for the U.S. population: National Health Interview Survey, 2002. *Vital Health Statistics, 10*, 1–110.

Schkade, D. A., & Kahneman, D. (1998). Does living in California make people happy? A focusing illusion on judgments of life satisfaction. *Psychological Science, 9*, 340–346.

Schmalz, D., & Kerstetter, D. (2006). Girlie girls and manly men: Chidren's stigma consciousness of gender in sports and physical activities. *Journal of Leisure Research, 38*, 536–557.

Schmidt, M., Pekow, P., Freedson, P., Markenson, G., & Chasan-Taber, L. (2006). Physical activity patterns during pregnancy in a diverse population of women. *Journal of Women's Health, 15*, 909–918.

Schmidt, P. J., & Rubinow, D. R. (1991). Menopause-related affective disorders: A justification for further study. *American Journal of Psychiatry, 148*, 844–852.

Schmitt, E. (2001, March 13). For 7 million people in census, one race category isn't enough. *New York Times*, pp. A1, A14.

Schneider, B. (1997). Psychoacoustics and aging: Implications for everyday listening. *Journal of Speech-Language Pathology & Audiology, 21*, 111–124.

Schneider, E. L. (1999, February 5). Aging in the third millennium. *Science, 283*, 796–797.

Schnur, E., & Belanger, S. (2000). What works in Head Start. In M. P. Kluger & G. Alexander et al. (Eds.), *What works in child welfare*. Washington, DC: Child Welfare League of America.

Schöner, G., & Thelen, E. (2006). Using Dynamic Field Theory to Rethink Infant Habituation. *Psychological Review, 113*, 273–299.

Schoppe-Sullivan, S., Diener, M., Mangelsdorf, S., Brown, G., McHale, J., & Frosch, C. (2006, July). Attachment and sensitivity in family context: The roles of parent and infant gender. *Infant and Child Development, 15*, 367–385.

Schoppe-Sullivan, S., Mangelsdorf, S., Brown, G., & Sokolowski, M. (2007, February). Goodness-of-fit in family context: Infant temperament, marital quality, and early coparenting behavior. *Infant Behavior & Development, 30*, 82–96.

Schore, A. (2003). *Affect regulation and the repair of the self*. New York: Norton.

Schreiber, G. B., Robins, M., Striegel-Moore, R., Obarzanek, M., Morrison, J. A., & Wright, D. J. (1996). Weight modification efforts reported by black and white preadolescent girls: National Heart, Lung, and Blood Institute Growth and Health Study. *Pediatrics, 98*, 63–70.

Schuetze, P., Eiden, R., & Coles, C. (2007). Prenatal cocaine and other substance exposure: Effects on infant autonomic regulation at 7 months of age. *Developmental Psychobiology, 49*, 276–289.

Schulman, M., & Mekler, E. (1994). *Bringing up a moral child: A new approach for teaching your child to be kind, just, and responsible*. Reading, MA: Addison-Wesley.

Schultz, A. H. (1969). *The life of primates*. New York: Universe.

Schultz, N. (2009, August 22). Do expanding waistlines cause shrinking brains? *New Scientist*, p. 9.

Schultz, R., & Curnow, C. (1988). Peak performance and age among superathletes: Track and field, swimming, baseball, tennis, and golf. *Journal of Gerontology, 43*, P113–P120.

Schulz, R., & Aderman, D. (1976). How medical staff copes with dying patients. *Omega, 7*, 11–21.

Schumer, F. (2009, September 29). After a death, the pain that doesn't go away. *New York Times*, p. D1.

Schuster, C. S., & Ashburn, S. S. (1986). *The process of human development* (2nd. ed.). Boston: Little, Brown.

Schutt, R. K. (2001). *Investigating the social world: The process and practice of research*. Thousand Oaks, CA: Sage Publications.

Schutz, H., Paxton, S., & Wertheim, E. (2002). Investigation of body comparison among adolescent girls. *Journal of Applied Social Psychology, 32*, 1906–1937.

Schwartz, C. E., Kunwar, P. S., et al., (2010). Structural differences in adult orbital and ventromedial prefrontal Cortex Predicted by infant temperament at 4 months of age. *Archives of General Psychiatry, 67*, 78–84.

Schwartz, C. E., & Rauch, S. L. (2004). Temperament and its implications for neuroimaging of anxiety disorders. *CNS Spectrums, 9*, 284–291.

Schwartz, C. E., Wright, C. L., Shin, L. M., Kagan, J., & Rauch, S. L. (2003, June 20). Inhibited and uninhibited infants "grown up": Adult amygdalar response to novelty. *Science, 300*, 1952–1953.

Schwartz, I. M. (1999). Sexual activity prior to coital interaction: A comparison between males and females. *Archives of Sexual Behavior, 28*, 63–69.

Schwartz, P., Maynard, A., & Uzelac, S. (2008). Adolescent egocentrism: A contemporary view. *Adolescence, 43*, 441–448.

Schweinhart, L. J., Barnes, H. V., & Weikart, D. P. (1993). *Significant benefits: The High/Scope Perry Preschool Study through age 27* (Monographs of the High/Scope Educational Research Foundation, No. 10). Ypsilanti, MI: High/Scope Press.

Schwenkhagen, A. (2007). Hormonal changes in menopause and implications on sexual health. *The Journal of Sexual Medicine, 4*, Supplement, 220–226.

Scrimsher, S., & Tudge, J. (2003). The teaching/learning relationship in the first years of school: Some revolutionary implications of Vygotsky's theory. *Early Education and Development, 14* [Special issue], 293–312.

Scruggs, T. E., & Mastropieri, M. A. (1994). Successful mainstreaming in elementary science classes: A qualitative study of three reputational cases. *American Educational Research Journal, 31*, 785–811.

Sears, R. R. (1977). Sources of life satisfaction of the Terman gifted men. *American Psychologist, 32*, 119–129.

Sedikides, C., Gaertner, L., & Toguchi, Y. (2003). Pancultural self-enhancement. *Journal of Personality and Social Psychology, 84*, 60–79.

SEER. (2005). Surveillance, Epidemiology, and End Results Program (SEER) Program. (www.seer.cancer.gov) SEER*Stat Database: Incidence—SEER 9 Regs Public-Use, Nov 2004 Sub (1973–2002), National Cancer Institute, DCCPS, Surveillance Research Program, Cancer Statistics Branch, released April 2005, based on the November 2004 submission.

Segal, B. M., & Stewart, J. C. (1996). Substance use and abuse in adolescence: An overview. *Child Psychiatry & Human Development, 26*, 193–210.

Segal, J., & Segal, Z. (1992, September). No more couch potatoes. *Parents*, p. 235.

Segal, N. L. (1993). Twin, sibling, and adoption methods: Tests of evolutionary hypotheses. *American Psychologist, 48*, 943–956.

Segal, N. L. (2000). Virtual twins: New findings on within-family environmental influences on intelligence. *Journal of Educational Psychology, 92*, 188–194.

Segall, M. H., Dasen, P. R., Berry, J. W., & Poortinga, Y. H. (1990). *Human behavior in global perspective*. Boston: Allyn & Bacon.

Segalowitz, S. J., & Rapin I. (Eds.). (2003). *Child neuropsychology, Part I*. Amsterdam, The Netherlands: Elsevier Science.

Segrè, F. (2009, August 16). Anne Miller and Michael Davoli. *New York Times*, p. ST13.

Seibert, A., & Kerns, K. (2009). Attachment figures in middle childhood. *International Journal of Behavioral Development, 33*, 347–355.

Seidman, S. (2003). The aging male: Androgens, erectile dysfunction, and depression. *Journal of Clinical Psychiatry, 64*, 31–37.

Selfhout, M., Denissen, J., Branje, S., & Meeus, W. (2009). In the eye of the beholder: Perceived, actual, and peer-rated similarity in personality, communication, and friendship intensity during the acquaintanceship process. *Journal of Personality and Social Psychology, 96*, 1152–1165.

Seligman, M. E. P. (2007). Coaching and positive psychology. *Australian Psychologist, 42*, 266–267.

Semerci, Ç. (2006). The opinions of medicine faculty students regarding cheating in relation to Kohlberg's moral development concept. *Social Behavior and Personality, 34*, 41–50.

Seppa, N. (1997, February). Wisdom: A quality that may defy age. *APA Monitor*, pp. 1, 9.

Serbin, L., & Karp, J. (2004). The intergenerational transfer of psychosocial risk: Mediators of vulnerability and resilience. *Annual Review of Psychology, 55*, 333–363.

Serbin, L., Poulin-Dubois, D., & Colburne, K. (2001). Gender stereotyping in infancy: Visual preferences for and knowledge of gender-stereotyped toys in the second year. *International Journal of Behavioral Development, 25*, 7–15.

Serbin, L., Poulin-Dubois, D., & Eichstedt, J. (2002). Infants' response to gender-inconsistent events. *Infancy, 3*, 531–542.

Serretti, A., Calati, R., Ferrari, B., & De Ronchi, D. (2007). Personality and genetics. *Current Psychiatry Reviews, 3*, 147–159.

Servin, A., Nordenström, A., Larsson, A., & Bohlin, G. (2003). Prenatal adrogens and gender-typed behavior: A study of girls with mild and severe forms of congenital adrenal hyperplasia. *Developmental Psychology, 39*, 440–450.

Settersten, R. (2002). Social sources of meaning in later life. In R. Weiss & S. Bass (Eds.), *Challenges of the third age: Meaning and purpose in later life*. London: Oxford University Press.

Seymour, J., Payne, S., Chapman, A., & Holloway, M. (2007). Hospice or home? Expectations of end-of-life care among white and Chinese older people in the UK. *Sociology of Health & Illness, 29*, 872–890.

Shafer, R. G. (1990, March 12). An anguished father recounts the battle he lost—trying to rescue a teenage son from drugs. *People Weekly*, pp. 81–83.

Shangguan, F., & Shi, J. (2009). Puberty timing and fluid intelligence: A study of correlations between testosterone and intelligence in 8- to 12-year-old Chinese boys. *Psychoneuroendocrinology, 34*, 983–988.

Shapiro, A. F., Gottman, J. M., & Carrère, S. (2000). The baby and the marriage: Identifying factors that buffer against decline in marital satisfaction after the first baby arrives. *Journal of Family Psychology, 14*, 124–130.

Shapiro, L. (1997, Spring/Summer). Beyond an apple a day. *Newsweek* [Special Issue], pp. 52–56.

Shapiro, L., & Solity, J. (2008). Delivering phonological and phonics training within whole-class teaching. *British Journal of Educational Psychology, 78*, 597–620.

Sharf, R. S. (1992). *Applying career development theory to counseling*. Pacific Grove, CA: Brooks/Cole.

Shaunessy, E., Suldo, S., Hardesty, R., & Shaffer, E. (2006, December). School functioning and psychological well-being of international baccalaureate and general education students: A preliminary examination. *Journal of Secondary Gifted Education, 17*, 76–89.

Shavelson, R., Hubner, J. J., & Stanton, J. C. (1976). Self-concept: Validation of construct interpretations. *Review of Educational Research, 46*, 407–441.

Shaver, P. R., Hazan, C., & Bradshaw, D. (1988). Love as attachment: The integration of three behavioral systems. In R. J. Sternberg & M. L. Barnes (Eds.), *The psychology of love* (pp. 68–99). New Haven, CT: Yale University Press.

Shaw, D. S., Winslow, E. B., & Flanagan, C. (1999). A prospective study of the effects of marital status and family relations on young children's adjustment among African American and European American families. *Child Development, 70*, 742–755.

Shaw, M. L. (2003). Creativity and whole language. In J. Houtz, *The educational psychology of creativity*. Cresskill, NJ: Hampton Press.

Shaw, P., Eckstrand, K., Sharp, W., Blumenthal, J., Lerch, J. P., Greenstein, D., Classen, L., Evans, A., Giedd, J., & Rapoport, J. L. (2007). Attention-deficit/hyperactivity disorder is characterized by a delay in cortical maturation. *Proceedings of the National Academy of Sciences, 104*, 19649–19654.

Shaywitz, B. A., Shaywitz, S. E., Blachman, B. A., Pugh, K. R., Fulbright, R. K. Skudlarski, P., Mencl, W. E., Constable, R. T., Holahan, J. M., Marchione, K. E., Fletcher, J. M., Lyon, G. R., & Gore, J. C. (2004). Development of left occipitotemporal systems for skilled reading in children after a phonologically-based intervention. *Biological Psychiatry, 55*, 926–933.

Shea, J. (2006, September). Cross-cultural comparison of women's midlife symptom-reporting: A China study. *Culture, Medicine and Psychiatry, 30*, 331–362.

Shea, K. M., Wilcox, A. J., & Little, R. E. (1998). Postterm delivery: A challenge for epidemiologic research. *Epidemiology, 9*, 199–204.

Sheese, B., Voelker, P., Posner, M., & Rothbart, M. (2009). Genetic variation influences on the early development of reactive emotions and their regulation by attention. *Cognitive Neuropsychiatry, 14*, 332–355.

Shelby, R., Crespin, T., Wells-Di Gregorio, S., Lamdan, R., Siegel, J., & Taylor, K. (2008). Optimism, social support, and adjustment in African American women with breast cancer. *Journal of Behavioral Medicine, 31*, 433–444.

Sheldon, K. M., Elliot, A. J., Kim, Y., & Kasser, T. (2001). What is satisfying about satisfying events? Testing 10 candidate psychological needs. *Journal of Personality and Social Psychology, 80*, 325–339.

Sheldon, K. M., Joiner, T. E., Jr., & Pettit, J. W. (2003). Reconciling humanistic ideals and scientific clinical practice. *Clinical Psychology, 10*, 302–315.

Sheldon, S., & Wilkinson, S. (2004). Should selecting saviour siblings be banned? *Journal of Medical Ethics, 30*, 533–537.

Shellenbarger, S. (2003, January 9). Yes, that weird daycare center could scar your child, researchers say. *Wall Street Journal*, p. D1.

Sheridan, C., & Radmacher, S. (2003). Significance of psychosocial factors to health and disease. In L. Schein & H. Bernard (Eds.), *Psychosocial treatment for medical conditions: Principles and techniques*. New York: Brunner-Routledge.

Sherman, E. (1991). *Reminiscence and the self in old age*. New York: Springer.

Sherman, S., Allen, E., Bean, L., & Freeman, S. (2007). Epidemiology of Down syndrome. *Mental Retardation and Developmental Disabilities Research Reviews, 13*, 221–227. http://search.ebscohost.com, doi:10.1002/mrdd.20157

Shernoff, D., & Schmidt, J. (2008). Further evidence of an engagement-achievement paradox among U.S. high school students. *Journal of Youth and Adolescence, 37*, 564–580.

Sherwin, B. B. (1991). The psychoendocrinology of aging and female sexuality. *Annual Review of Sex Research, 2*, 181–198.

Shi, L. (2003). Facilitating constructive parent–child play: Family therapy with young children. *Journal of Family Psychotherapy, 14*, 19–31.

Shi, X., & Lu, X. (2007). Bilingual and bicultural development of Chinese American adolescents and young adults: A comparative study. *Howard Journal of Communications, 18*, 313–333.

Shimizu, M., & Pelham, B. (2004). The unconscious cost of good fortune: Implicit and explicit self-esteem, positive life events, and health. *Health Psychology, 23*, 101–105.

Shin, H. B., & Bruno. R. (2003). *Language use and English speaking ability: 2000*. Washington, DC: U. S. Census Bureau.

Shiner, R., Masten, A., & Roberts, J. (2003). Childhood personality foreshadows adult personality and life outcomes two decades later. *Journal of Personality, 71*, 1145–1170.

Shor, R. (2006, May). Physical punishment as perceived by parents in Russia: Implications for professionals involved in the care of children. *Early Child Development and Care, 176*, 429–439.

Short, L. (2007, February). Lesbian mothers living well in the context of heterosexism and discrimination: Resources, strategies and legislative change. *Feminism & Psychology, 17*, 57–74.

Shrum, W., Cheek, N., Jr., & Hunter, S. M. (1988). Friendship in school: Gender and racial homophily. *Sociology of Education, 61*, 227–239.

Shurkin, J. N. (1992). *Terman's kids: The groundbreaking study of how the gifted grow up*. Boston: Little, Brown.

Shute, N. (1997, November 10). No more hard labor. *U.S. News & World Report*, pp. 92–95.

Shweder, R. A. (Ed.). (1998). *Welcome to middle age! (And other cultural fictions)*. New York: University of Chicago Press.

Shweder, R. A. (2003). *Why do men barbecue? Recipes for cultural psychology*. Cambridge, MA: Harvard University Press.

Sieber, J. E. (2000). Planning research: Basic ethical decision-making. In B. D. Sales & S. Folkman (Eds.), *Ethics in research with human participants*. Washington, DC: American Psychological Association.

Siegal, M. (1997). *Knowing children: Experiments in conversation and cognition* (2nd ed.). Hove, England: Psychology Press/Lawrence Erlbaum (UK), Taylor & Francis.

Siegel, S., Dittrich, R., & Vollmann, J. (2008). Ethical opinions and personal attitudes of young adults conceived by in vitro fertilisation. *Journal of Medical Ethics, 34*, 236–240.

Siegler, R. (2003). Thinking and intelligence. In M. Bornstein & L. Davidson (Eds.), *Well-being: Positive development across the life course* (pp. 311–320). Mahwah, NJ: Lawrence Erlbaum.

Siegler, R. (2007). Cognitive variability. *Developmental Science, 10*, 104–109.

Siegler, R. S. (1995). How does change occur: A microgentic study of number conservation. *Cognitive Psychology, 28*, 225–273.

Siegler, R. S. (1998). *Children's thinking* (3rd ed.). Upper Saddle River, NJ: Prentice Hall.

Siegler, R. S., & Ellis, S. (1996). Piaget on childhood. *Psychological Science, 7*, 211–215.

Siegler, R. S., & Richards, D. (1982). The development of intelligence. In R. Sternberg (Ed.), *Handbook of human intelligence*. London: Cambridge University Press.

Sierra, F. (2006, June). Is (your cellular response to) stress killing you? *Journals of Gerontology: Series A: Biological Sciences and Medical Sciences, 61*, 557–561.

Sigman, M., Cohen, S. E., & Beckwith, L. (1997). Why does infant attention predict adolescent intelligence? *Infant Behavior & Development, 20*, 133–140.

Signorella, M., & Frieze, I. (2008). Interrelations of gender schemas in children and adolescents: Attitudes, preferences, and self-perceptions. *Social Behavior and Personality, 36*, 941–954.

Silverstein, L. B., & Auerbach, C. F. (1999). Deconstructing the essential father. *American Psychologist, 54*, 397–407.

Silverthorn, P., & Frick, P. J. (1999). Developmental pathways to antisocial behavior: The delayed-onset pathway in girls. *Developmental & Psychopathology, 11*, 101–126.

Simcock, G., & Hayne, H. (2002). Breaking the barrier? Children fail to translate their preverbal memories into language. *Psychological Science, 13*, 225–231.

Simmons, S. W., Cyna, A. M., Dennis, A. T., & Hughes, D. (2007). Combined spinal-epidural versus epidural analgesia in labour. *Cochrane Database and Systematic Review, 18*, CD003401.

Simon, R. W. (2008). The joys of parenthood, reconsidered. *Contexts, 7*, 40–45.

Simons, L., & Conger, R. (2007, February). Linking mother–father differences in parenting to a typology of family parenting styles and adolescent outcomes. *Journal of Family Issues, 28*, 212–241.

Simons, S. H., van Dijk, M., Anand, K. S., Roofthooft, D., van Lingen, R. A., & Tibboel. D. (2003). Do we still hurt newborn babies? A prospective study of procedural pain and analgesia in neonates. *Archives of Pediatrics and Adolescence, 157*, 1058–1064.

Simonton, D. K. (1997). Creative productivity: A predictive and explanatory model of career trajectories and landmarks. *Psychological Review, 104*, 66–89.

Simonton, D. K. (2009). Varieties of (scientific) creativity: A hierarchical model of domain-specific disposition, development, and achievement. *Perspectives on Psychological Science, 4*, 441–452.

Simpson, J. A. (1990). Influence of attachment styles on romantic relationships. *Journal of Personality & Social Psychology, 59*, 971–980.

Simpson, J., Collins, W., Tran, S., & Haydon, K. (2007, February). Attachment and the experience and expression of emotions in romantic relationships: A developmental perspective. *Journal of Personality and Social Psychology, 92*, 355–367.

Simson, S. P., Wilson, L. B., & Harlow-Rosentraub, K. (2006). Civic engagement and lifelong learning institutes: Current status and future directions. In L. Wilson & S. P. Simson (Eds.), *Civic engagement and the baby boomer generation: Research, policy, and practice perspectives*. New York: Haworth Press.

Simson, S., Thompson, E., & Wilson, L. B. (2001). Who is teaching lifelong learners? A study of peer educators in Institutes for Learning in Retirement. *Gerontology & Geriatrics Education, 22*, 31–43.

Simson, S., Wilson, L., & Harlow-Rosentraub, K. (2006). *Civic engagement and lifelong learning institutes: Current status and future directions*. New York: Haworth Press.

Sinclair, D. A., & Guarente, L. (2006). Unlocking the secrets of longevity genes. *Scientific American, 294*, 48–51, 54–57.

Singer, D. G., & Singer, J. L. (Eds.). (2000). *Handbook of children and the media*. Thousand Oaks, CA: Sage Publications.

Singer, L. T., Arendt, R., Minnes, S., Farkas, K., & Salvator, A. (2000). Neurobehavioral outcomes of cocaine-exposed infants. *Neurotoxicology & Teratology, 22*, 653–666.

Singer, M. S., Stacey, B. G., & Lange, C. (1993). The relative utility of expectancy-value theory and social cognitive theory in predicting psychology student course goals and career aspirations. *Journal of Social Behavior and Personality, 8*, 703–714.

Singh, S., & Darroch, J. E. (2000). Adolescent pregnancy and childbearing: Levels and trends in developed countries. *The Canadian Journal of Human Sexuality, 9*, 67–72.

Sinnott, J. D. (1997). Developmental models of midlife and aging in women: Metaphors for transcendence and for individuality in community. In J. Coyle (Ed.), *Handbook on women and aging* (pp. 149–163). Westport, CT: Greenwood.

Sinnott, J. D. (1998a). Career paths and creative lives: A theoretical perspective on late-life potential. In C. Adams-Price (Ed.), *Creativity and successful aging: Theoretical and empirical approaches*. New York: Springer.

Sinnott, J. D. (1998b). *The development of logic in adulthood: Postformal thought and its applications*. New York: Plenum.

Sinnott, J. D. (2009). Cognitive development as the dance of adaptive transformation: Neo-Piagetian perspectives on adult cognitive development. In C. M. Smith & N. DeFrates-Densch (Eds.). *Handbook of research on adult learning and development*. New York: Routledge/Taylor & Francis Group.

Skinner, B. F. (1957). *Verbal behavior*. New York: Appleton-Century-Crofts.

Skinner, B. F. (1975). The steep and thorny road to a science of behavior. *American Psychologist, 30*, 42–49.

Skinner, J. D., Ziegler, P., Pac, S., & Devaney, B. (2004). Meal and snack patterns of infants and toddlers. *Journal of the American Dietary Association, 104*, S65–S70.

Skowronski, J., Walker, W., & Betz, A. (2003). Ordering our world: An examination of time in autobiographical memory. *Memory, 11*, 247–260.

Slater, A., & Johnson, S. P. (1998). Visual sensory and perceptual abilities of the newborn: Beyond the blooming, buzzing confusion. In F. Simion, G. Butterworth et al. (Eds.), *The development of sensory, motor and cognitive capacities in early infancy: From perception to cognition*. Hove, England: Psychology Press/Lawrence Erlbaum (UK) Taylor & Francis.

Slater, A., Mattock, A., & Brown, E. (1990). Size constancy at birth: Newborn infants' responses to retinal and real size. *Journal of Experimental Child Psychology, 49*, 314–322.

Slater, M., Henry, K., & Swaim, R. (2003). Violent media content and aggressiveness in adolescents: A downward spiral model. *Communication Research, 30*, 713–736.

Sleek, S. (1997, June). Can "emotional intelligence" be taught in today's schools? *APA Monitor*, p. 25.

Sliwinski, M., Buschke, H., Kuslansky, G., & Senior, G. (1994). Proportional slowing and addition speed in old and young adults. *Psychology and Aging, 9*, 72–80.

Sloan, S., Gildea, A., Stewart, M., Sneddon, H., & Iwaniec, D. (2008). Early weaning is related to weight and rate of weight gain in infancy. *Child: Care, Health and Development, 34*, 59–64.

Slonje, R., & Smith, P. K. (2008). Cyberbullying: Another main type of bullying? *Scandinavian Journal of Psychology, 49*, 147–154.

Smedley, A., & Smedley, B. D. (2005). Race as biology is fiction, racism as a social problem is real: Anthropological and historical perspectives on the social construction of race. *American Psychologist, 60*, 16–26.

Smedley, B. D., & Syme, S. L. (Eds.). (2000). *Promoting health: Intervention strategies from social and behavioral research*. Washington, DC: National Academy of Sciences.

Smetana, J. G. (1995). Parenting styles and conceptions of parental authority during adolescence. *Child Development 66*, 299–316.

Smetana, J. G. (2005). Adolescent–parent conflict: Resistance and subversion as developmental process. In L. Nucci (Ed.), *Conflict, contradiction, and contrarian elements in moral development and education*. Mahwah, NJ: Lawrence Erlbaum.

Smetana, J. G. (2006). Social-cognitive domain theory: Consistencies and variations in children's moral and social judgments. In M. Killen, & J. G. Smetana (Eds.), *Handbook of moral development*. Mahwah, NJ: Lawrence Erlbaum Associates.

Smetana, J., Daddis, C., & Chuang, S. (2003). "Clean your room!" A longitudinal investigation of adolescent–parent conflict and conflict resolution in middle-class African American families. *Journal of Adolescent Research, 18*, 631–650.

Smith, G. C., et al. (2003). Interpregnancy interval and risk of preterm birth and neonatal death. *British Medical Journal, 327*, 313–316.

Smith, N. A., & Trainor, L. J. (2008). Infant-directed speech is modulated by infant feedback. *Infancy, 13*, 410–420.

Smith, P. K. (1995). Grandparenthood. In M. H. Bornstein (Ed.), *Handbook of parenting*. Hillsdale, NJ: Lawrence Erlbaum.

Smith, P. K., & Drew, L. M. (2002). Grandparenthood. In M. Bornstein (Ed.), *Handbook of parenting*. Mahwah, NJ: Lawrence Erlbaum.

Smith, P. K., Mahdavi, J., Carvalho, M., Fisher, S., Russell, Sh., & Tippett, N. (2008). Cyberbullying: Its nature and impact in secondary school pupils. *Journal of Child Psychology and Psychiatry, 49*, 376–385.

Smith, R. J., Bale, J. F., Jr., & White, K. R. (2005, March 2). Sensorineural hearing loss in children. *Lancet, 365*, 879–890.

Smith, S., Quandt, S., Arcury, T., Wetmore, L., Bell, R., & Vitolins, M. (2006, January). Aging and eating in the rural, southern United States: Beliefs about salt and its effect on health. *Social Science & Medicine, 62*, 189–198.

Smutny, J. F., Walker, S. Y., & Macksroth, E. A. (2007). *Acceleration for gifted learners, k-5*. Thousand Oaks, CA: Corwin Press.

Smuts, A. B., & Hagen, J. W. (1985). History of the family and of child development: Introduction to Part 1. *Monographs of the Society for Research in Child Development, 50* (4–5, Serial No. 211).

Snarey, J. R. (1995). In a communitarian voice: The sociological expansion of Kohlbergian theory, research, and practice. In W. M. Kurtines & J. L. Gerwirtz (Eds.), *Moral development: An introduction*. Boston: Allyn & Bacon.

Snow, R. (1969). Unfinished Pygmalion. *Contemporary Psychology, 14*, 197–199.

Snowdon, D. A., Kemper, S. J., Mortimer, J. A., Greiner, L. H., Wekstein, D. R., & Markesbery, W. R. (1996, February 21). Linguistic ability in early life and cognitive function and Alzheimer's disease in late life: Findings from the nun study. *JAMA: The Journal of the American Medical Association, 275*, 528–532.

Snyder, J., Cramer, A., & Afrank, J. (2005). The contributions of ineffective discipline and parental hostile attributions of child misbehavior to the development of conduct problems at home and school. *Developmental Psychology, 41*, 30–41.

Snyder, M. (1974). The self-monitoring of expressive behavior. *Journal of Personality and Social Psychology, 30*, 526–537.

Soderstrom, M. (2007). Beyond babytalk: Re-evaluating the nature and content of speech input to preverbal infants. *Developmental Review, 27*, 501–532.

Soderstrom, M., Blossom, M., Foygel, R., & Morgan, J. (2008). Acoustical cues and grammatical units in speech to two preverbal infants. *Journal of Child Language, 35*, 869–902.

Soken, N. H., & Pick, A. D. (1999). Infants' perception of dynamic affective expressions: Do infants distinguish specific expressions? *Child Development, 70,* 1275–1282.

Soldo, B. J. (1996). Cross-pressures on middle-aged adults: A broader view. *Journal of Gerontology: Psychological Sciences and Social Sciences, 51B,* 271–273.

Somerset, W., Newport, D., Ragan, K., & Stowe, Z. (2006). Depressive disorders in women: From menarche to beyond the menopause. In L. M. Keyes & S. H. Goodman (Eds.), *Women and depression: A handbook for the social, behavioral, and biomedical sciences.* New York: Cambridge University Press.

Sonnen, J., Larson, E., Gray, S., Wilson, A., Kohama, S., Crane, P., et al. (2009). Free radical damage to cerebral cortex in Alzheimer's disease, microvascular brain injury, and smoking. *Annals of Neurology, 65,* 226–229.

Sontag, S. (1979). The double standard of aging. In J. H. Williams (Ed.), *Psychology of women: Selected readings.* New York: Norton.

Sotiriou, A., & Zafiropoulou, M. (2003). Changes of children's self-concept during transition from kindergarten to primary school. *Psychology: The Journal of the Hellenic Psychological Society, 10,* 96–118.

Sousa, D. L. (2005). *How the brain learns to read.* Thousand Oaks, CA: Corwin Press.

Soussignan, R., Schaal, B., Marlier, L., & Jiang, T. (1997). Facial and autonomic responses to biological and artificial olfactory stimuli in human neonates: Reexamining early hedonic discrimination of odors. *Physiology and Behavior, 62,* 745–758.

Sowell E. R., Peterson, B. S., Thompson, P. M., Welcome, S. E., Henkenius, A. L., & Toga, A.W. (2003). Mapping cortical change across the human life span. *Nature Neuroscience, 6,* 309–315.

Sowell, E. R., Thompson, P. M., Holmes, C. J., Jerrigan, T. L., & Toga, A. W. (1999). In vivo evidence for postadolescent brain maturation in frontal and striatal regions. *Nature Neuroscience, 10,* 859–861.

Sowell, E. R., Thompson, P. M., Tessner, K. D., & Toga, A. W. (2001). Mapping continued brain growth and gray matter density reduction in dorsal frontal cortex: Inverse relationships during postadolescent brain maturation. *Journal of Neuroscience, 21,* 8819–8829.

Spear, P. D. (1993). Neural bases of visual deficits during aging. *Vision Research, 33,* 2589–2609.

Spearman, C. (1927). *The abilities of man.* London: Macmillan.

Spence, S. H. (1997). Sex and relationships. In W. K. Halford & H. J. Markman (Eds.), *Clinical handbook of marriage and couples interventions* (pp. 73–105). Chichester, England: Wiley.

Spencer, M. B. (1991). Identity, minority development of. In R. M. Lerner, A. C. Petersen, & J. Brooks-Gunn (Eds.), *Encyclopedia of adolescence* (Vol. 1). New York: Garland.

Spencer, S. J., Fein, S., Zanna, M. P., & Olson, J. M. (Eds.). (2003). *Motivated social perception: The Ontario Symposium* (Vol. 9). Mahwah, NJ: Lawrence Erlbaum.

Spiegel, D. (1993). Social support: How friends, family, and groups can help. In D. Goleman & J. Gurin (Eds.), *Mind-body medicine.* Yonkers, NY: Consumer Reports Books.

Spiegel, D. (1996). Dissociative disorders. In R. F. Hales & S. C. Yudofsky (Eds.), *The American Psychiatric Press synopsis of psychiatry.* Washington, DC: American Psychiatric Press.

Spiegel, D., & Giese-Davis, J. (2003). Depression and cancer: Mechanisms and disease progression. *Biological Psychiatry, 54,* 269–282.

Spinrad, T. L., & Stifler, C. A. (2006). Toddlers' empathy-related responding to distress: Predictions from negative emotionality and maternal behavior in infancy. *Infancy, 10,* 97–121.

Spinrad, T. L., Eisenberg, N., & Bernt, F. (Eds.). (2007). Introduction to the special issues on moral development: Part II. *Journal of Genetic Psychology, 168,* 229–230.

Spörer, N., Brunstein, J., & Kieschke, U. (2009). Improving students' reading comprehension skills: Effects of strategy instruction and reciprocal teaching. *Learning and Instruction, 19,* 272–286.

Spraggins, R. E. (2003). *Women and men in the United States: March 2002.* Washington, DC: U.S. Department of Commerce.

Sprecher, S., Sullivan, Q., & Hatfield, E. (1994). Mate selection preferences: Gender differences examined in a national sample. *Journal of Personality and Social Psychology, 66,* 1074–1080.

Sprenger, M. (2007). *Memory 101 for educators.* Thousand Oaks, CA: Corwin Press.

Squire, L. R., & Knowlton, B. J. (1995). Memory, hippocampus, and brain systems. In M. S. Gazzaniga, *Cognitive neurosciences.* Cambridge, MA: The MIT Press.

Srivastava, S., John, O., & Gosling, S. (2003). Development of personality in early and middle adulthood: Set like plaster or persistent change? *Journal of Personality & Social Psychology, 84,* 1041–1053.

Sroufe, L. A. (1994). Pathways to adaptation and maladaptation: Psychopathology as developmental deviation. In D. Cicchetti (Ed.), *Developmental psychopathology: Past, present, and future.* Hillsdale, NJ: Lawrence Erlbaum.

Sroufe, L. A. (1996). *Emotional development: The organization of emotional life in the early years.* New York: Oxford University Press.

Staudinger, U. (2008). A psychology of wisdom: History and recent developments. *Research in Human Development, 5,* 107–120.

Staudinger, U. M., & Baltes, P. B. (1996). Interactive minds: A facilitating setting for wisdom-related performance? *Journal of Personality and Social Psychology, 71,* 746–762.

Staudinger, U. M., & Leipold, B. (2003). The assessment of wisdom-related performance. In C. R. Snyder (Ed.), *Positive psychological assessment: A handbook of models and measures.* Washington, DC: American Psychological Association.

Staunton, H. (2005). Mammalian sleep. *Naturwissenschaften, 35,* 15.

Staus, M. A., Gelles, R. J., & Steinmetz, S. K. (2003). Spare the rod? In M. Silberman (Ed.), *Violence and society: A reader.* Upper Saddle River, NJ: Prentice Hall.

Stearns, E., & Glennie, E. (2006, September). When and why dropouts leave high school. *Youth & Society, 38,* 29–57.

Stedman, L. C. (1997). International achievement differences: An assessment of a new perspective. *Educational Researcher, 26,* 4–15.

Steele, C. M. (1997). A threat in the air: How stereotypes shape intellectual identity and performance. *American Psychologist, 52,* 613–629.

Steele, C. M., & Aronson, J. (1995). Stereotype threat and the intellectual test performance of African Americans. *Journal of Personality and Social Psychology, 69,* 797–811.

Steers, R. M., & Porter, L. W. (1991). *Motivation and work behavior* (5th ed.). New York: McGraw-Hill.

Stein, D., Latzer, Y., & Merick, J. (2009). Eating disorders: From etiology to treatment. *International Journal of Child and Adolescent Health, 2,* 139–151.

Stein, J. (2009, September 28). The vaccination war. *Time,* p. 72.

Stein, J. H., & Reiser, L. W. (1994). A study of white middle-class adolescent boys' responses to "semenarche" (the first ejaculation). *Journal of Youth and Adolescence, 23,* 373–384.

Stein, Z., Susser, M., Saenger, G., & Marolla, F. (1975). *Famine and human development: The Dutch hunger winter of 1944–1945.* New York: Oxford University Press.

Steinberg, L. D., & Scott, S. S. (2003). Less guilty by reason of adolescence: Developmental immaturity, diminished responsibility, and the juvenile death penalty. *American Psychologist, 58,* 1009–1018.

Steinberg, L., & Monahan, K. C. (2007). Age differences in resistance to peer influence. *Developmental Psychology, 43,* 1531–1543.

Steinberg, L., & Silverberg, S. (1986). The vicissitudes of autonomy in early adolescence. *Child Development, 57,* 841–851.

Steinberg, L., Dornbusch, S., & Brown, B. B. (1992). Ethnic differences in adolescent achievement: An ecological perspective. *American Psychologist, 47,* 723–729.

Steiner, J. E. (1979). Human facial expressions in response to taste and smell stimulation. *Advances in Child Development and Behavior, 13,* 257.

Steinert, S., Shay, J. W., & Wright, W. E. (2000). Transient expression of human telomerase extends the life span of normal human fibroblasts. *Biochemical & Biophysical Research Communications, 273,* 1095–1098.

Steinhausen, H. C., & Spohr, H. L. (1998). Long-term outcome of children with fetal alcohol syndrome: Psychopathology, behavior, and intelligence. *Alcoholism, Clinical & Experimental Research, 22,* 334–338.

Stenberg, G. (2003). Effects of maternal inattentiveness on infant social referencing. *Infant & Child Development, 12,* 399–419.

Stenberg, G. (2009). Selectivity in infant social referencing. *Infancy, 14,* 457–473.

Steri, A. O., & Spelke, E. S. (1988). Haptic perception of objects in infancy. *Cognitive Psychology, 20,* 1–23.

Stern, G. (1994, November 30). Going back to college has special meaning for Mrs. McAlpin. *Wall Street Journal,* p. A1.

Sternberg, J. (2005). The triarchic theory of successful intelligence. In D. P. Flanagan & P. L. Harrison (Eds.), *Contemporary Intellectual Assessment: Theories, Tests, and Issues.* New York: Guilford Press.

Sternberg, R. (2003a). A broad view of intelligence: The theory of successful intelligence. *Consulting Psychology Journal: Practice & Research, 55,* 139–154.

Sternberg, R. (2003b). Our research program validating the triarchic theory of successful intelligence: Reply to Gottfredson. *Intelligence, 31,* 399–413.

Sternberg, R. J. (1985). *Beyond IQ: A triarchic theory of human intelligence.* New York: Cambridge University Press.

Sternberg, R. J. (1986). Triangular theory of love. *Psychological Review, 93,* 119–135.

Sternberg, R. J. (1988). Triangulating love. In R. J. Sternberg & M. J. Barnes (Eds.), *The psychology of love.* New Haven, CT: Yale University Press.

Sternberg, R. J. (1990). *Metaphors of mind: Conceptions of the nature of intelligence.* Cambridge, England: Cambridge University Press.

Sternberg, R. J. (1991). Theory-based testing of intellectual abilities: Rationale for the Sternberg triarchic abilities test. In H. A. H. Rowe (Ed.), *Intelligence: Reconceptualization and measurement.* Hillsdale, NJ: Lawrence Erlbaum.

Sternberg, R. J. (1997). Intelligence and lifelong learning: What's new and how can we use it? *American Psychologist, 52,* 1134–1139.

Sternberg, R. J. (2005). The triarchic theory of successful intelligence. In D. P. Flanagan & P. L. Harrison (Eds.), *Contemporary intellectual assessment: Theories, tests, and issues.* New York, Guilford Press.

Sternberg, R. J. (2006). Intelligence. In K. Pawlik, & G. d'Ydewalle, *Psychological concepts: An international historical perspective.* Hove, England: Psychology Press/Taylor & Francis.

Sternberg, R. J. (2008). Schools should nurture wisdom. In B. Z. Presseisen, Ed., *Teaching for intelligence (2nd ed.).* Thousand Oaks, CA: Corwin Press, 2008.

Sternberg, R. J. (2009). The nature of creativity. In R. J. Sternberg, J. C. Kaufman, & E. L. Grigorenko (Eds), *The essential Sternberg: Essays on intelligence, psychology, and education.* Sternberg, New York: Springer Publishing Co.

Sternberg, R. J., & Grigorenko, E. L. (Eds.). (2002). *The general factor of intelligence: How general is it?* Mahwah, NJ: Lawrence Lawrence Erlbaum.

Sternberg, R. J., Conway, B. E., Ketron, J. L., & Bernstein, M. (1981). Peoples' conceptions of intelligence. *Journal of Personality and Social Psychology, 41,* 37–55.

Sternberg, R. J., Kaufman, J. C., & Pretz, J. E. (2002). *The creativity conundrum: A propulsion model of creative contributions.* Philadelphia: Psychology Press.

Sternberg, R. J., Wagner, R. K., Williams, W. M., & Horvath, J. A. (1997). Testing common sense. In D. Russ-Eft, H. Preskill, & C. Sleezer (Eds.), *Human resource development review: Research and implications* (pp. 102–132). Thousand Oaks, CA: Sage Publications.

Sterns, H. L., Barrett, G. V., & Alexander, R. A. (1985). Accidents and the aging individual. In J. E. Birren & K. W. Schaie (Eds.), *Handbook of the psychology of aging* (2nd ed.). New York: Van Nostrand Reinhold.

Stettler, N. (2007). Nature and strength of epidemiological evidence for origins of childhood and adulthood obesity in the first year of life. *International Journal of Obesity, 31,* 1035–1043.

Stevens, J., Cai, J., Evenson, K. R., & Thomas, R. (2002). Fitness and fatness as predictors of mortality from all causes and from cardiovascular disease in men and women in the lipid research clinics study. *American Journal of Epidemiology, 156,* 832–841.

Stevens, N., Martina, C., & Westerhof, G. (2006, August). Meeting the need to belong: Predicting effects of a friendship enrichment program for older women. *The Gerontologist, 46,* 495–502.

Stevens, W., Hasher, L., Chiew, K., & Grady, C. (2008). A neural mechanism underlying memory failure in older adults. *The Journal of Neuroscience, 28,* 12820–12824.

Stevenson, H. W., & Lee, S. (1996). The academic achievement of Chinese students. In M. H. Bond (Ed.), *Handbook of Chinese psychology.* London: Oxford University Press.

Stevenson, H. W., Chen, C., & Lee, S. Y. (1992). A comparison of the parent–child relationship in Japan and the United States. In L. L. Roopnarine & D. B. Carter (Eds.), *Parent-child socialization in diverse cultures.* Norwood, NJ: Ablex.

Stevenson, H. W., Lee, S., & Mu, X. (2000). Successful achievement in mathematics: China and the United States. In C. F. M. van Lieshout & P. G. Heymans (Eds.), *Developing talent across the life span.* Philadelphia: Psychology Press.

Stevenson, J. (2006). Dietary influences on cognitive development and behaviour in children. *Proceedings of the Nutrition Society, 65,* 361–365.

Stevenson, M., Henderson, T., & Baugh, E. (2007, February). Vital defenses: Social support appraisals of black grandmothers parenting grandchildren. *Journal of Family Issues, 28,* 182–211.

Stewart, A. J., & Ostrove, J. M. (1998). Women's personality in middle age: Gender, history, and midcourse corrections. *American Psychologist, 53,* 1185–1194.

Stewart, A. J., & Vandewater, E. A. (1999). "If I had it to do over again . . .": Midlife review, midcourse corrections, and women's well-being in midlife. *Journal of Personality and Social Psychology, 76,* 270–283.

Stewart, A. J., Copeland, A. P., Chester, N. L., Mallery, J. E., & Barenbaum, N. B. (1997). *Separating together: How divorce transforms families.* New York: Guilford Press.

Stewart, M., Scherer, J., & Lehman, M. (2003). Perceived effects of high frequency hearing loss in a farming population. *Journal of the American Academy of Audiology, 14,* 100–108.

Stice, E. (2003). Puberty and body image. In C. Hayward (Ed.), *Gender differences at puberty.* New York: Cambridge University Press.

Stiles, J., Moses, P., & Paul, B. M. (2006). The longitudinal study of spatial cognitive development in children with pre- or perinatal focal brain injury: Evidence for cognitive compensation and for the emergence of alternative profiles of brain organization. In S. G. Lomber & J. J. Eggermont, (Eeds) *Reprogramming the cerebral cortex: Plasticity following central and peripheral lesions.* New York: Oxford University Press, 2006.

Stockdale, M. S., & Crosby, F. J. (2004). *Psychology and management of workplace diversity.* Malden, MA: Blackwell Publishers.

Stolberg, S. G. (1998, April 3). Rise in smoking by young blacks erodes a success story in health. *New York Times,* p. A1.

Stolberg, S. G. (1999, August 8). Black mothers' mortality rate under scrutiny. *New York Times,* pp. 1, 18.

Storfer, M. (1990). *Intelligence and giftedness: The contributions of heredity and early environment.* San Francisco: Jossey-Bass.

Story, M., Nanney, M., & Schwartz, M. (2009). Schools and obesity prevention: Creating school environments and policies to promote healthy eating and physical activity. *Milbank Quarterly, 87,* 71–100.

Strasburger, V. (2009). Media and children: What needs to happen now?. *JAMA: The Journal of the American Medical Association, 301,* 2265–2266.

Straus, M. A., & Gelles, R. J. (Eds.). (1990). *Physical violence in American families.* New Brunswick, NJ: Transaction.

Straus, M. A., & McCord, J. (1998). Do physically punished children become violent adults? In S. Nolen-Hoeksema (Ed.), *Clashing views on abnormal psychology: A Taking Sides custom reader* (pp. 130–155). Guilford, CT: Dushkin/McGraw-Hill.

Straus, M. A., & Yodanis, C. L. (1996). Corporal punishment in adolescence and physical assaults on spouses in later life: What accounts for the link? *Journal of Marriage and the Family, 58,* 825–841.

Straus, M. A., Gelles, R. J., & Steinmetz, S. K. (2003). The marriage license as a hitting license. In M. Silberman (Eds.), *Violence and society: A reader.* Upper Saddle River, NJ: Prentice Hall.

Straus, M. A., Sugarman, D. B., & Giles-Sims, J. (1997). Spanking by parents and subsequent antisocial behavior of children. *Archives of Pediatrics and Adolescent Medicine, 151,* 761–767.

Streissguth, A. (1997). *Fetal alcohol syndrome: A guide for families and communities.* Baltimore, MD: Paul H. Brookes.

Streissguth, A. (2007). Offspring effects of prenatal alcohol exposure from birth to 25 years: The Seattle Prospective Longitudinal Study. *Journal of Clinical Psychology in Medical Settings, 14,* 81–101.

Strelau, J. (1998). *Temperament: A psychological perspective.* New York: Plenum Publishers.

Strength, J. (1999). Grieving the loss of a child. *Journal of Psychology & Christianity, 18,* 338–353.

Striano, T., & Vaish, A. (2006, November). Seven- to 9-month-old infants use facial expressions to interpret others' actions. *British Journal of Developmental Psychology, 24,* 753–760.

Stright, A., Gallagher, K., & Kelley, K. (2008). Infant temperament moderates relations between maternal parenting in early childhood and children's adjustment in first grade. *Child Development, 79*(1), 186–200. http://search.ebscohost.com,doi:10.1111/j.1467-8624.2007.01119.x

Strobel, A., Dreisbach, G., Müller, J., Goschke, T., Brocke, B., & Lesch, K. (2007, December). Genetic variation of serotonin function and cognitive control. *Journal of Cognitive Neuroscience, 19,* 1923–1931.

Stroebe, M. S., Stroebe, W., & Hansson, R. O. (Eds.). (1993). *Handbook of bereavement: Theory, research, and intervention.* Cambridge, England: Cambridge University Press.

Stromswold, K. (2006). Why aren't identical twins linguistically identical? Genetic, prenatal and postnatal factors. *Cognition, 101,* 333–384.

Stutzer, A., & Frey, B. (2006, April). Does marriage make people happy, or do happy people get married? *The Journal of Socio-Economics, 35,* 326–347.

Suarez-Orozco, C.,& Suarez-Orozco, M., & Todorova, I. (2008). *Learning a new land: Immigrant students in American society.* Cambridge, MA: Belknap Press/Harvard University Press.

Subotnik, R. (2006). Longitudinal studies: Answering our most important questions of prediction and effectiveness. *Journal for the Education of the Gifted, 29,* 379–383.

Sugarman, S. (1988). *Piaget's construction of the child's reality.* Cambridge, England: Cambridge University Press.

Suinn, R. M. (2001). The terrible twos—Anger and anxiety: Hazardous to your health. *American Psychologist, 56,* 27–36.

Suitor, J. J., Minyard, S. A., & Carter, R. S. (2001). "Did you see what I saw?" Gender differences in perceptions of avenues to prestige among adolescents. *Sociological Inquiry, 71,* 437–454.

Sullivan, M. W., Rovee-Collier, C. K., & Tynes, D. M. (1979). A conditioning analysis of infant long-term memory. *Child Development, 50,* 152–162.

Sullivan, M., & Lewis, M. (2003). Contextual determinants of anger and other negative expressions in young infants. *Developmental Psychology, 39,* 693–705.

Suls, J., & Wallston, K. (2003). *Social psychological foundations of health and illness.* Malden, MA: Blackwell Publishers.

Suls, J., & Wills, T. A. (Eds.). (1991). *Social comparison: Contemporary theory and research.* Hillsdale, NJ: Lawrence Erlbaum.

Sulz, L. E., & Bonawitz, E. B. (2007). Serious fun: Preschoolers engage in more exploratory play when evidence is confounded. *Developmental Psychology, 43*, 1045–1050.

Sum, A., Fogg, N., Harrington, P., Khatiwada, I., Palma, S., Pond, N., & Tobar, P. (2003). *The Growing Gender Gaps in College Enrollment and Degree Attainment in the U.S. and Their Potential Economic and Social Consequences*. Boston: Center for Labor Market Studies, Northeastern University.

Summers, J., Schallert, D., & Ritter, P. (2003). The role of social comparison in students' perceptions of ability: An enriched view of academic motivation in middle school students. *Contemporary Educational Psychology, 28*, 510–523.

Sunderman, G. L. (Ed). (2008). *Holding NCLB accountable: Achieving, accountability, equity & school reform;* Thousand Oaks, CA: Corwin Press.

Sundin, O., Ohman, A., Palm, T., & Strom, G. (1995). Cardiovascular reactivity, Type A behavior, and coronary heart disease: Comparisons between myocardial infarction patients and controls during laboratory-induced stress. *Psychophysiology, 32*, 28–35.

Super, C. M. (1976). Environmental effects on motor development: A case of African infant precocity. *Developmental Medicine and Child Neurology, 18*, 561–576.

Super, C. M., & Harkness, S. (1982). The infant's niche in rural Kenya and metropolitan America. In L. Adler (Ed.), *Issues in cross-cultural research*. New York: Academic Press.

Supple, A., Ghazarian, S., Peterson, G., & Bush, K. (2009). Assessing the cross-cultural validity of a parental autonomy granting measure: Comparing adolescents in the United States, China, Mexico, and India. *Journal of Cross-Cultural Psychology, 40*, 816–833.

Suro, R. (1999, November). Mixed doubles. *American Demographics*, 57–62.

Suskind, R. (1994, September 24). Class struggle: Poor, black, and smart. *New York Times*, p. A1.

Sutherland, R., Pipe, M., & Schick, K. (2003). Knowing in advance: The impact of prior event information on memory and event knowledge. *Journal of Experimental Child Psychology, 84*, 244–263.

Sutton, J. (2002). Cognitive conceptions of language and the development of autobiographical memory. *Language & Communication, 22*, 375–390.

Swaim, R., Barner, J., & Brown, C. (2008). The relationship of calcium intake and exercise to osteoporosis health beliefs in postmenopausal women. *Research in Social & Administrative Pharmacy, 4*, 153–163.

Swain, J. E., Lorberbaum, J. P., Kose, S., & Strathearn, L. (2007). Brain basis of early parent-*infant* interactions: Psychology, physiology, and in vivo functional neuroimaging studies. *Journal of Child Psychology and Psychiatry, 48*, 262–287.

Swanson, H., Saez, L., & Gerber, M. (2004). Literacy and cognitive functioning in bilingual and nonbilingual children at or not at risk for reading disabilities. *Journal of Educational Psychology, 96*, 3–18.

Swanson, L. A., Leonard, L. B., & Gandour, J. (1992). Vowel duration in mothers' speech to young children. *Journal of Speech and Hearing Research, 35*, 617–625.

Swiatek, M. (2002). Social coping among gifted elementary school students. *Journal for the Education of the Gifted, 26*, 65–86.

Swingler, M. M., Sweet, M. A., & Carver, L. J. (2007). Relations between mother-child interaction and the neural correlates of face processing in 6-month-olds. *Infancy, 11*, 63–86.

Taddio, A., Shah, V., & Gilbert-MacLeod, C. (2002). Conditioning and hyperalgesia in newborns exposed to repeated heel lances. *JAMA: The Journal of the American Medical Association, 288*, 857–861.

Taga, K., Markey, C., & Friedman, H. (2006, June). A longitudinal investigation of associations between boys' pubertal timing and adult behavioral health and well-being. *Journal of Youth and Adolescence, 35*, 401–411.

Tajfel, H., & Turner, J. C. The Social Identity Theory of Intergroup Behavior. In J. T. Jost & J. Sidanius, (Eds). (2004). *Political psychology: Key readings*. New York: Psychology Press.

Takahashi, K. (1986). Examining the Strange Situation procedure with Japanese mothers and 12-month-old infants. *Developmental Psychology, 22*, 265–270.

Takala, M. (2006, November). The effects of reciprocal teaching on reading comprehension in mainstream and special (SLI) education. *Scandinavian Journal of Educational Research, 50*, 559–576.

Tallandini, M., & Scalembra, C. (2006). Kangaroo mother care and mother–premature infant dyadic interaction. *Infant Mental Health Journal, 27*, 251–275.

Tamis-LeMonda, C. S., & Cabrera, N. (1999). Perspectives on father involvement: Research and policy. *Social Policy Report, 13*, 1–31.

Tamis-LeMonda, C. S., & Cabrera, N. (2002). *Handbook of father involvement: Multidisciplinary perspectives*. Mahwah, NJ: Lawrence Erlbaum.

Tan, H., Wen, S. W., Mark, W., Fung, K. F., Demissie, K., & Rhoads, G. G. (2004). The association between fetal sex and preterm birth in twin pregnancies. *Obstetrics and Gynecology, 103*, 327–332.

Tanaka, K., Kon, N., Ohkawa, N., Yoshikawa, N., & Shimizu, T. (2009). Does breastfeeding in the neonatal period influence the cognitive function of very-low-birth-weight infants at 5 years of age?. *Brain & Development, 31*, 288–293.

Tang, C., Wu, M., Liu, J., Lin, H., & Hsu, C. (2006). Delayed parenthood and the risk of cesarean delivery—Is paternal age an independent risk factor? *Birth: Issues in Perinatal Care, 33*, 18–26.

Tang, W. R., Aaronson, L. S., & Forbes, S. A. (2004). Quality of life in hospice patients with terminal illness. *Western Journal of Nursing Research, 26*, 113–128.

Tang, Z., & Orwin, R. (2009). Marijuana initiation among American youth and its risks as dynamic processes: Prospective findings from a national longitudinal study. *Substance Use & Misuse, 44*, 195–211.

Tangri, S., Thomas, V., & Mednick, M. (2003). Predictors of satisfaction among college-educated African American women in midlife. *Journal of Adult Development, 10*, 113–125.

Tanner, E., & Finn-Stevenson, M. (2002). Nutrition and brain development: Social policy implications. *American Journal of Orthopsychiatry, 72*, 182–193.

Tanner, J. (1972). Sequence, tempo, and individual variation in growth and development of boys and girls aged twelve to sixteen. In J. Kagan & R. Coles (Eds.), *Twelve to sixteen: Early adolescence*. New York: Norton.

Tanner, J. M. (1978). *Education and physical growth* (2nd ed.). New York: International Universities Press.

Tappan, M. (2006, March). Moral functioning as mediated action. *Journal of Moral Education, 35*, 1–18.

Tappan, M. B. (1997). Language, culture and moral development: A Vygotskian perspective. *Developmental Review, 17*, 199–212.

Tardif, T. (1996). Nouns are not always learned before verbs: Evidence from Mandarin speakers' early vocabularies. *Developmental Psychology, 32*, 492–504.

Tardif, T., Wellman, H. M., & Cheung, K. M. (2004). False belief understanding in Cantonese-speaking children. *Journal of Child Language, 31*, 779–800.

Taris, T., van Horn, J., & Schaufeli, W. (2004). Inequity, burnout and psychological withdrawal among teachers: A dynamic exchange model. *Anxiety, Stress & Coping: An International Journal, 17*, 103–122.

Task Force on College Gambling Policies. (2009). *A call to action addressing college gambling: Recommendations for science-based policies and programs*. Cambridge, MA: Division on Addictions at the Cambridge Health Alliance.

Task Force on Sudden Infant Death Syndrome (2005). The changing concept of sudden infant death syndrome: Diagnostic coding shifts, controversies regarding the sleeping environment, and new variables to consider in reducing risk. *Pediatrics, 105*, 650–656.

Tatum, B. (2007). *Can we talk about race? And other conversations in an era of school resegregation*. Boston: Beacon Press.

Tauriac, J., & Scruggs, N. (2006, January). Elder abuse among African Americans. *Educational Gerontology, 32*, 37–48.

Taylor, D. M. (2002). *The quest for identity: From minority groups to Generation Xers*. Westport, CT: Praeger Publishers/Greenwood Publishing.

Taylor, H. G., Klein, N., Minich, N. M., & Hack, M. (2000). Middle-school-age outcomes in children with very low birthweight. *Child Development, 71*, 1495–1511.

Taylor, R. L., & Rosenbach, W. E. (Eds.). (2005). *Military leadership: In pursuit of excellence* (5th ed.). Boulder, CO: Westview Press.

Taylor, S. E. (1991). *Health psychology* (2nd ed.). New York: McGraw-Hill.

Taylor, S. E. (2009). Publishing in scientific journals: We're not just talking to ourselves anymore. *Perspectives on Psychological Science, 4*, 38–39.

Taylor, S., & Stanton, A. (2007). Coping resources, coping processes, and mental health. *Annual Review of Clinical Psychology, 33*, 77–401.

Taynieoeaym , M., & Ruffman, T. (2008). Stepping stones to others' minds: Maternal talk relates to child mental state language and emotion understanding at 15, 24, and 33 months. *Child Development, 79*, 284–302.

Teerikangas, O. M., Aronen, E. T., Martin, R. P., & Huttunen, M. O. (1998). Effects of infant temperament and early intervention on the psychiatric symptoms of adolescents. *Journal of the American Academy of Child & Adolescent Psychiatry, 37*, 1070–1076.

Teixeira, L. R., Fscher, F. M., & Lowden, A. (2006). Sleep deprivation of working adolescents—A hidden work hazard. *Scandinavian Journal of Work, Environment & Health, 32*, 328–330.

Tellegen, A., Lykken, D. T., Bouchard, T. J., Jr., Wilcox, K. J., Segal, N. L., & Rich, S. (1988). Personality similarity in twins reared apart and together. *Journal of Personality and Social Psychology, 54*, 1031–1039.

Tenenbaum, H. R., & Leaper, C. (1998). Gender effects on Mexican-descent parents' questions and scaffolding during toy play: A sequential analysis. *First Language, 18*, 129–147.

Tenenbaum, H., & Leaper, C. (2003). Parent-child conversations about science: The socialization of gender inequities? *Developmental Psychology, 39*, 34–47.

Terman, L. M., & Oden, M. H. (1959). *The gifted group at mid-life: Thirty-five years follow-up of the superior child*. Standord, CA: Standord University Press.

Terracciano, A., Costa, P., & McCrae, R. (2006, August). Personality plasticity after age 30. *Personality and Social Psychology Bulletin, 32,* 999–1009.

Terracciano, A., McCrae, R., & Costa, P. (2009). Intraindividual change in personality stability and age. *Journal of Research in Personality, 27,* 88–97.

Terry, D. (2000, August, 11). U.S. child poverty rate fell as economy grew, but is above 1979 level. *New York Times,* p. A10.

Terzidou, V. (2007). Preterm labour. Biochemical and endocrinological preparation for parturition. *Best Practices of Research in Clinical Obstetrics and Gynecology, 21,* 729–756.

Tessor, A., Felson, R. B., & Suls, J. M. (Eds.). (2000). *Psychological perspectives on self and identity.* Washington, DC: American Psychological Association.

Teutsch, C. (2003). Patient–doctor communication. *Medical Clinics of North America, 87,* 1115–1147.

Tharp, R. G. (1989). Psychocultural variables and constants: Effects on teaching and learning in schools: Special issue: Children and their development: Knowledge base, research agenda, and social policy application. *American Psychologist, 44,* 349–359.

The Albert Shanker Institute. (2009). *Preschool curriculum: What's in it for children and teachers.* Retrieved October 21, 2009 from http://www.shankerinstitute.org/Downloads/Early%20Childhood%2012-11-08.pdf.

Thelen, E., & Bates, E. (2003). Connectionism and dynamic systems: Are they really different? *Developmental Science, 6,* 378–391.

Thelen, E., & Smith, L. (2006). *Dynamic systems theories. Handbook of child psychology. Vol. 1, Theoretical models of human development* (6th ed.). New York: Wiley.

Thoman, E. B., & Whitney, M. P. (1989). Sleep states of infants monitored in the home: Individual differences, developmental trends, and origins of diurnal cyclicity. *Infant Behavior and Development, 12,* 59–75.

Thomas, A., & Chess, S. (1980). *The dynamics of psychological development.* New York: Brunner-Mazel.

Thomas, A., Chess, S., & Birch, H. G. (1968). *Temperament and behavior disorders in children.* New York: New York University Press.

Thomas, P. (1994, September 6). Washington's infant mortality rate, more than twice the U.S. average, reflects urban woes. *Wall Street Journal,* p. A14.

Thomas, P., & Fenech, M. (2007). A review of genome mutation and Alzheimer's disease. *Mutagenesis, 22,* 15–33.

Thomas, P., Lalloué, F., Preux, P., Hazif-Thomas, C., Pariel, S., Inscale, R., et al. (2006, January). Dementia patients caregivers quality of life: The PIXEL study. *International Journal of Geriatric Psychiatry, 21,* 50–56.

Thomas, R. M. (2001). *Recent human development theories.* Thousand Oaks, CA: Sage Publications.

Thompson, C., & Prottas, D. (2006, January). Relationships among organizational family support, job autonomy, perceived control, and employee wellbeing. *Journal of Occupational Health Psychology, 11,* 100–118.

Thompson, P. (1993). "I don't feel old": The significance of the search for meaning in later life. *International Journal of Geriatric Psychiatry, 8,* 685–692.

Thompson, R. A., & Nelson, C. A. (2001). Developmental science and the media. *American Psychologist, 56,* 5–15.

Thompson, R., Easterbrooks, M., & Padilla-Walker, L. (2003). Social and emotional development in infancy. In R. Lerner & M. Easterbrooks (Eds.), *Handbook of psychology: Developmental psychology,* Vol. 6 (pp. 91–112). New York: Wiley.

Thoms, K. M., Kuschal, C., & Emmert, S., (2007). Lessons learned from DNA repair defective syndromes. *Experimental Dermatology, 16,* 532–544.

Thordstein, M., Löfgren, N., Flisberg, A., Lindecrantz, K., & Kjellmer, I. (2006). Sex differences in electrocortical activity in human neonates. *Neuroreport: For Rapid Communication of Neuroscience Research 17,* 1165–1168.

Thornberry, T. P., & Krohn, M. D. (1997). Peers, drug use, and delinquency. In D. M. Stoff, J. Breiling, & J. D. Maser (Eds.), *Handbook of antisocial behavior* (pp. 218–233). New York: Wiley.

Thornton, J. (2004). Life-span learning: A developmental perspective. *International Journal of Aging & Human Development, 57,* 55–76.

Thorsheim, H. I., & Roberts, B. B. (1990). *Reminiscing together: Ways to help us keep mentally fit as we grow older.* Minneapolis: CompCare Publishers.

Thorson, J. A., Powell, F., Abdel-Khalek, A. M., & Beshai, J. A. (1997). Constructions of religiosity and death anxiety in two cultures: The United States and Kuwait. *Journal of Psychology and Theology, 25,* 374–383.

Thorvaldsson, V., Hofer, S., Berg, S., Skoog, I., Sacuiu, S., & Johansson, B. (2008). Onset of terminal decline in cognitive abilities in individuals without dementia. *Neurology, 71,* 882–887.

Thurlow, M. L., Lazarus, S. S., & Thompson, S. J. (2005). State policies on assessment participation and accommodations for students with disabilities. *Journal of Special Education, 38,* 232–240.

Tibben, A. (2007). Predictive testing for Huntington's disease. *Brain Research Bulletin, 72,* 165–171. http://search.ebscohost.com, doi:10.1016/j.brainresbull.2006.10.023

Tikotzky, L., & Sadeh, A. (2009). Maternal sleep-related cognitions and infant sleep: A longitudinal study from pregnancy through the 1st year. *Child Development, 80,* 860–874.

Time. (1980, September 8). People section.

Tincoff, R., & Jusczyk, P. W. (1999). Some beginnings of word comprehension in 6-month-olds. *Psychological Science, 10,* 172–175.

Tinsley, B., Lees, N., & Sumartojo, E. (2004). Child and adolescent HIV risk: Familial and cultural perspectives. *Journal of Family Psychology, 18,* 208–224.

Tissaw, M. (2007). Making sense of neonatal imitation. *Theory & Psychology, 17,* 217–242.

Tisserand, D., & Jolles, J. (2003). On the involvement of prefrontal networks in cognitive ageing. *Cortex, 39,* 1107–1128.

Toch, T. (1995, January 2). Kids and marijuana: The glamour is back. *U.S. News and World Report,* p. 12.

Toga, A. W., & Thompson, P. M. (2003). Temporal dynamics of brain anatomy. *Annual Review of Biomedical Engineering, 5,* 119–145.

Toga, A. W., Thompson, P. M., & Sowell, E. R. (2006). Mapping brain maturation. *Trends in Neuroscience, 29,* 148–159.

Tolan, P. H., & Dodge, K. A. (2005). Children's mental health as a primary care and concern: A system for comprehensive support and service. *American Psychologist, 60,* 601–614.

Tolchinsky, L. (2003). *The cradle of culture and what children know about writing and numbers before being taught.* Mahwah, NJ: Lawrence Erlbaum.

Tomblin, J. B., Hammer, C. S., & Zhang, X. (1998). The association of prenatal tobacco use and SLI. *International Journal of Language and Communication Disorders, 33,* 357–368.

Tomlinson-Keasey, C. (1985). *Child development: Psychological, sociological, and biological factors.* Homewood, IL: Dorsey.

Tongsong, T., Iamthongin, A., Wanapirak, C., Piyamongkol, W., Sirichotiyakul, S., Boonyanurak, P., Tatiyapornkul, T., & Neelasri, C. (2005). Accuracy of fetal heart-rate variability interpretation by obstetricians using the criteria of the National Institute of Child Health and Human Development compared with computer-aided interpretation. *Journal of Obstetric and Gynaecological Research, 31,* 68–71.

Torges, C., Stewart, A., & Nolen-Hoeksema, S. (2008). Regret resolution, aging, and adapting to loss. *Psychology and Aging, 23,* 169–180.

Torvaldsen, S., Roberts, C. L, Simpson, J. M., Thompson, J. F., & Ellwood, D. A. (2006). Intrapartum epidural analgesia and breastfeeding: A prospective cohort study. *International Breastfeeding Journal, 24,* 1–24.

Toschke, A. M., Grote, V., Koletzko, B., & von Kries, R. (2004). Identifying children at high risk for overweight at school entry by weight gain during the first 2 years. *Archives of Pediatric Adolescence, 158,* 449–452.

Trainor, L. J., Austin, C. M., & Desjardins, R. N. (2000). Is infant-directed speech prosody a result of the vocal expression of emotion? *Psychological Science, 11,* 188–195.

Trainor, L., & Desjardins, R. (2002). Pitch characteristics of infant-directed speech affect infants' ability to discriminate vowels. *Psychonomic Bulletin & Review, 9,* 335–340.

Traywick, L., & Schoenberg, N. (2008). Determinants of exercise among older female heart attack survivors. *Journal of Applied Gerontology, 27,* 52–77.

Trehub, S. E., (2003). The developmental origins of musicality. *Nature Neuroscience, 6,* 669–673.

Trehub, S. E., Schneider, B. A., Morrongiello, B. A., & Thorpe, L. A. (1988). Auditory sensitivity in school-age children. *Journal of Experimental Child Psychology, 46,* 272–285.

Trehub, S. E., Schneider, B. A., Morrongiello, B. A., & Thorpe, L. A. (1989). Developmental changes in high-frequency sensitivity. *Audiology, 28,* 241–249.

Trehub, S., & Hannon, E. (2009). Conventional rhythms enhance infants' and adults' perception of musical patterns. *Cortex, 45,* 110–118.

Tremblay, R. E. (2001). The development of physical aggression during childhood and the prediction of later dangerousness. In G. F. Pinard & L. Pagani, (Eds). *Clinical assessment of dangerousness: Empirical contributions.* New York: Cambridge University Press.

Triche, E. W., & Hossain, N. (2007). Environmental factors implicated in the causation of adverse pregnancy outcome. *Seminars in Perinatology, 31,* 240–242.

Trickett, P. K., Kurtz, D. A., & Pizzigati, K. (2004). Resilient outcomes in abused and neglected children: Bases for strengths-based intervention and prevention policies. In K. I. Maton & C. J. Schellenbach (Eds.), *Investing in children, youth, families and communities: Strength-based research and policy.* Washington, DC: American Psychological Association.

Trippet, S. E. (1991). Being aware: The relationship between health and social support among older women. *Journal of Women and Aging, 3,* 69–80.

Troll, L. E. (1985). *Early and middle adulthood* (2nd ed.). Monterey, CA: Brooks/Cole.

Tronick, E. (2003). Emotions and emotional communication in infants. In J. Raphael-Leff (Ed.), *Parent–infant psychodynamics: Wild things, mirrors and ghosts* (pp. 35–53). London: Whurr Publishers.

Tronick, E. Z. (1995). Touch in mother–infant interactions. In T. M. Field (Ed.), *Touch in early development*. Hillsdale, NJ: Lawrence Erlbaum.

Tropp, L. (2003). The psychological impact of prejudice: Implications for intergroup contact. *Group Processes & Intergroup Relations, 6*, 131–149.

Tropp, L., & Wright, S. (2003). Evaluations and perceptions of self, ingroup, and outgroup: Comparisons between Mexican-American and European-American children. *Self & Identity, 2*, 203–221.

Trotter, A. (2004, December 1). Web searches often overwhelm young researchers. *Education Week, 24*, 8.

Trouilloud, D., Sarrazin, P., Bressoux, P., & Bois, J. (2006). Relation between teachers' early expectations and students' later perceived competence in physical education classes: Autonomy-supportive climate as a moderator. *Journal of Educational Psychology, 98*, 75–86.

Trzesniewski, K. H., Donnellan, M. B., & Robins, R. W. (2003). Stability of self-esteem across the life span. *Journal of Personality and Social Psychology, 84*, 205–220.

Tsao, F-M., Liu, H-M., & Kuhl, P. K. (2004). Speech perception in infancy predicts language development in the second year of life: A longitudinal study. *Child Development, 75*, 1067–1084.

Tsapelas, I., Aron, A., & Orbuch, T. (2009). Marital boredom now predicts less satisfaction 9 years later. *Psychological Science, 20*, 543–545.

Tse, T., & Howie, L. (2005, September). Adult day groups: Addressing older people's needs for activity and companionship. *Australasian Journal on Ageing, 24*, 134–140.

Tucker, M. B., & Mitchell-Kernan, C. (Eds.). (1995). *The decline in marriage among African Americans: Causes, consequences, and policy implications*. New York: Russell Sage Publications.

Tudge, J., & Scrimsher, S. (2003). Lev S. Vygotsky on education: A cultural-historical, interpersonal, and individual approach to development. In B. Zimmerman (Ed.), *Educational psychology: A century of contributions*. Mahwah, NJ: Lawrence Erlbaum.

Tulving, E., & Thompson, D. M. (1973). Encoding specificity and retrieval processes in episodic memory. *Psychological Review, 80*, 352–373.

Turati, C. (2008). Newborns' memory processes: A study on the effects of retroactive interference and repetition priming. *Infancy, 13*, 557–569.

Turkheimer, E., Haley, A., Waldreon, M., D'Onofrio, B., & Gottesman, I. I. (2003). Socioeconomic status modifies heritability of IQ in young children. *Psychological Science, 14*, 623–628.

Turner, J. S., & Helms, D. B. (1994). *Contemporary adulthood* (5th ed.). Forth Worth, TX: Harcourt Brace.

Turner, P. H., Scadden, L., & Harris, M. B. (1990). Parenting in gay and lesbian families. *Journal of Gay and Lesbian Psychotherapy, 1*, 55–66.

Turner-Bowker, D. M. (1996). Gender stereotyped descriptors in children's picture books: Does "Curious Jane" exist in the literature? *Sex Roles, 35*, 461–488.

Turney, K., & Kao, G. (2009). Barriers to school involvement: Are immigrant parents disadvantaged? *Journal of Educational Research, 102*, 257–271.

Turton, P., Evans, C., & Hughes, P. (2009). Long-term psychosocial sequelae of stillbirth: Phase II of a nested case-control cohort study. *Archives of Women's Mental Health, 12*, 35–41.

Twardosz, S., & Lutzker, J. (2009). Child maltreatment and the developing brain: A review of neuroscience perspectives. *Aggression and Violent Behavior, 15*, 59–68.

Twenge, J. M., & Campbell, W. K. (2001). Age and birth cohort differences in self-esteem: A cross-temporal meta-analysis. *Personality and Social Psychology Review, 5*, 321–344.

Twenge, J. M., & Crocker, J. (2002). Race and self-esteem: Meta-analyses comparing whites, blacks, Hispanics, Asians, and American Indians and comment on Gray-Little and Hafdahl (2000). *Psychological Bulletin, 128*, 371–408.

Twomey, J. (2006). Issues in genetic testing of children. *MCN: The American Journal of Maternal/Child Nursing, 31*, 156–163.

Tyre, P. (2006, September 11). The new first grade: Too much too soon? *Newsweek*, pp. 34–44.

Tyre, P., & McGinn, D. (2003, May 12). She works, he doesn't. *Newsweek*, pp. 45–52.

Tyre, P., & Scelfo, J. (2003, September 22). Helping kids get fit. *Newsweek*, pp. 60–62.

Uchikoshi, Y. (2006). Early reading in bilingual kindergartners: Can educational television help? *Scientific Studies of Reading, 10*, 89–120.

Uhlenberg, P., Cooney, T., & Boyd, R. (1990). Divorce for women after midlife. *Journal of Gerontology, 45*(1), S3–S11.

Umana-Taylor, A., & Fine, M. (2004). Examining ethnic identity among Mexican-origin adolescents living in the United States. *Hispanic Journal of Behavioral Sciences, 26*, 36–59.

Umana-Taylor, A., Diveri, M., & Fine, M. (2002). Ethnic identity and self-esteem among Latino adolescents: Distinctions among Latino populations. *Journal of Adolescent Research, 17*, 303–327.

UNAIDS & World Health Organization. (2009). *Cases of AIDS around the world*. New York: United Nations.

UNAIDS. (2009). *09 AIDS epidemic update*. Geneva, Switzerland: UNAIDS.

Underwood, M. (2005). Introduction to the special section: Deception and observation. *Ethics & Behavior, 15*, 233–234.

UNESCO. (2006). *Compendium of statistics on illiteracy*. Paris: Author.

Unger, R. K. (Ed.). (2001). *Handbook of the psychology of women and gender*. New York: Wiley.

Unger, R., & Crawford, M. (1992). *Women and gender: A feminist psychology* (2nd ed.). New York: McGraw-Hill.

UNICEF. (2005). *The state of the world's children*. New York: United Nations Children's Fund U.S. Bureau of the Census. (2006). Women's earnings as a percentage of men's earnings: 1960–2005. Historical Income Tables-People. Table P-40. Washington, DC: U.S. Bureau of the Census.

United Nations Population Division. (2002). *World population ageing: 1950–2050*. New York: United Nations.

United Nations World Food Programme. (2004). Retrieved. March 1, 2004, from http://www.wfp.org.

United Nations. (1990). *Declaration of the world summit for children*. New York: Author.

United Nations. (1991). *Declaration of the world summit for children*. New York: Author.

United Nations. (2004). *Hunger and the world's children*. New York: Author.

University of Akron. (2006). *A longitudinal evaluation of the new curricula for the D.A.R.E. middle (7th grade) and high school (9th grade) programs: Take charge of your life*. Akron, OH: University of Akron.

Updegraff, K. A., Helms, H. M., McHale, S. M., Crouter, A. C., Thayer, S. M., & Sales, L. H. (2004). Who's the boss? Patterns of perceived control in adolescents' friendship. *Journal of Youth & Adolescence, 33*, 403–420.

Updegraff, K. A., McHale, S. M., Whiteman, S. D., Thayer, S. M., & Crouter, A. C. (2006). The nature and correlates of Mexican-American adolescents' time with parents and peers. *Child Development, 77*, 1470–1486.

Urberg, K., Luo, Q., & Pilgrim, C. (2003). A two-stage model of peer influence in adolescent substance use: Individual and relationship-specific differences in susceptibility to influence. *Addictive Behaviors, 28*, 1243–1256.

Urquidi, V., Tarin, D., & Goodison, S. (2000). Role of telomerase in cell senescence and oncogenesis. *Annual Review of Medicine, 51*, 65–79.

Urso, A. (2007). The reality of neonatal pain and the resulting effects. *Journal of Neonatal Nursing, 13*, 236–238.

USA Weekend (1997, August 22–24). Fears among adults. Pg. 5.

U. S. Bureau of the Census (1990). *Disability and income level*. Washington, DC: U. S. Bureau of the Census.

U. S. Court of Federal Claims (2009). Autism decisions and related background. http://www.uscfc.uscourts.gov/autism-decisions-and-background-information.

U. S. Department of Agriculture. (2006). *Dietary Guidelines for Americans 2005*. Washington, DC: U. S. Department of Agriculture.

U.S. Bureau of Labor Statistics. (2003). *Wages earned by women*. Washington, DC: U.S Bureau of Labor Statistics.

U.S. Bureau of Labor Statistics. (2009, July). Highlights of women's earnings in 2008. Washington: U.S. Department of Labor.

U.S. Bureau of the Census. (1996). *Poverty by educational attainment*. Washington, DC: Author

U.S. Bureau of the Census. (1997). *Life expectancy statistics*. Washington, DC: U.S Bureau of the Census.

U.S. Bureau of the Census. (1998). *Statistical abstract of the United States (118th ed.)*. Washington, DC: U.S. Government Printing Office.

U.S. Bureau of the Census. (2000). The condition of education. *Current Population Surveys, Oc October 2000*. Washington, DC: Author.

U.S. Bureau of the Census. (2001). *Living arrangements of children*. Washington, DC: Author.

U.S. Bureau of the Census. (2002). *Statistical abstract of the United States (122nd ed.)*. Washington, DC: U.S. Government Printing Office.

U.S. Bureau of the Census. (2003). *Population reports*. Washington, DC: U.S. Government Printing Office.

U.S. Bureau of the Census. (2004). *Current population survey, 2004 annual social and economic supplement*. Washington, DC: Author.

U.S. Bureau of the Census. (2005). *Current population survey*. Washington, DC: Author, U.S. Department of Agriculture, Center for Nutrition Policy and Promotion.

U.S. Department of Education, National Center for Education Statistics. (1997). *Children in various types of* day care. Washington, DC: National Center for Education Statistics.

U.S. Department of Education. (2005). 2003–2004 National Postsecondary Student Aid Study (NPSAS:04), unpublished tabulations. Washington, DC: U.S. Department of Education.

U.S. Department of Education. (2008). *Helping your child become a reader*. Retrieved October 21, 2009 from http://www.aft.org/pubs-reports/downloads/teachers/Help-English.pdf.

U.S. Department of Health and Human Services, Administration on Children Youth and Families. (2007). *Child Maltreatment 2005. Washington, DC: U.S. Government Printing Office*.

U.S. Department of Health and Human Services. (1990). *Health United States 1989* (DHHS Publication No. PHS 90–1232). Washington, DC: U.S. Government Printing Office.

U.S. Department of Health and Human Services. (2009). Centers of Disease Control and Prevention (CDC), National Center for Health Statistics (NCHS), Office of Analysis and Epidemiology (OAE), Division of Vital Statistics (DVS), Linked Birth / Infant Death Records 2003–2005 on CDC WONDER On-line Database. Accessed at http://wonder.cdc.gov/lbd-current.html on Oct 29, 2009.

Uylings, H. (2006). Development of the human cortex and the concept of "critical" or "sensitive" periods. *Language Learning, 56*, 59–90.

Vaillancourt, T., & Hymel, S. (2006, July). Aggression and social status: The moderating roles of sex and peer-valued characteristics. *Aggressive Behavior, 32*, 396–408.

Vaillant, G. E. (1977). *Adaptation to life*. Boston: Little, Brown.

Vaillant, G. E., & Vaillant, C. O. (1981). Natural history of male psychological health, X: Work as a predictor of positive mental health. *The American Journal of Psychiatry, 138*, 1433–1440.

Vaillant, G. E., & Vaillant, C. O. (1990). Natural history of male psychological health, XII: A 45-year study of predictors of successful aging. *American Journal of Psychiatry, 147(1)*, 31–37.

Vaish, A., & Striano, T. (2004). Is visual reference necessary? Contributions of facial versus vocal cues in 12-month-olds' social referencing behavior. *Developmental Science, 7*, 261–269.

Valenti, C. (2006). Infant Vision Guidance: Fundamental Vision Development in Infancy. *Optometry and Vision Development, 37*, 147–155.

Valiente, C., Eisenberg, N., & Fabes, R. A. (2004). Prediction of children's empathy-related responding from their effortful control and parents' expressivity. *Developmental Psychology, 40*, 911–926.

Valles, N., & Knutson, J. (2008). Contingent responses of mothers and peers to indirect and direct aggression in preschool and school-aged children. *Aggressive Behavior, 34*, 497–510.

Van Balen, F. (2005). The choice for sons or daughters. *Journal of Psychosomatic Obstetrics & Gynecology, 26*, 229–320.

Van de Graaf, K. (2000). *Human anatomy*, (5th ed.,p. 339). Boston: McGraw-Hill.

van den Hoonaard, D. K. (1994). Paradise lost: Widowhood in a Florida retirement community. *Journal of Aging Studies, 8*, 121–132.

van der Mark, I., van ijzendoorn, M., & Bakermans-Kranenburg, M. (2002). Development of empathy in girls during the second year of life: Associations with parenting, attachment, and temperament. *Social Development, 11*, 451–468.

van Honk, J., Schutter, D. L., Hermans, E. J., & Putman, P. (2004). Testosterone, cortisol, dominance, and submission: Biologically prepared motivation, no psychological mechanisms involved. *Behavioral & Brain Sciences, 27*, 160–161.

van Kleeck, A., & Stahl, S. (2003). *On reading books to children: Parents and teachers*. Mahwah, NJ: Lawrence Erlbaum.

Van Manen, S., & Pietromonaco, P. (1993). Acquaintance and consistency influence memory from interpersonal information. Unpublished manuscript, University of Massachusetts, Amherst.

Van Marle, K., & Wynn, K. (2006). Six-month-old infants use analog magnitudes to represent duration. *Developmental Science, 9*, F41-f49.

van Marle, K., & Wynn, K. (2009). Infants' auditory enumeration: Evidence for analog magnitudes in the small number range. *Cognition, 111*, 302–316.

Van Tassel-Baska, J., Olszewski-Kubilius, P., & Kulieke, M. (1994). A study of self-concept and social support in advantaged and disadvantaged seventh and eighth grade gifted students. *Roeper Review, 16*, 186–191.

van Wormer, K., & McKinney, R. (2003). What schools can do to help gay/lesbian/bisexual youth: A harm reduction approach. *Adolescence, 38*, 409–420.

Vandell, D. L. (2000). Parents, peer groups, and other socializing influences. *Developmental Psychology, 36*, 699–710.

Vandell, D. L. (2004). Early child care: The known and the unknown. *Merrill-Palmer Quarterly, 50*, [Special issue: The maturing of human developmental sciences: Appraising past, present, and prospective agendas], 387–414.

Vandell, D. L., Burchinal, M. R., Belsky, J., Owen, M. T., Friedman, S. L., Clarke-Stewart, A., McCartney, K., & Weinraub, M. (2005). Early child care and children's development in the primary grades: Follow-up results from the NICHD Study of Early Child Care. Paper presented at the biennial meeting of the Society for Research in Child Development, Atlanta, GA.

Vandell, D. L., Shumow, L., & Posner, J. (2005). After-school programs for low-income children: Differences in program quality. In J. L. Mahoney, R. W. Larson, & J. S. Ecccles, *Organized activities as contexts of development: Extracurricular activities, after-school and community programs*. Mahwah, NJ: Lawrence Erlbaum.

Vandello, J., & Cohen, D. (2003). Male honor and female fidelity: Implicit cultural scripts that perpetuate domestic violence. *Journal of Personality & Social Psychology, 84*, 997–1010.

Vanlierde, A., Renier, L. & De Volder, A. G. (2008). Brain plasticity and multisensory experience in early blind individuals. In J. J. Rieser, D. H. Ashmead, F. F. Ebner, & A. L. Corn (Eds). Blindness and brain plasticity in navigation and object perception. Mahwah, NJ: Lawrence Erlbaum.

Vartanian, L. R. (2000). Revisiting the imaginary audience and personal fable constructs of adolescent egocentrism: A conceptual review. *Adolescence, 35*, 639–646.

Vaughn, V., McKay, R. J., & Behrman, R. (1979). *Nelson textbook of pediatrics* (11th ed.). Philadelphia: Saunders.

Vedantam, S. (2004, April 23). Antidepressants called unsafe for children: Four medications singled out in analysis of many studies. *Washington Post*, p. A03.

Vedantam, S. (2006, December 20). Short mental workouts may slow decline of aging minds, study finds. *Washington Post*, p. A1.

Veevers, J. E., & Mitchell, B. A. (1998). Intergenerational exchanges and perceptions of support within "boomerang kid" family environments. *International Journal of Aging & Human Development, 46*, 91–108.

Vellutino, F. R. (1991). Introduction to three studies on reading acquisition: Convergent findings on theoretical foundations of code-oriented versus whole-language approaches to reading instruction. *Journal of Educational Psychology, 83*, 437–443.

Veneziano, R. (2003).The importance of paternal warmth. *Cross-Cultural Research: The Journal of Comparative Social Science, 37*, 265–281.

Veras, R. P., & Mattos, L. C. (2007). Audiology and aging: Literature review and current horizons. *Revista Brasileira de Otorrinolaringologia (English Edition), 73*, 122–128.

Verkerk, G., Pop, V., & Van Son, M, (2003). Prediction of depression in the postpartum period: A longitudinal follow-up study in high-risk and low-risk women. *Journal of Affective Disorders, 77*, 159–166.

Verkuyten, M. (2003). Positive and negative self-esteem among ethnic minority early adolescents: Social and cultural sources and threats. *Journal of Youth & Adolescence, 32*, 267–277.

Vermandel, A., Weyler, J., De Wachter, S., & Wyndaele, J. (2008). Toilet training of healthy young toddlers: A randomized trial between a daytime wetting alarm and timed potty training. *Journal of Developmental & Behavioral Pediatrics, 29*, 191–196.

Vernon, J. A. (1990). Media stereotyping: A comparison of the way elderly women and men are portrayed on prime-time television. *Journal of Women and Aging, 2*, 55–68.

Vidaver, R. M. et al. (2000). Women subjects in NIH-funded clinical research literature: Lack of progress in both representation and analysis by sex. *Journal of Women's Health, Gender-Based Medicine, 9*, 495–504.

Vilhjalmsson, R., & Kristjansdottir, G. (2003). Gender differences in physical activity in older children and adolescents: The central role of organized sport. *Social Science Medicine, 56*, 363–374.

Villarosa, L. (2003, December 23). More teenagers say no to sex, and experts are sure why. *New York Times*, p. D6.

Vincent, J. A., Phillipson, C. R., & Downs, M. (2006). *The futures of old age*. Thousand Oaks, CA: Sage Publications.

Vink, D., Aartsen, M., Comijs, H., Heymans, M., Penninx, B., Stek, M., et al. (2009). Onset of anxiety and depression in the aging population: Comparison of risk factors in a 9-year prospective study. *The American Journal of Geriatric Psychiatry, 17*, 642–652.

Vizmanos, B., & Marti-Henneberg, C. (2000). Puberty begins with a characteristic subcutaneous body fat mass in each sex. *European Journal of Clinical Nutrition, 54*, 203–206.

Vohs, K. D., & Heatherton, T. (2004). Ego threats elicits different social comparison process among high and low self-esteem people: Implications for interpersonal perceptions. *Social Cognition, 22*, 168–191.

Volker, S. (2007). Infants' vocal engagement oriented towards mother versus stranger at 3 months and avoidant attachment behavior at 12 months. *International Journal of Behavioral Development, 31*, 88–95.

Votruba-Drzal, E., Coley, R. L., & Chase-Lansdale, L. (2004). Child care and low-income children's development: Direct and moderated effects. *Child Development, 75*, 396–312.

Vouloumanos, A., & Werker, J. (2007). Listening to language at birth: Evidence for a bias for speech in neonates. *Developmental Science, 10,* 159–164.

Vyas, S. (2004). Exploring bicultural identities of Asian high school students through the analytic window of a literature club. *Journal of Adolescent & Adult Literacy, 48,* 12–18.

Vygotsky, L. S. (1926/1997). *Educational psychology.* Delray Beach, FL: St. Lucie Press.

Vygotsky, L. S. (1979). *Mind in society: The development of higher mental processes.* Cambridge, MA: Harvard University Press. (Original works published 1930, 1933, and 1935)

Wachs, T. (2002). Nutritional deficiencies as a biological context for development. In W. Hartup, W. Silbereisen, & K. Rainer (Eds.), *Growing points in developmental science: An introduction.* Philadelphia, PA: Psychology Press.

Wachs, T. D. (1992). *The nature of nurture.* Newbury Park, CA: Sage Publications.

Wachs, T. D. (1993). The nature–nurture gap: What we have here is a failure to collaborate. In R. Plomin & G. E. McClearn (Eds.), *Nature, nurture, and psychology.* Washington, DC: American Psychological Association.

Wachs, T. D. (1996). Known and potential processes underlying developmental trajectories in childhood and adolescence. *Developmental Psychology, 32,* 796–801.

Wade, N. (2001, October 4). Researchers say gene is linked to language. *New York Times,* p. A1.

Wade, T. D. (2008). Shared temperament risk factors for anorexia nervosa: a twin study. *Psychosomatic Medicine, 70,* 239–244.

Wagner, C., Greer, F., and the Section on Breastfeeding and Committee on Nutrition. (2008). Prevention of rickets and vitamin D deficiency in infants, children, and adolescents. *Pediatrics, 122,* 1142–1152.

Wagner, R. K., & Sternberg, R. J. (1985). Alternate conceptions of intelligence and their implications for education. *Review of Educational Research, 54,* 179–223.

Wahlin, T. (2007). To know or not to know: A review of behaviour and suicidal ideation in preclinical Huntington's disease. *Patient Education and Counseling, 65,* 279–287.

Wainwright, J. L., Russell, S. T., & Pattterson, C. J. (2004). Psychosocial adjustment, school outcomes, and romantic relationships of adolescents with same-sex parents. *Child Development, 75,* 1886–1898.

Wakefield, A., Murch, S., Anthony, A., Linnell, J., Casson, D., et al. (1998). Illeal-lymphoid-nodular hyperplasia, non-specific colitis, and pervasive developmental disorder in children. *The Lancet, 351,* 637–641.

Wakefield, M., Reid, Y., & Roberts, L. (1998). Smoking and smoking cessation among men whose partners are pregnant: A qualitative study. *Social Science & Medicine, 47,* 657–664.

Wakschlag, L. S., Leventhal, B. L., Pine, D. S., Pickett, K. E., & Carter, A. S. (2006). Elucidating early mechanisms of developmental psychopathology: The case of prenatal smoking and disruptive behavior. *Child Development, 77,* 893–906.

Walden, T., Kim, G., McCoy, C., & Karrass, J. (2007). Do you believe in magic? Infants' social looking during violations of expectations. *Developmental Science, 10,* 654–663.

Waldfogel, J. (2001). International policies toward parental leave and child care. *Caring for Infants and Toddlers, 11,* 99–111.

Waldrop, D. P., & Kirkendall, A. M. (2009). Comfort measures: a qualitative study of nursing home-based end-of-life care. *Journal of Palliative Medicine, 12,* 718–724.

Walker, J., Anstey, K., & Lord, S. (2006, May). Psychological distress and visual functioning in relation to vision-related disability in older individuals with cataracts. *British Journal of Health Psychology, 11,* 303–317.

Walker, L. E. (1989). Psychology and violence against women. *American Psychologist, 44,* 695–702.

Walker, L. E. (1999). Psychology and domestic violence around the world. *American Psychologist, 54,* 21–29.

Walker, N. C., & O'Brien, B. (1999). The relationship between method of pain management during labor and birth outcomes. *Clinical Nursing Research, 8,* 119–134.

Walker, W.A., & Humphries, C. (2005). *The Harvard Medical School Guide to Healthy Eating during pregnancy.* New York: McGraw-Hill.

Walker, W.A., & Humphries, C. (2007, September 17). Starting the good life in the womb. *Newsweek,* pp. 56–57.

Wallerstein, J. S., Lewis, J. M., & Blakeslee, S. (2000). *The unexpected legacy of divorce.* New York: Hyperion.

Wallerstein, J., & Resnikoff, D. (2005). Parental divorce and developmental progression: An inquiry into their relationship. In L. Gunsberg & P. Hymowitz, *A handbook of divorce and custody: Forensic, developmental, and clinical perspectives.* Hillsdale, NJ: Analytic Press, Inc.

Wallis, C. (1994, July 18). Life in overdrive. *Time,* pp. 42–50.

Wallis, C. (2006, March 19). The multitasking generation. *Time,* 12–15.

Walter, A. (1997). The evolutionary psychology of mate selection in Morocco: A multivariate analysis. *Human Nature, 8,* 113–137.

Walters, A., & Rye, D. (2009). Review of the relationship of restless legs syndrome and periodic limb movements in sleep to hypertension, heart disease, and stroke. *Sleep: Journal of Sleep and Sleep Disorders Research, 32,* 589–597.

Walters, E., & Gardner, H. (1986). The theory of multiple intelligences: Some issues and answers. In R. J. Sternberg & R. K. Wagner (Eds.), *Practical intelligence.* New York: Cambridge University Press.

Wang, H. J., Zhang, H., Zhang, W. W., Pan, Y. P., & Ma, J. (2008). Association of the common genetic variant upstream of INSIG2 gene with obesity related phenotypes in Chinese children and adolescents. *Biomedical and Environmental Sciences, 21,* 528–536.

Wang, M. (2007). Profiling retirees in the retirement transition and adjustment process: Examining the longitudinal change patterns of retirees' psychological well-being. *Journal of Applied Psychology, 92,* 455–474.

Wang, M. C., Peverly, S. T., & Catalano, R. (1987). Integrating special needs students in regular classes: Programming, implementation, and policy issues. *Advances in Special Education, 6,* 119–149.

Wang, M. C., Reynolds, M. C., & Walberg, H. J. (Eds.). (1996). *Handbook of special and remedial education: Research and practice* (2nd ed.). New York: Pergamon Press.

Wang, Q. (2001). Culture effects on adults' earliest childhood recollection and self-description: Implication for the relation between memory and the self. *Journal of Personality and Social Psychology, 81,* 220–233.

Wang, Q. (2004). The emergence of cultural self-constructs: Autobiographical memory and self-description in European American and Chinese children. *Developmental Psychology, 40,* 3–15.

Wang, Q. (2006). Culture and the development of self-knowledge. *Current Directions in Psychological Science, 15,* 182–187.

Wang, Q. (2008). Emotion knowledge and autobiographical memory across the preschool years: A cross-cultural longitudinal investigation. *Cognition, 108,* 117–135.

Wang, Q., Pomerantz, E., & Chen, H. (2007). The role of parents' control in early adolescents' psychological functioning: A longitudinal investigation in the United States and China. *Child Development, 78,* 1592–1610.

Wang, S., & Tamis-LeMonda, C. (2003). Do child-rearing values in Taiwan and the United States reflect cultural values of collectivism and individualism? *Journal of Cross-Cultural Psychology, 34,* 629–642.

Wang, S-H., Baillargeon, R., & Paterson, S. (2005). Detecting continuity violations in infancy: A new account and new evidence from covering and tube events. *Cognition, 95,* 129–173.

Wannamethee, S. G., Shaper, A. G., Walker, M., & Ebrahim, S. (1998). Lifestyle and 15-year survival free of heart attack, stroke, and diabetes in middle-aged British men. *Archives of Internal Medicine, 158,* 2433–2440.

Ward, R. A. (1984). *The aging experience: An introduction to social gerontology* (2nd ed.). New York: Harper & Row.

Wardle, J., Guthrie, C., & Sanderson, S. (2001). Food and activity preferences in children of lean and obese parents. *International Journal of Obesity & Related Metabolic Disorders, 25,* 971–977.

Warnock, F., & Sandrin, D. (2004). Comprehensive description of newborn distress behavior in response to acute pain (newborn male circumcision). *Pain, 107,* 242–255.

Warshak, R. A. (2000). Remarriage as a trigger of parental alienation syndrome. *American Journal of Family Therapy, 28,* 229–241.

Warwick, P., & Maloch, B. (2003). Scaffolding speech and writing in the primary classroom: A consideration of work with literature and science pupil groups in the USA and UK. *Reading: Literacy & Language, 37,* 54–63.

Wass, H. (2004). A perspective on the current state of death education. *Death Studies, 28,* 289–308.

Wasserman, J. D., & Tulsky, D. S. (2005). The history of intelligence assessment. In D. P. Flanagan & P. L. Harrison (Eds.), *Contemporary intellectual assessment: Theories, tests, and issues.* New York: Guilford Press.

Waterhouse, J. M., & DeCoursey, P. J. (2004). Human circadian organization. In J. C. Dunlap & J. J. Loros (Eds.), *Chronobiology: Biological timekeeping.* Sunderland, MA: Sinauer Associates.

Waterland, R. A., & Jirtle, R. L. (2004). Early nutrition, epigenetic changes at transposons and imprinted genes, and enhanced susceptibility to adult chronic diseases. *Nutrition,* 63–68.

Waters, L., & Moore, K. (2002). Predicting self-esteem during unemployment: The effect of gender financial deprivation, alternate roles and social support. *Journal of Employment Counseling, 39,* 171–189.

Watling, D., & Bourne, V. J. (2007). Linking children's neuropsychological processing of emotion with their knowledge of emotion expression regulation. *Laterality: Asymmetries of Body, Brain and Cognition, 12,* 381–396.

Watson, A. C., Nixon, C. L., Wilson, A., & Capage, L. (1999). Social interaction skills and theory of mind in young children. *Developmental Psychology, 35,* 386–391.

Watson, J. B. (1925). *Behaviorism.* New York: Norton.

Watson, J. B., & Rayner, R. (1920). Conditioned, emotional reactions. *Journal of Experimental Psychology, 3,* 1–14.

Watts-English, T., Fortson, B. L., Gibler, N., Hooper, S. R., & De Bellis, M. D. (2006). The psychobiologic of maltreatment in childhood. *Journal of Social Issues, 62,* 717–736.

Webb, R. M., Lubinski, D., & Benbow, C. P. (2002). Mathematically facile adolescents with math/science aspirations: New perspectives on their educational and vocational development. *Journal of Educational Psychology, 94,* 785–794.

Weber, B. A., Roberts, B. L., Resnick, M., Deimling, G., Zauszniewski, J. A., Musil, C., & Yarandi, H. N. (2004). The effect of dyadic intervention on self-efficacy, social support and depression for men with prostate cancer. *Psycho-Oncology, 13,* 47–60.

Webster, J., & Haight, B. (2002). *Critical advances in reminiscence work: From theory to application.* New York: Springer Publishing Co.

Wechsler, D. (1975). Intelligence defined and undefined. *American Psychologist, 30,* 135–139.

Wechsler, H., Issac, R., Grodstein, L., & Sellers, M. (2000). *College binge drinking in the 1990s: A continuing problem: Results of the Harvard School of Public Health 1999 College Health Alcohol Study.* Cambridge, MA: Harvard University.

Wechsler, H., Lee, J. E., Kuo, M., Seibring, M., Nelson, T. F., & Lee, H. (2002). Trends in college binge drinking during a period of increased prevention efforts: Findings from 4 Harvard School of Public Health college alcohol study surveys, 1993–2001.

Wechsler, H., Nelson, T. F., Lee, J. E., Seibring, M., Lewis, C., & Keeling, R. P. (2003). Perception and reality: A national evaluation of social norms marketing interventions to reduce college students' heavy alcohol use. *Journal of Studies on Alcohol, 64,* 484–494.

Wei, J., Hadjiiski, L. M., Sahiner, B., Chan, H. P., Ge, J., Roubidoux, M. A., Helvie, M. A., Zhour, C., Wu, Y. T., Paramagul, C., & Zhang, Y. (2007). Computer-aided detection systems for breast masses: Comparison of performances on full-field digital mammograms and digitized screen-film mammograms. *Academy of Radiology, 14,* 659–669.

Weinberg, R. A. (2004). The infant and the family in the twenty-first century. *Journal of the American Academy of Child & Adolescent Psychiatry, 43,* 115–116.

Weinberger, D. R. (2001, March 10). A brain too young for good judgment. *New York Times,* p. D1.

Weiner, B. (2007). Examining emotional diversity in the classroom: An attribution theorist considers the moral emotions.In P. A. Schutz, & R Pekrun (Eds.), *Emotion in education.* San Diego: Elsevier Academic Press.

Weinfield, N. S., Sroufe, L. A., & Egeland, B. (2000). Attachment from infancy to early adulthood in a high-risk sample: Continuity, discontinuity, and their correlates. *Child Development, 71,* 695–702.

Weinstock, H., Berman, S., & Cates, W., Jr. (2004). Sexually transmitted diseases among American youth: Incidence and prevalence estimates, 2000. *Perspectives on Sexual and Reproductive Health, 36,* 182–191.

Weiss, M. R., Ebbeck, V., & Horn. T. S. (1997). Children's self-perceptions and sources of physical competence information: A cluster analysis. *Journal of Sport & Exercise Psychology, 19,* 52–70.

Weiss, R. (2003, September 2). Genes' sway over IQ may vary with class. *Washington Post,* p. A1.

Weiss, R., & Raz, I. (2006, July). Focus on childhood fitness, not just fatness. *Lancet, 368,* 261–262.

Weisz, A., & Black, B. (2002). Gender and moral reasoning: African American youth respond to dating dilemmas. *Journal of Human Behavior in the Social Environment, 5,* 35–52.

Weitzman, E., Nelson, T., & Wechsler, H. (2003). Taking up binge drinking in college: The influences of person, social group, and environment. *Journal of Adolescent Health, 32,* 26–35.

Wellings, K., Collumbien, M., Slaymaker, E., Singh, S., Hodges, Z., Patel, D., & Bajos, N. (2006). Sexual behaviour in context: A global perspective. *The Lancet, 368,* 1706–1738.

Wellman, H., Fang, F., Liu, D., Zhu, L., & Liu, G. (2006, December). Scaling of theory-of-mind understandings in Chinese children. *Psychological Science, 17,* 1075–1081.

Wellman, H., Lopez-Duran, S., LaBounty, J., & Hamilton, B. (2008). Infant attention to intentional action predicts preschool theory of mind. *Developmental Psychology, 44,* 618–623.

Wells, B., Peppe, S., & Goulandris, N. (2004). Intonation development from five to thirteen. *Journal of Child Language, 31,* 749–778.

Wells, R., Lohman, D., & Marron, M. (2009). What factors are associated with grade acceleration? An analysis and comparison of two U.S. databases. *Journal of Advanced Academics, 20,* 248–273.

Welsh, T., Ray, M., Weeks, D., Dewey, D., & Elliott, D. (2009). Does Joe influence Fred's action? Not if Fred has autism spectrum disorder. *Brain Research, 1248,* 141–148.

Werker, J. F., Pons, F., Dietrich, C., Kajikawa, S., Fais, L., & Amano, S. (2007). Infant-directed speech supports phonetic category learning in English and Japanese. *Cognition, 103,* 147–162.

Werner, E. E. (1995). Resilience in development. *Current Directions in Psychological Science, 4,* 81–85.

Werner, E. E. (2005). What can we learn about resilience from large-scale longitudinal studies? In S. Goldstein, & R. B. Brooks, *Handbook of resilience in children.* New York: Kluwer Academic/Plenum Publishers.

Werner, E. E., & Smith, R. S. (2002). Journeys from childhood to midlife: Risk, resilience and recovery. *Journal of Developmental and Behavioral Pediatrics, 23,* 456.

Werner, E., Myers, M., Fifer, W., Cheng, B., Fang, Y., Allen, R., et al. (2007). Prenatal predictors of infant temperament. *Developmental Psychobiology, 49,* 474–484.

Werner, L. A., & Marean, G. C. (1996). *Human auditory development.* Boulder, CO: Westview Press.

Werner, N. E., & Crick, N. R. (2004). Maladaptive peer relationships and the development of relational and physical aggression during middle childhood. *Social Development, 13,* 495–514.

Wertsch, J. (2008). From social interaction to higher psychological processes: A clarification and application of Vygotsky's theory. *Human Development, 51,* 66–79.

West, J. H., Romero, R. A., & Trindad, D. R. (2007). Adolescent receptivity to tobacco marketing by racial/ethnic groups in California. *American Journal of Preventive Medicine, 33,* 121–123.

West, J. R., & Blake, C. A. (2005). Fetal alcohol syndrome: An assessment of the field. *Experimental Biology and Medicine, 230,* 354–356.

Westerhausen, R., Kreuder, F., Sequeira Sdos, S., Walter, C., Woerner, W., Wittling, R. A., Schweiger, E., & Wittling, W. (2004). Effects of handedness and gender on macro- and microstructure of the corpus callosum and its subregions: A combined high-resolution and diffusion-tensor MRI study. *Brain Research and Cognitive Brain Research, 21,* 418–426.

Westermann, G., Mareschal, D., Johnson, M. H., Sirois, S., Spratling, M. W., & Thomas, M. S. (2007). Neuroconstructivism. *Developmental Science, 10,* 75–83.

Wethington, E., Cooper, H., & Holmes, C. S. (1997). Turning points in midlife. In I. H. Gotlib & B. Wheaton (Eds.), *Stress and adversity over the life course: Trajectories and turning points* (pp. 215–231). New York: Cambridge University Press.

Wexler, B. (2006). *Brain and culture: Neurobiology, ideology, and social change.* Cambridge, MA: MIT Press.

Whalen, C. K., Jamner, L. D., Henker, B., Delfino, R. J., & Lozano, J. M. (2002). The ADHD spectrum and everyday life: Experience sampling of adolescent moods, activities, smoking, and drinking. *Child Development, 73,* 209–227.

Whalen, D., Levitt, A., & Goldstein, L. (2007). VOT in the babbling of French- and English-learning infants. *Journal of Phonetics, 35,* 341–352.

Whaley, B. B., & Parker, R. G. (2000). Expressing the experience of communicative disability: Metaphors of persons who stutter. *Communication Reports, 13,* 115–125.

Wheeldon, L. R. (1999). *Aspects of language production.* Philadelphia: Psychology Press.

Wheeler, G. (1998, March 13). The wake-up call we dare not ignore. *Science, 279,* 1611.

Wheeler, S., & Austin, J. (2001). The impact of early pregnancy loss. *American Journal of Maternal/Child Nursing, 26,* 154–159.

Whelan, T., & Lally, C. (2002). Paternal commitment and father's quality of life. *Journal of Family Studies, 8,* 181–196.

Whitaker, B. (2004, March 29). Employee of the century. *CBS Evening News.*

Whitaker, R. C., Wright, J. A., Pepe, M. S., Seidel, K. D., & Dietz, W. H. (1997, September 25). Predicting obesity in young adulthood from childhood and parental obesity. *New England Journal of Medicine, 337,* 869–873.

Whitbourne, S. K. (2001). *Adult development and aging: Biopsychosocial perspectives.* New York: Wiley.

Whitbourne, S. K., Zuschlag, M. K., Elliot, L. B., & Waterman, A. S. (1992). Psychosocial development in adulthood: A 22-year sequential study. *Journal of Personality and Social Psychology, 63,* 260–271.

Whitbourne, S., Jacobo, M., & Munoz-Ruiz, M. (1996). Adversity in the elderly. In R. S. Feldman (Ed.), *The psychology of adversity.* Amherst: University of Massachusetts Press.

Whitbourne, S., Sneed, J., & Sayer, A. (2009). Psychosocial development from college through midlife: A 34-year sequential study. *Developmental Psychology, 45,* 1328–1340.

Whitbourne, S.K. (October, 2007). *Crossing over the bridges of adulthood: Multiple pathways through midlife.* Presidential keynote presented at the 4th Biannual Meeting of the Society for the Study of Human Development, Pennsylvania State University, University Park PA.

White, K. (2007). Hypnobirthing: The Mongan method. *Australian Journal of Clinical Hypnotherapy and Hypnosis, 28,* 12–24.

Whitebread, D., Coltman, P., Jameson, H., & Lander, R. (2009). Play, cognition and self-regulation: What exactly are children learning when they learn through play? *Educational and Child Psychology, 26,* 40–52.

Whiting, B. B., & Edwards, C. P. (1988). *Children of different worlds: The formation of social behavior.* Cambridge, MA: Harvard University Press.

Whiting, J., Simmons, L., Havens, J., Smith, D., & Oka, M. (2009). Intergenerational transmission of violence: The influence of self-appraisals, mental disorders and substance abuse. *Journal of Family Violence, 24,* 639–648.

Wickelgren, W. A. (1999). Webs, cell assemblies, and chunking in neural nets: Introduction. *Canadian Journal of Experimental Psychology, 53,* 118–131.

Widaman, K. (2009). Phenylketonuria in children and mothers: Genes, environments, behavior. *Current Directions in Psychological Science, 18,* 48–52. http://search.ebscohost.com, doi:10.1111/j.1467-8721.2009.01604.x

Widom, C. S. (2000). Motivation and mechanisms in the "cycle of violence" In D. J. Hansen (Ed.), *Nebraska Symposium on Motivation Vol. 46, 1998: Motivation and child maltreatment* (Current theory and research in motivation series). Lincoln: University of Nebraska Press.

Wielgosz, A. T., & Nolan, R. P. (2000). Biobehavioral factors in the context of ischemic cardiovascular disease. *Journal of Psychosomatic Research, 48,* 339–345.

Wiggins, M., & Uwaydat, S. (2006, January). Age-related macular degeneration: Options for earlier detection and improved treatment. *Journal of Family Practice, 55,* 22–27.

Wiik, K. A., Bernhardt, E., & Noack, T. (2009). A study of commitment and relationship quality in Sweden and Norway. *Journal of Marriage & the Family, 71,* 465–477.

Wilcox, A., Skjaerven, R., Buekens, P., & Kiely, J. (1995, March 1). Birth weight and perinatal mortality: A comparison of the United States and Norway. *JAMA: The Journal of the American Medical Association, 273,* 709–711.

Wilcox, H. C., Conner, K. R., & Caine, E. D. (2004). Association of alcohol and drug use disorders and completed suicide: An empirical review of cohort studies. *Drug & Alcohol Dependence, 76* [Special issue: Drug abuse and suicidal behavior], S11–S19.

Wilcox, M. D. (1992). Boomerang kids. *Kiplinger's Personal Finance Magazine, 46,* 83–86.

Wilcox, S., Castro, C. M., & King, A. C. (2006). Outcome expectations and physical activity participation in two samples of older women. *Journal of Health Psychology, 11,* 65–77.

Wilcox, T., Woods, R., Chapa, C., & McCurry, S. (2007). Multisensory exploration and object individuation in infancy. *Developmental Psychology, 43,* 479–495.

Wildberger, S. (2003, August). So you're having a baby. *Washingtonian,* pp. 85–86, 88–90.

Wiley, T. L., Nondahl, D. M., Cruickshanks, K. J., & Tweed, T. S. (2005). Five-year changes in middle ear function for older adults. *Journal of the American Academy of Audiology, 16,* 129–139.

Wilfond, B., & Ross, L. (2009). From genetics to genomics: Ethics, policy, and parental decision-making. *Journal of Pediatric Psychology, 34,* 639–647. http://search.ebscohost.com, doi:10.1093/jpepsy/jsn075

Wilkes, S., Chinn, D., Murdoch, A., & Rubin, G. (2009). Epidemiology and management of infertility: A population-based study in UK primary care. *Family Practice, 26,* 269–274.

Williams, A., and Merten, M. (2009). Adolescents' online social networking following the death of a peer. *Journal of Adolescent Research, 24,* 67–90.

Williams, J., & Binnie, L. (2002). Children's concept of illness: An intervention to improve knowledge. *British Journal of Health Psychology, 7,* 129–148.

Williams, J., & Ross, L. (2007). Consequences of prenatal toxin exposure for mental health in children and adolescents: A systematic review. *European Child & Adolescent Psychiatry, 16,* 243–253.

Williams, K., & Dunne-Bryant, A. (2006, December). Divorce and adult psychological well-being: Clarifying the role of gender and child age. *Journal of Marriage and Family, 68,* 1178–1196.

Williams, R., Barefoot, J., & Schneiderman, N. (2003). Psychosocial risk factors for cardiovascular disease: More than one culprit at work. *JAMA: The Journal of the American Medical Association, 290,* 2190–2192.

Willie, C., & Reddick, R. (2003). *A new look at black families* (5th ed.). Walnut Creek, CA: AltaMira Press.

Willis, S. (1996). Everyday problem solving. In J. E. Birren, K. W. Schaie, R. P. Abeles, M.Gatz, & T. A. Salthouse (Eds.), *Handbook of the psychology of aging* (4th ed.). San Diego: Academic Press.

Willis, S. L. (1985). Educational psychology of the older adult learner. In J. E. Birren & K. W. Schaie (Eds.), *Handbook of the psychology of aging* (2nd ed.). New York: Van Nostrand Reinhold.

Willis, S., Tennstedt, S., Marsiske, M., Ball, K., Elias, J., Koepke, K., Morris, J., Rebok, G., Unverzagt, F., Stoddard, A., & Wright, E. (2006). Long-term effects of cognitive training on everyday functional outcomes in older adults. *JAMA: The Journal of the American Medical Association, 296,* 2805–2814.

Willis, S., Tennstedt, S., Marsiske, M., Ball, K., Elias, J., Koepke, K., Morris, J., Rebok, G., Unverzagt, F., Stoddard, A., And Wright, E. (2006). Long-term effects of cognitive training on everyday functional outcomes in older adults. *JAMA: The Journal of the American Medical Association, 296,* 2805–2814.

Willott, J., Chisolm, T., & Lister, J. (2001). Modulation of presbycusis: Current state and future directions. *Audiology & Neuro-Otology, 6,* 231–249.

Wills, T., Sargent, J., Stoolmiller, M., Gibbons, F., & Gerrard, M. (2008). Movie smoking exposure and smoking onset: A longitudinal study of mediation processes in a representative sample of U.S. adolescents. *Psychology of Addictive Behaviors, 22,* 269–277.

Wilson, B., et al. (2002). Violence in children's television programming: Assessing the risks. *Journal of Communication, 52,* 5–35.

Wilson, G., T., Grilo, C. M., & Vitousek, K. M. (2007). Psychological treatment of eating disorders. *American Psychologist, 62, Special issue: Eating disorders.* 199–216.

Wilson, M. N. (1989). Child development in the context of the black extended family. *American Psychologist, 44,* 380–385.

Wilson, R., Beck, T., Bienias, J., & Bennett, D. (2007, February). Terminal cognitive decline: Accelerated loss of cognition in the last years of life. *Psychosomatic Medicine, 69,* 131–137.

Wilson, S. L. (2003). Post-Institutionalization: The effects of early deprivation on development of Romanian adoptees. *Child & Adolescent Social Work Journal, 20,* 473–483.

Wineburg, S. S. (1987). The self-fulfillment of the self-fulfilling prophecy. *Educational Researcher, 16,* 28–37.

Wines, M. (2006, August 24). Africa adds to miserable ranks for child workers. *New York Times,* p. D1.

Wing, L., and Potter, D. (2009) The epidemiology of autism spectrum disorders: Is the prevalence rising? In S, Goldstein, J. Naglieri, & S. Ozonoff (Eds.), *Assessment of autism spectrum disorders.* New York: Guilford Press.

Winger, G., & Woods, J. H. (2004). *A handbook on drug and alcohol abuse: The biomedical aspects.* Oxford, England: Oxford University Press.

Wingert, P., & Kantrowitz, B. (1997, October 27). Why Andy couldn't read (bright children who are also learning disabled). *Newsweek, 130,* p. 56.

Wingert, P., & Katrowitz, B. (2002, October 7). Young and depressed. *Newsweek,* pp. 53–61.

Wingfield, A., Tun, P. A., McCoy, S. L. (2005). Hearing loss in older adulthood: What it is and how it interacts with cognitive performance. *Current Directions in Psychological Science, 14,* 144–147.

Wink, P., & Dillon, M. (2003). Religiousness, spirituality, and psychosocial functioning in late adulthood: Findings from a longitudinal study. *Psychology & Aging, 18,* 916–924.

Winn, R. L., & Newton, N. (1982). Sexuality in aging: A study of 106 cultures. *Archives of Sexual Behavior, 11,* 283–298.

Winsler, A. (2003). Introduction to special issue: Vygotskian perspectives in early childhood education. *Early Education and Development, 14, [Special Issue],* pp. 253–269.

Winsler, A., De Leon, J. R., & Wallace, B. A. (2003). Private speech in preschool children: Developmental stability and change, across-task consistency, and relations with classroom behavior. *Journal of Child Language, 30,* 583–608.

Winsler, A., Feder, M., Way, E., & Manfra, L. (2006, July). Maternal beliefs concerning young children's private speech. *Infant and Child Development, 15,* 403–420.

Winstead, B. A., & Sanchez, J. (2005). Gender and psychopathology. In J. Maddux (Ed.), *Psychopathology: Foundations for a contemporary understanding.* Mahwah, NJ: Lawrence Erlbaum.

Winterich, J. (2003). Sex, menopause, and culture: Sexual orientation and the meaning of menopause for women's sex lives. *Gender & Society, 17,* 627–642.

Winters, K. C., Stinchfield, R. D., & Botzet, A. (2005). Pathways fo youth gambling problem severity. *Psychology of Addictive Behaviors, 19,* 104–107.

Wisborg, K., Kesmodel, U., Bech, B. H., Hedegaard, M., & Henriksen, T. B. (2003). Maternal consumption of coffee during pregnancy and stillbirth and infant death in first year of life: Prospective study. *British Medical Journal, 326,* 420.

Wisdom, J. P., Agnor, C. (2007). Family heritage and depression guides: Family and peer views influence adolescent attitudes about depression. *Journal of Adolescence, 30,.* 333–346.

Wise, L., Adams-Campbell, L., Palmer, J., & Rosenberg, L. (2006, August). Leisure time physical activity in relation to depressive symptoms in the Black Women's Health Study. *Annals of Behavioral Medicine, 32,* 68–76.

Witelson, S. (1989, March). Sex differences. Paper presented at the annual meeting of the New York Academy of Science, New York.

Woelfle, J. F., Harz, K., & Roth, C. (2007). Modulation of circulating IGF-I and IGFBP-3 levels by hormonal regulators of energy homeostasis in obese children. *Experimental and Clinical Endocrinology Diabetes, 115,* 17–23.

Woike, B., & Matic, D. (2004). Cognitive complexity in response to traumatic experiences. *Journal of Personality, 72,* 633–657.

Wolfe, M. S. (2006, May). Shutting down Alzheimer's. *Scientific American*, 73–79.

Wolfe, W., Olson, C., and Kendall, A. (1998). Hunger and food insecurity in the elderly: Its nature and measurement. *Journal of Aging & Health, 10*, 327–350.

Wolinsky, F., Wyrwich, K., & Babu, A. (2003). Age, aging, and the sense of control among older adults: A longitudinal reconsideration. *Journals of Gerontology: Series B: Psychological Sciences & Social Sciences, 58B*, S212–S220.

Wood, K., Becker, J., & Thompson, J. (1996). Body image dissatisfaction in preadolescent children. *Journal of Applied Developmental Psychology, 17*, 85–100.

Wood, R. (1997). Trends in multiple births, 1938–1995. *Population Trends, 87*, 29–35.

Woods, R. (2009). The use of aggression in primary school boys' decisions about inclusion and exclusion from playground football games. *British Journal of Educational Psychology, 79*, 223–238.

Woolf, A., & Lesperance, L. (2003, September 22). What should we worry about? *Newsweek*, p. 72.

World Bank. (2003). *Global development finance 2003—Striving for stability in development finance*. Washington, DC: Author.

World Bank. (2004). *World development indicators 2004 (WDI)*. Washington, DC: Author.

World Factbook, (2009). *Estimates of infant mortality*. Retrieved from https://www.cia.gov/library/publications/the-world-factbook/rankorder/2091rank.html, 2009.

World Health Organization. (1999). *Death rates from coronary heart disease*. Geneva: Author.

Worobey, J., & Bajda, V. M. (1989). Temperament ratings at 2 weeks, 2 months, and 1 year: Differential stability of activity and emotionality. *Developmental Psychology, 25*, 257–263.

Worrell, F., Szarko, J., & Gabelko, N. (2001). Multi-year persistence of nontraditional students in an academic talent development program. *Journal of Secondary Gifted Education, 12*, 80–89.

Wright, J. C., Huston, A. C., Murphy, K. C., St. Peters, M., Piñon, M., Scantlin, R., & Kotler, J. (2001). *Child Development, 72*, 1347–1366.

Wright, J. C., Huston, A. C., Reitz, A. L., & Piemyat, S. (1994). Young children's perceptions of television reality: Determinants and developmental differences. *Developmental Psychology, 30*, 229–239.

Wright, M., Wintemute, G., & Claire, B. (2008). Gun suicide by young people in California: Descriptive epidemiology and gun ownership. *Journal of Adolescent Health, 43*, 619–622.

Wright, R. (1995, March 13). The biology of violence. *New Yorker*, pp. 68–77.

Wrosch, C., Bauer, I., & Scheier, M. (2005, December). Regret and quality of life across the adult life span: The influence of disengagement and available future goals. *Psychology and Aging, 20*, 657–670.

Wu, C., Zhou, D., & Chen, W. (2003). A nested case-control study of Alzheimer's disease in Linxian, northern China. *Chinese Mental Health Journal, 17*, 84–88.

Wu, P., Hoven, C. W., Okezie, N., Fuller, C. J., & Cohen, P. (2007). Alcohol abuse and depression in children and adolescents. *Journal of Child & Adolescent Substance Abuse, 17*, 51–69.

Wu, P., Robinson, C., & Yang, C. (2002). Similarities and differences in mothers' parenting of preschoolers in China and the United States. *International Journal of Behavioral Development, 26*, 481–491.

Wu, Y., Tsou, K., Hsu, C., Fang, L., Yao, G., & Jeng, S. (2008). Brief report: Taiwanese infants' mental and motor development—6–24 months. *Journal of Pediatric Psychology, 33*, 102–108.

Wyer, R. (2004). The cognitive organization and use of general knowledge. In J. Jost & M. Banaji (Eds.), *Perspectivism in social psychology: The yin and yang of scientific progress*. Washington, DC: American Psychological Association.

Wynn, K. (1992, August 27). Addition and subtraction by human infants. *Nature, 358*, 749–750.

Wynn, K. (1995). Infants possess a system of numerical knowledge. *Current Directions in Psychological Science, 4*, 172–177.

Wynn, K. (2000). Findings of addition and subtraction in infants are robust and consistent: Reply to Wakeley, Rivera, and Langer. *Child Development, 71*, 1535–1536.

Wyra, M., Lawson, M. J., & Hungi, N. (2007). The mnemonic keyword method: The effects of bidirectional retrieval training and of ability to image on foreign language vocabulary recall. *Learning and Instruction, 17*, 360–371.

Xiaohe, X., & Whyte, M. K. (1990). Love matches and arranged marriages: A Chinese replication. *Journal of Marriage and the Family, 52*, 709–722.

Yagmurlu, B., & Sanson, A. (2009). Parenting and temperament as predictors of prosocial behaviour in Australian and Turkish Australian children. *Australian Journal of Psychology, 61*, 77–88.

Yamada, J., Stinson, J., Lamba, J., Dickson, A., McGrath, P., & Stevens, B. (2008). A review of systematic reviews on pain interventions in hospitalized infants. *Pain Research & Management, 13*, 413–420.

Yan, Z., & Fischer, K. (2002). Always under construction: Dynamic variations in adult cognitive microdevelopment. *Human Development, 45*, 141–160.

Yang, C. D. (2006). *The infinite gift: How children learn and unlearn the languages of the world*. New York: Scribner.

Yang, R., & Blodgett, B. (2000). Effects of race and adolescent decision-making on status attainment and self-esteem. *Journal of Ethnic & Cultural Diversity in Social Work, 9*, 135–153.

Yang, S., & Rettig, K. D. (2004). Korean-American mothers' experiences in facilitating academic success for their adolescents. *Marriage & Family Review, 36*, 53–74.

Yang, Y. (2008). Social Inequalities in Happiness in the U.S. 1972-2004: An Age-Period-Cohort Analysis." *American Sociological Review, 73*, 204–226.

Yardley, J. (2001, July 2). Child-death case in Texas raises penalty questions. *New York Times*, p. A1.

Yarrow, M. R., Scott, P. M., & Waxler, C. Z. (1973). Learning concern for others. *Developmental Psychology, 8*, 240–260.

Yato, Y., Kawai, M., Negayama, K., Sogon, S., Tomiwa, K., & Yamamoto, H. (2008). Infant responses to maternal still-face at 4 and 9 months. *Infant Behavior & Development, 31*, 570–577.

Yeh, S.S. (2008). High stakes testing and students with disabilities: Why federal policy needs to be changed. In: Elena L. Grigorenko (Ed), *Educating individuals with disabilities: IDEIA 2004 and beyond*; New York, NY: Springer Publishing Co.

Yell, M. L. (1995). The least restrictive environment mandate and the courts: Judicial activism or judicial restraint? *Exceptional Children, 61*, 578–581.

Yildiz, O. (2007). Vascular smooth muscle and endothelial functions in aging. *Annals of the New York Academy of Sciences, 1100*, 353–360.

Yim, I., Glynn, L., Schetter, C., Hobel, C., Chicz-DeMet, A., & Sandman, C. (2009). Risk of postpartum depressive symptoms with elevated corticotropin-releasing hormone in human pregnancy. *Archives of General Psychiatry, 66*, 162–169.

Yinger, J. (Ed.). (2004). *Helping children left behind: State aid and the pursuit of educational equity*. Cambridge, MA: MIT Press.

Yip, T., Sellers, R. M., & Seaton, E. K. (2006). African American racial identity across the lifespan: Identity status, identity content, and depressive symptoms. *Child Development, 77*, 1504–1517.

York, E. (2008). Gender differences in the college and career aspirations of high school valedictorians. *Journal of Advanced Academics, 19*, 578–600.

Yoshinaga-Itano, C. (2003). From screening to early identification and intervention: Discovering predictors to successful outcomes for children with significant hearing loss. *Journal of Deaf Studies & Deaf Education, 8*, 11–30.

Young, H., & Ferguson, L. (1979). Developmental changes through adolescence in the spontaneous nomination of reference groups as a function of decision context. *Journal of Youth and Adolescence, 8*, 239–252.

Young, S., Rhee, S., Stallings, M., Corley, R., & Hewitt, J. (2006, July). Genetic and environmental vulnerabilities underlying adolescent substance use and problem use: General or specific? *Behavior Genetics, 36*, 603–615.

Yu, M., & Stiffman, A. (2007). Culture and environment as predictors of alcohol abuse/dependence symptoms in American Indian youths. *Addictive Behaviors, 32*, 2253–2259.

Yuill, N., & Perner, J. (1988). Intentionality and knowledge in children's judgments of actor's responsibility and recipient's emotional reaction. *Developmental Psychology, 24*, 358–365.

Zafeiriou, D. I. (2004). Primitive reflexes and postural reactions in the neurodevelopmental examination. *Pediatric Neurology, 31*, 1–8.

Zahn-Waxler, C., & Radke-Yarrow, M. (1990). The origins of empathic concern. *Motivation and Emotion, 14*, 107–130.

Zahn-Waxler, C., Shirtcliff, E., & Marceau, K. (2008). Disorders of childhood and adolescence: Gender and psychopathology. *Annual Review of Clinical Psychology, 4*, 275–303.

Zalenski, R., & Raspa, R. (2006). Maslow's hierarchy of needs: A framework for achieving human potential in hospice. *Journal of Palliative Medicine, 9*, 1120–1127.

Zalsman, G., Levy, T., & Shoval, G. (2008). Interaction of child and family psychopathology leading to suicidal behavior. *Psychiatric Clinics of North America, 31*, 237–246.

Zalsman, G., Oquendo, M., Greenhill, L., Goldberg, P., Kamali, M., Martin, A., et al. (2006, October). Neurobiology of depression in children and adolescents. *Child and Adolescent Psychiatric Clinics of North America, 15*, 843–868.

Zampi, C., Fagioli, I., & Salzarulo, P. (2002). Time course of EEG background activity level before spontaneous awakening in infants. *Journal of Sleep Research, 11*, 283–287.

Zanardo, V., & Freato, F. (2001). Home oxygen therapy in infants with bronchopulmonary dysplasia: Assessment of parental anxiety. *Early Human Development, 65*, 39–46.

Zauszniewski, J. A., & Martin, M. H. (1999). Developmental task achievement and learned resourcefulness in healthy older adults. *Archives of Psychiatric Nursing, 13,* 41–47.

Zeanah, C. (2009). The importance of early experiences: Clinical, research and policy perspectives. *Journal of Loss and Trauma, 14,* 266–279.

Zebrowitz, L., Luevano, V., Bronstad, P., & Aharon, I. (2009). Neural activation to babyfaced men matches activation to babies. *Social Neuroscience, 4,* 1–10.

Zeedyk, M., & Heimann, M. (2006). Imitation and socio-emotional processes: Implications for communicative development and interventions. *Infant and Child Development, 15,* 219–222.

Zelazo, N., Zelazo, P. R., Cohen, K., & Zelazo, P. D. (1993). Specificity of practice effects on elementary neuromotor patterns. *Developmental Psychology, 29,* 686–691.

Zelazo, P. D., Muller, U., Frye, D., & Marcovitch, S. (2003). The development of executive function in early childhood. *Monographs of the Society for Research in Child Development, 68* 103–122.

Zelazo, P. R. (1998). McGraw and the development of unaided walking. *Developmental Review, 18,* 449–471.

Zellner, D., Loaiza, S., Gonzalez, Z., Pita, J., Morales, J., Pecora, D., et al. (2006, April). Food selection changes under stress. *Physiology & Behavior, 87,* 789–793.

Zemach, I., Chang, S., & Teller, D. (2007). Infant color vision: Prediction of infants' spontaneous color preferences. *Vision Research, 47,* 1368–1381.

Zeman, J., Cassano, M., Perry-Parrish, C., & Stegall, S. (2006, April). Emotion regulation in children and adolescents. *Journal of Developmental & Behavioral Pediatrics, 27,* 155–168.

Zernike, K., & Petersen, M. (2001, August 19). Schools' backing of behavior drugs comes under fire. *New York Times,* pp. 1, 28.

Zettergren, P. (2003). School adjustment in adolescence for previously rejected, average and popular children. *British Journal of Educational Psychology, 73,* 207–221.

Zhang, L. (2008). Gender and racial gaps in earnings among recent college graduates. *Review of Higher Education: Journal of the Association for the Study of Higher Education, 32,* 51–72.

Zhang, Y., Proenca, R., Maffel, M., Barone, M., Leopold, L., & Friedman, J. M. (1994). Positional cloning of the mouse obese gene and its human homologue. *Nature, 372,* 425–432.

Zhe, C., & Siegler, R. S. (2000). Across the great divide: Bridging the gap between understanding of toddlers' and older children's thinking. *Monographs of the Society for Research in Child Development, 65,* (2, Serial No. 261).

Zhou, B. F., Stamler, J., Dennis, B., Moag-Stahlberg, A., Okuda, N., Robertson, C., Zhao, L., Chan, Q., Elliot, P., INTERMAP Research Group. (2003). Nutrient intakes of middle-aged men and women in China, Japan, United Kingdom, and United States in the late 1990s: The INTERMAP study. *Journal of Human Hypertension, 17,* 623–630.

Zhu, J., & Weiss, L. (2005). The Wechsler Scales. In D. P. Flanagan & P. L. Harrison (Eds.), *Contemporary intellectual assessment: Theories, tests, and issues.* New York: Guilford Press.

Zigler, E. F., & Finn-Stevenson, M. (1995). The child care crisis: Implications for the growth and development of the nation's children. *Journal of Social Issues, 51,* 215–231.

Zigler, E., & Styfco, S. J. (2004). Moving Head Start to the states: One experiment too many. *Applied Developmental Science, 8,* 51–55.

Zimmer, C. (2003, May 16). How the mind reads other minds. *Science, 300,* 1079–1080.

Zimmer-Gembeck, M. J., & Collins, W. A. (2003). Autonomy development during adolescence. In G. R. Adams, & M. D. Berzonsky, *Blackwell handbook of adolescence.* Malden, MA: Blackwell Publishing.

Zimmer-Gembeck, M. J., & Gallaty, K. J. (2006). Hanging out or hanging in? Young females' socioemotional functioning and the changing motives for dating and romance. In A. Columbus (Ed.) *Advances in psychology research, Vol. 44.* Hauppauge, NY: Nova Science Publishers.

Zimmerman, F. J., Christakis, D. A., & Meltzoff, A. N. (2007). Associations between media viewing and language development in children under age 2 years. *The Journal of Pediatrics, 151,* 364–368.

Zimmerman, F., & Christakis, D. (2007). Associations between content types of early media exposure and subsequent attentional problems. *Pediatrics, 120,* 986–992.

Zirkel, S., & Cantor, N. (2004). 50 years after *Brown v. Board of Education*: The promise and challenge of multicultural education. *Journal of Social Issues, 60,* 1–15.

Zisook, S., & Shear, K. (2009). Grief and bereavement: what psychiatrists need to know. *World Psychiatry, 8,* 67–74.

Zito, J. (2002). Five burning questions. *Journal of Developmental & Behavioral Pediatrics, 23,* S23–S30.

Zito, J. M., Safer, D. J., dosReis, S., Gardner, J. F., Boles, M., & Lynch, F. (2000). Trends in prescribing of psychotropic medications to preschoolers. *JAMA: The Journal of the American Medical Association, 283,* 1025–1030.

Ziv, M., & Frye, D. (2003). The relation between desire and false belief in children's theory of mind: No satisfaction? *Developmental Psychology, 39,* 859–876.

Zolotor, A., Theodore, A., Chang, J., Berkoff, M., & Runyan, D. (2008). Speak softly—and forget the stick corporal punishment and child physical abuse. *American Journal of Preventive Medicine, 35,* 364–369.

Zuckerman, G., & Shenfield, S. D. (2007). Child-adult interaction that creates a zone of proximal development. *Journal of Russian & East European Psychology, 45,* 43–69.

Zuckerman, M. (2003). Biological bases of personality. In T. Millon & M. J. Lerner (Eds.), *Handbook of psychology: Personality and social psychology,* Vol. 5. New York: Wiley.

Zwelling, E. (2006). A challenging time in the history of Lamaze international: an interview with Francine Nichols. *Journal of Perinatal Education, 15,* 10–17.

世图心理学图书书目

北京世图心理学图书涵盖心理学专业教材系列、心理咨询与治疗系列、心理学普及读本三大图书板块。自2005年与中国心理学会形成唯一战略合作伙伴关系，之后进入快速发展期，同时与北京大学、北京师范大学等著名学府保持着密切的图书出版合作。现已跻身全国心理学专业图书出版前三甲，建立了"世图心理"的优势品牌并赢得广大专业读者的青睐！

分类	序号	书名	作者	定价
心理学专业教材	1	爱情心理学—最新版—中文版	（美）罗伯特·斯腾伯格	39.00
	2	心理咨询与治疗伦理—（第3版）—中文版	（美）伊丽莎白·维尔福，钱铭怡译	59.00
	3	人格谜题—（第4版）—中文版	（美）大卫·范德，许燕译	69.00
	4	心理学专业SPSS 14.0步步通—（第7版）—中文版	（加）达伦·乔治	48.00
	5	心理学史—（第3版）—中文版	（美）韦恩·瓦伊尼，郭本禹译	60.00
	6	发展心理学—人的毕生发展—第4版）—中文版	（美）罗伯特·费尔德曼，苏彦捷译	89.00
	7	心理测验—原理—应用和问题	（美）罗伯特·卡布兰	75.00
	8	变态心理学与心理治疗—第3版）—中文版	（美）苏珊·霍克西玛，郑日昌译	89.00
	9	教育心理学—（第2版）—（中文版）	（美）约翰·桑切克	65.00
	10	心理统计—（第4版）	（美）阿瑟·艾伦等	75.00
	11	神经心理测评—（第4版）	（美）Muriel Lezak	128.00
	12	变态心理学与心理治疗—（第3版）	（美）苏珊·霍克西玛	88.00
	13	性别心理学—（第2版）	（美）Vicki Helgeson	78.00
	14	社会心理学—插图第7版—中文版	（美）埃利奥特·阿伦森	80.00
	15	心理学考研重难点手册基础备考	爬爬等	75.00
	16	全国硕士研究生入学考试心理学统考重难点手册冲刺必备	爬爬等	48.00
	17	心理学统考重难点手册基础备考—2013全国硕士研究生入学考试	爬爬等	69.00
	18	2012全国硕士研究生入学考试心理学统考重难点手册	爬爬等	65.00
心理咨询与治疗	19	自体的重建	（美）科胡特	52.00
	20	自体的分析——一种系统化处理自恋人格障碍的精神分析治疗	（美）科胡特	52.00
	21	爱的序位—家庭系统排列个案集	（德）伯特·海灵格	49.00
	22	在爱中升华	（德）伯特·海灵格	39.00
	23	心灵之药—身心疾病的系统排列个案集	（德）伯特·海灵格	36.00
	24	成功的人生—系统排列中的隐秘力量	（德）伯特·海灵格	29.00
	25	成功的序位—企业管理中的隐秘力量	（德）伯特·海灵格	29.00
	26	成功的法则—系统排列中的隐秘力量	（德）伯特·海灵格	29.00

分类	序号	书名	作者	定价
心理咨询与治疗	27	再见耶稣—海灵格谈成功的思维	（德）伯特·海灵格	36.00
	28	幸福的修炼—家庭系统排列关键问题解析	（美）威尔菲德·尼尔斯	29.00
	29	隐形的权利线—企业与组织的系统排列	（美）克劳斯·霍恩	36.00
	30	简快身心积极疗法—(上)—<<NLP简快心理疗法>>修订版	李中莹	29.00
	31	简快身心积极疗法—(下)-<<NLP简快心理疗法>>修订版	李中莹	29.00
	32	客体关系家庭治疗	（美）大卫·萨夫	78.00
	33	客体关系入门—当代精神分析理论—第二版	（美）大卫·萨夫	29.80
	34	性与家庭的客体关系观点	（美）大卫·萨夫	49.00
	35	质性研究访谈	（英）史坦纳·可瓦里	58.00
	36	新家庭如何塑造人	（美）维吉尼亚·萨提亚	32.00
	37	萨提亚家庭治疗模式	（美）维吉尼亚·萨提亚	36.00
	38	萨提亚治疗实录	（美）维吉尼亚·萨提亚	24.00
	39	超级催眠术入门	（日）林贞年	19.00
	40	超级催眠术进阶	（日）林贞年	19.00
	41	催眠方法入门	（日）林贞年	15.00
	42	艾瑞克森催眠治疗理论	（美）斯蒂芬·吉利根	36.00
	43	催眠与抑郁症的治疗—临床实践与应用 -(第一版)	（美）迈克尔·亚普科	46.00
	44	掌握家庭治疗—家庭的成长与转变之路 -(第二版)	（美）萨尔瓦多·米纽庆	39.00
	45	人际心理治疗—理论与实务	（美）莫纳·韦斯曼等	45.00
	46	焦点解决短期心理治疗的应用	许维素	30.00
	47	妙治心魔—古今故事中的心理治疗	林正文	45.00
	48	图式治疗：实践指南	（美）杰弗里·杨	59.00
	49	治疗自我伤害的青少年	（美）马修·塞莱克曼	25.00
	50	音乐治疗学基础理论	高天	30.00
	51	音乐治疗导论—(修订版)(附赠音乐放松减压光盘)	高天	22.00
	52	儿童叙事治疗—严重问题的游戏取向	（美）詹妮弗·弗里曼等	39.00
	53	心理治疗师的问答艺术	（美）苏珊·班德等	36.00
	54	心理咨询与治疗理论（第5版）	（美）艾伦·艾维等	46.00
	55	团体认知行为治疗	（加）彼得·柏林	59.00
	56	梦的真相—梦的心理学解析与疗愈	（比利时）米衫	32.00
	57	作为治疗师的艺术家—艺术治疗的理论与应用	（美）阿瑟·罗宾斯	25.00
	58	成为有影响力的治疗师	（美）Len Sperry	35.00
	59	文化艺术符号治疗	赵小明	58.00
	60	实画实说—图画中的心理奥秘	康耀南	36.00
	61	心理学家看儿童艺术	（美）克莱尔·格罗姆	39.00
	62	重塑心灵—(修订版)	李中莹	36.00
	63	我该如何停下来：认识和理解冲动控制障碍	（美）琼·格兰特	25.00

分类	序号	书名	作者	定价
大众心理学读本	64	吉普赛解梦宝典	（英）雷蒙德·巴克兰	28.00
	65	内在父母与内在小孩的拥抱 - 成长与疗愈的超个人心理策略	（比利时）米衫	36.00
	66	灵性人生 - 约书亚的传导	（荷兰）帕梅拉	36.00
	67	神奇的大脑 - 大脑潜能开发手册	尹文刚	30.00
	68	蒙台梭利亲子成长法则 - 倾听3-6岁孩子的心声	（日）相良敦子	26.00
	69	青少年性健康教育研究	彭彧华、向燕辉	29.00
	70	超级恋爱催眠术	（日）林贞年	29.00
	71	行为艺术与心灵治愈	蔡青	36.00
	72	《秘密》的秘密 - 实践幸福的吸引力法则	赖秋恺	32.00
	73	脊椎告诉你的健康秘密 - 身心柔软与平衡的智慧 - 随书附赠课程精华VCD	肖然	39.00
	74	加深爱恋的100则修习 - 美好五分钟	（美）杰弗里·布兰特利	22.00
	75	减压安睡的100则修习 - 美好五分钟	（美）杰弗里·布兰特利	22.00
	76	高效工作的100则修习 - 美好五分钟	（美）杰弗里·布兰特利	22.00
	77	刹那冥想——熙攘俗世中，还你清净心	（美）马丁·保罗森	22.00
	78	爱上双人舞 - 如何拥有和谐的恋爱.婚姻生活 -(第2版)	李中莹	29.00
	79	最后一堂生死课	辜琮瑜	32.00
	80	哲思慧语365		39.00
	81	完美教养手册-1000个育儿小提示字典	（美）伊丽莎白·帕特丽	45.00
	82	男孩的脑子想什么	（美）迈克尔·古里安	36.00
	83	心理资产 - 家长留给孩子的财富 - 内赠DVD光盘	沃建中	36.00
	84	承诺未来 - 掌握自己的梦想 - 内赠DVD光盘	沃建中	36.00
	85	心理学改变生活 - 第9版	（美）卡伦·达菲	49.00
	86	转角遇见心理学家	（美）大卫·科恩	38.00
	87	升华幸福的心能量	时尚健康编辑部	26.00
	88	亲密、孤独与自由	杨蓓	19.00
	89	通向心灵旺盛的十堂课	岳晓东	29.00
	90	心理学达人手册	（日）和田秀树	18.00
	91	得觉的力量	格桑泽仁	22.00
	92	发现特别的自己 - 青春期心理与成长	（日）佐佐木正美	19.00
	93	灰色bye bye- 职场抑郁终结手册	（日）伊藤克人	19.00
	94	解读绝望 - 自杀与杀人背后的心理分析	武志红	32.00
	95	宝宝的心我最懂：0~5岁宝宝的成长历程	（日）小西行郎	29.00
	96	公务员心理保健手册	郑日昌	26.00
	97	职场"小菜"奔！奔！奔！	梁朝晖等	26.00
	98	揭开神秘面纱的心理学	（韩）姜贤植	29.80
	99	心理学与成长	（美）尼尔森·古德	30.00

分类	序号	书名	作者	定价
大众心理学读本	100	心理学与人生	（美）尼尔森·古德	30.00
	101	你—正在被催眠	格桑泽仁	29.00
	102	完整的成长——儿童生命的自我创造	孙瑞雪	36.00
	103	申宜真幼儿心理百科—0-6岁幼儿父母育儿必备	（韩）申宜真	58.00
	104	寻心的旅程	陈瑞燕	18.00
	105	七个心理寓言	武志红	26.00
	106	心灵的七种兵器	武志红	26.00
	107	解读疯狂—热点话题人物的心理分析	武志红	25.00
	108	3分钟爱上心理学—[图解读本]	（日）尾形佳晃	18.00
	109	他们在跟踪我—变态心理学案例故事	（美）安德鲁·格茨菲尔德	36.00
	110	快乐的人愈快乐—发展与自我认知中的心理学—心理学小品2	马家辉	19.00
	111	真相不止一个—生活中的心理学—心理学小品3	马家辉	18.00
	112	青少年心理压力管理手册	（美）布莱恩·西沃德	22.00

心理学编辑部：010-64038640，64036522，64037785
发行部：010-64077922，64038180，64038342

教师反馈卡

凡属培生教育出版集团正版教材皆附有教师教学辅导资料，欲获取相关教学辅导资料的教师，烦请填写如下支持表，传真或e-mail给我们，

培生教育出版集团北京办事处
Pearson Education Beijing Office
北京西三环北路19号外研社大厦2202房间
电话：8610-88817788-2301
　　　8610-88817788-2302
传真：8610-88817499
E-mail: service@pearsoned.com.cn

Personal Information（个人信息）：

Name:　　　　　　Gender（性别）:　　　　Title（职称）:
University:　　　　　　　　　　　　　　　Department（院系）:
Tel 1:　　　　　　　　　　　　　　　　　Mobile:
Email 1:　　　　　　　　　　　　　　　　Email 2:
Address:

Course Information (课程信息):

Course Level: □大专　□本科　□硕士　□博士　□MBA　□EMBA　Grade: 1　2　3　4
Course Name #1（课程名称）:　　　　　　Enrollment（学生人数）:
Commencement Date (开课日期):　　　　　Decision Date（决定教材日期）:
Current Textbook Used (目前使用教材): Author/Title/Publisher (作者/书名/出版社):

Pearson Education Texts interested（您所感兴趣的培生的教材，请注明用于哪门课程）
Title（书名）　　Author/Edition（作者/版次）　　ISBN（书号）　　Course（课程）:

Supplement Expected（您希望得到的教辅）请打勾选择：
1.Lecturer Manual（教师手册）　　　　　　　　　　□
2.MyCompanion on line（网上电子资源）　　　　　　□
3.Text book（题库）　　　　　　　　　　　　　　　□
4.Film（幻灯片）　　　　　　　　　　　　　　　　□
5.Others（其他）　　　　　　　　　　　　　　　　□
Comments（您的建议和要求）：

Reader's Suggestion

读者意见卡

为了使我们能够向您提供更优质的服务,烦请您填写下表后寄回本公司。同时,您将可以定期收到所感兴趣的新书书讯。

您购买的书是:《发展心理学——人的毕生发展》

您购买本书的方式是:□书店 □网上 □报刊亭 □商场 □其他 ＿＿＿＿＿＿

您从哪里获得本书信息:□朋友推荐 □报刊广告 □网上 □书店 □其他 ＿＿＿＿＿

您看过本书后,认为:

1、本书选题新颖程度: □新颖 □一般 □不够新颖

2、本书译著者编译水平: □好 □一般 □不好（原因是: ）

3、本书封面及装帧设计: □好 □一般 □不好（原因是: ）

4、本书用纸及印刷质量: □好 □一般 □不好（原因是: ）

您感兴趣的图书类别有:

您是否希望收到我公司的定期书讯: □是 □否

您的建议:

您的姓名: 　　　年龄: 　　　职业: 　　　学历:

通讯地址及电话: ＿＿＿＿＿＿＿＿＿＿＿＿＿＿＿＿＿＿＿＿

E—mail 地址: ＿＿＿＿＿＿＿＿＿＿＿＿＿＿＿＿＿＿＿＿

请寄往: 北京朝内大街137号世界图书出版公司编辑部心理学编室　邮编100010